Georg Simon Ohm
Gesammelte Abhandlungen

SEVERUS Verlag

ISBN: 978-3-95801-011-6
Druck: SEVERUS Verlag, 2015

Der SEVERUS Verlag ist ein Imprint der Diplomica Verlag GmbH.
Bibliografische Information der Deutschen Nationalbibliothek:
Die Deutsche Nationalbibliothek verzeichnet diese Publikation in der Deutschen Nationalbibliografie; detaillierte bibliografische Daten sind im Internet über http://dnb.d-nb.de abrufbar.

http://www.severus-verlag.de
Printed in Germany

Georg Simon Ohm

Gesammelte Abhandlungen

SEVERUS

Dr. G. S. Ohm.

Nach der Büste von Prof. von Rümann.

Verlag v. Johann Ambrosius Barth, Leipzig. Druck v. F. A. [illegible]

GESAMMELTE ABHANDLUNGEN

VON

G. S. OHM

HERAUSGEGEBEN UND EINGELEITET

VON

Dr. E. LOMMEL

PROFESSOR DER PHYSIK AN DER UNIVERSITÄT MÜNCHEN

MIT BILDNISS UND FIGUREN IM TEXTE

Vorrede und Einleitung.

Ohm's Abhandlungen finden sich in verschiedenen, zum Theil schwer zugänglichen Zeitschriften zerstreut, und sind daher mit Ausnahme der als selbständiges Werkchen erschienenen und neuerdings als solches wieder abgedruckten[1]) „galvanischen Kette“ in weiteren Kreisen wenig bekannt geworden. Bei dem hohen Interesse, das die Arbeiten Ohm's auch heute noch, und sogar, nachdem sein Name durch die Elektrotechnik populär geworden, mehr noch als früher beanspruchen, kam der Unterzeichnete dem Wunsche der Verlagshandlung gerne nach, eine Ausgabe der gesammelten physikalischen Abhandlungen G. S. Ohm's zu besorgen. Die Sammlung enthält alle von Ohm veröffentlichten Schriften, mit Einschluss der „galvanischen Kette“, in chronologischer Reihenfolge, mit Ausschluss jedoch der in Buchform erschienenen „Grundlinien einer zweckmässigen Behandlung der Geometrie als höheren Bildungsmittels an vorbereitenden Lehranstalten“ (Erlangen, 1817), „Beiträge zur Molecular-Physik; I. Bd.: Elemente der analytischen Geometrie im Raume am schiefwinkligen Coordinatensysteme“ (Nürnberg, 1849), „Grundzüge der Physik als Compendium zu seinen Vorlesungen“ (Nürnberg, 1854), und endlich der Abhandlung: „Allgemeine und vollständige Berechnung aller beim Gleichgewichte mit Rücksicht auf Zapfenreibung vorkommenden Bestimmungsstücke“ (Crelle's Journal

---

[1]) Die galvanische Kette mathematisch bearbeitet von Dr. G. S. Ohm. Neudruck mit einem Vorwort von Dr. James Moser. Leipzig und Wien, Toeplitz & Deuticke, 1887.

für Mathematik, Bd. V. p. 51—92, 1829), welche weniger physikalisches als mathematisches Interesse darzubieten schien.

Georg Simon Ohm wurde am 16. März 1789 zu Erlangen geboren als Sohn eines Schlossermeisters, eines ungewöhnlichen Mannes, der seine beiden Söhne, Georg Simon und Martin[1]), in Mathematik unterrichtete, und auf die hochbegabten Jünglinge den Wissensdrang übertrug, der ihn selbst in bereits gereifteren Jahren zu philosophischen und mathematischen Studien geführt hatte.[2]) Nach Absolvirung des Gymnasiums seiner Vaterstadt widmete sich Georg Simon 1805 auf der dortigen Universität dem Studium der Mathematik, Physik und Philosophie, nahm jedoch schon nach drei Semestern, im Herbst 1806, eine Lehrerstelle an einem Privatinstitut zu Gottstadt im Kanton Bern an, wo er dritthalb Jahre verblieb, und sodann, 1809, um privatim Mathematik zu lehren und seine eigenen Studien fortzusetzen, nach Neuenburg übersiedelte. Im Jahre 1811 erwarb er zu Erlangen die philosophische Doctorwürde[3]) und habilitirte sich daselbst als Privatdocent für Mathematik. Jedoch schon nach drei Semestern akademischer Lehrthätigkeit nahm er 1813 eine Lehrerstelle an der Realschule in Bamberg an, bis er im Herbst 1817 zum Oberlehrer der Mathematik und Physik am Gymnasium zu Köln ernannt wurde. In dieser Stellung entdeckte er 1826 das nach ihm benannte Gesetz der Stromstärke; zur Weiterführung dieser Forschungen und zur Ausarbeitung seiner Schrift „die galvanische Kette" wurde ihm ein auf das Schuljahr 1826/27 sich erstreckender Urlaub gewährt.

Die bahnbrechende Leistung Ohm's blieb zunächst im Allgemeinen unbeachtet, nur einzelne Physiker, wie Poggendorff und Schweigger, Pfaff und Fechner erkannten ihre hohe Bedeutung und bedienten sich erfolgreich der neuen Gesichts-

---

[1]) Geboren 1792, gestorben 1872 als Professor der Mathematik an der Kriegsschule zu Berlin.

[2]) Die oft erzählte Legende, Ohm sei von seinem Vater auch im Schlosserhandwerk unterrichtet worden, ist nach einer Mittheilung des Herrn Rectors Füchtbauer in Nürnberg (des Neffen Ohm's) nicht richtig, wenigstens sind gar keine Belege dafür vorhanden.

[3]) Eine Doctordissertation wurde nicht bekannt, jedenfalls nicht gedruckt.

punkte bei ihren Arbeiten. Es bedurfte eines Anstosses vom Auslande her, um dem „Ohm'schen Gesetz“ auch in Deutschland Anerkennung zu verschaffen. Pouillet hatte das Gesetz der Stromstärke durch Arbeiten, die er in den Jahren 1831[1]) und 1837[2]) veröffentlichte, in Frankreich zur Geltung gebracht. Obgleich diese Arbeiten fünf und beziehungsweise elf Jahre später datiren, als die Entdeckung Ohm's, so glaubte Pouillet doch, sich selbst für den eigentlichen Entdecker halten zu dürfen, weil er das Gesetz auf experimentellem Wege gefunden, Ohm dagegen, nach Pouillet's Meinung, dasselbe aus hypothetischen Prämissen nur auf mathematischem Wege hergeleitet habe.

Diese in Frankreich entstandene Legende, dass Ohm sein Gesetz, von einer Hypothese ausgehend, durch blose Deduction gefunden und erst nachträglich durch Versuche bestätigt habe, hat sich, obgleich mehrfach von berufener Seite[3]) widerlegt, dennoch bis auf unsere Tage erhalten. Man findet diese Darstellung noch heute nicht nur in französischen Werken[4]), sondern unbegreiflicherweise auch in unseren verbreitetsten deutschen Lehrbüchern. Es erscheint daher keineswegs überflüssig, die Geschichte der grossen Ohm'schen Entdeckung auf Grund der Originalabhandlungen nach ihrem thatsächlichen Verlaufe darzulegen.[5])

Ohm beschritt den experimentellen Weg, als er 1825 das Gesetz der Stromleitung zu ergründen suchte. In seiner

---

[1]) Diese Arbeit Pouillet's, der Pariser Akademie vorgelegt am 3. Oct. 1831, wurde niemals in extenso veröffentlicht; es erschien nur ein Auszug davon in der Zeitschrift „Lycée“.

[2]) Pouillet, Mémoire sur la pile de Volta et sur la loi générale d'intensité que suivent les courants etc. Comptes rendus, 4. p. 267—279. 1837.

[3]) Beetz, Fortschritte der Physik, 1. p. 445. 1847. — M. von Bauernfeind, Gedächtnissrede auf G. S. Ohm (München, 1882).

[4]) Vgl. Jamin, Cours de Physique de l'école polytechnique, 3me éd. par Jamin et Bouty t. 4. p. 33. 1883.

[5]) Die obigen Ausführungen sind zum Theil entnommen der vom Herausgeber in der öffentlichen Sitzung der k. b. Akademie der Wissenschaften am 28. März 1889 zur Feier des hundertjährigen Geburtstags Ohm's gehaltenen Festrede: „Georg Simon Ohm's wissenschaftliche Leistungen“ (München, 1889).

Abhandlung: „Vorläufige Anzeige des Gesetzes, nach welchem Metalle die Contact-Elektricität leiten" (p. 1 vorliegender Sammlung) beschreibt er die Versuche, die er zu diesem Zwecke anstellte. Seine „vorläufige" Anzeige war aber eine „voreilige", denn die Formel, die er aufstellt:

$$v = m \log\left(1 + \frac{x}{a}\right),$$

worin v den Kraftverlust bei Einschaltung einer Drahtlänge x, m und a constante Grössen bezeichnen, ist unrichtig.

Die Ursache dieses Misserfolges, von Ohm alsbald richtig erkannt, war ausser der zu geringen Ausdehnung der Versuche das „Wogen der Kraft" der galvanischen Kette, welches man erst viel später durch die Erfindung der constanten galvanischen Elemente bewältigen lernte.

Noch in demselben Jahre, im Sommer 1825, in demselben Bande der nämlichen Zeitschrift, berichtet Ohm in einem Briefe an Schweigger, dass er sich infolge weiter fortgesetzter Versuche bewogen fand, seine Formel in eine andere, der früheren analoge, umzuwandeln, „die erst dann, wenn $x = \infty$ wird, die Kraft verschwinden lässt."

Nicht lange danach, im Frühjahr 1826, erschien denn auch jene denkwürdige bahnbrechende Arbeit, welche die experimentelle Entdeckung des Gesetzes der Stromstärke enthält, im 46. Bande von Schweigger's Journal, unter dem Titel: „Bestimmung des Gesetzes, nach welchem Metalle die Contactelektricität leiten, nebst einem Entwurfe zu einer Theorie des Voltaischen Apparates und des Schweigger'schen Multiplikators" (p. 14). Er hoffe jetzt im Stande zu sein, sagt Ohm im Eingange dieser Abhandlung, ein Gesetz aufzustellen, welches sich sowohl durch vollkommene Uebereinstimmung mit den nach allen Grenzen hin fortgesetzten Versuchen, als auch insbesondere durch die Einheit, welche es über alle den elektrischen Strom angehenden Erfahrungen verbreitet, eine Einheit, wie sie nur im Gefolge der Wahrheit zu erblicken ist, als das reine Gesetz der Natur verkündigt."

Ohm benutzte nämlich jetzt, um das Wogen der Kraft zu vermeiden, welches in seine früheren Versuche störend eingegriffen hatte, auf Poggendorff's Empfehlung eine thermoelektrische Kette statt einer hydroelektrischen. Nun ging aus seinen Messungen das Gesetz, dass die Stromstärke im geraden Verhältniss zur erregenden Kraft, zum Gesammtwiderstande im umgekehrten Verhältniss steht, mit voller Klarheit hervor. Er fasste es in die Gleichung:

$$X = \frac{a}{b + x},$$

„wobei X die Stärke der magnetischen Wirkung auf den Leiter, dessen Länge x ist, a und b aber constante, von der erregenden Kraft und dem Leitungswiderstande der übrigen Theile der Kette abhängige Grössen bezeichnen.“

Hiermit hatte er den Schlüssel in der Hand zu den vielerlei Räthseln, vor welchen die Physiker bisher rathlos gestanden hatten. Und er wusste diesen Schlüssel zu gebrauchen. „Nachdem unsere Gleichung,“ sagt er weiterhin, „durch die Treue, womit sie alle durch die thermoelektrische Kette in so grossem Umfange erhaltenen Resultate immer wiedergiebt, sich als den gültigen Repräsentanten der Natur hinlänglich bewährt hat, wollen wir sie weiter verfolgen, um zu sehen was sie noch in ihrem Schosse birgt.“

Er entwickelt sodann ganz in derselben Weise, wie es noch heute in unseren Lehrbüchern nach seinem Beispiel geschieht, die Eigenschaften der galvanischen Batterien und des Multiplicators, welche bisher so unentwirrbar und unverständlich erschienen waren. Mit gerechtem Stolz durfte er am Schlusse seiner epochemachenden Arbeit aussprechen: „Die hier in groben Zügen entworfenen Theorien der Säule und des Multiplicators bestätigen fast noch mehr als die Versuche selbst, aus denen sie geflossen sind, die Wahrheit des in dieser Abhandlung entwickelten Gesetzes der Leitung der Elektricität an Metallen. Die dem Scheine nach verschiedenartigsten Wirkungen der galvanischen Kette reihen sich in bunter Mannigfaltigkeit zu einem schönen Ganzen.“

Was Ohm an dieser Stelle und in der Ueberschrift seiner Abhandlung „Theorie“ nennt, beschränkt sich auf die nächstliegenden Folgerungen aus seinem inductiv gefundenen Grundgesetz und hat methodisch nichts gemein mit der eigentlich so genannten Theorie, die er in seinem späteren berühmten Werke

„die galvanische Kette“ aus vorangestellten, zum Theil hypothetischen Grundanschauungen deductiv entwickelt hat.

Wie aus diesen Erörterungen zur Genüge hervorgeht, hat Ohm sein Gesetz auf rein empirischem Wege entdeckt. Was Pouillet sechs Jahre später, als er im October 1831 mit einer Arbeit über die Anwendung der Thermokette zur Herleitung der Intensitätsgesetze eines constanten Stromes hervortrat, zuerst gethan zu haben glaubte, ist in dieser Arbeit Ohm's bereits gethan. Nirgends in seiner Abhandlung findet sich auch nur eine Andeutung einer hypothetischen Conception, die ihn bei der Wahl des mathematischen Ausdrucks hätte leiten können. Der bereits erwähnte Umstand, dass die zuerst von ihm aufgestellte Formel irrig war, liefert den schlagenden Beweis, dass ihm damals die theoretischen Vorstellungen, aus welchen er später das Gesetz mathematisch herzuleiten vermochte, noch völlig fern lagen.

Ein Geist, wie derjenige Ohm's, mathematisch geschult und gewohnt, nach den Ursachen der Erscheinungen zu fragen, musste bald das Bedürfniss empfinden, das inductiv Erkannte auch als nothwendige Folgerung aus einfachen Vorstellungen über die Art, wie die Elektricität an den Berührungsstellen differenter Körper hervortritt und in leitenden Körpern sich ausbreitet, deductiv herzuleiten. Noch in demselben Jahre, 1826, in der Abhandlung: „Versuch einer Theorie der durch galvanische Kräfte hervorgebrachten elektroskopischen Erscheinungen“ (p. 37) meldet er das glückliche Gelingen seines Vorhabens, indem er auf diesem entgegengesetzten Wege nicht nur das vorher experimentell ermittelte Gesetz der Stromstärke wiederfindet, sondern noch ein zweites nicht minder wichtiges, das elektroskopische oder Spannungsgesetz, entdeckt.

Diese Mittheilung war nur die Vorläuferin des schon mehrfach erwähnten classischen Werkes: „Die galvanische Kette, mathematisch bearbeitet“ [1]), welches er in der Musse,

[1]) Englische Uebersetzung in Taylor's Scientific Memoirs Vol. II. 1841. Italienische Uebersetzung (Teoria matematica del circuito galvanico) von Dr. Achilles Perugia, Pisa 1847. Französische Uebersetzung von Gaugain, 1860. Der italienischen Uebersetzung ist ein in deutscher Sprache nicht veröffentlichter Anhang beigegeben: Confronto dei risultati teoretici ottenuti

die ihm sein Urlaub gewährte, schuf und im Mai 1827 erscheinen liess. In dieser Schrift geht sein Streben dahin, wie er selbst in der Einleitung sich ausdrückt, „aus einigen wenigen Principien den Inbegriff derjenigen elektrischen Erscheinungen in geschlossenem Zusammenhange abzuleiten, welche unter dem Namen der galvanischen begriffen werden; ihre Absicht ist erreicht, wenn auf solche Weise die Mannigfaltigkeit der Thatsachen unter die Einheit des Gedankens gestellt wird.“ Er hat diese Absicht in der That auf's vollkommenste erreicht, indem er die Vorstellungen von Laplace, Poisson und insbesondere Fourier über die Wärmeleitung auf die Elektricitätsleitung übertrug, und mit dem mathematischen Rüstzeug, das jene Forscher für ihre Zwecke bereits geschaffen hatten, die Gesetze der elektrischen Strömung entwickelte. Die Theorie Ohm's steht als festgefügter Bau noch heute unerschüttert da. Die Erweiterung, welche die Theorie später durch ihre Anwendung auf Leiter von zwei und drei Dimensionen erfuhr, war eine von Ohm selbst bereits vorgesehene naheliegende Verallgemeinerung seiner Betrachtungsweise. Auch die Darlegungen, welche Ohm in seinem tiefdurchdachten Werke über die nicht stationären oder Ladungsströme mittheilt, sind heute noch in unveränderter Geltung.

Wie bereits betont, wurde durch diese Arbeit das Gesetz der Stromstärke nicht erst entdeckt, sondern das durch Versuche gefundene und bewahrheitete Gesetz diente nur als Prüfstein der Theorie, aus welcher es sich als nothwendige Folgerung ergab. Aber der Glanz dieser theoretischen Leistung verdunkelte so sehr die vorausgegangene mühsame Arbeit empirischer Forschung, dass die Entstehung jener Legende, Ohm habe sein Gesetz aus anfechtbaren Hypothesen nur rechnerisch abgeleitet, einigermassen begreiflich erscheint.

Zunächst wurde jedoch unserem Ohm auch nicht einmal diese Anerkennung zu Theil; sein Werk fand in weiteren Kreisen keine Beachtung, von manchen Seiten[1]) scharfen, un-

---

coi risultati dell' esperienza, in welchem der wesentliche Inhalt der späteren galvanischen Arbeiten Ohm's zusammengefasst ist.

[1]) G. F. Pohl, in den Nummern 11 bis 14 des Jahrgangs 1828 der „Jahrbücher für wissenschaftliche Kritik“. Ohm's Entgegnung s. S. 196.

gerechten Tadel, nur bei Wenigen aufrichtigen Beifall. In seiner Hoffnung, die akademische Laufbahn betreten zu können, durch unfreundliche Zurückweisung getäuscht, legte er 1828 sein Amt als Gymnasiallehrer nieder und trat entmuthigt in's Privatleben zurück. Wie lähmend auch die gedrückte Lage, in die er sich nun versetzt sah, auf seinen Geist wirken mochte, ganz unfruchtbar für die Wissenschaft blieb diese sechsjährige Periode (bis zu seiner Ernennung zum Professor der Physik an der polytechnischen Schule in Nürnberg, 1833) dennoch nicht. In einer Reihe von Abhandlungen, die meist in Schweigger's Journal erschienen, lieferte er erneute experimentelle Nachweise der von ihm entdeckten Gesetze; wir finden in diesen inhaltreichen Schriften das Gesetz der Stromverzweigung (S. 58), Beobachtungen über das Wogen der Kraft, über Polarisation der Elektroden und Uebergangswiderstand, ferner Methoden zur Bestimmung des galvanischen Widerstandes und der elektromotorischen Kraft.

Besonders hervorzuheben aus dieser Zeit (1830) als ein Muster experimenteller Forschung ist die Abhandlung: „Versuche zu einer näheren Bestimmung der Natur unipolarer Leiter", in welcher die bis dahin räthselhaft gebliebene Erscheinung der sogenannten unipolaren Leitung durch eine streng gegliederte Reihe scharfsinniger Versuche vollkommen aufgeklärt wird. Sein Unternehmen dagegen, das Gesetz der galvanischen Wärmeentwickelung, über welche damals noch keine messende Versuche vorlagen, durch rein theoretische Betrachtungen zu ergründen (in der Abhandlung: „Theoretische Herleitung der Gesetze, nach welchen sich das Erglühen von Metalldrähten durch die galvanische Kette richtet u. s. w." [S. 252]), führte zu einem unrichtigen Ergebniss.

Durch die bereits erwähnte Arbeit Pouillet's vom Jahre 1837 und dessen daran geknüpfte Ansprüche wurde endlich die allgemeine Aufmerksamkeit der Physiker des In- und Auslandes den Ohm'schen Entdeckungen zugewendet. Insbesondere in England erkannte man sofort ihre tiefgreifende Bedeutung. Die Royal Society verlieh dem bescheidenen deutschen Gelehrten in ihrer Jahressitzung vom 30. November 1841 die goldene Preismedaille, welche Copley zur Belohnung der hervorragendsten Entdeckungen auf dem Gebiete exacter Forschung gestiftet hatte, und begleitete die Verleihung mit einer Begründung, welche, indem sie die Verdienste Ohm's um den Galvanismus in treffenden Worten kennzeichnet, der gelehrten Gesellschaft nicht minder zur Ehre gereicht, als dem Empfänger des Preises. So wurde Ohm vom Auslande her die späte Anerkennung zu Theil, die ihm das Vaterland so lange vorenthalten hatte. Seiner Dankbarkeit gab er in der Folge rührenden Ausdruck auf dem Zueignungsblatt, womit er sein Werk „Beiträge zur Molecularphysik“ der Royal Society in London widmete, „die durch ihren Beifallsruf zu fortgesetztem Kampfe im Felde des Wissens seinen durch vorangegangene abschreckende Begegnung erweichten Muth von Neuem stählte.“

In der That, seine Schaffenskraft, die während der letzten Jahre brach zu liegen schien, erwachte nun von neuem. Alsbald gelang ihm ein zweiter grosser Wurf, und zwar auf dem Gebiete der Akustik, das er bereits 1839 mit einer kleinen Notiz über Combinationstöne betreten hatte. In der Abhandlung: „Ueber die Definition des Tones nebst daran geknüpfter Theorie der Sirene und ähnlicher tonbildender Vorrichtungen“ stellte er 1843 das ebenfalls nach seinem Namen benannte akustische Gesetz auf, welches, indem es in das bis dahin unbegriffene Wesen der musikalischen Klänge den klarsten Einblick eröffnet, gegenwärtig die Akustik ebenso beherrscht, wie seine Gesetze des elektrischen Stromes den Galvanismus. Dieses Ohm'sche Gesetz sagt aus, dass das menschliche Ohr nur eine pendelartige Schwingung als einen einfachen Ton empfindet, und jede andere periodische Bewegung zerlegt in eine Reihe pendelartiger Schwingungen, welche es aus dem entsprechenden Klange als eine Reihe von Einzeltönen, Grundton mit Obertönen, heraushört. Ohm gelangte zu diesem Satz durch mathematische Betrachtungen unter Benutzung der Fourier'schen Reihen; zur experimentellen Bestätigung musste ihm, dem musikalisches Gehör völlig abging, ein Freund sein feingebildetes Ohr leihen.

Wie seine Stromgesetze, fand auch dieses akustische Gesetz bei seinen Zeitgenossen keine Anerkennung, ja es wurde von Seebeck, einem der hervorragendsten Forscher auf diesem Gebiete, sogar bekämpft; der neue Gedanke trat eben gar zu fremdartig in den damals gewohnten Vorstellungskreis. Erst nachdem Helmholtz die experimentellen Hülfsmittel geschaffen, welche auch dem ungeübten Ohre gestatten, eine Klangmasse in ihre einfachen Partialtöne zu zerlegen, und in seinem acht Jahre nach Ohm's Tod erschienenen classischen Werke: „Die Lehre von den Tonempfindungen“ auf Grundlage des Ohm'schen Gesetzes die Akustik und die Theorie der Musik völlig umgestaltet hatte, gelangte der Ohm'sche Satz zu allgemeiner Anerkennung.

Schon damals (1827), als Ohm den Anhang zu seinem Werke: „Die galvanische Kette“ schrieb, trat ihm der Gedanke mächtig entgegen, „es müsste sich der Bau des physischen Körpers in solcher Weise auffassen lassen, dass mit jenen Eigenschaften des materiellen Raumerfüllenden, die wir vorzugsweise als ihm angehörige ins Auge zu fassen gewohnt sind, zugleich und nothwendigerweise auch alle die gegeben seien, welche wir uns bis dahin mehr wie seine Gäste, die ihn von Zeit zu Zeit heimsuchen, vorzustellen pflegten, und wofür man, wenn nicht ausser, doch neben dem Körper liegende Ursachen erdacht hat, die als massenlose und doch selbständige Naturdinge gelten unter den Namen Licht, Wärme, Elektrizität u. s. w.“ Diesem Gedanken entsprang der gross angelegte Plan zu seinen leider unvollendet gebliebenen „Beiträgen zur Molecular-Physik,“ zu dessen Verwirklichung die ihm von der Royal Society gewordene Anerkennung neuen Muth verlieh. Er wollte, so scheint es, aus bestimmten Annahmen über Beschaffenheit, Form, Grösse und Wirkungsweise der Atome mit Hülfe der analytischen Mechanik alle jene Erscheinungen als nothwendige Consequenzen ableiten; er wollte ein Werk schaffen, das für den Mikrokosmus der Atomenwelt werden sollte, was Newton's „Principia“ für den Makrokosmus des Himmelsraumes geworden sind. Es erschien jedoch bloss der erste Band des Werkes, welcher unter dem Sondertitel: „Elemente der analytischen Geometrie im Raume am schiefwinkligen Coordinatensysteme“ nur mathematische Vorbereitungen zu dem eigentlichen Vorhaben enthält. Ein zweiter

Band sollte der „Dynamik der Körpergebilde," ein dritter und vierter den eigentlichen physikalischen Untersuchungen gewidmet sein. Mitten in eifriger Arbeit an seiner umfassenden Aufgabe wurde er gegen Ende des Jahres 1849 nach München berufen als Conservator der mathematisch-physikalischen Sammlungen bei der k. Akademie der Wissenschaften, als Referent für die Telegraphenverwaltung im Staatsministerium, und mit der Verpflichtung, als Professor an der Universität Vorlesungen über Physik und Mathematik zu halten. So ging dem Sechzigjährigen der frühgehegte Wunsch nach der akademischen Laufbahn spät in Erfüllung, zu spät, und darum schwerlich zum Nutzen der Wissenschaft. Denn die mannigfaltigen Pflichten des neuen Wirkungskreises hinderten ihn an der Vollendung seines grossen Werkes und beraubten die Nachwelt des Vermächtnisses, das Ohm aus seinem reichen Gedankenschatz ihr zu hinterlassen gedachte.

Hiermit soll jedoch keineswegs gesagt sein, dass die Münchener Periode ganz ohne Gewinn für die Wissenschaft geblieben sei. Von jeher war die Optik ein Lieblingsfeld seiner Beschäftigung gewesen. Bereits 1840 hatte er in Poggendorffs Annalen (Bd. 49) die „Beschreibung einiger einfachen und leicht zu behandelnden Vorrichtungen zur Anstellung der Licht-Interferenz-Versuche" veröffentlicht, worin er zeigt, wie man sich aus gewöhnlichem Spiegelglas Fresnel'sche Interferenzprismen von vorzüglicher Wirkung verfertigen, ja sogar einen blossen Abschnitt vom Rande einer Spiegelglasscheibe hierzu benutzen kann. In der 1852 und 1853 erschienenen grossen Abhandlung: „Erklärung aller in einaxigen Krystallplatten zwischen gradlinig polarisirtem Lichte wahrnehmbaren Interferenz-Erscheinungen hat er sich zum Ziele gesetzt, die Theorie dieser Erscheinungen in allgemeinerer Weise, als bis dahin geschehen war, zu entwickeln, und gelangte in der That zu einer alle Einzelfälle umfassenden Formel von grosser Einfachheit und Eleganz. Diese Arbeit berührt sich in vielen Punkten mit einer schon 1841 von Professor Langberg in Christiania im norwegischen „Magazin for Naturvidenskaberne" ausführlich und 1842 im ersten Ergänzungsband zu Poggendorff's Annalen auszüglich veröffentlichten Abhandlung: „Analyse der isochromatischen Curven und der Interferenz-Erscheinungen in combinirten einaxigen Krystallen", welche Ohm jedoch erst kennen lernte, als seine durch jene keineswegs überflüssig gewordene Arbeit bereits vollendet war. Auch die Erscheinung der elliptischen Interferenzringe, durch welche Ohm zu seiner Arbeit den Anstoss erhalten hatte, war von Langberg damals schon beobachtet worden.

Zu den Ursachen, welche Ohm an der Weiterführung und Vollendung der Molecularphysik hinderten, ist auch die Abfassung eines Lehrbuches der Physik für seine Zuhörer zu rechnen, zu welcher Arbeit er sich trotz des „Widerwillens, den er von jeher gegen die Ausarbeitung eines Leitfadens empfand," durch das übernommene Lehramt verpflichtet fühlte. Die rasche Fertigstellung des durchaus originalen Buches bewirkte er dadurch, dass er seine Vorlesungen, in dem Masse, als er sie hielt, lithographirt an seine Zuhörer hinausgab. Die Anstrengungen, die mit einer so beschleunigten Lösung einer schwierigen Aufgabe nothwendig verbunden waren, wirkten nachtheilig auf seine Gesundheit ein, wie er am Schlusse der Vorrede seines Lehrbuches (Ostern 1854) wehmüthig bekennt. Noch eine andere Aeusserung, der wir im Texte des Buches begegnen, lässt sein Gefühl, dass seine Kräfte erschöpft seien, ahnungsvoll durchschimmern. Am 6. Juli 1854 erlosch sein reiches, bis zum letzten Athemzug der Erforschung der Wahrheit geweihtes Leben in Folge eines wiederholten Schlaganfalls.

Wir haben bisher in flüchtigen Zügen zu schildern versucht, was Ohm für die Wissenschaft gewesen ist, ohne von seinen äusseren Lebensumständen mehr zu erwähnen, als im Zusammenhange mit seinen wissenschaftlichen Leistungen unumgänglich nöthig war. Es schien dies um so mehr gestattet zu sein, als in Bauernfeind's „Gedächtnissrede auf Ohm, den Physiker" (München 1882) eine ausführliche, aus eigener Kenntniss und aus den zuverlässigsten Quellen geschöpften Darstellung des Lebens seines Lehrers und Freundes bereits vorliegt.[1])

[1]) Man vergleiche ferner: Lamont, Denkrede auf die Akademiker Dr. Thaddäus Siber und Dr. Georg Simon Ohm (München, 1855). Friedrich

Das hohe Verdienst Ohm's und die fundamentale Bedeutung seiner Gesetze für die Wissenschaft wie für die Technik der Elektricität ist heutzutage allgemein anerkannt. Um sein Andenken dauernd zu ehren, beschloss der im Jahre 1881 zu Paris versammelte internationale Congress der Elektriker, die damals festgesetzte und jetzt allgemein angenommene Masseinheit des Leitungswiderstandes nach dem Namen dessen, der diesen wichtigen Begriff in die Wissenschaft und damit auch in die Technik eingeführt hat, „ein Ohm" zu nennen. So kam es, dass der Name des bescheidenen Gelehrten, der niemals nach Glanz und Ruhm gestrebt hat, jetzt täglich genannt wird von den Lippen der Tausende, die in der hochentwickelten elektrotechnischen Industrie thätig sind.

Um das Andenken des grossen Physikers auch durch ein sichtbares Denkmal zu ehren, hat sich aus Anlass des hundertjährigen Geburtsfestes Ohm's ein Comité gebildet für Errichtung eines Ohmdenkmals in München, der Hauptstadt seines engeren Vaterlandes, wo er noch am Abend seines Lebens den seiner würdigen, langentbehrten Wirkungskreis gefunden hat.

Diese Anregung fand nicht nur innerhalb der Grenzen des deutschen Reiches, sondern weit darüber hinaus, lebhafte Zustimmung und thätige Förderung. Zur Ausführung des Denkmals wurde Herr Professor von Rümann gewonnen, dessen vortrefflicher Entwurf, als sitzende Cossolalfigur, in carrarischem Marmor ausgeführt, in nicht ferner Zeit den Platz vor der hiesigen technischen Hochschule zieren wird. An dem von Herrn Professor Friedrich Thiersch entworfenen Sockel wird ein Relief den Schlossermeister Ohm, seine beiden Knaben unterrichtend, darstellen.

Von Ohm ist kein authentisches Bildniss vorhanden, ausser einer wenig gelungenen Photographie, welche sowohl für das Oelbild im Sitzungssaal der k. Akademie der Wissenschaften,

---

von Thiersch, Rede über das hohe Geburtsfest Sr. Maj. des Königs Maximilian II. und die Veränderung im Personalstande der k. Akademie der Wissenschaften (München, 1855). Darin eine Würdigung der Verdienste Ohm's von Prof. Seidel. Beetz, der Antheil der k. b. Akad. d. Wiss. an der Entwickelung der Elektricitätslehre (München, 1873). Mann, G. S. Ohm, Beiträge zu seinem Charakterbild (Erlangen und Leipzig, 1890).

als auch für die Marmorbüste, welche König Ludwig I. in der bayerischen Ruhmeshalle aufstellen liess, massgebend war. Herrn Professor von Rümann ist es unter Benutzung derselben Photographie und der Errinnerungen noch lebender Schüler und Freunde Ohm's mit echt künstlerischer Intuition gelungen, eine Büste Ohm's zu schaffen, welche nach dem Zeugniss dieser Zeitgenossen Züge und Wesen des bedeutenden Physikers mit lebendiger Treue wiedergiebt. Eine phototypische Nachbildung dieser Büste schmückt als Titelbild die vorliegende Sammlung der Abhandlungen Ohm's.

München, im Juli 1892.

E. Lommel.

Inhaltsverzeichniss.

I.

Vorläufige Anzeige des Gesetzes, nach welchem Metalle die Contact-Elektricität leiten.

Schweigger's Journal für Chemie und Physik, Bd. **44**, p. 110—118. 1825.
Poggendorff's Annalen, Bd. **4**, p. 79—86 u. 87—88. 1825.

Durch mehrere Wahrnehmungen veranlasst, habe ich sorgfältige und vielfach wiederholte Versuche über die Fortleitung der Contact-Elektricität in Metallen angestellt und Resultate erhalten, zu deren schleuniger Mittheilung ich mich um so mehr bewogen fühle, als meine geringe, ziemlich verkümmerte Musse mir es nicht verstattet, das Ende dieser Untersuchungen so bald herbeizuführen. Und ich hoffe, dem theilnehmenden Publikum einen Dienst zu erzeigen, indem ich an jeder Stelle den Grund angebe, der mich zu einer neuen Reihe von Versuchen bewog.

Zu den Versuchen selbst gebrauchte ich einen Kupfer-Zink-Trog von 13 Zoll Höhe und 16 Zoll Länge. Aus dem Zink ging ein Draht A in ein Gefäss mit Quecksilber M, aus dem Kupfer ein Draht B in ein Quecksilbergefäss N; ferner wurde ein Draht C aus dem Gefässe M in ein drittes O geleitet. Der Kürze halber werde ich die Drähte A, B, C zusammengenommen den *unveränderlichen* Leiter nennen. Ausser diesen hatte ich noch 6 andere: o, a, b, c, d, e, deren Längen respective $^1/_3$, 1, 3, 6, $10^1/_3$, 23 Fuss betrugen und die dazu dienten, die Gefässe N und O mit einander zu verbinden und so die Kette zu schliessen; ich werde sie *veränderliche* nennen.

Diese veränderlichen Leiter, mit Ausnahme des Leiters *o*, der sehr dick war, hatten alle 0,3 Linien im Durchmesser. Ueber dem Theile *O* des unveränderlichen Leiters hing eine Magnetnadel in einer Coulombschen Drehwage von besonderer Einrichtung, die der jedesmaligen Kraftbestimmung zum Maassstab diente.

Erste Reihe von Versuchen.

Der unveränderliche Leiter war 4 Fuss lang und $1^1/_4$ Linie dick. Die veränderlichen Leiter wurden in folgender Ordnung angewendet:

$$o \quad a \quad o \quad b \quad o \quad c \quad o \quad d \quad o \quad e \quad o$$

und jedes Mal die Kraft des unveränderlichen Leiters auf die Magnetnadel gemessen. Aus vielen solchen Versuchsreihen ergaben sich folgende Mittelwerthe für den Verlust an Kraft, welcher eintrat, wenn ein veränderlicher Leiter die Kette schloss.

Leiter	*o*	*a*	*b*	*c*	*d*	*e*
Kraftverlust beob.	0,00	0,12	0,25	0,35	0,43	0,58

Der Zahlenreihe liegt die Kraft des Leiters *o*, die ich *Normalkraft* nennen werde, als Einheit zum Grunde. Diese Normalkraft wurde an der Drehwage durch 150 Theile, deren 100 eine ganze Umdrehung ausmachen, angezeigt.

Die Werthe dieser Zahlenreihe lassen sich sehr genügend durch die Formel:

$$v = 0{,}41 \log (1 + x)$$

darstellen, wobei v den Kraftverlust und x die Länge des veränderlichen Leiters in Fussen anzeigt. Man erhält hieraus durch Rechnung:

Leiter	*o*	*a*	*b*	*c*	*d*	*e*
Kraftverlust berechn.	0,00	0,12	0,25	0,35	0,43	0,57

Um mich zu überzeugen, ob diese Uebereinstimmung nicht vielleicht doch nur zufällig sei, construirte ich einen neuen veränderlichen Leiter f von 75 Fuss Länge. Die Beobachtung gab seinen

Kraftverlust = 0,78 bei einer Normalkraft von 168 Theilen
- = 0,75 - - - - 130 -
Die Rechnung giebt für diesen Kraftverlust 0,77
bei einer Normalkraft von 150 Theilen.

Zweite Reihe von Versuchen.

Differenzirt man die Gleichung

$$v = 0{,}41 \log (1 + x),$$

so erhält man

$$dv = m \frac{dx}{1 + x}$$

Durch die Form dieser Differenzialgleichung kam ich auf den Gedanken, ob nicht vielleicht ihre allgemeine Form sein werde:

$$dv = m \frac{dx}{a + x},$$

wobei a von der Länge des unveränderlichen Leiters abhängig sein dürfte; denn da der 4 Fuss lange unveränderliche Leiter $1^1/_4$ Linie dick war, so war es möglich, dass diese Länge der von einem Fusse des 0,3 Linien dicken Drahtes das Gleichgewicht hielt. Findet sich diese Vermuthung bestätigt, so verwandelt sich obige Formel in diese:

$$v = m \log \left(1 + \frac{x}{a}\right)$$

Um hierüber zur Gewissheit zu gelangen, substituirte ich statt der Theile A und B des unveränderlichen Leiters, welche zusammen $2^1/_2$ Fuss ausmachten, zwei andere von derselben Länge und 0,3 Linien Dicke. Damit angestellte Versuche gaben bei einer Normalkraft von 133 Theilen

Leiter	o	a	b	c	d	e	f
Kraftverlust beob.	0,00	0,07	0,16	0,24	0,32	0,49	0,75

Da aber von dem dicken Drahte $1^1/_2$ Fuss blieb und $2^1/_2$ Fuss dünner hinzukam, so wäre (wenn nach der eben aufgestellten Vermuthung 4 Fuss vom dicken, einem Fuss vom dünnen Drahte gleich kamen) für beide zusammen 2,9 Fuss dünner zu setzen. Berechnet man nun v aus voriger Formel, indem man $a = 2{,}9$ und $m = 0{,}525$ setzt, so findet man

Leiter	*o*	*a*	*b*	*c*	*d*	*e*	*f*
Kraftverlust berechn.	0	0,07	0,16	0,25	0,34	0,50	0,75

und man sieht leicht, dass der Werth von m, der allein aus dem Kraftverlust des Leiters f hergeholt worden ist, den Beobachtungen noch besser hätte angepasst werden können. Uebrigens ist zu bemerken, dass die hier beobachteten Werthe nur aus einer einzigen Reihe von Versuchen hergeleitet sind.

Dritte Reihe von Versuchen.

Ich hatte unterdessen einen ziemlichen Grad von Sicherheit in Versuchen dieser Art erlangt, und war auf einen Umstand aufmerksam geworden, der leicht einen Irrthum von 2 und mehr Theilen in jeder einzelnen Beobachtung an der Drehwage herbeizuführen im Stande ist, und den ich in den vorigen Versuchen nicht berücksichtigt hatte, weil er mir damals noch unbekannt war. Dieser Umstand besteht in folgender an sich merkwürdigen Thatsache. Wenn nämlich unmittelbar auf den Leiter *o* einer der andern veränderlichen in die Kette gebracht wird, so bedarf es wohl einer halben Minute und darüber Zeit, bis die Wirkung auf die Nadel ihr Maximum erreicht hat, das man abwarten muss, wenn man nicht eine zu kleine Zahl aufzeichnen will; und umgekehrt, wenn nachher wieder der Leiter *o* in die Kette kommt, so ist die Wirkung auf die Nadel in der ersten Zeit zu gross, und man muss, um sicher zu gehen, ihr Minimum abwarten.*)

*) Es wäre zu wünschen, dass der Herr Verfasser Musse fände, diese und ähnliche Gesetzbestimmungen mit der sogenannten thermo-elektrischen Kette vorzunehmen. Die Wirkungen sind bei dieser bei weitem beständiger, als bei der sogen. hydro-elektrischen Kette, und lassen deshalb sehr scharfe Messungen zu. P. [Poggendorff.]

So ausgerüstet, beschloss ich zur Sicherstellung des aufgefundenen Gesetzes eine neue Reihe von Versuchen, die für jeden Leiter nur aus zwei Beobachtungen, welche äusserst nahe mit einander übereinstimmen, besteht. Dabei brachte ich an die Stelle des Theilers C vom unveränderlichen Leiter 2 Fuss 0,3 Linien dicken Draht, so dass also im Ganzen der unveränderliche Leiter jetzt aus 4,5 Fuss von demselben Drahte bestand, woraus die veränderlichen Leiter a bis f gebildet waren. Das Resultat dieser Versuche war folgendes:

Leiter	*o*	*a*	*b*	*c*	*d*	*e*	*f*
Kraftverlust beob.	0,00	0,04	0,10	0,16	0,23	0,36	0,56

Setzt man in obige Formel, wie hier geschehen muss, $a = 4{,}5$ und wählt für m den Werth 0,452, wie ihn die letzte Angabe liefert, so findet man

Leiter	*o*	*a*	*b*	*c*	*d*	*e*	*f*
Kraftverlust berechn.	0,000	0,039	0,100	0,166	0,234	0,355	0,56

Diese Uebereinstimmung der beobachteten mit den berechneten Werthen ist als vollkommen anzusehen, um so mehr, als bei diesen Versuchen die Normalkraft an der Drehwage stets zwischen 44 und 43 Theilen sich aufhielt und ich kleinere als halbe Theile nie berücksichtigt habe.

Nach diesen Versuchen sehe ich das Gesetz

$$v = m \log\left(1 + \frac{x}{a}\right)$$

als hinlänglich durch die Erfahrung bestätigt an. Dass es für $x = -a$, $v = -\infty$ giebt, widerspricht keineswegs unserer anderweitigen Vorstellung von der Natur der galvanischen Kraft. Aus ihm erklärt sich von selbst die auffallend starke Wirkung des von Wollaston ausgeführten Glühapparats, ebenso die verhältnissmässig so starke Wirkung des elektro-magnetischen Apparats nach der von Gilbert getroffenen Einrichtung; ferner liegt in ihm der Grund, warum, nach Poggendorff, auf einem gewissen Punkte die Vervielfältigung der Windungen am Multiplikator zur Stärke der Wirkung nichts mehr beiträgt, und er fügt noch hinzu, dass durch immer fortgesetzte Vervielfältigung der Windungen die Wirkung wieder abnehmen und zuletzt ganz verschwinden müsse; es verspricht endlich eine tiefere Einsicht in die Natur des Thermo-Magnetismus.

Der Coëfficient m ist eine Funktion von der Normalkraft, von der Dicke des Leiters, von dem Werthe a und, wie ich Ursache zu glauben habe, von der elektrischen Spannung der Kraft. Ich bin eben noch damit beschäftigt, die Natur dieser Funktion durch genauere Versuche fest zu begründen. Um jedoch schon jetzt die Aufmerksamkeit der Naturforscher auf diesen Gegenstand zu lenken, erwähne ich noch folgender Beobachtung. Die Kette war mit dem Leiter f geschlossen und in den Trog verdünnte Schwefelsäure gegossen, wie man sie zu den elektromagnetischen Versuchen anzuwenden pflegt; die Drehwage zeigte 50 Theile, die Nadel ging allmählig, aber äusserst langsam, rückwärts, und nach Verlauf von mehr als einer Viertelstunde, als das Brausen schon fast ganz nachgelassen hatte, zeigte die Drehwage 45 bei einer Normalkraft von 447 Theilen. Frühere Versuche hatten mich aber belehrt, dass bei einem so gefüllten Troge nach Verlauf von 12 Minuten, bei schon stiller gewordenem Brausen, die Normalkraft noch 1300 Theile betrage. Dieser Leiter ist folglich im Stande, die Normalkraft auf weit weniger als ihren 26. Theil zurückzubringen. *Wirkungen von Leitern auf Leiter, die in derselben Kette sich befinden, können durch solche Hindernisse leicht tausendfach geschwächt werden!*

Späterer Nachtrag.

Eine nähere Untersuchung in Bezug auf das Steigen und Fallen der Kraft bei verändertem Zwischenleiter in der elektrischen Kette hat mich zu folgenden Resultaten geführt:

1) Die elektrische Kraft ist bei jedem Leiter im ersten Augenblicke der Schliessung der Kette am stärksten, nimmt von da an allmählig ab und gelangt endlich, wenn man sich die leitende Flüssigkeit unverändert denkt, zu einem Minimum. Durch ein Oeffnen der Kette auf längere Zeit erhält sie wieder ihre vorige Stärke.

2) Dieses Minimum liegt der anfänglichen Kraft beim längeren Leiter verhältnissmässig näher als beim kürzeren (es versteht sich, dass hierbei die Dicke constant angenommen wird); daher wächst die Kraft allmählig und gelangt scheinbar zu einem Maximum, wenn unmittelbar nach dem kürzeren ein längerer Leiter in die Kette gebracht wird.

Nachdem ich die Natur dieser Erscheinung erkannt und ihre Grösse in verschiedenen Fällen ausgewerthet hatte, stand ich keinen Augenblick mehr an, in ihr den Grund zu suchen, warum die Wirkung des Wollaston'schen Glühapparats, wenn sie bereits aufgehört hat, dadurch, dass man ihn auf kurze Zeit der Luft aussetzt, wiederholt erneuert werden kann.*) Ich überzeugte mich hiervon noch besonders auf folgende Weise: Den an dem Zinke angebrachten Kupferstreifen schnitt ich, so weit er über dasselbe hinausragte, ab, und verband diese beiden Stücke durch einen Streifen Elfenbein, der die Leitung unterbrach. Auf jedes dieser Stücke schraubte ich ein Schälchen von Messing, mit Quecksilber angefüllt, und verband diese mit einem Bogen von Messingdraht, der die Leitung auf solche Weise wieder ergänzte. Den so abgeänderten Apparat brachte ich hierauf in verdünnte Salzsäure, und als der Platindraht

*) Vergl. Hare's Beobachtungen B. 13, S. 86 d. Jahrb.

zu glühen aufgehört hatte, hob ich, ohne den Apparat aus der Flüssigkeit zu nehmen, den Messingdraht aus den Schälchen heraus und brachte ihn nach kurzer Zeit wieder in dieselben hinein. Der Platindraht fing dann auf's Neue an zu glühen, und ich konnte diese Erneuerung der Wirkung viele Male wiederholen. Als aber endlich durch dieses Mittel kein Glühen mehr bewirkt werden konnte, half auch ein Herausnehmen des Apparats aus der Flüssigkeit und Wiedereintauchen nicht mehr.

II.

Ueber Leitungsfähigkeit der Metalle für Elektricität.

(Aus einem Schreiben des Herrn Dr. Ohm in Köln.)

Schweigger's Journ., Bd. **44**, p. 245—247. 1825.

Köln, den 27. Jan. 1825.

Es freut mich, durch eine Reihe von Beobachtungen bestätigen zu können, was Sie im 5. Hefte dieses chem.-physik. Jahrb. für 1825, S. 121, äussern, dass die magnetische Wirkung der galvanischen Kette ein vorzügliches Mittel darbieten möge zur Bestimmung der Leitungsfähigkeit der Metalle durch Zahlenverhältnisse. Es ist kaum zu glauben, mit welcher Bestimmtheit auf diesem Wege die Aussagen sich gestalten. Die Reihe der Metalle vom besten bis zum schlechtesten Leiter ist folgende: Kupfer, Gold, Silber, Zink, Messing, Eisen, Platina, Zinn, Blei, so zwar, dass Kupfer ungefähr $10^1/_2$ mal so gut leitet, als das Blei. Es ist bemerkenswerth, dass, mit Ausnahme des Zinks, diese Reihe mit der durch v. Marum bestimmten völlig übereinstimmt, dagegen von der Children's so sehr abweicht. Ich vermuthe, dass der letztere für die innige Verbindung der beiden Drähte nicht immer genug gesorgt habe; denn ein bloses Einhaken giebt zu Unregelmässigkeiten Anlass und stört die Wirkung oft ganz. Anders vermag ich mir auch den Umstand, dass, als er seine Batterie zu einem Plattenpaare verband, diese den dünnsten Draht nicht zum Glühen brachte, nicht zu erklären; es müsste denn sein, dass seine Bleistreifen lang und dünn zugleich waren. Die Uebereinstimmung der van Marum'schen Reihe mit der meinigen ist um so beachtungswerther, da Eisen, Platin und Zinn so äusserst nahe an einander liegen (ihre Leitungskräfte verhalten sich nämlich wie die Zahlen 62, 61 und 60), dass man auf dem von v. Marum betretenen Wege kaum die Spur eines Unterschiedes hätte erwarten sollen.

Gold und Silber zu obigen Versuchen waren chemisch rein, die übrigen Metalle wie sie im Handel vorkommen. Den zu den Versuchen gebrauchten Zinkdraht hatte ich aus gewalztem Zinkbleche bereitet, das bekanntlich viel fremde Stoffe bei sich führt; aber so wie dieser Zinkdraht war, stand er bestimmt über dem Messing in dem Verhältnisse von 6 : 5.

Meine Arbeit fängt allmählig an, sich zu einem Ganzen zu runden. Nur bedauere ich, dass ich häufig aus Mangel an Mitteln Untersuchungen abbrechen muss, die ich so gern weiter verfolgt hätte.

III.

Ueber Elektricitätsleiter.

(Brief an Schweigger.)

Schweigger's Journ., Bd. **44**, p. 370—373. 1825.

Köln, den 13. Juli 1825.

Beim Durchlesen des Auszuges von Becquerel's Abhandlung über die Leitung der Elektricität in Metallen (Bulletin des sciences Mai 1825) boten sich mir einige Bemerkungen dar, die vielleicht einer Stelle in Ihrem Journale nicht unwerth sind. Da obiger Gegenstand durch die Arbeiten Barlow's und Becquerel's vielleicht eine allgemeinere Theilnahme finden wird, so ist es wohl an der Zeit, die Widersprüche zu heben, welche Beider Aussagen von einander zu trennen scheinen, um so der Kritik sicheren Boden zu verschaffen.

Zwar sagt der Bearbeiter jenes Auszuges: Nous montrerons, que la contradiction que présentent au premier aperçu les opinions de ces deux habiles observateurs n'est qu'apparente; aber wenn er später als Erklärungsgrund aufstellt: Cette contradiction apparente tient a ce que les deux savans physiciens n'ont pas mesuré les mêmes espèces de grandeur. M. Becquerel adapte simultanément deux conducteurs différens à une même pile, et il détermine les lois suivant lesquelles le courant se partage entre ces deux conducteurs. M. Barlow présente successivement deux fils et il évalue leur pouvoir conducteur par les effets qu'ils produisent isolément: so ist dadurch der Widerspruch keineswegs gehoben, sondern nur umgangen. Auch setzen sich dieser Erklärung meine über die gleichzeitige Leitung mehrerer Leiter aus einer und derselben Quelle schon vor längerer Zeit gemachten Versuche entgegen. Aus diesen Gründen, und auch ohne sie, glaube ich, dass der scheinbare Widerspruch in folgendem Umstande gesucht werden müsse.

Der an sich sehr sinnreiche Apparat Becquerel's wird dadurch zu Versuchen der Art ganz unbrauchbar, dass zu einer stets in der Kette bleibenden, sehr beträchtlichen Länge (über 20 Meter) verhältnissmässig nur geringe veränderliche Längen (von einigen Decimetern) hinzukommen, aus welchen das Gesetz der Leitung gefolgert werden soll; aber schon die Einschaltungsweise bei logarithmischen und trigonometrischen Tafeln lehrt, dass die Aenderungen ganz verschiedenartiger Functionen sich sehr nahe wie die Aenderungen ihrer veränderlichen Grössen verhalten, wenn der Umfang beider sehr klein ist, so dass sich also aus diesem Gesetze der Veränderungen ganz und gar kein Schluss auf die Funktion selber ziehen lässt, wie dies gleichwohl von Becquerel geschehen zu sein scheint.

Diesem nach ist es wohl keinem Zweifel unterworfen, dass die Resultate Barlow's in Bezug auf Länge des Leiters zuverlässiger sind, als die Becquerel'schen, und ich füge noch hinzu, dass das Barlow'sche Gesetz den in diesem Journale aufgezeichneten Angaben meiner beiden letzten Leiter, welche noch am meisten unter ähnlichen Umständen, wie die des englischen Physikers, sich zu befinden scheinen, ziemlich nahe kommt. Meine späteren Versuche haben mich jedoch belehrt, dass dieses Verhältniss, unter übrigens gleichen Umständen, mit der Stärke der Kraft sich ändert, und dieser Umstand, in Verbindung mit den Anzeigen eines 1500 Fuss langen Leiters, hat mich bewogen, meine eigene Formel in eine andere, der früheren analoge, die erst dann, wenn $x = \infty$ wird, die Kraft verschwinden lässt, umzuwandeln, welche allen bis jetzt von mir gemachten Beobachtungen recht gut entspricht.

Die Uebereinstimmung der jüngst Ihnen von mir mitgetheilten Notizen über die Leitungsfähigkeit der Metalle mit den Becquerel'schen Angaben wird Sie überrascht haben; die von mir gefundenen Zahlen weichen indessen in einzelnen Fällen von den Becquerel'schen bedeutend ab, namentlich beim Gold und Silber, welchem letzteren nach meinen Versuchen kaum eine halb so grosse Leitungskraft zukommt, als dort angegeben wird. Da ich mir jedoch vorgenommen habe, die ganze hierauf sich beziehende Versuchsreihe bei mehr Musse noch einmal in grösserem Maassstabe vorzunehmen, so halte ich bis jetzt noch alle näheren Angaben hierüber zurück.

IV.

Bestimmung des Gesetzes, nach welchem Metalle die Contactelektricität leiten, nebst einem Entwurfe zu einer Theorie des Voltaischen Apparates und des Schweigger'schen Multiplicators.

Schweigger's Journ., Bd. **46**, p. 137—166. 1826.

Im verwichenen Jahre habe ich in diesem Journ.*) eine vorläufige Anzeige des Gesetzes, nach welchem Metalle die Elektricität leiten, gemacht, und mehrere Reihen von Versuchen mitgetheilt, die mit all der Sorgfalt und Genauigkeit angestellt waren, welche der Gegenstand verdient und gestattet. Fast zu derselben Zeit sind Mittheilungen über denselben Gegenstand aus dem Auslande von zwei gleich rühmlich bekannten Experimentatoren Barlow und Becquerel zu uns gekommen, wobei es auffallend war, dass die Resultate dieser beiden Gelehrten, in so fern sie sich über den Einfluss der Länge des Leitungsdrahtes erstrecken, sowohl unter sich, als auch von dem durch meine Versuche ermitteltem Gesetze so stark abwichen. Ihre Arbeiten, so weit sie mir bekannt geworden sind, habe ich bei meinen späteren Versuchen stets berücksichtigt und bin so zu der Ueberzeugung gelangt, dass weder die von diesen Naturforschern über die Länge des Leiters ausgesprochenen Gesetze, noch das von mir angekündigte, allgemein und frei von der Einmischung solcher Kräfte seien, die keineswegs zu der Frage, um die es sich handelt, gehören. Dagegen hoffe ich jetzt im Stande zu sein, die Parteien mit einander auszusöhnen und ein Gesetz aufzustellen, welches sich

*) Neue Reihe, Bd. 14, H. 1.

sowohl durch vollkommene Uebereinstimmung mit den nach allen Grenzen hin fortgesetzten Versuchen, als auch insbesondere durch die Einheit, welche es über alle den elektrischen Strom angehende Erfahrungen verbreitet, eine Einheit, wie sie nur im Gefolge der Wahrheit zu erblicken ist, als das reine Gesetz der Natur verkündigt.

Dieses Gesetz erstreckt sich indessen lediglich über die Leitung der Elektricität durch Metalle und nimmt keine Rücksicht auf die Funktion des flüssigen Leiters in der galvanischen Kette. Meine Versuche über den Einfluss der Flüssigkeiten auf den elektrischen Kreislauf, obgleich sie allmählig mehr und mehr sich entwirren, halte ich noch nicht für geschlossen; aber eben deswegen muss ich mich für jetzt damit begnügen, die Resultate, welche sich bereits rein herausgestellt haben, nur in kurzen Umrissen anzudeuten und behalte mir vor, eine ausführlichere, die chemischen und elektroskopischen Erscheinungen zugleich in sich aufnehmende, mathematisch bearbeitete Theorie der elektrischen Kette nachzuliefern. Die Hindernisse, welche meine Stellung als Gymnasiallehrer jeder gründlichen Arbeit in ganz aussergewöhnlichen Maassen entgegensetzt, mögen mich entschuldigen, wenn jene Abhandlung in einem grösseren Zeitraume, als billig scheint, dieser Anzeige nachfolgt.

Um unnütze Wiederholung zu vermeiden, fahre ich da fort, wo die am Eingange citirte Ankündigung aufhört, und bitte deshalb den Leser, hierauf Rücksicht nehmen zu wollen.

Das beständige Wogen der Kraft*), welches beim Oeffnen und Schliessen der Kette oder beim Vertauschen solcher Leiter, die als Schliessungsglied der Kette ungleichen Leitungswerth haben, stattfindet, erschwert die Versuche ungemein. Um einen Begriff von der Grösse und Dauer dieses Wogens zu geben, wird es nicht überflüssig sein, einige von den Versuchen, deren ich unzählige zur Bestimmung seiner Natur gemacht habe, hier mitzutheilen.

Die Kette wurde mit dem Leiter *O* geschlossen und der Stand der Nadel von 5 zu 5 Minuten beobachtet; es ergaben sich allmählig folgende Resultate: 180, 150, 135, $125^1/_2$, $119^1/_2$,

*) a. a. O. S. 116.

115, $111^3/_4$, $109^1/_2$, $107^3/_4$, $106^3/_4$, $105^3/_4$, 105, $104^1/_2$, eine Stunde später $100^1/_2$, sodass also im Ganzen 2 Stunden 5 Minuten verflossen waren. Nach wenigen Minuten, während welcher die Kette offen blieb, zeigte die Nadel, die so schnell als möglich in der Visirlinie zur Ruhe gebracht worden war (was mit einiger Uebung durch ein ihren Schwingungen entgegen laufendes Drehen in kurzer Zeit zu Stande zu bringen ist) wieder mehr als 180 Theile längere Zeit hindurch. Die Kette wurde auf's Neue geöffnet und die Nadel durch ein zur Seite angebrachtes Hinderniss gezwungen, in der Visirlinie zu bleiben, hierauf die Scheibe auf 500 gestellt und die Kette durch den Leiter O geschlossen, — und siehe, die Nadel legte sich auf der entgegengesetzten Seite, wo in einiger Entfernung ebenfalls ein Hinderniss angebracht war, mehrere Secunden lang an*). Dieses Wogen der Kraft war aber schon bei dem 75 Fuss langen Leiter nicht mehr von erheblichem Umfange.

Es giebt meines Wissens nur ein Mittel, dieses Wogen der Kraft ziemlich unschädlich zu machen, welches darin besteht, dass man die Kette vor Anfang der Versuche längere Zeit geschlossen hält und während der Versuche selbst nie öffnet, d. h. mit dem folgenden Leiter erst schliesst, ehe man den vorhergehenden aus der Kette nimmt. Bei Versuchen, wo Leiter von ungefähr gleichem Leitungswerthe abwechselnd in die Kette gebracht werden, ist dieses Hinderniss, wenn man die eben angeführte Vorsichtsmassregel beobachtet, als nicht vorhanden anzusehen, und solche Versuche lassen daher einen hohen Grad der Genauigkeit zu.

Auf diese Weise bestimmte ich das Leitungsvermögen verschiedener Metalle. Ich nahm cylindrische Drähte von einerlei Dicke und verschiedenem Stoffe, brachte nach und nach je zwei abwechselnd in die Kette und kürzte denjenigen, der die Kraft am meisten schwächte, so lange ab, bis er mit dem anderen ungefähr gleichen Leitungswerth erlangt hatte. Am besten thut man, aus zwei nahe an einander liegenden

*) Es ist daher kein Wunder, dass ein Herausnehmen des Wollaston'schen Glühapparats aus der Flüssigkeit auf kurze Zeit den schon erloschenen Draht zum Wiedererglühen bewegt. Vergl. a. a. O. S. 117 [7].

Bestimmungen, wovon die eine zu viel, die andere zu wenig giebt, ein Mittel zu nehmen. So gelangte ich zu nachstehenden Verhältnisszahlen für die Länge der verschiedenen Metalle, wobei sie gleichen Leitungswerth besitzen:

Kupfer 1000, Gold 574, Silber 356, Zink 333, Messing 280, Eisen 174, Platin 171, Zinn 168, Blei 97.

Ich hatte, als ich im vorigen Jahre diese Versuche anstellte, jeden unter veränderten Umständen einige Male wiederholt und mit sehr geringen Abweichungen stets dieselben Resultate erhalten; seitdem habe ich aber Erfahrungen gemacht, die mich bewegen, Misstrauen in jede Angabe der Art zu setzen. Als ich nämlich etwa ein halbes Jahr später dieselben Versuche wiederholen und mit Kupfer, Gold und Silber den Anfang machen wollte, da ging zu meinem Erstaunen das Silber entschieden über das Kupfer hinaus. Glücklicherweise besass ich noch das Stück Silberdraht, womit ich meine früheren Versuche angestellt hatte und siehe, es reihte sich dieses wieder in seine alte Stelle ein. Beide Silberexemplare waren aus Hornsilber gewonnen, folglich gleich rein, sie unterschieden sich durch nichts von einander, als dass die Oberfläche des jüngsten sorgfältig gereinigt, die des älteren aber mit einer Oelhaut, die sie beim Ziehen angenommen hatte, überzogen war. Dieser Umstand bewog mich, meine Versuche vorläufig einzustellen. Gerne hätte ich sie an dem unten beschriebenen Apparate, der äusserst sichere Resultate giebt, wieder aufgenommen, aber dazu fehlten mir die Metalle in der erforderlichen Quantität; ich hoffe später einmal darauf zurückkommen zu können.

Ferner nahm ich Drähte von gleichem Stoffe und verschiedener Dicke, innerhalb 0,12 und 1,40 Linien, und verfuhr mit ihnen ganz so, wie bei der Bestimmung des Leitungsvermögen der Metalle geschehen ist. So ergab sich mir folgendes Gesetz: *Cylindrische Leiter von einerlei Art und verschiedenem Durchmesser haben denselben Leitungswerth, wenn sich ihre Längen wie ihre Querschnitte verhalten.* Auf dieses Gesetz wurden auch Barlow und Becquerel durch ihre Versuche geführt.

Zu bemerken ist auch hier der Umstand, dass stets der

dickste Draht von der Regel mehr oder weniger abwich; aber er war geblieben wie er war, mit mehr oder weniger rein metallischer Oberfläche, während die anderen über dem Ziehen mit einer Haut ziemlich gleichmässig sich bedeckt hatten. In meinen späteren Versuchen habe ich auf diesen Umstand stets Rücksicht genommen.

Bei Versuchen, die sich auf die Länge des Leiters beziehen, ist jenes Wogen der Kraft von sehr nachtheiligem Einflusse, weil hier Leiter von sehr ungleichem Werthe nach einander in die Kette gebracht werden, woraus eine Unsicherheit entsteht, die durch die fortwährende Aenderung, welche die Flüssigkeit und die sie berührenden Metalloberflächen in ihrer chemischen Konstitution erleiden, nur noch vermehrt wird. Ich habe zwar in meinen früheren Versuchen diesem Uebelstande dadurch zu begegnen gesucht, dass ich die einzelnen Beobachtungen stets in gleichen Zeiträumen auf einander folgen liess und zu der ganzen Zeit der Versuche nur solche Abschnitte wählte, in welchen die Wirkung der Kette weniger veränderlich sich zeigte; allein obgleich dadurch die Beobachtungsfehler in ziemlich enge Grenzen eingeschlossen werden, so konnte ich doch nicht hoffen, auf diesem Wege das eigentliche Gesetz der Leitung*) zu entdecken und nahm daher meine Zuflucht zu der thermomagnetischen Kette, deren Beständigkeit von Herrn Poggendorff mir empfohlen worden war; und da die auf diesem Wege gewonnenen Erfahrungen das Gesetz der Leitung auf eine entscheidende Weise aussprechen, so halte ich es nicht für überflüssig, meinen dabei gebrauchten Apparat umständlich zu beschreiben, damit der Grad des Zutrauens, den die daraus hervorgegangenen Thatsachen verdienen, sich um so leichter bestimmen lasse.

Ein in der Gestalt einer eckigen Klammer gegossenes Stück Wismuth $a\ b\ b'\ a'$ (Fig. 1), dessen längere Seite $b\ b'$ $6^1/_2$ Zoll und dessen kürzere Schenkel $a\ b$, $a'\ b'$ jeder $3^1/_2$ Zoll betrugen,

---

*) Dass das in meiner Ankündigung S. 115 [5] aufgestellte nicht allgemein sei, davon habe ich mich durch einen Leiter von 300 Fuss, dessen Querschnitt fünf mal kleiner als der der übrigen war, der also einen Leiter von 1500 Fuss vertrat, überzeugt. Er gab $2^3/_4$ bei einer Normalkraft von 139 und $1^1/_2$ bei einer Normalkraft von 76 Theilen.

war durchgängig 9 Linien breit und 4 Linien dick. An jeden dieser Schenkel befestigte ich mittelst zweier Schrauben Kupferstreifen *a b c d, a' b' c' d'*, die 9 Linien breit, 1 Linie dick und zusammen gerechnet 28 Zoll lang und so gebogen waren, dass ihre freien Enden *c d, c' d'* in zwei an dem hölzernen Gestelle *f g h i* angebrachte, mit Quecksilber gefüllte Schälchen *m, m'* ragten, wenn die ganze Vorrichtung auf dem Gestelle sass.

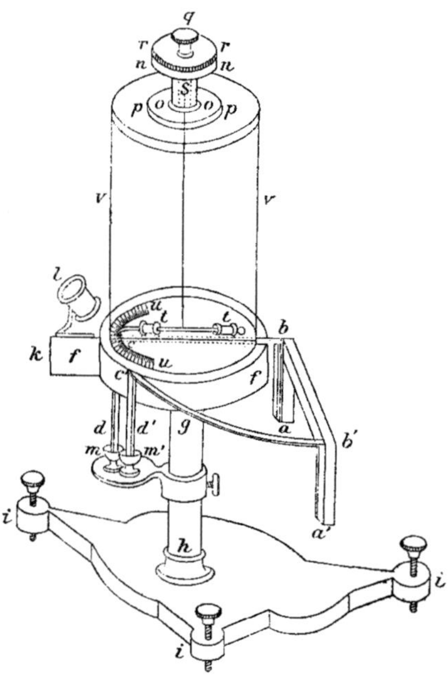

Fig. 1.

Auf der oberen Platte *f f* des Gestelles sitzt die Drehwage, bei deren Beschreibung ich etwas verweilen werde, da an ihr Abweichungen von der gewöhnlichen Einrichtung vorkommen. Der Glascylinder *v v*, auf welchem sie sitzt, ist 6 Zoll hoch und 4½ Zoll weit. Sie selbst besteht aus 2 Theilen, wovon der eine *n o p* mit einer schwach konischen Höhlung versehen und auf der oberen Platte des Glascylinders fest gekittet ist, der andere *q r s* mit seinem 8 Linien dicken konisch auslaufenden Zapfen in die Höhlung des ersten genau passt, und mit seiner 3 Zoll breiten Scheibe *r r* auf der eben so breiten Scheibe *n n* des ersten Theiles aufliegt. An dem Zapfen *q s* ist mit grosser Sorgfalt auf der Drehbank der Mittelpunkt der Drehung durch eine zarte konische Vertiefung angemerkt und hierauf derselbe auf einen halben Zoll seiner Länge so lange abgefeilt worden, bis sich auf der dadurch entstandenen ebenen Fläche jene konische Vertiefung als ein vollständiges Dreieck darstellte. Durch eine besondere Vorrichtung wird der Faden, an welchem die Nadel hängt, so an den Zapfen geklemmt, dass seine Mitte genau in die Spitze des Dreiecks fällt.

Die Magnetnadel *t t* ist aus 0,8 Linien dickem Stahldraht verfertigt und nicht volle 2 Zoll lang, ihre beiden Enden sitzen in cylinderförmigen Stücken Elfenbein, deren eines einen zart zugespitzten, nach unten etwas umgebogenen Messingdraht in sich trägt. Diese messingene Spitze, die als Zeiger dient, liegt dicht über dem auf dem Gestelle ruhenden, in Grade eingetheilten Bogen von Messing *u u*. Anfänglich hatte ich die Nadel so lang gemacht, dass sie mit ihrem einen Ende unmittelbar über dem messingenen Gradbogen schwebte; aber die Trägheit, welche sie durch die geringe Anzahl ihrer Schwingungen zu erkennen gab, erinnerte mich an die vor Kurzem von Arago gemachte Erfahrung und gab Anlass zu obiger Abänderung.

Die so zubereitete Nadel wird von einem 5 Zoll langen Streifen Goldlahn getragen, der an der Drehwaage genau im Mittelpunkt der Drehung befestigt ist. Diese bandförmigen Metallstreifen sind nach meiner Erfahrung zu Versuchen mit der Drehwaage weit geschickter als cylinderförmige Drähte. Der Lahn, den ich an meiner Drehwaage gebrauche, besitzt ungeachtet seiner aus vielen Rücksichten so wünschenswerthen Kürze noch in so hohem Grade alle Erfordernisse zu den Drehversuchen, dass die Nadel, nachdem der Lahn eine Spannung von mehr als drei ganzen Umdrehungen erlitten hat, wieder ihre alte Stellung einnimmt, wenn man die Spannung wieder aufhebt. Demungeachtet habe ich nach jedem Versuche die Nadel im Stande der Ruhe beobachtet, um überzeugt zu sein, dass der Apparat durchaus keine Aenderung erlitten hat. Uebrigens glaube ich noch bemerken zu müssen, dass vorangegangene Versuche an einer ähnlichen vom Lahne getragenen Nadel aus Messing mich überzeugt haben, dass kleine und grosse Schwingungen (ich habe sie von zwei ganzen Umdrehungen bis zu wenigen Graden verfolgt) stets in derselben Zeit abgemacht werden, so dass also von dieser Seite her nichts zu fürchten ist.

Die Drehwaage wurde auf die obere Platte des Gestelles dergestalt fest gekittet, dass eine mitten durch den Kupferstreifen *b c* gezogene, mit dem mittelsten Theilstrich des Gradbogens *u u* und einem dicht vor diesem Bogen lothrecht ausgespannten einfachen Seidenfaden in einerlei Richtung liegende gerade Linie und zugleich auch die Magnetnadel im magnetischen Meridiane lagen, während der Zeiger an der Drehwaage auf Null gestellt war. Auf dem Vorsprunge *k* des Gestelles war ein convexes Glas *l* von einem Zoll Brennweite in der erforderlichen Richtung und Entfernung angebracht, durch welches die untere Theilung betrachtet wurde, und um jede Parallaxe zu vermeiden, wurde das Auge während der Beobachtung stets so gestellt, dass der Seidenfaden und der mittlere Theilstrich des Gradbogens sich deckten. Die Beobachtung geschah in der Art, dass jedesmal, wenn die Nadel durch den elektrischen Strom des Apparats abgelenkt worden war, der Lahn so lange durch den beweglichen Theil der Drehwaage entgegengedreht wurde, bis die messingene Spitze der Nadel hinter dem Seidenfaden auf dem mittleren Theilstrich des Gradbogens stand; dann wurde die Grösse der Drehung oben an der Drehwaage in Hunderttheilen einer ganzen Umdrehung abgelesen, welche Zahl bekanntlich die Kraft ausdrückt, womit auf die Nadel gewirkt worden ist.*)

Die Leiter, welche zu den Versuchen gebraucht worden sind, tauchten mit ihren Enden in das Quecksilber der Schälchen *m*, *m'*, über denen der Sicherheit wegen eine einfache Vorrichtung angebracht war, vermittelst welcher die Enden eines jeden Leiters stets auf dieselbe Weise mit dem Quecksilber in Berührung kamen. Ueberdiess wurden alle Enden

*) Die Nadel und der Lahn hatten unter sich ein solches Verhältniss erhalten, dass, um die Nadel einen Grad der unteren Theilung weiter zu führen, die Drehwaage um zehn Theile gedreht werden musste. Bei der getroffenen Einrichtung hielt es aber nicht schwer, $^1/_{40}$ eines unteren Grades noch gut zu sehen und daher $^1/_4$ eines oberen Theiles noch merklich zu fühlen. Zugleich erhellt aber hieraus, wie eine Abweichung des Umdrehungspunktes von noch nicht einer halben Linie zu Fehlern von zwanzig und mehr Theilen führen könne; es darf daher die ängstliche Sorgfalt, mit der ich meine Drehwaage bauen liess, nicht befremden. Vielleicht liegt gerade hierin der Grund, warum Andere als Coulomb zu übereinstimmenden Resultaten durch die Drehwaage nicht gelangen konnten.

der Leiter, soweit eine Berührung des Quecksilbers zu befürchten war, mit Harz überzogen, dann die Grundflächen derselben mit einer feinen Feile metallisch gefeilt und jedesmal frisch angequickt. Eine vollkommen metallische Verbindung der einzelnen Theile ist bei Versuchen der Art eine unerlässliche Bedingung, weil ausserdem keine Uebereinstimmung der Beobachtungen zu Stande kommt.

Um endlich den Theilen des Apparats, wo sich Wismuth und Kupfer berührten, einen beständigen Temperaturunterschied zu geben, liess ich mir zwei Gefässe aus Blech verfertigen, deren Durchschnitte in grösserem Maassstabe (Fig. 2 und 3) abgebildet sind. Jedes hatte in seinem Inneren einen oben

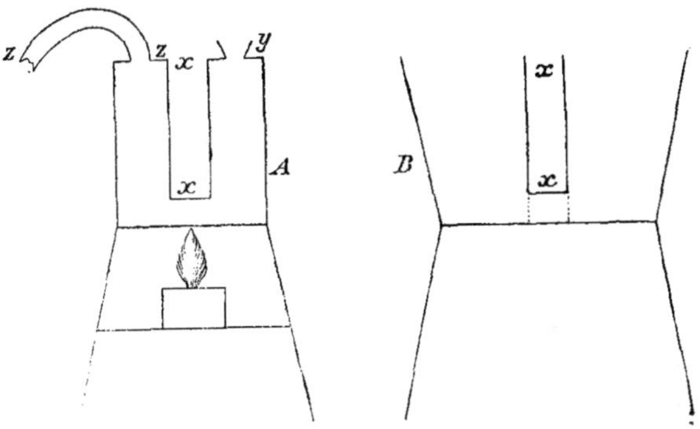

Fig. 2. Fig. 3.

offenen, übrigens ringsum verschlossenen, zur Aufnahme der Theile *a b, a' b'* bestimmten Raum *x x*. In dem einen *A* wurde Wasser beständig im Kochen erhalten; dieses hatte daher bei *y* eine mit Kork zu verschliessende Oeffnung, um Wasser in das Gefäss bringen zu können und auf der anderen Seite eine Röhre *z z*, um den Dampf abzuführen; in das andere wurde Schnee oder zerstückeltes Eis gebracht. Die Theile *a b, a' b'* wurden mit dünnem, aber dichtem Seidenzeug umnäht, dann in die Räume *x x* geschoben und diese zuletzt bis auf eine Höhe von etwa einem Zolle mit kleinem Schrote ausgefüllt und dann vollends mit klein zerstückeltem Glase zugeschüttet. Auf solche Weise befanden sich alle Berührungsstellen zwischen Wismuth und Kupfer innerhalb des mit Blei ausgefüllten, die Wärme gut leitenden Raumes und die Glasdecke schützte diesen Raum vor einer schnellen Temperaturänderung durch die umgebende Luft.

Nach dieser umständlichen Beschreibung des Apparats komme ich nun zu den Versuchen, die ich damit angestellt habe. Ich hatte mir 8 verschiedene Leiter vorgerichtet, die ich in der Folge mit 1, 2, 3, 4, 5, 6, 7, 8 bezeichnen werde und die respective 2, 4, 6, 10, 18, 34, 66, 130 Zoll lang, $^7/_8$ Linie dick und insgesammt aus einem Stücke sogenannten plattirten Kupferdrahtes geschnitten und auf die vorhin beschriebene Weise zubereitet waren. Nachdem das Wasser eine halbe Stunde im Sieden erhalten worden war, wurden sie nach einander in die Kette gebracht. Zwischen je zwei Versuchsreihen eines und desselben Tages, die drei bis vier Stunden ausfüllten, wurde immer eine Pause von einer Stunde gehalten, während welcher neues, schon erwärmtes Wasser zugegossen wurde, das in kurzer Zeit in's Kochen kam, dann kamen die Leiter nach der Reihe, aber in umgekehrter Ordnung, in die Kette. So gelangte ich zu nachstehenden Ergebnissen;

Zeit der Beobachtung.	Versuchsreihen.	Leiter.							
		1.	2.	3.	4.	5.	6.	7.	8.
8. Jan.	I.	$326^3/_4$	$300^3/_4$	$277^3/_4$	$238^1/_4$	$190^3/_4$	$134^1/_2$	$83^1/_4$	$48^1/_2$
11. Jan.	II.	$311^1/_4$	287	267	$230^1/_4$	$183^1/_2$	$129^3/_4$	80	46
	III.	307	284	$263^3/_4$	$226^1/_4$	181	$128^3/_4$	79	$44^1/_2$
15. Jan.	IV.	$305^1/_4$	$281^1/_2$	259	224	$178^1/_2$	$124^3/_4$	79	$44^1/_2$
	V.	305	282	$258^1/_4$	$223^1/_2$	178	$124^3/_4$	78	44

Es fällt auf, dass die Kraft von einem Tage zum andern fühlbar abnimmt. Ob der Grund dieser Abnahme in einer Veränderung der Berührungsstellen oder vielleicht darin zu suchen ist, dass der 8. und 11. Januar sehr kalte Tage waren und das Eisgefäss noch am Fenster einer nicht stark geheizten und schlecht verwahrten Stube stand, wage ich nicht zu entscheiden; nur das glaube ich hinzufügen zu müssen, dass ich vom 15. ab keine bedeutenden Unterschiede mehr wahrnehmen konnte.

Ein besonderes Gewicht ist auf den Umstand zu legen, dass von dem oben beschriebenen Wogen der Kraft, wie es in der hydroelektrischen Kette stattfindet, hier auch nicht eine Spur wahrzunehmen ist. Die Nadel bleibt, so wie sie zur Ruhe gebracht worden ist, unbeweglich auf derselben Stelle stehen. Ich habe sie nach obigen Versuchen oft eine halbe Stunde lang beobachtet und auch nicht die leiseste Veränderung wahrgenommen. Ja, als die Nadel mit dem Leiter 1 in's Gleichgewicht gebracht und durch ein zur Seite angebrachtes Hinderniss in dieser Lage fest gehalten worden war, ging sie beim Schliessen der Kette durch denselben Leiter, der längere Zeit herausgenommen war, auch nicht im Mindesten nach der entgegengesetzten Seite ab. Dies berechtigt zu dem Schlusse, *dass jenes Wogen in einer Abänderung der Flüssigkeit seinen Grund hat, die durch den elektrischen Strom selbst erst bedingt wird und mit ihm steigt und fällt.* Es scheint eine Vertheilung gewisser Bestandtheile in der Flüssigkeit durch die Elektricität veranlasst zu werden, die sich ganz nach denselben Gesetzen richtet, wie sie bei der durch ruhende Elektricität bewirkten, wahrgenommen worden sind; eine Verstärkung der Kraft hat ein vermehrtes Auseinandertreten jener Bestandtheile zur Folge, eine Verminderung der Kraft bestimmt diese Bestandtheile zu einer partiellen Wiedervereinigung, die zur totalen wird, so wie die Kraft völlig verschwindet. Es ist sehr wahrscheinlich, und es wird sich weiter unten ein Beleg hierzu finden, dass diese Vertheilung der Flüssigkeit durch den Strom eine Aenderung nicht nur in der erregenden Kraft der Kette, sondern auch in der Leitungsfähigkeit der Flüssigkeit nach sich zieht, und gerade diese vielfache Veränderlichkeit in der hydroelektrischen Kette macht das Gesetz der Leitung bei ihr so verwickelt und darum schwer zu enträthseln. Zugleich erhellt aber auch hieraus, dass, wenn es sich blos darum handelt, den Einfluss der Metalle auf die Leitung des elektrischen Stromes zu bestimmen, die hydroelektrische Kette sich dazu gar nicht eigne, weil sie zu mannigfaltigen Irrungen Anlass giebt; dagegen ist die thermoelektrische Kette zu dieser Bestimmung recht eigentlich geschaffen. Wir wollen nun sehen, was sie bietet.

Obige Zahlen lassen sich sehr genügend durch die Gleichung

$$X = \frac{a}{b + x}$$

darstellen, wobei X die Stärke der magnetischen Wirkung auf den Leiter, dessen Länge x ist, a und b aber constante, von der erregenden Kraft und dem Leitungswiderstande der übrigen Theile der Kette abhängige Grössen bezeichnen. Giebt man nämlich der Grösse b den Werth $20^1/_4$ und der Grösse a nach den verschiedenen Versuchsreihen die Werthe: 7285, 6965, 6885, 6800, 6800, so erhält man durch die Rechnung nachstehende Bestimmungen:

Versuchs-reihen.	Leiter.							
	1.	2.	3.	4.	5.	6.	7.	8.
I.	328	$300^1/_2$	$277^1/_2$	$240^3/_4$	$190^1/_2$	$134^1/_2$	$84^1/_2$	$48^1/_2$
II.	313	$287^1/_4$	$265^1/_3$	$230^1/_4$	182	$128^1/_2$	$80^3/_4$	$46^1/_3$
III.	$309^1/_2$	284	$262^1/_3$	228	180	127	$79^3/_4$	$45^3/_4$
IV.	$305^1/_2$	$280^1/_2$	259	$224^3/_4$	$177^3/_4$	$125^1/_4$	79	45
V.	$305^1/_2$	$280^1/_2$	259	$224^3/_4$	$177^3/_4$	$125^1/_4$	79	45

Vergleicht man diese durch die Rechnung erhaltenen Werthe mit den vorigen, auf dem Wege der Erfahrung gefundenen, so wird es sich zeigen, dass die Unterschiede so gering sind, wie man sie bei Versuchen der Art nur immer zu erwarten berechtigt ist. Ich wollte jedoch hierbei nicht stehen bleiben, sondern, was zur Ermittelung der allgemeinen Gültigkeit eines aus wenigen Fällen hergeleiteten Gesetzes am dienlichsten ist, an den Grenzen der Wirkung die Richtigkeit obiger Formel prüfen.

Zu dem Ende bildete ich vier der Reihe nach 2, 4, 8, 16 Zoll lange Leiter a, b, c, d, aus dem 0,3 Linien dicken Messingdraht, der mir zu den früheren Versuchen an der hydroelektrischen Kette gedient hatte; diese gaben in der Kette der Reihe nach $111^1/_2$, $64^3/_4$, 37, $19^3/_4$ Theile, während der Leiter 1 in der Kette 305 Theile gab. Sucht man nach obiger Gleichung die diesen Werthen entsprechenden Längen, so findet man $40^3/_4$, $84^3/_4$, $163^1/_2$, 324, welche Zahlen in grossem Einklange aussprechen, dass ein Zoll vom Messingdrahte $20\frac{1}{2}$ Zollen vom plattirten Drahte gleich zu setzen sind. Nach dieser Vorbereitung brachte ich den aus demselben Messingdrahte bereiteten 23 Fuss langen Leiter, der in meiner Anzeige mit 5 bezeichnet war, in die Kette; er gab $1\frac{1}{4}$. Und wirklich erhält man diese Zahl fast völlig genau, wenn man in den Ausdruck $23.\ 12.\ 20\frac{1}{2} = 5658$ für x setzt. Man ersieht hieraus, dass jene Gleichung bis nahe zum Verlöschen der Kraft durch den Widerstand der Leitung stets treu an die Erfahrung sich anschmiegt.

Ferner unterhielt ich das eine Ende der Kupfer-Wismuth-Verbindung durch Eis in der Temperatur 0°, das andere Ende blieb der Temperatur des Zimmers ausgesetzt, wo ein bei dem Apparate aufgehängtes Thermometer während der Zeit des Versuches stets ohne merkliche Abweichung $7\frac{1}{2}$° R zeigte. Die Leiter in folgender Ordnung 1, 2, 3, 4, 5, 6, 7, 8, 7, 6, 5, 4, 3, 2, 1 in die Kette gebracht, gaben der Reihe nach folgende Zahlen: 27, 25, $23\frac{1}{3}$, 20, $15\frac{1}{2}$, $10\frac{3}{4}$, $6\frac{1}{2}$, $3\frac{2}{3}$, $6\frac{1}{2}$, $10\frac{3}{4}$, $15\frac{1}{2}$, 20, $23\frac{1}{2}$, $25\frac{1}{4}$, $27\frac{3}{4}$. Setzt man aber in obigen Ausdruck $b = 20\frac{1}{4}$ und bestimmt a so, dass $\frac{a}{22\frac{1}{4}} = 27\frac{3}{8}$, so erhält man durch die Rechnung Werthe, die von den beobachteten nirgends mehr als um einen halben Theil sich unterscheiden, woraus zur Genüge hervorgeht, dass obige Gleichung auch für jede Grösse der erregenden Kraft gültig bleibt. Es fallen an diesen letzten Versuchen aber noch ausserdem zwei wichtige Punkte in's Auge. Einmal ist der Umstand merkwürdig, dass der Werth von b sich unverändert erhält, während die Kraft mehr als zehn mal geringer wird, sodass a blos von der erregenden Kraft, b blos von dem unveränderlichen Theil der Leitung abzuhängen scheint. Zweitens scheint aus diesen Versuchen hervorzugehen, dass die Kraft der thermoelektrischen Kette, dem Temperaturunterschiede an ihren beiden Erregungsstellen genau proportional sei.

Ich kann nicht umhin, hier am Schlusse dieser Versuche noch einer Beobachtung zu gedenken, die Davy's Folgerung, dass die Leitungsfähigkeit der Metalle durch Erniedrigung der Temperatur verstärkt, durch Erhöhung geschwächt wird, auf eine mehr directe Weise bestätigt. Ich nahm einen vierzölligen messingenen Leitnr und brachte ihn in die Kette, er gab 159 Theile. So wie ich ihn in seiner Mitte durch eine Weingeistflamme erhitzte, nahm die Kraft allmählich um 20 und mehr Theile ab, und die Wirkung blieb dieselbe, wenngleich ich die Flamme mehr nach dem einen oder nach dem anderen Ende des Leiters hinführte, legte ich aber auf denselben eine Scheibe von geronnenem Schnee, so nahm die Kraft um 2 Theile zu. Die Temperatur des Zimmers war $8^1/_4$ ° R. Diese Thatsache ist darum hier nicht am unrechten Orte, weil sie zu kleinen Anomalien Anlass geben kann.

Nachdem unsere Gleichung durch die Treue, womit sie alle durch die thermoelektrische Kette in so grossem Umfange erhaltenen Resultate immer wiedergiebt, sich als den gültigen Repräsentanten der Natur hinlänglich bewährt hat, wollen wir sie weiter verfolgen, um zu sehen, was sie noch in ihrem Schoosse birgt.

Wendet man sie zunächst auf die früher angestellten hydroelektrischen Versuche an, so geben die kürzeren Leiter für a sowohl als für b stets kleinere Werthe als die längeren, wodurch die schon unbestimmt geäusserte Vermuthung bestätigt wird, *dass die Flüssigkeit in dem Maasse ein besserer Leiter werde, als durch den Strom eine erhöhte Vertheilung in ihr zu Stande gebracht wird, dass aber auch in demselben Maasse, wiewohl nicht in demselben Verhältnisse, eine entgegengesetzt erregende Kraft auftrete, die in Vereinigung mit der in der Flüssigkeit eintretenden Aenderung ihrer Leitungskraft die Phänomene des schon oft besprochenen Wogens hervorbringt.*

Ein bloser Hinblick auf die Gleichung giebt zu erkennen, dass die Aenderung der Kraft für einerlei x um so geringer ausfallen müsse, je grösser b ist, und schon ein oberflächliches Zusammenhalten der durch die thermo- und hydroelektrischen Ketten erhaltenen Resultate giebt zu erkennen, *dass der Werth von b in dieser viele hundert Male grösser ist, als in jener,* was offenbar von der als Leiter dienenden Flüssigkeit herrührt. Nun sind aber jene Versuche mit Trögen angestellt, deren eine

Seitenfläche über 200 Quadratzolle hielt, und da kleinere Platten, nach allen bis jetzt darüber angestellten Versuchen, den Widerstand der Flüssigkeit wenigstens im Verhältnisse ihrer Grösse vermehren, so folgt, *dass, bei einem Plattenpaare von wenigen Quadratzollen Oberfläche, b einen viele tausend Male grösseren Werth, als in obiger thermoelektrischen Kette der Fall war, erhalten müsse.* Zugleich wird aber auch aus diesem Zusammenhalten hervorgehen, *dass die erregende Kraft in der hydroelektrischen Kette bei Weitem grösser als in der thermoelektrischen ist.*

Nimmt man an, dass die Länge x des Leitungsdrahtes um ein Stück h wachse, und bezeichnet die Verminderung, welche dadurch X erleidet, mit V, so erhält man aus unserer Gleichung nach bekannten Regeln

$$\frac{V}{X} = \frac{h}{b+x} - \frac{h^2}{(b+x)^2} + \frac{h^3}{(b+x)^3} - \ldots\ldots$$

Ist mithin h sehr klein in Bezug auf $b + x$, so kann man ohne Irrthum setzen

$$\frac{V}{X} = \frac{h}{b+x}$$

Es ist also unter der gemachten Voraussetzung die Aenderung der Kraft dem Längenzuwachse des Leitungsdrahtes proportional. Dies Gesetz ist dasselbe, welches Becquerel*)

---

*) Schon Davy ist auf einem ganz anderen Wege dazu gelangt (Gilbert's Annalen, neueste Folge, Bd. XI, S. 252). Daselbst (S. 253) steht, wenn ich meinem Auszuge trauen darf, wörtlich folgende Stelle: „Ich habe ferner gefunden, dass in Volta'schen Batterien von der eben beschriebenen Art und Anzahl der Plattenpaare das Leitungsvermögen eines Drahtes für Elektricität nahe der Masse desselben direct proportional ist, wie sich das erwarten liess. Wenn z. B. eine gewisse Länge eines Platindrahts eine Batterie entlud, so reichte von sechsmal schwererem Drahte dieselbe Länge hin, 6 solche Batterien zu entladen, wovon ich mich mit zwei Platindrähten, von denen Stücke 1 Fuss lang 1,13 und 6,7 Grain wogen, überzeugt habe; und der Erfolg war ganz einerlei, ich mochte im zweiten Fall einen einzelnen Draht von sechsfacher Masse nehmen oder 6 kleine Drähte, die einander berührten, wofern nur die Drähte in Wasser kalt erhalten wurden. Dieses Resultat allein schon beweist, dass das Leitungsvermögen nicht im Verhältniss der Oberflächen steht, wenigstens nicht für Elektricität dieser Art. Noch deutlicher thut dieses folgender directe Versuch dar: Von zwei gleich langen und gleich

mittelst seiner Vorrichtung erhalten hat. In der That ist bei seinen Versuchen h schon sehr klein im Vergleich zu x und überdem scheint dieser Physiker, da er sich des Multiplicators bedient hat, mit kleinen Plattenpaaren experimentirt zu haben, so dass wahrscheinlich x wieder in Vergleich zu b sehr klein wird. Hierin dürfte der Grund zu suchen sein, warum selbst die Vervielfältigung der Wirkung durch den Multiplicator unfruchtbar geblieben ist.*)

Wenden wir unsere Gleichung auf die Theorie des Volta'schen Apparates an, so giebt sie einen unerwarteten Aufschluss über die verschiedenartigsten Erscheinungen.

Setzen wir nämlich die erregende Kraft eines Metallpaares = 1, so muss ein aus m solchen Metallpaaren zusammengesetzter Volta'scher Apparat, weil jedes unter völlig gleichen Umständen zur Hervorbringung des elektrischen Stromes mitwirkt, die erregende Kraft m besitzen. Messen wir nun den Widerstand, welchen ein Metallpaar (mit Einschluss,

---

viel wiegenden Platindrähten liess ich den einen flach walzen, so dass er eine sechs bis sieben mal grössere Oberfläche erhielt, und verglich nun das Leitungsvermögen beider. In der Luft zeigte sich der abgeplattete Draht als der bessere Leiter, aus dem Grunde, weil er sich in ihr schneller abkühlte; als aber beide Drähte von Wasser umgeben waren, liess sich keine Verschiedenheit in ihrem Leitungsvermögen wahrnehmen."

Nicht ohne Grund vermuthe ich in dieser Stelle einen Uebersetzungsfehler, den aufzusuchen es wohl der Mühe lohnte. Der Ausdruck „nahe der Masse desselben direct proportional" ist nämlich nach meinen Versuchen nur dann richtig, wenn gleiche Länge der Drähte vorausgesetzt wird. Dies liesse sich auf eine Unbestimmtheit des Ausdrucks schieben, aber mit dieser Annahme und mit Davy's eigenen Versuchen im Widerspruche ist der bald darauf folgende Satz: „Von zwei gleich langen u. s. w."

*) Dass diese Umstände bei Becquerel's Versuchen wirklich vereinigt da gewesen seien, leite ich aus folgender Betrachtung her. An seinem Apparate war $x = 200^{dm}$ und h erhielt allmählig 1, 2, 3 u. s. w. solcher Einheiten. Wie weit Becquerel in der Veränderung h fortgeschritten, ist aus der Anzeige im „Bulletin universel" nicht zu entnehmen. Gesetzt aber, er wäre schon bei $h = 5^{dm}$ stehen geblieben, so war $\frac{h}{x} = 1/40$; wäre nun $\frac{h}{b+x}$ nicht noch beträchtlich kleiner geworden, so müsste seine so äusserst empfindliche Vorrichtung den Einfluss des zweiten Gliedes in obiger Entwickelung von $\frac{V}{X}$ ohne Zweifel noch angezeigt haben.

wo es erforderlich ist, des dazu gehörigen feuchten Leiters, jedoch ohne auf die Veränderungen, welche aus der Flüssigkeit der erregenden Kraft und dem Widerstande selbst erwachsen, hier noch Rücksicht zu nehmen) dem elektrischen Strome entgegensetzt, durch die Länge eines der Art nach sich immer gleich bleibenden, als Maassstab dienenden cylindrischen Körpers, und nennen wir die Länge, bei welcher er dem Strome einen Widerstand darbietet, der dem zu messenden völlig gleich ist, die *Widerstandslänge* des Metallpaares, so springt in die Augen, dass die Widerstandslänge aller m Paare die m fache von der eines einzigen Paares sein werde, da alle als völlig gleich beschaffen vorausgesetzt werden. Drücken wir nun die Kraft des elektrischen Stromes eines einzelnen Paares nach obiger Gleichung durch

$$\frac{a}{b + x}$$

aus, wo x die Widerstandslänge des die Kette schliessenden Zwischenleiters vorstellt, so folgt, dass man die Kraft der aus m solchen Paaren zusammengesetzten Verbindung erhalten werde, wenn man

1) $a\,m$ für a setzt; denn aus den Versuchen ergab sich, dass a der erregenden Kraft proportional ist;
2) $m\,b$ für b setzt; denn da sich durch die Versuche herausgestellt hat, dass b unabhängig von der erregenden Kraft ist, so giebt die Natur des Ausdruckes selbst zu erkennen, dass b die Widerstandslänge des Metallpaares ohne Zwischenleiter vorstellen müsse.*)

Nimmt man noch ausserdem an, dass die Widerstandslänge des Zwischenleiters in beiden Fällen dieselbe bleibe, so erhalten wir folgenden Ausdruck für die aus m Metallpaaren zusammengesetzte Volta'sche Säule:

$$\frac{a\,m}{b\,m + x}$$

Vergleicht man diesen Ausdruck mit dem für die einfache

*) Es wäre allerdings möglich, dass in b ausser der Widerstandslänge noch ein beständiger Theil enthalten wäre; diesen Fall, dessen Erörterung ich an einem anderen Orte unternehmen werde, lasse ich jedoch hier ganz unberührt.

Kette gefundenen, so gelangt man zu nachstehenden Folgerungen:

I. *Ist $x = o$, so ist die Kraft des Volta'schen Apparates der Kraft der einfachen Kette völlig gleich, vorausgesetzt, dass beide aus einerlei Elementen bestehen.* Es liegt hierin das von Fourier und Oerstedt aus ihren Versuchen (dies. Jahrb. B. XI. S. 48) mit der thermoelektrischen Kette abgeleitete Gesetz. Ausserdem wird aber diese Gleichheit der Wirkung jedesmal wenigstens nahehin eintreten, wenn x in Vergleich zu b sehr klein wird, wie dies bei magnetischen und Glühversuchen unter gewöhnlichen Umständen der Fall zu sein pflegt.

Wenn $x = o$ und überdies das b der Volta'schen Verbindung m mal kleiner als das b der einfachen Kette ist, so ist die Kraft in jenem Apparate m mal grösser als in diesem. Dass sie grösser sei, haben ebenfalls Fourier's und Oersted's Versuche nachgewiesen; aber wenn die beiden ausgezeichneten Männer sich äussern, dass die Wirkung der aus mehreren Elementen bestehenden Verbindung viel geringer sei, als die Summe der Wirkungen aller einzelnen Elemente, so beweisst dies nichts gegen das aus unserer Gleichung fliessende, mit jener Aeusserung im Widerspruche Gesetz, da dieser Aussage, wie sie selbst bemerken, ein unrichtiges Maass der Wirkung, der Abweichungswinkel nämlich, zu Grunde liegt.

II. *Ist x sehr gross in Vergleich zu $b\,m$ und also um so mehr in Vergleich zu b, so wird die Wirkung der galvanischen Batterie nahe m mal grösser, als die der einfachen Kette.* Dieser Fall kann bei Wasserzersetzungs-Versuchen mit wenigen und grossen Platten, und, wenn Apparate, wie der Children'sche ist, gebraucht werden, selbst bei magnetischen und Glühversuchen seine Anwendung finden. Da indessen gerade hier die Flüssigkeit einen nicht zu vernachlässigenden Antheil an der Gesammtwirkung nimmt, so enthalte ich mich noch aller weiteren Folgerungen.

III. *In allen übrigen Fällen liegt die Stärke der Wirkung des Volta'schen Apparates zwischen den beiden gefundenen Grenzen.*

Zur Prüfung dieser höchst einfachen Theorie der galvanischen Säule benutze ich die von Professor G. Bischof mit grosser Sorgfalt angestellten, in Kastner's Archiv Bd. 4, H. 1 mitgetheilten Versuche über die chemischen Wirkungen von Volta's Säule. Zwar wird es bedenklich scheinen, obigen Ausdruck auf einen hydroelektrischen Apparat anzuwenden, wo a und b, wie gezeigt worden ist, mit der Wirkung zugleich sich ändern, das Gesetz der Aenderung aber noch unbekannt ist. Diese Zweifel werden durch die Betrachtung gehoben, dass, wie ebenfalls oben erwähnt worden ist, die durch die Flüssigkeit veranlasste Aenderung des Stromes in weit stärkerem Verhältnisse als er selber abnimmt. Im vorliegenden Falle, wo der Leiter x eine nicht unbeträchtliche Strecke reinen Wassers, und noch dazu mit geringen metallischen Berührungsflächen, als Theil in sich aufgenommen hatte, muss die Stärke des Stromes so gering gewesen sein, dass die Werthe von a und b ohne Bedenken als constant angenommen werden können. Nach diesen Versuchen steht die wasserzersetzende Kraft

von	1	2	3	4	Säulen
aus	51	102	153	204	Plattenpaaren

in dem Verhältnisse der Zahlen

$$37 \qquad 62 \qquad 83 \qquad 100.$$

Setzt man die Widerstandslänge einer Säule $= 1$ und bestimmt demgemäss $x = 5,6$ und die erregende Kraft einer Säule $= 240$, so erhält man durch Rechnung die Zahlen

$$36^{1}/_{3} \qquad 63 \qquad 83^{3}/_{4} \qquad 100$$

mit einer Uebereinstimmung, welche die Richtigkeit der Formel und die Genauigkeit so zusammengesetzter Versuche in gleicher Stärke ausspricht. Es setzt diese Anwendung allerdings voraus, oder beweist es vielmehr, dass die wasserzersetzende Kraft der Kette der magnetischen proportional sei.

Ich will bei dieser Theorie der Säule, zu deren Vervollständigung Untersuchungen erforderlich sind, die ihr jetzt noch abgehen, nicht länger verweilen, sondern zu der eben so überraschenden Theorie des Multiplicators übergehen, die schon jetzt vollendeter sich darstellen lässt.

Nehmen wir an, dass in eine galvanische Kette, deren erregende Kraft a und deren Widerstandslänge b ist, ein Zwischenleiter von der Widerstandslänge $m\,l$ eingeschoben werde, so ist die magnetische Kraft dieser Kette

ohne Zwischenleiter $= \frac{a}{b}$

mit dem Zwischenleiter $= \frac{a}{b + ml}$

Wird nun der Zwischenleiter in m völlig gleiche Windungen, jede von der Länge l, gelegt, wobei der Kürze wegen vorausgesetzt wird, dass alle diese Windungen dem Namen nach in eine zusammenfallen, so steht die magnetische Kraft dieser m Windungen zu der Kraft einer ganz gleichen Windung der Kette ohne Zwischenleiter in dem Verhältnisse

$$\frac{a\,m}{b + ml} : \frac{a}{b}$$

Es ist also unter der Voraussetzung, dass a und b beständige Grössen sind, die Verstärkungszahl des Multiplicators

$$\frac{b\,m}{b + ml}$$

woraus man ersieht, *dass nur dann eine Verstärkung der Wirkung durch den Multiplicator möglich ist, so lange* $m\,l < (m - 1)\,b$, *also nur dann, wenn eine Windung des Multiplicators dem elektrischen Strome weniger Widerstand darbietet, als die ganze Kette ohne Zwischenleiter.*

Setzt man $b = ln$, so geht die Verstärkungszahl in

$$\frac{m\,n}{m + n}$$

über, woraus folgt, *dass ein Maximum der Verstärkung erreicht wird, wenn* n *in Vergleich zu* m *verschwindet und dass dieses Maximum durch die Zahl* n *angezeigt wird, welche anzeigt, wie oft der Widerstand, den eine Windung des Multiplicators dem Strome entgegensetzt, in dem Widerstande, den die Kette mit Ausschluss des Multiplicators ihm darbietet, enthalten ist.*

Die Wirkung des Multiplicators, nachdem das Maximum der Verstärkung eingetreten ist, wird durch

$$\frac{a}{l}$$

ausgedrückt und ist also von dem Leitungsvermögen der Flüssigkeit gänzlich unabhängig, nur die Anzahl der Windungen muss in den verschiedenen Fällen sich ändern. In Worten lässt sich der eben gefundene Ausdruck so darlegen: *Die Grösse der Wirkung eines und desselben Multiplicators an verschiedenen erregenden Metallen ist der Spannung zwischen den beiden Metallen proportional; und die Wirkungsgrössen zweier, aus verschiedenem Drahte gebildeter Multiplicatoren mit Windungen von derselben Grösse und Gestalt, an einerlei erregenden Metallen, verhalten sich umgekehrt wie die Widerstandslängen einer Windung von jedem.* In beiden Fällen wird jedoch das Maximum der Wirkung vorausgesetzt.

Zur Bestätigung obiger aus unserer Gleichung abgeleiteter Gesetze dienen mir Poggendorff's Versuche (Isis 1821, H. 1), welche im Einklange mit den hier entwickelten Bestimmungen darthun:

1) dass ein Maximum der Wirkung vom Multiplicator nicht überschritten werden könne;
2) dass dieses Maximum für grosse und kleine Plattenpaare dasselbe bleibe, die Zahl der am Multiplicator dazu erforderlichen Windungen aber nach der Grösse der Plattenpaare sich richte, und zwar bei kleineren Platten grösser werde;
3) dass der aus dickerem Drahte gebildete Multiplicator das grössere Maximum der Wirkung gebe.

Poggendorff's Versuche, die übrigens noch an mancher anderen Stelle aus obigen Formeln ihre Deutung erhalten, sind nicht geeignet, Zahlbestimmungen aus ihnen herzuleiten, da die dazu nöthigen Angaben fehlen; auch scheint bei den Versuchen mit dem dicken Schliessungsdraht ein gewaltsam störendes Hinderniss in den Weg getreten zu sein, wie nicht nur aus der Ungleichförmigkeit seiner Angaben, sondern auch daraus hervorgeht, dass die Resultate der kleinen Kette mit demselben Schliessungsdrahte so ausserordentlich schwankend waren, dass es unmöglich war, aus ihnen eine genügende Folgerung herzuleiten. Darum verfertigte ich mir zwei mit Siegellack umzogene Multiplicatoren, jeden aus 220 Windungen bestehend, wovon der eine aus $^1/_5$ Linien dickem Drahte, der andere aus demselben aber vier mal länger gezogenen Drahte gebildet war. Jeder war in zwei gleiche $5^1/_2$ Linien breite, 5 Linien von einander abstehende und 2 Zoll im Durchmesser haltende kreisrunde Reifen vertheilt, zwischen denen genau in der Mitte die 18 Linien lange Nadel schwebte. Es war eine solche Einrichtung getroffen, dass die beiden Multiplicatoren ohne Zeitverlust abwechselnd in sicherer Stellung unter die Nadel geschoben werden konnten. Kupfer- und Zinkplatten von $3\frac{1}{4}$ Zoll im Durchmesser dienten als Erreger und eine starke Salmiakauflösung in flüssiger Form (weil ich gefunden hatte, dass so die Wirkung sicherer als bei einer damit getränkten Tuchscheibe sei, wenn nur die Flüssigkeit in grossen Massen angewandt wird) diente als wässeriger Leiter. Die Bestimmung der Kraft geschah auf ähnliche Weise, wie bei den obigen Versuchen und gab für den aus stärkerem Drahte gebildeten 263 Theile, für den aus schwächerem Draht gebildeten 68 Theile, wodurch das gefundene Gesetz seine volle Bestätigung erhält.

So wie eine Verstärkung der Kraft bis zu einem gewissen Maximum durch den Multiplicator hervorgebracht wird, wenn $ml < (m - 1)\, b$: so wird umgekehrt, wenn $ml > (m - 1)\, b$, durch ihn eine Schwächung der Kraft bis zu einem gewissen Minimum veranlasst, die sich nach denselben Gesetzen richtet, wie sie eben für die Verstärkung aufgestellt worden sind. Von ihrer Anwendung kann hier, wo ich blos zur Absicht habe, die allgemeine Gültigkeit der gefundenen Gleichung darzuthun, nicht die Rede sein. Nur darauf will ich aufmerksam machen, dass in ihnen der Grund liegt, warum der Multiplicator die Wirkung der thermoelektrischen Kette in den meisten Fällen schwächt; denn es wird nicht leicht der Fall eintreten, wo eine Windung des Multiplicators dem elektrischen Strome weniger Widerstand darbietet, als die thermoelektrische Kette.

Wenn daher Nobili*) so starke Wirkungen mit Anwendung des Multiplicators erhielt, so lag dies in der Empfindlichkeit seiner Nadel und nicht in der Function des Multiplicators, wie ich mich durch folgenden Versuch überzeugt habe. Eine ganz nach seiner Anleitung verfertigte Nadel gab mir mit Zuziehung eines aus $\frac{1}{5}$ Linien dickem Kupferdrahte verfertigten Multiplicators von 60 Windungen, die $2\frac{1}{2}$ Zoll im Durchmesser

---

*) In diesem Jahrbuche Bd. 15, H. 2.

3*

hatten, durch Berührung der Kette mit der warmen Hand Abweichungen, die nie über 20 Grad kamen, während dieselbe Kette, wenn sie als eine Windung von gleicher Grösse mit denen des Multiplicators für sich allein angewandt wurde, jene Nadel durch Berührung mit der warmen Hand unter einem Winkel einspielen machte, der 70 Grad stets übertraf. Diese Vorrichtung kann so abgeändert werden, dass sie dem empfindlichsten Thermoskop in nichts nachsteht.

Die hier nur in groben Zügen entworfenen Theorien der Säule und des Multiplicators bestätigen fast noch mehr als die Versuche selbst, aus denen sie geflossen sind, die Wahrheit des in dieser Abhandlung entwickelten Gesetzes der Leitung der Elektricität an Metallen. Die dem Scheine nach verschiedenartigsten Wirkungen der galvanischen Kette reihen sich in bunter Mannigfaltigkeit zu einem schönen Ganzen. Seebeck's wichtige Entdeckung scheint den Faden zu spinnen, der aus dem Labyrinthe leitet, in das der elektrische Strom sich verzweigt.

V.

Versuch einer Theorie der durch galvanische Kräfte hervorgebrachten elektroskopischen Erscheinungen.

Poggendorff's Ann., Bd. **6**, p. 459—469. Bd. **7**, p. 45—54. 1826.

Ein Nachtrag zu dem vorstehenden Aufsatz.

(Aus einem Schreiben des Verfassers an den Herausgeber.)

Pogg. Ann., Bd. **7**, p. 117—118. 1826.

Vor Kurzem habe ich in Schweigger's Journal*) Versuche bekannt gemacht, die mich zu einer Theorie des elektrischen Stromes führten, welche durch ihre ganz ungesuchte und doch vollkommene Uebereinstimmung mit der Erfahrung als die in der Natur gegründete sich zu erkennen giebt. Seitdem aber bin ich so glücklich gewesen, auf entgegengesetztem Wege aus der allgemein anerkannten und in dieser Region obersten Thatsache, die wir mit dem Namen der elektrischen Spannung zwischen verschiedenartigen Körpern zu bezeichnen pflegen, mit Hülfe der Mathematik, dem wundervollen Gedankenmedium, zwei den inneren Zusammenhang aller bei der galvanischen Kette thätig einwirkenden Elemente aufschliessende Gesetze zu entdecken, die bestimmt und doch so einfach alle früher gefundenen wiedergeben und ausserdem, was jene noch zu wünschen übrig liessen, in sich zu fassen scheinen. Diese factisch hier niederzulegen und ihre Anwendung auf besondere Fälle in kurzen Umrissen zu zeigen, ist meine Absicht. Ihre Herleitung, die nicht so einfach werden dürfte, und ihren

*) Im zweiten Hefte des laufenden Jahrganges. [Bd. 46.]

Zusammenhang mit denen von verwandten Naturerscheinungen, behalte ich einer ausführlicheren Arbeit vor, zu der mir, wie ich hoffe, bald die dazu nöthige Muse vergönnt werden wird.

Um aber hierbei möglichen Missverständnissen vorzubeugen, mache ich darauf aufmerksam, dass die bei der hydroelektrischen Kette auftretende Flüssigkeit, wie ich am erwähnten Orte dargethan zu haben glauben darf, Modifikationen in die Ausdrücke bringt, von denen ich hier wie dort noch absehe, was desto füglicher geschehen kann, da sie in den meisten Fällen ausser Acht zu lassen sind. Eben so wenig darf ich verschweigen, dass es mir hier nicht sowohl um feste Begründung der einzelnen Ergebnisse, als um möglichst einfache Darlegung derselben in ihrem Zusammenhange zu thun ist.

---

1) Es lassen sich die beiden, auf jede galvanische Kette gewöhnlicher Art anwendbaren Gesetze durch folgende zwei Gleichungen kurz so aussprechen:

$$X = kw \frac{a}{l} \qquad (a)$$

$$u - c = \pm \frac{x}{l} a, \qquad (b)$$

wobei k das Leitungsvermögen, l die Länge, w den Querschnitt eines homogenen prismatischen Leiters, a die an seinen Enden hervortretende elektrische Spannung*), und x die Länge eines Theils des Leiters bezeichnet, der von einem in dem Leiter unveränderlich, übrigens willkührlich angenommenen Querschnitte, der zum Anfangspunkte der Abscissen gewählt worden ist, bis zu einem innerhalb des Leiters veränderlich gedachten Querschnitte reicht; ferner stellt X die auf der ganzen Länge des Leiters unveränderlich sich erhaltende Stärke des elektrischen Stromes und u die Intensität der auf das Elektrometer wirkenden, an der durch x bezeichneten Stelle befind-

---

*) Es ist wohl überflüssig, zu bemerken, dass die Homogeneität des Leiters und die an seinen getrennten Enden hervortretende Spannung nur deshalb fingirt sind, um von den einfachsten Betrachtungen ausgehen zu können.

lichen und mit ihr veränderlichen Elektricität vor; endlich ist c eine durch gegebene Umstände noch zu bestimmende, von x unabhängige Grösse. Das doppelte Zeichen in der Gleichung (b) bestimmt sich danach, ob die Richtung der Abscissen von mehr —thätigen Stellen nach mehr +thätigen geht, oder ob umgekehrt.

2) Eine ganz einfache Zerlegung der Gleichung (a) führt zu besonderen Gesetzen, von denen ich folgende heraushebe:

I. Die Stärke des elektrischen Stromes bleibt in verschiedenen Leitern sich völlig gleich, wenn, bei gleicher Spannung an ihren Enden, ihre Längen sich verhalten wie die Producte aus ihren Querschnitten in die ihnen eigenthümlichen Leitungskoefficienten, mithin

   a) bei gleicher Spannung und gleichem Leitungsvermögen, wenn ihre Längen sich verhalten wie ihre Querschnitte;

   b) bei gleicher Spannung und gleichem Querschnitte, wenn sich ihre Längen wie die Zahlen verhalten, durch welche ihre Leitungsgüte ausgedrückt wird.

II. Bei gleichem Leitungsvermögen und gleichem Querschnitte in verschiedenen Leitern richtet sich die Stärke des Stromes nach dem Quotienten, der gebildet wird aus der an den Enden eines jeden Leiters hervortretenden elektrischen Spannung und aus der Länge desselben Leiters.

Es hält nicht schwer mit Zuziehung der Gleichung (b) sich zu überzeugen, dass die in I. ausgesprochenen Gesetze noch wahr bleiben, wenn anstatt der ganzen Leiter irgend beliebige Theile derselben betrachtet werden. Dadurch wird es möglich, für jeden Theil des homogenen und prismatischen Leiters einen anderen von gegebenem Leitungsvermögen und gegebenem Querschnitte zu setzen, der den elektrischen Strom in Nichts ändert, und umgekehrt jeden aus Theilen von verschiedenem Leitungsvermögen und verschiedenem Querschnitte bestehenden Leiter in einen anderen zu verwandeln, der in seiner ganzen Länge einerlei Leitungsvermögen und einerlei Querschnitt hat, wenn man nur jenem Gesetze gemäss ihre Längen sich verändert denkt. Auf solche Weise ist es erlaubt, die Gleichung (a) in folgende einfachere

$$X = \frac{a}{l} \qquad (c)$$

umzuändern, wobei blos zu bemerken ist, dass jede Länge eines Leiters oder Theil des Leiters, dessen Leitungsvermögen oder Querschnitt von den zur Norm gewählten abweicht, zuvor erst nach dem Gesetze I. reducirt gedacht werden müsse. Die so gedachten Längen werde ich in der Folge deshalb *reducirte Längen* nennen.

3) Das Gesetz I. *a* ist zuerst von Davy aufgefunden und später von Barlow, Becquerel und mir bestätigt worden, jedoch erstreckten sich alle dabei vorkommenden Versuche stets nur auf einzelne und zwar, wie zu vermuthen ist, relativ sehr kurze Theile der ganzen Leitung. Das Gesetz I. *b* giebt die Rechtmässigkeit der von Becquerel und mir eingeschlagenen Methode zur Bestimmung des Leitungsvermögens verschiedener Metalle zu erkennen, und die dabei von mir gemachte Erfahrung, dass Leiter von einem und demselben Metalle, in chemischer Hinsicht, doch unter veränderten Umständen verschiedene Leitungsfähigkeit besitzen können, scheint, wenn sie sich bewährt, darauf hinzudeuten, dass das Leitungsvermögen der Körper noch von anderen, bis jetzt ganz ausser Acht gelassenen Umständen abhängig sei. Das Gesetz II. ist früher von mir aus vielen mit Sorgfalt an der thermoelektrischen Kette gemachten Versuchen hergeleitet und in Schweigger's Journal a. a. O. zuerst in seiner Allgemeinheit ausgesprochen worden; es bildet, wie ich dort gezeigt zu haben glaube, die Grundlage zu einer Theorie des Multiplicators und der Säule, mit deren Ausbau ich eben noch beschäftigt bin. Die Gleichung (*a*) schliesst fast alle von der Stärke des Stromes abhängigen Erscheinungen in sich, und doch ist sie nur der besondere Ausdruck einer weit allgemeineren Bestimmung.

Ich werde nun bemüht sein, aus der Gleichung (*b*) die Fälle elektroskopischer Erscheinungen zu entwickeln, wie sie die Mannigfaltigkeit von Thatsachen, welche Galvani's wundervolle Entdeckung mit beispielloser Thätigkeit von ihrem ersten Ursprunge an bis jetzt zu Tage gefördert hat, nur immer zu erwarten berechtigt. Die vollkommene Uebereinstimmung der hier aus theoretischen Betrachtungen abgeleiteten Gesetze mit denen der Erfahrung, da wo sie sich begegnen, lässt keinen Zweifel übrig, dass, wo die Versuche mangeln, man nur die Natur zu fragen haben werde, um einen vollkommenen Einklang zwischen beiden zu Stande zu bringen.

Der leichteren Uebersicht wegen werde ich die durch galvanische Kraft hervorgebrachten elektroskopischen Erscheinungen an der einfachen Kette und an Voltaischen Zusammensetzungen besonders untersuchen

A. Elektroskopische Erscheinungen an der einfachen Kette.

4) Die Gleichung (*b*), welche für die einfache Kette gilt, zeigt auf den ersten Blick, dass die mit u bezeichnete elektroskopische Kraft auf gleiche Strecken des Leiters immer um gleich viel sich ändere, und zwar nach der einen Seite hin beständig fort stärker, nach der anderen Seite dagegen stets schwächer werde; wenn daher an irgend einer Stelle innerhalb des Leiters $u = o$ ist, so wird in gleichem Abstande von dieser Stelle eine gleich starke Elektricität sich zeigen, die aber auf der einen Seite als positive, auf der anderen als negative sich zu erkennen giebt. Die Erfahrung lehrt aber, dass immer, wo sich Elektricität selbständig entwickelt, stets beide zugleich und in gleicher Stärke hervortreten, daher darf man wohl annehmen, dass in der sich selbst überlassenen galvanischen Kette an ihren Enden, wo die Elektricitäts-Erregung stattfindet, diese Kräfte als entgegengesetzte und gleich starke erscheinen werden. Es kann indessen auch geschehen, dass die Kette durch äussere Einwirkungen bestimmt wird, an irgend einer ihrer Stellen einen von dem natürlichen abweichenden elektrischen Zustand anzunehmen, der selbst wieder entweder bleibend oder auch von der Zeit abhängig sein kann. Im Folgenden wird häufig der Fall vorkommen, wo die elektroskopische Kraft der Kette an irgend einer Stelle dadurch bleibend vernichtet wird, dass diese Stelle vollkommen ableitend berührt wird. In jedem solchen besonderen Falle muss die Konstante c aus den obwaltenden Umständen immer wieder besonders bestimmt werden.

Zunächst wollen wir den Fall betrachten, wo die Kette

sich gänzlich überlassen bleibt. Da in diesem Falle, nach dem, was eben darüber gesagt worden ist, der Werth von u an den beiden Enden des Leiters gleich, aber entgegengesetzt wird, so ergiebt sich, wenn man dieser Bedingung gemäss die Konstante c bestimmt und dabei den Anfangspunkt der Abscissen in das positive Ende des Leiters legt,

$$c = \tfrac{1}{2}a$$

mithin

$$u = \frac{\tfrac{1}{2}l - x}{l}a;$$

es ist also in der Mitte einer solchen Kette die elektroskopische Kraft null, von da erhält sie nach beiden Enden hin allmählig und gleichförmig steigende Werthe, die jedoch nach dem Anfangspunkte der Abscissen hin positiv, nach dem entgegengesetzten Ende hin negativ werden, und in den Enden selbst ihren höchsten Stand erreichen, der für jedes Ende die halbe Spannung beträgt.

5) Es hält nicht schwer, aus den Gleichungen (a und b) zu entnehmen, dass ein Nichtleiter einem Leiter von unendlicher Länge gleich zu setzen sei. In diesem Falle wird aber nach der in 4 aufgestellten Gleichung für jeden endlichen Abstand von dem positiven Ende

$$u = + \tfrac{1}{2}a$$

für jeden endlichen Abstand von dem negativen Ende

$$u = - \tfrac{1}{2}a;$$

wenn also irgendwo im Innern der Kette ein Nichtleiter eingeschoben, d. h. wenn die Kette irgendwo geöffnet wird, so ist für das Ganze mit dem + Ende in Verbindung bleibende Stück der Kette die elektrische Kraft positiv und überall gleich der halben Spannung, ebenso ist sie für das ganze mit dem — Ende zusammenhängende Stück der Kette überall gleich der halben Spannung, aber negativ.

6) Stellt man sich, wie es der Natur der Sache am angemessensten ist, den Leiter so um sich selbst herumgeführt vor, dass seine bisher auseinander liegend gedachten Enden sich berühren, jedoch mit steter Beibehaltung ihrer vorigen Spannung, so bleibt, wenn man sich die Abscissen auf dem

Umfange oder vielmehr in der Axe des zur Figur geschlossenen Leiters genommen vorstellt, Alles noch wie bisher; aber man muss sich hüten, die Abscissen nicht über den Punkt, in welchem die Enden sich berühren, hinausgehen zu lassen, weil für solche Längen der Abscissen die Gleichung nicht mehr gültig ist. Man wird sich jedoch durch eine einfache Betrachtung leicht überzeugen können, dass der für Abscissen, welche die Berührungsstelle einmal überspringen, aus der Gleichung gezogene Werth für u von dem wahren, stets nur um die ganze an der Berührungsstelle stattfindende Spannung sich unterscheide, und zwar um diesen Werth zu gross oder zu klein ausfalle, je nachdem der Sprung von der positiven nach der negativen Seite oder umgekehrt geschieht. Man kann also die Abscissen ganz allgemein, positiv oder negativ und von jeder Grösse, nehmen, wenn man nur jedes Mal, wo ein Sprung über die Berührungsstelle geschieht, den aus der Gleichung erhaltenen Werth von u um a vermehrt oder vermindert, je nachdem der Sprung von der negativen nach der positiven Seite oder umgekehrt geschieht. Diese Bemerkung ist von Gewicht, weil durch sie alle Betrachtungen an der Säule sehr vereinfacht werden.

7) Fassen wir nun den elektrischen Zustand einer einfachen galvanischen Kette in's Auge, welche an irgend einer Stelle eine vollkommene Ableitung erhält. Für diese Stelle, wo $x = \lambda$ sein mag, ist $u = o$, und bestimmt man dieser Bedingung gemäss die Konstante, so wird

$$c = \frac{\lambda}{l} a,$$

wenn alles Uebrige wie in 4 bleibt; man erhält demnach

$$u = \frac{\lambda - x}{l} a.$$

Es ist aber

$$♀ \quad \frac{\lambda - x}{l} a = \frac{\frac{1}{2} l - x}{l} a - \frac{\frac{1}{2} l - \lambda}{l} a,$$

wenn also irgend eine Stelle der einfachen galvanischen Kette eine vollkommene Ableitung erhält, so ist die elektroskopische Kraft irgend einer anderen Stelle der Unterschied zwischen den beiden Kräften, welche die zuletzt gedachte und die ableitend berührte Stelle in der sich selbst überlassenen Kette besitzen.

Wenn demnach die einfache galvanische Kette an einem ihrer Endpunkte ableitend berührt wird, so wächst die elektroskopische Kraft ihres anderen Endpunktes zur doppelten an.

8) Stellt man sich die Kette irgendwo in ihrem Inneren geöffnet vor, d. h. nimmt man $l = \infty$ an, so sind dabei zwei Fälle zu unterscheiden. Entweder beziehen sich λ und x beide auf dasselbe Stück der getrennten Kette, dann ist $\lambda - x$ stets endliche Grösse und also $u = o$ für jedes x; oder λ und x beziehen sich auf Punkte, die in den verschiedenen Stücken der getheilten Ketten liegen, dann kann man $\lambda - x$ stets gleich $\pm\, l$ setzen, also ist $u = \pm\, a$ für jedes x. Der positive Werth muss für u genommen werden, wenn $\lambda > x$, d. h. wenn x sich auf einen Punkt bezieht, der zu dem Stücke gehört, in welchem das positive Ende liegt; im Gegentheile muss für u der negative Werth genommen werden. *Wenn demnach das eine Stück der offenen galvanischen Kette an irgend einer Stelle ableitend berührt wird, so wächst die elektroskopische Kraft einer jeden Stelle des anderen Stückes zur doppelten an.*

9) Alles, was in 6 gemeldet worden ist, findet auch hier noch seine Anwendung, nur ist zu bemerken, dass mit dem aus der Gleichung für u hergeholten Werthe nicht blos wenn x, sondern auch wenn λ die Berührungsstelle überspringt, eine Aenderung vorgenommen werden muss. Die Aenderung für λ ist dabei der für x an Grösse gleich, aber der Art nach entgegengesetzt, wie sich sogleich aus der in 7 für $\frac{\lambda - x}{l}\, a$ aufgestellten Form ♀ ersehen lässt.

10) Diese Grundphänomene aller elektroskopischen Aeusserungen galvanischer Kräfte sind, was die offene Kette angeht, durch die Erfahrung schon hinlänglich bestätigt, und auch in Beziehung auf die geschlossene Kette giebt der auf Ampères Veranlassung von Becquerel an ihr gemachte Versuch*) einen nicht unwichtigen Beleg ab. Da zudem die aus diesen Grundphänomenen weiter unten für die Säule abgeleiteten ähnlichen

*) Poggendorff's Annalen Bd. II. St. 2, S. 207.

Erscheinungen durch Versuche, von Meistern in dem Fache angestellt, mehrfach bestätigt werden, so ist durch die vollkommene Uebereinstimmung jenes Theils der Theorie mit der Erfahrung die Wahrheit dieses Theils schon mit gegeben, und so sehe ich es gern, eigene noch nicht ganz zu Ende geführte Versuche darüber hier übergehen zu können.

B. Elektroskopische Erscheinungen an Volta'schen Zusammensetzungen.

11) Wir stellen uns unter $ABCDA$

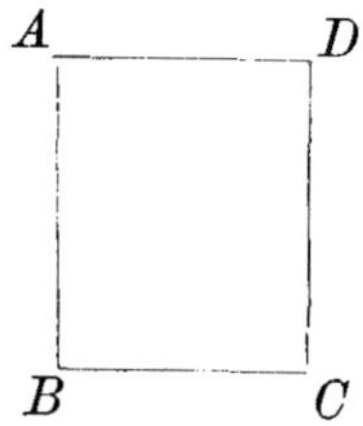

einen in sich selbst zurücklaufenden Leiter vor, der n verschiedene Erregungsstellen von A bis B besitzt, wovon die erste in A, die letzte in B liegt, und nennen den Theil AB des Leiters der Säule, die Punkte A und B ihre Pole, und den Theil $ADCB$ den Schlussleiter der Säule. Wir nehmen an, dass alle Erregungsstellen auf völlig gleiche Weise und in gleicher Stärke wirken, und bezeichnen die Spannung an jeder solchen Stelle für sich betrachtet mit a; ferner nehmen wir an, dass alle zwischen zwei unmittelbar auf einander folgenden Berührungsstellen liegenden Theile des Leiters von gleicher, wo es sein muss, reducirter Länge seien, und bezeichnen die Länge eines solchen Theiles mit b, so wie die Länge des Schlussleiters mit y, so dass also die Länge des ganzen Leiters $l = (n - 1)\,b + y$. Setzen wir nun noch fest, dass alle Erregungsstellen ihre positive E in der Richtung BA, ihre negative E in der Richtung AB ausströmen, und legen wir den Anfangspunkt der Abscissen jedesmal in den Punkt A des Schlussleiters, so ist es nach Obigem ein Leichtes, die elektroskopische Kraft irgend eines Punktes, dessen Abscisse x sein mag, unter der Voraussetzung anzugeben, dass nur eine Erregungsstelle allein wirksam sei. Man erhält nämlich diese Kraft nach 4 unter der gemachten Voraussetzung

für die 1. Stelle . . . . . $= \frac{\frac{1}{2}l - x}{l} a$

— — 2. — . . . . . . $= \frac{\frac{1}{2}l - x - b}{l} a$

— — 3. — . . . . . . $= \frac{\frac{1}{2}l - x - 2b}{l} a$

. . . .

. . . .

. . . .

. . . .

. . . .

— — *n*te — . . . . . . $= \frac{\frac{1}{2}l - x - (n-1)b}{l} a$

Nun ist es aber gestattet, bei dem gleichzeitigen Auftreten mehrerer, auf einen Punkt gerichteten, Kräfte für die Gesammtwirkung die Summe aller Wirkungen zu nehmen, welche die Kräfte einzeln genommen hervorgebracht hätten; man erhält demnach für die elektroskopische Kraft eines Punktes, dessen Abscisse x ist, wenn man sich alle Erregungsstellen zugleich wirkend vorstellt, folgenden Ausdruck

$$\frac{\frac{1}{2}n\,[l - (n-1)\,b] - nx}{l} a,$$

oder mit Zuziehung der Gleichung $l = (n-1)\,b + y$ folgenden einfachern

$$\frac{n\,(\frac{1}{2}y - x)}{l} a,$$

welcher Ausdruck aber nur so lange gültig ist, als der Punkt, worauf sich x bezieht, nicht über den Schlussleiter hinaus fällt; denn im Gegenteile sind, nach dem was in 6 gesagt worden ist, besondere Aenderungen an ihm vorzunehmen. Wir werden nun beide Fälle besonders betrachten.

12) Der für den elektrischen Zustand des Schlussleiters gefundene Ausdruck

$$\frac{n\,(\frac{1}{2}y - x)}{l} a$$

zeigt sogleich, *dass der Schlussleiter einer sich selbst überlassenen Säule genau in dem Zustande einer sich selbst über-*

lassenen geschlossenen einfachen Kette sich befindet, die seine eigene Länge und die Spannung $\frac{ny}{l}a$ *besitzt.*

Es wird demnach die an den Enden des Schlussleiters hervortretende Spannung um so grösser, ein je grösserer aliquoter Theil y von l ist. Diese Spannung erreicht ihr Maximum n a, wenn $y = l$, *d. h. wenn* $(n - 1)\,b$ *gegen y verschwindet, und hört gänzlich auf, wenn y gegen l verschwindet.**)

Denkt man sich den Schlussleiter irgend wo geöffnet, so wird $y = \infty = l$, *es tritt also in diesem Falle stets das Maximum der Spannung ein.*

13) Wir gehen nun zur Betrachtung solcher Punkte über, die innerhalb der Säule liegen, und nehmen an, dass der Punkt, dessen Abscisse x ist, zwischen der $m$ten und $m + 1$ten Erregungsstelle sich befinde. In diesem Falle überspringt die Abscisse alle unterhalb des Punktes liegende Erregungsstellen, deren $n - m$ sind, darum muss, nach dem, was in 6 bemerkt worden ist, zu dsr in 11 gefundenen Summe noch der Werth $(n - m)\,a$ hinzugefügt werden; hinzugefügt, weil der Sprung überall von der negativen nach der positiven Seite geschieht. So erhalten wir für die elektroskopische Kraft eines innerhalb der Säule zwischen der $m$ten und $m + 1$ten Erregungsstelle befindlichen Punktes folgenden Ausdruck

$$\frac{n\left(\frac{1}{2}y - x\right)}{l}\,a + (n - m)\,a,$$

welcher zu erkennen giebt, *dass die Säule in einem eigenen Zustande elektrischer Vertheilung sich befindet, von dem ich blos erwähnen will, dass er an jeder Erregungsstelle sich plötzlich um die ganze Spannung ändert.*

Setzt man in dem eben gefundenen Ausdrucke $y = \infty$, d. h. denkt man sich den Schlussleiter geöffnet, so verwandelt er sich in

$$\left(\tfrac{1}{2}n - m\right)a$$

worin in der That das für die offene isolirte Säule längst schon durch Versuche aufgefundene einfache Gesetz liegt.

---

*) Man übersehe bei solchen Bestimmungen nur nicht, dass alle Längen nach 2 reducirt gedacht werden müssen.

14) Wir wollen, ehe wir die isolirte Säule verlassen, noch einen Fall ins Auge fassen, der seiner Besonderheit wegen diese Berücksichtigung verdient. Nimmt man nämlich $y = b$, d. h. denkt man sich eine im Kreise herumgeführte und in sich selbst zurücklaufende Säule, so verwandelt sich der den elektrischen Zustand irgend eines Punktes der Säule bezeichnende Ausdruck in

$$\frac{n(\frac{1}{2}b - x)}{l} a + (n - m) a$$

oder, wenn man für l seinen Werth nb und für x den Werth $(n - m) b + d$ setzt, wobei d die Entfernung des zu x gehörigen Punktes von der zunächst unter ihm liegenden Berührungsstelle bezeichnet, in

$$\frac{\frac{1}{2}b - d}{b} a;$$

bei dieser Anordnung befindet sich also jeder zwischen zwei unmittelbar auf einander folgenden Erregungsstellen liegende Theil der Säule genau in demselben elektrischen Zustande, als wenn er für sich allein eine einfache galvanische Kette mit der Spannung a ausmachte.

15) Wir wollen jetzt den elektrischen Zustand der an irgend einer Stelle ableitend berührten Säule untersuchen. Dabei lassen wir alle in 11 festgesetzten Benennungen und Bezeichnungen stehen und fügen noch überdiess hinzu, dass λ die Abscisse der ableitend berührten Stelle ausdrücken soll. Nach dem, was in 7 bereits auseinander gesetzt worden ist, lässt sich nun leicht einsehen, dass jede Erregungsstelle, für sich genommen, auf den zu x gehörigen Punkt des Leiters *ABCDA* mit der für alle Erregungsstellen gleich bleibenden Kraft

$$\frac{\lambda - x}{l} a$$

wirke, so dass also der Ausdruck für die Kraft desselben Punktes, wenn alle Erregungsstellen zugleich wirkend gedacht werden, übergeht in

$$\frac{n(\lambda - x)}{l} a,$$

welcher Ausdruck jedoch nur so lange wahr bleibt, als die zu x und λ gehörigen Punkte nicht über den Schlussleiter hinausfallen, weil im Gegentheile nach dem, was in 9 bemerkt worden ist, besondere Aenderungen an ihm vorzunehmen sind.

16) Der für den elektrischen Zustand des Schlussleiters gefundene Ausdruck

$$\frac{n(\lambda - x)}{l} a,$$

welcher sofort gültig ist, wenn $\lambda < y$, zeigt, *dass der Schlussleiter einer geschlossenen Säule, wenn er an irgend einer seiner Stellen ableitend berührt wird, genau in dem Zustande einer einfachen galvanischen Kette von seiner Länge sich befindet, die an derselben Stelle ableitend berührt worden ist, und an ihren Enden die Spannung* $\frac{ny}{l}a$ *hat.* Hieraus lassen sich nun wieder alle in 12 schon enthaltene besondern Folgen ziehen.

Wenn $\lambda > y$, d. h. wenn die ableitend berührte Stelle in die Säule, wir wollen setzen zwischen die m'te und die $m' + 1$te Erregungsstelle, hineinfällt, so überspringt λ alle unterhalb dieses Punktes liegende Erregungsstellen, deren $n - m'$ sind; daher muss, nach dem, was oben in 9 angemerkt worden ist, von dem eben gefundenen Ausdrucke der Werth $(n - m')a$ subtrahirt und danach das eben aufgestellte Gesetz abgeändert werden.

17) Wir gehen nun zur Betrachtung des elektrischen Zustandes der Säule selbst über, und nehmen dabei an, dass der zu x gehörige Punkt zwischen der $m$ten und $m + 1$ten, der zu λ gehörige zwischen der m'ten und $m' + 1$ten liege. In diesem Falle werden $n - m$ Erregungsstellen von x und $n - m'$ von λ übersprungen. Darum muss, nach dem, was in 9 gesagt worden ist, in Bezug auf x der Werth $(n - m)a$ addirt und in Bezug auf λ der Werth $(n - m')a$ subtrahirt werden. So verwandelt sich der in 15 gefundene Ausdruck für diesen Fall in folgenden:

$$\frac{n(\lambda - x)}{l} a + (m' - m)a,$$

welcher zeigt, *dass auch hier wie in 13 die Säule in einem besonderen Zustande elektrischer Vertheilung sich befindet, der an jeder Erregungsstelle eine plötzliche, die einfache Spannung ausmachende Aenderung erleidet.*

Setzt man in dem zuletzt gefundenen Ausdrucke $y = \infty$,

d. h. denkt man sich den Schlussleiter geöffnet, so verwandelt er sich in

$$(m' - m)\,a$$

worin in der That das für die offene und an einer ihrer Stellen ableitend berührte Säule längst schon durch Versuche aufgefundene einfache Gesetz liegt.

18) Setzt man auch hier, wie in 14 geschehen ist, $y = b$ und substituirt für l seinen Werth nb und für x und λ die Werthe $mb + d$ und $m'b + d'$, wobei d und d' die Entfernungen der zu x und λ gehörigen Punkte von den zunächst unter ihnen liegenden Erregungsstellen bezeichnen, so verwandelt sich der in 17 gefundene Ausdruck in folgenden:

$$\frac{d' - d}{b}\,a;$$

bei dieser Anordnung befindet sich also jeder zwischen zwei unmittelbar auf einander folgenden Erregungsstellen liegende Theil der Säule genau in demselben elektrischen Zustande, als wenn er für sich allein eine einfache galvanische Kette ausmachte, deren Spannung a ist und die an einem Punkte, dessen Abscisse d' ist, ableitend berührt wird. Die an einem Elemente vorhandene Ableitung wiederholt sich auf eine unsichtbare Weise an jedem andern Elemente.

19) Wir wollen nun noch zum Schlusse dieser Betrachtungen einen in sich selbst zurückkehrenden Leiter $ABCDA$ untersuchen, der blos zwei, aber entgegengesetzt wirkende, Erregungsstellen A und B besitzt. Lassen wir hier alle in 11 und 15 gebrauchten Bezeichnungen stehen, so wird, wenn wir uns die Stelle A ganz wie dort wirkend vorstellen, durch sie dem zu x gehörigen Punkte die elektroskopische Kraft

$$\frac{\frac{1}{2}l - x}{l}\,a,$$

und auf ähnliche Weise, wenn wir uns die Stelle B entgegengesetzt wirkend vorstellen, durch sie demselben Punkte die elektroskopische Kraft

$$-\frac{\frac{1}{2}l - x - b}{l}\,a$$

mitgetheilt werden. Stellen wir uns beide Erregungsstellen zugleich wirkend vor, so wird mithin die auf den zu x gehörigen Punkt erfolgende Totalwirkung sein

$$\frac{b}{l}a,$$

ein überraschendes und doch bei näherer Betrachtung sehr einleuchtendes Resultat, wodurch, wenn man das in 6 Gesagte gehörig in Erwägung zieht, bestimmt wird, *dass der zwischen den beiden Erregungsstellen befindliche Theil des Leiters, in welchem die + Enden liegen, an allen seinen Punkten gleich stark positiv, der andere Theil überall gleich stark negativ elektrisch sei, und dass die Summe dieser beiden positiv gedachten Intensitäten der Spannung gleich sei; dass aber diese Intensitäten sich umgekehrt zu einander verhalten, wie die Längen der Theile, auf welchen sie verbreitet sind.*

Wenn diese Verbindung an irgend einer Stelle, deren Abscisse λ ist, ableitend berührt wird, so ist nach 7 auf den zu x gehörigen Punkt die Wirkung der obern Erregungsstelle für sich

$$\frac{\lambda - x}{l}\,a$$

und die der untern für sich

$$-\frac{\lambda - x}{l}\,a$$

Es scheint nun zwar, als ob die auf den Punkt aus beiden Erregungsstellen zugleich hervorgehende Totalwirkung stets null sein müsse, allein erwägt man das in 9 Gesagte, so wird es sich ergeben, dass dies nur so lange der Fall ist, als beide zu x und λ gehörigen Punkte auf einem und demselben durch die Erregungsstellen bestimmten Theile des Leiters liegen; liegen sie dagegen auf verschiedenen Theilen des Leiters, so erhält man für die Totalwirkung stets $\pm a$, + oder — je nachdem λ oder x die Erregungsstelle überspringt.

20) Ich schliesse hier die Herleitung der an galvanischen Verbindungen auftretenden elektroskopischen Phänomene, obgleich die zuletzt betrachtete Verbindungsweise noch zu einigen nicht uninteressanten Zusammensetzungen führt, um für die Nachweisung ihrer objectiven Gültigkeit noch einigen Raum zu gewinnen. Die trefflich gehaltenen, in Gilberts Annalen VIII, X und XIII aufgezeichneten Untersuchungen Erman's,

Ritter's und Jaeger's über die elektroskopischen Wirkungen an Volta's Säule sind ganz wie dazu geschaffen. Fast jede Zeile legt Zeugnis ab für die Richtigkeit der obigen Theorie. Namentlich hebe ich VIII. S. 205, 207 u. 456 und X. S. 11 heraus, wo das Hauptphänomen, die Vertheilung des Schlussleiters, mit welchem alle übrigen stillschweigend gegeben sind, in allen seinen Theilen ganz so wie es in 12 und 16 gefunden worden ist, vollkommene Bestätigung erhält. Wenn damals diese Vertheilung aus begreiflichen Ursachen der eigenthümlichen Einwirkung des flüssigen Theils der Leitung zugeschrieben werden musste, so steht es jetzt fast ausser allem Zweifel, dass auch metallische Schlussleiter dieselbe Erscheinung und ohne Condensator zeigen werden, wenn man dazu nur recht lange und dünne Drähte wählt nnd zu den Elementen der Säule so viel möglich grosse Platten und eine gut leitende Flüssigkeit nimmt. Noch führe ich zur Prüfung dieser Theorie einen Versuch Jaeger's an, der in Gilberts Annalen XIII. S. 414 steht und für die geschlossene Säule das ist, was der oben angeführte Becquerelsche für die geschlossene einfache Kette war. Bei den Jaeger'schen Versuchen, die an Säulen von wenigen, nicht grossen Elementen und mit Zuziehung des Condensators unternommen worden sind, hat man indessen nicht zu übersehen, dass, wo die Säule oder einfache Kette nicht an irgend einer Stelle Abfluss nach Aussen hat, die Wirkung einer jeden andern Stelle auf einen äussern Körper nicht blos von dessen relativer Capacität für Elektricität, sondern auch von der Dauer ihres beiderseitigen Zusammenseins abhängig ist.

Nachtrag.

Es freut mich, Ihnen melden zu können, dass alle in meiner Theorie der elektroskopischen Erscheinungen dem metallenen Schlussleiter beigelegten Eigenschaften sich durch Versuche vollkommen bestätigt haben. Da bei diesen Versuchen Umstände sich gezeigt haben, die das Misslingen derselben in Fällen herbeiführen können, so mache ich mir zur Pflicht, sie anzuzeigen.

Ein messingener Leiter von $^1/_6$ Linie Dicke und 300 Fuss Länge gab an einer mit Pappscheiben, die in Kochsalzlösung eingeweicht und dann stark ausgepresst worden waren, auf gebauten Zink-Kupfersäule von hundert dreizölligen runden Plattenpaaren seine Vertheilung nur durch den Condensator zu erkennen und zwar mit einer so geringen Spannung, dass sie, nach einer ungefähren Schätzung, die eines einfachen Elementes nicht übertraf. Als ich aber einen eben so langen, sehr feinen Eisendraht No. 15 dazu anwendete, trat die Vertheilung mächtig hervor, so dass ihre Grösse und ihre Beweglichkeit sich sehr deutlich auch ohne Condensator stufenweise beobachten liess. Ein Becherapparat von 12 noch nicht einzölligen Plattenpaaren brachte in Verbindung mit diesem letztern Leiter ein sehr empfindliches Elektrometer ohne Condensator noch zum Anschlagen, wenn das eine Ende des Leiters untersucht wurde, während das andere Ende mit der Erde in leitender Verbindung stand. Obige Erfahrungen lehren, dass der Schlussleiter einer Voltaischen Säule sehr dünn und lang sein muss, wenn dessen Vertheilung merklich hervortreten soll; aber sie berechtigen auch zu dem Schlusse, dass wenige Fusse von dem Eisendrahte hinreichend sein werden, demjenigen das Phänomen der Vertheilung in seiner ganzen Pracht zu zeigen, dem es vergönnt ist, Platten von 100 und mehr Quadratzollen mit verdünnter Säure dazu anzuwenden.

Ueber die Vertheilung der einfachen Kette habe ich Versuche angestellt, die, obgleich noch unvollendet, auf eine nicht unwichtige Beobachtung mich führten. Wenn ich nämlich den Zinkkupferstreifen mit Brunnenwasser schloss, so traten jedesmal die elektrometrischen Erscheinungen innerhalb des flüssigen Leiters, der die Kette schloss, weit stärker hervor, wenn das Kupfer, als wenn das Zink ableitend berührt wurde, obgleich ich auf vollkommene Isolirung der Kette die grösste Sorgfallt verwendet hatte. Wenn ich dagegen das Brunnenwasser mit concentrirter Schwefelsäure vertauschte, so waren die Erscheinungen in beiden Fällen, so weit es der Augenschein lehrte, von gleicher Stärke. Es ist allerdings nicht zu verkennen, dass es strenge genommen keine einfache Kette giebt, und dass die hier beschriebene eigentlich eine dreifache ist; allein es ist mir nicht glaublich, dass in diesem Umstande der Grund jener Anomalie zu suchen sei. Weiter fortgesetzte Versuche werden hoffentlich zur Aufklärung dieses Incidenzpunktes beitragen.

VI.

Einige elektrische Versuche.

Schweigger's Journal Bd. **49**, p. 1—8. 1827.

Nachstehende Versuche habe ich hauptsächlich in der Absicht angestellt, um an ihnen einige Hauptpunkte einer mathematischen Theorie der galvanischen Elektricität, mit der ich eben jetzt umgehe, zu prüfen. Da sie jedoch für die Naturlehre von einem allgemeineren Interesse mir zu sein scheinen, so verdienen sie vielleicht in dieser Zeitschrift niedergelegt zu werden.

Zuvörderst gab ich mich an die Wiederholung eines schon längst von Davy gemachten Versuches, welcher darzuthun beabsichtigt, dass die Elektricität, während sie die Körper durchströmt, über alle Theile derselben gleichmässig verbreitet sey. Da diese Eigenschaft der bewegten Elektricität im Gegensatze zu dem steht, was Versuche über die Art und Weise, wie die zur Ruhe gekommene Elektricität an den Körpern haftet, nachgewiesen haben, so wird eine wiederholte und genauere Prüfung dieses Umstandes nicht für überflüssig angesehn werden können. Ich nahm zu diesem Behufe zwei gleich lange Stücke von demselben starken Messingdrahte und liess das eine platt walzen, bis seine Breite die Dicke mehr als siebenmal überstieg; es hatte dadurch eine Länge von 16 Zoll 4 Linien angenommen. Das andere Stück dagegen liess ich rund ziehen, bis es 16 Zoll 5 Linien lang geworden war. Man sieht hieraus, dass der runde Draht einen etwas kleineren Querschnitt als der platte erhalten hat, aber ich blieb dabei stehen, weil ich nicht hoffen konnte, in einer Sache, wo man dem Zufalle so sehr preisgegeben ist, durch wiederholtes Probiren eine noch grössere Gleichförmigkeit hervorzubringen. Nun brachte ich diese beiden Stücke, nachdem ich dem letzteren ebenfalls die Länge von 16 Zoll 4 Linien gegeben hatte, abwechselnd in die Kette (wobei ich mich des im zweiten Hefte des vorigen Jahrganges dieser Zeitschrift beschriebenen und unverändert gebliebenen Apparates [S. 19] bedient habe) und mass die Kraft des Stromes.

Das platte, gewalzte Stück gab $132\frac{1}{2}$ Theile,
das runde, gezogene Stück gab $129\frac{1}{2}$ Theile

an der Drehwaage. Beide Zahlen sind Mittel aus dreifach auf einander folgenden Versuchen, von denen keiner um einen ganzen Theil von seinem Mittel abweicht. Diese Zahlen rücken einander noch näher, wenn man bedenkt, dass der runde Draht einen kleineren Querschnitt als der platte hat. Jedoch befürchtete ich, dass die Dazwischenkunft des Quecksilbers in den beiden Schälchen bei Versuchen, wo es nicht mehr möglich war, die Enden der Leiter mit ihm in jedem Falle auf dieselbe Weise in Verbindung zu bringen, Anlass zu kleinen Unregelmässigkeiten geben dürfte; denn ich hatte auf die genaue Bestimmung der Länge des runden Drahtes (die nicht ganz leicht ist, weil dabei der von der Zange gepackte Theil eine besondere Berücksichtigung nöthig macht) zu viel Sorge verwandt, als dass bei einem so einfachen Versuche eine fühlbare Abweichung hätte entstehen können. Aus diesem Grunde änderte ich zu den nun folgenden Versuchen meinen Apparat dahin ab, dass ich die beiden kupfernen Schenkel, welche in die Schälchen mit Quecksilber ragten, in der Gestalt eines *U* umbog, so dass ihre offenen Enden nach oben hin kamen. Diese offenen Enden umgab ich mit ganz niedrigen, trichterartigen Gefässen von Holz und brachte jedesmal die angequickten Enden der Leiter mit den stark angequickten Enden der kupfernen Schenkel in unmittelbare Berührung.

Nun nahm ich 8 Drähte von gleicher Länge, die aus demselben Stücke Messingdraht, der zwischen $\frac{1}{3}$ und $\frac{1}{2}$ Linie stark war, genommen waren, und brachte erst einen davon in die Kette, dann zu diesem noch einen, und so fort, bis alle

8 Drähte neben einander die Kette schlossen; dann nahm ich wieder einen um den anderen aus der Kette heraus, bis nur noch ein einziger sie verband. Auf diesem Wege erhielt ich an der Drehwaage folgende Zahlen

$39^3/_4$, $70^1/_2$, $97^1/_2$, 120, $137^1/_2$, 154, 168, $178^1/_2$; und nun rückwärts
$178^1/_2$, $165^3/_4$, $152^3/_4$, $139^1/_2$, 120, $98^1/_4$, $69^1/_2$, $39^1/_2$.

Wenn man annimmt, dass der Leitungswerth in Leitern, deren Längen sich wie ihre Querschnitte verhalten, derselbe sei, und diesem gemäss, wenn ein, zwei, drei u. s. f. bis 8 Drähte neben einander in die Kette gebracht werden, ihre auf gleiche Querschnitte zurückgeführten Längen 1, $^1/_2$, $^1/_3$, $^1/_4$, $^1/_5$, $^1/_6$, $^1/_7$, $^1/_8$ oder in ganzen Zahlen, wie in folgender Rechnung geschehen ist, 840, 420, 280, 210, 168, 140, 120, 105 setzt, so erhält man, durch die am angezeigten Orte aufgestellte Formel, Werthe, die in nachstehender Zusammenstellung aufgeführt sind.

Anzahl der Leiter	Beobachtung			Berechnung
	I.	II.	Mittel	
1	$39^3/_4$	$39^1/_2$	39,7	39,2
2	$70^1/_2$	$69^1/_2$	70,0	70,8
3	$97^1/_2$	$98^1/_4$	97,9	97,0
4	120	120	120,0	118,8
5	$137^1/_2$	$139^1/_2$	138,5	137,5
6	154	$152^3/_4$	153,4	153,5
7	168	$165^3/_4$	166,9	166,5
8	$178^1/_2$	$178^1/_2$	178,5	179,7

wobei die dortigen Buchstaben a und b hier dergestalt bestimmt worden sind, dass $a = 36840$ und $b = 100$ ist. Man sieht hieraus, wie enge sich die berechneten Werthe an die beobachteten anschliessen und wie bedeutend das von mir aufgestellte Gesetz von dem durch Davy aufgefundenen und durch Becquerel bestätigten Gesetze abweicht, eine Abweichung, die man durch abgeänderte Dimensionen in der Kette und in den Zwischenleitern noch beliebig vergrössern könnte. Zum Ueberflusse will ich noch hinzufügen, dass die Länge eines jeden der acht Drähte 10 Zoll war.

Ferner nahm ich 3 neue Leiter von $1^1/_2$ Linien starkem Messingdrahte, wovon der eine A einen Fuss, der andere B

zwei Fuss und der dritte C vier Fuss lang war, und brachte sie sowohl einzeln, als paarweise, und auch alle drei neben einander, in die Kette. Das Resultat dieser Versuche ist in folgender Tabelle aufgezeichnet.

In der Kette befindl. Leiter	Beobachtung I.	Beobachtung II.	Beobachtung Mittel	Berechnung
A, B, C	$325^3/_4$	$320^1/_4$	323,0	322,4
A, B	$311^1/_2$	$306^1/_4$	308,9	307,1
A, C	$289^1/_2$	$282^1/_2$	286,0	289,3
B, C	237	$232^1/_4$	234,7	233,7
A	$265^1/_4$	$261^1/_4$	263,3	265,6
B	$191^1/_2$	$185^3/_4$	188,6	188,4
C	122	120	121,0	119,1

Die Berechnung geschah aber in folgender Art. Es lässt sich nämlich aus der vorhin erwähnten Formel strenge ableiten, dass zwei Leiter, die einerlei Querschnitt und einerlei Leitungsvermögen besitzen, und deren Längen m und n sind, wenn sie beide zugleich neben einander in die Kette kommen, eben so wie ein einziger leiten, der denselben Querschnitt und dasselbe Leitungsvermögen hat, und dessen Länge

$$\frac{m\,n}{m+n}$$

ist. Eben so sind 3 zugleich und neben einander in die Kette gebrachte Leiter von einerlei Leitungsvermögen und Querschnitt, und deren Längen m, n, p sind, einem einzigen Leiter von demselben Leitungsvermögen und Querschnitte gleich zu setzen, dessen Länge

$$\frac{m\,n\,p}{m\,n+m\,p+n\,p}$$

ist. Setzt man sonach die Länge von $C = 4$ die von $B = 2$ und die von $A = 1$, so wird in Folge der vorstehenden Ausdrücke die Länge von B nebst $C = {}^4/_3$, die von A nebst $C = {}^4/_5$ und die von A nebst $B = {}^2/_3$, endlich die von A nebst B nebst $C = {}^4/_7$. Nimmt man nun $a = 648$ und $b = 1{,}44$ und setzt für x nach einander die Werthe ${}^4/_7$, ${}^2/_3$, ${}^4/_5$, ${}^4/_3$, 1, 2, 4, so wird man die nebenstehenden Zahlen erhalten.

In der erwähnten Abhandlung habe ich auf die ungemeine

Beständigkeit des von mir gebrauchten Apparates, zugleich aber auch auf eine langsame Aenderung desselben, deren Erklärung ich damals mit Bestimmtheit zu geben nicht vermochte, aufmerksam gemacht. Jetzt glaube ich über diese Erscheinung genauere Auskunft geben zu können. Ich war nämlich gezwungen vorstehende Versuche hier in Berlin in einer Dachküche zu machen, und da traf es sich, dass gerade an einem sehr kalten Tage, während ich an meinem Apparate stand, ein heftiger Sturmwind sich erhob. Plötzlich fing die Nadel an zu schwanken, was ich bisher an ihr noch nie bemerkt hatte, und zwar mit einer Stärke, die mich in Erstaunen setzte und mich zwang, die Versuche einzustellen. Es hielt zum Glück nicht schwer, die Ursache dieser gänzlichen Umkehrung ihrer früheren Natur aufzufinden. Jedesmal nämlich, wenn die starkbewegte Luft den Dampf, der aus der Röhre des Kochgefässes sich entwickelte, gegen den Apparat hintrieb, sank die Wirkung schnell und stark, aber eben so schnell und eben stark hob sie sich wieder, sobald der Dampf von dem Apparate abgelenkt wurde. Diese Beobachtung führte mich zu der Ueberzeugung, dass die von mir im vorigen Jahre beobachtete Aenderung bloss davon abhing, dass die Luft im Zimmer an verschiedenen Tagen eine verschiedene Temperatur hatte und dass an einem und demselben Tage die Wirkung deshalb sinken musste, weil offenbar sehr lange Zeit erforderlich ist, bis der Apparat einen bleibenden Temperaturzustand angenommen hat, der wahrscheinlich in dem Zeitraume von einigen Stunden noch nicht gänzlich eingetreten war. Zugleich bin ich geneigt zu glauben, dass man durch gehörige Berücksichtigung dieser Umstände und dadurch, dass man etwa, zur Vermeidung des schädlichen Einflusses des Dampfes, die Röhre des Kochgefässes durch den Eisbehälter gehen lässt, eine vollkommene Beständigkeit der Resultate werde erhalten können, worüber ich zu einer anderen Zeit Beobachtungen anzustellen Willens bin.

Folgender Versuch ist vielleicht geeignet, einiges Licht, sowohl über das Wesen der Thermoelektricität, als auch über die Function des Multiplicators zu verbreiten. Er stützt sich auf das in der oft erwähnten Abhandlung ausgesprochene Gesetz, dass die Grösse der Anzeigen durch den Multiplicator sich nicht sowohl nach der Stärke des Stromes als nach der Grösse der Spannung richte, woraus folgt, dass man in Fällen, wo der Multiplicator sich unwirksam zeigt, nur die Spannung der Kette zu vermehren habe, um durch ihn stärkere Anzeigen zu erhalten. Um diesen Punkt zu prüfen, löthete ich zwei 5 Zoll lange und $^2/_3$ Linien dicke Drähte, wovon der eine aus Messing, der andere aus Eisen war, an einander, und versuchte ihre Wirkung auf einen Multiplicator von 60 Windungen, indem ich die gelöthete Stelle durch heisses Oel erhitzte; konnte aber kaum eine Spur von Ablenkung der Magnetnadel entdecken. Solcher Paare löthete ich nun 225 an einander, so dass stets Messing und Eisen auf einander folgten, und die Berührungsstellen abwechselnd auf beiden Seiten des Bündels lagen, den ich aus allen Paaren bildete. Ein solcher Bündel, deren ich zwei verfertigte, wurde 5 Zoll lang, $2^1/_4$ Zoll breit und $1^1/_2$ Zoll dick, und alle Drähte in ihm waren durch Seide gehörig von einander getrennt. Als ich nun einen solchen Bündel mit demselben Multiplicator in Verbindung brachte, und mit seinem einen Ende in heisses Oel tauchte, wich die Nadel sogleich ab, und spielte auf einen Winkel von 26 Graden ein. Beide Bündel, zu einem vereinigt, vermehrten die Wirkung noch um Vieles. Zudem ist leicht einzusehen, dass bei den hier obwaltenden Umständen der Multiplicator kaum den vierten Theil der vollen Wirkung gegeben haben könne. Demohngeachtet überzeugte ich mich durch eine Vergleichung der Wirkung desselben Multiplicators an einer einfachen Zink-Kupferkette, dass die 225 Spannungen eines Bündels noch nicht eine Spannung zwischen Zink und Kupfer ausmachen, obgleich sie ihr nahe zu kommen scheinen. Eine unmittelbare Prüfung am Elektrometer konnte ich jetzt nicht vornehmen, weil mir hier die Werkzeuge dazu fehlen. Sobald ich wieder Musse finde, werde ich diese Versuche weiter verfolgen.

VII.

Die galvanische Kette, mathematisch bearbeitet.

Berlin, 1827.

Vorwort.

Ich übergebe hiermit dem Publikum eine Theorie der galvanischen Elektricität, als einen speziellen Theil der allgemeinen Elektricitätslehre, und werde nach und nach, so wie gerade Zeit und Lust und Boden es gestatten, mehr solcher Stücke zu einem Ganzen an einander reihen, vorausgesetzt, dass der Werth dieser ersten Ausbeute einigermassen den Opfern, die sie mir kostet, die Wage hält. Die Verhältnisse, in welchen ich bis jetzt gelebt habe, waren nicht geeignet, weder meinen Muth, wenn ihn die Tageskälte zu zerstören drohte, auf's Neue anzufeuern, noch, was doch unumgänglich nöthig ist, mich mit der auf ähnliche Arbeiten Bezug habenden Literatur in ihrem ganzen Umfange vertraut zu machen; daher habe ich zu meiner Proberolle ein Stück gewählt, wobei ich Concurrenz am wenigsten zu scheuen brauchte. Möge der geneigte Zuschauer meine Leistung mit derselben Liebe zur Sache aufnehmen, aus der sie hervorgegangen ist!

Berlin, den 1. Mai 1827.

Der Verfasser.

Einleitung.

Das Streben dieser Abhandlung geht dahin, aus einigen wenigen, grösstentheils durch die Erfahrung gegebenen Prinzipien den Inbegriff derjenigen elektrischen Erscheinungen in geschlossenem Zusammenhange abzuleiten, welche durch die Berührung zweier oder mehrerer Körper unter einander hervorgebracht und unter dem Namen der galvanischen begriffen werden; ihre Absicht ist erreicht, wenn auf solche Weise die Mannigfaltigkeit der Thatsachen unter die Einheit des Gedankens gestellt wird. Um mit den einfachsten Untersuchungen den Anfang zu machen, habe ich mich fürs erste darauf beschränkt, diejenigen Fälle vorzunehmen, wo die erregte Elektricität nur in einer Dimension sich fortbewegt. Sie bilden gleichsam das Gerüste zu einem grösseren Baue, und enthalten gerade den Theil, dessen genauere Kenntniss aus den Anfangsgründen der Naturlehre zu schöpfen ist, und auch seiner Zugänglichkeit halber darin in strenger Form gegeben werden kann. Zu Gunsten dieses besonderen Zweckes und zugleich als Einleitung in die Sache selbst schicke ich der gedrängten mathematischen Bearbeitung eine freiere, aber darum nicht weniger zusammenhängende, Uebersicht ihres Ganges und ihrer Resultate voraus.

Drei Gesetze, wovon das eine die Art der Elektricitätsverbreitung innerhalb eines und desselben Körpers, das zweite die Art der Elektricitätszerstreuung in die umgebende Luft, und das dritte die Art des Hervortretens der Elektricität an der Berührungsstelle zweier heterogener Körper ausspricht, bilden die Grundlage der ganzen Abhandlung und enthalten zugleich Alles, was nicht auf eine vollständige Begründung Anspruch macht. Die beiden letzteren sind reine Erfahrungsgesetze, das erstere aber ist seiner Natur nach wenigstens zum Theile theoretisch.

Was dieses erste Gesetz betrifft, so bin ich von der Annahme ausgegangen, das die Mittheilung der Elektricität von einem Körperelemente nur zu dem ihm zunächst liegenden auf eine unmittelbare Weise erfolge, so dass von jenem Elemente zu jedem anderen entfernter liegenden kein unmittelbarer Uebergang stattfindet. Die Grösse des Ueberganges zwischen zwei zunächst beisammen liegenden Elementen habe ich unter übrigens gleichen Umständen dem Unterschiede der in beiden Elementen befindlichen elektrischen Kräfte proportional gesetzt, gleichwie in der Wärmelehre der Wärmeübergang zwischen zwei Küörperelementen dem Unterschiede ihrer Temperaturen proportional genommen wird. Man sieht hieraus, dass ich von dem bisher üblichen, durch Laplace eingeführten Verfahren bei Molekularwirkungen abgewichen bin, und ich hoffe, dass sich der von mir eingeschlagene Weg durch seine Allgemeinheit, Einfachheit und Klarheit sowohl, als durch das Licht, welches er auf den Sinn der früheren Methoden wirft, von selbst empfehlen werde.

In Ansehung der Elektricitätszerstreuung in die Luft habe ich das von Coulomb durch Versuche ausgemittelte Gesetz beibehalten, dem gemäss der Verlust an Elektricität eines von Luft umgebenen Körpers in einem Zeittheilchen von konstanter Länge der Stärke der Elektricität und einem von der Natur der Luft abhängigen Koefficienten proportional ist. Ein einfaches Zusammenhalten der Umstände, unter welchen Coulomb seine Versuche angestellt hat, mit den bei der Elektricitätsbewegung vorhandenen zeigte jedoch, dass bei den galvanischen Erscheinungen der Einfluss der Luft fast immer ausser Acht gelassen werden kann. Bei Coulomb's Versuchen war nämlich die nach der Oberfläche der Körper hingedrängte Elektricität ihrer ganzen Ausdehnung nach im Prozesse der Zerstreuung in die Luft begriffen, während in der galvanischen Kette die Elektricität fast immer das Innere der Körper durchzieht und deswegen nur zum kleinsten Theile mit der Luft in Wechselwirkung kommt, so dass hier die Zerstreuung in die Luft in Vergleich zu jener nur äusserst unbeträchtlich ausfallen kann. Diese aus der Natur der Umstände abgeleitete Folgerung wird durch die Erfahrung bestätigt; in ihr liegt der Grund, warum das zweite Gesetz nur sehr selten zur Sprache kommt.

Die Art und Weise, wie die Elektricität an der Berührungsstelle zweier differenter Körper hervortritt, oder die elektrische Spannung dieser Körper habe ich so ausgesprochen:

Wenn verschiedenartige Körper sich einander berühren, so behaupten sie fortwährend an der Stelle der Berührung einen und denselben Unterschied ihrer elektroskopischen Kräfte.

Mit Zuziehung dieser drei Fundamentalsätze lassen sich die Bedingungen angeben, welchen die Elektricitätsbewegung in Körpern von beliebiger Gestalt und Art unterworfen ist. Die Form und Behandlung der so erhaltenen Differenzialgleichungen ist denen für die Wärmebewegung durch Fourier und Poisson uns gegebenen so ähnlich, dass sich schon hieraus, wenn auch weiter keine anderen Gründe vorhanden wären, der Schluss auf einen inneren Zusammenhang zwischen beiden Naturerscheinungen mit allem Rechte machen liesse, und dieses Identitätsverhältnis nimmt zu, je weiter man es verfolgt. Diese Untersuchungen gehören zu den schwierigsten in der Mathematik, und können schon deshalb nur allmählig einen allgemeinen Eingang sich verschaffen, darum ist es ein glücklicher Wurf, dass bei einem nicht unwichtigen Theile der Elektricitätsbewegung in Folge seiner besonderen Natur jene Schwierigkeiten fast gänzlich wegfallen. Diesen Theil dem Publikum zunächst vorzulegen, hat gegenwärtige Schrift sich zum Ziele gesetzt und daher nur so viel von zusammengesetzten Fällen in sich aufgenommen, als zur Sichtbarmachung des Ueberganges nöthig schien.

Die Natur und Gestalt, welche man den galvanischen Apparaten insgemein zu geben pflegt, begünstigt die Elektricitätsbewegung nur nach einer Dimension, und die Schnelligkeit der Elektricitätsverbreitung in Verbindung mit der nie versiegenden Quelle der galvanischen Elektricität wird Ursache, dass die galvanischen Erscheinungen grösstentheils einen mit der Zeit sich nicht ändernden Charakter annehmen. Diese beiden den galvanischen Erscheinungen meistens zur Seite stehenden Bedingungen, nämlich Aenderung der elektrischen Beschaffenheit in einer einzigen Dimension und Unabhängigkeit derselben von der Zeit, sind es aber gerade. wodurch die Behandlung zu einem Grade der Einfachheit gebracht wird, der in keinem Theile der Naturlehre grösser angetroffen wird und ganz dazu geeignet ist, der Mathematik die Besitzergreifung eines neuen Feldes der Physik, von dem sie bisher fast gänzlich ausgeschlossen blieb, ohne allen Widerspruch zu sichern. So geht diese Wissenschaft, der Natur getreu, gleich ihr, in anspruchsloser Würde ihren unerschütterlichen Gang, kaum achtend der aus dem Zwiespalte der Zeit gegen sie gerichteten Verunglimpfungen, die schon bei ihrer Geburt alle Merkmale eines hinfälligen, nur der Kunst angehörigen, Lebens an sich tragen.

Die chemischen Veränderungen, welche so häufig in einzelnen, meistentheils flüssigen, Theilen einer galvanischen Kette vor sich gehen, benehmen der Wirkung ihre natürliche Reinheit und verbergen durch die Verwickelungen, welche sie herbeiführen, den eigentlichen Hergang der Sache ungemein; in ihnen liegt der Grund eines beispiellosen Wechsels der Erscheinung, der zu so vielen scheinbaren Ausnahmen von der Regel, manchmal wohl gar zu Widersprüchen, in soweit der Sinn dieses Wortes nicht selbst mit der Natur im Widerspruche steht, Anlass giebt. Aus dieser Ursache habe ich die Betrachtung solcher galvanischer Ketten, in welchen kein Theil eine chemische Veränderung erleidet, von jenen, deren Thätigkeit durch eine chemische Wirkung getrübt wird, strenge geschieden und letztere im Anhange besonders betrachtet. Diese gänzliche Trennung beider zu einem Ganzen gehörenden Theile und, wie es scheinen möchte, Geringerstellung des letzteren findet in folgendem Umstande ihren hinreichenden Erklärungsgrund. Eine Theorie, die auf den Namen einer unvergänglichen und fruchtbringenden Anspruch machen will, darf, däucht mir, ihre edle Herkunft nicht durch ein eitles Wortgepränge zu erkennen geben, sondern dadurch, dass sie überall ihre Verwandtschaft zu dem Geiste, der die Natur beseelt, durch einen Parallelismus ihrer Aeusserungen einfach und vollständig, ohne alles Hebezeug der Sprache, den Herold eines Kampfes der menschlichen mit einer höheren Kraft, in der Wirklichkeit nachweise. Diese Nachweisung ist für den ersten der genannten Theile, wie ich glaube, hinreichend vorhanden, theils durch die vorangegangenen Versuche Anderer, theils durch eigene, die anfänglich mich mit der hier entwickelten Theorie befreundeten und später mich ihrer ganz versicherten. Nicht so verhält es sich in Ansehung des zweiten Theiles.

Ihm fehlt fast durchaus eine genauere Prüfung an der Erfahrung, welche vorzunehmen mir sowohl die nöthige Zeit als die erforderlichen Mittel fehlten, darum habe ich ihn bloss in den Winkel gestellt, aus welchem er, wenn er es werth ist, zu seiner Zeit doch wohl hervorgezogen und dann bei besserer Pflege auch weiter ausgebildet werden wird. Ich kann in meiner Lage nichts weiter für ihn thun, als ihn gutherzigen Menschen mit der Wärme eines Vaters zu empfehlen, der, von blinder Affenliebe nicht bethört, sich daran begnügt, auf das freie, offene Auge, womit sein Kind arglos die arge Welt anguckt, hinzudeuten.

Mittelst des ersten und dritten Fundamentalsatzes gelangt man zu einer deutlichen Einsicht in die oberste galvanische Erscheinung auf folgende Weise. Denkt man sich nämlich einen, überall gleich dicken und homogenen Ring, an dessen einer Stelle, seiner ganze Dicke nach, eine und dieselbe elektrische Spannung, d. h. Ungleichheit in dem elektrischen Zustande zweier unmittelbar neben einander liegender Flächen, aus welchen Ursachen immer, eingetreten und demnach das elektrische Gleichgewicht gestört worden ist, so wird die Elektricität in ihrem Streben, es wieder herzustellen, wenn ihre Beweglichkeit lediglich auf die Ausdehnung des Ringes beschränkt ist, nach beiden Seiten desselben abfliessen. Wenn jene Spannung bloss ein Werk des Augenblicks war, so wird auch in Kurzem das Gleichgewicht wieder hergestellt sein, wenn hingegen die Spannung bleibend ist, so kann das Gleichgewicht nie wieder zurückkehren; aber die Elektricität vermöge ihrer nicht fühlbar gehemmten expansiven Kraft führt in einem Zeitraume, dessen Dauer fast immer unseren Sinnen entgeht, einen Zustand herbei, der dem des Gleichgewichtes am nächsten kommt, und darin besteht, dass durch die fortdauernde Bewegung der Elektricität nirgends eine wahrnehmbare Aenderung in der elektrischen Beschaffenheit der Körpertheile, durch welche der Strom geht, hervorgebracht wird. Die Besonderheit dieses auch bei der Bewegung der Wärme und des Lichtes häufig sich bildenden Zustandes hat darin ihren Grund, dass jedes in dem Wirkungskreise liegende Körpertheilchen in jedem Augenblicke von der einen Seite her genau so viel von der bewegten Elektricität in sich aufnimmt, als es nach der anderen Seite hin abgiebt und darum selber immer gleich viel behält. Da nun kraft des ersten Fundamentalsatzes der elektrische Uebergang unmittelbar nur von dem einen Körperelemente zum nächsten stattfindet und seiner Stärke nach, unter übrigens gleichen Umständen, durch den elektrischen Unterschied der beiden Elemente bestimmt wird, so muss offenbar an dem seiner ganzen Dicke nach gleichförmig angeregten, an allen Orten gleich beschaffenen, Ringe jener Zustand durch eine stetige von der Erregungsstelle ausgehende, durch den ganzen Ring gleichförmig fortschreitende, und zuletzt wieder in die Erregungsstelle zurückkehrende Aenderung des elektrischen Zustandes sich ankündigen, während an der Erregungsstelle selbst ein plötzlicher, die Spannung ausmachender, Sprung in der elektrischen Beschaffenheit, wie vorausgesetzt worden ist, bleibend wahrgenommen wird. In dieser einfachen Elektricitätsvertheilung liegt der Schlüssel zu den mannigfaltigsten Erscheinungen.

Die Art der Elektricitätsvertheilung in dem Ringe ist durch die vorangegangene Betrachtung völlig bestimmt worden, aber die absolute Stärke der Elektricität an den verschiedenen Stellen des Ringes bleibt noch ungewiss. Man kann sich diese Eigenheit am besten dadurch versinnlichen, dass man sich den Ring, ohne seine Natur zu ändern, an der Erregungsstelle geöffnet und in eine gerade Linie ausgestreckt denkt und die Stärke der Elektricität an jeder Stelle durch die Länge einer da errichteten senkrechten Linie, Ordinate, versinnlicht, wobei die nach oben gerichteten einen positiv elektrischen, die nach unten gestellten aber einen negativ elektrischen Zustand der Stelle bezeichnen mögen. Die Linie AB (Fig. 1) stelle sonach

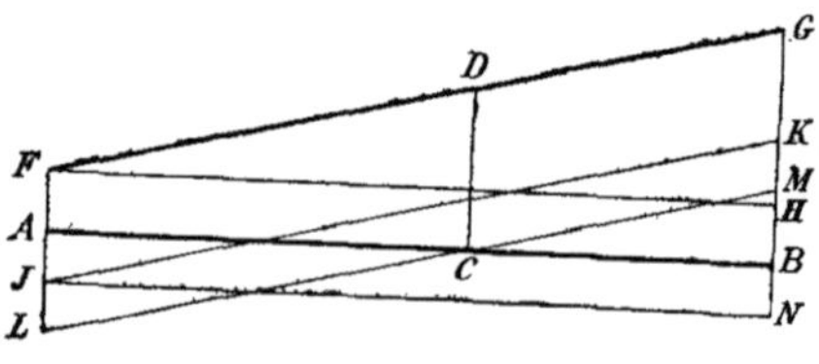

Fig. 1.

den in eine gerade Linie ausgestreckten Ring vor, und die auf AB senkrechten Linien AF und BG mögen durch ihre Längen die Stärke der an den Enden A und B befindlichen positiven Elektricitäten bezeichen. Zieht man nun von F nach G die gerade Linie FG, ferner FH parallel mit AB, so giebt die Lage von FG die Art der Elektricitätsvertheilung und die Grësse $BG—AF$ oder GH die an den Enden des Ringes hervortretende Spannung zu erkennen, und die Stärke der Elektricität an irgend einer anderen Stelle C lässt sich an der Länge der durch C auf AB senkrecht gezogenen CD leicht abnehmen. Durch die Natur der galvanischen Erregung wird aber bloss die Grösse der Spannung oder die Länge der Linie GH, also zwar die Differenz der Linien AF und BG bestimmt, die absolute Grösse der Linien AF und BG ist jedoch dadurch keineswegs gegeben; daher lässt sich die Art der Vertheilung eben so gut durch jede andere der vorigen parallele Linie z. B. IK darstellen, für welche die Spannung noch immer denselben Werth behält und KN ist, weil die jetzt unterhalb AB liegenden Ordinaten eine der vorigen entgegengesetzte Beziehung annehmen. Welche von den unendlich vielen der FG parallelen Linien den wirklichen Zustand des Ringes ausdrücken werde, lässt sich im Allgemeinen nicht angeben, sondern muss in jedem Falle aus den dabei stattfindenden Umständen besonders entschieden werden. Uebrigens ist leicht einzusehen, dass, da die gesuchte Linie der Lage nach gegeben ist, sie durch die Feststellung eines einzigen ihrer Punkte, oder mit anderen Worten durch die Kenntniss der elektrischen Kraft, an einer einzigen Stelle des Ringes gänzlich bestimmt sein wird. Wenn z. B. der Ring an der Stelle C durch Ableitung alle Elektricität verlöre, so würde die mit FG parallel durch C gezogene Linie LM in diesem Falle den elektrischen Zustand des Ringes mit voller Bestimmtheit ausdrücken. In der hier ausgesprochenen Veränderlichkeit der Elektricitätsvertheilung liegt der Grund einer den galvanischen Ketten eigenthümlichen Wandelbarkeit der Erscheinung. Noch füge ich bei, dass es offenbar ganz gleichgültig ist, ob man die Stellung der Linie FG zu der AB bestimmt, oder ob man die Lage der Linie FG immer dieselbe bleiben lässt und dagegen die Stellung der Linie AB gegen sie verändert, welches letztere Verfahren eine viel grössere Einfachheit gestattet in solchen Fällen, wo die Elektricitätsvertheilung eine mehr zusammengesetzte Gestalt annimmt.

Die eben vorgebrachte und für einen seiner ganzen Ausdehnung nach homogenen Ring gültige Schlussweise lässt sich leicht auf einen aus noch so vielen heterogenen Theilen zusammengesetzten Ring ausdehnen, wenn nur jeder Theil an sich homogen und überall von gleicher Dicke ist. Als Beispiel dieser Erweiterung mag ein aus zwei heterogenen Theilen zusammengesetzter Ring hier noch behandelt werden. Man stelle sich diesen Ring wieder wie vorhin an einer seiner Erregungsstellen geöffnet und in die gerade Linie ABC (Fig. 2)

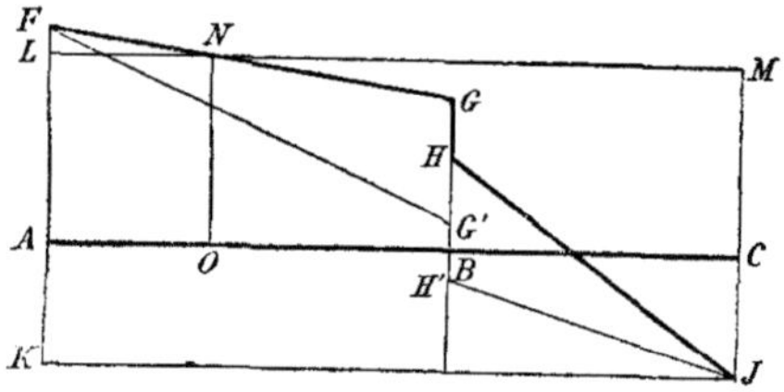

Fig. 2.

ausgestreckt vor, so dass AB und BC die beiden heterogenen Theile des Ringes bezeichnen. Die Senkrechten AF, BG sollen durch ihre Längen die an den Enden des Theiles AB, dagegen BH und CI die an den Enden des Theiles BC vorhandenen elektrischen Kräfte, demnach $AF + CI$ oder FK die Spannung an der geöffneten Erregungsstelle, und GH die bei der Berührungsstelle in B eingetretene Spannung vorstellen. Hat man nun bloss den bleibenden Zustand der Kette vor Augen, so werden aus der vorhin angezogenen Ursache die geraden Linien FG und HI durch ihre Lage die Art der Elektricitätsvertheilung in dem Ringe zu erkennen geben; ob aber die Linie AC an ihrer Stelle bleiben werde, oder ob sie weiter hinauf oder weiter herab gerückt werden müsse, bleibt ungewiss und kann nur in jedem besonderen Falle durch anderweitige Betrachtungen ausgemacht werden. Wenn z. B. die Stelle O der Kette ableitend berührt und dadurch aller Elektricität beraubt würde, so müsste die *ON* verschwinden und daher würde die durch *N* mit *AC* parallel gezogene Linie *LM* die in diesem Falle erforderliche Stellung von *AC* zu erkennen geben. Man sieht hieraus, wie bald diese, bald eine andere Stellung der Linie *AC* zu der die Elektricitätsvertheilung darstellenden Figur *FGHI* die den Umständen angemessene werden kann, und erkennt darin die Quelle der schon erwähnten Wandelbarkeit galvanischer Erscheinungen.

Es ist jedoch zu einer gründlichen Beurtheilung des vorliegenden Falles noch die Beachtung eines Umstandes wesentlich erforderlich, dessen Erwähnung bisher absichtlich, um die verschiedenen Momente so scharf wie möglich von einander abzusondern, unterblieben ist. Die Entfernung *FK* und *GH* sind zwar allerdings durch die an den beiden Erregungsstellen vorhandenen Spannungen gegeben, aber dadurch allein wird die Figur *FGHI* noch nicht gänzlich bestimmt. Es könnten z. B. die Punkte *G* und *H* nach *G'* und *H'* herab, rücken, so dass $G'H' = GH$ wäre, dann würde die Figur *FG'H'I* entstehen, durch welche eine ganz andere Art der Elektricitätsvertheilung angezeigt würde, obgleich in ihr die einzelnen Spannungen noch ihre vorige Grösse behalten haben. Soll mithin das für die zweigliederige Kette Vorgebrachte einen Sinn erhalten, der keiner willkürlichen Deutung mehr unterworfen ist, so muss diese Unbestimmtheit sich aus dem Wege räumen lassen. Dieses Geschäft übernimmt der erste Fundamenmtalsatz in folgender Art. Da nämlich nur der von der Zeit unabhängige Zustand des Ringes berücksichtigt wird, so muss, wie schon erwähnt worden ist, jeder Querschnitt in jedem Augenblicke von der einen Seite her dieselbe Elektricitätsmenge empfangen, welche er nach der anderen Seite hin abgiebt. Diese Bedingung zieht auf Strecken des Ringes, die an ihren verschiedenen Stellen völlig einerlei Beschaffenheit haben, die stetig und gleichförmig sich ändernde Vertheilung nach sich, welche in der ersten Figur durch die gerade Linie *FG* und in der zweiten Figur durch die geraden Linien *FG* und *HI* vorgestellt worden ist; wenn aber die räumliche oder die physische Natur des Ringes von einem Theile zum anderen, aus denen er besteht, sich ändert, so fällt der Grund dieser

Stetigkeit und Gleichförmigkeit weg, daher muss die Art der Verbindung der einzelnen geraden Linien unter sich zur vollständigen Figur aus anderen Betrachtungen erst abgeleitet werden. Um die Sache zu erleichtern, will ich die räumliche und physische Verschiedenheit der einzelnen Theile, jede für sich, einer besonderen Betrachtung unrerwerfen.

Nimmt man zuvörderst an, dass jeder Querschnitt des Theiles *BC* *m* mal kleiner, als in dem Theile *AB* sei, während beide Theile aus einerlei Stoff gebildet sind, so kann der von der Zeit unabhängige elektrische Zustand des Ringes, welcher fordert, dass überall im ganzen Ringe von der einen Seite her eben so viel Elektricitzt zufliesse, als nach der anderen Seite hin abfliesst, offenbar nur unter der Bedingung stattfinden, dass in derselben Zeit von einem Elemente zum anderen innerhalb des Theies *BC* der elektrische Uebergang *m* mal grösser sei, als in dem Theile *AB*, weil nur auf solche Weise die Wirkung in beiden Theilen sich das Gleichgewicht halten kann. Um aber diesen *m* mal grössereu Uebergang der Elektricität von Element zu Element hervorzurufen, muss in Folge des ersten Fundamentalsatzes innerhalb des Theiles *BC* die elektrische Differenz von Element zu Elemeht *m* mal grösser sein, als in dem Theile *AB*, oder, wenn diese Bestimmung in die Figur übertragen wird, es muss die Linie *HI* auf gleiche Strecken sich *m* mal mehr senken, oder ein *m* mal grösseres Gefälle haben, als die Linie *FG*, wo man unter dem Ausdrucke „Gefälle“ die Differenz solcher Ordinaten zu verstehen hat, die zu zwei um die Längeneinheit von einander entfernten Stellen gehören. Es ergiebt sich aus dieser Betrachtung folgende Regel: *Die Gefälle der Linien FG und HI müssen sich in den aus einerlei Stoff gebildeten Theilen AB und BC zu einander verhalten, wie die Querschnitte dieser Theile in umgekehrter Ordnung.* Dadurch nun wird die Figur *FGHI* völlig bestimmt.

Wenn die Theile *AB* und *BC* des Ringes zwar einerlei Querschnitt besitzen, aber aus verschiedenem Stoffe bestehen, so wird der Elektricitätsübergang jetzt nicht mehr blos von der in jedem Theile von Element zu Element fortrückenden Elektricitätsänderung, sondern zugleich auch von der besonderen Natur eines jeden Stoffes abhängig sein. Diese lediglich durch die materielle Besonderheit der Körper bedingte Verschiedenheit in der Elektricitätsverbreitung, sie mag in dem besonderen Gefüge eines jeden Körpers, oder in irgend einem anderen eigenthümlichen Verhalten der Körper zur Elektricität ihren Grund haben, begründet eine Unterscheidung in dem elektrischen Leitungsvermögen der verschiedenen Körper, und vorliegender Fall selbst kann über die wirkliche Existenz eines solchen Unterschiedes Auskunft und zu seiner näheren Bestimmung Anlass geben. In der That da der aus den beiden Theilen *AB* und *BC* zusammengesetzte Ring von dem homogenen sich nur dadurch unterscheidet, dass beide Theile aus zweierlei Stoff gebildet sind, so wird eine Verschiedenheit in dem Gefälle der beiden Linien *FG* und *HI* eine Verschiedenheit in dem Leitungsvermögen der beiden Stoffe zu erkennen geben, und die eine zur Bestimmung der anderen dienen können. Auf solche Weise gelangt man zu folgendem die Stelle einer Definition vertretenden Satze: *In einem aus 2 Theilen AB und BC von gleichem Querschnitte und verschiedenem Stoffe gebildeten Ringe verhalten sich die Gefälle der Linien FG und HI wie die zu beiden Theilen gehörigen Leitungsvermögen in umgekehrter Ordnung.* Hat man die Leitungsfähigkeiten der verschiedenen Stoffe einmal aufgefunden, so können diese in jedem vorkommenden Falle zur Bestimmung der Gefälle der Linien *FG* und *HI* gebraucht werden. Dadurch aber wird die Figur *FGHI* gänzlich bestimmt. Die Bestimmung des Leitungsvermögens aus der Elektricitätsvertheilung wird durch die geringe Intensität der galvanischen Elektricität und die Unvollkommenheit der dazu erforderlichen Werkzeuge sehr erschwert; später wird sich hierzu ein bequemeres Mittel darbieten.

Von diesen beiden besondern Fällen kann man sich nun auf die gewohnte Weise zu dem allgemeinen erheben, wo die beiden prismatischen Theile des Ringes weder einerlei Querschnitt besitzen, noch aus demselben Stoffe gebildet sind. *In diesem Falle müssen sich die in beiden Theilen herrschenden Gefälle umgekehrt wie die Produkte aus den entsprechenden Querschnitten und Leitungsvermögen verhalten.* Dadurch wird man in den Stand gesetzt, in jedem Falle die Figur *FGHI* gänzlich zu bestimmen, sonach die Art der Elektricitätsvertheilung in dem Ringe gänzlich zu erkennen. Man kann alle bisher einzeln aufgefassten Eigenthümlichkeiten des aus zwei heterogenen Theilen zusammengesetzten Ringes in folgender Art zusammenfassen: *In einer aus zwei heterogenen, prismatischen Theilen zusammengesetzten galvanischen Kette findet in Ansehung ihrer elektrischen Beschaffenheit an jeder Erregungsstelle von dem einen Theile zum anderen ein plötzlicher, die daselbst befindliche Spannung bildender Sprung, und von dem einen Ende eines jeden Theils zum anderen ein allmähliger und gleichförmiger Uebergang statt, und die Gefälle dieser beiden Uebergänge sind den Produkten aus dem Leitungsvermögen und dem Querschnitte eines jeden Theiles umgekehrt proportional.*

Auf diesem Wege fortschreitend wird man ohne grosse Mühe die elektrische Beschaffenheit eines aus drei oder mehr heterogenen Theilen zusammengesetzten Ringes zu erforschen im Stande sein, und so zu nachstehendem allgemeinen Gesetze gelangen: *In einer aus beliebig vielen prismatischen Theilen zusammengesetzten galvanischen Kette findet in Ansehung ihrer elektrischen Beschaffenheit an jeder Erregungsstelle von dem einen Theile zum anderen ein plötzlicher, die daselbst herrschende Spannung bildender Sprung und innerhalb eines jeden Theiles von dem einen Ende zum anderen ein allmähliger und gleichförmiger Uebergang statt, und die Gefälle der verschiedenen Uebergänge sind den Produkten aus dem Leitungsvermögen und dem Querschnitte eines jeden Theiles umgekehrt proportional.* Aus diesem Gesetze lässt sich in jedem besonderen Falle die ganze Vertheilungsfigur leicht herleiten, wie ich nun an einem Beispiele zeigen werde.

Es sei *ABCD* (Fig. 3) ein aus 3 heterogenen Theilen *AB*, *BC*, *CD* zusammengesetzter, an einer seiner Erregungsstellen geöffneter und in eine gerade Linie ausgestreckter Ring. Die geraden Linien *FG*, *HI KL* sollen durch ihre Lage die Art der Elektricitätsvertheilung in jedem einzelnen Theile des Ringes und die durch *A*, *B*, *C* und *D* auf *AD* senkrecht gezogenen Linien *AF*, *BG*, *BH*, *CI*, *CK* und *DL* solche Grössen vorstellen, dass *GH*, *KI* und *LM* oder *DL* — *AF* durch ihre Länge die Grösse der an den einzelnen Erregungsstellen befindlichen Spannungen zu erkennen geben. Man soll aus der bekannten Grösse dieser Spannungen und aus der gegebenen Natur der einzelnen Theile *AB*, *BC* und *CD* die Figur der elektrischen Vertheilung *FGHIKL* gänzlich bestimmen.

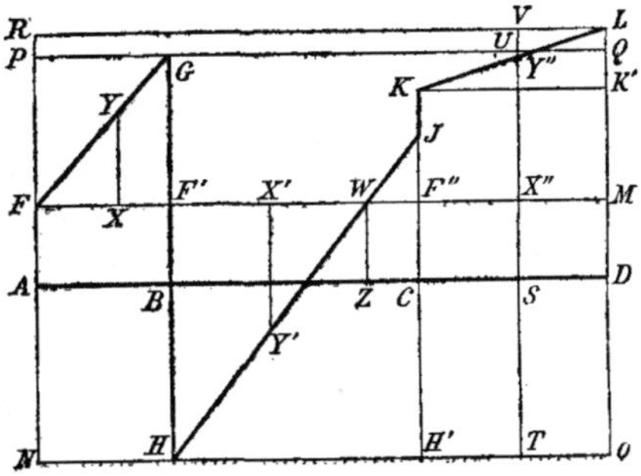

Fig. 3.

Zieht man durch die Punkte *F*, *H* und *K* mit *AD* parallel gerade Linien, welche die durch *B*, *C* und *D* senkrecht auf *AD* gezogenen in den Punkten *F'* *H'* und *K'* schneiden, so sind nach dem, was bisher gezeigt worden ist, die Linien *GF'*, *IH'* und *LK'* den Längen der Theile *AB*, *BC* und *CD* direct und den Produkten aus dem Leitungsvermögen und dem Querschnitte derselben Theile umgekehrt proportional, mithin ist das Verhältniss der Linien *GF'*, *IH'* und *LK'* zu einander gegeben. Ferner ist $GF' + IK' + LK' = GH - KI +$ $(DL - AF = LM)$ also bekannt, weil die durch *GH*, *KI* und *DL* — *AF* vorgestellten Spannungen gegeben sind. Aus dem gegebenen Verhältnisse der Linien *GF'*, *IH'*, *LK'* und ihrer bekannten Summe lassen sich nun diese Linien einzeln finden, dann ist aber offenbar die Figur *FGHIKL* gänzlich bestimmt. Die Stellung dieser Figur zu der Linie *AD* bleibt der Natur der Sache nach noch unentschieden.

Wenn man erwägt, dass bei einem Fortschreiten in derselben Richtung *AD* die Spannungen *GH* und *DL* — *AF* oder *LM* ein plötzliches Sinken der elektrischen Kraft an den betreffenden Erregungsstellen, die IK dagegen ein plötzliches Steigen der Kraft zu erkennen giebt und in Folge dieser Erwägung Spannungen der ersteren Art als positive Grössen, Spannungen der letzteren Art dagegen als negative Grössen ansieht und behandelt, so führt das eben behandelte Beispiel zu folgender allgemein gültigen Regel: *Theilt man die Summe aller Spannungen des aus mehreren Theilen zusammengesetzten Ringes in eben so viele Stücke, welche den Längen der Theile direkt und den Produkten aus ihrem Leitungsvermögen und ihrem Querschnitte umgekehrt proportional sind, so geben diese Stücke der Reihe nach die Grösse der Abdachung zu erkennen, welche den zu den einzelnen Theilen gehörigen, die Elektricitätsvertheilung darstellenden, geraden Linien gegeben werden muss, und dabei zeigt die positive Summe aller Spannungen eine allgemeine Hebung, dagegen die negative Summe aller Spannungen eine allgemeine Senkung jener Linien an.*

Ich gehe nun zur Bestimmung der elektrischen Kraft einer beliebigen Stelle in jeder galvanischen Kette über, wobei ich wieder die dritte Figur zum Grunde legen werde. Zu dem Ende sollen a, a', a'' die bei B, C und zwischen A und D befindlichen Spannungen bezeichnen, so dass also in diesem Falle a und a'' additive, a' dagegen eine subtraktive Linie vorstellt und λ, λ' λ'' sollen irgend Linien andeuten, die sich direct wie die Längen der Theile AB, BC, CD und umgekehrt wie die Produkte aus dem Leitungsvermögen und dem Querschnitte derselben Theile verhalten, ferner soll

$$a + a' + a'' = A$$

und

$$\lambda + \lambda' + \lambda'' = L$$

gesetzt werden, so ist nach dem eben gefundenen Gesetze

GF' die vierte Proportionallinie zu L, A und λ

IH' die vierte Proportionallinie zu L, A und λ'

LK' die vierte Proportionallinie zu L, A und λ''.

Zieht man nun durch F parallel mit AD die Linie FM, betrachtet diese Linie als Achse der Abscissen und errichtet an beliebigen Punkten X, X', X'' die Ordinaten XY, $X'Y'$, $X''Y''$, so erhält man diese einzeln so:

Erstlich hat man, weil $AB = FF'$ ist,

$$AB : GF' = FX : XY,$$

woraus folgt:

$$XY = \frac{FX \, . \, GF'}{AB},$$

oder wenn man für GF' seinen Werth $\frac{A \, . \, \lambda}{L}$ setzt

$$XY = \frac{A}{L} \, . \, \frac{FX \, . \, \lambda}{AB};$$

bezeichnet nun x eine Linie von der Beschaffenheit, dass

$$AB : FX = \lambda : x,$$

so wird

$$XY = \frac{A}{L} \, . \, x.$$

Zweitens hat man, weil BC und $F'X'$ gleich den durch I und Y' mit AD parallel bis an GH gezogenen Linien sind,

$$BC : IH' = F'X' : F'H - X'Y',$$

woraus folgt:

$$- X'Y' = \frac{IH' \, . \, F'X'}{BC} - F'H$$

oder, weil $F'H = GH - GF'$ ist,

$$- X'Y' = \frac{IH' \, . \, F'X'}{BC} + GF' - a.$$

Setzt man nun statt IH' und GF' ihre Werthe $\frac{A \, . \, \lambda'}{L}$ und $\frac{A \, . \, \lambda}{L}$, so erhält man

$$- X'Y' = \frac{A}{L} \left(\lambda + \frac{F'X' \, . \, \lambda'}{BC}\right) - a;$$

und wenn man durch x' eine Linie von der Beschaffenheit bezeichnet, dass

$$BC : F'X' = \lambda' : x',$$

so wird

$$- X'Y' = \frac{A}{L} (\lambda + x') - a.$$

Drittens hat man, weil $CD = KK'$ und $F''X''$ gleich dem Theile von KK' ist, der von K bis an die Linie $X''Y''$ geht,

$$CD : LK' = F''X'' : X''Y'' - KF'',$$

woraus folgt

$$X''Y'' = \frac{LK' \, . \, F''X''}{CD} + KF'',$$

oder, weil $KF'' = KI + IH' - F'H$ und wieder $F'H = GH - GF'$ ist,

$$X''Y'' = \frac{LK' \,.\, F''X''}{CD} + IH' + GF' - (a + a').$$

Setzt man nun statt LK', IH', GF' ihre Werthe $\frac{A \,.\, \lambda''}{L}$, $\frac{A \,.\, \lambda'}{L}$, $\frac{A \,.\, \lambda}{L}$, so erhält man

$$X''Y'' = \frac{A}{L}(\lambda + \lambda' + \frac{F''X'' \,.\, \lambda''}{CD}) - (a + a');$$

und wenn man durch x'' eine Linie von der Beschaffenheit bezeichnet, dass

$$CD : F''X'' = \lambda'' : x''$$

ist, so wird

$$X''Y'' = \frac{A}{L}(\lambda + \lambda' + x'') - (a + a').$$

Diese zu den dreierlei Theilen der Kette gehörigen der Form nach von einander verschiedenen Werthe der Ordinaten lassen sich, wie folgt, auf einen allgemeinen Ausdruck bringen. Es ist nämlich, wenn F als Anfangspunkt der Abscissen angenommen wird, FX die der Ordinate XY entsprechende Abscisse, welche zu dem homogenen Stücke AB des Ringes gehört und x stellt die dieser Abscisse entsprechende, in dem Verhältnisse von $AB : \lambda$ reducirte, Länge vor. Eben so ist FX' die der Ordinate $X'Y'$ entsprechende Abscisse, welche aus den zu homogenen Stücken des Ringes gehörigen Theilen FF' und $F'X'$ zusammengesetzt ist und λ, x' sind die diesen Theilen entsprechenden, in den Verhältnissen von $AB : \lambda$ und $BC : \lambda'$ reducirten Längen. Endlich ist FX'' die der Ordinate $X''Y''$ entsprechende Abscisse, welche aus den zu homogenen Stücken des Ringes gehörigen Theilen FF', $F'F''$, $F''X''$ zusammengesetzt ist und λ, λ', x'' sind die diesen Theilen entsprechenden, in den Verhältnissen von $AB : \lambda$, $BC : \lambda'$, $CD : \lambda''$ reducirten Längen. Nennt man in Folge dieser Betrachtung die Werthe x, $\lambda + x'$, $\lambda + \lambda' + x''$ *reducirte Abscissen* und bezeichnet sie allgemein durch y, so wird

$$XY = \frac{A}{L} \cdot y$$

$$-X'Y' = \frac{A}{L} \cdot y - a$$

$$X''Y'' = \frac{A}{L} \cdot y - (a + a'),$$

und es fällt in die Augen, dass L in Bezug auf die ganze Länge AD oder FM dasselbe ist, was y in Bezug auf die Längen FX, FX', FX'', wesshalb auch L die reduzirte ganze Länge der Kette genannt wird. Betrachtet man nun noch, dass von der zur Ordinate XY gehörigen Abscisse keine Spannung, die Spannung a aber von der zur Ordinate $X'Y'$ gehörigen Abscisse, und die Spannungen a und a' von der zur Ordinate $X''Y''$ gehörigen Abscisse übersprungen werden, und bezeichnet allgemein durch O die Summe aller von der zu y gehörigen Abscisse übersprungenen Spannungen, so sind alle für die verschiedenen Ordinaten gefundenen Werthe in folgendem Ausdrucke:

$$\frac{A}{L} \cdot y - O$$

enthalten. Es drücken aber diese Ordinaten, wenn man sie um eine konstante, übrigens unbestimmte Grösse, die der Länge AF entspricht, abändert, die an den verschiedenen Stellen des Ringes befindlichen elektrischen Kräfte aus. Bezeichnet man daher die elektrische Kraft an irgend einer Stelle allgemein durch u, so erhält man zu deren Bestimmung nachstehende Gleichung:

$$u = \frac{A}{L} y - O + c,$$

in welcher c eine willkürliche Konstante vorstellt. Diese Gleichung ist allgemein gültig und lautet in Worten so: *Die Stärke der Elektricität an irgend einer Stelle der aus mehreren Theilen zusammengesetzten galvanischen Kette wird gefunden, wenn man zur reducirten Länge der ganzen Kette, zur reducirten Länge des zur Abscisse gehörigen Theiles derselben und zur Summe aller Spannungen die vierte Proportionallinie sucht und die Differenz aus ihr und der Summe aller von der Abscisse übersprungenen Spannungen um eine noch unbestimmte, für alle Stellen der Kette gleiche Grösse vermehrt oder vermindert.*

Nachdem so die Bestimmung der elektrischen Kraft an jeder Stelle der Kette geschehen ist, bleibt nur noch die Grösse der elektrischen Strömung zu bestimmen übrig. Nun ist zwar in einer galvanischen Kette von der bisher abgehandelten Art die durch einen Schnitt derselben in einer bestimmten Zeit strömende Elektricitätsmenge überall dieselbe, weil an allen Orten und in jedem Augenblicke von der einen Seite her dieselbe Menge in den Schnitt eingeht, welche ihn nach der anderen Seite hin verlässt, aber in verschiedenen Ketten kann diese Elektricitätsmenge sehr verschieden ausfallen; daher wird zur Vergleichung der Wirkungen mehrerer galvanischer Ketten unter einander eine genaue Bestimmung dieser Menge, durch welche die Grösse des Stromes in der Kette gemessen wird, erfordert. Die gedachte Bestimmung lässt sich aus der dritten Figur in folgender Art entnehmen. Es ist nämlich schon vorhin gezeigt worden, dass in jedem Augenblicke die Stärke des Elektricitätsüberganges von einem Körperelemente zum nächsten durch die zu derselben Zeit vorhandene elektrische Verschiedenheit beider und durch eine von der Art und dem Gefüge der Körpertheilchen abhängige Grösse, das Leitungsvermögen des Körpers, gegeben werde. Nun wird aber die auf eine unveränderliche Einheit der Entfernung zurückgeführte elektrische Verschiedenheit der Körperelemente, z. B. in dem Theile BC, durch das Gefälle der Linie HI, oder durch den Quotienten $\frac{IH'}{BC}$ ausgedrückt; versteht man daher unter $\varkappa$ die Grösse des zu dem Theile BC gehörigen Leitungsvermögens, so giebt

$$\frac{\varkappa \,.\, IH'}{BC}$$

die Stärke des Ueberganges von Element zu Element oder die Intensität des Stromes in dem Theile BC zu erkennen, mithin wird, wenn ω die Grösse des Querschnittes im Theile BC bezeichnet, die Menge der in jedem Augenblicke von einem Durchschnitte zum nächsten übergehenden Elektricität, oder die Grösse des Stromes ausgedrückt durch

$$\frac{\varkappa \,.\, \omega \,.\, IH'}{BC};$$

stellt also S diese Grösse des Stromes vor, so hat man

$$S = \frac{\varkappa \,.\, \omega \,.\, IH'}{BC},$$

oder wenn man für IH' seinen Werth $\frac{A \,.\, \lambda'}{L}$ setzt

$$S = \frac{A}{L} \cdot \frac{\varkappa \,.\, \omega \,.\, \lambda'}{BC}.$$

Bisher sind durch die Buchstaben λ, λ', λ'' Linien bezeichnet worden, welche den Quotienten, gebildet aus den Längen der Theile AB, BC, CD und den Produkten der zugehörigen Leitungsvermögen und Querschnitte, proportional sind. Schränkt man diese die absolute Grösse der Linien λ, λ', λ'' noch unbestimmt lassende Feststellung jetzt dahin ein, dass die Grössen λ, λ', λ'' den genannten Quotienten nicht blos proportional, sondern auch gleich sein sollen, und ändert dieser Beschränkung gemäss den Sinn des Ausdruckes „reducirte Länge“ von hier an ab, so verwandelt sich die erste der beiden vorstehenden Gleichungen in diese

$$S = \frac{IH'}{\lambda'},$$

durch welche folgende allgemein gültige Regel ausgesprochen wird: *Die Grösse des Stromes in irgend einem homogenen Theile der Kette wird durch den Quotienten bestimmt, den man aus dem Unterschiede der an den Enden dieses Theiles vorhandenen elektrischen Kräfte und aus seiner reducirten Länge bildet.* Dieser Ausdruck für die Grösse des Stromes wird später noch benutzt werden. Die zweite der vorigen Gleichungen geht durch die getroffene Abänderung über in

$$S = \frac{A}{L},$$

welche allgemein gültig ist und die Gleichheit der Grösse des Stromes an allen Stellen der Kette schon durch ihre Form zu erkennen giebt: sie lautet in Worten so: *Die Grösse des Stromes in einer galvanischen Kette ist der Summe aller Spannungen direct, und der ganzen reducirten Länge der Kette umgekehrt proportional,* wobei man sich erinnern muss, dass jetzt unter reducirter Länge die Summe aller Quotienten verstanden wird, die aus den zu homogenen Theilen gehörigen wirklichen Längen und dem Producte der entsprechen Leitungsvermögen und Querschnitte gebildet werden.

Aus der die Grösse des Stromes in einer galvanischen Kette bestimmenden Gleichung im Vereine mit der vorhin gefundenen, wodurch die elektrische Kraft an jeder Stelle der Kette angegeben wird, lassen sich alle dahin gehörigen Erscheinungen der galvanischen Kette einfach und sicher ableiten. Jene hatte ich schon vordem aus vielfach abgeänderten Versuchen entnommen*), an einem Apparate, der eine in diesem Felde nicht geahnte Genauigkeit und Bestimmtheit der Messungen gestattet; diese drückt alle ihr angehörigen, in grosser Menge schon vorhandenen, Beobachtungen mit einer Treue aus, die auch da sich bewährt, wo die Gleichung zu Resultaten führt, die nicht mehr in dem Kreise der früher schon gemachten Versuche liegen. Beide gehen ununterbrochen Hand in Hand mit der Natur, wie ich nun durch eine kurze Darlegung ihres Inhaltes zu beweisen hoffe, wobei ich anzumerken für nöthig halte, dass beide Gleichungen auf alle möglichen galvanischen Ketten, deren Zustand bleibend ist, sich beziehen, folglich auch die Voltaische Zusammensetzung als einen besonderen Fall umfassen, so dass die Theorie der Säule nicht noch besonders hervorgehoben zu werden braucht. Um der Anschaulichkeit nicht zu schaden, werde ich dabei stets statt der Gleichung $u = \frac{A}{L} y - O + c$ nur die dritte Figur zur Hülfe nehmen, und desshalb hier nur noch ein für allemal bemerken, dass alle aus ihr gezogenen Folgerungen allgemeine Gültigkeit haben.

Zunächst verdient der Umstand eine nähere Berücksichtigung, dass die über die galvanische Kette sich ergiessende Elektricitätsvertheilung an den verschiedenen Stellen eine bleibende und unveränderliche Abstufung behauptet, obgleich die Stärke der Elektricität an einer und derselben Stelle veränderlich ist. Es liegt darin der Grund jener magischen Wandelbarkeit der Erscheinungen, die es gestattet, die Einwirkung einer bestimmten Stelle der galvanischen Kette auf das Elektrometer, auf eine zauberische Weise nach Gefallen voraus zu bestimmen und auf den Wink hervorzubringen.

*) Schweigger's Jahrbuch 1826, H. 2. [25.]

Um diese Eigenheit zu erläutern, gehe ich zu Fig. 3 zurück. Da nämlich durch die Natur einer jeden Kette die Vertheilungsfigur *FGHIKL* jedesmal gänzlich bestimmt wird, ihre Stellung aber zu der Kette *AD*, wie es sich gezeigt hat, durch keine innere Veranlassung festgesetzt wird, sondern jede Veränderung annehmen kann, die durch eine allen ihren Punkten gemeinsame in der Richtung der Ordinaten erfolgende Bewegung hervorgebracht wird, so lässt sich die elektrische Beschaffenheit einer jeden Stelle der Kette, welche gerade durch diese gegenseitige Stellung beider Linien ausgesprochen wird, fortwährend und nach Belieben durch äussere Einflüsse abändern. Wenn z. B. *AD* zu irgend einer Zeit die den wirklichen Zustand der Kette bezeichnende Stellung ist, so dass also die Ordinate *SY*" durch ihre Länge die Stärke der Elektricität an der Stelle *S* der Kette, zu welcher jene Ordinate gehört, ausspricht, so wird zu derselben Zeit die dem Punkte *A* entsprechende elektrische Kraft durch die Linie *AF* vorgestellt. Wird nun der Punkt *A* ableitend berührt und dadurch die in ihm befindliche Kraft vernichtet, so wird dadurch die Linie *AD* in die Stellung *FM* gewiesen, und so die dem vorigen Punkte *S* inwohnende Kraft durch die Länge *X*" *Y*" ausgedrückt; diese Kraft hat also plötzlich eine der Länge *SX*" entsprechende Veränderung erlitten. Dieselbe Aenderung wäre eingetreten, wenn die Kette in dem Punkte *Z* ableitend berührt worden wäre, weil die Ordinate *ZW* der *AF* gleich ist. Würde die Kette an der Stelle berührt, wo die beiden Theile *AB* und *BC* an einander stossen, jedoch so, dass die Berührung innerhalb des Theiles BC stattfände, so müsste man sich *AD* an die Stelle NO gerückt denken, die elektrische Kraft des Punktes *S* wäre also in diesem Falle bis zu der durch *TY*" angezeigten Stärke gewachsen. Geschähe aber die Berührung zwar noch an der Stelle, wo die Theile *AB* und *BC* an einander stossen, aber innerhalb des Theiles *AB*, so würde dadurch die Linie *AD* an die Stelle *PQ* geführt und die dem Punkte *S* angehörige Kraft sänke bis auf die durch *UY*" ausgedrückte negative Stärke herab. Hätte man endlich die Kette an der Stelle *D* ableitend berührt, so hätte man dadurch der Linie *AD* die Lage *RL* vorgeschrieben, und die elektrische

Kraft des Punktes S hätte die durch VY'' bezeichnete negative Stärke angenommen. Das Gesetz dieser Aenderungen lässt sich leicht übersehen und allgemein so aussprechen: *Jede Stelle einer galvanischen Kette erleidet in Ansehung ihrer nach aussen wirkenden elektrischen Kraft dieselbe Aenderung mittelbar, zu welcher irgend eine andere Stelle der Kette durch äussere Einflüsse unmittelbar veranlasst wird.*

Da jede Stelle einer galvanischen Kette dieselbe Aenderung von selbst erleidet, zu welcher eine einzige Stelle gezwungen wird, so ist die auf die ganze Kette ausgedehnte Aenderung der Elektricitätsmenge einerseits der Summe aller Stellen, das heisst, dem Raume, über welchen die Elektricität an der Kette vertheilt ist, und ausserdem noch der an einer dieser Stellen erfolgten Aenderung der elektrischen Kraft proportional. Aus diesem einfachen Gesetze ergeben sich folgende besondere Erscheinungen. Nennt man nämlich r den Raum, über welchen die Electricität in einer galvanischen Kette verbreitet ist, und stellt sich diese Kette an irgend einer Stelle durch einen nicht leitenden Körper berührt vor, und bezeichnet durch $u_{,}$ die elektrische Kraft dieser Stelle vor der Berührung, durch u die nach der Berührung, so ist die an dieser Stelle erfolgte Aenderung der Kraft $u_{,} - u$, mithin die Aenderung der ganzen in der Kette befindlichen Elektricitätsmenge $(u_{,} - u)\, r$. Nimmt man nun an, dass die Elektricität in dem berührenden Körper auf den Raum R und an allen Orten von gleicher Stärke verbreitet werde, und zugleich, dass an der Berührungsstelle selber die Kette und der Körper einerlei elektrische Kraft, nämlich u besitzen, so ist offenbar uR die in den Körper eingegangene Elektricitätsmenge, und es muss sein

$$(u_{,} - u)\, r = uR,$$

woraus man erhält

$$u = \frac{u_{,}\, r}{r + R}.$$

Die Intensität der von dem Körper aufgenommenen Elektricität wird also um so mehr der gleich sein, welche die Kette an der berührten Stelle vor der Berührung besass, je mehr R gegen r verschwindet; sie wird die Hälfte davon betragen, wenn $r = R$ ist, und in dem Maasse noch schwächer werden, *als R in Vergleich zu r grösser wird.* Weil die Art dieser Aenderungen blos von der relativen Grösse der Räume r und R und ganz und gar nicht von der qualitativen Beschaffenheit der Kette abhängig ist, so werden sie blos durch die räumlichen Dimensionen der Kette, ja sogar schon durch fremde mit der Kette in leitenden Zusammenhang gebrachte Massen bedingt. Bringt man mit dieser Erkenntniss die Theorie des Condensators in Verbindung, so gelangt man zu der Erklärung aller von Jäger*) in bewundernswürdiger Vollständigkeit wahrgenommenen Beziehungen der galvanischen Kette zu dem Condensator. Ich begnüge mich, in Betreff dieses Punktes auf die Abhandlung selbst hinzuweisen, um für neue Eigenthümlichkeiten der galvanischen Kette hier Platz zu gewinnen.

Die Art der Elektricitätsvertheilung innerhalb eines homogenen Theils der Kette wird durch die Stärke der Gefälle der Linien FG, HI, KL (Fig. 3) und diese Stärke wieder durch die Grösse der Verhältnisse $\frac{GF'}{AB}$, $\frac{IH'}{BC}$, $\frac{LK'}{CD}$ bestimmt. Es ist aber, wie bereits dargethan worden ist,

$$GF' = \frac{A}{L} \cdot \lambda, \; IH' = \frac{A}{L} \cdot \lambda', \; LK'' = \frac{A}{L} \cdot \lambda'';$$

hieraus lässt sich nun ohne Mühe einsehen, dass man die Grösse des Gefälles der zu irgend einem Theile der Kette gehörigen, die Elektricitätsvertheilung darstellenden Linie erhalte, wenn man den Werth $\frac{A}{L}$ mit dem Verhältnisse der reducirten zur wirklichen Länge desselben Theils multiplicirt. Stellt also (λ) die reducirte Länge irgend eines homogenen Theiles der Kette und (l) seine wirkliche Länge vor, so ist die Grösse des Gefälles der zu diesem Theile gehörigen, die Elektricitätsvertheilung darstellenden geraden Linie

$$\frac{A}{L} \cdot \frac{(\lambda)}{(l)},$$

welcher Ausdruck, wenn man durch $(\varkappa)$ das Leitungsvermögen und durch (ω) den Querschnitt desselben Theiles bezeichnet, auch so geschrieben werden kann:

$$\frac{A}{L} \cdot \frac{(\lambda)}{(\varkappa)(\omega)}$$

*) Gilbert's Annalen, Bd. XIII.

Dieser Ausdruck führt zu einer mehr in's Einzelne gehenden Kenntniss der Elektricitätsvertheilung in einer galvanischen Kette. Da nämlich A und L Werthe bezeichnen, die für jeden Theil einer und derselben Kette unveränderlich dieselben bleiben, so fällt in die Augen, *dass die Gefälle in den einzelnen homogenen Theilen einer Kette sich zu einander verhalten, wie die Produkte aus dem Leitungsvermögen und dem Querschnitte derselben Theile in umgekehrter Ordnung.* Wenn mithin ein Theil der Kette sich vor den übrigen dadurch auszeichnet, dass das Product aus seinem Leitungsvermögen und seinem Querschnitte bei ihm weit kleiner ist als bei den anderen, so wird er durch die Grösse seines Gefälles unter allen am geeignetsten sein, an seinen verschiedenen Stellen Unterschiede der elektrischen Kraft zu erkennen zu geben. Steht dabei auch seine wirkliche Länge denen der übrigen Theile nicht nach, so wird seine reducirte Länge die der übrigen Theile bei weitem übertreffen, und man sieht leicht ein, dass ein solches Verhältniss zwischen den verschiedenen Theilen getroffen werden kann, wobei seine reducirte Länge selbst in Vergleich zur Summe der reducirten Länge aller übrigen Theile noch sehr gross bleibt. In diesem Falle ist aber die reducirte Länge dieses einen Theiles der reducirten Länge der ganzen Kette nahehin gleich, so dass man ohne grossen Fehler $\frac{(l)}{(\varkappa)(\omega)}$ statt L setzen kann, wenn (l) die wirkliche Länge des in Rede stehenden Theils, $(\varkappa)$ sein Leitungsvermögen und (ω) seinen Querschnitt bezeichnet; dann aber verwandelt sich das Gefälle dieses Theils nahehin in

$$\frac{A}{(l)}$$

woraus folgt, *dass die Differenz der an den Enden dieses Theils hervortretenden elektrischen Kräfte der Summe aller in der Kette vorhandenen Spannungen nahehin gleich wird.* Es ziehen sich so gleichsam alle Spannungen auf diesen einen Theil hin, wodurch an ihm die Elektricitätsvertheilung in einer sonst ungewöhnlichen Stärke hervortritt, wenn die Spannungen alle, oder doch wenigstens ein der Zahl und Grösse nach sehr beträchtlicher Theil derselben von einerlei Art sind. Auf diese

Weise lässt sich die ausserdem ohne Condensator, wegen der so geringen Intensität der galvanischen Kräfte, in der geschlossenen Kette kaum merkliche Abstufung der Elektricitätsvertheilung recht fühlbar machen. Diese merkwürdige Eigenthümlichkeit galvanischer Ketten, worin sich gleichsam ihre ganze Natur ausspricht, hatte man schon längst an einzelnen schlecht leitenden Körpern wahrgenommen und ihren Grund in der besonderen Beschaffenheit dieser Körper gesucht*); in einem Schreiben an den Herausgeber der Annalen der Physik**) habe ich aber die Bedingungen angegeben, unter welchen sich diese Eigenthümlichkeit der galvanischen Kette auch an den besten Leitern, an den Metallen, wahrnehmen lässt, und die dort durch die Erfahrung angegebenen Kautelen, durch welche das Gelingen des Versuches gesichert wird, stehen mit vorliegenden Betrachtungen in vollem Einklange.

Der das Gefälle irgend eines Theils der Kette hergebende Ausdruck $\frac{A}{L} \cdot \frac{(\lambda)}{(l)}$ wird null, wenn L unendlich gross ist, während A und $\frac{(\lambda)}{(l)}$ endliche Werthe behalten. Wenn mithin L einen unendlich grossen Werth annimmt, während A endlich bleibt, so ist das Gefälle der die Elektricitätsvertheilung darstellenden geraden Linien an allen solchen Theilen der Kette, deren reducirte Länge zur wirklichen ein endliches Verhältniss hat, null, oder, was dasselbe sagt, die Elektricität ist an allen Stellen eines jeden solchen Theils von gleicher Stärke. Da nun L die Summe der reducirten Längen aller Theile der Kette vorstellt und diese reducirten Längen offenbar nur positive Werthe annehmen können, so wird L unendlich, sobald eine von den reducirten Längen einen unendlichen Werth annimmt. Da ferner die reducirte Länge irgend eines Theils den Quotienten aus der wirklichen Länge, dividirt durch das Product des Leitungsvermögens und des Querschnittes desselben Theils, vorstellt, so erhält sie einen unendlichen Werth, wenn das Leitungsvermögen dieses Theils null wird, d. h. wenn dieser Theil ein Nichtleiter der Elektricität ist. *Wenn also*

---

*) Gilbert's Annalen, B. VIII. Seite 205, 207 und 456. B. X, Seite 11.

**) Jahrgang 1826. St. 5. Seite 117. [53.]

ein Theil der Kette ein Nichtleiter der Elektricität ist, so verbreitet sich die Elektricität über jeden der übrigen Theile gleichförmig und ändert sich blos von einem Theile zum anderen um die ganze daselbst befindliche Spannung. Diese auf die offene Kette sich beziehende Elektricitätsvertheilung ist weit einfacher, als die der geschlossenen Kette, welche bisher betrachtet worden ist, und giebt sich bildlich dadurch zu erkennen, dass die Linien *FG*, *HI*, *KL* (Fig. 3) eine mit der *AD* parallele Lage annehmen. Sie lässt sogleich wahrnehmen, *dass der Unterschied der zwischen zwei beliebigen Stellen der Kette herrschenden elektrischen Kräfte der Summe aller zwischen den beiden Stellen liegenden Spannungen gleich ist, und also genau in demselben Verhältnisse als diese Summe zu- oder abnimmt. Wenn also die eine dieser Stellen ableitend berührt wird, so tritt an der anderen Stelle die Summe aller zwischen beiden liegenden Spannungen hervor,* wobei inzwischen der Sinn der Spannungen jedesmal durch ein Fortschreiten von der letzteren Stelle aus bestimmt werden muss. In diesem letzteren Gesetze sprechen sich die mit Hülfe des Elektroskops an der offenen Säule gemachten Erfahrungen aus, wie sie von Ritter, Ermann und Jäger sehr ausführlich angestellt und in Gilbert's Annalen*) beschrieben sind.

In dem bisherigen sind alle elektroskopischen Wirkungen einer galvanischen Kette von der gleich Anfangs bestimmten Art rein ausgesprochen, ich gehe daher jetzt zur Betrachtung des in der Kette sich bildenden Stromes über, dessen Natur, wie oben aus einander gesetzt worden ist, an jeder Stelle der Kette durch die Gleichung

$$S = \frac{A}{L}$$

ausgesprochen wird. Die Form dieser Gleichung sowohl, als auch die Art, wie man zu ihr gelangt ist, geben sogleich zu erkennen, *dass die Grösse des Stromes in einer solchen galvanischen Kette an allen Stellen überall dieselbe bleibt und blos von der Art der Elektricitätsvertheilung abhängig ist, so dass sie sich nicht ändert, wenngleich die elektrische Kraft an*

*) Band VIII, XII und XIII.

irgend einer Stelle der Kette durch ableitende Berührung oder sonst wie geändert wird. Diese Gleichheit des Stromes an allen Stellen der Kette ist durch die Versuche Becquerel's*) und seine Unabhängigkeit von der elektrischen Kraft an einer bestimmten Stelle der Kette ist durch die Versuche G. Bischof's**) als in der Erfahrung gegründet nachgewiesen worden. Eine Ableitung oder Zuleitung ändert den Strom der galvanischen Kette nicht, so lange jene Ableitung oder Zuleitung nur auf eine einzige Stelle der Kette unmittelbar einwirkt; würden aber zwei verschiedene Stellen der Kette zu gleicher Zeit davon ergriffen, so würde dadurch ein zweiter Strom gebildet, der den ersten nothwendigerweise, nach Umständen mehr oder weniger, abändern müsste.

Die Gleichung

$$S = \frac{A}{L}$$

giebt zu erkennen, dass der Strom einer galvanischen Kette durch jede sich bildende Verschiedenheit in der Grösse einer Spannung oder reducirten Länge eines Theiles, — welche letztere selbst wieder sowohl durch die wirkliche Länge des Theiles, als durch sein Leitungsvermögen und durch seinen Querschnitt bestimmt wird, — einer Aenderung unterworfen sei. Diese Mannigfaltigkeit der Umgestaltung lässt sich dadurch beschränken, dass man nur eines der aufgezählten Elemente veränderlich, alle übrigen aber beständig annimmt. Dadurch gelangt man zu besonderen, der jedesmaligen Annahme entsprechenden Formen der allgemeinen Gleichung, die immer einer theilweisen Verfolgung der allgemeinen Aenderungsfähigkeit einer Kette angehören. Um den Sinn dieser Rede durch ein Beispiel zu veranschaulichen, will ich annehmen, dass in der Kette nur die wirkliche Länge eines einzigen Theiles einer fortgesetzten Aenderung unterworfen werde, alle übrigen die Grösse des Stromes bestimmenden Werthe aber in ihr und also auch in der zu ihr gehörigen Gleichung stets dieselben bleiben. Bezeichnet man diese veränderliche

*) Bulletin universel. Physique. Mai 1825.

**) Kastner's Archiv. Band IV, H. 1.

Länge mit x und das demselben Theile entsprechende Leitungsvermögen mit $\varkappa$, seinen Durchschnitt mit ω, und die Summe der reducirten Längen aller übrigen mit Λ, so dass also $L = \Lambda + \frac{x}{\varkappa \,.\, \omega}$, so verwandelt sich die den Strom ausdrückende allgemeine Gleichung in folgende

$$S = \frac{A}{\Lambda + \frac{x}{\varkappa \,.\, \omega}}$$

oder wenn man Zähler und Nenner mit $\varkappa\omega$ multiplicirt und a statt $\varkappa\omega A$, sowie b statt $\varkappa\omega\Lambda$ setzt, in diese

$$S = \frac{a}{b + x},$$

wo a und b zwei konstante Grössen, x aber die veränderliche Länge eines in Hinsicht seines Stoffes und seines Querschnittes völlig bestimmten Theiles der Kette vorstellt. Diese Form der allgemeinen Gleichung, wobei alle unveränderlichen Elemente auf die geringste Anzahl von Konstanten zurückgeführt worden sind, ist dieselbe, welche ich aus der Erfahrung durch Versuche, denen die hier entwickelte Theorie ihre Entstehung verdankt, hergeleitet habe.*) Das Gesetz, welches sie in Bezug auf die Länge der Leiter ausspricht, ist wesentlich verschieden von dem, welches schon früher Davy und in neueren Zeiten Becquerel durch Versuche aufgefunden haben; auch weicht es von dem, welches Barlow aufgestellt hat, sowie von dem, welches ich vordem aus anderen Versuchen abgeleitet hatte, noch beträchtlich ab, obgleich die beiden letzteren dem eigentlichen Ziele schon näher rücken. Das erstere ist im Grunde nichts weiter als eine Interpolationsformel, die blos für einen relativ sehr kurzen veränderlichen Theil der ganzen Kette gültig und dann bei ganz verschiedenen möglichen Leitungsarten doch noch anwendbar ist, welches schon daraus hervorgeht, dass es blos den veränderlichen Theil der Kette in sich aufnimmt und den ganzen übrigen Theil ausser Acht lässt; alle aber theilen mit einander den Uebelstand, dass sie eine fremdartige, durch die chemische Veränderung des flüssigen

---

*) Vergl. Schweigger's Jahrb. 1826. H. 2. [25.]

Theils der Kette herbeigeführte Quelle der Veränderlichkeit in sich aufgenommen haben, von der weiter unten ausführlicher die Rede sein wird. Umständlicher habe ich a. a. O. über das Verhalten der verschiedenen Gesetzesformen zu einander gesprochen.

Von den vielen aus der allgemeinen Gleichung

$$S = \frac{A}{L}$$

sich ergebenden besonderen Eigenthümlichkeiten der galvanischen Kette will ich hier nur einige wenige anführen. Man sieht sogleich, dass eine Aenderung in der Anordnung der Theile keinen Einfluss auf die Grösse des Stromes hat, wenn dadurch die Summe der Spannungen nicht geändert wird. Eben so wenig wird die Grösse des Stromes geändert, wenn die Summe der Spannungen und die ganze reducirte Länge der Kette in demselben Verhältnisse sich ändern; daher kann eine Kette, deren Summe der Spannungen in Vergleich zu der einer anderen Kette sehr gering ist, doch einen Strom hervor bringen, der an Stärke dem in der anderen Kette das Gleichgewicht hält, wenn nur, was ihr an Stärke der Spannungen abgeht, durch eine Verkürzung ihrer reducirten Länge ersetzt wird. *In diesem Umstande hat die eigenthümliche Verschiedenheit der Thermo- und Hydroketten ihren Grund.* In jener kommen nur Metalle, in dieser aber auch noch ausserdem wässerige Flüssigkeiten als Theile der Kette vor, deren Leitungsvermögen in Vergleich zu dem der Metalle ausserordentlich gering ist, weshalb die reducirten Längen der flüssigen die der metallenen Theile bei übrigens gleichen Dimensionen unverhältnissmässig übersteigen, und selbst dann noch beträchtlich grösser bleiben, wenngleich sie dadurch verkleinert werden, dass man ihre wirklichen Längen abkürzt und ihre Querschnitte vergrössert, so lange wenigstens die Verkleinerung nicht in aussergewöhnlichem Verhältnisse geschieht. Daher kommt es, dass die reducirte Länge der Thermokette in den gewöhnlichen Fällen bei weitem geringer als die der Hydrokette ist, woraus auf eine in demselben Verhältnisse kleinere Spannung in jener sich schliessen lässt, wenngleich die Grösse des Stromes in der Thermokette der in der Hydrokette nichts nachgiebt. *Der grosse Unterschied zwischen einer Thermo- und Hydrokette, die beide einen Strom von derselben Stärke hervorrufen, zeigt sich erst, wenn mit beiden eine und dieselbe Abänderung vorgenommen wird, wie nachstehende Betrachtung lehrt.* Gesetzt nämlich, die reducirte Länge einer Thermokette ist L und die Summe ihrer Spannungen A, während die reducirte Länge einer Hydrokette mL und die Summe ihrer Spannungen mA ist, so wird die Grösse des Stromes in jener durch $\frac{A}{L}$, in dieser durch $\frac{mA}{mL}$ ausgedrückt und ist also in beiden Ketten dieselbe. Diese Gleichheit des Stromes wird aber aufgehoben, wenn in beide ein und derselbe neue Theil von der reducirten Länge λ eingeführt wird, denn dann ist die Grösse des Stromes in jener

$$\frac{A}{L+\lambda},$$

in dieser

$$\frac{mA}{mL+\lambda}.$$

Bringt man mit dieser Bestimmung eine, wenn auch nur oberflächliche Schätzung der Werthe m, L und λ in Verbindung, so wird man sich leicht überzeugen, dass in Fällen, wo die einfache Hydrokette in dem Theile λ noch Glühwirkungen oder chemische Zerlegungen hervorbringen kann, die einfache Thermokette nicht den hundertsten, ja kaum den tausendsten Theil der dazu erforderlichen Kraft in sich trägt, woraus das Unterbleiben solcher Wirkungen bei ihr sehr begreiflich wird. Auch wird man so gewahr, dass eine Verkürzung der reducirten Länge der Thermokette (indem man etwa den Querschnitt der sie bildenden Metalle vergrössert) die Hervorrufung jener Wirkungen nicht erzielen kann, obgleich dadurch die Grösse des Stromes in ihr weit beträchtlicher werden kann, als in der solche Wirkungen hervorbringenden Hydrokette. — Der eben erwähnte Unterschied in dem Leitungsvermögen metallener Körper und wässeriger Flüssigkeiten ist Ursache einer an den Hydroketten bemerkten Eigenthümlichkeit, zu deren Erwähnung hier der schickliche Ort ist. Unter den gewöhnlichen Umständen ist nämlich die reducirte Länge des flüssigen Theils so gross in Vergleich zu der des metallenen Theils, dass letztere vernachlässigt und erstere allein statt der reducirten Länge der ganzen Kette genommen werden kann; dann aber steht die Grösse des Stromes in Ketten, die einerlei Spannung besitzen im umgekehrten Verhältniss zur reducirten Länge der flüssigen Theile. Werden mithin blos solche Ketten mit einander verglichen, in welchen die flüssigen Theile einerlei wirkliche Längen und dasselbe Leitungsvermögen haben, *so ist in diesen Ketten die Grösse des Stromes dem Querschnitte des flüssigen Theils direct proportional.* Indessen ist nicht zu übersehen, dass an die Stelle dieser einfachen Bestimmung eine mehr zusammengesetzte treten muss, sobald die reducirte Länge des metallenen Theils nicht mehr als verschwindend gegen die des flüssigen angenommen werden darf, welcher Fall eintritt, so oft der metallene Theil sehr lang und dünn, oder der flüssige Theil gutleitend und mit ungewöhnlich grossen Grundflächen genommen wird.

Aus der Gleichung

$$S = \frac{A}{L}$$

lässt sich leicht entnehmen, dass wenn ein Theil aus der galvanischen Kette weggenommen und durch einen anderen, von aussen kommenden, ersetzt wird, und es bleibt nach dieser Verwechselung sowohl die Summe der Spannungen als auch die Stärke des Stromes noch völlig dieselbe, so haben diese beiden Theile einerlei reducirte Länge, *es verhalten sich also ihre wirklichen Längen wie ihre Produkte aus dem Leitungsvermögen und Querschnitte. Es verhalten sich mithin die wirklichen Längen solcher Theile bei gleichen Querschnitten wie ihre Leitungsvermögen und bei gleichem Leitungsvermögen wie ihre Querschnitte.* Durch die erste dieser beiden Relationen wird man in den Stand gesetzt, das Leitungsvermögen der verschiedenen Körper auf eine weit vortheilhaftere Weise als durch das oben angegebene Verfahren zu bestimmen, wie bereits von Becquerel und mir mit vielen Metallen geschehen ist.*) Die zweite Relation kann dazu dienen, die Unabhängig-

*) Bulletin universel. Physique, Mai 1825, und Schweigger's Jahrb. 1826, H. 2. [17.]

keit der Wirkung von der Gestalt des Querschnittes in der Erfahrung nachzuweisen, wie schon früher von Davy und noch vor Kurzem von mir geschehen ist.*)

An der Voltaischen Säule wiederholt sich die Summe der Spannungen und die reducirte Länge der einfachen Kette so oft, als die Anzahl der Elemente, woraus sie besteht, ausspricht. Bezeichnet man daher durch A die Summe aller Spannungen in der einfachen Kette, durch L ihre reducirte Länge und durch n die Anzahl der in der Säule befindlichen Elemente, so ist die Grösse des Stromes in der geschlossenen Säule offenbar

$$\frac{nA}{nL},$$

während sie in der einfachen geschlossenen Kette

$$\frac{A}{L}$$

ist. Führt man in die einfache Kette sowohl als in die Säule einen und denselben neuen Theil von der reducirten Länge Λ ein, auf welchen man den Strom wirken lassen will, so wird die Grösse des dadurch abgeänderten Stromes in der einfachen Kette

$$\frac{A}{L+\Lambda}$$

und in der Volta'schen Säule

$$\frac{nA}{nL+\Lambda} \quad \text{oder} \quad \frac{A}{L+\frac{\Lambda}{n}}.$$

Man sieht hieraus, *dass der Strom in der Voltaischen Säule stets grösser ausfällt, als in der einfachen Kette, aber er ist nur unmerklich grösser, so lange Λ in Vergleich zu L sehr klein ist, dagegen nähert sich diese Vergrösserung der $n$fachen desto mehr, je grösser Λ in Vergleich zu nL und um so mehr in Vergleich zu L wird.* Ausser dieser Art, die Grösse des galvanischen Stromes zu vermehren, giebt es aber noch eine zweite, die darin besteht, dass man die reducirte Länge der einfachen Kette verkürzt, welches dadurch geschehen kann,

*) Gilbert's Annalen nn. Folge, Bd. XI, S. 253, und Schweigger's Jahrb. 1827. [55.]

dass man den Querschnitt derselben vergrössert, indem man mehrere einfache Ketten neben einander legt und dergestalt mit einander verbindet, dass sie wieder nur eine einzige einfache Kette ausmachen. Lässt man die vorigen Bezeichnungen auch hier wieder gelten, so dass also wieder

$$\frac{A}{L+A}$$

die Grösse des Stromes in dem einen Elemente ausdrückt, so wird in der eben beschriebenen Zusammensetzung von n Elementen zu einer einfachen Kette die Grösse des Stromes offenbar

$$\frac{A}{\frac{L}{n}+A} \quad \text{oder} \quad \frac{nA}{L+nA},$$

wodurch eine schwache Verstärkung der Wirkung in der neuen Zusammensetzung angezeigt wird, wenn A *sehr gross ist in Vergleich zu* L, *dagegen eine starke, wenn* A *in Vergleich zu* $\frac{L}{n}$ *und also um so mehr in Vergleich zu* L *sehr klein ist.* Es folgt hieraus, dass die eine Zusammensetzung gerade in den Fällen am wirksamsten ist, in welchen die andere aufhört, es zu sein, und umgekehrt. Ist man daher im Besitze einer gewissen Anzahl von einfachen Ketten, die man insgesammt auf den Theil, dessen reducirte Länge A ist, einwirken lassen will; so ist es zur Hervorbringung des grössten Stromeffektes nicht gleichgültig, in welcher Art man sie zusammensetze, ob alle neben einander, ob alle hinter einander, oder ob zum Theile neben einander und zum Theile hinter einander. Die Rechnung lehrt, dass es am vortheilhaftesten ist, aus ihnen eine Volta'sche Zusammensetzung aus so viel gleichen Theilen zu bilden, dass das Quadrat dieser Zahl dem Quotienten $\frac{A}{L}$ gleich wird. Wenn $\frac{A}{L}$ gleich oder kleiner als A ist, so werden sie am besten alle neben einander gestellt, und am besten alle hinter einander, wenn $\frac{A}{L}$ gleich oder grösser als das Quadrat der Anzahl aller Elemente ist. *Man gewahrt in dieser Bestimmung den Grund, warum in den meisten Fällen zur Hervorbringung des grössten Effektes eine einfache Kette oder* *wenigstens eine Voltaische Zusammensetzung von nur wenigen einfachen Ketten erfordert wird.* — Erwägt man, dass, da die Quantität des Stromes an allen Stellen der Kette dieselbe ist, seine Intensität sich an den verschiedenen Orten nach der Grösse der daselbst befindlichen Querschnitte im umgekehrten Verhältnisse richten müsse, und nimmt man an, dass die magnetischen und chemischen Wirkungen sowohl, als die Wärme- und Lichterscheinungen an der Kette unmittelbare Aeusserungen des elektrischen Stromes sind, deren Stärke durch die des Stromes selbst gegeben ist, so wird eine umständliche Zergliederung der hier nur in Umrissen angedeuteten Natur des Stromes zur vollkommenen Erklärung der vielen an der galvanischen Kette beobachteten, zum Theile sehr räthselhaften Anomalien führen, insofern man dabei die physische Beschaffenheit der Kette als unveränderlich anzusehen berechtigt ist.*) Die grossen Abweichungen, welche oft in den Angaben verschiedener Beobachter liegen und nicht Folgen der Dimensionen ihres dabei gebrauchten, besonderen Apparates sind, haben ohne Zweifel ihren Grund in der doppelten Aenderungsfähigkeit der Hydroketten, und werden daher aufhören, wenn man bei einer Wiederholung der Versuche auf diesen Umstand Rücksicht nimmt.

Die merkwürdige Veränderlichkeit in der Wirkungsweise eines und desselben Multiplikators an verschiedenen Ketten und verschiedener Multiplikatoren an einer und derselben Kette erhält aus den vorangegangenen Betrachtungen eine vollständige Erklärung. Bezeichnet nämlich A die Summe der Spannungen und L die reducirte Länge irgend einer galvanischen Kette, so drückt

$$\frac{A}{L}$$

die Grösse ihres Stromes aus. Denkt man sich nun einen Multiplikator aus n gleichen Windungen, jede von der reducirten Länge λ, so giebt

$$\frac{A}{L + n\lambda}$$

*) Vergl. Schweigger's Jahrb. 1826, H. 2, wo ich eine etwas ausführlichere Beleuchtung der einzelnen Punkte gegeben habe. [30.]

die Grösse des Stromes zu erkennen, wenn der Multiplikator als integrirender Bestandtheil in die Kette gebracht wird. Setzt man überdies der Einfachheit halber voraus, dass jede von den n Windungen des Multiplikators auf die Magnetnadel dieselbe Wirkung äussert, so ist augenscheinlich die Wirkung des Multiplikators auf die Magnetnadel

$$\frac{nA}{L + n\lambda},$$

wenn die Wirkung einer ganz gleichen Windung der Kette ohne Multiplikator auf die Nadel

$$\frac{A}{L}$$

gesetzt wird. *Hieraus folgt nun sogleich, dass die Wirkung auf die Magnetnadel durch den Multiplikator verstärkt oder geschwächt wird, je nachdem nL grösser oder kleiner als $L + n\lambda$, d. h, je nachdem die $n$fache reducirte Länge der Kette ohne Multiplikator grösser oder kleiner als die reducirte Länge der Kette mit dem Multiplikator ist.* Ferner giebt die blose Ansicht des Ausdruckes, wodurch die Wirkung des Multiplikators auf die Nadel bestimmt worden ist, zu erkennen, dass die grösste oder kleinste Wirkung eintritt, sobald L gegen $n\lambda$ vernachlässigt werden kann und ausgedrückt wird durch

$$\frac{A}{\lambda}.$$

Vergleicht man diese Grenzwirkung des Multiplikators mit der, welche eine völlig gleich beschaffene Windung der Kette ohne Multiplikator hervorbringt, so nimmt man wahr, dass sich beide zu einander verhalten wie die reducirten Längen L und λ, welche Relation zur Bestimmung einer dieser Werthe aus den übrigen dienen kann. *Der für die Grenzwirkung des Multiplikators gefundene Ausdruck zeigt, dass sie der Spannung der Kette proportional und unabhängig von der reducirten Länge der Kette ist*; es kann mithin die Grenzwirkung eines und desselben Multiplikators nicht blos zur Bestimmung der in verschiedenen Ketten befindlichen Spannungen dienen, sondern er zeigt auch, dass sich die Grenzwirkung in dem Maasse verstärken lässt, als man die Summe der Spannungen erhöht, welches dadurch geschehen kann, dass man aus mehreren einfachen Ketten eine Voltaische Zusammensetzung bildet. —

Bezeichnet man die wirkliche Länge einer Windung des Multiplikators durch l, sein Leitungsvermögen durch $\varkappa$ und seinen Querschnitt durch ω, so dass $\lambda = \frac{l}{\varkappa \,.\, \omega}$ wird, so verwandelt sich der Ausdruck für die Grenzwirkung des Multiplikators in folgenden

$$\varkappa \,.\, \omega \,.\, \frac{A}{l},$$

woraus man ersehen kann, *dass die Grenzwirkungen zweier aus gleich starkem Drahte verfertigten Multiplikatoren von verschiedenem Metalle sich zu einander verhalten, wie die Leitungsfähigkeiten dieser Metalle, und dass die Grenzwirkungen zweier aus Drähten von einerlei Metall gebildeten Multiplikatoren sich zu einander verhalten, wie die Querschnitte dieser Drähte.* Alle diese mannigfaltigen Eigenthümlichkeiten des Multiplikators habe ich, als in der Erfahrung gegründet, theils an fremden, theils an eigenen Versuchen nachgewiesen.*) Die letzten an der Thermokette hierüber gemachten Versuche haben die schon oben aus einer Vergleichung der reducirten Längen sich ergebende Folgerung, dass die Spannungssumme in einer Thermokette bei weitem geringer sei, als in den gebräuchlichen Hydroketten, noch auf einem anderen, dem vorigen gewissermaassen entgegengesetzten Wege dargethan, und eine beiläufige Vergleichung hat mich zu der Ueberzeugung geführt, dass zu Glühwirkungen, wenn sie mit Sicherheit vorausgesagt werden sollen, eine Voltaische Zusammensetzung von einigen hundert, zweckmässig gewählten einfachen Thermoketten, zu chemischen Wirkungen von einiger Stärke aber ein noch weit grösserer Apparat erfordert werde. Versuche, welche diese Vorherbestimmung ausser Zweifel setzen, werden der hier vorgetragenen Theorie eine neue, nicht unwichtige Bestätigung geben.

Die bisherigen Betrachtungen reichen auch hin, den Hergang zu entscheiden, der stattfindet, wenn sich die galvanische Kette irgendwo in zwei oder mehrere Zweige spaltet. Zu dem mache ich darauf aufmerksam, dass schon oben, zugleich mit

*) Schweigger's Jahrb. 1826, H. 2, und 1827. [33, 60.]

der Gleichung $S = \frac{A}{L}$, die Regel aufgefunden worden ist, dass die Grösse des Stromes in irgend einem homogenen Theile der galvanischen Kette durch den Quotienten aus dem Unterschiede der an den Enden des Theiles vorhandenen elektrischen Kräfte und seiner reducirten Länge gegeben wird. Zwar ist diese Regel dort nur für den Fall aufgestellt worden, wenn die Kette sich nirgends in mehrere Zweige spaltet, aber eine ganz einfache, aus der Gleichheit der ab- und zuströmenden Elektricitätsmenge in allen Querschnitten eines jeden prismatischen Theiles hergenommene und der dortigen ähnliche Betrachtung giebt die Ueberzeugung, dass dieselbe Regel auch für jeden einzelnen Zweig im Falle einer Spaltung der Kette noch gültig bleibt. Nimmt man nun an, dass die Kette sich z. B. in drei Arme spaltet, deren reducirte Längen λ, λ', λ'' sein mögen, setzt man zudem voraus, dass an jeder von diesen Stellen die ungespaltene Kette und die einzelnen Zweige einerlei elektrische Kraft besitzen und sonach keine Spannung daselbst eintritt, und bezeichnet man den Unterschied der an diesen beiden Stellen befindlichen elektrischen Kräfte durch a, so ist in Folge der angeführten Regel die Grösse des Stromes in den drei Zweigen beziehlich

$$\frac{a}{\lambda}, \quad \frac{a}{\lambda'}, \quad \frac{a}{\lambda''},$$

woraus zunächst folgt, *dass sich die Ströme in den drei Zweigen umgekehrt wie deren reducirte Längen verhalten,* so dass also jeder einzeln sich finden lässt, sobald man die Summe aller drei zusammen kennt. Die Summe aller drei zusammen ist aber offenbar der Grösse des Stromes an jeder anderen Stelle des nicht gespaltenen Theils der Kette gleich, weil ausserdem, was hier noch immer vorausgesetzt wird, der bleibende Zustand der Kette nicht eingetreten wäre. Bringt man damit die aus den obigen Betrachtungen sich ergebende Schlussfolge in Verbindung, dass nämlich durch die Grösse des Stromes und die Natur eines jeden homogenen Theiles der Kette das Gefälle der ihm entsprechenden, die Elektricitätsvertheilung darstellenden, geraden Linie gegeben ist, so erhält man die Gewissheit, dass die zu dem nicht gespaltenen Theile der Kette gehörige Vertheilungsfigur so lange dieselbe bleiben muss, als der Strom in ihr dieselbe Grösse behält, und umgekehrt; woraus folgt, dass die Unveränderlichkeit des Stromes in dem nicht gespaltenen Theile der Kette nothwendigerweise eine Unveränderlichkeit des Unterschiedes der an den Enden dieses Theils hervortretenden elektrischen Kräfte voraussetzt. Denkt man sich nun statt der einzelnen Zweige einen einzigen Leiter von der reducirten Länge $\varLambda$ in die Kette gesetzt, der die Grösse ihres Stromes und ihre Spannungen in nichts ändert, so muss in Folge des eben Gesagten der Unterschied der an seinen Enden befindlichen elektrischen Kräfte noch immer a und daher

$$\frac{a}{\varLambda} = \frac{a}{\lambda} + \frac{a}{\lambda'} + \frac{a}{\lambda''}$$

oder

$$\frac{1}{\varLambda} = \frac{1}{\lambda} + \frac{1}{\lambda'} + \frac{1}{\lambda''}$$

sein, welche Gleichung zur Bestimmung des Werthes $\varLambda$ dient. Ist aber dieser Werth bekannt und nennt man A die Summe aller in der Kette befindlichen Spannungen und L die reducirte Länge des nicht gespaltenen Theils der Kette, *so ergiebt sich, wie man weiss, für die Grösse des Stromes in der zuletzt gedachten Kette*

$$\frac{A}{L + \varLambda},$$

welche der Summe der in den drei einzelnen Zweigen auftretenden Ströme gleich ist. Da nun schon vorhin gezeigt worden ist, dass sich die Ströme in den einzelnen Zweigen zu einander umgekehrt wie die reducirten Längen dieser Zweige verhalten, so erhält man für die Grösse des Stromes in dem Zweige, dessen reducirte Länge λ ist,

$$\frac{A}{L + \varLambda} \cdot \frac{\varLambda}{\lambda};$$

in dem Zweige, dessen reducirte Länge λ' ist,

$$\frac{A}{L + \varLambda} \cdot \frac{\varLambda}{\lambda'};$$

und in dem Zweige, dessen reducirte Länge λ'' ist,

$$\frac{A}{L + \varLambda} \cdot \frac{\varLambda}{\lambda''}.$$

Auch diese entlegenere und bisher wenig beachtete Eigenthümlichkeit der galvanischen Kette habe ich in der Erfahrung auf eine völlig entscheidende Weise bestätigt gefunden.*)

Hiermit schliesst sich die Betrachtung solcher galvanischer Ketten, in welchen der bleibende Zustand bereits eingetreten ist, und die weder durch den Einfluss der umgebenden Luft, noch durch eine allmählige Abänderung ihrer chemischen Beschaffenheit besondere Modifikationen erleiden. Von da an nimmt aber auch die Einfachheit des Gegenstandes immer mehr und mehr ab, so dass die bisher stattgefundene elementare Behandlung bald ganz verloren geht. Was solche Ketten anbelangt, auf welche die Luft Einfluss hat und deren Zustand mit der Zeit sich ändert, ohne dass diese Aenderung in einer fortschreitenden chemischen Umbildung der Kette ihren Grund hat, und die sich dadurch vor den übrigen auszeichnen, dass die Grösse ihres Stromes an verschiedenen Orten verschieden ist, so habe ich mich begnügt, in jeder von diesen Beziehungen immer nur den einfachsten Fall abzuhandeln, da sie in der Natur nur in seltenen Fällen zum Vorschein kommen und im Allgemeinen von geringerem Interesse erscheinen dürften. Ich that dies um so lieber, da ich zu einer anderen Zeit auf diesen Gegenstand zurück zu kommen gedenke. Was hingegen jene Modifikation galvanischer Ketten betrifft, die durch eine von dem Strome zunächst ausgehende und sodann auf ihn selbst wieder zurück wirkende chemische Umwandlung der Kette veranlasst wird, so habe ich ihr in dem Anhange eine besondere Aufmerksamkeit gewidmet. Der darin eingehaltene Gang stützt sich auf eine sehr grosse Menge über den Gegenstand angestellter Versuche, deren Mittheilung ich aber darum unterlasse, weil sie einer weit grösseren Bestimmtheit fähig zu sein scheinen, als damals die Nichtberücksichtigung mancher dabei einwirkenden Elemente mir gestattete, deren Erwähnung ich aber hier für nöthig erachte, damit die sich selber stets bewachende Weise, womit ich in dem Anhange vorwärts schreite und die ich der Wahrheit schuldig zu sein

*) Schweigger's Jahrb. 1827. [58.]

glaubte, nicht etwa die Theilnahme, mehr als billig ist, dadurch von sich abziehe.

Den Grund der durch den Strom veranlassten chemischen Veränderungen in den dazu geeigneten Theilen einer galvanischen Kette habe ich in der oben beschriebenen dieser Kette eigenthümlichen Elektricitätsvertheilung gesucht und, wie ich kaum zweifeln darf, wenigsens der Hauptsache nach gefunden. Es fällt nämlich sogleich in die Augen, dass jede zu einem Querschnitte gehörige Scheibe einer galvanischen Kette, die den elektrischen Anziehungen und Abstossungen gehorcht und deren Bewegung nichts im Wege steht, in der geschlossenen Kette einseitig getrieben werden müsse, weil diese Anziehungen oder Abstossungen in Folge der stetig sich ändernden elektrischen Kraft auf ihren beiden Seiten verschieden sind, und die Rechnung zeigt, *dass die Kraft, womit sie nach einer Seite hin getrieben wird, in einem aus der Grösse des elektrischen Stromes und aus der in der Scheibe befindlichen elektrischen Kraft zusammengesetzten Verhältnisse stehe.* Dadurch wird nun zwar zunächst blos eine räumliche Ortsveränderung der Scheibe bedingt. Wenn aber diese Scheibe als ein zusammengesetzter Körper angesehen wird, dessen Bestandtheile, den elektrochemischen Ansichten gemäss, sich durch eine Verschiedenheit in ihrem elektrischen Verhalten von einander unterscheiden, so ergiebt sich sogleich, dass jener einseitige Druck auf die verschiedenen Bestandtheile mit ungleicher Stärke und in den meisten Fällen auch wohl in entgegengesetzter Richtung wirken und so ein Bestreben in ihnen sich von einander zu entfernen rege machen müsse. Aus dieser Betrachtung geht eine besondere auf eine chemische Veränderung aller Theile hinarbeitende Thätigkeit der galvanischen Kette hervor, die ich ihre *zersetzende Kraft* genannt und in jedem einzelnen Falle der Grösse nach zu bestimmen versucht habe. Diese Bestimmung ist von der Art abhängig, wie man sich die Elektricität mit den Körpertheilchen in Verbindung vorstellt.*)

*) Ueber die eigentliche Deutung dieser Bemerkung werde ich bei einer nächsten Gelegenheit reden, wo ich die von Ampère entdeckten Aeusserungen der Theile einer galvanischen Kette auf einander auf gewöhnliche elektrische Anziehuugen und Abstossungen zurück zu führen versuche.

Nimmt man an, was am natürlichsten zu sein scheint, dass die Elektricität sich im Verhältnisse der Masse über den Raum ergiesse, den die Körper einnehmen, so zeigt eine vollständige Zergliederung, *dass die zersetzende Kraft der Kette der Stärke des Stromes direkt proportional sei, und ausserdem noch durch einen aus der Natur der Bestandtheile und ihrem Mischungsverhältnisse herzuholenden Koeffizienten gegeben werde.* Aus der Natur dieser zersetzenden Kraft der Kette, welche an allen Stellen eines homogenen Theiles von gleicher Stärke ist, geht nun sogleich hervor, dass, wenn sie fähig ist, den gegenseitigen Zusammenhang der Bestandtheile unter allen Umständen zu überwältigen, so wird die Trennung und Fortführung der Bestandtheile nach den beiden Seiten der Kette hin nur in mechanischen Hindernissen ihre Grenzen finden; überwiegt aber der Zusammenhang der Bestandtheile unter sich entweder gleich anfänglich überall, oder im Verlaufe der Wirkung irgendwo die zersetzende Kraft der Kette, so wird von da an keine weitere Bewegung der Elemente mehr stattfinden. Diese allgemeine Beschreibung der zersetzenden Kraft schliesst sich an die von Davy und Anderen gemachten Durchführungsversuche an.

Der Beachtung besonders werth ist ein, wie es scheint in den meisten Fällen sich bildender, eigener Zustand der Vertheilung beider Bestandtheile in einer chemisch zusammengesetzten Flüssigkeit, die in folgender Veranlassung ihren Ursprung hat. Wenn nämlich die Zersetzung nur auf einen begrenzten Theil der Kette sich zu beschränken angewiesen ist und nun die Bestandtheile der einen Art nach der einen Seite dieses Theiles und die Bestandtheile der anderen Art nach seiner anderen Seite hingedrängt werden, so wird eben dadurch der Wirkung eine natürliche Grenze gesetzt; denn der im Uebergewichte auf der einen Seite irgend einer Scheibe innerhalb der in der Zersetzung begriffenen Strecke auftretende Bestandtheil wird sich der Bewegung des gleichen Bestandtheiles nach derselben Seite hin, vermöge der in ihm liegenden repulsiven Kraft, fortwährend widersetzen, so dass die zersetzende Kraft der Kette nicht blos den jedesmaligen Zusammenhang der beiden Bestandtheile unter einander, sondern auch diese Reaction eines jeden Bestandtheiles auf sich selber zu überwältigen hat. Es erhellt hieraus, dass ein Stillstand in der chemischen Veränderung dann eintreten müsse, wenn zu irgend einer Zeit ein Gleichgewicht zwischen den dabei obwaltenden Kräften eintritt. Der so herbeigeführte, in einer eigenen chemischen Vertheilung der Bestandtheile beruhende und bleibende Zustand des in der Zersetzung begriffenen Theils der Kette ist der, von dem ich eben ausging, und dessen Natur scharf zu bestimmen ich in dem Anhange versucht habe. Schon die blose Beschreibung der Entstehungsweise dieser höchst merkwürdigen Erscheinung giebt zu erkennen, dass an den äussersten Enden der vertheilten Strecke kein natürliches Gleichgewicht stattfinden könne, weshalb an diesen Orten die beiden Bestandtheile durch eine mechanische Gewalt zurückgehalten werden müssen, ausserdem in die nächsten Theile der Kette übergehen, oder, wo die übrigen Umstände es bedingen, von der Kette sich gänzlich absondern werden. Wer wollte in dieser prunklosen Auseinandersetzung nicht alle bei chemischen Zerlegungen durch die Kette bis jetzt beobachteten Hauptmomente der äusseren Erscheinung wieder erkennen!

Wenn der Strom und mit ihm die zersetzende Kraft plötzlich unterbrochen wird, so werden die vertheilten Bestandtheile allmählig wieder in ihr natürliches Gleichgewicht zurücktreten, aber den verlassenen Zustand sogleich wieder anzunehmen streben, wenn der Strom neuerdings hergestellt wird. Während dieses Hergangs ändert sich begreiflicherweise mit der chemischen Natur zugleich fortwährend die Leitungsfähigkeit sowohl als die Erregungsweise zwischen den Elementen der in der Zersetzung begriffenen Strecke; dadurch aber wird eine fortgesetzte Aenderung in der elektrischen Vertheilung und in der davon abhängigen Grösse des Stromes an der galvanischen Kette nothwendig bedingt, welche nur in dem bleibenden Zustande der chemischen Vertheilung ihre natürlichen Grenzen findet. Zur genauen Bestimmung dieser letzten Stufe des elektrischen Stromes wird die Kenntniss des Gesetzes erfordert, nach welchem sich die Leitungsfähigkeit und die Erregungsstärke der aus zwei verschiedenen Flüssigkeiten gebildeten veränderlichen Mischungen richtet. Was die Erfahrung zu diesem Zwecke bis jetzt noch an die Hand gegeben hat, schien mir nicht genügend, daher zog ich ihr eine theoretische Bestimmung vor, die so lange, bis das wahre Gesetz aufgefunden ist, seine Stelle einnehmen soll. Mit Hülfe des nicht ganz erdichteten Gesetzes gelange ich nun zu den Gleichungen, welche in jedem Falle alle einzelnen Umstände zu erkennen geben, die den bleibenden Zustand der chemischen Vertheilung in der galvanischen Kette ausmachen, deren weitere Benutzung ich jedoch vernachlässigt habe, da der jetzige Umfang unserer Erfahrungskenntnisse in dieser Hinsicht mir die dazu erforderliche Mühe noch nicht zu lohnen schien. Um jedoch die Resultate dieser Untersuchung mit dem, was Versuche hierüber gegeben haben, in ihren allgemeinsten Zügen vergleichen zu können, habe ich einen besonderen Fall bis an's Ende geführt und an ihm ersehen, dass die Formel die Art des Wogens der Kraft, wie ich es vordem beschrieben habe*), recht genügend darstellt.

Nachdem ich so den Inhalt dieser Schrift in einem leichten Umrisse gegeben habe, gehe ich nun zu einer gründlicheren Bearbeitung der einzelnen Stellen über.

Die galvanische Kette.

A) *Allgemeine Untersuchungen über die Verbreitung der Elektricität.*

1) Eine unter gewissen Umständen hervortretende Eigenschaft der Körper, die wir *Elektricität* nennen, giebt sich räumlich dadurch zu erkennen, dass Körper, welche sie besitzen, und die deshalb *elektrische* Körper heissen, sich einander entweder abstossen oder anziehen.

Um die Veränderungen, welche in der elektrischen Beschaffenheit eines Körpers A vorfallen, auf eine völlig bestimmte Weise verfolgen zu können, bringen wir diesen Körper jedes mal unter einerlei Umständen mit einem zweiten beweglichen

*) Schweigger's Jahrb. 1826, H. 2. [15.]

Körper von unveränderlicher elektrischer Beschaffenheit, das *Elektroskop* genannt, in Verbindung, und bestimmen die Kraft, womit das Elektroskop von dem Körper abgestossen oder angezogen wird. Diese Kraft nennen wir die *elektroskopische* Kraft des Körpers A, und um unterscheiden zu können, ob sie eine abstossende oder anziehende ist, setzen wir in dem einen Falle das Zeichen $+$, und in dem anderen Falle das Zeichen — vor die Angabe ihres Maasses.

Es kann derselbe Körper A auch zur Bestimmung der elektroskopischen Kraft in verschiedenen Theilen eines und desselben Körpers dienen. Zu diesem Zwecke nehmen wir den Körper A von sehr geringen Dimensionen, damit, wenn wir ihn mit der zu prüfenden Stelle irgend eines dritten Körpers in innige Berührung bringen, er seiner Kleinheit halber als Vertreter dieser Stelle angesehen werden kann; dann wird seine auf die eben beschriebene Art zu messende elektroskopische Kraft, wenn sie an verschiedenen Stellen verschieden ausfällt, die relative Verschiedenheit dieser Stellen in Bezug auf Elektricität zu erkennen geben.

Die Absicht vorstehender Erklärungen ist, dem Ausdrucke „elektroskopische Kraft“ eine einfach bestimmte Bedeutung zu geben; eine Berücksichtigung der grösseren oder geringeren Ausführbarkeit des Verfahrens sowohl, als eine Vergleichung der verschiedenen möglichen Verfahrungsarten unter einander zur Bestimmung der elektroskopischen Kraft liegen nicht in unserem Zwecke.

2) Wir nehmen wahr, dass sich die elektroskopische Kraft von einer Stelle zur anderen und von einem Körper zum anderen fortbewegt, so dass sie nicht blos an verschiedenen Stellen zu derselben Zeit, sondern auch an derselben Stelle zu verschiedenen Zeiten sich ändert. Um die Art und Weise, wie die elektroskopische Kraft von der Zeit, worin sie wahrgenommen wird, und dem Orte, an welchem sie sich äussert, abhängig ist, bestimmen zu können, müssen wir von Grundgesetzen ausgehen, denen der zwischen den Elementen eines Körpers stattfindende Austausch ihrer elektroskopischen Kraft unterworfen ist.

Diese Grundgesetze sind von zweierlei Art, entweder von

der Erfahrung entlehnte oder, da wo diese schweigt, hypothetisch angenommene. Die Zulässigkeit der ersteren kann keinem Zweifel unterworfen sein, und die Rechtmässigkeit der letzteren giebt sich durch die Uebereinstimmung der aus ihnen abgeleiteten Resultate der Rechnung mit dem, was in der Wirklichkeit vorfällt, unfehlbar zu erkennen; denn da durch die Rechnung die Erscheinung mit allen ihren Modifikationen auf das Bestimmteste ausgesprochen wird, so muss, weil in ihrem Fortgange zu den früheren nicht immer wieder neue Unsicherheiten stossen, eine im gleichen Maasse vollständige Beobachtung der Natur ihre Annahmen auf eine entscheidende Weise entweder rechtfertigen oder widerlegen. Darin liegt eben das hauptsächlichste Verdienst der Rechnung, dass sie durch ihre nirgends schwankende Aussagen eine Allgemeinheit der Vorstellungen hervorruft, die jedesmal zu erneuerten Versuchen auffordert und so zu einer immer mehr in die Tiefe gehenden Kenntniss der Natur führt. Jede auf Thatsachen gebaute Theorie einer Klasse von Naturerscheinungen, die in der Form ihrer Darstellung nicht die mathematische Ausführlichkeit erträgt, ist unvollkommen, und jede in einer noch so strengen Form entwickelte Theorie, die nicht in dem erforderlichen Maasse von der Erfahrung gebilligt wird, ist unsicher. So lange daher nicht wenigstens ein Theil der Wirkungen einer Naturkraft mit grosser Schärfe in allen ihren Abstufungen beobachtet worden ist, geht die mit ihr sich befassende Rechnung nur auf unsicherem Boden, weil kein Prüfstein für ihre Hypothesen vorhanden ist, und thut im Grunde besser, auf gelegenere Zeit zu warten; wenn sie aber mit der gehörigen Befugniss an die Arbeit geht, bereichert sie das Gebiet, worin sie weilt, mit neuen Naturerscheinungen, zum Mindesten auf indirekte Weise, wie die Erfahrung aller Zeiten lehrt. Ich glaubte diese allgemeinen Bemerkungen vorausschicken zu müssen, nicht nur weil durch sie auf das Folgende mehr Licht geworfen wird, sondern auch deshalb, weil sie den Grund in sich zu tragen scheinen, warum die Rechnung nicht längst schon an die galvanischen Erscheinungen mit mehr Erfolg sich gemacht habe, obgleich sie, wie sich später finden wird, den hierzu erforderlichen Gang schon früher in einem anderen, scheinbar weniger dazu vorbereiteten Felde der Physik genommen hat.

Nach diesen Vorerinnerungen gehen wir nun zur Aufstellung der Grundgesetze selber über.

3) Wenn zwei gleich grosse, gleich gestaltete und gegen einander gleich gestellte, aber ungleich stark elektrische Körperelemente E und E' in der schicklichen Entfernung von einander stehen, so äussern sie ein wechselseitiges Bestreben, sich in's elektrische Gleichgewicht zu setzen, welches sich dadurch zu erkennen giebt, dass beide dem Mittel ihres elektrischen Zustandes fortwährend und immer um gleich viel näher rücken, so lange, bis sie dasselbe wirklich erreicht haben. Beide Elemente ändern nämlich ihren elektrischen Zustand gegenseitig so lange, als noch ein Unterschied ihrer elektroskopischen Kraft stattfindet; diese Aenderung aber hört auf, sowie beide einerlei elektroskopische Kraft erlangt haben. Es ist mithin diese Aenderung von der elektrischen Differenz der Elemente dergestalt abhängig, dass jene mit dieser zugleich verschwindet. Wir nehmen nun an, dass die in einem äusserst kleinen Zeittheilchen erfolgte Aenderung in beiden Elementen der Differenz ihrer zu derselben Zeit vorhandenen elektroskopischen Kraft und der Grösse des Zeittheilchens proportional sei, und ohne uns noch auf irgend einen materiellen Unterschied der Elektricität einzulassen, stellen wir fest, dass dabei die mit $+$ und $-$ bezeichneten Kräfte gerade so wie entgegengesetzte Grössen überhaupt zu behandeln seien. — Dass die Aenderung sich genau nach der Differenz der Kräfte richte, ist eine Unterstellung der Rechnung, die natürlichste, weil sie die einfachste ist; das Uebrige ist durch die Erfahrung gegeben. Die Bewegung der Elektricität innerhalb der meisten Körper geht so rasch von statten, dass wir ihre Aenderungen an den verschiedenen Stellen nur selten festzuhalten vermögen, und deshalb das Gesetz, nach welchem sie sich richten, durch die Erfahrung auszumitteln wohl nicht im Stande sind. Die galvanischen Erscheinungen, in welchen solche Aenderungen unter einer bleibenden Form auftreten, sind daher für die Prüfung jener Annahme von besonders hohem Interesse. Werden nämlich die aus der Annahme gezogenen

Folgerungen durch jene Erscheinungen durchaus bestätigt, so ist sie zulässig und kann ohne Bedenken in allen verwandten Untersuchungen, wenigstens innerhalb derselben Grenzen der Kraft, ihre Anwendung finden.

Wir haben in Uebereinstimmung mit den bisher gemachten Erfahrungen angenommen, dass, wenn durch irgend zwei äusserlich gleich beschaffene Elemente, sie mögen aus einerlei oder aus verschiedener Materie bestehen, eine gegenseitige Aenderung eines elektrischen Zustandes hervorgerufen wird, das eine eben so viel an Kraft verliere, als das andere gewinnt. Sollte sich vielleicht in der Folge durch Versuche noch ergeben, dass die Körper in Bezug auf Elektricität ein ähnliches Verhalten zeigen, als dasjenige ist, was wir bei der Wärme Kapazität der Körper nennen, so müsste das von uns aufgestellte Gesetz eine leichte Abänderung erleiden, die wir am passenden Orte anzeigen werden.

4) Wenn die beiden Elemente E und E' nicht von gleicher Grösse sind, so ist es doch immer gestattet, sie als Summen von gleichen Theilen anzusehen. Gesetzt, das eine Element E bestände aus m unter sich völlig gleichen Theilen und das andere E' aus m' eben solchen Theilen, so wird, wenn man sich die Elemente E und E' äusserst klein in Vergleich zu ihrer gegenseitigen Entfernung vorstellt, so dass die Entfernungen von jedem Theile des einen zu jedem Theile des anderen Elementes gleich sind, die Summe der Einwirkungen aller m' Theile des Elementes E' auf einen Theil des Elementes E die m'fache von der sein, die ein Theil allein ausübt, und die Summe aller Einwirkungen des Elementes E' auf alle m Theile des Elementes E wird die mm'fache von der sein, die ein Theil von E' auf einen Theil von E äussert. Man sieht hieraus, dass, um die gegenseitigen Wirkungen ungleicher Elemente auf einander beziehen zu können, man sie nicht blos dem Unterschiede ihrer elektroskopischen Kräfte und ihrer Zeitdauer, sondern auch dem Produkte ihrer relativen Ausdehnungsgrössen proportional nehmen müsse. Wir werden in der Folge die auf die Grösse der Elemente bezogene Summe der elektroskopischen Aeusserungen — worunter wir

also das Produkt aus der Kraft in die Grösse des Raumes, worüber sie verbreitet ist, zu verstehen haben, im Falle dass an allen Stellen dieses Raumes einerlei Kraft sich befindet — *Elektricitätsmenge* nennen, ohne dass wir dadurch irgend etwas über die materielle Beschaffenheit der Elektricität festzusetzen beabsichtigen. Dieselbe Bemerkung gilt von allen eingeführten bildlichen Ausdrücken, ohne die nun einmal unsere Sprache, vielleicht aus gutem Grunde, nicht bestehen kann.

Im Falle die Elemente nicht als verschwindend in Vergleich zu ihrer gegenseitigen Entfernung angesehen werden dürfen, wird statt des Produktes aus den Ausdehnungsgrössen der beiden Elemente eine für jeden gegebenen Fall besonders zu bestimmende Funktion ihrer Dimensionen und ihrer mittleren Entfernung gesetzt werden müssen, die wir, wo wir sie brauchen, durch F bezeichnen wollen.

5) Bisher haben wir den Einfluss der gegenseitigen Entfernung der Elemente, zwischen welchen eine Ausgleichung ihres elektrischen Zustandes vor sich geht, unberücksichtigt gelassen, weil wir es jedesmal nur mit solchen Elementen zu thun hatten, die immer dieselbe Entfernung zu einander behielten. Nun aber wirft sich die Frage auf, ob jener Austausch unmittelbar nur zwischen zunächst an einander liegenden Elementen stattfinde oder ob er sich auch auf entfernter liegende erstrecke, und wie in der einen oder der anderen Annahme seine Grösse durch die Entfernung modificirt werde. Nach dem Vorbilde Laplace pflegt man in solchen Fällen, wo Molekularwirkungen aus kleinster Ferne in's Spiel kommen, einer besonderen Vorstellungsweise sich zu bedienen, zufolge welcher zwar noch in endlicher Entfernung eine unmittelbare Wechselwirkung zwischen zwei durch andere getrennten Elementen stattfindet, welche Wirkung jedoch so schnell abnimmt, dass sie schon bei jeder merklichen, auch noch so kleinen Entfernung als völlig verschwunden anzusehen ist. Laplace wurde zu dieser Hypothese bewogen, weil die Voraussetzung, dass die unmittelbare Wirkung nur auf nächste Elemente sich erstrecke, Gleichungen lieferte, deren einzelne Glieder nicht von derselben Dimension in Bezug auf die Differenzialien der

veränderlichen Grössen waren*), eine Ungleichförmigkeit, die dem Geiste der Differenzialrechnung geradezu entgegen ist. Dieses scheinbar unvermeidliche Missverhältniss zwischen den Gliedern einer Differenzialgleichung, die doch nothwendigerweise zu einander gehören, ist zu auffallend, um nicht die Aufmerksamkeit derer, für die solche Untersuchungen Werth haben, auf sich zu ziehen; daher wird ein Versuch, zur Aufklärung dieses Räthsels etwas beizutragen, um so weniger hier am unrechten Orte sein, weil wir den Vortheil erlangen, dass die folgenden Betrachtungen dadurch einfacher und kürzer ausfallen. Wir werden dabei lediglich die Bewegung der Elektricität zum Grunde legen, weil es nicht schwer hält, die gewonnenen Resultate auf jeden anderen ähnlichen Gegenstand überzutragen, wie wir später, an einem anderen Beispiele zu zeigen, die Gelegenheit erhalten werden.

6) Vor Allem wird erfordert, dass wir den Begriff der Leitungsgüte genau festsetzen. Wir drücken aber die Stärke der Leitung zwischen zwei Orten durch eine Grösse aus, welche unter übrigens gleichen Umständen dem Produkte aus der Menge dessen, was in einer bestimmten Zeit von dem einen

---

*) Poisson in seinem Mémoire sur la Distribution de la Chaleur, Journ. de l'école Polytech. Cah. XIX drückt sich hierüber so aus:

Si l'on partage une barre, par des sections perpendiculaires à l'axe, en une infinité d'élémens infiniment petits, et que l'on considère l'action mutuelle de trois élémens consécutifs, c'est à dire, la quantité de chaleur que l'élément intermédiaire communique et enlève à chaque instant aux deux autres, en raison de l'excès positif ou negatif de sa température sur celle de chacun d'eux, on en conclura facilement l'augmentation de température de cet élément pendant un instant infiniment petit; égalant donc cette quantité à la differentielle de sa température prise par rapport au temps on formerait l'équation du mouvement de la chaleur suivant la longueur de la barre; mais en examinant plus attentivement la question, on réconnait sans peine, que cette équation serait fondée sur la comparaison de deux quantités infiniment petites non homogénes, ou de differens ordres, ce qui serait contraire aux premiers principes du calcul differentiel. On ne peut faire disparaitre cette difficulté qu'en supposant, ainsi que M. Laplace l'a remarqué le premier (Mémoires de la 1re classe de l'Institut année 1809), que l'action de chaque élément de la barre s'étend au delà du contact, et qu'elle s'exerce sur tous les élémens compris dans une étendue finie, aussi petite qu'on voudra.

Orte zum anderen übergeführt wird, in die Entfernung der beiden Orte von einander proportional ist. Sind die beiden Orte ausgedehnt, so ist unter ihrer Entfernung die gerade Linie, welche die Mittelpunkte der Ausdehnung der beiden Orte mit einander verbindet, zu verstehen. Tragen wir diesen Begriff auf zwei elektrische Körperelemente E und E' über und nennen s die gegenseitige Entfernung ihrer Mittelpunkte, q die Elektricitätsmenge, welche unter völlig bestimmten und unveränderlichen Umständen von einem Elemente zum anderen übergeführt wird, und $\varkappa$ das zwischen ihnen stattfindende Leitungsvermögen, so ist also

$$\varkappa = q \cdot s.$$

Die durch q bezeichnete Elektricitätsmenge werden wir nun näher zu bestimmen suchen. Nach Nr. 4 ist die Elektricitätsmenge, welche in einer äusserst kurzen Zeit von einem Elemente zum anderen übergeführt wird, bei unveränderlicher Entfernung im Allgemeinen dem Unterschiede ihrer elektroskopischen Kraft, der Zeitdauer und der Grösse eines jeden der beiden Elemente proportional; bezeichnen wir daher die elektroskopischen Kräfte der beiden Elemente E und E' beziehlich durch u und u' und ihren Rauminhalt durch m und m', so erhalten wir für die in dem Zeitelemente dt von E' nach E übergeführte Elektricitätsmenge folgenden Ausdruck:

$$a\, m\, m'\, (u' - u)\, dt,$$

wo a einen irgend wie von der Entfernung s abhängigen Koeffizienten vorstellt. Diese Menge ändert sich in jedem Augenblicke, wenn $u' - u$ veränderlich ist; nehmen wir aber an, dass die Kräfte $u' - u$ zu jeder Zeit dieselben bleiben, so hängt sie blos von der Grösse des Zeittheilchens dt ab, wir können sie daher auf die Zeiteinheit ausdehnen, dann wird sie, wenn wir die jetzt konstante Differenz der Kräfte $u' - u$ der Krafteinheit gleich setzen, folgende

$$a\, m\, m'.$$

Diese Elektricitätsmenge ist für die beiden der Lage nach unveränderlichen Elemente E und E' stets eine, unter einerlei Umständen entstandene Menge, weswegen wir sie zu der eben gegebenen Bestimmung des Leitungsvermögens gebrauchen können. Verstehen wir nämlich unter q die in der Zeiteinheit bei einer konstanten und der Krafteinheit gleichen Differenz der elektroskopischen Kräfte von dem Elemente E' zu dem Elemente E übergeführte Elektricitätsmenge, so wird

$$q = a\, m\, m'$$

und nun

$$\varkappa = a\, m\, m'\, s.$$

Nehmen wir aus dieser letzten Gleichung den Werth von $a\, m\, m'$ und substituiren ihn in den Ausdruck

$$a\, m\, m'\, (u' - u)\, dt,$$

so erhalten wir für die veränderliche Elektricitätsmenge, welche in dem Zeittheilchen dt von E' nach E überströmt, folgenden

$$\frac{\varkappa\, (u' - u)\, dt}{s}, \qquad (♂)$$

welcher Ausdruck das oben erwähnte Missverhältniss zwischen den Gliedern der Differenzialgleichung nicht in seinem Gefolge hat, wie wir bald wahrnehmen werden.

7) Es lag dem bisherigen Gange die Voraussetzung zu Grunde, dass die von einem Elemente zu einem anderen ausgeübte Wirkung dem Produkte aus dem Rauminhalte der beiden Elemente proportional sei, eine Voraussetzung, die, wie schon in Nr. 4 angemerkt worden ist, in Fällen, wo es sich um die gegenseitige Wirkung unendlich nahe bei einander liegender Elemente handelt, nicht mehr gestattet werden darf, weil sie entweder eine Relation zwischen der Grösse der Körperelemente und ihren gegenseitigen Entfernungen feststellt, oder diesen Elementen eine bestimmte Gestalt vorschreibt. Es ist daher kein geringer Vorzug des vorhin für die veränderliche, von einem Elemente zum anderen strömende Elektricitätsmenge gefundenen Ausdruckes (♂), dass er von jener Voraussetzung ganz unabhängig ist; denn was auch in einem besonderen Falle statt des Produktes mm' gesetzt werden müsse, so bleibt der Ausdruck (♂) doch stets derselbe, weil diese Besonderheit sich lediglich in das Leitungsvermögen $\varkappa$ wirft. Stellt nämiich F, wie in Nr. 4 angekündigt worden ist, die einem solchen Falle entsprechende Funktion der Dimensionen und der mittleren Entfernung beider Elemente vor, so verwandelt sich augenscheinlich nicht blos der Ausdruck

in den

$$a\, m\, m'\, (u' - u)\, dt$$

$$F\, (u' - u)\, dt,$$

sondern auch die Gleichung

$$\varkappa = a\, m m'\, s$$

in die andere

$$\varkappa = F\,.\,s, \qquad (\odot)$$

so dass, wenn man den Werth von F aus dieser Gleichung nimmt und in jenen Ausdruck setzt, immer wieder derselbe Ausdruck

$$\frac{\varkappa\, (u' - u)\, dt}{s}$$

hervorgeht. Auch der Umstand ist von Bedeutung, dass der Ausdruck (♂) für solche Körpertheile noch gültig bleibt, deren Dimensionen nicht mehr unendlich klein sind, wenn nur in allen Punkten eines jeden solchen Theils dieselbe elektroskopische Kraft befindlich ist. Man sieht hieraus, wie innig sich unsere Betrachtungen an den Geist der Differenzialrechnung anschliessen; denn Gleichartigkeit aller seiner Punkte in Bezug auf die in Rechnung kommende Eigenschaft ist gerade das entscheidende Merkmal, welches die Differenzialrechnung an dem verlangt, was sie als Element in sich aufnehmen soll.

Stellt man eine etwas gründlichere Vergleichung des von Laplace herrührenden Verfahrens mit dem von uns vorgeschlagenen an, so wird man zu nicht uninteressanten Vergleichungspunkten gelangen. Wenn man nämlich bedenkt, dass für unendlich kleine Massen in unendlich kleinen Entfernungen alle besonderen Beziehungen nothwendig dasselbe Gewicht haben müssen, als für endliche Massen in endlicher Entfernung, so lässt sich nicht sogleich einsehen, wie die Methode des unsterblichen Laplace, der wir schon so viele wichtige Aufschlüsse über die Natur der Molekularwirkungen verdanken, nach welcher die Elemente stets so behandelt werden, als wären sie in endliche Entfernungen zu einander gestellt, doch richtige Resultate liefern konnte; allein man wird bei näherer Prüfung finden, dass sie im Grunde etwas anderes thut, als sie ausspricht. In der That, da Laplace, wenn er die Aenderungen eines Elementes durch alle es umgebenden bestimmt, höhere Potenzen der Entfernung gegen niedrigere verschwinden lässt, so setzt er dadurch ganz im Sinne der Differenzialrechnung die Wirkungsweite selbst unendlich klein, nennt sie aber endlich und behandelt sie auch als solche, woraus man sogleich ersieht, dass er allerdings das unendlich Kleine in unendlich kleiner Entfernung gleich einem Endlichen behandelt. Wenn man daher von der grösseren Bestimmtheit und Anschaulichkeit, die unsere Darstellungsweise begleiten, absehen will, so liesse sich nur in der Hinsicht, vielleicht mit einigem Grunde, etwas gegen die Behandlung von Laplace zu Gunsten der unserigen erinnern, dass sie nämlich auf die mögliche Besonderheit der *gegebenen* Körperelemente durchaus keine Rücksicht nimmt, sondern nur mit *gedachten* Raumelementen sich beschäftigt, wodurch die physische Natur der Körper fast ganz verloren geht. So lassen sich wohl, um den Sinn unserer Behauptung durch ein Beispiel zu erläutern, Körper in der Natur denken, die aus lauter gleichen Elementen bestehen, deren Stellung zu einander aber, in einer Richtung genommen, eine andere sein könnte, als in einer anderen Richtung; solche Körper könnten dann, wie unsere Darstellungsweise sogleich zu erkennen giebt, nach der einen Richtung die Elektricität auf eine andere Weise leiten, als nach der anderen, während sie demungeachtet gleichartig und gleich dicht erscheinen könnten. In einem solchen Falle, wenn er vorkäme, müsste man nach Laplace zu Betrachtungen, die dem allgemeinen Gange fremd geblieben sind, seine Zuflucht nehmen. Umgekehrt giebt die Art, wie die Körper leiten, ein Mittel an die Hand, durch das wir befugt werden, auf ihren inneren Bau zu schliessen, was wir, bei der fast gänzlichen Unbekanntschaft mit demselben, nicht von der Hand weisen wollen. Schliesslich fügen wir noch hinzu, dass diese unsere bisher entwickelte Ansicht der Molekularwirkungen die beiden von Laplace und Fourier, in dessen Theorie der Wärme, aufgestellten in sich vereinigt und dadurch gleichsam beide mit sich aussöhnt.

8) Wir tragen nun kein Bedenken mehr, die elektrische Wirkung eines Körperelements nicht über die es zunächst umgebenden Elemente hinausreichen zu lassen, so dass also die Wirkung in jeder endlichen, auch noch so kleinen Ent-

fernung völlig verschwindet. Es dürfte zwar die so geringe Wirkungsweite bei der fast unendlichen Geschwindigkeit, womit die Elektricität manche Körper durchströmt, bedenklich scheinen; allein wir haben bei ihrer Annahme nicht ausser Acht gelassen, dass unsere Vergleichung in solchen Fällen nur durch einen sinnlich relativen Maassstab geschieht, der trüglich ist und uns daher zur Abänderung eines so einfachen und in sich so abgeschlossenen Gesetzes so lange nicht berechtigt, bis die aus ihm gezogenen Folgerungen mit der Natur in Widerstreit gerathen, welches jedoch bei unserem Gegenstande der Fall nicht zu sein scheint.

Die so von uns festgesetzte Wirkungsweite hat, obgleich sie unendlich klein ist, mit der von Laplace eingeführten, sogenannten endlichen, da wo er die höheren Potenzen der Entfernung gegen niedrigere verschwinden lässt, völlig einerlei Umfang, wovon sich der Grund aus dem bereits Gesagten leicht entnehmen lässt; die Annahme einer endlichen Wirkungsweite in unserem Sinne würde dem Falle entsprechen, wo Laplace höhere Potenzen der Entfernung gegen niedrigere noch beibehält.

9) Die Körper, an welchen wir die elektrischen Erscheinungen beobachten, sind in den meisten Fällen von Luft umgeben; es ist daher zu einer erschöpfenden Beurtheilung des ganzen Herganges erforderlich, dass wir die Veränderungen, welche durch die angrenzende Luft veranlasst werden können, nicht unberücksichtigt lassen. Nach den von Coulomb uns hinterlassenen Versuchen über die Zerstreuung der Elektricität in die umgebende Luft ist der dadurch verursachte Verlust an Kraft, während einer sehr kurzen konstanten Zeit, wenigstens bei nicht sehr beträchtlichen Intensitäten, einerseits der Stärke der Elektricität proportional und andererseits von einem nach der jedesmaligen Beschaffenheit der Luft sich richtenden, übrigens für dieselbe Luft unveränderlichen Koeffizienten abhängig. Diese Erfahrung setzt uns in den Stand, den Einfluss der Luft auf die galvanischen Erscheinungen, da, wo es nöthig sein sollte, in Rechnung zu bringen. Es ist jedoch hierbei nicht zu übersehen, dass Coulomb's Versuche an der in's Gleichgewicht gekommenen, nicht mehr im Erregungsprozesse

begriffenen Elektricität gemacht worden sind, von der uns Beobachtungen sowohl, als die Rechnung gezeigt haben, dass sie an die Oberfläche der Körper gebunden ist, oder doch nur auf eine unmerkliche Tiefe in das Innere der Körper eindringt; denn daraus lässt sich die für unseren Gegenstand nicht unwichtige Folgerung ziehen, dass alle bei jenen Versuchen vorhandene Elektricität an dem Ueberströmen in die Luft unmittelbaren Antheil genommen habe. Bringt man nun mit dieser Bemerkung das eben ausgesprochene Gesetz in Verbindung, nach welchem zwei in jeder endlichen Entfernung zu einander stehende Körperelemente keine unmittelbare Wirkung mehr auf einander äussern, so ist man zu dem Schlusse berechtigt, dass, wo die Elektricität durch die ganze Masse eines endlichen Körpers sich gleichförmig oder doch so verbreitet, dass sich nicht ein verhältnissmässig sehr grosser Theil in der Nähe der Oberfläche aufhält, welcher Fall bei der in Bewegung gerathenen im Allgemeinen nicht eintritt, dass also in diesem Falle der Verlust, welcher durch die umgebende Luft verursacht wird, nur äusserst gering sein kann in Vergleich zu dem, welcher stattfindet, wenn die ganze Kraft, wie dies bei der in's Gleichgewicht gekommenen stets geschieht, zunächst an der Oberfläche sitzt; daher kommt es denn auch, dass die Luft auf galvanische Erscheinungen an der geschlossenen Kette, wenn diese aus guten Leitern zusammengesetzt ist, keinen fühlbaren Einfluss ausübt, so dass die durch das Dasein der Luft hervorgebrachten Aenderungen in den Erscheinungen der Berührungselektricität in solchen Fällen vernachlässigt werden können. Diese Folgerung erhält durch den Umstand noch eine neue Stütze, dass in denselben Fällen die Kontaktelektricität nur eine äusserst geringe Zeit hindurch an den Leitern sich aufhält, und also schon deshalb nur einen sehr geringen Theil an die Luft abgeben würde, auch wenn sie durchaus in unmittelbarer Berührung mit ihr stände.

Obgleich durch das Gesagte ausser Zweifel gesetzt worden ist, dass die Einwirkung der Luft auf die Wirkungsgrösse der gewöhnlichen galvanischen Ketten keinen fühlbaren Einfluss hat, so soll damit doch keineswegs die Umkehrung des Schlusses eingeräumt werden, dass nämlich der galvanische Leiter auf die elektrische Beschaffenheit der Luft keinen merklichen Einfluss ausübe; denn die elektroskopische Wirkung eines Körpers auf einen anderen steht, wie die Rechnung lehrt, mit der Menge der Elektricität, welche aus dem einen in den anderen übergeführt wird, in keinem unmittelbaren Zusammenhange.

10) Endlich kommen wir zu jenem für die gesammte Naturwissenschaft höchst wichtigen Erfahrungssatze, der die Grundlage aller Erscheinungen ausmacht, die wir mit dem Namen der galvanischen belegen, und der sich so aussprechen lässt: Verschiedenartige Körper, welche sich berühren, behaupten an der Berührungsstelle fortwährend einen und denselben Unterschied ihrer elektroskopischen Kräfte, vermöge eines aus ihrem Wesen hervorgehenden Gegensatzes, den wir durch den Ausdruck *elektrische Spannung* oder *Differenz der Körper* zu bezeichnen pflegen. So ausgesprochen steht der Satz, ohne an Einfachheit zu verlieren, in einer Allgemeinheit da, die ihm angehört, weil man auf sie fast durch jede einzelne Erscheinung immer wieder hingewiesen wird. Auch wird obiger Satz in seiner ganzen Allgemeinheit bei der Erklärung der elektroskopischen Erscheinungen an Volta's Säule stets, wenn nicht ausdrücklich, doch stillschweigend, von allen Physikern angenommen. Nach unseren früher entwickelten Vorstellungen von der Art und Weise, wie Körperelemente auf einander wirken, müssen wir die Quelle dieser Erscheinung in den unmittelbar an einander stossenden Körperelementen aufsuchen, und also den Sprung in einer unendlich kleinen Ausdehnung von einem Körper zum anderen geschehen lassen.

11) So ausgerüstet gehen wir nun zur Sache und betrachten zunächst die Elektricitätsbewegung an einem gleichartigen, cylindrischen oder prismatischen Körper, in welchem alle Punkte in der ganzen Ausdehnung eines jeden senkrecht auf seine Achse gestellten Schnittes zu derselben Zeit einerlei elektroskopische Kraft besitzen, so dass die Bewegung der Elektricität nur in der Richtung seiner Achse geschehen kann. Denken wir uns diesen Körper durch lauter solche Schnitte in Scheiben von unendlich kleiner Dicke zerlegt, dergestalt,

dass in dem ganzen Umfange einer jeden Scheibe die elektroskopische Kraft sich nicht ändert, so ist offenbar für jedes Paar solcher Scheiben der in Nr. 6 gegebene Ausdruck (♂) zur Bestimmung der von der einen zur anderen Scheibe übergehenden Elektricitätsmenge anwendbar; aber durch die in der vorigen Nummer geschehene Beschränkung der Wirkungsweite auf nur unendlich kleine Entfernungen wird seine Natur dahin modificirt, dass er verschwindet, sowie der Divisor aufhört, unendlich klein zu sein.

Wählen wir nun einen der unendlich vielen Schnitte unabänderlich zum Anfang der Abscissen und denken uns irgendwo einen zweiten, dessen Entfernung von jenem wir mit x bezeichnen, so stellt dx die Dicke der daselbst befindlichen Scheibe, die wir durch M bezeichnen werden, vor. Denken wir uns diese Dicke der Scheiben an allen Stellen von gleicher Grösse und nennen u die zur Zeit t in der Scheibe M, deren Abscisse x ist, befindliche elektroskopische Kraft, so dass also u im Allgemeinen eine Funktion von t und x sein wird; stellen ferner u' und $u_{,}$ Funktionen vor, die aus der u sich ergeben, wenn in ihr beziehlich $x + dx$ und $x - dx$ für x gesetzt wird, so drücken u' und $u_{,}$ offenbar die elektroskopischen Kräfte der auf beiden Seiten der Scheibe M zunächst anliegenden Scheiben aus, wovon wir die zur Abscisse $x + dx$ gehörige durch M' und die zur Abscisse $x - dx$ gehörige durch $M_{,}$ bezeichnen werden, und es fällt in die Augen, dass die Entfernung des Mittelpunktes einer jeden der Scheiben M' und $M_{,}$ von dem Mittelpunkte der Scheibe M dx ist. Es ist mithin in Folge des in Nr. 6 gegebenen Ausdruckes (♂), wenn $\varkappa$ das Leitungsvermögen von der Scheibe M' zur Scheibe M vorstellt,

$$\frac{\varkappa\,(u' - u)\,dt}{dx}$$

die Elektricitätsmenge, welche während der Dauer des Zeitelementes dt aus der Scheibe M' in die Scheibe M übergeht, oder von dieser in jene, je nachdem $u' - u$ positiv oder negativ ist. Eben so ist, wenn wir zwischen den Scheiben $M_{,}$ und M dasselbe Leitungsvermögen annehmen

$$\frac{\varkappa\,(u_{,} - u)\,dt}{dx}$$

die aus $M_,$ nach M übergehende Elektricitätsmenge, wenn der Ausdruck positiv und die aus M nach $M_,$, wenn er negativ ist. Die gesammte Aenderung der Elektricitätsmenge, welche die Scheibe M durch die Bewegung der Elektricität im Inneren des Körpers in dem Zeittheilchen dt erleidet, ist folglich

$$\frac{\varkappa\,(u' + u_, - 2u)\,dt}{dx},$$

und es wird eine Vermehrung der Elektricitätsmenge ausgedrückt, wenn dieser Werth positiv ist, im Gegentheile eine Verminderung derselben.

Nun ist aber nach dem Taylor'schen Satze

$$u' = u + \frac{du}{dx} \cdot dx + \frac{d^2u}{dx^2} \cdot \frac{dx^2}{2} + \ldots.$$

und eben so

$$u_, = u - \frac{du}{dx} \cdot dx + \frac{d^2u}{dx^2} \cdot \frac{dx^2}{2} - \ldots.$$

also

$$u' + u_, = 2u + \frac{d^2u}{dx^2}\,dx^2.$$

Diesemnach ändert sich der eben gefundene Ausdruck für die gesammte Aenderung der in der Scheibe M befindlichen Elektricitätsmenge während der Zeit dt um in

$$\varkappa \, . \frac{d^2u}{dx^2}\,dx\,dt,$$

wo $\varkappa$ das von einer Scheibe zu der nächst anliegenden obwaltende Leitungsvermögen vorstellt, welches wir auf die ganze Länge des homogenen Körpers als unveränderlich annehmen. Es ist hierbei zu bemerken, dass dieser Werth $\varkappa$ wegen der unendlich kleinen Wirkungsweite dem Querschnitte des cylindrischen oder prismatischen Körpers proportional ist; bezeichnen wir daher die Grösse dieses Querschnittes mit ω, und sondern diesen Faktor von dem Werthe $\varkappa$ ab, den übrigen Theil noch immer $\varkappa$ nennend, so verwandelt sich der vorige Ausdruck in

$$\varkappa\,\omega\,\frac{d^2u}{dx^2}\,dx\,dt,$$

wo das jetzige $\varkappa$ das Leitungsvermögen des Körpers unabhängig von der Grösse des Schnittes vorstellt, welches wir das *absolute* Leitungsvermögen des Körpers nennen wollen, im Gegensatze zum vorigen, welches das *relative* heissen kann. Wo von jetzt an das Wort Leitungsvermögen ohne nähere Bezeichnung vorkommt, ist immer das absolute darunter zu verstehen.

Bisher haben wir auf die Veränderung, welche die Scheibe durch die angrenzende Luft erleidet, keine Rücksicht genommen. Dieser Einfluss lässt sich leicht so bestimmen. Stellt nämlich c den Umfang der Scheibe, die zur Abscisse x gehört, vor, so ist $c\,dx$ der Theil ihrer Oberfläche, welcher an die Luft angrenzt, mithin ist nach den in Nr. 9 angeführten Versuchen Coulomb's

$$b\,c\,u\,dx\,dt$$

die Aenderung der Elektricitätsmenge, welche die Scheibe M durch den Uebergang der Elektricität in die Luft während des Zeitelementes dt erfährt, wo b einen von der jedesmaligen Beschaffenheit der Luft abhängigen, für dieselbe Luft aber konstanten Koeffizienten vorstellt. Sie drückt eine Verminderung aus, wenn u positiv, und eine Vermehrung, wenn u negativ ist. Unserer ursprünglichen Voraussetzung zur Folge darf aber diese Wirkung keine Ungleichheit der elektroskopischen Kraft in einem und demselben Schnitte des Körpers nach sich ziehen, oder wenigstens muss diese Ungleichheit so gering sein, dass daraus keine fühlbare Aenderung in den übrigen Grössenbestimmungen hervorgeht; ein Umstand, der in der galvanischen Kette fast immer vorausgesetzt werden kann.

Sonach ist die gesammte Aenderung, welche die Elektricitätsmenge der Scheibe M in der Zeit dt erleidet

$$\varkappa\,\omega\,\frac{d^2u}{dx^2}\,dx\,.\,dt - b\,c\,u\,dx\,dt,$$

worin sowohl der Theil begriffen ist, welcher durch die Bewegung der Elektricität im Inneren des Körpers veranlasst wird, als auch der, welchen die umgebende Luft bewirkt.

Es ist aber die in dem Zeittheilchen dt erfolgte gesammte Aenderung der in der Scheibe M befindlichen elektroskopischen Kraft u

$$\frac{du}{dt}\,dt,$$

mithin die gesammte Aenderung der Elektricitätsmenge in der Scheibe M während der Zeit dt

$$\omega \frac{du}{dt} dx\, dt,$$

wobei indessen vorausgesetzt worden ist, dass unter allen Umständen gleiche Aenderungen der elektroskopischen Kraft gleichen Aenderungen der Elektricitätsmenge entsprechen. Wenn die Erfahrung lehrte, dass verschiedene Körper von einerlei Ausdehnungsgrösse durch dieselbe Elektricitätsmenge eine verschiedene Aenderung in ihrer elektroskopischen Kraft erleiden, so müsste zu vorigem Ausdrucke noch ein diese Eigenthümlichkeit der verschiedenen Körper messender Koeffizient γ gefügt werden. Die Erfahrung hat über diese aus dem Verhalten der Wärme zu den Körpern entlehnte Muthmassung noch nicht entschieden.

Setzt man nun die beiden kurz zuvor für die gesammte Aenderung der Elektricitätsmenge in der Scheibe M während des Zeitelementes dt gefundenen Ausdrücke gleich und dividirt alle Glieder der Gleichung durch $\omega\, dx\, dt$, so erhält man

$$\gamma \frac{du}{dt} = \varkappa \frac{d^2u}{dx^2} - \frac{bc}{\omega} u \qquad (a)$$

woraus die elektroskopische Kraft u als Funktion von x und t zu bestimmen ist.

12) Wir haben in voriger Nummer für die zwischen den Scheiben M' und M während der Zeit dt stattfindende Aenderung der Elektricitätsmenge gefunden

$$\frac{\varkappa\, (u' - u)\, dt}{dx}$$

und gesehen, dass die Richtung des Ueberganges dem Laufe der Abscissen entgegen ist, wenn der Ausdruck positiv, dagegen im Sinne der Abscissen läuft, wenn der Ausdruck negativ ist. Ebenso ist die Grösse des Ueberganges zwischen den Scheiben $M_,$ und M, wenn wir dieselbe Beziehung seiner Richtung beibehalten

$$\frac{\varkappa\, (u_, - u)\, dt}{dx}.$$

Setzen wir in diesen beiden Ausdrücken für u' und $u_,$ die in derselben Nummer gegebenen Umformungen und zugleich $\varkappa\omega$ für $\varkappa$, d. h. das absolute Leitungsvermögen statt des relativen, so erhalten wir in beiden Fällen

$$\varkappa \omega \frac{du}{dx} dt,$$

woraus hervorgeht, dass dieselbe Elektricitätsmenge, welche während des Zeitelementes dt von der einen Seite in die Scheibe M eingeht, in derselben Zeit wieder aus ihr nach der anderen Seite hin fortgeschickt wird. Denken wir uns dieses zu der Zeit t in der zur Abscisse x gehörigen Scheibe M herrschende Fortrücken der Elektricität in unveränderlicher Stärke auf die Zeiteinheit bezogen, nennen es den *elektrischen Strom* und bezeichnen die Grösse dieses Stromes mit S, so ist also

$$S = \varkappa\omega \frac{du}{dx} \qquad (b)$$

und dabei geben positive Werthe für S zu erkennen, dass der Strom gegen die Richtung der Abscissen stattfindet, negative, dass er im Sinne der Abscissen geschieht.

13) In den beiden vorhergehenden Nummern haben wir stets einen gleichartigen prismatischen Körper vor Augen gehabt und in ihm die Verbreitung der Elektricität unter der Voraussetzung untersucht, dass in der ganzen Ausdehnung eines jeden senkrecht auf seiner Länge oder Achse gestellten Schnittes einerlei elektroskopische Kraft zu jeder beliebigen Zeit vorhanden sei. Nun wollen wir den Fall in Erwägung ziehen, wenn zwei so beschaffene prismatische Körper A und B von verschiedener Materie neben einander liegen und in einer gemeinschaftlichen Grundfläche an einander stossen. Setzen wir für beide Körper A und B denselben Abscissenanfang fest und bezeichnen durch u die elektroskopische Kraft des Körpers A, und durch u' die des Körpers B, so wird u sowohl als u' durch die Gleichung (a) in Nr. 11 bestimmt, wenn nur $\varkappa$ jedesmal den Werth erhält, wie er der besonderen Materie eines jeden Körpers entspricht; aber u stellt eine Funktion von t und x vor, die nur so lange Werthe hat, als die Abscisse x zu Stellen des Körpers A führt, u' dagegen stellt eine solche Funktion von t und x vor, die nur dann

Werthe hat, wenn die Abscisse x dem Körper B entspricht. Es finden aber an der gemeinschaftlichen Grundfläche noch besondere Bedingungen statt, die wir auseinander setzen wollen. Bezeichnen wir zu dem Ende die besonderen Werthe von u und u', welche sie zunächst an der gemeinschaftlichen Grundfläche annehmen, dadurch, dass wir die allgemeinen in Klammern setzen, so findet nach dem in Nr. 10 aufgestellten Gesetze zwischen diesen besonderen Werthen folgende Gleichung statt:

$$(u) - (u') = a,$$

wo a eine von der Natur der beiden Körper abhängige übrigens konstante Grösse vorstellt. Neben dieser Bedingung, welche die elektroskopische Kraft angeht, giebt es noch eine zweite, die sich auf den elektrischen Strom bezieht. Sie besteht darin, dass der elektrische Strom zunächst an der gemeinschaftlichen Grundfläche in beiden Körpern gleiche Grösse und gleiche Richtung haben müsse, oder dass, wenn man den gemeinschaftlichen Faktor ω beibehält,

$$\varkappa\, \omega \left(\frac{du}{dx}\right) = \varkappa'\, \omega \left(\frac{du'}{dx}\right)$$

sein müsse, wo $\varkappa$ das absolute Leitungsvermögen des Körpers A, $\varkappa'$ das des Körpers B bezeichnet und $\left(\frac{du}{dx}\right)$, $\left(\frac{du'}{dx}\right)$ die besonderen Werthe von $\frac{du}{dx}$, $\frac{du'}{dx}$ vorstellen, welche ihnen zunächst an der gemeinschaftlichen Grundfläche zukommen, und zudem vorausgesetzt wird, dass in dieser gemeinschaftlichen Grundfläche nicht der Anfang der Abscissen genommen sei. Die Nothwendigkeit dieser letzten Gleichung lässt sich leicht einsehen; denn wären die beiden Ströme an der gemeinschaftlichen Grundfläche nicht gleich gross, sondern würde aus dem einen Körper dieser Grundfläche mehr zugeführt, als durch den anderen Körper von ihr abgeführt wird, und wäre dieser Unterschied ein endlicher Theil des ganzen Stromes, so müsste die elektroskopische Kraft daselbst anwachsen, und zwar bei der ungemeinen Ergiebigkeit des elektrischen Stromes in der kürzesten Zeit zu einem äusserst hohen Grade gelangen, was die Erfahrung längst angezeigt hätte. Auch kann nicht etwa aus dem einen Körper an die gemeinschaftliche Grundfläche eine geringere Menge Elektricität abgegeben werden, als ihr durch den anderen Körper genommen wird, weil dieser Umstand durch einen unendlich hohen Grad von negativer Elektricität sich zu erkennen geben müsste.

Es ist zur Gültigkeit der vorhergehenden Bestimmungen nicht geradezu erforderlich, dass beide an einander stossende Körper einerlei Grundfläche haben; es kann wohl der Querschnitt in dem einen prismatischen Körper von anderer Grösse und Gestalt sein als im anderen, wenn nur dadurch die elektroskopische Kraft an verschiedenen Stellen eines und desselben Querschnittes nicht merklich verschieden wird, welches bei der grossen Heftigkeit, womit die Elektricität sich auszugleichen strebt, stets der Fall sein wird, da wo die Körper gute Leiter sind, deren Länge ihre übrigen Dimensionen bei weitem übertrifft. Es bleibt dann in diesem Falle alles noch wie vorhin, nur muss überall der Querschnitt des Körpers B von dem des Körpers A unterschieden werden, daher ändert sich die zweite Bedingungsgleichung für die Stelle, wo beide Körper an einander stossen, in folgende um:

$$\varkappa\,\omega\left(\frac{du}{dx}\right)=\varkappa'\,\omega'\left(\frac{du'}{dx}\right),$$

wo ω noch immer den Querschnitt des Körpers A, ω' aber den des Körpers B vorstellt, der jetzt von dem vorigen verschieden ist.

Es können sogar in der Verlängerung des Körpers A zwei von einander getrennte prismatische Körper B und C sich befinden, die beide an der einen Grundfläche des Körpers A unmittelbar anliegen. Bezeichnet dabei $\varkappa'$, ω', u' für den Körper B und $\varkappa''$, ω'', u'' für den Körper C was $\varkappa$, ω, u für den Körper A sind, so erhält man statt der einen Bedingungsgleichung folgende zwei

$$(u)-(u')=a$$
$$(u)-(u'')=a',$$

wo a die elektrische Spannung zwischen den Körpern A und B und a' die zwischen den Körpern A und C vorstellt. Ebenso erhält man statt der zweiten Bedingungsgleichung nun folgende:

$$\varkappa\,\omega\left(\frac{du}{dx}\right)=\varkappa'\,\omega'\left(\frac{du'}{dx}\right)+\varkappa''\,\omega''\left(\frac{du''}{dx}\right).$$

Man sieht sogleich ein, wie diese Gleichungen sich ändern müssen, wenn noch mehr Körper mit einander in Verbindung gebracht werden. Wir gehen auf diese Verwickelungen nicht weiter ein, da das bisher Gesagte hinreichend ist, die Aenderungen, welche in einem solchen Falle mit den Gleichungen vorgenommen werden müssen, hinlänglich übersehen zu lassen.

14) Um Missverständnissen auszuweichen, will ich hier am Schlusse der allgemeinen Betrachtungen den Kreis der Anwendung, innerhalb welchem unsere Formeln allgemeine Gültigkeit haben, noch einmal scharf bezeichnen. Unsere ganze Untersuchung ist nämlich auf den Fall beschränkt, wo alle Theile eines und desselben Querschnittes einerlei elektroskopische Kraft besitzen, und die Grösse des Querschnittes wenigstens nur von dem einen Körper zum anderen sich ändert. Die Natur der Sache führt indessen häufig Umstände herbei, die eine oder die andere dieser Bedingungen überflüssig machen, oder doch wenigstens ihre Wichtigkeit mindern. Da die Kenntniss solcher Umstände nicht ohne Nutzen ist, so will ich die hauptsächlichsten derselben hier noch in einem Beispiele erläutern.

Eine Kette aus Kupfer, Zink und einer wässerigen Flüssigkeit wird sich ganz an obige Formeln anschliessen, wenn Kupfer und Zink prismatisch und von gleichem Querschnitte sind, wenn ferner die Flüssigkeit ebenfalls prismatisch und von demselben oder auch wohl kleinerem Querschnitte ist und ihre Grundflächen überall von den Metallen berührt werden. Ja wenn nur diese letzteren Bedingungen an der Flüssigkeit erfüllt sind, dann mögen die Metalle unter sich gleichen Querschnitt haben oder nicht, und mit ihren vollen Querschnitten oder nur an einzelnen Stellen derselben sich einander berühren, und sogar ihre Form kann von der prismatischen bedeutend abweichen, immer wird doch die Kette den aus unseren Formeln abgeleiteten Gesetzen gehorchen müssen; denn die in den Metallen mit so grosser Leichtigkeit erfolgende Bewegung der Elektricität wird durch die nichtleitende Eigenschaft der Flüssigkeit in so überaus grossem Maasse gehemmt, dass sie Zeit genug gewinnt, über die Metalle sich durchaus in gleicher Stärke zu verbreiten, und so in der Flüssigkeit die unserer Rechnung zu Grunde liegenden Bedingungen wieder herzustellen. Ganz anders aber verhält sich die Sache, wenn die prismatische Flüssigkeit nur in unverhältnissmässig kleinen Theilen ihrer Grundflächen von den Metallen berührt wird, weil die dort anlangende Elektricität nur langsam und mit bedeutendem Kraftverluste sich an die nicht berührten Stellen der Grundflächen in der Flüssigkeit hinziehen kann, woraus Strömungen von gar mannigfaltiger Art und Richtung hervorgehen. Die Realität solcher Strömungen ist durch Pohl's vielfach abgeänderte Versuche hinreichend nachgewiesen und ihrer Bestimmung durch die Rechnung steht von jetzt an, nach den Bereicherungen, welche die Mathematik durch die folgenreichen Bemühungen um die Wärmelehre erhalten hat, nichts mehr als die Verwickelung der Ausdrücke in dem Wege. Da jene Bestimmung die Grenzen dieser kleinen Schrift, welche den Strom nur in einer Dimension verfolgt, bei weitem übersteigt, so verschieben wir sie auf eine gelegenere Zeit.

Wir gehen nun zur Anwendung der aufgestellten Formeln über und theilen der leichteren Uebersicht halber das Ganze in zwei Abschnitte, wovon der eine von den elektroskopischen Erscheinungen und der andere von den Erscheinungen des elektrischen Stromes handeln wird.

B) *Elektroskopische Erscheinungen.*

15) In unseren vorangegangenen allgemeinen Bestimmungen haben wir stets prismatische Körper vor Augen gehabt, deren Achse, auf welcher die Abscissen genommen worden sind, eine gerade Linie bildete. Es bleiben aber alle dortigen Betrachtungen noch ganz dieselben, wenn man sich den Leiter irgend wie stetig gekrümmt vorstellt und die Abscissen immer noch auf der nun gebogenen Achse des Leiters nimmt. Durch diese Bemerkung erhalten obige Formeln erst ihre volle Anwendbarkeit, weil galvanische Ketten ihrer Natur nach nur selten in gerader Linie ausgestreckt sein können. Dieses vorausgeschickt, gehen wir nun gleich zu

dem einfachsten Falle über, wo der prismatische Leiter seiner ganzen Länge nach aus derselben Materie gebildet und in sich selbst zurückgebogen ist und denken uns da, wo seine beiden Enden sich einander berühren, den Sitz der elektrischen Spannung. Obgleich diesem gedachten Falle kein ähnlicher in der Natur entspricht, so wird er uns demungeachtet bei der Behandlung der übrigen, in der Wirklichkeit vorhandenen Fälle von nicht geringem Nutzen sein.

Die elektroskopische Kraft an jeder beliebigen Stelle eines solchen prismatischen Körpers lässt sich aus der in Nr. 11 gefundenen Differenzialgleichung (a) herleiten. Man hat zu dem Ende nichts weiter zu thun, als sie zu integriren und die in das Integral eingehenden willkührlichen Funktionen oder Konstanten den übrigen Bedingungen der Aufgabe gemäss zu bestimmen. Dieses Geschäft wird aber bei unserem Gegenstande meistens dadurch sehr erleichtert, dass ein oder gar zwei Glieder der Natur der Sache nach aus der Gleichung (a) wegfallen. So sind fast alle galvanischen Wirkungen der Art, dass die Erscheinungen gleich nach ihrer Entstehung bleibend und unveränderlich sind. In diesem Falle ist daher die elektroskopische Kraft von der Zeit unabhängig, deshalb geht die Gleichung (a) in folgende über:

$$o = \varkappa \frac{d^2u}{dx^2} - \frac{bc}{\omega} u.$$

Ferner hat, worauf wir schon in Nr. 9 aufmerksam gemacht haben, in den meisten Fällen die umgebende Luft keinen Einfluss auf die elektrische Beschaffenheit der galvanischen Kette; dann ist $b = o$, wodurch die letzte Gleichung umgeändert wird in diese:

$$o = \frac{d^2u}{dx^2}.$$

Das Integral dieser letzten Gleichung ist aber

$$u = fx + c, \qquad (c)$$

wo f und c beliebige noch zu bestimmende Konstanten vorstellen. Die Gleichung (c) drückt mithin das Gesetz der elektrischen Vertheilung in einem homogenen, prismatischen Leiter in allen solchen Fällen aus, wo die Ableitung der Luft unmerklich ist und die Wirkung mit der Zeit sich nicht mehr ändert. Bei diesen in der Wirklichkeit am häufigsten die galvanische Kette begleitenden Umständen werden wir eben deshalb am längsten verweilen.

Zur Bestimmung der einen Konstante gelangen wir durch die an den Enden des Leiters hervortretende Spannung, welche unveränderlich und in jedem Falle als gegeben anzusehen ist. Denken wir uns nämlich den Anfang der Abscissen irgendwo in der Achse des Körpers und bezeichnen die zu seinem einen Ende gehörige Abscisse durch x_1, so ist die dort befindliche elektroskopische Kraft in Gemässheit der Gleichung (*c*)

$$fx_1 + c;$$

ebenso erhalten wir für die elektroskopische Kraft des anderen Endes, wenn wir durch x_2 seine Abscisse bezeichnen,

$$fx_2 + c.$$

Nennen wir nun die an diesen Enden gegebene Spannung oder Differenz der elektroskopischen Kraft a, so ist also

$$a = \pm f(x_1 - x_2).$$

Es stellt aber $x_1 - x_2$ offenbar die ganze, positive oder negative, Länge des prismatischen Leiters vor, bezeichnen wir diese mit l, so wird demnach

$$a = \pm fl,$$

woraus sich die Konstante f bestimmen lässt. Setzt man den so gefundenen Werth dieser Konstante in die Gleichung (*c*), so verwandelt sich diese in folgende:

$$u = \pm \frac{a}{l} x + c,$$

so dass nur noch die Konstante c zu bestimmen übrig bleibt. Die Zweideutigkeit dieses Zeichens $\pm$ können wir in die Spannung a legen, dadurch, dass wir ihr einen positiven Werth zuschreiben, wenn das Ende des Leiters, welches zur grösseren Abscisse gehört, die grössere elektroskopische Kraft besitzt; im Gegentheil legen wir ihr einen negativen Werth bei. Unter dieser Voraussetzung ist nun allgemein

$$u = \frac{a}{l} x + c. \qquad (d)$$

Die Konstante c bleibt im Allgemeinen völlig unbestimmt, wodurch man es in seine Gewalt bekommt, die Vertheilung der Elektricität in dem Leiter durch äussere Einflüsse nach Gefallen auf eine den ganzen Leiter überall gleichmässig in Anspruch nehmende Weise sich abändern zu lassen.

Unter den mancherlei in Betreff dieser Konstante zu nehmenden Berücksichtigungen ist für die galvanische Kette eine von besonderer Wichtigkeit; ich meine die, welche voraussetzt, dass die Kette an irgend einer Stelle mit einem vollkommenen Ableiter in Verbindung gebracht wird, so dass die elektroskopische Kraft an dieser Stelle fortwährend als vernichtet anzusehen ist. Nennt man die zu dieser Stelle gehörige Abscisse λ, so ist gemäss der Gleichung (d)

$$o = \frac{a}{l}\lambda + c.$$

Bestimmt man hieraus die Konstante c und setzt ihren Werth in dieselbe Gleichung (d), so erhält man

$$u = \frac{a}{l}(x - \lambda),$$

woraus sich die elektroskopische Kraft einer galvanischen Kette von der Länge l und der Spannung a, die an irgend einer gegebenen Stelle, deren Abscisse λ ist, ableitend berührt wird, für jede andere Stelle finden lässt.

Wenn statt der bleibenden Ableitung nach aussen irgend eine konstante und vollkommene Zuleitung von aussen der galvanischen Kette gegeben würde, so dass die zur Abscisse λ gehörige elektroskopische Kraft beständig fort eine gegebene Stärke, die wir mit α bezeichnen wollen, anzunehmen gezwungen würde, so erhielte man zur Bestimmung der Konstante c die Gleichung:

$$\alpha = \frac{a}{l}\lambda + c,$$

und nun zur Bestimmung der elektroskopischen Kraft der Kette an jeder anderen Stelle folgende:

$$u = \frac{a}{l}(x - \lambda) + \alpha.$$

Wir haben gesehen, wie sich die Konstante c bestimmen lässt, wenn die elektroskopische Kraft irgend einer Stelle der

Kette durch äussere Umstände angezeigt wird; nun wirft sich aber die Frage auf, welchen Werth man der Konstante zu geben habe, wenn die Kette sich selber gänzlich überlassen bleibt und daher dieser Werth aus äusseren Umständen sich nicht entnehmen lässt. Die Beantwortung dieser Frage liegt in der Erwägung, dass jedesmal beide Elektricitäten zugleich und in gleicher Menge aus einem zuvor indifferenten Zustande hervorgehen. Es lässt sich daher behaupten, dass eine einfache Kette von der jetzigen Art, die in einem vollkommen neutralen und isolirten Zustande sich bildet, diesseit und jenseit der Berührungsstelle einen gleichen, aber entgegengesetzten, elektrischen Zustand annehmen werde, woraus dann von selbst folgt, dass ihre Mitte indifferent sein werde. Aus demselben Grunde lässt sich aber auch einsehen, dass, wenn die Kette im Augenblicke ihrer Bildung irgend wodurch veranlasst wird, von diesem ihrem normalen Zustande abzuweichen, so wird sie den abnormalen behalten, so lange, bis sie durch fremde Kräfte neuerdings zu einer Aenderung gestimmt wird.

Die Eigenschaften einer einfachen galvanischen Kette, wie wir sie uns bisher gedacht haben, bestehen demnach wesentlich in folgenden, wie aus der Gleichung (*d*) unmittelbar erhellt:

a) Die elektroskopische Kraft einer solchen Kette ändert sich der ganzen Länge des Leiters nach stetig und auf gleiche Strecken stets um gleich viel; nur da, wo seine beiden Enden sich einander berühren, ändert sie sich plötzlich und zwar von einem Ende zum anderen um die ganze Spannung.

b) Wenn irgend eine Stelle der Kette durch welche Ursachen immer veranlasst wird, ihren elektrischen Zustand zu ändern, so ändern zu gleicher Zeit alle übrigen Stellen der Kette den ihrigen und zwar um dieselbe Grösse.

16) Wir stellen uns nun eine aus zwei Theilen P und P' zusammengesetzte galvanische Kette vor, an deren beiden Berührungsstellen eine verschiedene elektrische Spannung herrscht, welcher Fall die Thermokette in sich begreift. Nennen wir u die elektroskopische Kraft des Theiles P, und u' die des Theiles P', so ist nach der vorigen Nummer, indem

hier der dortige Fall sich zweimal wiederholt, in Folge der Gleichung (c)

$$u = fx + c$$

für den Theil P, und

$$u' = f'x + c'$$

für den Theil P', wo f, c, f', c' beliebige aus den besonderen Umständen unserer Aufgabe herzuleitende konstante Grössen sind, und jede Gleichung nur so lange gültig ist, als sich die Abscissen auf den Theil, zu welchem die Gleichungen gehören, beziehen. Legen wir nun den Anfang der Abscissen an eine der Berührungsstellen in den Theil P und nehmen die Richtung der Abscissen in diesen Theil P hineinlaufend an; bezeichnen wir ferner durch l die Länge des Theiles P und durch l' die des Theiles P'; stellen endlich u'_2 und u_1 die Werthe von u und u' an der Berührungsstelle, wo $x = o$ ist, vor und u_2 und u_1' die Werthe von u und u' an der Berührungsstelle, wo $x = l$ ist, so hat man

$$u'_2 = f'(l + l') + c' \quad u_1 = c$$
$$u_2 = fl + c \quad u'_1 = f'l + c'.$$

Nennen wir nun a die Spannung, welche an der Berührungsstelle, wo $x = o$ ist, stattfindet, und a' die, welche der Berührungsstelle, wo $x = l$ ist, angehört, und setzen wir ein für allemal der Gleichförmigkeit halber fest, dass die Spannung an jeder einzelnen Berührungsstelle immer den Werth ausdrückt, welchen man erhält, wenn man von der elektroskopischen Kraft desjenigen zu der fraglichen Stelle gehörigen Endes, auf welches die Abscisse, bevor der Sprung geschieht, zuerst stösst, die elektroskopische Kraft des anderen Endes abzieht — (es ist nicht schwer, einzusehen, dass in dieser allgemeinen Regel die in der vorigen Nummer aufgestellte enthalten ist, und dass sie im Grunde nichts anderes ausspricht, als dass *die Spannungen solcher Berührungsstellen* als positive anzusehen seien, bei deren Ueberspringung in der Richtung der Abscissen man von der grösseren auf die kleinere elektroskopische Kraft stösst, im umgekehrten Falle als negative, wobei jedoch nicht zu übersehen ist, dass jede positive Kraft grösser als jede negative und die negativ grössere als die wirklich kleinere zu nehmen sei), so erhält man

$$a = f'(l + l') + c' - c$$

und

$$a' = fl - f'l + c - c',$$

woraus sich sogleich ergiebt

$$a + a' = fl + f'l'.$$

Nun findet aber an jeder der Berührungsstellen, wenn $\varkappa$ und ω das Leitungsvermögen und den Querschnitt des Theiles P und $\varkappa'$ und ω' dasselbe für den Theil P' vorstellen, den in Nr. 13 entwickelten Betrachtungen gemäss, die Bedingungsgleichung

$$\varkappa\,\omega\left(\frac{du}{dx}\right) = \varkappa'\,\omega'\,.\left(\frac{du'}{dx}\right)$$

statt, wo $\left(\frac{du}{dx}\right)$ und $\left(\frac{du'}{dx}\right)$ die an der Berührungsstelle vorhandenen Werthe von $\frac{du}{dx}$ und $\frac{du'}{dx}$ bezeichnen. Aus den im Anfange dieser Nummer zur Bestimmung der elektroskopischen Kraft in jedem einzelnen Theile der Kette aufgestellten Gleichungen erhält man aber für jeden zu gestattenden Werth von x

$$\frac{du}{dx} = f \text{ und } \frac{du'}{dx} = f',$$

wonach sich vorliegende Bedingungsgleichung in folgende verwandelt

$$\varkappa\,\omega\,f = \varkappa'\,\omega'\,f'.$$

Aus dieser und der eben aus den Spannungen hergeleiteten Gleichung $a + a' = f\,l + f'\,l'$ findet man nun die Werthe f und f' so:

$$f = \frac{(a + a')\,\varkappa'\,\omega'}{\varkappa'\,\omega'\,l + \varkappa\,\omega\,l'}$$

$$f' = \frac{(a + a')\,\varkappa\,\omega}{\varkappa'\,\omega'\,l + \varkappa\,\omega\,l'}$$

und mit Hülfe dieser Werthe findet man:

$$c' = c - a' + \frac{(a + a')\,(\varkappa'\,\omega'\,l - \varkappa\,\omega\,l')}{\varkappa'\,\omega'\,l + \varkappa\,\omega\,l'}.$$

Hieraus nun folgt zur Bestimmung der elektroskopischen Kraft der Kette in dem Theile P die Gleichung

$$u = \frac{(a + a')\,\varkappa'\,\omega'\,x}{\varkappa'\,\omega'\,l + \varkappa\,\omega\,l'} + c$$

und in dem Theile P' die Gleichung

$$u' = \frac{(a + a')\,(\varkappa\,\omega\,x - \varkappa\,\omega\,l + \varkappa'\,\omega'\,l)}{\varkappa'\,\omega'\,l + \varkappa\,\omega\,l'} - a' + c.$$

Setzt man λ und λ' statt $\frac{l}{\varkappa\,\omega}$ und $\frac{l'}{\varkappa'\,\omega'}$, so kann man diesen Gleichungen folgende einfachere Gestalt geben:

$$\left.\begin{aligned} u &= \frac{a + a'}{\lambda + \lambda'} \cdot \frac{x}{\varkappa\,\omega} + c \\ u_{\prime} &= \frac{a + a'}{\lambda + \lambda'} \left(\frac{x - l}{\varkappa'\,\omega'} + \frac{l}{\varkappa\,\omega}\right) - a' + c \end{aligned}\right\} (L.)$$

Aus der Form dieser Gleichungen lässt sich sogleich einsehen, dass, wenn die Leitungsfähigkeit oder die Grösse des Querschnittes in beiden Theilen dieselbe ist, dadurch die Ausdrücke für u und u' keine andere Aenderung erleiden, als dass der Buchstabe, welcher die Leitungsfähigkeit oder den Querschnitt vorstellt, ganz verschwindet.

17) Wir wollen nun noch eine galvanische Kette betrachten, welche aus drei verschiedehen Theilen, P, P' und P'', zusammengesetzt ist, welcher Fall die Hydrokette in sich enthält.

Bezeichnen wir durch u, u', u'', respektive die elektroskopischen Kräfte der Theile P, P', P'', so ist nach Nr. 15, indem der dortige Fall hier sich dreimal wiederholt, in Folge der daselbst gefundenen Gleichung (c) in Bezug auf den Theil P

$$u = fx + c$$

in Bezug auf den Theil P'

$$u' = f'\,x + c'$$

und in Bezug auf den Theil P''

$$u'' = f''x + c'',$$

wo f, f', f'', c, c', c'' beliebige aus der Natur unserer Aufgabe noch zu bestimmende konstante Grössen vorstellen, und jede Gleichung nur so lange Bedeutung hat, als sich die Abscissen auf den Theil, zu welchem die Gleichungen gehören, beziehen. Legen wir nun den Anfang der Abscissen in dasjenige Ende des Theiles P, welches mit dem Theile P'' zusammenhängt, und wählen die Richtung der Abscissen so, dass sie aus dem

Theile P in den Theil P' und von da in den Theil P'' führen; bezeichnen wir ferner respektive durch l, l', l'' die Längen der Theile P, P', P''; stellen endlich u''_2 und u_1 die Werthe von u'' und u an der Berührungsstelle, wo $x = o$ ist, vor, u_2 und u'_1 die Werthe von u und u' an der Berührungsstelle, wo $x = l$ ist, und u'_2 und u''_1 die Werthe von u' und u'' an der Berührungsstelle, wo $x = l + l'$ ist, so hat man

$$u''_2 = f''(l+l'+l'')+c'' \quad u'_1 = c$$
$$u_2 = fl + c \qquad u'_1 = f'l + c'$$
$$u'_2 = f'(l+l')+c' \qquad u''_1 = f''(l+l')+c''.$$

Nennen wir nun a die Spannung, welche an der Berührungsstelle, wo $x = o$ ist, stattfindet, a' die Spannung an der Berührungsstelle, wo $x = l$ ist, und a'' die Spannung an der Berührungsstelle, wo $x = l + l'$ ist, so erhalten wir, wenn wir die in voriger Nummer aufgestellte allgemeine Regel gehörig beobachten,

$$a = f''(l+l'+l'')+c''-c$$
$$a' = fl - f'l + c - c'$$
$$a'' = f'(l+l') - f''(l+l') + c' - c''$$

und hieraus

$$a + a' + a'' = fl + f'l' + f''l''.$$

Nun finden aber, wenn $\varkappa$ und ω das Leitungsvermögen und den Querschnitt für den Theil P, $\varkappa'$ und ω' dasselbe für den Theil P' und $\varkappa''$ und ω'' für den Theil P'' vorstellen, an den einzelnen Berührungsstellen, in Folge der in Nr. 13 entwickelten Betrachtungen, nachstehende Bedingungsgleichungen statt:

$$\varkappa\,\omega\left(\frac{du}{dx}\right) = \varkappa'\,\omega'\left(\frac{du'}{dx}\right) = \varkappa''\,\omega''\left(\frac{du''}{dx}\right),$$

wo $\left(\frac{du}{dx}\right)$, $\left(\frac{du'}{dx}\right)$, $\left(\frac{du''}{dx}\right)$ die besonderen Werthe von $\frac{du}{dx}$, $\frac{du'}{dx}$, $\frac{du''}{dx}$ vorstellen, welche den Berührungsstellen angehören. Aus den im Anfange dieser Nummer zur Bestimmung der elektroskopischen Kraft in den einzelnen Theilen der Kette aufgestellten Gleichungen erhält man aber für jeden zu gestattenden Werth von x

$$\frac{du}{dx} = f, \qquad \frac{du'}{dx} = f', \qquad \frac{du''}{dx} = f'',$$

wonach sich vorstehende Bedingungsgleichungen in nachfolgende verwandeln:

$$\varkappa\,\omega\,f = \varkappa'\,\omega'\,f' = \varkappa''\,\omega''\,f''.$$

Aus diesen und der eben aus den Spannungen hergeleiteten Gleichung zwischen f, f' und f'' findet man nun, wenn man $\lambda, \lambda', \lambda''$ für $\frac{l}{\varkappa\,\omega}, \frac{l'}{\varkappa'\omega'}, \frac{l''}{\varkappa''\,\omega''}$ beziehlich setzt,

$$f = \frac{a + a' + a''}{\lambda + \lambda' + \lambda''} \cdot \frac{1}{\varkappa\,\omega}$$

$$f' = \frac{a + a' + a''}{\lambda + \lambda' + \lambda''} \cdot \frac{1}{\varkappa'\omega'}$$

$$f'' = \frac{a + a' + a''}{\lambda + \lambda' + \lambda''} \cdot \frac{1}{\varkappa''\,\omega''}$$

und mit Zuziehung dieser Werthe findet man ferner:

$$c' = \frac{a + a' + a''}{\lambda + \lambda' + \lambda''} \left(\frac{l}{\varkappa\,\omega} - \frac{l}{\varkappa'\,\omega'}\right) - a' + c$$

$$c'' = \frac{a + a' + a''}{\lambda + \lambda' + \lambda''} \cdot \left(\frac{l'}{\varkappa'\omega'} - \frac{l + l'}{\varkappa''\,\omega''} + \frac{l}{\varkappa\,\omega}\right) - (a' + a'') + c.$$

Durch Substitution dieser Werthe erhält man zur Bestimmung der elektroskopischen Kraft der Kette in den Theilen P, P', P'' beziehlich folgende Gleichungen:

$$\left.\begin{aligned} u &= \frac{a + a' + a''}{\lambda + \lambda' + \lambda''} \cdot \frac{x}{\varkappa\,\omega} + c \\ u' &= \frac{a + a' + a''}{\lambda + \lambda' + \lambda''} \cdot \left(\frac{x - l}{\varkappa'\,\omega'} + \frac{l}{\varkappa\,\omega}\right) - a' + c \\ u'' &= \frac{a + a' + a''}{\lambda + \lambda' + \lambda''} \cdot \left(\frac{x - (l + l')}{\varkappa''\,\omega''} + \frac{l'}{\varkappa'\omega'} + \frac{l}{\varkappa\,\omega}\right) - (a' + a'') + c \end{aligned}\right\} \text{(L')}$$

und es hält nicht schwer, sich zu überzeugen, dass dieselben Gleichungen mit Weglassung des Buchstabens $\varkappa$ oder ω (sowohl da, wo sie offen stehen, als auch in den Ausdrücken für λ, λ', λ'') die wahren seien, im Falle $\varkappa = \varkappa' = \varkappa''$ oder $\omega = \omega' = \omega''$ ist.

18) Diese wenigen Fälle sind hinreichend, das Fortschreitungsgesetz der für die elektroskopische Kraft gefundenen Formeln zu erkennen, und sie alle in einem einzigen allgemeinen Ausdrucke zusammen zu fassen. Um dieses mit der zur leichteren Uebersicht erforderlichen Kürze thun zu

können, wollen wir den Quotienten, gebildet aus der Länge irgend eines homogenen Theils der Kette und aus dem Produkte des ihm angehörigen Leitungsvermögens und Querschnittes, die *reducirte Länge* dieses Theils nennen; und handelt es sich um die ganze Kette oder einen solchen Theil derselben, der selbst wieder eine Zusammensetzung aus verschiedenen homogenen Theilen ist, so verstehen wir unter seiner reduzirten Länge die Summe der reduzirten Längen aller seiner Theile. Nachdem wir dieses vorausgeschickt haben, lassen sich nun alle früheren für die elektroskopische Kraft gefundenen Ausdrücke, welche durch die Gleichungen (L) und (L') gegeben werden, in folgendem allgemeinen Satze zusammenfassen, der gültig ist, die Kette mag aus so viel Theilen bestehen, als man nur immer will.

Die elektroskopische Kraft irgend eines Punktes einer aus beliebig viel Theilen zusammengesetzten galvanischen Kette wird gefunden, wenn man die Summe aller ihrer Spannungen mit ihrer reducirten Länge dividirt, diesen Quotienten mit der reducirten Länge des Theiles der Kette, den die Abscisse umfasst, multiplizirt und von diesem Produkte die Summe aller Spannungen, welche die Abscisse überspringt, abzieht, endlich den so erhaltenen Werth um eine konstante anders woher zu bestimmende Grösse abändert.

Bezeichnen wir also durch A die Summe aller Spannungen der Kette, durch L ihre ganze reducirte Länge, durch y die reducirte Länge des Theiles, den die Abscisse durchläuft, und durch O die Summe aller von der Abscisse übersprungenen Spannungen, endlich durch u die elektroskopische Kraft irgend eines Punktes in jedem beliebigen Theile der Kette, so ist

$$u = \frac{A}{L} y - O + c,$$

wo c eine noch unbestimmte, aber konstante Grösse vorstellt.

Dieser so umgestaltete, höchst einfache Ausdruck für die elektroskopische Kraft einer jeden Kette gestattet uns, in der Folge Allgemeinheit und Kürze mit einander zu paaren, zu welchem Ende wir noch ausserdem y mit dem Namen der *reducirten Abscisse* belegen wollen. Es gewährt diese Gestalt der Gleichung noch den besonderen Vortheil, dass sie ohne weiteres auch dann noch brauchbar bleibt, wenn in irgend einem Theile der Kette die Spannungen und Leitungsfähigkeiten sich stetig änderten; denn in diesem Falle hätte man blos statt der Summen die entsprechenden Integrale zu nehmen und deren Grenzen so zu bestimmen, wie es die Natur des Ausdruckes verlangt.

Da O innerhalb der ganzen Ausdehnung eines und desselben homogenen Theils der Kette seinen Werth nicht ändert, und y auf gleiche Strecken dieser Ausdehnung sich stets um gleich viel ändert, so finden offenbar für jede galvanische Kette folgende bereits an der einfachen Kette in geringerer Allgemeinheit nachgewiesene Eigenschaften statt, worin sich der Hauptcharakter galvanischer Ketten ausspricht:

a) Die elektrische Kraft eines jeden homogenen Theils der Kette ändert sich seiner ganzen Länge nach stetig und auf gleiche Strecken stets um gleich viel; aber da, wo er aufhört und ein anderer anfängt, ändert sie sich plötzlich um die ganze, an der Stelle befindliche Spannung.

b) Wenn irgend eine Stelle der Kette, durch welche Ursachen immer, veranlasst wird, ihren elektrischen Zustand zu ändern, so ändern zu gleicher Zeit alle übrigen Stellen der Kette den ihrigen, und zwar um dieselbe Grösse.

Die Konstante c wird in der Regel dadurch bestimmt, dass man die elektroskopische Kraft an irgend einer Stelle der Kette kennt. Bezeichnet nämlich u' die elektroskopische Kraft an einer Stelle der Kette, deren reducirte Abscisse y' ist, so ist in Folge der eben aufgestellten allgemeinen Gleichung

$$u' = \frac{A}{L}\, y' - O' + c,$$

wo O' die Summe der von der Abscisse y' übersprungenen Spannungen vorstellt. Zieht man nun diese für eine bestimmte Stelle der Kette gültige Gleichung von der vorigen, allen Stellen auf dieselbe Weise zukommenden Gleichung ab, so erhält man

$$u - u' = \frac{A}{L}\,(y - y') - (O - O'),$$

in welcher nun nichts mehr zu bestimmen übrig bleibt.

Wenn die Kette während ihrer Entstehung durchaus keiner äusseren Ableitung oder Zuleitung ausgesetzt ist, so ist die Konstante c aus dem Umstande herzuholen, dass die Summe aller in der Kette befindlichen Elektricität null sein muss. Diese Bestimmung stützt sich auf den Grundsatz, dass aus einem zuvor indifferenten Zustande beide Elektricitäten stets nur zugleich und in gleicher Menge hervorgehen. Um die Art, wie in einem solchen Falle die Konstante c gefunden wird, an einem Beispiele zu erläutern, wollen wir den in Nr. 16 behandelten Fall hier wieder vornehmen. In dem Theile P jener Kette ist allgemein $u = \frac{A}{L}\, y + c$, wo $y = \frac{x}{\varkappa\, \omega}$ ist, und in dem Theile P' hat man stets $u = \frac{A}{L}\, y - a' + c$, wo $y = \frac{x - l}{\varkappa'\, \omega'} + \lambda$ ist. Da nun in dem Theile P die Grösse des Elementes $\omega\, dx$ oder $\varkappa\, \omega^2\, dy$, in dem Theile P' aber $\omega'\, dx$ oder $\varkappa'\, \omega'^2\, dy$ ist, so erhält man für die in einem Elemente des ersten Theiles enthaltene Elektricitätsmenge

$$\varkappa\, \omega^2\, dy \left(\frac{A}{L}\, y + c\right)$$

und für die in einem Elemente des zweiten Theiles enthaltene Elektricitätsmenge

$$\varkappa'\, \omega'^2\, dy \left(\frac{A}{L}\, y - a' + c\right).$$

Integrirt man nun den ersten der beiden vorstehenden Ausdrücke von $y = o$ bis $y = \lambda$, so erhält man für die ganze in dem Theile P enthaltene Elektricitätsmenge

$$\varkappa\, \omega^2 \left[\frac{A}{2L}\, \lambda^2 + c\, \lambda\right];$$

ebenso erhält man, indem man den zweiten Ausdruck von $y = \lambda$ bis $y = \lambda + \lambda'$ integrirt, für die ganze in dem Theile P' enthaltene Elektricitätsmenge

$$\varkappa'\, \omega'^2 \left[\frac{A}{2L}\, (\lambda'^2 + 2\, \lambda\, \lambda') - a'\, \lambda' + c\, \lambda'\right].$$

Die Summe der beiden hier zuletzt gefundenen Elektricitätsmengen muss aber in Folge des vorhin ausgesprochenen Grundsatzes null sein. So erhält man die zur Bestimmung der Konstante c erforderliche Gleichung, wo nur noch zu bemerken bleibt, dass λ und λ' die den Theilen P und P' entsprechenden reducirten Längen sind.

Wir haben bisher stillschweigend immer blos positive Abscissen vorausgesetzt. Es hält aber nicht schwer, sich zu überzeugen, dass man eben so gut auch negative Abscissen einführen könne. Denn stellt $-y$ eine solche negative reducirte Abscisse für irgend eine Stelle der Kette vor, so ist $L-y$ die derselben Stelle angehörige positive reducirte Abscisse, für welche die gefundene allgemeine Gleichung gültig ist; man erhält demnach

$$u = \frac{A}{L}(L-y) - O + c$$

oder

$$u = -\frac{A}{L}y - (O-A) + c.$$

Aber $O-A$ drückt offenbar, wenn man die in Nr. 16 ausgesprochene allgemeine Regel berücksichtigt, die Summe der von der negativen Abscisse übersprungenen Spannungen aus, woraus erhellt, dass die Gleichung auch für negative Abscissen noch ganz ihre alte Bedeutung behält.

19) Stellen wir uns vor, dass einer der Theile, woraus die galvanische Kette zusammengesetzt ist, ein Nichtleiter der Elektricität, d. h. ein solcher Körper sei, dessen Leitungsvermögen null ist, so erhält die reducirte Länge der ganzen Kette einen unendlich grossen Werth. Macht man es sich nun zum Gesetze, die Abscissen nie in den nichtleitenden Theil hineingehen zu lassen, damit die reducirte Abscisse y stets einen endlichen Werth behalte, so verwandelt sich die allgemeine Gleichung in diesem Falle in folgende:

$$u = -O + c,$$

welche anzeigt, dass die elektroskopische Kraft in der ganzen Ausdehnung eines jeden anderen homogenen Theils der Kette überall dieselbe ist und nur von einem Theile zum anderen um die ganze an ihrer Berührungsstelle herrschende Spannung sich plötzlich ändert.

Um die Konstante c in dieser Gleichung zu bestimmen, wollen wir annehmen, dass die elektroskopische Kraft an irgend einer Stelle der Kette gegeben ist. Nennen wir diese u' und die Summe der daselbst von der Abscisse übersprungenen Spannungen O', so wird

$$u - u' = -(O - O').$$

Die Differenz der elektroskopischen Kräfte zweier beliebiger Stellen einer offenen, d. h. durch einen Nichtleiter unterbrochenen galvanischen Kette ist also gleich der Summe aller zwischen den beiden Stellen liegenden Spannungen, und dabei ist das Vorzeichen, welches man dieser Summe zu geben hat, schon aus der blosen Anschauung stets leicht zu bestimmen.

20) Wir wollen noch eine Eigenthümlichkeit der galvanischen Kette erwähnen, die eine besondere Berücksichtigung verdient. Zu diesem Zwecke fassen wir einen von den homogenen Theilen der Kette ausschliesslich in's Auge, und denken uns der Einfachheit halber den Anfang der Abscissen in sein eines Ende gelegt, und die Abscissen nach seinem anderen Ende gerichtet vor. Nennen wir seine reducirte Länge λ und die reducirte Länge des übrigen Theiles der Kette Λ, so ist innerhalb der Länge λ

$$u = \frac{A}{\Lambda + \lambda} \cdot y + c,$$

welcher Gleichung man auch nachstehende Form geben kann:

$$u = \frac{\frac{A\,\lambda}{\Lambda + \lambda}}{\lambda} \cdot \lambda + c;$$

die Strecke λ befindet sich mithin in dem Falle einer einfachen, homogenen Kette, an deren Enden die Spannung $\frac{A\,\lambda}{\Lambda + \lambda}$ hervortritt. Hat demnach A einen recht fühlbaren Werth, wie er sich an der Voltaischen Säule erzielen lässt, und nähert sich das Verhältniss $\frac{\lambda}{\Lambda + \lambda}$ der Einheit, so wird auch die Spannung $\frac{A\lambda}{\Lambda + \lambda}$ noch sehr merklich sein; es müssen folglich ihre verschiedenen Abstufungen in der Ausdehnung der Strecke λ sich recht gut wahrnehmen lassen. Diese Folgerung ist deshalb von Gewicht, weil sie ein Mittel an die Hand giebt, das Gesetz der elektrischen Vertheilung auch dann noch an zusammengesetzten Ketten den Sinnen vorzuzeigen, wenn es an der einfachen Kette, der allzu schwachen Kräfte halber, nicht mehr geschehen kann. Man sieht übrigens sogleich ein, dass bei einerlei Spannungen diese Erscheinung in desto grösserer Stärke sich zeigen wird, je grösser λ in Vergleich zu $\varLambda$ ist.

21) Eine allen galvanischen Ketten eigenthümliche Erscheinung ist der plötzliche Wechsel, dem man ihre elektroskopische Kraft unaufhörlich und fast ganz nach Gefallen unterwerfen kann. Es hat diese Erscheinung ihren Grund in den früher entwickelten Eigenschaften solcher Ketten. Da nämlich, wie wir gefunden haben, jede Stelle einer galvanischen Kette dieselben Aenderungen erleidet, welchen man eine einzige aussetzt, so bekommt man es in seine Gewalt, der elektroskopischen Kraft irgend einer bestimmten Stelle bald diesen, bald einen anderen Werth zu geben. Unter diesen Aenderungen sind diejenigen die merkwürdigsten, welche man durch ableitende Berührung, d. h. durch Vernichtung der elektroskopischen Kraft bald an dieser, bald an jener Stelle der Kette hervor zu bringen vermag, deren Grösse jedoch in der Grösse der Spannungen selber ihre natürlichen Grenzen hat.

Mit diesen Erscheinungen steht eine Klasse anderer in unmittelbarem Zusammenhange. Nennen wir nämlich r den Raum, über welchen die elektrische Kraft in einer gegebenen galvanischen Kette verbreitet ist, u die elektroskopische Kraft der Kette an einer ihrer Stellen, die mit einem äusseren Körper M in unmittelbarer Verbindung steht, und u' die elektroskopische Kraft derselben Kette an derselben Stelle, wie sie vor der Berührung des Körpers M daselbst vorhanden war, so ist $u' - u$ offenbar die an dieser Stelle erfolgte Aenderung der elektroskopischen Kraft, mithin, weil diese Aenderung auch an allen übrigen Stellen der Kette gleichmässig vorfällt, $r(u' - u)$ die Elektricitätsmenge, welche die über die ganze Kette ergangene Aenderung in sich fasst, sonach auch die, welche in den Körper M übergegangen ist. Nehmen wir nun an, dass im Stande des Gleichgewichts die elektroskopische Kraft an allen Stellen des Körpers M, in denen sie sich befindet, überall von gleicher Stärke ist, und bezeichnen wir durch R den Raum, über welchen sie sich in dem Körper M verbreitet, so ist dessen elektroskopische Kraft augenscheinlich

$\frac{r(u'-u)}{R}$. Diese Kraft ist aber im Stande des Gleichgewichts der u gleich, welche die mit dem Körper M in Berührung gebrachte Stelle der Kette angenommen hat, wenn an dieser Berührungsstelle keine neue Spannung eintritt; es ist also unter dieser Voraussetzung

$$u = \frac{r(u'-u)}{R},$$

woraus man findet

$$u = \frac{r\,u'}{r+R}.$$

Es geht aus dieser Gleichung hervor, dass die elektroskopische Kraft in dem Körper M stets kleiner ausfallen wird, als sie in der berührten Stelle vor der Berührung war, aber auch, dass beide einander um so mehr gleich kommen werden, je grösser r in Vergleich zu R ist. Wenn wir R als eine unveränderliche Grösse ansehen, so hängt das Verhältniss der elektroskopischen Kräfte u und u' zu einander blos von der Grösse des Raumes ab, den die Elektricität in der Kette einnimmt; man kann daher die elektroskopische Kraft des Körpers M ihrem grössten Werthe blos dadurch näher bringen, dass man den Raum der Kette vermehrt, sei es durch eine Vergrösserung ihrer Dimensionen überhaupt, oder auch dadurch, dass man irgendwo an sie fremde Massen anhängt. Von der Natur dieser Massen, wenn sie nur Leiter der Elektricität sind, und keine neue Spannung hervorrufen, hängt, so scheint es, bei dieser Wirkung gar nichts ab, sondern alles nur von ihrer räumlichen Grösse. Nehmen die angehängten Massen einen unendlich grossen Raum ein, welcher Fall eintritt, wenn die Kette irgendwo eine vollkommene Ableitung erhält, so wird die elektroskopische Kraft in dem Körper M stets der gleich, welche die von ihm berührte Stelle der Kette hat.

Um diese Wirkungen mit dem Spiele des Kondensators in Verbindung zu bringen, haben wir blos zu erwägen, dass ein Kondensator, dessen Grösse R und dessen Verstärkungszahl m ist, einem gewöhnlichen Leiter von der Grösse $m\,R$ gleich zu setzen ist, jedoch mit dem Unterschiede, dass seine elektroskopische Kraft die $m$fache von der des gewöhnlichen

Leiters wird. Nennen wir daher u die elektroskopische Kraft des Kondensators, welcher mit einer Stelle der Kette, deren Kraft u' ist, in Verbindung kommt, so erhalten wir

$$u = \frac{m\, r\, u'}{r + m\, R},$$

woraus folgt, dass der Kondensator die $m$fache Kraft der berührten Stelle anzeigen werde, wenn r sehr gross ist in Vergleich zu $m\,R$, dass er aber schwächend wirken werde, sowie r gleich oder kleiner als R ist. An die Kette irgendwo angehängte Massen werden demnach die Anzeigen des Kondensators ihrem Maximum in dem Maasse näher führen, als sie selbst grösser sind, und eine irgendwo berührte Kette wird an dem Kondensator stets das Maximum der Verstärkung bewirken.

Die vorstehenden Bestimmungen setzen voraus, dass die eine Platte des Kondensators fortwährend ableitend berührt bleibe. Wir wollen nun noch den Fall betrachten, wo die beiden Platten eines isolirten Kondensators mit verschiedenen Stellen einer galvanischen Kette in Verbindung gebracht werden. Zunächst ist klar, dass die beiden Platten des Kondensators dieselbe Differenz an freier Elektricität annehmen werden, welche die verschiedenen Stellen der Kette, mit welchen sie in Berührung stehen, in Folge der eigenthümlichen Natur galvanischer Wirkungen unbedingt fordern. Stellt mithin d die Differenz der elektroskopischen Kraft an den beiden Stellen der Kette und u die freie Elektricität der einen Kondensatorplatte vor, so ist $u + d$ die freie Elektricität der anderen Platte, und es kommt nun alles darauf an, aus den bekannten freien, in den Kondensatorplatten befindlichen Elektricitäten die darin wirklich vorhandenen zu finden. Nennen wir zu dem Ende A die wirkliche Elektricitätsstärke in der Platte, deren freie Elektricität $u + d$ ist, so stellt $A - u - d$ den gebundenen Antheil in derselben Platte vor; ebenso drückt $B - u$ den Antheil gebundener Elektricität in der Platte aus, deren freie Elektricität u ist, wenn B die wirkliche Stärke der Elektricität in dieser Platte bezeichnet. Wird nun durch n das Verhältniss vorgestellt, in welchem die gebundene Elektricität der einen Kondensatorplatte zur wirklichen Elektricität der anderen Platte steht, so finden folgende zwei Gleichungen statt:

$$A - u - d + nB = o$$
$$B - u + nA = o,$$

aus welchen sich die Werthe A und B, wie folgt, ergeben, nämlich

$$A = \frac{d + u(1-n)}{1 - n^2}$$
$$B = \frac{u(1-n) - nd}{1 - n^2}.$$

Aus der Theorie des Kondensators ist aber bekannt, dass $1 - n^2 = \frac{1}{m}$, wenn m die Verstärkungszahl des Kondensators ist; setzt man daher $\frac{1}{m}$ statt $1 - n^2$ in die Ausdrücke für A und B und zugleich $1 - \frac{1}{2m}$ statt n, welches erlaubt ist, wenn m, wie gewöhnlich, eine sehr grosse Zahl bedeutet, so erhält man

$$A = md + \tfrac{1}{2}u$$
$$B = -md + \tfrac{1}{2}u + \tfrac{1}{2}d.$$

Wenn folglich m eine sehr grosse Zahl und u nicht bedeutend grösser als d ist, so kann man ohne merklichen Fehler setzen

$$A = md$$
$$B = -md,$$

worin sich das bekannte Gesetz ausspricht, dass wenn zwei verschiedene Stellen einer Voltaischen Säule mit den beiden Platten des isolirten Kondensators in Verbindung gebracht werden, der Kondensator in jeder Platte dieselbe Ladung annimmt, als wenn die andere Platte und die ihr entsprechende Stelle der Säule ableitend berührt worden wären. Zugleich lehren unsere Betrachtungen, dass dieses Gesetz aufhört wahr zu sein, wenn u gegen md nicht mehr als verschwindend angesehen werden kann. Dieser Fall träte ein, wenn z. B. zwei nahe an dem oberen isolirten Pole einer aus sehr vielen Elementen aufgebauten Voltaischen Säule mit den Kondensatorplatten in Berührung kämen, während der untere Pol dieser Säule mit der Erde in ableitender Verbindung bliebe.

Die bisher gegebenen Bestimmungen über die Art, wie die galvanische Kette ihre Elektricität an fremde Körper abtritt welche zur Aufklärung des Gegenstandes nichts mehr zu wünschen übrig zu lassen scheinen, dürften jedoch zu Untersuchungen von ganz anderer Art und nicht geringerem Interesse Anlass geben. Es ist nämlich durch theoretische Betrachtungen sowohl, als auch durch Versuche, welche an dem elektrischen Strome angestellt worden sind, keinem Zweifel mehr unterworfen, dass die bewegte Elektricität in das Innere der Körper dringt, und ihre Menge sich deshalb nach dem körperlichen Raume richtet, während es auf der anderen Seite ebenso ausgemacht ist, dass die ruhende Elektricität an der Oberfläche der Körper sich sammelt und ihre Menge deswegen von der Flächengrösse abhängig ist. Hieraus würde aber folgen, dass, bei der geschlossenen galvanischen Kette, r in den vorliegenden Formeln den körperlichen Inhalt der Kette, bei der offenen Kette dagegen die Grösse ihrer Oberfläche auszudrücken hätte, worüber Versuche, wie es scheint, ohne grosse Schwierigkeit entscheiden könnten.

22) Bisher haben wir eine Kette vor Augen gehabt, auf welche die umgebende Luft keinen Einfluss ausübt und die bereits zu ihrem bleibenden Zustande gekommen ist, und haben diese mit einer Ausführlichkeit behandelt, die sie darum verdient, weil an sie die grösste Fülle und der höchste Glanz der Erscheinungen sich anschliessen. Um jedoch schon hier die übrigen Ketten nicht ganz leer ausgehen zu lassen, wollen wir das bei ihnen einzuschlagende Verfahren jedesmal für den einfachsten Fall kurz andeuten, und so den bei ihnen zu betretenden Weg, wenngleich nur aus der Ferne, doch bestimmt anzeigen.

Wenn man den Einfluss der Luft auf die galvanische Kette berücksichtigen will, so muss zu dem Gliede $\varkappa \frac{d^2u}{dx^2}$ der Gleichung (a) in Nr. 11 noch das Glied $\frac{bc}{\omega} u$ genommen werden, dann erhält man für die in einen bleibenden Zustand gekommene Kette, für welche $\frac{du}{dt} = o$ ist, die Gleichung

$$o = \varkappa \frac{d^2u}{dx^2} - \frac{bc}{\omega} u,$$

oder, wenn man $\frac{bc}{\varkappa\omega} = \beta^2$ setzt,

$$o = \frac{d^2u}{dx^2} - \beta^2 u.$$

Das Integral dieser Gleichung ist

$$u = c \,.\, e^{\beta x} + d \,.\, e^{-\beta x},$$

wo e die Basis der natürlichen Logarithmen und c, d beliebige aus den übrigen Umständen der Aufgabe noch zu bestimmende konstante Grössen vorstellen.

Nennt man nun $2l$ die Länge der ganzen Kette und legt den Anfang der Abscissen in die Stelle der Kette, welche von der Erregungsstelle nach beiden Seiten hin gleich weit absteht; bezeichnet man ferner die an der Erregungsstelle befindliche Spannung durch a, so erhält man

$$a = (c - d)\,(e^{\beta l} - e^{-\beta l}).$$

Schreibt man jetzt die vorhin gefundene Gleichung so

$$u = (c - d)\, e^{\beta x} + d\,(e^{\beta x} + e^{-\beta x})$$

und setzt statt $c - d$ den eben gefundenen Werth, so erhält man

$$u = \frac{a \,.\, e^{\beta x}}{e^{\beta l} - e^{-\beta l}} + d\,(e^{\beta x} + e^{-\beta x}).$$

Nimmt man nun zur Bestimmung der noch übrigen Konstante an, dass die Summe der beiden an der Erregungsstelle befindlichen elektroskopischen Kräfte bekannt und gleich b ist, welcher Umstand jedesmal stattfindet, wenn die elektroskopische Kraft der Kette an irgend einer ihrer Stellen gegeben ist, so erhält man

$$b = \frac{a\,(e^{\beta l} + e^{-\beta l})}{e^{\beta l} - e^{-\beta l}} + 2d\,(e^{\beta l} + e^{-\beta l})$$

und nun nach erfolgter Substitution und gehöriger Reduction

$$u = \frac{\frac{1}{2}\,a\,(e^{\beta x} - e^{-\beta x})}{e^{\beta l} - e^{-\beta l}} + \frac{\frac{1}{2}\,b\,(e^{\beta x} + e^{-\beta x})}{e^{\beta l} + e^{-\beta l}},$$

welche für $b = o$, d. h. für eine ganz sich selbst überlassene Kette übergeht in

$$u = \frac{\frac{1}{2}\,a\,(e^{\beta x} - e^{-\beta x})}{e^{\beta l} - e^{-\beta l}}.$$

Vorstehende Gleichungen, welche für eine, ihrer ganzen Ausdehnung nach, homogene und prismatische Kette gelten, gehen für $\beta = o$ wieder in die oben, wo der Einfluss der Luft auf die Kette noch ausser Acht gelassen worden ist, unter denselben Umständen gegebenen über. Da $\beta^2 = \frac{b}{\varkappa} \cdot \frac{c}{\omega}$, so folgt, dass der Einfluss der Luft auf die galvanische Kette um so geringer ausfallen werde, je geringer das Leitungsvermögen der Luft in Vergleich zu dem der Kette, und je kleiner der Quotient $\frac{c}{\omega}$ ist. Es drückt aber der Quotient $\frac{c}{\omega}$ das Verhältniss der von der Luft umgebenen Oberfläche einer Scheibe des Leiters zu dem körperlichen Inhalte derselben Scheibe aus, und es dürfte daher scheinen, als ob $\frac{c}{\omega}$ stets unendlich klein sein müsste. Indessen ist nicht zu übersehen, dass wir es hier nicht mit mathematischen, sondern mit physikalischen Bestimmungen zu thun haben, denn strenge genommen stellt c nicht eine Fläche vor, sondern den Theil einer Scheibe der Kette, auf welchen die Luft unmittelbaren Einfluss hat, und ω bezeichnet im Grunde nichts weiter, als den Theil einer Scheibe der Kette, welcher von der durch die Kette sich fortbewegenden Elektricität durchströmt wird. Im Allgemeinen ist nun wohl c allerdings unvergleichlich kleiner als ω, aber da, wo der elektrische Strom nur mit grosser Mühe und deswegen nur sehr langsam sich fortbewegen kann, wie es bei trockenen Säulen mehr oder weniger der Fall ist, kann, nach dem was in der vorigen Nummer erinnert worden ist, die Grösse c der ω vielleicht nahehin gleich werden; denn von dem, was dem raschen Strome eigen ist, bis zu dem, was dem vollkommenen Gleichgewichte zukommt, muss doch wohl ein allmähliger, durch die jedesmaligen Umstände modificirter Uebergang stattfinden. Es öffnet sich hier künftigen Untersuchungen ein weites Feld.

23) In Fällen, wo der bleibende Stand der Kette nicht augenblicklich eintritt, wie es bei trockenen Säulen zu geschehen pflegt, müsste man, um die Veränderungen der Kette bis dahin kennen zu lernen, von der vollständigen Gleichung

$$\gamma \frac{du}{dt} = \varkappa \frac{d^2u}{dx^2} - \frac{bc}{\omega} u \qquad (*)$$

ausgehen, weil hier nicht $\frac{du}{dt} = o$ genommen werden darf, und das Glied $\frac{bc}{\omega} u$ wird in ihr stehen bleiben oder aus ihr entfernt werden müssen, je nachdem man den Einfluss der Luft auf die Kette der Berücksichtigung werth hält oder nicht. Setzen wir wieder, wie in der vorigen Nummer, $\beta^2 = \frac{bc}{\varkappa\omega}$ und ausserdem noch $\frac{\varkappa}{\gamma} = \varkappa'$, so verwandelt sich vorstehende Gleichung in folgende

$$\frac{du}{dt} = \varkappa' \left(\frac{d^2u}{dx^2} - \beta^2 u\right)$$

und man wird sogleich gewahr, dass durch die Annahme, $\beta = o$, die Einwirkung der Luft aufgehoben wird.

In vorliegendem Falle stellt u eine Funktion von x und t vor, die aber, sowie die Zeit t wächst, von t immer weniger abhängig wird und zuletzt in eine blose Funktion von x übergeht, die den bleibenden Zustand der Kette ausdrückt und deren Natur wir bereits kennen gelernt haben. Bezeichnen wir diese letztere Funktion durch u' und setzen $u = u' + v$, so ist v offenbar eine Funktion von x und t, welche die jedesmalige Abweichung der Kette von ihrem bleibenden Zustande zu erkennen giebt, und deshalb nach Ablauf einer gewissen Zeit gänzlich verschwindet. Setzen wir nun $u' + v$ statt u in die Gleichung (∗) und erwägen, dass u' unabhängig von t, und von der Beschaffenheit ist, dass

$$o = \frac{d^2u'}{dx^2} - \beta^2 u',$$

so bleibt zur Bestimmung der Funktion v die Gleichung

$$\frac{dv}{dt} = \varkappa' \left(\frac{d^2v}{dx^2} - \beta^2 v\right) \qquad (\mathfrak{D})$$

übrig, welche zwar noch dieselbe Form, als die Gleichung (∗), besitzt, aber von ihr darin sich unterscheidet, dass v eine Funktion von x und t von anderer Natur als u ist, wodurch ihre endliche Bestimmung sehr erleichtert wird.

Das Integral der Gleichung ($\mathfrak{D}$) in der Gestalt, die es zuerst von Laplace erhalten hat, ist

$$v = \frac{e^{-\varkappa'\beta^2 t}}{\sqrt{\pi}} \int e^{-y^2} f(x + 2y \sqrt{\varkappa' t})\, dy, \qquad (☿)$$

wo e die Basis der natürlichen Logarithmen, π das Verhältniss des Kreisumfanges zum Durchmesser und f eine willkührliche aus der besonderen Natur einer jeden Aufgabe zu bestimmende Funktion bezeichnet, während die Grenzen des Integrals von $y = -\infty$ bis $y = +\infty$ genommen werden müssen. Für $t = o$ wird $v = fx$, weil zwischen den angezeigten Grenzen $\int e^{-y^2} dy = \sqrt{\pi}$ ist, woraus folgt, dass, wenn man die Funktion v in dem besonderen Falle aufzufinden wüsste, wo $t = o$ ist, man dadurch auch fx, mithin die willkührliche Funktion f überhaupt kennen lernte. Nun ist allgemein $v = u - u'$, wenn wir aber die Zeit t von dem Augenblicke an zählen, wo durch die Berührung an den beiden Enden der Kette die Spannung eintritt, so hat u, für $t = o$, offenbar nur an diesen Enden bestimmte Werthe, an allen übrigen Stellen der Kette ist $u = o$; demnach ist in der Ausdehnung der Kette, für $t = o$, im Allgemeinen $v = -u'$, nur an den Enden der Kette ist zu derselben Zeit $v = u - u'$. Denken wir uns daher eine vom ersten Augenblicke der Berührung an gänzlich sich selbst überlassene Kette, so ist an den Enden derselben stets $v = o$, so dass also im Inneren der Kette $v = -u'$, für $t = o$, und an ihren Enden $v = o$ ist. Da nun zufolge unserer früheren Untersuchungen u' für jede Stelle der Kette als bekannt angesehen werden kann, so gilt dies auch von v für $t = o$; wir kennen sonach die Gestalt der willkührlichen Funktion fx, so lange x an Stellen der Kette verweilt.

Indessen fordert das zur Bestimmung von v gegebene Integral die Kenntniss der Funktion fx für alle positiven und negativen Werthe von x; dadurch werden wir gezwungen, durch Umwandlungen, wie die Untersuchungen über die Verbreitung der Wärme sie uns gelehrt haben, obiger Gleichung eine solche Form zu geben, die nur noch die Kenntniss der Funktion fx in der Ausdehnung der Kette voraussetzt. Die auf den vorliegenden Fall anwendbare Umformung giebt, wenn $2l$ die Länge der Kette bezeichnet und der Abscissenanfang in ihre Mitte gelegt wird,*)

*) Siehe Journal de l'Ecole polytechn. cah. XIX, pag. 53.

$$v = \frac{e^{-\varkappa'\beta^2 t}}{l}\Big[\sum\Big(e^{\frac{-\varkappa' i^2\pi^2 t}{l^2}} . \sin. \frac{i\pi x}{l}\int \sin. \frac{i\pi y}{l} fydy\Big)$$

$$+\sum\Big(e^{\frac{-2i-1)^2\pi^2 t}{4l^2}} \cos. \frac{(2i-1)\pi x}{2l}\int \cos. \frac{(2i-1)\pi y}{2l} fydy\Big)\Big],$$

wo die Summen von $i = 1$ bis $i = \infty$ und die Integrale von $y = - l$ bis $y = + l$ genommen werden müssen. Setzt man nun in dieser Gleichung für fx seinen Werth $- u'$, wobei unserer Voraussetzung zur Folge nach der vorigen Nummer, wenn a die Spannung an der Berührungsstelle bezeichnet,

$$u' = \frac{\frac{1}{2} a (e^{\beta x} - e^{-\beta x})}{e^{\beta l} - e^{-\beta l}}$$

ist, und integrirt hierauf, so erhält man, weil zwischen den angezeigten Grenzen

$$\tfrac{1}{2} a \int \sin. \frac{i\pi y}{l} . \frac{e^{\beta y} - e^{-\beta y}}{e^{\beta l} - e^{-\beta l}} . dy = - \frac{ai\pi l \cos. i\pi}{i^2\pi^2 + \beta^2 l^2}$$

und

$$\tfrac{1}{2} a \int \frac{e^{\beta y} - e^{-\beta y}}{e^{\beta l} - e^{-\beta l}} . \cos. \frac{(2i-1)\pi y}{2l} . dy = o$$

ist, zur Bestimmung von v die Gleichung

$$v = a . e^{-\varkappa'\beta^2 t} \sum \left(\frac{i\pi \sin. \frac{i\pi(l+x)}{l}}{i^2\pi^2 + \beta^2 l^2} . e^{\frac{-\varkappa'\pi^2 i^2 t}{l^2}}\right)$$

und endlich, weil $u = u' + v$

$$u = \frac{\frac{1}{2} a (e^{\beta x} - e^{-\beta x})}{e^{\beta l} - e^{-\beta l}} + a . e^{-\varkappa'\beta^2 t} \times$$

$$\sum \left(\frac{i\pi \sin. \frac{i\pi(l+x)}{l}}{i^2\pi^2 + \beta^2 l^2} . e^{\frac{-\varkappa'\pi^2 i^2 t}{l^2}}\right)$$

welche Gleichung für $\beta = o$, d. h. wenn der Einfluss der Luft nicht berücksichtigt werden soll, in

$$u = \frac{a}{2l} x + a \sum \left(\frac{1}{i\pi} \sin. \frac{i\pi(l+x)}{l} . e^{\frac{-\varkappa'\pi^2 i^2 t}{l^2}}\right)$$

übergeht. Man sieht leicht ein, dass der Werth des zweiten

Gliedes auf der rechten Seite in den zur Bestimmung von u gefundenen Gleichungen immer kleiner wird, so wie die Zeit wächst, und dass er zuletzt ganz verschwindet; dann ist der bleibende Zustand der Kette eingetreten. Dieser Zeitpunkt wird, wie man an der Gestalt der Ausdrücke gewahr wird, durch ein verringertes Leitungsvermögen und in noch weit grösserem Verhältnisse durch eine vermehrte Länge der Kette in die Ferne gerückt.

Dieser für u gefundene Ausdruck hat jedoch nur so lange volle Gültigkeit, als die Kette, wie wir vorausgesetzt haben, durch keine äussere Störung zu einer Abänderung ihres natürlichen Zustandes veranlasst wird. Wenn die Kette zu irgend einer Zeit durch irgend eine äussere Veranlassung z. B. durch ableitende Berührung irgend einer Stelle gezwungen wird, sich einem abgeänderten bleibenden Zustande zu nähern, so sind Aenderungen an obigem Verfahren anzubringen, die ich bei einer anderen Gelegenheit zu entwickeln gedenke. Uebrigens bemerke ich, dass in dieser letzten Gattung von galvanischen Ketten die an trockenen Säulen und überhaupt an Ketten von ungewöhnlich grosser reducirter Länge beobachteten besonderen Erscheinungen aufzusuchen sind, wohin auch die in den Versuchen von Basse, Erman und Aldini gebrauchten Ketten von sehr grosser Länge gehören, wenn in ihnen der Einfluss der grösseren Länge nicht durch eine vermehrte Leitungsgüte oder einen vergrösserten Querschnitt wieder aufgehoben wird.

C) *Erscheinungen des elektrischen Stromes.*

24) Nach dem, was in Nr. 12 dargethan worden ist, wird die Grösse des elektrischen Stromes in einem prismatischen Körper für jede Stelle desselben im Allgemeinen durch folgende Gleichung ausgedrückt

$$S = \omega \varkappa \frac{du}{dx},$$

wo S die Grösse des Stromes und u die elektroskopische Kraft an der Stelle der Kette, deren Abscisse x ist, bezeichnen, und ω den Querschnitt des prismatischen Körpers, $\varkappa$ aber dessen

Leitungsvermögen an derselben Stelle vorstellt. Um nun diese Gleichung mit der in Nr. 18 für jede aus einer beliebigen Anzahl von Theilen zusammengesetzten Kette gefundenen allgemeinen Gleichung in Verbindung zu bringen, schreiben wir sie so:

$$S = \varkappa\,\omega\,\frac{du}{dy}\cdot\frac{dy}{dx},$$

und setzen für $\frac{du}{dy}$ den aus jener allgemeinen Gleichung sich ergebenden Werth $\frac{A}{L}$ und für $\frac{dy}{dx}$ den aus derselben Nummer leicht zu entnehmenden Werth $\frac{1}{\varkappa\,\omega}$, welche beiden Werthe für jede zwischen zwei Erregungsstellen befindliche Stelle gültig sind, dann erhalten wir ganz einfach

$$S = \frac{A}{L},$$

wo L die ganze reducirte Länge der Kette und A die Summe aller ihrer Spannungen bezeichnet. Mittelst dieser Gleichung erhält man die Grösse des elektrischen Stromes einer aus irgend wie viel prismatischen Theilen zusammengesetzten galvanischen Kette, die ihren bleibenden Zustand angenommen hat, von der umgebenden Luft keinen Einfluss erleidet und deren einzelne Querschnitte in allen ihren Punkten einerlei elektroskopische Kraft besitzen, worin gerade die am meisten vorkommenden Fälle enthalten sind, weshalb wir dieses Resultat am sorgfältigsten zergliedern werden.

Weil A die Summe aller in der Kette befindlichen Spannungen und L die Summe der reducirten Längen aller einzelnen Theile vorstellt, so ergeben sich zunächst aus der aufgefundenen Gleichung folgende allgemeine, den elektrischen Strom angehende Eigenschaften der galvanischen Kette:

I. Der elektrische Strom ist an allen Stellen einer galvanischen Kette durchaus von gleicher Grösse und unabhängig von dem Werthe der Konstante c, welche, wie wir gesehen haben, die Stärke der elektroskopischen Kraft an einer bestimmten Stelle festsetzt. In der offenen Kette hört aller Strom gänzlich auf, denn in diesem Falle nimmt die reducirte Länge L einen unendlich grossen Werth an.

II. Die Grösse des Stromes in einer galvanischen Kette bleibt ungeändert, wenn die Summe aller ihrer Spannungen und ihre ganze reducirte Länge entweder gar nicht oder nach einerlei Verhältniss abgeändert werden; sie steigt aber bei gleicher reducirter Länge in dem Maasse, als die Summe der Spannungen zunimmt, und bei gleicher Summe der Spannungen in dem Maasse, als die reducirte Länge der Kette abnimmt. Aus diesem allgemeinen Gesetze wollen wir noch folgende besondere herausheben:

1) Eine Verschiedenheit in der Anordnung und Vertheilung der einzelnen Erregungsstellen durch eine Versetzung der Theile, woraus die Kette besteht, hat auf die Grösse des Stromes keinen Einfluss, wenn nur die Summe aller Spannungen dieselbe bleibt. So z. B. würde in einer der Ordnung nach aus Kupfer, Silber, Blei, Zink und einer Flüssigkeit gebildeten Kette der Strom ungeändert bleiben, wenn auch Silber und Blei ihre Stellen mit einander vertauschten, weil, nach dem an Metallen beobachteten Spannungsgesetze, durch diese Verwechselung zwar die einzelnen Spannungen, aber nicht ihre Summe, geändert würden.

2) Die Stärke des galvanischen Stromes bleibt dieselbe, wenn gleich ein Theil der Kette aus ihr entfernt und ein anderer prismatischer Leiter an dessen Stelle gesetzt wird, nur müssen beide einerlei reducirte Länge haben und die Summe der Spannungen muss in beiden Fällen dieselbe bleiben. Umgekehrt, wenn der Strom einer Kette durch das Vertauschen eines Theiles derselben mit einem fremden prismatischen Leiter sich nicht ändert, und man überzeugt sein kann, dass die Summe der Spannungen dieselbe geblieben ist, so sind die reducirten Längen der beiden mit einander vertauschten Leiter gleich gross.

3) Wenn man sich eine galvanische Kette immer aus gleich vielen Theilen, von demselben Stoffe und in derselben Ordnung gebildet, vorstellt, damit die einzelnen Spannungen als unveränderlich angesehen werden können, so wächst der Strom dieser Kette bei

unveränderter Länge ihrer Theile in demselben Verhältnisse, in welchem die Querschnitte aller ihrer Theile auf gleiche Weise zunehmen, und bei unverändertem Querschnitte in demselben Verhältnisse, in welchem die Länge aller ihrer Theile gleichmässig abnimmt. Wenn die reducirte Länge eines Theiles der Kette die der übrigen Theile bei weitem übertrifft, so wird die Grösse des Stromes von den Dimensionen dieses einen Theiles vorzugsweise abhängen und das hier ausgesprochene Gesetz wird eine viel einfachere Gestalt annehmen, wenn man bei der Vergleichung blos auf diesen einen Theil Rücksicht nimmt.

Die in II, 2 aufgestellte Folgerung bietet ein bequemes Mittel zur Bestimmung des Leitungsvermögens verschiedener Körper dar. Denken wir uns nämlich zwei prismatische Körper, deren Längen l und l', deren Querschnitte beziehlich ω und ω' und deren Leitungsvermögen $\varkappa$ und $\varkappa'$ sein mögen, und besitzen beide Körper die Eigenschaft, den Strom einer galvanischen Kette nicht abzuändern, wenn sie abwechselnd einen Theil derselben ausmachen, und lassen beide die einzelnen Spannungen der Kette ungeändert, so ist

$$\frac{l}{\varkappa\,\omega} = \frac{l'}{\varkappa'\omega'},$$

mithin

$$\varkappa : \varkappa' = \frac{l}{\omega} : \frac{l'}{\omega'},$$

es stehen also die Leitungsfähigkeiten beider Körper in geradem Verhältnisse ihrer Längen und im umgekehrten ihrer Querschnitte. Soll diese Relation zur Bestimmung des Leitungsvermögens der verschiedenen Körper benutzt werden und wählt man zu den Versuchen, was die grössere Genauigkeit ohnedies schon fordert, prismatische Körper von demselben Querschnitte, so geben ihre Längen geradezu ihre relativen Leitungsfähigkeiten zu erkennen.

25) Wir haben in voriger Nummer die Grösse des Stromes aus der in Nr. 18 gegebenen allgemeinen Gleichung

$$u = \frac{A}{L}\,y - O + c$$

abgeleitet und gefunden, dass sie durch den zu y gehörigen Koeffizienten $\frac{A}{L}$ ausgedrückt wird. Zur Auffindung des Werthes $\frac{A}{L}$ ist im Allgemeinen die genaue Kenntniss aller einzelnen Theile der Kette und ihrer gegenseitigen Spannungen erforderlich, aber unsere allgemeine Gleichung zeigt uns ein Mittel an, diesen Werth auch aus der Beschaffenheit eines jeden einzelnen Theiles der in Thätigkeit begriffenen Kette zu entnehmen, welches wir nicht umgehen wollen, da es uns in der Folge gute Dienste leisten wird. Denkt man sich nämlich in obiger Gleichung y um eine beliebige Grösse $\triangle y$ vermehrt, und bezeichnet durch $\triangle O$ die entsprechende Aenderung von O, und durch $\triangle u$ die von u, so folgt aus jener Gleichung

$$\triangle u = \frac{A}{L} \triangle y - \triangle O$$

und hieraus findet man

$$\frac{A}{L} = \frac{\triangle u + \triangle O}{\triangle y};$$

man findet also die Grösse des elektrischen Stromes, wenn man zur Differenz der elektroskopischen Kräfte an irgend zwei Stellen der Kette die Summe aller zwischen diesen Stellen liegenden Spannungen addirt und diese Summe mit der reducirten Länge des Theils der Kette dividirt, der zwischen denselben Stellen liegt. Befindet sich innerhalb dieses Theiles der Kette keine Spannung, so wird $\triangle O = o$ und man erhält

$$\frac{A}{L} = \frac{\triangle u}{\triangle y}.$$

26) Die Voltaische Säule, welche eine Zusammensetzung aus vielen einander gleichen, einfacheren Ketten ist, verdient schon deshalb, weil sich an sie so mannigfaltige Resultate der Versuche anschliessen, hier noch eine besondere Berücksichtigung.

Stellt A die Summe der Spannungen einer geschlossenen galvanischen Kette vor und L ihre reducirte Länge, so ist, wie wir wissen, die Grösse ihres Stromes

$$\frac{A}{L}.$$

Denken wir uns nun n solche, der vorigen völlig gleiche, aber offene Ketten, und bringen wir stets das Ende der einen mit dem Anfange der folgenden in unmittelbare Verbindung dergestalt, dass zwischen je zwei Ketten keine neue Spannung eintritt und dass alle vorigen Spannungen nach wie vor dieselben bleiben, so ist die Grösse des Stromes dieser in sich geschlossenen Voltaischen Verbindung offenbar

$$\frac{nA}{nL},$$

also der in der einfachen Kette gleich. Diese Gleichheit des Stromes findet aber nicht mehr statt, wenn in beide ein neuer Leiter, den wir den *Zwischenleiter* nennen wollen, eingeschoben wird. Bezeichnen wir nämlich die reducirte Länge dieses Zwischenleiters durch Λ, so wird, wenn durch ihn keine neue Spannung herbeigeführt wird, die Grösse des Stromes in der einfachen Kette

$$\frac{A}{L+\Lambda}$$

und in der aus n solchen Elementen gebildeten Voltaischen Zusammensetzung

$$\frac{nA}{nL+\Lambda} \quad \text{oder} \quad \frac{A}{L+\frac{\Lambda}{n}},$$

also in der letzteren Kette stets grösser, als in der ersteren, und zwar findet ein allmähliger Uebergang statt von der Gleichheit der Wirkung, die sich zeigt, wenn Λ verschwindet, bis dahin, wo die Voltaische Verbindung die Wirkung der einfachen Kette $n$mal übertrifft, welcher Umstand eintritt, wenn Λ unvergleichlich grösser als nL ist. Stellt man sich unter Λ die relative Länge des Körpers vor, auf welchen die Kette durch die Kraft ihres Stromes wirken soll, so folgt aus den eben vorgebrachten Bemerkungen, dass am vortheilhaftesten eine kräftige einfache Kette angewendet wird, wenn Λ sehr klein ist in Vergleich zu L, dagegen die Voltaische Säule, wenn Λ sehr gross ist in Vergleich zu L.

Wie muss aber in jedem besonderen Falle ein gegebener galvanischer Apparat zusammengesetzt werden, damit er die grösste Wirkung hervor bringe? Wir nehmen bei der Lösung dieser Aufgabe an, dass man eine bestimmte Flächengrösse z. B. von Kupfer und Zink besitze, aus der man nach Gefallen ein einziges grosses Plattenpaar, oder auch beliebig viele, jedoch in demselben Verhältnisse kleinere Plattenpaare bilden kann, und ausserdem noch, dass die zwischen den beiden Metallen befindliche Flüssigkeit stets dieselbe und von derselben Länge sei, welche letztere Annahme nichts anders sagen will, als dass die beiden Metalle, zwischen denen sich die Flüssigkeit befindet, unter allen Umständen dieselbe Entfernung von einander beibehalten.

Es sei Λ die reducirte Länge des Körpers, auf welchen der elektrische Strom wirken soll, L die reducirte Länge des Apparates, wenn er zur einfachen Kette gebildet worden ist, und A sei dessen Spannung, so ist, wenn er in eine Voltaische Verbindung aus x Elementen umgebildet wird, seine nunmehrige Spannung xA, und die reducirte Länge eines jeden der jetzigen Elemente xL, demnach die reducirte Länge aller x Elemente x^2L, folglich die Grösse der Wirkung in der Voltaischen Zusammensetzung aus x Elementen

$$\frac{xA}{x^2 L + \Lambda}.$$

Dieser Ausdruck erhält seinen grössten Werth $\frac{A}{2\sqrt{\Lambda . L}}$, wenn $x = \sqrt{\frac{\Lambda}{L}}$ wird. Man sieht hieraus, dass der Apparat in Gestalt einer einfachen Kette am vortheilhaftesten ist, so lange Λ nicht grösser als L ist; dagegen tritt die Voltaische Zusammensetzung mit Nutzen ein, wenn Λ grösser als L ist, und zwar wird sie am besten aus zwei Elementen gebaut, wenn Λ viermal grösser ist als L, aus drei Elementen, wenn Λ neunmal grösser ist als L, und so fort.

27) Der Umstand, dass die Grösse des Stromes an allen Stellen der Kette immer dieselbe bleibt, bietet uns ein Mittel dar, seine Wirkung zu vervielfachen, da, wo er sie nach aussen hinrichtet, welcher Fall bei dem Einflusse des Stromes auf die Richtung der Magnetnadel sich ereignet. Wir wollen der Anschaulichkeit halber festsetzen, dass zur Prüfung der Wirkung des Stromes auf die Magnetnadel jedesmal ein Theil der Kette

zu einem Kreise von bestimmtem Halbmesser umgeformt und in den magnetischen Meridian so gestellt werde, dass sein Mittelpunkt mit dem Umdrehungspunkte der Nadel zusammen fällt. Mehrere solche aus der Kette völlig auf dieselbe Weise gebildete und von einander geschiedene Windungen werden einzeln genommen, wegen der Gleichheit des Stromes in jeder, gleich starke Wirkungen auf die Magnetnadel hervorbringen; denken wir sie uns daher so neben einander gereiht, dass sie zwar noch immer durch eine nichtleitende Schicht von einander getrennt bleiben, aber doch so dicht beisammen liegen, dass die Stellung einer jeden gegen die Magnetnadel als dieselbe angesehen werden kann, so werden sie eine in dem Maasse grössere Wirkung auf die Nadel hervorbringen, als ihre Anzahl grösser wird. Eine solche Vorrichtung wird *Multiplikator* genannt.

Es sei nun A die Summe der Spannungen irgend einer Kette und L ihre reducirte Länge, ferner Λ die reducirte Länge eines zu einem Multiplikator aus n Windungen umgeformten Zwischenleiters, so ist, wenn wir die reducirte Länge einer solchen Windung mit λ bezeichnen, $\Lambda = n\lambda$ und nun die Wirkung des Multiplikators auf die Magnetnadel dem Werthe

$$\frac{nA}{L + n\lambda}$$

proportional. Die Wirkung einer solchen Windung der Kette ohne Multiplikator ist aber nach demselben Maasstabe

$$\frac{A}{L},$$

wobei wir uns das Stück der Kette, woraus die Windung genommen wird, ganz von derselben Beschaffenheit wie am Multiplikator denken wollen; sonach ist der Unterschied zwischen der vorigen und dieser Wirkung

$$\frac{nL - (L + n\lambda)}{L + n\lambda} \cdot \frac{A}{L},$$

welcher positiv oder negativ wird, je nachdem nL grösser oder kleiner als $L + n\lambda$ ist. Es wird folglich die Wirkung auf die Magnetnadel durch den aus n Windungen gebildeten Multiplikator verstärkt oder geschwächt, je nachdem die $n$fache reducirte Länge der Kette ohne Zwischenleiter grösser oder kleiner ist, als die ganze reducirte Länge der Kette mit dem Zwischenleiter.

Ist $n\lambda$ unvergleichlich grösser als L, so wird die Wirkung des Multiplikators auf die Nadel

$$\frac{A}{\lambda}.$$

Diesem Werthe, welcher die äusserste Grenze der Wirkung durch den Multiplikator anzeigt, dieser mag verstärkend oder schwächend wirken, kommen mehrere merkwürdige Eigenschaften zu, die wir kurz andeuten wollen. Es wird dabei stets vorausgesetzt, dass der Multiplikator aus so vielen Windungen gebildet sei, dass die Grösse seiner Wirkung ohne fühlbaren Fehler jenem Grenzwerthe gleich gesetzt werden könne.

Da die Wirkung einer Windung der Kette $\frac{A}{L}$ ist, während die Wirkung des Multiplikators in Verbindung mit derselben Kette $\frac{A}{\lambda}$ ist, so erhellt, dass beide Wirkungen sich zu einander verhalten wie die reducirten Längen λ und L; kennt man also beide Wirkungen und eine von beiden reducirten Längen, so lässt sich die andere finden, und ebenso lässt sich eine von den beiden Wirkungen aus der anderen und den beiden reducirten Längen angeben.

Da die Grenzwirkung des Multiplikators $\frac{A}{\lambda}$ ist, so wächst sie bei einem unveränderlichen λ in demselben Verhältnisse, als die Summe der Spannungen A in der Kette zunimmt; man kann daher durch die Vergleichung der Grenzwirkungen eines und desselben Multiplikators an verschiedenen Ketten zur Bestimmung ihrer relativen Spannungen gelangen. Zugleich ersieht man, dass die Grenzwirkung des Multiplikators wächst, wenn mehrere einfache Ketten zu einer Voltaischen Verbindung zusammengesetzt werden, und zwar in geradem Verhältnisse der Anzahl aller Elemente. Auf solche Weise kann man in Fällen, wo der Multiplikator in Verbindung mit der einfachen Kette schwächend wirkt, es dahin bringen, dass er jede beliebige Verstärkung zeigt.

Nennen wir die wirkliche Länge einer Windung des Multiplikators l, sein Leitungsvermögen $\varkappa$ und seinen Querschnitt ω, so ist $\lambda = \frac{l}{\varkappa\,\omega}$ und deshalb die Grenzwirkung des Multiplikators

$$\varkappa\,\omega \,.\, \frac{A}{l},$$

woraus folgt, dass an einer und derselben Kette die Grenzwirkungen zweier Multiplikatoren von gleich grossen Windungen sich zu einander verhalten, wie die Produkte aus ihrem Leitungsvermögen und ihrem Querschnitte. Diese Grenzwirkungen verhalten sich also bei zwei Multiplikatoren, die in Nichts von einander abweichen, als dass sie aus zwei verschiedenen Metallen gebildet sind, wie die Leitungsfähigkeiten dieser Metalle, und wenn die Multiplikatoren aus gleichen Windungen und aus einerlei Metall bestehen, so verhalten sich ihre Grenzwirkungen wie ihre Querschnitte.

Allen diesen Bestimmungen liegt jedoch die Voraussetzung zum Grunde, dass die Wirkung eines Theiles der Kette auf die Magnetnadel unter übrigens gleichen Umständen der Grösse des Stromes proportional sei. Die Rechtmässigkeit dieser Voraussetzung haben indessen direkte Versuche schon früher an den Tag gelegt.

28) Wir wenden uns nun zur Betrachtung einer mehrfachen zu gleicher Zeit bestehenden Leitung. Stellt man sich nämlich eine offene Kette vor, deren getrennte Enden durch mehrere neben einander fortlaufende Leiter mit einander verbunden werden, so lässt sich die Frage aufwerfen, nach welchem Gesetze sich der Strom in die einzelnen neben einander liegenden Leiter vertheilen werde. Man könnte bei der Beantwortung dieser Frage wieder unmittelbar von den in Nr. 11 bis 13 enthaltenen Betrachtungen ausgehen, aber einfacher werden wir das Gesuchte aus der in Nr. 25 entdeckten Eigenthümlichkeit galvanischer Ketten herholen, wobei wir der Einfachheit halber voraussetzen, dass weder durch das Oeffnen der Kette eine der alten Spannungen aufgehoben, noch durch die in sie hinein gebrachten Leiter eine neue Spannung eingeführt werde.

Stellen nämlich λ, λ', λ'' etc. die reducirten Längen der mit den Enden der geöffneten Kette in Verbindung gebrachten Leiter vor, und a den Unterschied der an den Enden der Kette befindlichen elektroskopischen Kräfte, nachdem die Leiter in sie hinein gebracht worden sind, so wird, weil nach der Voraussetzung durch die Leiter keine neue Spannung eingeführt wird, derselbe Unterschied auch an den Enden der einzelnen Nebenleiter hervortreten. Da nun nach No. 13 die Grösse des Stromes in der Kette der Summe aller Ströme in den Nebenleitern gleich sein muss, so kann man sich die Kette in eben so viel Theile, als Nebenleiter vorhanden sind, gespaltet denken, dann ist nach Nr. 25 die Grösse des Stromes in jedem Nebenleiter und in dem ihm entsprechenden Theile der Kette beziehlich

$$\frac{a}{\lambda}, \frac{a}{\lambda'}, \frac{a}{\lambda''}, \text{ etc.},$$

woraus sich zunächst ergiebt, dass die Grösse des Stromes in jedem Nebenleiter in umgekehrten Verhältnisse zu seiner reducirten Länge stehe. Denkt man sich nun einen Leiter von solcher Beschaffenheit, dass er, statt aller Nebenleiter in die Kette gebracht, den Strom derselben in Nichts ändere, so muss erstlich nach No. 25 a denselben Werth behalten, und, wenn wir durch Λ die reducirte Länge dieses Leiters bezeichnen, muss noch ausserdem sein

$$\frac{1}{\Lambda} = \frac{1}{\lambda} + \frac{1}{\lambda'} + \frac{1}{\lambda''} + \text{etc.}$$

Aus vorstehenden Entwickelungen lässt sich nun der Schluss ziehen, dass, wenn A die Summe aller Spannungen und L die ganze reducirte Länge der Kette ohne Nebenleiter bezeichnet, die Grösse des Stromes, während die Nebenleiter mit der Kette in Verbindung sind, ausgedrückt werde: in der Kette selber durch

$$\frac{A}{L + \Lambda},$$

in dem Nebenleiter, dessen reducirte Länge λ ist, durch

$$\frac{A}{L + \Lambda} \cdot \frac{\Lambda}{\lambda},$$

in dem Nebenleiter, dessen reducirte Länge λ' ist, durch

$$\frac{\varLambda}{L+\varLambda}\cdot\frac{\varLambda}{\lambda'},$$

in dem Nebenleiter, dessen reducirte Länge λ'' ist, durch

$$\frac{\varLambda}{L+\varLambda}\cdot\frac{\varLambda}{\lambda''},$$

und so fort, wo für $\varLambda$ sein aus der Gleichung

$$\frac{1}{\varLambda}=\frac{1}{\lambda}+\frac{1}{\lambda'}+\frac{1}{\lambda''}+\text{etc.}$$

entnommener Werth zu setzen ist.

29) Dass im Vorhergehenden der galvanische Strom an allen Orten der Kette von gleicher Grösse gefunden worden ist, kam daher, weil der aus der Gleichung

$$u=\frac{A}{L}y-O+c$$

gezogene Werth von $\frac{du}{dx}$ constant war. Dieser Umstand fällt weg, wenn wir von einer der in No. 22 und 23 gegebenen Gleichungen ausgehen. In allen diesen Fällen wir $\frac{du}{dx}$ von x abhängig, welches zu erkennen giebt, dass die Grösse des Stromes an verschiedenen Stellen der Kette verschieden ist. Wir können hieraus den Schluss ziehen, dass der elektrische Strom nur dann an allen Orten der Kette von gleicher Stärke ist, wenn die Kette bereits einen bleibenden Zustand angenommen hat, und keine fühlbare Einwirkung der Luft auf sie stattfindet. Diese Eigenthümlichkeit scheint auch am geeignetsten, um durch die Erfahrung zu ermitteln, ob die Luft auf eine galvanische Kette einen merklichen Einfluss ausübe oder nicht, darum wollen wir diesen Fall noch mit einiger Ausführlichkeit vornehmen.

Da nach No. 12 die Grösse des elektrischen Stromes durch die Gleichung

$$S=\varkappa\omega\cdot\frac{du}{dx}$$

gegeben wird, so hat man in jedem besonderen Falle nur den Werth von $\frac{du}{dx}$ aus der zur Bestimmung der elektroskopischen Kraft gefundenen Gleichung zu nehmen, und ihn in die vorstehende zu setzen. So ist für eine Kette, welche ihren bleibenden Zustand angenommen hat, auf die aber die umgebende Luft einen fühlbaren Einfluss ausübt, nach No. 22

$$u = \tfrac{1}{2} a \cdot \frac{e^{\beta x} - e^{-\beta x}}{e^{\beta l} - e^{-\beta l}} + \tfrac{1}{2} b \frac{e^{\beta x} + e^{-\beta x}}{e^{\beta l} + e^{-\beta l}},$$

wobei a die Spannung an der Erregungsstelle und b die Summe der diesseits und jenseits zunächst an der Erregungsstelle befindlichen elektroskopischen Kräfte vorstellt. Hieraus erhält man

$$S = \varkappa\omega\beta \left(\tfrac{1}{2} a \frac{e^{\beta x} + e^{-\beta x}}{e^{\beta l} - e^{-\beta l}} + \tfrac{1}{2} b \frac{e^{\beta x} - e^{-\beta x}}{e^{\beta l} + e^{-\beta l}} \right).$$

Dieser Ausdruck giebt die Grösse des Stromes an jeder Stelle der Kette zu erkennen; man kann aber das Gesetz, nach welchem sich die Aenderung des Stromes an verschiedenen Stellen der Kette richtet, bequemer auf folgende Weise zur Anschauung bringen. Differenzirt man nämlich die Gleichung

$$S = \varkappa\omega \frac{du}{dx},$$

so erhält man die Gleichung

$$dS = \varkappa\omega \frac{d^2u}{dx^2} dx$$

und durch die Multiplikation der beiden

$$SdS = \varkappa^2\omega^2 \frac{d^2u}{dx^2} du \; .$$

Setzt man nun statt $\frac{d^2u}{dx^2}$ seinen Werth $\beta^2 u$, wie man ihn aus der Gleichung $o = \frac{d^2u}{dx^2} - \beta^2 u$ erhält, so wird

$$SdS = \varkappa^2\omega^2\beta^2 \, u \, du$$

und hieraus erhält man durch Integration

$$S^2 = c^2 + \varkappa^2\omega^2\beta^2 u^2$$

wo c eine noch zu bestimmende Konstante vorstellt. Bezeichnen wir durch u' den kleinsten absoluten Werth, welchen u im Umfange der Kette annimmt, und durch S' den entsprechenden Werth von S, und bestimmen dem gemäss die Konstante c, so erhalten wir

$$S^2 - S'^2 = \varkappa^2\omega^2\beta^2 (u^2 - u'^2).$$

Aus dieser Gleichung lässt sich nun ohne Mühe ableiten, dass der Strom einer Kette, auf welche die Luft Einfluss hat, da am schwächsten ist, wo die elektroskopische Kraft, ohne Rücksicht auf das Zeichen, am kleinsten ist, und dass er an Stellen, die gleiche, aber entgegengesetzte, elektroskopische Kräfte besitzen, von derselben Grösse ist.

Anhang.

Ueber die chemische Kraft der galvanischen Kette.

Ueber die Quelle und die Art der chemischen Veränderungen in einer galvanischen Kette, und über die Natur des davon abhängigen Wogens ihrer Kraft.

30) In vorliegender Abhandlung haben wir stets vorausgesetzt, dass die Körper, welche von dem elektrischen Strome ergriffen werden, in ihm unausgesetzt dieselben bleiben; nun aber wollen wir auf die Einwirkung des Stromes in die ihm unterworfenen Körper, und auf die daraus möglicher Weise hervorgehenden Aenderungen in ihrer chemischen Beschaffenheit, so wie auf die durch Rückwirkung veranlassten Aenderungen des Stromes selbst Rücksicht nehmen. Wenn, was wir hier geben, auch den Gegenstand noch bei weitem nicht erschöpft, so zeigt doch schon unser erster Versuch, dass wir auf diesem Wege wichtigen Aufschlüssen über das Verhalten der Elektricität zu den Körpern entgegen gehen.

Um festen Fuss zu fassen, kehren wir wieder zu dem zurück, was von Nr. 1 bis No. 7 gesagt worden ist, und knüpfen an die dortigen Benennungen und Entwickelungen unsere jetzigen Betrachtungen an. Wir denken uns daher zwei Körperelemente, und bezeichnen durch s ihre gegenseitige Entfernung, durch u und u' ihre elektroskopischen Kräfte, die wir in allen Punkten eines und desselben Elementes von gleicher Stärke annehmen, dann ist, wie sich aus Obigem leicht abnehmen lässt, die abstossende Kraft zwischen diesen beiden

Elementen dem Zeittheilchen dt, dem Producte uu', und ausserdem noch einer von der Lage, Grösse und Gestalt der beiden Elemente abhängigen Funktion, die wir mit F' bezeichnen wollen, proportional; man erhält demnach für die abstossende Kraft zwischen beiden Elementen den Ausdruck

$$F' \, u \, u' \, dt.$$

Verfahren wir hier wieder auf dieselbe Weise wie in No. 6, und verstehen unter dem *Einwirkungsmomente* $\varkappa'$ zwischen zwei Orten das Produkt aus der unter völlig bestimmten Umständen zwischen beiden sich erzeugenden Kraftäusserung q' in ihre mittlere Entfernung s', so dass also

$$\varkappa' = q' \, . \, s',$$

und bestimmen q' in der Art, dass wir $u = u' = 1$ in dem Ausdrucke $F' \, uu' \, dt$ setzen und die Wirkung auf die Zeiteinheit ausdehnen, so wird

$$\varkappa' = F' \, s',$$

woraus folgt

$$F' = \frac{\varkappa'}{s'} \, .$$

Denken wir uns nun, wie schon in No. 11 geschehen ist, die prismatische Kette in lauter gleich grosse, unendlich dünne Scheiben zerlegt, und nennen M', M, $M_{,}$ diejenigen unmittelbar auf einander folgend, welche zu den Abscissen $x + dx$, x, $x - dx$ gehören, so ist, nach dem, was eben gezeigt worden ist, der Druck, welchen die Scheibe M' auf die Scheibe M ausübt,

$$F' \, uu' \, dt,$$

und wenn wir annehmen, dass die Lage, Grösse und Gestalt der Körperelemente in allen Scheiben dieselbe bleibt, so dass die Funktion F' von einer Scheibe zur andern sich nicht ändert, so ist der Gegendruck, den die Scheibe $M_{,}$ auf die Scheibe M ausübt,

$$F' \, uu_{,} \, dt;$$

der Unterschied dieser beiden Eindrücke, nämlich

$$F' \, u \, (u - u_{,}) \, dt,$$

giebt sonach die Grösse der Kraft zu erkennen, womit die Scheibe M längs der Achse der Kette sich hinzubewegen strebt.

Diese Kraft wirkt gegen die Richtung der Abscissen, wenn ihr Werth positiv ist, und in der Richtung der Abscissen, wenn er negativ ist.

Setzen wir für $u' - u$, seinen aus den in Nr. 11 für u, und u, gegebenen Entwickelungen hervorgehenden Werth, so verwandelt sich der eben gefundene Ausdruck in folgenden

$$2 F'' u \frac{du}{dx} dx\, dt,$$

und nehmen wir statt der von der Natur eines jeden Körpers abhängigen Funktion F'' ihren Werth $\frac{\varkappa'}{s'}$, so geht jener Ausdruck, weil das dortige s' hier offenbar dx ist, über in

$$2 \varkappa' u \frac{du}{dx} dt,$$

oder, wenn wir das auf die Grösse des Querschnittes ω sich beziehende Einwirkungsmoment $\varkappa'$ auf die Flächeneinheit zurückführen, und zugleich die Wirkung auf die Zeiteinheit ausdehnen, in

$$2 \varkappa' \omega u \frac{du}{dx},$$

wo das jetzige $\varkappa'$ die Grösse des auf die Flächeneinheit bezogenen Einwirkungsmomentes bezeichnet. Schreiben wir diesen letzten Ausdruck so:

$$2 \frac{\varkappa'}{\varkappa} \varkappa \omega u \frac{du}{dx},$$

wobei $\varkappa$ das absolute Leitungsvermögen der Kette vorstellt, und setzen wir für $\varkappa\omega \frac{du}{dx}$, wodurch in Folge der Gleichung (b) (No. 12) die Grösse des elektrischen Stromes ausgedrückt wird, das dafür gewählte Zeichen S, und i für $\frac{\varkappa'}{\varkappa}$, so verwandelt er sich in

$$2\, i\, u\, S.$$

Wir sehen hieraus, dass die Kraft, womit die einzelnen Scheiben in der Kette sich zu bewegen streben, der in ihnen wohnenden elektroskopischen Kraft sowohl, als der Grösse des Stromes proportional ist, und dass diese Kraft ihre Richtung an der Stelle der Kette ändert, wo die Elektricität aus dem einen in den entgegengesetzten Zustand übergeht. Und es findet hierbei der nicht zu übersehende Umstand statt, dass jener Ausdruck noch gültig bleibt, wenn auch die elektroskopische Kraft u des Elementes M in dem Augenblicke der Wirkung durch irgend Ursachen in eine beliebige, abnormale U abgeändert wird, während die elektroskopischen Kräfte der Nachbarelemente dieselben bleiben; nur muss dann in dem Ausdrucke $2\,i\,u\,S$ der Werth U für u gesetzt werden. Uebrigens ist zu bemerken, dass der gefundene Ausdruck $2\,i\,u\,S$ sich auf die ganze Ausdehnung des Querschnittes ω bezieht, welcher dem Theile der Kette angehört, den man gerade vor Augen hat; will man dieselbe bewegende Kraft der Kette auf die Flächeneinheit zurückführen, so muss man jenen Ausdruck noch mit der Grösse des Querschnittes ω dividiren.

Ueber das Kausalverhältniss zwischen dem Gesetze der elektrischen Anziehungen und Abstossungen und dem der Elektricitätsverbreitung, oder über die Abhängigkeit der Funktionen $\varkappa$ und $\varkappa'$ von einander, wollen wir jetzt keine weitern Untersuchungen anstellen, da sich dazu in Kurzem eine Gelegenheit darbieten wird. Wir begnügen uns hier mit der Bemerkung, dass obige Darstellungsweise aus dem Bestreben hervorgegangen ist, die Gleichheit der Behandlung in der Elektricitäts- und in der Wärmelehre recht anschaulich zu machen.

31) Ohne diese Bedingungen zu einer äussern Ortsveränderung der Theile einer galvanischen Kette weiter zu verfolgen, wenden wir uns sogleich zu jenen Umwandlungen, welche durch den elektrischen Strom in der qualitativen Beschaffenheit der Kette, d. h. in der innern Beziehung der Theile zu einander herbei geführt werden, und aus der elektrochemischen Theorie der Körper ihre Erklärung erhalten. Dieser Theorie gemäss müssen wir die zusammengesetzten Körper als eine Vereinigung von Bestandtheilen ansehen, die ungleichen elektrischen Werth, oder mit andern Worten, ungleiche elektroskopische Kraft besitzen. Es unterscheidet sich aber diese in den Bestandtheilen der Körper ruhende elektroskopische Kraft von der, welche wir bisher betrachtet haben, darin, dass sie an das Wesen der Körperelemente gekettet ist, und von dem einen zum andern nicht übergehen kann, ohne dass die ganze Art des Seins der Körpertheile aufgehoben würde. Be-

schränken wir uns daher in nachstehenden Betrachtungen auf den Fall, wo zwar Aenderungen in dem quantitativen Verhältnisse der Bestandtheile und darum chemische Veränderungen des aus diesen Bestandtheilen zusammengesetzten Körpers eintreten, die Bestandtheile selbst aber keiner ihre Natur aufhebenden Veränderung ausgesetzt sind, so können wir alle oben von elektrischen Körpern in Beziehung auf ihre gegenseitige Anziehung oder Abstossung entwickelten Gesetze auch hier wieder geltend machen, nur der Uebergang der Elektricität von einem Elemente zum andern fällt bei der Betrachtung chemisch differenter Bestandtheile ganz weg. Es tritt hier in Bezug auf Elektricität eine Unterscheidung ein, die der ganz ähnlich ist, welche wir bei der Wärme dadurch zu bezeichnen pflegen, dass wir sie bald gebundene, bald freie Wärme nennen. Der Kürze wegen werden wir ebenfalls diejenigen elektroskopische Kraft, welche zum Wesen der Bestandtheile gehört, deren sich die Bestandtheile daher auch nicht entäussern können, ohne damit ihre Art des Seins zugleich aufzugeben, die an die Körper *gebundene Elektricität* nennen, und *freie Elektricität* diejenige, welche zum Fortbestehen der Körper in ihrer Besonderheit nicht erforderlich ist, und die daher einen Uebergang von dem einen Körpertheile zum andern haben kann, ohne dass deshalb die einzelnen Theile gezwungen würden, ihre spezifische Art des Seins mit einer andern zu vertauschen.

32) Aus diesen in der Elektrochemie aufgestellten Voraussetzungen, in Verbindung mit dem, was in Nr. 30 über die Art, wie die galvanische Kette auf Scheiben von verschiedener elektrischer Beschaffenheit eine verschiedene mechanische Gewalt ausübt, gesagt worden ist, folgt nun sogleich, dass, wenn eine zur Kette gehörige Scheibe aus Bestandtheilen von ungleichem elektrischen Werthe zusammengesetzt ist, die Nachbarscheiben auf diese beiden Bestandtheile eine ungleiche anziehende oder abstossende Wirkung äussern werden, wodurch in ihnen ein Bestreben, sich von einander zu entfernen, rege gemacht wird, welches, wenn es ihren Zusammenhang zu überwinden im Stande ist, eine wirkliche Trennung der Bestandtheile nach sich ziehen muss. Wir wollen dieses Vermögen

der galvanischen Kette, womit sie Körperelemente in ihre Bestandtheile zu zerlegen strebt, ihre *zersetzende Kraft* nennen, und darauf ausgehen, die Grösse dieser Kraft näher zu bestimmen.

Indem wir zu diesem Behufe alle in No. 30 eingeführten Bezeichnungen auch hier noch gelten lassen, denken wir uns ausserdem jede Scheibe aus zwei Bestandtheilen A und B zusammengesetzt, und bezeichnen durch m und n die gebundenen elektroskopischen Kräfte der Bestandtheile A und B, wenn die Scheibe M blos mit dem einen von beiden, unter gänzlichem Ausschlusse des andern, angefüllt wäre, gleichwie u die in derselben Scheibe vorhandene, über beide Bestandtheile gleichmässig verbreitete, freie elektroskopische Kraft vorstellt. Nehmen wir nun zur Vereinfachung der Rechnung an, dass die beiden Bestandtheile A und B vor und nach ihrer Vereinigung stets dieselbe Summe der Räume behaupten, und bezeichnen die gebundene, dem jedesmaligen Mischungsverhältnisse entsprechende, in der Scheibe M enthaltene, von dem Bestandtheile A herrührende, elektroskopische Kraft durch mz, so drückt $n(1 - z)$ die gebundene, in derselben Scheibe M vorhandene, von dem Bestandtheile B herrührende, elektroskopische Kraft aus. — Denn die Intensität der über einen Körper verbreiteten Kraft nimmt in dem Maasse ab, in welchem der Raum, den der Körper einnimmt, grösser wird, weil durch die vermehrte Entfernung der Körpertheilchen von einander ihre auf eine bestimmte Ausdehnung bezogene Wirkungssumme in demselben Maasse vermindert wird. Wenn aber zwei Bestandtheile sich zu einem Gemische vereinen, dadurch, dass sich beide einander wechselseitig durchdringen, so dehnt sich jeder über den ganzen Raum des Gemisches aus; deshalb nimmt die Intensität der eigenthümlichen Kraft eines jeden Bestandtheiles durch die Mischung in demselben Verhältnisse ab, in welchem der Raum des Gemisches grösser ist, als der Raum, den jeder Bestandtheil vor der Mischung einnahm. Bezeichnet mithin z das Verhältniss des Raumes, welchen der in der Scheibe M befindliche Bestandtheil A vor der Mischung einnimmt, zu dem Raume, welchen das Gemisch in der Scheibe M ausfüllt, und also, weil wir annehmen, dass beide

Bestandtheile vor und nach der Mischung dieselbe Summe ihres Rauminhaltes behaupten, $1 - z$ dasselbe Verhältniss hinsichtlich des Bestandtheiles B, so stellen, weil m und n die elektroskopischen Kräfte der Bestandtheile A und B vor der Mischung bezeichnen, mz und $n\,(1 - z)$ die gebundenen elektroskopischen Kräfte der Bestandtheile A und B vor, welche dem jedesmaligen Mischungsverhältnisse der Scheibe M entsprechen, und zugleich geht aus dem Gesagten hervor, dass die veränderlichen Werthe z und $1 - z$ die Grenzen o und 1 nicht überschreiten können.

Um den, einem jeden Bestandtheile zukommenden, Antheil von der freien Elektricität u ermitteln zu können, wollen wir annehmen, dass sich diese über die einzelnen Bestandtheile im Verhältnisse ihrer Massen verbreite. Bezeichnet man daher beziehlich durch α und β die Massen der Bestandtheile A und B, wenn jeder für sich, mit Ausschluss des andern, die ganze Scheibe erfüllte, so stellen αz und $\beta\,(1 - z)$ die Massen der in der Scheibe M vereinigten Bestandtheile A und B vor; es kommen folglich den Bestandtheile A und B von der freien Elektricität u die Antheile

$$\frac{\alpha\, u\, z}{\alpha\, z + \beta\,(1 - z)} \text{ und } \frac{\beta\, u\,(1 - z)}{\alpha\, z + \beta\,(1 - z)}$$

zu, wofür wir der Kürze wegen

$$\alpha\, U z \text{ und } \beta\, U (1 - z)$$

schreiben wollen.

Zieht man nun das, was in No. 30 über die bewegende Kraft der galvanischen Kette gesagt worden ist, in Erwägung, so ergiebt sich sogleich, dass das Bestreben des Bestandtheiles A zur Bewegung längs der Kette ausgedrückt wird durch

$$2i\,(m + \alpha\, U)\, z\, S,$$

oder das des Bestandtheiles B durch

$$2i\,(n + \beta\, U)\,(1 - z)\, S.$$

In beiden Fällen giebt ein positiver Werth des Ausdruckes zu erkennen, dass der Druck gegen die Richtung der Abscissen geschieht; ein negativer Werth dagegen zeigt an, dass der Druck in der Richtung der Abscissen ausgeübt wird. Um aus diesen einzelnen Bestrebungen der Bestandtheile die Kraft abzuleiten, mit der beide bemüht sind, sich von einander los zu reissen, müssen wir bedenken, dass diese Kraft durch den doppelten Unterschied zwischen den Bewegungsgrössen, die jeder Bestandtheil für sich annähme, wenn er mit dem andern durch gar keinen Zusammenhang verknüpft wäre, und jenen Bewegungsgrössen, die jeder Bestandtheil annehmen müsste, wenn er mit dem andern fest verbunden wäre, gegeben wird. Auf solche Weise findet man nun ohne Mühe für die zersetzende Kraft der Kette folgenden Ausdruck:

$$4i \,.\, z(1-z) \,.\, \frac{m\beta - n\alpha}{\alpha z + \beta(1-z)} \,.\, S,$$

durch welchen wir erfahren, dass die zersetzende Kraft der Kette dem elektrischen Strome und ausserdem einem von der chemischen Beschaffenheit einer jeden Stelle der Kette abhängigen Koefficienten proportional ist.

Erhält dieser Ausdruck einen positiven Werth, so zeigt diess an, dass die Losreissung des Bestandtheiles A gegen die Richtung der Abscissen erfolge; erhält aber jener Ausdruck einen negativen Werth, so giebt diess eine Losreissung im entgegengesetzten Sinne zu erkennen. Uebrigens nimmt man auf den ersten Blick wahr, dass die zersetzende Kraft der Kette stets durch den absoluten Werth des Ausdruckes bestimmt wird.

Ist $\alpha = \beta$, so verwandelt sich die zersetzende Kraft der Kette in

$$4i \,.\, z(1-z)(m-n) \,.\, S.$$

Ist $mz + n(1-z) = o$, d. n., sind die, in den vereinigten Bestandtheilen herrschenden, gebundenen elektroskopischen Kräfte gleich und entgegengesetzt, oder, was dasselbe sagen will, ist der in der Scheibe M befindliche Körper vollkommen neutral, in welchem Falle m und n stets entgegengesetzte Werthe haben, so erhält man für die zersetzende Kraft der Kette folgenden Ausdruck:

$$4i \,.\, \frac{mn}{n-m} \,.\, S.$$

Die Form des für die zersetzende Kraft der Kette gefundenen allgemeinen Ausdruckes giebt zu erkennen, dass diese Kraft verschwindet: Erstens, wenn $S = o$, d. h., wenn kein elektrischer Strom vorhanden ist; zweitens, wenn z $o=$ oder $z = 1$, d. h., wenn der zu zersetzende Körper nicht zusammengesetzt ist; drittens, wenn $m\beta - na = o$ ist, d. h., wenn die Dichtigkeiten der Bestandtheile den in ihnen liegenden, gebundenen elektroskopischen Kräften proportional sind, welcher Umstand bei Bestandtheilen von entgegengesetzter elektrischer Beschaffenheit nie eintreten kann.

Alle hier für die zersetzende Kraft der Kette gegebenen Ausdrücke erstrecken sich über den ganzen, zur betreffenden Stelle gehörigen, Querschnitt; will man den Werth der zersetzenden Kraft auf die Flächeneinheit zurückführen, so muss man jenen Ausdruck noch mit der Grösse des Querschnittes dividiren, wie in No. 30 an einem ähnlichen Beispiele schon erinnert worden ist.

33) Ist diese zersetzende Kraft der Kette im Stande, den purch ihren elektrischen Gegensatz bedingten Zusammenhang der in der Scheibe liegenden Bestandtheile zu überwinden; so hat diess nothwendig eine Veränderung in dem Mischungsverhältnisse der Bestandtheile zur Folge. Eine solche Aenderung in der physischen Konstitution der Kette muss aber zugleich auf den elektrischen Strom selbst rückwirkend sein und in ihm Veränderungen hervorrufen, deren nähere Kenntniss wünschenswerth ist, weshalb wir, dahin zu gelangen, die Mühe nicht scheuen wollen.

Wir denken uns zu dem Ende auf eine Strecke der galvanischen Kette einen flüssigen homogenen Körper, in welchem eine solche Zersetzung wirklich vor sich geht, so werden auf allen Punkten dieser Strecke die Elemente der einen Art mit grösserer Kraft nach der einen Seite der Kette sich hinzubewegen streben, als die der andern Art, und weil wir voraussetzen, dass durch die wirkenden Kräfte der Zusammenhang beider Bestandtheile überwunden wird, so folgt, wenn wir auf die Natur flüssiger Körper gehörig Rücksicht nehmen, dass die einen Bestandtheile sich in der That nach der einen, die andern Bestandtheile hingegen nach der andern Seite der Strecke hinziehen müssen, wodurch nothwendig auf der einen Seite ein Uebergewicht vom Bestandtheile der einen Art, auf der andern Seite hingegen ein Uebergewicht vom Bestandtheile der andern Art hervorgebracht wird. So wie aber ein Bestandtheil auf der einen Seite irgend einer Scheibe überwiegend ist, wird er sich durch sein Uebergewicht der Bewegung des gleichen Bestandtheiles in der Scheibe nach seiner Seite hin, in Folge der zwischen beiden stattfindenden repulsiven Kraft, widersetzen; daher hat die zersetzende Kraft jetzt nicht nur den Zusammenhang zwischen beiden Bestandtheilen in der Scheibe zu überwinden, sondern ausserdem auch noch die gegenwirkende Kraft in den Nachbarscheiben. Nun können zwei Fälle eintreten, entweder überwiegt die zersetzende Kraft des elektrischen Stromes fortwährend alle sich ihr entgegensetzenden Kräfte, und dann endigt sich die Wirkung offenbar mit einer gänzlichen Trennung der Bestandtheile, wobei die ganze Masse des einen sich nach dem einen Ende der Strecke hinzieht, und die ganze Masse des andern Bestandtheiles wird nach dem andern Ende dieser Strecke hingedrängt; oder es findet zwischen den wirkenden Kräften ein solches Verhältniss statt, dass die der Trennung widerstehenden Kräfte zu irgend einer Zeit der zersetzenden Kraft das Gleichgewicht halten, dann wird von dieser Zeit an keine fernere Zerlegung mehr stattfinden, und die Strecke wird sich in einem merkwürdigen Zustande einer besondern Vertheilung der beiden Bestandtheile befinden, dessen Natur wir nun erforschen wollen. Nennen wir Z die zersetzende Kraft des Stromes an irgend einer Scheibe der in der Zersetzung begriffenen Strecke, Y die Grösse der Gegenwirkung, womit die Nachbarscheiben der Zersetzung durch den elektrischen Strom widerstehen, und X die Grösse des Zusammenhanges der beiden Bestandtheile in derselben Scheibe, so wird offenbar der Zustand einer bleibenden Vertheilung innerhalb der vorgestellten Strecke bestimmt werden durch die Gleichung

$$X + Y = Z,$$

und es ist aus der vorigen Nummer schon bekannt, dass

$$Z = 4iz(1-z)\frac{m\beta - n\alpha}{\alpha z + \beta(1-z)} \cdot S;$$

oder wenn wir $\varkappa\omega\frac{du}{dx}$ für S setzen

$$Z = 4\,\varkappa\omega\,\frac{du}{dx}\cdot(1-z)\,\frac{m\beta - n\alpha}{\alpha z + \beta(1-z)}\,.$$

Ehe wir weiter vorwärts schreiten, fügen wir zu dem eben Gesagten noch folgende Bemerkungen hinzu. An den Grenzen der in Rede stehenden Strecke stellen wir uns die Kette so beschaffen vor, dass daselbst jeder ferneren Bewegung unübersteigliche Hindernisse in den Weg treten; denn es lässt sich sogleich einsehen, dass ausserdem die äussersten Schichten beider Bestandtheile — die, wie in die Augen fällt, von selbst nie ins Gleichgewicht kommen können — die Strecke in welcher wir sie uns bisher immer vorgestellt haben, verlassen, und entweder an die nächsten Theile der Kette übergehen, oder aus irgend andern Gründen von der Kette sich ganz und gar absondern müssten. Die zuletzt erwähnten Modifikationen der Erscheinung werden wir hier nicht weiter verfolgen, obgleich sie in der Natur häufig angetroffen werden, wie die Wasserzersetzung, die Oxydation oder Säuerung der Metalle auf der einen Seite, und eine bisher weniger beobachtete, aber durch Pohl's merkwürdige Versuche, über die von ihm sogenannte Reaktion der Metalle, in ihrem ganzen Umfange ausser allen Zweifel gesetzte, auf der andern Seite der Strecke an den Metallen vorfallende, chemische Aenderungen von entgegengesetzter Art hinlänglich darthun. Uebrigens wollen wir noch auf einen Unterschied aufmerksam machen, der zwischen der oben untersuchten Elektricitätsverbreitung und der jetzt betrachteten Molekularbewegung stattfindet. Wenn nämlich dieselben Kräfte, welche vorhin die Leitung der Elektricität bewirkten, und dort, gleichsam ohne Leib, ungehindert mit sich selber kämpfen, hier an Massen sich üben, durch die ihre freie Wirksamkeit beschränkt wird — eine Beschränkung, die, wir mögen die Elektricität an sich für etwas Materielles halten oder nicht, ihre jetzigen Geschwindigkeiten ohne allen Vergleich geringer als die vorigen machen muss —, so dürfen wir auf keinen Fall erwarten, dass der bleibende Zustand, den wir jetzt untersuchen, gleich dem oben bei der Elektricitätsvertheilung wahrgenommenen, augenblicklich eintreten werde; vielmehr haben wir uns darauf zu versehen, dass der in dem Mischungsverhältnisse beider Bestandtheile erfolgende bleibende Zustand erst nach einer merklichen, obschon längern oder kürzern, Zeit eintreten werde.

Nach diesen Bemerkungen gehen wir nun zur Bestimmung der einzelnen Werthe X und Y über.

34) Um den Werth X zu erhalten, haben wir blos zu berücksichtigen, dass die Stärke des Zusammenhanges durch die Kraft bestimmt wird, womit die beiden neben einander gelagerten Bestandtheile vermöge ihres elektrischen Gegensatzes sich einander anziehen oder abstossen, und also, wie in No. 30 dargethan worden ist, dem Produkte aus den, in den Bestandtheilen der Scheibe M liegenden, gebundenen elektroskopischen Kräften mz und $n\ (1 - z)$ proportional, und ausserdem von einer aus der Grösse, Gestalt und Entfernung der verschiedenartigen Körpertheilchen herzuholenden Funktion, die wir mit 4φ bezeichnen wollen, abhängig ist. Es ist demnach, wenn wir den Zusammenhang auf die Grösse des Querschnittes ω beziehen,

$$X = -4\,\varphi\, m\, n\, z\,(1 - z\,)\omega.$$

Wir haben dem für die Grösse des Zusammenhangs gefundenen Ausdrucke das Zeichen — vorgesetzt, weil eine gegenseitige Anziehung der Bestandtheile nur dann erfolgt, wenn m und n entgegengesetzte Zeichen haben; wenn m und n einerlei Vorzeichen haben, so äussern die Bestandtheile eine zurückstossende Wirkung auf einander, die der zersetzenden Kraft nicht mehr hinderlich, sondern förderlich ist. Nach dieser Erinnerung wird man nun auf den ersten Blick gewahr, dass der Funktion φ ein positiver oder negativer Werth beigelegt werden müsse, je nachdem der für die zersetzende Kraft Z genommene Ausdruck positiv oder negativ ist; daher springt das Zeichen der Funktion φ in das entgegengesetzte über, wenn die Richtung der Zersetzung von dem einen Bestandtheil auf den andern verlegt wird. Die Natur der Funktion φ ist uns so wenig bekannt, als die Grösse und Gestalt der Körperelemente, von denen sie abhängig ist; indessen können wir bei unserer Untersuchung ihren absoluten Werth als konstant ansehen, da die Grösse und Gestalt der auf einander wirkenden Körpertheilchen als unveränderlich gedacht werden muss, so lange die beiden Bestandtheile dieselben bleiben, und zu dem dürfte die Annahme, dass die beiden Bestandtheile in jedem Mischungs verhältnisse stets dieselbe Summe der Räume behaupten, eine Berücksichtigung der gegenseitigen Entfernung der chemisch von einander verschiedenen Körpertheilchen überflüssig machen, weil schon bei der Bestimmung der in der Scheibe M liegenden elektroskopischen Kräfte auf die relativen Entfernungen der Elemente eines jeden Bestandtheiles unter sich Rücksicht genommen worden ist.

35) Um nun die Grösse der Gegenwirkung Y zu bestimmen, welche in der Scheibe M der zersetzenden Kraft durch die gebundene Elektricität der Nachbarscheiben entgegen gestellt wird, haben wir nichts weiter zu thun, als in dem Ausdrucke für Z statt u die Summe der in der Scheibe M gebundenen elektroskopischen Kräfte zu setzen. Da nun die Summe dieser gebundenen Kräfte $m\varkappa + n(1-\varkappa)$ ist, so erhält man zur Bestimmung der Kraft Y, welche durch die Mischungsänderung der Bestandtheile hervorgebracht wird und der Zersetzung entgegen wirkt, nach gehöriger Bestimmung des Vorzeichens folgende Gleichung:

$$Y = 4\varkappa\omega\frac{dz}{dx}\cdot i(n-m)\cdot z(1-z)\cdot\frac{m\beta-n\alpha}{\alpha z+\beta(1-z)}.$$

Setzen wir nun die für x, y und z gefundenen Werthe in die Gleichung

$$X + Y = Z,$$

so erhalten wir, nach Weglassung des gemeinschaftlichen Faktors $4z(1-z)$ und geschehener Multiplikation der Gleichung durch $\frac{\alpha z+\beta(1-z)}{i(m\beta-n\alpha)}$, für die Bedingung des bleibenden Zustandes in dem Mischungsverhältnisse der beiden Bestandtheile nachstehende Gleichung:

$$o = \varkappa\omega\frac{du}{dx} + \frac{\varphi m n}{i(m\beta - n\alpha)}\cdot[\alpha z + \beta(1-z)]\,\omega - \varkappa\omega(n-m)\frac{dz}{dx},$$

welche, wenn wir

$$\frac{\varphi m n}{i(m\beta - n\alpha)} = \psi = \frac{\varkappa\varphi m n}{\varkappa'(m\beta - n\alpha)}$$

setzen, übergeht in

$$o = \varkappa\omega\frac{du}{dx} + \psi\omega[\alpha z + \beta(1-z)] - \varkappa\omega(n-m)\frac{dz}{dx}. \qquad (\mathfrak{d})$$

Diese Gleichung ändert sich nicht, wie auch die Natur der Sache verlangt, wenn man m, α, z und n, β, $1-z$ beziehlich mit einander verwechselt, und zugleich das Zeichen von φ in das entgegengesetzte verwandelt, wie nach der in der vorigen Nummer beigebrachten Erinnerung geschehen muss, weil durch diese Verwechselung die Richtung der Zersetzung von dem einen Bestandtheile auf den andern übertragen wird.

36) Um nun aus dieser Gleichung die Art der Vertheilung beider Bestandtheile in der Flüssigkeit, d. h. den Werth von z ableiten zu können. müssten wir das Leitungsvermögen $\varkappa$ und die elektroskopische Kraft u an jeder Stelle der in der Zersetzung begriffenen Stelle kennen, deren Werthe aber selbst wieder von jener Vertheilung abhängig sind. Die Erfahrung lässt uns über die Aenderung der Leitungsfähigkeit, welche eintritt, wenn zwei Flüssigkeiten in verschiedenen Verhältnissen mit einander gemischt werden, sowohl, als über das Gesetz der Spannungen, welches verschiedene aus denselben Bestandtheilen, aber in abgeändertem Verhältnisse gemischte Flüssigkeiten bei der Berührung befolgen, bis jetzt noch in Ungewissheit; denn in Bezug auf das letztere Gesetz sind, wenn wir nicht irren, noch gar keine Versuche angestellt, und das Gesetz der Aenderung in dem Leitungsvermögen einer Flüssigkeit durch Beimischung einer andern ist durch die hierüber von Gay Lussac und Davy gemachten Erfahrungen noch nicht entschieden ausgemacht. Aus diesem Grunde haben wir uns bewogen gefunden, den Mangel an Erfahrung durch Hypothesen zuzudecken. Wir haben dabei zwar stets die Natur der fraglichen Wirkung in ihrem Zusammenhange mit solchen, deren Eigenthümlichkeiten schon bekannter sind, aufzufassen uns bemüht, aber darum wollen wir die von uns gegebenen Bestimmungen doch für nichts weiter als für Fiktionen angesehen wissen, die nur so lange stehen bleiben sollen, bis wir durch die Erfahrung in den Besitz der wahren Gesetze gekommen sein werden.

Was nun zunächst die Aenderung in der Leitungsfähfgkeit eines Körpers durch Beimischung eines andern betrifft, so haben uns dabei folgende Betrachtungen geleitet. Wir dachten uns zwei neben einander liegende Theile einer Kette von einem und demselben Querschnitte ω, deren Längen v und w und deren Leitungsvermögen a und b sein mögen, so ist, wenn A die Summe der Spannungen in der Kette und L die reducirte Länge des noch übrigen Theiles der Kette bezeichnet, die Grösse ihres Stromes, wie sich aus den oben gefundenen Formeln ergiebt, folgende:

$$\frac{A}{L + \frac{v}{a\omega} + \frac{w}{b\omega}}.$$

Soll nun ein Leiter von der Länge $v + w$ und dem Leitungsvermögen $\varkappa$ bei demselben Querschnitte, anstatt der beiden vorigen genommen, den Strom der Kette ungeändert lassen, so muss bekanntlich

$$\frac{v}{a\omega} + \frac{w}{b\omega} = \frac{v + w}{\varkappa\, \omega}$$

sein, woraus man findet

$$\varkappa = \frac{ab\,(v + w)}{bv + aw}.$$

Nun ist es aber für die Grösse des Stromes völlig gleichgültig, ob die ganze Länge v neben der ganzen Länge w liege, oder ob aus beiden irgend wie viele Scheiben gebildet werden, die man in einer beliebigen Ordnung auf einander folgen lässt, wenn nur die äussersten Theile von derselben Art bleiben, weil ausserdem eine Aenderung in der Summe der Spannungen, somit auch in der Grösse des Stromes eintreten könnte. Dehnen wir dieses für jede mechanische Mengung gültige Gesetz auch auf die chemische Mischung aus, so giebt obiger für $\varkappa$ gefundene Werth offenbar das Leitungsvermögen des Gemisches zu erkennnen, wobei jedoch vorausgesetzt worden ist, dass die beiden Theile der Kette auch nach der Mischung noch dieselbe Summe ihrer Räume einnehmen, denn v und w sind hier augenscheinlich den Ausdehnungsgrössen der beiden mit einander gemischten Körper proportional.

Wenden wir nun dieses Resultat auf unsern Gegenstand an, und setzen deshalb statt v und w die Werthe x und $1 - x$, welche die Raumverhältnisse der beiden Bestandtheile in der Scheibe M ausdrücken, so erhalten wir, wenn a die Leitungsfähigkeit des einen Bestandtheiles A und b dasselbe für den Bestandtheil B, ferner $\varkappa$ die Leitungsfähigkeit des in der Scheibe M enthaltenen Gemisches aus beiden bezeichnet, für $\varkappa$ folgenden Ausdruck:

$$\varkappa = \frac{a\,b}{a + (b - a)\,z}.$$

37) Nachdem so das Leitungsvermögen an jeder Stelle der in der Zersetzung begriffenen Strecke bestimmt worden ist, bleibt nur noch die Natur der Funktion u an jeder solchen Stelle aufzufinden übrig, und da alle Spannungen und reducirten Längen in dem Theile der Kette, worin keine chemische Aenderung vorfällt, unveränderlich und gegeben sind, so wird in Gemässheit der in Nr. 18 gegebenen, auch in unserem jetzigen Falle noch gültigen allgemeinen Gleichung zur vollständigen Kenntniss der Funktion u nur noch erfordert, dass man die Spannungen und reducirten Längen für jede Stelle innerhalb der Strecke, worin die chemische Aenderung vorfällt, anzugeben wisse.

Es ist aber offenbar die reducirte Länge der Scheibe M

$$\frac{dx}{\varkappa\omega},$$

oder wenn wir für $\varkappa$ seinen eben gefundenen Werth setzen

$$\frac{a + (b - a)\,z}{a\,b\,\omega}\,dx;$$

wir erhalten demnach die reducirte Länge eines beliebigen Theiles jener Strecke, wenn wir den vorstehenden Ausdruck integriren, und die Grenzen des Integrals dem Anfang und dem Ende des Theiles entsprechend nehmen. Erwägt man nun, dass das Integral

$$\int \frac{a + (b - a)\,z}{a\,b\,\omega}\,dx$$

sich auch so schreiben lässt:

$$\frac{l}{b\,\omega} + \frac{b - a}{a\,b\,\omega^2}\int z\,\omega\,dx,$$

wenn l die Länge des Theils vorstellt, über welchen das Integral ausgedehnt werden soll, und dass $z\,\omega\,dx$ nichts anderes als den Raum ausdrückt, welchen der Bestandtheil A in der

Scheibe M einnimmt, mithin $\int z\,\omega\,dx$ die Summe aller Räume, welche der Bestandtheil A in dem Theile erfüllt, dessen reducirte Länge gefunden werden soll, so überzeugt man sich leicht, dass die reducirte Länge der ganzen in der Zersetzung begriffenen Strecke während der Dauer der chemischen Umwandlung unveränderlich dieselbe bleibe, weil, wie wir vorausgesetzt haben, jeder Bestandtheil unter allen Umständen stets dieselbe Summe seiner Räume behauptet. Dasselbe Resultat lässt sich auch unmittelbar aus dem, was in voriger Nummer aufgestellt worden ist, ableiten; es gilt jedoch diese Unveränderlichkeit *nur von der reducirten Länge der ganzen Strecke*, die reducirte Länge eines *Theiles* derselben ist im Allgemeinen nicht blos von der wirklichen Länge dieses Theiles, sondern auch von der jedesmaligen chemischen Vertheilung der Bestandtheile in der Strecke abhängig, und muss daher in jedem besonderen Falle auf die angezeigte Weise erst aufgefunden werden.

38) Schliesslich ist nun noch die Aenderung in der Spannung der Kette zu bestimmen übrig, welche durch die chemische Umwandlung der Strecke, von welcher bisher immer die Rede war, veranlasst wird. Zu dem Ende stellen wir, bis die Erfahrung uns eines Besseren belehrt, den Satz auf, dass die Grösse der elektrischen Spannung zwischen zwei Körpern, erstlich der Differenz ihrer gebundenen elektroskopischen Kräfte, und dann einer von der Grösse, Lage und Gestalt der Körpertheilchen, welche an der Berührungsstelle auf einander einwirken, abhängigen Funktion, die wir den *Koeffizienten der Spannung* nennen werden, proportional sei. Es lässt sich aus dieser Hypothese nicht nur das Gesetz ableiten, welches die Spannungen der Metalle unter einander beobachten, — wozu nichts weiter erfordert wird, als dass man zwischen allen unter einerlei Umständen sich befindenden Metallen denselben Koeffizienten der Spannung annimmt, — sondern sie enthält auch einen Erklärungsgrund für die Erscheinung, in Folge welcher die elektrische Spannung nicht blos von dem chemischen Gegensatze der beiden Körper, sondern auch von ihrer relativen Dichtigkeit abhängig ist, und darum sogar schon in verschiedenen Temperaturen verschieden sich zeigen kann. Aus

denselben Ursachen, die wir schon in Nr. 34 bei der Bestimmung des Zusammenhanges, welcher zwischen den beiden Bestandtheilen eines gemischten Körpers stattfindet, aufgeführt haben, werden wir auch hier die uns unbekannte, von der Grösse, Lage und Gestalt der sich berührenden Körpertheilchen abhängige Funktion in dem Umfange der chemisch veränderlichen Strecke konstant annehmen und mit φ' bezeichnen. Da nun die gebundene elektroskopische Kraft in der Scheibe M, zu welcher die Abscisse x gehört, ausgedrückt wird durch

$$n + (m - n)\, z,$$

und also die in der Scheibe M', zu welcher die Abscisse $x + dx$ gehört, durch

$$n + (m - n)\, z + (m - n)\, dz,$$

so ist die zwischen den Scheiben M und M' sich bildende Spannung

$$-\,\varphi'\,(m - n)\, dz,$$

folglich die Summe aller, im Umfange der einer chemischen Veränderung ausgesetzten Strecke veranlassten Spannungen

$$-\,\varphi'\,(m - n)\,(z'' - z'),$$

wenn z' und z'' diejenigen Werthe von z vorstellen, welche dem Anfange und dem Ende der besprochenen Strecke zugehören.

Es erleidet aber die Spannung der Kette ausser der eben zergliederten dadurch noch eine zweite Abänderung, dass die Enden der chemisch wandelbaren Strecke, welche mit dem übrigen chemisch unveränderlichen Theile der Kette in Verbindung stehen, während der Zersetzung bis zu ihrem bleibenden Zustande allmählig eine andere Natur annehmen, wodurch an jenen Stellen eine abgeänderte Spannung herbeigeführt wird. Nennen wir nämlich ζ den Werth von z, welcher allen Stellen der in Rede stehenden Strecke zukommt, ehe noch die chemische Veränderung in ihr begonnen hat, und bezeichnen wir den an den Enden dieser Strecke herrschenden Koeffizienten der Spannung, von dem wir voraussetzen, dass er an beiden Enden derselbe sei, mit φ'', drücken wir ferner durch μ und ν die gebundenen elektroskopischen Kräfte derjenigen Stellen des chemisch unveränderlichen Theiles der Kette aus, welche an der chemisch wandelbaren Strecke anliegen; so lassen sich die an diesen Stellen befindlichen Spannungen einzeln angeben. Sie sind nämlich, ehe noch die chemische Aenderung begonnen hat, folgende:

$$\varphi'' \; [\mu - (n + (m - n) \; \zeta)]$$

und

$$\varphi'' \; [(n + (m - n) \; \zeta) - \nu],$$

und nachdem der bleibende Zustand in der Zersetzung eingetreten ist, wenn man, wie eben, z' und z'' diejenigen Werthe von z sein lässt, welche in diesem Zustande jenen Stellen angehören, folgende:

$$\varphi'' \; [\mu - (n + (m - n) \, z')]$$

und

$$\varphi'' \; [(n + (m - n) \, z'' - \nu];$$

ihre Summe ist demnach in dem einen Falle

$$\varphi'' \; (\mu - \nu),$$

und im anderen Falle

$$\varphi'' \; (\mu - \nu) + \varphi'' \; (m - n) \; (z'' - z'),$$

mithin ist der an jenen Stellen eingetretene Zuwachs der Spannung

$$\varphi'' \; (m - n) \; (z'' - z').$$

Fügt man diese Aenderung der Spannung zu der eben gefundenen hinzu, so erhält man für den ganzen, durch die Zersetzung bis zum Eintritte des bleibenden Zustandes herbeigeführten Unterschied der Spannung

$$(\varphi'' - \varphi') \; (m - n) \; (z'' - z'),$$

welcher, wenn man $\varPhi$ statt $\varphi'' - \varphi'$ setzt, übergeht in

$$- \; \varPhi \; (n - m) \; (z'' - z').$$

Bezeichnet man nun durch S die Grösse des Stromes und durch A die Summe der Spannungen in der Kette, ehe noch eine chemische Veränderung begonnen hat, durch S' die Grösse des Stromes, nachdem der bleibende Zustand der chemischen Vertheilung eingetreten ist, endlich durch L die reducirte Länge der ganzen Kette, welche, wie wir gesehen, unter allen Umständen dieselbe bleibt, so folgt

$$S' = \frac{A - \Phi\,(n - m)\,(z'' - z')}{L},$$

oder, wenn man für $\frac{A}{L}$ das diesem Werthe entsprechende Zeichen S schreibt,

$$S' = S - \frac{\Phi\,(n - m)\,(z'' - z')}{L},$$

so dass also $\frac{\Phi\,(n - m)\,(z'' - z')}{L}$ die durch die chemische Vertheilung in der Grösse des Stromes veranlasste Verminderung bezeichnet.

39) Nach allen diesen Zwischenbetrachtungen gehen wir nun zur endlichen Bestimmung der chemischen Vertheilung in der veränderlichen Strecke, und der durch diese Vertheilung herbeigeführten Aenderung des Stromes in der ganzen Kette über, wobei wir jedoch stets nur den bleibenden Zustand der veränderten Strecke vor Augen haben werden. Setzt man in die Gleichung (♁), welche in Nr. 35 aufgestellt worden ist, für $\varkappa\omega\,\frac{du}{dx}$ seinen Werth S', der, wie wir eben gefunden haben, blos von bestimmten und unveränderlichen Werthen von Z abhängig, und deswegen in der Rechnung als eine konstante Grösse zu behandeln ist, ferner für $\varkappa$ seinen in Nr. 36 angegebenen Werth $\frac{a\,b}{a + (b - a)\,z}$, so verwandelt sich jene Gleichung in diese:

$$o = S' + \psi\,\omega\,\beta + \psi\,\omega\,(\alpha - \beta)\,z - \\ - \frac{a\,b\,\omega\,(n - m)}{a + (b - a)\,z} \cdot \frac{dz}{dx},$$

oder, wenn man $S' + \psi\,\omega\,\beta = \Sigma$ und $\psi\,\omega\,(\alpha - \beta) = \Omega$ setzt, in:

$$o = \Sigma + \Omega\,z - \frac{a\,b\,\omega\,(n - m)}{a + (b - a)\,z} \cdot \frac{dz}{dx},$$

aus welcher man durch Integration folgende ableitet:

$$c = \frac{(b - a)\,\Sigma - a\,\Omega}{a\,b\,\omega\,(n - m)}\,x + \log\,\frac{\Sigma + \Omega\,z}{a + (b - a)\,z},$$

wo c eine noch zu bestimmende Konstante vorstellt. Bezeichnet man durch χ die Abscisse derjenigen Stelle der chemisch veränderten Strecke, für welche z noch denselben Werth hat, der vor dem Eintritte der chemischen Zersetzung einer jeden Stelle dieser Strecke zukam, für welche also $z = \zeta$ ist, und bestimmt dieser Angabe gemäss die Konstante c, so erhält unsere letzte Gleichung folgende Gestalt:

$$\frac{\Sigma + \Omega z}{a + (b-a) z} = \frac{\Sigma + \Omega \zeta}{a + (b-a)\zeta} \cdot e^{\frac{(b-a)\Sigma - a\Omega}{a b \omega (n-m)}(\chi - x)},$$

wo e die Basis der natürlichen Logarithmen bezeichnet.

Zur Bestimmung des Werthes χ führt folgende Betrachtung. Da nämlich ζ den Raum bezeichnet, welchen der Bestandtheil A in jeder einzelnen Scheibe der veränderlichen Strecke vor dem Beginne der chemischen Zersetzung ausfüllt, so drückt, wenn man durch l die wirkliche Länge dieser Strecke bezeichnet, $l\,\zeta$ die Summe aller Räume aus, die der Bestandtheil A auf die ganze Ausdehnung der veränderlichen Strecke einnimmt; diese Summe muss aber, weil nach unserer Voraussetzung von keinem der Bestandtheile irgend etwas aus der genannten Strecke sich entfernt, und beide unter allen Umständen dieselbe Summe der Räume behaupten, auch nach erfolgter chemischer Zersetzung noch stets dieselbe bleiben. So erhält man

$$l\zeta = \int z\,dx,$$

wo für z sein aus der vorigen Gleichung sich ergebender Werth zu setzen ist, und als Grenzen des Integrals die dem Anfange und Ende der veränderlichen Strecke entsprechenden Abscissen zu nehmen sind.

Diese beiden letzten Gleichungen, in Verbindung mit der zu Ende der vorigen Nummer gefundenen, beantworten alle Fragen, die über den bleibenden Zustand der chemischen Vertheilung und die dadurch bewirkte Abänderung des elektrischen Stromes aufgeworfen werden können, und bilden sonach die vollständige Grundlage zu einer Theorie dieser Erscheinungen, deren Ausbau nur auf eine neue Zufuhr durch Versuche wartet, um nicht durch das Aufeinanderhäufen einer Menge problematischer Materialien sich in eine philosophische Leere zu verirren.

40) Am Schlusse dieser Untersuchungen wollen wir noch einen besonderen Fall herausheben, welcher zu Ausdrücken führt, die ihrer Einfachheit wegen die Art und Weise der durch die chemische Umwandlung der Kette herbeigeführten Aenderungen des Stromes bequemer überblicken lassen. Nimmt man nämlich an, dass $a = b$ und $\alpha = \beta$ ist, so verwandelt sich die in voriger Nummer aufgestellte Differenzialgleichung in folgende:

$$o = \Sigma\, dx - a\omega\,(n - m)\, dz,$$

aus der man durch Integration erhält:

$$z - \zeta = \frac{\Sigma\,(x - \chi)}{a\omega\,(n - m)},$$

wenn χ den Werth von x bezeichnet, für welchen $z = \zeta$ wird. Da in diesem Falle der Werth von z auf gleiche Unterschiede der Abscissen sich stets um gleich viel ändert, so muss die Abscisse χ, welche seinem mittleren Werthe ζ, wie er vor dem Beginne der Zersetzung an allen Stellen der veränderlichen Strecke vorhanden war, zugehört, auf die Mitte dieser Strecke hinführen. Stellen also z' und z'', wie vorhin, die Werthe von z vor, welche dem Anfange und dem Ende der chemisch wandelbaren Strecke entsprechen, und bezeichnet l die wirkliche Länge dieser Strecke, so folgt aus unserer letzten Gleichung

$$z'' - \zeta = + \tfrac{1}{2}\, \frac{l\,\Sigma}{a\,\omega\,(n - m)}$$

und

$$z' - \zeta = - \tfrac{1}{2}\, \frac{l\,\Sigma}{a\,\omega\,(n - m)},$$

und aus diesen beiden Gleichungen ergiebt sich:

$$(n - m)\,(z'' - z') = \frac{l}{a\,\omega} \cdot \Sigma,$$

oder, wenn man statt $\frac{l}{a\,\omega}$, wodurch hier nichts anders, als die unveränderliche, reducirte Länge der chemisch wandelbaren Strecke ausgedrückt wird, den Buchstaben λ setzt, folgende:

$$(n - m)\,(z'' - z') = \lambda\,\Sigma.$$

Setzt man diesen Werth von $(n - m)\,(z'' - z')$ in die in Nr. 38 gefundene Gleichung

$$S' = S - \frac{\Phi\,(n-m)\,(z''-z')}{L}$$

und zugleich statt Σ seinen Werth $S' + \psi\,\omega\,a$, so erhält man

$$S' = S - \frac{\Phi\,\lambda}{L}\,(S' + \psi\,\omega\,a),$$

eine Gleichung, deren Gestalt recht dazu geeignet ist, die Natur der durch die chemische Umwandlung herbeigeführten Aenderung des Stromes im Allgemeinen anzudeuten, und deren Aussagen mit den vielen Erfahrungen, die ich über das Wogen der Kraft in der Hydrokette gemacht, und nur zum kleinsten Theile mitgetheilt habe*), recht gut zusammen stimmen.

*) Schweigger's Jahrb. 1825, H. 1 [7], und 1826, H. 2 [15].

Anmerkung zu Seite 138.

Bei der Bestimmung der Elektricitätsmenge in den Theilen P und P' ist auf eine verschiedene Capacität dieser Theile für Elektricität nicht Rücksicht genommen worden. Nachdem die Erfahrung sich für eine Verschiedenheit in der elektrischen Capacität der Körper ausgesprochen haben wird, sind alle auf den Theil P sich beziehenden Elektricitätsmengen noch mit γ, die zu dem Theile P' gehörigen mit γ' zu multipliciren, wenn γ und γ' die Capacitäten der Theile P und P' bezeichnen.

VIII.

Nachträge zu Ohm's mathematischer Bearbeitung der galvanischen Kette; Sendschreiben des Dr. G. S. Ohm, Prof. zu Berlin, an den Hofrath Pfaff, Prof. zu Erlangen.

Kastner's Archiv für die gesammte Naturlehre, Bd. **14**, p. 475—493. 1828.

Sie haben durch Ihre nachsichtsvolle Rezension*) meiner galvanischen Kette einen Trieb zur Mittheilung in mir geweckt den ich ohne Umschweife und ohne Entschuldigung sogleich befriedigen will.

Zuerst gehe ich an eine einfache und allgemeine Bestimmung der Konstante in einer sich selbst überlassenen galvanischen Kette. Es sei $u = \frac{A}{L} y - O + C$ die allgemeine Gleichung für eine solche aus n Theilen zusammengesetzte Kette deren Andeutung ich als bekannt voraussetzen kann; es sei ferner $\gamma^{(m)}$ die Capacität, $k^{(m)}$ die Leitungsgüte, $\omega^{(m)}$ der Querschnitt, $l^{(m)}$ die wahre Länge, sowie $\lambda^{(m)}$ die reducirte Länge des $m$ten Theiles der Kette, vom Anfangspunkte der Abscissen x ab gerechnet; endlich soll $O^{(m)}$ den Werth von O ausdrücken, welcher diesem $m$ten Theile entspricht, und der Einfachheit halber soll $\Lambda^{(m)}$ die Summe $\lambda^{(1)} + \lambda^{(2)} + \dots + \lambda^{(m)}$ bezeichnen, sodass allgemein $\Lambda^{(m)} - \Lambda^{(m-1)} = \lambda^{(m)}$ ist. Dieses vorausgeschickt, lässt sich der allgemeinen Gleichung der Kette nachstehende, dem $m$ten Theile derselben entsprechende Gestalt geben:

---

*) In Kastner's Proteus I, H. 2, S. 349—377. P.

$$u = \frac{A}{L}\left(\varLambda^{(m-1)} + \frac{z}{k^{(m)} \cdot \omega^{(m)}}\right) - O^{(m)} + c,$$

wobei z die wahre Länge vom Anfange des unbestimmten $m$ten Theils bis zu einem beliebigen anderen seiner Punkte ausdrückt.

Um hieraus alle in dem $m$ten Theile der Kette enthaltene Elektricitätsmenge abzuleiten, hat man blos zu erwägen, dass $\omega^{(m)}\,dz$ den Rauminhalt des dem $m$ten Theile angehörigen, in der Entfernung z von dem Anfange dieses Theiles liegenden Elementes ausdrückt, mithin $\gamma^{(m)}\,\omega^{(m)}\,u\,dz$ die in diesem Elemente enthaltene Elektricitätsmenge mit Berücksichtigung einer verschiedenen Capacität für Elektricität. Aus dieser Elektricitätsmenge erhält man die in dem ganzen $m$ten Theile enthaltene, wenn man von $z = o$ bis $z = l^{(m)}$ integrirt. So ergiebt sich mit Zuziehung des eben angegebenen Werthes von u die in dem $m$ten Theile der Kette enthaltene Elektricitätsmenge wie folgt:

$$\gamma^{(m)}\,\omega^{(m)}\left(\frac{A}{L}\left(\varLambda^{(m-1)} + \frac{z}{k^{(m)}\,\omega^{(m)}}\right) - O^{(m)} + c\right) dz,$$

oder nach der Integration

$$\gamma^{(m)}\,\omega^{(m)}\,l^{(m)}\left(\left(\varLambda^{(m-1)} + \frac{\frac{1}{2}\,l^{(m)}}{k^{(m)}\,\omega^{(m)}}\right)\frac{A}{L} - O^{(m)} + c\right).$$

Bedenkt man nun, dass $\varLambda^{(m-1)} + \frac{\frac{1}{2}\,l^{(m)}}{k^{(m)} \cdot \omega^{(m)}}$ nichts anderes ist, als die reducirte Länge der Kette vom Anfange der Abscissen x bis auf die Mitte des $m$ten Theiles, und bezeichnet man diese reducirte Länge mit dem deutschen Buchstaben $\mathfrak{L}^{(m)}$, so erhält man ganz einfach für die gesammte in dem $m$ten Theile der Kette enthaltene Elektricitätsmenge folgenden Ausdruck:

$$\gamma^{(m)}\,\omega^{(m)}\,l^{(m)}\left(\frac{A}{L}\,\mathfrak{L}^{(m)} - O^{(m)} + c\right).$$

In der sich selbst überlassenen Kette muss nun die Summe aller in ihren n Theilen enthaltenen Elektricitätsmengen gleich null sein; man hat also:

$$o = \frac{A}{L}\,\Sigma\,\gamma^{(m)}\,\omega^{(m)}\,l^{(m)}\,\mathfrak{L}^{(m)} - \Sigma\,\gamma^{(m)}\,\omega^{(m)}\,l^{(m)}\,O^{(m)} + c\,\Sigma\,\gamma^{(m)}\,\omega^{(m)}\,l^{(m)},$$

wenn man durch das Zeichen Σ andeuten lässt, dass in dem darauf folgenden Produkte für m allmählig die Zahlen $1, 2, 3, \ldots . n$ zu setzen sind und dann die Summe aller dieser einzelnen Produkte genommen werden muss. Hieraus erhält man nun sogleich in völliger Allgemeinheit:

$$c = \frac{\Sigma\, \gamma^{(m)}\, \omega^{(m)}\, l^{(m)}\, O^{(m)} - \frac{A}{L}\, \Sigma\, \gamma^{(m)}\, \omega^{(m)}\, l^{(m)}\, \mathfrak{L}^{(m)}}{\Sigma\, \gamma^{(m)}\, \omega^{(m)}\, l^{(m)}}$$

Diese Resultate stimmen mit jenen in meiner Schrift für die zweigliederige Kette gegebenen vollkommen überein.

Durch vorstehende nähere Beleuchtung eines *Punktes der galvanischen Kette*, bei welchem Sie mir, und nicht mit Unrecht, einen Mangel an Liebe vorrücken, habe ich blos meine Achtung gegen Ihr Urtheil aussprechen wollen, und um meine dortige Einsilbigkeit zu erklären, füge ich noch folgende Bemerkungen hinzu. Da ich nämlich von der Ansicht ausgegangen bin, dass das Wesen der elektrischen Spannung blos darin bestehe, dass auf beiden Seiten der Berührungsstelle ein konstanter Unterschied in der elektrischen Kraft hervortrete, nicht aber, dass gleiche und entgegengesetzte elektrische Zustände sich fordern, so habe ich den hier näher entwickelten Fall dort weniger beachtet, als einen solchen, der nur dann eintritt, wenn kein anderer eintreten kann, d. h. wenn die Kette in dem seltenen Falle sich befindet, *beide Elektricitäten fortwährend in gleicher Menge aus sich zu erzeugen und über sich verbreiten zu müssen*. Zwar bin ich geneigt, den Grundsatz, nach welchem beide E E. aus einem zuvor indifferenten Zustande stets nur in gleicher Menge hervorgehen, für einen ganz allgemeinen anzusehen, obgleich *Jäger's Versuche an dem Turmaline* in dieser Hinsicht noch einen Wunsch übrig lassen, der durch die neuesten Versuche *Becquerel's* an diesem merkwürdigen Körper keineswegs gestillt worden ist. Beide Beobachter stimmen darin überein, dass der Turmalin unter Umständen nur die eine E. auf seiner ganzen Oberfläche erzeuge, ohne dass sie nachweisen, wo in diesem Falle die andere hingekommen ist. Wie dem aber auch sein mag, so ist doch soviel wenigstens gewiss, dass die von dem Einflusse der Luft unabhängige Kette durchaus kein Bestreben äussert, ihren natürlichen Zustand zu erhalten, oder ihn wieder herzustellen, nachdem sie ihn verloren hat, so dass die Konstante c ihre Bestimmung schon durch die leiseste äussere Einwirkung auf die Kette erhalten müsse, und also, in der Ausübung wenigstens, die dem natürlichen Zustande der Kette zukommende Bestimmung der Konstante ausser Acht zu lassen ist. Es spricht diese Bemerkung theoretisch aus, was die laute Klage so vieler Beobachter schon längst praktisch angezeigt hat, dass es nämlich so schwer halte, den unteren Pol einer Säule, selbst durch die besten Nichtleiter, als da sind Glas, Harz, Seide u.s.w. vollkommen zu isoliren, weswegen Prof. G. Bischoff zu einer Vereinigung mehrerer Nichtleiter unter einander zu diesem Zwecke seine Zuflucht nahm. Es wäre nicht uninteressant zu untersuchen, ob nicht doch, wie ich vermuthe, selbst in dem Falle, wo dieser sorgfältige Experimentator eine vollkommene Isolirung hervorgebracht zu haben versichert, einer der Pole nach Ablauf einer längeren Zeit seinen natürlichen elektrischen Zustand verlieren werde. Die Theorie giebt zu erkennen, dass jedesmal derjenige Pol der Säule, welcher mit dem weniger wirksamen Nichtleiter in Verbindung steht, nach Ablauf der dazu erforderlichen Zeit stets null elektrisch werden müsse, wenn nicht etwa der natürliche Zustand der Säule mit einer gewissen, wenn auch noch so kleinen Kraftäusserung sich zu erhalten strebt. Versuche, welche meine eben gemachte Vermuthung widerlegen, würden zugleich das Dasein eines Triebes der Säule zur Erhaltung ihres natürlichen Zustandes bestätigen.

Dass aber an der galvanischen Kette noch ein Etwas zu erforschen sei, worüber die bisherige Erfahrung gänzlich schweigt, das beweist, besser noch als die eben gemachten Bemerkungen, die Natur derjenigen galvanischen Ketten, auf welche die Luft Einfluss hat, was doch genau genommen von einer jeden Kette gilt, denn die physische Null zeigt hier nur das sehr Kleine und darum im Allgemeinen zu Vernachlässigende an. (Dieselbe Rücksicht war es, welche mich verführt hat, in der von der Zeit unabhängigen galvanischen Kette doch von der Zeit zu sprechen.) Ich spreche hier von der ziemlich im Hintergrunde meiner Schrift angelegten Falte, die aber demungeachtet Ihrem emsigen Blicke nicht zu entgehen vermochte. Aller Wahrscheinlichkeit nach ist freilich, wie Sie ganz richtig bemerkt haben, auch in der Kette, auf welche die Luft einwirkt, die Gleichheit des Stromes auf beiden Seiten der Berührungsstelle zur Bedingung zu machen; thut man dies aber, so wird hier der Zustand der Kette völlig bestimmt und derselbe, wie ich ihn für eine sich selbst überlassene Kette angegeben habe. Diese sonderbare Erscheinung führt dann aber nothwendig zu folgenden Distinktionen: Entweder die Gleichheit des Stromes auf beiden Seiten einer beliebigen Fläche bewährt sich in der That nicht streng, oder äussere Einflüsse können in einer solchen Kette keine Abänderungen veranlassen, oder, was wohl das Natürlichste sein wird, es stehen die zur Gleichung erforderlichen inneren Elemente einer solchen Kette in einer noch unbekannten Abhängigkeit zur Stärke des äusseren Einflusses auf die Kette. Ueber diese Alternativen können nur Versuche entscheiden; aber eben weil ich Thatsachen noch nicht zu geben hatte, habe ich jenen Punkt in der Schrift lieber gänzlich mit Stillschweigen übergangen. Sie sehen übrigens, wie Ihre kritischen Zweifel durch meine Bemerkungen nur um so mehr an Kraft gewinnen.

Nicht ohne Vergnügen habe ich dergleichen in Ihrer Beurtheilung vorkommende schwache Stellen meiner Schrift wieder gefunden. Das Hervorheben solcher Unvollkommenheiten giebt so gut wie die Billigung des weniger tadelnswerthen Theiles die Bedeutung des Kritikers und seinen Antheil an der Sache zu erkennen. So wie der spekulative Theil meiner Arbeit an Ihnen, so hat der experimentale Theil derselben an Berzelius im 7. Jahrgang seines Berichtes *einen ruhigen und vorurtheilsfreien Beurtheiler gefunden*, ermuthigend und billigend auf der einen Seite, und zur Prüfung und Vorsicht ermahnend auf der anderen. So spricht sich der Mann aus, dem es Ernst um die Wahrheit ist. Im 6. Jahrgange desselben Berichtes findet sich ein zufälliges Missverständniss vor, dessen ich hier erwähne, weil ich zu befürchten Ursache habe, dass der allgemein anerkannte Scharfsinn jenes Mannes und seine gewohnte Treue Manchen von *der näheren Prüfung seiner Behauptung abhalten könnte.* S. 19 ganz unten heisst es daselbst: „Ohm hat übrigens bemerkt, dass die Verstärkung von elektrischer Intensität, die dadurch entsteht, dass die Leitung zwischen den Polen einer Säule unterbrochen wird, der Säule nicht ohne Leiter angehört, dessen leitende Kraft vom ersten Augenblicke an bis zu einem gewissen Minimum abnimmt, wobei sie sich dann erhält; was er dadurch zu beweisen sucht, dass die Erscheinung stattfindet, wenn auch die Metalle noch in der Flüssigkeit stehen; wäre aber diese Ansicht richtig, so würde, wenn man einen kleinen Theil eines langen Platindrahtes zwischen den Leitern eines grösseren elektrischen Paares glühen gelassen hat, bis dass er nicht mehr glüht, das Glühen wieder von Neuem anfangen, wenn man, ohne die Leitung zu unterbrechen, den Draht so stellt, dass eine neue Stelle, die nun ein neuer oder ausgeruhter Leiter ist, das Paar oder die Säule ausladet. Aber diess findet nicht statt." Der Irrthum liegt darin, dass Berzelius die Meinung hegt, ich habe die Intensitätsverminderung in eine gewisse Modifikation, die der Leiter annimmt, während er die Kette schliesst, gelegt; allein das Wahre ist, dass ich an den Orten, auf welche sich die Rede bezieht (Poggendorf's Annal. IV. 79. Schweigger's Journal für Chemie u. Physik. N. R. XIV. 110 [1] u. 359 [11]) nur Thatsachen berichtet und durchaus keine Erklärung gewagt habe; der von Berzelius angeführte Gegenversuch kann aber nur eine solche Erklärung, nicht meine aufgestellten Erfahrungssätze treffen. In dem hier erwähnten Missverständnisse liegt auch der Schlüssel dazu, warum da, wo ich in Bezug auf das Steigen und Fallen der Kraft bei verändertem Zwischenleiter in der elektrischen Kette sage: „Die elektrische Kraft ist bei jedem Leiter im ersten Augenblicke der Schliessung der Kette am stärksten, nimmt von da an allmählig ab und gelangt endlich zu einem Minimum" Berzelius mich sagen lässt: Die leitende Kraft des Leiters etc.

Da das hier besprochene, in dem Anhange zu meiner Schrift theoretisch abgehandelte Wogen der Kraft die Aufmerksamkeit der Naturforscher im vollen Maasse verdient, so will ich Ihnen ein Paar von meinen im Jahre 1825 an der einfachen Hydrokette hierüber angestellten Versuchen mittheilen, die vielleicht besser als das gedrängte Wort den Sinn der Natur auszudrücken vermögen. *a*, *b*, *c*, *d*, *e*, *f* bezeichnen Leiter von gleicher Dicke und respective 1, 3, 6, $10^1/_3$, 23, 75 Fuss Länge aus demselben Stücke Messingdraht; *o* bezeichnet einen Leiter von nur $^1/_3$ Fuss Länge und weit grösserem Querschnitte. Die Kette, deren unveränderlicher Theil unter der in einer Drehwage aufgehängten Magnetnadel weglief, wurde mit dem Leiter *o* längere Zeit hindurch geschlossen. Am Ende dieser Zeit zeigte die Drehwage eine Kraft von 72 Theilen an. Jetzt brachte ich den Leiter *f* in die Kette und hob, sowie *f* sie schloss, den Leiter *o* heraus. Die erste Messung der Kraft, welche ich in der möglichst kürzesten Zeit herbei zu führen bemüht war, gab nun 39 Theile und nach Ablauf von zwei Minuten war die Kraft von 39 auf 44 Theile gestiegen. Als ich nun die Kette wieder auf die angezeigte Weise mit dem Leiter *o* schloss, zeigte die Messung eine nach und nach durch viele Theile hindurch sinkende Kraft an, die nach Ablauf von zwei Minuten 62 Theile erlangt hatte. Eine Wiederholung des Versuches an dem Leiter *f* liess die Kraft wieder von ihrem so schnell als möglich beobachteten Stande 37 nach Ablauf der zwei Minuten auf 41 steigen; und so ging es fort, wie oft ich auch die Abwechselung der beiden Leiter vornehmen mochte.

Noch deutlicher spricht sich die Natur dieses Wogens in folgender Abänderung des Versuches aus. Ich schloss durch einen der Leiter *a, b, c, d, e, f* die Kette, und nachdem ich durch Drehung die Magnetnadel auf Null, d. h. in ihre Stellung vor dem Schliessen der Kette zurückgeführt und die Grösse der dazu erforderlichen Drehkraft aufgezeichnet hatte, hielt ich die Nadel in dieser Lage durch einen zur Seite angebrachten Widerstand fest, so dass sie durch fortgesetzte Drehung nach derselben Seite hin nicht aus ihrer Stellung getrieben werden konnte, nach der anderen Seite aber jede beliebige Abweichung anzuzeigen im Stande war. Hierauf setzte ich die Drehung um eine gewisse Anzahl von Theilen fort und schloss die Kette, ohne den vorigen Leiter aus ihr heraus zu nehmen, noch überdies mit dem Leiter *o*.

Dabei konnte der Erfolg ein dreifacher sein: entweder die Nadel verliess den angebrachten Widerstand gar nicht, wodurch der Beweis geführt ward, dass die angewandte Drehkraft in einem unbekannten Verhältnisse grösser war, als die Kraft der so geschlossenen Kette auf die Nadel; oder die Nadel ging bedeutend nach der dem Hindernisse entgegengesetzten Seite ab, und dann war die Kraft der Kette auf die Nadel beträchtlich grösser, als die Kraft der Drehung; oder die Nadel verliess den Widerstand im Augenblicke der Schliessung mit dem Leiter *o* nur eben um eine bemerkbare Weite, und legte sich im nächsten Augenblicke darauf wieder fest an ihn an, dann konnte man sicher sein, dass die Kraft der Kette auf die Nadel und die Kraft der Drehung sehr nahe einander gleich waren. Jeden solchen Versuch wiederholte ich jedesmal vom Anfange bis an's Ende (d. h. von der Bestimmung der Kraft der Kette an einem der Leiter *a, b, c, d, e, f* bis zum Ergebniss, welches die vermehrte Schliessung durch den Leiter *o* herbeiführte) so lange, bis der hier beschriebene dritte Erfolg eintrat, durch welchen eine Vergleichung der Kraft der Kette in den zwei verschiedenen Fällen der Schliessung gegeben wurde. So gelangte ich zu nachstehenden Resultaten:

Die Nadel ging noch so eben ab

bei 69	Theilen, während der Leiter	*a* 64	Theile zeigte
- 70	- - - -	*b* 58½	- -
- 72	- - - -	*c* 53½	- -
- 78	- - - -	*d* 49	- -
- 102	- - - -	*e* 39	- -
- 161	- - - -	*f* 27½	- -

und als nun die Kette zwei Minuten lang offen geblieben war, und hierauf mit dem Leiter *o* geschlossen wurde, ging die Nadel noch eben ab bei 300 Theilen.

In allen diesen Versuchen wurde die Veränderung der Kette durch den Leiter *o* jedesmal erst dann vorgenommen, nachdem die Kette zwei Minuten lang in ihrem unmittelbar vorangegangenen Zustande, dessen Grösse am Ende dieser Zeit bestimmt wurde, verharrt hatte. Die mitgetheilten Versuche sind unmittelbar hinter einander in derselben Ordnung, in welcher sie hier auf einander folgen, angestellt worden, so dass das Steigen der Kraft der Kette bei der Schliessung mit dem Leiter *o* durch die allmählige Veränderung der Flüssigkeit in der Kette höchstens nur zu schwach ausfallen konnte. Auch hatte ich zur sicheren Herbeiführung der grösstmöglichen Constanz in den Erscheinungen ununterbrochen die Vorsicht beobachtet, dass, wenn ich die Kette mit einem neuen Leiter schliessen wollte, ich erst dann, nachdem dieses geschehen war, den alten Leiter aus der Kette wegnahm.

Diese wenigen Angaben werden hinreichend sein, Ihnen ein vollständiges Bild von dem Zustande einer Hydrokette, während sie durch Leiter von verschiedener Güte geschlossen wird, zu entwerfen und die Art anzudeuten, wie ihre innere Thätigkeitsbestimmung mit der unvollkommeneren Schliessung zunimmt. Unter den Tausenden von Versuchen in meinem Tagebuche findet sich nicht ein einziger, wo ich gleichstoffige Leiter von einerlei Länge und Dicke mit einander verglichen habe, was doch wohl geschehen wäre, wenn ich diese Veränderungen einer innerhalb des Leiters vorfallenden Modifikation der Kette zugeschrieben hätte. Ich fühle wohl, dass ich durch die detaillirte Angabe solcher Versuche dem Uebel eines Missverständnisses entgangen wäre; allein ich hatte späterhin einen Plan mir entworfen, nach welchem ich alle bei der Hydrokette noch störenden Unregelmässigkeiten und Unsicherheiten zu überwältigen gedachte, und damals hatte ich die Hoffnung noch nicht aufgegeben, den Plan ausführen zu können, noch ehe die Fähigkeit und Lust dazu mir vergangen wäre; darum trug ich Bedenken, die Wissenschaft, die an Ballast wahrlich keinen Mangel leidet, mit halb genügenden Versuchen zu beschweren, um so mehr, als die grosse Kluft zwischen einer quantitativen und qualitativen Bestimmung eines Gegenstandes mir in der Physik, zum Nachtheile der Wissenschaft, weit weniger ausgesprochen und angenommen zu sein schien als in der Chemie; eine unvollkommene Analyse war aber nicht geeignet, diese Unterscheidung in ihre volle Kraft treten zu lassen.

Da ich nun einmal mit der Kritik in nähere Berührung gekommen bin (ein seltener Fall, in dem ich mich befinde!)

und ich im Grunde auch nichts Besseres zu thun habe, als bei ihr zu verkehren, so begleite ich sie in ihre Schlupfwinkel, rathe Ihnen aber, mein kritischer Freund, das Folgende nur dann zu lesen, wenn Sie ebenfalls nichts Besseres zu thun haben; denn ich verirre mich in die Regionen der Jahrbücher für wissenschaftliche Kritik zu Herrn Pohl. Sie haben jedoch nicht zu fürchten, dass ich den Inhalt der Flammenvorrede zur selbständigen Kritik, wie sie sich selbst nennt, berühren werde; nein, nur die Kritik selbst, ihre reelle Substanz, führe ich Ihrem Blicke vorüber. Zuerst wird darin die Menge des in der Schrift bedruckten Papiers berechnet, auf gehörig engen Druck reducirt und dann darauf hingewiesen, wie in dem herausgebrachten $^1/_3$ Alphabet sich bereits der Abstand zwischen Prätension und Leistung reflectire. Wahrlich ein sehr handgreiflicher Beweis, wobei mich weiter nichts geärgert hat, als dass dem Kritiker entgangen ist, wie in dem Büchlein alle darin vorkommenden Dinge doppelt gegeben sind, so dass das $^1/_3$ Alphabet sich in $^1/_6$ verwandelt, und also obige Beweiskraft an Umfang das Doppelte gewinnt, worauf solche, für welche jene Rechnung ist, aufmerksam zu machen, mein Gewissen mich antreibt. Weiterhin werde ich zu einem blosen Nachbeter, und zwar in höchst verkleinertem Maassstabe, deshalb gestempelt, weil ich es gewagt habe, bei der Behandlung der Elektricität mich derselben Mathematik zu bedienen, die schon von Anderen auf andere Gegenstände angewendet worden ist. Hierbei sind mir aber, ich muss es bekennen, einige Stellen dunkel geblieben, um deren Aufhellung ich Sie, geschätzter Freund, recht dringend ersuche. Erstlich nämlich äussert sich die selbständige Kritik folgendermaassen: „Für geübte Kenner und Männer vom Fach (für selbstständige Kritiker?) bedurfte es nur einer Nachricht, in wie fern die Ergebnisse des Versuches mit einer solchen theilweisen Uebertragung der vorhandenen Theorie mit der Erfahrung übereinstimmen oder nicht.“ Worauf hätte ich bei dieser Nachricht hinweisen sollen? So weit meine Kenntniss reicht, ist auch nicht eine einzige Formel meines Büchleins, womit ich Ergebnisse des Versuches hätte zusammenstellen können, in den Werken meiner Vorbilder quoad Wärme zu finden, aus dem ganz einfachen Grunde, weil der specielle Fall, den ich in der Elektricitätslehre herausgehoben habe, in der Wärmelehre von gar keiner Bedeutung erschien. Können Sie oder Herr Pohl diese Frage mir nicht genügend beantworten, so bin ich zu dem Schlusse berechtigt, dass die selbstständige Kritik die grosse Aehnlichkeit zwischen der Elektricitäts- und Wärmelehre erst und lediglich aus dem $^1/_6$ Alphabet kennen gelernt hat. Ferner sagt die Kritik: „dass der Verfasser der galvanischen Kette auf einen Unterschied in den Dimensionen der Leitung so wenig als auf eine elektrische Capacitätsverschiedenheit Rücksicht zu nehmen für gut befunden hat.“ Ich kenne nur eine einzige Stelle, wo die Capacitätsverschiedenheit ausser Acht gelassen worden ist, und die befindet sich unter den Druckfehlern angezeigt. Diesen Fall, wie sich von selbst versteht, abgerechnet, wo habe ich die Dimensionen der Leitung oder die Capacitätsverschiedenheit unberücksichtigt gelassen? Sie werden fühlen, edler Freund, dass eine Nichtbeantwortung dieser Frage die selbstständige Kritik in den Verdacht bringen muss, als habe sie ihre Stützpunkte aus einer Spinnstube an sich gebracht. Wie hätte sonst auch wohl, wie es in der Kritik geschehen ist, ein Lehrer der Mathematik die Behauptung aufstellen können, dass die Behandlung der Gleichungen durch eine Nichtberücksichtigung der Dimensionen der Leitung und einer Capacitätsverschiedenheit um so leichter geworden sei!! Wäre eine solche Erleichterung eingetreten, so wäre es allerdings meine Pflicht gewesen, die Capacität wenigstens, von der das Experiment noch keine Spur aufgewiesen hat, ausser Acht zu lassen. — Die beiden vorigen Fragen haben indessen blos die Wahrheit zum Zwecke, man kann sich auf die Sitte der Zeit berufen und sie sammt ihrer Beantwortung zum Gegenstande eines Spasses machen; aber bei der dritten Frage, die ich jetzt vorlegen werde, werde ich es, rechnen Sie darauf, genauer nehmen, und keine Scheinweisheitslehre soll jenen Recensenten vor der Benennung schützen, zu deren Besitz er sich durch seine Art sich auszudrücken das Recht erworben hat. Die selbständige Kritik aber spricht sich so aus: „der Verfasser hat den sonst lobenswerthen Zusammenhang seiner mathematischen (für Schüler der Mathematik als Beispielsammlung recht brauchbaren) Entwickelung an einzelnen Stellen (Sie werden sie leicht errathen!) durch manche verfehlte Reflexionen *und Seitenblicke gestört, wohin unter anderen besonders sein* Räsonnement über Laplace gehört, das auf eine nicht unwesentliche Parallele zwischen diesem und dem Verfasser, und zwar zu Gunsten des letzteren, hinausläuft." Wo steht nun diese Parallele zwischen Laplace und dem Verfasser? Aber glauben Sie nicht, dass ich bei der Beantwortung dieser Frage eine Drehung und Wendung in den Ausdrücken zulassen werde. Erfolgt auf diese Frage eine befriedigende Antwort, so will ich Herrn P. nicht zumuthen, das Wort „ausgesöhnt", welches sich auf thatsächliche Aeusserungen Anderer stützt, und ihm so anstössig ist, hinunter zu schlucken; erfolgt diese aber nicht, so hat sich die selbständige Kritik das Urtheil selbst gesprochen, dass sie zu ihren Zwecken eine ungegründete und muthwillige Verunglimpfung der Personen nicht wohl entbehren kann.

Wenn die wissenschaftliche Kritik ferner sagt, dass noch manche Nachweisungen, die Uebereinstimmung der Theorie mit der Erfahrung betreffend, zu wünschen übrig bleiben, so hat sie Recht, aber Unrecht sogleich wieder, wenn sie alle diese Nachweisungen, die Allen angehören, dem Verfasser allein aufbürden will. Ich bin mir bewusst, zu diesem Zwecke mehr gethan zu haben, als selbst der unbilligste Mensch von mir zu fordern berechtigt war, mehr vielleicht als je in einem ähnlichen Falle geschehen ist, und obgleich ich bei weitem nicht alle Prüfungen meiner Theorie zu öffentlichen gemacht habe (wozu das auch, es könnte ja, und die Beispiele liegen nahe, der experimentirende Theoretiker in dem Versuche nur sehen, was seine spekulative Idee sehen will!), so sehe ich doch ruhig einem späteren Urtheile in dieser Hinsicht entgegen, selbst wenn die Umstände mir von jetzt an jede fernere Einmischung in diese Angelegenheit verbieten sollten. Jedoch finde ich mich zu der ausdrücklichen Erklärung veranlasst, dass alle Hinweisungen auf fremde sowohl als auf eigene Erfahrungen in der Einleitung zur galvanischen Kette zu suchen sind, wo auch Sie, mein gütigerer Richter, eine von Ihnen vergeblich in der Schrift selbst gesuchte Nachweisung finden werden. Diese Nachweisungen konnten deshalb ganz kurz (was mir noch zum Vorwurfe gemacht wird) ausfallen, weil die Männer, auf welche sie sich beziehen, bei ihren Beobachtungen ganz frei von philosophischen Vorurtheilen sich erhalten haben. Dem Beweise des Recensenten, dass meine Konstatirung der Theorie eine blos scheinbare sei, lässt sich eine Stelle meiner Schrift (S. 193 [160]) mit der Bemerkung entgegen setzen, dass der Schriftsteller allerdings von der ihm zustehenden Befugniss Gebrauch gemacht habe, und aus Furcht vor einer nachtheiligen Breite im Vortrage Gebrauch machen musste, nämlich von seinem Leser in einer so neu betretenen Bahn zu erwarten, dass er erst alles, worauf die Schrift sich bezieht, gewürdigt haben würde, ehe er ein absprechendes Urtheil über sie sich herausnimmt. Am auffallendsten war mir der Umstand, dass der Recensent die Annahme eines spezifisch verschiedenen Leitungsvermögens in den Körpern eine unbefugte nennt, denn da habe ich ja doch weiter nichts gethan, als was von ihm so oft geschieht, nämlich ein mir völlig unbekanntes Ding wie einen guten alten Bekannten bei seinem Namen genannt. Oder sind vielleicht nur Leute von gewisser Art, etwa blos am Hofe geborene und erzogene, dazu befugt mit Qualitäten umzuspringen? Das wäre ein Privilegium, was manchen ehrlichen Mann, der sich des so bequemen Dinges ganz und gar entschlagen müsste, zur Verzweiflung bringen könnte.

Noch schlimmer als dem Haupttheile des Buches ist es seinem Anhange ergangen, er wird mit ein paar Worten nicht etwa abgespeist, sondern geradezu verworfen. Es ist dies derselbe Anhang, den Sie, Herr Recensent, fast bis an die Wolken erheben, und so bleibe ich armer Teufel gleichsam zwischen einem gnädigen Richter und einem unbarmherzigen Nachrichter in der Luft schweben; aber wie will ich in mein Fäustchen lachen, wenn es mir gelingen sollte, während ihr euch um den Sünder zanket, euch beiden zu entwischen.

Am Schlusse der Kritik steht: „Nicht ohne Widerstreben und nur aus Rücksicht auf Missdeutungen, welche bei der einmal dargebotenen Gelegenheit zu sprechen, unser Stillschweigen über den folgenden Punkt veranlassen könnte, erwähnen wir schliesslich nur noch des Umstandes, dass der Verfasser, da wo auf Resultate unserer eigenen Arbeiten von ihm Rücksicht genommen worden, diese unter Beziehungen erwähnt hat, die wir nur als verfehlt, und als Beweise ihres ihm mangelnden Verständnisses ansehen können." Da die hier besprochenen Stellen meiner Schrift in Folge der vornehmen Verbindung, in welche sie der Zufall gebracht hat, einige Celebrität zu erlangen nicht verfehlen können, so zeige ich sie Ihnen, das Aufsuchen zu ersparen, hiermit ergebenst an; sie stehen S. 129 [126] u. S. 222 [174].

Dr. G. S. Ohm.

IX.

Experimentale Beiträge zu einer vollständigen Kenntniss des elektromagnetischen Multiplikators.

Schweigger's Journ., Bd. **55**, p. 1—64. 1829.

Vor längerer Zeit schon und auch im vergangenen Jahre wieder*) hat Schweigger als wesentlich zur Kenntniss seines Multiplikators eine besondere Eigenthümlichkeit schwach wirkender hydroelektrischer Ketten hervorgehoben, die darin besteht, dass der Widerstand, welchen jede längere Drahtleitung dem Durchgange der Elektricität entgegensetzt, weit vollkommener von schwacher als von starker Elektricität besiegt werde, ja dass bei sehr schwacher Elektricität selbst eine sehr grosse Drahtlänge auf die Grösse des Stromes von gar keinem Einflusse mehr sei. Ich war begierig zu sehen, wie sich die Theorie, welche ich kürzlich in einer besonderen Schrift (die galvanische Kette, mathematisch bearbeitet von Dr. G. S. Ohm, Berlin bei Riemann 1827.) dem physikalischen Publicum zur Prüfung vorgelegt habe, über diesen Punkt vernehmen lassen werde; und weil Beobachtungen der Art in der That wesentlich für die Theorie des Multiplikators, so hielt ich es der Sache angemessen, bei dieser Nachsuchung zugleich auf die in jenem Falle stattfindende besondere Form der Anzeigen des Multiplikators mein Auge hinzulenken. Auf meine dahin

---

*) S. d. Jahrb. 1828, B. I, S. 238.

zielende Anfragen erhielt ich von der mathematischen Theorie folgende Antworten:

A. Der Einfluss einer in die galvanische Kette eingeschobenen Drahtlänge entgeht der Wahrnehmung, wenn der Widerstand, welchen diese Drahtlänge dem Strome darbietet, in Vergleich zu dem Widerstande der übrigen Kette so gering, oder noch geringer ist, als der mögliche Beobachtungsfehler im Vergleich zu der beobachteten Abweichung der Nadel.

B. Jede in eine galvanische Kette eingeschobene Drahtlänge hat auf die Grösse des Stromes einen um so geringeren Einfluss, je geringer der Widerstand, welchen die eingeschobene Drahtlänge dem Strome darbietet, in Vergleich zu dem Widerstande ist, den der übrige Theil der Kette dem Strome entgegensetzt.

C. Wenn man die Anzeigen von mehreren Multiplikatoren, die bei übrigens gleichem Baue aus noch so verschiedenem Drahte gebildet sein und eine sehr ungleiche Anzahl von Windungen haben können, beobachtet und findet, dass eine dem Multiplikator ganz gleiche Drahtlänge, wenn sie in die mit dem Multiplikator gebildete Kette eingeschoben wird, auf die Grösse des Stromes, wie sie durch die Anzeige des Multiplikators erhalten wird, keinen Einfluss mehr hat, so richten sich die Anzeigen der verschiedenen Multiplikatoren lediglich nach der Anzahl ihrer Windungen, d. h. zwei Multiplikatoren von gleich viel Windungen, diese mögen aus Draht von gleicher oder ungleicher Stärke und aus demselben oder verschiedenem Metalle gebildet sein, lenken die Nadel beide stets um gleich viele Grade ab; und von zwei Multiplikatoren, wovon der eine z. B. viermal mehr Windungen hat als der andere, lenkt der erstere die Nadel mit einer viermal grösseren Kraft zur Seite ab. Diese Gesetze behalten aber nur so lange streng ihre Gültigkeit, als eine dem Multiplikator völlig gleiche Drahtlänge, wenn sie in die Kette eingeschoben wird, auf die Anzeige des Multiplikators keinen fühlbaren Einfluss mehr hat.

Nachdem ich diese Antworten, wovon die unter *C*. vorgebrachten beachtungswerthe neue Thatsachen verkünden, erhalten hatte, hielt ich es der Mühe werth, sie an der Erfahrung zu prüfen. So entstanden diese Beiträge, zu deren Bildung ich keine anderen Vorrichtungen zugelassen habe, als solche, die ohnehin schon jedem Physiker zu Gebote stehen, oder doch im schlimmsten Falle ganz leicht erworben werden können, weil ich zu besorgen Anlass erhalten habe, dass die nicht ganz gewöhnlichen Versuchsmittel, welche ich vordem in Anwendung gebracht hatte, Manchen von einer thätigen Theilnahme an der Sache mehr, als die Wichtigkeit des Gegenstandes zu gestatten scheint, abhalten könnten. Es sind auch in der That keine so scharfen Mittel erforderlich, um ein bereits gegebenes Gesetz durch Versuche hinreichend zu prüfen, als um aus gegebenen Beobachtungen ein nur einigermassen verwickeltes Gesetz sicher hervor zu holen. Ueberdies werde ich nirgends unterlassen, alle Kautelen gewissenhaft anzuzeigen, von denen der gute Erfolg des Experimentes mehr noch abhängt, als von der äussersten Genauigkeit der dazu dienenden Werkzeuge, wenn man nur nicht vergisst, jedesmal die Grenzen der möglichen Beobachtungsfehler vorher zu bestimmen, und keine grössere Uebereinstimmung zwischen der Theorie und der Erfahrung verlangt, als diese Fehler gestatten. Um aber der nun folgenden, mit der Theorie innig verwebten Untersuchung eine Abgeschlossenheit zu geben, wodurch sie auch für solche Leser nicht an Interesse verliert, denen die vorhin erwähnte Schrift noch unbekannt gebieben ist, oder die sich mit der trockenen und einsilbigen mathematischen Form nicht gern befreunden mögen, sehe ich mich bewogen, mit einer mehr geschichtlichen Darlegung derjenigen allgemeinen Resultate, welche zum besseren Verständniss der nachstehenden Versuche erforderlich sind, den Anfang zu machen.

---

1) Als allgemeinstes Resultat der Untersuchungen über die Natur der Elektricitätsleitung hat sich ergeben, dass die Grösse des Stromes in einer galvanischen Kette abhängig ist:

a. im geraden Verhältnisse von der Summe *aller* in der Kette auftretenden Spannungen und

b. im umgekehrten Verhältnisse von der Summe *aller* Widerstände, welche die einzelnen, sowohl festen als flüssigen,

Theile der Kette durch ihre besondere Form und Natur dem Durchgange der Elektricität entgegenstellen.

Die Bestimmung der unter *a.* angeführten *Summe aller Spannungen* hat weiter keine Schwierigkeit, nur ist dabei zu merken, dass solche Spannungen, die für sich in der Kette Ströme von entgegengesetzter Richtung hervorbringen würden, bei der Auswerthung jener Summe wie entgegengesetzte Grössen zu behandeln sind. Die Bestimmung der unter *b.* angeführten *Summe aller Widerstände* macht sich von selbst, wenn man nur den Widerstand eines jeden einzelnen Theiles der Kette anzugeben im Stande ist; da aber diese letztere Auswerthung mehrere Eigenthümlichkeiten der Leitung zugleich ins Auge zu fassen hat, so werde ich, um volles Licht über sie zu verbreiten, von ganz einfachen Fällen ausgehen, und zuletzt zu der allgemeinen Regel gelangen, wobei ich mich ganz allein auf die dahin gehörigen und allgemein bekannten Versuche Davy's und Becquerel's stütze. Jedoch werde ich stets nur prismatische Leiter berücksichtigen, weil nur solche in der folgenden Untersuchung zum Vorschein kommen, und überdies Leiter von einer jeden anderen Form sich stets nach einer festen mathematischen Regel leicht auf prismatische zurückführen lassen.

Gesetzt nun, ein prismatischer, kupferner Leiter von der Länge eines Fusses, dessen Querschnitt eine Quadratlinie ist, befindet sich als Theil in dem Umkreise einer galvanischen Kette, so wird dieser Theil dem Durchgange der Elektricität einen gewissen Widerstand entgegenstellen, den wir als Einheit für das Maass eines jeden anderen Widerstandes der Art zu Grunde legen wollen. Ein doppelt so langer bietet dem elektrischen Strome einen doppelt so grossen Widerstand dar; ein dreimal so langer den dreifachen u. s. w., wie aus Davys und Becquerels Versuchen geradezu hervorgeht. *Um also den Widerstand irgend eines prismatischen kupfernen Leiters, dessen Querschnitt eine Quadratlinie ist, zu erhalten, hat man weiter nichts zu thun, als dessen Länge in Fussen auszudrücken, und zu dieser Zahl den Widerstand, welchen ein solcher Leiter von der Länge eines einzigen Fusses verursacht, als Einheit hinzu zu denken.*

Um aber den Widerstand zu erhalten, welchen ein prismatischer kupferner Leiter von irgend einem anderen Querschnitte dem Strom entgegensetzt, hat man zu erwägen, was ebenfalls die angezeigten Versuche Davy's und Bacquerel's geradezu aussagen, dass der Widerstand in demselben Maasse anwächst oder abnimmt, als der Querschnitt des Leiters kleiner oder grösser wird.

Man erhält demnach den Widerstand eines prismatischen kupfernen Leiters von einem beliebigen Querschnitte, wenn man seine Länge in Fussen durch seinen Querschnitt, in Quadratlinien ausgedrückt, dividirt, und zu dieser Zahl den als Einheit festgesetzten Widerstand hinzudenkt. So wird also der Widerstand, welchen 12 Fuss eines kupfernen Leiters von 10 Quadratlinien Querschnitt darbieten, durch die Zahl $^{12}/_{10}$ oder 1,2, und der eines kupfernen Leiters von 12 Fuss Länge und $^{1}/_{10}$ Quadratlinie Querschnitt durch die Zahl 12. 10 oder 120 ausgedrückt.

Um endlich den Widerstand eines prismatischen Leiters von irgend einem anderen Stoffe zu bestimmen, hat man zu beachten, dass, nach den schon mehrmals angezogenen Versuchen Davy's und Becquerel's, Körper von derselben Form und Grösse aber von verschiedener Materie, dem elektrischen Strom einen ungleichen Widerstand entgegensetzen. Es bildet sich aus dieser Wahrnehmung der Begriff des Leitungsvermögens, und man versteht unter *Leitungskoeffizienten* der verschiedenen Materien diejenigen Zahlen, welche die relativen Längen prismatischer Leiter von einerlei Querschnitt und verschiedenem Stoffe, die in der Leitung einen gleich grossen Widerstand veranlassen, anzeigen; diese Zahlen verhalten sich demnach umgekehrt wie die Widerstände, welche Körper von einerlei Form und Grösse, aber aus verschiedener Materie gebildet, dem elektrischen Strome darbieten. Setzt man daher den Leitungskoeffizienten des Kupfers gleich 1, und den Leitungskoeffizienten irgend einer anderen Materie gleich k, so folgt aus den vorangeschickten Betrachtungen sogleich, *dass ein aus dieser Materie gebildeter prismatischer Leiter, dessen Länge in Fussen durch die Zahl l, und dessen Querschnitt in Quadratlinien durch die Zahl ω, angezeigt* *wird, der Leitung einen Widerstand von der Grösse* $\frac{l}{k.\omega}$ *entgegenstellen werde, zu welcher Zahl aber stets der Widerstand, welchen ein Fuss langer kupferner Leiter, dessen Querschnitt eine Quadratlinie ist, dem Strome entgegensetzt, als Einheit hinzugedacht werden muss.* Man wird aus dem bisher Gesagten nun leicht einsehen können, dass die Zahl $\frac{l}{k.\omega}$ im Grunde nichts weiter thut, als dass sie die Länge in Fussen angiebt, welche ein *gedachter* kupferner Leiter von 1 Quadratlinie Querschnitt haben müsste, wenn er dem elektrischen Strome denselben Widerstand darbieten sollte, als ein *gegebener* Leiter, dessen Länge in *Fussen* durch die Zahl l und dessen Querschnitt in *Quadratlinien* durch die Zahl ω ausgedrückt wird, und dessen Stoff zum Leitungskoeffizienten die Zahl k hat; es *reducirl* demnach die Zahl $\frac{l}{k.\omega}$ den Widerstand eines jeden beliebigen Leiters auf einen Leiter von solchem Querschnitte und Stoffe, wie sie in dem zur Norm gewählten Leiter vorkommen, und giebt von diesem dann, wie wir gesehen haben, blos seine Länge an. Aus dieser Ursache und um falsche Nebenbegriffe zu vermeiden, da Widerstand doch nur ein sehr unvollständiges Bild dessen, was hier vorgeht, liefert, habe ich in meiner Schrift den Ausdruck $\frac{l}{k.\omega}$, der den Widerstand eines jeden gegebenen Leiters bestimmt, dadurch bezeichnet, dass ich ihn die *reducirte Länge* des gegebenen Leiters nenne, welche Benennung ich auch von jetzt an stets beibehalten werde, so dass also fortwährend das Wort *Widerstand* durch das andere *reducirte Länge* vertreten wird. Uebrigens brauche ich wohl nicht zu bemerken, dass statt der hier zur Aufstellung des Begriffes gewählten Einheiten jede beliebigen anderen den Maassbestimmungen zum Grunde gelegt werden können.*)

---

*) Fasst man die hier zerlegten Versuche Davy's und Becquerel's scharf in's Auge, so zeigt es sich bald, dass sie über den Einfluss der Länge eines in die Kette gebrachten Leiters auf die Grösse des Stromes *eigentlich gar nichts* bestimmen, wiewohl eine solche Bestimmung in sie hinein getragen worden ist (vgl. dieses Jahrb. 1825. B. II. H. 3. S. 364). Jene Ver-

Um den Gebrauch der bis jetzt erörterten Bestimmungen an einem einfachen Beispiele nachweisen zu können, wollen wir uns ein Paar quadratförmige Zink-Kupferplatten vorstellen, deren Seiten 6 Zoll lang sind. Denken wir uns diese beiden Platten überall 3 Zoll von einander abstehend, und den zwischen ihnen sich bildenden, rechtwinkligen Zwischenraum in der ganzen Ausdehnung der Platten mit einer Flüssigkeit ausgefüllt, deren Leitungskoeffizient 0,00001 ist; denken wir uns ferner die Zink-Kupferplatten von aussen durch einen kupfernen 0,2 Linien dicken Draht von 100 Fuss Länge verbunden: so ist dadurch eine galvanische Kette gegeben, in welcher die zwischen den Zink-Kupferplatten befindliche Flüssigkeit zur reducirten Länge die Zahl

$$\frac{\frac{1}{4}}{6^2 \times 12^2 \times 0{,}00001} \quad \text{oder} \quad \frac{1}{0{,}20736}$$

erhält, während der die Zink-Kupferplatten verbindende Draht zu seiner reducirten Länge die Zahl

$$\frac{100}{(0{,}1)^2 \times 3{,}14} \quad \text{oder} \quad \frac{1}{0{,}000314}$$

hat. In diesem Beispiele spricht sich der Fall aus, wie unter

suche sagen nämlich, strenge genommen, blos, dass die Grösse des Stromes ungeändert bleibt, wenn man statt eines Theils der Kette, dessen Länge l, dessen Querschnitt ω und dessen Leitungskoeffizient k ist, einen anderen Theil substituirt, in welchem bei einerlei Leitungskoeffizienten die Länge und zugleich der Querschnitt oder in welchem bei einerlei Querschnitt die Länge und zugleich der Leitungskoeffizient in demselben Verhältnisse abgeändert sind. Beides geschieht aber zugleich, wenn die Grösse des Stromes *irgend eine beliebige* Funktion ist von $\frac{l}{k\,\omega}$ und Grössen, die von l, k und ω unabhängig sind, weil der Ausdruck $\frac{l}{k\,\omega}$ seinen Werth nicht ändert, wenn man l und k odor l. und ω mit einer und derselben Zahl multiplicirt; es findet demnach zwischen jenen Versuchen und einer *bestimmten* Abhängigkeit der Grösse des Stromes von der Länge der ganzen Leitung, oder eines Theiles derselben, gar kein Causalzusammenhang statt. Ich war zu dieser Bemerkung um so mehr gemüssigt, als ich mir an einem anderen Orte (s. d. Jahrb. 1826. B. I. H. 2. S. 157 [29]) von der in die Versuche unbefugt hinein getragenen Bestimmung einen Rückschluss auf die Versuche selbst zu machen erlaubte, dessen Bündigkeit durch die hier gegebene Erklärung von selbst in Nichts sich auflöst.

Umständen die reducirte Länge der Flüssigkeit und um so mehr die der Zink-Kupferplatten in Vergleich zu der des Verbindungsdrahtes eine völlig verschwindende Grösse für jede gewöhnliche Zahlenbestimmung werden kann. Denkt man sich aber statt der vorigen Zink-Kupferplatten von 6 Zollen, jetzt dergleichen von 4 Linien, und bei demselben Abstande den Zwischenraum mit einer Flüssigkeit ausgefüllt, deren Leitungskoeffizient 0,00000002 ist, so wird nunmehr die reducirte Länge der Flüssigkeit

$$\frac{\frac{1}{4}}{4^2 \times 0{,}00000002} \text{ oder } \frac{1}{0{,}00000128}$$

in Vergleich zu welcher nun im Gegentheile die reducirte Länge des vorigen Verbindungsdrahtes und um so mehr die der Zink-Kupferplatten in den meisten Fällen der Anwendung als eine völlig verschwindende Grösse anzusehen sein wird. Diese beiden Gegensätze habe ich durch Beispiele, deren Daten alle noch hinter ähnlichen der Erfahrung zurückbleiben, nahe vors Auge bringen wollen, weil gerade diese beiden Extreme in der nunmehr beginnenden Untersuchung eine Hauptrolle übernommen haben.

2) Die vorausgeschickte Auseinandersetzung reicht hin, um nun ohne weiteren Aufenthalt die Formel hinzustellen, durch welche die Grösse der Wirkung eines Multiplikators auf die Magnetnadel ausgedrückt wird. Denken wir uns nämlich, wie eben, ein Paar Zink-Kupferplatten in einem gewissen Abstande von einander, zwischen welchen sich eine leitende, nicht metallische Flüssigkeit befindet, und stellen wir uns diese Platten von aussen mit einem Verbindungsdrahte versehen vor, der in lauter kreisförmigen Windungen von gleicher, oder doch einem Mittelwerthe gleich zu setzender Grösse, zu einem Multiplikator aufgewunden ist, deren Anzahl wir durch n bezeichnen wollen. Bezeichnen wir ferner durch λ die reducirte Länge der mittleren Windung, so ist $n\lambda$ die reducirte Länge des ganzen Verbindungsdrahtes oder Multiplikators, und nennen wir L die reducirte Länge der zwischen den Zink-Kupferplatten befindlichen leitenden Flüssigkeit, so ist $L + n\lambda$ die Summe der reducirten Längen oder Widerstände aller Theile der Kette; denn die reducirten Längen der Zink-

Kupferplatten selbst sind bei dieser Bestimmung ihrer Kleinheit halber in keinem Falle von irgend einem erheblichen Einflusse, und können daher stets ausser Acht gelassen werden. Bezeichnet endlich A die Summe aller in der Kette befindlichen Spannungen, so drückt nach dem, was in Nr. 1 unter a. und b. aufgestellt worden ist, $\frac{A}{L + n\lambda}$ die Grösse des in der vorliegenden Kette herrschenden Stromes aus. Dieser Strom ist an allen Orten der Kette von derselben Grösse, und da überdies direkte Versuche gezeigt haben, dass die Wirkung einer jeden Stelle der Kette auf die Magnetnadel unter übrigens gleichen Umständen der in dieser Stelle herrschenden Grösse des Stromes proportional ist, so fällt in die Augen, dass jede Windung des Multiplikators einen gleichen, der Grösse des Stromes proportionalen Antheil an der Ablenkung der Magnetnadel nimmt, in sofern man die Lage einer jeden Windung zur Magnetnadel als dieselbe anzusehen berechtigt ist; die Gesammtwirkung aller Windungen des Multiplikators zur Ablenkung der Magnetnadel, wächst folglich, alles Uebrige gleich genommen, mit der Anzahl seiner Windungen in demselben Verhältnisse, und wird somit bestimmt durch den Ausdruck

$$\frac{nA}{L + n\lambda}.$$

Dieser Ausdruck ist völlig allgemein, und spricht unter allen Umständen die Wirkung eines Multiplikators von unveränderlicher Form und Stellung auf die Magnetnadel vollständig aus. In besonderen Fällen, wie diejenigen sind, welche zu Ende der vorigen Nummer in Betrachtung gezogen worden sind, lässt sich aber jener allgemeine Ausdruck unter eine einfachere Form bringen, und diese vereinfachten Fälle sind es, welche wir nun weiter verfolgen werden.

In dem für die Grösse der Wirkung eines Multiplikators auf die Magnetnadel gefundenen Ausdrucke können die im Nenner vorkommenden Werthe L und $n\lambda$, wodurch die reducirten Längen der Wasserschicht und des Multiplikators vorgestellt werden, in verschiedenen Fällen ein sehr verschiedenes Verhältniss zu einander annehmen, wie schon in den zu Nr. 1

gefügten Beispielen sichtbar gemacht worden ist; bald kann nämlich L sehr klein im Vergleiche zu $n\lambda$, bald wieder $n\lambda$ sehr klein im Vergleiche zu L werden. Ist nun L so klein im Vergleiche zu $n\lambda$, dass der Ausdruck $\frac{nA}{L+n\lambda}$ durch den Werth von L nicht merklich afficirt wird, so kann man statt $\frac{nA}{L+n\lambda}$ auch $\frac{nA}{n\lambda}$ oder $\frac{A}{\lambda}$ nehmen, woraus sichtbar wird, dass in diesem Falle die Grösse der Wirkung des Multiplikators auf die Magnetnadel von n und L, d. h. von der Anzahl der Windungen am Multiplikator und von der reducirten Länge der Flüssigkeitsschicht unabhängig ist. Unter den angezeigten Umständen lässt sich demnach die Wirkung des Multiplikators auf die Magnetnadel weder dadurch abändern, dass man dem Multiplikator mehr Windungen zulegt, noch dadurch, dass man die reducirte Länge der Flüssigkeitsschicht verringert, sei es durch eine grössere Annäherung der erregenden Metallplatten an einander, oder durch eine vermehrte Ausdehnung derselben, oder durch eine erhöhte Leitungsgüte der zwischen ihnen befindlichen Flüssigkeit. Die Wirkungsgrösse hat ihren Grenzwerth $\frac{A}{\lambda}$ erreicht, auf welchen nur noch A und λ, aber weder n noch die den Werth L bestimmenden Grössen Einfluss haben. Es folgt hieraus, dass an dieser Grenze die Wirkung des Multiplikators auf die Magnetnadel mit der Spannungssumme A in demselben Verhältnisse steigt und fällt, und dass sie steigt oder fällt in demselben Maasse als der Werth von λ kleiner oder grösser wird. Aber λ bezeichnet die reducirte Länge einer Windung des Multiplikators und ändert sich daher mit der wirklichen Länge einer solchen Windung in demselben, mit dem Querschnitte und dem Leitungsvermögen dieser Windung dagegen im umgekehrten Verhältnisse. Deswegen wird die Wirkung an jener Grenze bei zwei verschiedenen Multiplicatoren, die Windungen von einerlei Grösse besitzen und in dieselbe Kette eingeführt werden, sich lediglich nach dem Querschnitte und dem Leitungsvermögen des Multiplikatordrahtes richten, und mit diesen Grössen in demselben Verhältnisse steigen und fallen. Diese dem Multiplikator an seiner einen Grenze zukommenden Eigenthümlichkeiten habe ich schon früher (in d. Jahrb. 1826. B. I. S. 163 [33]) an der Erfahrung geprüft und bestätigt gefunden. Daselbst (S. 165 [35]) habe ich bei Gelegenheit der Versuche, welche Nobili mit einem von ihm eigens dazu eingerichteten Multiplikator angestellt hatte, gegen dessen Wirksamkeit in besonderen Fällen Erinnerungen gemacht und als in der Erfahrung gegründet nachgewiesen. Nobili ist seitdem seinerseits (Bibl. brit. 1828. T. 1.) in der Abhandlung, worin er eine Vergleichung der verschiedenen Galvanometer unter einander aufstellt, durch seine rastlose Thätigkeit zu demselben Resultate geführt worden.*)

Ist dagegen $n\lambda$ so klein in Vergleich zu L, dass der Ausdruck $\frac{nA}{L+n\lambda}$ durch den Werth von $n\lambda$ nicht mehr fühlbar afficirt wird, so kann man statt des Ausdruckes $\frac{nA}{L+n\lambda}$ auch den $\frac{nA}{L}$ nehmen, woraus sichtbar wird, dass in diesem Falle die Grösse der Wirkung des Multiplikators auf die Magnetnadel von dem Werthe λ unabhängig wird. Da nun der Werth λ, oder die reducirte Länge einer Windung des Multiplikators nicht blos von der wirklichen Länge dieser Windung,

*) Bei dieser Gelegenheit kann ich mir die Bemerkung nicht versagen, dass in dem von Colladon bei seinen Versuchen mit der Frictionselektricität gebrauchten Multiplikator, der durch eine sehr starke galvanische Kette nur eine Ablenkung von ein paar Graden verursachte, zweifelsohne eine Unterbrechung der metallischen Leitung stattgefunden habe, die namentlich bei Versuchen, wo eine elektrische Batterie in's Spiel kam, ganz einfach aus dem von Colladon selbst angeführten Umstande zu erklären ist, dass der Multiplikatordraht in seiner Mitte blos zusammengedreht war. So erklärt es sich auch leicht, warum derselbe Multiplikator seine Wirksamkeit bei Versuchen mit der Maschinenelektricität nicht verlor; denn hier, wo stets Luftschichten von beträchtlicher Länge Theile des elektrischen Umkreises ausmachen, musste die zwischen den Multiplikatorhälften befindliche Luft oder Oxydschicht stets nur einen sehr kleinen aliquoten Theil der reducirten Länge der ganzen Kette ausmachen, während dieselbe Schicht in der galvanischen Kette die reducirte Länge derselben gar viele Male zu vergrössern im Stande war. Ist diese Erklärung die wahre, so musste Colladon an grossen und kleinen Zink-Kupferplatten dieselbe Abweichung der Nadel beobachtet haben, selbst bei ziemlich grossen Unterschieden in der Leitungsfähigkeit der Flüssigkeit.

sondern auch von dem Querschnitte und dem Leitungsvermögen des zu ihr verwendeten Drahtes abhängt, so folgt, dass die Wirkung des Multiplikators an dieser Grenze durch die Natur und Dicke des Multiplikatordrahtes auf keine Weise abgeändert werde, dass es demnach an dieser Grenze für die Grösse der Wirkung des Multiplikators auf die Magnetnadel völlig gleichgültig sei, aus welchem Metalle der Multiplikatordraht bestehe, und in welcher Stärke er angewandt worden sei. Dagegen zeigt der Ausdruck $\frac{nA}{L}$, durch welchen die Wirkung an der hier besprochenen Grenze dargestellt wird, dass diese Wirkung mit der Anzahl der Windungen n und der Spannungssumme A in demselben, mit der reducirten Länge L der Flüssigkeitsschicht aber im umgekehrten Verhältnisse steige und falle. Es ist einer besonderen Beachtung werth, dass an dieser Grenze alle an der vorigen Grenze gefundenen Eigenthümlichkeiten des Multiplikators sich gewissermatsen umkehren. Solche Elemente nämlich, welche dort ganz ohne Einfluss waren, erhalten hier ihre volle Bedeutung, und umgekehrt; die Spannungssumme allein wirkt in allen Fällen stets auf dieselbe Weise ein.

Man kann sich nunmehr ganz leicht überzeugen, wie in der That die am Eingange unter A, B und C angeführten Antworten auf die daselbst berührten Fragen von der Theorie gegeben werden. Denken wir uns nämlich, wie bisher, die mit einem Multiplikator versehene Kette, deren Wirkungsgrösse auf die Magnetnadel $\frac{nA}{L+n\lambda}$ ist, und führen wir in diese Kette einen neuen Leiter ein, dessen reducirte Länge mit z bezeichnet werden soll, so wird dadurch die Summe der reducirten Länge aller Theile der Kette um die Grösse z vermehrt, alles Uebrige aber bleibt ungeändert; mithin wird die Wirkung der Kette, in welche der neue Leiter eingeschoben worden ist, auf die Magnetnadel nunmehr $\frac{nA}{z+L+n\lambda}$. Der Einfluss des eingeschobenen Leiters auf die Grösse des Stromes, wie sie durch die Anzeige des Multiplikators erhalten wird, ist sonach abhängig von dem Unterschiede zwischen den beiden

Wirkungen $\frac{nA}{L+n\lambda}$ und $\frac{nA}{z+L+n\lambda}$ und dieser Unterschied richtet sich offenbar nach dem Verhältnisse, welches zwischen den Grössen z und $L+n\lambda$ stattfindet. Es ist demnach die Grösse des Einflusses, den der eingeschobene Leiter auf die Anzeigen der Magnetnadel äussert, von dem Verhältnisse der reducirten Länge des eingeschobenen Leiters zur reducirten Länge der übrigen Kette abhängig, es steigen und fallen beide zugleich mit einander; und man wird sogleich gewahr, dass der Einfluss des eingeschobenen Leiters auf die Grösse des Stromes gar nicht fühlbar sein kann, wenn der dadurch hervorgerufene Unterschied in den Anzeigen der Magnetnadel, welcher von dem Verhältnisse der reducirten Länge des eingeschobenen Zwischenleiters zur reducirten Länge der übrigen Kette abhängt, so gering wird, dass er die Grösse des Beobachtungsfehlers nicht übersteigt. In diesen Erörterungen sprechen sich aber die unter A und B befindlichen Antworten aus, wenn man sich nur erinnert, dass reducirte Länge und Widerstand der Leitung gleichbedeutende Ausdrücke sind. Um nun noch zu den unter C vorkommenden Antworten zu gelangen, wollen wir uns die reducirte Länge z der reducirten Länge $n\lambda$ des Multiplikatordrahtes gleich denken. In dem Falle nun, wo der eingeschobene Leiter keinen Einfluss auf die Anzeige der Maguetnadel mehr hat, ist nach der eben erhaltenen Bestimmung das Verhältniss der reducirten Länge des eingeschobenen Leiters zur reducirten Länge der übrigen Kette, nämlich das Verhältniss z zu $L+n\lambda$, oder, weil $z = n\lambda$ gesetzt worden ist, das Verhältniss $n\lambda$ zu $L+n\lambda$ so gering, dass daraus kein durch die Beobachtung angeblicher Unterschied in den Werthen der Ausdrücke $\frac{nA}{L+n\lambda}$ und $\frac{nA}{z+L+n\lambda}$ oder $\frac{nA}{L+2n\lambda}$ hervorgeht. Eine ganz einfache Betrachtung giebt aber zu erkennen, dass in demselben Falle auch das Verhältniss von $n\lambda$ zu L so klein sein werde, dass kein wahrnehmbarer Unterschied in den Werthen $\frac{nA}{L}$ und $\frac{nA}{L+n\lambda}$ stattfinden könne, und dass sonach der Multiplikator in diesem Falle alle Eigenthümlichkeiten annehmen werde, welche wir vorhin an seiner zweiten Grenze aufgefunden haben, und die mit den unter C ausgesprochenen zusammenfallen. Nachdem ich so den theoretischen Anlass zu den hier mitgetheilten Beiträgen an's Licht gezogen habe, gehe ich zu dem experimentalen Theile derselben über, der ihren Hauptbestandtheil ausmacht.

3) Vor Allem aber darf ich einen Umstand nicht übergehen, durch dessen nähere Besprechung die nun kommenden Versuche erst ihre volle Bedeutung erhalten. Es lässt sich nämlich sowohl gegen die in Nr. 1 unter a und b gegebene Bestimmung der Grösse des Stromes, als gegen die später in derselben Nummer gegebene Bestimmung der reducirten Länge eines Theiles der Kette, und als Folge auch gegen die in Nr. 2 daraus abgeleiteten Sätze mit Recht erinnern, dass die Erfahrung, bis jetzt wenigstens, sie blos an festen und strenge genommen nur an metallischen Körpern anerkannt habe; denn die Versuche Davy's und Becquerel's, aus denen die Bestimmung der reducirten Länge sich ableiten lässt, beschränkten sich lediglich auf metallische Körper, und meine eigenen Versuche, aus denen ich die Bestimmung der Grösse des Stromes gefolgert habe (vgl. d. Jahrb. 1826. B. I. H. 2. S. 149 [23]) sind an der thermoelektrischen Kette angestellt worden, und zeugen daher ebenfalls nur für die Richtigkeit obiger Bestimmungen an metallischen Körpern; und sowohl meine, wie auch Barlow's Versuche an der hydroelektrischen Kette scheinen sogar sich für die Ungültigkeit jenes Gesetzes bei flüssigen und nicht metallischen Körpern zu entscheiden. Durch solche Betrachtungen lassen sich Bedenklichkeiten gegen die Allgemeinheit jener Bestimmungen erheben, die durch einzelne Beobachtungen anderer Art nur noch vergrössert werden. So z. B. hat die Erfahrung gezeigt, dass der Strom einer hydroelektrischen Kette in Fällen nur um sehr wenig abnimmt, während die Entfernung der Metallplatten in der Flüssigkeit gar viele Male grösser genommen wird; eine solche Wahrnehmung scheint aber alle obigen Bestimmungen bei flüssigen Körpern geradezu über den Haufen zu werfen. Zwar könnte man es sich einfallen lassen, die Sonderbarkeit der letzteren Erscheinung einer Seitenströmung der Elektricität in der Flüssigkeit zur Last zu

legen; allein der sich gleich bleibende Erfolg, wenn schon die Flüssigkeit in einen isolirenden Kanal eingeschlossen wird, in dessen Querschnitt die erregenden Metallplatten genau einpassen, würde eine solche Erklärung gar bald wieder vernichten. Diese und ähnliche Erscheinungen, welche jede Theorie in einen Widerspruch mit sich selbst zu verwickeln drohen, haben vom Anfange meiner Wanderungen im Felde der Elektricität an meine volle Aufmerksamkeit auf sich gezogen; und da ich zu denen gehöre, welchen eine einzige thatsächliche Gegenrede mehr gilt, als tausend Spitzfindigkeiten, durch die der menschliche Geist sein Unvermögen zu bemänteln pflegt, so würde ich längst schon alle Hoffnung, solche scheinbare Widersprüche mit einander zu vereinen, aufgegeben haben, wenn nicht das Glück gewollt hätte, dass ich zu derselben Zeit Erscheinungen anderer Art kennen lernte, die meinen Muth aufrecht zu erhalten völlig geeignet waren. Gleich bei meinem ersten Versuche über das Gesetz der Leitung in der hydroelektrischen Kette habe ich nämlich Folgendes gemeldet (vgl. d. Jahrb. 1825. B. II. S. 116 [7]):

„Eine nähere Untersuchung, in Bezug auf das Steigen und Fallen der Kraft bei verändertem Zwischenleiter in der elektrischen Kette, hat mich zu folgenden Resultaten geführt:

1. Die elektrische Kraft ist bei jedem Leiter im ersten Augenblicke der Schliessung der Kette noch am stärksten, nimmt von da an allmählig ab und gelangt endlich, wenn man sich die leitende Flüssigkeit unverändert denkt, zu einem Minimum. Durch ein Oeffnen der Kette auf längere Zeit erhält sie wieder ihre vorige Stärke.

2. Dieses Minimum liegt der anfänglichen Kraft beim längeren Leiter verhältnissmässig näher, als beim kürzeren (es versteht sich, dass hierbei die Dicke konstant angenommen wird); daher wächst die Kraft allmählig und gelangt scheinbar zu einem Maximum, wenn unmittelbar nach dem kürzeren ein längerer Leiter in die Kette gebracht wird.“ *)

---

*) Durch ein Missverständniss sind diese Aeusserungen von Berzelius in dem 6. Jahrgange seines Jahresberichtes in einem ganz anderen Sinne wiedergegeben worden, als ich ihnen gegeben zu haben glaubte. Dieses

Die Wichtigkeit dieser Thatsachen bei der Erklärung der auffallenden Besonderheiten der hydroelektrischen Kette ahnend, blieb ich bei jenen allgemeinen Wahrnehmungen nicht stehen, sondern war unablässig bemüht, aller Einzelheiten, die jenes sonderbare Hin- und Herwogen der Kraft begleiten, habhaft zu werden. Es hielt nicht schwer zu entdecken, wie eine Kraft von ihrer ursprünglichen Stärke, die sie im ersten Augenblicke des Schliessens der Kette besass, nach sehr kurzer Zeit, oft in wenigen Sekunden, durch das Wogen bis auf weniger als ihren zehnten Theil herabgedrückt werden konnte, während eine andere Kraft unter nur wenig verschiedenen Umständen in derselben Zeit durch das Wogen nur um einen sehr geringen aliquoten Theil ihrer ursprünglichen Stärke vermindert wurde. Durch solche Wahrnehmungen wurde ich allmählig zu der Ueberzeugung geführt, wie bei der hydroelektrischen Kette Kräfte, die ursprünglich gleich sind, sich der Beobachtung als sehr verschiedene darbieten können, und umgekehrt, wie Kräfte, die ursprünglich sehr ungleich sind, bei der Beobachtung nahehin als gleiche sich darstellen können; und von da zur Ergründung der vorhin angezeigten Anomalien war nur noch ein Schritt zu thun. Mühsam zwar, aber darum nur um so sicherer, gelangte ich so nach und nach zu der Gewissheit, dass alle obigen Bestimmungen bei nicht metallischen Flüssigkeiten so gut wie bei Metallen und anderen festen Körpern ihre Anwendung finden, dabei lernte ich zugleich die Mittel kennen, wie alle Aussagen der Theorie auch an der hydroelektrischen Kette sich in der Wirklichkeit sicher nachweisen lassen. Da aber auf dieser Reise die von mir eingeschlagenen Wege, wie es in einem noch ziemlich fremden Lande wohl zu geschehen pflegt, nicht gerade immer in der

---

Missverständniss hat ohne Zweifel seinen Grund in meiner Wortkargheit. Berzelius scheint nämlich den Sinn der Worte: „die elektrische Kraft ist bei jedem Leiter u. s. w.“ so genommen zu haben, als ob ich das Steigen und Fallen der Kraft in der Kette als Folge irgend einer besonderen Modifikation des Leiters angesehen hätte, wenigstens scheint mir nur unter dieser Voraussetzung der Gegenversuch, welchen dieser scharfsinnige Gelehrte meinen Sätzen entgegenstellt, zulässig zu sein; ich aber habe dort nirgends eine Erklärung, sondern durchaus nur reine Thatsachen berichten wollen.

kürzesten Zeit zum Ziele führten, und die von mir dabei gebrauchten Mittel der Beobachtung nicht ununterbrochen die gefälligsten sein konnten, ich auch überdies einzelne noch nicht ganz erledigte Punkte einer besonderen Prüfung unter günstigeren Umständen zu unterwerfen gedenke: so behalte ich die Mittheilung meiner auf jene Eigenthümlichkeit der hydroelektrischen Kette Bezug habenden Erfahrungen einer schicklicheren Zeit vor, und werde jetzt nur so viel davon zur öffentlichen Kenntniss bringen, als hinreichend sein wird, die Ursache zu entdecken, warum die folgenden Versuche, obgleich sie an der hydroelektrischen Kette vorgenommen worden sind, doch ohne grosse Vorsichtsmassregeln feste Resultate mit einer Bestimmtheit geben, die denjenigen, welcher die gewöhnliche Regellosigkeit und Unbeständigkeit solcher Versuche aus eigener Erfahrung kennen gelernt hat, aber darum doch die hier mitgetheilten auf die angezeigte Weise nachzumachen sich nicht scheut, in Verwunderung setzen werden.

In den eben angezogenen beiden Erfahrungssätzen scheint sich die Regel kund zu geben, dass das Wogen der Kraft in der galvanischen Kette sich nach der Grösse des Stromes in ihr richte; denn der längere Leiter hat stets ein Sinken der Grösse des Stromes zur Folge. Und in der That bewährt sich diese Regel stets, so lange man die Versuche, wie dort geschehen ist, an einem Zink-Kupferelement vornimmt, dessen Platten eine unveränderliche Grösse und Stellung zu einander behalten; wenn man aber Zink-Kupferplatten von verschiedener Grösse zu den Versuchen wählt und übrigens fortwährend dieselbe Flüssigkeit beibehält, so zeigt es sich bald, wie häufig Ströme von gleicher Grösse ein Wogen von sehr verschiedenem Umfange, und manchmal Ströme von sehr verschiedener Grösse ein Wogen von demselben Umfange nach sich ziehen, und man gelangt so leicht zu folgendem Gesetze: *Der Umfang des Wogens und sein Verhältniss zur ursprünglichen Kraft richtet sich lediglich nach der Intensität des Stromes innerhalb der Flüssigkeitsschicht.* Diese Intensität des Stromes innerhalb der Flüssigkeitsschicht wird aber gemessen durch den Quotienten aus der Flächengrösse der die Flüssigkeit begrenzenden Metallplatten in die eigentliche Grösse des Stromes

Wenn man sich zwei galvanische Ketten mit derselben Flüssigkeit und Zink-Kupferplatten, die in demselben Abstande von einander stehen, aber von sehr verschiedener Grösse sein können, so anordnet, dass, der Theorie gemäss, in beiden die Intensität des Stromes innerhalb der Flüssigkeitsschicht dieselbe wird, und nun die Grösse des Stromes bei beiden in gleichen Abständen, vom Augenblicke des Schliessens der Kette an gerechnet, misst, so wird jedesmal, welcher Zeitraum auch zu diesem Abstand gewählt werden mag, das Verhältniss der beiden zu einerlei Abstand gehörigen Maasse so sein, wie es die Theorie voraus verkündet. Bei dieser Anordnung bleibt nämlich in beiden Ketten die durch das Wogen veranlasste Abnahme der Kraft fortwährend der ursprünglichen Kraft proportional und deshalb behalten auch die in gleichen Entfernungen vom Schliessen der Kette beobachteten Grössen des Stromes stets dasselbe Verhältniss. Es folgt hieraus, dass zur naturgemässen Vergleichung der Grösse des Stromes in solchen hydroelektrischen Ketten, durch welche die eben vorgeschriebene Bedingung erfüllt wird, bei den Beobachtungen keine andere Vorsichtsmassregel in Anwendung zu bringen ist, als dass diese Beobachtungen an den verschiedenen Ketten in gleichen Zeiträumen, von dem Schlusse einer jeden Kette ab gerechnet, vorgenommen und alle Zufälligkeiten abgehalten werden, welche den natürlichen Gang des Wogens stören könnten. Und eben weil, mit Ausnahme eines einzigen, alle hier vorkommenden Versuche von der Art sind, dass jene Bedingung von den verschiedenen dabei vorkommenden Ketten stets erfüllt wird, sind sie einer Bestimmtheit fähig, die man sich nicht grösser wünschen kann. Dabei will ich aber die Bemerkung nicht unterlassen, dass man nicht etwa in Fällen, wo jene Bedingung nicht mehr erfüllt wird, durch dasselbe Mittel dieselbe Bestimmtheit zu erlangen hoffen darf; vielmehr lässt sich schon aus dem Angeführten ohne grosse Mühe ersehen, dass in anderen Fällen zu diesem Zwecke ganz andere Mittel angewandt werden müssen.

4) Zu den Versuchen wählte ich folgenden höchst einfachen Apparat. In einer Glasglocke, um deren Wand eine Theilung von 360° herumlief, war eine doppelte nach Nobili's

Anweisung zubereitete Magnetnadel an einem einfachen Seidenfaden aufgehangen. Von zwei solchen doppelten Nadeln, die ich mir verfertigt hatte, war diese die weniger empfindliche, die ich aber vorzog, um nicht auf der einen Seite durch zu grosse Winkel an Genauigkeit mehr noch zu verlieren, als man auf der anderen an Empfindlichkeit gewinnt. Unter die Glocke konnten abwechselnd verschiedene Multiplikatoren von einerlei Gestalt und Grösse*) so gestellt werden, dass die Mittelpunkte der unteren Nadel und des Multiplikators jedesmal zusammen fielen, und zugleich der horizontale Durchmesser des Multiplikators mit dem magnetischen Meridiane und mit der Richtung der Nadeln, wenn diese in Ruhe waren, paralell lief, während die obere Nadel um einige Linien über den oberen Rand des Multiplikators hervorragte. Solcher Multiplikatoren besass ich drei, *A*, *B* und *C*, deren Ringe alle in der Richtung ihrer Achse $5^1/_2$ Linien breit waren, und 1 Zoll inneren Halbmesser hatten; der äussere Durchmesser aber war bei *A* 1 Zoll 2 Linien, bei *B* 1 Zoll 4 Linien und bei *C* 1 Zoll $3^1/_2$ Linien. Der Multiplikator *A* bildete einen einzigen Ring, der aus 52 Windungen von sehr nahe $^1/_5$ Linie

*) Diese Angabe ist nicht völlig genau. Ich habe mir nämlich, um vergleichbare Multiplikatoren erhalten zu können, eine Art hölzerner Rolle vom Drechsler verfertigen lassen, deren eine Wand sich abschrauben lässt. So weit die beiden Wände über den eigentlichen Körper der Rolle hervorstossen, sind ringsum in sie Einschnitte in gleichen Entfernungen mit der Säge gemacht, die bis auf den Körper der Rolle hinabreichen. In diese Einschnitte lege ich zunächst seidene Schnüre, deren Enden über die beiden Wände hinabfallen und dort unter einander zusammen gebunden werden können. Nun erst winde ich den Multiplikator auf die Rolle, und während er noch auf ihr sitzt, werden die seidenen Schnüre um ihn fest gebunden, dann die eine Wand losgeschraubt und er herabgenommen. Auf diese Weise erhalte ich, wenn anders beim Aufwinden des Multiplikators dafür gesorgt wird, dass die einzelnen Drahtgänge dicht und fest an einander liegen, Multiplikatoren, die völlig die Gestalt des hohlen Raumes der Rolle annehmen und vollkommen mit einander vergleichbar werden, wenn man sich die Mühe nimmt, die Höhen aller Multiplikatorringe ganz gleich zu machen, welches dadurch geschehen kann, dass man mit dem Draht, der wegen seiner Dünne oder Kürze weniger Körper giebt, einen oder nach Erforderniss mehrere leere Seidenfaden zugleich mit aufwindet. Diese letztere Sorgfalt habe ich nicht überall und nirgends ganz angewendet.

dickem, plattirten Kupferdraht bestand. Die beiden anderen *B* und *C* (dieselben, welche mir früher zu den Versuchen an der entgegengesetzten Grenze gedient hatten) bestanden jeder aus zwei Ringen von 110 Windungen, und waren beide aus Messingdraht bereitet, wovon der zu *B* gebrauchte $^1/_5$ Linie und der zu *C* benützte $^1/_{10}$ Linie stark war. Der erste *A* dieser drei Multiplikatoren, welcher nur einen einzigen Ring bildete, wurde so unter die Glocke gestellt, dass seine Ebene gegen den Horizont eine geneigte Lage erhielt, während die beiden anderen, welche aus zwei Ringen bestanden, so gestellt wurden, dass diese etwas mehr als eine Linie von einander abstehenden Ringe unter der Glocke eine verticale Lage erhielten. Aus dieser Beschreibung geht hervor, dass die mittleren Halbmesser der drei Multiplikatoren *A*, *B* und *C* respective 13, 14 und $13^3/_4$ Linien gross waren, und dass die wirklichen Längen der zu ihnen gebrauchten Drähte der Reihe nach 354, 1612 und 1583 Zoll lang waren; ferner dass die Multiplikatoren *B* und *C* unter sich zwar fast ganz und gar vergleichbar waren, aber nicht so vollkommen der Multiplikator *A* mit ihnen, obwohl ich bei der Anordnung seiner schiefen Lage dafür Sorge getragen habe, dass seine oberen und unteren Ränder möglichst eben so weit zur Seite abstanden, als dies geschehen wäre, wenn er aus zwei Ringen gebildet gewesen wäre, denen man dieselbe Stellung wie bei den Multiplikatoren *B* und *C* gegeben hätte, weshalb von seiner abgeänderten Construction wohl keine bedeutende Aenderung in seinen Anzeigen zu erwarten ist. Zu den vorigen Multiplikatoren gesellte sich in einigen Fällen noch ein vierter *D*, der aus 60 Windungen desselben Drahtes wie beim Multiplikator *A* bestand. Seine Windungen aber waren im Mittel $8^1/_2$ Zoll lang, denn er war auf einen Cylinder von grösserer Dicke als der der Rolle gezogen worden, und konnte daher auch nur als Zwischenleiter in der Kette, nicht aber unter der Glasglocke als Beweger der Magnetnadel dienen; die ganze Länge des zu ihm verwandten Drahtes betrug demnach 510 Zoll. Da man im Verlaufe der Versuche selbst häufig Anlass findet, die reducirten Längen dieser verschiedenen Multiplikatordrähte, oder, was dasselbe ist, die verschiedenen Widerstände, welche sie dem Strome der Elektricität entgegensetzen, mit einander zu vergleichen, so wird es gut sein, diese verschiedenen Werthe gleich hier ein für allemal herzusetzen. Erwägt man nun, wie schon in Nr. 1 auseinander gesetzt worden ist, dass die reducirte Länge eines prismatischen Leiters gefunden wird, wenn man seine Länge in Fussen durch das Produkt aus seinem Leitungskoeffizienten und aus seinem Querschnitte in Quadratlinien dividirt, und setzt man den Leitungskoeffizienten des Messings 0,28, während der des Kupfers 1 ist, wie ich aus directen Versuchen abgeleitet habe: so erhält man, weil der Halbmesser des den Querschnitt bildenden Kreises bei den Drähten der Multipltkatoren A, B und D 0,1 Linie, bei dem Drahte des Multiplikators C aber 0,05 Linie ist, für die reducirten Längen der Drähte an den Multiplikatoren A, B, C und D der Reihe nach die Zahlen:

$$\frac{354:12}{(0,1)^2 \times 3,14};\quad \frac{1612:12}{(0,1)^2 \times 3,14 \times 0,28};\quad \frac{1583:12}{(0,05)^2 \times 3,14 \times 0,28};\quad \frac{510:12}{(0,1)^2 \times 3,14}$$

oder, weil es hier sich blos um das Verhältniss dieser Werthe zu einander handelt, die Zahlen:

$$\frac{354}{(0,1)^2}\qquad \frac{1612}{(0,1)^2 \times 0,28}\qquad \frac{1583}{(0,05)^2 \times 0,28}\qquad \frac{510}{(0,1)^2}$$

oder auch, wenn man bedenkt, dass $(0,1)^2$ genau viermal grösser als $(0,05)^2$ ist, die Zahlen:

$$354\qquad \frac{1612}{0,28},\qquad \frac{4 \times 1583}{0,28},\qquad 510$$

und diese gehen sogleich über in die Zahlen:

354, 5757, 22614, 510.

Man sieht hieraus, dass die reducirte Länge vom Drahte des Multiplikators C sehr nahe viermal grösser als die vom Multiplikator B, etwa 44 mal so gross als die vom Multiplikator D und nahe 64 mal so gross als die vom Multiplikator A ist.

Neben diesen Vorrichtungen hatte ich mir zwei ebene Streifen $S\,S$ aus $^1/_3$ Linie dickem Zink- und Kupferblech bereitet, jeden 6 Zoll lang und $4^1/_4$ Linie breit, deren obere Hälften auf den beiden Seiten einer Glasplatte isolirt so befestigt wurden, dass ihre unteren Hälften über die Glasplatte hervorragten, und überall, nicht völlig, aber doch sehr nahe, zwei Linien von einander entfernt standen.*) Diese Streifen dienten als Erreger und konnten mittelst einer sehr einfachen Vorkehrung in lothrechter Richtung beliebig höher und tiefer gestellt werden, um sie auf diese Weise in die leitende Flüssigkeit genau bis an eine bezeichnete Stelle einsenken zu können. Um mehrere mit einander vergleichbare solcher Stellen zu erhalten, war der Kupferstreifen auf seiner äusseren Seite, von seinem untersten Rande an gerechnet in 6 gleiche Theile abgetheilt, welche zusammen eine Länge von $2^1/_4$ Zoll einnahmen, und das unterste dieser Felder wurde noch überdies in 4 Viertel eingetheilt. Reines Brunnenwasser diente überall, wo nicht ausdrücklich das Gegentheil angegeben wird, als leitende Flüssigkeit. Noch will ich bemerken, dass alle Verbindungen der einzelnen Theile der Kette unter einander jedesmal in der Art geschahen, dass durch Hülfe einer Weingeistflamme ihre Enden mit Zinn an einander gelöthet wurden; nur in einem einzigen Falle, der besonders angegeben werden wird, wurden zwei Enden durch Eintauchen in Quecksilber mit einander vereinigt.

5) Zuerst war ich bemüht, die Grenze kennen zu lernen, wo die reducirte Länge $n\lambda$ des Multiplikators in Vergleich zu der reducirten Länge L der übrigen Kette für die Beobachtung an dem von mir gewählten Apparate zu verschwinden anfängt, weil gerade von der Kenntniss dieses Umstandes die richtige Beurtheilung der Resultate, zu denen wir uns anschicken, abhängt. Zu dem Ende brachte ich den Multiplikator A unter die Glocke, verband sein eines Ende mit dem Zinkstreifen, und sein anderes Ende vereinigte ich mit einem Ende des Multiplikators D, der sich ausserhalb der Glocke befand und

*) Da diese Streifen der Reinigung wegen häufig von der Glasplatte herabgenommen werden müssen, so ist es vortheilhaft, sie blos durch eine isolirende Presse gegen die Platte fest anzudrücken. Auch wird man wohl thun, bei diesen Versuchen viel dickere Streifen anzuwenden, als hier geschehen ist, weil dadurch das nach dem Scheuern hier stets erforderliche Richten derselben, was für den Ungeübten zeitraubend und unangenehm ist, vermieden werden kann.

dessen noch freies Ende mit dem Kupferstreifen in leitende Verbindung gebracht wurde. Zu gleicher Zeit löthete ich an die beiden Enden des Multiplikators D, da wo sie selber angelöthet wurden, noch zwei andere starke und kurze Drähte $z\,z$ an, deren freie Enden abwechselnd in ein bereit stehendes Gefäss voll Quecksilber getaucht und auch wieder isolirt von einander herausgenommen werden konnten. Diese Anordnung gestattet zwar, dass der entstehende Strom, wenn die Drähte $z\,z$ in's Quecksilber tauchen, seinen Weg nicht blos durch diese Drähte, sondern zugleich auch durch den Multiplikator D nehme; vordem angestellte Versuche über mehrfache Leitung haben mich jedoch vollkommen belehrt (s.d.Jahrb. 1827. H. 1 [58]), dass der durch den Multiplikator D gehende Theil des Stromes bei der hier getroffenen Einrichtung, ein völlig zu vernachlässigender Theil dessen ist, der durch die Drähte $z\,z$ geht, dass also die Wirkung auf die Magnetnadel in diesem Falle ganz dieselbe für die Wahrnehmung ist, als wenn der Multiplikator D aus der Kette weggenommen und diese mit den Drähten $z\,z$ allein geschlossen würde; wenn hingegen einer von den Drähten $z\,z$ oder beide aus dem Quecksilber herausgenommen und isolirt von einander erhalten werden, so bleibt die Kette blos durch den Multiplikator D geschlossen, durch welchen ausschlussweise sonach der Strom seinen Weg nehmen muss. Ich senkte nun, nachdem die Drähte $z\,z$ in's Quecksilber getaucht worden waren, die Streifen $S\,S$ wiederholt und auf verschiedene Tiefen in Brunnenwasser ein, und nachdem die Nadel so ruhig geworden war, dass sie innerhalb vieler Secunden ihren Stand nicht mehr fühlbar änderte, wurde einer der Drähte $z\,z$ aus dem Quecksilber gehoben und auf eine Glasplatte zur Seite gelegt, sogleich aber auch der Stand der Nadel wieder beobachtet. Es war mir jedoch nicht möglich, auch nur in einem einzigen Falle eine den möglichen Beobachtungsfehler übersteigende Aenderung im Stande der Nadel wahrzunehmen, so dass also die Aenderung, welche eine reducirte Länge, wie sie der Multiplikator D darbietet, im Stande der Nadel hervorbringt, innerhalb der Grenze des Beobachtungsfehlers, den ich auf $^1/_2$ Grad anschlage, liegen muss. Hierauf brachte ich an die Stelle des Multiplikators D

den Multiplikator *C*, alles Uebrige blieb wie vorher. Nachdem wieder die Drähte *z z* im Quecksilber standen, senkte ich alle sechs Felder der Streifen in's Wasser, und als nach einer Weile die Nadel ziemlich fest auf 47° stand, hob ich einen der Drähte *z z* aus dem Quecksilber heraus und nahm sogleich wahr, dass die Nadel beträchtlich zurückgegangen war; sie spielte auf 39° ein. Nach einiger Zeit brachte ich den isolirten Draht *z* wieder unter das Quecksilber, sogleich stieg auch die Nadel wieder und spielte auf 46° ein. Ein neues Herausnehmen des Drahtes *z* aus dem Quecksilber brachte die Nadel wieder auf 38½° zurück. Nach diesem hob ich die Streifen *S S* so weit in die Höhe, bis nur noch drei Felder unter Wasser standen, und als die Nadel bei geschlossenen Drähten *z z* auf 32½° zur Ruhe gekommen war, öffnete ich diese Drähte; da spielte die Nadel auf 29° ein. Ein abermaliges Schliessen der Drähte *z z* brachte die Nadel auf 32°, und ein Oeffnen derselben führte sie wieder auf 29° zurück. Zuletzt liess ich nur noch ein Feld der Streifen *S S* unter Wasser, da zeigte die Nadel 16½°, wenn die Drähte *z z* geschlossen, 15½° wenn sie geöffnet waren. Bei einem zweiten Versuche erhielt ich die Zahlen 16° und 15½°.

Man ersieht schon aus diesen wenigen Versuchen, wie in der That der Einfluss des Zwischenleiters *C* auf die Anzeigen des Multiplikators *A* an der Magnetnadel von dem Verhältnisse der reducirten Länge des Zwischenleiters zur reducirten Länge der übrigen Kette abhängt, denn diese letztere wird in dem Maasse grösser, als weniger Felder der Streifen *S S* unter Wasser gesetzt werden, wie schon aus dem Begriffe der reducirten Länge hervorgeht. Auch sieht man ein, warum der Multiplikator *D* gar keinen Einfluss auf die Grösse des Stromes äusserte, als er in die Kette eingeschoben wurde; da nämlich die reducirte Länge dieses Multiplikators, wie wir gesehen haben, etwa 44 mal kleiner ist, als die vom Multiplikator *C*, so lässt sich der Einfluss des Multiplikators *D* als eingeschobener Leiter, wenn er in demselben Verhältnisse kleiner wird, als der des Multiplikators *C*, auf keine Weise mehr durch die Beobachtung im Stande der Nadel erkennen. Da aber in den vorigen Versuchen mit einer kleineren unter Wasser getauchten Oberfläche der Streifen $S\,S$, d. h. mit einer grösseren reducirten Länge der Kette zugleich auch eine Verringerung in der Grösse des Stromes verknüpft ist: so bleibt es noch unentschieden, ob jener Einfluss in der That von dem Verhältnisse der reducirten Länge des Zwischenleiters zur reducirten Länge der übrigen Kette abhängt, wie die Theorie behauptet, oder ob nicht vielleicht von der reducirten Länge des Zwischenleiters in Beziehung zur Grösse des Stromes, wie aus den hierüber von Schweigger mitgetheilten Beobachtungen, dem überhaupt diese ganze Untersuchung ihre Anregung verdankt, hervorzugehen scheint. Es wird sich zwar zeigen, dass der theoretische Ausdruck hier der bestimmtere ist, zugleich wird man aber auch leicht wahrnehmen können, dass Schweigger, welcher ohne Zweifel alle Beobachtungen der Art an der Zink-Kupferkette gemacht hat, nicht wohl zu einer anderen Bestimmung gelangen konnte, weil das Ungenügende derselben sich erst an Ketten von sehr verschiedener Spannung deutlich herausstellen kann.

Um über diesen Punkt Gewissheit zu erhalten, verfertigte ich mir einen Messingstreifen, der an die Stelle des Zinkstreifens gesetzt werden konnte und diesem an Gestalt und Grösse völlig gleich war. Die Spannung zwischen Kupfer und Messing ist so gering, dass, selbst wenn alle sechs Felder der Streifen unter Brunnenwasser gesetzt werden, die Nadel nur um wenige Grade zur Seite abgelenkt wird; deswegen wählte ich zu den jetzt anzustellenden Versuchen eine schwache Salmiakauflösung statt des blosen Brunnenwassers, übrigens blieb der Apparat ganz wie bisher angeordnet, nur mit dem Unterschiede, dass statt der Multiplikator C nur die eine Hälfte desselben, die ich mit c bezeichnen will, als Zwischenleiter gebraucht worden ist. Alle sechs Felder der Messing-Kupferstreifen wurden in das Salmiakwasser eingetaucht und zu verschiedenen Zeiten die Unterschiede in der Stellung der Nadel beobachtet, welche sich ergaben, je nachdem die Kette durch die Drähte $z\,z$ oder durch den Multiplikator c geschlossen wurde; es zeigte sich dabei, dass in dem Maasse, in welchem die Grösse des Stromes von der Magnetnadel der Zeitfolge nach durch 36°, 29°, 25° angezeigt wurde, wenn die Kette durch die Drähte $z\,z$ geschlossen war, der Stand der Nadel zu derselben Zeit der Reihe nach durch 27°, 22°, 19° angezeigt wurde, wenn die Kette durch den Multiplikator c geschlossen war, dass also der Einfluss des eingeschobenen Leiters in den verschiedenen Perioden 9°, 7° und 6° war; als ich aber den Zinkstreifen wieder an die Stelle des Messingstreifens setzte und $^1/_4$ Feld der Zink-Kupferstreifen in das gleiche Salmiakwasser einsenkte und den Erfolg zu verschiedenen Zeiten beobachtete, als die Nadel successive auf 37° und $29^3/_4$° stand, während die Kette mit den Drähten $z\,z$ geschlossen war, da stellte sich in den entsprechenden Beobachtungszeiten die Nadel auf 36° und 29°, wenn die Kette mit dem Zwischenleiter c geschlossen war, und als die mit den Drähten $z\,z$ geschlossene Kette bis auf 25° gesunken war, da konnte eine Aenderung in der Grösse des Stromes durch den Zwischenleiter nur dann noch mit Sicherheit beobachtet werden, wenn die Aenderung in der Leitung zu einer Zeit vorgenommen wurde, wo die Nadel in völlige Ruhe gekommen war; es zeigte sich nämlich dann in demselben Augenblicke gar deutlich ein Zucken der Nadel nach der einen oder nach der anderen Seite hin, je nachdem die Drähte $z\,z$ geschlossen oder geöffnet wurden. Während also der Zwischenleiter c in der Messing-Kupferkette bei Strömen von verschiedener Grösse einen Einfluss von 9° bis 6° äusserte, da brachte derselbe Zwischenleiter c in der Zink-Kupferkette bei Strömen von derselben Grösse theils nur einen Eindruck von höchstens 1° hervor, theils hörte dieser Eindruck auf überhaupt merklich zu sein; aber in jener Kette waren auch sechs Felder und in dieser nur $^1/_4$ Feld unter eine in beiden Fällen sich gleichbleibende Flüssigkeit gestellt, d. h. die reducirte Länge der übrigen Kette war im ersten Falle viel kleiner als im anderen. Es wird sonach durch diese Versuche ausser allen Zweifel gesetzt, dass der Einfluss eines Zwischenleiters auf die Grösse des Stromes nicht sowohl von der reducirten Länge des Zwischenleiters in Beziehung zur Grösse des Stromes, als von dem Verhältnisse der reducirten Länge des eingeschobenen Leiters zur reducirten Länge der übrigen Kette abhängig ist.

Durch die bisherigen Versuche sind die im Eingange dieser

Beiträge unter *A* und *B* von der Theorie ertheilten Antworten durch die Erfahrung auf das Befriedigendste bestätigt worden. Zwar liesse sich noch aus dem Umstande eine Bedenklichkeit gegen die Strenge der theoretischen Aussagen erheben, dass ein so grosses Missverhältniss zwischen der untergetauchten Felderanzahl und dem beobachteten Einflusse des Leiters stattfindet, während nämlich die Felderanzahl von 6 auf ¼ überspringt, fällt der beobachtete Einfluss des eingeschobenen Leiters nur von 9° auf 1°; allein abgesehen davon, dass es immer sehr misslich ist, auf irgend ein bestimmtes Verhältniss zu schliessen, da wo Werthe von nur *einem* Grade in's Spiel kommen, und dass überhaupt bei jenen Versuchen die Anzahl der *Grade* zur Bestimmung des Verhältnisses, welches in beiden Fällen zwischen den Einflüssen des eingeschobenen Leiters stattfindet, nie ganz geeignet ist: so wird sich in einer der folgenden Nummern von selbst eine Erfahrung darbieten, durch die jenes Missverhältniss so ziemlich beseitigt wird. Wir wollen daher, ohne hier länger zu verweilen, zur Prüfung der unter *C* befindlichen Antworten schreiten.

6) Da in den vorigen Versuchen stets nur zwei einander nahe stehende und unmittelbar hinter einander folgende Versuche mit einander zu vergleichen waren, so war eben deswegen bei ihnen keine besondere Vorsichtsmassregel zu bedenken, weil sie sich jedesmal in der erforderlichen Genauigkeit entweder dadurch erhalten lassen, dass man mit ihnen wartet, bis die Kette so gleichförmig geworden ist, dass in der zu zwei auf einander folgenden Versuchen erforderlichen Zeit keine fühlbare Aenderung in ihr mehr vorfällt, oder, wenn dieser Umstand noch nicht in aller Strenge vorhanden ist, dadurch, dass man einen der Versuche zwischen zwei andere, womit jener verglichen werden soll, einschliesst, und aus diesen letzten beiden ein Mittel nimmt. Jetzt aber, wo Versuche, die zu sehr verschiedenen Zeiten und an ganz verschiedenen Ketten angestellt werden, mit einander verglichen werden sollen, muss jede Sorglosigkeit aufhören, im Gegentheile treten von nun an alle unter Nr. 3 erörterten Schwierigkeiten in ihrem ganzen Umfange ein.

Zunächst habe ich daher darauf hinzuweisen, wie in der That

bei den folgenden Versuchen die ursprüngliche Intensität des Stromes innerhalb der Flüssigkeitsschicht überall dieselbe ist, und deswegen auch im Verlaufe der Versuche stets in gleichen Abständen vom Augenblicke des Schliessens der Kette genommen, fortwährend dieselbe bleibt. Dieser Umstand hat darin seinen Grund, dass in diesen Versuchen die reducirte Länge des Schliessungsdrahtes, der bei ihnen den Multiplikator ausmacht, ohne allen Vergleich geringer ist, als die reducirte Länge der übrigen Kette, oder, was im Grunde ganz dasselbe sagt, dass die Grösse des Stromes in allen dabei vorkommenden Ketten für die Wahrnehmung ganz dieselbe blieb, wenngleich die Kette, anstatt durch den Multiplikator, durch einen noch so kurzen und dicken metallischen Leiter geschlossen wurde.*) Dass dem so sei, lässt sich aus dem für diesen Fall in Nr. 2 gegebenen, die Grösse des Stromes bestimmenden Ausdruck so sehr leicht ableiten, dass ich es für überflüssig halte, hierauf noch besonders einzugehen; dagegen will ich jetzt den Versuch wagen, die Wahrheit des Gesagten, ohne Zuziehung jener Formel, überhaupt ohne alles tiefere Eindringen in die Natur des elektrischen Stromes, lediglich aus dem zur Bedingung gemachten Umstande unmittelbar abzuleiten. — Wenn nämlich jede dickere und kürzere metallische Leitung, die man statt des Multiplikatordrahtes setzen mag, die Grösse des Stromes durchaus nicht abzuändern vermag, so ist dies ein offenbares Zeichen, dass der Multiplikatordraht weiter nichts thut, als dass er die zur Kette erforderliche Spannung hergiebt und die Beobachtung der Grösse des Stromes durch seinen Einfluss auf die Magnetnadel erst möglich macht. Diese Grösse des Stromes hängt aber der That nach blos von der Beschaffenheit der Flüssigkeitsschicht und der Spannung ab, welche irgend eine noch so kurze und dicke metallische Leitung hervor zu bringen im Stande wäre. Denkt man sich daher die metallische

*) Diese Besonderheit wird durch die Natur der hier in Rede stehenden Untersuchung selber bedingt und kann unter allen Umständen bei den Versuchen stets eingehalten werden; bei den meinigen findet sie zwar nicht in aller Strenge, aber doch so nahehin statt, dass daraus kein fühlbarer Fehler hervorgehen kann, obgleich eben deswegen besondere Correctionen hier eintreten mussten, die bei wiederholten Versuchen ganz wegfallen werden.

Leitung so dick, dass ihr Querschnitt dem der Flüssigkeitsschicht gerade gleich kommt, und stellt man sich noch überdies diese metallische Leitung so kurz als möglich vor, welches der Bedingung gemäss erlaubt ist: so sieht man sogleich ein, dass auf allen Punkten der Flüssigkeit, da wo diese an eine der erregenden Metallplatten angrenzt, eine und dieselbe elektrische Beschaffenheit vorhanden, und dass die Differenz dieser elektrischen Beschaffenheit an den entgegengesetzten Wänden der Flüssigkeitsschicht der ganzen, durch die Natur der daselbst angrenzenden heterogenen Metallplatten bedingten Spannung gleich sein müsse, wie klein oder wie gross übrigens der Querschnitt der Flüssigkeitsschicht selber sein mag. Wenn aber die elektrische Differenz oder die Spannung an den Enden einer jeden Wasserlinie, die man sich von einer Metallplatte zur anderen durch die Flüssigkeit gezogen denkt, überall dieselbe ist, so muss auch die zu prismatischen Theilen der Flüssigkeitsschicht, die sich von einer Metallplatte zur anderen in derselben Art erstrecken und unter sich einerlei Querschnitt haben und die wir aus dieser Ursache Elemente der Flüssigkeitsschicht nennen wollen, gehörige Grösse der elektrischen Strömung dieselbe sein, d. h. es muss die Intensität des Stromes innerhalb der Flüssigkeitsschicht an allen Orten dieselbe sein, und diese Intensität kann augenscheinlich blos von der Natur der Flüssigkeit, dem Abstande der Metallplatten von einander und von der zu diesen Metallen gehörigen Grösse der Spannung abhängen. Deswegen muss auch diese Intensität in verschiedenen solchen Ketten doch dieselbe bleiben, wenn nur in allen die Metallplatten einerlei Abstand und Spannung haben und stets eine und dieselbe Flüssigkeit angewandt wird. Auch nimmt man nun mit grosser Leichtigkeit den Grund wahr, warum in allen solchen Ketten die unter dem Namen *Wogen* begriffenen, in einerlei Zeit hervorgebrachten Veränderungen stets der Grösse des Stromes proportional bleiben. Denn da alle zu gleichen Querschnitten gehörigen in einer unveränderlichen Gestalt und in bestimmter Lage zu den Metallplatten gedachten Theile der Flüssigkeitsschicht, welche wir deren Elemente genannt haben, sich in jeder solchen Kette unter völlig einerlei Umständen befinden: so sind sie nothwendig in gleichen Zeiten auch ganz denselben, durch innere Ursachen jeder Art hervorgebrachten Veränderungen unterworfen. Die in einer bestimmten Zeit aus allen möglichen solchen Veränderungen hervorgehenden Aenderung in der Grösse des Stromes eines jeden Flüssigkeitselementes muss daher in allen Ketten der genannten Art fort und fort von gleicher Grösse sein. Deswegen muss auch die Summe der Aenderungen aller Elemente in einer jeden solchen Kette zur Summe der anfänglichen Stärke des Stromes aller dieser Elemente, d. h. die Aenderung in der Grösse des Stromes zur ursprünglichen Grösse des Stromes einer und derselben Kette in allen solchen Ketten fort und fort dasselbe Verhältniss haben. Was ich hier in gewöhnlicher Redeform auszudrücken versucht habe, geschieht freilich durch die mathematische Sprache in einer Zeile und ungleich bestimmter.

Nachdem so der vollkommene Parallelismus der Intensität in allen hier zur Sprache kommenden Ketten dargethan worden ist, stellen sich die bei solchen Versuchen zu nehmenden Vorsichtsmassregeln, welche schon in Nr. 3 berührt worden sind, von selbst heraus; sie sind im Wesentlichsten folgende:

α. Die Beobachtungen an solchen Ketten müssen in einerlei Zeitentfernung, vom Schliessen einer jeden Kette ab gerechnet, geschehen.

β. Das natürliche Wogen der Kette während dieser Zeit muss vor äusseren Störungen sorgfältig geschützt bleiben. Dazu wird aber namentlich erfordert, dass das Geschlossensein der Kette auch nicht für die Dauer eines Augenblicks unterbrochen und dass die Flüssigkeit auf keine Weise durch äussere Ursachen, nicht einmal durch irgend fühlbare Erschütterungen, in Bewegung gesetzt werde.

γ. Es muss zu allen solchen Ketten stets dieselbe Flüssigkeit genommen werden, und der Abstand der erregenden Platten von einanher, sowie deren Spannung, müssen in allen Fällen ungeändert dieselben bleiben. Wegen der letzteren die Spannung angehenden Bedingung ist es unerlässlich, dass die Metallplatten vor jedem einzelnen Versuche jedesmal erst wieder sorgfältig gereinigt werden.

7) Es liegt aber in dem bereits Gesagten noch ein anderes Gesetz, aus dem wir Vortheil ziehen wollen. Da nämlich in Ketten von der besprochenen Art die Intensität des Stromes in der Flüssigkeitsschicht, d. h. die Grösse des Stromes in jedem einzelnen Elemente in gleichen Zeiten, vom Schliessen der Kette ab gerechnet, fortwährend eine und dieselbe ist: so ist in denselben Zeiten die Summe aller dieser Elementarströme in einer jeden Kette der Summe aller Elemente derselben Kette, oder (weil die Längendimension bei allen Elementen solcher Art unablässig dieselbe bleibt) der Summe aller Querschnitte dieser Elemente stets proportional; d. h. es verhalten sich die zu derselben Epoche gehörigen Grössen der Ströme in verschiedenen solchen Ketten jederzeit wie die zu diesen Ketten gehörigen Querschnitte der Flüssigkeitsschicht. Dadurch wird es uns nämlich möglich gemacht, selbst bei dem hier gebrauchten Apparate, wo die Grösse des Stromes durch den Abweichungswinkel der Nadel gemessen wird, Ströme von verschiedener Grösse mit einander vollständig zu vergleichen, ohne erst eine beschwerliche und noch dazu in jedem Falle weniger Genauigkeit gebende Rechnung zu Hülfe nehmen zu müssen. Man hat zu dem Ende nur die mit dem Multiplikator, für dessen Wirkungen man sich eine Vergleichungstafel bilden will, verbundenen, überall gleich weit von einander abstehenden Zink-Kupferstreifen des schon oben beschriebenen Apparates auf verschiedene Tiefen in dieselbe Flüssigkeit zu tauchen, und den Stand der Nadel jedesmal aufzuzeichnen: so erhält man eben so viele mit einander vergleichbare Zahlen, weil die diesen Zahlen entsprechenden Grössen der Wirkung sich genau wie die dabei in's Spiel gekommenen Querschnitte der Flüssigkeit oder bei überall gleich breiten Streifen, wie die zu jenen Querschnitten gehörigen Längen der Streifen verhalten. Wer freilich den von mir anderswo (in diesem Jahrbuche 1826. B. I. S. 144 [19]) beschriebenen Apparat bei solchen Versuchen anzuwenden Gelegenheit hat, erhält neben anderen sehr erheblichen Vortheilen auch noch den, eine solche Tafel ganz und gar entbehren zu können.

Als ich zu solchem Zwecke die mit dem Multiplikator *A* verbundenen Zink-Kupferstreifen auf verschiedene Tiefen unter

Wasser setzte, und jedesmal den nach Ablauf von 5 Minuten dabei wahrzunehmenden Stand der Nadel beobachtete, ergab sich mir nachstehende Tafel: *)

Untergetauchte Felder	6	5	4	3	2	1	½	0
Stand der Nadel	43°	38½°	32½°	27½°	22°	16½°	11½°	6°

An dieser Tafel wird dem aufmerksamen Leser Manches bedenklich scheinen, was ich daher noch kurz besprechen will. — Erstlich ist es auffallend, dass die Anzahl der Grade für das erste Feld um 10½°, während der Stand der Nadel für alle übrigen Felder ziemlich gleichförmig wächst und fortwährend nur wenig von 5° verschieden ist. Diese Erscheinung findet ohne Zweifel darin ihren Grund, dass die Windungen des Multiplikators diesseits und jenseits der Richtung der Nadel in ihrem Ruhestande, auf eine beträchtliche Strecke ziemlich gleichförmig vertheilt liegen und dann plötzlich ganz aufhören, woraus sich mit Gewissheit schliessen lässt, dass die Abweichung der zwei vereinten Magnetnadeln (deren Pole, abwechselnd, in grössere Nähe und Ferne dieser Windungen bei verschiedenen Stellungen zu stehen kommen) einem ziemlich zusammengesetzten Gesetze gehorchen werde, zumal da die Wirkung des Multiplikators auf die obere und untere Nadel offenbar nach zweierlei von einander verschiedenen Bestimmungen geschieht. Durch solche Betrachtungen lässt sich freilich die Ursache der Ungleichförmigkeit in den Angaben der Tafel blos errathen, und nur eine besonders deshalb angestellte Rechnung könnte hierüber bestimmte Auskunft geben; so viel ist aber wenigstens

---

*) Ich füge hier die Nachricht bei, dass vorstehende Tafel viele Monate später und in einer viel kälteren Jahreszeit, als die noch folgenden Versuche, zu deren Vergleichung sie dienen soll, gebildet worden ist, und dass zur Zeit ihrer Bereitung dieselben Ketten alle merklich schwächer wirkten als zuvor, welcher Umstand in dem Unterschiede der Temperatur, oder auch darin seinen Grund haben mag, dass Brunnenwasser zu so verschiedenen Zeiten wohl nicht völlig als eine und dieselbe Flüssigkeit anzusehen ist. Indessen wird man ohne mein Erinnern sogleich wahrnehmen, dass ein solches über alle Ketten gleichmässig sich erstreckendes Sinken der Kraft die Brauchbarkeit der Tafel zu ihrem Zwecke nicht im Mindesten schmälern kann.

gewiss, dass Versuche der Art, wenn sie mit der erforderlichen Aufmerksamkeit angestellt werden, fortwährend Resultate liefern, die nur höchst selten um mehr als einen halben Grad von einander verschieden sind, und grösser kann daher die Unsicherheit der Tafel auch nicht wohl sein, obgleich ich es verschmäht habe, aus mehreren solchen Versuchsreihen das Mittel zu nehmen, sondern mich hier mit einer einzigen vorab zu diesem Zwecke bestimmten Reihe begnügte. — Zweitens kann es Besorglichkeit erwecken, dass bei 0 Feld 6° Abweichung angezeigt sind. In Bezug auf diesen Umstand erlaube ich mir zu bemerken, dass in dem mit 0 Feld bezeichneten Versuche die Streifen so weit aus dem Wasser herausgezogen worden waren, bis ihr unterer Stand mit dem Wasserspiegel in einer und derselben Ebene lag, wobei natürlich die Streifen noch fortwährend mit dem Wasser in Berührung blieben und deshalb eine Strömung veranlassen mussten. Man hat indessen alle Ursache sich über die Grösse der dabei wahrgenommenen Abweichung von 6° bei der geringen Dicke der zu diesen Versuchen gebrauchten Zink-Kupferstreifen, die nicht mehr als $\frac{1}{3}$ Linie betrug, zu wundern. Es liegt aber dieser unerwartet grossen Abweichung eine Erfahrung zum Grunde, die ich nicht mit Stillschweigen übergehen darf, da sie bei allen ähnlichen Versuchen eine besondere Berücksichtigung verlangt, wenn man nicht Gefahr laufen will, zu sehr wenig mit einander übereinstimmenden Resultaten zu gelangen.

8) Es geschah mir nämlich beim Beginnen meiner Versuche nicht selten, wenn ich in der Stellung der Zink-Kupferstreifen kleine Aenderungen (wobei ich anfangs, um Erschütterungen zu vermeiden, sehr vorsichtig zu Werke zu gehen gewohnt war, bis ich später einsehen lernte, dass sie mitten in einem Versuche ganz und gar unzulässig sind) vorgenommen, und bald darauf die Streifen wieder in ihre alte Stellung zurück geführt hatte, oder wenn ich einen und denselben Versuch, bei welchem die Streifen jedesmal gleich tief in's Wasser getaucht wurden, mehrere Male unmittelbar hinter einander vorgenommen hatte, dass manchmal dadurch eine Differenz im Stande der Nadel von ungewöhnlicher Grösse bewirkt wurde, während hingegen in vielen Fällen gar keine Spur von einer

solchen Ungleichheit wahrzunehmen war. Es mochte wohl in dem Gefühle, das mich bei dieser Erscheinung ergriff, der Gedanke gelegen sein, dass die Natur, welche in den meisten Fällen so konstant sich zeigt, in den wenigen Fällen, wo sie dem blöden Menschenauge regellos erscheint, durch irgend eine bestimmte Ursache dazu getrieben werden müsse, mit deren Erkenntniss zugleich die scheinbare Willkühr wieder zur festen Regel wird; ich behielt wenigstens jene Wahrnehmung bei allen meinen folgenden Beobachtungen stets vor Augen, in der Hoffnung, ihr auf die Spur zu kommen. Jedoch ungeachtet aller Aufmerksamkeit, die ich darauf verwandte, lernte ich doch nur erst nach langer Zeit das Räthsel lösen, worüber ein in solchen Dingen Glücklicherer sich, und ich mich selber wundern muss, da der Grund der Erscheinung doch so ganz nahe vor den Augen liegt; es ist nämlich kein anderer als der, dass die Flächenanziehung der Streifenwände zur Flüssigkeit eine andere ist, je nachdem diese Wände trocken oder angefeuchtet sind. Zur Rechtfertigung dieser Behauptung will ich einige deshalb angestellte Versuche gedrängt mittheilen. Wenn ich z. B. die trockenen Streifen langsam bis auf ein bestimmtes Zeichen unter Wasser brachte und nun nach 10 Minuten die in dem Multiplikator *C* (durch diesen Multiplikator geben sich Aenderungen in der Grösse des Stromes, die durch gleich grosse Unterschiede in der Länge der eingetauchten Streifen veranlasst werden, nahe mit einer vier mal grösseren Stärke als durch den Multiplikator *A* zu erkennen, wesshalb jener zur Bestimmung des Werthes kleiner Aenderungen viel geeigneter ist) aufgehängte Nadel 21° zeigte: so stieg sie allmählig bis zu 32° an, wenn ich mit einem feucht gehaltenen, dünnen Glasstabe die Wände der Streifen in einer geringen Höhe über dem Wasserspiegel behutsam und doch vollständig benetzte. Denselben Stand nahm die Nadel aber auch sogleich nach Ablauf der 10 Minuten an, wenn die Streifen gleich zu Anfang des Versuchs tiefer als bis zu dem bestimmten Zeichen in das Wasser getaucht und dann erst auf das bestimmte Zeichen zurückgesetzt wurden. Auch konnte ich recht gut wahrnehmen, wie in dem einen Falle das zwischen den Streifen stehende Wasser tiefer, im anderen Falle dagegen höher als der übrige Wasserspiegel stand, und eine möglichst genaue Messung gab den halben Unterschied des Wasserstandes in beiden Fällen, den Anzeigen der Magnetnadel zur Folge, merklich grösser als $^1/_4$, etwa $^1/_3$ Feld. So auch wenn man bei der Anordnung des Apparates, wie er zur Anfertigung der in voriger Nummer mitgetheilten Tafel gedient hat, die trockenen Streifen nur gerade so tief herab führt, bis deren unterste Ränder genau in der Ebene des Wasserspiegels sich befinden, zeigt die Nadel nie mehr als 2°, manchmal etwas weniger, dann aber zeigt die unregelmässige Form der Wassergrenze an den Rändern, dass diese nicht an allen ihren Punkten genässt sind. Es folgt aus den hier mitgetheilten Beobachtungen, dass von den 6° Abweichung, welche die Nadel bei 0 Feld zeigt, 4° auf die Capillarerhöhung des Wassers zwischen den bei den dortigen Versuchen jedesmal angefeuchteten Streifenwänden zu rechnen sind, und 2° auf die Grösse des Stromes, welcher sich zwischen den untersten Rändern der Streifen in die Tiefe der Flüssigkeit hinab einleitet. Da nun auch nach den hier mitgetheilten Beobachtungen die 4°, welche der Erhebung des Wassers über den Wasserspiegel entsprechen, einer Verlängerung der Streifen um $^1/_3$ Feld gleich zu setzen sind, so werden die 6° einer Verlängerung der Streifen um $^1/_2$ Feld gleich zu setzen sein, wie auch schon aus dem Gange der Differenzen in der angezogenen Tafel, welche in der hier besprochenen Gegend gefunden werden, mit grosser Zuverlässigkeit sich schliessen lässt.

Obige Erfahrungen geben zu erkennen, dass eine Aenderung in der Flächenanziehung der Streifenwände zur Flüssigkeit im Stande der Nadel eine Abweichung hervorrufen kann, die oft sehr erheblich wird; desswegen muss man bei Versuchen, wo Metallplatten nur auf bestimmte Tiefen in die Flüssigkeit gesenkt werden, dafür Sorge tragen, dass die Metallplatten in allen Fällen ganz auf dieselbe Weise mit der Flüssigkeit in Berührung kommen. Da aber ein gleichförmiges Nasssein der Metallwände vor dem eigentlichen Schlusse der Kette sich sicherer und bequemer bewirken lässt, als eine völlig gleiche Anziehung der Metallwände in ihrem trockenen Zustande zur Flüssigkeit, so hat man bei solchen Versuchen zu den in Nr. 6 angeführten drei Vorsichtsmassregeln noch folgende vierte hinzuzufügen:

δ. *In Versuchen, wo nahe an einander stehende Erregerplatten nur bis an bestimmte, unveränderlich beizubehaltende Stellen in die Flüssigkeit eingesenkt werden sollen, ist zu diesem Zwecke erforderlich, dass man die Platten vor dem Schlusse der Kette, oder doch so viel als möglich zu gleicher Zeit, bis auf eine gewisse Strecke, deren Ausdehnung sich jederzeit aus dem Abstande der Platten von einander schon durch eine ungefähre Schätzung hinreichend bestimmen lässt, noch oberhalb der bezeichneten Stelle gut benetzt, und dann erst bis an die bezeichnete Stelle setzt.*

Die hier gegebene Regel habe ich nicht blos bei den Versuchen, welche zur Entwerfung der in voriger Nummer mitgetheilten Tafel dienten, sondern auch bei allen noch kommenden auf das Strengste befolgt, weil nur durch sie eine Beständigkeit der Resultate erhalten werden kann, die den, der zusieht, wie sie sich mitten aus Abwechselungen, die durch ihre Schnelligkeit den Sinn betäuben, hervorarbeitet, mit Bewunderung zu erfüllen nicht verfehlen kann. Zwar ist leicht einzusehen, dass bei einem viel beträchtlicheren Abstand der Platten von einander, als der, welcher bei den hier beschriebenen Versuchen gewählt worden ist, die genaue Befolgung jener Regel von minderem Gewichte wird; allein durch die so vergrösserte Länge der Flüssigkeitsschicht würden auch die das Wogen begleitenden Veränderungen in noch weit grösserem Maasse geschwächt; und man würde eben deswegen ohne Noth freiwillig dem Vergnügen entsagen, das bleibende der Erscheinung mitten in dem Gewühle einer enormen Vergänglichkeit derselben zu erblicken. Es wird nämlich durch den grösseren Abstand der Platten von einander die ursprüngliche Intensität des Stromes innerhalb der Flüssigkeitsschicht vermindert; dadurch werden aber auch zugleich, und in einem noch weit grösseren Verhältnisse, die in der Flüssigkeit durch den elektrischen Strom selbst bedingten Veränderungen geschwächt. Wer sich von dem mächtigen Einflusse der Intensität auf diese Veränderungen ohne grosse Mühe eine recht lebhafte Anschauung zu verschaffen Lust trägt, dem will ich folgenden Versuch anrathen. Man bringe die an dem in Nr. 5 beschriebenen Apparate befindlichen, zuvor recht blank gescheuerten Zink-Kupferstreifen auf eine beliebige Tiefe unter *Brunnenwasser* und lasse sie bei geschlossener Kette etwa eine Viertelstunde ruhig stehen; hierauf rühre man, ohne die Kette zu öffnen, oder an dem Stande der Streifen sonst etwas zu ändern, das Brunnenwasser mit einem reinen Glasstabe in einiger Entfernung von den Streifen gleichmässig um, so wird die Nadel steigen, und man kann es durch ununterbrochenes Fortrühren leicht dahin bringen, dass die Nadel auf ihrer grössten Höhe ziemlich ruhig stehen bleibt. Man wird finden, dass die Nadel in dieser zweiten Stellung eine Grösse des Stromes anzeigt, welche die vorige viele Male übertrifft, und dass sich nach beendigtem Umrühren die alte Stellung der Nadel nur erst nach Ablauf von etwa einer Viertelstunde wieder herstellt. Der Erfolg bleibt hinsichtlich der relativen Grössen des zu beiden Stellungen gehörigen Stromes (die man aus einer zuvor, nach der in Nr. 7 angezeigten Weise, gebildeten Tafel leicht entnehmen kann) derselbe, man mag die Streifen auf eine grössere oder geringere Tiefe unter Wasser tauchen. Nun aber bringe man an die Stelle des Zinkstreifens einen seiner Form und Stellung nach ganz gleichen Messingstreifen,*) und verfahre ganz wie zuvor, so wird man finden, dass in diesem Falle durch ein Umrühren des *Brunnenwassers* die Stellung der Nadel keine oder eine kaum fühlbare Aenderung erleidet. Während also in dem einen Falle das Umrühren eine Aenderung im Stande der Nadel hervorrief, die das *Vielfache* der Kraft betrug, rief im anderen Falle dasselbe Umrühren eine Aenderung im Stande der Nadel hervor, die einen nur *sehr kleinen aliquoten Theil* derselben ausmachte.

---

*) Durch diese Substitution, die schon einmal in Nr. 5 geschehen ist wird weiter nichts bezweckt, als eine Kette von viel geringerer Spannungssumme als zuvor zu bilden; je zwei in der Spannungsreihe nahe bei einander stehende Motalle sind dazu tauglich, und wer es kann, mag dazu Gold und Platin nehmen. Die so herabgespannte Kette hat bei einerlei Grösse des Stromes eine viel geringere reducirte Länge, und wenn, wie hier, diese Verringerung sich blos auf die zur Kette gehörige Flüssigkeit erstreckt, auch eine viel geringere Intensität des Stromes innerhalb dieser Flüssigkeitsschicht.

Mit welchem Rechte will man nun noch die Gesetze der galvanischen Kette, welche solche Modifikationen ausdrücklich von sich ausschliessen, auf hydroelektrische Ketten angewandt wissen, ehe man noch die Mühe sich genommen hat, den Schleier, welcher jene Modifikationen zudeckt, aufzuheben.

9) Die in der vorigen Nummer zergliederten Erfahrungen haben dargethan, dass alle von 6 bis zu 0 Feldern stehenden Zahlen der in Nr. 7 angegebenen Tafel Kräften angehören, die einer um $^1/_2$ Feld erhöhten Tiefe des Wassers zwischen den Streifen entsprechen.*) Dieser Einsicht gemäss muss obige Tafel, wenn sie zur Vergleichung der von dem Multiplikator *A* aus auf die Magnetnadel wirkenden Kräfte unter einander wahrhaft dienen soll, zuvor in nachstehende umgebildet werden:

Stand der Nadel	43°	38½°	32½°	27½°	22°	16½°	11½°	6°
Proportionalzahlen für die entsprechende Kraft	6½	5½	4½	3½	2½	1½	1	½

Ich wähle eines von den in der folgenden Nummer vorkommenden Beispielen, denen zu Gefallen obige Tafel aufgestellt worden ist, um daran den an sich sehr einfachen Gebrauch dieser Vergleichungstafel zu zeigen. Gesetzt nämlich, man hätte in zwei verschiedenen, an dem Multiplikator *A* geschehenen Beobachtungen den Stand der Nadel 16° und 37° gefunden, und man verlangte zu wissen, wie sich die in beiden

*) Durch die hier gewonnene Einsicht von ganz besonderer Art erklärt sich nun von selbst das in Nr. 5 bei den zu Ende dieser Nummer angestellten Versuchen wahrgenommene Missverhältniss, welches zwischen den eingetauchten Strecken der Zink-Kupfer- und Messing-Kupferstreifen, und den dabei beobachteten Einflüssen eines und desselben Leiters *c* stattfand, weil das dortige Verhältniss 6 zu $^1/_4$ durch obige Einsicht jetzt in das andere 6 zu $^3/_4$ oder $6^1/_2$ zu $^3/_4$ übergeführt wird, welches mit den gefundenen Einflüssen ziemlich genau zusammenstimmt. Diese Berichtigung verdanke ich blos einem Zufalle, der Ursache ward, dass ich das Herausziehen der Zink-Kupferstreifen aus dem Salmiakwasser, um sie auf $^1/_4$ Feld zu stellen, in meinem Tagebuche anmerkte, obgleich ich die vierte Regel bei den in Nr. 5 angestellten Versuchen nicht streng beobachtet hatte, weil sie auf die Art des Erfolgs der dort beabsichtigten Wahrnehmungen keinen entscheidenden Einfluss haben konnte.

Fällen auf die Magnetnadel wirkenden Kräfte zu einander verhalten, so verfährt man im Wesentlichen ganz so wie bei logarithmischen oder anderen Tafeln der Art; indem man aus den in der Gegend, in welche die gegebenen Zahlen 16° und und 37° fallen, herrschenden Differenzen der Tafel, und aus den Differenzen, welche die gegebenen Zahlen mit den in der Tafel stehenden nächst grösseren oder kleineren Angaben derselben Art bilden, die zu der gegebenen Anzahl von Graden gehörige Proportionalzahl der Kraft bestimmt. So, weil die gegebene Zahl 16° zwischen die beiden in der Tafel stehenden Zahlen $16^1/_2{}^0$ und $11^1/_2{}^0$ fällt, deren Differenz 5 ist, und dieser Differenz von Graden die Differenz $^1/_2$ in den zugehörigen Proportionalzahlen der Kraft entspricht: so schliesst man nach der Proportionsrechnung, dass einem Unterschiede in Graden, der $^1/_2$ beträgt, dort der Unterschied $^1/_{20}$ in den zugehörigen Proportionalzahlen entspreche. Hieraus ergiebt sich nun sogleich, dass die zu 16° gehörige Proportionalzahl der Kraft von der zu $16^1/_2{}^0$ gehörigen um $^1/_{20}$ verschieden und eben deswegen $1^9/_{20}$ sein müsse. Ganz auf dieselbe Weise findet man $5^1/_4$ für die zu 37° gehörige Proportionalzahl der Kraft. Es verhalten sich folglich die beiden Kräfte, welche im Stande der Nadel 16° und 37° bewirken, zu einander wie die Zahlen $1^9/_{20}$ zu $5^1/_4$, oder wie 29 und 105, oder wie 1 und 3,62.

Ehe ich weiter gehe, will ich noch zeigen, wie sich aus der in Nr. 5 angeführten, durch den Multiplikator C erhaltenen Beobachtung, und ähnlichen, mit Zuziehung obiger Vergleichungstafel ein Schluss auf das Leitungsvermögen der dabei wirkenden Flüssigkeit machen lasse. Aus den obigen Versuchen (S. 30 [224]) geht nämlich hervor, dass der Multiplikator C in der Kette, wobei sechs Felder unter Wasser standen, die Nadel im Mittel von $46^1/_2{}^0$ auf 39° herabzudrücken im Stande war; es entsprechen aber diese Zahlen in Graden den Kräften $7^1/_6$ und $5^{11}/_{18}$, wobei ohne Furcht vor einem erheblichen Irrthume die in der Tafel nicht mehr vorhandene Differenz vom 6. zum 7. Felde der vom 5. zum 6. Felde gleich angenommen worden ist. Nennen wir nun die in der Kette zur Zeit des Versuches herrschende Spannung A; und L die reducirte

Länge des Multiplikators C und x die reducirte Länge der übrigen Kette: so sind nach Nr. 2 $\frac{A}{x}$ und $\frac{A}{L+x}$ die Grössen des Stromes, die jener Kette ohne und mit dem Multiplikator C entsprechen; man hat demnach

$$\frac{A}{x} = 7^1/_6 \quad \text{und} \quad \frac{A}{x+L} = 5^{11}/_{18},$$

woraus man $x = 3{,}57 \times L$ findet. Da also die reducirte Länge der Kette ohne Multiplikator C 3,57 mal so gross ist als die reducirte Länge des Multiplikators C, und aus der Nr. 4 (S. 27 [221]) gemachten Berechnung hervorgeht, dass die reducirte Länge des mit der hier besprochenen Kette verbundenen Multiplikators A $^1/_{64}$ von der des Multiplikators C ist, wofür wir nur $0{,}01 \times L$ setzen wollen: so bleibt noch $3{,}56 \times L$ für die reducirte Länge der zur Kette gehörigen Flüssigkeit übrig, welche einem Querschnitte von sechs Feldern entspricht. Aus der zweiten in Nr. 5 an derselben Stelle geschehenen Beobachtung an drei Feldern würde man auf eine ähnliche Weise für die reducirte Länge dieser drei Felder die Zahl 5,84 L erhalten. Der Natur der Sache nach müssen sich diese Zahlen 3,56 und 5,84 umgekehrt wie die in beiden Beobachtungen unter Wasser stehenden Streifenlängen verhalten. Ueber die Genauigkeit dieser Proportion lässt sich jedoch nichts entscheiden, weil ich aus dem Protokolle meiner Versuche nicht ersehen kann, in welcher Art ich die Streifen auf den Theilstrich der sechs Felder in das Wasser geführt habe; ich will aber, nicht um jene Proportion genau zu machen, sondern um sicher kein zu geringes Leitungsvermögen für das Brunnenwasser durch die Rechnung zu erhalten, annehmen, dass die Streifen ungenetzt bis auf den letzten Theilstrich in das Wasser geführt worden sind, und dass dabei eine Depression des Wassers von $^1/_3$ Feld stattfand. So bleibt nach geschehener Correction für die untergetauchte Felderzahl in diesem Falle $4^5/_6$ übrig, während die im anderen Falle $3^1/_2$ war; und diese Zahlen machen obige Proportion so strenge wahr, dass es für die weitere Bestimmung des Leitungsvermögens des Brunnenwassers völlig gleichgültig sein kann, an welchen der beiden Fälle wir uns ferner halten wollen. Wählen wir dazu den ersten Fall und nehmen wir das Leitungsvermögen des *Messings* zur Einheit an, während wir das des Brunnenwassers mit y bezeichnen: so ist nach den in Nr. 1 (S. 7 [206]) gegebenen Bestimmungen und den in Nr. 4 (S. 25—28 [219—222]) gegebenen Abmessungen, der eben gefundenen Gleichung zwischen der reducirten Länge der Flüssigkeitsschicht und der des Multiplikators C gemäss:

$$\frac{1/_6}{y \,.\, 5^5/_6 \,.\, 4^1/_4 \,.\, ^3/_8 \,.\, 12.} = \frac{3{,}56 \,.\, 1583}{(0{,}05)^2 \,.\, 3{,}14.}$$

aus welcher Gleichung man $y = 0{,}000000002$ findet, welches zu erkennen giebt, dass das in den dortigen Versuchen zwischen den Metallstreifen befindliche Wasser 500 Millionenmal schlechter leitete als Messing. Da bei dieser Berechnung alle Angaben, die einigermassen unsicher waren, stets so gewählt worden sind, dass man wohl zu einem etwas zu grossen, aber nicht zu einem zu kleinen Leitungsvermögen der Flüssigkeit durch sie gelangen konnte (selbst der Umstand, dass auf eine mögliche Seitenströmung der Elektricität in dem Wasser, das auf allen Seiten über die Streifen hinausgeht, gar keine Rücksicht genommen worden ist, giebt nur zu einer kleinen Unsicherheit *in demselben Sinne* Anlass): so kann man mit grosser Zuverlässigkeit obige Bestimmung wenigstens als eine Grenze ansehen, über welche hinaus das Leitungsvermögen des völlig reinen Wassers bestimmt fallen muss.

10) Unter genauer Befolgung der oben mitgetheilten vier Vorsichtsmassregeln ging ich nun zu folgenden Versuchen über. — Die mit dem Multiplikator A verbundenen Streifen wurden ein Feld tief unter Wasser gesetzt. Da zeigte die Nadel nach 5 Minuten $18^1/_2{}^0$, nach 10 Minuten 16^0, nach 15 Minuten 15^0. Ein zweites Mal wurden die mit dem Multiplikator B verbundenen Streifen eben so tief unter Wasser gesetzt, da zeigte die Nadel nach 5 Minuten 40^0, nach 10 Minuten 37^0, nach 15 Minuten 35^0. — Ein drittes Mal wurden die mit dem Multiplikator C verbundenen Streifen wieder auf dieselbe Tiefe unter Wasser gesetzt, da zeigte die Nadel nach 5 Minuten $37^1/_2{}^0$, nach 10 Minuten $34^1/_2{}^0$, nach 15 Minuten $33^1/_2{}^0$. —

Schon eine blos oberflächliche Vergleichung der so gefundenen Resultate mit einander spricht für die Richtigkeit der am Eingange dieser Abhandlung unter C aufgestellten, von der Theorie gegebenen Antworten. Denn nehmen wir z. B. die mittleren, durch die Multiplikatoren A und C erhaltenen, zusammengehörigen Angaben 37° und $34^1/_2$°, so sind diese so wenig von einander verschieden, dass man den Unterschied auf keinen Fall der Verschiedenheit zuzuschreiben geneigt sein wird, die im Querschnitte des zu beiden Multiplikatoren verwandten Drahtes gegründet wäre, da diese Querschnitte zu einander das Verhältniss 4 zu 1 besitzen; nehmen wir aber z. B. die mittleren, durch die Multiplikatoren A und B erhaltenen, zusammengehörigen Angaben 16° und 37° und suchen zu diesen die entsprechenden Kräfte auf (was in den Beispielen der vorigen Nummer geschehen ist): so ergiebt sich für diese das Verhältniss 1 zu 3,62, während aus der von der Theorie gegebenen Antwort das Verhältniss 52 zu 220 oder 1 zu 4,23 hervorgeht, und auch hier kann der vorgefundene Unterschied, welcher etwa $^1/_7$ des Ganzen beträgt, nicht wohl in dem vierfach verschiedenen Leitungsvermögen der dabei gebrauchten Drähte und noch weniger in den so sehr verschiedenen reducirten Längen beider Drähte seinen Grund haben, da diese bei einer Vergleichung der Multiplikatoren A und C mit einander noch im vierfach grösseren Verhältnisse anwüchse. Aber weit entfernt, jene Unterschiede einer bei solchen Versuchen unvermeidlichen Unsicherheit der Beobachtung zur Last legen zu wollen, werde ich vielmehr noch zeigen, dass sie ohne Ausnahme ihren Grund einzig und allein in dem Umstande haben, dass bei den Versuchen die von der Theorie zur Nothwendigkeit ihrer Behauptungen wesentlich vorgeschriebenen Bedingungen nicht gänzlich eingehalten worden sind.

So setzt die Theorie voraus, dass eine dem Multiplikator völlig gleiche Drahtlänge, in die Kette eingeschoben, auf die Anzeige des Multiplikators an der Magnetnadel keinen Einfluss mehr habe. Dies findet nun zwar, nach den in Nr. 5 vorangeschickten Versuchen, bei den Versuchen mit dem Multiplikator A völlig, aber nicht mehr so genau bei den Versuchen mit den Multiplikatoren B und C statt; vielmehr hat sich aus den in Nr. 5 vorhandenen Versuchen ergeben, dass wenn ein Feld der Streifen unter Wasser steht, eine dem Multiplikator

C völlig gleiche Drahtlänge die Nadel um $^3/_4{}^0$ herabdrückt, wenn sie durch den Multiplikator A in Bewegung gesetzt wird. Da nun aus den jetzigen Versuchen, schon wenn sie noch ganz roh genommen werden, sich ergeben hat, dass die Wirkung des Multiplikators C auf die Magnetnadel mit einer nahe viermal grösseren Kraft geschehe, wesshalb auch Aenderungen im Strome durch den Multiplikator C auf jeden Fall in einem nahe viermal grösseren Umfange durch die Magnetnadel angezeigt werden müssen: so ersieht man hieraus, dass die Angaben des Multiplikators C alle nahe um 3^0 kleiner bei unseren Versuchen ausgefallen sein müssen, als geschehen wäre, wenn die Bedingung der Theorie streng befolgt worden wäre. Dadurch geht aber z. B. die mittlere am Multiplikator C gefundene Zahl $34^1/_2$ in $37^1/_2$ über und stimmt nun mit der zugehörigen mittleren Zahl des Multiplikators B, welche 37 ist, so nahe zusammen, als es der Beobachtungsfehler nur immer gestattet. Ich habe dabei absichtlich die auch an dem Multiplikator B vorzunehmende Correction derselben Art von $^3/_4{}^0$ ganz ausser Acht gelassen, obgleich durch sie die Angaben des Multiplikators B denen des Multiplikators C noch näher gerückt würden, weil auch in den Angaben des Multiplikators C noch eine Correction von ungefähr derselben Grösse und in demselben Sinne geschehen müsste, die aus dem Umstande herzuleiten ist, dass, wie schon in Nr. 4 angemerkt worden ist, der mittlere Halbmesser des Multiplikators C nur $13^3/_4$ Linien ist, während der vom Multiplikator B 14 Linien, so dass durch die Berücksichtigung dieser beiden Correctionen die Gleichheit in den Angaben der beiden Multiplikatoren B und C nichts gewinnen und nichts verlieren würde.

Ferner mache ich darauf aufmerksam, dass die bei Vergleichung der Angaben der Multiplikatoren A und B gefundene Abweichung von der theoretischen Bestimmung sich aus der verschiedenen Bauart dieser beiden Multiplikatoren leicht erklären lässt; denn nicht nur der Umstand, dass der mittlere Halbmesser des Multiplikators A nur 13 Linien ist, während der des Multiplikators B 14 Linien hat, musste in den Anzeigen des ersteren eine verhältnissmässig zu grosse, oder in den Anzeigen des letzteren eine verhältnissmässig zu kleine

Verhältnisszahl bewirken, sondern es musste eine Abweichung in demselben Sinne auch noch durch den Umstand herbeigeführt werden, dass der Multiplikator *A* unter der Glasglocke, um die Art seiner Einwirkung auf die Magnetnadel der beiden anderen Multiplikatoren *B* und *C* möglichst gleich zu machen, eine schiefe Lage erhalten hatte, wodurch offenbar die unteren und oberen Theile seiner Ringe den Polen der inneren Magnetnadel näher gerückt worden sind, als dies bei den anderen Multiplikatoren unter der Glocke der Fall war, welches zu einer relativen Vermehrung seiner Wirkung auf diese Nadel Anlass geben musste. Man fühlt schon, dass durch die Berücksichtigung der beiden angeführten Umstände auch in den Angaben der Multiplikatoren *A* und *B* eine Uebereinstimmung mit der theoretischen Vorherbestimmung herbeigeführt werde, die nichts mehr zu wünschen übrig lässt; aber ohne mich in eine beschwerliche und doch wenig überzeugende Rechnung einzulassen, gebe ich mich der Hoffnung hin, dass diese Darlegung meiner Forschungen einen der nach objectiver Erkenntniss hingerichteten Naturforscher meines Vaterlandes bewegen werde, obige Versuche mit unter sich unmittelbar vergleichbaren Multiplikatoren, deren reducirte Längen alle in der Grösse des Stromes keinen fühlbaren Einfluss mehr äussern, anzustellen, und so die Ursache zu einer der Wissenschaft auf keinen Fall gleichgültigen Bestätigung meiner Theorie durch die Erfahrung hergebe; ich hingegen sehe mich einstweilen auf eigene Rechnung zu dem Schlusse berechtigt:

1. Dass die Wirkung eines Multiplikators in Fällen, wo seine reducirte Länge gegen die der übrigen Kette verschwindet, blos von der Anzahl seiner Windungen, keineswegs aber weder von der Dicke, noch von der specifischen Natur des dazu gebrauchten Drahtes abhänge, und

2. dass in demselben Falle die Wirkung zweier Multiplikatoren, die eine verschiedene Anzahl von Windungen erhalten haben, mit dieser Zahl im geraden Verhältnisse steigt und fällt.

Hier, am Schlusse der Beiträge, will ich noch einer kleinen Vorrichtung gedenken, durch welche die in Nr. 2 theoretisch besprochene Doppelseitigkeit des Multiplikators auf einem Zuge recht anschaulich gemacht, und zugleich das durch geringfügige äussere Ursachen modificirte Wogen einer hydroelektrischen Kette in einer ganz ungewohnten Vergrösserung, wie durch ein Mikroscop, dem Ange vorgezeigt wird.

In Nr. 2 ist nämlich aus der die Wirkungsweise des Multiplikators darstellenden Formel nachgewiesen worden, dass das Verhältniss in der auf die Magnetnadel erfolgenden Wirkungsgrösse zweier mit einer und derselben Kette successive verbundenen Multiplikatoren, deren Draht und Anzahl der Windungen verschieden sind, zwei ganz verschiedene und gewissermassen entgegengesetzte Normen befolge, je nachdem die reducirte Länge der Kette in Vergleich zu der des Multiplikators, oder diese in Vergleich zu jener sehr gross wird. Im ersteren Falle richtet sich nämlich die Grösse der Wirkung des Multiplikators auf die Magnetnadel nur nach der Menge seiner Windungen und ist unabhängig von der reducirten Länge einer solchen Windung; im anderen Falle hingegen richtet sich die Grösse der Wirkung nur nach der reducirten Länge einer Windung des Multiplikators und ist unabhängig von der Anzahl seiner Windungen. Hat man daher zwei aus Windungen von gleicher Grösse und Gestalt gebildete Multiplikatoren, von denen der eine mehr Windungen hat als der andere, dieser dagegen Windungen von einer kleineren reducirten Länge, d. h. Windungen aus besser leitendem Drahte gebildet, so wird die Wirkung des ersteren auf die Magnetnadel die grössere sein, wenn beide successive in eine und dieselbe Kette von verhältnissmässig grosser reducirter Länge eingeführt werden; hingegen wird des ersteren Wirkung auf die Magnetnadel die kleinere sein, wenn beide nach einander in eine und dieselbe Kette von verhältnissmässig kleiner reducirter Länge eingeführt werden. Diesen Gegensatz in der Wirkungsgrösse zweier Multiplikatoren auf die Magnetnadel habe ich durch eine Vorrichtung, in welcher beide Multiplikatoren an ganz gleichen Ketten gleichzeitig auf die Nadel einwirken, auf folgende Weise realisirt. Ich bildete mir einen Multiplikator, in welchem zwei Drähte von sehr verschiedener relativer Stärke (hierunter verstehe ich solche, von denen gleiche wahre Längen sehr verschiedenen reducirten Längen entsprechen; es dienten dazu die Drähte der Multiplikatoren A und C, von denen gleiche wahre Längen reducirte Längen geben, die sich nahe wie 1 zu 15 verhalten) auf die Weite von 24 Windungen neben einander fortliefen; dann aber schnitt ich den stärkeren ab und liess den dünneren allein noch 12 Windungen weiter gehen, so dass ich also einen, aus zweien zusammengesetzten, Multiplikator erhielt, dessen einer Bestandtheil 24 Windungen vom dickeren Drahte, der andere 36 Windungen vom dünneren Drahte enthielt. Hierauf verfertigte ich mir ein doppeltes Zink-Kupferelement in der Art, dass an einem Streifen aus Spiegelglas senkrecht auf ihn und neben einander zwei Zinkstreifen (ungefähr $1^1/_4$ Zoll breit und 3 Zoll über den Glasstreifen hervorragend, und deren unterster Theil in eine Spitze auslief, um anfangs nur sehr kleine Theile derselben allmählig in die Flüssigkeit eintauchen zu können) und ihnen gegenüber zwei eben so gestaltete Kupferstreifen dergestalt befestigt wurden, dass jeder Metallstreifen isolirt von allen übrigen auf dem Glasstreifen sich befand. Mit dem einen Paare einander gegenüber liegender Zink-Kupferstreifen verband ich den einen Bestandtheil, mit dem anderen Paare der Zink-Kupferstreifen aber den anderen Bestandtheil des doppelten Multiplikators, jedoch so, dass die Ströme in beiden Bestandtheilen bei geschlossener Kette eine entgegengesetzte Richtung anzunehmen gezwungen waren. Ueberdies hatte ich Massregeln getroffen, dass wenn ich das Doppelelement in eine Flüssigkeit herabliess, die untersten Spitzen beider Elemente völlig zu gleicher Zeit den Wasserspiegel berührten und fortwährend mit gleich grosser Oberfläche unter der Flüssigkeit sich befanden. Man sieht aus dieser Beschreibung sogleich ein, dass während das Doppelelement allmählig tiefer in eine Flüssigkeit eingesenkt wird, die zu beiden Multiplikatoren gehörigen Ketten fortwährend zu einerlei Zeit dieselben bleiben, aber die reducirte Länge derselben zu verschiedenen Zeiten wird um so kleiner, je tiefer die Zink-Kupferstreifen unter die Flüssigkeit kommen; es muss demnach, zufolge des eben in's Gedächtniss zurückgerufenen Gegensatzes in der Wirkungsgrösse beider Multiplikatoren bei grosser nnd geringer reducirter Länge der Kette, anfänglich die Wirkung des Multiplikators von mehr Windungen, später aber die des Multiplikators von besser leitenden Windungen das Uebergewicht erhalten, wenn nur die Streifen lang genug sind, oder, im Gegenfalle, die Flüssigkeit leitend genug gemacht wird. Und da in Folge der getroffenen Anordnung beide Multiplikatoren die Nadel nach entgegengesetzter Richtung treiben, so wird die Nadel anfänglich nur, und zwar eine Zeit lang immer stärker, nach der Seite hin abweichen, nach welcher sie durch den zuerst überwiegenden Multiplikator von mehr Windungen getrieben wird, später aber wird sie nach der anderen Seite hin abweichen, nach welcher sie durch den jetzt überwiegenden Multiplikator von besser leitenden Windungen getrieben wird. Buchstäblich so zeigt sich der Erfolg auch in der That. Die Nadel wird anfänglich, längere Zeit hindurch, bei allmählig immer tieferem Einsenken des Doppelelements in die Flüssigkeit, nur, und bis auf eine gewisse Weite immer stärker, nach der Seite des Multiplikators von mehr Windungen hingetrieben; und fährt man mit dem langsamen Einsenken, ohne sich durch irgend verfängliche Erscheinungen im Geringsten stören zu lassen, ruhig fort, so kommt bald die Zeit, wo die Nadel nur, und fortwährend stärker, nach der Seite des Multiplikators von besser leitenden Windungen abgelenkt wird.

Zwischen diesen beiden Standpunkten in der Mitte oder deren Nähe, da wo man erwartet, dass die Nadel wieder ihre natürliche Stellung annehmen werde, steht sie aber nirgends stille. In dieser Gegend, jedoch weder bei einem beträchtlich tieferen, noch bei einem beträchtlich höheren Stande des Doppelelements, ist die Nadel in immerwährender Bewegung, ohne dass sie durch irgend ein Mittel (dies gilt wenigstens so lange, als der Versuch in einer geräuschvollen Stadt, wie es hier der Fall war, angestellt wird) zur Ruhe gebracht werden könnte. Es begegnete mir nicht selten, dass die Nadel, wenn das Doppelelement bis an jene Stelle in die Flüssigkeit eingesenkt war, plötzlich von einer Seite zur anderen mit einem gewaltigen Satze übersprang, und, während ich über diesen unerwarteten Sprung mich wunderte, siehe da kehrte die Nadel noch rascher als zuvor wieder auf die alte Seite zurück und machte ihre Schwingungen dort nahe bei 90°, mit der in solcher Stellung gewöhnlichen Geschwindigkeit. Diesen regellosen Hin- und Hergang ohne alle wahrnehmbare Veranlassung, konnte ich in kurzer Zeit mehrere Male sich wiederholen sehen. — Man wird bei dieser Schilderung auf den Gedanken kommen, dass bei meinem Apparate Umkehrungen, wie sie sonst wohl vorkommen, in's Spiel getreten sind; aber dass dem nicht so sei, zeigt theils der Umstand, dass jener Wirrwarr immer nur dann sich zeigt, wenn das Doppelelement bis auf die bezeichnete Tiefe unter die Flüssigkeit gekommen, *nie* früher oder später; theils widerspricht jener Annahme der Umstand, dass an dieser Stelle die Nadel in ganz kurzer Zeit, ohne dass in der Stellung des Doppelelements auch nur das Geringste geändert wird, oft gar viele Male hinüber und herüber springt, und dabei auf jeder Seite Abweichungen von sehr bedeutender Stärke erreicht; insbesondere aber wird diese Annahme durch einen ausdrücklichen Gegenversuch zurückgewiesen. Man kann nämlich so oft, und in welcher Art man nur immer will, das eine Paar der Zink-Kupferstreifen allein in die Flüssigkeit tauchen, während man das andere Paar ausserhalb des Gefässes herabgehen lässt, und so die Wirkung dieses einen Paares für sich betrachten; nie aber wird man an diesem eine Umkehrung des Stromes, sondern stets nur die Wirkung so erfolgen sehen, wie sie der eben thätig gebliebene Multiplikator voraus bestimmen lässt. Kann aber in keinem Paare für sich eine Umkehrung bewirkt werden, wie will man in beiden Paaren zugleich eine solche Umkehrung sich denken? — Wenn man dem eigentlichen Grunde dieser den Beobachter anfangs sehr befremdenden Erscheinung weiter nachspürt, so wird man bald gewahr, dass blos äussere, auf das Wogen der Kette Bezug habende Störungen ihre Veranlassung sind, und zwar schon so geringfügige, die sich an der gewöhnlichen Kette selbst mit den empfindlichsten Mitteln einer jeden Beobachtung noch ganz und gar entziehen. Eine geringe Bewegung des Körpers auf dem Fussboden der Stube, ein vorüberfahrender Wagen, ja schon ein Getöse im nächsten Hause, ist hinreichend, die Nadel um viele Grade zur Seite abzulenken. Es sollte nicht schwer halten, an diesem Instrumente durch geeignete Vorkehrungen eine herannahende Erschütterung zu sehen, ehe man sie noch zu hören im Stande ist.

Fragt man nach der Ursache, warum Erschütterungen, die in den gewöhnlichen Fällen noch kaum eine sichtliche Aenderung im Stande der Nadel hervorrufen, hier Aenderungen von 120° und darüber erzeugen (denn ich sah zuweilen die Nadel in dem Augenblicke, wo sie auf der einen Seite Schwingungen zwischen 50° und 70° machte, plötzlich auf die andere Seite überspringen, und dort Schwingungen zwischen 50° und 90° machen): so antworte ich, dass solche Aenderungen in gewöhnlichen Ketten, wenn sie fühlbar werden, sich zwar stets nach der Stärke der Kette richten, aber von der Magnetnadel unter gewöhnlichen Umständen, darum doch nicht in einem dieser Stärke angemessenen Umfange angezeigt werden können. Wenn nämlich z. B. eine gewisse Erschütterung den Stand der Nadel bei 16° um 1° erhöht, so kann dieselbe Erschütterung den Stand der Nadel bei 80° doch nicht um 100° erhöhen, wenngleich die dem letzteren Stande entsprechende Kraft 100 mal so gross als die vorige wäre, und demgemäss auch der Zuwachs an Kraft hier 100 mal grösser als dort würde, vielmehr wird sich auch in diesem Falle der Stand der Nadel nur um sehr wenig ändern; die Nadel hat nämlich bei 80° Abweichung schon eine so starke richtende Kraft, und ihre Richtung kommt der der wirkenden Kraft bereits so nahe, dass eine grosse Aenderung der Kraft doch nur eine geringe Aenderung in der Stellung der Nadel hervorzubringen im Stande ist. Ganz anders aber verhält sich die Sache bei unserem Doppelmultiplikator an der in Rede stehenden Stelle. Jede der beiden dabei wirksamen Ketten ist bei der dabei eingetauchten Grösse der zu ihr gehörigen Zink-Kupferplatten für sich fähig die Nadel zunächst bis 90° abzulenken, und mit diesen ungewöhnlich grossen Kräften im Verhältnisse stehen ihre durch Erschütterungen veranlassten Aenderungen. Zugleich aber ist dadurch, dass beide Ketten im Doppelmultiplikator an dieser Stelle einander sehr nahe das Gleichgewicht halten, der Doppelnadel fast alle dirigirende Kraft gänzlich benommen. Sie, die unter solchen Umständen lediglich den Aenderungen der Kräfte preisgegeben ist, zeigt daher diese mit einer unter anderen

Umständen nie vorhandenen Vergrösserung nach Art eines Mikroskopes an.

Anhang zur vorhergehenden Abhandlung.

Ib., Bd. **55**, p. 72—74. 1829.

Jene Erscheinung, welche die amerikanischen Physiker überraschte, ist allerdings eine nothwendige Folge meiner Theorie, welcher gemäss die Grösse des Stromes durch einen Bruch dargestellt wird, dessen Zähler die Summe der Spannungen aller einzelnen Elemente der Kette und dessen Nenner die Summe aller Leitungswiderstände derselben Elemente ist. Nehmen wir daher z. B. eine Kette von 20 kleinen Elementen an, wovon jedes für sich den Leitungswiderstand l und die Spannung a besitzt, und nehmen wir ferner an, dass die Stärke dieser Säule der Grösse ihres Stromes nach an einem Zwischenleiter von der reducirten Länge λ geprüft werde (es mag dies durch chemische Zersetzungen, durch Glühwirkungen oder an der Magnetnadel geschehen), so ist der Effect dieser Säule:

$$\frac{20\,a}{20\,l+\lambda}.$$

Wird nun in diese Säule ein neues Element mit sehr grossen Platten (ein Calorimotor) eingeführt, dessen Spannung der eines einzigen Elementes der vorigen Säule gleich kommt: so wird der Zähler statt 20 a jetzt 21 a, und der Nenner wird um so viel vergrössert, als der Leitungswiderstand des neuen Plattenpaares ausmacht. Da aber der Leitungswiderstand eines Elementes unter übrigens gleichen Umständen mit der Grösse der Platten abnimmt: so ist die verhältnissmässige Vergrösserung des Nenners in diesem Falle nur höchst unbeträchtlich, und kann bei der Zahlbestimmung ganz ausser Acht gelassen werden; der Effect dieser mit dem grossplattigen Elemente vermehrten Säule ist also

$$\frac{21\,a}{20\,l+\lambda}$$

d. i. um ein Zwanzigstel grösser als vorher. Würde die alte Säule statt mit dem grossplattigen Elemente, um eines ihrer eigenen Elemente vermehrt, so wäre der Effect der so vermehrten Säule

$$\frac{21\,a}{21\,l+\lambda},$$

woraus man ersieht, dass ihre Wirkungsgrösse stets zwischen die beiden vorigen fällt, dass sie sich also der bei voriger Anordnung wenigstens sehr nähert. Wenn man daher auch nicht mit völliger Genauigkeit sagen kann, dass der Calorimotor, in eine Säule von kleinen Elementen eingeführt, den Effect dieser Säule im Allgemeinen um nichts mehr vergrössert, als von einem einzigen kleinen Elemente geschehen wäre: so zeigt doch obige Auseinandersetzung, dass die eigenthümliche grossartige Wirkungsweise des Calorimotors durch jede kleinplattige Säule, die mit ihm säulenartig verbunden wird, diese mag aus vielen oder wenigen Elementen bestehen, ganz und gar aufgehoben wird. —

Zum Ueberflusse will ich noch etwas beifügen über Barlow's Versuche mit Drähten von verschiedener Dicke, die bei der Länge von *zwei* Fuss keine vermehrte Leitkraft zeigten, wenn man ihre Dicke über eine gewisse Grenze hinaus vermehrte.*) Niemand wird dies als Einwendung ansehen gegen Nr. 3 (S. 17 [214] vergl. mit S. 6 [205]) meiner Abhandlung, weil in diesen Versuchen Barlow's die Drähte nur durch ihre reducirte Länge, oder ihren Leitungswiderstand, Einfluss auf die Zahlen der Messung haben konnten; in einer hydroelektrischen Kette bietet aber die Flüssigkeit selber schon eine so beträchtliche reducirte Länge dar, dass die des Drahtes, entweder durch allmählige Verkürzung oder Verdickung desselben, gar bald gegen die erstere bei der Bestimmung der Zahl verschwindet; und von da ab muss begreiflich jede noch dickere oder kürzere Drahtlänge ohne allen Einfluss auf die Grösse des Stromes sein.

---

*) S. d. J. 1825. II. 370 [11].

X.

Theoretische Herleitung der Gesetze, nach welchen sich das Erglühen von Metalldrähten durch die galvanische Kette richtet, und nähere Bestimmung der Modifikation, die der elektrische Strom durch den Einfluss von Spitzen erleidet.

Kastner's Archiv, Bd. **16**, p. 1—53. 1829.

In meiner „galvanischen Kette" (S. 64 [95]) heisst es: „Erwägt man, dass, da die Quantität des Stromes an allen Stellen der Kette dieselbe ist, seine Intensität sich an den verschiedenen Orten nach der Grösse der daselbst befindlichen Querschnitte im umgekehrten Verhältnisse richten müsse, und nimmt man an, dass die magnetischen und chemischen Wirkungen sowohl, als die Wärme und Lichterscheinungen an der Kette unmittelbare Aeusserungen des elektrischen Stromes sind, deren Stärke durch die des Stromes selbst gegeben ist, so wird eine umständliche Zergliederung der hier nur in Umrissen angedeuteten Natur des Stromes zur vollkommenen Erklärung der vielen an der galvanischen Kette beobachteten, zum Theile sehr räthselhaften Anomalien führen, in sofern man dabei die physische Beschaffenheit der Kette als unveränderlich anzusehen berechtigt ist." — Die experimentalen Untersuchungen, welche eine durchgreifende theoretische Zergliederung dieser Erscheinungen an einigen Stellen zur Bedingung macht, wohl erwägend, hielt ich es damals nicht für zweckmässig in einer Schrift, die den mathematischen Charakter der Naturforschung im Gegensatze zu den naturphilosophischen Visionen unserer Tage auszusprechen bestimmt war, mehr als jene Andeutung zu geben, in der Hoffnung, dass mein ernstes Bestreben bald so viel Unterstützung finden würde, als nöthig wäre, um eine mit objectiver Sicherheit sich ankündigende Auseinandersetzung obiger Umrisse geben zu können. Meine Hoffnungen sind seitdem zwar verschwunden, und ich fühle keine Lust in mir, sie noch einmal zu hegen, dagegen berechtigt mich die meinem Beginnen unerwartet schnell gewordene (wenn ich den blinden Lärm in meiner Nähe abrechne, darf ich sagen) allgemeine Theilnahme zu der Erwartung, dass sich wohlmeinende Männer finden werden, die es nicht verschmähen, einen Theil der schwer auf mir liegenden Last auf sich zu nehmen, und so meiner Theorie eine Unterstützung zu sichern, durch deren Hülfe sie einen feindlichen und unlauteren Willen nicht weiter zu achten braucht. Durch solche Betrachtungen ermuthigt, und im Vertrauen auf die mit aller mir zu Gebote stehenden Kraft geprüfte Festigkeit der Grundlage meiner Theorie, habe ich es über mich gewinnen können, nachstehende Aussagen derselben dem öffentlichen Urtheile preiszugeben und so auf dem kürzesten Wege eine strenge Kontrole derselben mit der Erfahrung, da wo es nicht bereits schon geschehen ist, herbeizuführen, vielleicht sogar zur Ausfüllung der von den Versuchen noch offen gelassenen Lücken Veranlassung zu geben; den freundlichen Leser aber bitte ich, den sichtbaren Mangel an experimentaler Nachweisung in dieser Auseinandersetzung nicht meiner Liebe zur Bequemlichkeit anrechnen zu wollen. Die Schuld trägt eine leichte Lähmung meines Armes, die, so Gott will, in einem freundlichen Klima bald vorübergehen wird; der Boden, wie ich es ahnend sagte, war mir nicht günstig.

1) Zuvörderst werde ich die Glühwirkungen der galvanischen Kette meinen Betrachtungen unterwerfen. Es unterliegt hierbei wohl keinem Zweifel, dass in einem und demselben Körper ein beliebiger aber unveränderlicher Grad des Glühens in der galvanischen Kette durch eine bestimmte, dazu erforderliche, Intensität des Stromes innerhalb des glühenden Körpers hervorgebracht werde; ob aber die verschiedenen dazu

geeigneten metallischen Körper, um in einen und denselben Glühzustand versetzt zu werden, einerlei oder ungleiche Intensität des Stromes dazu erfordern, ist weniger von selber einleuchtend, und kann nur durch direkte Versuche entschieden werden. Die bis jetzt bekannt gewordenen dahin zielenden Versuche, wohin insbesondere die von Children an gleich dicken hinter einander mit seinem Apparate verbundenen Drähten angestellten zu rechnen sind, sprechen dafür, dass die verschiedenen Metalle durch verschiedene Intensitäten des Stromes in denselben Glühzustand gelangen; darum müssen wir den Glühzustand eines Körpers von zwei wesentlich von einander verschiedenen Factoren abhängen lassen, erstens von der in seinem Innern herrschenden Intensität des elektrischen Stromes, und zweitens von einem die besondere Natur eines jeden Körpers aussprechenden, durch Versuche noch näher zu bestimmenden Koeffizienten, der in Folge der Children'schen Versuche als eins mit dem Leitungskoeffizienten des Körpers sich zeigen dürfte. Wir wollen diesen Glühkoeffizienten einstweilen, bis weitere Versuche über dessen Natur gänzlich entschieden haben werden, durch den Buchstaben χ bezeichnen und festsetzen, dass die Glühwirkung einer galvanischen Kette auf einen in ihr befindlichen Körper durch den Quotienten aus der innerhalb dieses Körpers herrschenden Intensität des Stromes und dem zu diesem Körper gehörigen Glühkoeffizienten angezeigt werde; nennt man also I diese Intensität des Stromes und χ den Glühkoeffizienten, so drückt

$$\frac{I}{\chi}$$

den Glühzustand des Körpers aus, welchem I und χ angehören. Wir wollen nun sehen, mit welcher Genauigkeit dieser Ausdruck die älteren Beobachtungen wiedergiebt und mit welcher Bestimmtheit er zu neuen auffordert.

2) Bevor wir jedoch eine umständliche Zergliederung dieses Ausdruckes unternehmen, wird es rathsam sein, den schwächenden Einfluss der den glühenden Körper umgebenden Luft näher zu betrachten, um sicher zu sein, dass unsere Schlüsse von diesem störenden Hindernisse keine Beeinträchtigung erleiden können. Es liesse sich zwar die Grösse der

Abkühlung durch die Luft und die daraus entspringende Schwächung der Glühwirkung, in soweit sie blos von der Einwirkung der galvanischen Kette auf den durch sie in's Glühen versetzten Körper abhängig betrachtet wird, sogleich mit in Rechnung bringen; um aber nicht auf solche Weise die den rein elektrischen Phänomenen ihrer Natur nach angehörige hohe Einfachheit der Ausdrücke entbehren zu müssen, wollen wir die in der Kette vorfallenden und durch sie bedingten elektrischen Wirkungen von den durch die umgebende Luft veranlassten Wärmeveränderungen ganz unabhängig zu machen uns bemühen. Dies geschieht aber offenbar, wenn wir die Anwendung des in Nr. 1 erhaltenen Ausdruckes zunächst auf solche Versuche beschränken, in welchen immer nur Drähte von einerlei Metall und demselben Querschnitte in einen und denselben Zustand des Glühens versetzt werden; denn in diesem Falle kann die Abänderung der Wirkung durch den abkühlenden Einfluss der Luft jedesmal nur einen und denselben konstanten aliquoten Theil der ganzen Wirkung ausmachen, so dass daraus für die relativen Grössenbestimmungen durchaus keine Unsicherheit erwachsen kann. Hauptsächlich nur in der hier erwähnten Beschränkung werde ich daher die Wirksamkeit des in Nr. 1 gegebenen Ausdruckes nachzuweisen trachten, indem so eine, den zu beabsichtigenden Versuchen immer höchst wünschenswerthe, Vereinfachung der an der Wirkung Theil nehmenden Ursachen in der Darstellung sich erzielen lässt; um indessen schon jetzt eine approximative Schätzung dessen, was in anderen Fällen geschehen wird, möglich zu machen, dürfen wir blos erwägen, dass jener aliquote Theil, um welchen die Wirkung der Kette durch den abkühlenden Einfluss der umgebenden Luft geschwächt wird, bei einerlei Grad des Glühens offenbar um so grösser ausfallen muss, je dünner der glühende Draht ist, und dass eben deswegen die Intensität des Stromes zur Hervorbringung derselben Glühwirkung in dem dünneren Drahte verhältnissmässig grösser sein muss als in dem dickeren, wie auch schon allgemein angenommen worden ist. Allerdings werden auch diejenigen metallischen Theile der Kette, welche unmittelbar an die in's Glühen zu bringenden Metalldrähte angrenzen, einen abkühlenden Einfluss auf diese Drähte ausüben; allein diese Abänderung erstreckt sich zunächst nur auf die unmittelbar mit jenen Theilen zusammenhängenden Enden der Drähte und wird ohne Zweifel schon in sehr kleiner Entfernung von diesen Stellen unmerklich, da im Innern der Metalle elektrische Veränderungen ungleich schneller vor sich gehen, als Wärmeänderungen, so dass jene von diesen nicht fühlbar beeinträchtigt werden zu können scheinen. Zudem hat man es ja stets in seiner Gewalt bei vorzunehmenden Versuchen, die formelle und materielle Beschaffenheit der an die Drähte grenzenden metallischen Theile der Kette so anzuordnen, dass ihr Einfluss, wenn er überhaupt die Beobachtung zu trüben im Stande sein sollte, auf jeden Fall unfühlbar werden muss, weswegen ich mich für berechtigt halte, diesen Umstand bei den folgenden Bestimmungen ganz ausser Asht zu lassen.

Die Einschränkungen, unter welchen ich, der Einfachheit halber, die Aussagen meiner Theorie, das Erglühen von Metalldrähten durch die galvanische Kette betreffend, den Experimentatoren zur Prüfung vorzulegen mir die Freiheit nehme, sind demnach, um sie noch einmal kurz zusammen zu fassen, folgende:

a. Es wird bei den Versuchen immer nur ein und derselbe Grad des Glühens vorausgesetzt; welcher Grad aber dazu gewählt werde, ist vollkommen gleichgültig, nur verdient natürlicherweise derjenige den Vorzug, der sich bei vorzunehmenden Versuchen in die engsten Grenzen bringen lässt, wozu vielleicht der des noch eben sichtbaren Erglühens, unter übrigens gleichen Umständen, der geeignetste sein dürfte.

b. Im Allgemeinen werden dabei blos Drähte von einerlei Stoff und Querschnitt vorausgesetzt, weil so eine genauere Kenntniss des Glühkoeffizienten χ der in den verschiedenen Metallen verschieden ist, entbehrt werden kann, und der erkältende Einfluss der Luft auf den Grad des Erglühens keine besondere Berücksichtigung erfordert, wo aber Drähte von verschiedenen Querschnitte zur Sprache kommen, da wird blos, in Uebereinstimmung mit den bekanntesten Erscheinungen der Wärmeverbreitung angenommen, dass die von der Kette ausgehende Wirkung im dünneren Drahte stärker sein müsse, als im dickeren, wenn beide bis zu demselben Grade des Glühens gelangen sollen, indem nur so der Zuwachs an Wirkung in der Kette beim dünneren Drahte der vermehrten Wärmeableitung desselben in die Luft das Gleichgewicht halten kann.

c. Von den an die Drähte angrenzenden metallischen Theilen der Kette wird vorausgesetzt, dass sie keinen fühlbaren Einfluss auf die Wirkung in den Drähten ausüben.

3) Um nun den Inhalt des in Nr. 1 gegebenen, die Stärke des Glühens bestimmenden Ausdruckes gehörig entfalten zu können, müssen wir vor Allem die Intensität des Stromes in einem beliebigen Theile der galvanischen Kette zu bestimmen suchen. Es ist aber, wie ich in der „galvanischen Kette" (S. 33 [79] ff. oder S. 177 u. 178 [151 u. 152]) dargethan habe, die Grösse des Stromes in jedem Querschnitt einer galvanischen Kette dem Quotienten gleich, der gebildet wird aus der Summe aller in der Kette vorhandenen Spannungen und aus der Summe aller Leitungswiderstände oder reducirten Längen der einzelnen Theile der Kette. Nennt man also A die Summe aller in der Kette auftretenden Spannungen, L die Summe aller reducirten Längen der Kettentheile mit Ausnahme des durch sie zu erglühenden Drahtes, und Λ die reducirte Länge dieses Drahtes selbst, so ist

$$\frac{A}{L + \Lambda}$$

die in jedem Querschnitte dieser Kette nach Einführung des zu erglühenden Drahtes vorhandene Grösse des Stromes. Da nun unter G r ö s s e d e s S t r o m e s die in der Zeiteinheit durch den ganzen jedesmaligen Querschnitt strömende Menge von Elektricität verstanden wird, so erhält man aus ihr die durch die Flächeneinheit strömende, diesem Querschnitte entsprechende Menge von Elektricität, d. h. die in diesem Querschnitte vorhandene I n t e n s i t ä t d e s S t r o m e s, wenn man die Grösse des Stromes durch die Grösse des Querschnitts dividirt. Stellt mithin Ω die Grösse irgend eines Querschnittes der Kette vor, so ist die zu diesem Querschnitte gehörige Intensität des Stromes

$$\frac{A}{(L + \Lambda)\,\Omega}.$$

Da ferner der Leitungswiderstand oder die reducirte Länge

eines prismatischen Körpers gefunden wird, wenn man die wahre Länge dieses Körpers durch seinen Querschnitt und durch sein Leitungsvermögen dividirt, so ist, wenn l die wahre Länge, ω den Querschnitt und $\varkappa$ das Leitungsvermögen des zu erglühenden Drahtes bezeichnet, $\varLambda = \frac{l}{\varkappa\,\omega}$, und also die in dem Querschnitte von der Grösse Ω befindliche Intensität des Stromes

$$\frac{A}{\left(L + \frac{l}{\varkappa\,\omega}\right)\Omega};$$

folglich wird die innerhalb des zu erglühenden Drahtes, wo $\Omega = \omega$ ist, herrschende Intensität des Stromes, die wir mit I bezeichnen wollen, durch nachstehende Gleichung ausgedrückt:

$$I = \frac{A}{L\,\omega + \frac{l}{\varkappa}}.$$

Soll daher der zu erglühende Draht durch die hier der Rechnung zum Grunde gelegte Kette auf irgend einen bestimmten Grad des Erglühens gebracht werden, so muss (nach Nr. 1) wenn χ den Glühkoeffizienten des Drahtes bezeichnet, $\frac{I}{\chi}$ einem gewissen, diesem Glühgrade entsprechenden Werth annehmen, den wir durch G bezeichnen wollen. Man erhält also zur Bestimmung dieses Glühgrades die Gleichung

$$G = \frac{A}{\left(L\,\omega + \frac{l}{\varkappa}\right)\chi},$$

in welcher die Werthe $\varkappa$, l, ω so zu nehmen sind, wie sie dem auf den bezeichneten Glühgrad erhobenen Drahte entsprechen. Die Aenderungen der Dimensionen l und ω des Drahtes mit der Temperatur sind zwar in keinem Falle sehr bedeutend, aber die Aenderung seines Leitungsvermögens $\varkappa$ mit der Temperatur geschieht, wie ich durch mehrere Versuche belehrt worden bin, in einem unglaublich raschem Verhältnisse, so dass eine genauere Kenntniss dieses Werthes in den verschiedenen Temperaturen sehr zu wünschen ist. Eine solche Kenntniss ist zur Vergleichung der Glühwirkung in Drähten von verschiedenen Metallen ganz unentbehrlich; ihr Mangel giebt uns daher eine neue Ursache ab, weshalb wir hier blos die Wirkungen auf Drähte von einem und demselben Metalle berücksichtigen werden.

4) Bevor wir aber die Gleichung

$$G = \frac{A}{\left(L\,\omega + \frac{l}{\varkappa}\right)\chi}$$

zu einer genauen Bestimmung des Gesetzes, nach welchem sich das Erglühen von Metalldrähten in verschiedenen galvanischen Ketten richtet, verwenden werden, wollen wir nur flüchtig ihr Gebiet durchstreifen; indem der Grad des Zutrauens, das meine Leser in die bald folgenden specielleren Untersuchungen setzen sollen, grösstentheils davon abhängen wird, wie oft und wie nahe wir auf diesem Streifzuge an solche Stellen gelangen, die bereits von der Erfahrung in Besitz genommen sind.

Ein blosser Hinblick auf vorstehende Gleichung zeigt uns nun:

a. Dass der Grad des Glühens ansteigt sowohl durch eine Verkürzung der Länge l als durch eine Verkleinerung des Querschnittes ω des zu erglühenden Drahtes; ferner durch eine Vermehrung der Spannung A und durch eine Verminderung der reducirten Länge L der auf den Draht einwirkenden Kette. Die reducirte Länge oder der Leitungswiderstand der Kette hängt aber vorzüglich von dem Leitungswiderstand der in ihr vorhandenen flüssigen Theile ab (insbesondere wenn nicht sehr lange und dünne metallische Theile in ihr vorkommen, welches bei Glühversuchen immer vorausgesetzt werden darf) und wird daher vermindert durch Verringerung des Abstandes der Metallplatten von einander, durch Vergrösserung der Oberflächen dieser Platten und durch Verbesserung der Leitungsgüte der zur Kette verwendeten Flüssigkeit. Alle diese das Erglühen der Metalldrähte durch die galvanische Kette befördernde Umstände sind bereits durch die Erfahrung anerkannt worden.

b. Dass die Glühkraft im Drahte ungeändert dieselbe bleibt, wenn einer von den beiden Werthen L und ω wächst, während der andere in demselben Verhältnisse abnimmt.

Jedoch darf man nicht vergessen, dass wegen des grösseren Wärmeverlustes des dünneren Drahtes in die Luft das hier angegebene Verhältniss beim dünneren Drahte um so mehr hinter der Erfahrung zurückbleiben wird, je grösser der Unterschied in der Dicke beider Drähte ist. Der hier wahrgenommene Zusammenhang zwischen dem Leitungswiderstand der Kette und der Dicke des Drahtes, welcher durch die Kette in's Glühen gebracht werden kann, ist durch eine grosse Reihe von Versuchen von Hare's Kalorimotor an bis zu Wollaston's Fingerhut ununterbrochen dargethan worden, obschon bei allen diesen Versuchen auf eine genaue Bestimmung der Abhängigkeit der Dicke des Drahtes von bestimmter Länge und des Leitungswiderstandes der Kette von einander noch keine Rücksicht genommen worden ist.

c. In Ketten, die nur aus einem einzigen oder wenigstens aus einer geringen Anzahl von sehr grossen Plattenpaaren bestehen, deren Leitungswiderstand L eben deswegen sehr klein werden muss, wenn eine gut leitende Flüssigkeit zur Bildung der Kette genommen wird, kann der Werth $L\omega$ gegen den Werth $\frac{l}{\varkappa}$ schon verschwinden, wenn gleich die Dicke ω des Drahtes noch ziemlich bedeutend ist. In diesem Falle wird die Glühkraft weder durch eine Verminderung von L (d. h. durch eine Vergrösserung der Metalloberflächen, oder durch eine Verringerung ihres Abstandes, oder durch eine besser leitende Flüssigkeit) noch durch eine Verminderung des Querschnittes ω in dem zu erglühenden Drahte erhöhet werden. Ungeachtet aller in diesem Sinne vorgenommener Aenderungen an der Kette oder an dem Drahte wird doch immer nur dieselbe Drahtlänge bis zu einem bestimmten Grade des Glühens gebracht werden können, keine grössere. Ja, wenn jene Aenderung in einer Verkleinerung des Querschnittes ω in dem zu erglühenden Drahte bestand, so wird sogar nicht einmal die alte Länge davon auf denselben Grad des Glühens gebracht werden können, weil der vermehrte Wärmeabgang aus dem dünneren Drahte in die Luft in diesem Falle eine Erhöhung der Glühkraft dazu fordert, die hier, wo eine Verminderung des Werthes L nichts mehr fruchtet, nur durch eine Verkürzung der Länge l des zu erglühenden Drahtns bewirkt werden kann, wenn man die Spannung A der Kette konstant annimmt. Für jede so beschaffene Kette giebt es also eine gewisse Dicke des zu erglühenden Drahtes, bei welcher die grösste Länge davon bis zu einem bestimmten Grade durch die Kette glühend werden kann; von jedem dickeren oder dünneren Drahte wird durch dieselbe Kette nur eine geringere Länge bis auf denselben Grad des Glühens gebracht werden können, und dieser Unterschied wird um so grösser werden, je mehr sich die Dicke des Drahtes von derjenigen entfernt, für welche die grösste Länge glühend wird.*) Die hier aus unserer Formel gezogene Folgerung drückt Singer in seinen Elementen (übersetzt von Müller S. 255) als Erfahrungssatz so aus: „Man hat neulich bemerkt, dass, wenn man irgend zwei Drähte von verschiedener Stärke nimmt, von denen jeder durch eine gewisse Batterie glühend werden kann, von dem stärksten ein längeres Stück glühend wird, als von dem schwächeren.“ Singer sucht den Grund dieser Erscheinung in der verhältnissmässig grösseren Abkühlung des dünneren Drahtes durch die Luft; aber dieser Grund allein, wenn nicht, was unsere Gleichung thut, zugleich eine Nichterhöhung der Glühwirkung in dem dünneren Drahte, insofern diese Glühwirkung blos Folge der inneren Thätigkeit der Kette ist, nachgewiesen wird, ist offenbar zur Erklärung nicht hinreichend.

*) Es folgt hieraus wohl, dass der zu einem einzigen Elemente umgewandelte Children'sche Apparat selbst von dem feinsten Drahte nur eine sehr limitirte Länge in's Glühen bringen wird, aber nicht, dass diese Länge geringer werden kann, als bei einem aus kleineren Platten bestehenden, übrigens ganz gleich beschaffenen Elemente. Ueberhaupt wäre sehr zu wünschen, dass jener für die Theorie so wichtige und einer jeden Erwartung entgegen laufende Versuch Children's ein zweites Mal wiederholt würde, weil gar leicht ein bloses Hinderniss der Leitung zu dem so paradoxen Resultate Anlass gegeben haben mag. Wem auch nur ein grosser Apparat von viel geringerem Umfang zu Gebote steht, der hat Mittel genug, zu überzeugen, in den Händen; er wird nämlich finden, dass bald durch Vermehrung der Plattengrösse kein längeres Stück von sehr feinem Drahte mehr glühend werden kann, wohl aber dieselbe Länge, und diese sich völlig gleich bleibende Länge bei jeder noch folgenden Vermehrung der Plattengrösse wäre hinreichend, Children's Erfahrung, als in der Natur der Wirkung gegründet, zu widerlegen.

Ohm.

Die allseitige Annäherung der theoretischen Aussprüche an Sätze der Erfahrung spricht wenigstens nicht ungünstig für meine Theorie, genauere, eigens deshalb angestellte Versuche können freilich erst über ihren vollen Werth entscheiden. Diese hervorzurufen, nicht sie zurückzuhalten, ist mein sehnlichster Wunsch; darum will ich auch zu Obigem noch Folgendes hinzufügen: Den bisherigen aus obiger Gleichung gezogenen Folgerungen liegt die Voraussetzung zu Grunde, dass nur Drähte von einem und demselben Metalle mit einander verglichen werden, weil nur so die bis jetzt noch wenig bekannten Werthe $\varkappa$ und χ als unveränderlich angesehen werden können, und deshalb ohne Einfluss auf jene Folgerungen sind. Ueber die Abhängigkeit der beiden Werthe $\varkappa$ und χ verbreiten die bisherigen Erfahrungen schon einiges, wenn auch noch nicht volles Licht. Als nämlich Children zwei Drähte von gleicher Dicke und Länge (die gleiche Länge der Drähte scheint bei diesen Versuchen kein wesentliches Erforderniss zu sein) aber von verschiedenem Metalle hinter einander so mit seinem Apparate verband, dass der elektrische Strom von dem einen in den andern gelangen musste, so fand er, dass der eine von beiden zum sichtbaren Glühen kam, während dies im anderen noch nicht der Fall war. Nun ist aber die Grösse des Stromes an allen Orten einer galvanischen Kette dieselbe, wie durch Barlow's und Becquerel's Versuche auf eine enischeidende Weise dargethan worden ist, und auch von meiner Theorie angezeigt wird, also musste in beiden Drähten, da sie einen und denselben Querschnitt hatten, auch eine und dieselbe Intensität des Stromes herrschen, der Unterschied in der Glühwirkung auf beide Drähte konnte daher nur durch eine Verschiedenheit des Werthes χ für die verschiedenen Metalle veranlasst werden. Es zeigen mithin Children's Versuche erstlich, dass der Werth von χ für die verschiedenen Metalle verschieden ist; weil aber bei jenen Versuchen durchaus immer nur der aus schlechter leitendem Metalle gebildete Draht in's Glühen kam, während der besser leitende noch dunkel blieb, oder wenigstens nie stärker glühte, so zeigen jene Versuche auch noch zweitens: dass der Werth χ dem $\varkappa$ entweder genau oder doch nahe hin proportional sein müsse. Es wäre jedoch voreilig, wenn man hierüber bestimmt entscheiden wollte, ehe noch Versuche eine vollständigere Auskunft über die Natur dieser Abhängigkeit gegeben haben, um so mehr, als über das Verhalten des Leitungskoeffizienten $\varkappa$ in so hohen Temperaturen noch nichts entschieden worden ist.

Children stellte an seinem Apparate ausser den eben erwähnten noch Versuche mit gleich langen aber ungleich dicken Drähten aus demselben Metalle an, indem er die Drähte neben einander so in die Kette einführte, dass der elektrische Strom aus einer mit ihren einen Enden verbundenen Stelle der Kette in sie überzugehen und aus ihren anderen Enden in eine beiden gemeinschaftliche Stelle der Kette zurückzukehren gezwungen war. Dabei kam der dickere Draht in's Glühen, der dünnere nicht. Wurden hingegen beide Drähte zu einem Leiter hinter einander verbunden, so kehrte die Ordnung des Glühens um. — Der zuletzt angeführte Erfolg erklärt sich ohne weiteres daraus, dass da die Grösse des Stromes in beiden hinter einander aufgestellten Drähten dieselbe sein musste, so stand die Intensität des Stromes in beiden Drähten im umgekehrten Verhältnisse ihrer Querschnitte, war also im dünneren Drahte grösser als im dickeren, folglich war auch, weil beide Drähte aus demselben Metalle waren, die Glühkraft in jenem grösser als in diesem. Was aher den Erfolg betrifft, der eintraf, als die Drähte neben einander lagen, so bemerke ich, dass meine in der „galvanischen Kette" (S. 74 oder S. 196) für mehrfache Leitung aufgestellten Formeln in diesem Falle einerlei Intensität des Stromes in beiden Drähten anzeigen, so dass also, mit Berücksichtigung der grösseren Wärmeleitung aus dem dünneren Drahte in die Luft, die Glühkraft im dickeren Drahte grösser als im dünneren erscheinen musste. Schliesslich will ich noch erinnern, dass dieselben Formeln für gleich lange und gleich dicke Drähte aus verschiedenem Metalle, die neben einander in die Kette eingeführt werden, einerlei Glühgrad zu erkennen geben, jedoch nur unter der Voraussetzung, dass die Koeffizienten $\varkappa$ und χ einander in jedem Metalle proportional sind. Ich führe diesen Umstand deswegen hier an, indem er ein bequemes Prüfungsmittel für die muthmassliche Proportionalität der Zahlen $\varkappa$ und χ an die Hand giebt; wenn nämlich diese Proportionalität der Zahlen $\varkappa$ und χ wirklich stattfindet, so müssten allenfallsige Unterschiede im Erglühen zweier neben einander ie gender, gleich langer und gleich dicker Drähte aus verschiedenem Metalle lediglich aus dem Unterschiede ihres Leitungsvermögens für die Wärme zu erklären sein, welches, da beide einerlei Länge und Dicke haben, in jedem Falle leicht entschieden werden kann.

5) Nachdem wir so den Boden, auf welchem wir stehen, nach allen Seiten hin flüchtig untersucht haben, wollen wir einen Theil desselben sorgfältiger bearbeiten. Zunächst werden wir nun eine Bestimmung jener Drahtlängen vornehmen, welche durch verschiedene säulenartig eingerichtete Ketten, die aus völlig gleichen Elementen aber in verschiedener Anzahl zusammengesetzt sind, bis zu einem und demselben Grade des Glühens gebracht werden. Da wir bei dieser Bestimmung blos Drähte von einerlei Metall und gleichem Querschnitte zulassen werden, und deshalb von dem Einflusse der Luft sowohl, als von der Grösse der Koeffizienten $\varkappa$ und χ ganz unabhängig bleiben, so dürfen wir auch erwarten, dass unsere Formeln eine ganz zuverlässige quantitative Bestimmung der in Rede stehenden Erscheinung liefern werden.

Wir gehen bei dieser Untersuchung wieder von der Gleichung

$$G = \frac{A}{\left(L\,\omega + \frac{l}{\varkappa}\right)\chi}$$

aus, wo A die Summe aller Spannungen und L die reducirte Länge der Kette, l hingegen die wahre Länge, ω den Querschnitt, $\varkappa$ das Leitungsvermögen und χ den Glühkoeffizienten des durch die Kette zu erglühenden Drahtes vorstellt. Denken wir uns nun eine Kette aus m unter sich völlig gleichen Elementen, jedes von der reducirten Länge λ und der Spannung a, hinter einander nach Art einer Volta'schen Säule aufgebaut, so ist die Summe aller in dieser Kette herrschenden Spannungen $m\,a$ und die Summe der reducirten Längen aller ihrer Theile $m\,\lambda$; es ist also für diese Kette $A = m\,a$ und

$L = m\lambda$. Setzen wir daher diese Werthe für A und L in obige Gleichung, so erhalten wir für die hier betrachtete Kette

$$G = \frac{m\,a}{\left(m\,\lambda\,\omega + \frac{l}{\varkappa}\right)\chi}.$$

Denken wir uns noch ausserdem eine zweite Kette aus m' solchen, dem vorigen ganz gleichen, Elementen nach Art einer Volta'schen Säule eingerichtet, und bringen wir in diese Kette einen zu erglühenden Draht, der mit dem vorigen einerlei Stoff und Querschnitt, aber eine andere Länge l' hat, so ist für diese zweite Kette

$$G = \frac{m'\,a}{\left(m'\,\lambda\,\omega + \frac{l'}{\varkappa}\right)\chi}.$$

Sollen nun die Drähte in beiden Ketten auf einen und denselben Grad des Glühens gebracht werden, so muss der Werth von G in beiden Fällen derselbe sein; man erhält also zur Bestimmung der gleichen Glühwirkung die Gleichung

$$\frac{m\,a}{\left(m\,\lambda\,\omega + \frac{l}{\varkappa}\right)\chi} = \frac{m'\,a}{\left(m'\,\lambda\,\omega + \frac{l'}{\varkappa}\right)\chi}.$$

Multiplizirt man Zähler und Nenner auf der linken Seite dieser Gleichung mit m', auf der rechten Seite mit m, so verwandelt sie sich in folgende

$$\frac{m\,m'\,a}{\left(m\,m'\,\lambda\,\omega + \frac{l\,m'}{\varkappa}\right)\chi} = \frac{m\,m'\,a}{\left(m\,m'\,\lambda\,\omega + \frac{l'\,m}{\varkappa}\right)\chi}.$$

oder in die

$$l\,m' = l'\,m,$$

welche sich auch in nachstehende Proportion auflösen lässt

$$l : l' = m : m'.$$

Hierin spricht sich folgende sehr einfache Bestimmung aus: *In säulenartig aus unter sich völlig gleichen Elementen zusammengesetzten Ketten steht die Länge des Drahtes, welchen sie zu einem und demselben Grad des Glühens bringen, zu der Anzahl der Elemente, woraus sie gebildet sind, in einem konstanten Verhältnisse, vorausgesetzt, dass jedesmal Draht aus einerlei Metall und von demselben Querschnitte zu den Versuchen genommen wird.* Dieses Gesetz ist durch die Erfahrung so vielfach und von so ausgezeichneten Experimentatoren bestätigt worden, dass eine scheinbare Ausnahme, welche Davy's Versuche darbieten, es auf keine Weise entkräften kann, zumal da sich gegen die Zulässigkeit dieser letzteren Versuche gegründete Zweifel erheben lassen, wie schon von Singer erinnert worden ist (siehe dessen Elemente, übersetzt von Müller, Seite 256).

6) Nachdem wir auf solche Weise unsere für die Glühwirkung der galvanischen Kette gegebene Gleichung zur Bestimmung eines durch die Erfahrung schon hinlänglich gesicherten Gesetzes benutzt haben, wollen wir sie noch zur Darstellung eines bis jetzt durch den Versuch vergeblich aufgesuchten Gesetzes gebrauchen. Wir werden nämlich jetzt die Glühwirkungen solcher galvanischen Ketten mit einander vergleichen, wovon jede aus gleich vielen Elementeu von derselben Spannung säulenartig zusammengesetzt ist und zwar in der Art, dass die Elemente einer und derselben Kette unter sich gleich, aber verschieden in den verschiedenen Ketten sind; und um unserer Untersuchung sogleich jenen Grad von Einfachheit zu verschaffen, welcher zur Prüfung derselben verlangt werden möchte, werden wir voraussetzen: 1. dass in allen Elementen dieselbe Bauart beobachtet sei*); 2. dass in allen Elementen dieselbe Spannung herrsche; 3. dass von Element zu Element die heterogenen, einander nicht unmittelbar berührenden Metallplatten einerlei Abstand von einander erhalten; 4. dass dieser Abstand überall mit einer und derselben Flüssigkeit ausgefüllt sei; so dass also 5. die Verschiedenheit der Elemente in den verschiedenen Ketten blos in einer Un-

*) Man ist gewohnt, entweder der Zinkplatte eine an Grösse und Gestalt ihr gleiche Kupferplatte gegenüber zu stellen, oder die Zinkplatte auf beiden Seiten mit zwei solchen, unter einander metallisch verbundenen Kupferplatten zu umgeben. Obige Bedingung will nun, dass bei allen Elementen entweder nur die eine oder nur die andere Anordnungsweise beobachtet werde; überhaupt, dass das Formverhältniss der heterogenen Metallplatten zu einander in allen Elementen dasselbe sei. Ohm.

gleichheit der Flächengrösse der Metallplatten ihren Grund haben kann.

Es sei nun m die Anzahl der Elemente in jeder der verschiedenen Ketten, und a sei die zu jedem Elemente gehörige Spannung, so ist in jeder Kette die Summe aller Spannungen $m\,a$, also in jeder Kette $A = m\,a$; ferner seien f, f', f'', f''', ... die den verschiedenen Ketten der Reihe nach angehörigen Flächengrössen der Metallplatten in einer beliebigen Flächeneinheit ausgedrückt, und λ bezeichne die reducirte Länge oder den Leitungswiderstand eines fingirten Elementes, dessen Metallplatten man sich gerade so gross wie die Flächeneinheit vorzustellen hat, das aber übrigens alle eben aufgezählten Bedingungen der hier vorausgesetzten Elemente erfüllt (nämlich dieselbe Bauart und denselben Abstand der Platten von einander, mit derselben Flüssigkeit ausgefüllt). Dieser Werth λ ist demnach blos von der Natur der zu den verschiedenen Ketten gebrauchten Flüssigkeit abhängig und vertritt diese in der Rechnung. Da nun der Leitungswiderstand, oder die reducirte Länge eines Körpers, unter übrigens gleichen Umständen in dem Maasse abnimmt, als sein Querschnitt sich vergrössert, so sind die einem Elemente in den verschiedenen Ketten zugehörigen reducirten Längen der Reihe nach

$$\frac{\lambda}{f} \quad \frac{\lambda}{f'} \quad \frac{\lambda}{f''} \quad \frac{\lambda}{f'''} \cdots\cdots$$

und also die reducirten Längen der verschiedenen aus m solchen Elementen bestehenden Ketten der Reihe nach

$$\frac{m\lambda}{f} \quad \frac{m\lambda}{f'} \quad \frac{m\lambda}{f''} \quad \frac{m\lambda}{f'''} \cdots\cdots$$

welche Werthe demnach den jeder Kette entsprechenden Werth von A in der Gleichung

$$G = \frac{A}{\left(L\,\omega + \frac{l}{\varkappa}\right)\chi}$$

hergeben. Nennt man nun noch l, l', l'', l''', ... die der Reihe nach in die verschiedenen Ketten einzuführenden auf denselben Grad des Glühens zu bringenden Drahtlängen, welche alle einen und denselben Querschnitt ω besitzen und aus einerlei Metall gebildet sind, so dass $\varkappa$ und χ für alle denselben Werth behalten, so verwandelt sich die eben noch hergesetzte, die Glühkraft einer Kette im Allgemeinen bestimmende Gleichung für die erste der hier betrachteten besonderen Ketten in folgende:

$$G = \frac{m\,a}{\left(\frac{m\,\lambda\,\omega}{f} + \frac{l}{\varkappa}\right)\chi};$$

für die zweite dieser Ketten in folgende:

$$G = \frac{m\,a}{\left(\frac{m\,\lambda\,\omega}{f'} + \frac{l'}{\varkappa}\right)\chi};$$

für die dritte dieser Ketten in folgende:

$$G = \frac{m\,a}{\left(\frac{m\,\lambda\,\omega}{f''} + \frac{l''}{\varkappa}\right)\chi};$$

für die vierte dieser Ketten in folgende:

$$G = \frac{m\,a}{\left(\frac{m\,\lambda\,\omega}{f'''} + \frac{l'''}{\varkappa}\right)\chi};$$

und so fort. Sollen nun in allen diesen Ketten die verschiedenen Drahtlängen l, l', l'', l''', ... auf einen und denselben Grad des Glühens gebracht werden, so muss G in allen den eben niedergeschriebenen Gleichungen einen und denselben Werth annehmen; man erhält demnach als Bedingung dieses Erfolgs nachstehende Reihe von einander gleichen Werthen:

$$\frac{m\,\lambda\,\omega}{f} + \frac{l}{\varkappa} = \frac{m\,\lambda\,\omega}{f'} + \frac{l'}{\varkappa} = \frac{m\,\lambda\,\omega}{f''} + \frac{l''}{\varkappa} = \frac{m\,\lambda\,\omega}{f'''} + \frac{l'''}{\varkappa} = \ldots\ldots$$

In diesen gleichen Werthen nun ist das Gesetz ausgesprochen, welches die auf einerlei Grad des Glühens zu bringenden Drahtlängen in den verschiedenen Ketten befolgen müssen. Da jedoch dieses Glühen bis jetzt noch ziemlich verwickelt erscheint, so werde ich es auf eine für anzustellende Versuche günstigere Gestalt zu bringen suchen.

Aus dem ersten und zweiten der eben erhaltenen gleichen Werthe findet man:

$$l' - l = m\,\varkappa\,\lambda\,\omega\left(\frac{1}{f} - \frac{1}{f'}\right) = \frac{m\,\varkappa\,\lambda\,\omega}{f}\left(1 - \frac{f}{f'}\right);$$

eben so aus dem ersten und dritten dieser Werthe:

$$l'' - l = m\,\varkappa\,\lambda\,\omega\left(\frac{1}{f} - \frac{1}{f''}\right) = \frac{m\,\varkappa\,\lambda\,\omega}{f}\left(1 - \frac{f}{f''}\right);$$

aus dem ersten und vierten:

$$l''' - l = m\,\varkappa\,\lambda\,\omega\left(\frac{1}{f} - \frac{1}{f'''}\right) = \frac{m\,\varkappa\,\lambda\,\omega}{f}\left(1 - \frac{f}{f'''}\right);$$

und so fort. Aus den hier erhaltenen Gleichungen ersieht man nun sogleich, dass die absoluten Werthe der Unterschiede $l' - l$, $l'' - l$, $l''' - l$, u. s. w. um so kleiner werden, je kleiner die Anzahl m der Elemente in jeder Kette, je geringer das Leitungsvermögen λ der zu den verschiedenen Ketten gebrauchten Flüssigkeit, je geringer das Leitungsvermögen $\varkappa$ und je kleiner der Querschnitt ω des ins Erglühen zu bringenden Drahtes, und endlich je grösser die Flächengrösse f der Metallplatten in derjenigen Kette ist, die der Vergleichung zu Grunde gelegt wird. Ausserdem folgt aber auch noch aus denselben Gleichungen, dass sich die Unterschiede $l' - l$, $l'' - l$, $l''' - l$ u. s. w. zu einander verhalten wie die Werthe $1 - \frac{f}{f'}$, $1 - \frac{f}{f''}$, $1 - \frac{f}{f'''}$, u. s. w. dass also die relativen Werthe jener Unterschiede von den Werthen m, $\varkappa$, λ und ω gänzlich unabhängig sind. Man erhält so für das gesuchte Gesetz folgenden einfachen Ausdruck: *Die Unterschiede der Drahtlängen, welche durch verschiedene Ketten, die in Nichts als in der Flächengrösse ihrer Metallplatten sich von einander unterscheiden, bis zu einem und demselben Grade des Erglühens gebracht werden, verhalten sich zu einander wie die Unterschiede, um welche die Einheit das Verhältniss übersteigt, welches aus den Flächengrössen der zu den entsprechenden Ketten gehörigen Metallplatten gebildet wird.*

Um dieses Gesetz durch ein bei seiner Prüfung brauchbares Beispiel zu erläutern, wollen wir annehmen, dass die Flächengrössen der Metallplatten in den verschiedenen Ketten sich der Reihe nach zu einander verhalten, wie die Zahlen 1, 2, 4, 8 u. s. w.; dann werden die Unterschiede $1 - \frac{f}{f'}$, $1 - \frac{f}{f''}$, $1 - \frac{f}{f'''}$, u. s. w. der Reihe nach $^1/_2$, $^3/_4$, $^7/_8$ u. s. w.;

man hat demnach in diesem Falle:

$$l' - l : l'' - l : l''' - l : \ldots = {}^1/_2 : {}^3/_4 : {}^7/_8 : \ldots$$

oder auch

$$l' - l : l'' - l' : l''' - l'' : \ldots = {}^1/_2 : {}^1/_4 : {}^1/_8 : \ldots$$

d. h. *die Unterschiede der Drahtlängen, welche durch Ketten von der angezeigten Art auf einerlei Grad des Glühens gebracht werden können, werden von einer Kette zur andern immer um die Hälfte kleiner.* So ist unser Gesetz auf eine zu seiner Prüfung sehr bequeme Weise ausgesprochen und so spricht sich in ihm zugleich wieder, was wir schon oben gefunden haben, aus, dass nämlich dem Glüheffekte einer Kette, in Bezug auf Länge des Drahtes, durch Vergrösserung ihrer Platten bald feste Schranken gesetzt werden.

In dem Gange unserer bisherigen Betrachtung spricht sich zugleich der Grund aus, warum alle Bemühungen, denen sehr ausgezeichnete Naturforscher zur Auffindung des hier niedergelegten Gesetzes auf experimentalem Wege sich unterzogen haben, ohne eigentlichen Erfolg bleiben mussten, wie sich dieses in der grenzenlosen Verschiedenheit der von ihnen erhaltenen Resultate hinlänglich ausspricht. Die Drahtlänge, welche durch einen der Vergleichung zu Grunde gelegten Apparat in's Glühen gebracht wird, ist nämlich von so vielen Elementen abhängig, und diese Elemente nehmen noch in so grosser Anzahl in dem Verhältnisse der Drahtlängen von einem Apparate zum anderen Antheil, dass es der Beobachtung rein unmöglich werden muss, das Gesetzmässige in diesem Verhältnisse zu entdecken, zumal da die meisten von diesen Elementen bei den verschiedenen Beobachtern immer andere waren, ohne dass die Art dieser Aenderung jedesmal bestimmt angegeben worden wäre. Es tritt hier einer von den Fällen ein, wo sich die Macht einer mathematisch begründeten Theorie in ihrem vollen Glanze zeigt; denn ohne sie wäre wohl auf immer dem Versuche das hier dargelegte Gesetz verborgen geblieben. Nur Versuche, mit grossen Reihen solcher Apparate aus Platten von sehr verschiedener Flächengrösse angestellt, hätten möglicherweise (aber selbst dann auch nur unter günstigen Umständen) zu ihm führen können, während jetzt vier solche

Apparate mehr als hinreichend sind, ihm die erforderliche experimentale Nachweisung im hohen Grade zu verschaffen. Mit feinem Takte sagt schon Singer in seinen Elementen (übers. v. Müller, S. 261): „Ebenso müsste man auch Versuche mit verschiedentlich grossen Platten machen, deren Grösse in regelmässiger Progression zunimmt, von den kleinsten an, die noch im Stande sind, einen mässig langen Draht glühend zu machen, bis zu solchen, die zum wenigsten 1 Quadratfuss betragen"; und ich gebe mich der Hoffnung hin, dass vorstehende theoretische Untersuchung dem Vorschlage Singer's einen neuen kräftigen Anstoss geben werde, wodurch wir bald in den Besitz solcher Versuche gelangen dürften.

Hier, am Schlusse der das Erglühen von Metalldrähten in der galvanischen Kette angehenden Betrachtungen, mag noch die praktische Bemerkung eine Stelle finden, dass es zum besseren Gelingen solcher Versuche stets vortheilhaft ist, zuvor die vereinigten Metallplatten des Apparates in die leitende Flüssigkeit zu senken und dann erst die Kette durch den zu erglühenden Draht zu schliessen, nicht aber, erst die Kette durch diesen Draht zu schliessen und dann sie in die Flüssigkeit hinab zu senken; denn die geringe Aenderung, welche die Kette während der kurzen Zeit ihres Offenseins in der Flüssigkeit erleidet, deren Umfang noch dazu ganz leicht durch die besondere Anordnung der Versuche selbst, da wo es nöthig werden sollte, sich ermitteln lässt, ist in keinem Falle gegen die gewaltige Störung, welche die Thätigkeit der Kette während ihres Geschlossenseins durch das sogenannte Wogen derselben erleidet, und die nicht leicht durch irgend ein Mittel unschädlich gemacht werden kann, in Anschlag zu bringen; selbst dann nicht, wenn man das Einsenken der geschlossenen Kette in die Flüssigkeit noch so schnell bewirken wollte.

7) Ich habe lange Zeit hindurch Anstand genommen, obige Auseinandersetzung, die ursprünglich nur ein Plan zu den von mir entworfenen, aber nicht ausgeführten Versuchen war, zur öffentlichen Einsicht vorzulegen, noch ehe die Erfahrung ihr vidit unterschreiben konnte, denn ich schwankte stets zwischen der Scheu vor einer feindseligen Auslegung dieses Schrittes und zwischen der Furcht vor dem Unrechte, das meine Zögerung

vielleicht der Wissenschaft zufügen könnte; endlich wurde ich in meinem Entschlusse bestärkt durch den Gedanken, dass ja aus meiner Voreiligkeit Niemandem Schaden erwachsen könne, als höchstens nur dem Verfasser der „galvanischen Kette", und ich fasste Muth, da ich mit letztgedachtem Manne bereits schon Rücksprache genommen hatte. So wie aber dem, der mit offenen Augen in die Nähe der Gefahr hineilt, gemeiniglich der Muth wächst, so ging's auch mir; denn noch ehe die eine Gefahr schon überstanden ist, suche ich gleich wieder eine neue auf, wie wohl ich bekennen muss, dass mein Bangen vor diesem zweiten Abenteuer, wobei ich unzählig viele Spitzen gegen mich gerichtet sehe, meinen Muth ziemlich fest im Zaume hält.

Die eigenthümliche Wirkungsweise von Spitzen, bei der Zerlegung zusammengesetzter Körper durch den elektrischen Strom, ist ein unbestrittenes Factum, welches durch die nach Wollaston's Anleitung in Glas eingeschmolzenen höchst feinen Metalldrähte auf's Neue die Aufmerksamkeit der Naturforscher rege gemacht hat. Man ist, gestützt auf die Coulomb'schen Beobachtungen der Elektricitätsvertheilung an den verschiedenen Stellen der Oberfläche eines eckigen Körpers zu der Annahme geneigt gewesen, dass die Intensität der Elektricität durch Spitzen in ganz ungewöhnlichem Grade verstärkt und dadurch fähig werde, Wirkungen hervorzurufen, die einer Elektricität von minderer Stärke unmöglich sind; aber eine solche Erklärung der Erscheinung verliert bei näherer Betrachtung fast alle ihre Kraft. Auch abgesehen davon, dass die Coulomb'schen Versuche unter Umständen angestellt worden sind, die mit den Bedingungen in der galvanischen Kette nichts gemein haben, und dass also die dort erhaltenen Resultate hier wenigstens keine uneingeschränkte Anwendung erhalten können, so bleibt doch noch die andere obiger Erklärung zum Grunde dienende Behauptung übrig, dass nämlich die Fähigkeit der Elektricität, einen Körper zu zerlegen, mit ihrer Intensität unbedingt zunehme, und auch für sie spricht sich die Summe unserer Erfahrungen nicht sehr günstig aus. Nicht selten wird die Zerlegung eines Körpers in der galvanischen Kette durch Mittel befördert, die nichts weniger als die Intensität der Elektricität zu erhöhen geeignet sind, und umgekehrt stösst man auf Ketten von sehr intensiver Elektricität, die keine oder nur geringe chemische Wirkungen hervor zu bringen im Stande sind. Obschon diese Bedenklichkeiten obige Erklärung nicht geradezu umstossen, so zeigen sie doch, dass die Fähigkeit einer galvanischen Kette, chemische Wirkungen zu äussern, nicht allein in der Grösse ihrer elektrischen Tension gegründet sein könne; wenn aber die Fähigkeit der galvanischen Kette, einen Körper zu zerlegen, nicht blos von der Tension, sondern zugleich auch noch von anderen Umständen abhängt, so ist die Erklärung irgend einer chemischen Wirkung in der Kette nur dann bündig, wenn sie alle darauf Einfluss habenden Elemente zugleich in's Auge fasst. Indem ich es nun wage, Ihnen einige schwache Umrisse zu einer solchen umfassenderen Erklärungsweise der chemischen Erscheinungen zu entwerfen, regt sich schmerzlich in mir das Gefühl, dass die Natur vom menschlichen Verstande sich wohl erfassen, aber nicht erschaffen lässt. Ueberzeugt, dass nur ein sorgsames Belauschen der Natur allmählig helleres Licht in diesem Felde verbreiten kann, erkenne ich willig die Dürftigkeit meiner bisherigen Ausbeute darin an; aber ohne darüber zu klagen, theile ich froh das Wenige, was ich gefunden habe, mit, weil oft ein schwacher Keim im Busen eines von den Umständen begünstigteren Mannes einen festen Stamm zu treiben vermag.

An einem anderen Orte (Schweigger's Jahrb. N. R. B. 16. S. 160 [32]) habe ich aus G. Bischof's Versuchen abgeleitet, dass das Produkt der Zersetzung mit der Grösse des Stromes in der galvanischen Kette in gleichem Verhältnisse zunehme. Da in jenen Versuchen stets ein und derselbe Körper der Art und Gestalt nach unter völlig einerlei äusseren Verhältnissen der Kette zur Zerlegung dargeboten worden ist, und die dabei gebrauchte Kette zu den beständigsten dieser Art gerechnet wird, und übrigens Unregelmässigkeiten, welche dabei freilich nicht vermieden werden konnten, durch die grosse Anzahl der Versuche in jedem Falle sehr gemildert worden sind, so war es natürlich, dass ich sie vor allen anderen zu meinem Zwecke wählte; ja ich stehe nicht an zu behaupten, dass sie die einzigen Versuche der Art sind, welche bei einer solchen Prüfung Zutritt verlangen können. Diese Versuche bilden die Basis der im Anhange zur „galvanischen Kette“ über die Natur der chemischen Wirkungen versuchten Erörterungen, welche dort vorzugsweise nur das Wogen der Kette im Auge behielten. Was dieses Wogen betrifft, so stehe ich nicht mehr an, eine genügende und quantitativ bestimmte Lösung dieses Räthsels zu versprechen, jedoch mit Vorbehalt eines unbestimmten Termins zu deren Eingabe; ich will diese Saite nicht eher wieder ertönen lassen, bis es in Verbindung mit der ihr gebührenden Resonanz geschehen kann, und werde das dazu erforderliche Holzwerk, trotz aller Hindernisse, und ohne darum mich vor mir selbst erniedrigen zu müssen, mir zu verschaffen wissen, denn ich habe mein ganzes Sein an diesen Preis gesetzt. Was ich jetzt vorbringen werde, hat mit diesem Wogen nichts gemein und darf auf die Vortheile, welche es daraus ziehen könnte, noch keinen Anspruch machen; es sind Seitensprösslinge eines Stammes von noch geringem Werthe, die aber zu ihrem besseren Gedeihen vereinzelt in fremden Boden verpflanzt werden sollen.

8) Die angezogenen Versuche setzen es fast ausser allen Zweifel, dass die auf die Flächeneinheit bezogene Stärke der zersetzenden Kraft in irgend einem Querschnitte der galvanischen Kette der in diesem Querschnitte herrschenden Intensität des Stromes proportional und ausserdem noch von einem aus dem besonderen relativen Verhalten der Bestandtheile in dem zu zerlegenden Körper hervorgehenden Koeffizienten abhängig sei, und das im Anhange zur „galvanischen Kette“ versuchte Verfahren, die Stärke der zersetzenden Kraft synthetisch zu ermitteln, hat mich zu derselben Folgerung geführt; es ist geeignet über die Natur des von der besonderen zusammengesetzten Natur des zu zerlegenden Körpers abhängigen Koeffizienten Licht zu verbreiten, und welche Unvollkommenheiten ihm auch noch ankleben mögen, so zweifle ich doch nicht, dass es den Keim zu einer späteren Frucht in sich enthält. Insofern nun die analytischen und synthetischen Aussagen zu demselben Ziele führen, erhält diese Bestimmung der Stärke der zersetzenden Kraft nur eine um so grössere Festigkeit, und ich glaubte mich aus diesem Grunde berechtigt, auf sie nachstehende Betrachtungen zu bauen.

Es bezeichne I die Intensität des Stromes in einem beliebigen Querschnitte der galvanischen Kette, Z die Stärke der in diesem Querschnitte wirkenden zersetzenden Kraft, und γ den Koeffizienten der Zersetzung, welcher der in diesem Querschnitte befindlichen Materie angehört, so ist in Folge des angezeigten Resultates

$$Z = \gamma\, I.$$

Denken wir uns nun eine galvanische Kette, deren Spannungssumme A und deren reducirte Länge L ist, und denken wir uns in diese Kette einen durch sie zu zersetzenden Körper eingeführt, dessen reducirte Länge Λ ist, so wird die in einem Querschnitte dieses Körpers von der Grösse Ω herrschende Intensität des Stromes I, wie schon in Nr. 3 gezeigt worden ist, durch folgende Gleichung bestimmt:

$$I = \frac{A}{(L + \Lambda)\,\Omega}$$

und wir erhalten also für die in diesem Querschnitte herrschende zersetzende Kraft Z, wenn γ den dazu gehörigen Zersetzungskoeffizienten bezeichnet, folgende Gleichung:

$$Z = \frac{\gamma\, A}{(L + \Lambda)\,\Omega}. \qquad (♁)$$

Der Werth Λ hängt übrigens von der Gestalt und Natur des zu zersetzenden Körpers ab, und muss in jedem Falle besonders bestimmt werden, wie wir nun an einigen Beispielen nachweisen wollen.

9) Zuvörderst sei nun der in die Kette eingeführte zu zersetzende Körper, dessen reducirte Länge durch Λ bezeichnet worden ist, von prismatischer Form und l stelle dessen wahre Länge, ω die konstante Grösse seines Querschnittes vor und $\varkappa$ sein Leitungsvermögen, so ist, wie ebenfalls schon in Nr. 3 vorgekommen ist, $\Lambda = \frac{l}{\varkappa\,\omega}$ und man erhält demnach für diesen Fall aus der Gleichung (♁), wenn man erwägt, dass hier in der ganzen Ausdehnung des zu zersetzenden Körpers $\Omega = \omega$ ist, für die in allen Querschnitten des zu zersetzenden Körpers konstante Stärke der zersetzenden Kraft nachstehende Bestimmung

$$Z = \frac{\gamma A}{L \omega + \frac{l}{\varkappa}}.$$

Diese Gleichung zeigt auf den ersten Blick, dass die Stärke der zersetzenden Kraft in der galvanischen Kette vermehrt wird: 1. wenn die Summe aller Spannungen A in der Kette grösser wird; 2. wenn die reducirte Länge L der Kette kleiner wird, d. h. wenn entweder die Flächengrösse der Metallplatten grösser, oder ihr Abstand von einander kleiner, oder die sie verbindende Flüssigkeit besser leitend wird; 3. wenn der aus der Verwandtschaft der beiden Bestandtheile zu einander sich bildende Koeffizient γ grösser wird; 4. wenn die Länge l des zu zersetzenden Körpers kleiner wird; 5. wenn der Querschnitt ω dieses Körpers kleiner wird; 6. wenn sein Leitungsvermögen $\varkappa$ grösser wird, wobei jedoch diese Aenderung von $\varkappa$ als nicht rückwirkend auf die Zahl γ vorauszusetzen ist. Um diese letzte Bemerkung verständlich zu machen, wollen wir sie an einem Beispiele erläutern. Bekanntlich lässt sich die Zersetzung des Wassers durch ein einfaches Zinkkupferelement, welche an sich nicht erfolgt, dadurch bewirken, dass man dem Wasser eine kleine Quantität von einer Säure beimengt, wodurch das Leitungsvermögen der Flüssigkeit, also der Werth $\varkappa$ bedeutend erhöht wird. Unsere Formel erklärt diese Erscheinung allerdings*), aber nur unter der Voraussetzung, das durch den Beitritt der Säure zu dem Wasser das Verhalten der Bestandtheile in dem Wasser nicht fühlbar ein anderes werde, weil ausserdem zugleich der Verwandtschaftskoeffizient γ ein anderer würde, und dann die Aenderung von Z nicht mehr aus der von $\varkappa$ allein beurtheilt werden dürfte. Uebrigens ist von selbst einleuchtend, dass ein Ausdruck nur dann als abhängig von einem seiner Elemente mit Hintansetzung aller übrigen ge-

*) Es ist hierbei nicht zu übersehen, dass in diesem Falle der auffallend starke Einfluss einer solchen Ansäuerung des Wassers grösstentheils darauf beruht, dass L hier blos den Leitungswiderstand der beiden Metalle vorstellt, und eben deswegen $L \omega$ in Vergleich zu $\frac{l}{\varkappa}$ äusserst klein wird, so dass Z in demselben Verhältniss mit $\varkappa$ zugleich wächst. In anderen Fällen kann eine Vergrösserung von $\varkappa$ einen viel geringeren Einfluss haben.

Ohm.

dacht werden kann, wenn jenes Element unabhängig von allen übrigen ist.

Es ist nicht zu verkennen, dass in der That unter den eben aus unserer Gleichung entnommenen 6 Rubriken alle Beförderungsmittel der Zersetzung eines Körpers durch die galvanische Kette enthalten sind, welche die Erfahrung, bis jetzt wenigstens, an die Hand gegeben hat, und eine nähere Prüfung jener Gleichung an besonderen Fällen wird ihren inneren Werth nur noch mehr bestätigen. Da jedoch solche specielle Nachweisungen, die ohne Weitläufigkeit sich nicht füglich machen lassen, ganz wider meine Neigung laufen, so werde ich hier bei diesem Gegenstande nicht länger verweilen, sondern sogleich zur Untersuchung der Natur der Spitzenwirkung, was meine eigentliche Absicht ist, übergehen.

10) Zu dem Ende wollen wir uns den zu zersetzenden Körper als eine abgekürzte Pyramide vorstellen, deren Grundflächen, die sowohl krummlinige als geradlinige Figuren sein können, mit der Kette in allen ihren Punkten in metallischer Berührung stehen.*) Um aber auf diesen Fall die in Nr. 8 aufgestellte Geichung (⛢) anwenden zu können, müssen wir vor Allem die reducirte Länge Λ des hier als abgekürzte Pyramide auftretenden, der Zersetzung unterworfenen Körpers zu bestimmen suchen.

Man kann sich aber die abgekürzte Pyramide als durch Schnitte, welche parallel mit ihren beiden Grundflächen laufen, in unendlich viele Schichten von gleicher Dicke zerlegt denken, und die reducirte Länge einer jeden solchen Schicht, die ein Prisma von unendlich kleiner Höhe ist, nach der für prismatische Körper gefundenen Weise bestimmen; dann giebt die Summe aller dieser einzelnen reducirten Längen der unendlich vielen Schichten die reducirte Länge der abgekürzten Pyramide zu erkennen. Es stelle nun m^2 die Grösse der kleineren, n^2 die der grösseren von beiden mit einander parallelen Grund-

---

*) Die Bedingung dass alle Punkte der Grundflächen von der Kette metallisch berührt werden, ist wesentlich, weil nur so das nachstehende Verfahren ohne alle Einschränkung zulässig ist und reine Resultate liefert.

Ohm.

flächen der abgekürzten Pyramide vor, und l die Entfernung beider von einander; ferner sei z die Entfernung der ausserhalb der abgekürzten Pyramide liegende Spitze derselben von der grösseren Grundfläche, deren Grösse n^2 ist, und x die Entfernung irgend eines durch die abgekürzte Pyramide parallel mit ihren Grundflächen gelegten Schnittes von derselben grösseren Grundfläche, und X^2 bezeichne die Grösse dieses Schnittes, so hat man nach den bekanntesten stereometrischen Lehren

$$m : n = z - l : z$$

und

$$X : n = z - x : z,$$

welche Proportionen sogleich übergehen in

$$n - m : l = n : z$$

und

$$n - X : x = n : z,$$

und hieraus erhält man nun

$$X = n - \frac{(n-m)\,x}{l}.$$

Die reducirte Länge der unendlich dünnen Schicht in der Entfernung x von der grösseren Grundfläche, die als ein Prisma zu betrachten ist, dessen Grundfläche X^2 und dessen Höhe dx ist, ist also, wenn $\varkappa$ das Leitungsvermögen der abgekürzten Pyramide bezeichnet

$$\frac{d\,x}{\varkappa\left(n - \frac{(n-m)\,x}{l}\right)^2};$$

man erhält demnach die reducirte Länge Λ der abgekürzten Pyramide, wenn man vorstehenden Ausdruck von $x = o$ bis $x = l$ integrirt. So findet man

$$\Lambda = \frac{l}{\varkappa\,.\,m\,n}.$$

Setzt man nun diesen für Λ erhaltenen Werth in die Gleichung (♁), so erhält man

$$Z = \frac{\gamma\,.\,A}{\left(L + \frac{l}{\varkappa\,.\,m\,n}\right)\Omega}$$

für die Stärke der zersetzenden Kraft in demjenigen Querschnitte der Pyramide, dessen Grösse durch Ω vorgestellt wird. Da aber in der abgekürzten Pyramide die verschiedenen Querschnitte an Grösse einander sehr ungleich sind, und sonach der Werth von Ω an den verschiedenen Stellen der abgekürzten Pyramide veränderlich ist, während alle übrigen Elemente des eben für Z gefundenen Ausdruckes beständig dieselben bleiben, so erhellet, dass die Stärke der zersetzenden Kraft an den verschiedenen Stellen der abgekürzten Pyramide verschieden ist, und an jeder Stelle im umgekehrten Verhältniss zu der Grösse des daselbst befindlichen Querschnittes steht.

An dem schmalen Ende der abgekürzten Pyramide, da wo $\Omega = m^2$ ist, hat man

$$Z = \frac{\gamma A}{L\, m^2 + \frac{l}{\varkappa} \cdot \frac{m}{n}}$$

und diese Gleichung geht von $m = n$, in welchem Falle der zu zersetzende Körper prismatisch ist, über in

$$Z = \frac{\gamma \,.\, A}{L\, m^2 + \frac{l}{\varkappa}},$$

welches Resultat mit dem in der vorigen Nummer für diesen Fall gefundenen völlig übereinstimmt. Vergleicht man die in der Spitze des pyramidalischen Körpers und die in einem prismatischen Körper sich äussernde zersetzende Kraft unter der Voraussetzung mit einander, dass die Länge l und das Leitungsvermögen $\varkappa$ in beiden gleich und der Querschnitt des prismatischen Körpers die kleine Oberfläche in der abgekürzten Pyramide ist, so wird man sogleich gewahr, dass die Stärke der zersetzenden Kraft in der Spitze der abgekürzten Pyramide stets grösser ausfällt, als in dem prismatischen Körper. Dieser Unterschied wird um so grösser, je kleiner $L\, m^2$ in Vergleich zu $\frac{l}{\varkappa}$ wird, und da, wo der Summand $L\, m^2$ gegen den andern im Nenner befindlichen Summanden vernachlässigt werden kann, stehen die beiden erwähnten Zersetzungskräfte zu einander in dem Verhältnisse von n zu m. Man sieht hieraus, wie die pyramidalische Form des zu zersetzenden Körpers ein Mittel an die Hand giebt, die Stärke der zersetzenden Kraft in ihm stellenweise sehr bedeutend zu erhöhen, und wie dieses Mittel in dem Maasse kräftiger eingreift, je kleiner man die schmale Seite der abgekürzten Pyramide werden und je mehr man das Verhältniss beider Oberflächen zu einander von der Einheit abweichen lässt. An der grösseren Grundfläche hingegen wird die Stärke der zersetzenden Kraft unter denselben Umständen und in derselben Art kleiner in der abgekürzten Pyramide als in dem prismatischen Körper; und das Verhältniss der zersetzenden Kraft an beiden Enden der abgekürzten Pyramide kann, in günstigen Fällen, dem von n^2 zu m^2 gleich kommen. Es liegt demnach schon in der Form des zu zersetzenden Körpers der Grund zu einer, fast unbegrenzten Vermannigfaltigung der in ihm wirkenden zersetzenden Kraft. Die Folgen, welche sich aus diesen Betrachtungen ziehen lassen, scheinen für die Experimentirkunst nicht ohne Interesse zu sein, darum will ich bei ihnen noch einen Augenblick verweilen.

11) Zunächst will ich darauf aufmerksam machen, dass durch ein ähnliches Verfahren, als das in der vorigen Nummer gebrauchte ist, auch das Verhalten anders geformter Zwischenleiter in der galvanischen Kette sich bestimmen lasse, wenn nur die elektrische Homogeneität der Schichten in ihnen aus der Art ihres Vorkommens in der Kette mit Sicherheit sich erkennen lässt. Solche sind z. B. Doppelpyramiden, die mit ihren abgestumpften Spitzen gegen einander gekehrt sind, und dort entweder unmittelbar oder durch einen prismatischen Ansatz mit einander verbunden werden; vorausgesetzt, dass die auf beiden Seiten liegenden grossen Grundflächen dieser Pyramiden von der Kette in allen ihren Punkten metallisch berührt werden; oder Halbkugeln, deren krumme Oberfläche von dem einen Pole der Kette in allen ihren Punkten metallisch berührt wird, während der andere Pol an ihr Zentrum sich anlehnt; und dergleichen. Stets wird man dabei auf die schon aus der Gleichung (♂) zu entnehmende allgemeine Regel geführt, dass nämlich die Intensität der zersetzenden Kraft an den verschiedenen Stellen des Zwischenleiters sich umgekehrt nach der Grösse des daselbst befindlichen Querschnittes richte, welcher Querschnitt aber in Fällen, wie z. B. bei der Halbkugel, als eine mit der äusseren Oberfläche koncentrisch laufende

Fläche gedacht werden muss. Aus einem Grunde den ich in der „galvanischen Kette" (S. 127 [125] ffg.) berührt habe, der jedoch in seiner vollen Klarheit erst durch die Behandlung der Elektricitätsverbreitung nach allen Dimensionen nachgewiesen werden wird, tritt diese Ungleichheit der zersetzenden Kraft schon in ihrer ganzen Stärke hervor an einem prismatischen Leiter, dessen eine Grundfläche in allen ihren Punkten, dessen andere Grundfläche aber nur in ihren wenigen Punkten metallisch berührt wird, und dessen Leitungsvermögen relativ nur sehr gering ist. Es vertritt ein so armirter schlecht leitendender Zwischenkörper die Stelle eines pyramidalisch geformten, wobei die in allen ihren Punkten berührte Grundfläche des prismatischen Körpers die Stelle der grösseren Grundfläche im pyramidalischen einnimmt, und die in wenig Punkten berührte die Stelle der kleineren. Ja ein an seinen beiden Grundflächen nur in wenigen Punkten berührter prismatischer Körper giebt schon zu einer ähnlichen Vergleichung, wiewohl nur in sehr beschränkter Weite, Veranlassung.

Man wird schon, ohne dass ich viele Worte zu machen nöthig hätte, einsehen, wie in dem bisher Vorgebrachten ein hinreichender Grund für die specifische Wirkungsweise der Spitzen bei der chemischen Zerlegung durch die galvanische Kette gegeben ist. Es wird nämlich durch die höchst feinen, nach Wollaston's Anleitung in Glasröhren eingeschmolzenen Metallspitzen die Ungleichheit der Qerschnitte in dem der Zerlegung unterworfenen Körper auf eine eminente Weise herbeigeführt und eben dadurch die Intensität der zersetzenden Kraft an dieser Spitze auf eine ganz aussergewöhnliche Weise erhöhet. Ich will nur noch erinnern, dass meine Erklärungsweise von der Intensität der an der Spitze angesammelten Elektricität ganz unabhängig ist; sie mag es leiden, dass die in der Spitze sich äussernde elektroskopische Kraft null wird Dass aber diese Erklärung die richtigere sei, ergiebt sich nicht nur aus ihrer natürlichen Verwandtschaft mit den bei allen übrigen Erscheinungen derselben Art befolgten Principien sondern auch daraus, dass eine Ansammlung von einigermassen stark intensiver Elektricität in so feinen Spitzen, welche bekanntlich schon bei angrenzender Luft unmöglich wird, in einem umgebenden Mittel von unvergleichbar besserem Leitungsvermögen überhaupt nicht denkbar ist. Umgekehrt dürfte wohl das leichte Ausströmen der Elektricität aus Spitzen in die Luft, so wie noch manche andere verwandte Erscheinung, erst in einem, dem hier gegebenen ähnlichen, aber höheren Principe seine endliche Erklärung finden und nachweisen lassen, worüber ich zu einer anderen Zeit verständlicher mich äussern werde. Auch die mit der Spitzenwirkung stets im Vereine angetroffene merkwürdige Thatsache, dass nämlich die während der Zersetzung sich ausscheidenden Bestandtheile des zusammengesetzten Körpers, in der Regel wenigstens, an einer und derselben Stelle getroffen werden, während in den übrigen Fällen diese Bestandtheile fortwährend an den beiden Enden des in der Zersetzung begriffenen Zwischenleiters auftreten, da wo er mit den metallischen Theilen der Kette zusammenhängt, findet jetzt eine ganz ungesuchte und darum doch genügende Begründung. Warum bei einem in der Zersetzung begriffenen prismatischen Zwischenleiter die Produkte der Zersetzung gerade nur an seinen beiden Enden sich zeigen, davon habe ich in dem Anhange zur „galvanischen Kette", zugleich mit einer alle einzelnen Umstände berücksichtigenden Beschreibung des inneren Herganges während der Zersetzung, Rechenschaft zu geben versucht; daher habe ich hier blos noch die Ursache des abgeänderten Erfolges bei der Spitzenwirkung anzuzeigen, und dies thue ich in folgender Weise. In dem prismatischen Körper nämlich ist, wie weiter oben dargethan worden, die zersetzende Kraft überall dieselbe; daher nehmen alle Theile dieses Zwischenleiters an der Zersetzung einen gleichen Antheil, und die Zersetzung erfolgt, wenn sie überhaupt möglich ist, an allen Orten zugleich, aber ein gesondertes Auftreten der Bestandtheile wird nur an den Enden dieses Leiters möglicq, weil an allen übrigen Stellen keine eigentliche Absonderung der Bestandtheile von einander, sondern nur eine Art Auswechselung derselben vorhanden ist, wie sie, wenn ich nicht irre, von Berzelius zuerst aufgestellt worden ist. Ganz anders aber verhält sich die Sache bei einem pyramidenförmigen Zwischenleiter, wo, wie wir gesehen haben, die zersetzende Kraft an einigen Stellen ungleich grösser sein kann als an anderen. Gerade darum nämlich wird es möglich, dass die Zersetzung an der Spitze der Pyramide, da wo der kleine Querschnitt ist, schon vor sich geht, während die in Querschnitten von viel grösserem Umfange auf der anderen Seite des pyramidalen Körpers in ihm wirkende zersetzende Kraft zur vollständigen Trennung der Bestandtheile von einander noch lange nicht hinreichend sein kann, und man sieht auf der Stelle ein, wie unter Umständen der Zerlegungsprozess nur auf einen sehr kleinen, dicht an die Spitze der nur wenig abgestumpften Pyramide angrenzenden Raum beschränkt werden kann; so wie umgekehrt aus dem einseitigen Auftreten der Bestandtheile dicht an der Spitze auf die Nothwendigkeit der Spitzenwirkung zur Entstehung des chemischen Prozesses sich sicher schliessen lässt.

12) Ich kann nicht umhin, hier noch auf ein paar Erscheinungen einzugehen, die theils durch das Befremdende in ihnen, theils durch den hohen Ruf, welchen sie sich erworben haben, eine besondere Beachtung verdienen; ich meine nämlich erstens die von Grothuss beobachtete Erscheinung, dass eine zwischen zwei Glasflächen eingeengte höchst dünne Wasserschicht ganz wie ein fester Leiter, oder wie ein edles Metall wirkt, indem an den Enden dieser in Wasser tauchenden Glasstreifen die Gasentwickelung eintritt, und auf solche Weise Wasser durch Wasser zerlegt wird; und zweitens die bei der Zerlegung der Alkalien wahrgenommenen besonderen Erscheinungen.

Was nun die erste Thatsache anlangt, so stelle man sich zwei abgestumpfte Wasserpyramiden vor, deren kleine Grundflächen gegen einander gekehrt und durch ein Wasserprisma mit einander verbunden sind, und deren grosse Grundflächen von der galvanischen Kette berührt werden; und man hat ein vollständiges Bild von den bei Grothussens Versuch eingetretenen Bedingungen. Es muss aber, wie wir gefunden haben, in einem so geformten Zwischenleiter die Kraft der Zersetzung innerhalb der prismatischen Wassermasse, deren Querschnitte ungleich kleiner sind, als die der übrigen Wassermasse, bei weitem grösser sein, als in den beiden Wasserpyramiden, und zwar schon in einiger Entfernung von den

Enden des Wasserprisma's; mithin kann unter Umständen die Zesetzung innerhalb des Wasserprisma's und an seinen beiden Enden schon vor sich gehen, während sie in den übrigen Theilen der beiden Wasserpyramiden noch unmöglich ist; das gesonderte Auftreten der Gasbläschen an den beiden Enden des Prisma's ist dann aber eine blose Folge dieser Form, wie eben schon erinnert worden ist. Auf solche Weise erklärt sich die Erscheinung ganz in der Art, wie ihre Beschreibung sie ankündigt, nur mit dem Unterschiede, dass in beiden Fällen die Theile ihre Stellen verwechseln. Nicht die zwischen den Glasflächen eingeengte Wasserschicht vertritt den festen Leiter, sondern sie giebt die zu zerlegende Flüssigkeit her, und das sie umgebende übrige Wasser nimmt die Stelle des sonst zerlegenden Metalles ein, und ich müsste mich sehr irren, wenn es nicht möglich sein sollte, die Vorkehrungen so zu treffen, dass die Gasbläschen mitten aus den Wasserpyramiden, oder doch in einiger Entfernung von den Glasflächen, wie ein Deux ex machina sich empor arbeiten.

Wenn Jemand, wie ich jetzt thue, ein Phänomen besprechen will, das er blos aus der Beschreibung Anderer erfahren hat, so muss ihn billig, wenn anders er das Missliche in seiner Lage zu überschauen vermag, ein arges Grauen überfallen, so dass er besser thäte, falls er abzusprechen willens ist, die ganze Sache auf sich beruhen zu lassen. Glücklicherweise befinde ich mich jedoch nicht ganz in diesem Falle; denn ich bin keineswegs gesonnen, über irgend einen Punkt, von welchem ich jetzt reden werde, irgend etwas Sicheres zu bestimmen, sondern nur, wenn mir nicht etwa alle Gabe zur Ueberredung fehlt, die Aufmerksamkeit eines wohlwollenden Nachbars, wenn auch jenseits der Grenzen, bei vorfallenden Versuchen darauf hinzulenken, mit der Bitte um gefällige Nachricht von dem Resultate seiner Beobachtang. Bei den Umständen, welche den glänzenden Versuch der Kalizersetzung begleiten, ist mir nämlich eine und die andere kleine Eigenheit in's Auge gefallen, die ich jetzt rückhaltlos mittheilen werde, in der Erwartung, dass der geneigte Leser ein aufkeimendes Lachen mir zu Liebe unterdrücken werde, wenn er in meinen Mittheilungen Spuren einer nicht sehr bändereichen Bibliothek bemerken sollte. Die Veranlassung zu den folgenden Bemerkungen habe ich aus obiger Darstellung der Spitzenwirkung entnommen.

Von den *meisten Experimentatoren wird bei der Beschreibung* des Versuches, das Kali zu zersetzen, verlangt (vgl. Berzelius Lehrbuch der Chemie unter dem Artikel Kalium), dass das zu zersetzende Kalistück auf ein mit dem positiven Pole der Säule verbundenes Platinblech gelegt und durch einen von dem negativen Pole ausgehenden Platindraht berührt werde, dann, heisst es, bilden sich um die Spitze dieses Drahtes eine Menge kleiner, quecksilberähnlicher Metallkugeln, welche Kalium sind und sich bisweilen anzünden und verbrennen. Man gewahrt leicht, dass bei dieser Art den Versuch einzurichten, die grösste zersetzende Kraft in der Nähe der Spitze des negativen Drahtes sich aufhalten müsse, und weil zugleich das Kalium durch die fortführende Kraft der Kette nach der Seite des negativen Pols der Säule hingezogen wird, so ist sein Erscheinen rings um die Spitze des negativen Drahtes keineswegs befremdend, und so lässt sich nach den oben über die Natur der Spitzenwirkung gegebenen Aufschlüssen sogar der Fall denken, wo die Zersetzung des Kalis in der Nähe der negativen Spitze vor sich geht, ohne dass die von dieser Spitze entfernten Stellen des Kalis irgend einen anderen Antheil daran nehmen, als den, dass sie zur Leitung der Elektricität nothwendig sind. Auch müsste nach der Natur der Spitzenwirkung die Zersetzung des Kalis mit Säulen von um so geringerer Thätigkeit erfolgen können (es handelt sich hier natürlich blos vom Entstehen des Kaliums, nicht von der Quantität des entstandenen), in je mehr Punkten die untere Fläche des Kalis von dem positiven Platinblech berührt wird, — was sich durch ein vorsichtiges Anreiben des Kalis an das Blech vielleicht bewirken liesse oder durch ein Anschmelzen, — und in je weniger Punkten der negative Platindraht das Kali trifft. Ich will diese Art, den Versuch anzustellen, die erste nennen. Eine zweite Art, den Versuch anzustellen, findet man in Singer's Elementen (Müller's Uebers. S. 244) beschrieben. Das Kalistück wird hier auf ein mit dem negativen Pole der Säule verbundenes Platinblech gelegt und durch einen von dem positiven Pole ausgehenden Draht berührt, dann, heisst es, schmilzt das Alkali bald am Berührungspunkte dieses Drahtes, und in Kurzem erscheinen nahe an der negativen Fläche (also doch wohl am unteren Rande des Kalistückes? *) Metallkügelchen, die nach und nach an Grösse zunehmen, bis sich endlich eine Rinde von Alkali auf ihrer Oberfläche zu bilden anfängt. Zuweilen, heisst es ferner, ereignet es sich, dass keine Kügelchen (ausserhalb des Kalistückes am unteren Rande desselben?) sich sehen lassen, aber dann findet man sie, wenn die Berührung einige Zeit hindurch gedauert hat, an der unteren Fläche des aufgehobenen Kalis eingelagert (geschieht dies nicht auch dann, wenn gleich sich Kügelchen von aussen haben sehen lassen?). Bei dieser zweiten Art, den Versuch anzustellen, müsste nach der Natur der Spitzenwirkung, wenn nicht etwa die hier in der Note besprochene Erscheinung sich zeigt, die Zersetzung durch das ganze Kalistück hindurch bewirkt werden, weil die zersetzende Kraft an den Stellen, wo sich das Kalium ausscheidet, geringer ist, als in allen übrigen Stellen des Kalis, während es bei der ersten Art schon hinreichend ist, dass die zersetzende Kraft lediglich an der Drahtspitze zur Hervorrufung des Kalis gross genug sei, an entfernteren Stellen hingegen dürfte sie immerhin zur Bildung des Kaliums noch nicht hinreichend sein; aber eben deswegen forderte die zweite Art, den Versuch anzustellen, die kräftigere Säule, und um so kräftiger, in je mehr Punkten die untere Fläche des Kalis mit dem negativen Bleche zusammenhängt, und in je weniger Punkten der positive Draht es trifft. Uebrigens müsste allerdings diese zweite Art, sobald nur die Kette zur Möglichkeit der Zersetzung hinreicht, bei weitem die grössere Menge von Kalium erzeugen, und diese Menge müsste dadurch nur noch grösser werden,

*) Diese zweite Art, den Versuch anzustellen, nicht aber die erste, gestattet nämlich gar wohl, dass die Anhäufung des Kaliums weder an der Spitze des positiven Drahtes, noch an der Fläche, wo das Kali vom negativen Bleche berührt wird, sondern zwischen beiden Orten im Inneren des Kalistückes geschieht, deshalb liesse sich's wohl denken, dass unter Umständen die Kügelchen des Kaliums in grösserer oder geringerer Entfernung von dem Platinbleche hervorquellen könnten. Ohm.

dass man die obere mit dem positiven Pole verbundene Kalifläche ebenfalls in vielen Punkten durch eine Platinplatte berühren liesse, wie es in der von Kastner (in dessen Grundriss der Experimentalphysik B. II. S. 124) beschriebenen Vorrichtung geschieht. Es wäre unstreitig für die tiefere Einsicht in die Natur der chemischen Wirkungen nicht ohne Interesse, dass die hier angezeigten, noch nicht sicher gestellten Punkte durch den Versuch entschieden würden*). Aber es ist noch ein zweiter Umstand dabei in's Auge zu fassen, der eine kurze Erwähnung verdient. Wird nämlich der Versuch auf die erste Weise angestellt, so kann ich mir den Vortheil einer gelinden Befeuchtung des Kalistückes recht wohl erklären, aber nicht, wenn der Versuch nach der zweiten Art angestellt wird, und ich weiss nicht, ob es Zufall ist, oder nicht, dass von Singer (a. a. O.) von einer Anfeuchtung des Kalis keine Erwähnung geschieht, und dass in der aus Gilbert's Annalen (B. XLIV. 235 ff.), die ich jetzt nicht zur Hand habe, von Singer's Versuchen durch Kastner (s. dessen Experimentalphysik B. II. S. 125 oben) gelieferten Beschreibung ausdrücklich von einem nicht befeuchteten Stückchen Kali die Rede ist. Wie dem

*) Weil es denn doch vielleicht Jemanden geben könnte, der meiner Theorie so viel Geschmack abgewönne, um seine Zeit an ihre nähere Prüfung, auf die Gefahr des Fehlschlagens hin, zu wagen, so will ich noch bemerken, dass der Umfang der durch die Spitzenwirkung möglichen Abänderungen des Erfolgs in Hinsicht einer eben noch erfolgenden Kaliumbildung um so grösser wird, je kleiner L ist, wie aus der Gleichung (♁) hervorgeht. Ein Trogapparat mit nicht sehr kleinen Platten eignet sich daher vorzüglich zu diesen Versuchen. Und um obigem Jemand nicht gleich von vorn herein alle Lust zu seinem Wagniss zu benehmen, will ich noch anmerken, dass die vor mir liegenden Angaben meinen Betrachtungen wenigstens nicht ungünstig sind; denn Berzelius, der ohne allen Zweifel aus eigener Erfahrung spricht, fordert zum sicheren Gelingen der Versuche eine kräftige Säule von wenigstens 150 Plattenpaaren, die 4—5 Zoll im Durchmesser haben, Singer hingegen einen Trogapparat von 200 Plattenpaaren, die 3—4 Zoll in's Gevierte haben, welcher durch eine Flüssigkeit mit 1/30 starker Salz- oder Salpetersäure angeregt wird. Ist nun das Wort Säule von Berzelius nicht in allgemeiner Bedeutung genommen, und es scheint nicht, da er vom Durchmesser der Platten spricht, so ist auch anzunehmen, dass diese Säule blos durch eine Salzauflösung, und Essig etwa, angeregt wurde, also viel minder kräftig als Singer's Apparat war. Ohm.

auch sein mag, so folgt wenigstens aus meiner Darstellung der Spitzenwirkung, dass bei dem nach der ersten Art angestellten Versuche die zersetzende Kraft in der Nähe der negativen Spitze um so grösser sein werde, als an der dem positiven Bleche zugewandten Seite; die Zersetzung, und zwar zunächst die Wasserzesetzung, muss also an jener Stelle viel rascher vor sich gehen als an entfernteren Orten, und es wird daher bald alles, in so geringer Menge vorhandene, Wasser in ihr verschwunden sein, während es an allen übrigen Stellen noch zugegen ist. Nun erst kann die Kalizersetzung in der vom Wasser befreiten Stelle rings um die negative Spitze vor sich gehen, und um so leichter, weil die übrige noch feuchte Kalimasse durch ihr erhöhtes Leitungsvermögen sie bedeutend unterstützt, ohne dass die Gegenwart des Wassers ihr schädlich werden könnte. So lässt sich der Vortheil des Wassers begreifen, aber nicht, wenn der Versuch auf die zweite Art angestellt wird; denn in diesem Falle ist die zersetzende Kraft gerade an den Stellen, wo die Kaliumbildung sich zeigt, am geringsten. Ist daher an diesen Stellen kein Wasser mehr vorhanden, so kann um so weniger Wasser noch anderswo im Kali sein, mithin kann in diesem Falle das Wasser die Kalizersetzung nicht nur nicht unterstützen, sondern sie wird sie so lange zurückhalten bis alles Wasser verschwunden ist; man müsste denn annehmen wollen, dass Kalium und Wasser an einem Orte zugleich bestehen können, wogegen die ganze Natur des Kaliums sich auflehnt und auch der Umstand spricht, dass die leichter und also vorzugsweise erfolgende Zersetzung des Wassers einer an derselben Stelle beginnenden Zersetzung des Kalis nur nachtheilig sein kann, indem die polarisch hervorgetretenen Bestandtheile des Wassers in einer gleichartigen Vertheilung der verwandten Bestandtheile im Kali nur hinderlich sein können. So kann wohl Schwefelsäure, dem Wasser zugesetzt, die Zersetzung des Wassers befördern, weil sie der schwerer zu zersetzende Körper ist, aber ein Zusatz von Bleizucker kann die Zersetzung des Wassers nur vermindern, obgleich durch ihn das Leitungsvermögen der Flüssigkeit erhöht wird, weil in diesem Falle der Bleizucker der leichter zersetzbare Körper ist. Ich zweifle übrigens nicht dass ein oder der andere von den hier berührten Punkten eine Erledigung schon in den, an Einzelheiten so reichen, physikalischen Magazinen finden könnte, die Beweisführung dieser Vermuthung liegt mir aber zu sehr aus dem Wege; wenn ich die Pflichten eines Schriftstellers gegen das Publikum stets heilig achte, so kenne ich doch auch meine Rechte, und ein solches nehme ich hierbei in Anspruch.

Obige Mittheilungen wünschen sich eine nicht von vorgefasster Meinung bestochene Annahme, und erbitten sich eine strenge, rücksichtslose Prüfung durch die That. Jeder, der mir mit Thatsachen entgegen tritt, wird, wenn sie die Probe halten, mich bald auf seiner Seite finden, selbst wenn mein schlichtes Wesen von seiner Vornehmheit noch manchen scheelen Blick erdulden müsste; wer aber gegen mich mit Worten, und nichts als Worten, zu Felde zieht, der wird die Verächtlichkeit seiner Waffen an meinem Gange erproben können. Wenn es freilich einem zweiten philosophischen Censor auf's Neue einfallen sollte, meine Arbeiten aus dem Grunde zu verdammen, weil sie nicht alles geben, so hätte ich dem leider nichts anderes zu erwidern, als dass dies zu thun, mir nie in den Sinn gekommen ist, indem ich der Meinung bin, dass, wer von sich wähnt, oder von einem Anderen erwartet, dass er Alles gegeben habe, dessen Begriff von Allem müsse mit dem von Nichts, mindestens sehr nahe, zusammenfallen. Uebrigens bemerke ich noch zur Verhütung von Missverständnissen, dass ich durch vorliegende Auseinandersetzungen der „galvanischen Kette" auch nicht die geringste Erweiterung gegeben zu haben vermeine; ich habe hier blos eine einzige dortige Formel mit einem neuen physikalischen Kleide umhängt, das seinen Schnitt noch zu erwarten hat.

XI.

Nachweisung eines Ueberganges von dem Gesetze der Elektricitätsverbreitung zu dem der Spannung.

Kastner's Archiv, Bd. **17**, p. 1—25. 1829.

In dem Anhange zur „galvanischen Kette" (S. 234 [180]) habe ich den Satz ausgesprochen, dass die Grösse der elektrischen Spannung zwischen zwei Körpern erstlich der Differenz ihrer gebundenen elektroskopischen Kräfte und dann einer von der Grösse, Lage und Gestalt der Körpertheilchen, welche an der Berührungsstelle auf einander einwirken, abhängigen Function proportional sei. Damals hatte dieser Satz für mich noch keinen höheren Werth, als den einer vorläufig aufgestellten Hypothese, die den Umstand für sich hat, dass die aus der Erfahrung bis jetzt hergeleiteten Eigenthümlichkeiten der Spannung aus ihr eine leichte Erklärung erhalten; seitdem habe ich mich jedoch überzeugt, dass das bis dahin hypothetische Gesetz mit dem Gesetze der Elektricitätsleitung in einem innigen Znsammenhange stehe, den ich jetzt darlegen werde.

Das Gesetz der Elektricitätsverbreitung, wie ich es in der „galvanischen Kette" (S. 91—108 [107—115]) entwickelt habe, besteht wesentlich in Folgendem: Die Stärke des Ueberganges der Elektricität von einem Elemente zum anderen ist abhängig von der Differenz der in beiden Elementen befindlichen elektrischen Kräfte, und richtet sich ausserdem noch nach der

Grösse, Gestalt und Lage der beiden Elemente. Dieses von der Grösse, Gestalt und Lage der beiden Elemente abhängige Bestimmungsstück des Elektricitätsüberganges ist unter allen Umständen jedesmal dem direkt proportional, was wir in dem Ausdrucke Leitungsvermögen (von Stelle zu Stelle im Innern eines Körpers) zusammenfassen, und umgekehrt proportional der Entfernung beider Elemente von Mitte zu Mitte, wie ich am angezeigten Orte auf eine einfache Weise dargethan zu haben glaube, und zwar für jede mögliche Gestalt und Lage der beiden Elemente, diese Elemente mögen durch Zwischenräume von einander getrennt, oder stetig an einander grenzend existiren. Bezeichnen wir demnach mit k das zwischen beiden Elementen herrschende Leitungsvermögen, mit s die Entfernung der Mitten beider Elemente von einander und mit u und u' die in ihnen befindlichen elektrischen Kräfte, so drückt

$$\frac{k\,(u' - u)}{s}$$

die Stärke aus, womit der Elektricitätsübergang zwischen beiden Elementen sich bildet, und

$$\frac{k\,(u' - u)\,dt}{s} \qquad \text{(I)}$$

drückt sonach die in der Zeit dt, während welcher die Kräfte u' und u als unveränderlich angesehen werden können, von einem Elemente zum anderen übergegangene Elektricitätsmenge aus.

Bei dieser Bestimmung habe ich in der erwähnten Schrift die Kräfte u und u' immer nur als solche angesehen, die aus dem in den beiden Elementen gerade vorhandenen Antheile von freier Elektricität herrühren; nun aber wollen wir den Fall in Untersuchung nehmen, wo ausser den freien und wandelbaren elektrischen Kräften u und u' in den beiden Elementen noch andere Kräfte v und v' vorkommen, die zum Wesen der Elemente gehören, und eben deshalb unveränderlich und unauflöslich an die Elemente gebunden gedacht werden müssen, so lange wenigstens, als nicht die Grundnatur dieser Elemente selbst aufgehoben gedacht wird; übrigens aber sollen diese letzteren Kräfte in Betreff dieser Wirkung in die

Ferne noch ganz denselben Gesetzen wie die vorigen gehorchen, und mit diesen völlig gleichen Antheil nehmen an der zwischen beiden Elementen sich bildenden Elektricitätsvertheilung. Dies vorausgesetzt müssen wir die Wirkung beider Elemente auf einander, welche vorhin durch die Kräfte u und u' bestimmt worden ist, jetzt von anderen Kräften U und U' abhängig machen, welche zusammengesetzt sind, einerseits aus den freien und veränderlichen Kräften u und u' und andererseits aus den gebundenen und konstanten Kräften v und v', so dass man also hat:

$$U = u + v \quad \text{und} \quad U' = u' + v'.$$

Der Elektricitätsübergang von dem einen Elemente zum anderen, welcher vorhin lediglich durch Kräfte u und u' bewirkt worden ist, wird jetzt durch die Kräfte U und U' ganz in derselben Art bewirkt werden, weswegen jetzt

$$\frac{k\,(U' - U)\,dt}{s} \qquad \text{(II)}$$

die in der Zeit dt von dem einen Elemente zum anderen übergeführte Elektricitätsmenge zu erkennen giebt. Die Art, wie man sich diesen Elektricitätsübergang zu denken habe, ist, wie sich von selbst versteht, der Vorstellungsweise, die man in Beziehung auf beide Elektricitäten wählt, subordinirt, und verschieden, je nachdem man sich zu der Franklin'schen oder Symmer'schen Hypothese bekennt.

Zuvörderst lässt sich nun schon aus dem Gesagten folgender äusserst wichtige Schluss ziehen. Wenn nämlich beide Elemente völlig einerlei innere Beschaffenheit haben, so dass die aus ihrer bleibenden Natur hervorgehenden Werthe v und v' in beiden einander völlig gleich sind, so wird $U' - U = u' - u$ sein, und der Ausdruck (II) geht also wieder in den Ausdruck (I) zurück, von welchem sonach die Elektricitätsverbreitung auch in diesem Falle noch immer und ganz so abhängig bleibt, wie es in der „galvanischen Kette“ nachgewiesen worden ist. Die Gesetze der Elektricitätsverbreitung im Umfange eines homogenen Körpers bleiben mithin ganz dieselben, dieser Körper mag zu jenen gehören, die man indifferente nennt, oder er mag nach der einen oder nach der anderen Seite in beliebiger Weite von dem indifferenten Zustande sich entfernen, und als positiv oder negativ elektrischer Körper von gewisser Stärke sich geltend machen. Wenn hingegen die beiden Elemente nicht von einerlei Art sind, so wird im Allgemeinen nicht mehr $v = v'$ angenommen werden können, der Ausdruck (II) wird nicht mehr in den Ausdruck (I) übergehen, und die Elektricitätsverbreitung wird daher nach anderen Gesetzen sich richten müssen, als die sind, welche in dem Umfange eines homogenen Körpers stattfinden. Die Natur spricht die dann erfolgende Aenderung des Leitungsgesetzes in jener Erscheinung aus, die wir mit dem Namen Spannung zu belegen pflegen, deren Natur ich in meiner Schrift noch als ein aus der Erfahrung entlehntes Gesetz der Rechnung zum Grunde gelegt habe. Daselbst habe ich dieses Gesetz der Spannung nach genauer Berücksichtigung aller dahin gehörigen, bekannten Thatsachen so aussprechen zu müssen geglaubt (galv. Kette S. 111 [117]): „Verschiedenartige Körper, welche sich berühren, behaupten an der Berührungsstelle fortwährend einen und denselben Unterschied ihrer elektrischen Kräfte.“ — Wohl wissend, dass viele Physiker das Wesen der Spannung in ein gleichzeitiges Auftreten von gleich starken und entgegengesetzten Elektricitäten diesseits und jenseits der Berührungsstelle legen, fügte ich zur näheren Motivirung jener Darstellungsweise noch folgende Bemerkungen hinzu: „So ausgesprochen steht der Satz, ohne an Einfachheit zu verlieren, in einer Allgemeinheit da, die ihm angehört, weil man auf sie fast durch jede einzelne Erscheinung immer wieder hingewiesen wird.“ „Auch wird obiger Satz in seiner ganzen Allgemeinheit bei der Erklärung der elektroskopischen Erscheinungen an Volta's Säule stets, wenn nicht ausdrücklich, doch stillschweigend, von allen Physikern angenommen.“ Inzwischen blieb die genaue von der Natur selbst redigirte Bestimmung des in Rede stehenden Gesetzes dadurch freilich immer noch mehr oder weniger zweifelhaft, und in der That scheint meine Definition der Spannung jenem Recensenten meiner Schrift, dessen Humanität und Gründlichkeit mir in gleichem Maasse eine jede nur erdenkliche Berücksichtigung seiner Ausstellung zur Pflicht machen, anstössig gewesen zu sein. Darum ist es mir doppelt lieb, diesen Punkt jetzt noch von einer anderen Seite her beleuchten zu können, wodurch vielleicht aller Zweifel darüber völlig gehoben werden kann.

Es lässt sich nämlich das Gesetz der Spannung auch unabhängig von der Erfahrung aus dem der Elektricitätsverbreitung auf eine streng nöthigende Weise ableiten. Indem ich nun diese Ableitung unternehme, werde ich von der Betrachtung einer bestimmten galvanischen Kette ausgehen, und dann erst zur allgemeinen Ansicht mich erheben, um so der Betrachtung möglichste Klarheit zu verschaffen. Zunächst wollen wir uns daher zwei prismatische Körper A und B vorstellen, die einen und denselben Querschnitt besitzen, und sich einander an zweien Endflächen M und M' von Punkt zu Punkt berühren; diese beiden Körper wollen wir uns ferner mittelst beliebiger anderer, an ihre noch offenen Endflächen stossenden Körper zu einer galvanischen Kette verbunden denken; endlich wollen wir in dieser Kette den bleibenden Zustand als bereits schon eingetreten voraussetzen, so dass also in einer und derselben Zeit von Querschnitt zu Querschnitt überall dieselbe Elektricitätsmenge überströmt, so lange die Elektricitätsbewegung lediglich auf den Umfang der Kette beschränkt wird. In der so gedachten Kette sollen u_m und u'_m die unbekannten in den beiden Endflächen M und M', mit welchen die Körper A und B zusammenhängen, befindlichen freien und veränderlichen elektrischen Kräfte bezeichnen, während v und v' die in allen Theilen der Körper A und B thätigen, an ihr Wesen gebundenen und deshalb unveränderlichen Elektricitäten vorstellen sollen, und es sei $U = u_m + v$ und $U' = u'_m + v'$, so drücken U und U' die gesammten in den materiellen Flächen M und M' thätigen elektrischen Kräfte aus, und man erhält nach der weiter oben schon geschehenen Auseinandersetzung für die in der Zeit dt von einer der Endflächen zur anderen überströmende Elektricitätsmenge den Ausdruck

$$\frac{k_m (U' - U)\, dt}{s_m},$$

wobei k_m das zwischen diesen Flächen herrschende Leitungsvermögen und s_m die unendlich kleine Entfernung der Mitten dieser Flächen von einander vorstellt. Allerdings setzt die hier gewählte Betrachtungsweise voraus, dass die materiellen Endflächen M und M' der Körper A und B als kontinuirliche Ganze gedacht, und eben darum als Elemente der Körper A und B betrachtet werden können. Wollte man indessen jene materiellen Endflächen selbst wieder aus unendlich vielen, diskontinuirlich an einander gelagerten Elementen bestehend annehmen, so würde man für je zwei solche, einander gegenüber liegende materielle Punkte einen dem vorigen ähnlichen Ausdruck erhalten, und die Summe aller dieser Differenzialausdrücke würde dann die von Fläche zu Fläche überströmende Elektricitätsmenge hergeben. Man wird aber sogleich gewahr werden, dass diese Summe sich stets wieder als ein Ausdruck von gleicher Form und Bedeutung, wie der vorige, darstellen lässt, so dass es uns unbenommen bleibt, obige einfachere Betrachtungsweise hier und in dem Folgenden, als eine allgemein zulässige, beizubehalten. — Bezeichnet man ferner die freien Elektricitäten zweier, unmittelbar neben einander und in beliebiger Entfernung von der Endfläche M liegender Querschnitte des Körpers A durch u_a und u'_a, das zwischen diesen Querschnitten herrschende Leitungsvermögen durch k_a, und die unendlich kleine Entfernung der Mitten beider Querschnitte von einander durch s_a, so drückt

$$\frac{k_a\,(u'_a - u_a)\,dt}{s_a}$$

die in der Zeit dt von einem dieser Querschnitte zum anderen überströmende Elektricitätsmenge aus, weil schon oben ermittelt worden ist, dass die gebundene elektrische Kraft v, welche allen Elementen des Körpers A in gleicher Weise angehört, bei dieser Bestimmung ohne allen Einfluss bleibt. — Bezeichnet man endlich durch u_b und u'_b die freien Elektricitäten zweier, im Umfange des Körpers B und in beliebiger Entfernung von dessen Endfläche M', jedoch unmittelbar neben einander liegender Querschnitte, durck k_b das zwischen ihnen stattfindende Leitungsvermögen, und durch s_b die unendlich kleine Entfernung der Mitten beider Querschnitte von einander, so drückt auf gleiche Weise

$$\frac{k_b\,(u'_b - u_b)\,dt}{s_b}$$

die in der Zeit *dt* von dem einen Querschnitte zum anderen in dem Körper *B* übergeführte Elektricitätsmenge aus.

Da wir nun zunächst blos denjenigen Zustand der Kette in's Auge fassen wollen, bei welchem die von einem Querschnitte in den unmittelbar daran liegenden überströmende Elektricitätsmenge an allen Orten der Kette stets dieselbe bleibt, so müssen wir eben deswegen auch die drei erhaltenen Ausdrücke in ihrer ganzen Allgemeinheit einander gleich setzen, woraus folgt, dass sein müsse

$$\frac{k_m\,(U' - U)}{s_m} = \frac{k_a\,(u'_a - u_a)}{s_a} = \frac{k_b\,(u'_b - u_b)}{s_b}.$$

Es stellen aber k_m, k_a und k_b die Leistungsfähigkeiten vor, welche zwischen den Endflächen *M* und *M'*, und im Innern der beiden Körper *A* und *B* getroffen werden; diese Grössen müssen daher als endliche und mit einander vergleichbare Werthe betrachtet werden, insofern es gestattet ist, den Fall einer absoluten Nichtleitung, als nicht hierher gehörig, von unserer Betrachtung auszuschliessen*). Ferner bezeichnen s_m, s_a und s_b unendlich kleine Grössen von derselben Dimension, und sowohl u_a und u'_a als u_b und u'_b stellen die elektrischen Zustände zweier, im Umfange eines und desselben homogenen Körpers liegenden Elemente vor. Diese Zustände können mithin nur unendlich wenig von einander verschieden sein, weil ausserdem ein plötzlicher Sprung in der elektrischen Beschaffenheit zweier, unmittelbar neben einander liegender, gleichartiger

---

*) Absolut nichtleitende Körper giebt es wohl überhaupt nicht in der Natur. Das hier zu entwickelnde Gesetz der Spannung kann aber selbst bei noch so schlechten Leitern keine Ausnahme machen, wovon man sich am deutlichsten wird Rechenschaft geben können, wenn man für diesen Fall die folgenden Betrachtungen noch besonders wiederholt. Der einzige Ausnahmefall tritt dann ein, wenn $\frac{k_m}{s_m} = o$ ist, d. h. wenn die Leitung zwischen den Endflächen *M* und *M'*, sei es durch zu grossen Abstand ihrer Theile von einander, oder durch irgend ein besonderes physisches Verhalten derselben zu einander völlig aufgehoben würde; denn nur dann kann $U' - U$ einen endlichen Werth annehmen. Ohm.

Stellen eines in seinem Innern nirgends durch eine äussere Kraft angefochtenen Körpers, dem Gesetze der Stetigkeit zuwider, stattfinden müsste; folglich müssen auch $u'_a - u_a$ und $u'_b - u_b$ unendlich kleine Grössen sein. Wenn aber k_m, k_a und k_b endliche und unter sich vergleichbare Grössen, s_m, s_a und s_b unendlich kleine Grössen von derselben Dimension, und $u'_a - u_a$ sowohl als $u'_b - u_b$ ebenfalls unendlich kleine Grössen sind, so zieht die Bedingung

$$\frac{k_m(U' - U)}{s_m} = \frac{k_a(u'_a - u_a)}{s_a} = \frac{k_b(u'_b - u_b)}{s_b}$$

nothwendig nach sich, dass auch $U' - U$ einen unendlich kleinen Werth annehmen müsse, weil im Gegentheile die drei vorstehenden Ausdrücke nicht gleiche Werthe annehmen könnten. Man erhält sonach, wenn man die o statt der unendlich kleinen Grösse setzt, die Gleichung

$$U' - U = o,$$

oder, wenn für U' und U ihre vorhin angezeigten Werthe genommen werden, die Gleichung

$$u'_m - u_m = v - v',$$

worin nachstehendes Gesetz sich ausspricht: *Wenn zwei prismatische Körper von ungleichem elektrischem Werthe sich einander mit ihren einen Enden berühren, während ihre anderen Enden durch andere Körper zu einer galvanischen Kette verbunden sind, so muss, nachdem diese Kette in ihren bleibenden Zustand gekommen ist, auf beiden Seiten der Berührungsstelle ein Unterschied von freier Elektricität sich zeigen, der dem Unterschiede der zu ihrem Wesen gehörigen und deshalb an sie gebundenen Elektricitäten gleich ist.* — Nebenbei spricht sich in der gefundenen Gleichung $u'_m - u_m = v - v'$ noch die besondere Eigenthümlichkeit aus, *dass auf der Seite, wo während der Berührung die dadurch erregte freie Elektricität sich positiver zeigt, der seinem Wesen nach negativere Körper zu suchen sei, und umgekehrt.*

Die besonderen Umstände, von welchen wir bei unserer Betrachtung ausgingen, sind Schuld, dass das eben ausgesprochene Gesetz noch mit allerlei unnöthigen Beschränkungen behaftet ist, die sich jedoch alle leicht wegschaffen lassen.

Zuvörderst ist die Bedingung, dass die offenen Enden der beiden Körper A und B durch andere Körper zu einer geschlossenen Kette vereiniget seien ganz überflüssig. Denn sind die Körper A und B, mit Ausnahme ihrer wechselseitigen Berührungsstellen, überall von Nichtleitern umgeben, so fordert der bleibende elektrische Zustand in beiden Körpern offenbar, dasse jede von den drei weiter oben bestimmten Elektricitätsmengen an sich der Null gleich sei. Nun behalten aber auch in diesem neuen Zustande der beiden Körper sowohl die Grössen k_m, k_a und k_b als auch die s_m, s_a, s_b noch ganz ihre vorigen Werthe bei; es muss demnach in diesem Falle jede der Grössen $U' - U$, $u'_a - u_a$, $u'_b - u_b$ an sich und ganz und gar verschwinden, und die erstere von diesen drei Bestimmungen führt wieder zu der alten Gleichung hin, die jetzt so lautet: *Wenn zwei prismatische heterogene Körper von gleichem Querschnitte einander mit ihren einen Grundflächen berühren, so zeigen sich, nachdem der bleibende Zustand eingetreten ist, auf beiden Seiten der Berührungsstelle freie Elektricitäten, deren Unterschied dem Unterschiede der diesen Körpern eigenthümlich zukommenden gebundenen Elektricitäten gleich ist.*

Aber auch die Bedingung, dass zum Erscheinen der vollen Spannung der bleibende elektrische Zustand in den vereinigten Körpern eingetreten sein müsse, ist noch überflüssig. Denn wollte man annehmen, dass die Differenz $U' - U$ zu irgend einer Zeit einen noch so kleinen, aber doch endlichen Werth angenommen hätte, so müsste man zugleich auch annehmen, dass die durch

$$\frac{k_m\,(U' - U)\,dt}{s_m}$$

ausgedrückte Elektricitätsmenge unendlich grösser sei, als die durch

$$\frac{k_a\,(u'_a - u_a)\,dt}{s_a} \text{ und } \frac{k_b\,(u'_b - u_b)\,dt}{s_b}$$

ausgedrückten; es müsste sonach an der gemeinschaftlichen Grenze der beiden Körper A und B ein Elektricitätsübergang vorhanden sein, der an der Stärke den im Innern der beiden Körper und zwar, was wohl zu merken ist, in jeder beliebigen

Entfernung von der Grenze auftretenden unendlich viele Male überträfe, was wohl im ersten Augenblicke der Berührung, da wo wegen der an der Grenze beider Körper sich geltend machenden Diskontinuität noch Klüfte auszufüllen sind, sich denken lässt, aber schon nach Ablauf der kleinsten Zeitfrist, nachdem die anfänglich noch tumultarische Bewegung in eine ruhigere und nur einigermassen geordnete übergegangen ist, als völlig unstatthaft verworfen werden muss. Auf eine ganz ähnliche Weise kann man sich auch noch überzeugen, dass die Gleichung $U' - U = o$ nicht aufhören könne wahr zu sein, wenn gleich die Form der einander berührenden Körper keine prismatische mehr ist, wie bis jetzt vorausgesetzt wurde, sondern irgend eine andere in der äusseren Natur vorkommende. Es lässt sich folglich das Spannungsgesetz allgemein so aussprechen: *Wenn zwei differente Körper von beliebiger Gestalt einander in irgend einer Stelle berühren, so zeigen sich auf beiden Seiten zunächst an der Berührungsstelle in beiden Körpern freie Elektricitäten, deren Unterschied dem Unterschiede der zu diesen Körpern gehörigen gebundenen Elektricitäten gleich ist.*

Es ist unstreitig höchst merkwürdig, wie auf solche Weise aus dem Leitungsgesetze und der Voraussetzung, dass den verschiedenen Körpern ein bestimmter Grad von elektrischer, auf andere Körper nicht übertragbarer Thätigkeit innewohne (vermöge welcher sie nach aussen wirken, denselben Gesetzen gemäss, die sich uns an mit übertragbarer Elektricität versehenen Körpern zu erkennen gegeben haben), das Gesetz der Spannung mit der strengsten Nothwendigkeit hervorgeht und in solcher Allgemeinheit, dass es die beiden oben erwähnten zugleich in sich fasst. Das so durch Schlüsse erhaltene Spannungsgesetz stimmt, in so weit es die freien Elektricitäten angeht, ganz mit dem überein, wie ich es in meiner Schrift aus der Erfahrung entnehmen zu müssen geglaubt habe, aber die Art, wie wir hier zu ihm gelangt sind, giebt ihm eine höhere Bedeutung, indem sie die obersten Gesetze der Elektricitätslehre mit einander in innige Verbindung bringt. Wir werden so allmählig in den Stand gesetzt, das ganze weite Gebiet der elektrischen Erscheinungen von einigen wenigen allgemeinen

Standpunkten aus vollständig zu überblicken, und sicher zugleich, weil der eine dem anderen immer zur Kontrole dient. Gestützt auf die vorangegangenen Betrachtungen stehe ich schon nicht mehr an zu behaupten, dass gleiche und entgegengesetzte elektrische Zustände diesseits und jenseits der Berührungsstelle zweier Körper durchaus nicht zum Wesen der zwischen ihnen sich bildenden Spannung gehören, sondern da, wo sie sich zeigen, blos secundäre, aus anderen Umständen abzuleitende Erscheinungen sind, wie ich bereits schon in meiner Schrift ausgesprochen habe. Vielleicht scheint Jemandem das von mir zu Grunde gelegte Leitungsgesetz noch zu prekär, und deshalb auch meine hier ausgesprochene Behauptung noch zu voreilig; diesem zur Beruhigung will ich daher die Bemerkung hinzufügen, dass alle oben aus diesem Gesetze gezogenen Folgerungen noch ihre volle Gültigkeit behalten, wenn man, anstatt die Stärke des Elektricitätsüberganges von einem Elemente zum anderen einfach dem Unterschiede ihrer elektrischen Kräfte proportional zu setzen, jene Stärke als eine beliebige Function von diesem Unterschiede anzusehen für gut halten sollte, mit der Einschränkung jedoch, dass diese Function mit dem Unterschiede zugleich, und nur in diesem Falle, verschwinde. Dass aber die Stärke des Ueberganges als eine solche Function von der Differenz der elektrischen Kräfte angesehen werden müsse, geht schon daraus hervor, weil der reelle Uebergang mit der Differenz der elektrischen Kräfte zugleich, und nur in diesem Falle, verschwindet, vorausgesetzt, dass man, wozu die Natur solcher Betrachtungen zwingt, das für jede mögliche Entfernung gültige Gesetz vor Augen habe.

Jetzt, nachdem sich das Wesen der Spannung mit mehr, wenn nicht mit voller Sicherheit angeben lässt, findet auch ein von Herrn Hofrath Pfaff (Proteus B. I. H. 2. S. 370) angeregter Punkt hinsichtlich der von Luft umgebenen und durch sie afficirten galvanischen Kette, worüber ich bereits in einem Briefe an denselben (Kastner's Archiv B. XIV. H. 4. S. 475 [187]) umständlicher, wiewohl noch immer ohne fest gefasste Meinung mich erklärt habe, seine endliche Erledigung. Der in Rede stehende Punkt betrifft nämlich folgenden Umstand:

Wenn man, nichts weiter als das Leitungsgesetz berücksichtigend, den elektrischen Zustand für eine mit Luft umgebene und dadurch abgeänderte, aber schon in den bleibenden Zustand gekommene galvanische Kette aufsucht, so erhält man den verlangten elektrischen Zustand durch eine Gleichung ausgedrückt, in welcher noch zwei unbestimmte, jedoch konstante Grössen vorkommen, deren Werth in jeder besonderen Aufgabe aus den besonderen Bedingungen, welchen die Elektricitätsverbreitung in diesem Falle unterworfen wird, jedesmal erst zu bestimmen ist. Diese besonderen Bedingungen sprechen sich entweder dadurch aus, dass die elektrische Beschaffenheit einzelner Stellen der Kette, in welcher die Elektricitätsverbreitung vor sich geht, irgend wie bedingt wird, sei es nun durch die Natur einer eintretenden Spannung oder indem man einer Stelle der Kette einen von der Elektricitätsverbreitung unabhängigen Zustand vorschreibt; oder es ergeben sich solche besondere Bedingungen aus dem Umstande, dass man Stellen eines oder mehrerer Körper, die im Allgemeinen aus einander liegend gedacht werden, an einander grenzen lässt, wodurch dann an solchen Stellen ein Elektricitätsübergang sich gestalten wird, auf den die allgemeine Betrachtung noch nicht Rücksicht genommen hat, dessen Hinzutreten aber besondere Beziehungen in der Art des Stromes an solchen Stellen nothwendig machen, wodurch im Allgemeinen jene noch unbestimmten konstanten Grössen eine nähere Bestimmung erhalten.

Es wird zum besseren Verständniss des Folgenden gut sein, wenn ich das eben Gesagte noch durch ein Beispiel erläutere, wozu ich die Art der Elektricitätsverbreitung in einem einzigen, homogenen und prismatischen Körper unter der Voraussetzung wähle, dass von der in diesem Körper vorhandenen oder darin sich erst erzeugenden Elektricität nichts über seine Seitenwände hinaus in das ihn umgebende Mittel gelangen könne. Unter dieser Voraussetzung lässt sich durch blose Anwendung des Leitungsgesetzes nachweisen, dass wenn man durch die Abscisse x die Lage irgend einer Stelle des Körpers und durch u den elektrischen Zustand dieser Stelle bezeichnet und dabei blos den mit der Zeit sich nicht mehr abändernden

Zustand des Körpers vor Augen hat, unter allen Umständen sein müsse $\frac{d^2u}{dx^2} = o$, woraus man auf bekanntem Wege findet $u = fx + g$, wobei f und g völlig willkührliche, jedoch konstante Grössen vorstellen. Um nun entscheiden zu können, welchen Werth man den Grössen f und g beizulegen habe, hat man besondere Umstände zu berücksichtigen, die in der vorigen, ganz allgemein gehaltenen Betrachtung noch nicht zur Sprache gebracht worden sind. Denkt man sich z. B. den prismatischen Körper an seinen beiden Enden für Elektricität verschlossen, so dass auch hier, wie vorhin blos an seinen Seitenwänden bedingt worden ist, Elektricität weder ein- noch ausgehen kann, und erwägt man, dass die Grösse des Stromes, wie ich in meiner Schrift (S. 120 u. 121 [121 u. 122]) dargethan habe, an jeder Stelle der Kette blos von dem dahin gehörigen Werthe $\frac{du}{dx}$ und bestimmt gegebenen Grössen abhängt, so überzeugt man sich leicht, dass unter solchen Umständen $f = o$ und sonach $u = g$ sein müsse, d. h. der elektrische Zustand einer jeden Stelle dieser Kette ist überall derselbe, nämlich gleich g, und der einem speziellen Falle entsprechende Werth von g wäre noch, entweder aus der ursprünglich in dem Körper vorhandenen Elektricitätsmenge, oder aus dem bekannten Endzustande irgend einer seiner Stellen zu bestimmen. Denkt man sich hingegen das eine Ende des prismatischen Körpers ableitend berührt, so dass für diese Stelle unter allen Umständen $u = o$ ist, und denken wir uns, um unseren Vorstellungen eine grössere Bestimmtheit zu geben, den Anfang der Abscissen in dieselbe Stelle gelegt, wo $u = o$ ist, so zeigt sich auf der Stelle, dass unter den obwaltenden Umständen nothwendig $g = o$ sein müsse, und dem zufolge $u = fx$, d. h. in diesem Falle muss die elektrische Beschaffenheit des prismatischen Körpers von dem Ende, wo $u = o$ ist, bis zu seinem anderen Ende stetig und gleichmässig sich abändern; die Stärke dieser Abänderung bleibt unbekannt, so lange f noch nicht bestimmt ist, sie wird aber sogleich erkannt, sowie man die elektrische Beschaffenheit des Körpers an seinem anderen Ende zu Rathe zieht; wäre nämlich sein anderes Ende, wie im vorigen Falle, verschlossen, oder, wie jetzt das erste Ende, mit einer Ableitung versehen, so müsste in beiden Fällen $f = o$ werden, und sonach $u = o$ sein, die gleichmässige Abänderung in dem elektrischen Zustande des Körpers von dem einen Ende zum anderen bestände demnach jetzt darin, dass sich die elektrische Beschaffenheit überall um Nichts ändert, welches Ergebniss dem im vorigen Falle gefundenen gleich kommt, wiewohl aus anderen Gründen; wäre aber dem anderen Ende des prismatischen Leiters ein von aussen zu unterhaltender und fortwährend sich gleich bleibender elektrischer Zustand von der Stärke e vorgeschrieben worden, so müsste in Folge dieser Bedingung an dem anderen Ende $u = e$ und dem gemäss, wenn man die ganze Länge des prismatischen Körpers mit l bezeichnet, $e = fl$ sein, dies giebt $f = \frac{e}{l}$, und nun hat man allgemein $u = \frac{e}{l}x$; die stetige und gleichmässige Abänderung des elektrischen Zustandes im prismatischen Körper ist folglich dahin bestimmt worden, dass sie auf seine ganze Länge l den Werth e beträgt. Denkt man sich endlich, und hierin spricht sich der eigentliche Charakter galvanischer Ketten aus, die Enden des prismatischen Körpers dergestalt mit einander vereinigt, dass von dem einen zum anderen ein ungehinderter Elektricitätsübergang stattfinden kann, so tritt eben wegen dieser bei der Bildung der allgemeinen Gleichung noch gar nicht berücksichtigten Besonderheit der Umstände eine neue Bedingung ein, nämlich die, dass unter Voraussetzung des bleibenden Zustandes der Kette die Grösse des Elektricitätsüberganges zunächst an der neu entstandenen Vereinigungsstelle auf beiden Seiten dieselbe sei. Die an dieser besonderen Stelle geforderte Gleichheit der Stromesgrösse liegt aber schon in dem allgemeinen Charakter solcher Ketten, von welchen hier die Rede ist, weil man aus der ihnen zukommenden Gleichung $u = fx + g$ findet $\frac{du}{dx} = f$, so dass also die von dem Werthe $\frac{du}{dx}$ und übrigens unveränderlichen Grössen abhängige Stromesgrösse hier von x ganz unabhängig, d. h. an allen Orten des prismatischen Körpers dieselbe ist. Aus diesem Grunde ist bei der jetzt betrachteten Kette obige besondere Bedingung, die Stromesgleichheit an der Vereinigungsstelle betreffend, gar nicht weiter zu berücksichtigen, indem sie schon in Folge der allgemeinen Natur solcher Ketten in Erfüllung geht, so lange wenigstens, als man sich die Kette nur aus einem einzigen homogenen Körper gebildet vorstellt. Ja selbst in dem Falle, wo eine Kette der hier gedachten Art aus mehreren heterogenen Theilen gebildet wird, ist immer eine von diesen an den Vereinigungsstellen erforderlichen besonderen Bedingungen eine nothwendige Folge aller übrigen, so dass stets eine von diesen Bedingungen bei der Bestimmung der Konstanten ohne allen Einfluss bleibt. In dieser sehr beachtenswerthen Eigenthümlichkeit solcher galvanischer Ketten, auf welche die Luft keinen fühlbaren Einfluss hat, ist der Grund zu suchen, warum zur Bestimmung der in ihren Gleichungen vorkommenden Konstanten ausser den an jeder Vereinigungsstelle hervortretenden besonderen Eigenthümlichkeiten auch noch die elektrische Beschaffenheit eines beliebigen, im Inneren eines ihrer Theile liegenden Querschnittes zugezogen werden kann; jene besonderen Eigenthümlichkeiten lassen nämlich stets noch eine der Konstanten unbestimmt. Daraus erklärt sich der in meiner Schrift bei solchen Ketten eingehaltene Gang, und eben diese mit solchen Ketten vollkommen verträgliche äussere Einwirkung auf eine ihrer Stellen (so zwar, dass dadurch ihr allgemeines Sein nicht im Mindesten beengt oder zerstört wird) verbreitet über die daran geknüpften Erscheinungen den dabei beobachteten so zauberischen Wechsel derselben: jene willkürliche Gesetzmässigkeit oder gesetzmässige Willkür.

Aber ganz anders verhält sich die Sache, wenn es sich um solche Ketten handelt, auf welche die Luft Einfluss hat. Die einer solchen Kette zukommende Gleichung enthält zwar immer noch zwei willkürliche Konstanten, aber die aus der allgemeinen Gleichung sich ergebende Stromesgrösse ist nicht mehr, wie vorhin, von x unabhängig, und deswegen ist sie an verschiedenen Orten der Kette verschieden, wenn gleich man immer noch blos den bleibenden Zustand der Kette vor Augen behält. Die Bedingung der Gleichheit des Stromes auf beiden Seiten der Vereinigungsstelle darf also hier nicht mehr, wie eben, bei der Bestimmung der Konstanten unberücksichtigt bleiben, vielmehr werden jetzt durch sie und durch die etwa vorhandene Spannung an der Vereinigungsstelle beide Konstanten der Gleichung völlig bestimmt, so dass also bei Ketten dieser Art keine im Inneren eines ihrer Theile liegende Stelle irgend einer besonderen Bedingung mehr unterworfen werden kann. Jede äussere Einwirkung thut sonach einer solchen Kette stets Gewalt an, und zieht nothwendig eine Störung ihres vorigen Charakters nach sich. Hier aber wirft sich gar bald die Frage auf, durch welche Kräfte die Kette einem solchen von aussen auf sie einwirkenden Zwange begegnen werde. Hilft sie sich durch ein Nachlassen oder durch ein Steigern ihrer Spannung, oder wird sie dadurch zu einer veränderten Elektricitätsverbreitung bestimmt? Gestattet sie der äusseren Kraft, die ihr an einer ihrer Stellen eine elektrische Beschaffenheit von bestimmter Stärke gegen ihren Willen aufbürden will, diese Absicht ganz oder nur zum Theile zu erreichen? Lauter Fragen, die ich mir zur Zeit, als ich die galvanische Kette niederschrieb, nicht mit Zuverlässigkeit zu entscheiden getraute, weswegen ich mir vorgenommen hatte, darüber erst die Erfahrung selbst um Rath zu fragen; in meiner Schrift aber habe ich an dieser Stelle den natürlichen Gang der Untersuchung geradezu verlassen, und einstweilen eine blos willkürliche, von physikalischer Bedeutung fast ganz entblöste Bestimmung der Konstanten vorgenommen, die meinen fähigen und aufmerksamen Recensenten zu der Aeusserung am angeführten Orte veranlasst hat, dass es ihm scheine, als ob die Fundamentalgleichung $\varkappa\omega du = \varkappa'\omega' du'$, d. h. die Gleichheit des Stromes auf beiden Seiten Berücksichtigung erheische. Diese Bemerkung hat ohne Zweifel ihre volle Richtigkeit, und obgleich ich seitdem noch nicht im Reiche dahin gekommen bin, wo die Erfahrung aufzufinden wäre, so glaube ich jetzt doch auch ohne sie in den Stand gesetzt zu sein, die wahre und naturgemässe Behandlung jener Aufgabe (galv. Kette S. 165—170 [145—147]) angeben zu können. Nachdem sich nämlich im Verlaufe obiger Betrachtungen der unveränderliche und feste Charakter der Spannung siegreich behauptet hat, und da die Annahme einer Ungleichheit des Stromes auf beiden Seiten der Vereinigungsstelle (vorausgesetzt, dass man zur

Grösse des Elektricitätsüberganges nicht blos den Theil Elektricität rechnet, der in den nächsten Querschnitt, sondern auch den, der in die Luft übergeht) zu völlig unhaltbaren Folgerungen führt; da ferner die physische Möglichkeit eines von aussen bedingten elektrischen Zustandes irgend einer Stelle der Kette eben so wenig in Zweifel gezogen werden kann, so bleibt schliesslich für die Behandlung des bleibenden Zustandes einer von ihrer Umgebung afficirten Kette nur noch ein einziger Weg offen. Ist nämlich diese Kette sich selber überlassen, so hat man die noch willkürlichen Konstanten der allgemeinen Gleichung aus der Angabe der Spannung und aus der Gleichheit des Stromes auf beiden Seiten der Vereinigungsstelle zu bestimmen. Wird aber irgend eine Stelle dieser Kette durch eine äussere Veranlassung fortwährend in einem elektrischen Zustande von bestimmter Stärke erhalten, so hat man für jeden der beiden Theile, die von dieser Stelle bis zur Vereinigungsstelle der beiden Enden reichen, eine gesonderte allgemeine Gleichung aufzustellen, und die in beiden Gleichungen erscheinenden vier Konstanten folgenden vier Bedingungen gemäss zu bestimmen:

1) Die elektrische Beschaffenheit des einen Theiles muss da, wo er in die durch Zwang in einem gegebenen elektrischen Zustande erhaltene Stelle übergeht, die dort von aussen geforderte sein.
2) Die elektrische Beschaffenheit des anderen Theiles muss da, wo er in dieselbe Stelle übergeht, ebenfalls die dort äusserlich bedingte sein.
3) Die Differenz der elektrischen Kräfte in beiden Theilen zunächst an der Vereinigungsstelle muss der dort befindlichen Spannung gleich sein.
4) Der elektrische Strom in beiden Theilen zunächst an ihrer Vereinigungsstelle muss gleich gross sein.

Die hier vorgeschriebene Behandlungsweise will im Grunde nichts anderes sagen, als dass in einer von aussen angegriffenen Kette der Art die beiden diesseits und jenseits der angegriffenen Stelle liegenden Theile der Kette, welche einem und demselben Körper angehören, als für sich bestehende Ganze aufgefasst werden sollen, die blos durch die an ihren gemeinschaftlichen Grenzen auftretenden gemeinsamen Bestimmungen in eine gerade nur dadurch bewirkte Abhängigkeit zu einander gekommen sind. Dieses Ergebniss hat an sich nichts Auffallendes, da es mit dem in ähnlichen Fällen üblichen Verfahren vollkommen übereinstimmt, aber es wird wegen des Gegensatzes sehr beachtenswerth, in dem es mit dem an der zuvor betrachteten Kette gefundenen steht, weil sich in diesem Gegensatze ein charakteristisches Unterscheidungszeichen beider Ketten von einander ausspricht.

Es wäre vielleicht hier der Ort noch, einige Andeutungen über das Verhältniss obiger Betrachtungen zu verwandten Vorstellungsweisen hinzuzufügen, und insbesondere die innige Verkettung derselben mit der von Ampère uns gewordenen höchst sinnreichen Hypothese über die Einleitung und den Fortgang der galvanischen Wirkung nachzuweisen. Da ich mir es aber, durch junge Philosophien gewitzigt, zur Pflicht gemacht habe, die Schwelle der Erfahrung nicht eher zu überschreiten, bis ich alle Anstalten zu einem sicheren Rückzuge über diese Brücke, falls der Kampf mit überirdischen Mächten, wie zu fürchten steht und ziemt, schlimm enden sollte, getroffen haben werde, so sehe ich mich zur Zeit noch veranlasst, von einem solchen Unternehmen abzustehen, und kann daher die Gesetze der Leitung und Spannung einstweilen für nichts weiter ausgeben, als für den einfachen Ausdruck dessen, was an der Grenze unserer Wahrnehmung sich zeigt, ohne dadurch der Art, wie dieses Etwas durch das Walten der Geister jenseits der Schranken dorthin gestellt worden ist, irgendwie vorgreifen zu wollen.

Ergänzender Nachtrag zu dem in diesem Archive (Bd. 17, p. 1—25) erschienenen Aufsatz.

Kastner's Archiv, Bd. **17**, p. 452—461. 1829.

In diesem Aufsatze, der den inneren Zusammenhang zwischen dem Gesetze der Elektricitätsverbreitung, dem der Spannung, und jener das Wesen der Körper konstituirenden Besonderheit, die wir ihre elektrochemische Differenz zu nennen pflegen, darzulegen beabsichtigt, habe ich (S. 1—4 [290—292]) eine Formel aufgestellt, wodurch der Elektricitätsübergang von einem Körperelemente zu dem anderen, seiner Art und Stärke nach und in solcher Allgemeinheit festgesetzt wird, dass ein und derselbe Ausdruck auf Körperelemente von verschiedenem Stoffe noch eben so gut anwendbar bleibt, als er es auf Elemente von derselben Art ist. Diese Formel ist dort im Sinne eines Postulats hingestellt worden, aus dem alles Uebrige daselbst (S. 4—25 [292—307]) Gesagte mit Nothwendigkeit sich folgern lässt. Jetzt hingegen will ich mich bemühen, veranlasst durch einen weiter unten näher besprochenen Umstand, eine Zergliederung jener Formel in ihre entfernteren physikalischen Bestandtheile zu unternehmen, wobei ich der von Ampère uns gewordenen Vorstellungsweise über die Entstehung und Fortbildung der galvanischen Wirkung Schritt vor Schritt nachzugehen getrieben werde.

Denken wir uns zu diesem Ende einen materiellen, homogenen Körper, dessen kleinste Theilchen (Atome, Molecules) seine chemische Natur bestimmen, und legen wir in die Natur dieser kleinsten Theilchen eine Kraft, vermöge welcher die Atome auf die in ihrer Nähe gerade vorhandenen entgegengesetzten Elektricitäten anziehend und abstossend zu wirken im Stande sind; nennen wir ferner die Stärke dieser in die Atome unabänderlich eingepflanzten Kraft den elektrischen Werth des Körpers, so folgt, dass die kleinsten Theilchen eines Körpers, dessen elektrischer Werth nicht null ist, oder, mit anderen Worten, der nicht völlig indifferent für Elektricität ist, ununterbrochen dahin streben werden, die eine Elektricität in ihre Nähe hinzuziehen, die andere dagegen aus ihrer Nähe zu entfernen. Sind nun die Atome mit der Eigenschaft begabt, nichts Aeusseres in sich aufzunehmen, und darum auch die Elektricität auf keine Weise in ihr Inneres gelangen zu lassen, so wird die in die Nähe der kleinsten Theilchen hingezogene Elektricität eine Hülle um dieselben bilden, und das Geschäft dieser Hüllenbildung wird sich so lange fortsetzen, bis dadurch das elektrische Gleichgewicht wieder hergestellt worden ist.

Wir wollen uns zunächst, der grösseren Deutlichkeit halber, das den Körper umgebende Mittel als völlig wirkungslos vorstellen, so zwar, dass wenn irgendwo in diesem Mittel durch Mittheilung oder Vertheilung eine elektrische Thätigkeit geweckt werden sollte, diese, in so weit nicht der Körper selbst sie in sich aufnimmt, fortwährend immer sogleich wieder durch andere in dem Mittel angebrachte Ableitungen weggeführt wird. Unter der gemachten Voraussetzung ist leicht einzusehen, dass die Einwirkung des Körpers auf das ihn umgebende Mittel nicht eher entkräftet sein wird, bis die Summe aller Wirkungen, welche von den die Atome umschliessenden Hüllen ausgehen, gleich und entgegengesetzt ist. Diesen Zustand des Körpers nun, in welchem eine jede elektrische Aeusserung desselben auf seine Umgebung gänzlich aufgehoben ist, indem sich die ursprüngliche, seine chemische Natur ausmachende, elektrische Einseitigkeit des Körpers an den um seine kleinsten Theilchen gelagerten elektrischen Hüllen bereits schon abgestumpft hat, wollen wir seinen natürlichen Zustand nennen, weil es derjenige ist, in welchem uns der Körper am gewöhnlichsten erscheint. Aus dem bisherigen Gange unserer Darstellung geht aber jetzt von selbst hervor, dass jeder Körper nur in dem Maasse äusserlich eine elektrische Wirkung auszuüben vermag, als sein jedesmaliger Zustand sich von dem natürlichen entfernt hält; er kann begreiflich nur in sofern nach aussen wirken, als die seine Theilchen umlagernde Elektricität stärker oder schwächer wirkt als jene, wobei die aus den Atomen hervorgehende Wirkung der den Hüllen entströmenden Gegenwirkung gerade gleich ist. Dieses Mehr oder Minder von Elektricität, welches allein Gegenstand unserer sinnlichen Wahrnehmung sein kann, werden wir von jetzt an immer freie Elektricität nennen, und gebundene Elektricität diejenige, welche zur Bildung des natürlichen Zustandes in den die Atome umschliessenden Hüllen gefordert wird. Die gebundene Elektricität ist folglich an Intensität dem elektrischen Werthe des Körpers gleich, der Art der Wirkung nach aber gerade entgegengesetzt; und die gebundene Elektricität gehört offenbar so gut wie der elektrische Werth zum Wesen des Körpers in seinem natürlichen Zustande sowohl, als auch im Allgemeinen, weil jede Abweichung von dem natürlichen Zustande stets nur durch die freie Elektricität angezeigt wird.

Die gebundene Elektricität verbürgt uns in den meisten Fällen das polare Verhalten der Körper zu einander, indem sie unserer unmittelbaren Wahrnehmung den elektrischen Werth der Körper entzieht; sie beschränkt im Allgemeinen die chemische Einwirkung der Körper auf einander, ja sie würde der spezifischen Thätigkeit der Stoffe gänzliche Vernichtung drohen, wenn nicht in der Art und Weise ihres Zusammenseins mit den Atomen zugleich das Mittel gegeben wäre, eine durch das All fortlaufende Gleichförmigkeit zu verhindern und unmöglich zu machen. Das Mittel aber, dessen sich die Natur bedient, um den endlichen Untergang aller Thätigkeit von sich abzuhalten, scheint in nichts Anderem zu bestehen, als eben darin, dass sie die Gegensätze nicht in einander, sondern blos an einander wirksam sein lässt. In einander wirkende Gegensätze zehren sich selber auf, ihr Produkt ist der leibhafte Tod; denn man kann sich wohl eine absolute, gegenseitige Durchdringung zweier entgegengesetzt Wirksamen A und B zu einem Produkte C denken, aber es lässt sich durchaus nicht einsehen, durch welchen Akt, es sei denn durch das Werde, aus dem Produkte C rückwärts wieder die in ihm nirgends und auf keine Weise mehr für sich existirenden Bestandtheile A und B einzeln hervorgerufen werden sollen. In dem besonderen Falle, der uns gegenwärtig beschäftigt, wird der chemische Tod, womit die Atome durch die sich ihnen nähernde gebundene Elektricität bedroht werden, dadurch von ihnen abgehalten, dass die kleinsten Theilchen ein Eindringen der Elektricität in ihr Inneres nicht gestatten. Widerständen die Atome nicht einem Eindringen der Elektricität in den Raum, welchen sie erfüllt haben; wäre die Elektricität fähig, die kleinsten Theilchen der Körper wieder wie grössere Massen ohne Aufhören im vollsten Sinne des Wortes zu durchdringen, so würde dadurch nothwendig der elektrische Werth der Körper geändert, und als Folge dieser Aenderungen müsste zuletzt jede Differenz der Körper zu Grunde gehen; es entstände eine allgemeine Kraftlosigkeit oder doch wenigstens, was aber auf dasselbe hinaus läuft, eine allgemeine Kraftgleichheit. Wenn aber, wie wir anzunehmen uns bewogen sahen, die gebundene Elektricität die kleinsten Theilchen der Körper blos umhüllt, ohne in sie einzudringen, so ist damit zugleich auch die unter Umständen erfolgende Wiederbelebung der, durch die gebundene Elektricität in einen Scheintod gehüllten Atome gegeben, wie sogleich umständlicher entwickelt werden wird; die Atome werden durch eine solche Anordnung zwar befriedigt, indem ihrem Wesen durch die sie umhüllende Elektricität fortwährende Beschäftigung gereicht wird, aber dadurch wird keineswegs ihr Untergang herbeigeführt.

Um das Wiedererwachen der Atome zu ihrer ursprünglichen Thätigkeit recht deutlich beschauen zu können, wollen wir uns zwei in ihrem natürlichen Zustande befindliche Atome von verschiedenem elektrischen Werthe vorstellen. In diesem Zustande ist jedes der beiden Atome mit einer elektrischen Hülle umgeben, und die Elektricität ist in beiden Hüllen von verschiedener Stärke, deswegen, weil wir in beiden Atomen einen verschiedenen elektrischen Werth vorausgesetzt haben. So lange nun beide Atome, sammt ihren Hüllen vollständig aus einander gehalten werden, so lange werden sie auch völlig wirkungslos auf einander sein, weil überall Wirkung und Gegenwirkung sich einander das Gleichgewicht halten; sowie aber die Hüllen beider Atome in einander greifen (für welchen Umstand unsere Sinne kein anderes Maass als das der Berührung besitzen), in demselben Augenblicke wird an den Stellen, wo die von ungleicher Beschaffenheit seienden Hüllen an einander grenzen und sich gegenseitig zu verdrängen streben, eine Ausgleichung der verschiedenen Beschaffenheit dieser Hüllen sich einleiten, und in dem Maasse als diese Ausgleichung weiter fortschreitet, wird auch die ursprüngliche Differenz der Atome wieder hervortreten, weil ihre Ungleichheit jetzt nicht mehr durch die entgegengesetzte Ungleichheit ihrer Hüllen verdeckt wird. Man sieht, wie auf solche Weise blos an den gegenseitigen Berührungsstellen zweier Körper die Möglichkeit einer chemischen Wechselwirkung zwischen ihnen gegeben ist, die sich dann unter den dazu erforderlichen Umständen von selbst in's Innere der Körper nach und nach fortpflanzen kann. Ohne aber die chemischen Erscheinungen hier weiter verfolgen zu wollen, wenden wir vielmehr unsere ganze Aufmerksamkeit wieder der zwischen den differenten Hüllen begonnenen Ausgleichung zu, die den eigentlichen Gegenstand unserer jetzigen Bemühung ausmacht.

Zuvörderst unterliegt es nun wohl keinem Zweifel, dass das Gesetz, nach welchem sich diese Ausgleichung richtet, von der Besonderheit der Atome gänzlich unabhängig ist; denn an den Stellen, wo die beiden sich einander verdrängenden Hüllen unmittelbar an einander grenzen, geschieht das Geschäft der Ausgleichung mit solcher Kraft, dass es durch keine, von entfernteren Punkten ausgehende, und deshalb unvergleichlich schwächer geschehende Einwirkungen gestört werden kann, und überdies muss sich der an diesen Stellen eingetretene Erfolg auf eine und dieselbe Weise über alle übrigen Stellen beider Hüllen ausdehnen. Ist aber dem so, so sind wir befugt, die zwischen diesen Hüllen stattfindende Ausgleichung d. h. den Elektricitätsübergang von der einen zur anderen, demselben Gesetze zu unterwerfen, welches in der „galvanischen Kette“ für die Verbreitung der freien Elektricität im Umfange eines und desselben homogenen Körpers aufgestellt und in dem angeführten Aufsatze (S. 2 [291]) unter der mit (I) bezeichneten Formel angezeigt worden ist. Bezeichnen wir demnach jetzt durch U und U' die Intensitäten der in beiden Hüllen von zwei der Art nach von einander verschiedenen Körpertheilchen vorhandenen Elektricität, durch k das zwischen beiden Elementen herrschende Leitungsvermögen, und durch s die mittlere Entfernung beider Elemente von einander, so wird die in dem Zeittheilchen dt von dem einen Elemente zum anderen übergeführte Elektricitätsmenge ausgedrückt durch:

$$\frac{k\,(U - U')\,dt}{s}$$

Man gelangt also auf solche Weise augenblicklich zu der in dem Aufsatze (S. 4 [292]) mit (II) bezeichneten Formel, wobei nur noch zu erwägen bleibt, dass die Intensitäten U, U' der Elektricität, wovon die Atome im Allgemeinen umhüllt werden, als aus zwei von einander wohl zu unterscheidenden Antheilen zusammengesetzt, angesehen werden müssen; der eine dieser Antheile hat die, einer jeden Hülle eigenthümlich zukommenden, gebundenen Elektricitäten, welche v und v' heissen mögen, auszudrücken, der andere dagegen die noch ausserdem in jeder Hülle etwa vorhandenen freien Elektricitäten, welche u und u' heissen sollen, so dass man noch hat

$$U = u + v \text{ und } U' = u' + v'.$$

Nach dieser sorgfältigen Zergliederung der Formel (II), auf welche sich der ganze Inhalt jenes Aufsatzes stützt, in ihre einfachen, physikalischen Momente gehe ich zu der vollständigen Erklärung einer dort vorkommenden Stelle über, deren undeutliche Abfassung Manchen zu einer falschen Auslegung derselben verleiten könnte. Es steht die hier angeregte Stelle in dem Aufsatze (S. 11 [297] zu Ende) und lautet wörtlich so: „Nebenbei spricht sich in der gefundenen Gleichung $u'_m - u_m = v - v'$ noch die besondere Eigenthümlichkeit aus, dass auf der Seite, wo während der Berührung die dadurch erregte Elektricität sich positiver zeigt, der seinem Wesen nach negativere Körper zu suchen sei, und umgekehrt." — Zwar scheint dieser Satz mit den elektrochemischen Ansichten, wie sie aus Versuchen entnommen worden sind, in direktem Widerspruche zu stehen; geht man indessen auf die Gleichung $U'_m - U_m = v - v'$ wieder zurück, aus welcher er gebildet worden ist, so wird man sich ohne alle Mühe überzeugen können, dass diese Gleichung im Grunde blos sagt: dass auf der Seite der Berührungsstelle, wo die freie Elektricität sich dem Grade nach positiver zeigt, diejenige gebundene Elektricität zu suchen sei, welche dem Grade nach die negativere ist, und umgekehrt. Man ersieht hieraus, dass die angezogene Stelle des Aufsatzes nur unter der Bedingung das ausdrückt, wozu sie durch die ihr zu Grunde liegende Gleichung berechtigt wird, wenn man zuvor darin überein gekommen ist, denjenigen Körper den positiveren zu nennen, dessen gebundene Elektricität die dem Grade nach positivere ist. Nun ist aber, in Folge der in diesem Nachtrage mitgetheilten weiteren Entwickelung der Begriffe, die einem Körper angehörige gebundene Elektricität seinem elektrischen Werthe stets gleich und entgegengesetzt, woraus folgt, dass derjenige Körper, in welchem die positivere gebundene *Elektricität* getroffen wird, eben deshalb den negativeren elektrischen Werth besitzt, und umgekehrt, so dass sich obige Gleichung auch so aussprechen lässt: Auf der Seite der Berührungsstelle, auf welcher die dem Grade nach positivere freie Elektricität sich zeigt, ist auch derjenige Körper zu suchen, der einen positiveren elektrischen Werth hat. Es ist aber dem herkömmlichen Sprachgebrauche angemessener, denjenigen Körper den positiveren zu nennen, dessen elektrischer Werth der positivere, dessen gebundene Elektricität mithin die negativere ist; darum wird die angezogene Stelle, dem schon herrschend gewordenen Sprachgebrauche gemäss, gerade umgekehrt, nämlich so lauten müssen: „Auf der Seite, wo während der Berührung die dadurch erregte freie Elektricität sich positiver zeigt, ist zugleich der seinem Wesen nach positivere Körper zu suchen, und umgekehrt.“

Man überzeugt sich so leicht, dass ein und derselbe Gedanke sich in einer gerade entgegengesetzten Form zu erkennen giebt, je nachdem man das dem Körper beizulegende Prädikat von seiner gebundenen Elektricität, oder von seinem elektrischen Werthe entlehnt, weil beide einander gerade entgegengesetzt sind, obgleich jedes für sich fähig ist, die Natur des Körpers auf das Bestimmteste zu bezeichnen. Ich liess damals der Benennung des Körpers nach der dort zunächst liegenden gebundenen Elektricität ohne weitere Prüfung ihren freien Lauf, und ahnte nicht, dass ich dadurch bald gegen meinen Willen gezwungen werden würde, in ein Gebiet zu streifen, das von der Erfahrung entlegener ist, als sich mit meinen jetzigen Arbeiten und Absichten noch gut vertragen will. Lediglich um ein Missverständniss zu verhüten, wozu die dort nicht scharf genug bestimmte Stelle hätte Anlass geben können, konnte ich mich zu diesem Nachtrage entschliessen.

XII.

Gehorcht die hydroelektrische Kette den von der Theorie ihr vorgeschriebenen Gesetzen, oder nicht?

Frage und Antwort.*)

Schweigger's Journ., Bd. 58, p. 393—429. 1830.

In der Schrift, worin ich meine mathemathische Begründung der galvanischen Erscheinungen versucht habe, fängt der Anhang mit folgenden Worten an: „In vorliegender Abhandlung haben wir stets vorausgesetzt, dass die Körper,

---

*) Diese Abhandlung ist zunächst für die Besitzer der neuesten Ausgabe von Biot's Experimental-Physik, bearbeitet von Fechner, geschrieben und namentlich als Anhang zu den letzten Blättern des 3. Bandes zu betrachten, der auch mit dem besonderen Titel erschien: *Lehrbuch des Galvanismus und der Elektrochemie* (Leipzig, 1829). Fechner war, was bisher noch in keinem physikalischen Lehrbuch auch nur versucht werden konnte, besonders bemüht, die Lehre von der galvanischen Kette vermittelst der durch den Multiplikator gebotenen Hülfeleistung messend zu bearbeiten, und äussert sich darüber in der Vorrede in der Art (S. X):

„In Darstellung der Umstände, von welchen die quantitativen Verhältnisse der Wirksamkeit galvanischer Ketten abhängen, bin ich nicht sowohl der Ohm'schen Theorie gefolgt, als ich *durch Erfahrungen nachgewiesen habe, dass ihre wesentlichsten Folgerungen sich in der Wirklichkeit bestätigen.* Ich habe mich wohl gehütet, irgend eine Folgerung dieser Theorie — von der ich mich übrigens nicht scheue, zu behaupten, *dass durch sie erst Sinn in die Wirkungsverhältnisse der galvanischen Kette gekommen ist* — über diese Grenzen auszudehnen. Diese Darstellungsweise glaubte

welche von dem elektrischen Sturm ergriffen werden, in ihm unausgesetzt dieselben bleiben; nun aber wollen wir auf die Einwirkung des Stromes in die ihm unterworfenen Körper, und die daraus möglicherweise hervorgehenden Aenderungen in ihrer chemischen Beschaffenheit, so wie auf die durch Rückwirkung veranlassten Aenderungen des Stromes selbst Rücksicht nehmen*).“ Mit diesen einfachen Worten habe ich die in mir, durch eine Unzahl von Versuchen, bis zur Unerschütterlichkeit bestärkte Ueberzeugung ausgesprochen, dass alle in der vorangegangenen Abhandlung entwickelten Formeln strenge so lange, aber auch nur so lange, wahr bleiben, als die Kette wie ein unveränderliches, mit sich selbst noch nicht in Zwiespalt gerathenes Ganze anzusehen ist. Der so (auch im ganzen Laufe der Abhandlung fortwährend) bedingte Zustand erhält sich in der thermoëlektrischen Kette, wenn die Art ihrer Erregung unausgesetzt dieselbe bleibt, durch alle Zeit hindurch; an ihr werden daher alle dortigen Formeln *unter allen Umständen und ohne alle Ausnahme* mit den Beobachtungen um so vollkommener übereinstimmen, je schärfer der Beobachter in jedem besonderen Falle seine Beobachtungsmittel zu wählen für gut finden wird. Gerade hierin spricht sich aber der Unterschied aus, welcher stattfindet zwischen dem erschöpfenden, mathematischen Ausdruck und einer blosen Näherungsformel — zwischen der im Geiste wiedergeborenen Erscheinung und einem arithmetischen Nothbehelf.

Diese der thermoelektrischen Kette eigenthümliche Beharrlichkeit in der Erscheinung ist hingegen bei der hydro-

---

ich dem Charakter dieses Werkes, jene Anerkennung glaubte ich dem Verdienste des Urhebers jener Verknüpfung schuldig zu sein.“

Uebrigens wird Fechner die ganze Reihe seiner messenden Versuche in einer besonderen Schrift zusammenzufassen, die den Titel *Maassbestimmungen über die galvanische Kette* führen wird.

So wird also die Ohm'sche Theorie, mit welcher unsere Leser aus der Abhandlung im Jahrb. der Chem. u. Phys. 1829 (I. 1—74 [201—251]) vertraut geworden sind, schon durch jenes allgemein verbreitete Lehrbuch der Physik hinreichend bekannt werden, ob einige gleich sie ignoriren zu können glaubten.

D. H. [Fr. W. Schweigger-Seidel.]

*) Die *galvanische Kette* u. s. w. (Berlin bei Riemann 1827. 8.) S. 203 [164].

elektrischen Kette fast gänzlich verschwunden; in dieser treten, unmittelbar nach ihrem Entstehen, beinahe die ganze Zeit ihres Bestehens hindurch, Veränderungen ein, welche sie in jedem neuen Augenblick immer wieder zu einer anderen machen. Auf die hydroelektrische Kette können daher die dortigen Formeln nur unter der Voraussetzung ihre Anwendung finden, dass man aus dem bunten Gewühl ihrer Anzeigen immer nur solche zusammenstellt, die einem und demselben von ihren unendlich vielen Zuständen angehören, und nur solche mit jenen Formeln zu vergleichen unternimmt. Da nun die Veränderlichkeit der hydroelektrischen Kette zunächst zwar, wie wir wissen, blos innerhalb der, einer Zersetzung fähigen, Flüssigkeit beginnt, später aber auch noch erhebliche Modifikationen in den an die Flüssigkeit angrenzenden festen Theilen der Kette zur Folge hat, die sich, laut der Erfahrung, sogar noch in beträchtlicher Entfernung von dieser Grenze in fühlbarer Stärke zeigen können: so hält es schwer, solche Vorkehrungen zu treffen, durch die man immer nur den einen festzuhaltenden Zustand der hydroelektrischen Kette völlig in seine Gewalt bekommt — und diese Schwierigkeit wird dadurch noch beträchtlich grösser, dass die in der hydroelektrischen Kette vor sich gehenden Veränderungen, wie die Erfahrung gelehrt hat, übrigens so schwache, in die Sinne fallende, Charaktere an sich tragen, dass eben nur durch diese Aenderungen des Stromes selber Unterschiede in dem Sein eines Körpers, und zwar in grosser Stärke, sich nachweisen lassen, die bis jetzt noch für alle übrigen Reagentien der Physik und Chemie so gut wie nicht vorhanden sind. Beobachtungen aber, deren Angaben nicht mit dem vollen Bewusstsein, sich dieses einen Zustandes bemächtigt zu haben, erhalten worden sind, müssen mit aller nur erdenklichen Vorsicht gehandhabt werden; denn jeder, der es wagt, aus solchen Resultaten Folgerungen zu ziehen, die jenen einen unveränderten Zustand der Kette ausdrücklich oder stillschweigend voraussetzen, läuft Gefahr in Irrthum zu verfallen, und nicht selten, in die schroffsten Widersprüche sich zu verwickeln. Schon das blose Gefühl sagt jedem, ohne dass ich nöthig hätte, mich hierüber umständlicher auszusprechen, welche kleinliche Vorsichtsmassregeln einzuhalten sein werden, wenn die Beobachtung in der Bestimmung des einen, gleichsam unter der Hand verschwindenden, Zustandes der Kette sicher gehen will; und die geringe Uebereinstimmung aller auf die hydroelektrische Kette sich beziehenden Messbestimmungen unter sich*), wenn nicht gerade die besonderen

---

*) Diese Nichtübereinstimmung war vor nicht sehr vielen Jahren noch so gross, und kam so oft, dass mehr als ein Naturforscher zu der verzweifelnden Aeusserung getrieben worden ist, die galvanische Kette sei einer jeden quantitativen, das heisst doch wohl, einer jeden nicht in Bausch und Bogen gemachten, Bestimmung unfähig. Selbst noch heute zwingt sie einen Mann, der ihren Quellen mehr als irgend ein anderer nachgespürt hat, zu den Worten (neueste Uebersetzung von Biot's Physik B. 3. Note zu S. 316 und 317): „Ich erinnere dies besonders deshalb, weil die Art, wie die Kraft des Erglühens mit der erregenden Oberfläche nach den meisten Beobachtern zunimmt, so gar sehr von den Aussagen der Theorie nach obiger Darstellung abweicht, dass man kaum glauben sollte, es könne eine auf mangelnder Vergleichbarkeit beruhende Ungenauigkeit der Versuche hieran Schuld sein.“ Diesen Worten erlaube ich mir die Erinnerung entgegen zu stellen, dass die Theorie in einem Punkte mit jenen Beobachtungen vollkommen zusammenstimmt, darin nämlich, dass auf dem früher betretenen Wege durchaus keine Uebereinstimmung zu erzielen war; in allen übrigen Punkten ist aber eine Uebereinstimmung der Theorie mit den Versuchen auch nicht einmal denkbar, weil in den Beobachtungen selber keine aufgefunden werden kann. Meine Gegenerinnerung hat auch nicht auf die entfernteste Weise eine Missbilligung der Bedenklichkeiten zur Absicht, wozu ein der That nach so gründlicher Naturforscher allerdings vollkommen berechtigt war; sie soll blos den Muth dessen, der die Mittel dazu in den Händen hat, zu Versuchen anfrischen, damit ich nicht genöthigt werde, mit gleichsam mikroskopischen und des Gegenstandes völlig unwerthen Versuchen, wie sie mir nun einmal nur gestattet sind, hervorzutreten. Zum Ueberflusse will ich daher in Beziehung auf die in derselben Anmerkung von Fechner angedeutete Erklärungsweise des Erglühens hinzufügen, dass die Theorie in der That das Erglühen nicht sowohl von der *strömenden*, als von der *sich anhäufenden* Elektricität abhängig macht, wovon man sich leicht durch die Betrachtung überzeugen kann, dass, da die Grösse des Stromes S in dem zu erglühenden Theile durch die Gleichung

$$S = \varkappa\omega \frac{du}{dx}$$

gegeben wird, wo $\varkappa$ das Leitungsvermögen dieses Theils, ω seinen Querschnitt und $\frac{du}{dx}$ die Stärke der Aenderungen in der elektroskopischen Kraft von der betrachteten Stelle zur nächsten bezeichnet, und man, um daraus die Intensität des Stromes zu finden, erst mit ω, und dann, zur Bestimmung der

Umstände des Versuches eine Veränderlichkeit der Kette von nur sehr geringem Umfange nach sich zogen, findet in jenem einen Umstand allein ihren hinreichenden Erklärungsgrund. Ich hatte im Laufe meiner Versuche Gelegenheit, ein Mittel zu entdecken, wodurch es mir möglich wurde, jeden der verschiedenen Zustände der hydroelektrischen Kette für sich zu untersuchen, und die von mir in einem Aufsatze über die Wirkungsweise des Multiplikators (im Jahrb. d. Ch. u. Ph. 1829. I. 1 [201] fg.) eingehaltene Beobachtungsmethode ist nichts weiter als die Ausbildung des allgemeinen Mittels in einem besonderen Falle, wobei es eine leichtere und ausgedehntere Form annimmt. Auch habe ich es nicht versäumt, die Zulässigkeit meiner Formeln in den einzelnen Zuständen der hydroelektrischen Kette, und namentlich in dem vor allen anderen ausgezeichneten, welcher im ersten Momente der Schliessung stattfindet, wiederholt zu prüfen, wobei sich mir die Allgemeingültigkeit derselben in jedem besonderen Falle immer wieder auf's Neue bewährte.

Fechner aber, dem die Elektricitätslehre schon so manche wichtige Bereicherung, und meine Theorie eine Menge prüfender Versuche verdankt, hat kürzlich nicht nur das Mittel angezeigt, wodurch die Stärke des Stromes im ersten Augenblicke der Wirkung ungleich leichter, als bei dem von mir gebrauchten,

---

eigentlichen Glühkraft, noch mit $\varkappa$, oder dem nah verwandten Glüh-Koeffizienten dividiren muss, diese Glühkraft offenbar lediglich von dem einen Factor $\frac{du}{dx}$, d. h. von der Grösse der Aenderung in der elektroskopischen Kraft an der in diesem Bezug untersuchten Stelle, abhängig gemacht werde. Es ist überhaupt nicht uninteressant zu bemerken, dass, so wie die elektroskopische Kraft irgend eines Querschnittes der Kette durch u gegeben worden ist, seine leuchtende Kraft durch $\frac{du}{dx}$, sein Wärmeinhalt durch $\omega\,\frac{du}{dx}$, seine chemische Erregung durch $\varkappa\,\frac{du}{dx}$ und sein magnetisches Vermögen durch $\varkappa\omega\,\frac{du}{dx}$, nach allen bis jetzt durch die Erfahrung erhaltenen Andeudeutungen, vorgestellt werden müsse. Es reihen sich an diese Unterschiede Betrachtungen an, welche unsere Augen mit unwiderstehlicher Gewalt nach einem Ziele hinlenken, das sie freilich bis jetzt immer nur noch wie im Nebel zu erblicken im Stande sind.

mit grosser Genauigkeit sich messen lässt, sondern er hat mit ihm zugleich auch die Beobachtungen geliefert, welche ganz dazu geeignet sind, die Frage zu entscheiden, ob die hydroelektrische Kette im ersten Augenblick ihrer Wirkung den von der Theorie ihr vorgeschriebenen Gesetzen gehorche, oder nicht. Da die Erledigung der Frage, um welche es sich hier handelt, für die endliche Feststellung der Grundansicht über die Natur der galvanischen Kette von der äussersten Wichtigkeit, und darum sehr zu wünschen ist, dass über dieser Stelle auch nicht das mindeste Dunkel liegen bleibe, so glaube ich keinen Vorwurf zu verdienen, wenn ich diesen Gegenstand mit einer Ausführlichkeit behandle, die sonst eben nicht meine Sache ist, die ich aber da, wo es gilt, nicht scheuen werde.

Die Versuche, welche ich jetzt für die Theorie in Anspruch nehmen werde, befinden sich im *dritten* Bande der neuesten Uebersetzung von Biot's Physik (S. 555—557); sie haben doppeltes Gewicht, nicht nur weil sie von einem Beobachter herrühren, der in ihnen eine Abweichung von der Theorie erkennen zu müssen glaubte, und dadurch allein schon hinlänglich die zum wahren Experimentator unumgänglich nöthige Gleichgültigkeit gegen jede individuelle Ansicht beurkundet, da es ihm doch bei einigem Bestreben auf keinen Fall hätte schwer fallen können, dieselben Resultate mit einer Genauigkeit, an die man in diesem Felde der Physik eben nicht sehr gewohnt war, der Theorie anzupassen, sondern insbesondere auch deshalb, weil sie durch ein Verfahren erhalten worden sind, das mit dem von mir gebrauchten, an welchem die Theorie emporgewachsen ist, nichts gemein hat, als die Magnetnadel. Alle diese Umstände sind zwar einer sehr grossen Uebereinstimmung der Versuche mit der Theorie nicht sehr günstig; gleichwohl — ich will den Leser jetzt schon darauf aufmerksam machen, damit er mich strenge zu bewachen nicht versäume — habe ich es mir zur Pflicht gemacht, nicht nur jede Drehung und Wendung bei der Applikation der Formel auf die Beobachtungen zu Gunsten der Theorie zu verschmähen, sondern nicht einmal, was sonst doch stets gewöhnlich ist, eine Ausgleichung der Fehler über alle einzelnen Versuche zu gestatten, vielmehr jeden Schritt, den ich zur Bestimmung der zur Berechnung nöthigen Elemente thue, mir lediglich und unbedingt von der Natur der Sache selber vorschreiben zu lassen. Man wird bei einiger Aufmerksamkeit leicht finden können, dass ich die Fechner'schen Versuche der strengsten Feuerprobe unterworfen habe, und wenn sie rein und und ungetrübt aus ihr hervorgegangen sind, so schmeichele ich mich, dass dadurch der Schatz, den wir an Fechner's experimentellen Untersuchungen erhalten haben und noch erhalten werden, nur um so deutlicher an's Licht gestellt worden ist.

Um die Fechner'schen Resultate im Ganzen und im Einzelnen recht würdigen zu können, ist vor Allem eine genaue Kenntniss der Art und Weise, wie er zu ihnen gekommen ist, unentbehrlich, weil ausserdem der Rechner oft da von scheinbar unerträglichen Differenzen sich abschrecken lässt, wo wirklich keine sind, und umgekehrt oft da. wo nicht zu duldende Unterschiede der Sache nach vorhanden sind, in der Zahl kaum eine Spur davon entdeckt; deshalb sehe ich mich bewogen eine specielle Nachweisung aller dieser Umstände voran zu schicken. — Fechner's Beobachtungsweise besteht wesentlich in Folgendem: Mitten in eine oder mehrere Windungen, gebildet aus einem metallischen Leiter, der ein Glied der Kette auszumachen bestimmt ist, stellt er eine einfache oder doppelte horizontale Magnetnadel so auf, dass ihre Richtung, welche sie unter dem blosen Einflusse der Erdwirkung annimmt, senkrecht auf der Ebene einer jeden Windung steht, und mit derjenigen zusammenfällt, in welche auch ein die Windungen durchlaufender Strom sie zu führen streben würde. Da bei dieser Anordnungsweise die dirigirende Kraft der Windungen mit der dirigirenden Kraft der Erde der Richtung nach zusammenfällt, so lässt sich offenbar die Kraft eines die Windungen durchlaufenden Stromes, womit er auf die Magnetnadel einwirkt, für sich in folgender Weise bestimmen:

1) Man sucht die dirigirende Kraft der Erde für sich auf;

2) man sucht die dirigirende Kraft auf, welche stattfindet, wenn die Erde in Verbindung mit einem die Windungen durchlaufenden Strome zugleich auf die Nadel einwirken;

3) zieht man hierauf von letzterer Kraft die erstere ab,

so erhält man die Kraft, womit die Windungen für sich auf die Nadel einwirken.

Da nun bekanntlich die Stärke einer die Nadel in Schwingungen versetzenden Kraft dem Quadrate der zu einer und derselben Anzahl von Schwingungen erforderlichen Zeit umgekehrt proportional ist (unter der Voraussetzung, dass während der Beobachtung die Stärke der Kraft sich nicht merklich ändert, und nur Schwingungen von nicht sehr grosser Ausdehnung in die Beobachtung aufgenommen werden): so lässt sich die in 1) erwähnte dirigirende Kraft der Erde dadurch finden, dass man die zu einer bestimmten Anzahl von Schwingungen der Nadel unter dem alleinigen Einflusse der Erde erforderliche Zeit beobachtet; bezeichnet man nämlich diese Zeit durch N, so wird die aus der Erde allein herstammende dirigirende Kraft vorgestellt durch

$$\frac{1}{N^2}.$$

Beobachtet man ebenso die zu derselben Anzahl von Schwingungen erforderliche Zeit, wenn die Nadel von der Erde, in Verbindung mit einem die Windungen durchlaufenden Strom, in Bewegung gesetzt wird, so erhält man die in 2) erwähnte Summe von 2 Kräften; nennt man nämlich diese Zeit N', so wird die Summe der Erdkraft und Stromeskraft zugleich vorgestellt durch

$$\frac{1}{N'^2}.$$

Folglich wird nach 3) die in den Windungen allein thätige Kraft vorgestellt durch

$$\frac{1}{N'^2} - \frac{1}{N^2}.$$

Dies ist die Formel, mit deren Hülfe Fechner die jedesmalige in einem Gliede der Kette sich äussernde Kraft des Stromes auf die Nadel durch Rechnung bestimmt. Er erleichtert ihre Anwendung noch dadurch, dass er sie auf die Form

$$\frac{N^2 - N'^2}{N'^2} \cdot \frac{1}{N^2}$$

bringt und dann $\frac{1}{N^2}$, d. h. die ganze dirigirende Kraft der Erde zur Einheit wählt, wodurch sie übergeht in

$$\frac{N^2 - N'^2}{N'^2} \text{ oder } \left(\frac{N}{N'}\right)^2 - 1,$$

in welcher Form auch ich bei allen folgenden Rechnungen sie stets habe eingehen lassen.

Bei dieser Bestimmungsweise der Kräfte darf man jedoch nicht übersehen, was Fechner auch schon angedeutet hat, dass durch sie die Kraft des Stomes unter verschiedenen Umständen mit einem sehr ungleichen Grade der Genauigkeit gefunden wird, wie schon daraus sich ersehen lässt, dass die Beobachtung mittelst der Zeit geschieht, diese aber um so kleiner ausfällt, je grösser die sollicitirenden Kräfte sind, so dass ein und derselbe Fehler in der Zeitbestimmung bei schwachen Kräften nur einen höchst geringen Unterschied in der Grösse des Stromes, bei starken Kräften hingegen eine äusserst beträchtliche Abweichung in der Bestimmung der Stromesgrösse verursachen wird, die unter Umständen ein sehr bedeutender aliquoter Theil der an sich schon grossen Kraft werden, und sonach, scheinbar wenigstens, zu einer relativ sehr grossen Ungenauigkeit Anlass geben kann. Um dies und einige daran sich knüpfende Betrachtungen durch ein Beispiel zu erläutern, wähle ich die von Fechner (a. a. O. S. 285) über das Wogen der Kraft uns mitgetheilten Versuche aus, so weit sie die Anzeigen der Nadel unmittelbar nach der Schliessung der Kette angehen. Sie geben die zu je 4 unmittelbar hinter einander beobachteten Schwingungen erforderlichen Zeiten zu erkennen; ich schreibe sie in einer zu meinem Zweck etwas bequemeren Form hier nieder, und füge sogleich die aus jeder einzelnen Zeitbestimmung durch Rechnung sich ergebende Grösse der Stromeskraft hinzu. Die unter *A* stehenden Resultate beziehen sich auf eine mit dem einfachen Multiplikatordrahte versehene Kette, in welcher *Brunnenwasser* als leitende Flüssigkeit diente; die unter *B* stehenden Resultate beziehen sich auf dieselbe Kette, nachdem noch 10 dem Multiplikatordrahte gleiche Drahtlängen in sie eingeschoben worden waren; die unter *C* aufgezeichneten unterscheiden sich von den vorigen in nichts weiter, als dass, statt 10, hier 54 solche Drahtlängen in der Kette eingeschoben worden sind. Die Zeiteinheit ist durchgängig dieselbe und zwar $^8/_7$ einer Sekunde.

Die ebenfalls zu 4 Schwingungen der Nadel unter dem alleinigen Einflusse der Erde erforderliche Zeit war unter *A* 33, unter *B* und *C* 32,8 solcher Zeiteinheiten.

Schwingungs-Perioden	A.		B.		C.	
	Zeiten	Kräfte	Zeiten	Kräfte	Zeiten	Kräfte
1.	10,5	8,88	15,0	3,78	22,0	1,22
2.	11,0	8,00	15,0	3,78	21,5	1,34
3.	11,0	8,00	16,0	3,10	22,5	1,18
4.	12,0	6,56	16,0	3,10	22,0	1,22
5.	12,0	6,56	16,0 +	3,10 —	22,5	1,18
6.	12,5	5,95	17,0	2,77	22,5	1,18
7.	12,0 +	6,56 —	17,0	2,77	—	—
8.	14,0	4,56	17,0	2,77	—	—
9.	—	—	17,0 +	2,77 —	—	—

Die Mittel aus den sechs ersten unter *A, B, C* beobachteten Zeiten sind der Ordnung nach 11,5; 15,8; 22,1; man sieht hieraus; dass es bei den unter *C* stehenden Beobachtungen völlig gleichgültig gewesen wäre, ob man für die der ersten Schwingungsperiode angehörige Zeit die wirklich beobachtete, oder das Mittel aus allen 6 auf einander folgenden Schwingungsperioden genommen hätte; bei den unter *B* stehenden Beobachtungen hätte man durch beide Bestimmungsarten schon einen recht merklichen Unterschied erhalten, und bei den unter *A* stehenden noch einen fühlbareren. Eine aufmerksame Vergleichung der unter *A* beobachteten Zeiten z. B. zeigt deutlich, dass diese von Periode zu Periode nahe um 0,4 Einheiten anwachsen; denn unter dieser Annahme erhält man für sie der Reihe nach 10,5; 10,9; 11,3; 11,7; 12,1; 12,5; 12,9; 12,3; welche sich von der beobachteten, die 7. und 8. abgerechnet, kaum merklich unterscheiden, und für die Summe aller Zeiten 95,2 geben, was von der beobachteten, die 95 ist, ebenfalls nicht merklich abweicht. Erwägt man, dass bei den hier herausgehobenen Beobachtungen der Experimentator weder den Anfang noch das Ende einer jeden Schwingungsperiode in seiner Gewalt hatte, und das jede Irrung in der Zeitbestimmung am Ende der einen Periode immer die gleiche, aber entgegengesetzte Irrung am Anfange der nächsten Periode nothwendig nach sich zog, so wird man hieraus die Abweichung von der Regel bei der 7. und 8. Schwingungsperiode sich leicht erklären können, und die anscheinende Regellosigkeit in den berechneten Kräften, welche ein flüchtiger Beurtheiler der Sorgfalt des Beobachters zur Last legen dürfte, wird aus diesem Grunde der aufmerksamere seiner Treue zu Gute kommen lassen müssen. Ich nehme daher als unbestritten an, dass die unter *A* vorhandenen Beobachtungen eine Zunahme in den Zeiten von Periode zu Periode von nahe 0,4 Zeiteinheiten mit voller Sicherheit erkennen lassen; bei den unter *B* vorhandenen würde sich auf ähnliche Weise eine Zunahme in den aufeinander folgenden Zeiten herausstellen, die zwischen 0,2 und 0,3 Zeiteinheiten liegt; bei den unter *C* vorhandenen hingegen kaum irgend eine zu berücksichtigende, wesshalb wir annehmen können, *dass bei Ketten von gewisser Stärke eine zwar geringe, aber doch noch wahrnehmbare Zunahme in den zu auf einander folgenden Schwingungsperioden gehörigen Zeiten vorhanden ist, während bei Ketten von geringerer Stärke eine solche Zunahme sich durchaus nicht mehr mit Sicherheit erkennen lässt.* In Fällen aber, wo noch ein *merklicher* Unterschied in den Zeiten von Periode zu Periode sich auffinden lässt, kann auch die der ersten Periode angehörige Zeit, selbst wenn sie sich vollkommen bestimmen liesse, nicht *völlig genau* für diejenige genommen werden, welche der Kette im ersten Momente der Schliessung angehört, wenn man sich die in jenem Augenblick eintretende Kraft als unveränderlich denkt; vielmehr wird die Hälfte jener Zunahme von der beobachteten Zeit weggenommen werden müssen, wenn man die wahre Zeit *in möglichster Schärfe* zu erhalten sich vornimmt. So wäre in dem von uns gewählten Beispiele 0,2 Zeiteinheit von der beobachteten Zeit 10,5 wegzunehmen, so dass blos 10,3 für die wahre übrig bliebe. Einem noch grösseren Irrthume würde man sich aussetzen, wenn man, vorausgesetzt, dass alle Zeitbestimmungen völlig sicher wären, statt der ersten beobachteten Zeit das Mittel aus den beiden ersten oder gar aus den drei ersten Zeiten nehmen wollte; in einem Falle würde man (bei ideellen Zeitbestimmungen) 10,7, im anderen 10,9 statt der wahren 10,3 erhalten. Solche Unterschiede liegen freilich dem möglichen Fehler in der Zeitbestimmung so nahe, dass man, sie zu berücksichtigen, kaum für lohnend genug halten wird. Auch geht meine Absicht keineswegs dahin, solche versäumte Correktionen irgend einem Beobachter zur Last legen zu wollen; man muss erst sicher sein, dass sie nöthig werden, ehe man sich ihnen unterziehen wird. Allein es gereicht zu meiner Beruhigung, im Verlaufe dieser Betrachtungen unwiderleglich darthun zu können, wie sich die Fäden galvanischer Erkenntnisse bereits mit solcher Sicherheit zusammen ziehen lassen, dass vernachlässigte Correktionen von jener Grösse einer kunstgerechten Zergliederung der Versuche sich nicht mehr entziehen können, vorausgesetzt freilich, dass die Beobachtungen von einem Fechner gemacht worden sind.

Ein zweiter Umstand, der aus der Vergleichung der Kräfte, insbesondere der unter A vorhandenen, in die Augen springt, besteht darin, dass die Kraft der Kette in ganz kurzer Frist (alle acht Beobachtungen umspannen nicht mehr als $^2/_3$ Minuten Zeit) von dem Werthe 8,88 bis auf 4,56, und selbst wenn wir in der letzten Beobachtung einen Fehler von einer ganzen Zeiteinheit, was kaum gestattet werden dürfte, annehmen wollen, doch noch bis auf 5,44 gesunken ist. Dieses Sinken beträgt demnach, selbst im äussersten Falle, noch 3,44; also nahe zweimal so viel, als die ganze Kraft der Kette nach 5 Minuten überhaupt noch beträgt, wie die unmittelbare Ansicht des weiteren Verlaufes der Versuche a. a. O. sogleich zu erkennen giebt. Eine Aenderung von so ausnehmend grossem Umfange spricht sich jedoch in der Zeitbestimmung blos durch den Unterschied von noch nicht drei Zeiteinheiten aus, so dass, wenn wir $^1/_2$ Zeiteinheit als Grenze der Sicherheit in der Zeitbestimmung annehmen wollen, $^{3,44}/_6$ oder 0,57 d. h. mehr als die Hälfte der ganzen Erdeinwirkung der Nadel an jener Stelle unter dem unvermeidlichen Beobachtungsfehler sich noch verstecken kann. Dieser mögliche Fehler in der Kraftbestimmung an der von mir hervorgehobenen Stelle des Versuches beträgt nahe den 3. Theil der ganzen nach 5 Minuten noch übrig gebliebenen Kraft, und ist daher, wie schon die blose Ansicht des weiteren Verlaufes der dortigen Beobachtung zeigt, viel grösser als derjenige Fehler, welchem man sich an irgend einer anderen Stelle des Versuches bei der Bestimmung der Kraft aussetzt*). In diesem Umstande spricht sich die Nothwendigkeit von Vorsichtsmassregeln aus, welche man zu nehmen hat, um aus den nach Fechner's Beobachtungsmethode erhaltenen Resultaten die in die Formel eingehenden Elemente zu gewinnen. Man muss nämlich zu diesem Zwecke solche Stellen der Versuche von der Hand weisen, wo der Beobachtungsfehler seinen grössten Einfluss erlangt, vielmehr umgekehrt

*) Die hier angeregte grosse Unsicherheit in der Kraftbestimmung der Kette gleich zu Anfang ihrer Schliessung, welche bei noch höheren Kräften noch um vieles grösser wird, eignet, nach meiner Ansicht, die von Fechner eingeführte Beobachtungsweise, welche fast in allen übrigen Fällen die besten Dienste leistet, bei weitem weniger zu einer genauen Untersuchung des Wogens der Kraft, welches gerade bei sehr hohen Kräften und in der ersten Zeit ihrer Wirkung eine besondere Berücksichtigung zu verdienen scheint. Aus allen meinen über das Wogen der Kette angestellten Versuchen scheint nämlich im Allgemeinen als sicheres Resultat sich zu ergeben, dass das Sinken der Kraft gleich vom Anfange der Wirkung ab in solcher Art geschehe, dass die in gleichen Zwischenräumen beobachteten Unterschiede der Kraft nahehin eine fallende geometrische Progression bilden, die ihrer Natur nach (gemeinhin schon im Laufe der ersten Stunden) bald verschwindet und dann einem anderen, weit langsameren und unregelmässigeren Sinken Platz macht, das eine weit längere Zeit hindurch sich noch merklich zeigt. Ich bin, durch einzelne Anzeigen bewogen, nicht ungeneigt zu glauben, dass jene erstere Aenderungsweise gerade diejenige ist, welche einen inneren Umbildungsact der Flüssigkeit und der an sie grenzenden festen Theile zu erkennen giebt, während letztere, nach meinem Dafürhalten, blos von einem Abnützen der Flüssigkeit und dem Absetzen ihrer festen Bestandtheile an die Metalle herrührt, und wenigstens einen Grund ihrer geringeren Regelmässigkeit — wie ich manchmal bei Versuchen, wo die Erregerplatten in Glas hingen, wenn ich bei einer unverhofft, plötzlich und stark eintretenden Veränderung meine Augen rasch auf das Glas hinwarf, gar deutlich gewahren konnte — darin finden, dass sich zuweilen jene anhaftenden, bald derberen, bald lockeren und cirrusartigen, festen Theile stellenweise losmachen, und auf den Boden des Gefässes senken. Würden meine Vermuthungen durch fortgesetzte Beobachtungen zur Gewissheit erhoben, so unterliegt es keinem Zweifel, dass eben nur jene erste Periode des Wogens, die sich ohnehin durch ihre Stärke auszeichnet, unsere Aufmerksamkeit ganz und ungetheilt in Anspruch nehmen müsste, während wir bei letzterer einen ziemlich gleichgültigen Zuschauer abgeben dürften; denn erstere verheisst die Grundlage einer neuen Wissenschaft herzugeben, während letztere kaum ein Flickstück für alte abzuwerfen verspricht.

gerade diejenigen dazu auswählen, wo jener Fehler nachweisslich der kleinste wird; denn in jenem Falle hätte man zu befürchten, einen relativ sehr grossen Irrthum in der Beobachtung, der nur einer oder wenigen Stellen angehört, durch die Rechnung, auf alle anderen Stellen überzutragen, und so die an letzteren erzielte grössere Genauigkeit völlig unnütz zu machen, während im anderen Falle der in die Formel etwa aufgenommene, an sich schon geringere Irrthum an den meisten anderen Stellen schwächer wird, und hier seine trübende Kraft durch grössere Verdünnung meistentheils verliert. Damit man jedoch einer solchen Uebertragungsweise der Fechner'schen Resultate auf die Formel nicht den Vorwurf machen könne, als beabsichtige sie blos ein Monopol sich zu verschaffen, unter den Daten der Beobachtung so lange auswählen zu können, bis sie auf die zu ihren selbstsüchtigen Zwecken brauchbarsten gestossen sei, thut es Noth, das Kennzeichen *a priori* für die Stellen anzugeben, an welche man sie jetzt und in der Folge ohne weitere Umstände sogleich fest bannen kann. Diese Stellen ergeben sich aus nachstehenden Betrachtungen.

Es stellt nämlich, wie bereits schon erläutert worden ist,

$$\left(\frac{N}{N'}\right)^2 - 1$$

die Kraft einer Kette vor, wenn N die Zeit bezeichnet, welche die Nadel zu der gewählten Schwingungsperiode unter dem Einflusse der Erde allein braucht, und N' diejenige Zeit, welche zu derselben Schwingungsperiode erfordert wird, wenn die Erde in Verbindung mit der Kette auf die Nadel einwirkt. Bei obiger Kraftbestimmung ist diejenige Kraft, womit die Nadel von der Erde allein sollicitirt wird, als Einheit zu Grunde gelegt. Diese Einheit kann als unveränderlich angesehen werden und eben deshalb darf man auch die ihr entsprechende Schwingungszeit als durch die Beobachtung ohne allen Fehler gegeben voraussetzen, indem es der Experimentator gänzlich in seiner Gewalt hat, die Grösse eines solchen Fehlers fast beliebig zu verringern, der zudem in allen einzelnen Angaben einer ganzen Versuchsreihe überall derselbe bleibt, und schon darum in den einzelnen Zahlbestimmungen zu keiner fühlbaren Ungleichförmigkeit Anlass geben kann.

Aus diesem Grunde ist es ausschlussweise blos der bei der Beobachtung der Zahl N' sich einstellende Fehler, dessen Einfluss zu fürchten und, so viel nur immer möglich, unschädlich zu machen ist; denn dieser kann von Zahl zu Zahl ein anderer werden, und eben so gut nach der einen, als nach der anderen Seite von der wahren Bestimmung abweichen. Um den Einfluss eines Fehlers in der beobachteten Zeit N' auf die Kraftbestimmung näher kennen au lernen, wollen wir annehmen, dass bei Beobachtung der Zeit N' ein Fehler ν gemacht worden sei, um welchen die Zahl N' zu klein gefunden worden ist, (in diesem Falle seckt schon der andere, wo N' zu gross gefunden worden wäre, man darf dann nur ν wie eine negative Grösse behandeln) so dass die wahre Kraft der Kette durch

$$\left(\frac{N}{N'+\nu}\right)^2 - 1$$

vorgestellt wird, während die beobachtete durch

$$\left(\frac{N}{N'}\right)^2 - 1$$

gegeben ist. Der Unterschied zwischen der beobachteten und der wahren Kraft giebt den Einfluss des Beobachtungsfehlers auf die Kraftbestimmung zu erkennen, welcher Einfluss mithin

$$\left(\frac{N}{N'}\right)^2 - \left(\frac{N}{N'+\nu}\right)^2$$

ist. Man kann vorstehendem Ausdrucke dadurch eine bequemere Gestalt verschaffen, dass man ihn vorerst folgende Umformungen durchlaufen lässt:

$$\text{erstlich} \quad \left(\frac{N}{N'}\right)^2 - \left\{\frac{\frac{N}{N'}}{1+\frac{\nu}{N'}}\right\}^2,$$

$$\text{sodann} \quad \left(\frac{N}{N'}\right)^2 \cdot \left(1 - \left(1+\frac{\nu}{N'}\right)^{-2}\right),$$

und nun das Binom $\left(1+\frac{\nu}{N'}\right)^{-2}$ in eine nach Potenzen von $\frac{\nu}{N'}$ fortschreitende Reihe entwickelt. Da nämlich der Beobachtungsfehler ν in allen Fällen der Anwendung immer nur sehr klein ist im Vergleiche zur ganzen beobachteten Zeit N', so stellt

$\frac{v}{N'}$ immer nur einen an sich sehr kleinen Bruch vor, dessen Quadrat, und um so mehr dessen noch höhere Potenzen wir vernachlässigen können; dann aber wird

$$\left(1+\frac{v}{N'}\right)^{-2}=1-2\frac{v}{N'},$$

und es geht der vorhin für den Einfluss des Beobachtungsfehlers auf die Kraftbestimmung gefundene Ausdruck über in:

$$2\frac{v}{N'}\cdot\left(\frac{N}{N'}\right)^2,$$

welcher sich auch so schreiben lässt:

$$2\frac{v}{N}\cdot\left(\frac{N}{N'}\right)^3.$$

Da die Grenze des Fehlers v in der Zeitbestimmung überall dieselbe bleibt und auch N im Laufe aller zu einer und derselben Versuchsreihe gehörigen Beobachtungen stets denselben Werth behält: so ist der Faktor $2\frac{v}{N'}$ überall derselbe; die Unsicherheit in der Kraftbestimmung ist daher dem anderen Faktor $\left(\frac{N}{N'}\right)^3$ proportional und wächst folglich mit der Grösse $\frac{N}{N'}$, d. h. mit der verhältnissmässigen Verschiedenheit der beiden beobachteten Zeiten N und N' in einem enormen Verhältnisse, worin sich, noch deutlicher als vorhin, die Nothwendigkeit ausspricht, den Einfluss des Beobachtungsfehlers auf die Kraftbestimmung bei einer prüfenden Vergleichung der Versuche mit der Theorie nicht ausser Acht zu lassen.

Nachdem wir auf solche Weise den Umfang der unvermeidlichen Irrungen kennen gelernt haben, dem jede einzelne Kraftbestimmung ausgesetzt ist, welche man aus den nach Fechner's Verfahren beobachteten Zeiten herzuleiten unternimmt, fällt die Wahl der Zahlen, aus welchen sich die Elemente der Formel mit der grössten Sicherheit berechnen lassen, nicht mehr schwer; wir können uns daher jetzt sogleich an die Vergleichung der Fechner'schen Versuche mit der Theorie machen. Diese Versuche befinden sich, wie schon erwähnt worden, im 3. Bande der neuesten Uebersetzung von Biot's Physik (S. 555—557) und bestehen wesentlich in Folgendem.

Drei Reihen von Beobachtungen, in welchen die $14^2/_3$ Quadratzoll grossen Erregerplatten nach einander I. Zink und Kupfer, II. Zink und Zinn, III. Zinn und Kupfer waren, und wobei jedesmal Wasser mit $^1/_{83}$ Vol. Salzsäure von 1,096 spec. Gew. als leitende Flüssigkeit diente, theilen uns die Resultate mit, welche eine Aenderung sowohl im Abstande der Erregerplatten von einander, als in der Länge des die Erregerplatten verbindenden Drahtes, wovon stets ein und derselbe Theil auf die Magnetnadel einwirkte, in den beobachteten, zu den vier ersten unmittelbar nach der Schliessung der Kette erfolgenden Schwingungen erforderlichen Zeiten und in den daraus nach obiger Formel berechneten Kräften hervorbringt. Die Zeiteinheit ist, wie immer, $^3/_7$ Sekunden und die Schwingungszeit der Nadel unter dem alleinigen Einflusse der Erde 33 solcher Zeiteinheiten (vgl. die von Fechner in diesem Jahrbuche 1829. III. S. 201 mitgetheilten Verbesserungen). Der einfache Abstand der Erregerplatten von einander wird mit *d* bezeichnet und die einfache Länge des Verbindungsdrahtes mit *l*. Ich theile die Mittel dieser Beobachtungen hier mit, wo die an der Spitze einer jeden Verticalreihe stehende Anzahl von *d* in einfachen Abständen den eigentlichen Abstand der Erregerplatten von einander anzeigt, wie er den in dieser Reihe aufgezeichneten Beobachtungen entspricht, während die an der Spitze einer jeden Horizontalreihe stehende Anzahl von *l* die Länge des bei den in ihr vorhandenen Beobachtungen gebrauchten Verbindungsdrahtes in einfachen Längen ausspricht.*)

I. Zink-Kupfer.

Abstände	*2 d.*		*12 d*		*27 d.*	
Drahtlängen	Zeiten	Kräfte	Zeiten	Kräfte	Zeiten	Kräfte
1 l.	4,0	67,1	5,5	35,0	7,0	21,2
3 l.	6,0	29,1	–	–	8,0	16,0
5 l.	7,69	17,3	8,0	16,0	9,0	12,4
11 l.	10,5	8,88	11,0	8,0	11,83	6,78
23,5 l.	14,7	4,04	–	–	15,0	3,84
33,5 l.	16,0	3,25	–	–	17,0	2,77
55 l.	19,0	2,02	–	–	19,58	1,84

*) Da zu allen diesen Versuchen immer ein und derselbe Draht gebraucht

II. Zink-Zinn.

Abstände	*2 d.*		*14 d.*		*27 d.*	
Drahtlängen	**Zeiten**	**Kräfte**	**Zeiten**	**Kräfte**	**Zeiten**	**Kräfte**
1 l.	5,25	38,5	7,14	17,9	8,62	13,6
2 l.	6,83	22,3	8,41	14,8	9,64	10,7
3 l.	7,87	16,8	9,33	11,5	10,22	9,47
5 l.	9,75	10,4	10,75	8,43	–	–
11 l.	13,64	4,84	14,0	4,56	14,7	4,14
23,5 l.	17,56	2,44	17,93	2,40	18,29	2,25
33,5 l.	19,92	1,74	20,16	1,67	20,41	1,61
55 l.	23,0	1,06	23,25	1,02	23,29	0,972

III. Zinn-Kupfer.

Abstände	*2 d.*		*6 d.*		*14 d.*		*19 d.*		*27 d.*	
Drahtlängen	**Zeiten**	**Kräfte**	**Zeiten**	**Kräfte**	**Zeiten**	**Kräfte**	**Zeiten**	**Kräfte**	**Zeiten**	**Kräfte**
1 l.	5,75	31,9	6,5	24,8	7,87	16,4	8,37	14,8	9,5	11,06
2 l.	7,33	19,3	–	–	–	–	–	–	10,0	9,89
3 l.	8,79	13,0	–	–	10,0	9,89	–	–	11,25	7,61
5 l.	10,5	8,88	–	–	–	–	–	–	12,62	5,85
11 l.	14,62	4,10	–	–	–	–	–	–	–	–
23,5 l.	18,89	2,05	–	–	–	–	–	–	–	–
33,5 l.	20,83	1,51	–	–	–	–	–	–	–	–
55 l.	24,0	0,891	–	–	–	–	–	–	24,5	0,814

Die Formel, in welcher die Theorie alle solche Bestimmungen zusammengefasst hat, giebt für die Grösse S, die Kraft der Kette, wenn wir die in jedem Versuche vorhandene Anzahl der einfachen Abstände allgemein durch nd, und die Anzahl der einfachen Drahtlängen allgemein durch ml bezeichnen, folgenden Ausdruck:

$$S = \frac{A}{nd + ml},$$

wo A die Grösse der in der Kette auftretenden Spannung vorstellt. Um diese Formel auf die Versuche anwenden zu können, muss man vorerst die Werthe A, d und l aus ihnen selbst

---

worden ist, so sind die absoluten Längen hier den in der Formel auftretenden reducirten Längen proportional und können für diese gesetzt werden.

ableiten, oder auch nur die Verhältnisse $\frac{d}{A}$ und $\frac{l}{A}$ wenn man die Vergleichung der Resultate unter einander immer nur innerhalb derselben Versuchsreihe vornehmen will.

Man kann das eine Element $\frac{l}{A}$ der Formel auf folgende Weise herholen. Hebt man nämlich aus einer und derselben Verticalreihe, in welcher n immer einerlei Werth behält, zwei verschiedene, aus den unmittelbar beobachteten Zeiten erhaltene Kräfte heraus, die wir durch S' und S'' bezeichnen wollen, und nennt $m'l$ und $m''l$ die ihnen entsprechenden Vielfachen der einfachen Drahtlänge:

so ist $\quad S' = \frac{A}{nd + m'l} \quad$ und $\quad S'' = \frac{A}{nd + m''l}$

oder $\quad \frac{1}{S'} = n\frac{d}{A} + m'\frac{l}{A} \quad$ und $\quad \frac{1}{S''} = n\frac{d}{A} + m''\frac{l}{A}$,

woraus man findet

$$\frac{l}{A} = \frac{\frac{1}{S'} - \frac{1}{S''}}{m' - m''}.$$

Um nun diejenigen Beobachtungen kennen zu lernen, aus welchen sich das Element $\frac{l}{A}$ mit der grössten Sicherheit herholen lässt, wollen wir die Unsicherheit in den Zahlen S' und S'' durch s' und s'' bezeichnen, wo also s' und s'' Werthe vorstellen, die sich in jedem besonderen Falle, nach dem, was weiter oben über dte Unsicherheit in den Kraftbestimmungen vorgebracht worden ist, leicht bestimmen lassen; dann wird die Unsicherheit in den Quotienten $\frac{1}{S'}$ und $\frac{1}{S''}$

$$\frac{1}{S'} - \frac{1}{S' + s'} \quad \text{und} \quad \frac{1}{S''} - \frac{1}{S'' + s''}.$$

Entwickeln wir nun $\frac{1}{S' + s'}$ und $\frac{1}{S'' + s''}$ in Reihen, die nach Potenzen von $\frac{s'}{S'}$ und $\frac{s''}{S''}$ fortlaufen, und vernachlässigen wir, ihrer Kleinheit halber, die zweiten und höheren Potenzen von $\frac{s'}{S'}$ und $\frac{s''}{S''}$, so finden wir für die Unsicherheit in den Quotienten $\frac{1}{S'}$ und $\frac{1}{S''}$ die Werthe $\frac{s'}{S'^2}$ und $\frac{s''}{S''^2}$; und da die in den einzelnen Zahlbestimmungen auftretenden Fehler eben so gut nach der einen, als nach der anderen Seite vom wahren Werthe hinfallen können: so muss man als Grenze der Sicherheit bei Bestimmung der Differenz $\frac{1}{S'} - \frac{1}{S''}$ die Summe der in ihren einzelnen Gliedern möglichen Irrungen nehmen. Die Unsicherheit bei der Bestimmung des Werthes $\frac{1}{S'} - \frac{1}{S''}$ ist mithin

$$\frac{s'}{S'^2} + \frac{s''}{S''^2};$$

folglich ist die Unsicherheit bei der Bestimmung des Elementes $\frac{l}{A}$, wenn diese Bestimmung in der angezeigten Art geschieht,

$$\frac{1}{m' - m''} \cdot \left(\frac{s'}{S'^2} + \frac{s''}{S''^2}\right).$$

Es bleibt nun nichts weiter zu thun übrig, als unter den Beobachtungen diejenigen herauszusuchen, bei welchen vorstehender Ausdruck seine kleinsten Werthe annimmt. Um dies durch ein Beispiel zu erläutern, wollen wir den Grad der Genauigkeit bestimmen, welchen man bei der Berechnung des zur Versuchsreihe I. gehörigen Elementes $\frac{l}{A}$ erwarten darf, je nachdem man es aus den beiden ersten oder aus den beiden letzten, oder aus der ersten und letzten Beobachtung, wie sie in der ersten Verticalreihe stehen, herleitet. Im ersten Falle hat man $m' = 3$; $m'' = 1$; $S' = 29{,}1$; $S'' = 67{,}1$; $s' = \frac{2\nu}{33} \cdot \left(\frac{33}{6}\right)^3$; $s'' = \frac{2\nu}{33} \cdot \left(\frac{33}{4}\right)^3$; woraus man als Grenze des möglichen Fehlers bei der Bestimmung des Elementes $\frac{l}{A}$ findet die Zahl $0{,}00973 \,.\, \nu$. Im anderen Falle hat man $m' = 55$; $m'' = 33{,}5$; $S' = 2{,}02$; $S'' = 3{,}25$; $s' = \frac{2\nu}{33} \cdot \left(\frac{33}{19}\right)^3$; $s'' = \frac{2\nu}{33} \cdot \left(\frac{33}{16}\right)^3$; woraus man für den möglichen Fehler bei der Bestimmung des Elementes $\frac{l}{A}$ die Zahl $0{,}00486 \,.\, \nu$ erhält. Im dritten Falle hat man $m' = 55$; $m'' = 1$; $S' = 2{,}02$; $S'' = 67{,}1$; $s' = \frac{2\nu}{33}$.

$\left(\frac{33}{19}\right)^3$; $s'' = \frac{2\nu}{33} \cdot \left(\frac{33}{4}\right)^3$; woraus sich als möglicher Fehler bei der Bestimmung des Elementes $\frac{l}{A}$ die Zahl 0,00114 . ν ergiebt. Man sieht hieraus, dass man sich im zweiten Falle nur einem halb so grossen, und im dritten Falle gar nur dem achten Theile des Fehlers aussetzt, dem man im ersten Falle unterworfen ist. Solche Rücksichten (die kleinlich scheinen mögen, aber es nicht sind, weil der Werth des ganzen zu bestimmenden Elementes nur etwa 0,009 beträgt, und daher in einem Falle die Formel zu Angaben verleitet werden kann, die von den wahren Werthen um mehr als ihren vierten Theil abweichen, während im gut gewählten kaum Unterschiede entstehen können, die den 32. Theil der wahren Werthe erreichen) haben mich bewogen, den Werth von $\frac{l}{A}$ in allen drei Versuchsreihen immer nur aus der ersten und letzten Zahl in jeder Verticalreihe herzuholen. Dieser Bestimmung gemäss erhält man aus den beiden in der ersten Versuchsreihe vorhandenen Zahlenpaaren für $\frac{l}{A}$ die Werthe 0,00889 und 0,00919, deren Mittel 0,00904 ist. Ebenso erhält man aus den drei in der zweiten Versuchsreihe vorhandenen hierher gehörigen Zahlenpaaren für $\frac{l}{A}$ die Werthe 0,01699; 0,01704; 0,01769, deren Mittel 0,01724 ist. Endlich erhält man aus den beiden in der dritten Versuchsreihe vorhandenen Zahlenpaaren für $\frac{l}{A}$ die Werthe 0,02020 und 0,02108, deren Mittel 0,02064 ist. Die so gefundenen Mittel des Werthes $\frac{l}{A}$ für jede der drei Versuchsreihen liegen den bald folgenden Berechnungen zu Grunde.

Noch grössere Vorsicht hat man bei der Bestimmung des Elementes $\frac{d}{A}$ zu beobachten, da dessen absoluter Werth in allen drei Versuchsreihen noch beträchtlich geringer ist als der von $\frac{l}{A}$. Man kann das Element $\frac{d}{A}$ dadurch finden, dass man aus einer und derselben Horizontalreihe, in welcher m fortwährend einerlei Werth behält, zwei aus den Beobachtungen unmittelbar hergeleitete Kräfte herausholt, und mittelst derselben $\frac{d}{A}$ findet. Nennt man nämlich S' und S'' diese beiden bestimmten Werthe der Kräfte und $n'd$ und $n''d$ die ihnen entsprechenden Vielfachen der einfachen Abstände, so ist wie vorhin

$$\frac{1}{S'} = m\,\frac{l}{A} + n'\,\frac{d}{A} \text{ und } \frac{1}{S''} = m\,\frac{l}{A} + n''\,\frac{d}{A},$$

woraus man findet

$$\frac{d}{A} = \frac{1}{n' - n''}\left(\frac{1}{S'} - \frac{1}{S''}\right);$$

und der mögliche Fehler bei dieser Bestimmung wird, ganz wie dort, hier

$$\frac{1}{n' - n''}\left(\frac{s'}{S'^2} + \frac{s''}{S''^2}\right)$$

gefunden, wenn s' und s'' ganz dieselbe Bedeutung wie dort behalten. Sucht man mit Hülfe dieses Ausdruckes die Stellen der Versuche auf, wo sich der Werth des Elementes $\frac{d}{A}$ mit der grössten Sicherheit bestimmen lässt, so wird man finden, dass in jeder Horizontalreihe immer die erste mit der letzten Beobachtung zu diesem Zwecke verbunden werden muss, und dass dabei die ersten Horizontalreihen eine weit grössere Sicherheit gewähren als die letzten. Deswegen habe ich zu dieser Bestimmung immer nur die drei ersten Horizontalreihen zugelassen, und dem gemäss aus der ersten Versuchsreihe für $\frac{d}{A}$ die drei Werthe 0,00129; 0,00113; 0,00091 erhalten, deren Mittel 0,00111 ist. Ebenso ergeben sich aus der zweiten Versuchsreihe für $\frac{d}{A}$ die Werthe 0,00190; 0,00195; 0,00184, deren Mittel 0,00190 ist. Endlich ergeben sich aus der dritten Versuchsreihe für $\frac{d}{A}$ die Werthe 0,00236; 0,00197; 0,00218, deren Mittel 0,00217 ist.*)

*) Es ist bemerkenswerth, dass die grössten Differenzen, sowohl hier, als bei der Bestimmung von $\frac{l}{A}$, einen Fehler in den beobachteten Zeiten von noch nicht $^1/_{10}$ Sekunde voraussetzen.

Mit den so erhaltenen Mittelwerthen von $\frac{l}{A}$ und $\frac{d}{A}$ habe ich nun die Kräfte berechnet, wie sie der Theorie zufolge aus obiger Formel sich ergeben, und um eine Vergleichung aller berechneten mit den beobachteten Werthen möglichst zu erleichtern, habe ich noch die den berechneten Kräften angehörigen Zeiten, welche sich auf die den Beobachtungen zu Grunde gelegte Periode von vier Schwingungen beziehen, beigefügt. Diese Zeiten sind nach der Formel $N' = \frac{N}{\sqrt{1+S}}$, welche man aus der oben angeführten $S = \left(\frac{N}{N'}\right)^2 - 1$ ableitet, berechnet worden. Die Resultate meiner Rechnung habe ich in folgenden Tafeln, welche den vorigen analog gebildet sind, zusammengestellt:

I. Zink-Kupfer.

Abstände	2 d.		12 d.		27 d.	
Drahtlängen	Kräfte	Zeiten	Kräfte	Zeiten	Kräfte	Zeiten
1 l.	88,81	3,48	44,72	4,88	25,63	6,40
3 l.	34,08	5,57	–	–	17,52	7,67
5 l.	21,09	7,02	17,09	7,76	13,30	8,73
11 l.	9,84	10,03	8,87	10,51	7,73	11,15
23,5 l.	4,66	13,87	–	–	4,13	14,54
33,5 l.	3,28	15,94	–	–	3,00	16,50
55 l.	2,00	19,08	–	–	1,90	19,41

II. Zink-Zinn.

Abstände	2 d.		14 d.		27 d.	
Drahtlängen	Kräfte	Zeiten	Kräfte	Zeiten	Kräfte	Zeiten
1 l.	47,53	4,73	22,81	6,76	14,59	8,35
2 l.	26,12	6,33	16,37	7,91	11,66	9,27
3 l.	18,01	7,57	12,77	8,89	9,71	10,09
5 l.	11,11	9,48	8,87	10,51	–	–
11 l.	5,17	13,31	4,62	13,92	4,15	14,54
23,5 l.	2,45	17,74	2,32	18,13	2,19	18,44
33,5 l.	1,72	20,00	1,66	20,25	1,59	20,50
55 l.	1,05	23,08	1,03	23,16	1,00	23,40

III. Zinn-Kupfer.

Abstände	2 d.		6 d.		14 d.		19 d.		27 d.	
Drahtlängen	Kräfte	Zeiten	Kräfte	Zeiten	Kräfte	Zeiten	Kräfte	Zeiten	Kräfte	Zeiten
1 l.	40,03	5,15	29,71	5,96	19,60	7,27	16,16	7,88	12,62	8,92
2 l.	21,92	6,89	–	–	–	–	–	–	10,01	9,94
3 l.	15,09	8,23	–	–	10,83	9,59	–	–	8,30	10,82
5 l.	9,30	10,28	–	–	–	–	–	–	6,18	12,31
11 l.	4,32	14,29	–	–	–	–	–	–	–	–
23,5 l.	2,04	18,97	–	–	–	–	–	–	–	–
33,5 l.	1,44	21,15	–	–	–	–	–	–	–	–
55 l.	0,88	24,09	–	–	–	–	–	–	0,84	24,26

Vergleicht man die hier aus der Formel erhaltenen Kräfte mit den aus der Beobachtung abgeleiteten, so stösst man auf Abweichungen, die bis zu einem Drittheile der ganzen Kraft ansteigen und an einer Stelle 22 mal die ganze Erdwirkung in sich fassen. Unterschiede von solcher Stärke sind ganz geeignet selbst den muthigsten Rechner scheu zu machen, und ich zweifle keinen Augenblick, dass wenn ich ihnen bei meinen ersten prüfenden Versuchen begegnet wäre, sie mein Vertrauen auf die Theorie gar sehr verringert hätten. Gleichwohl sind sie, bei Lichte betrachtet, durchaus von keiner Erheblichkeit. Sie sind eine *nothwendige* Folge der von Fechner eingeführten Beobachtungsweise, und haben ihren Ursprung hauptsächlich in der oben nachgewiesenen ungleichen Sicherheit, womit sich die Kräfte aus den unmittelbaren Daten der Beobachtung je nach den verschiedenen Stellen einer jeden Versuchsreihe ermitteln lassen. In der That zeigt eine genaue Untersuchung derselben, dass ihre Grösse mit jener in der Natur der Beobachtungsweise selbst gegründeten ungleichen Sicherheit in der Kraftbestimmung einerlei Schritt hält, und nirgends den aus dem unvermeidlichen Beobachtungsfehler hervorgehenden Irrthum beträchtlich übersteigt. Von der Wahrheit dieser Behauptung kann man sich am leichtesten dadurch überzeugen, dass man die zu den berechneten Kräften gehörigen Zeiten in den letzten drei Tafeln mit den wirklich beobachteten Zeiten der ersten drei Tafeln vergleicht. Man stösst bei dieser Vergleichung nirgends auf Differenzen, die eine ganze Zeiteinheit betragen, vielmehr ist, eine einzige Beobachtung ausgenommen, ungefähr eine halbe Zeiteinheit als äusserste Grenze aller Differenzen zwischen der Rechnung und der Beobachtung festzusetzen. Da nun die Zeiteinheit $^3/_7$ Sekunden, also die halbe Zeiteinheit $^3/_{14}$ Sekunden, oder in runder Zahl $^1/_5$ Sekunde beträgt: so setzen mithin alle jene Differenzen im äussersten Falle einen Fehler von $^1/_5$ Sekunden in der Zeitbestimmung voraus, der noch dazu über den Anfang und das Ende einer jeden beobachteten Zeit zu vertheilen wäre. Dieser anzunehmende Irrthum in den unmittelbar beobachteten Zeiten ist jedenfalls so gering, dass er blos für die Richtigkeit der Formel sprechen kann, zumal wenn man erwägt, dass in zwei Versuchsreihen das Hauptelement der Formel blos als Mittel von zwei Werthen erhalten worden ist, und dass zur Wahl dieser Werthe blos allgemeine, aus der Natur der Sache hergeholte Rücksichten geführt haben, wodurch es zufälligen und örtlichen Anhäufungen von Fehlern gar nicht schwer gemacht worden ist, in ihrer ganzen Stärke sich zu zeigen.

So gering indessen jene Differenzen zwischen der Theorie und der Erfahrung an und für sich sein mögen, so zeigt doch eben unsere Rechnung besser als es auf irgend eine andere Weise geschehen könnte, dass man bei Fechner einen Beobachtungsfehler von jener Grösse im Allgemeinen nicht zu suchen habe, und dass durch jene Differenzen, wie klein sie auch sind, eine Abweichung der Theorie von den Beobachtungen mit Bestimmtheit nachgewiesen werde. Verweilt man nämlich bei der Vergleichung der beiderlei Tafeln etwas länger und untersucht ihre Verschiedenheit genauer, so wird man bald finden, dass alle Differenzen von einiger Bedeutung vorzugsweise nur in den oberen Horizontalreihen auftreten, und dort ohne eine einzige Ausnahme immer nur nach einer Seite hin fallen. Dieser Umstand ist um so auffallender, da zur Bestimmung des Elementes $\frac{l}{A}$ die erste und letzte Horizontalreihe in gleichem Masse zugezogen, und das Element $\frac{d}{A}$ immer blos aus den drei ersten Horizontalreihen hergeholt worden ist, so dass der Formel weit mehr Gelegenheit gegeben worden ist, sich den Beobachtungen der oberen Horizontalreihen, als denen der unteren anzuschmiegen. Dieser letztere Umstand und die auffallende Einstimmigkeit, womit die Differenzen immer nur nach einer Seite hin zeigen, brachten mich auf die Vermuthung, dass hier irgend eine gesetzmässige Störung im Spiele sein müsse, und die Bemerkung, dass die Differenzen blos in den oberen Reihen beträchtlich und allgemein werden, und um so grösser, je mehr man sich der ersten Horizontalreihe nähert, führten mich auf den Gedanken, dass wohl ein durch das Wogen veranlasstes Sinken der Kraft schon während der kurzen Zeit von vier Schwingungen die vorzüglichste Ursache jener Differenzen sein dürfte. Diese Vermuthung wird durch ein fortgesetztes Nachdenken bis zur Gewissheit erhoben. In der That haben wir oben bereits aus den von Fechner über das Wogen der Kraft angestellten Versuchen entnommen, wie unter Umständen die zu den vier ersten Schwingungen erforderliche Zeit voraussetzt, dass sie ohne allen Fehler beobachtet worden wäre, um 0,2 Einheiten grösser werden kann, als diejenige sein würde, welche sich ergäbe, wenn kein Wogen der Kraft stattfände, d. h. wenn die Kraft während der vier ersten Schwingungen ihre im ersten Momente der Schliessung vorhandene Stärke ungeändert beibehielte; und wie jener Unterschied zu 0,4 und 0,6 Einheiten anwachsen kann, wenn, statt der zur ersten Schwingungsperiode gehörigen Zeit, ein Mittel aus den Zeiten genommen wird, die zu zwei oder drei auf einander folgenden Schwingungsperioden gehören. Zwar hat zu den dortigen Versuchen Brunnenwasser als leitende Flüssigkeit gedient, hier salzsaures Wasser, und in diesem ist, nach Fechner's Angabe, das Wogen viel geringer als in jenem; allein auf der anderen Seite ist auch nicht zu übersehen, dass hier ungleich stärkere Kräfte als dort in's Spiel gekommen sind, wodurch leicht jener Unterschied mehr als aufgehoben werden kann. Fechner selbst drückt sich in Bezug auf den hier angeregten Punkt (a. a. O. S. 554) so aus: „Zum Masse wurde blos die zu den ersten vier Oscillationen erforderliche Anzahl Zeittheile (Zeiteinheiten) genommen (einige jedoch aus der doppelten Anzahl hergeleitet), wiewohl ich mich später überzeugt habe, dass ich, ohne Nachtheil für den merklichen Isochronismus acht bis zwölf, oder bei den stärksten Kräften selbst mehr Oscillationen hätte zum Mass anwenden können." Man ersieht aus diesen Worten, dass in Fechner's Versuchen, und zwar (wie die Note auf derselben Seite zu erkennen giebt) gerade bei den stärksten Kräften, jene doppelte Ursache zu kleinen Abweichungen von dem wahren Werthe der Zeiten, wie sie der im ersten Momente der Schliessung eintretenden Kraft angehören, vorhanden waren; denn der Ausdruck „merklicher Isochronismus" ist im Sinne Fechner's unstreitig so zu nehmen, dass die aus zwei oder drei auf einander folgenden Schwingungsperioden abgeleiteten Mittelzeiten von der ersten beobachteten Zeit nicht mehr abweichen, als diese Zeit von sich selber, wenn sie zu wiederholten Malen aufgesucht wird. Dies wird aber selbst dann noch der Fall sein, wenn gleich ein Sinken der Kraft von Periode zu Periode unverkennbar ist. So waren in den oben angeführten Versuchen die drei ersten auf einander folgenden Zeiten unter der Rubrik A 10,5; 11,11; und als Mittel aus den beiden ersten hätte man 10,75, als Mittel aus allen dreien aber 10,8 gefunden, welche beiden Werthe von der ersten Zeit 10,5 so wenig verschieden sind, dass sicher eben so grosse und wohl noch grössere Differenzen bei mehrmaliger Beobachtung der ersten Zeit gefunden werden, und doch stellt sich aus den dortigen Versuchen ein Sinken der Kraft mit grosser Sicherheit heraus. Obgleich nun die beiden hier angeregten Anlässe zu kleinen Unrichtigkeiten an sich unbedeutend sind und in der Regel nur zu Abweichungen führen, die innerhalb des eigentlichen Beobachtungsfehlers liegen, so haben sie doch auf die Genauigkeit der Zahlbestimmungen, namentlich da, wo Mittel aus mehreren Beobachtungen genommen werden, einen nicht unerheblichen Einfluss. Der eigentliche, beim Auffassen des Anfangs und des Endes einer jeden Periode gemachte Beobachtungsfehler kann nämlich zwischen den ihm angewiesenen Grenzen jeden Werth annehmen und bald auf die eine, bald auf die andere Seite der Wahrheit fallen, weswegen man hoffen darf, durch vielfache Beobachtungen derselben Art ihn fast beliebig verringern zu können; die beiden hier angeregten Anlässe zu Unrichtigkeiten hingegen wirken jedesmal in gleicher Art und Stärke ein, und treiben das Resultat immer nur nach der einen Seite hin, so dass ein Mittel aus vielen Beobachtungen sie nicht nur nicht *vertreiben, sondern nur um so vollständiger anzeigen wird.* Da diese letzteren Anlässe zu geringen Abweichungen der Resultate des Versuches von den theoretischen Bestimmungen beide sich dahin vereinigen, die beobachteten Zeiten etwas zu gross, und darum auch die daraus abgeleiteten Kräfte zu klein zu geben, so sind sie ganz geeignet, alle jene einstimmigen und auffallenden Besonderheiten, die wir an den Differenzen zwischen den beiderlei Tafeln wahrgenommen haben, vollständig zu erklären, und dann folgt, dass die an sich geringen Abweichungen der berechneten von den beobachteten Zahlen, weit entfernt die Theorie zu beeinträchtigen, vielmehr nur dazu dienen, die Zuverlässigkeit der theoretischen Bestimmungen in's volle Licht zu setzen.

Es lässt sich aus den bisherigen Betrachtungen der für die Experimentirkunst nicht unwichtige Schluss ziehen, dass die Resultate der nach Fechner's Methode angestellten Versuche mit einer in solchen Dingen beispiellosen Schärfe der Formel sich anschmiegen werden, wenn man entweder so hohe Kräfte, bei welchen die Dauer von je vier auf einander folgenden Schwingungen sich merklich ändert, gar nicht zulässt, oder im Falle man sie beibehalten will, die Dauer von sieben bis acht auf einander folgenden Schwingungsperioden einzeln bestimmt, in einer Weise, wie oben bei den Versuchen über das Wogen der Kraft geschehen ist, um so die Stärke der Aenderungen in den successiven Zeiten approximativ kennen zu lernen, und dem gemäss an der ersten beobachteten Zeit die erforderliche Correction anbringen zu können.

In diesem Aufsatze habe ich mich lediglich auf die Erörterung derjenigen Versuche Fechner's beschränkt, welche sich auf die Wirkung der Kette im ersten Moment ihrer Schliessung beziehen. Diese liegen mir zunächst am Herzen, weil sie gleichsam den Schlussstein dessen ausmachen, was ich in meiner Schrift, nach vorangegangenem gewissenhaften Suchen und Prüfen, aber darum auch in der Sprache voller Ueberzeugung und unerschütterlicher Festigkeit, als lautere Wahrheit hingegeben habe; bis hierher habe ich gewissermassen mein moralisches Vermögen als Bürgschaft eingesetzt. Was die späteren Wirkungsperioden einer hydroelektrischen Kette anlangt, so habe ich seither freilich keine Gelegenheit gefunden, meine Kenntniss über sie zu bereichern; jedoch darf ich sagen, dass auch in diesem Felde wir beide, Fechner und ich, völlig einerlei Dinge wahrgenommen haben, und dass, wenn wir in einigen Punkten von einander abzuweichen scheinen, diese Verschiedenheit nicht sowohl in den Resultaten der Versuche, als in der Art ihrer Zerlegung zu suchen sei. Da gerade diese Verschiedenheit der Ansichten auf den rechten Weg führen könnte, so werde ich bei einer nächsten Gelegenheit meine Meinung mit ihren Gründen ausführlicher mittheilen.

XIII.

Versuche zu einer näheren Bestimmung der Natur unipolarer Leiter.

Schweigg. Journ. Bd. **59**, p. 385—435. 1830. Bd. **60**, p. 32—59. 1830.

Die merkwürdige Entdeckung der unipolaren Leiter ist nicht ohne verdiente Berücksichtigung geblieben. Mehrere Gelehrte, ihrem inneren Berufe folgend, und noch aufgemuntert durch den Reiz, der immer im Gefolge des Räthselhaften ist, haben den bei der unipolaren Leitung auftretenden Phänomenen ihre besondere Aufmerksamkeit gewidmet, ohne dass jedoch daraus eine klare Einsicht in die eigentliche Veranlassung dieser sonderbaren Erscheinung hervorgegangen wäre. Der geringe Erfolg, den die Bemühungen so ausgezeichneter Männer hatten, kann als ein Beweis angesehen werden, mit welcher Hartnäckigkeit die Natur über diese Stelle ihren Schleier wirft. Es darf sich eben darum jeder Versuch, diese Decke wegzuziehen, einen freundlichen Empfang versprechen, und so mag denn nachstehender Beitrag zur Lösung des Räthsels sein Glück versuchen. Wenn ich in der Nachweisung des Grundes der Erscheinung glücklicher als meine Vorgänger gewesen bin, so habe ich dieses nicht den Mitteln, welche in meine Gewalt gegeben waren, zu verdanken, sondern lediglich dem Umstande, dass meine Versuche von der Theorie unablässig gehalten und getragen wurden. Um aber recht klar vor Augen legen zu können, wie alle meine Schritte immer nur aus der einen Quelle Richtung und Takt erhalten haben, sehe ich mich veranlasst, etwas weiter auszuholen und mit der Beschreibung der unipolaren Erscheinungen den Anfang zu machen.

Werden in die beiden Grundflächen eines prismatischen Stückes recht trockener Seife Metalldrähte eingesteckt, die man aber nicht bis zur Berührung mit einander gelangen lassen darf, und verbindet man hierauf diese Drähte mit den Polen einer kräftigen Volta'schen Säule, die am besten aus so vielen Plattenpaaren besteht, dass man ihre elektroskopischen Wirkungen an den dazu dienenden Elektrometern bequem ohne Condensator beobachten kann: so findet man, dass die Pole der Säule nach geschehener Verbindung unter einander ihre Spannung noch merklich so beibehalten, wie sie zuvor in der noch nicht geschlossenen Säule stattfand. Wird unter solchen Umständen der eine Pol oder der mit ihm verbundene Draht des Seifenstückes ableitend berührt, so verliert dieser Pol alle seine Spannung und der andere Pol nimmt das *Maximum* seiner Spannung an, wie wenn die Säule noch ungeschlossen wäre. Die so geschlossene Säule zeigt kaum Spuren einer Strömung. Unterbricht man die Säule ausserhalb des Seifenstückes irgendwo, und verbindet dann die offenen Enden durch einen Wasserzersetzungsapparat, oder durch die wohlgenässten Finger, so wird man weder eine Gasentwickelung, noch einen Erschütterungsschlag wahrnehmen. Nur ein sehr empfindlicher Multiplikator, oder eine sehr leicht zersetzbare Flüssigkeit wird eine höchst schwache Wirkung nachzuweisen fähig sein. Dass aber die Seife der Elektricität doch einigen Durchgang gestattet, geht schon daraus hervor, weil jeder Pol der offenen Säule von der Seife vollständig entladen werden kann. Alle diese Erscheinungen hat die Seife mit jedem gewöhnlichen schlechten Leiter gemein, ja mit jedem Leiter überhaupt, dessen Form dazu geeignet ist.

Ausser diesen bietet aber die Seife noch andere, ganz eigenthümliche Erscheinungen dar. Wird nämlich die Seife, während sie die Kette schliesst, an einer ihrer Stellen mit dem Finger oder irgend einem anderen Körper, welcher der Elektricität einen Durchgang gestattet, ableitend berührt, so fällt das am negativen Pol angebrachte Elektrometer gänzlich zusammen, gerade so, als wenn der negative Pol selbst oder der mit ihm verknüpfte Draht des Seifenstückes ableitend berührt worden wäre; nur durch den Condensator lassen sich noch Spuren von Elektricität an diesem Pole nachweisen. Zugleich steigt das am positiven Pole befindliche Elektrometer zu seiner grössten Höhe an, so als wenn die Säule offen und ihr negativer Pol mit dem Erdboden in Verbindung wäre. Diese Erscheinung ändert sich am unbewaffneten Elektrometer nicht merklich, an welcher Stelle man auch die Seife ableitend berühren mag, es geschehe dieses noch so nahe an ihrem einen oder an ihrem anderen Ende; jedoch darf die Berührung nicht den positiven Draht selber treffen, denn so wie dieses geschieht, fällt das am positiven Pole befindliche Elektrometer ganz zusammen. Die Stromeswirkungen der Säule erhalten in allen solchen Fällen noch keinen Zuwachs. Wird ferner zwischen die Seife und ihren negativen Draht Wasser eingeführt, indem man z. B. einen nassen Schwamm so an den negativen Draht andrückt, dass er diesen und zugleich auch die Seife berührt, so bleiben alle Erscheinungen noch wie zuvor; wird aber auf dieselbe Weise zwischen den positiven Draht und die Seife Wasser eingeführt, so fallen plötzlich beide Elektrometer zugleich gänzlich zusammen, und die Säule nimmt alle Kennzeichen einer vollkommen geschlossenen Kette an; es tritt Gasentwickelung im Wasserzersetzungsapparat ein, und man fühlt den Erschütterungsschlag in grosser Stärke, wiewohl zuvor auch nicht eine Spur davon zu entdecken war. Wenn man anstatt des Schwammes die nass gemachten Finger einer Hand nimmt, so wird man in der Hand keine Empfindung wahrnehmen, wenn ein Finger die Seife berührt, während ein anderer auf dem negativen Drahte ruht; eine heftige Erschütterung der Hand aber stellt sich ein, wenn der eine Finger die Seife berührt, während der andere auf dem positiven Drahte liegt.

Durch die zuletzt beschriebenen Erscheinungen, welche in der Wirkungsweise der Seife nach ihren beiden Seiten hin einen befremdenden Gegensatz offenbaren, unterscheidet sich dieser Körper, als Glied der Kette, von den gewöhnlichen schlechten Leitern. Wenn nämlich letztere die Kette schliessen, und lang und dünn genug genommen worden sind, um die

Pole der Säule merklich auf derselben Spannung zu erhalten, die sie zuvor in der noch offenen Säule zeigten, und man berührt dann nach und nach verschiedene Stellen derselben, so zeigt sich der Einfluss einer solchen Berührung auf den Stand der Elektrometer an den Polen verschieden nach den verschiedenen Berührungsstellen. Geschieht die Berührung in der Mitte des schlecht leitenden Körpers, so zeigen beide Elektrometer hier dieselbe Spannung an, wie in der ungeschlossenen Säule, die in ihrer Mitte eine Ableitung erhält; geschieht aber die Berührung allmählig mehr nach einem seiner Enden hin, so fällt das auf derselben Seite befindliche Elektrometer immer mehr zusammen, das auf der anderen Seite befindliche hingegen steigt in demselben Maasse höher an; und geschieht die Berührung an dem Ende selbst, so fällt das dortige Elektrometer ganz zusammen und das entgegengesetzte steigt zu seiner grössten Höhe an*). Insbesondere sprechen aber solche Körper ihr verschiedenes Verhalten von dem der Seife noch dadurch aus, dass ein Einschalten von Wasser zwischen sie und die Polardrähte keine Wirkung hervorbringt, die, wie bei der Seife, verschieden ausfallen, je nachdem das Einschaften auf der einen oder der anderen Seite derselben geschieht. Je auffallender die Abweichung in der Wirkungsweise der Seife von den gewöhnlichen Erscheinungen ist, desto begieriger fragt man sich nach der Ursache einer solchen Verschiedenheit.

Erman, dem wir die Kenntniss obiger Eigenschaften der Seife verdanken, wies zu gleicher Zeit nach, dass in ähnlicher Weise, wie die Seife, auch getrocknetes Eiweiss und die Flamme

*) Durch ausdrücklich deshalb angestellte Versuche habe ich mich überzeugt, dass bei diesen Erscheinungen von der Güte des Ableiters nichts abhängt; er kann der Elektricität einen viel grösseren Widerstand darbieten, als der die Säule schliessende schlechte Leiter, ohne dass der Erfolg ein anderer würde, als bei der vollkommensten Ableitung. Nur kann in Fällen die volle Wirkung erst nach einer längeren oder kürzeren Zeit eintreten, wie ich schon an einem anderen Orte aus theoretischen Gründen entnommen hatte. In jedem Falle muss man aber bei solchen Versuchen immer dafür sorgen, dass die Ableitung um Vieles besser bleibe, als jene, welche an den übrigen Stellen der Säule ihre sogenannte Isolirung bewirkt; denn von dieser Relation allein hängt der Erfolg ganz und gar ab.

des Phosphors sich verhalten, wenn sie die Säule schliessen, und dass die Flamme des Wasserstoffgases und aller Wasserstoff enthaltenden brennbaren Körper ein dem vorigen gerade entgegengesetztes Verhalten zeigen*). So wie nämlich jene drei Körper, wenn sie ableitend berührt werden, während sie die Säule schliessen, dem negativen Pole alle Elektricität entziehen, dem positiven Pole hingegen seine grösste Spannung anzunehmen gestatten, und so gleichsam die negative Elektricität durch sich hindurch zu lassen, die positive hingegen von sich abzuhalten scheinen, so machen umgekehrt die Wasserstoffflammen, wenn sie die Säule schliessen und an irgend einer ihrer Stellen ableitend berührt werden, das am positiven Pole befindliche Elektrometer gänzlich zusammenfallen und das am negativen Pole befindliche zu seiner grössten Höhe ansteigen; sie scheinen gleichsam die positive Elektricität durch sich hindurch zu lassen und die negative von sich abzuhalten. Der Entdecker dieser scheinbaren Fähigkeit mancher Körper, die eine Elektricität leichter als die andere durch sich hindurch zu führen, fühlte sich geneigt, diese Erscheinung jenen Körpern als eine ihr Wesen bestimmende Eigenschaft zuzuschreiben; daher legte er ihnen den Namen *unipolarer Leiter* bei, und zwar nannte er sie *negativ* unipolare Leiter, wenn sie, wie die Seife, die negative Elektricität besser als die positive zu leiten scheinen, *positive* unipolare Leiter hingegen, wenn sie, wie die Wasserstoffflamme, die positive Elektricität leichter als die negative zu leiten scheinen.

Fechner hat gegen diese, den Namen der Erscheinung hergebende Ansicht, insofern sie den ganzen Cyklus der Erscheinungen begründen soll, mit Recht erinnert, dass sie nicht alle Thatsachen vollständig in sich aufzunehmen vermag. Die Wahrnehmung z. B. bei der Seife, dass dieser Körper sich plötzlich in einen für beide Elektricitäten gleich guten Leiter verwandelt, sobald zwischen ihn und den positiven Draht Wasser eingeführt wird, scheint in der That die Folgerung nach sich zu ziehen, dass die Ungleichheit des Verhaltens nach beiden Seiten hin nicht sowohl in der Natur der Seife an und

---

*) Gilbert's Annalen XXII.

für sich ihren Grund haben könne, sondern durch eine besondere zwischen dem positiven Metall und der Seife eintretende einseitige Hemmung des elektrischen Stromes veranlasst werden müsse. Durch diese Betrachtung fand sich Fechner zu der Annahme bewogen, dass zwischen dem unipolaren Körper und dem Metall ein eigenthümlicher *Widerstand des Ueberganges* vorhanden sei, der für beide Elektricitäten verschieden und an beiden Grenzen ungleich ist.*) Bei der Seife z. B. wäre der Widerstand des Ueberganges für die positive Elektricität grösser vom Metall zur Seife, als von der Seife zum Metall, für die negative Elektricität hingegen grösser von der Seife zum Metall, als vom Metall zur Seife. Auf solche Weise lassen sich allerding die unipolaren Erscheinungen vollständig repräsentiren; sie werden, um mich so auszudrücken, auf ihren kürzesten Ausdruck gebracht, der unter allen Umständen seinen Werth behalten wird. Soll aber durch diese Darstellungsweise der Grund jener Erscheinungen ausgesprochen werden, so hat sie mit der vorigen den Uebelstand gemein, dass sie die Erscheinung selbst, auf ihre kürzeste Form gebracht, als eine neue, mit den alten in keiner Berührung stehende Eigenschaft der Erklärung zum Grunde legt. Dieses Verfahren bei Naturdingen ist alltäglich und nicht selten nothwendig; es ist genau genommen der letzte Zweck der Naturlehre, als Kunst betrachtet. Die Naturlehre als Wissenschaft hingegen hat zur Absicht, die Anzahl der von einander unabhängigen Eigenschaften der Naturdinge *(qualitates occultae)* auf alle nur erdenkliche Weise zu verringern, wenn es vernunftgemäss und nicht durch blose Phrasen, die nichtssagend sind, eben weil sie alles sagen, geschehen kann; sie feiert einen um so grösseren Triumph, je weiter sie in dieser Verringerung, unbeschadet des vollen Inhaltes von Thatsachen, vorzurücken glücklich genug ist. Ich habe diese allgemeinen Betrachtungen hierher gestellt, weil sie die Ursache angeben, wesswegen ich, ohne mich bei den obigen Vorstellungsweisen länger aufzuhalten, sogleich zu neuen übergehe.

Ausser den beiden vorstehenden Erklärungsweisen giebt

*) Biot's Naturlehre, neueste Uebersetzung von Fechner. III. S. 90.

es nur noch zwei andere, die eine besondere Berücksichtigung zu verdienen scheinen. Die eine hat Configliachi und Brugnatelli zu ihren Urhebern*), und besteht in der Annahme, dass zwischen der Seife und dem Metall eine Spannung von solcher Art und Grösse sich bilde, wie sie erfordert wird, um die Erscheinungen der Unipolarität zu Stande bringen zu können. Die andere rührt von Prechtl her**) und stützt sich auf ein ungleiches Leitungsvermögen der unipolaren Körper auf ihren beiden den Polen der Säule zugekehrten Seiten, wovon er den Grund bald in einer ungleichen Befeuchtung, bald in einer ungleichen Erhitzung des Körpers an seinen beiden Enden sucht, welche Ungleichheit der Befeuchtung oder Erhitzung er aus der Wirkung des Stromes selbst erst hervorgehen lässt. Keine von diesen beiden Erklärungsweisen scheint bei den Physikern grossen Beifall sich erworben zu haben, wenigstens findet man sie in den Lehrbüchern nur selten berührt und von den Experimentatoren nirgends weiter verfolgt. Auch ist nicht zu leugnen, dass beide, von Thatsachen so wenig unterstützt, wie sie es wirklich sind, dem Naturforscher eine nur geringe Befriedigung gewähren können; allein es wäre wohl möglich, dass ihre geringe Befriedigung eben aus der geringen Sorgfalt, womit man sie geprüft hat, sich erklären liesse; ich entschloss mich daher zu einer umständlichen Untersuchung dieses Gegenstandes, deren Resultate in dieser Abhandlung enthalten sind. Meine Aufmerksamkeit musste hierbei, der Natur der Sache nach, insbesondere auf zwei Punkte hin gerichtet bleiben: erstlich waren vorläufig die Bedingungen theoretisch aufzusuchen, welche erforderlich und zugleich hinreichend sind, wenn durch die eine oder die andere der beiden hier in Rede stehenden Erklärungsweisen, alle Erscheinungen, die wir an den unipolaren Körpern wahrgenommen haben, vollständig wiedergegeben werden sollen; sodann blieb mir zu untersuchen übrig, in wieferne das Dasein dieser Bedingungen in der Wirklichkeit durch den Versuch sich nachweisen lässt. Von diesen beiden Bestrebungen werde ich nun nach einander Rechenschaft ablegen.

---

*) Gehlen's Journal VIII. — **) Gilbert's Annalen XXXV.

Was nun zuvörderst die Bedingungen anlangt, welche die unipolaren Körper zu erfüllen haben, wenn auf sie eine der beiden angeregten Erklärungsweisen anwendbar werden soll, so will ich dabei, der grösseren Anschaulichkeit halber, die Seife als Beispiel zum Grunde legen und blos bemerken, dass in jedem anderen Falle das Entsprechende sich darnach leicht angeben lässt. — Sollen nun die unipolaren Erscheinungen an der Seife nothwendige Folgen einer Spannung sein, welche sich zwischen ihr und dem Metalle bildet, so müsste diese Spannung zwischen dem positiven Draht und der Seife Statt haben, und dort an Grösse der Summe aller in der Säule auftretenden Spannungen ohnehin gleichkommen; zwischen der Seife und dem negativen Drahte hingegen dürfte keine Spannung von irgend beträchtlicher Grosse eintreten. Da nun die Seife mit ihren beiden Drähten, bevor sie ein Glied der Kette geworden ist, ein völlig symmetrisches Ganze bildet, auf dessen beiden Seiten die allenfallsigen Spannungen zwischen der Seife und den Drähten jedenfalls dieselben sein müssen: so springt in die Augen, dass die zur Erklärung der Unipolarität erforderliche Spannung durch die Wirkung der Säule selber erst hervorgebracht werden musste, wenn überhaupt eine solche Erklärung möglich sein soll. Wir hätten demnach bei der Prüfung dieser Erklärungsweise zu untersuchen:

a) ob in der That die unipolaren Erscheinungen *Folgen* einer durch den Strom selber erst zu Stand gebrachten Umwandlung des unipolaren Körpers sind; und nachdem dies geschehen ist, zu entscheiden:

b) ob wirklich zwischen dem positiven Draht und der Seife eine Spannung von der erforderlichen Stärke eingetreten ist. Weil jedoch die Möglichkeit nicht abzuläugnen ist, dass ein durch den Strom etwa hervorgerufene Spannung eben so schnell wieder verschwinden kann, sobald die Seife dem Einflusse der Säule entzogen wird, als sie sich durch den Einfluss der Säule gebildet hat, und man daher im letzteren Falle keine Spannung finden könnte, während sie im ersteren Falle vielleicht doch vorhanden wäre: so begreift man die Nothwendigkeit bei dieser Untersuchung solche Vorsichtsmassregeln eintreten zu lassen, wodurch jede Täuschung möglichst verhindert wird.

Sollen aber die unipolaren Erscheinungen an der Seife nothwendige Folgen einer Ungleichheit im Leitungsvermögen des Seifenstückes sein, so müsste zwischen dem positiven Draht und der Seife in einer höchst geringen Ausdehnung ein Widerstand vorhanden sein, der den Widerstand der ganzen übrigen Säule gar viele Male überträfe; zwischen dem negativen Draht und der Seife hingegen dürfte kein solcher Widerstand oder doch nur ein ohne allen Vergleich geringerer Statt haben. Weil aber die Seife mit ihren beiden Drähten, ehe sie die Kette schliesst, ein völlig symmetrisches Ganze ausmacht, dessen beide Seiten offenbar völlig einerlei Leitungwiderstand darbieten müssen: so folgt, dass der zur Erklärung der unipolaren Erscheinungen an der Seife erforderliche Leitungswiderstand durch die Säule selber erst gebildet werden müsste. Wir haben demnach bei der Prüfung dieser Erklärungsweise zu untersuchen:

a) ob in der That die unipolaren Erscheinungen *Folgen* einer durch den Strom selber erst hervorgerufenen Umwandlung des unipolaren Körpers sind; und, nachdem dieses geschehen ist, zu entscheiden:

b) ob wirklich zwischen dem positiven Draht und der Seife ein Leitungswiderstand von der erforderlichen Stärke gebildet worden ist, wobei dieselben Vorsichtsmassregeln, wie bei dem vorigen Fall unter demselben Buchstaben erinnert worden ist, einzuhalten sein werden.

In beiden Fällen müsste die Seife, als zu den besseren Leitern gehörig, angesehen werden können, was jedoch schon aus den oben angezeigten Wahrnehmungen unzweideutig hervorgeht, weil ausserdem die Seife zwischen Wasser keine so gute Leitung gleich im ersten Augenblicke der Wirkung gewähren könnte, wie sie zur Wasserzersetzung und zum Erschütterungsschlage nöthig ist.

Dass die hier aufgestellten Bedingungen alle erforderlich sind, dann aber auch alle unipolaren Erscheinungen in sich schliessen, lässt sich Schritt vor Schritt aus den beiden Formeln, welche ich sowohl für die elektroskopische Kraft der Säule, als für ihre Stromesgrösse gegeben und erwiesen habe, ohne grosse Mühe ableiten. Dieses reintheoretische Geschäft kann ich getrost jedem, der sich mit jenen Formeln bekannt gemacht hat, selber überlassen, dagegen will ich hier für die Richtigkeit obiger Bedingungen reine Erfahrungsbelege angeben. — Man nehme ein prismatisches Stück von irgend einem nicht unipolaren, übrigens guten Leiter und stelle sich darunter das Seifenstück vor. Von seiner unteren Fläche lasse man einen Draht ausgehen, den man in Verbindung mit dem negativen Pole der Säule bringt. Vom positiven Pol der Säule lasse man einen zweiten Draht ausgehen, der sich mit seinem Ende gegen die obere Fläche des fingirten Seifenstückes andrücken lässt. Bringt man nun zwischen dieses Ende und das gedachte Seifenstück eine dünne Schicht von einem schlecht leitenden Körper, wie z. B. Firniss, Wachs, Seidenzeug und dergl., so wird diese künstliche Vorrichtung alle jene Eigenschaften, welche wir an der Seife kennen gelernt haben, völlig getreu wiedergeben. Ja wenn man es dahin bringen will, die schwachen Stromeswirkungen, welche bei der wirklichen Seife doch noch wahrgenommen werden können, auch hier im Nachbilde wieder zu geben, so wird man die Schichten obiger Körper nicht dünn genug zu Stande bringen können; man wird vielmehr zu weniger schlecht leitenden Körpern seine Zuflucht nehmen müssen. — Schwieriger hält es, den Fall, wo eine Spannung zwischen der Seife und dem positiven Drahte den Grund der unipolaren Leitung hergeben soll, künstlich nachzubilden, denn die uns zu Gebote stehenden Spannungen liegen alle innerhalb sehr enger Grenzen. Man kann aber ein Säulchen, aus sehr kleinen und dünnen Scheibchen, nach Art der trockenen Säulen, jedoch mit in Salzlösung getränkten Papierscheibchen gebildet, dazu dienen lassen. Nimmt man dazu so viele Blättchen, dass seine Spannungssumme nahehin der in der grossen Säule gleichkommt, und setzt man sie an die Stelle der dünnen Schicht des schlecht leitenden Körpers in der eben gedachten Vorrichtung dergestalt, dass die gleichnamigen Pole der grossen und der kleinen Säule gegen einander gekehrt sind: so werden auch so wieder alle unipolaren Erscheinungen im Bilde sich aufzeigen lassen; nur muss während der Probe das kleine Säulchen stets wie eine Fläche, die es auch vorsustellen hat, behandelt werden. Diese künstlich unipolaren Vorrichtungen unterscheiden sich in ihrer Wirkung von den natürlichen blos darin, dass, wo bei obigen Versuchen die Verbindung des positiven Drahtes mit der Seife durch Wasser verlangt wird, und nicht durch Metall geschehen darf, es hier gleichgültig ist, mit welchem von diesen beiden Körpern die Verbindung vorgenommen wird, wovon der Grund zu Tage liegt, so dass ich nicht für nöthig erachte, mich hierbei noch länger aufzuhalten.

Es bleibt nun nichts mehr zu thun übrig, als das Dasein oder Nichtdasein der geforderten Bedingungen in der Wirklichkeit nachzuweisen. Zu diesem Ende bauete ich mir, in zwei neben einander und in entgegengesetzter Richtung gestellten Hälften, eine Säule von 100 Zink-Kupferpaaren mit in Kochsalzlösung getränkten Tuchscheiben auf, wovon jede Platte vier Quadratzoll Raum einnahm. Die unteren Enden der beiden Hälften verband ich metallisch mit einander, so dass ihre oberen Enden die Pole der ganzen Säule bildeten. Den positiven Pol dieser Säule bewaffnete ich mit einem Bohnenberger'schen Elektrometer, dessen Polknöpfe so weit aus einander gerückt worden waren, dass der Goldstreifen, ohne anzuschlagen, etwa einen halben Zoll weit aus seiner natürlichen Lage abgelenkt wurde, wenn man den negativen Pol der Säule mit dem Erdboden in Verbindung setzte. Nun steckte ich in ein noch ungebrauchtes Seifenstück zwei blanke Messing-Drähte von $^1/_3$ Linien im Durchmesser, so dass ihre Spitzen etwa $^1/_4$ Zoll von einander entfernt blieben, und brachte den einen dieser Drähte mit dem negativen Pole der Säule in metallische Verbindung, während die Seife fortwährend zwischen den Fingern gehalten wurde, so dass der Goldstreifen seinen höchsten Stand einnahm. Während ich so den einen Draht in sicherer Verbindung mit dem negativen Pol erhielt, liess ich den anderen Draht, die Seife stets zwischen den Fingern haltend, auf den positiven Pol herab, wobei ich das Elektrometer unverrückt im Auge behielt. In dem Augenblicke, wo dieser Draht den positiven Pol berührte, fiel der Goldstreifen seiner natürlichen Stellung zu, aber noch ehe er diese erreicht hatte, wurde er in seinem Fall aufgehalten und sogleich wieder auf seinen höchsten Stand zurückgetrieben. Hebt man nach wenigen Augenblicken den letzten Draht wieder vom positiven Pol ab, und lässt ihn nach einiger Zeit wieder auf denselben Pol herab, während der erste Draht unablässig mit dem negativen Pol in Verbindung bleibt, so wird der Goldstreifen jetzt nicht mehr fühlbar von seinem höchsten Stand ab gegen seine natürliche Stellung hingetrieben werden. Ja man kann die Seife, sammt ihren beiden Drähten, aus der Säule ganz herausnehmen und sie lange Zeit (ich habe diesen Zwischenraum bis zur Länge einer Viertelstunde wachsen lassen) an einem beliebigen Orte ruhig liegen lassen; wiederholt man hierauf denselben Versuch wie eben angeführt, mit der Vorsicht jedoch, dass derselbe Draht, welcher vorhin mit dem negativen Pol in Verbindung gestanden hatten, auch jetzt wieder dazu genommen wird, so wird noch immer der Goldstreifen im Augenblicke des Schliessens der Säule seinen höchsten Stand nicht im mindesten verlassen. Kehrt man aber nach einem so vorausgegangenen Versuche die Seife mit ihren Drähten um, und wiederholt denselben Versuch ganz auf dieselbe Weise, so dass jetzt das mit Drähten bewaffnete Seifenstück in umgekehrter Richtung die Säule schliesst, so tritt im Augenblicke, wo der verwechselte Draht den positiven Pol berührt, nachdem der andere Draht mit dem negativen Pol in Verbindung gebracht worden ist, wieder das zuerst beobachtete Fallen des Goldstreifens seiner natürlichen Stellung zu, sein Stillstand unterwegs und sein unmittelbar darauf erfolgender Rückgang in die Stellung, von welcher er hergekommen ist, ganz in der früheren Weise ein. Wiederholt man, nachdem dieses geschehen ist, denselben Versuch bei derselben Lage des Seifenstückes aufs Neue, so tritt dieselbe Erscheinung nicht zum zweiten Male wieder ein; aber durch Umkehrung des armirten Seifenstückes kann man sie so oft wieder aufs Neue hervorrufen, als man will. Der Erfolg dieser Versuche bleibt stets derselbe, wenn man nur an der Art, wie die Drähte mit der Seife verbunden sind, keine Aenderung vornimmt; denn jedes Herausnehmen der Drähte aus der Seife und Wiederhineinstecken in dieselbe, selbst wenn es in die alten Löcher geschieht, hebt in der Regel die Wirkung des vorangegangenen Versuches auf und macht den Erfolg in jedem Falle zweifelhaft.

Man kann die in den eben beschriebenen Versuchen sich

kund gebende Erscheinung noch auf eine andere Weise verfolgen und so die Beobachtung gewissermassen vervollständigen, indem man untersucht, welchen Einfluss sie auf den negativen Pol ausübt. In dieser Absicht bringe man jetzt das Elektrometer vom positiven Pole weg und mit dem negativen Pole in Verbindung, und nehme ein noch ungebrauchtes Seifenstück, mit neuen, in dasselbe eingesteckten Drähten. Nimmt man mit diesem neuen Seifenstücke den vorigen Versuch ganz in der alten Weise wieder vor, indem man, die Seife zwischen den Fingern haltend, ihren einen Draht mit dem negativen Pol in Verbindung setzt, wodurch jetzt der Goldstreifen im Elektrometer seine natürliche Lage einzunehmen veranlasst wird, und, nachdem dieses geschehen ist, den anderen Draht mit dem positiven Pol in Berührung bringt: so wird der Goldstreifen im Augenblicke der Schliessung seine eingenommene Stellung nicht im Geringsten ändern; kehrt man aber hierauf das Seifenstück um und wiederholt denselben Versuch in derselben Weise: so wird jetzt der Goldstreifen im Augenblicke der Schliessung seine natürliche Stellung verlassen und derjenigen zueilen, welche er in der offenen Säule einnimmt, wenn der positive Pol mit der Erde in Verbindung gesetzt wird; jedoch wird er auch hier schon unterwegs aufgehalten und wieder in seine natürliche Stellung zurück getrieben. Letztere Erscheinung stellt sich bei einer Wiederholung desselben Versuches in derselben Art nicht wieder ein, kann aber durch Umkehrung des Seifenstückes sammt seinen Drähten so oft wieder hervorgerufen werden, als man will. Auch hier hat die Zeit auf den Erfolg des Versuches keinen Einfluss.

Vorstehende Versuche geben uns über einen wichtigen Punkt, das unipolare Verhalten der Seife angehend, erwünschten Aufschluss. Sie zeigen nämlich, dass in der That die Ursache der unipolaren Erscheinungen nicht ursprünglich schon in der Seife vorhanden ist, sondern erst nach dem Schliessen der Kette durch den Strom in dem unipolaren Körper erzeugt wird; denn die Seife, obgleich fortwährend mit der Erde in Verbindung, hat doch nicht gleich im ersten Augenblicke der Schliessung das Vermögen, den positiven Pol in seiner grössten Spannung zu erhalten, sondern sie erhält es erst nach einiger

Zeit, und nachdem sie es erhalten, zeigt sie in umgekehrter Lage ein entgegengesetztes Vermögen in Beziehung zum negativen Pole, indem sie dessen Spannung, trotz der fortwährenden Ableitung, anwachsen lässt; diese umgekehrte Tendenz der Seife wird aber durch die Einwirkung des Stromes bald wieder aufgehoben, und zugleich tritt die der neuen Lage der Seife entsprechende Umwandlung ein. Diese Erscheinungen geben zu erkennen, dass in der Seife durch den Strom eine Veränderung zu Stande kommt, die eine bestimmte Beziehung zur Lage der Seife in der Kette hat, wodurch die Seife eben erst zum negativ unipolaren Körper wird, und dass diese abgeänderte Seife, wenn sie in umgekehrter Lage die Kette schliesst, die Natur eines positiv unipolaren Körpers äussern will, aber nicht lange zu thun vermag, weil der Strom sogleich die vorige Aenderung wieder aufhebt und kurz darauf die der neuen Stellung entsprechende bewirkt. Es ist allerdings wahr, dass das Elektrometer im einen Falle nicht den gänzlichen Verlust der Spannung am positiven Pol, im anderen Falle nicht die höchste Spannung am negativen Pol anzeigt, denn der Goldstreifen legt in beiden Fällen nur ungefähr den vierten Theil des ganzen Wegs zurück; allein die Zeit, welche dem Goldstreifen gestattet ist, um seinen Hin- und Hergang zu vollenden, ist so geringe, dass ich nicht im Stande bin ihre Grenzen anzugeben, jedenfalls aber viel geringer, als nöthig wäre, um den Goldstreifen von seinem höchsten Stande bis in seine natürliche Lage zurückfallen zu lassen, wenn er sich selber überlassen bliebe; das Elektrometer kann folglich weder im ersten Falle den gänzlichen Verslust der Spannung am positiven Pole, noch im anderen Falle die höchste Spannung am negativen Pole anzeigen, wenn schon alle Erfordernisse zu diesen Ergebnissen im ersten Momente der Schliessung wirklich vorhanden sind. Die unvollständigen Anzeigen des Elektrometers können weiter nichts beweisen, als die unglaubliche Schnelligkeit, womit die zur Unipolarität erforderliche Modifikation an der Seife durch den Strom hervorgebracht wird, woraus sich auch die frühere Nichtbeobachtung dieses Umstandes von selbst erklärt. Ohne Zweifel würde sich durch zweckmässige Vorkehrungen die Umbildung der Seife verlangsamen und dadurch für die Elektrometer mehr Zeit gewinnen lassen; ich habe jedoch dieses Ziel nicht weiter verfolgt, weil ich die Erscheinung, so wie sie sich hier gegeben hat, schon für bindend genug erachte, und weiter unten noch neue Belege für denselben Umstand sich darbieten werden. — Der hier besprochene Punkt scheint für die theoretische Ansicht der unipolaren Erscheinungen entscheidend zu werden. Wenn nämlich die Seife nicht schon ursprünglich das zur Hervorbringung der Unipolarität erforderliche Vermögen besitzt, sondern es erst durch die Einwirkung des Stromes annimmt, so ist offenbar, dass man die Ursache jener Erscheinungen weder in einem der Seife angehörigen ungleichen Leitungsvermögen für beide Elektricitäten, noch in einem eigenthümlichen Widerstande des Ueberganges zwischen Seife und Metall zu suchen habe. Wir sehen uns daher aufs Neue wieder auf die beiden letzten Erklärungsweisen allein hingewiesen, denen wir schon vorhin den Vorzug vor den beiden anderen aus noch ganz allgemeinen theoretischen Gründen gegeben haben.

Hier angelangt bleibt noch zu entscheiden übrig, ob durch die in der Seife vor sich gegangene Umänderung eine Spannung von der erforderlichen Stärke oder ein Leitungswiderstand von hinreichender Grösse hervorgerufen wird. Diese Entscheidung wird um so leichter, weil obige Versuche bereits dargethan haben, dass die in der Seife durch den Strom bewirkte Umänderung bleibend ist, indem die sie begleitenden Erscheinungen, wenn sie einmal vorüber gegangen sind, nicht wiederkehren, wie oft und in welchen Zwischenräumen der Versuch ganz in derselben Weise aufs Neue wieder worgenommen werden mag. Prüft man aber das Seifenstück mit seinen beiden Drähten am Elektrometer ohne Zuziehung des Condensators (der unnütz wäre, weil eine nur durch ihn bemerkliche Wirkung zur Erklärung der unipolaren Erscheinungen nichts beitragen könnte) hinsichtlich einer zwischen der Seife und dem positiven Drahte vorhandenen Spannung, so findet man auch nicht eine Spur davon. Es bleibt sonach für die Erklärung der unipolaren Erscheinungen an der Seife nur noch ein zwischen dem positiven Drahte und der Seife in nur sehr geringer Ausdehnung durch den Strom gebildeter Leitungswiderstand übrig; wir wollen daher zusehen, in welchem Grade sich das Dasein eines solchen Leitungswiderstandes erfahrungsmässig nachweisen lässt. Da dieser Leitungswiderstand, falls er wirklich vorhanden ist, durch den Strom selber erst gebildet wird, so haben wir ihn ohne Zweifel unter den Erzeugnissen einer durch den Strom bewirkten Zersetzung der Seife aufzusuchen. In Folge der chemischen Natur der Seife wird sich aber bei einer eintretenden Zersetzung derselben durch den Strom ihr Kali um den negativen Draht, ihre Fettsäure hingegen um den positiven Draht herum ansammeln; die Fettsäure müsste folglich den geforderten Leitungswiderstand in sich enthalten, und in der That ist diese Körperklasse, welche unter die schlechtesten Leiter zu setzen ist, ganz dazu geeignet, jene Forderung in ihrem vollen Umfange zu erfüllen. Freilich lässt sich hier die Frage aufwerfen, ob denn auch wirklich innerhalb der Seife eine Zersetzung durch den Strom vor sich gehe, da ja die chemische Einwirkung der galvanischen Kette auf feste Körper im Allgemeinen ungleich geringer als auf flüssige ist; allein auch dieser Zweifel lässt sich heben, ohne dass man nöthig hätte, auf die geringe Festigkeit der Seife und auf den schwachen Verwandtschaftsgrad ihrer Bestandtheile hinzuweisen. Prechtl theilt uns eine dahin gehörige Wahrnehmung mit in folgenden Worten (a. a. O. S. 99): „bringt man die völlig trockenen Enden der Polardrähte in die isolirte Seife, nimmt sie nach kurzer Zeit wieder aus derselben und wischt sie auf kalisch reagirendem Papier ab, so giebt immer das negative Ende eine kalische Färbung, das positive Drahtende zeigt keine oder zuweilen nur äusserst geringe Spuren von dieser Färbung.“ Noch auf derselben Seite äussert sich dieser Gelehrte dahin, dass man auf solche Weise leicht den positiven und negativen Pol einer Säule von einander unterscheiden könne. Ist aber das Erscheinen des einen Bestandtheiles der Seife an dem einen Draht auf solche Weise dargethan, so wird Niemand mehr das Auftreten des anderen Bestandtheiles am anderen Drahte bezweifeln woller, obgleich, bei dem Mangel an sehr geeigneten Reagentien auf Fettsäure, die unmittelbare Nachweisung desselben nicht ohne Schwierigkeit geschehen möchte, weil sein Auftreten, indem es die Wirkung der Kette fast bis zur Vernichtung schwächt, einem Forterzeugen von sich selber mächtig entgegenwirkt, und man sonach ihn immer nur in höchst geringer Menge dort erwarten darf. Indessen lässt sich hoffen, dass man durch eine starke Vergrösserung, sowohl der Säule, als der Berührungsfläche des positiven Metalles mit der Seife, diesen Uebelstand grossentheils beseitigen und dann das Hervortreten der Fettsäure auf dieser Seite augenscheinlich machen werde.

Das Resultat der bisherigen Untersuchung, kurz zusammengefasst, lautet nun so: Die zwischen Metalldrähten in der Kette befindliche, trockene Seife wird durch den Strom zerlegt, ihr Kali tritt am negativen, ihre Fettsäure am positiven Draht auf; die nicht leitende Eigenschaft der Fettsäure aber wird Ursache einer, in ganz kurzer Zeit erfolgenden, Schwächung der Kette bis zu dem Grade, wobei eine fernere Zersetzung der Seife nicht mehr stattfinden kann, und bewirkt eben dadurch die unipolaren Erscheinungen an der Seife. Auch simmt dieses Resultat mit allen übrigen Erfahrungen recht gut zusammen. So sieht man auf der Stelle ein, dass Seife, welche in eine Kette von sehr schwacher Wirkung gebracht wird, in welcher ihre Zersetzung nicht erfolgen kann, auch keine unipolaren Erscheinungen zeigen wird, indem der Grund dazu, die schlecht leitende Schicht, hier nicht zum Dasein kommt. Trockene Säulen geben in der That nach Erman und Biot zu keinen unipolaren Erscheinungen an der Seife Anlass. Es kann jedoch geschehen, dass eine Säule, in welcher die Seife noch eine Zersetzung erleidet, oder in welche Seife, die schon auf anderem Wege zersetzt worden ist, eingeführt wird, doch die unipolaren Erscheinungen entweder gar nicht oder nur unvollkommen zeigt; dies wird nämlich dann geschehen, wenn die Säule selber der Leitung einen so grossen Widerstand darbietet, dass der in der Seife gebildete nicht mehr als sehr gross im Vergleich zu jenem angesehen werden kann. Nur wenn diese letztere Bedingung erfüllt ist, können die unipolaren Erscheinungen vollständig auftreten, ausserdem nur unvollständig, indem zwar bei der Berührung des unipolaren Körpers der eine Pol seine Spannung verliert, der andere dagegen nicht bis zur höchsten Spannung, die die Säule gestattet, ansteigt, sondern auf irgend einer Stufe zwischen dieser höchsten Spannung und gar keiner stehen bleibt. Genau genommen tritt dieser letztere Fall unter allen Umständen ein, weil die vollständige Erscheinung voraussetzt, dass der in der Seife gebildete Widerstand ohne allen Vergleich grösser sei, als der Gesammtwiderstand der ganzen übrigen Säule; indessen spricht sich doch, bei der Unvollkommenkeit unserer Mittel zu einer genauen Bestimmung der elektroskopischen Kraft, die vollständige Erscheinung für unsere Beobachtung in einem weiten Umfange noch befriedigend genug aus. Obige Erklärung fasst sonach alle Momente der Erscheinung zugleich in sich; nur ein einziger Umstand bleibt noch unerklärt, der nämlich, warum Wasser, welches man zwischen den positiven Draht und die Seife einschaltet, oder womit man die Seife vor ihrem Gebrauche befeuchtet, die unipolaren Erscheinungen aufhebt. Kann vielleicht die Seife in Gegenwart von Wasser durch den Strom nicht zersetzt werden, wie wir z. B. wissen, dass Wasser, in welchem Bleizucker aufgelöst ist, in seine Bestandtheile nicht durch die Kette zerlegt werden kann? Oder gehen die Bestandtheile des Wassers mit denen der Seife neue Verbindungen ein, so dass der zur Unipolarität geforderte, nichtleitende Körper, so wie er entsteht, sogleich auch wieder verschwindet? Oder wird die ausgeschiedene Fettsäure durch das Wasser veranlasst in solchen Gruppirungen aufzutreten, die dem Wasser einen Durchgang eröffnen, und auf solche Weise die nicht leitende Schicht blos illusorisch darstellen. Fortgesetzte Versuche allein können vielleicht auch hierüber noch entscheiden.

Ehe ich zur Betrachtung der übrigen unipolaren Körper übergehe, will ich noch einige andere zusammengesetztere Versuche mit der Seife zur Sprache bringen, wodurch obige Erklärungsweise, wenn nicht volle Gewissheit, doch eine neue Bestätigung erhält. Man nehme zwei noch ungebrauchte Seifenstücke von völlig gleicher Grösse und Gestalt, verbinde beide durch einen blanken Metalldraht miteinander und versehe noch überdies jede der von einander abgewandten Flächen der beiden Seifenstücke mit einem Drahte von derselben Stärke, dergestalt, dass alle Drähte gleich tief in die Seife ragen und keiner den anderen berührt. Verbindet man nun die äussersten

Drähte dieser Vorrichtung mit den Polen der Säule, so wird man folgende Erscheinungen wahrnehmen. Berührt man nämlich den Draht, welcher mit dem negativen Pole zusammenhängt, oder das auf derselben Seite befindliche Seifenstück, an irgend einer Stelle mit dem Finger, so wird der negative Pol alle Spannung verlieren, der positive Pol hingegen seine höchste Spannung annehmen; berührt man aber den mittleren Draht oder irgend eine Stelle des anderen Seifenstückes mit dem Finger, so werden beide Pole Spannungen von gleicher Stärke annehmen, gerade so, als wenn die Säule noch ungeschlossen und in ihrer Mitte mit dem Erdboden in Verbindung wäre; berührt man endlich den positiven Pol selbst oder den mit ihm vereinigten Draht der Seifenvorrichtung, so verliert dieser Pol alle Spannung und der negative nimmt seine grösste Spannung an. Dieser Erfolg erklärt sich einfach daraus, dass bei der getroffenen Einrichtung der schlechtleitende Bestandtheil in beiden Seifenstücken auf einerlei Weise und in gleicher Menge ausgeschieden wird, so dass die ganze, zwischen den beiden schlechtleitenden Schichten befindliche, Strecke von Seife und Metall wie eine gute Leitung anzusehen ist, wodurch die beiden Hälften eines schlechten Leiters mit einander verbunden sind; denn die Erscheinung, so wie ich sie beschrieben habe, ist eine nothwendige Folge dieser Ansicht. Durch nachstehende Abänderung des Versuches kann man die Richtigkeit dieser Ansicht noch mehr in die Augen fallen machen. Man feile eines von den beiden Drahtenden, um welche die Ansammlung der schlechtleitenden Substanz geschieht, wenn die Säule mit der Seifenvorrichtung geschlossen wird, zu einem viel kleineren Durchmesser, und stecke die zuvor gereinigten Drähte in neue Seifenstücke, oder wenigstens an neuen Stellen in die alten*). Schliesst man mit der so abgeänderten Seifenvorrichtung die Säule, so dass der Draht, dessen eines Ende

*) Damit bei der grossen Schwäche meines dünngefeilten Drahtendes doch der Seifenapparat die nöthige Haltbarkeit, ohne künstliche Mittel, erhalten konnte, habe ich mir bei diesem Versuch erlaubt, alle Drahtenden durch die ganze Seife hindurch in gleicher Entfernung und parallel neben einander gehen zu lassen; dadurch hat zwar die Form, aber nicht das Wesen des Versuches eine Aenderung erlitten.

dünn gefeilt worden ist, mit diesem dünnen Ende nach dem negativen Pole hinsieht, und berührt man den mittleren Draht dieser Vorrichtung, oder irgend eine Stelle des dem positiven Pole zugekehrten Seifenstückes: so wird man jetzt nicht mehr beide Pole auf einen gleichen Grad der Spannung, wie oben, gelangen sehen, sondern derjenige Pol, zwischen welchem und der abgeleiteten Stelle das dünn gefeilte Drahtende liegt, wird eine um vieles grössere Spannung zeigen als der andere Pol, wiewohl auch an diesem eine schwache Spannung noch gut sichtbar bleibt. Die Erscheinung ist völlig so, als wenn eine, zwischen den beiden von einander gesonderten und ungleichen Theilen eines schlechten Leiters, womit die Säule geschlossen wird, angebrachte gut leitende Verbindung irgendwo ableitend berührt wird. Die Fähigkeit der schlechtleitenden Substanz, sich aus der Seife auszuscheiden, wird nämlich durch das dünne Drahtende nicht nur nicht vermindert, sondern vielmehr durch das Besondere der Spitzenwirkung noch erhöht, und dieser Umstand, verbunden mit der kleineren Oberfläche, welche die an diesem Drahtende sich sammelnde Substanz annimmt, wird Ursache, dass sich an diesem Ende in derselben Zeit ein grösserer Widerstand bildet, als derjenige ist, welchen dieselbe Substanz am anderen Drahtende ausübt, worin eben der Grund obiger Erscheinung liegt.

Mit diesen letzteren Versuchen scheint eine Wahrnehmung Erman's im Widerspruche zu stehen, welcher an einer ähnlichen, aus zwei Seifenstücken zusammengesetzten, Vorrichtung blos das dem positiven Pole zugekehrte Seifenstück unipolar wirkend gewahrte, nämlich so, dass der negative Pol alle Spannung verlor, der positive Pol hingegen das *Maximum* seiner Spannung annahm, man mochte den mittleren Draht, oder eines der beiden Seifenstücke, an welcher Stelle es war, ableitend berühren; erst dann, nachdem zwischen den positiven Polardraht und die damit zusammenhängende Seife ein feuchter Leiter so gelegt worden war, dass er beide zugleich berührte, erhielt das andere Seifenstück unipolare Eigenschaften. Es ist jedoch zu bemerken, dass der hier erwähnte Erfolg keine normale Erscheinung ist. Man kann nämlich ganz nach Belieben jedes der beiden Seifenstücke zu einem unipolaren Körper machen, während das andere keine unipolaren Eigenschaften zeigt; man darf zu dem Ende blos ein schon in der Kette gewesenes Seifenstück nehmen und, ohne an der Verbindung des positiven Drahtes mit diesem Seifenstück im Geringsten etwas zu ändern, ein zweites noch ungebrauchtes Seifenstück, welches mit nur einem Polardrahte bereits versehen ist, an einen der Drähte des ersten Seifenstückes zu stecken. Schliesst man mit dieser Seifenvorrichtung die Säule so, dass das schon gebrauchte Seifenstück auch jetzt wieder dieselbe Stellung zum *Strome, wie zuvor, erhält, so wird immer nur dieses, nicht* aber das neu hinzugekommene Seifenstück unipolar wirkend sein. Verbindet man aber, während diese Vorrichtung die Säule schliesst, beide Drähte des zuvor schon gebrauchten Seifenstückes nur auf ganz kurze Zeit durch einen Metallbogen mit einander, so wird, nachdem diese Verbindung wieder aufgehoben worden, der normale Zustand eingetreten sein, und beide Seifenstücke werden polare Eigenschaften in gleicher Stärke zeigen, wie vorhin angegeben worden ist. In dem schon gebrauchten Seifenstücke hat sich nämlich, während es die Kette schloss, bereits soviel schlechtleitende Substanz an dem positiven Drahtende angesammelt, um den Strom bis auf den Punkt zu schwächen, wo keine weitere Zersetzung der Seife mehr vor sich gehen kann. Durch die Hinzufügung eines zweiten Seifenstückes wird der Gesammtwiderstand nicht vermindert, vielmehr erhöhet, mithin kann, wenn jetzt beide Seifenstücke die Kette so schliessen, dass der Strom das alte Seifenstück nicht in umgekehrter Richtung durchfährt, — ausserdem würde eine Fortschaffung der schon gebildeten schlechtleitenden Substanz eintreten und den Erfolg abändern — in dem neuen Seifenstücke keine Zersetzung erfolgen, daher können auch an diesem Stücke keine unipolaren Eigenschaften sich zeigen. Die metallische Verbindung der beiden Drähte des alten Seifenstückes unter einander giebt dem Strome Gelegenheit die schlechtleitende Schicht zu umgehen, und deswegen das neue Seifenstück mit seiner vollen Kraft zu durchlaufen, so dass jetzt auch in ihm die nicht leitende Substanz gebildet wird, wodurch es mit dem anderen auf einerlei Stufe der Unipolarität zu stehen kommt. Alle diese Umstände sind immer wieder neue Beweise für die Richtigkeit unserer früher gewonnenen Ansicht über die unipolare Natur der Seife.

Die Vollständigkeit erforderte nun, dass ich auch die übrigen unipolaren Körper mit derselben Umständlichkeit untersuchte, um so mehr, als sich bei diesen die Schwierigkeiten nur noch zu vermehren scheinen. Nach Prechtl (a. a. O. S. 100) giebt auch beim trockenen Eiweiss, nachdem es einige Zeit die Säule geschlossen hat, der negative Draht alkalische Reactionen; dieser Körper wird mithin, wie die Seife, durch den Strom zerlegt. Wenn sich nun aber auch unbezweifelt darthun liesse, dass am negativen Draht Ammoniak ausgeschieden wird, welcher zweite Bestandtheil müsste dann am positiven Drahte sich anhäufen? Die heutige Chemie scheint auf diese Frage keine sichere Antwort geben zu können; man müsste sich daher auf die Aehnlichkeit, welche zwischen Seife und Eiweiss stattfindet, und auf die Wahrscheinlichkeit berufen, dass da am negativen Pole gleichartige Körper ausgeschieden werden, wohl auch die am positiven Pol ausgeschiedenen Bestandtheile zu einer und derselben Körperklasse gehören und hinsichtlich ihres Leitungsvermögens gleiche Eigenschaften besitzen dürften. Allein damit wäre nichts gewonnen; auf eine blose Vermuthung hin ein Urtheil zu fällen, ist höchst bedenklich, eine solche Unbesonnenheit wird von der Natur fast jedesmal gestraft; es bleibt demnach nichts Anderes übrig, als die fragliche Substanz zu isoliren und dann wenigstens hinsichtlich ihres Leitungsvermögens näher zu prüfen, was nicht ohne grosse Mühe geschehen kann. Bei den Flammen wachsen die Hindernisse noch weit stärker an; hier ist in den bisherigen Versuchen noch so Vieles unbestimmt geblieben. Weiss man doch nicht einmal, welcher Theil der Flamme zu den unipolaren Erscheinungen wesentlich gehört und welcher nicht. Um mich durch ein Beispiel verständlicher zu machen, will ich die Flamme des Wasserstoffgases meiner Betrachtung zu Grunde legen. Es ist nicht wohl denkbar, dass das von dem leuchtenden Mantel umgebene im Inneren der Flamme befindliche und völlig trockene Wasserstoffgas an dem Entstehen der unipolaren Erscheinungen Antheil nehme, denn dazu fehlt ihm die erforderliche Eigenschaft eines hinreichend guten Leiters; und selbst wenn man das noch ziemlich problematische Vermögen der Glühhitze, leitend zu machen, in Anspruch nehmen wollte, kommt man nicht viel weiter, denn die Hitze ist an der erwähnten Stelle nicht sehr gross. Es scheint demnach, als ob man den beim Brennen solcher Flammen gebildeten Wasserdampf für den eigentlich unipolaren Körper zu halten hätte. In der That scheint unter dieser Voraussetzung eine einfache Erklärung für die Unipolarität der Wasserstoffflammen sich von selbst darzubieten. Senkt man nämlich die beiden Polardrähte der Säule in den leuchtenden Theil solcher Flammen ein, so wird der zwischen diesen Drähten gebildete Wasserdampf, weil er ein ziemlich guter Leiter ist, die Säule thätig werden lassen und durch sie eine Zersetzung erleiden; um den positiven Draht sammelt sich der Sauerstoff an, der Draht wird oxydirt, wenn er oxydirbar ist; um den negativen Draht sammelt sich Wasserstoff an, welcher als Gas eine nichtleitende Schicht um den Draht bildet, die zu den positiv unipolaren Erscheinungen Anlass giebt. Ist dieses der wahre Hergang der Sache, so müsste der Erfolg nicht ganz derselbe bleiben wenn ein edles Metall zum positiven Polardrahte genommen wird; denn obschon selbst in diesem Falle der Widerstand, welchen die Schicht von Sauerstoffgas um den positiven Draht herum dem Strom entgegensetzt, geringer ausfallen könnte, als der am negativen Drahte, wozu schon die relativ geringere Menge des ausgeschiedenen Sauerstoffgases, selbst wenn man für beide Gase ein gleiches Leitungsvermögen vindiciren wollte Anlass geben könnte: so müsste sein Dasein doch wohl einer ausdrücklich dahin gerichteten Aufmerksamkeit entgegen treten und sich in einer Erscheinung aussprechen, die jener analog ist, welche wir oben an zwei Seifenstücken mit ungleich dicken Drahtenden wahrgenommen haben. Auch müsste es wohl möglich sein, die unipolaren Erscheinungen am blosen Wasserdampfe, ohne Beisein der Flamme, hervor zu rufen. Man kann gegen die hier angeführte Vorstellungsweise nicht einwenden, dass ja denn doch wohl auch flüssiges Wasser dieselben Erscheinungen darbieten müsste; denn die Umstände sind in beiden Fällen gänzlich verschieden. Im tropfbaren Wasser nehmen die ausgeschiedenen Gase sogleich die Form von

Bläschen an und werden von der ungleich dichteren Flüssigkeit gewaltsam in die Höhe geworfen, so dass, wenn nicht etwa das Wasser in sehr enge Röhren eingeschlossen ist, zu keiner Zeit eine vollständige Trennung des Wassers von dem Polardrahte durch Luft geschehen kann; im Wasserdampfe hingegen fällt der Grund zu so schneller Absonderung weg, die ausgeschiedenen Gase befinden sich mit dem Wasserdampfe in einerlei Aggregationszustand, die Bläschenbildung hört auf, alle Theile können sich weit leichter dem Willen der Kette unterwerfen, und selbst im Wechsel der so gelagerten mit neu ankommenden Theilen kann leicht die einmal eingeführte Ordnung sich fortwährend erhalten. Am schwierigsten dürfte die Untersuchung der Phosphorflamme werden, und trügt mich mein Gefühl nicht, so hätte man dabei die Aufmerksamkeit vorzugsweise darauf hinzurichten, ob nicht während der Schliessung eine Verbindung der Phosphorsäure mit dem Metalle eingeleitet wird, worin vielleicht eben der Grund zur Unipolarität zu suchen wäre. Ist vielleicht geschmolzene Phosphorsäure ein negativ unipolarer Körper?

Man wird aus diesen wenigen Andeutungen leicht entnehmen können, wieviel noch zu thun übrig bleibt, ehe man über alle einzelnen Punkte bei den verschiedenen unipolaren Körpern Rechenschaft wird geben können. Den Hauptumstand, dass die Ursache der Unipolarität nicht schon ursprünglich in den Körpern vorhanden sei, habe ich zwar auch an einigen Flammen, die ich deshalb einer Prüfung unterwarf, deutlich wieder gefunden, demungeachtet stand ich von der weiteren Untersuchung dieser Körper ab, indem ich bald gewahr wurde, dass dazu innere Mittel allein nicht hinreichend seien, wenn nicht ein bloses Flickwerk an's Licht treten soll. Schon hatte ich auch diese Arbeit zu den übrigen noch unvollendeten hingelegt, in der Absicht, sie in besseren Zeiten wieder vorzunehmen — denn durch ein einziges und noch dazu nicht bis auf den letzten Punkt erörtertes Beispiel konnte und wollte ich nicht die ganze Klasse von Erscheinungen vertreten lassen — als ich später auf den Gedanken fiel, nachzusehen, ob nicht vielleicht noch andere und leichter zugängliche Körper, mich meinem Ziel entgegen zu führen, geeignet wären. Nachdem ich in dieser Absicht meinen Blick über die verschiedenen Erzeugnisse der Natur hatte schweifen lassen, blieb ich zuletzt bei einem Körper stehen, der schon durch seine früher bekannten galvanischen Eigenthümlichkeiten uns besonders merkwürdig geworden ist; ich meine die Schwefelsäure. Dieser Körper zeigte mir in der That gleich bei der ersten Prüfung ein so ausgezeichnetes Verhalten in unipolarer Hinsicht, dass ich durch ihn meinen Zweck auf eine befriedigende Weise zu erreichen hoffen konnte, denn er entwickelte nach und nach Erscheinungen, die zu einer tieferen Einsicht in die Natur unipolarer Wirkungen mehr Material herzugeben versprachen, als alle vorigen zusammengenommen. Doch ich will den Thatsachen nicht vorgreifen, sondern umständlich erzählen, was mir Bemerkenswerthes an diesem Körper aufgefallen ist.

Zwischen die beiden Hälften der oben beschriebenen, frisch aufgebauten Säule von 100 Plattenpaaren brachte ich *concentrirte Schwefelsäure* und liess von jedem Pol einen $^1/_3$ Linie starken Messingdraht ausgehen, die beide bis in die Säure ragten, jedoch ohne sich unter einander unmittelbar zu berühren. Brachte ich nun den negativen Polardraht, oder irgend eine Stelle der concentrirten Schwefelsäure, durch Berührung mit dem Finger, oder irgend einem anderen Leiter, mit dem Erdboden in Verbindung, so verlor stets der negative Pol *alle* Elektricität, dagegen stieg das Elektrometer am positiven Pol zu seiner *grössten* Höhe an, und erst wenn der positive Polardraht ableitend berührt wurde, verlor der positive Pol alle Elektricität, und die des negativen erreichte zugleich ihren höchsten Grad. Hierdurch giebt sich die concentrirte Schwefelsäure als ein negativ unipolarer Körper von solcher Stärke zu erkennen, dass sie keinem der vorhin erwähnten irgendwie nachsteht. Wird der concentrirten Schwefelsäure nach und nach in sehr kleinen Portionen Wasser zugesetzt, so nehmen allmählig ihre unipolaren Eigenschaften ab und verschwinden bald ganz und gar. Bringt man nämlich die Säure mit dem Erdboden in Verbindung, wobei der negative Pol alle Elektricität verliert und der positive anfänglich seine stärkste zeigt, so wird, während des Zusetzens von Wasser zur Säure, der negative Pol zwar fortwährend ohne Spannung bleiben, aber auch der positive Pol wird bald von seiner Spannung etwas verlieren, dann immer mehr, und zuletzt gar keine mehr zeigen, wenigstens am unbewaffneten Elektrometer. Die Quantität Wasser, welche der concentrirten Schwefelsäure zugesetzt werden darf, bis ihre unipolaren Eigenschaften merklich abzunehmen beginnen, ist jedoch nicht von so ausnehmend geringem Umfange, dass durch diesen Umstand das Experimentiren beschwerlich werden könnte, zumal wenn man alle den Versuchen fremde wässerige Flüssigkeiten aus dem Zimmer entfernt. Man kann dann mit einer einige Linien tiefen Schicht Säure eine Stunde lang und darüber experimentiren, ohne dass die Anzeigen am Elektrometer im Mindesten geändert würden; daher ist auch meistens schon gewöhnliche verkäufliche concentrirte Schwefelsäure zu den Versuchen entwässert genug. In jenem Zustande, wo die Schwefelsäure die unipolaren Erscheinungen am Elektrometer noch vollständig bewirkt, sind auch alle Stromeswirkungen, wie bei der Seife, fast ganz verschwunden. Wie bei der Seife bleiben auch hier alle eben angegebenen Erscheinungen noch ganz dieselben, wenn man den negativen Draht und die Säure durch einen feuchten Leiter verbindet; und beide Elektrometer zugleich fallen zusammen, die Säule giebt Schläge und Wasserzersetzung tritt ein, wenn die nasse Verbindung vom positiven Drahte zur Säure geschieht. Aber die Schwefelsäure unterscheidet sich von der Seife auffallend genug durch den besonderen Umstand, dass statt des feuchten Leiters auch gewisse Metalle genommen werden können, ohne dass dadurch der zuletzt erwähnten Stromesverstärkung Eintrag geschehe. Führt man von dem Messingdraht am positiven Pol aus in die Säure einen Bogen von Gold oder Platin, so stellt sich der zuvor fast ganz gehemmte Strom augenblicklich in grosser Stärke ein und alle Spannung an den Polen geht verloren. Auch Zinn und Blei bringen dieselben Wirkungen wie Gold und Platin hervor, wiewohl nicht ganz in demselben Grade. Statt der Messingdrähte an den Polen können auch Zinkdrähte und mit geringer Einschränkung selbst Kupfer- und Silberdrähte genommen werden; und überhaupt hängt die Art der Wirkung blos von der Natur des positiven Polardrahtes ab. Wenn nur dieser aus einem der bezeichneten Metalle gewählt worden ist, so hängt im Allgemeinen von der Wahl des negativen Drahtes nichts mehr ab.

Schon die hier aufgeführten allgemeinsten Umstände, welche das unipolare Verhalten der Schwefelsäure in der Säule begleiten, lassen uns das ganze Gewicht fühlen, welches dieser Körper für das Studium der unipolaren Erscheinungen erhält. Auf die Seite derjenigen Metalle, welche die Schwefelsäure zum unipolaren Körper machen, stellen sich Zink und Messing, Kupfer und Silber; auf die Seite derjenigen Metalle, mit welchen die Schwefelsäure keine unipolaren Eigenschaften zeigt, treten Gold und Platin, Blei und Zinn. Das alte Band der galvanischen Reihenfolge scheint zerrissen, die Natur aus ihrer gewohnten Bahn getreten zu sein. Anfangs wähnte ich, lange Zeit hindurch, meinen Augen nicht trauen zu können, und habe darum obige Versuche tagelang und immer wieder auf's Neue bis zum Ueberdrusse wiederholt, wozu ich mich um so mehr getrieben fühlte, als ich in einigen Fällen zu bemerken glaubte, dass die Erscheinung sich nicht immer völlig gleich bleibt; und man stösst in der That auf seltene Ausnahmen von der Regel, wie weiter unten umständlicher besprochen werden wird. Nachdem mir jedoch die Menge meiner Beobachtungen allen Zweifel an der Beständigkeit der Erscheinungen benommen hatte, beschloss ich zur Aufhellung des Gegenstandes eine neue Reihe von Versuchen anzustellen, und um mir das verdriessliche Geschäft des öfteren Reinigens so vieler Platten, womit ich immer halbe Tage zu ertödten hatte, zu erleichtern, liess ich von jetzt an zu meinen Versuchen nur 25 Plattenpaare zu. Mit Zuziehung eines in gutem Stande befindlichen Bohnenberger'schen Elektrometers lassen sich zwar auch an so wenigen Plattenwaaren die unipolaren Erscheinungen noch deutlich wahrnehmen, aber die geringe Stärke seiner Anzeigen giebt der Furcht Raum, dass die Resultate der Beobachtung durch geringe, zufällige Störungen getrübt werden könnten; weil nun aber die elektrometrischen mit den Stromeswirkungen stets Hand in Hand gehen, wiewohl im umgekehrten Verhältniss ihrer Stärke neben einander stehen: so hielt ich es für das Beste, das Elektrometer mit einem Multiplikator als Prüfungsmittel auf den Zustand der Kette zu vertauschen. Der von mir dazu gebrauchte Multiplikator bestand aus 30 Windungen von 0,2 Linien starkem, plattirtem Kupferdraht und war mit einer nicht allzu empfindlichen Nobili'schen Doppelnadel versehen.

Die Versuche selbst wurden in folgender Art angestellt. Das eine Ende des Multiplikators löthete ich an die unterste Platte der Säule von 25 Plattenpaaren, und an ihre oberste Platte löthete ich einen starken, gebogenen Draht, der in eine horizontale, kupferne Platte auslief. Neben diese Platte wurde das zur Aufnahme der Schwefelsäure bestimmte flache Glasgefäss hingesetzt, und auf dessen anderer Seite wurde eine, an das andere Ende des Multiplikators gelöthete, mit der vorigen ganz gleiche Kupferplatte in horizontaler Lage isolirt befestigt. Die oberen horizontalen Flächen der beiden Kupferplatten wurden unablässig in rein metallischem Zustand erhalten, und ich hatte ihnen mit dem Boden des Glasgefässes einerlei Höhe gegeben. Ausserdem hatte ich mir paarweise halbkreisförmige Bogen aus ziemlich starkem Blech von Platin, Gold, Silber, Kupfer, Messing, Eisen, Zinn, Blei und Zink verfertigt, und mehrere in einem rechten Winkel gebogene Glasröhren zurecht gelegt, deren kürzerer Schenkel mit den Platten gleiche Höhe hatte und deren längerer Schenkel ganz am Ende dick mit Wachs belegt worden war. Wollte ich nun eine Verbindung zwischen der Säure und einer der kupfernen Polplatten mit einem von jenen Metallbogen bewerkstelligen, so klebte ich eine von diesen Glasröhren mitten auf dem halbkreisförmigen Metallbogen so an, dass das Ganze die Gestalt eines Feuerbocks annahm, mit welchem ich die leitende Verbindung vom Metall zur Säure sicher und zugleich bequem bewirken konnte. Späterhin habe ich es noch vortheilhafter gefunden, zu diesem Zwecke blos eine gradlinige Glasröhre zu nehmen, deren von dem Metallbogen entferntes Ende auf einer die Stelle des Glasfusses vertretenden Unterlage ruhte. Auf solche Weise wurden nun nach und nach die beiden Polarplatten mit der im Glasgefässe befindlichen concentrirten Schwefelsäure je durch zwei Bogen eines und desselben Metalls verbunden, und der Stand der Nadel im Multiplikator jedesmal nach Ablauf von zwei Minuten aufgezeichnet. — *Zink* und *Messing* geben dabei nie über 5°, wiewohl die Doppelnadel bis zu 78° anstieg, wenn zur Schwefelsäure ungefähr gleich viel Wasser geschüttet wurde. — *Gold* und *Platin* geben in der concentrirten Schwefelsäure nie unter 75°. — Mit den vier vorstehenden Metallen nahm die Nadel eine feste Stellung ein und zeigte noch nach viel längerer Zeit, obwohl in einer langsamen und ruhigen Abnahme begriffen, merklich dieselbe Zahl von Graden an. Diese regelmässige Beständigkeit der Erscheinung fiel bei den nun folgenden Metallen mehr oder weniger weg; *hier hielt es nicht schwer bald eine Abnahme, bald eine Zunahme* der Wirkung in unregelmässiger Aufeinanderfolge wahrzunehmen, welches die Zahlbestimmung unsicher macht. — *Blei* zeigte noch ziemlich ruhig 62°; *Zinn* gab 55°, die Nadel nahm keinen festen Stand an, sondern zeigte sich fortwährend unruhig, sie schien gleichsam nach einem höheren Stande hinzustreben, den sie auch wohl auf kurze Zeit einnehmen, aber nicht lange festhalten konnte. — *Eisen* zeigte 31° mit ähnlichen Veränderungen; *Silber* 21° und *Kupfer* nur 7°; jenes mit Veränderungen bis zu 27°, dieses mit Veränderungen bis zu 24°. — Es verdient ausdrücklich bemerkt zu werden, dass selbst bei Zink und Messing, im Augenblicke der Schliessung von der positiven Kupferplatte zur Säure durch diese Metalle, die Nadel bis zu 90° getrieben wurde und hier an einen verticalen Draht, der, um ganze Umwälzungen der Nadel zu verhüten, errichtet worden war, noch hörbar anschlug, während doch die Nadel in der kürzesten Zeit, worin überhaupt eine Bestimmung ihres Standes mit einiger Sicherheit geschehen konnte, nur etwa 8° gab; es beweist dieser Umstand am Multiplikator auch hier bei der Schwefelsäure wieder, was wir oben schon bei der Seife am Elektrometer erkannt haben, dass nämlich der Grund aller unipolaren Erscheinungen nicht schon ursprünglich in den sogenannten unipolaren Körpern enthalten sei, sondern in ihnen erst durch den Einfluss des Stromes erzeugt werde. Ich brauche wohl kaum zu erinnern, dass, wenn ich z. B. neben Zink oder Messing, oder statt derselben, durch Gold oder Platin die positive Polarplatte mit der Säure verband, der Strom augenblicklich bis zu der diesen letzteren

Metallen angehörigen Stärke anstieg, und dass ein gleiches Verfahren auf der negativen Seite keine irgend erhebliche Aenderung in der Stärke des Stromes hervorrief. Eben so wenig, dass ein feuchter Leiter dasselbe Verhalten wie Gold oder Platin zeigt, wenn er die Säure mit dem Zink oder Messingbogen bald auf der einen, bald auf der anderen Seite verbindet, jedoch mit dem Unterschiede, dass das Anwachsen des Stromes im Verhältniss zu dem geringen Leitungsvermögen des feuchten Körpers sich geringer zeigte; denn alle diese Umstände gehen schon aus den vorhin erhaltenen Anzeigen deutlich genug hervor. Aber ich darf nicht unterlassen, die Bemerkung hier noch hinzuzufügen, dass die Wirkungsverhältnisse der verschiedenen Metalle in concentrirter Schwefelsäure nahe hin dieselben bleiben, wenngleich man die Anzahl ihrer Elemente, woraus die Säule besteht, bis auf fünf oder vier vermindert (ja manche Umstände, wie z. B. die unstete Wirkungsweise des Kupfers, Silbers und dergl., stellen sich nur um so deutlicher heraus, je geringer man die Anzahl der Elemente werden lässt); ist man aber in dieser Verminderung bis auf drei oder noch weniger Zink-Kupferelemente fortgeschritten, so treten plötzlich ganz neue Verhältnisse ein, deren Bestand und Ursache ich weiter unten aufdecken werde.

Wir wollen nun der Quelle aller dieser höchst mannigfaltigen Wechselwirkungen der Schwefelsäure und Metalle auf einander näher auf die Spur zu kommen suchen. Aufmerksam geworden durch die vorangegangenen Versuche mit der Seife, gab ich bei allen meinen späteren insbesondere auf das Acht, was an den Enden der Metallbogen, so weit sie in die Säure ragten, vor sich geht. Schon an der Säule mit 100 Plattenpaaren fiel es mir auf, dass Zink und Messing in der Kette an ihrer positiven Stelle mit einer dichten Rinde, aus einer derben, salzartigen Masse gebildet, sich überziehen, die an der Luft oder über der Weingeistflamme getrocknet, bei Zink von weisser, bei Messing von dunkelgrauer Farbe ist, und in beiden Fällen zum grössten Theil aus schwefelsaurem Zinke zu bestehen scheint; dass aber Gold und Platin an derselben Stelle selbst nach längerer Zeit noch völlig ungeändert bleiben und dort nichts weiter fahren lassen, als eine anhaltende Gasentwickelung, die dagegen bei Zink und Messing nur in den ersten Augenblicken nach der Schliessung vorhanden ist, später jedoch ganz aufhört. Es wurde mir mehr als wahrscheinlich, dass in diesen an sich geringfügigen Verschiedenheiten der Grund aller anfangs höchst befremdenden, von dem einen Extrem bis zum anderen sich erstreckenden Abstufungen in der Wirkung der verschiedenen Ketten zu suchen sei, und je weiter ich in der Prüfung dieses Gedankens vorrückte, desto mehr wurde ich in ihm bestärkt. Wollte ich mich unterfangen, alle Schritte aufzuzählen, die ich in dieser Absicht gethan habé, so könnte leicht hier nicht Raum genug dazu vorhanden sein; ich begnüge mich daher, diejenigen kurz anzuführen, welche mir am meisten geeignet scheinen, die Sache zur Entscheidung zu bringen. — Setzt man die Zinkbogen in concentrirter Schwefelsäure lange Zeit hindurch der Wirkung der Kette aus, so sondert sich allmählig, nachdem die Rinde am positiven Zinkende sich vollständig gebildet hat, von diesem Ende eine immer grössere Menge von jenem Salz ab, welches im Glase zu Boden sinkt und hier in gedrängtem Raume ein hoch aufgeschüttetes Häufchen von schwerem Aussehen bildet, das ausser dem vom Zinkende herrührenden Zuwachse durchaus keiner anderen Veränderung unterworfen zu sein scheint. Schwefelsaures Zink scheint sonach in concentrirter Schwefelsäure entweder gar nicht oder doch nur in höchst geringem Grade auflöslich zu sein, und eben in dieser Unauflöslichkeit liegt ohne Zweifel der Grund zu den unipolaren Erscheinungen, welche concentrirte Schwefelsäure mit Zink hervorruft. Giesst man zu der concentrirten Schwefelsäure, in welcher sich das schwefelsaure Zink bereits gebildet hat, Wasser, oder taucht man das mit schwefelsaurem Zinkoxyd überzogene Zinkende in Wasser oder in verdünnte Säure ein, so verschwindet das Metallsalz in kurzer Zeit bis auf die letzte Spur.

In dieser Leichtauflöslichkeit des sich bildenden Metallsalzes in verdünnter Säure hat man ohne Zweifel den Grund zu suchen, warum in ihr die unipolaren Erscheinungen nicht entstehen können; hier nämlich fällt die zur Unipolarität erforderliche schlechtleitende Schicht weg, indem der dazu dienende Stoff, so wie er sich bildet, immer wieder von seiner Stelle weg und in das ihn umgebende flüssige Medium übergeführt wird, wodurch er zur Hervorrufung der unipolaren Erscheinungen unfähig wird, nicht blos weil er so seine schlechtleitende Eigenschaft verliert, sondern auch schon deshalb, weil er jetzt seine leitende Wirkung nicht mehr auf die bestimmte, seiner Erzeugung angewiesene Stelle der Kette beschränkt, was doch zur Entstehung der unipolaren Erscheinungen erfordert wird. Auch habe ich mich von der erforderlichen schlechtleitenden Eigenschaft jener Salzrinde durch directe Versuche überzeugt, indem ich die Säure mit Quecksilber vertauschte und in dieses die Enden der Metallbogen ragen liess, nachdem ich zuvor das mit der Salzrinde überzogene an der Luft oder über der Flamme hatte trocknen lassen. So lange ich dafür Sorge trug, dass die getrocknete Salzrinde nicht ganz und gar unter Quecksilber kam, damit nicht eine unmittelbare Berührung des Quecksilbers mit dem Metallbogen erfolgen konnte, gab die Doppelnadel im Multiplikator auch nicht eine Spur von Strom zu erkennen; die Nichtleitung der festen Salzrinde zeigt sich mithin nicht blos gross genug, sondern zu gross, was jedoch davon herzurühren scheint, dass die Salzrinde der Schwefelsäure einen Zugang zum Metalle nicht so ganz und gar abschneidet als dem Quecksilber; so wie ich aber die Salzrinde zu tief unter das Quecksilber tauchen liess, oder an ihrem unteren Ende eine kleine Stelle des Metallbogens mit dem Federmesser entblösste, trat sogleich der Strom in seiner vollsten Stärke ein.

Die bisherigen Wahrnehmungen alle haben *Zink* und *Messing* mit einander gemein, bis auf den unwesentlichen Unterschied, dass bei Messing sich neben dem schwefelsauren Zinke noch ein Kupfersalz zu bilden scheint. Die Unauflöslichkeit des an diesen Metallen auf ihrer positiven Seite sich ansetzenden Ueberzuges in concentrirter Schwefelsäure, verbunden mit seiner nichtleitenden Eigenschaft, erklärt die unipolaren Eigenschaften dieser Säure in Verbindung mit jenen Metallen befriedigend und vollständig; auch erklärt die Auflöslichkeit desselben Ueberzuges in verdünnter Säure vollkommen, warum in dieser mit denselben Metallen die unipolaren Erscheinungen nicht entstehen können. *Gold* und *Platin* geben zu den unipolaren Erscheinungen in beiden Fällen keinen Anlass, weil bei ihnen das den erforderlichen Leitungswiderstand in sich tragende schwefelsaure Metallsalz überhaupt nicht gebildet wird. Was aber das Verhalten der *übrigen Metalle* in concentrirter Schwefelsäure anlangt, so zeigt eine genauere Untersuchung, dass in allen diesen Fällen zwar das sich bildende Metalloxyd eine Verbindung mit der Schwefelsäure eingeht, ob aber die unipolaren Erscheinungen daraus hervorgehen, oder nicht, das scheint lediglich von dem Grade der schnelleren oder langsameren Auflöslichkeit der entstandenen Metallsalze in concentrirter Schwefelsäure abzuhängen. Alle besonderen Umstände, die man bei den hier eintretenden Erscheinungen wahrnimmt, deuten darauf hin, dass, wo, wie bei Zinn und Blei, das erzeugte Metallsalz von seiner Stelle sogleich immer wieder durch Auflösung weggeführt wird, und zwar ganz, oder doch nahehin, mit derselben Geschwindigkeit, mit welcher es sich bildet, da kommen die unipolaren Erscheinungen nicht zum Vorschein; wo aber, wie bei Silber und Kupfer, das entstandene Metallsalz langsamer, als es entsteht, von der Flüssigkeit in sich aufgenommen wird, da kommen auch die unipolaren Erscheinungen zum Vorschein. Die Schwankungen, welche man bei diesen letzteren Metallen in der Kette wahrnimmt, erklären sich ganz einfach daraus, dass alle Veranlassungen, welche die auflösende Kraft des flüssigen Mediums verstärken und dadurch das Verhältniss der wegführenden zur producirenden Thätigkeit abändern, einen Wechsel in dem Grade der Erscheinung nach sich ziehen müssen. So wird es einen Unterschied in der Wirkung der Kette machen müssen, ob die auflösende Flüssigkeit in vollkommener Ruhe sich befindet, oder ob sie durch Bewegung, Erschütterung und dergl. in ihrem Geschäft unterstützt wird; und in der That kann man durch solche Mittel nach Gefallen Wirkungsveränderungen hervorrufen, so wie sie sich oft gegen den Willen des Experimentators, durch Zufälligkeiten veranlasst, einzustellen pflegen. Es wäre vergeblich und unnütz zugleich, wenn ich alle besonderen Umstände, welche man bei diesen amphibienartigen Wirkungen wahrzunehmen Gelegenheit findet, ausführlich beschreiben wollte; um jedoch das Charakteristische solcher Erscheinungen an einem Beispiel anzudeuten, will ich das Verhalten des Kupfers in der Kette genauer mittheilen.

Wenn beide Kupferbogen in der concentrirten Schwefelsäure die Säule schliessen, so zeigt sich zwar gleich anfangs an dem Ende des positiven Bogens, welches in die Säure ragt, eine ziemlich lebhafte Gasentwickelung, diese hört aber sehr bald gänzlich auf, obgleich, was eine besondere Beachtung verdient, dieses Ende seinen metallischen Glanz und seine Farbe durch alle Zeit hindurch völlig ungeändert beibehält. Erst nachdem die Kette lange Zeit hindurch geschlossen war, sieht man an der Luftmenge, da wo Metall und Säure sich einander berühren, rings um den Metallbogen herum einen weissen Ansatz sich bilden, der von der Säure gleichsam ausgestossen zu werden scheint; jedoch auch während seiner Entstehung erscheint der Theil des Metallbogens, welcher unter Säure steht, fortwährend rein metallisch. Allmählig wird diese Efflorescenz immer breiter und zieht sich an dem Metall in die Höhe, bis endlich, nachdem sie eine bestimmte Breite und Dicke erreicht hat, einzelne Flocken sich von ihr absondern und in die Säure übertreten, auf deren Oberfläche sie sich fortwährend schwimmend erhalten. Nach und nach vermehren sich diese Flocken immer mehr, ohne dass jedoch von da ab die Erscheinung noch eine neue Modifikation erlitte; auch habe ich an den auf der Säure schwimmenden Flocken mit Sicherheit keine Veränderung wahrnehmen können, wenn ich sie zu diesem Ende einige Zeit hindurch aufmerksam verfolgte. Zieht man in dieser Periode den positiven Kupferbogen aus der Säure heraus, und lässt ihn an der Luft trocknen: so wird die weisse, ringartig um ihn herum sich ziehende Efflorescenz hellblau; dieselbe Farbenänderung erleiden auch die auf der Säure schwimmenden Flocken, wenn man sie abnimmt und trocken werden lässt. Dieser hellblaue Stoff wird, über der Weingeistflamme gelind erwärmt, wieder weiss und behält dann die Farbe auch nach dem Erkalten noch; ohne Zweifel war daher seine gleich zu Anfang erscheinende weisse Farbe blos ein optischer Betrug, veranlasst durch die schwach blaue Farbe dieses Körpers in Verbindung mit der gelblichen der Schwefelsäure, wodurch beide mit einander sich zum Weiss verbanden. Dieser Stoff ist, wie seine Reactionen vor dem Löthrohre zu erkennen geben, schwefelsaures Kupferoxyd, und die hier angeführten Umstände seiner Erscheinung geben allein schon die Schwerauflöslichkeit dieses Salzes in concentrirter Schwefelsäure genugsam zu erkennen, woraus sich die unipolaren Erscheinungen der Schwefelsäure am Kupfer erklären liessen, wenn nicht das Auftreten des Salzes blos ausserhalb der Säure geschähe, und nicht das Metall in ihrem Inneren fortwährend metallisch rein erschiene, durchaus aber keine Spur von einem solchen Ueberzuge sich erblicken liesse. Da diese Eigenheit für die Erklärung höchst ungünstig zu werden droht, so habe ich ihr meine besondere Aufmerksamkeit gewidmet, und dabei bin ich auf folgende Ergebnisse gestossen. Der Theil des positiven Kupferbogens, welcher in der geschlossenen Kette unter Säure stand, hat zwar, auch nachdem er herausgenommen und an der Luft trocken geworden ist, noch immer die Farbe und den Glanz des völlig reinen Kupfers, betrachtet man ihn aber mit einer Lupe aufmerksam, so wird man bald gewahr werden, dass dieser Theil mit einer glänzenden, farblosen und durchsichtigen Rinde überzogen ist. Schabt man diese Rinde behutsam mit dem Messer ab, so erhält man ein weisses, hier und da mit dunkleren Stellen geflecktes Pulver, welches mit dem vorigen, efflorescirten, unklaren Salze alle Eigenschaften gemein hat. Dieser feste, durchsichtige und darum so schwer wahrnehmbare Ueberzug ist, vorausgesetzt, dass er schon völlig gebildet unter der Säure vorhanden war, was kaum bezweifelt werden kann, zur Hervorrufung ihrer unipolaren Eigenschaften am Kupfer ganz geeignet. Zwar habe ich gefunden, dass frisch gefeiltes Kupfer, wenn es, ohne in die Kette zu kommen, in concentrirte Schwefelsäure eingetaucht, dann herausgenommen und an der Luft getrocknet wird, zu einem, die Farbe vielleicht ausgenommen, welche hier hellblau ist, ganz gleichen Ueberzuge Anlass giebt; aber dieser Umstand sagt doch im Grunde weiter nichts, als dass die geringe Einwirkung der concentrirten Schwefelsäure auf Kupfer in gewöhnlicher Temperatur eben nur in der geringen Auflöslichkeit dieses gleich beim ersten Angriffe gebildeten Ueberzuges in dem Auflösungsmittel ihren Grund habe.

Dass aber dieser Ueberzug in der geschlossenen Säule am negativen Kupferbogen sich nicht bilden und erhalten könne, geht schon aus der allgemeinen Wirkungsweise der galvanischen Kette mit Zuverlässigkeit hervor; unsere Erklärungsweise tritt sonach auch hier wieder in ihre vollen Rechte ein. Wie sehr nichtleitend aber solche feste Ueberzüge von schwefelsaurem Kupferoxyde sind, davon habe ich mich noch insbesondere auf folgende Weise überzeugt. Ich tauchte ein Ende von einem der beiden Kupferbogen in concentrirte Schwefelsäure ein, zog es einen Augenblick später wieder aus ihr heraus, kehrte den Bogen um, so dass der grösste Theil der an diesem Ende angehängten Säure sich nach der trockenen Grenze hinzog, daselbst ansammelte und hier mit Löschpapier aufgesaugt werden konnte. Nachdem dieses geschehen war, liess ich den genässten Theil des Bogens vollends austrocknen. Es zeigte sich nun ein dünner Anflug von vielen kleinen, glänzenden Punkten, die durch das abwechselnde Licht, welches sie reflectirten, von einander unterschieden werden konnten, und einen Ueberzug hervorbrachten, der noch dünner als die vorigen war, aber, wie es mir schien, nicht mehr ganz den hohen Grad von Durchsichtigkeit besass, wovon der Grund unstreitig in seiner geringeren Glätte zu suchen ist. Mit diesem und dem anderen noch rein metallischen Kupferbogen schloss ich nun die Kette, jedoch mit der Abänderung, dass Quecksilber anstatt der concentrirten Schwefelsäure in das Glasgefäss gebracht wurde; es zeigte sich, so lange blos der überkleidete Theil des Kupferbogens in das Quecksilber tauchte, auch nicht die mindeste Spur eines Stromes an der Doppelnadel; es entsteht aber sogleich ein äusserst starker Strom, wenn man nur einen sehr kleinen Theil des in das Quecksilber ragenden Ueberzuges mit dem Messer abnimmt. Obgleich die zu diesem Versuche dienende Säule nur aus wenigen Elementen bestand, so erhellt daraus doch, dass man selbst bei einem so dünnen Ueberzuge noch eine Insinuation der Säure zwischen die Theilchen des unipolarisirenden Salzes zu Hülfe nehmen müsse, um nicht für die Wirkung zu viel Ursache zu erhalten. Man kann durch dieses Mittel Quecksilber zu einem negativ oder positiv unipolaren Körper und zwar im höchsten Grade machen, je nachdem man das mit der kaum wahrnehmbaren Salzrinde überzogene Bogenende auf der positiven oder negativen Seite unter das Quecksilber bringt.

Da der Hergang am positiven Kupfer Eigenheiten zeigt, die leicht zu übereilten Folgerungen Anlass geben könnten, so habe ich ihn mit einigem Aufwande von Worten auseinander setzen zu müssen geglaubt. So wie hier auf der Seite der unipolar machenden Metalle ein wirklicher, des erforderlichen Widerstandes fähiger Ueberzug sich zuweilen den Augen fast ganz und gar entziehen kann, so geschieht es mitunter auf der Seite der nicht unipolar machenden und oxydirbaren Metalle, dass man unverhofft durch Absonderungen von scheinbar grosser Bedeutung überrascht wird; indessen hält es hier noch weniger schwer, sich von der Unmacht solcher neckenden Gestalten zu überzeugen. So z. B. wird das positive Blei an der Luftgrenze bei längerer Einwirkung der Säule manchmal mit einem dicken Wulst eines dunkeln, undurchsichtigen Körpers umzogen zu sein scheinen, bei näherer Untersuchung wird man jedoch bald finden, dass dieser scheinbar körperliche Körper ein bloses Schaumgebilde ist. Wenn man in einem anderen Falle einen häufigen, die ganze Masse der Säure durchziehenden und sie fast undurchsichtig machenden Niederschlag gewahr wird, so lässt sich eben aus dem Umstande, dass er über die ganze Masse der Säure ziemlich gleichförmig sich verbreitet, leicht der Grund ableiten, warum er nichts dazu beitragen kann, die Säure unipolar zu machen; er bliebe bedeutungslos, selbst wenn sich nicht darthun liesse, dass er ein späteres Nebenerzeugniss der schon weit abgelaufenen Kettenwirkung ist. Ist man aber erst mit den auf der positiven Seite sich darbietenden Erscheinungen in's Reine gekommen, so machen die auf der negativen Seite sich zeigenden keine Schwierigkeit mehr. Hier bleibt sich die Erscheinung ziemlich gleich bei den verschiedenen Metallen. In der Regel gewahrt man eine lockere, nach verschiedenen Seiten in die Säure übergreifende, gelbbraune Anhäufung, die reiner Schwefel zu sein scheint, und nicht selten noch ein zweites, durch seine abgeänderte Farbe und grössere Consistenz von jenem unterscheidbares Produkt, welches das negative Bogenende eng umschliesst und eine Verbindung des Schwefels mit dem Metalle ist, wovon ich mich insbesondere auch beim Kupfer durch Prüfung vor dem Löthrohre noch speziell überzeugt habe; jene kann schon ihrer Form wegen, da sie überall sichtbar von der Säure stark durchzogen ist; dieser wegen seiner chemischen Beschaffenheit, die ihn zum besseren Leiter macht, dem Strome keinen Widerstand von irgend erheblicher Grösse entgegen stellen. Kurz, je aufmerksamer und je umsichtiger man alle, bei den obigen Versuchen vorkommende besondere Umstände in's Auge fasst, desto mehr wird man zu dem unbedingten Einverständnisse sich hingezogen fühlen, dass allein von dem Erscheinen eines schlecht leitenden Ueberzuges am positiven Bogenende und von dem Grade seiner Auflöslichkeit in dem ihn umgebenden flüssigen Medium alle die mannigfaltigen Wirkungsverschiedenheiten, welche die concentrirte Schwefelsäure mit den verschiedenen Metallen in der Kette darbietet, herzuleiten sind. Wer die Versuche selbst unternehmen will, wird dies in jedem einzelnen Punkte bestätigt finden können, und so sehe ich ein längeres Verweilen bei ihnen von meiner Seite für überflüssig an. —

Die bis hierher zergliederten Beobachtungen an der Schwefelsäure bieten für das Eindringen in die Entstehungsweise der unipolaren Erscheinungen so mannigfaltige und zugleich so augenfällige Züge dar, dass ich keinen Anstand mehr nehme, die Resultate meiner Forschung über die Natur der unipolaren Leiter, so weit sie die Gegenwart gedeihen liess, einer öffentlichen Prüfung zu unterwerfen. Sie erhellen sogar rückwärts noch an einigen Stellen die Aussicht auf die noch ziemlich stark vom Nebel umhüllten unipolaren Flammen. Wenn flüssige Schwefelsäure solche Wirkungen hervorrufen kann: warum sollte nicht auch Phosphorsäure im Moment ihrer Entstehung innerhalb der Phosphorflamme ähnliche Erscheinungen zu liefern im Stande sein? Wenn Schwefelsäure in unipolarer Hinsicht verschieden sich äussert, je nachdem sie mit dem einen oder mit dem anderen Metalle in Wechselwirkung tritt, wer kann dafür bürgen, dass nicht auch bei den Flammen solche Verschiedenheiten sich zeigen werden, wie die von mir oben ausgesprochene Ansicht ihrer unipolaren

Wirkungsweise vorauszusagen sich unterfängt? Die bisher an den Flammen gemachten Versuche sind auf keinen Fall von solcher Art, dass sie meine Vermuthung zum Voraus schon verneinen können; es können mithin blos erweiterte und vollständigere Versuche zur Gewissheit führen, und dazu wird sich auch der rechte Mann schon finden. Statt ihrer, die mir bis jetzt weiter keine Unruhe mehr verursachen, will ich dagegen eine ganz neue Klasse von unipolaren Erscheinungen zur Sprache bringen, welche die Theilnahme der Naturforscher nicht minder, als die vorige, in Anspruch zu nehmen gar wohl verdient. Im Verlaufe dieser Untersuchung hat sich nämlich bisher überall nur ein sich bildender Leitungswiderstand als die Ursache der Unipolarität erblicken lassen, während doch die Theorie bestimmt aussagt, dass eben so gut eine Gegenspannung die Veranlassung dazu hergeben könne. Es war mir nicht wahrscheinlich, dass in diesem einen Falle die Natur vom Geiste an Mannigfaltigkeit sich noch sollte überbieten lassen, und in diesem Vertrauen machte ich Jagd darauf, dergleichen Fälle in der Wirklichkeit zu fangen. Dies gelang mir auch fast überall, wo ich nur nachsah, und ohne alle Mühe; denn es scheinen Fälle solcher Art noch ungleich häufiger zu existiren, als die der vorigen Art. Da zur Möglichkeit des Eintretens unipolarer Erscheinungen dieser Art in ihrer ganzen Stärke erfordert wird, dass die erst zu erzeugende Gegenspannung der ganzen ursprünglichen Spannungssumme in der Säule nahe hin gleich komme, so war ich darauf gefasst, bei meinem jetzigen Streifzuge nur einfache Ketten in Anwendung bingen zu können; denn ich war der Meinung, dass die Metalle, welche unsere Ketten bilden, zugleich auch diejenigen Körper ausmachen, welche die grössten Spannungen hervorzubringen fähig sind. Daher fand ich mich in meiner Erwartung noch bei weitem übertroffen, als ich gewahr wurde, dass sich unter Umständen Gegenspannungen bilden können, die drei und noch mehr volle Zink-Kupferspannungen in sich enthalten. Durch einige Beispiele werde ich die Natur und den Umfang dieser Art von Erscheinungen am sichersten recht deutlich machen können.

Die hierher gehörigen Versuche habe ich im Wesentlichen

auf dieselbe Weise wie zuvor angestellt; nur einige unbedeutende Abänderungen sind der grösseren Bequemlichkeit halber dabei angebracht worden. So habe ich die Säulenform hier mit einem Becherapparate vertauscht, weil ich oft in den Fall kam, die Zahl der Elemente, aus denen die Kette bestand, wechseln zu lassen, und dies auf solche Weise einfach dadurch bewerkstelligt werden konnte, dass die mit dem Multiplikator unmittelbar zusammenhängende Endplatte aus einem Becker heraus und in einen anderen hineingebracht wurde. Die specielle Einrichtung meines Apparates aber war folgende. An das eine Ende des oben beschriebenen Multiplikators wurde eine Kupferplatte, an das andere Ende eine Zinkplatte angelöthet. Zwischen diese beiden Platten stellte ich sechs, mit einer mässig starken Kochsalzlösung gefüllte, gläserne Becher, die nach ihrer Aufeinanderfolge durch gleich gerichtete Zink-Kupferbögen verbunden wurden, wobei von jedem Metalle ohngefähr ein Quadratzoll Fläche in die Flüssigkeit des Bechers ragte. In demjenigen äussersten Becher, worin blos Kupfer, vom vorhergehenden herüber laufend, anzutreffen war, und welchen ich den sechsten nennen werde, senkte ich die am Multiplikator befestigte Zinkplatte ein; in dem ersten Becher aber, in welchem sich blos Zink vorfand, brachte ich, diesem gegenüber, einen rechtwinkelich gebogenen Kupferstreifen an, dessen einer Schenkel mit einer gleich grossen Fläche in die Flüssigkeit des ersten Bechers ragte, und dessen anderer Schenkel auf dem Rande dieses Bechers horizontal auflag, und so in sicherer Stellung erhalten wurde. Zwischen diesen horizontalen kupfernen Schenkel und die am Multiplikator angelöthete, in derselben Lage und Höhe befestigte, Kupferplatte setzte ich ein flaches Glasgefäss, welches zur Aufnahme der zu untersuchenden unipolaren Flüssigkeit bestimmt war, so hin, dass sein Boden mit den beiden neben ihm liegenden horizontalen Kupferplatten einerlei Höhe erhielt. Verband ich nun mit diesen beiden Kupferplatten den im Glasgefässe befindlichen Körper durch zwei der schon früher beschriebenen Metallbögen, so war ich sicher, fortwährend eine Kette von sechs Zink-Kupferplatten vor mir zu haben, wenn nur die beiden verbindenden Bögen von demselben Metalle genommen wurden, welches Metall übrigens auch immer dazu dienen mochte, was bei meiner Untersuchung das Hauptterforderniss war; und wollte ich statt dieser eine Kette von weniger, z. B. von drei, Zink-Kupferspannungen auf den zu untersuchenden Körper einwirken lassen, so hatte ich in diesem Falle blos das den dritten und vierten Becher verbindende Zink-Kupferelement wegzunehmen und in den dritten Becher, dem Kupfer gegenüber, die am Multiplikator angelöthete Zinkplatte auf die gewohnte Tiefe einzusenken. Noch will ich zur Vermeidung einer jeden Zweideutigkeit bemerken, dass ich unter positiver oder negativer Kupferplatte die neben dem flachen Glasgefäss in horizontaler Richtung liegenden verstehe, welche dem positiven und negativen Pole des Becherapparates entsprechen, und unter positiven und negativen Metallbogen die von den gleichnamigen Kupferplatten in das flache Glasgefäss übergeführten. Ausserdem schien es mir überflüssig, die Richtung, nach welcher Seite hin die Magnetnadel durch den Strom abgelenkt wird, näher zu bezeichnen, so lange sie sich schon von selber versteht; nur wo dies nicht der Fall war, habe ich ihr ein Beiwort zugesellt.

In das Glasgefäss dieses Apparates goss ich concentrirte Schwefelsäure und schloss, nachdem ich blos zwei Zink-Kupferelemente beibehalten hatte, die Kette durch zwei Bogen aus einerlei Metall, wobei sich mir an den verschiedenen Metallen, woraus diese Bogen bestanden, der Reihe nach folgende Erscheinungen darboten. *Platin* gab im ersten Augenblick einen ziemlich lebhaften jedoch nicht sehr starken Ausschlag; aber schon nach kurzer Zeit blieb die Doppelnadel ruhig auf 1^0 stehen. *Gold* gab nur einen schwachen Ausschlag und bald zeigte die Nadel $^1/_2$^{0} an. *Silber* verursachte ein starkes Anschlagen der Nadel an das bei 90^0 eingesteckte Hinderniss, aber schon nach kurzer Zeit war sie bis auf 32^0 gesunken, eine Erschütterung trieb sie wieder bis auf 50^0 hin; das positive Silber wurde von der Säule schnell angegriffen und erschien schwarz. Bei *Kupfer* schlug die Nadel an das bei 90^0 eingesteckte Hinderniss, und zeigte nach längerer Zeit noch über 50^0; aber plötzlich und zwar ohne wahrnehmbare Ursache fiel die Nadel bis auf 8^0 und ging nach geschehener Ersc rung noch tiefer bis auf $2^1/_2{}^0$. Bei *Eisen* schlug die Nadel bei 90° stark an, bald zeigte sie 12°; es zeigte sich hier fortwährend eine ziemlich starke Gasentwickelung, während eine solche bei den früheren Metallen entweder gar nicht (Gold und Platin), oder nur sehr unbedeutend und nur im Anfange der Wirkung (Kupfer und Silber) eintrat. *Zinn* verursachte nur einen schwachen Anschlag bei 90°, bald zeigte die Nadel $10^1/_2{}^0$, später $7^1/_2{}^0$, wo sie ruhig stehen blieb; hier, so wie bei dem Blei, war die Gasentwickelung nur ganz unbedeutend. *Blei* verursachte einen stärkeren Anschlag, die Nadel zeigte bald 12°, später 10°; Erschütterung blieb hier, so wie bei Zinn, unwirksam. *Zink* veranlasste einen noch viel starkeren Anschlag bei 90°, die Nadel zeigte bald 6°, später 2°. Wurde mittelst einer an ihrem Ende zugeschmolzenen Glasröhre ein Tropfen Wasser so auf dem negativen Zinkbogen angebracht, dass er an ihm herab in die Säure floss, so zeigte sich dabei keine erhebliche Aenderung in der Wirkung der Kette, wurde aber dasselbe Verfahren an dem positiven Zinkbogen wiederholt: so entstand in dem Augenblicke, wo der Wassertropfen mit der Säure sich mischte, ein äusserst lebhafter Strom, der jedoch allmählig wieder schwächer wurde. Liess man die beiden Metallbogen in einem der vorigen Versuche einander unmittelbar berühren, so dass sie nicht mehr durch die Säure von einander entfernt gehalten wurden, so stieg die Nadel plötzlich und kam bei 90° zur Ruhe. Die ungeheure Schwächung des Stromes durch die Dazwischenkunft einer noch so kurzen Strecke Schwefelsäure in den meisten der vorliegenden Versuche kann allerdings befremden. Die Schwefelsäure nimmt hier ganz den Anschein eines sehr schlechten Leiters an; aber schon die Versuche de la Rive's haben in einem ähnlichen Falle gezeigt, dass dabei nicht sowohl die leitende Kraft dieser Flüssigkeit, als gewisse Bedingungen an den Stellen, wo die Metalle in sie eintauchen, im Spiele seien. Nach unseren früheren Versuchen kommt uns eine solche Schwächung nicht mehr unerwartet bei Zink, Silber, Kupfer und zur Noth auch bei Eisen; desto auffallender tritt sie uns aber bei Gold und Platin, zum Theile auch bei Zinn und Blei entgegen, denn Gold und Platin geben dort den stärksten

Strom, hier aber reihen sie sich an die mindest wirkenden Metalle an. Ein neckender Dämon bemüht sich unsere Sinne zu verstricken und unsere Urtheilskraft zu lähmen; jedoch er flieht, wenn wir nur muthig ihm entgegen gehen.

Um den Grund der eben wahrgenommenen Neuerungen zu erfahren, schliessen wir wieder die vorige, zwei Zink-Kupferspannungen in sich enthaltende, Kette mit den beiden Platinbögen in koncentrirter Schwefelsäure. Nachdem die Nadel bis auf 1° gesunken ist, nehme man einen von den beiden Kupferbögen und leite ihn von der negativen Kupferplatte in die Säure neben dem in seiner Lage beharrenden Platinbogen; der Stand der Nadel wird dadurch gar nicht, oder kaum merklich geändert werden; führt man aber auf dieselbe Weise den Kupferbogen von der positiven Kupferplatte in die Säure, neben dem dortigen Platinbogen, so wird die Nadel schnell steigen und bei 90° anschlagen. Man könnte versucht werden zu glauben, dass die durch einseitige Einführung des Kupfers eintretende geringe Differenz der Spannungssumme in der Kette den Hauptantheil an dieser Wirkung habe; allein man kann eben so gut anstatt des Kupferbogens einen dritten Platinbogen wählen, und wird doch immer noch auf der negativen Seite keine, oder doch nur eine höchst unbeträchtliche, auf der positiven Seite hingegen eine sehr beträchtliche Abweichung der Nadel gewahr werden, wiewohl im jetzigen Falle kein Anschlag bei 90° erfolgen kann, wie schon aus den vorigen Versuchen unmittelbar hervorgeht. Nimmt man anstatt des Metallbogens einen kurzen und nicht sehr dünnen, mit Wasser mässig angefeuchteten Docht, legt diesen der Länge nach an einen der beiden Platinbogen gut an und schiebt ihn so in die Säure hinab, so zeigt sich auf der negativen Seite eine nur äusserst geringe, auf der positiven Seite hingegen eine viel beträchtlichere Erhöhung des Stromes, wiewohl letztere noch immer weit geringer ausfällt als bei dem Kupferbogen, was jedoch ohne Zweifel in dem geringeren Leitungsvermögen des Wassers seinen Grund hat. Lässt man, anstatt den mit Wasser genässten Docht anzuwenden, einen Tropfen Wasser, wie vorhin beim Zinke, an dem Platinbogen in die Säure hinabrinnen, so zeigt sich eine noch geringere Verschiedenheit auf beiden Seiten, was um so unerwarteter erscheinen wird, je grösser in diesem Falle die Verschiedenheit beim Zinke war; die Ursache dieser Ungleichheit der Wirkungen in beiden Fällen wird sich jedoch bald zeigen. — Alle diese Erscheinungen sprechen dafür, dass der Grund, wesshalb die Stromeswirkungen bei concentrirter Schwefelsäure zwischen Platin fast gänzlich ausbleiben, vorzugsweise an der Grenze zwischen der Säure und dem positiven Platinbogen zu suchen sei; wir wollen uns daher die Mühe nehmen, nachzusuchen, worin er bestehe.

An den Enden der Platinbogen, wo sie in die Säure ragen, lässt sich auch nicht die leiseste Aenderung, weder in feuchtem, noch in getrocknetem Zustande, wahrnehmen, daher lässt sich nicht wohl denken, dass die von uns bemerkte Schwächung des Stromes in einem zwischen dem positiven Platinbogen und der Säure sich bildenden Widerstande der Leitung aufzusuchen sei, vielmehr wird die Vermuthung in uns aufsteigen müssen, dass jene Wirkung Folge einer, an jener Stelle sich erzeugenden, Spannung sei. Das wirkliche Dasein dieser vermuthlichen Spannung lässt sich nun in der That durch den Versuch auf folgende Weise darthun. Man stelle sich für einen Augenblick vor, dass die fragliche Spannung zwischen der Säure und dem negativen Platinbogen nachzuweisen wäre, so hätte man weiter nichts zu thun, als die am Multiplikator angelöthete Zinkplatte aus ihrem Becher herauszunehmen und zu gleicher Zeit einen an dasselbe Multiplikatorende angebrachten Platinstreifen in die Schwefelsäure, worin der negative Platinbogen stehen bleibt, einzutauchen, so dass eine Kette entsteht, welche aus dem an seinen beiden Enden mit Platin versehenen Multiplikator und der Säure gebildet ist; wäre daher zwischen der Schwefelsäure und dem negativen Platinbogen eine einseitige Spannung während der Wirkung der vorangegangenen Kette erzeugt worden, so müsste sich diese in der jetzigen Kette durch einen ihr entsprechenden Strom zu erkennen zu geben, und umgekehrt, wenn nicht zwischen der Säure und den beiden Platinstücken eine einseitige verschiedene Spannung zuvor erzeugt worden ist, so kann auch jetzt, wo alle Bestandtheile der Kette symmetrisch hervorgerufen worden sind, kein Strom sich bilden*); und in der That wird man auf diesem Wege eine, wiewohl nur sehr geringe Spannung zwischen der Säure und dem negativen Platinbogen zu entdecken im Stande sein. — Dasselbe Verfahren lässt sich mit einer geringen Abänderung auch dann noch in Anwendung bringen, wenn, wie es hier wirklich der Fall ist, eine am positiven Platinbogen vielleicht entstandene Spannung ausgemittelt werden soll. Man hat zu dem Ende nur die an den Multiplikator angelöthete Zinkplatte aus dem Becher, worin sie sich befindet, herauszunehmen und wohlgereinigt an die Stelle der an sein anderes Ende angelötheten Kupferplatte zu setzen, und umgekehrt diese an die Stelle von jener; hierauf die Zink-Kupferelemente, wodurch die wirksamen Becher mit einander verbunden worden sind, umzukehren; endlich den rechtwinklich gebogenen Kupferstreifen mit einem gleichgeformten Zinkstreifen zu vertauschen. Auf solche Weise wird wieder eine Kette von derselben Anzahl Zink-Kupferspannungen gebildet, die als solche mit der vorigen völlig einerlei Wirkung behält auf die zwischen den beiden Platinbögen ruhende Säure; aber jetzt hängt der positive Platinbogen mit dem Multiplikator metallisch zusammen, so dass mittelst eines am anderen Multiplikatorende angebrachten Platinstreifens eine an diesem Bogen vielleicht gebildete Spannung ganz auf dieselbe Weise erkannt werden kann, wie vorhin an dem negativen Bogen. Durch das hier angegebene Mittel habe ich mich von der Anwesenheit einer starken Spannung, die sich zwischen der Säure und dem positiven Platinbogen bildet, überzeugt. Nachdem nämlich die Kette auf die angezeigte Art abgeändert, die beiden Platinbogen von den neben dem Glasgefässe liegenden Zinkplatten in die Säure übergeführt worden waren, und die Wirkung der so geschlossenen Kette bis auf

*) Man hat hier allerdings auf einen durch das ungleichzeitig erfolgende Eintauchen der Platinflächen in die Säure möglicherweise entstehenden Effekt noch Rücksicht zu nehmen; ich habe aber durch vorangeschickte Versuche mich überzeugt, dass an meinem Apparat ein solcher Effekt durchaus nicht wahrzunehmen ist, woran die Stärke der Säure, zum Theil auch die Kleinheit meiner Platinflächen, Schuld sein mag.

1° gesunken war, hob ich die am anderen Ende des Multiplikators angelöthete Kupferplatte aus ihrem Becher heraus, und brachte, so schnell wie möglich, den an diesem Multiplikatorende befestigten Platinstreifen in die Säure hinein; dann schritt die Nadel durch eine beträchtliche Anzahl von Graden hindurch in einer Richtung vorwärts, welche der zuvor stattgefundenen Ablenkung gerade entgegengesetzt war. Die Anzahl dieser Grade wird um so grösser, je schneller das Ueberführen des Platinstreifens in die Säure geschieht, nachdem die Kupferplatte aus dem Becher herausgehoben worden ist, weil die entstandene Spannung nach erfolgter Oeffnung der Kette bald wieder verloren geht. Ich habe deswegen eine kleine Vorrichtung gebraucht, wie sie sich jeder leicht ersinnen kann, um beide Aenderungen so viel wie möglich gleichzeitig zu verrichten; wer indessen grössere Platinflächen in die Schwefelsäure tauchen lässt, als die meinigen waren, die nur etwa eine halbe Quadratlinie betrugen, der wird auf jenen Umstand keine so grosse Sorgfalt zu verwenden brauchen und doch starke Wirkungen erlangen können. Durch diesen Versuch ist sonach erwiesen, dass zwischen dem positiven Platinbogen und der Säure, der Kette entgegen, eine Spannung von beträchtlicher Grösse durch den Strom hervorgerufen wird, und dieser Umstand, in Verbindung mit den zuvor wahrgenommenen Erscheinungen, rechtfertigt vollkommen den Schluss, dass diese Spannung die Hauptursache jener Schwächung des Stromes hergiebt, welche wir beobachten, wenn koncentrirte Schwefelsäure zwischen Platin in eine Kette von zwei bis drei Zink-Kupferspannungen eingeführt wird. Dieselbe Folgerung lässt sich auf dieselbe Weise auch für den Fall bestätigen, wenn Gold statt Platin zu dem Versuche genommen wird, und man kann sich in beiden Fällen noch überdies leicht überzeugen dass dieselbe Spannung auch in jeder anderen, aus noch so vielen Zink-Kupferelementen bestehenden, Kette vorhanden ist, aber an Stärke nicht mehr zunimmt, so wie die Zahl der Elemente drei übersteigt, wesswegen auch die Schwächung des Stromes, welche ihre Gegenwart zu Folge hat, einen um so geringeren relativen Werth erhält, je grösser die Spannungssumme in der Kette ist. Bei Zink ist auch hier wieder vorzugsweise nur der oben an ihm aufgefundene Widerstand der Leitung, welchen das entstandene schwefelsaure Zinkoxyd verursacht, Schuld an der geringen Wirksamkeit der Kette; wenigstens habe ich auf dem eben angezeigten Wege keine Spannung an ihm mit Sicherheit auffinden können, und in dieser Besonderheit liegt unstreitig auch der Grund, warum ein am positiven Zinkbogen in die Säure rinnender Wassertropfen eine ungleich grössere Verstärkung der Wirkung veranlasst, als wenn der Wassertropfen am positiven Platin in die Säure rinnt. Am Zinke hebt der herabrinnende Wassertropfen, indem er das gebildete schwefelsaure Zinkoxyd auflöst, den die Schwächung bewirkenden Widerstand der Leitung plötzlich auf und lässt, auf kurze Zeit wenigstens, den Strom in seiner vollen Stärke thätig werden, während am Platin der herabrinnende Wassertropfen die Säure blos verdünnt, wodurch die eingetretene Gegenspannung zwar vermindert, aber nichts weniger als gänzlich aufgehoben wird. Directe Versuche haben mich nämlich belehrt, dass so wie möglichst concentrirte Schwefelsäure eine Gegenspannung von zunächst drei Zink-Kupferspannungen erzeugen kann, so kann schon ziemlich gewässerte Schwefelsäure doch noch zwei Zink-Kupferspannungen überwältigen und also bei obigem Versuche am Platinbogen einer Verstärkung der Wirkung noch entgegen sein. Ueberhaupt will ich gleich jetzt bemerken, dass die hier entdeckte Gegenspannung am positiven Platin oder Gold, in Berührung mit der Schwefelsäure, nicht dieser Säure eigenthümlich ist, sondern allen Säuren in Berührung mit Metallen, die sie nicht angreifen, wenn auch nicht immer in derselben Stärke, gemein zu sein scheint, wie ich wenigstens an den mir zur Hand liegenden Säuren, namentlich der Salpetersäure und der Salzsäure, bestätigt gefunden habe. Ich habe auf die Wirkungsverschiedenheiten des Zinkes und des Goldes oder Platins in obigen Versuchen besondere Rücksicht nehmen zu müssen geglaubt, weil sie die beiden Angeln sind, um welche sich alle anderen Erscheinungen dort drehen; bei den übrigen Metallen treten nämlich jene beiden Ursachen, welche an Zink und Gold oder Platin nur einzeln thätig waren, in Verbindung mit einander auf, und geben dadurch Veranlassung zu gar mannigfaltigen Uebergängen, deren nähere Beschreibung, die mich zu weit führen würde, ich hier ganz übergehe.

Die hier mit Hülfe des Multiplikators an Schwefelsäure zwischen Gold und Platin wahrgenommenen Erscheinungen, und ähnliche bei anderen Säuren und Metallen, tragen alle Charaktere der negativ unipolaren Erscheinungen so vollständig an sich, dass sie sich von den früher abgehandelten durch nichts als darin unterscheiden, dass in beiden Fällen eine ganz verschiedene Veranlassung sie bewirkt. Zwar kann die im letzteren Falle eintretende Gegenspannung eine gewisse Grösse (bei der concentrirten Schwefelsäure drei Zink-Kupferspannungen) nicht überschreiten, so dass eine Säule, in welcher die erregende Spannungssumme immer zunimmt, von da ab die unipolaren Erscheinungen der letzteren Art immer mehr verdeckt, indem in ihr die Stromeswirkungen fortwährend wachsen und, relativ genommen, immer näher an diejenigen hinrücken, welche auch ohne Gegenspannung sich zeigen würden. Allein diese Beschränkung, wodurch sich letztere Unipolaritätsäusserungen von den früheren zu unterscheiden scheinen, bringt sie ihnen nur um so näher; denn so wie hier der Grad, in welchem die unipolaren Erscheinungen auftreten, von der Relation abhängig ist, in welcher die ursprüngliche Spannungssumme und die sich bildende Gegenspannung zu einander stehen, so hängt dort, wie ich oben schon erinnert habe, der Grad der Erscheinungen von der Relation ab, in welcher der ursprüngliche Gesammtwiderstand der Säule zu dem im unipolaren Körper sich bildenden Widerstande steht. Die zum Erweise dieser neuen Klasse von unipolaren Erscheinungen bisher beigebrachten Versuche sind an sich schon so entscheidend, dass es fast überflüssig ist, noch mehr hinzuzufügen; um indessen in einem nur eben erst betretenen Gebiete die festen Stellen möglichst zu vervielfältigen, habe ich mich nicht zurückhalten lassen, mit dem Früheren auch noch die elektrometrischen Anzeigen zu verknüpfen. Zu diesem Ende versah ich das schon oben gebrauchte Bohnenberger'sche Elektrometer mit seinem, aus zweizölligen Messingscheiben bestehenden Kondensator, und um doch einigermassen die Stärke der elektrometrischen Anzeigen unter einander vergleichen zu können, gab ich den Polplatten der trockenen Säulchen eine solche Entfernung von einander, dass der Goldstreifen nur dann an sie anschlug, wenn ich den Kondensator mit zwei Zink-Kupferspannungen geladen hatte, und selbst da nur dann, wenn ich die obere Platte von der unteren mit grosser Schnelligkeit entfernte. Die Prüfung der elektrometrischen Aeusserungen geschah in folgender Art. Während die Säure mit dem Erdboden in Verbindung erhalten wurde, — indem ich ein mit Wasser gefülltes höchst feines Haarröhrchen, auf dessen obere Oeffnung ich den Finger fest andrückte, während ich das andere Ende dieses, übrigens wohl abgetrockneten Röhrchens in die Säure führte — stellte ich die Leitung von einem der beiden Platinbogen zu einer der beiden Kondensatorplatten durch einen mit Wasser angefeuchteten, baumwollenen Docht her und berührte dann die andere Kondensatorplatte mit dem Finger, worauf ich die Leitung vom Platinbogen zur Kondensatorplatte wieder aufhob und die Art und Stärke der Wirkung am Elektrometer durch die Trennung der Kondensatorplatten von einander untersuchte. Auf solche Weise fand ich, wenn ich den Versuch am *positiven* Platinbogen anstellte, die von ihm ausgehende Wirkung *positiv* und von solcher Stärke, dass der Goldstreifen lebhaft anschlug, wodurch sich bedeutend mehr als zwei Zink-Kupferspannungen zu erkennen gaben; der *negative* Platinbogen zeigte sich *negativ* geladen, die Stärke dieser negativen Ladung war aber so gering, dass der Goldstreifen sie nur durch eine geringe Bewegung nach entgegengesetzter Seite zu erkennen gab. Man sieht hieraus, dass der Unterschied der elektrometrischen Anzeigen auf beiden Seiten der Schwefelsäure ausnehmend gross ist, worin sich eben ihr unipolares Verhalten entschieden ausspricht. Ob übrigens die schwache negative Elektricität, welche am negativen Platinbogen wahrgenommen wird, der Kette eigenthümlich angehöre, oder ob sie nicht vielmehr, zum Theile wenigstens, einer zwischen dem Wasser in der die Ableitung bewirkenden Glasröhre und zwischen der Säure sich bildenden Spannung beizulegen sei, darüber kann ich freilich nicht mit Sicherheit entscheiden, indessen hängt zum Glücke von einer solchen Entscheidung auch nichts ab.

Indem ich auf das Ursächliche der Wirkungsverschiedenheit der Säuren nach beiden Seiten hin, wenn sie die Kette schliessen, auf ein und dasselbe Metall zurückging und damit die schönen Versuche Pfaff's über das elektromotorische Verhalten der Säuren und Alkalien gegen Metalle in Verbindung brachte, wurde ich zu dem Schlusse geführt, dass alkalische Körper zwischen Metallen, die sie nicht angreifen, in eben der Weise positiv unipolare Erscheinungen hervorrufen werden, wie die Säuren negativ unipolare. In der That habe ich mich überzeugt, dass z. B. concentrirte Aetzkalilauge, in welche ich noch einiges überschüssige feste Kali gebracht hatte, nicht nur positiv unipolare Erscheinungen in gleicher Art, wie die concentrirte Schwefelsäure uegativ unipolare, sondern sogar noch in bedeutend grösserer Stärke zu Stande bringt. Ohne mich hierbei noch länger aufzuhalten, will ich blos kurz anführen, dass Aetzkalilauge die Wirkung einer Kette von drei Zink-Kupferelementen unter denselben Umständen, wie vorhin, dermassen schwächt, dass die Doppelnadel von den verschiedenen Metallen zu beiden Seiten der Lauge in ganz kurzer Zeit in folgende Stellungen zurück getrieben worden ist: bei *Platin* auf $6^1/_2{}^0$, bei *Gold* auf 1^0, bei *Silber* auf $2^1/_2{}^0$, bei *Kupfer* auf 45^0, bei *Eisen* auf 16^0, bei *Zinn* auf 15^0, bei *Blei* auf 20^0, bei *Zink* auf 75^0. Auch hier zeigte sich wieder bei mehreren der leicht oxydirbaren Metalle, und namentlich bei Blei, ein sehr auffallendes Schwanken der Wirkung, was ohne Zweifel von dem eigenthümlichen Verhalten der bei diesen Metallen am positiven Bogen sich bildenden Verbindung von Kali und Metalloxyd zur Kalilösung abhängt. Die Entstehung dieser neuen, der galvanischen Wirkung fremden und ihr gewissermassen zuwider laufenden Verbindungen bringt eine Complication der Erscheinung hervor, welche an den edlen Metallen sich unter keinen Umständen wahrnehmen lässt; man darf daher die so mächtige Wirkung bei Zink auch nicht etwa vorzugsweise seinem geringeren Vermögen, eine Gegenspannung zu erzeugen, beilegen wollen, denn es lässt sich darthun, dass an dem positiven Zinkbogen eine der Kettenwirkung förderliche Spannung von erheblicher Grösse durch das neu gebildete Produkt erregt wird, die sich sogar nach der Wegnahme dieses

Bogens aus der Kette noch eine Zeit lang unmittelbar am Kondensator zu erkennen giebt. Das Verhalten der concentrirten Kalilauge gegen die edlen Metalle ist auch in jeder anderen Hinsicht dem der concentrirten Schwefelsäure ganz analog. Schiebt man hier, wie dort geschehen ist, einen mit Wasser angefeuchteten Docht längs des Metallbogens in die Kalilauge hinab, so wird jetzt durch diese Operation am *positiven* Bogen eine *kaum merkliche,* am *negativen* Bogen hingegen eine *recht bedeutende* Verstärkung des Stromes bewirkt; der *negative* Metallbogen, auf die vorige Weise an dem mit dem Kondensator bewaffneten Elektrometer geprüft, zeigt jetzt eine *sehr starke negative* Elektricität, der *positive* Metallbogen hingegen eine *nur schwache positive* an. Die concentrirte Kalilauge trägt sonach alle Eigenschaften eines positiv unipolaren Körpers, wie die concentrirten Säuren die Eigenschaften eines negativ unipolaren, vollständig in sich, so lange wenigstens, als die Gesammtspannung der übrigen Kette eine bestimmte Grösse nicht überschreitet; in dem Masse freilich, in welchem jene Grenze von der Säule überschritten wird, zeigen sich die unipolaren Eigenschaften dieser Art nur in einem geringeren und fortwährend abnehmenden Grade.

Aus den bisherigen Wahrnehmungen lässt sich mit grosser Zuversicht schon voraussagen, dass concentrirte Auflösungen von Mittelsalzen, eben weil diese zu gleicher Zeit einen sauer und einen kalisch wirksamen Bestandtheil in sich enthalten, auch jene beiderlei Wirkungen zugleich in sich aufnehmen werden, und zwar vollständig, so lange als die ursprünglich in der Kette vorhandene Gesammtspannung eine gewisse, durch die Natur des Mittelsalzes bestimmte Grösse nicht überschreitet. Diese Folgerung findet man in der Erfahrung auch vollkommen bestätigt. Die concentrirte Mittelsalzlösung hebt den Strom einer Kette von gewisser, oft unerwartet grosser Stärke beinahe völlig auf; am Elektrometer hingegen zeigt sie auf beiden Seiten entgegengesetzte Elektricitäten, die an Stärke zwar nicht vollkommen, was auch nicht zu erwarten war, aber doch mehr als zuvor einander gleich sind, so zwar, dass der Ueberschuss bald auf die eine, bald auf die andere Seite fällt. Da diese Klasse von Erscheinungen schon ausser den Grenzen dieser

Arbeit liegt und überhaupt weniger zu einer blos qualitativen Untersuchung, die hier, so Gott will nur als Vorläufer eines besseren, zur Erreichung eines noch nicht scharf begrenzten Zweckes wohl eintreten durfte, geeignet ist: so begnüge ich mich blos auf die Stellen hinzuweisen, wo schon vor längerer Zeit solche Erscheinungen mehreren Naturforschern, ihres grossen Umfanges wegen befremdend, entgegen getreten sind. (Man vergleiche Davy's letzte Abhandlung in Kastner's Proteus I. S. 243—246. — Fechner's Beobachtung in der neuesten deutschen Uebersetzung von Biot's Physik III. S. 278 auf 279. — Fischer's Schrift: „das Verhältniss der chemischen Verwandtschaft zur galvanischen Elektricität.“ Berlin 1830. S. 194—205.)

Zum Schlusse werde ich nun noch folgenden Versuch beschreiben. In concentrirte Schwefelsäure brachte ich die an das eine Ende des Multiplikators gelöthete Kupferplatte von $^1/_2$ Quadratzoll Oberfläche, und schloss die Kette mit Zink von $^1/_2$ Quadratlinie Oberfläche, welches an das andere Ende des Multiplikators angelöthet worden war; die Doppelnadel des Multiplikators sank in kurzer Zeit noch unter 4^0 herab. Als ich hingegen in dieselbe Säure und auf dieselbe Weise eine Zinkplatte von $^1/_2$ Quadratzoll Oberfläche brachte, und die Kette mit Kupfer von $^1/_2$ Quadratlinie schloss, zeigte die Nadel nach viel längerer Zeit noch 63^0, und selbst nach Ablauf von 20 Minuten noch 50^0 an. Es liefert dieser Versuch, wenn ich nicht irre, das erste Beispiel, wo eine Vermehrung des positiven Metalls in der einfachen Kette zu einer Verstärkung ihrer Wirkung ungleich mehr beiträgt, als eine Vermehrung der negativen Metallfläche. Ich zweifle nicht, dass zu diesem einen Beispiele sich noch gar manche andere gesellen werden; denn obige Erfahrungen geben jetzt schon deutlich die Stelle zu erkennen, wo man dergleichen aufzusuchen habe.

Durch die in vorliegender Abhandlung von mir niedergelegten Thatsachen scheint das Wesen der Unipolarität in seinen Elementen ergriffen, das Räthselhafte aus dem Bereiche jener Erscheinungen glücklich verjagt worden zu sein; die Art aber, wie ich zu diesen Thatsachen gelangt bin, giebt ihnen eine noch ungleich höhere Bedeutung, denn sie erhebt jedes einzelne Individuum zum Repräsentanten seiner Gattung. Nicht eine von jenen Thatsachen ist zufällig aufgefunden oder durch vielfache Combination der Versuche mühsam erhascht worden, sondern alle sind mit Nothwendigkeit aus der schon fertigen Idee leicht und sicher hervorgegangen. Darin liegt der Grund, warum obige Versuche einen solchen Charakter von Allgemeinheit um sich verbreiten, dass in jedem noch eine ganze Reihe anderer, verwandter, sich zuversichtlich voraussehen, von jedem aus ein fester Blick auf die Gesammtheit galvanischer Erscheinungen sich werfen lässt. Die wichtigsten dieser allgemeinen Gesichtspunkte werde ich noch in folgenden wenigen Rubriken zusammenfassen.

1) So wie die concentrirte Schwefelsäure wird auch das Brom, welches nach de la Rive mit jener hinsichtlich der chemischen Wirkung auf Metalle und der elektromagnetischen auf den Multiplikator alle Eigenschaften gemein hat, unipolare Erscheinungen zu Stande bringen; selbst die concentrirte, rauchende Salpetersäure giebt dazu alle Hoffnung, weil nach Fischer die meisten salpetersauren Metallsalze in ihr, wenn nicht unauflöslich, doch schwer auflöslich sind, denn es ist kaum zu glauben, dass den festen Salzen überhaupt die zur Hervorbringung der unipolaren Erscheinungen erforderliche geringe Leitungsfähigkeit abgehen sollte. Böte die heutige Chemie hinsichtlich der Auflöslichkeit der Metallsalze in ihren eigenen concentrirten Säuren mehr sichere Data dar, so würden ausser den hier angezeigten noch gar viele andere Stellen andeuten, wo unipolare Erscheinungen mit Gewissheit sich voraus verkünden lassen, wenn damit zugleich eine genaue Kenntniss der Leitungsgüte der verschiedenen festen Salze in Verbindung gebracht würde. Ueberall, wo in der galvanischen Kette feste und schwer auflösliche Produkte, wenn auch in noch so geringer Menge und darum nur schwer erkennbar, sich bilden müssen, sind starke und ungewöhnliche Modifikationen der Kettenwirkung zu erwarten, sei es wegen des geringen Leitungsvermögens dieser Erzeugnisse, oder wegen ihrer

einseitig auftretenden elektromotorischen Kraft. Selbst die Schwerauflöslichkeit mancher Metallsalze in Wasser ist in dieser Hinsicht nicht ausser Acht zu lassen. So giebt ohne Zweifel die Natur des schwefelsauren und des basisch salpetersauren Bleies Aufschluss über die geringe Wirksamkeit einfacher galvanischer Ketten selbst mit verdünnter Schwefel- und Salpetersäure, wenn Blei das positive Metall der Kette ausmacht. Wie grosse Sorgfalt man aber zuweilen auf die Entdeckung solcher Anflüge zu verwenden habe, davon liefert das oben angeführte Beispiel vom Kupfer in concentrirter Schwefelsäure den besten Beweis. Vielleicht dass manche der kürzlich von Fischer und Wetzlar an's Licht gezogenen, merkwürdigen Erscheinungen bei der Auflösung und bei der Fällung der Metalle von diesem Gesichtspunkt aus mit Glück sich weiter verfolgen lassen.

2) Man hat schon vor längerer Zeit die Wahrnehmung gemacht, dass Salpetersäure oder Salzsäure zwischen Gold und Platin, Salzsäure zwischen Silber und einem der vorigen Metalle, unwirksame Ketten geben, und daraus geschlossen, dass der chemische Prozess und die galvanische Wirkung in einem gewissen Wechselverhältnisse zu einander stehen. So lange man es dabei bewenden liess, war man ohne allen Zweifel in einer Annäherung zur Wahrheit begriffen; wenn man aber, auf jene Thatsachen gestützt, noch weiter gehen zu dürfen glaubte, und zuversichtlich die Behauptung hinstellte, dass der chemische Prozess das Bedingende des galvanischen Stromes sei, so ist man zuverlässig von der Wahrheit wieder abgekommen. Obige Versuche zeigen nämlich bis zur Evidenz, dass die Unwirksamkeit jener Ketten nicht deswegen eintritt, weil die Abwesenheit des chemischen Prozesses das Dasein des galvanischen Stromes unmöglich macht, sondern deswegen, weil die Kettenwirkung, von dem chemischen Prozesse unaufgehalten, bereits schon abgelaufen ist. Der chemische Prozess hebt die unipolaren oder bipolaren Gegenspannungen, auf deren endliche Darstellung das Streben der Kette fortwährend hingerichtet bleibt, immer wieder auf, und reizt auf solche Weise die galvanische Kette unablässig an, die schon geschehene Wirkung immer wieder auf's Neue zu vollbringen; er erhält die Kette

stets wach, er spornt sie fort und fort zur Thätigkeit an, aber er ruft sie nie in's Dasein. Das Zufällige und Veränderliche eines blos neben der Kette existirenden chemischen Prozesses spricht sich auch darin aus, dass er nicht immer, wie in den oben angeführten Beispielen, den elektrischen Strom zwingt, sich länger unserem Blicke zu zeigen, sondern zuweilen auch umgekehrt ihn abhält, in seiner ursprünglichen Stärke sich zu bewegen, wie das Verhalten des positiven Silbers, Kupfers und Zinks in concentrirter Schwefelsäure auf die sprechendste Weise darthut. Die Oxydirbarkeit des positiven Metalls in Berührung mit einer Flüssigkeit, die sauer oder salzig ist, trägt allerdings zur längeren Abhaltung, auch wohl zur Verstärkung der Endwirkung der Kette bei, indem die continuirliche Verbindung des Metalloxydes mit der Säure an der Stelle, wo sie vor sich geht, die dort von der Kette mittelst der Säure beabsichtigte Gegenspannung schmälert, vielleicht in Fällen ganz und gar abhält. Eine ähnliche Modifikation der Wirkung würden wir auch auf der Seite der zur Kette gebrauchten negativen Metalle wahrnehmen können, wenn nicht auf unserer Erde dem Auftreten hydrogenisirter Metalle und ihrer Verbindung mit kalischen Stoffen mehr Hindernisse entgegenständen, als dem Entstehen der Oxyde und ihrer Vereinigung mit Säuren; aber, wenn schon hieraus die grössere Seltenheit solcher Modifikationen auf der anderen Seite in die Augen springt, so beweist doch bis jetzt nichts ihre gänzliche Abwesenheit. Liessen sich dergleichen Fälle in der Wirklichkeit auffinden, so würden wir dadurch in den Stand gesetzt, starke hydroelektrische Ketten zu bilden, welche ungleich beständiger sich zeigen müssten, als alle bisherigen, und die in Hinsicht der Beständigkeit, wiewohl aus anderen Gründen, den thermoelektrischen Ketten sich nähern müssten.

Ausdrücklich will ich übrigens noch den Vorwurf von mir ablehnen, als hätte ich durch vorstehende Bemerkungen im Sinne, eine absolute Verschiedenheit zwischen dem chemischen Prozess und der galvanischen Wirkung im Allgemeinen festzustellen. Was ich hier vorgebracht habe, betrifft ausschliesslich blos den die Kettenwirkung zufällig begleitenden, chemischen Prozess, oder, um mich noch bestimmter auszudrücken, denjenigen Prozess, welcher unter den eben vorhandenen Umständen, es mögen diese schon ursprünglich da gewesen oder seither durch die Kette erst herbei geführt worden sein, auch ohne die fernere Dazwischenkunft der Kette sich zeigen müsste. Von diesem lässt sich alles das aussagen, was ich soeben vorgebracht habe, ohne dass jener Vorwurf auf den, der dieses thut, in Anwendung gebracht werden könnte, denn auch eine galvanische Kette kann in eine andere, bald hemmend, bald förderlich, eingreifen.

3) Was aber den aus der Kettenwirkung unmittelbar hervorgehenden und mit ihr identischen chemischen Prozess anlangt, so scheinen alle einzelnen Thatsachen ganz allgemein zu bestätigen, dass er stets und hauptsächlich nur einen abspannenden Einfluss auf die Kette ausübe. Aus dem Umstande, dass in unseren gewöhnlichen Ketten die galvanische Wirkung von dem chemischen Prozesse nur auf der Seite des positiven Metalls begleitet wird, erklärt sich, warum in der Regel das negative Metall vor dem positiven dadurch sich auszeichnet, dass eine Vergrösserung seiner Berührungsoberfläche mit der Flüssigkeit die galvanische Wirkung ungleich mehr verstärkt, als dieselbe Aenderung an der positiven Oberfläche. An der negativen Oberfläche erzeugt sich nämlich vorzugsweise die Gegenspannung, und diese wird um so geringer, je geringer an den Stellen, wo sie entsteht, die Intensität des Stromes ist. In dieser Besonderheit scheinen auch alle die verschiedenen Erscheinungen, welche das Sinken der Kraft in der hydroelektrischen Kette begleiten, ihren Grund zu haben. Zwar will ich damit nicht behaupten, dass die galvanische Wirkung durchaus keine Aenderung im Leitungsvermögen der veränderten Kettentheile nach sich ziehe; aber meine Worte zielen doch dahin, dass die erzeugte Gegenspannung im Allgemeinen weitaus den grössten Antheil an der Abnahme der Kette hat. Ich werde eine nahe Gelegenheit wahrnehmen, um die Differenzen, welche hinsichtlich dieses Punktes noch bestehen, wo möglich völlig zu beseitigen.

4) Die ausnehmend geringe Stärke des Stromes, welche in obigen Versuchen nach eingetretener Gegenspannung noch übrig bleibt, verdient eine besondere Aufmerksamkeit. Der

am Ende noch wahrnehmbare Strom ist seiner Natur nach nicht beträchtlich genug, um die zwischen den Metallen befindliche Flüssigkeit noch ferner zu zersetzen; aber offenbar muss er doch hinreichend sein, die getrennten, nach Wiedervereinigung sich sehnenden Bestandtheile aus einander zu halten. Und so giebt gewissermassen jener Stromesrückstand ein Mass ab für die gegenseitige Anziehung der beiden aus einander gehaltenen Bestandtheile, wiewohl es voreilig wäre, über das Wie dieser Messung ohne vorangegangene genauere Bestimmung zu entscheiden. Es ist jedoch nicht schwer vorauszusehen, dass in Zukunft von dieser Stelle aus die Chemie eine vollständige, wissenschaftliche Begründung erhalten werde. Ich bin versucht zu glauben, dass in jenen Versuchen die so geringe, zum Auseinanderhalten der verschieden wirkenden Bestandtheile erforderliche Stromesstärke daher rühre, dass bei ihnen nur die geringe Verwandtschaft des indifferenten Wassers zu dem differenten Körper (der Säure oder dem Kali), dessen Gegensatz es vertritt, zu überwältigen ist, so dass das Wesen der dortigen Erscheinung darin zu suchen wäre, dass die Kraft des Stromes den wasserhaltigen Körper in Wasser und in wasserfreie Substanz zu zerlegen bemüht ist; jenes giebt mit dem berührenden Metalle keine oder eine nur sehr geringe Spannung, diese hingegen eine Spannung von sehr beträchtlicher Grösse. Es ist jedoch zur Ermittelung dieses Punktes erforderlich, die Grösse der Spannung, welche wasserfreie Säuren und Kalien mit den Metallen bilden, da wo es geschehen kann, direkt zu untersuchen. Auffallend ist bei jenen Versuchen der Umstand, dass stets der Strom durch Gold, sowohl mit Säure als mit Kali, noch beträchtlich mehr als durch Platin herabgedrückt worden ist; indessen findet dieser Umstand zum Theile darin seine Erklärung, dass meine Goldbogen der Flüssigkeit nur etwa den dritten Theil so viel Oberfläche darboten, als meine Platinbogen; zum Theile kann aber auch die Schuld darin liegen, dass gewöhnliches Platin immer mit fremden Metallen mehr oder weniger gemischt ist, während das Gold von aller Legirung befreit worden war.

5) Es geht aus obigen Thatsachen augenscheinlich und unmittelbar hervor, was sich aber auch schon aus den längst

bekannten ohne grosse Mühe ableiten lässt, dass alle Versuche, welche man bisher zur Bestimmung von in Wasser aufgelösten, oder überhaupt zersetzbaren Flüssigkeiten unternommen hat, nicht reine, sondern stets nur durch die sich bildenden Gegenspannungen complicirte Resultate liefern konnten. Da man auf diesen Umstand nirgends noch Rücksicht genommen zu haben scheint, so sind alle Angaben der Art nur höchst unsicher, selbst wenn dabei die verschiedenen Wirkungszustände der Kette gehörig in Acht genommen worden wären. Eine vollständige Lösung jener Aufgabe wird wohl erst dann möglich werden, wenn man die Natur und Grösse der eintretenden Gegenspannungen ermittelt haben wird; indessen geben obige Erfahrungen doch schon jetzt die Mittel an die Hand, jenen Zweck in grosser Annäherung zur Wahrheit zu erreichen.

6) Endlich decken die vorangegangenen Wahrnehmungen noch die Ursache auf, warum die elektrometrischen Anzeigen der geschlossenen einfachen Kette verschieden ausfallen, je nachdem die Kette durch diese oder eine andere Flüssigkeit geschlossen worden ist (vgl. Poggendorff's Annalen VII. S. 118). Auch zeigen sie die Art an, wie solche Versuche angestellt werden müssen, sowohl um unter sich vergleichbar zu werden, als auch um Resultate zu liefern, wie sie von der Theorie vorausgesagt worden sind. So scheinen allmählig auch die kleinsten Theile sich gefügig an das Ganze anschmiegen zu wollen. Der Himmel gebe zum Ausbau des Gebäudes seinen Segen!

XIV.

Versuche über den elektrischen Zustand der geschlossenen einfachen galvanischen Kette und daran geknüpfte Beleuchtung einiger dunkler Stellen in der Lehre vom Galvanismus.

Schweigg. Journ., Bd. **63**, p. 1—26, p. 159—189. 1831.

Es ist eine eigene Erfahrung, dass bei der emsigen und vielseitigen Untersuchung der einfachen geschlossenen Kette seit einer ziemlich langen Reihe von Jahren das Elektrometer nur selten und auch dann noch so spärlich zu Rathe gezogen worden ist. Alles, was man hierüber in der neuen Bearbeitung von Gehler's physikalischem Wörterbuch unter dem Artikel *Galvanismus* findet, ist Folgendes:*)

„In jeder wirksamen geschlossenen galvanischen Kette, in welcher ein chemischer Prozess stattfindet, ist die elektrische Spannung, welche die nach dem blosen Schema der Linie an einander gereihten Körper zeigen, verschwunden, und es offenbaren sich in so fern an ihr keine elektrischen Erscheinungen nach aussen. Jäger führt unter seinen Versuchen über die elektrischen Aeusserungen der einfachen Kette,**) welche sich fast alle auf ihren ungeschlossenen Zustand beziehen, folgende zwei Versuche an: Vers. 28. Von zwei einander metallisch

---

*) Vgl. Bd. IV. S. 688.

**) Gilbert's Ann. XIII. 415.

berührenden Platten, Zink und Kupfer, ist die eine mit der Erde in Verbindung, die andere ladet einen mit ihr homogenen Kondensator mit dem *Maximum* von Elektricität, welches er überhaupt durch Berührung mit dem homogenen Metall erhalten kann. — Vers. 29. Sowohl die Zink- als die Kupferplatte ist mit der Erde verbunden, jede theilt unerschöpflich einem mit ihr homogenen Kondensator ihre eigenthümliche Elektricität mit, diese hat aber eine beträchtlich geringere Intensität als im vorigen Versuche.

Diese beiden Versuche stellen offenbar das Verhältniss der offenen und geschlossenen Kette dar; denn wenn im letzteren Falle beide Metalle mit dem Erdboden in Verbindung stehen, so ist durch diesen und die Leiter nach demselben die Kette geschlossen. Bei dieser besonderen Art der Kettenschliessung mag noch eine Spur von elektrischer Spannung in den Metallen zurückbleiben, die sich dem Kondensator mittheilt, weil die ableitenden Finger zu unvollkommene Leiter sind, um alle Elektricität auszugleichen, die in der Berührung jener Metalle erregt wird. Verbindet man aber die beiden Metalle durch einen guten Leiter von hinlänglich grosser Oberfläche, während jene sich nicht in mehreren Punkten berühren, als nöthig ist, um mit Rücksicht auf ihr grösseres Leitungsvermögen kein grösseres Quantum von Leitung zu geben: so wird der Kondensator keine Spur von elektrischer Spannung annehmen, man mag ihn durch einen isolirten Draht mit der Kupferplatte, dem feuchten Zwischenleiter oder der Zinkplatte in Berührung bringen, während man zugleich die geschlossene Kette an irgend einem Punkt ableitend berührt, jedoch unter der Bedingung, dass die Kondensatorplatte und der verbindende Draht mit dem jedesmal berührten Metalle von gleicher Beschaffenheit sind. Dieses gilt auf gleiche Weise für die Ketten aus einem trockenen Erreger und zwei feuchten Erregern, wenn man z. B. zwei Scheiben von Pappe, deren jede mit einer besonderen Flüssigkeit getränkt ist und die sich berühren, an ihren abgekehrten Flächen mit einer und derselben Metallplatte bewaffnet, diese selbst durch einen Metalldraht verbindet und so die Kette schliesst. Alle elektrische Thätigkeit, die in der geschlossenen Kette etwa stattfinden möchte und auf deren unleugbares Dasein wir aus anderweitigen Erscheinungen schliessen, ist also gleichsam auf diese selbst eingeschränkt, geht nicht über ihre Grenzen hinaus, und kann also nicht in der Anhäufung der einen oder anderen Art von Elektricität und der damit gegebenen Spannung, die nach Ausgleichung strebt, sondern nur in dieser Ausgleichung selbst bestehen.“

So viel das Wörterbuch. Da es sich ausser dem Jäger'schen weiter auf keinen wirklich angestellten Versuch beruft, so dürfte man berechtigt sein, die mitgetheilte ganze Darstellung des elektrischen Zustandes einer geschlossenen einfachen Kette blos für den Ausdruck einer seit Volta's Entdeckung der Säule mehrfach, aber, so viel ich weiss, jedesmal ohne nähere Hinweisung auf die Erfahrung geäusserte, aus dem ähnlichen Verhalten der Säule auf die einfache Kette zu schnell übergetragene, Ansicht zu halten; und zwar um so mehr, als dabei ein hierher gehöriger Versuch Becquerel's,*) wonach die Spannung zwischen Zink und Kupfer in einer geschlossenen Kette nicht merklich verringert wird, selbst alsdann, wenn der flüssige Leiter aus angesäuertem Wasser besteht und ein sehr intensiver elektrischer Strom stattfindet, völlig unberücksichtigt geblieben ist. Indess spricht sich aber der Bearbeiter jenes Artikels doch auf eine so bestimmte Weise aus, dass man sich des Glaubens kaum erwehren kann, seinen Aussprüchen müssten eigene Erfahrungen zum Grunde liegen, und in diesem Falle wären seine Worte von so grosser Autorität, dass ich sie selbst im noch zweifelhaften Falle nicht verschweigen zu dürfen glaubte, indem meine nun folgenden Versuche obiger Darstellung fast in allen ihren einzelnen Punkten gerade entgegen laufen. Schon früher habe ich die Erfahrung mitgetheilt**), dass wenn ich den Zinkkupferstreifen durch Brunnenwasser schloss, so treten jedesmal die elektrischen Erscheinungen innerhalb des flüssigen Leiters, der die Kette schloss, weit stärker hervor, wenn das Kupfer, als wenn das Zink ableitend berührt wurde, obgleich ich auf vollkommene Isolirung der Kette die grösste Sorgfalt verwandt hatte; wenn ich dagegen das Brunnenwasser mit

---

*) Poggendorff's Ann. B. II. S. 207.

**) Poggendorff's Ann. B. VII. S. 118 [53].

koncentrirter Schwefelsäure vertauschte, so waren die Erscheinungen in beiden Fällen, so weit es der Augenschein lehrte, von gleicher Stärke. Diese Wahrnehmungen schienen anzudeuten, dass in der geschlossenen Kette nicht blos, wie aus dem Becquerel'schen Versuche hervorgeht, an den Metallen elektrische Anzeigen erhalten werden können, sondern auch innerhalb der Flüssigkeit, und zwar hier unter verschiedenen Umständen verschiedene. Seitdem habe ich demselben Gegenstand aufs Neue meine Zeit gewidmet, und meine Versuche hierüber so oft und an Ketten von so verschiedener Form und Wirksamkeit wiederholt, und Resultate erhalten, die sich so eng an die übrigen bekannteren Eigenthümlichkeiten der galvanischen Kette anschliessen, dass ich in sie auch nicht mehr das geringste Misstrauen setzen darf. Indem ich diese Versuche hier, so weit als es zum richtigen Erfassen des elektrischen Zustandes einer geschlossenen einfachen Kette nöthig ist, mittheile, lasse ich sie in solcher Ordnung auf einander folgen, wie man am schnellsten zur Uebersicht des Gegenstandes geführt wird, und bemerke blos, dass dies nicht die Ordnung ist, wie ich sie wirklich angestellt habe, und dass *ich eben deswegen lange Zeit von ihnen hintergangen worden* bin, und meinem Elektrometer hartnäckig Abweichungen zur Last gelegt habe, die am Ende nichts weiter als die Treue meines Instrumentes bewährten.

Löthet man zwei, etwa $^3/_4$ Zoll breite, 4 Zoll lange und nicht sehr dünne Streifen von Zink und Kupfer mit ihren einen Enden an einander, biegt sie hierauf halbkreisförmig und spannt von dem einen Ende dieses Halbkreises zum anderen mehrfach genommenes und nur leicht zusammengedrehtes, mit destillirtem Wasser wohldurchnässtes, baumwollenes Strickgarn, so hat man eine geschlossene, einfache Kette, in welcher die genässte Baumwolle den feuchten Leiter vertritt. Um nun den elektroskopischen Zustand dieser Kette an einem Bohnenberger'schen Elektrometer bequem untersuchen zu können, versah ich letzteres mit einem Kondensator, dessen eine Platte von Kupfer, die andere von Zink war, und mit jeder dieser Platten brachte ich einen Stift von ihr gleichartigem Metall in leitende Verbindung, der seitwärts über sie hinaus ragte.

Mittelst dieser Vorrichtung stellte ich folgende Versuche an:

A. Fasste ich den Kupferstreifen der obigen Kette zwischen die Finger, berührte die Kupferplatte des Kondensators mit der anderen Hand ableitend, und

1) brachte ich irgend eine Stelle des Zinkstreifens dieser Kette mit dem am Kondensator hervorragenden Zinkstift in Berührung: so gab das Elektrometer in dieser Stelle nach geschehener Oeffnung des Kondensators *positive* Elektricität zu erkennen, und zwar ganz von derselben Stärke, wie sie dieselbe Kette gezeigt hatte, ehe noch die nasse Baumwolle in sie gespannt worden war;

2) brachte ich unter denselben Umständen den zunächst am Zinkstreifen liegenden Theil der nassen Baumwolle mit dem Zinkstift am Kondensator in Berührung: so gab das Elektrometer eine Elektricität von derselben Art und Stärke, wie eben, zu erkennen;

3) brachte ich aber den Theil des Baumwollenfadens, welcher um $^1/_4$ Durchmesser des Halbkreises von dem Zinkstreifen entfernt lag, mit dem Zinkstift in Berührung: so gab das Elektrometer zwar noch eine Elektricität von derselben Art, aber von recht fühlbar geringerer Stärke, wie zuvor, zu erkennen;

4) brachte ich die Mitte des nassen Fadens mit dem Zinkstift in Berührung: so wurde die Stärke der Anzeigen am Elektrometer um Vieles geringer, obwohl sie der Art nach dieselben blieben, und eine unmittelbare Vergleichung zeigte, dass die Stärke der Anzeigen von der einer offenen Zinn-Zinkkette nicht fühlbar verschieden war, also einer halben Kupfer-Zinkspannung sehr nahe kam;

5) brachte ich die Stelle der nassen Baumwolle, welche um $^1/_4$ Durchmesser des Halbkreises vom Kupferstreifen entfernt lag, mit dem Zinkstift in Berührung: so gab der Goldstreifen des Elektrometers nur noch einen sehr geringen Ausschlag nach derselben Seite, wie zuvor immer; dieser Ausschlag war zwar nicht halb so gross wie der in 4), aber er gehörte doch einer halb so grossen Spannung an, wie die unmittelbare Vergleichung mit

offenen Ketten aus Metallen, die in der Spannungsreihe nahe bei einander liegen, auf eine der vorhin angezeigten analogen Weise zu erkennen gab;

6) brachte ich endlich den zunächst am Kupferstreifen anliegenden Theil der nassen Baumwolle mit dem Zinkstift in Berührung: so hörten die Anzeigen des Elektrometers ganz und gar auf.

B. Fasst man statt des Kupferstreifens den Zinkstreifen der Kette zwischen die Finger, berührt die Zinkplatte des Kondensators mit der anderen Hand, und bringt dann, vom Kupferstreifen ausgehend, die verschiedenen unter *A.* angezeigten, auf die verwechselten Metalle bezogenen Stellen der nassen Baumwolle mit dem Kupferstifte der anderen Kondensatorplatte in Berührung: so wird man am Goldstreifen des Elektrometers der Reihe nach ganz dieselben Bewegungen, wie sie unter *A.* von 1 bis 6 aufgezeichnet stehen, wiederfinden, wodurch in Folge der Natur des Kondensators ausgesprochen wird, dass hier an den entsprechenden Stellen der Kette eine Elektricität von derselben Stärke, wie zuvor, aber von entgegengesetzter Art, beobachtet worden ist.

Man sieht aus diesen Versuchen, wie schon die einfache Kette alle jene Erscheinungen am Elektrometer zu geben fähig ist, welche man früher an der Volta'schen Säule, deren Pole durch einen nassen Faden unter einander verbunden werden, beobachtet hat, deren Darstellung im letzteren Fall aber eben so gut auch an einem Metalldrahte, statt des nassen Fadens, geschehen kann, wie ich schon vor mehreren Jahren angegeben habe*). Man kann sogar, wenn die Baumwolle nicht so lose auf den Metallbogen gezogen worden ist, obige einfache Kette ganz bequem an irgend einer Stelle der nassen Baumwolle zwischen die Finger nehmen, und irgend eine andere Stelle der Kette am Kondensator prüfen, man wird so alle früher an der Säule unter denselben Umständen beobachteten Gesetze auch hier an der einfachen Kette wiederfinden; namentlich wird, wenn die Mitte der nassen Baumwolle ableitend berührt

*) Poggendorff's Ann. B. VII. S. 117 [53].

wird, der Kupferstreifen und der zunächst an ihm anliegende Theil der nassen Baumwolle *negative*, der Zinkstreifen und der zunächst an ihm anliegende Theil der nassen Baumwolle hingegen *positive* Elektricität zeigen, in beiden Fällen aber nur von halb so grosser Stärke als in den vorigen Versuchen unter 1 und 2; und dies ist eben der oben angeführte, von Jäger angestellte Versuch 29, nur hier auf eine mehr demonstrative Weise vorgebracht. Lässt man von dem einen Ende des Metallbogens, ausser dem schon vorhandenen, noch einen zweiten gleich starken und gleich genässten Baumwollendocht auslaufen, der aber nur bis in die Mitte der Sehne reicht, und dort nebst dem ersten zwischen die Finger genommen wird: so zeigt der Streifen, von welchem zwei Dochte auslaufen, nur eine halb so starke Elektricitat am Elektrometer, als der andere Streifen; dieser Unterschied auf beiden Seiten wird immer grösser, je mehr Docht man von derselben Seite bis zur Mitte führt, und so fortfahrend gelangt man bald dahin, dass der eine Metallstreifen gar keine Elektricität mehr zeigt, während dann der andere die volle Zink-Kupferspannung am Elektrometer aufweisst. Diese Versuche stimmen mit jenen überein, welche von Fechner beschrieben worden sind*).

Anstatt mich bei dem Detail solcher in's Unendliche zu vermannigfaltigenden Versuche länger aufzuhalten, will ich lieber einige Vorsichtsmassregeln näher besprechen, die sich auf den Gebrauch des kondensirenden Elektrometers im Allgemeinen beziehen, und nicht ausser Acht zu lassen sind, wenn man nicht bei solchen Versuchen zuweilen durch Nebenumstände zu Resultaten geführt werden will, die von den aufgezeichneten beträchtlich abzuweichen scheinen. Zunächst muss ich bemerken, dass der Einfluss kleiner Störungen, wie sie mitunter beim Gebrauche des kondensirenden Elektrometers wohl vorzukommen pflegen, in Beziehung auf die obigen Versuche von solcher Art ist, dass diese Störungen dem Auge weit grösser *erscheinen,* als sie *wirklich sind.* Die Richtigkeit dieser Bemerkung lässt sich leicht durch folgende Betrachtung darthun. Bezeichnen wir nämlich die Stärke einer ganzen Zink-

*) Vgl. Jahrb. der Ch. u. Ph. 1828. II. 437.

Kupferspannung durch 1, so lassen sich die verschiedenen Stärken der obigen Anzeigen von 2 bis 6 durch Zahlen bezeichnen, nämlich:

die unter *A.* durch: 0, $+ {}^1/_4$, $+ {}^1/_2$, $+ {}^3/_4$, $+ 1$;
die unter *B.* durch: 0, $- {}^1/_4$, $- {}^1/_2$, $- {}^3/_4$, $- 1$.

Stellen wir uns nun vor, dass sich zu den obigen Versuchen eine fremde Störung geselle, durch die alle Anzeigen um $^1/_4$ Zink-Kupferspannung niedriger ausfallen, so würden, statt der vorstehenden Stärken, jetzt nachstehende eintreten:

unter *A.*: $- {}^1/_4$, 0, $+ {}^1/_4$, $+ {}^1/_2$, $+ {}^3/_4$;
unter *B.*: $- {}^1/_4$, $- {}^1/_2$, $- {}^3/_4$, $- 1$, $- 1^3/_4$;

und man sieht, wie auf solche Weise Anzeigen, die ihrer Natur nach gleich sein sollen, in sehr verschiedener Stärke auftreten können. Erwägt man nun noch, dass in Folge der gewöhnlichen Einrichtung unserer Elektrometer der Goldstreifen z. B. bei der Tension $^1/_4$ nicht den dritten Theil des Ausschlages giebt, den man bei der Tension $^3/_4$ wahrnimmt, sondern einen verhältnissmässig noch viel kleineren: so wird man sich überzeugen, dass eine Störung von solcher Grösse, wie hier angenommen worden ist, jenen Versuchen ein ganz anderes Gesicht zu geben im Stande ist, so dass man geneigt wird, der beobachteten Verschiedenheit eine viel grössere Ursache unterzulegen, als wirklich vorhanden war. Diese Betrachtung fordert zugleich aber auch den Beobachter auf, alle Ursachen, die zu irgend erheblichen Störungen Anlass geben könnten, möglichst von sich abzuwenden. Dieser Zweck lässt sich nach meinen Erfahrungen durch sorgfältige Berücksichtigung einiger Punkte, auf die ich jetzt aufmerksam machen werde, vollständig erreichen.

Selten besitzen die beiden Polknöpfe der zu einem Bohnenberger'schen Elektrometer gehörigen trockenen Säulchen eine ganz gleiche anziehende Kraft, was theils in einer Unregelmässigkeit ihres Baues gegründet sein kann, meistens jedoch auf einer ungleich gut hergestellten Leitung in beiden Säulchen zu beruhen pflegt, und dann sich leicht beseitigen lässt; aber selbst wenn dieser Uebelstand am Elektrometer nicht vorhanden ist, so hält es doch noch sehr schwer, wenn nicht unmöglich, die Ausschläge des Goldstreifens nach beiden Seiten hin völlig gleich zu erhalten, wenn schon im Goldstreifen entgegengesetzte Elektricitäten von gleicher Stärke vorhanden sind, weil dies voraussetzt, dass der Streifen genau in der Mitte zwischen den beiden Polknöpfen herabhänge, und nach beiden Seiten hin völlig gleich beweglich sei; zwei Bedingungen, von denen jede an sich schwer herzustellen ist. Darum thut man besser bei solchen Versuchen, wo eine Vergleichung der Stärke in den verschiedenen Anzeigen des Elektrometers beabsichtigt wird, den Goldstreifen immer nur nach einer und derselben Seite sich hinbewegen zu lassen, dadurch dass man die entgegengesetzten Elektricitäten in den entgegengesetzten Kondensatorplatten sich ansammeln lässt, wie in den vorigen Versuchen geschehen ist. Ausserdem ist höchste Reinlichkeit zum guten Gelingen solcher Versuche unerlässlich. Man muss *jedesmal* vor Anstellung der Versuche alle metallischen Theile mit Kreide oder einem sonstigen Putzmittel überall recht blank abreiben, und man hat während der ganzen Zeit der Beobachtungen jede Berührung der Metalle mit der Hand oder mit einem anderen Theile des Körpers sorgsam zu vermeiden, weil die Hautfeuchtigkeit mit den Metallen so leicht und schnell Verbindungen eingeht, dass oft schon beim zweiten Anfassen die Erscheinungen abgeändert sich zeigen; ich halte daher stets die Metalle nur mit Hülfe einer einfachen oder mehrfachen Lage von reiner Leinwand zwischen den Fingern, wodurch es mir gelungen ist einen und denselben Versuch, vielfach wiederholt, stets in gleicher Weise ausfallen zu sehen. Endlich ist noch darauf zu sehen, dass das zwischen den Metallbogen gespannte Stück Baumwolle stets gleichmässig und wohl durchnässt erhalten werde, und namentlich da, wo es am Metall anliegt, nie bis zur Trockenheit gelange.

Von der Nothwendigkeit dieser letzten Vorsicht kann man sich auf folgende Weise durch das Elektrometer selbst überzeugen. Nimmt man z. B. einen Streifen Zink, der lange an feuchter Luft gelegen, und sich gleichmässig mit einer ziemlich dicken Lage grauen Oxydes überzogen hat, und schabt oder feilt ihn an seinem einen Ende rein metallisch, so zeigt er am Elektrometer nachstehende Erscheinungen. Hält man das blanke

Ende desselben mit Leinwand zwischen den Fingern, und berührt mit einem ebenen Theile seines oxydirten Endes ein auf der oberen Kondensatorplatte liegendes trockenes Stück Leinwand: so wird das Elektrometer nach geschehener Oeffnung des Kondensators eine von diesem Ende ausgegangene negative Elektricität von grosser Stärke anzeigen, die der von Zink-Kupfer nicht sehr viel nachgiebt, wenn die Oxydation des Zinkes vollständig genug geschehen war. Prüft man auf dieselbe Weise den Zinkstreifen in umgekehrter Lage am Kondensator, wobei jedoch zum sicheren Gelingen des Versuches erfordert wird, dass man das oxydirte Ende mit einer Holzzange, oder wenigstens mit mehrfacher Leinwand festhält, damit die von der Hand ausdünstende Feuchtigkeit keine Gelegenheit erhalte, sich in grösserer Menge am Zinkoxyde niederzuschlagen: so wird man eine gleich starke positive Elektricität wahrnehmen. Befeuchtet man nun durch leises Anhauchen, oder sonst wie, das oxydirte Ende des Zinkstreifens nur sehr wenig: so fallen jene Anzeigen am Elektrometer geringer aus, und sie hören ganz auf, wenn das Zinkoxyd von Feuchtigkeit ganz und gar durchdrungen ist, so dass tropfbar flüssiges Wasser auf seiner Oberfläche sichtbar wird*). Man sieht hieraus, wie Zinkoxyd in den elektrischen Anzeigen grosse Unterschiede

---

*) Ohne Zweifel ist der hier beschriebene Versuch eins mit dem von de la Rive in einem Brief an Arago mitgetheilten (dieses Jahrb. LIX. S. 494), wo auf beiden Seiten eines feuchten Holzstückes Zinkplatten (von denen jede noch mit einem Messingknopfe, der jedoch nicht wesentlich zum Gelingen des Versuches erforderlich zu sein scheint, versehen worden ist) angebracht werden und dann eine Seite des Holzstückes auf einen höheren Grad der Trockenheit, als die andere, gebracht wird. Es zeigt sich dabei stets diejenige Seite dieser Vorrichtung als die positive, welche der feuchten Hälfte des Holzstückes angehört. (?) De la Rive hält diese Erscheinung für durchaus unverträglich mit der Volta'schen Ansicht; indessen ist sie dies keineswegs, wenn man annimmt, wozu ohnehin die ganze äussere Form solcher Ablagerungen auffordert, und was auch der de la Rive'schen Erklärung stillschweigend zu Grunde liegt, dass die Oxydkruste porös ist, und dem Wasser einen Zugang zu dem noch regulinisch vorhandenen Zinke gestattet; aber freilich greift dieser Gegenstand wohl auch in das noch dunkle Feld der galvanischen Erregung durch ungleichzeitiges Eintauchen der Metalle über.

bewirken kann, zugleich aber auch, wie durch hinlängliche Befeuchtung Störungen durchaus verhindert werden können. In der, zu obigen Versuchen gebrauchten, geschlossenen Kette muss aber nothwendig eine Oxydation des Zinkes da vor sich gehen, wo es mit der feuchten Baumwolle in Berührung steht, und dieser Umstand würde unabwendbar eine Veränderung in den Spannungen der Kette, somit einen Wechsel ihrer elektrischen Erscheinungen nach sich ziehen, wenn nicht zum Glücke dieser Grund zu einer Abweichung von dem normalen Zustande der Kette durch gehörige Benetzung jener Stelle leicht aufgehoben werden könnte; hierin spricht sich eben die Nothwendigkeit der zuletzt angegebenen Vorsichtsmassregel aus. Uebrigens muss ich noch bemerken, dass zum Auftreten der hier angezeigten elektrischen Erscheinungen in ihrer vollen Stärke nicht eben eine *sehr dicke* Lage von Oxyd erfordert wird, wiewohl sie hier bedingt worden ist, deswegen, weil ausserdem, was auch begreiflich ist, die Erscheinung sich leicht verstecken kann. Aehnliche Erscheinungen wie hier am Zinke lassen sich ebenso auch an allen übrigen leicht oxydirbaren Metallen wahrnehmen; ja ich habe schon unverkennbare Spuren jener Wirkung am Elektrometer aufgefunden, wenn ich zwei Stellen eines und desselben Messingstückes mit einander verglich, von denen die eine frisch abgerieben, die andere nur in so weit angelaufen war, dass sie, gegen erstere gehalten, eine mehr goldgelbe Farbe, übrigens aber vollkommenen Metallglanz zeigte.

Unter Einhaltung der mitgetheilten Vorsichtsmassregeln wird es stets gelingen, an einem, in gutem Stande befindlichen, Elektrometer den Erfolg der obigen Versuche ganz in der Weise zu erhalten, wie er vorhin unter *A* und *B* beschrieben worden ist; aber selbst dann, wenn man jenen, zum Theil etwas umständlichen Vorschriften nicht Folge leisten will, wird der Erfolg doch stets in seiner analogen, von der normalen etwas abweichenden Form, wofür ich weiter oben ein Zahlenschema gegeben habe, auftreten, und auch so spricht sich bei öfterer Wiederholung des Versuches der normale Zustand der Kette noch deutlich genug aus, indem die Abweichung heute nach der einen, morgen nach der anderen Seite sich hinneigen wird. Solche Ungleichheiten können allerdings, wenn man sie das erste Mal wahrnimmt, in Verlegenheit setzen, aber sie erregen kein Staunen mehr, wenn man ihrer Quelle auf die Spur gekommen ist; sie sind Anzeigen der noch grossen Unvollkommenkeit unserer heutigen elektrometrischen Versuche, aber sie deuten zugleich auch darauf hin, dass dergleichen Unregelmässigkeiten nicht sowohl dem Instrumente selbst, als vielmehr seiner Behandlungsweise zur Last zu legen sind. Ein grosser Theil der Uebelstände, die man, bei einem seltenen Gebrauche des kondensirenden Elektrometers, ihm zum Vorwurfe zu machen geneigt ist, wird man, bei einem häufigeren Gebrauche und der daraus sich ergebenden näheren Bekanntschaft mit demselben, seiner grossen Empfindlichkeit zu Gute kommen zu lassen sich gezwungen sehen. Es treten allerdings Fälle ein, wo das auf die gewöhnliche Weise konstruirte Bohnenberger'sche Elektrometer seine Dienste ganz und gar versagt, indem es unter sich nicht gleiche, verworrene, auch wohl einander widersprechende Anzeigen liefert; allein in diesem Falle darf man es nur auseinander nehmen, die isolirenden Theile desselben gut trocknen und reinigen, insbesondere aber darauf Rücksicht nehmen, dass die durch die äussere Fassung der Glasröhren gehenden metallischen Theile mit dem Körper der Säulchen in unmittelbare Berührung kommen, (es geschieht nämlich zuweilen, namentlich wenn das Instrument lange an der Sonne steht, dass der Kitt erweicht, womit die Fassungen an den Glasröhren befestigt sind, wodurch dann auch ein Abrücken der Fassungen von dem Säulenkörper erfolgen kann), und es wird wieder gute Dienste thun. Diesen letzteren Uebelständen lässt sich leicht durch einen verbesserten Bau des Instrumentes abhelfen, überhaupt werde ich durch meine Erfahrungen zu der Behauptung hingeführt, dass es nicht sehr schwer halten dürfte, diesem Instrument eine messende Wichtigkeit zu verleihen, wie sie der heutige Zustand der Wissenschaft dringend zu fordern scheint, und gerade deswegen bin ich hier in die Betrachtung einiger Hindernisse, die wegzuräumen sind, weitläufiger eingegangen, als man vielleicht gut heissen wird. Uebrigens gelten alle hier gemachten Bemerkungen zugleich auch für die noch folgenden

Versuche, wo ich sie dann ganz nnerwähnt lassen kann, um so mehr, als dort ohnehin ein genaues Beobachten der Gradation der Erscheinungen von keinem so grossen Gewichte mehr ist, als hier.

Alle bisher mitgetheilten Erscheinungen an der einfachen geschlossenen galvanischen Kette sind genau so, wie ich sie längst schon für eine Kette mit einer *einzigen* Spannung aus theoretischen Gründen abgeleitet*) und in meiner Schrift auf eine noch einfachere Weise wiedergegeben habe. Die vorgeschriebene Form der Kette trägt zum Gelingen der Versuche nichts bei, man kann eben so gut statt der nassen Baumwolle ein mit *reinem* Wasser gefülltes parallelepipedisches Gefäss nehmen und in dasselbe die Enden des Zink-Kupferbogens eintauchen lassen; aber nicht alle aus zwei Metallen und einer Flüssigkeit gebildeten Ketten sind geeignet, jene Erscheinungen hervorzurufen, vielmehr treten in vielen Fällen grosse Veränderungen der Erscheinung ein. Hat man bei obigen Versuchen die Baumwolle auf den Metallbogen in der Art gezogen, dass der an seinen beiden Enden mit Knoten versehene Docht in Einschnitte gezwängt wird, die an den schmalen Seiten des Bogens gemacht worden sind, wobei die Länge des Dochtes etwas kürzer als der Durchmesser des Halbkreises zu nehmen ist, damit der Docht durch die natürliche Elasticität des Metallbogens gespannt erhalten werde, so kann man sich von dem Dasein solcher Veränderungen leicht überzeugen. Schon wenn Brunnenwasser statt des destillirten Wassers genommen wird, lässt sich die veränderte Natur der Erscheinungen nicht mehr verkennen; noch auffallender aber werden die Veränderungen und so, dass die alten Gesetze der Erscheinung ganz verloren gehen, wenn man statt des reinen Wassers eine etwas starke Auflösung eines Mittelsalzes nimmt. Jedoch lassen sich die eingetretenen Abweichungen dadurch wieder schwächen und zuletzt ganz aufheben, dass man den Baumwollendocht nicht auf die eben angegebene Weise an den Metallbogen befestigt, sondern ein oder mehrere Male um jedes Bogen-Ende windet; weswegen zur Beobachtung solcher Aende-

*) Vgl. Poggendorff's Ann. B. 6. S. 459—469 [37—45].

rungen in ihrer ganzen Stärke nur die erstere Verbindungsart des flüssigen Leiters mit den Metallen recht geeignet ist. Um die Art und den Grund dieser Aenderungen näher kennen zu lernen, wollen wir unsere Versuche in einer etwas abgeänderten Art wieder aufnehmen.

Zu den jetzigen Versuchen nahm ich ein 3 Zoll langes, $^3/_4$ Zoll breites und 1 Zoll tiefes, rechtwinkelig parallelepipedisches Glasgefäss und einen Zink-Kupferbogen, an dessen beiden Enden Seitenansätze, die mit dem übrigen gleichartigen Metall auf derselben Seite ein Kontinuum ausmachten, angebracht waren, und die sich genau an die schmalen Wände des Glasgefässes anlegten, und dem Bogen Haltung gaben, wenn er mit ihrer Hülfe, wie ein Haken, in das Glasgefäss eingesenkt worden war. Den Zwischenraum zwischen diesen beiden in das Glasgefäss gesenkten Seitenansätzen füllte ich mit einer ziemlich starken Kochsalzlösung aus und prüfte dann die so gebildete geschlossene Kette hinsichtlich ihres elektrischen Zustandes an einem mit dem Kondensator versehenen Bohnenberger'schen Elektrometer, indem ich entweder eine Stelle der Kette und zugleich die eine Kondensatorplatte ableitend berührte, und während dies geschah von der anderen Kondensatorplatte nach der zu prüfenden Stelle der Kette eine blos leitende Verbindung mittelst eines mit reinem Wasser benetzten Baumwollenfadens gehen liess, oder indem ich zwei mit den Kondensatorplatten aus einerlei Metall gebildete, und an isolirende Glasröhren befestigte Drähte, die an einem ihrer Enden Ansätze von mit reinem Wasser benetzter Leinwand oder Baumwolle erhalten hatten, mit ihren metallischen Enden an die gleichartigen Kondensatorplatten anlegte, und zu gleicher Zeit die zwei auf ihren elektrischen Zustand zu prüfenden Stellen der Kette mit den befeuchteten Ansätzen der beiden Drähte in Berührung brachte. Beide Arten den Versuch anzustellen gaben dieselben Resultate und diese blieben auch dann noch dieselben, wenn statt der ableitenden Berührung eines metallischen Theiles und der einen Kondensatorplatte, falls diese mit jenem Theil aus einerlei Metalle bestand, ein Draht von demselben Metalle die Gemeinschaft zwischen beiden herstellte. Um meine Beobachtungen gegen jede zufällige

Störung möglichst zu sichern, habe ich bei jeder einzelnen die mit reinem Wasser befeuchteten Ansätze an den beiden Drähten, welche ohnehin nur einen Augenblick lang in der Flüssigkeit Dienste zu thun hatten, immer wieder durch frische ersetzt. Auf solche Weise erhielt ich von der mit Kochsalzlösung längere Zeit hindurch geschlossene Kette am Elektrometer folgende Anzeigen:

A. Geschah die eine Berührung der Kette am Kupfer, die andere am Zink, oder an irgend einer Stelle der Flüssigkeit: so zeigten letztere Stellen stets eine stark positive Elektricität, die am Kupfer eine eben so stark negative. Die Stärke dieser Anzeigen war in allen diesen Fällen nahehin dieselbe und kam derjenigen gleich, welche ein ungeschlossener Zink-Kupferstreifen an demselben Elektrometer hervorrief; nur eine recht aufmerksame Beobachtung der jedesmaligen Bewegung des Goldstreifens, unterstützt durch eine in solchen Versuchen zu erlangende Sicherheit des Blickes wird im Stande sein, eine höchst geringe Verminderung der elektrischen Anzeigen in dem Maass als die berührte flüssige Stelle der Kette dem berührten Kupfer näher rückt, zu erkennen, die jedoch, wenn die Salzauflösung nicht zu schwach ist, auf keinen Fall den achten Theil einer Zink-Kupferspannung ausmacht.

B. Geschah die eine Berührung der Kette am Zinke, die andere an irgend einer Stelle der Flüssigkeit: so waren alle Anzeigen am Elektrometer nur höchst geringe, und zwar völlig null, wenn die berührte Stelle der Flüssigkeit nahe am Zinke lag, und kaum $^1/_8$ einer Zink-Kupferspannung betragend, wenn die berührte Stelle der Flüssigkeit zunächst am Kupfer lag; übrigens entsprach die Zinkstelle einer positiven, die übrigen Stellen einer negativen Elektricität, so wie die Anzeigen irgend merklich wurden. Indessen muss begreiflich hier, wo alle Anzeigen nur höchst geringe sind, auf die Entfernung aller blos zufällig herbeigeführten Wirkungen die grösste Sorgfalt verwandt werden.

Diese Resultate stimmen mit dem, was die theoretischen Formeln geben, völlig überein, wenn man neben der zwischen dem Kupfer und Zink sich bildenden bekannten Spannung noch eine zweite voraussetzt, die in entgegengesetzter Richtung zwischen dem Kupfer und der Flüssigkeit sich bildet, und an Stärke jener zwar nicht völlig, aber doch nahehin gleichkommt. Zwar zeigt die Formel, dass noch auf eine andere Weise ungefähr dieselben Erscheinungen entstehen können, wenn zwischen dem Kupfer und der Flüssigkeit in sehr geringer Ausdehnung ein grosses Hinderniss der Leitung vorausgesetzt wird; *dass aber hier kein passiver Widerstand der Leitung, sondern eine durch Spannung thätige Kraft als die Ursache der Erscheinung angesehen werden müsse, davon kann man sich leicht und ganz durch dasselbe Verfahren überzeugen, welches ich in meiner früheren Abhandlung über die unipolaren Leiter in Anwendung gebracht habe*), um darzuthun, dass die unipolaren Erscheinungen, welche durch Säuren und Alkalien an Metallen, die sie nicht angreifen, hervorgebracht werden, aus einer durch den Strom der Kette selbst erst gebildeten Spannung erklärt werden müssen, und nicht aus einem Widerstande der Leitung.* Dass auch hier die zwischen dem Kupfer und der Flüssigkeit erweislich vorhandene Spannung in der geschlossenen Kette ein unmittelbares Erzeugniss der Kettenwirkung ist, geht daraus hervor, weil diese Spannung vor dem Schliessen der Kette in der Berührung zwischen dem Kupfer und der Flüssigkeit nicht aufgefunden werden kann, auch nach erfolgter Oeffnung der Kette wieder ganz oder doch fast ganz verschwindet.

Nachdem ich so die sich immer gleichbleibenden Erscheinungen auseinander gesetzt habe, welche eine mit *starker* Kochsalzlösung geschlossene, einfache galvanische Kette am Elektrometer zeigt, wird es hinreichend sein, wenn ich die Veränderungen der Erscheinung, welche durch Verdünnung der Flüssigkeit oder sonstige Abänderungen des Versuches hervorgerufen werden können, nur schnell durchlaufe, indem die meisten nichts besonders Merkwürdiges mehr darbieten. — Lässt man statt der starken eine mehr und mehr verdünnte Kochsalzlösung in die Kette eingehen, so werden die eben

*) Vgl. Jahrb. d. Ch. u. Ph. 1830. B. 3. S. 42 [388].

unter *A.* und *B.* angemerkten Unterschiede in den Anzeigen, welche die verschiedenen Flüssigkeitsstellen am Elektrometer geben, allmählig, jedoch nur sehr langsam, immer grösser, und nur wenn endlich höchst reines destillirtes Wasser an die Stelle der Salzauflösung tritt, gehen die Erscheinungen in die schon oben unter den gleichen Buchstaben beschriebenen völlig über. Um einen Begriff davon zu geben, wie äusserst langsam dieser Uebergang sich gestaltet, und welche geringe Spuren von Salz im Wasser das Elektrometer noch mit Sicherheit anzugeben im Stande ist, will ich den Hergang der Erscheinung, wie er sich mir noch am gewöhnlichen Brunnenwasser ergeben hat, der Sonderbarkeit halber noch mittheilen. — Wurde in einer mit Brunnenwasser geschlossenen Kette das Kupfer ableitend berührt: so gab die zunächst an ihm liegende Flüssigkeitsstelle am Elektrometer in Zink-Kupferspannungen gemessen, wie durch eine unmittelbare Vergleichung erkannt wurde, schon $+ \, ^1/_2$, die Mitte der Flüssigkeit $+ \, ^3/_4$, und ihre zunächst am Zink anliegende Stelle oder das Zink selber $+ 1$; wurde hingegen das Zink ableitend berührt: so zeigte die Flüssigkeit zunächst am Zinke 0, in der Mitte $- \, ^1/_4$, zunächst am Kupfer $- \, ^1/_2$ und das Kupfer selbst $- 1$. Es zeigen solche Angaben besser, als alle meine Worte thun könnten, die Nothwendigkeit der grössten Reinlichkeit und Sorgfalt beim Gebrauch und in der Bereitung der verschiedenen zu untersuchenden Flüssigkeiten, wenn anders eine genaue Kenntniss der Eigenthümlichkeiten einer jeden in elektrometrischer Hinsicht, während sie die Kette schliesst, beabsichtigt werden soll. Uebrigens mache ich noch darauf aufmerksam, dass der hier beschriebene Versuch nichts anderes als eine weitere Ausführung des im Eingange zu dieser Abtheilung erwähnten, schon vor mehreren Jahren von mir angestellten Versuches ist.

Ich habe so eben (unmittelbar vor der Angabe der Erscheinungen unter *A.* und *B.*) die Bedingung *einer längere Zeit hindurch geschlossenen Kette* gestellt. Diese Bedingung ist nicht ganz unwesentlich. Zwar beschränkt sich die Dauer des erforderlichen Geschlossenseins bei nur einigermassen starken Salzauflösungen für die Versuche am Elektrometer meistens nur auf wenige Sekunden; geschehen indess die Versuche so, dass die, schon vor dem Schliessen der Kette bewirkten, leitenden Verbindungen zwischen den Kondensatorplatten und den zu prüfenden Stellen der Kette im Momente des Schliessens so schnell als möglich wieder aufgehoben werden: so fallen die Anzeigen der mit einer Salzauflösung geschlossenen Kette von den hier angegebenen sehr verschieden aus, und rücken denen nahe, die völlig reines Wasser giebt, ja sie gehen ganz in diese über, wenn der Versuch mit hinreichender Behendigkeit ausgeführt wird. Man kann auf solche Weise durch das Elektrometer eben so sicher als auf jedem anderen Wege sich überzeugen, dass die zwischen dem Kupfer und der Salzauflösung nach dem Schliessen der Kette wahrgenommene Spannung durch die Kettenwirkung selbst erst allmählig erzeugt wird.

Die grosse Beweglichkeit der in der geschlossenen Kette zwischen dem Kupfer und der Salzauflösung auftretenden Spannung lässt sich mittelst des Elektrometers noch auf sehr viele andere Weisen darthun, von denen ich nur einige ganz kurz bezeichnen werde. Verlängert man die Flüssigkeitssäule allmählig immer mehr und mehr, so nimmt die Stärke jener Spannung in gleicher Weise, wiewohl langsam, ab, und sie wächst auf's Neue an, sobald rückwärts wieder die Verkürzung geschieht. Noch mehr wird jene Spannung geschwächt, wenn man, während alle übrigen Umstände dieselben bleiben, der Kupferplatte, und zugleich auch der ihr zunächst liegenden Flüssigkeitsschicht, auf eine kurze Strecke eine grössere Ausdehnung giebt als dem übrigen Theile der Flüssigkeitssäule und der damit in Berührung stehenden Zinkfläche; ja wenn diese einseitige Vergrösserung der mit der Flüssigkeit in Berührung befindlichen Kupferfläche weit genug getrieben wird, so fällt diese durch das Elektrometer zu erkennende Spannung ganz weg.*) Kurz man kann an der Hand des Elektrometers alle jene Anlässe zu Modifikationen der Kettenwirkung wieder auffinden, auf welche man seither durch so viele und so vielfache Beobachtungen der chemischen und der magnetischen

*) Die zu solchen Versuchen erforderlichen Gefässe von sehr mannigfaltiger Form kann man sich am bequemsten selbst aus Wachs verfertigen.

Wirkungen an der galvanischen Kette geführt worden ist. Hierher gehört auch der Einfluss, den ein Umwinden des nassen Baumwollendochtes um die Enden des Zink-Kupferbogens auf die Erscheinung hat, wovon ich vorhin geredet habe.

Forscht man nach der Ursache der auffallend grossen Abweichungen, welche der elektrische Zustand einer hydroelektrischen Kette zeigt, je nachdem die Flüssigkeit in ihr reines Wasser oder eine Kochsalzlösung ist: so dringt sich der Gedanke auf, dass die zwischen dem Kupfer und der Kochsalzlösung erzeugte Gegenspannung ihr Dasein dem durch die Kettenwirkung aus dem Salz ausgeschiedenen Alkali verdankt, und dass die auf der Seite des Zinks ausgeschiedene Säure deswegen zum Hervorrufen einer gleichen Erscheinung nicht geeignet ist, weil sie Gelegenheit findet, sich sogleich mit dem Zinke zu einem neuen Körper zu vereinigen. In der That wird diese Erklärung durch die Erfahrung unterstützt, dass zwar Alkalien und Säuren mit Metallen, die sie nicht angreifen, starke Spannungen liefern, dass aber Säuren mit Metallen, die von ihnen angegriffen werden, sowie Auflösungen von Neutralsalzen mit Metallen, die keine chemische Einwirkung in ihnen erleiden, keine oder doch nur ungleich geringere Spannungen zeigen. Ist diese Vorstellung die richtige, so folgt: dass jene Abweichungen nicht blos von der Natur der Flüssigkeitsbestandtheile, sondern zugleich auch von dem Verhalten dieser zu den in der Kette vorhandenen Metallen abhängig sein, und daher unter verschiedenen Umständen gar verschieden ausfallen werden. Dies wird auch durch die Erfahrung bestätigt. Mit Säuren fallen die Anzeigen am Elektrometer anders aus als mit Salzen, und schon verschiedene Salze können völlig abgeänderte Erscheinungen hervorrufen; ja sogar ein und dasselbe Salz ist im Stande mit verschiedenen Metallen schon recht fühlbar abgeänderte Erscheinungen zu liefern. Es kann meine Absicht nicht sein, hier alle diese unzähligen Verschiedenheiten einzeln aufzuzählen, aber eine Eigenthümlichkeit, die in allen geschlossenen galvanischen Ketten immer wiederkehrt und überall dieselbe bleibt, will ich noch ausdrücklich hervorheben; es ist folgende: *Es mögen sich in einer geschlossenen galvanischen Kette die beiden Metalle einander in vielen oder in den wenigst möglichen Punkten berühren, die Flüssigkeit mag noch so schlecht oder noch so gut leitend sein, und sie mag die Metalle in einer sehr grossen oder in einer sehr kleinen Fläche berühren, der Abstand zwischen den beiden Metallflächen mag noch so gering oder noch so beträchtlich sein: — so zeigen diejenigen Theile der beiden Metalle, welche zunächst diesseits und jenseits der Berührungsstelle liegen, nach meinen vielfältigen Versuchen stets und zwar genau dieselbe Spannung, wie in der ungeschlossenen Kette, ja diese Unveränderlichkeit der Spannung behauptet sich in allen Ketten von bisher üblicher Form sogar in der ganzen Ausdehnung der Metalle in einer stets gleichen Weise. —*

Vorstehende Versuche verbreiten über die Vertheilungsweise der Elektricität in einer geschlossenen galvanischen Kette volles Licht und sind schon darum für die Theorie galvanischer Erscheinungen von grosser Wichtigkeit; aber auch ausserdem bieten sie noch eine zweite Seite dar, die unsere Aufmerksamkeit in Anspruch zu nehmen verdient. Sie zeigen nämlich auf eine ganz bestimmte Weise an, dass das Elektrometer bei den meisten, zur Begründung von theoretischen Ansichten unternommenen Untersuchungen mit dem grössten Vortheile zu Rathe gezogen werden und oft dazu dienen kann, Fragen zu entscheiden, deren Beantwortung auf jedem anderen Wege nur ungleich schwieriger geschehen kann. Ich zweifle nicht daran, dass eine fleissigere Zuziehung dieses Instrumentes zu den Versuchen die vielen Widersprüche und Meinungsverschiedenheiten aus dem Gebiete des Galvanismus mit Leichtigkeit vertreiben wird, worüber Fechner in der Vorrede zu dem dritten Bande der neuesten Uebersetzung von Biot's Physik (pag. VIII) sich so vernehmen lässt: „In der That, es herrscht noch in keinem Zweige der Physik, selbst nach allem, was in den letzten Jahren für die Fortschritte des Galvanismus geschehen ist, so viel Unsicherheit und Widerstreit der Meinungen über die wesentlichsten, ja ersten Grundprincipien, als eben in dieser Lehre, so dass kaum ein Physiker ist, der nicht in mehreren wichtigen Punkten von dem anderen abwiche. Ja, man möchte fast fragen, ob nicht die Erfindung des Multiplikators noch mehr zur Verwirrung, als zur Bereicherung dieser Lehre beigetragen habe; mindestens ist die Divergenz der Ansichten seitdem um ein gutes Theil gewachsen.“ Welche Widersprüche hier gemeint seien, darüber spricht sich die Note auf derselben Seite folgendermassen aus: „Nach Becquerel findet namhafte Elektricitätsentwickelung bei Berührung fester und flüssiger sowohl, als flüssiger und flüssiger Körper statt, mag die Wirkung mit oder nicht mit chemischer Wirkung begleitet sein, nur dass nach ihm der elektrische Effect in diesen beiden Fällen entgegengesetzt ist. — Nach Davy findet zwar auch Elektricitätsentwickelung bei Berührung fester mit flüssigen Körpern, aber keine merkliche bei Berührung flüssiger mit flüssigen Körpern statt, wenigstens nicht, wofern chemische Wirkung bei ihr erfolgt, und überhaupt ist nach ihm chemische Wirkung von keiner Elektricitätsentwickelung begleitet, wo vielmehr alle Elektricität sich neutralisirt. — Nach Walker soll durch Berührung eines festen Leiters mit einem flüssigen gar keine wahrnehmbar zu machende Elektricität rege werden und auch nach ihm die chemische Wirkung von keiner elektrischen begleitet sein; doch aber bei Berührung flüssiger Körper mit flüssigen sehr namhafte Elektricitätsentwickelung erfolgen, von der er bei geschlossenen Ketten aus flüssigen und einem festen Leiter den ganzen Effect der Strömung abhängig macht, während ihn gerade Davy vernachlässigt. — Nach de la Rive hängt alle Strömung, ja selbst der elektroskopische Galvanismus von chemischer Einwirkung der Flüssigkeiten oder der Luft auf die Metalle ab. — Nobili andererseits macht alle Ketten zu thermoelektrischen — u. s. f.“ Der Gewinn, welchen die Wissenschaft von dem Verschwinden so starker Gegensätze, wodurch eine regere Theilnahme an der Sache nicht eben befördert werden zu können scheint, sich versprechen darf, wird mich entschuldigen, dass ich mich bei ihnen noch eine kleine Weile aufhalte.

Es ist zuvörderst nicht zu leugnen, dass die meisten der aufgeführten Meinungsverschiedenheiten durch Beobachtungen an dem Multiplikator veranlasst worden sind, und bei einigem Nachdenken wird man auch in der Natur dieses Instrumentes eine Ursache dafür aufzufinden im Stande sein. Der Multiplikator ist sowohl wegen seiner leichten Behandlung, als auch wegen seiner lauten Sprache ein eminentes Mittel zur Entdeckung von wirkenden und die Wirkung verändernden Ursachen; aber er giebt seiner Natur nach in der Regel nur eine summarische Anzeige von dem Vorgefallenen, und lässt uns fasst ganz in Ungewissheit hinsichtlich des einem jeden einzelnen Gliede beizulegenden Antheils an der ganzen Wirkung; er pflegt in das von ihm zu verkündende Resultat das Wo und Wie der einzelnen Veranlassungen dazu nicht aufzunehmen. Daher kommt es, dass die verschiedenen Beobachter über dieses Wo und Wie häufig so ganz verschiedener Meinung werden. Denn, genau genommen, bleibt es der Willkür eines Jeden überlassen, sich diese beiden Dinge noch ganz beliebig zu dem gegebenen Resultate hinzuzudenken; darum greift denn auch Jeder immer gerade nur nach denen, die sein Auge am meisten auf sich zu ziehen geeignet sind. Gänzlich verschieden vom Multiplikator ist in der Art seiner Anzeigen das Elektrometer; es hält immer nur einzelne Stellen der Kette fest und ist daher ganz dazu gemacht, den Hergang der Wirkung an jeder einzelnen Stelle insbesondere zu erforschen. Die gleichzeitige Anwendung beider Instrumente kann daher einer *vollständigen* Erkenntniss einer jeden besonderen galvanischen Erscheinung kein anderes Hinderniss in den Weg legen, als das, was in der Grenze der Empfindlichkeit eines jeden Instrumentes einen sehr natürlichen Grund findet. Zur Erläuterung dieser Behauptung werde ich nun ein Beispiel anführen.

Gesetzt, man wollte sich, hinsichtlich der zwischen Becquerel, Davy und Walker stattfindenden Differenz, über die Erregbarkeit fester und flüssiger Körper unter einander Licht verschaffen: so würde man, beide Instrumente zugleich benützend, ungefähr so zu Werke gehen müssen. Nachdem die in einem Glasgefässe befindliche starke Säure und die in einem anderen nebenstehenden Glasgefässe befindliche starke Kalilösung unter einander durch Asbest oder sonst wie in blos leitende Gemeinschaft gebracht und in jedes Gefäss eine Platinplatte eingetaucht worden ist, wird, noch ehe diese Platinplatten mit den Enden des Multiplikatordrahtes in metallische Berührung gekommen sind, der elektrische Zustand dieser

Vorrichtung am Elektrometer geprüft und gefunden, dass von der Säure zu der in ihr befindlichen Platinplatte eine starke positive Spannung, von der Aetzkalilösung zu der darin befindlichen Platinplatte eine starke negative Spannung, von der Säure zum Kali keine irgend mit Bestimmtheit sich zu erkennen gebende Spannung wahrzunehmen ist. Nun wird der Multiplikator mit den beiden Platinplatten in Verbindung gebracht, und es entsteht eine starke Ablenkung der Magnetnadel nach derselben Seite, wie es jenen Spannungen gemäss vorauszusehen war. Zugleich aber nimmt man wahr, dass die Einwirkung des Multiplikators auf die Magnetnadel schnell abnimmt und bald so gut wie ganz verschwunden ist, und nun zeigt auch eine wiederholte Anwendung des Elektrometers nirgends eine fühlbare Spannung mehr an, so lange die Kette geschlossen bleibt; öffnet man aber die Kette, so stellen sich die vorigen Spannungen bald wieder ein, und es lässt sich so der beschriebene Kreislauf der Erscheinungen mehrmals auf's Neue wiederholen. Diese Wahrnehmungen unterstützen einander gegenseitig so vollständig, dass der Beobachter nicht umhin kann, die Hauptursache aller dieser Erscheinungen in die Berührung des Metalls mit den beiden Flüssigkeiten zu legen, und zugleich den Akt der Kettenwirkung als noch fortbestehend anzusehen, so lange die Kette geschlossen bleibt, wenngleich der Multiplikator kaum eine Spur davon mehr zu erkennen giebt, weil er wahrnimmt, dass während des Geschlossenseins die Säure abgehalten wird als Säure, und das Kali als Kali auf das Metall zu wirken, die einem jeden dieser Stoffe eigenthümliche Wirkung nach dem Oeffnen der Kette aber wieder zum Vorschein kommt. Daraus, dass er weder vor, noch nach dem Schliessen der Kette eine merkliche Erregung zwischen der Säure und dem Kali am Elektrometer aufgefunden hat, wird er zu folgern berechtigt sein, dass die Berührung zwischen den beiden Flüssigkeiten keinen oder höchstens nur einen sehr geringen Antheil an der ganzen Wirkung gehabt haben könne, der dann freilich bei der heutigen Empfindlichkeit unserer Elektrometer nicht anders als am Multiplikator sich weiter verfolgen liesse.

Sieht man noch, wodurch Walker sich verleiten liess, die

elektrische Erregung zwischen einem flüssigen und einem festen Körper abzuleugnen: so wird man finden, dass nicht die Versuche, sondern ein in sie hineingelegter, unstatthafter Schluss ihn dazu bewogen haben. Die eigenen Worte dieses sinnigen Experimentators sind folgende*): „Aus den vorigen Versuchen folgt, — — — dass ein fester Leiter durch blose Berührung mit einem flüssigen Erreger nicht elektrisch (also Platina durch blose Berührung mit Alkali nicht negativ, und durch blose Berührung mit Säure nicht positiv, wie Herr Becquerel angiebt) werden könne, weil sonst nicht begreifbar ist, warum in Versuch 7) keine elektrische Spannung stattfand, da durch den verbindenden Platindraht den, in den Flüssigkeiten erregten Elektricitäten zur Ausgleichung Gelegenheit gegeben war, so dass die in dem, mit Säure und Alkali in Berührung stehenden Platin erregte positive und negative Elektricität durch den Multiplikator hätte ungehindert strömen können." Der hier angezogene Versuch 7) ist aber folgender: Füllt man zwei Gläser, das eine *A* mit einer Lösung von Aetzkali, das andere *B* mit Säure, verbindet *A* und *B* unter einander durch einen vollkommen trockenen Platindraht, so bemerkt man, wenn man Platinstäbe oder Graphitstangen in beide Gläser eintaucht und mit den Enddrähten des Multiplikators verbindet, keine Wirkung. Offenbar hat aber Walker hierbei übersehen, dass keine Wirkung bei dem so angestellten Versuch eintreten kann, selbst wenn die elektrischen Erregungen zwischen Platin und Säure oder Alkali noch so gross wären, indem diese Erregungen in der Säure sowohl als im Alkali von beiden Seiten her völlig gleich und entgegengesetzt wirken und daher zu keiner Strömung Anlass geben können; und in der That zeigt das Elektrometer starke, aber gleiche Spannungen an von der Flüssigkeit zum verbindenden Platindraht und zum eingesenkten Platinstab. Ist die hier gemachte Berichtigung geschehen, so sagen aber die trefflich gehaltenen Versuche Walker's, im Einklange mit den Davy'schen, einstimmig gegen Becquerel aus, dass zur Hervorbringung eines Stromes die Berührung zweier differenter Flüssigkeiten mit dem einen Metall durchaus er-

*) Poggendorff's Ann. B. 4. S. 316.

forderlich sei, dass es aber übrigens für den Erfolg, seiner Art nach, völlig gleichgültig ist, ob diese beiden Flüssigkeiten einander unmittelbar berühren, oder ob sie mittelst einer dritten Flüssigkeit unter einander zusammenhängen. Da nun die grosse Empfindlichkeit des bei Walker's Versuchen gebrauchten Multiplikators von ihm selbst durch mehrere specielle Angaben hinreichend nachgewiesen worden ist; da ferner von demselben Experimentator mehrere, an sich leicht zu übersehende Umstände erkannt und vermieden worden sind, die da eine Wirkung zum Vorschein kommen lassen, wo bei voller Reinheit des Versuches keine wahrgenommen wird; endlich weil von Walker die Zuverlässigkeit des von Becquerel eingehaltenen Verfahrens bei seinen hierher gehörigen Versuchen durch Hervorhebung eines sehr bedeutsamen Umstandes*) gerechtem Zweifel unterworfen worden ist: so halte ich dafür, dass eine sichtende Kritik, so lange, bis neue und beredtere Versuche, den Gegenstand in volles Licht zu setzen, vorhanden sein werden, den Satz in Schutz nehmen müsse: *dass durch die Berührung von Flüssigkeiten unter einander, sie mögen chemisch auf einander einwirken oder nicht, keine elektrische Erregung zu Stande kommt.* Es ist dies freilich ein Resultat, wogegen sich der natürliche Sinn gewissermassen sträubt; allein es kann diese Erscheinung in folgendem Umstand ihren Grund haben. Die Spannung, welche neutrale Flüssigkeiten mit Metallen eingehen, ist, *wenn beide nicht chemisch auf einander einwirken,* so sehr geringe, und dabei ist mit verschiedenen Metallen eine Abstufung so wenig zu bemerken, dass man geneigt wird, jenen Flüssigkeiten, als solchen, alles Vermögen, eine Spannung zu bewirken, abzusprechen, und die Spuren, welche man zuweilen, jedoch nicht immer in derselben Weise, entdeckt, auf zufällig hinzutretende Störungen zu schieben. Sollte sich diese hier blos muthmasslich vorgebrachte Ansicht späterhin völlig rechtfertigen lassen: so wäre damit zugleich auch die Begründung des obigen Satzes in gewisser Weite geschehen; es kann nämlich dann zwischen einer flüssigen Säure und einem flüssigen Kali deswegen keine elektrische Erregung eintreten, weil im

---

*) A. a. O. S. 456.

Augenblicke der gegenseitigen Berührung nothwendig eine Schicht ihrer neutralen Verbindung sich zwischen beide legt, und so, nach Davy's Ansicht, die Spannung beider in ihrer chemischen Vereinigung immer sogleich wieder untergeht.

Mehr noch als der eben behandelte Gegenstand verdient die sogenannte chemische Theorie der galvanischen Kette eine sorgfältige und ausführliche Prüfung. Der grosse und zuweilen höchst überraschende Einfluss, den ein in der Kette von selbst eintretender oder erst künstlich hervorgerufener chemischer Prozess auf die Art und Grösse ihrer Wirkung äussert, zieht den Beobachter gleichsam mit Gewalt zu der Ansicht hin, dass der chemische Prozess als die Grundursache aller galvanischen Thätigkeit anzusehen sei; auch finden wir in der That, dass von der Entdeckung der Volta'schen Säule an fast alle späteren Beobachter sich mehr oder weniger zu jener Ansicht hingeneigt und kürzere oder längere Zeit bei ihr verweilt haben. Die genaue Kenntniss des elektrischen Zustandes einer geschlossenen Kette scheint völlig geeignet zu sein, den hier angeregten Streitpunkt, welcher bis jetzt noch immer Stimmen für und wider sich gefunden hat, zu seiner endlichen und unwiderruflichen Entscheidung zu führen. Schon die bisher beschriebenen Erscheinungen, welche die geschlossene Kette am Elektrometer zeigt, erheben sich mit Macht gegen die Annahme der galvanischen Erregung durch den chemischen Prozess; denn die beim reinen Wasser von beiden Seiten der Metalle völlig symetrisch auftretenden elektrischen Erscheinungen, und noch mehr die bei der Salzauflösung wahrgenommene Unterbrechung der elektrischen Continuität zwischen dem Kupfer und der Flüssigkeit scheinen mit jener Annahme durchaus unverträglich zu sein. Selbst eine Berufung auf die bekannte Unwirksamkeit solcher Ketten, in welchen keines der beiden Metalle von der Flüssigkeit chemisch angegriffen wird, kann jener Annahme in Zukunft nicht mehr zu Statten kommen, nachdem ich in meiner Abhandlung über die Natur der unipolaren Leiter nachgewiesen habe, dass jene Unwirksamkeit blos scheinbar ist, indem im ersten Augenblicke der Bildung der Kette allerdings eine starke, am Multiplikator wahrnehmbare, Wirkung eintritt, die zwar äusserst schnell fast bis zum

Verlöschen sinkt, deren erregende Ursache aber selbst auf diesem Punkte durch das Elektrometer sich unzweideutig als noch fortbestehend nachweisen lässt. Es war anfänglich meine Absicht, hier jede einzelne, von den Verfechtern der chemischen Theorie, als ihrer Ansicht günstig, vorgebrachte Thatsache an der Hand des Elektrometers weiter zu verfolgen, auf solche Weise die Stelle in der Kette aufzusuchen, wo eine ungewöhnliche Abänderung der Erscheinung eingetreten ist, und die Unverträglichkeit der, aus der Art dieser Veränderung sich ergebenden Folgerungen mit der Annahme einer unmittelbar im chemischen Prozesse gegründeten Erregung umständlich darzulegen; allein ich wurde unterwegs von diesem Vorsatze, nicht sowohl durch die Weitläufigkeit seiner Ausführung, sondern durch eine Betrachtung ganz anderer Art wieder abgelenkt. Es setzte sich nämlich nach und nach in mir die Ueberzeugung fest, dass, nachdem Männer wie Parrot, Ritter, Jäger, Davy, Berzelius und de la Rive diesem Gegenstand ihre Aufmerksamkeit geschenkt haben, ohne dass dadurch ein völlig bestimmtes Endresultat herbeigeführt worden wäre, so dürfte man den Grund einer solchen Widerspänstigkeit nicht mehr blos in der Sache, sondern vornehmlich in der Art ihrer Behandlung aufzusuchen haben. Deshalb zog ich es vor, vorerst blos die gegenseitige Stellung der Berührungs- und der Oxydationstheorie zu einander scharf zu bezeichnen, und die Punkte klar und deutlich hervorzuheben, auf deren Entscheidung die ganze Untersuchung allein hingerichtet werden muss, wenn wir nicht befürchten wollen, uns ewig nur im Kreise herumzudrehen. Ich hoffe, so zeigen zu können, dass schon die blose Kritik zur Beendigung der Sache fast ganz und gar hinreicht; in jedem Fall aber wird man eingestehen müssen, dass sie nothwendig einem letzten Angriffe vorausgehen müsse, indem bei dieser Verhandlung Genauigkeit im Experiment und Scharfsinn in der Zusammenstellung sich zuletzt noch überdies mit dialektischer Kunst gepaart zu haben scheint. Bei diesem Vorhaben werde ich vorzugsweise nur die hierher gehörigen Bemühungen de la Rive's, als am weitesten ausgebildet und die anderen in sich schliessend, im Auge behalten.

Vor Allem verdient in diesem Streite, wie die Akten heute

liegen, *ein* Umstand unsere ganze Aufmerksamkeit. Volta's Gegner benimmt sich nämlich stets so, als ob im Sinn der Berührungstheorie neben den festen Körpern keine anderen Erreger mehr existiren könnten, d. h. so, als ob nicht auch zwischen flüssigen und festen Körpern eine elektrische Spannung auftreten könnte; dadurch aber wird in den eigentlichen Gegenstand der Untersuchung noch weit mehr Dunkelheit als Licht gebracht. Es verdient dieser Punkt um so mehr recht fest gehalten zu werden, da in den letzten Jahren mehrere vorzügliche Schriftsteller des Auslandes öffentlich erklärt haben, dass sie durch eine so einseitige Ansicht der Volta'schen Theorie zu Fehlgriffen verleitet worden sind, und also jene viel zu enge Vorstellungsweise ziemlich weit um sich gegriffen zu haben scheint. Mit welchem Unrecht aber dem Urheber der Berührungstheorie eine solche Beschränkung seiner Theorie zur Last gelegt wird, zeigen am besten dessen eigene Versuche über die Spannung zwischen den Metallen und flüssigen Leitern, welche wir von ihm besitzen, und zudem weist er an mehreren Stellen seiner Schriften einen solchen Vorwurf ausdrücklich von sich ab. Wenn Volta da, wo er seine Vorstellung über den Hergang der galvanischen Wirkung entwickelt, die zwischen den Metallen und der Flüssigkeit stattfindende Erregung meistens ganz ausser Acht lässt: so geschah dies offenbar, und er selber deutet darauf hin, blos in der Absicht, weil so die Erklärung sich von ihrer einfachsten Seite fassen liess, und weil der damalige Zustand der Wissenschaft die Nothwendigkeit einer zusammengesetzteren Darstellungsweise, insofern man nur die damals bekannteren Erscheinungen umfassen wollte, noch nicht so dringend nothwendig machte. Heutzutage stehen die Sachen freilich anders, und Volta selbst wäre sicherlich der erste, welcher einer grösseren Vollendung seiner, noch in ihrer Kindheit liegenden, Theorie mit offenen Armen entgegenkäme, die er längst schon in der Ferne geahnt hatte. Das eine eben bezeichnete, von Volta's Gegner gemachte, Versehen lässt aber einen grossen Theil seiner Angriffe wirkungslos vorübergehen. In der That, da in der Regel nur stark differente Flüssigkeiten auf die Metalle eine kräftige, chemische Einwirkung äussern, und dann meistens ein minder differentes Produkt erzeugen; da ferner gerade die stark differenten Flüssigkeiten mit Metallen, auf die sie keine chemische Einwirkung haben, starke elektrische Erregungen eingehen, während neutral gewordene Flüssigkeiten die Kraft, eine Spannung mit Metallen zu bewirken, ganz oder doch fast ganz verloren haben, so sieht man ohne grosse Mühe ein, dass auch im Geiste der Berührungstheorie eine, von der Berührung der Metalle unter einander unabhängige, elektrische Erregung da vorauszusetzen ist, wo zwischen zwei ungleichartige Metalle eine Flüssigkeit sich lagert, von der eines der Metalle angegriffen wird, so wie auch da, wo zwischen gleichartige Metalle zwei verschiedene Flüssigkeiten eingeführt werden. Im ersteren Falle kann die Differenz zwischen den beiden Erregungen, welche die Metalle mit den Flüssigkeiten eingehen, sogar grösser werden, als die Erregung, welche durch die Berührung der Metalle unter sich erweckt wird; und da überdies diese beiderlei Spannungen ihrer Art nach in keiner nothwendigen Abhängigkeit zu einander stehen, so kann eine Flüssigkeit mit zwei Metallen einen Strom in dieser Richtung hervorrufen, während eine andere Flüssigkeit mit denselben Metallen einen Strom in entgegengesetzter Richtung bewirken kann. Zur Widerlegung der Volta'schen Theorie ist es sonach nicht hinreichend, zu zeigen, dass chemisch verschieden einwirkende Flüssigkeiten eine Verschiedenheit des elektrischen Stromes nach sich ziehen, denn dies ist eine eben so natürliche Folge in der Berührungstheorie, wie in irgend einer anderen, sondern es bleibt jetzt immer wieder erst noch zu erweisen, dass diese Verschiedenheit des Stromes nicht blos eine Folge der durch den verschiedenen chemischen Prozess verschieden abgeänderten sich Berührenden ist, oder mit anderen Worten, es bleibt nach wie vor noch zu beweisen übrig, dass jene Verschiedenheit des Stromes *unmittelbar* aus der verschiedenen chemischen Einwirkung hervorgehe, und nicht als *mittelbare* Wirkung, veranlasst durch die aus jener Einwirkung erzeugten neuen Produkte, angesehen werden könne. Dieser letztere Beweis, von dem doch die ganze Untersuchung einzig und allein abhängt, ist aber von de la Rive nirgends geführt worden, daher haben auch seine, aus der Ungleichheit des Stromes bei ungleicher chemischer Einwirkung hergeholten, Argumente gegen Volta's Ansicht bis jetzt noch die Sache auch nicht um einen Schritt ihrer Entscheidung näher gerückt*). Eine genaue Untersuchung des elektrischen Zustandes geschlossener Ketten in obiger Art ist sehr geeignet, über den noch unentschiedenen Punkt in de la Rive's Angriff Aufschluss zu geben, allein alle bis jetzt von mir hieraus entnommenen Gründe fallen blos für Volta günstig aus.

Man kann indessen dieser grossen Streitfrage noch von einer anderen Seite beizukommen suchen. Ist nämlich die blose Berührnng der Körper die Grundursache der galvanischen Thätigkeit, so wird allerdings eine, in der Kette auftretende, chemische Veränderung in der Regel eine Aenderung des galvanischen Effektes nach sich ziehen müssen, eben weil dadurch ein Theil der sich Berührenden abgeändert wird, aber die Art der galvanischen Wirkung wird darum doch nicht nothwendig von der Art der chemischen Einwirkung abhängig sein, weil jene Wirkung nicht lediglich aus den im chemischen Konflikte befindlichen Theilen, sondern zugleich auch noch aus allen übrigen, chemisch unveränderten Theilen hervorgeht; ist hingegen der chemische Prozess die Grundursache aller galvanischen Erscheinungen, so wird die Art der galvanischen Wirkung ganz allein von der Art des chemischen Prozesses abhängen müssen. Man kann aus diesem Grund obige Frage auch dadurch zur Entscheidung bringen, dass man untersucht, ob sich nicht die Existenz von solchen galvanischen Ketten darthun lässt, deren Strom eine *entgegengesetzte* Beziehung zu dem in ihnen auftretenden *gleichartigen* chemischen Prozess hat, weil dadurch zugleich die direkte Abhängigkeit des galvanischen Stromes vom chemischen Prozess als nicht vorhanden erwiesen wäre. Solcher Beispiele führt de la Rive mehrere auf, da indessen alle im Wesentlichen auf dasselbe hinaus laufen, so wird es hier genügen, den zuerst von Berzelius angestellten, bekannten Versuch und die Art, wie de la Rive

*) Hierher sind die meisten in den *Ann. de Chem. et de Phys.* T. XXXVII. und mehrere in derselben Zeitschrift T. XXXIX. von de la Rive angeführten Versuche zu ziehen.

mit ihm umgeht, näher in Erwägung zu ziehen. In diesem Versuche werden eine starke Kochsalzlösung und Salpetersäure über einander geschichtet, und die Kette durch Zink und Kupfer geschlossen, von welchen das erstere in die Kochsalzlösung, das andere in die Salpetersäure eingesenkt wird, worauf ein Strom entsteht, der von der Berührungstheorie voraus gesehen wird, der chemischen Theorie hingegen zuwider läuft. Da in der Berührung des Kochsalzes mit der Salpetersäure Salzsäure entbunden und folglich Königswasser gebildet wird, da ferner die chemische Unwirksamkeit der Kochsalzlösung auf die im Versuche dienenden Metalle nicht anzunehmen ist, und aus diesen kleinen Uebelständen Bedenklichkeiten herzuholen sind, die Volta's Gegnern feste Punkte liefern könnten, und zum Theil von ihnen wirklich benützt worden sind: so habe ich mich dadurch veranlasst gesehen, obigen Versuch in folgender, etwas abgeänderter Weise zu widerholen. In den einen Schenkel einer U-förmig gebogenen Röhre, deren ganze Biegung mit festgestopftem Asbest ausgefüllt worden war, goss ich so weit verdünnte Salpetersäure, dass, während das Kupfer sich in ihr auflöste, die Flüssigkeit nicht mehr über die Mündung der Röhre emporgehoben wurde und überlief; in den anderen Schenkel derselben Röhre aber goss ich eine gesättigte Auflösung von Zink in Salpetersäure, die ich noch überdies eine ganze Woche lang über frischem Zink hatte digeriren lassen*). Wurde nun das Kupferende des Multiplikators in die verdünnte Säure, sein Zinkende in die gesättigte Zinkauflösung eingetaucht: so zeigte in demselben Augenblicke die Magnetnadel das Dasein eines Stromes von grosser Stärke und in derselben Richtung an, wie die Ketten, worin Zink das chemisch angegriffene von beiden Metallen ist, obgleich hier das Kupfer fortwährend ziemlich rasch in der Salpetersäure sich aufzulösen fortfuhr, und das Zink auf der anderen Seite seinen Metallglanz unverändert beibehielt. Dieser Versuch

*) Ich überzeugte mich hierbei, dass es für die Gradation des Versuches ganz gleichgültig ist, ob der Asbest zuvor mit Wasser, Salpeterlösung u. s. w. befeuchtet wird, oder ob man ihn trocken lässt und wartet, bis die auf beiden Seiten des Asbestes anliegenden Flüssigkeiten sich durch ihn hindurch vereinigt haben, was sich schon mit den Augen leicht verfolgen lässt.

allein droht jede chemische Theorie über den Haufen zu werfen, und in der That scheint hauptsächlich durch ihn Berzelius bewogen worden zu sein, seine frühere Ansicht aufzugeben. Auch de la Rive fühlt ganz das Drohende, was in der Stellung dieses Versuches seiner eigenen Ansicht gegenüber liegt, denn er giebt sich alle nur erdenkliche Mühe, diesen furchtbaren Feind aus seiner Position zu werfen. Er substituirt zunächst statt des Zinkendes ein zweites Kupferende und findet der Art nach noch denselben Strom, wiewohl viel schwächer; in der That gab mir auch meine Vorrichtung noch einen Strom von derselben Richtung, ich überzeugte mich jedoch, dass er *noch lange nicht den hundertsten Theil* des vorigen betrug. Hierauf lässt er beide in die zwei Flüssigkeiten tauchenden Metalle aus Zink bestehen, und findet noch immer einen Strom in derselben Richtung und zwar von noch grösserer Stärke als da, wo beide in die Flüssigkeiten tauchenden Metalle Kupfer waren; in der That gab mir auch meine Vorrichtung ein gleiches Resultat, zugleich überzeugte sie mich aber auch, dass in diesem Falle der Strom an Stärke *noch lange nicht den zwanzigsten Theil* des ersten ausmachte. Diese Thatsache, dass nämlich homogene Metalle einen ähnlichen Strom geben, als heterogene, der bald schwächer, bald stärker ist, hält nun de la Rive allein schon für hinreichend, zu beweisen, *dass man bei dem Berzelius'schen Versuche die Elektricitätsentwickelung nicht der Berührung zwischen den beiden Metallen zuschreiben könne*; allein man sieht sogleich ein, dass durch diese Thatsache weiter nichts bewiesen wird, als *dass in dem Berzelius'schen Versuche die Berührung der Metalle nicht die alleinige Ursache des Stromes sein könne.* Dass aber die Berührung der heterogenen Metalle den Hauptantheil an der Erscheinung hat, darauf wird man mächtig hingewiesen, so wie man das anfängliche Zinkende zum Kupferende und das anfängliche Kupferende zum Zinkende macht, und jenes in die Zinkauflösung, dieses in die Säure setzt; denn in demselben Augenblick entsteht ein Strom von entgegengesetzter Richtung, als die vorigen, der an Stärke alle zuvor durch homogene Metalle erregten bei Weitem überflügelt und dem ursprünglichen fühlbar ganz gleich erscheint. Wer, der vorhin, als blos homogene Metalle zugezogen wurden, den Vorzug des Zinkes vor dem Kupfer zur Hervorbringung eines Stromes von derselben Richtung als gleich anfangs wahrgenommen, und mit de la Rive den Sitz der Erscheinung in die gegenseitige Wirkung der Flüssigkeiten auf einander gelegt hätte, müsste hier nicht das gerade Gegentheil von dem, was wirklich geschieht, erwartet haben? Aber obwohl sich bei der letzten Anordnung der Kette in meiner Weise das Kupfer schnell mit Zink überzieht, so wird doch die Wirkung der Kette nur sehr allmählig und über alle Erwartung langsam geschwächt, so dass jener entgegengesetzte Strom selbst nach mehreren Stunden noch immer fortbesteht und nicht eher ganz verschwindet, bis das Kupfer allerwärts (an einigen Stellen geschieht nämlich das Ueberziehen mit Zink ungleich langsamer, als an anderen) mit Zink ziemlich dick überzogen ist, wozu in der Regel viele Stunden erforderlich sind. Alle diese Umstände stehen nicht nur nicht im Widerspruche mit der Berührungstheorie, vielmehr in so vollkommenem Einklange mit derselben, dass nicht zu begreifen wäre, wie de la Rive daraus zu einem so ungünstigen Urtheile über die Erregung durch Berührung hat gelangen können, wenn hier nicht wieder das vorhin schon besprochene zu einseitige Auffassen der Volta-schen Ansicht zu erkennen wäre. In der That, weil seine Versuche zeigen, dass auch da noch eine Wirkung wahrgenommen werde, wo keine Berührung der Metalle sie erzeugen kann, zieht de la Rive den Schluss, die Berührung der Metalle erzeuge keine; dieser Schluss ist aber offenbar nur dann erlaubt, wenn zuvor der andere Satz für wahr genommen würde: *Die Berührung der Metalle unter einander erzeugt entweder alle galvanische Wirkung oder gar keine.* Ich brauche hier nicht zu wiederholen, wie dieser Satz durchaus nicht in der Volta'schen Vorstellungsweise liegt, sondern blos illusorisch von seinen Gegnern als darin liegend angenommen wird, und dass eben deswegen jede gegen die Berührungstheorie daraus gezogene Folgerung durchaus unzulässig ist; was aber unsere ganze Aufmerksamkeit auf sich ziehen muss, ist der Umstand, dass, so wenig der eben zergliederte Versuch auch gegen die Berührungstheorie aufzutreten geeignet ist, so entschieden stellt er sich de la Rive's eigener Ansicht gegenüber, indem er, man kann sagen, ohne Widerrede zu gestatten, darthut, dass die Natur des Stromes von der Art der chemischen Erregung gänzlich unabhängig ist.

Nach allem diesen glaube ich zu der Behauptung berechtigt zu sein, dass ein Theil der bisher angezeigten, von de la Rive gegen Volta's Ansicht aufgestellten Thatsachen, so wie sie sind, weder für, noch gegen eine der beiden Ansichten sprechen können, und dass der andere Theil nicht gegen die Berührungstheorie, wohl aber, und zwar mit aller Macht, gegen die Oxydationstheorie sich wendet. Dabei habe ich die zum Theile sehr gewagten Annahmen de la Rive's, wie z. B. die von ihm in Anspruch genommene Aenderungsfähigkeit der Spannung durch die Leitung, den von ihm eingeführten, vielgestaltigen und sich immer wieder neu gebährenden Widerstand des Ueberganges und dergl. ganz ausser Acht gelassen, weil sich dagegen nicht wohl etwas einwenden lässt. Solche Uebertragungen sind dem Physiker so gut erlaubt, wie dem Mathematiker gestattet ist, statt einer Unbekannten oder einer Function derselben eine neue Unbekannte oder auch eine beliebige Function dieser neuen Unbekannten in die Betrachtung einzuführen; nur darf der Naturforscher so wenig als der Messkünstler sich einbilden, dass durch eine solche Substitution irgend etwas geschehen sei, bevor nicht diese zweite Unbekannte entwickelt dargestellt werden kann; und es muss sich der eine, wie der andere, stets darauf gefasst machen, dass die Werthe seiner neuen Unbekannten eine blos imaginäre Bedeutung annehmen, wenn gleich der ursprünglich Unbekannten lauter reelle Werthe angehören.

Noch bleiben aber Versuche ganz anderer Art zu erörtern übrig, durch welche de la Rive dargethan zu haben glaubt, dass die unter dem Namen des Volta'schen Fundamentalversuches bekannte Erscheinung ohne Dazwischenkunft des chemischen Prozesses unmöglich wird,*) wodurch allerdings der chemische Prozess als die Grundursache der galvanischen Erregung sich zu erkennen geben würde. Zwar sind bereits

---

*) *Ann. de Chim. et de Phys.* T. XXXIX.

von Pfaff diesen Versuchen andere, zu der umgekehrten Folgerung führende Versuche entgegengestellt worden, deren Anordnung so sinnig erdacht und in sich so vollendet ist,*) dass sie auch nicht der kleinsten Bedenklichkeit Raum gestattet, und man kühn behaupten darf, Pfaff's Resultat sei nur durch sich selbst zu widerlegen, nämlich dadurch, dass man zeigt, wie sein Versuch, wenn man alle von ihm gegebenen Vorschriften streng einhält, ein entgegengesetztes Resultat von dem liefert, was er selbst gefunden hat. Auch scheint in der That de la Rive, nach seinem im *Globe* mitgetheilten Brief, unserem Pfaff eine geschehene Vernachlässigung zum Vorwurfe machen zu wollen, jedoch ohne dessen tadelfreien Gang selbst eingeschlagen zu haben; ein solcher Vorwurf scheint aber schon deshalb an jenem Resultate nicht haften bleiben zu können, weil eine völlige Austrocknung der Luft, von welcher die Erreger umgeben sind, und die bei Pfaff's Verfahren höchstens durch ein Versäumniss unerreicht bleiben konnte, bei de la Rive's Anordnung des Versuches rein unmöglich war. Um jedoch in einer so wichtigen Angelegenheit nichts unberührt zu lassen, werde ich noch näher anzeigen, was die Kritik an de la Rive's Gange hierbei auszusetzen hat.

Der Verfasser der durch Chemismus erregten galvanischen Spannung hat auf zweierlei Arten Versuche darüber angestellt. Das eine Mal lässt er in eine Glasröhre, die man luftleer machen und mit einem beliebigen Gase wieder anfüllen kann, von der einen Seite einen Messingdraht durch eine Lederbüchse gehen, und von der anderen Seite kittet er eine Holzzange an, während ein Zinkstreifen, mit dem Holz und Messing in fester Berührung, im Inneren der Röhre sich befindet.**) Auf solche Weise nun will de la Rive gefunden haben, dass in völlig trockenem Stickgas oder Wasserstoffgase keine Anzeigen von Elektricität erhalten werden, wohl aber in feuchter Luft, sowie

*) Um den Werth von Pfaff's Verfahren recht würdigen zu lernen versuche man es, denselben Zweck auf irgend einem anderen Wege zu erreichen; ich wenigstens habe keinen finden können, der nicht zu kleinen Bedenklichkeiten Stoff gegeben hätte. Die hier besprochenen Versuche finden sich in den *Ann. de Chim. et de Phys.* T. XLI. S. 236 ff.

**) *Ann. de Chim. et de Phys.* XXXIX. S. 311.

in atmosphärischer, in Sauerstoffgas und in Chlorgas. Indessen ist nicht wohl einzusehen, wie auf diese Weise, den Versuch anzustellen, der Luft wirklich alle Feuchtigkeit hat entzogen werden können, ja selbst wie die im Inneren der Glasröhre befindliche Luft frei von atmosphärischer hat erhalten werden können; denn da die Verbindung des inneren Theils der Glasröhre mit der äusseren Luft durch Holz, einem hygroskopischen Körper, geschah: so konnte offenbar der Zutritt von Feuchtigkeit und atmosphärischer Luft in's Innere der Röhre wohl erschwert, aber gewiss nicht ganz und gar gehemmt sein. Es lässt sich zwar aus diesem Umstande der negative Erfolg des Versuches nicht erklären, aber es wird dadurch doch wenigstens angedeutet, dass zu einem solchen negativen Erfolge weder eine ausnehmend grosse Trockenheit, noch eine völlige Reinheit der Luft erforderlich sein kann. Ausser der eben angereihten Unvollkommenheit dieses ersten Verfahrens verdient aber noch ein anderer, dabei in's Spiel gekommener Umstand eine nähere Beleuchtung. Bekanntlich ist nämlich trockenes Holz ein Nichtleiter, und als solcher kann es das Ausbleiben der elektrischen Erscheinungen nach sich ziehen, ohne dass die Beschaffenheit der es umgebenden Luft an diesem Erfolg irgend einen Antheil hätte. Die von de la Rive beobachtete Nichteinwirkung seiner Vorrichtung kann ebensowohl eine nothwendige Folge der mangelnden Leitung, als der mangelnden Erregung gewesen sein. Es wäre sehr leicht zu entscheiden gewesen, ob das eine oder ob das andere stattgefunden habe, denn während das in der Röhre theilweise eingeschlossene Erregerpaar unfähig war, das Elektrometer zu afficiren, hätte man z. B. blos nöthig gehabt, an das aus der Glasröhre hervorragende Messing das Holzende eines zweiten, aus Holz, Zink und Kupfer gebildeten Elementes zu befestigen, und dann dieses doppelte Element am Elektrometer zu prüfen, während es an dem Holzende der Glasröhre ableitend berührt worden wäre. Hätte auch jetzt noch die Kette auf das Elektrometer keinen Einfluss geäussert, so wäre diese Unwirksamkeit offenbar blos einer unterbrochenen Leitung, nicht aber einer gestörten Erregung zuzuschreiben gewesen; und umgekehrt, hätte die so abgeänderte Kette auf das Elektrometer jetzt eingewirkt: so hätte man offenbar die vorige Nichtwirkung nicht mehr einer gehemmten Leitung, sondern einer unterbliebenen Erregung zur Last legen müssen. Man kann sich jedoch leicht überzeugen, dass eben kein sehr hoher Grad von Trockenheit dazu gehört, um dem Holze sein zu dergleichen Versuchen erforderliches Leitungsvermögen zu nehmen. Es verliert diese Eigenschaft schon, wenn es mehrere Stunden auf einem noch nicht bis zur Siedehitze erwärmten Ofen liegt; ja schon ein Aussetzen desselben in starken Sonnenschein auf längere Zeit macht es zu diesem Zwecke unbrauchbar. Das bisher Gesagte zeigt hinlänglich, dass bei diesem ersten von de la Rive gewählten Verfahren Umstände hinzugetreten sind, wodurch die Beweiskraft der Versuche sehr geschmälert, wenn nicht gänzlich aufgehoben wird. Auch erklärt es, warum unter Umständen das Ausbleiben der elektrischen Anzeigen durch ein Anhauchen oder sonstiges Umziehen der Holzzange mit gutleitenden Dünsten wieder aufgehoben und die halbunterdrückte Wirkung wieder zu ihrer natürlichen Stärke gebracht werden kann, worauf de la Rive im Eingange zu den hier besprochenen Versuchen*) aufmerksam macht, wiewohl ich gestehen muss, dass mir eine, im Schatten, an einem ziemlich trockenen Ort aufbewahrte Zange von weichem Holze stets schon so starke elektrische Anzeigen mit Zink und Kupfer gegeben hat, dass ein Anhauchen des Holzes sie nicht weiter zu erhöhen im Stande war; indessen räume ich recht gern ein, dass hier kleine Verschiedenheiten leicht abgeänderte Resultate bewirken können. Nicht so natürlich schliesst sich an die von mir geschehenen Wahrnehmungen der Ausspruch de la Rive's an, dass nämlich in gemeiner Luft und im Sauerstoffgase die elektrischen Anzeigen nicht aufhören sollen, ja er stünde ihnen sogar feindlich gegenüber, wenn man nicht annehmen dürfte, dass dieser Satz als eine blose Concession, nicht aber als eine Thatsache von dem scharfsinnigen Vertheidiger der chemischen Theorie hingestellt worden ist, was um so mehr angenommen werden zu müssen scheint, als selbst die Chemie gegen ein Angegriffenwerden des Zinkes in trockener atmosphärischer Luft

*) *Ann. de Chim. et de Phys.* XXXIX. S. 311.

oder in trockenem Sauerstoffgase Einwendungen zu machen berechtigt sein dürfte.

Die zweite Art, wie de la Rive seine Versuche zum Erweise des Satzes anstellt, dass ohne chemische Wirkung keine Spannung möglich ist, besteht in Folgendem*): „Ein wohl gereinigtes Stück Kali- oder Natrum-Metall spannt er auf der einen Seite in eine Platinzange, auf der anderen Seite in eine Holzzange, und umgiebt hierauf das leicht oxydirbare Metall ringsum mit gereinigtem Steinöl. Zu diesem neuen Verfahren sah sich der Experimentator, nach dessen eigener Aussage, genöthigt, weil das vorige Verfahren sogar in trockenem Stickgase und Wasserstoffgase immer noch Elektricitätsanzeigen lieferte, die, nach de la Rive's Ansicht, von der Wirkung dieser Gase auf jene Metalle, oder von den nicht ganz und gar abzuhaltenden Wasserdämpfen herrühren. Wenn aber schon gegen die vorige Versuchsweise gegründete Bedenklichkeiten sich erheben liessen, so stehen sie gegen die jetzige erst recht in Masse auf. Wer nur ein einziges Mal durch eigene Anschauung einen Begriff davon sich verschafft hat, wie ölartige Ueberzüge von so geringer Dicke, dass sie mit Augen nicht mehr wahrgenommen werden können, die galvanische Fortleitung gänzlich unterbrechen können, der wird über die Kühnheit der hier gewählten Behandlungsweise in Erstaunen gerathen müssen; denn zugestanden, dass die Verbindung zwischen dem Kalimetalle und der Platinzange sicher genug geschehen kann, um dem Oel ein sich Zwischeneindrängen gänzlich abzuschneiden, so sieht man doch auf der anderen Seite nicht einmal die Möglichkeit ein, wie zwischen dem Holz und dem leicht oxydirbaren Metalle der Elektricität auf längere Zeit ein Durchgang unversperrt erhalten werden kann, da ja Holz eben so gut oleoskopisch wie hydroskopisch ist. Wenn daher doch auch hier noch manchmal einige Anzeigen von Elektricität erhalten worden sind, und von de la Rive der den Metallen auch unter dem Steinöle noch anhangenden Luft zugeschrieben werden: so dürfte man durch grössere Wahrscheinlichkeit sich bewogen fühlen, dieselben dem Umstande beizumessen, dass

*) A. a. O. S. 312.

das Oel Zeit nöthig hat, in's Innere des Holzes zu dringen, und bis zum völligen Abschliessen noch eine, wiewohl immer schwächer werdende Leitung stattfindet. Ebenso dürfte man das nicht gänzliche Ausbleiben der elektrischen Anzeigen, wenn der Versuch mit dem Kalimetall auf die erste Weise angestellt wird, lieber der Stärke der hier auftretenden Spannungen, in Verbindung mit dem Umstande, zuschreiben wollen, dass selbst ziemlich ausgetrocknetes Holz doch noch immer ein ungleich besserer Leiter bleibt, als das vom Oele durchzogene Holz, und die Beobachtung de la Rive's, dass das Kalimetall in der Glasröhre, selbst von trockenem Stickgas oder Wasserstoffgas umgeben, nach und nach trübe wird und sich fast wie in offener Luft mit einer Rinde überzieht, durfte blos als eine Bestätigung der so natürlichen Vermuthung angesehen werden, dass Holz weder die Feuchtigkeit, noch die äussere Luft ganz abzuhalten im Stande ist. Uebrigens lässt sich bei dieser wie bei der vorigen Versuchsweise leicht entscheiden, ob das Ausbleiben der elektrischen Erscheinungen wirklich, wie der Gegner Volta's will, der mangelnden Erregung oder, wie ich vorschiebe, einer mangelnden Leitung zuzuschreiben ist.

Durch meine kritischen Bemerkungen habe ich keineswegs die absolute Unzulässigkeit der de la Rive'schen Versuche nachweisen wollen; meine Absicht war blos die, zu zeigen, wie viel ihnen noch fehlt, bis sie den Satz ausser Zweifel zu stellen im Stande sind, zu dessen Begründung sie unternommen worden sind. Bedenkt man, wie unwahrscheinlich es ist, dass die hier aufgedeckten Unvollkommenheiten der beiden Versuchsweisen einen so geübten Beobachter, wie de la Rive ist, ganz und gar entgehen konnten: so wird man zu der Annahme versucht, dass sie die Frucht eines, in anderer Weise mehrfach geschehenen vergeblichen Bemühens sind, wie auch, wenigstens hinsichtlich der zweiten Art, offen genug vor Augen liegt; dadurch würden aber die eben vorgebrachten Gegengründe nur ein um so grösseres Gewicht erlangen.

Noch zieht de la Rive einige einzelne Erfahrungen in Betrachtung, die jedoch von keiner grossen Wichtigkeit für die gegenwärtige Streitfrage sind, weil sie auch nach Volta's Ansicht eine ungezwungene Erklärung gestatten. So hat

Becquerel beobachtet, dass, wenn man einen Metalltiegel, in welchen man eine Säure gegossen hat, die ihn angreift, mit der Collectorplatte des Kondensators in blos leitende Verbindung bringt, hierauf in die Säure ein in der Hand gehaltenes Holzstäbchen taucht, keine elektrischen Anzeigen erhalten werden, die sich aber sogleich einstellen, wenn die Ableitung durch einen Platindraht geschieht. De la Rive meint, dass das Ausbleiben der Anzeigen in diesem Falle von der Schwierigkeit herrühre, mit welcher die Elektricität ihren Uebergang von der Flüssigkeit zum Holze bewerkstelligt. In welche Schwierigkeiten man sich aber durch dergleichen auf Einzelfälle beschränkte und gewissermassen in solche ausartende Erklärungen verwickele, lässt sich an diesem Beispiele selbst zeigen. Fasst man nämlich den Platindraht mit der Holzzange und taucht ihn so in die Säure, so bleiben die elektrischen Anzeigen nach wie zuvor vorhanden; wollte man daher die eben angeführte Erklärungsweise auch hier noch fortsetzen, so hätte man den Platindraht offenbar für eine Art von Vorspann zu betrachten, wodurch der Elektricität ihr Uebergang von der Flüssigkeit in's Holz erleichtert wird. Ungleich einfacher erklärt hier die Volta'sche Vorstellung, indem sie sagt, der Platindraht wird mit der Säure positiv, eben weil er von ihr nicht angegriffen wird, der Metalltiegel aber giebt mit derselben Säure keine merkliche Spannung gerade darum, weil er von der Säure angegriffen wird, wodurch seine nächste Umgebung aufhört, Säure zu sein und die nur letzterer angehörige beträchtliche Spannung verloren geht. Dieselbe Erklärung ist auch noch auf folgenden, von de la Rive angestellten Versuch anwendbar. Lässt man einen, mit dem Kondensator in Verbindung gebrachten Platindraht in concentrirte Schwefelsäure ragen und berührt dann die Säure mit einem Holzstäbchen ableitend, so wird der Kondensator mit positiver Elektricität geladen. Diese wird von de la Rive dem chemischen Prozesse zwischen Holz und Säure zugeschrieben; ich habe dieselben Wirkungen erhalten, wenn ich statt des Holzstäbchens eine geschliffene Achatplatte zwischen dem Daumen und Zeigefinger dergestalt festhielt, dass die Berührung über die ganze Breite der Platte stattfand und so die Platte bis nahe an die querliegenden Finger in die

Säure tauchte. Es dürfte schwer halten, in diesem Falle einen mit der Wirkung in einigem Verhältnisse stehenden chemischen Prozess zu entdecken. Die beim Verdampfen von Flüssigkeiten in glühenden Metallgefässen wahrgenommenen Erscheinungen übergehe ich hier ganz, nicht weil sich dieselben einer gewöhnlichen Erklärung versagen, sondern weil ich diese Thatsachen für viel zu sehr zusammengesetzt halte, als dass sie zur Begründung irgend einer Ansicht mit Glück gebraucht werden könnten, und schliesse daher mit folgender Bemerkung. Wenn, wie de la Rive behauptet, die elektrischen Anzeigen in Volta's Fundamentalversuche wirklich von einem chemischen Angriffe der Luft oder der Handfeuchtigkeit auf das Zink herrühren, so müsste es möglich sein, die so im Zink entwickelte Elektricität ohne Dazwischenkunft eines anderen Metalles sichtbar zu machen; denn man sieht durchaus nicht ein, warum nicht eine Ansammlung von Elektricität in einem Kondensator geschehen sollte, wenn z. B. eine Platte desselben von Kupfer, oder noch besser von Gold oder Platina, die andere von Zink ist, und man nun beide Platten, ohne Dazwischenkunft eines neuen Metalles, mit den Fingern berührt. So lange daher durch diesen oder einen ähnlichen Versuch die Unabhängigkeit der Spannung in Volta's Versuch von der Berührung des Zinkes mit dem Kupfer nicht direct dargethan werden kann, wird man Ursache haben, in alle gegen die Nothwendigkeit der Berührung gerichtete Versuche Misstrauen zu setzen.

XV.

An Thatsachen fortgeführte Nachweisung des Zusammenhangs, in welchem die mannigfaltigen Eigenthümlichkeiten galvanischer, insbesondere hydroelektrischer Ketten unter einander stehen.

Schweigg. Journ., Bd. **63**, p. 385—436. 1831. Bd. **64**, p. 20—37, 138—158, 257—283. 1832.

Einleitung.

Der meiner mathematischen Bearbeitung der galvanischen Kette beigefügte *Anhang* hatte es sich zur Aufgabe gemacht, den Zusammenhang der *besonderen Modifikationen,* welche in hydroelektrischen Ketten zu so vielen und auffallenden Eigenthümlichkeiten Anlass geben, mit den im eigentlichen *Körper* jener Schrift abgehandelten *allgemeinen Gesetzen* aufzudecken; allein die zahlreichen Schwierigkeiten, welche sich einer rein theoretischen Behandlung dieses Gegenstandes entgegen stellen, *und hauptsächlich darin ihren Grund haben, dass fast alle zu* einem sicheren Gang erforderlichen experimentalen Arbeiten so gut wie nicht vorhanden sind, bewogen mich damals, von jeder weiteren Ausführung der nur eben angefangenen Unternehmung abzustehen, um hier nicht, wie jener Anhang sich ausdrückt, durch das Aufeinanderfolgen einer Menge problematischer Materialien in eine philosophische Frage zu verirren. In der That fordert eine umsichtige Durchführung dieser Unternehmung neue experimentale Bestimmungen in so grosser Anzahl, und, was noch schlimmer ist, diese Bestimmungen sind von so zarter Natur und verlangen eine so sorgsame Auswahl der Mittel, dass ich an die Wiederaufnahme und weitere Ausbildung jenes ersten Versuches für jetzt noch nicht denken darf. Nach meinem Ermessen sind jedoch schon minder schwer zu enträthselnde Thatsachen vollkommen hinreichend, den ganzen Inhalt des in einer hydroelektrischen Kette sich gestaltenden inneren Hergangs in einem unseren heutigen Erfahrungen entsprechenden Umfange klar an den Tag zu legen; und da auf diesem Wege, wenn ich mich nicht täusche, eine Wiedervereinigung der seither aus einander getretenen Ansichten sicherer noch, als durch weniger nahe liegende Betrachtungen, zu erzielen sein wird: so habe ich gegenwärtige Arbeit in der Absicht unternommen, die Lösung obiger Aufgabe von einer anderen Seite anzugreifen, indem ich sie jetzt auf nichts als reine Erfahrungssätze stütze, und daran weiter fortführe. Wenn ich noch immer, ausser dem Leitungswiderstande und der Spannung, unter keinem Namen, irgend ein drittes Element als Grundbedingung galvanischer Erscheinungen zuzulassen mich veranlasst sehe, so darf ich hoffen, dass man darin nicht ein blos eigensinniges Beharren in der einmal ausgesprochenen Meinung wahrnehmen werde, indem ich nichts versäumt habe, den eigentlichen Wendepunkt der ganzen Untersuchung durch Thatsachen in hinreichender Menge recht deutlich zu bezeichnen.

Zwar habe ich mir zu keiner Zeit verhehlt, dass mein Vorhaben mit einem Heere von Schwierigkeiten der schlimmsten Art zu kämpfen habe, von denen die einen aus der Proteusnatur des Gegenstandes selbst hervorgehen und unvermeidlich sind, die anderen hingegen aus vorgefassten Meinungen entspringen, die in einer nicht geringeren Fruchtbarkeit des menschlichen Geistes ihre Quelle haben, und uns nicht selten vom Ziel ab auf Irrwegen herum führen; allein, wer es mit der Wahrheit redlich meint, muss sich auf Widerstand aus allen Ecken ohnehin gefasst machen. Um jedoch den Hindernissen der zweiten Art, insofern sie in mir selber Platz genommen haben könnten, möglichst auszuweichen, habe ich die Mühe nicht gescheut, alle diejenigen Thatsachen sorgsam zu prüfen und vielleicht aufzuhellen, deren Dunkel am meisen dazu geeignet war, vom geraden Wege abzulenken. Da die Resultate welche ich auf solche Weise nach und nach zu meiner eigenen Belehrung gesammelt hatte, auch wohl der Beachtung eines grösseren Publikums mir nicht ganz unwerth schienen, so habe ich die reiferen darunter ausgesucht und in zwei Aufsätzen mitgetheilt, von denen der eine über die Natur der unipolaren Leiter*), der andere über den elektrischen Zustand der einfachen, geschlossenen galvanischen Kette handelt. In diesen Mittheilungen, deren Beherzigung ich dem Lesen der gegenwärtigen Abhandlung vorausgegangen wünsche, habe ich mich überall und stets nur auf das streng Nothwendige beschränkt, sowohl weil gerade nur die einfachsten experimentalen Untersuchungen am besten das Wahre eines Gegenstandes aufzuschliessen vermögen, als auch weil ich die Gewissheit erlangt hatte, dass jene Nachforschungen, wenn sie in zweckmässigerer Art unternommen werden, ein noch höher aufgestecktes Ziel erreichen können, wesswegen ihre weitere Ausführung besser einem dazu geeigneteren Manne überlassen bleibt. Zur Erzielung grösserer Anschaulichkeit und Erleichterung, habe ich das Folgende unter verschiedene Rubriken gebracht, so dass ich einige, höchst einfache, mathematische Ausdrücke zu gebrauchen um so weniger Anstand genommen, als es den Anschein nimmt, dass die künftige Physik sie unter ihren Schutz stellen werde.

Allgemeine Gesetze der galvanischen Kette.

Jene charakteristischen Besonderheiten, welche an der hydroelektrischen Kette beobachtet und mit den verschiedenen Namen des Wogens, der Ladung, des ungleichen Einflusses der positiven und negativen Erregungsflächen u. dgl. belegt worden sind, befinden sich stets im Gefolg einer stark in die Sinne fallenden Veränderlichkeit der Erscheinung, von der man keineswegs annehmen kann, dass sie aus zufälligen, dem Wesen solcher Ketten fremden Ursachen hervorgehe. So wie man aber eine im Wesen des galvanischen Prozesses gegründete

*) In d. Jahrb. N. R. XXIX. S. 385, u. XXX. S. 32 [344].

Veränderlichkeit der Erscheinung einzuräumen sich gezwungen sieht, wird damit auch zugleich die Nothwendigkeit einer Trennung der gesammten galvanischen Erkenntnisse in zwei von einander gänzlich unabhängige Theile zugegeben, was um so mehr unsere Aufmerksamkeit in Anspruch nimmt, weil ohne diese Scheidung die Natur der galvanischen Kette wohl nie aufhören könnte, uns räthselhaft zu sein. In dem einen Theile ist die Abhängkeit galvanischer Erscheinungen von sich stets gleich bleibenden Bedingungen zu erforschen; dieser Theil, welcher die allgemeinen galvanischen Gesetze liefert, war der Hauptzweck meiner Schrift, so wie er das Fundament der ganzen Lehre vom Galvanismus ist. Dem zweiten Theile bleibt dann nur noch zu untersuchen übrig, wie in besonderen Fällen die anfänglichen Bedingungen sich allmählig in immer andere umgestalten können; denn man sieht auf der Stelle ein, wie diese letztere Kenntniss, verbunden mit der im ersten Theil erlangten, nothwendig alle galvanischen Erscheinungen in sich begreifen müsse. Da in diesem zweiten Theile, von welchem ich im Anhange zu meiner Schrift einer theoretische Skizze zu geben versucht habe, und den ich nun auf dem Erfahrungswege näher zu besprechen Willens bin, die Resultate des ersten Theiles, als schon gegeben, vorausgesetzt werden, so sehe ich mich bewogen, die allgemeinen Gesetze galvanischer Ketten, wie sie in meiner Schrift entwickelt sich vorfinden, hier in blosen Umrissen vorauszuschicken und ihre sorgfältige und vielseitige Bewährung durch Versuche geschichtlich anzuzeigen; jenes geschieht, um den darauf folgenden Betrachtungen grössere Deutlichkeit, dieses, um ihnen volle Sicherheit zu geben. Zugleich nehme ich diese Gelegenheit wahr, noch einige nachträgliche Erörterungen beizufügen, wodurch der tiefere Blick in's Ganze erleichtert und noch ausserdem ein wichtiger Zuwachs für die Experimentirkunst gewonnen wird.

Am einfachsten lassen sich die allgemeinen Gesetze galvanischer Ketten in folgender Art aussprechen. Man denke sich nämlich eine einfache, oder beliebig zusammengesetzte, geschlossene Kette, in welcher die Elektricitätsverbreitung nur nach einer Dimension geschieht, was in Säulen, Trogapparaten, überhaupt fast in allen zu unseren gewöhnlichen Versuchen dienenden Ketten der Fall ist: so wird man, von irgend einem Querschnitte dieser Kette ausgehend und stets in derselben Richtung vorwärts schreitend, zuletzt wieder in die Stelle zurück geführt werden, von welcher man ausgegangen ist. Offenbar kann man diesen Kreislauf nach zwei einander entgegengesetzt laufenden Richtungen bewerkstelligen, und es ist für das Nachstehende ganz gleichgültig, welche von diesen beiden Richtungen man wählen will; nur muss die einmal angenommene während des ganzen Baues und Gebrauches der Formeln fortwährend beibehalten werden, wesswegen wir sie die *festgesetzte* nennen wollen, um damit anzudeuten, dass stets dieselbe zu verstehen ist. Stösst man während dieses Umganges auf Stellen, an welchen Spannungen eintreten, so können diese Spannungen entweder so beschaffen sein, dass man in der festgesetzten Richtung zuerst auf den positiveren, oder zuerst auf den negativeren Körper trifft; im ersteren Falle werden wir die Spannung eine *positive*, im anderen eine *negative* nennen, und, wo die Grösse der Spannungen durch Zahlen ausgesprochen wird, sind jene stets wie positive, diese wie negative Zahlen zu behandeln. Fassen wir nun irgend einen durch zwei bestimmte Stellen begrenzten Theil der Kette in's Auge und bezeichnen durch u' die freie elektrische Kraft an derjenigen Grenze dieses Theiles, wo man in der festgesetzten Richtung in ihn übergeht, durch u aber die freie elektrische Kraft an derjenigen Grenze, wo man in derselben Richtung ihn verlässt; nennt man ferner O die Summe aller in diesem Theile vorkommenden Spannungen und y die Summe aller in ihm wirkenden Leitungswiderstände, deren Auswerthung zu Zahlen führt, die ich reducirte Längen genannt habe; stellt endlich A die Summe aller in der ganzen Kette vorkommenden Spannungen, und L die Summe aller in ihr erscheinenden Leitungswiderstände vor, so hat man unter allen Umständen:

$$u - u' = \frac{y}{L} A - O;$$

und versteht man unter S die Grösse des in jedem Querschnitte der Kette sich gleich bleibenden Stromes, d. h. die Menge der in einer bestimmten Zeit durch jeden Querschnitt strömenden Elektricität, so ist noch:

$$S = \frac{A}{L}.$$

Diese beiden Gleichungen, deren ausführliche Entwickelung in meiner Schrift nachgelesen werden kann, enthalten alles Wesentliche der allgemeinen galvanischen Gesetze in sich. Zwar gelten sie zunächst nur für die geschlossene Kette, allein sie lassen sich durch eine so ganz einfache Betrachtung auch auf die offene Kette übertragen. Man hat zu dem Ende blos in Gedanken einen Theil der nicht leitenden Umgebung darauf zu verwenden, die Enden der offenen Kette mit einander zu verbinden, und sie so in eine geschlossene Kette umzugestalten; dann aber muss dieser Theil der nichtleitenden Umgebung als Glied der Kette in Rechnung gebracht werden, wesswegen die Grösse L, in welche sein Widerstand als Theil eingeht, einen unendlich grossen Werth erhält. Aus diesem Grund erhält man für jedes leitende Stück der offenen Kette:

$$u - u' = - O$$

und

$$S = 0.$$

In jeder offenen Kette findet sonach gar kein Strom statt, und der Unterschied zwischen der freien Elektricität von irgend zwei Stellen dieser Kette ist der Summe aller zwischen diesen Stellen auftretenden Spannungen gleich. Es ist merkwürdig, dass dieselben zwei Gleichungen, welche der offenen Kette angehören, und unter der Voraussetzung, dass $L = \infty$ ist, erhalten worden sind, auch für solche geschlossene Ketten gültig sind, in welchen $A = o$ wird, d. h. in welchen die Summe aller positiven Spannungen der Summe aller negativen gleich ist, was bekanntlich in allen geschlossenen Ketten aus lauter metallischen Elementen der Fall ist, aber auch unter anderen Umständen erzielt werden kann. Solche geschlossene Ketten nehmen folglich die ganze Natur der offenen Kette an. Alle diese Gleichungen sind so höchst einfach, dass, wer an ihrer Oberfläche hängen bleibt, den Reichthum von Thatsachen, welchen sie in sich schliessen, nicht ahnen kann. Da von den Gleichungen, welche sich auf den elektrischen Zustand galvanischer Ketten beziehen, bis jetzt noch nirgends ein specieller Gebrauch gemacht worden ist, so sehe ich mich veranlasst, einige Beispiele in Bezug auf die einfache Kette zu behandeln, welche meinen Worten Gewicht zu geben und die Anwendung im Allgemeinen zu erläutern hinreichend sein werden. Die Versuche an der einfachen Kette setzen jedoch stets die Mitwirkung des Kondensators voraus, und dann wird in manchen Fällen eine etwas vollständigere Kenntniss der Natur dieses Instrumentes erfordert, als in den Lehrbüchern der Physik zu finden ist, weshalb ich diesen Punkt zuerst in's Reine bringen werde.

Gewöhnlich stellt man sich bei der theoretischen Betrachtung des Kondensators eine seiner beiden aufeinander liegenden Platten mit dem Erdboden in Verbindung gesetzt vor, wo dann die berührte Platte fortwährend als aller freien Elektricität beraubt anzusehen ist. Wird nun in die andere isolirte Platte eine unbestimmte Menge U von Elektricität eingeführt, so bindet diese Elektricitätsmenge in der nicht isolirten Platte Elektricität von entgegengesetzter Art, deren Menge von der besonderen Beschaffenheit des Kondensators abhängt und durch $-nU$ bezeichnet werden kann, wo n stets einen echten Bruch vorstellt, der in den gewöhnlichen Fällen sehr nahe bei 1 liegt. Ihrerseits bindet diese in der nicht isolirten Platte befindliche Elektricitätsmenge $-nU$ in der isolirten Platte einen Theil der in sie hineingebrachten Elektricität und zwar in einem dem vorigen ganz gleichem Verhältnisse, so dass die Menge der in der isolirten Platte gebundenen Elektricität sein wird $n \times nU$ oder $n^2 U$. Es bleibt mithin in der isolirten Platte an freier Elektricität die Menge $U - n^2 U$ oder $(1 - n^2)\, U$ zurück. Bezeichnet man demnach die Menge der nach dem Bindungsakte noch übrig bleibenden freien Elektricität in der isolirten Platte durch u, so ist offenbar

$$u = (1 - n^2)\, U,$$

woraus man findet

$$U = \frac{u}{1 - n^2}.$$

Diese Gleichungen lehren, wie aus der in die isolirte Platte eingeführten Gesammtmenge U von Elektricität die Menge u der noch nach erfolgter Kondensation sich zeigenden freien Elektricität, und umgekehrt jene aus dieser sich bestimmen lässt, vorausgesetzt jedoch, dass man in jedem Falle die, das Bindungsvermögen des Kondensators aussprechende Zahl n zuvor auf irgend einem Wege kennen gelernt habe. Die Menge der in der nicht isolirten Platte gebundenen Elektricität wird jedesmal durch

$$-nU \quad \text{oder} \quad -\frac{nu}{1-n^2}$$

vorgestellt. Wenn, wie gewöhnlich, n dem Werthe 1 sehr nahe liegt, so wird $1-n^2$ ein sehr kleiner Bruch, und darum U sowohl als nU gar vielmal grösser als u werden, so dass nach geschehener Trennung der beiden Kondensatorplatten von einander in isolirter Lage Elektricitäten von weit grösserer Stärke als zuvor sich zeigen werden, wodurch eben die verstärkende Wirkung des Kondensators sich geltend macht. Aus diesem Grunde pflegt man die Zahl $\frac{1}{1-n^2}$, welche anzeigt, wie vielmal die während der Kondensation sich äussernde freie Elektricität u von der nach der Trennung erscheinenden Gesammtmenge U übertroffen wird, die *Verstärkungszahl* des Kondensators zu nennen.

Die bisherige Darstellung der Wirkungsweise des Kondensators, welche alles enthält, was gewöhnlich in physikalischen Lehrbüchern gegeben wird, setzt jedoch voraus, dass eine der beiden Platten des Kondensators mit dem Erdboden in Verbindung gesetzt worden sei, damit in ihr keine freie Elektricität während des Bindungsaktes zu berücksichtigen bleibe; ein Umstand, der nicht immer da, wo der Gebrauch des Kondensators eintritt, als vorhanden angesehen werden darf. Schon wenn ein, in dem vorhin betrachteten Zustande befindlicher Kondensator isolirt sich selbst überlassen bleibt, nimmt allmählig die freie Elektricität der einen Platte ab, dagegen kommt in demselben Maasse an der anderen Platte freie Elektricität von entgegengesetzter Art zum Vorschein, wie sich leicht an einer nicht sehr stark verstärkenden Vorrichtung beobachten lässt, in der man freie Elektricitäten von leicht zu prüfender Stärke erscheinen lassen kann. Was hier eine Wirkung von langsamer Zerstreuung der freien Elektricität in die Luft ist, kann in anderen Fällen eine nothwendige Folge der

Art und Weise sein, wie die Versuche unternommen werden; daher verlangt die Allgemeinheit der Betrachtungen, dass man in jeder der beiden Kondensatorplatten das Dasein von freier Elektricität voraussetze, und Ausdrücke aufsuche, die diesen weniger beschränkten Zustand des Kondensators auszusprechen fähig sind, um die geeignete Anwendung derselben den jedesmaligen Umständen während der Versuche gemäss einrichten zu können. Zur Erreichung dieses Zweckes wollen wir uns die beiden Kondensatorplatten isolirt und genau über einander liegend vorstellen und zunächst annehmen, dass in ihnen freie Elektricitäten von entgegengesetzter Art auftreten, deren Mengen wir durch u und $-u'$ bezeichnen wollen. Bezeichnen wir beziehlich durch U und $-U'$ die in diesen Platten befindlichen Gesammtmengen von Elektricität, so stellen $U-u$ und $-(U'-u')$ beziehlich die in diesen Platten befindlichen Mengen von gebundener Elektricität vor. Da nun der Antheil $U-u$ in der einen Platte nur von der in der anderen Platte vorhandenen Gesammtmenge $-U'$ gebunden werden kann, und ebenso der Antheil $-(U'-u')$ in letzterer nur von der Gesammtmenge U in ersterer: so ergeben sich, wenn durch n die bindende Kraft des Kondensators angezeigt wird, ganz wie zuvor, folgende zwei Bestimmungen:

$$U-u=nU' \text{ und } U'-u'=nU,$$

aus denen man durch successive Elimination von U' und U erhält:

$$U=\frac{u+nu'}{1-n^2} \text{ und } U'=\frac{u'+nu}{1-n^2},$$

welche Gleichungen uns in den Stand setzen, aus den beiden in jeder Kondensatorplatte sich zeigenden freien Elektricitäten u und $-u'$ die in diesen Platten nach der Trennung sich zeigenden Gesammtmengen U und $-U'$ zu bestimmen.

Um meinem Gange mehr Festigkeit zu geben, bin ich so eben noch von der Voraussetzung ausgegangen, dass in beiden Kondensatorplatten Elektricitäten von entgegengesetzter Art auftreten; allein man wird sich leicht davon überzeugen können, dass dieselben Betrachtungen auch dann noch gültig bleiben, wenn in beiden Platten freie Elektricitäten von einerlei Art auftreten. Stellen nämlich ganz allgemein u und u' die freien Elektricitäten und beziehlich in denselben Platten U und U' die Gesammtmengen von Elektricität vor, und lassen wir es bei jedem Werthe u und u' wie U und U', völlig unentschieden, ob er eine positive oder negative Zahl vorzustellen habe, je nachdem er sich auf positive oder negative Elektricität bezieht: so werden doch in jedem Fall $U-u$ und $U'-u'$ *die Mengen der gebundenen Elektricität in den entsprechenden* Platten bezeichnen. Da nun $U-u$ nur durch U' und $U'-u'$ nur durch U gebunden sein kann, gleichartige Elektricitäten aber keiner gegenseitigen Bindung fähig sind: so müssen zuvörderst sowohl $U-u$ und U' als $U'-u'$ und U Zahlen von entgegengesetzter Art in sich enthalten, und es wird, wenn n die bindende Kraft des Kondensators bezeichnet, noch immer wie zuvor sein müssen:

$$U-u=-nU' \text{ und } U'-u'=-nU,$$

woraus man durch successive Elimination von U' und U erhält:

$$U=\frac{u-nu'}{1-n^2} \text{ und } U'=\frac{u'-nu}{1-n^2},$$

welche Gleichungen völlig allgemein sind, und in jedem Falle die Gesammtmengen der in den beiden Kondensatorplatten befindlichen Elektricitäten, sowohl ihrer Art, als ihrer Grösse nach, aus den bekannten freien Elektricitäten in denselben Platten abzuleiten geeignet sind.

Man kann den eben erhaltenen allgemeinen Gleichungen auch folgende Form geben:

$$U=\frac{u-u'+u'-nu'}{1-n^2} \text{ und } U'=\frac{u'-u+u-nu}{1-n^2}.$$

Trennt man nun jeden der rechts stehenden Quotienten in zwei Theile und erwägt, dass $\frac{1-n}{1-n^2}=\frac{1}{1+n}$ ist, so gehen die beiden vorigen Gleichungen über in:

$$U=\frac{u-u'}{1-n^2}+\frac{u'}{1+n} \text{ und } U'=\frac{u'-u}{1-n^2}+\frac{u}{1+n},$$

in welchen die zweiten Glieder $\frac{u'}{1+n}$ und $\frac{u}{1+n}$ sehr nahe $\frac{1}{2}u'$

und $^1/_2\, u$ sind, weil n sehr nahe 1 ist; aber auch wenn n nicht sehr nahe 1 sein sollte, können diese Glieder doch nie die Werthe u' und u übersteigen. Hat man es daher mit freien Elektricitäten u und u' von so geringer Stärke zu thun, dass sie in ihrem unverdichteten Zustande das Elektrometer nicht zu afficiren vermögen, ein Umstand, welcher bei galvanischen Ketten von nur wenigen Elementen stets eintritt, so kann man jene zweiten Glieder ganz und gar vernachlässigen und dann statt der vorigen Gleichungen setzen:

$$U = \frac{u - u'}{1 - n^2} \text{ und } U' = \frac{u' - u}{1 - n^2},$$

aus welchen hervorgeht, dass in einem solchen Falle in beiden Kondensatorplatten nach der Trennung Elektricitäten von fühlbar gleicher Stärke aber von entgegengesetzter Art sich zeigen werden. Wir werden diese letzteren Gleichungen, da wo wir sie gebrauchen wollen, die *vereinfachten Kondensationsformeln* nennen; indessen darf man nicht vergessen, dass diese vereinfachten Ausdrücke nur so lange ihre Anwendung finden dürfen, als die gemachte Voraussetzung wirklich vorhanden ist; so wie aber die freien Elektricitäten unmittelbar am Elektrometer sich geltend zu machen im Stande sind, müssen wieder die allgemeinen Formeln zugezogen werden.

Eine aus den allgemeinen Gleichungen:

$$U = \frac{u - nu'}{1 - n^2} \text{ und } U' = \frac{u' - nu}{1 - n^2}$$

sich ergebende Folgerung verdient noch eine besondere Erwähnung. Sind nämlich die beiden freien Elektricitäten u und u' von derselben Art, z. B. beide positiv, aber von ungleicher Stärke, z. B. $u < u'$, so wird die der stärkeren u' entsprechende Gesammtmenge U' stets von derselben Art, also in unserem Beispiele positiv, werden müssen; denn da stets $n < 1$ und positiv ist, so ist auch stets $nu < u$ und um so mehr $nu < u'$; aber die Gesammtmenge U, welche der schwächeren freien Elektricität u entspricht, kann positiv, null oder auch negativ werden; denn wenn gleich $u' > u$ ist, so wird, weil $n < 1$ ist, doch nicht nothwendig $nu' > u$ sein, sondern eben so gut $nu' = u$ und auch $nu' < u$ werden können. Man sieht hieraus, dass in der letzteren Platte die gebundene Elektricität mit der freien sowohl gleichartig als auch ungleichartig werden kann, und dass man nothwendig auf den letzteren Fall wird stossen müssen, wenn man das Verhältniss zwischen u und u' der Einheit immer näher rücken lässt.

Die hier besprochene Eigenthümlichkeit giebt ein sehr brauchbares Verfahren an die Hand, das Bindungsvermögen n eines gegebenen Kondensators, mithin auch dessen Verstärkungszahl $\frac{1}{1-n^2}$ zu finden, welches ich um so weniger mit Stillschweigen übergehen zu dürfen glaube, da unsere bisherigen Mittel zu demselben Zwecke noch viel zu wünschen übrig lassen; denn das von Biot angezeigte Verfahren ist bei kräftigen Kondensatoren nicht wohl anwendbar, weil diese freie Elektricitäten von solcher Stärke, wie sie zu unmittelbaren Messungen an der Drehwage erfordert werden, nicht ertragen, und die von Pfaff angegebene Bestimmungsweise scheint den in manchen Fällen wünschenswerthen Grad von Genauigkeit nicht zu gestatten. Das auf die vorangeschickten allgemeinen Kondensationsgesetze gegründete Verfahren besteht wesentlich im Folgenden. Man baue aus völlig gleichen Elementen eine Säule mit reinem Wasser auf und setze ihren unteren Pol mit der Erde in Verbindung; hierauf leite man die in *zwei zunächst auf einander folgenden Metallen der Säule* (wobei es gleichgültig ist, ob dieses *zunächst auf einander folgen* blos auf gleichartige oder auf Metalle überhaupt bezogen wird) sich äussernde Elektricität an die beiden auf einander liegenden Kondensatorplatten über, so jedoch, dass durch diese Ueberleitung keine neue Spannung eingeführt wird. Nachdem dies geschehen ist, hebe man die Ueberleitungen wieder auf, und trage diejenige Platte des Kondensators, in welche die schwächere Elektricität übergegangen ist, an ein nebenstehendes, mit seinem Kondensator versehenes Bohnenberger'sches Elektrometer über. Diese Operation wiederhole man, wenn es nöthig sein sollte, ganz auf dieselbe Weise mehrmals; zeigt dann das Bohnenberger'sche Elektrometer, nachdem sein Kondensator geöffnet worden ist, eine Elektricität von entgegengesetzter Art, als die der Säule ist, an, so steige man in der Säule aufwärts, im Gegenfall abwärts, und wiederhole die angezeigte Operation an zwei neuen unmittelbar auf einander folgenden homogenen oder heterogenen Metallen so lange, bis man auf ein solches Paar gestossen ist, durch welches selbst nach vielen Uebertragungen keine Spur von Elektricität im Elektrometer mehr hervorgerufen werden kann; oder bis man auf zwei nicht weit aus einander liegende Paare gestossen ist, die auf das Elektrometer eine gleiche, aber entgegengesetzte Wirkung äussern, in welchem Falle man das in ihrer Mitte liegende Paar als das ohne Wirkung bleibende anzusehen berechtigt ist. Hat man sich auf die eine oder die andere Weise zur Kenntniss des unwirksamen Paares erhoben, und entspricht die Elektricität, welche in dem unteren *Metalle dieses Paares auftritt, einer* Anzahl von z. B. 199 Elementen der Säule, und folglich das andere Metall einer Anzahl von 200 Elementen, so ist das gesuchte Bindungsvermögen n des angewandten Kondensators $^{199}/_{200}$, mithin seine Verstärkungszahl $\frac{1}{1-n^2}$ sehr nahe 100. —

Der Grund dieses Verfahrens lässt sich mit Zuziehung der allgemeinen Kondensationsgesetze leicht auffinden. Bezeichnet man nämlich durch i die Stärke der Elektricität, welche in dem unteren Metalle des unwirksamen Paares thätig ist, und legt der Zahl i die Spannung *eines* Elementes als Einheit zu Grunde, so ist $i + 1$ die Stärke der Elektricität, welche im anderen Metalle desselben Paares wirksam ist. Es nehmen sonach die beiden Kondensatorplatten, wenn sie mit den beiden Metallen dieses Paares in blos leitende Verbindung kommen, die freien Elektricitäten i und $i + 1$ an; daher wird die Gesammtmenge von Elektricität in derjenigen Kondensatorplatte, welche der freien Elektricität i entspricht, obigen Formeln gemäss, ausgedrückt werden durch:

$$\frac{i - n(i + 1)}{1 - n^2}.$$

Giebt mithin diese Kondensatorplatte, selbst nach vielfachen Uebertragungen an das kondensirende Elektroskop, keine Elektricität mehr zu erkennen: so zeigt dies an, dass fühlbar

$$i - n(i + 1) = 0$$

ist, woraus man findet

$$n = \frac{i}{i+1};$$

und in dieser letzten Gleichung spricht sich der Grund von obiger Bestimmung aus. Uebrigens ist leicht einzusehen, dass die angezeigten Operationen um so kürzer und sicherer ausfallen werden, *je grösser der zu prüfende Kondensator im Vergleiche* zu dem am Elektroskope befindlichen ist. Auch hält es nicht schwer, die beschriebene Versuchsweise mannigfaltig abzuändern und bequemer einzurichten. So ist z. B. eine einzige Ueberleitung von der Säule zum Kondensator stets schon ausreichend, weil man die einem Elemente der Säule entsprechende Differenz jedesmal schon unmittelbar an den Kondensatorplatten mit Hülfe einer einfachen isolirten Kette hervor zu bringen vermag. Bestehen die beiden Platten des Kondensators aus denselben heterogenen Metallen, womit die Säule aufgebaut worden ist, so hat man blos die beiden Platten des Kondensators durch einen isolirten Draht mit einander zu verbinden, und die Ueberleitung von der Säule an eine der beiden Kondensatorplatten, gleichviel an welche, zu bewerkstelligen. Man wird jedoch in jedem Fall, um zu festen Resultaten zu gelangen, auf ein stets gleichförmiges Aufeinanderlegen der beiden Kondensatorplatten die grösste Sorgfalt verwenden müssen; aber gerade aus diesem Umstande wird man auch einen Beweis für die Zartheit des obigen Verfahrens herzuholen im Stande sein.

In obigen Kondensationsformeln liegt eine Art, die Spannung zwischen zwei Körpern sehr genau zu messen, verborgen, die ich noch anzeigen werde, weil sie, sowohl in theoretischer, als in praktischer Hinsicht, gleich merkwürdig ist. Das Verfahren dabei ist folgendes: Man wähle einen Kondensator mit grossen Platten aus und bestimme zunächst dessen bindende Kraft nach der vorigen Weise möglichst genau; gesetzt man habe für ihn $n = {}^{100}/_{101}$ gefunden. Hierauf bringe man von einer Kondensatorplatte zur andern die zu messende Spannung an, was etwa dadurch bewirkt werden kann, dass man die beiden auf ihre Spannung zu prüfenden Körper in unmittelbare Berührung mit einander bringt, und jedes ihrer offenen Enden mit einer der beiden Kondensatorplatten durch das

Medium von destillirtem Wasser in leitende Verbindung setzt. Nachdem dies geschehen ist, bringe man eine der beiden Kondensatorplatten nach und nach mit verschiedenen Stellen einer, wie zuvor aufgebauten, Säule in leitende Verbindung, und verfahre in der dort beschriebenen Weise so lange, bis diejenige Kondensatorplatte, welche die geringere freie Elektricität besitzt, was sich immer leicht durch einen vorläufigen Versuch bestimmen lässt, an dem kondensirenden Elektroskope keine Spur von Elektricität mehr anzeigt. Gesetzt dies finde statt, wenn 27 Spannungen der Säule in Thätigkeit gekommen sind, so ist die gesuchte Spannung $^{27}/_{100}$ von derjenigen Spannung, welche die zweierlei zur Säule gebrauchten Metalle mit einander bilden; man erhält nämlich diese Zahl ($^{27}/_{100}$) durch Division der Anzahl von Spannungen (27) durch den zu n gehörigen Zähler (100), wobei jedoch nicht übersehen werden darf, dass dieser Zähler genau derselbe sein muss, wie ihn die Bestimmung von n auf die vorhin angegebene Weise liefert.

Der Grund dieses Verfahrens lässt sich leicht, wie folgt, einsehen. Erhält nämlich die eine Kondensatorplatte von der Säule die freie Elektricität i, wobei wir der Zahl i die Spannung *eines* Elements der Säule als Einheit zu Grunde legen, und stellt a die zu messende Spannung in derselben Einheit ausgedrückt vor: so ist $i + a$ die freie Elektricität in der anderen Kondensatorplatte, wobei wir annehmen werden, dass i und a entweder beide positive oder beide negative Zahlen sind, was sich durch die Richtung der zwischen den beiden Kondensatorplatten eingeführten Kette stets leicht bewirken lässt. Aus den angezeigten freien Elektricitäten in den beiden Kondensatorplatten findet man nun nach den allgemeinen Kondensationsgesetzen für die Gesammtelektricität in derjenigen Platte, welche mit freier Elektricität von geringerer Stärke begabt ist, folgenden Ausdruck:

$$\frac{i - n\,(i + a)}{1 - n^2},$$

wobei n das Bindungsvermögen des Kondensators bezeichnet. Wenn nun in Folge des Versuchs diese Elektricität am kondensirenden Elektroskope durchaus nicht mehr angezeigt wird, so giebt dies zu erkennen, dass fühlbar

$$i - n(i + a) = o$$

ist, woraus man findet

$$a = \frac{1 - n}{n} \cdot i,$$

und dieser Ausdruck stimmt mit der vorhin angegebenen Bestimmungsweise von a völlig überein, weil mit $\frac{1 - n}{n}$ multipliciren nichts Anderes heisst, als mit dem zu n gehörigen Zähler dividiren, wenn der zu n gehörige Zähler genau um eine Einheit vom Nenner verschieden ist, wie das obige Verfahren, n zu bestimmen, stets mit sich bringt. Die hier beschriebene Methode, Spannungen zu messen, verdient wegen ihrer ganz unerwarteten Empfindlichkeit, von der ich mich durch einige Proben überzeugt habe, alle Aufmerksamkeit, so wie überhaupt die ganze bisher erörterte Art elektrische Kräfte abzuwägen, wobei die Säule gleichsam das Gewicht, das Elektrometer dagegen blos die Zunge der Wage vorstellt, nicht zu vernachlässigen sein dürfte, indem sie noch in manchen anderen Fällen ihre Anwendung findet, und durch schon bekannte Prüfungsmittel wohl nicht entbehrlich gemacht wird. Die Dazwischenkunft des Wassers bei obiger Bestimmung ist ein Uebelstand, der auch in allen anderen ähnlichen Bestimmungen wiederkehrt und nur dann vermieden werden kann, wenn sich aus den beiden zu prüfenden Substanzen die Platten des Kondensators bilden lassen; vielleicht dass aber in Zukunft noch Mittel aufgefunden werden, dem Uebel auch da zu begegnen, wo es bis jetzt nur auf grossen Umwegen geschehen kann. Uebrigens gewinnen die Operationen in dem zuletzt beschriebenen Verfahren an Sicherheit, wenn man dazu einen Kondensator von nicht sehr grosser Verstärkungszahl wählt, und man erreicht doch noch stets einen hohen Grad von Genauigkeit, weil schon ein Kondensator von nur 50maliger Verstärkung die zu messenden Spannungen in Hunderttheilen einer einzelnen Säulenspannung liefert.

Die von Fechner an Volta'schen Säulen gemachten überraschenden Erfahrungen*) stimmen ganz mit den Erschei-

---

*) Vgl. d. Jahrb. N. R. XXV. S. 224.

nungen überein, auf welche man während der Aufsuchung der Verstärkungszahl eines Kondensators in der vorhin angegebenen Weise stösst. In der That versehen in Fechner's Versuchen die zwei obersten Metallplatten ganz denselben Dienst, als hier die beiden Kondensatorplatten, wie man am deutlichsten gewahr wird, wenn man sich diese beiden obersten Platten neben der Säule aufgestellt und die unteren wieder mit dem Pole der Säule in blos leitende Verbindung gebracht denkt, wodurch offenbar in dem ganzen Hergange der Wirkung nichts geändert wird. So erkennt man auf der Stelle, dass Fechner's Versuch, in welchem eine Zinkplatte über einer Kupferplatte liegt, mit dem zusammenfällt, wo neben der Säule ein Kondensator aus einer Zink- und einer Kupferplatte aufgestellt, dessen Kupferplatte mit dem Säulenpol in leitende Verbindung gebracht, und beide Kondensatorplatten durch einen Zink- oder Kupferdraht mit einander verbunden werden; denn es findet in beiden Fällen kein anderer Unterschied statt, als das die Verbindung, welche hier an den Kondensatorplatten von aussen durch den Draht bewerkstelligt wird, dort an den Berührungsstellen der beiden, durch keine Firnissschicht von einander geschieden, Metallplatten sich von selber macht, und dass die Kondensation, welche hier im ganzen Umfange der gefirnissten Kondensatorflächen geschieht, dort mit Hülfe der dünnen Luftschicht, welche überall, wo keine *unmittelbare* Berührung der beiden Metallplatten stattfindet, was immer nur an wenigen Punkten geschehen wird, sich bildet, nur stellenweise, aber doch weitaus den grössten Theil der Flächen einnehmend, bewirkt wird. Die Gleichheit der Bedingungen in beiden Fällen giebt zu erkennen, dass das Kondensationsvermögen der beiden Platten in den Fechner'schen Versuchen sich ganz auf die vorhin angegebene Weise wird bestimmen lassen, wenn eine vollkommen parallele Trennung der beiden Platten von einander während der Bestimmung stets eingehalten wird, die hier, wo *eine Kommunication so leicht eintreten kann, doppelt nöthig* wird. Uebrigens folgt aus obigen Kondensationsgesetzen von selbst, dass solche kondensatorische Wirkungen zwischen Metallplatten, die in unmittelbarer Berührung mit einander stehen, nur dann eintreten können, wenn die beiden Platten aus heterogenen Metallen bestehen, weil ausserdem die auf beiden Platten auftretenden Elektricitäten nicht von ungleicher Art oder wenigstens von ungleicher Stärke ausfallen könnten, wie zur Möglichkeit einer Verdichtung doch stets erfordert wird. Die hier angeregten Beobachtungen von Fechner geben den allgemeinen Kondensationsgesetzen in Beziehung zur galvanischen Kette eine noch grössere Wichtigkeit, als ich ihnen vordem beizulegen geneigt war; deswegen habe ich mich bewogen gefunden, sie hier in einer dem praktischen Bedürfnisse angemessenen Ausführlichkeit abzuhandeln; obgleich ich sie, ihrem ganzen Inhalte nach, bereits in meiner mathematischen Bearbeitung der galvanischen Kette (S. 162 [143]) niedergelegt hatte. Es machte mir Vergnügen, wahrzunehmen, wie die in meiner Schrift enthaltenen Sätze eine seitdem neu hinzugekommene Klasse von Erscheinungen, sowohl der Art, als dem Masse nach, *virtualiter* schon in sich fassen. Mannigfaltigkeit der Zwecke und Einfachheit der Mittel bleibt doch stets das grosse Losungswort in der Natur, und in unserem Geiste klingen verwandte Saiten davon leise nach!

Nachdem die eigenthümliche Wirkungsweise des Kondensators in ihrer grössten Allgemeinheit besprochen worden ist, können wir nun getrost zur Betrachtung einiger besonderer Erscheinungen an der galvanischen Kette übergehen. Zunächst wollen wir die offene, d. h. durch einen Nichtleiter unterbrochene Kette in's Auge fassen, deren Gleichung

$$u - u' = - O$$

schon vorhin gegeben worden ist, wo man die Bedeutung der Zeichen u, u' und O nachlesen kann. Da u und u' die freien Elektricitäten an irgend zwei beliebigen Stellen der offenen Kette bezeichnen, und O die Summe der zwischen denselben Stellen auftretenden Spannungen vorstellt, so folgt aus obiger Gleichung sogleich, dass an je zwei Stellen eines heterogenen Theiles der offenen Kette, in dessen ganzem Umfange keine Spannung sich zeigt, freie Elektricität von einerlei Stärke getroffen wird; denn da in diesem Falle $O = o$ ist, so wird $u = u'$. In diesem Umstande spricht sich eine Haupteigenschaft der offenen Kette aus, aus der wir an mehreren Orten Nutzen ziehen werden.

Denken wir uns nun einen Kondensator, dessen eine Platte von Kupfer, die andere von Zink ist, und verbinden wir diese beiden Platten, während sie über einander liegen, durch einen Zink- oder Kupferdraht mit einander: so bilden diese zweierlei Metalle, so lange die Verbindung dauert, eine offene Kette, in Folge der zwischen den beiden Kondensatorplatten befindlichen nicht leitenden Firnissschicht; daher wird das Zink freie Elektricität von gewisser Stärke, die wir durch u bezeichnen wollen, annehmen, das Kupfer eine andere, die u' heissen mag. Dass zu zwei Stellen dieser Kette, von welchen die eine dem Zink, die andere dem Kupfer entspricht, gehörige O nimmt im jetzigen Beispiele nichts weiter, als die eine zwischen dem Kupfer und Zink gebildete Spannung in sich auf. Legen wir die Grösse dieser Spannung allen folgenden Zahlbestimmungen als Einheit zum Grunde: so müssen wir $O = -1$ setzen, weil durch die Wahl der Zeichen u und u' die Richtung der Kette, als vom Kupfer zum Zink übergehend, festgesetzt, somit die fragliche Spannung zur negativen gemacht worden ist. Es verwandelt sich folglich obige allgemeine Gleichung für die offene Kette jetzt in die besondere

$$u - u' = 1.$$

Aus den über die beiden Kondensatorplatten verbreiteten freien Elektricitäten u und u' lassen sich aber mit Hülfe der schon früher entwickelten Kondensationsgesetze die in denselben Platten vorhandenen Gesammtmengen von Elektricität auffinden. Bezeichnet man nämlich diese Gesammtmengen beziehlich durch U und U', und bedient man sich der vereinfachten Kondensationsformeln, was stets erlaubt ist, so lange man es mit der einfachen Kette zu thun hat, deren freie Elektricität ihrer Schwäche wegen in keinem Falle eine unmittelbare Einwirkung auf das Elektrometer befürchten lassen, so erhält man auf der Stelle:

$$U = \frac{u - u'}{1 - n^2} \text{ und } U' = -\frac{u - u'}{1 - n^2}$$

oder, wenn man für $u - u'$ seinen eben abgeleiteten Werth 1 setzt:

$$U = \frac{1}{1 - n^2} \text{ und } U' = -\frac{1}{1 - n^2}.$$

Man ersieht hieraus, dass die Gesammtmengen von Elektricität, welche in den einzelnen Kondensatorplatten vorkommen, von entgegesetzter Art sind, in der Zinkplatte positiv, in der *Kupferplatte negativ, und dass sie die ursprüngliche Spannung* so vielmal verstärkt wiedergeben, als die Verstärkungszahl $\frac{1}{1-n^2}$ des angewandten Kondensators anzeigt. Da zur Auffindung dieser Resultate blos die Differenz $u - u'$, nicht aber die Kenntniss der Werthe u und u' einzeln nöthig war, so geht daraus hervor, dass es für den Erfolg des in Rede stehenden Versuches völlig gleichgültig ist, ob man die beiden heterogenen Platten des Kondensators durch einen Kupferdraht verbindet, den man zwischen den Fingern hält, wo dann $u = 1$ und $u' = o$ würde, oder ob man diese Verbindung durch einen in der Hand ruhenden Zinkdraht bewirkt, wodurch $u = o$ und $u' = -1$ würde, oder endlich, ob der verbindende Draht fortwährend isolirt erhalten wird, in welchem Falle $u = 1/2$ und $u' = -1/2$ würde, wenn die Grösse des verbindenden Drahtes in Vergleich zur Grösse der Platten ausser Acht gelassen werden kann, weil die aus der Berührungsstelle nach beiden Seiten hin abfliessenden Elektricitäten stets in gleicher Menge auftreten, und somit hier, wo alle Umstände auf beiden Seiten dieselben sind, auch freie Elektricitäten von gleicher Stärke nach sich ziehen müssen.

Aber nicht in allen ähnlichen Versuchen ist es für das Resultat derselben gleichgültig, ob die Verbindung der Kondensatorplatten durch isolirte Drähte geschieht, oder nicht, wie ich noch an einem zweiten Beispiele darthun werde. Man denke sich zwei neben einander stehende Kondensatoren A und B von gleicher Grösse und Wirkung, jeden aus einer Zink- und Kupferplatte gebildet, so jedoch, dass in dem einen A die obere Platte von Zink, die untere von Kupfer ist, im anderen B hingegen umgekehrt die obere Platte von Kupfer, die untere von Zink. Verbindet man nun die unteren Platten dieser beiden Kondensatoren durch einen isolirten Kupferdraht, so wird, wenn die Grösse dieses Drahtes gegen die Grösse der Platten vernachlässigt werden kann, die untere Platte des Kondensators A die freie Elektricität $- 1/2$, die untere Platte des Kondensators B hingegen die freie Elektricität $+ 1/2$ aus dem kurz zuvor angegebenen Grunde annehmen, und zwar wird dies geschehen müssen, unter welchen Umständen sich auch übrigens die oberen Platten der beiden Kondensatoren befinden mögen. Denkt man sich demnach die oberen Platten der beiden Kondensatoren, während die unteren durch den Draht mit einander verbunden sind, blos ableitend berührt, so dass in ihnen alle freie Elektricität vernichtet wird: so ergeben sich im Kondensator A für die freien Elektricitäten seiner oberen und unteren Platte beziehlich die Werthe o und $- 1/2$, im Kondensator B dagegen o und $+ 1/2$. Aus diesen freien Elektricitäten findet man nun mit Zuziehung der vereinfachten Kondensatorformeln die Gesammtmengen von Elektricität in jeder Kondensatorplatte. Der Kondensator A besitzt nämlich beziehlich in seiner oberen und unteren Platte die Mengen

$$+ \tfrac{1}{2} \cdot \frac{1}{1 - n^2} \text{ und } - \tfrac{1}{2} \cdot \frac{1}{1 - n^2};$$

der Kondensator B hingegen beziehlich in denselben Platten

$$- \tfrac{1}{2} \cdot \frac{1}{1 - n^2} \text{ und } + \tfrac{1}{2} \cdot \frac{1}{1 - n^2}.$$

Diese Resultate zeigen, dass in beiden Zinkplatten positive, in beiden Kupferplatten negative Elektricität, aber nur in halb so grosser Menge angesammelt wird, wie im vorigen Versuch, und hiermit stimmt auch die Erfahrung überein*).

Anders wird sich jedoch der Erfolg des vorigen Versuches gestalten, wenn man die Verbindung der unteren Kondensatorplatten nicht mehr mit dem isolirten Kupferdrahte bewirkt, sondern dadurch, dass man diesen Draht zwischen den Fingern hält, und so mit der Erde in leitende Gemeinschaft bringt; denn in diesem Falle verliert dieser Draht, somit auch die Kupferplatte des Kondensators A, alle seine Elektricität, in der Zinkplatte des Kondensators B hingegen tritt in Gemässheit der Gleichung $u - u' = 1$ die freie Elektricität $+ 1$ her-

*) Vgl. die neueste Bearbeitung von Gehler's physikalischem Wörterbuche B. IV. S. 582. Daselbst ist auch eine Erklärung dieser Erscheinung gegeben, die, wenn mich kein Schein trügt, mit obiger auf einerlei Principien sich stützt.

vor. Da zudem bie oberen Platten beider Kondensatoren, wenn sie ableitend berührt werden, keine freie Elektricität besitzen, so *haben mithin beide Platten des Kondensators A keine freie* Elektricität, demnach ist in ihnen, unseren Formeln gemäss, überhaupt keine freie Elektricität enthalten. Im Kondensator B hat die obere Platte ebenfalls keine freie Elektricität, die untere dagegen die freie Elektricität $+1$; in Bezug auf ihn erhält man also, unseren Formeln gemäss, für die Gesammtmengen in der oberen und unteren Platte heziehlich

$$-\frac{1}{1-n^2} \text{ und } +\frac{1}{1-n^2}.$$

Man sieht hieraus, dass bei dieser Art, den Versuch anzustellen, der eine Kondensator gar keine Ladung, der andere hingegen eine eben so grosse, wie in dem Versuch mit einem einzigen Kondensator, annimmt. Der Erfolg bleibt ganz derselbe, wenn statt des Kupferdrahtes ein Zinkdraht genommen wird; nur beide Kondensatoren vertauschen ihre Stellen mit einander.

Wenn nicht blos die beiden unteren, sondern zu gleicher Zeit auch die beiden oberen Platten der zwei neben einander hingestellten Kondensatoren durch einen Metalldraht mit einander verbunden werden: so tritt eine noch grössere Mannigfaltigkeit des Erfolges ein, je nachdem die verbindenden Drähte isolirt erhalten werden, oder nicht. Wird jeder der beiden Drähte isolirt erhalten, so werden, wenn die Grösse der Drähte gegen die der Platten vernachlässigt werden kann, beide Kupferplatten die freie Elektricität $-{}^1/_2$, beide Zinkplatten die freie Elektricität $+{}^1/_2$ annehmen, und dann geben obige Formeln für die Gesammtmengen in den Kupferplatten und Zinkplatten beziehlich

$$-\frac{1}{1-n^2} \text{ und } +\frac{1}{1-n^2};$$

also dieselbe Ladung, wie in dem Versuche mit einem einzigen Kondensator.

Werden die einen Platten, z. B. die unteren, durch einen isolirten Draht, die anderen, also jetzt die oberen, durch einen zwischen den Fingern gehaltenen Kupferdraht mit einander verbunden, so nimmt die untere Kupferplatte die freie Elektricität $-{}^1/_2$, die untere Zinkplatte dagegen die freie Elektricität $+ {}^1/_2$ an; die obere Kupferplatte verliert aber mit dem verbindenden Drahte zugleich alle freie Elektricität und dafür erhält die obere Zinkplatte die freie Elektricität $+ 1$. Aus diesen freien Elektricitäten ergeben sich nun die Gesammtmengen von Elektricität beziehlich in den Zink- und Kupferplatten, unseren Formeln gemäss, in Hinsicht auf den Kondensator A

$$+ \tfrac{3}{2} \cdot \frac{1}{1 - n^2} \text{ und } - \tfrac{3}{2} \cdot \frac{1}{1 - n^2},$$

und in Hinsicht auf den Kondensator B

$$+ \tfrac{1}{2} \frac{1}{1 - n^2} \text{ und } - \tfrac{1}{2} \frac{1}{1 - n^2}.$$

Der Kondensator A ladet sich also $1^1/_2$ so stark, der Kondensator B nur ${}^1/_2$ mal so stark, wie in dem Versuche mit einem einzigen Kondensator; und der Erfolg bleibt ganz derselbe, nur vertauschen beide Kondensatoren ihre Stellen mit einander, wenn der zwischen den Fingern gehaltene, hier die oberen Platten mit einander verbindende Draht von Zink, anstatt von Kupfer ist.

Werden sowohl die unteren als die oberen Platten der zwei Kondensatoren A und B durch Drähte, die man zwischen den Fingern hält, mit einander verbunden, und sind diese Drähte beide von Kupfer: so können die Kupferplatten in beiden Kondensatoren keine freie Elektricität annehmen, in jeder Zinkplatte hingegen muss die freie Elektricität $+ 1$ erscheinen; daher geben unsere Formeln für die Gesammtmenge der Elektricität beziehlich in den Zink- und Kupferplatten eines jeden Kondensators:

$$+ \frac{1}{1 - n^2} \text{ und } - \frac{1}{1 - n^2};$$

also wie in dem Versuche mit einem einzigen Kondensator, und diese Ladungen erleiden durchaus keine Aenderung, wenn beide Drähte zugleich von Zink, anstatt von Kupfer, sind. — Ist aber der eine von beiden Drähten, z. B. der untere, von Kupfer, der andere, also jetzt der obere, von Zink: so kann sich in der unteren Kupferplatte so wenig, als in dem zwischen den Fingern gehaltenen Kupferdrahte freie Elektricität ansammeln, in der unteren Zinkplatte hingegen muss freie Elektricität von der Stärke $+1$ erscheinen; dagegen kann in der oberen Zinkplatte so wenig, als in dem ableitend berührten Zinkdrahte, freie Elektricität auftreten, während in der oberen Kupferplatte die freie Elektricität -1 erscheinen muss. Diesem gemäss wird der Kondensator A gar keine Ladung erhalten, dagegen werden die Gesammtmengen der Elektricität beziehlich in der Zink- und Kupferplatte des Kondensators B sein:

$$+2 \,.\, \frac{1}{1-n^2} \quad \text{und} \quad -2 \,.\, \frac{1}{1-n^2},$$

also doppelt so gross, wie in dem Versuche mit einem einzigen Kondensator. Durch Verwechselung der beiden Verbindungsdrähte mit einander erleidet der Versuch keine andere Aenderung, als dass beide Kondensatoren ihre Stelle vertauschen. Diese doppelte Ladung kommt im Wesentlichen mit derjenigen überein, welche man auch schon an einem einzigen Kondensator erhalten kann, wenn man seine Zinkplatte mit Kupfer in der einen Hand, und seine Kupferplatte mit Zink in der anderen Hand berührt.

Noch mehr Verschiedenheiten in der Art des Auftretens der Erscheinung bei dem bisher abgehandelten Versuche mit zwei Kondensatoren stellen sich ein, wenn man andere Metalle als Zink und Kupfer zu den Verbindungsdrähten nimmt; jedoch gehe ich auf solche Einzelheiten nicht weiter ein, da schon das Bisherige deutlich genug zeigt, wie mannigfaltig die Resultate solcher Versuche durch geringe Abänderung in der Behandlung werden können, und wie unerlässlich daher eine recht genaue Angabe der Bedingungen ist, unter denen sie angestellt worden sind, wenn man eine nachtheilige Unbestimmtheit in den Aussagen vermeiden will. Ich werde daher nur noch den elektrischen Zustand der geschlossenen einfachen Kette durch einige Beispiele zu erläutern mich bemühen, wozu einestheils die Dunkelheit, in welcher alle früheren Versuche diesen Gegenstand zurückgelassen haben, und anderntheils die Klarheit, welche er in die Natur der geschlossenen Kette zu bringen fähig ist, mich gleich stark antreiben.

Der elektrische Zustand einer geschlossenen Kette wird im Allgemeinen durch die Gleichung

$$u - u' = \frac{y}{L} A - O$$

vorgestellt, wie schon oben vorgekommen ist, wo man auch die Bedeutung der in dieser Gleichung erscheinenden Zeichen nachlesen kann. Denken wir uns zunächst eine einfache Kette aus zwei Metallen, Zink und Kupfer, und einer Flüssigkeit von solcher Beschaffenheit gebildet, dass zwischen den Metallen und der Flüssigkeit durchaus keine Spannung entsteht, so ist ausser der Spannung zwischen Zink und Kupfer weiter keine in der Kette vorhanden. Fassen wir nun irgend einen Theil dieser geschlossenen Kette in's Auge, in dessen Umfange die Berührungsstelle der beiden Metalle *nicht* liegt, so ist, eben weil in dem hervorgehobenen Theile keine Spannung liegt, für ihn $O = o$. Bezeichnen wir durch u und u' die Stärke der freien Elektricität an den Enden dieses Theils, indem wir zugleich festsetzen, dass demjenigen Ende der elektrische Zustand u' beigelegt wird, auf welches man zuerst stösst, wenn man vom Zink über die Berührungsstelle zum Kupfer und von da weiter fortgeht, dem anderen Ende dagegen der Zustand u: so wird dadurch die Spannung zwischen den Metallen zur positiven, also, wenn wir sie wieder als Einheit der Rechnung zu Grunde legen, $A = 1$. Obige Gleichung geht also unter diesen Umständen über in

$$u - u' = \frac{y}{L}.$$

Nehmen wir nun an, dass die zwei Stellen der Kette, welche die Grenzen des aus ihr hervorgehobenen Theils ausmachen, mit den beiden Platten eines Kondensators in blos leitende Verbindung gebracht worden sind: so werden diese beiden Platten und die beiden Stellen der Kette, weil sich zwischen ihnen keine Spannung geltend macht, einerlei freie Elektricität annehmen müssen; die in den Kondensatorplatten auftretenden freien Elektricitäten können daher mit denen der zwei bezeichneten Stellen der Kette zugleich durch u und u' vorgestellt werden. Die vereinfachten Kondensationsgesetze, deren Anwendbarkeit bei der einfachen Kette keinem Zweifel unterliegt, geben aber für die Gesammtmengen von Elektricität in den Kondensatorplatten, deren freie Elektricitäten u und u' sind, beziehlich die Werthe

$$\frac{u - u'}{1 - n^2} \quad \text{und} \quad \frac{u' - u}{1 - n^2},$$

wobei n das Bindungsvermögen des gebrauchten Kondensators anzeigt und als bekannt vorausgesetzt wird. Setzt man in diese Werthe für $u - u'$ seinen kurz zuvor aus der Natur der geschlossenen galvanischen Kette abgeleiteten Werth $\frac{y}{L}$, so erhält man für die Gesammtmengen von Elektricität in den Kondensatorplatten, deren freie Elektricitäten u und u' sind, beziehlich

$$\frac{y}{L} \cdot \frac{1}{1 - n^2} \quad \text{und} \quad - \frac{y}{L} \cdot \frac{1}{1 - n^2}.$$

Es folgt hieraus, dass die beiden Kondensatorplatten stets mit Elektricität von entgegengesetzter Art und gleicher Stärke geladen werden, und zwar diejenige mit positiver, welche mit derjenigen Stelle der Kette in Verbindung steht, auf die man zuerst stösst, wenn man vom Kupfer über die Berührungsstelle zum Zink und von da weiter bis zu ihr fortgeht, die andere mit negativer; ferner dass die Ladung des Kondensators um so schwächer wird, je weniger der Leitungswiderstand y, welcher dem aus der Kette hervorgehobenen Theil entspricht, in Vergleich zu dem Leitungswiderstande L der ganzen Kette ausmacht; endlich dass, da y, als Theil von L, nie grösser als L werden, aber doch beliebig dem letzteren Werthe sich annähern kann, als Maximum der Ladung, welches der Kondensator in sich aufnehmen kann, stets sein werde

$$\pm \frac{1}{1 - n^2},$$

welche Ladung derjenigen gleich ist, die eine offene Kette aus Zink und Kupfer demselben Kondensator mittheilen würde, wenn ihre Enden mit seinen Platten in blos leitende Verbindung gebracht werden. Da zur Erlangung der aufgefundenen Resultate überall nur die Kenntniss der Differenz $u - u'$, nirgends aber die Werthe u und u' einzeln nöthig waren, so giebt dies zu erkennen, dass in jedem Falle die Ladung des Kondensators noch immer ganz dieselbe bleiben werde, wenn schon einer der beiden Werthe u und u' durch äussere Umstände während des Versuchs irgend eine besondere Bestimmung erleidet; nur darf diese Abänderung nicht von solcher Art sein, dass dadurch obige Gleichung für die Kette ihre vorherige Gültigkeit verlöre. Daher bleibt der Erfolg des hier behandelten Versuchs noch ganz derselbe, wenn die Verbindung der einen Kondensatorplatte mit der einen Stelle der Kette gar nicht vorgenommen, statt deren aber diese Kondensatorplatte sowohl, als diese Stelle der Kette, blos ableitend berührt wird. Aus demselben Grunde erleidet die hier erörterte Erscheinung auch dann noch keine Aenderung, wenn, während die beiden Kondensatorplatten mit den beiden zu untersuchenden Stellen der Kette in Verbindung stehen, irgend noch eine dritte Stelle der Kette ableitend berührt wird, diese dritte Stelle mag ausserhalb des in die Untersuchung aufgenommenen Theiles der Kette, oder irgendwo in seinem Innern liegen.

In allen Ketten von bisher üblicher Form ist der Widerstand, den die in ihnen vorkommenden Metalle der Elektricitätsbewegung entgegen stellen, als verschwindend klein anzusehen, in Vergleich zu demjenigen Widerstande, welcher von der Flüssigkeit veranlasst wird. Dies zieht nach sich, dass, so lange die beiden am Kondensator zu prüfenden Stellen im Umfang eines und desselben Metalls der Kette liegen, der Werth von y stets unvergleichlich kleiner als der von L ausfällt, weswegen $\frac{y}{L}$ in allen solchen Fällen einen nur äusserst geringen Werth annimmt, und in Folge dessen die Ladung im Kondensator ganz unmerklich wird; wenn hingegen die beiden am Kondensator zu prüfenden Stellen beiden Metallen zugleich angehören, die eine also im Kupfer, die andere im Zink liegt, so nimmt der durch diese Stellen begrenzte und aus der Kette hervor gehobene Theil, weil in ihm, der Annahme gemäss, die Berührungsstelle zwischen Zink und Kupfer nicht liegen darf, die ganze Flüssigkeit in sich auf, demnach wird jetzt der Werth von y dem von L fast völlig gleich, und die in einem solchen Falle sich bildende Ladung erreicht fühlbar das Maximum, welches die behandelte Kette zu geben im Stande ist. Unter gewöhnlichen Umständen, wo der ganze aus den Metallen hervorgehende

Widerstand, gegen den aus jeder endlichen, wenn auch noch so kurzen Strecke der Flüssigkeit hervorgehenden, ohne alles Bedenken vernachlässigt werden kann, hat man bei der Bestimmung der Werthe von y und L immer nur auf die in sie eingehenden Flüssigkeitsstrecken Rücksicht zu nehmen; daher kann man für y und L ganz einfach die wirklichen Längen der zu ihnen gehörigen Flüssigkeitstheile nehmen, wenn der zwischen den beiden Metallen eingeführte feuchte Körper eine prismatische Gestalt hat, und seine Grundflächen allerwärts mit den Metallen in vollständige Berührung gekommen sind. Durch diese Betrachtung wird der Gebrauch obiger Ausdrücke im Allgemeinen sehr erleichtert; man sieht nämlich auf der Stelle ein, dass unter den gemachten Voraussetzungen der Kondensator entweder seine grösste Ladung oder $^3/_4$, $^1/_2$, $^1/_4$ derselben erhalten wird, je nachdem die ganze Flüssigkeitssäule oder $^3/_4$, $^1/_2$, $^1/_4$ derselben in den während des Versuches hervorgehobenen Theil der Kette eingeht. Hat die eine Hälfte der Flüssigkeitssäule einen doppelt so grossen Querschnitt als die andere Hälfte, so leistet letztere einen doppelt so grossen Widerstand als erstere; daher wird auch die Ladung am Kondensator, wenn die dünnere Hälfte der Flüssigkeitssäule in den Versuch eingeht, doppelt so gross, als wenn die dickere Hälfte dazu genommen wird. Im ersteren Falle wird $^2/_3$, im anderen $^1/_3$ der grössten Ladung sich zeigen, und in allen anderen ähnlichen Fällen macht sich die Bestimmung nicht viel schwieriger. Zuweilen darf jedoch die zusammengesetztere Bedeutung der Werthe y und L nicht ausser Acht gelassen werden. Man kann nämlich absichtlich die Form der geschlossenen Kette so einrichten, dass der Widerstand, den die Metalle leisten, ein beträchtlicher Theil von dem des flüssigen Leiters wird oder ihn sogar noch übertrifft; dann müssen die in y und L eingehenden metallischen Theile in Rechnung gebracht werden. Der Umstand, wo dieses nöthig wird, spricht sich im Versuche selbst dadurch aus, dass schon zwei, zu einem und demselben Metalle gehörige Stellen der Kette dem Kondensator eine merkliche und unter Umständen sogar starke Ladung zu geben fähig werden; es entspricht dieser Versuch an der einfachen geschlossenen Kette jenem an der Säule, wo ein ihre Pole verbindender, sehr langer und höchst dünner Metalldraht seiner ganzen Länge nach in einem Zustande von elektrischer Vertheilung sich befindet.*)

Nachdem der Fall betrachtet worden ist, wo zwischen den Metallen und der Flüssigkeit keine Spannung auftritt, wollen wir noch den in der Wirklichkeit oft vorkommenden Fall einer geschlossenen Kette abhandeln, die noch immer aus Zink, Kupfer und einer Flüssigkeit gebildet wird, in welcher aber, ausser der zwischen dem Zink und Kupfer sich bildenden Spannung, noch eine zweite, der ersteren entgegengesetzte, zwischen dem Kupfer und der Flüssigkeit erscheint. Heben wir aus dieser Kette in Gedanken irgend einen beliebigen Theil heraus, in welchem die Berührungsstelle zwischen Zink und Kupfer nicht liegt und bezeichnen wir durch u die Stärke der freien Elektricität an demjenigen Ende dieses Theils, auf welches man zuerst stösst, wenn man vom Kupfer über die Berührungsstelle weg zum Zink und in dieser Richtung weiter fort geht, bis man an dem hervorgehobenen Theil angelangt ist, durch u' hingegen die Stärke der freien Elektricität am anderen Ende dieses Theiles: so ist die zwischen dem Zink und Kupfer sich bildende Spannung als eine positive, die zwischen dem Kupfer und der Flüssigkeit als eine negative anzusehen; nehmen wir daher wieder die Spannung zwischen Zink und Kupfer zur Einheit der Spannungen in unsere Rechnung auf und bezeichnen wir durch a den absoluten Werth der zwischen dem Kupfer und der Flüssigkeit auftretenden Spannung: so nimmt im jetzigen Beispiele die Grösse A der obigen Gleichung den Werth $1 - a$ an, weil wir beide Spannungen einander entgegengesetzt angenommen haben. Da nach unserer Voraussetzung die Spannung zwischen den beiden Metallen in dem hervorgehobenen Theile nicht liegt, so wird in diesem Theil entweder gar keine Spannung liegen, und dann nimmt O den Werth Null an; oder es wird blos die zwischen dem Kupfer und der Flüssigkeit befindliche Spannung in ihm auftreten, und dann nimmt O den Werth $-a$ an, so dass in obiger Gleichung das Glied $-O$ jetzt durch das Glied $+a$

*) Vgl. Poggendorff's Ann. VII. S. 117 [53].

zu ersetzen ist. Demnach verwandelt sich die allgemeine Gleichung in dem besonderen Falle, welchen wir jetzt vor Augen haben, entweder in

$$u - u' = \frac{y}{L}(1 - a),$$

wenn die Berührungsstelle zwischen dem Kupfer und der Flüssigkeit *nicht* in dem hervorgehobenen Theile liegt, oder in

$$u - u' = \frac{y}{L}(1 - a) + a,$$

wenn die Berührungsstelle zwischen dem Kupfer und der Flüssigkeit in dem hervorgehobenen Theile der Kette wirklich liegt. Trägt man diese für $u - u'$ erhaltenen Werthe in die Ausdrücke für die Gesammtmengen von Elektricität über, welche Kondensatorplatten in sich aufnehmen, deren freie Elektricitäten u und u' sind: so erhält man die Ladungen, welche der Kondensator in sich aufnehmen wird, wenn seine beiden Platten mit den Stellen in blos leitende Verbindung kommen, deren freie Elektricitäten durch u und u' bezeichnet worden sind. Man findet diese Ladungen entweder

$$\pm \frac{y}{L}(1 - a) \cdot \frac{1}{1 - n^2},$$

wenn in dem hervorgehobenen Theile der Kette *keine* Spannung liegt, wobei das obere Zeichen sich auf die zu u gehörige Platte, das untere auf die zu u' gehörige sich bezieht, oder die Ladungen werden

$$\pm \left[\frac{y}{L}(1 - a) + a\right] \cdot \frac{1}{1 - n^2},$$

wenn die Spannung $-a$ in dem hervorgehobenen Theile der Kette liegt, wobei hinsichtlich der beiden Vorzeichen dieselben Beziehungen, wie oben, zu beachten sind.

Aus den erhaltenen Formeln lassen sich leicht die besonderen Merkmale entnehmen, welche dem elektrischen Zustand einer mit zwei Spannungen versehenen einfachen Kette angehören. Zuerst ist zu bemerken, dass, da y nie grösser als L werden kann, die Grenze aller Werthe, die der Ausdruck $\frac{y}{L}(1 - a)$ annehmen kann, auf der einen Seite o und auf der anderen Seite $1 - a$ ist, und die Grenze aller Werthe, die der Ausdruck $\frac{y}{L}(1 - a) + a$ annehmen kann, auf der einen Seite a und auf der anderen Seite 1. Nehmen wir daher an, dass a den Werth 1 nie übersteigen kann, was in allen solchen Ketten, wo die Spannung a nicht ursprünglich vorhanden ist, sondern erst während des Geschlossenseins der Kette gebildet wird, ohne Ausnahme stattfindet: so geben jene Grenzen zu erkennen, dass auch in dieser Kette wieder die grösste unter allen möglichen Ladungen des Kondensators durch $\pm \frac{1}{1 - n^2}$ angezeigt wird, und also derjenigen gleich ist, welche durch die Spannung einer offenen Zink- und Kupferkette an demselben Kondensator bewirkt wird. Bietet die Flüssigkeit dem elektrischen Strom einen ohne allen Vergleich grösseren Widerstand dar, als die metallischen Theile der Kette, so wird y einen ohne allen Vergleich geringeren Werth als L erhalten, so lange beide Enden des hervorgehobenen Theiles der Kette zu einem und demselben Metalle gehören; die diesem Fall entsprechende Ladung

$$\pm \frac{y}{L}(1 - a) \cdot \frac{1}{1 - n^2}$$

wird folglich ganz und gar unmerklich werden, wie im vorigen Beispiele. Liegen beide Enden des hervorgehoben Theiles der Kette in der Flüssigkeit zunächst an den Metallen, so geht in y fast der ganze Widerstand der Flüssigkeit ein; daher nähert sich in diesem Falle der Werth von y dem von L fast ganz und gar, und die eben hergeschriebene, auch jetzt noch gültige Ladung wird sehr nahe

$$\pm (1 - a) \cdot \frac{1}{1 - n^2},$$

woraus erhellt, dass diese Ladung, obgleich fast der ganze Leitungswiderstand in den hervorgehobenen Theil der Kette eingeht, doch noch lange nicht die grösste unter allen ist, ja sogar unmerklich werden kann, wenn der Werth von a sehr nahe an 1 hinrückt. Die eben gefundene Ladung ändert sich *nicht fühlbar, wenn das zunächst am Zink liegende Ende* des untersuchten Theiles der Kette die Flüssigkeit verlässt und irgend eine Stelle des Zinkes einnimmt; wenn aber das eine Ende des hervorgehobenen Theiles der Kette dem Kupfer angehört, das andere Ende hingegen ausserhalb des Kupfers liegt, so tritt in jedem solchen Falle die Ladung

$$\pm \left[\frac{y}{L}(1-a)+a\right] \cdot \frac{1}{1-n^2}$$

ein, woraus erhellt, dass jetzt die Ladung nie unter

$$\pm\, a \cdot \frac{1}{1-n^2}$$

hinab sinken kann, und also um so mehr unausgesetzt in der Nähe der grössten Ladung bleiben wird, je weniger a von 1 verschieden ist; weicht aber a von 1 bedeutend ab, so wird doch in diesem Falle die grösste Ladung stets dadurch erhalten werden können, dass man den Werth von y dem von L sehr nahe rücken, d. h. die Flüssigkeit ganz oder doch fast ganz in den hervorgehobenen Theil der Kette eingehen lässt. In den hier angeregten Besonderheiten sprechen sich die Haupteigenthümlichkeiten des elektrischen Zustandes einfacher galvanischer Ketten mit zwei Spannungen aus, und die dabei eingetretene Behandlungsweise der allgemeinen Gleichung bleibt auch in anderen Fällen dieselbe, weswegen sie in alle ähnliche Betrachtungen einleiten kann.

Die bisherigen Beispiele, welche ganz dazu geeignet sind, die Leichtigkeit und Sicherheit aufzudecken, womit die mathematische Theorie die Resultate galvanischer Versuche wieder zu geben und, wo es die Umstände mit sich bringen, auch voraus zu sagen im Stande ist, habe ich hauptsächlich in der Absicht vorgebracht, um neuen Ankömmlingen auf diesem Gebiet alle Erleichterung zu verschaffen, die der heutige Stand der Dinge zu geben vermag; daher füge ich noch die Anmerkung hinzu, dass die Anwendung der allgemeinen Gleichung auf noch so zusammengesetzte Apparate von der oben schon bedingten Art nur sehr wenig mühsamer wird, als in den von mir zur grösseren Deutlichkeit gewählten höchst einfachen Vorrichtungen. Unter den obigen Beispielen sind solche nicht enthalten, wo die Grösse der Kettentheile auf den Erfolg des Versuches Einfluss hat, weil die Behandlung dieser noch einfacher ist, und leicht aus dem, was ich in meiner Schrift (S. 157—161 [141—143]) gegeben habe, entnommen werden kann. Nur darf man nicht übersehen, dass da, wo während des Versuches Kettentheile, die mit *ebenen* Flächen an einander grenzen, von einander losgerissen werden, ausser der durch galvanischen Impuls erscheinenden freien Elektricität auch noch kondensirte Elektricität sich geltend machen kann, wie Fechner's hierher gehörige Versuche recht augenscheinlich gemacht haben. Indess sind selbst unter solchen Umständen die von mir gegebenen allgemeinen Gesetze zur *quantitativen* Bestimmung der Erscheinung noch völlig ausreichend; nur muss dann zuvor das Kondensationsvermögen der später von einander losgerissenen Körpertheile auf die oben angezeigte Art aufgesucht, und zuletzt die Gesammtmenge aller nach der Trennung frei werdenden Elektricität, immer denselben Formeln gemäss, in Rechnung gebracht werden. Es verdient hierhei noch einer besonderen Erwähnung, dass diejenige Abänderung des Volta'schen Fundamentalversuches, wobei man die ebenen Flächen einer isolirten Zink- und Kupferscheibe auf einander legt, die untere ableitend berührt, hierauf die obere isolirt aufhebt und an das kondensirende Elektroskop überträgt, und dieses Verfahren mehrmals wiederholt, wenn man es für nöthig hält, auch dann noch gelingt, wenn man jedesmal, anstatt der unteren, die obere an das kondensirende Elektroskop überzutragende Scheibe, unmittelbar vor ihrem Abheben von der unteren, ableitend berührt, gerade weil hier die gebundenen Elektricitäten den Hauptantheil aller aus. den Scheiben in das Elektrometer übergetragenen Elektricität ausmachen; dass man aber da, wo die beiden sich einander berührenden Metalle zu keiner Kondensation der Elektricität Anlass geben, auf die letztere Art keine Ansammlung von Elektricität im kondensirenden Elektrometer zu bewirken vermag, wohl aber nach der ersten Art, wenn man nur die Oberfläche des übertragenden Metalles gross genug nimmt, damit nicht gar zu viel Uebertragungen erfordert werden, bis eine fühlbare Ansammlung von Elektricität eintritt. Das Maximum der durch solche Uebertragungen zu erreichenden Ladung ist da, wo keine kondensirte Elektricität in's Spiel kommt, stets derjenigen gleich, welche man auf jede andere Weise durch eine einfache Kette aus denselben Metallen hervorbringen kann; wenn aber kondensirte Elektricität dabei sich einmischt, so übertrifft jetzt das zu erreichende Maximum das vorige so viele Male, als die Verstärkungszahl der beiden beweglichen Platten, die man zuvor auf die bekannte Weise aufzusuchen hat, zu erkennen giebt. — Uebrigens bemerke ich noch, dass obige, den elektrischen Zustand galvanischer Ketten in sich tragende, Gleichungen in einem sehr grossen Umfang ihre Anwendung finden, indem sie alle von Jäger*), Fechner**) und mir mitgetheilten Erfahrungen so vollständig in sich enthalen, dass nicht ein einziger Versuch aufgewiesen werden kann, der nicht sowohl der Art als dem Masse nach mit der Theorie völlig übereinstimmte; und da an den angezeigten Orten überhaupt alle Erfahrungen derselben Art gesammelt sich vorfinden, mit Ausnahme derjenigen, die gleich nach ihrer Bekanntmachung von anderen Beobachtern als ungenau verworfen worden sind: so kann man mit Recht behaupten, dass kein anderes Naturgesetz eine allgemeinere Uebereinstimmung mit den Thatsachen aufzuweisen habe, als das hier besprochene. Es giebt jedoch eine Art von elektroskopischen Erscheinungen an der galvanischen Kette, die in obigen Gleichungen nicht begriffen sind, und deren Zusammenhang mit verwandten Besonderheiten im Folgenden noch umständlicher zur Sprache kommen wird; es sind dies jene Abänderungen im elektrischen Zustande galvanischer Vorrichtungen, die während des Geschlossenseins zuvor lange Zeit hindurch offen erhaltener hydroelektrischer Ketten, und nach dem Oeffnen lange Zeit hindurch geschlossen gewesener Ketten eintreten, und in Bezug auf das Elektrometer dasselbe sind, was das Wogen der Kette in Bezug aut die Magnetnadel ist.

Alle bisher vorgebrachten Beispiele haben zur Erläuterung der elektroskopischen Eigenthümlichkeiten galvanischer Ketten gedient, und die den galvanischen Strom bestimmende Gleichung ist dabei ganz unberücksichtigt geblieben, was um so füglicher geschehen konnte, da letztere Gleichung bereits an anderen

*) Gilbert's Ann. XIII.

**) In d. Jahrb. N. R. XXIII. S. 429, u. XXV. S. 223.

Orten theils von mir*), und mehr noch von Fechner**) vielfältige Anwendung auf besondere Fälle aufzuweisen hat. Um jedoch diese Hauptstütze der noch folgenden Betrachtungen nicht ganz leer ausgehen zu lassen, werde ich hier die Grenzen ihrer Anwendbarkeit möglichst scharf bezeichnen und zugleich einige, ihre experimentale Nachweisung betreffende, Bemerkungen hinzufügen, um Jedermann in den Stand zu setzen, ihre Festigkeit noch schärfer zu erproben, als bisher geschehen ist. Was nun zuvörderst den Umfang betrifft, in welchem die Stromesgleichung ihre Gültigkeit behält, so ist nichts leichter, als ihn theoretisch festzusetzen, aber auch nichts schwerer, als ihn praktisch festzuhalten. Man sieht nämlich, wenn man die Sache mit blos theoretischen Augen betrachtet, sogleich ein, dass, wenn wirklich die Grösse des Stromes durch die Gleichung

$$S = \frac{A}{L}$$

ausgesprochen wird, wo in A alle in der Kette auftretenden Spannungen, in L alle Widerstände ihrer einzelnen Theile eingehen, so werden richtig bestimmte Werthe von A und L zwar die Grösse des dazu gehörigen Stromes geben *müssen*, aber nur so lange, als durchaus keine Aenderung in den Spannungen oder Leitungswiderständen vorfällt; sowie hingegen Spannungen oder Leitungswiderstände sich geändert haben, wird obige Gleichung die Grösse des entsprechenden Stromes so lange nicht mehr geben *können*, bis die in ihr vorkommenden Werthe A und L den neu eingetretenen Umständen gemäss ausgemittelt worden sind. Dies ist so natürlich, dass kein Experimentator auch nur einen Augenblick anstehen wird, den hier angedeuteten Gang einzuhalten, wenn er aus eigenem Antrieb in irgend einem Falle eine Verschiedenheit der Bedingungen, welche auf seine Beobachtungen Einfluss haben, eintreten lässt; wenn aber ein Wechsel der Bedingungen ganz gegen seinen Willen und wohl auch ohne sein Wissen geschieht, so wird ihn dieser Umstand in eine höchst peinliche Lage versetzen müssen, denn er fühlt sich der Gewalt von neckenden Gespenstern preisgegeben, die alle seine Angriffsmittel unnütz

*) In d. Jahrb. N. R. XXV. S. 1 [201].

**) Neueste Uebersetzung von Biot's Experimental-Physik. III. Cap. 18.

machen, weil er weder ihr Was, noch ihr Wie, weder ihr Wo, noch ihr Wieviel zu erkennen im Stande ist, und unter so misslichen Umständen greift er dann nicht selten zu Auskunftsmitteln, die, obgleich an sich nicht minder räthselhaft, ihm doch natürlich erscheinen, weil er sie sich selber erschaffen hat. Belege hierzu liefert die Geschichte des Galvanismus nicht viel weniger, als sie Beobachter erwähnt. In solchen dem Willen des Beobachters nicht unterworfenen Einflüssen liegt der Grund, warum es so schwer hält, die Allgemeingültigkeit der obigen Gleichung an Versuchen mit der hydroelektrischen Kette nachzuweisen, warum man mit den alten Volta'schen Elementen des Galvanismus nicht mehr ausreichen zu können glaubte und dagegen zu allerlei neuen Ersatzmitteln seine Zuflucht zu nehmen sich bewogen fühlte; denn es grenzt an's Unmögliche, eine Unveränderlichkeit der Grundbedingungen in hydroelektrischen Ketten zu erhalten, nicht nur, weil in der Regel die Flüssigkeiten mit den Metallen in der Kette Verbindungen eingehen, wodurch einzelne Bestimmungsglieder einem fortdauernden Wechsel unterworfen bleiben, sondern mehr noch deswegen, weil die Flüssigkeiten in sich selber, abgesehen von ihrer Wechselwirkung an den Metallen, durch die Kraft des elektrischen Stromes in ungleichartige Factoren zerlegt werden, deren Dasein oft zu enormen, aber doch immer nur zu blos scheinbaren Abweichungen von der allgemeinen Gleichung Anlass giebt.

Vorstehende Betrachtungen decken die Nothwendigkeit auf, die Prüfung jener Gleichung nur mit der grössten Sorgfalt vorzunehmen, um sicher zu sein, dass keine unfreiwillige Aenderung der Bedingungen eine Vergleichung der Versuche unter einander zu dem vorgesetzten Zwecke unmöglich mache. Bis jetzt sind zweierlei Arten, jene Prüfung zu bewerkstelligen, bekannt geworden. Man wählt nämlich entweder zu den Versuchen solche Ketten, in welchen alle Spannungen und Widerstände stets dieselben bleiben, wozu insbesondere die thermoelektrische Kette, und bei grosser Vorsicht auch die mit reinem Wasser aufgebaute Kette geschickt ist; oder man stellt die Versuche zwar an solchen Ketten an, die Veränderungen ausgesetzt sind, richtet sie aber so ein, dass von einer Beobachtung zur anderen den allmählig vorwärtsschreitenden Veränderungen keine Zeit gelassen wird, einen nachtheiligen Einfluss auf das Resultat der Beobachtungen auszuüben, wozu insbesondere die im ersten Momente des Schliessens der Kette eintretenden Wirkungsgrössen geeignet sind. Schon vor mehreren Jahren habe ich Versuche, welche nach der ersten der beiden angezeigten Arten angestellt worden sind, bekannt gemacht*); später sind von Fechner im dritten Theile der neuesten Uebersetzung von Biot's Experimentalphysik (S. 555—557) nach der anderen Art gemachte Versuche mitgetheilt worden, deren völlige Uebereinstimmung mit obiger Gleichung ich wegen ihrer Wichtigkeit in einer besonderen Abhandlung ausführlich nachgewiesen habe**). Im nächsten Abschnitte werde ich noch eine andere Versuchsweise, die zu demselben Ziele führt und auch auf spätere Zustände der Kette anwendbar ist, zur Sprache bringen; hier aber einstweilen blos bemerken, dass ausser den angezeigten keine von den vielen a. a. O. von Fechner gelieferten Versuchsreihen hierher gehören, nicht einmal diejenigen, welche von diesem Beobachter in einer und derselben Wirkungsperiode der Kette angestellt worden sind, denn alle diese haben bereits eigenthümlich modificirte Veränderungen in sich aufgenommen, worüber bald ein Mehreres gesagt werden wird. Die Menge der hervorgehobenen Beobachtungen, die Sorgfalt, womit sie unternommen worden sind, und der grosse Umfang, über den sie sich erstrecken, gestatten hinsichtlich der strengen und allgemeinen Gültigkeit obiger Gleichung innerhalb der Grenzen, die sie sich selber gesteckt hat, keinen Zweifel mehr, und überheben mich der speciellen Angabe von noch mehreren anderen Bestätigungen, die an zerstreuten Orten von Fechner und von mir geliefert worden sind. Die vollkommene Zuverlässigkeit des theoretischen Gesetzes giebt sich insbesondere noch durch den Umstand zu erkennen, dass die Uebereinstimmung der Erfahrung mit obiger Gleichung in dem Masse grösser wird, als man bei den Versuchen alle Anlässe zu kleinen Störungen möglichst zu vermeiden sich Mühe nimmt. So habe

---

*) In d. Jahrb. N. R. XVI. S. 137 [14] ff.

**) In d. Jahra. N. R. XXVIII. S. 393 ff [315].

ich in meinen Versuchen an der thermoelektrischen Kette zwar auf die Herstellung einer konstanten Differenz der Temperaturen an den beiden Erregungsstellen sehr grosse Sorgfalt verwandt, aber auf die Unterhaltung einer völligen Gleichheit der Temperatur aller übrigen der Zimmerluft ausgesetzten Theile habe ich, eben weil eine Ungleichheit in dieser Hinsicht doch immer nur sehr unbedeutend werden konnte, weiter keine besondere Rücksicht genommen, so wie ich auch in der Bestimmung der Länge der Leiter, namentlich bei denen, die nur wenige Zoll lang waren, nicht über ihren zweihundertsten Theil verbürgen kann; und doch ist es nicht schwer, sich davon zu überzeugen, dass durch solche Vernachlässigungen an manchen Stellen Irrungen von einigen Theilen in den Massbestimmungen vorfallen können. Das Lohnende, was in der Berücksichtigung von so geringfügigen Einflüssen liegt, drängt sich dem Beobachter nur durch fortgesetzte Beobachtungen auf, und eben dadurch wird er immer fähiger, Resultate von grösserer Vollendung zu erzielen. Wäre davon irgend ein Vortheil zu erwarten, so würde ich heute durch nichts mehr abgehalten werden können, Versuche von zehnmal grösserer Schärfe, als meine ersten waren, dem Publicum zur Einsicht vorzulegen. So hat auch Fechner, dem doch Niemand das Lob der grössten Sorgsamkeit entziehen wird, in seine Versuche eine Ursache zu kleinen Störungen aufgenommen, die man wird entfernen müssen, wenn nach seiner Methode der höchst mögliche Grad von Genauigkeit erreicht werden soll. Man hat nämlich in diesem Falle nach jeder einzelnen Beobachtung die Metallplatten immer wieder frisch zu reinigen, und die Flüssigkeit durch neue, mit der vorigen von völlig gleicher Beschaffenheit, zu ersetzen. Das Beibehalten einer und derselben Flüssigkeit durch mehrere Beobachtungen hindurch setzt sich einer Erzielung der grössten Schärfe nicht sowohl deswegen entgegen, weil dadurch nothwendig kleine Abweichungen von der ursprünglichen Stromesstärke herbeigeführt werden, sondern noch weit mehr aus dem Grunde, weil die Ursache zum Wogen der Kette in dem Masse schneller und stärker auftritt, je länger die Metalle mit dem gesäuerten Wasser in Berührung gewesen sind, weshalb die Zeit einer jeden Beobachtung sich nicht in einer so grossen Ausdehnung nehmen lässt, als auf der anderen Seite zur Erreichung der äussersten Genauigkeit wünschenswerth sein muss. Wenn man aus Fechner's so bequemer Beobachtungsmethode allen Vortheil ziehen will, den sie zu geben vermag, so wird man sogar, ausser anderen weniger versteckten Vorsichtsmassregeln, auch noch auf völlige Reinheit der Säure und des Wassers, deren man sich zu den Versuchen bedient, zu sehen haben.

Veränderungsfähigkeit der hydroelektrischen Kette und Bestimmungsweise der Natur solcher Veränderungen.

Um mit ruhigem Blick in das bunte Gewühl der in hydroelektrischen Ketten einander unaufhörlich verdrängenden Erscheinungen eindringen, und hier in allen Lagen wieder das unbedingte Fortbestehen der bisher erörterten allgemeinen Gesetze der galvanischen Thätigkeit erkennen zu können, müssen wir uns vor Allem eine Scheidung der verschiedenen Momente von einander recht angelegen sein lassen, weil sonst eine Verwickelung des Gegenstandes unvermeidlich ist, die wir, selbst bei dem besten Willen, zu entwirren nicht mehr im Stande sein werden. Wie vielerlei Ursachen zu Störungen in der hydroelektrischen Kette sich geltend machen, zeigt aber schon eine blos oberflächliche Betrachtung ihrer Eigenheiten. Die in einer geschlossenen Kette befindlichen Flüssigkeiten werden durch die Wirkung des galvanischen Stromes in ihre Bestandtheile zerlegt, und die so zerlegten Bestandtheile bleiben entweder für sich bestehen, oder sie verbinden sich mit den angrenzenden Metallen zu neuen Körpern; diese neu gebildeten Körper erhalten sich entweder von da ab unverändert an der Stelle, wo sie entstanden sind, oder sie treten in die Flüssigkeit über, werden nun ihrerseits aufs Neue durch den Strom zerlegt, und geben so zur Wiederholung des schon beschriebenen Verlaufes Anlass. Man darf nicht einmal annehmen, dass nach einer solchen Wiederholung der Cyklus der Erscheinungen endlich abgeschlossen sein werde; denn der Idee nach wird in einer galvanischen Kette den Molecularbewegungen nicht eher ein Ziel gesetzt, als bis sich alle ihre Theile unter einander zu einem gleichartigen Gemische vereinigt haben, wiewohl in der Wirklichkeit, durch die besondere Natur der Körper, einer so vollständigen Verschmelzung meistens gar bald unübersteigliche Hindernisse in den Weg gelegt werden. Dazu kommt noch, dass die Flüssigkeit in der Regel nicht erst eine Aufforderung von Seiten der geschlossenen Kette abwartet, um sich mit dem an ihr liegenden Metalle zu verbinden, sondern beide gehen schon vermöge einer, durch die blose Berührung zwischen ihnen geweckten, Anziehung in einander über, und erzeugen so neue Glieder der Kette, die an jenem Kreislaufe der Erscheinung ebenfalls Antheil nehmen. Nicht selten fallen auch Abtretungen der Kette, insbesondere von luftförmigen Erzeugnissen, an das sie umgebende Mittel vor, so wie umgekehrt die Kette fast immer Bestandtheile aus der äusseren Luft in sich aufnimmt. Fügt man hierzu noch, dass alle diese Wechselwirkungen, sowohl der Art, als dem Masse nach, unzählig viele Stufen durchlaufen können: so wird man sich gestehen müssen, dass der Inhalt der galvanischen Kette, wie der der Welt, unendlich mannigfaltig ist.

Bei so vielen und verschiedenartigen Ursachen zu Veränderungen in der hydroelektrischen Kette, worin jede möglicherweise einen bald grösseren, bald geringeren Einfluss auf einzelne Spannungen oder Leitungswiderstände ausüben und in Folge dessen in obiger Gleichung veränderte Werthe von A und L nach sich ziehen kann, darf man sich über die Schwierigkeiten nicht mehr wundern, womit die Nachweisung des Fortbestehens jener Gleichung durch allen diesen Wechsel hindurch verbunden ist; denn zur vollständigen Erreichung dieses Zweckes ist, strenge genommen, die Kenntniss jedes einzelnen der aufgeführten Momente durch alle seine Abstufungen und Uebergänge hindurch erforderlich, in einem Umfange, von dem wir bis jetzt noch kaum nur eine Ahnung haben. Glüchlicherweise sind jedoch nicht alle jene Einflüsse, wenn man das heutige Bedürfniss der Wissenschaft im Auge behält, von gleicher Wichtigkeit. Einige von ihnen kann man für's Erste desshalb noch ganz ausser Acht lassen, weil sie nur in einer entfernten Beziehung zum Wesen der galvanischen Kette stehen — andere, weil sie nur selten angetroffen werden — und wieder andere, weil ihr Antheil an der Kettenwirkung nur sehr unerheblich ist. Je zusammengesetzter aber der zu untersuchende Gegenstand ist, desto mehr hat man sich die abgesonderte Betrachtung seiner einzelnen Theile zur Pflicht zu machen; darum habe ich, so viel in meinen Kräften stand, stets dahin gestrebt, von meinen Versuchen alle diejenigen Verwickelungen abzuhalten, welche die Enträthselung des galvanischen Grundaktes blos erschweren, aber nicht befördern können. Dahin gehören alle solche Abänderungen der Kette, die unabhängig von der Kettenwirkuug sind, und sich leicht daran erkennen lassen, dass sie schon in der offenen Kette vor sich gehen. Um diese zu vermeiden, hat man in die Versuche nur solche Metalle und Flüssigkeiten aufzunehmen, die keine chemische Einwirkung auf einander ausüben, oder, wenn dies nicht wohl thunlich ist, sich vorläufig darüber zu belehren, wie lange in der offenen Kette die verschiedenen Körper auf einander einwirken können, ohne dass daraus beim nachherigen Schliessen der Kette eine merkliche Abweichung von der ursprünglichen Wirkung sichtbar wird. Im letzteren Falle hat man dann bei allen späteren Versuchen darauf zu halten, dass wenigstens nach Ablauf der gefundenen Zeit die Flüssigkeit erneuert und das angegriffene Metall gereinigt werde; ja man thut wohl, diese, im zweiten Falle vorgeschriebene, voläufige Untersuchung auch im ersten Falle nicht zu unterlassen, weil oft durch sie erst schwache Angriffe kenntlich gemacht werden, die ausserdem verborgen blieben. Obgleich man nach Ausscheidung dieser, gewissermassen ausserhalb der galvanischen Kette liegenden, Anlässe zu Störungen sicher sein kann, dass in die Beobachtungen nur solche Wirkungen aufgenommen werden, die der geschlossenen Kette eigenthümlich angehören: so fordert doch die kunstgerechte Behandlung des Gegenstandes noch eine weitere fortgesetzte Zergliederung der Erscheinung, die näher besprochen zu werden verdient.

Das vorzüglichste Bestreben des galvanischen Stromes in der hydroelektrischen Kette geht zunächst darauf aus, die chemische Affinität zwischen den Bestandtheilen der Flüssigkeit zu überwinden, und ein polares Auseinandertreten derselben zu Stande zu bringen; auf diesen *primären Akt der Kette, in welchem sich ein Kampf zwischen der bestehenden* chemischen Anziehung und der in ihre Rechte sich eindrängenden elektrischen Thätigkeit ankündigt, werden wir daher unser Hauptaugenmerk zu richten haben; ihn müssen wir so viel wie möglich von allen später noch hinzutretenden Veränderungen zu entblösen suchen. Wenn der im primären Akte begonnene Kampf nicht durch den Hinzutritt von neuen, aus den veränderten Raumverhältnissen hervorgehenden, Molecularkräften unterstützt und so theilweise durch gänzliche Besiegung einzelner Streitmassen beendigt wird: so werden bei einer plötzlich erfolgenden Unterbrechung des galvanischen Stromes die chemischen Kräfte wieder in ihr altes Recht treten, und allmählig die Flüssigkeit wieder in ihren ursprünglichen Zustand zurück versetzen. Diesen letzten Charakter kann man den Versuchen dadurch mittheilen, dass man die vorige Bedingung auch noch für die geschlossene Kette gelten lässt, d. h. sie ohne Erneuerung der Flüssigkeit und Reinigung der Metalle nur so lange fortsetzt, als man sich zuvor versichert hat, dass die Kette, selbst wenn sie während dieser ganzen Zeit geschlossen bleibt, durch ein nachheriges Oeffnen, mit oder ohne Bewegung der Flüssigkeit, fühlbar ganz wieder in ihre ursprüngliche Wirksamkeit zurückversetzt werden kann. Umgekehrt giebt die Beobachtung dieser Vorsichtsmassregel zu verstehen, dass während der Versuche der primäre Akt entweder noch in seiner ganzen Reinheit sich erhalten hat, oder wenigstens, dass die etwa hinzugetretenen sekundären Veränderungen ihr Bestehen nur der ununterbrochenen Einwirkung des Stromes verdanken, so dass noch stets eine Art von Gleichgewicht zwischen dem angreifenden Strom und den sich vertheidigenden chemischen Kräften stattfindet. Zwar ist es möglich, durch Anwendung der geeigneten Mittel den primären Akt in seiner vollständigen Reinheit zu beobachten, indess beabsichtige ich zunächst eine so weite Verfolgung des Gegenstandes, die meinem gegenwärtigen Zwecke fremd ist, noch nicht, und werde daher im Folgenden unter dem Namen des primären Aktes alle diejenigen Wirkungen des Stromes zusammenfassen, wodurch die Kette nicht abgehalten werden kann, durch Ruhe ihre anfängliche Kraft wieder zu erlangen. Uebrigens ist leicht vorher zu sehen, dass durch die Kenntniss dieses Aktes zugleich das ganze Wesen veränderlicher Ketten aufgeschlossen werden wird; denn gerade nur in der polaren Vertheilung der Flüssigkeit durch den galvanischen Zug der geschlossenen Kette, und in der von selbst durch chemischen Gegenzug erfolgenden Wiedervereinigung der geschiedenen Bestandtheile während des Offenseins der Kette, kann der Schlüssel zu den geheimnissvollen Erscheinungen jener Ketten liegen, weil offenbar jede *bleibende* sekundäre Verbindung der gesonderten Bestandtheile mit den Metallen nichts weiter thut, als dass sie in die Kette neue Theile einführt, wodurch diese Kette zwar eine materielle Veränderung erleidet, übrigens aber von da ab nothwendig immer wieder den zuvor erkannten Gesetzen unterworfen bleibt. In dem angeführten Umstande liegt auch der Grund, warum in diesem primären Akte schon der ganze, ausnehmend grosse Reichthum an Erscheinungen enthalten ist, den die hydroelektrische Kette aufzuweisen hat, und zu dessen erschöpfender Beleuchtung so vielerlei Mittel in Bewegung gesetzt worden sind. Bald nahm man zu einer neuen, aus dem chemischen Prozesse herstammenden, galvanischen Erregungsweise von ziemlich dunkler Herkunft seine Zuflucht, bald unter der Benennung der unipolaren Leitung, zu einem ungleichen Verhalten der Körper zu den beiden entgegengesetzten Elektricitäten; bald erschuf man sich einen Widerstand von ganz besonderer Art, der bei dem Uebergange von einem Leiter in den anderen eintreten sollte, bald eine, von dem Licht entlehnte, Reflexion der Elektricität an der Grenze heterogener Körper, bald eine schwer zu fassende, an das Bild des Siebes geknüpfte und kaum näher zu bestimmende, Fortleitungsweise, vermöge welcher die Elekricität um so geschickter werden soll, manche Körper zu durchziehen, je mehr solcher Durchzüge sie bereits hinter sich liegen hat. Eine aufmerksame, durch vielfache Abänderung der Versuche geschärfte Prüfung der verschiedenen Thatsachen, aus denen jene Vorstellungsweisen ihren Ursprung genommen haben, liess den Gedanken in mir Kraft gewinnen, dass zuletzt wohl alle diese Erklärungsmittel, wovon jedes für sich von dem Einen in Schutz genommen und von dem Andern verworfen worden ist, nichts Anderes sein dürften, als subjektive Anschauungsformen ohne objektive Gültigkeit. Wiewohl ich nun für diese meine besondere Ansicht manchen, von der äusseren Natur erhaltenen, Wink aufweisen konnte: so musste ich mir doch bekennen, dass man nicht eher hoffen darf, in diese Sache Uebereinstimmung zu bringen, bis man sich die Mittel verschafft haben wird, den wahren Hergang in der hydroelektrischen Kette Schritt vor Schritt auf eine gegen jeden Sprung der Phantasie geschützte Weise unmittelbar aus den Erscheinungen abzuleiten, und somit zugleich auch die Unstatthaftigkeit aller übrigen Meinungen in volles Licht zu setzen; denn eine blos theilweise Unterstützung der einen Meinung durch Thatsachen kann hier nicht zum Ziele führen, weil ja auch jede andere Meinung eine theilweise Unterstützung für sich aufzuweisen hat. Die Bedingungen, welche bei der Uebernahme dieses mühseligen Geschäftes vorhanden sein müssen, wenn es mit einiger Wahrscheinlichkeit auf guten Erfolg geführt werden soll, geben ihre Gegenwart mit lauter Stimme zu verstehen, seitdem die allgemeinen galvanischen Gesetze an unveränderlichen Ketten enträthselt und durch unzweideutige Versuche gegen jeden Vorwurf sicher gestellt worden sind; es dürfte daher nicht mehr ausser der Zeit sein, eine streng motivirte Beantwortung folgender Frage zu unternehmen: *Sind in der hydroelektrischen Kette durch allen Wechsel der Erscheinungen hindurch fort und fort nichts weiter als gewöhnliche Spannungen und Leitungswiderstände thätig, die ununterbrochen nach den an unveränderlichen Ketten aufgefundenen Gesetzen wirken; oder ist man gezwungen, in die hydroelektrische Kette ausser jenen noch andere galvanische Bedingungen aufzunehmen, die dann natürlich ihren eigenen Gesetzen unterworfen werden müssten?* Da die Erledigung des einen Theiles dieser Frage zugleich auch die Erledigung der ganzen Frage nach sich zieht, so werden wir uns vorzugsweise nur mit ihrem ersten Theile befassen, weil dessen Inhalt am bestimmtesten bezeichnet ist und daher eine leichtere Behandlung zu gestatten verspricht.

Das an unveränderlichen Ketten erkannte Gesetz, hinsichtlich dessen man sich überzeugen will, ob es auch in der hydroelektrischen Kette noch eine ununterbrochene Anwendung finde oder nicht, zeichnet selbst den Gang vor, den die Untersuchung zu diesem Ende einzuhalten hat, wie nachstehende Betrachtungen zu erkennen geben. — Denkt man sich eine der Prüfung unterworfene einfache hydroelektrische Kette noch ungeschlossen und bezeichnet ihre Spannung in diesem Zustande durch *1*, was nichts Anderes sagen will, als dass man diese Grösse zur Einheit der Spannung nimmt; bezeichnet man ferner ihren Leitungswiderstand durch L: so wird den schon oben begründeten Gesetzen gemäss die Grösse ihres Stromes im ersten Momente der Schliessung durch $\frac{1}{L}$ ausgedrückt, und umgekehrt giebt die Grösse dieses Stromes, wenn man sie durch Messung findet, den Quotienten $\frac{1}{L}$ zu erkennen, so dass man, mittelst des erhaltenen Masses für den Strom im ersten Momente der Wirkung, die Grösse L angeben kann; man findet nämlich L gleich dem Quotienten aus *1*, dividirt durch das gefundene Maass des Stromes. Ist nun die zur Untersuchung gewählte Kette in der That eine veränderliche, so nimmt ihre Kraft vom Augenblicke des Schliessens an allmählig ab; man findet nämlich für ihre Stromesgrösse, wenn man diese misst, immer kleinere Werthe, woraus sogleich hervorgeht, dass, wenn S die Stromesgrösse in irgend einer dieser späteren Perioden bezeichnet, man keineswegs setzen könne

$$S = \frac{1}{L},$$

weil $\frac{1}{L}$ die Grösse des Stromes nur für den ersten Augenblick des Schliessens hergiebt und eben deswegen den, einer späteren Zeit angehörigen, Strom S nicht mehr vorstellen kann. Geht man indess von der Voraussetzung aus, dass die Grösse des Stromes in einer hydroelektrischen Kette zu jeder Zeit doch immer nur von Spannungen und Leitungswiderständen abhängig sei, auf dieselbe Weise wie bereits an unveränderlichen Ketten erkannt worden ist: so ist man gezwungen, die Veranlassung zu den successiven Aenderungen in der Stromesstärke in nichts

Anderem, als in entsprechenden Aenderungen der Spannung und des Leitungswiderstandes aufzusuchen; man wird daher durch die geschehene Voraussetzung berechtigt, unter allen Umständen

$$S = \frac{1 - x}{L + z}$$

zu setzen, wenn man sich nur unter x die im Augenblicke der Beobachtung eingetretene Verminderung der Spannung und unter z eine etwaige Vermehrung des Leitungswiderstandes vorstellt, wobei x und z auch negative Werthe annehmen können und dann zu erkennen geben, dass die Spannung eine Vermehrung, der Leitungswiderstand eine Verminderung erfahren hat. — Denkt man sich nun die vorige Kette wieder in ihren ursprünglichen Znstand versetzt, so dass ihre Spannung wieder 1, ihr Leitungswiderstand wieder L wird, nimmt aber jetzt, ohne die Spannung zu ändern, eine Aenderung in dem Leitungswiderstande vor, welchen abgeänderten Leitungswiderstand wir durch L' bezeichnen wollen: so wird die Grösse des Stromes im ersten Momente des Schliessens dieser neuen Kette durch $\frac{1}{L'}$ ausgedrückt, so dass man auch umgekehrt aus dem unmittelbar genommenen Maasse dieser Stromesgrösse, wie zuvor, den Werth von L' herleiten kann. Lässt man auch jetzt wieder die ursprüngliche Kraft in der Kette sich abändern, und bezeichnet man durch S' die Grösse des Stromes dieser neuen Kette in dem Augenblicke, wo in der Flüssigkeit genau dieselben Veränderungen eingetreten sind, bei denen in der vorigen Kette die Stromesgrösse S war: so wird unter der Voraussetzung, dass überall blos Spannungen und Leitungswiderstände thätig sind, sein müssen

$$S' = \frac{1 - x}{L' + z},$$

so dass, wenn man sich den Werth von S durch Messung verschafft hat, in dieser Gleichung, wie in der vorigen, immer nur die beiden Unbekannten x und z vorkommen. — Auf ähnliche Weise lässt sich für einen nochmals abgeänderten Leitungswiderstand L'' und die zugehörige Stromesgrösse S'', die an der Kette in dem Augenblicke beobachtet wird, wo in der Flüssigkeit genau dieselben Veränderungen eingetreten sind, bei welchen in der ersten Kette die Stromesgrösse S hervortrat, unter der geschehenen Voraussetzung die Gleichung

$$S'' = \frac{1 - x}{L'' + z}$$

aufstellen, in welcher wieder nur die beiden alten Unbekannten x und z erscheinen. So fortfahrend kann man sich so viele, von einander verschiedene, Gleichungen der Art verschaffen, als man nur will. Aus je zweien derselben lassen sich die beiden unbekannten Grössen x und z nach folgendem, aus den beiden ersten Gleichungen abgeleiteten, Schema finden:

$$z = \frac{L\,S - L'\,S'}{S' - S} \quad \text{und} \quad 1 - x = \frac{L - L'}{S' - S} \,.\, S\,S';$$

man erhält demnach für x und z so viele einzelne Werthe, als sich jene Gleichungen paarweise auf verschiedene Arten zusammenstellen lassen. Weichen nun diese einzelnen, für eine und dieselbe Grösse erhaltenen Werthe um mehr von einander ab, als in Folge des vorher zu bestimmenden möglichen Beobachtungsfehlers gestattet werden darf: so ist dies ein sicheres Zeichen, dass die gemachte Voraussetzung unzulässig ist, und mithin in der hydroelektrischen Kette noch andere Gesetze, sonach auch andere galvanische Bedingungen, als in den unveränderlichen Ketten angenommen werden müssen; stimmen hingegen alle jene für eine und dieselbe Grösse erhaltenen Werthe unter einander möglichst überein: so spricht dieser Umstand sehr zu Gunsten der gemachten Voraussetzung, dass nämlich in der hydroelektrischen Kette in der That blos Spannungen und Leitungswiderstände durch alle ihre verschiedenen Zustände hindurch auf gewöhnliche Weise thätig sind; ja man wird diese Uebereinstimmung für einen vollständigen Beweis der gemachten Voraussetzung anzusehen berechtigt sein, wenn man sie unter den verschiedenartigsten Umständen immer wieder aufzufinden im Stand ist, weil man nicht wohl einräumen darf, dass Wirkungen derselben Art, wenn sie einerlei Gesetz befolgen, doch von verschiedenen Ursachen herrühren können. Will man indessen völlig sicher gehen, so wird man das Dasein der erschlossenen Abänderungen zur unmittelbaren Anschauung in der Wirklichkeit zu bringen suchen müssen.

Da Versuche dieser Art, wenn sie nicht vom Ziel abführen sollen, ganz ungewöhnliche Vorsichtsmassregeln zur unerlässlichen Bedingung machen: so sehe ich mich bewogen, das dabei von mir eingehaltene Verfahren zur öffentlichen Kenntniss zu bringen, um so mehr, weil ich bis jetzt vergeblich ein zu demselben Zwecke taugliches, von jenem verschiedenes Verfahren aufzufinden mich abgemüht habe. — Ich zerschneide einen dünnen Metalldraht von grosser Länge in mehrere, unter sich völlig gleich lange Stücke, und habe mir zuvor mehrere messingene, kurze und sehr dicke, cylindrische Füsse, deren Widerstand in der Kette ganz und gar unmerklich ist, so zugerichtet, dass ich in ihren oberen Rand die Enden von einem oder mehreren der gleich langen Stücke stets auf eine und dieselbe Weise durch Schrauben fest einklemmen kann. Will ich nun mit einem oder mehreren dieser Stücke die Kette schliessen: zo klemme ich die Enden von ihm oder ihnen in zwei solche Füsse ein, und stelle dann diese Füsse in zwei mit Quecksilber angefüllte Schalen, welche die Enden der offenen Kette bilden. Die hier beschriebene Anordnung musste ich deswegen wählen, um sicher sein zu können, dass alle in die Kette eingeführten Drähte in einem und demselben Augenblicke gleichmässig an der entstehenden Wirkung Antheil nehmen; auch muss man dafür Sorge tragen, dass nirgends eine unmittelbare Ueberleitung von einem dieser Stücke zum anderen eintreten kann. Nachdem diese Vorkehrungen getroffen sind, gehe ich darauf aus, die Werthe L, L', L'' u. s. w. zu bestimmen, welche der zur Untersuchung gewählten Kette zukommen, je nachdem sie entweder durch eines, oder durch zwei, oder durch drei, u. s. w. der unter sich gleich langen Stücke geschlossen wird, und zwar unter solchen Umständen, dass die volle, im ersten Momente des Schliessens entstehende, Wirkung beobachtet wird. Zu dem Ende stelle ich meine Versuche an dem Apparate, dessen specielle Einrichtung, an welche sich nachstehende Beschreibung anknüpft, aus diesen Jahrbüchern*) entnommen werden kann, in folgender Weise

*) N. R. XIV. S. 110 [1], und XVI. S. 144 [18].

an. Die obere Scheibe der Drehwage wird in einer Richtung, die derjenigen, womit die Magnetnadel beim nachherigen Schliessen der Kette ihre Abweichung beginnt, entgegen läuft, um so viele Theile fortbewegt, dass die Nadel, welche durch ein zur Seite angebrachtes Hinderniss, der Drehung ungeachtet, in ihrer alten Lage unverrückt liegen bleibt, im Augenblicke des Schliessens das angebrachte Hinderniss ein wenig und nur auf kurze Zeit verlässt. In dem Mass als die Ablenkung der Nadel geringer wird, setzt man die Drehung der Scheibe in immer kleineren Absätzen, zuletzt nur Theil um Theil, weiter fort, so lange, bis am Ende gar keine Abweichung der Nadel im Augenblicke des Schliessens mehr erfolgt. Ist man durch eine Reihe von blos augenblicklichen Schliessungen bis auf diesen Punkt gekommen: so zeichnet man die Anzahl von Theilen, um welche die Scheibe der Drehwage vom Anfange bis an's Ende fortgeführt werden musste, auf; die erhaltene Zahl giebt nämlich die Stärke des Stromes im ersten Augenblicke der Schliessung zu erkennen. Dividirt man die gefundene Zahl in *1*, so erhält man, wie kurz vorher gezeigt worden ist, denjenigen der Werthe L, L', L'' u. s. f., welcher sich auf den Leiter bezieht, mit welchem der Versuch angestellt worden ist.

Man hat bei diesen Versuchen, zur Erreichung grösserer Genauigkeit, auf mehrere Umstände ein besonderes Augenmerk zu richten. Erstlich muss man sich dabei einer ziemlich schweren Magnetnadel bedienen, damit die durch den Lahn bewirkte Gegendrehung nicht Kraft genug erlangt, den Lahn selbst, während die Nadel an dem Hinderniss anliegt, aus seiner verticalen Lage merklich abzulenken, wodurch die Beobachtung unsicher gemacht würde; man hat indessen nicht zu fürchten, dass der Apparat dadurch an seiner Empfindlichkeit verlieren werde, denn leichte Nadeln haben in dieser Hinsicht, unter übrigens gleichen Umständen, durchaus keinen Vorzug vor den schwereren, was ich hier ausdrücklich anzuführen nicht unterlassen darf, da aus vielen Beschreibungen von Multiplikatoren die gegentheilige Behauptung hervorzugehen scheint. Zweitens müssen alle Schliessungen nur so kurz wie möglich sein und in längeren Pausen auf einander folgen, weil während der Schliessung die der hydroelektrischen

Kette eigenthümlichen Veränderungen vor sich gehen, die dann auf das Resultat der folgenden Schliessung einen nachtheiligen Einfluss ausüben, wenn man nicht jene Veränderungen durch ein schnelles Wiedereröffnen der Kette zu vermindern, und durch ein längeres Offenhalten wieder völlig aufzuheben Bedacht nimmt; es ist daher zweckmässig, den einen Fuss des schliessenden Leiters fortwährend im Quecksilber stehen zu lassen, und den anderen Fuss so beweglich zu machen, dass er durch einen leichten Druck in sein Quecksilber eingetaucht werden kann, und beim Nachlassen des Druckes von selber wieder in die Höhe steigt und das Quecksilber verlässt. Endlich macht die grössere Sicherheit der Resultate es wünschenswerth, dass nach jeder auf die angezeigte Weise durchgeführten Behandlung die Metallplatten gereinigt und die Flüssigkeit durch neue, mit der anfänglichen von völlig gleicher Beschaffenheit, ersetzt, hierauf die obere Scheibe der Drehwage sogleich um die ganze so eben gefundene Anzahl von Theilen fortgeführt, und dann die Kette durch denselben Leiter, wie zuvor, geschlossen werde; weicht jetzt die Nadel vielleicht doch noch, wenn auch um noch so wenig, ab: so ist das vorige Verfahren auf's Neue weiter fortzusetzen, bis die letzte Prüfung gegen die Richtigkeit des Resultates nichts mehr einzuwenden hat.

Ist man auf diese Weise zur Kenntniss der Werthe L L', L'' u. s. f. gelangt: so geht man nun zur Bestimmung der zugehörigen, auf einen beliebigen, aber unveränderlichen, Zustand der hydroelektrischen Kette sich beziehenden Werthe von S, S', S'' u. s. f. über. Diese Bestimmung kann ganz in der vorigen Weise geschehen. Man schliesst z. B. die Kette mit einer einfachen Drahtlänge und wartet, bis ihre Kraft beträchtlich gesunken ist, und längere Zeit hindurch unverändert sich erhält, zeichnet dann die Anzahl von Theilen auf, um welche die Scheibe der Drehwage fortbewegt werden musste, um die abgewichene Nadel wieder in ihre natürliche Lage das Gleichgewichtes zurück zu führen; diese Zahl giebt zuvörderst den beliebig gewählten Werth von S an. Nachdem diese erste Zahl gefunden ist, dreht man die Scheibe noch weiter fort und hält dabei die Nadel durch ein angebrachtes Hinderniss in ihrer ursprünglichen Lage zurück; hierauf schliesst man die

Kette, ohne die vorige Schliessung aufzuheben, noch durch eine einfache, zweifache, dreifache, u. s. f. Drahtlänge, und wiederholt das zur Bestimmung der Werthe L, L', L'' u. s. f. eingehaltene Verfahren so lange, bis die Nadel im Augenblicke der Schliessung nicht mehr zur Seite abweicht, nachdem sie bei einer nur um einen Theil geringeren Drehung noch eben abgewichen war. Ist man an diese Stelle gelangt, so zeichnet man die gesammte Drehung der Scheibe auf, und erhält pann Zahlen für die entsprechenden Werthe von S', S'', S''' u. s. f. Hier aber, wo ein unvermeidliches schwaches Fortsinken der Kraft den Werth S allmählig kleiner werden lässt, ist eine Wiederholung des Versuches mit gereinigten Metallen und frischer Flüssigkeit durchaus nicht zu vernachlässigen; ja man muss sich eine mehrfache Wiederholung dieses Geschäftes ruhig gefallen lassen, wenn man alles erfahren will, was auf diesem Wege sich leisten lässt. Uebrigens ist wohl zu merken, dass das hier beschriebene Verfahren zur Erforschung sowohl des primären Aktes der Kette, als ihrer sekundären Wirkungen dienen kann.

Solche Versuche sind freilich, wie schon ihre Beschreibung deutlich genug anzeigt, äusserst mühsam; aber die unbeschreibliche Geduld, welche sie zur unerlässlichen Bedingung machen, wird gar bald durch die klare und bestimmte Anschauung von der hydroelektrischen Kette, zu der sie führen, hinreichend belohnt. Man wird durch Versuche dieser Art gleichsam mitten in den galvanischen Verkehr hineingeschoben, und dadurch in den Stand gesetzt, jeden einzelnen Faden des hydroelektrischen Gewebes nach Belieben bald anzuziehen, bald wieder loszulassen, so lange, bis man zuletzt die Verschlingung aller Theile zu dem Ganzen leicht und sicher verfolgen kann. Ich habe mich lange nach Mitteln umgesehen, wodurch derselbe Zweck auf eine einfachere Weise und doch mit befriedigender Genauigkeit sich erreichen liesse, allein bis auf den heutigen Tag vergeblich; ja man fühlt sich nach fruchtlosem Sinnen zu der Behauptung hingetrieben, dass obiges Verfahren, der Natur der Sache nach, durch kein wesentlich davon verschiedenes zu ersetzen sei, hauptsächlich deswegen, weil jede *Beobachtungsmethode, wobei eine messbare, wenn auch noch* so kurze, Zeitlänge über die Beobachtung sich hinzieht, hier durchaus nicht gestattet werden darf, indem, stets schon nach Ablauf einer einzigen Sekunde, von den eigentlich zu erzielenden beträchtlich abweichende Resultate erhalten werden. Zwar könnte man sich eine, verhältnissmässig aber doch nur geringe, Abkürzung der Arbeit dadurch verschaffen, dass man nur zwei von den Werthen L, L', L'' u. s. f. durch unmittelbare Beobachtung aufsucht und daraus die übrigen durch blose Rechnung findet, was mit Hülfe der Stromesgleichung, wie die Fechner'schen Versuche dargethan haben, mit Sicherheit geschehen kann; allein abgesehen davon, dass eine mehrfache Bestimmung eines und desselben Werthes diesen um so sicherer giebt, so erlangt man durch das Aufsuchen aller jener Werthe, auf dem Wege des Experimentes, auch noch den Vortheil, dass man mittelst derselben die Gültigkeit der Stromesgleichung, in Bezug auf den ersten Moment der Wirkung, in einer von der Fechner'schen Methode sehr verschiedenen Weise, die in vielen Fällen eine ungleich grössere Genauigkeit gestattet, unmittelbar bestätigen kann. Haben die Versuche selbst in einem bestimmten Falle die Identität der Werthe x und z durch alle zusammengehörige Beobachtungen hindurch in obiger Weise aufgedeckt, und will man von da ab nichts weiter als die, verschiedenen Zuständen der Kette entsprechenden, Werthe von x und z im Besonderen kennen lernen: so ist dann dazu eine einzige Abänderung im Leitungswiderstande schon hinreichend, und zwei solche Abänderungen geben in diesem Falle den Versuchen alle nur wünschenswerthe Sicherheit.

Durch die bisher erörterte, *auf die vorausgegangene Erkenntniss der Gesetze unveränderlicher Ketten sich stützende,* Beobachtungsmethode bin ich auf mehrere Ergebnisse gestossen, von denen ich die wichtigsten darunter kurz anführen werde. — Die für x und für z sich ergebenden mehrfachen Werthe, welche sich auf einen und denselben Zustand der Kette beziehen, stimmen unter sich so vollkommen überein, dass die vorhandenen Unterschiede nie grösser werden, als sie der unvermeidliche Beobachtungsfehler erweislich nach sich ziehen kann, wodurch bewiesen wird, dass die hydroelektrische Kette auf jeder ihrer Stufen immer noch den zuvor erkannten allgemeinen Gesetzen galvanischer Ketten unterworfen bleibt, und ausser diesen keine anderen anerkennt. Insbesondere ist aber der Umstand wichtig, dass in den meisten Fällen blos die Grösse x einen Werth, und zwar von sehr grossem Umfang, annimmt, während der Werth von z sich entweder ganz in dem Beobachtungsfehler verliert, oder doch nur höchst unbedeutend wird. In dergleichen Fällen zeigt sich überhaupt ein Werth für z nur dann mit Bestimmtheit, wenn man die, allen übrigen Beobachtungen zu Grunde gelegte, Stromesgrösse S in eine sehr späte Periode der Wirkung fallen lässt, d. h. erst lange Zeit nach dem Schliessen der Kette mit dem ersten Leiter sich auswählt. Dieser Umstand macht es wahrscheinlich, dass die zuweilen wahrgenommenen Werthe von z blos aus sekundären Wirkungen der Kette hervorgehen, was insbesondere dadurch noch bestätigt wird, dass immer, wenn für z Werthe von einiger Bedeutung gefunden werden, die Kette, ohne Erneuerung der Flüssigkeit und Reinigung der Metalle, nicht mehr ganz auf ihre anfängliche Stärke zurück gebracht werden kann. Meine Beobachtungen führten mich sonach zu der Annahme hin, dass die Werthe von x aus dem Wesen des primären Aktes der Kette hervorgehen, die Werthe von z hingegen Folgen von blosen sekundären Wirkungen der Kette sind. Da die Werthe von x auf Spannungsänderungen hindeuten, und aus meinen Versuchen hervorging, dass diese Werthe in vielen Fällen der Einheit sehr nahe kommen, was nichts Anderes sagen will, als dass diese Spannungsänderungen oft die Grösse einer Zink-Kupferspannung annehmen: so durfte ich hoffen, sie unmittelbar am Elektrometer sichtbar machen zu können. Dadurch bin ich veranlasst worden, meine, schon früher begonnenen, elektrometrischen Versuche, die ich gerade deshalb abgebrochen hatte, weil ich auf Spannungen in Fällen stiess, wo sie mir damals noch ganz unbegreiflich gross vorkamen, auf's Neue wieder vorzunehmen, und nun erst zeigte sich mir die schöne Harmonie, wodurch in der hydroelektrischen Kette die elektrometrischen Erscheinungen mit ihren Stromeswirkungen vereinigt sind. Die Resultate dieser Versuche, so weit sie die einfache Kette angehen, habe ich in einem, diesem vorausgegangenen, Aufsatz umständlich mitgetheilt; sie setzen das wirkliche Dasein der in obigen Versuchen zum Theil blos supponirten Spannungsänderungen durch direkte Anschauung ausser allen Zweifel. Alle diese Ergebnisse begünstigen einstimmig die Aufstellung des folgenden Erfahrungssatzes: *Die hydroelektrische Kette erkennt, ausser den schon bekannten, allgemeinen Gesetzen der unveränderlichen Ketten, keine anderen an, und die ihr eigenthümliche Beweglichkeit entspringt aus Spannungsänderungen, die durch ihren primären Akt eingeleitet werden, und durch Oeffnung der Kette, ganz oder theilweise, wieder aufgehoben werden können, während ihre sekundären Wirkungen gewöhnlich blos Aenderungen in dem Leitungswiderstande zuwege bringen, die keinen besonderen Einfluss auf den Charakter solcher Ketten haben.*

Ich bin weit entfernt, dem vorliegenden Erfahrungssatze volle Allgemeinheit beilegen zu wollen, vielmehr kann ich mir recht gut Ketten denken und wohl auch auf sie hindeuten, in welchen durch den primären Akt nicht vorzugsweise Spannungsänderungen, sondern Aenderungen im Leitungswiderstande hervor gerufen werden, wiewohl in solchen Fällen die Ketten meistens ihren beweglichen Charakter einbüssen dürften; zudem ist kaum zu erwarten, dass die galvanische Kette hier zum ersten Mal ihre Doppelseitigkeit verläugnen werde. Weil indess meine dahin gehörigen Versuche über Brunnenwasser und mehrere Salzauflösungen (Säuren habe ich dabei stets vermieden, weil diese zu einer schnellen, von dem Geschlossensein der Kette unabhängigen, Veränderung Anlass geben) sich erstreckt haben, so ist, wiewohl in ihnen stets nur Zink und Kupfer als Metalle dienten, Grund genug zu der Annahme vorhanden, dass obiger Satz im Allgemeinen sich bestätigt finden werde, und dass Fälle, wo er seine Gültigkeit verliert, Ausnahmen gleich zu behandeln seien. Da überdies meine anderen experimentalen Nachforschungen fast alle an eben solchen Ketten geschehen sind: so werde ich bei ihrer Auseinandersetzung obigen Satz, als auf sie anwendbar, nicht blos zulassen dürfen, sondern sogar festsetzen müssen. Wohl mag es Befremden erregen, dass nach meinen Versuchen das charakteristische Merkmal der hydroelektrischen Kette eine bewegliche Spannungsänderung sein soll, während aus den

Fechner'schen Versuchen an den gleichen Ketten ein beweglicher Widerstand von eigener Art, den der Beobachter als einen Widerstand des Ueberganges bezeichnet hat, hervorzugehen scheint; und ich selber liess mich eine Weile durch den Widerspruch, in welchen hier, dem ersten Anscheine nach, Thatsachen unter einander gerathen, bestürzt machen, und durch eine zufällige Verschiedenheit in der Art, galvanische Erscheinungen aufzufassen, täuschen, obwohl ich mir ein Anrecht darauf erworben zu haben schmeichelte, dass ein Spiel der Phantasie in solchen Dingen, welches ich schon bei so mancherlei Anlässen und gegen mich selber zu bekämpfen Gelegenheit gefunden hatte, seine Macht nicht mehr an mir versuchen werde. Eine weitere aufmerksame Verfolgung des Gegenstandes deckt indessen die Ursache jenes Zwiespaltes leicht auf, und in demselben Augenblicke verliert auch der Widerspruch seine ganze Kraft, weil er nicht in der Sache, sondern blos im Worte liegt. Dies und zu gleicher Zeit den Zusammenhang der verschiedenen, bis jetzt an der hydroelektrischen Kette beobachteten, besonderen Eigenschaften unter einander in's Licht zu stellen, ist die Aufgabe der noch folgenden Abschnitte.

Vom Wogen der Kraft in der hydroelektrischen Kette.

Am deutlichsten und vollständigsten spricht sich die Natur der hydroelektrischen Kette in jenem fortdauernden, wunderbaren Anschwellen und Zurücktreten des galvanischen Stromes aus, welches im Gefolg einer jeden Vermehrung und Verminderung des Leitungswiderstandes ist, und dieser Kette, deren Inneres dabei gleichsam in einen Kampf mit den äusseren Einwirkungen zu treten scheint, das Aussehen eines nach Willkür handelnden lebendigen Wesens leiht. Dieses, das *Wogen* genannte, Steigen und Fallen der Kettenwirkung aus eigenem Antrieb ist zwar schon in früherer Zeit, und seitdem öfter bemerkt worden, wie es denn in der That schwer hält, es nicht zu sehen; die dahin gehörigen Erfahrungen, welche meistens nur so nebenher erhalten worden waren, sind aber bis jetzt noch immer vereinzelt und wenig geachtet liegen geblieben, daher will ich sie alle unter einem einzigen Gesichtspunkte zu vereinen und so der Quelle jener wichtigen Erscheinung, die allein schon allen, in der hydroelektrischen Kette geschäftigen, Zauber in sich schliesst, näher zu kommen mich bemühen. Gleich im Anfange meiner galvanischen Versuche bin ich, hinsichtlich des Wogens der Kraft, auf folgende zwei Gesetze gestossen, die ich auch schon früher bekannt gemacht habe*).

1) Die Kraft der Kette ist im ersten Augenblicke der Schliessung durch irgend einen Leiter am stärksten, nimmt von da an allmählig ab, und gelangt endlich, wenn man sich die leitende Flüssigkeit unverändert denkt, zu einem Minimum. Durch ein Oeffnen der Kette auf längere Zeit erhält sie wieder ihre vorige Stärke.

2) Dieses Minimum liegt der anfänglichen Kraft beim längeren Leiter verhältnissmässig näher, als beim kürzeren; daher wächst die Kraft allmählig, und gelangt zu einem relativen Maximum, wenn unmittelbar nach dem kürzeren ein längerer Leiter in die Kette gebracht wird.

Erst längere Zeit nachher gelangte ich zu einem dritten Gesetze, dass ich in folgenden Worten mitgetheilt habe**):

3) Der Umfang des Wogens und sein Verhältniss zur ursprünglichen Kraft richtet sich lediglich nach der Intensität des Stromes innerhalb der Flüssigkeitsschicht.

Dieser dritte Satz ist die Frucht langer und mühsamer experimentaler Nachforschungen, die demungeachtet noch weiter fortgesetzt zu werden verdienen; denn dieser dritte Satz enthält nicht nur die beiden vorangehenden, sondern auch alle übrigen Eigenthümlichkeiten des Wogens, ja alle Besonderheiten der hydroelektrischen Kette überhaupt in sich, wie ich bald darthun werde. Zuvor aber muss ich noch, um, so viel in meinen Kräften steht, alle Ungewissheit von diesem Gegenstande zu verjagen, noch eine kleine Abschweifung machen.

Fechner äussert sich im dritten Bande der neuesten Uebersetzung von Biot's Experimental-Physik (S. 159) über

*) Vgl. d. Jahrb. N. R. XIV. S. 116 [7].

**) Vgl. d. Jahrb. N. R. XXV. S. 22 [217].

die beiden der ersten vorangeschickten Sätze folgendermassen: „Ich habe zuvörderst oft eine Beobachtung von Ohm bestätigt gefunden, zufolge welcher, wenn man, bei merklich konstant gewordener Kraft der Kette, einen schlechten Zwischenleiter in sie bringt, die hierdurch sofort verminderte Kraft allmählig wieder zu steigen anfängt; dagegen, wenn man den Leitungsdraht verkürzt, die Wirkung zwar sofort hierdurch verstärkt wird, aber ällmählig von da an sinkt; eben so habe ich öfters beobachtet, dass, wenn ich einen Theil einer erregenden Oberfläche aus der Kette wegliess, die Kraft nicht beim ersten Grade des hierdurch bedingten Sinkens stehen blieb, sondern von da an allmählig immer weiter sank. *Es müssen jedoch bei dieser Art des Wogens noch besondere Bedingungen obwalten, von denen es abhängt;* denn ich habe bei vielen Versuchen die Länge des Schliessungsdrahtes vom Einfachen auf's Fünfzehnfache erhöht, ohne während der ersten Minute, welche zur Messung der Kraft gebraucht wurde, die geringste Zunahme der, durch diesen vermehrten Leitungswiderstand beträchtlich verminderten, Kraft wahrnehmen zu können, wie daraus erhellet, dass die ersten Oscillationen mit den letzten während dieser Zeit vollkommen isochronisch waren, während unter anderen Umständen schon bei geringerer Verlängerung des Leitungsdrahtes die Wirkungszunahme binnen der ersten Minute sehr merklich war. Eben so habe ich das durch Verkleinerung der erregenden Oberfläche bewirkte Wogen der Kraft nur unter gewissen Umständen bemerkt; unter anderen war es, von der ersten bis zur letzten Platte, die ich aus der Kette liess, durchaus unmerklich. Ich weiss die Umstände, auf die es hierbei ankommt, nicht mit Bestimmtheit anzugeben, doch hat es mir geschienen, dass die letzte Art des Wogens, namentlich bei grosser Länge des Drahtes und bei kleinen Platten wenn ich mit Weglassung der Platten aus der erregenden Oberfläche zu den letzten Platten gelangte, einträte, wiewohl auch in diesem Falle öfters nichts davon zu bemerken war.“ — Durch solche Aeusserungen eines Mannes, dessen Reden Thaten wiedergeben, musste ich mich bewogen fühlen, meine Aussagen wiederholt und strenge zu prüfen, und so habe ich auf's Neue wieder ihre Richtigkeit und Allgemeinheit, und zwar innerhalb noch engerer Grenzen als zuvor, erkannt; denn schon Aenderungen in der Länge des Schliessungsdrahtes von nur wenigen Fussen, ja zuweilen von nur wenigen Zollen, waren stets im Stand, alle jene Phänomene deutlich anzuzeigen, wenn ich das oben beschriebene Verfahren, die Wirkung gleich im ersten Augenblicke der geschehenen Aenderung zu bestimmen, in Anwendung brachte, wobei man freilich nicht ausser Acht lassen darf, dass ich in der Regel mit einem Plattenpaare von nahe drei Quadratfuss Oberfläche, jedoch ohne Multiplikator, experimentirte.

Fechner gehört jedoch nicht unter jene Beobachter, auf deren Unachtsamkeit man solche Unterschiede zu schieben sich berechtigt glauben könnte, daher muss der Grund dazu wohl tiefer liegen, und der Gegenstand verdient es ohne Zweifel, dass ich meine Gedanken hierüber noch in gedrängter Kürze mittheile. Erstlich ist zu bemerken, dass alle Aeusserungen des Wogens verhältnissmässig um so geringer ausfallen, je grösser, unabhängig von dem veränderlichen Theile der Leitung, der noch ausserdem vorhandene Widerstand in der Kette ist; denn daraus lässt sich schliessen, dass bei Fechner's gewöhnlicher Anordnung Hunderte von Fussen des Schliessungsdrahtes keinen grösseren verhältnissmässigen Einfluss haben können, als bei meinem Apparate Drahtlängen von einzelnen Fussen. Dabei habe ich den Umstand, dass auch die absoluten Grössen der einzelnen Wirkungen in einem ähnlichen Verhältnisse bei Fechner geringer werden, gar nicht in Anschlag gebracht, denn diese Schwächung wird in seinen Versuchen durch die Vervielfältigung des Multiplikators wieder gut gemacht. In dem hier bezeichneten Umstande liegt der Grund, warum die durch Aenderungen im Schliessungsdrahte hervorgerufenen Abstufungen des Wogens an Fechner's Vorrichtung stets nur schwach auftreten konnten, denn schon der doch immer vorhandene Multiplikatordraht, wenn ich auch den Unterschied im Leitungswiderstande der Flüssigkeit nicht noch besonders in Rechnung bringen wollte, setzt jenen Abstufungen ziemlich enge Schranken. Sodann ist nicht ausser Acht zu lassen, dass nicht in allen Flüssigkeiten, und in derselben Flüssigkeit unter allen Umständen, die Erscheinungen des Wogens mit gleicher

Stärke hervortreten. So hören z. B. in Brunnenwasser, nachdem die Kette in ihm acht Tage lang geschlossen war, alle Erscheinungen des Wogens fast gänzlich auf, und in reinem Wasser sind sie zugleich von vorn herein unmerklich; aber auch da, wo sie kein Ende nehmen, können sie doch allmählig immer schwächer werden, und dann unter Umständen die Beobachtung schwierig machen. Gesellt sich nun zu der vorigen Ursache, die Abstufungen des Wogens zu vermindern, auch noch die, dass die Flüssigkeit entweder an und für sich schon oder in Folge langer Schliessung zur Bildung der Erscheinung nicht sehr gut geeignet ist, so ist leicht zu begreifen, wie sie dem Beobachter ganz und gar entgehen kann. Endlich ist aber in den Fechner'schen Versuchen noch eine dritte Ursache thätig, die zur Versteckung schwacher Erscheinungen dieser Art mächtig beiträgt und der ich auch hauptsächlich Fechner's häufiges Nichtgewahrwerden derselben zur Last zu legen geneigt bin. Wenn nämlich das Steigen oder Fallen der Wirkung nicht sehr bedeutend ist, so hängt alles davon ab, den ersten Augenblick, in welchem die Veränderung vor sich geht, fest zu halten, wenn man selbst in einem solchen Falle von dem Dasein der Erscheinung sich noch bestimmt versichern will, weil sonst in ganz kurzer Zeit, und nicht selten noch innerhalb der ersten Sekunde, die Veränderung bereits soweit abgelaufen ist, dass sie von da ab nicht mer fühlbar in die Sinne fällt. Nun verlangt aber die Art, wie Fechner das Mass der Wirkung nimmt, in jedem Falle eine, mehrere Sekunden umgreifende Zeit, so dass schon bei der ersten Bestimmung eine, blos durch die Beobachtungsweise herbeigeführte, Vertheilung der zu suchenden Grösse stattfindet, deren Auffindung dadurch in den meisten Fällen unmöglich gemacht wird. Obgleich die angeführten Gründe allein schon hinreichend sein dürften, die Allgemeinheit der obigen zwei ersten Sätze in Schutz zu nehmen, so ist es mir doch sehr lieb, dass sich derselbe Zweck noch auf eine andere, davon sehr verschiedene, Weise erreichen lässt; es stehen nämlich alle Erfahrungssätze dieser Art in einem so innigen Zusammenhange zu einander, dass bestrittene als nothwendige Folgen von unbestrittenen sich rechtfertigen lassen, wie aus dem Folgenden von selbst erhellen wird.

Nach dieser Abschweifung werde ich nun eine nähere Bestimmung der Natur des Wogens aus dem dritten der obigen Gesetze versuchen. Zu dem Ende wollen wir uns eine einfache Kette denken, welche im noch ungeschlossenen Zustande die Spannung A und den Leitungswiderstand L besitzt, so ist in Gemässheit der allgemeinen galvanischen Gesetze

$$\frac{A}{L}$$

die Grösse ihres Stromes im ersten Momente des Schliessens. War nun die Kette mit einer zum Wogen geeigneten Flüssigkeit gebildet, so wird die Grösse des Stromes dieser Kette vom ersten Augenblick ihres Geschlossenseins an stets abnehmen und den, im vorigen Abschnitte gegebenen, Erörterungen zufolge, an jeder Stelle, die man besonders hervorzuheben Lust trägt, immer durch

$$\frac{A-x}{L}$$

vorgestellt werden können, wenn man nur für x jedesmal den, dieser Stelle zukommenden, Werth setzt, vorausgesetzt, dass wir hier von einer, erst nach längerer Zeit deutlich sich herausstellenden, Aenderung des Leitungswiderstandes absehen. Sucht man den Werth von x, nach der im vorigen Abschnitte beschriebenen Methode, für verschiedene, vom Augenblick des Schliessens an gerechnete und auf einander folgende Zeiten auf: so wird man finden, dass dieser Werth allmählig immer grösser wird, aber in einem so schnell abnehmenden Verhältnisse, dass bald der Zeitpunkt eintritt, von wo ab der Werth von x keinen fühlbaren Zuwachs mehr erhält. Den Zustand der Kette in dem Augenblicke, wo x eben seinen grössten Werth erlangt hat, werde ich ihren *bleibenden Zustand* nennen. Alle Aenderungen in der Kette, welche noch nach dem Eintritt ihres bleibenden Zustandes vorfallen, beziehen sich nur noch auf ihren Leitungswiderstand und sind, wenn man schnell sich abändernde Flüssigkeiten von den Versuchen ausschliesst, in nicht sehr beträchtlichen Zeiträumen von keinem grossen Belang; deswegen lässt sich auch der bleibende Zustand in der Regel doch immer noch mit ziemlicher Genauigkeit angeben, obgleich er seiner Natur nach keine scharfen Grenzen hat. Jeder der auf ihn folgenden Zustände ist selber immer wieder ein bleibender Zustand, in welchem aber der Leitungswiderstand der Kette eine Aenderung erfahren hat, oder, um noch deutlicher zu reden, es ist der bleibende Zustand, für eine Kette von etwas abgeänderter Beschaffenheit, wie daraus erhellt, dass der abgeänderte Leitungswiderstand durch kein Oeffnen der Kette auf seinen alten Werth zurück gebracht werden kann, während die Aenderung in der Spannung dadurch immer wieder aufgehoben wird. Der dem bleibenden Zustande der Kette zugehörige grösste Werth von x bestimmt den *Umfang* des Wogens, dessen nähere Bestimmung durch den dritten der obigen Erfahrungssätze gegeben wird; weil nämlich diese grösste Spannungsänderung x nach dem Oeffnen der Kette wieder verschwindet, auf eine ähnliche Weise wie sie sich allmählig gebildet hat, wodurch die bis zu dem Werthe $\frac{A-x}{L}$ gesunkene Kraft allmählig wieder zu der Stärke $\frac{A}{L}$ entweder ganz oder doch sehr nahe hingelangt: so wird das Wogen offenbar durch nichts Anderes bedingt, als durch diese, abwechselnd sich bildende und wieder verschwindende, Spannungsänderung und sein Umfang, d. h. die grösste Weite der dadurch in der Grösse des Stromes bewirkten Aenderungen wird dann natürlich durch den grössten Werth von x gegeben Die unmittelbare Beobachtung des ersten, in einer veränderlichen Kette eingetretenen, bleibenden Zustandes kann wegen der schon früher angeregten Unbestimmtheit seiner Grenzen in vielen Fällen nicht leicht in der erforderlichen Schärfe geschehen, wohl aber kann fast immer der grösste Werth von x mit grosser Sicherheit erhalten werden, und damit ist denn jener erste bleibende Zustand unmittelbar gegeben. Uebrigens will ich gleich hier bemerken, dass die Schwierigkeit, welche mit der Bestimmung des ersten bleibenden Zustandes einer Kette verbunden ist, wegfällt, wenn man blos zum Zwecke hat, worauf gerade die meisten Versuche sich beschränken, die zu beliebig vorgenommenen Aenderungen im Leitungswiderstande gehörigen bleibenden Zustände einer wogenden Kette unter der Bedingung aufzusuchen, dass alle diese bleibenden Zustände sich auf eine und dieselbe, durch sekundäre Wirkungen noch nicht verfälschte, Flüssigkeit beziehen; man erhält sie nämlich, ohne viel Mühe und doch mit grosser Genauigkeit, wenn man von irgend einem bleibenden Zustande der mit dem kleinsten Leitungswiderstande versehenen Kette ausgeht, dann die Vermehrung des Leitungswiderstandes, ohne die Kette zu öffnen, eintreten lässt, und hierauf die entstehende Wirkung auf dem Punkte nimmt, wo sie sich am grössten zeigt. Der Grund, warum sich durch dieses Verfahren, welches ich gleich bei meinen ersten, noch sehr unvollkommenen, Versuchen, blos von einem dunkeln Gefühle geleitet, eingehalten habe*), sichere Resultate erhalten lassen, wird durch die folgenden Betrachtungen an's Licht gezogen.

Der Umfang des Wogeus, d. h. der grösste Werth von x richtet sich nun nach Aussage des dritten der obigen Erfahrungssätze, den ich auf dem angezeigten Wege durch Versuche ermittelt habe, lediglich nach der Intensität des Stromes innerhalb der Flüssigkeitsschicht; nennen wir daher S die Grösse des Stromes im bleibenden Zustande der Kette, und ω den Querschnitt der Füssigkeitssäule, so ist $\frac{S}{\omega}$ die Intensität des Stromes innerhalb der Flüssigkeit, folglich werden wir, wenn L den Leitungswiderstand der Kette und A ihre Spannung, wie sie nach Aufhebung des Wogens durch Oeffnen der Kette stattfände, vorstellt, zu gleicher Zeit

$$S = \frac{A - x}{L} \text{ und } x = \alpha \frac{S}{\omega}$$

haben, wobei α einen konstanten, von der jedesmaligen Natur der Flüssigkeit abhängigen, Koefficienten anzeigt. Setzen wir den Werth von x aus der zweiten Gleichung in die erste, so erhalten wir die folgende:

$$S = \frac{A - \frac{\alpha}{\omega} . S}{L},$$

und diese Gleichung wird uns dazu dienen, nicht nur alle Eigenschaften des Wogens, sondern überhaupt alle Eigenschaften

*) Vgl. d. Jahrb. N. R. XIV. S. 114 [5].

der hydroelektrischen Kette aus einem einzigen Erfahrungssatze, dem dritten der oben angezeigten, worauf diese Gleichung gegründet worden ist, streng und einfach abzuleiten. Ob der grösste Werth von x unter allen Umständen der Intensität des Stromes und zwar *völlig* genau proportional sei, will ich nicht mit Bestimmtheit weder bejahen noch verneinen, obgleich meine eigenen Versuche sehr dafür sprechen und auch die Fechner'schen sich dafür verbürgen, wie ich an seinem Orte zeigen werde. Wenn sich aber auch in Zukunft x als irgend eine andere, jener sich blos annähernde Function von $\frac{S}{\omega}$ erweisen sollte, worüber weiter fortgesetzte Versuche allein entscheiden können: so bleiben deshalb doch noch alle hier daraus gezogenen Folgerungen im Wesentlichen ganz dieselben, weil es sich zunächst mehr um die Art, als um die Grösse der Erscheinung handelt, und also von einem unbedeutenden Mehr oder Minder noch gar nichts abhängt.

Um zunächst einzusehen, wie die zwei ersten der obigen drei Erfahrungssätze in dem so eben erhaltenen Resultate schon enthalten sind, wollen wir uns ganz wieder die vorige Kette denken, aber in der zuletzt erhaltenen Gleichung der Kürze wegen b statt $\frac{a}{\omega}$ setzen, so dass sie wird:

$$1)\qquad S = \frac{A - b\,S}{L}.$$

Vermehren wir den Leitungswiderstand der vorigen Kette um l, so dass L in $L + l$ übergeht, während A und b ungeändert bleiben, und nennen wir S' die Stromesgrösse dieser neuen Kette in ihrem bleibenden Zustande, so ist in Gemässheit derselben Gleichung:

$$2)\qquad S' = \frac{A - b\,S'}{L + l}.$$

In dieser zweiten Kette wirkt während ihres bleibenden Zustandes die Spannung $A - b\,S'$ und der Leitungswiderstand $L + l$; entfernt man daher aus dieser Kette plötzlich wieder, nachdem sie ihren bleibenden Zustand erreicht hat, den zuvor in sie eingeführten Theil l des Leitungswiderstandes, so dass nur noch der Leitungswiderstand L übrig bleibt, und nennt

S'' die Stromesgrösse der so umgewandelten Kette im ersten Augenblicke der geschehenen Veränderung: so muss offenbar, weil dieser Strom S'' durch den noch vorhandenen Leitungswiderstand L und durch die im ersten Momente der geschehenen Veränderung noch unverkürzt vorhandene Spannung $A - b\,S'$ hervorgerufen wird, kraft der allgemeinen galvanischen Gesetze sein:

$$3) \qquad S'' = \frac{A - b\,S'}{L},$$

während der bleibende Zustand dieser Kette durch die Gleichung (1) gegeben ist; es werden demnach vom Augenblicke der geschehenen Veränderung im Leitungswiderstande an Aenderungen innerhalb der Flüssigkeit vor sich gehen, so lange, bis die Kette aus dem, durch die Gleichung (3) bezeichneten Zustand in ihren durch die Gleichung (1) gegebenen bleibenden Zustand gekommen ist. Ist diese Kette in ihrem bleibenden Zustand angelangt, woselbst der Gleichung (1) zufolge ihre Spannung $A - b\,S$ und der Leitungswiderstand L ist, und lässt man nun plötzlich wieder ihren Leitungswiderstand um die Grösse l wachsen, so dass der Leitungswiderstand der so abgeänderten Kette wieder $L + l$ wird, und bezeichnet man durch S''' die Grösse des Stromes im ersten Augenblicke der geschehenen Veränderung: so wird, weil in diesem Augenblicke die zuvor gebildete Spannung $A - b\,S$ noch unverkürzt zugegen ist, den allgemeinen galvanischen Gesetzen gemäss sein:

$$4) \qquad S''' = \frac{A - b\,S}{L + l},$$

während der bleibende Zustand der jetzigen Kette durch die Gleichung (2) gegeben ist; es werden demnach, vom Augenblicke der im Leitungswiderstande vorgenommenen Veränderung an, Aenderungen innerhalb des flüssigen Theiles vor sich gehen, so lange, bis die Kette aus dem durch die Gleichung (4) bezeichneten Zustand in ihren durch die Gleichung (2) gegebenen bleibenden Zustand gekommen ist. Hierbei ist der grösseren Einfachheit halber stets vorausgesetzt worden, dass keine durch die chemische Veränderung der Flüssigkeit bewirkte Aenderung des Leitungswiderstandes eintritt, oder wenigstens, dass diese Aenderung während der Dauer der Versuche so gering ist, um ohne Nachtheil für die Genauigkeit vernachlässigt werden zu können.

Aus der Gleichung (1) erhält man

$$A = (b + L)\, S$$

und aus der Gleichung (2)

$$A = (b + L + l)\, S',$$

und aus diesen beiden folgt

$$(b + L)\, S = (b + L + l)\, S',$$

oder

$$S : S' = (b + L + l) : (b + L)$$

d. h. die Stromesgrössen zweier hydroelektrischer Ketten in ihrem bleibenden Zustande, die sich in nichts als in der Grösse ihrer Leitungswiderstände von einander unterscheiden, verhalten sich zu einander umgekehrt, wie ihre um eine konstante Grösse b vermehrten Leitungswiderstände, welche Proportion dazu dienen kann, die eine dieser Stromesgrössen durch die andere auszudrücken. Aus Gleichungen (2) und (3) erhält man

$$S'' = \frac{L + l}{L} \cdot S',$$

und aus den Gleichungen (1) und (4)

$$S''' = \frac{L}{L + l} \cdot S.$$

Drückt man nun mit Hülfe der zuvor erhaltenen Proportion S' durch S und S durch S' aus, so gehen die beiden letzten Gleichungen über in:

$$S'' = \frac{L + l}{L} \cdot \frac{b + L}{b + L + l} \cdot S,$$

und

$$S''' = \frac{L}{L + l} \cdot \frac{b + L + l}{b + L} \cdot S',$$

und diese verwandeln sich durch eine ganz leichte Umformung in:

$$S'' = \frac{L\,(b + L) + l\,L + b\,l}{L\,(b + L) + l\,L} \cdot S$$

und

$$S''' = \frac{L(b+L) + lL}{L(b+L) + lL + bl} \cdot S',$$

deren einfache Beschauung schon zu erkennen giebt, dass ohne alle Einschränkung $S'' > S$ und $S''' < S'$ sein müsse, d. h. *dass der im ersten Moment einer eintretenden Verminderung des Leitungswiderstandes in einer so eben noch in ihrem bleibenden Zustande gewesenen Kette entstehende Strom stets grösser sein müsse, als später im bleibenden Zustande der so abgeänderten Kette; und dass der im ersten Moment einer eintretenden Vermehrung des Leitungswiderstandes in einer so eben in ihrem bleibenden Zustande gewesenen Kette entstehende Strom stets kleiner sein müsse, als später im bleibenden Zustande der so abgeänderten Kette.* Der hier aus der einen Grundgleichung abgeleitete Satz ist aber nichts weiter als der obige zweite Erfahrungssatz, und der dortige erste Satz ist ohnehin nur eine unmittelbare Folge derselben Gleichung. In dieser Gleichung stecken aber auch alle übrigen bis jetzt beobachteten Eigenthümlichkeiten des Wogens, wie ich noch kurz zeigen werde.

Zu diesem Zwecke wollen wir wieder eine einfache Kette in's Auge fassen, die im noch ungeschlossenen Zustande die Spannung A und den Leitungswiderstand L besitzt, also im ersten Moment einen Strom von der Grösse

$$\frac{A}{L}$$

giebt, und in ihrem bleibenden Zustand einen Strom von der Grösse S annimmt, welche durch die Gleichung

$$S = \frac{A - bS}{L}$$

gegeben wird, in welcher b den Quotienten $\frac{a}{\omega}$ vorstellt. Stellt man aus dieser letzteren Gleichung den Werth von S entwickelt dar, so findet man

$$S = \frac{A}{b + L};$$

demnach ist der Unterschied zwischen der Grösse des Stromes in beiden Fällen:

$$\frac{A}{L} - \frac{A}{b+L},$$

oder wenn man auf gleiche Benennung bringt und abzieht:

$$\frac{b}{b+L} \cdot \frac{A}{L};$$

es giebt mithin der Quotient $\frac{b}{b+L}$ das Verhältniss des Unterschiedes zwischen beiden Stromesgrössen zur Grösse des im ersten Momente des Schliessens auftretenden Stromes zu erkennen, welches Verhältniss von Fechner in dem schon erwähnten Bande von Biot's Physik (S. 279—300) die *Wirkungsabnahme* der Kette genannt worden ist. Ich beziehe diesen Begriff der Wirkungsabnahme dabei immer nur auf den (ersten) bleibenden Zustand der Kette, wiewohl er sich auch auf alle ihre anderen Zustände ausdehnen lässt, von denen aber hier nirgends die Rede ist. Setzt man in dem die Wirkungsabnahme bezeichnenden Ausdruck $\frac{b}{b+L}$ für b wieder seinen Werth $\frac{a}{\omega}$, so verwandelt er sich in

$$\frac{a}{a + L\omega},$$

und giebt in dieser Form sogleich zu verstehen, dass die Wirkungsabnahme in einer wogenden Kette um so geringer ausfallen wird, je grösser L ist, und dass eine Vermehrung von L keine fühlbare Aenderung der Wirkungsabnahme zur Folge haben wird, wenn dabei der Werth von ω unverändert bleibt, und die Vermehrung von L im Vergleich zu L selbst nur sehr gering ist, welche Folgerungen unter verschiedenen Umständen durch Fechner's Versuche (a. a. O. S. 285, 286, 288) bekräftigt werden. Weil in dem voranstehenden Ausdrucke für die Wirkungsabnahme ω den Querschnitt der Flüssigkeit vorstellt, und L zusammengesetzt ist aus dem Widerstande der Flüssigkeit, welcher dasselbe ω im Nenner enthält, und dem übrigen Widerstande der Kette, der im Allgemeinen von ω unabhängig sein wird, so ist es in der Regel gestattet, dem Produkte $L\omega$ die Form $l\omega + \Lambda$ zu geben, wo l den Widerstand der Kette mit Ausnahme der Flüssigkeit bezeichnet, und Λ den mit ω multiplicirten Widerstand der Flüssigkeit, so dass Λ einen von ω unabhängigen Werth vorstellt. Demgemäss geht der Ausdruck für die Wirkungsabnahme über in

$$\frac{a}{a + \Lambda + l\,\omega},$$

und in dieser Gestalt giebt er zu erkennen, dass sie unter übrigens gleichen Umständen um so grösser ausfallen wird, je kleiner ω wird. Damit stimmen die von Fechner (a. a. O. S. 289) vorläufig gegebenen Andeutungen recht wohl zusammen; denn dass starke und zugleich stark wogende Leitungsflüssigkeit zur bequemen Beobachtung dieser Erscheinung erforderlich sei, folgt einfach daraus, weil durch den einen Umstand $l\,\omega$ in Vergleich zu Λ bedeutend genug wird, um Unterschiede in dem Werth von $l\,\omega$ fühlbar werden zu lassen, und der andere Umstand macht den Werth von a grösser, mit welchem zugleich, und fast in demselben Verhältnisse, die Wirkungsabnahme selbst anwächst und in demselben Masse die Beobachtungen sicherer werden lässt. Was die dort von Fechner erwähnte sprungsweise Abnahme der Kraft in gewissen Fällen anlangt, so kann ich über deren Ursache mir keine deutliche Vorstellung machen, da die einzelnen Fälle nicht näher bestimmt worden sind. Im Allgemeinen aber kann ich meinen eigenen Erfahrungen zu Folge zwei Ursachen angeben, die zu der Erscheinung einer sprungweisen Aenderung der Kraft Anlass geben können. Die eine, welche ich immer nur in sehr lange geschlossenen Ketten wahrgenommen habe, rührt, wie ich schon an einem anderen Orte angemerkt habe, von festen Theilen her, die sich aus der Flüssigkeit und den Metallen erzeugen, an letztere anlegen und hier einen Ueberzug bilden, der sich zuweilen stellenweise ablöst und dann gewöhnlich eine plötzliche *Vermehrung* der Kraft nach sich zieht. Die andere hat darin ihren Grund, dass manche Flüssigkeiten, namentlich Säuren, nicht immer gleich im ersten Augenblicke zum Wogen geeignet sind, sondern erst später, nachdem sie mit den Metallen einige Zeit in Berührung geblieben sind und Theile davon in sich aufgenommen haben, das Wogen eintreten lassen; in diesem Falle kann daher die *Verminderung* der Kraft einige Zeit hindurch unmerklich bleiben und dann plötzlich mit schnellem Wachsthume sich geltend machen. Ob diese letztere Ursache zu jener von Fechner beobachteten sprungweisen Abnahme der Kraft geführt habe, das werden wir am besten von diesem Gelehrten selbst erfahren können, der bei seinen Versuchen alle einzelnen Umstände anzumerken pflegt. Es verdient hier noch einer besonderen Erwähnung, dass obigem Ausdrucke gemäss die Wirkungsabnahme dieselbe bleibt in solchen Ketten, in denen, alles übrige gleich genommen, die Querschnitte aller Theile in gleichem Verhältnisse sich geändert haben, weil dann auch noch aus dem Produkte $l\omega$ das ω fortgeht und einem unveränderlichen Verhältnisse Platz macht. Dieses Ergebniss aus der Formel ist um so merkwürdiger, je mehr es sich von selbst versteht, da es, genau genommen, nichts anderes sagt, als dass die Wirkungsabnahme dieselbe bleibt, ob eine einzige oder ob mehrere dieser völlig gleiche, mit einander zu einer einzigen vereinigte Ketten gleichzeitig thätig sind.

Obgleich bisher immer nur von der einfachen Kette die Rede gewesen ist, so lassen sich doch alle dabei vorgekommenen Betrachtungen mit der grössten Leichtigkeit auf jede, noch so sehr zusammengesetzte Kette ausdehnen; denn da wir uns in den Stand gesetzt haben, die in einer einzigen Flüssigkeit durch den galvanischen Strom bewirkten Veränderungen, wodurch das Wogen der Kette veranlasst wird, näher zu bestimmen, so werden wir in Ketten, die aus mehreren einfachen Elementen zusammengesetzt sind, nichts weiter zu thun haben, als die zuvor erkannten Eigenthümlichkeiten der einen Flüssigkeit auf jede in der zusammengesetzten Kette vorkommende Flüssigkeit wiederholt in Anwendung zu bringen, um den Gesammteffekt aller in der Kette auftretenden Flüssigkeiten durch Summirung zu erhalten. Wir wollen uns der Einfachheit halber n unter sich völlig gleiche Elemente vorstellen, von denen jedes im noch ungeschlossenen Zustande der Kette die Spannung A und den Leitungswiderstand λ besitzt: so wird eines von diesen Elementen, wenn es durch einen Leiter von dem Widerstande l geschlossen wird, im ersten Moment einen Strom von der Grösse

$$\frac{A}{\lambda + l}$$

hervorbringen und in seinem bleibenden Zustend einen Strom von einer gewissen Grösse S geben, welche durch die Gleichung

$$S = \frac{A - b\,S}{\lambda + l}$$

bestimmt wird, wobei b die diesem Buchstaben oben schon gegebene Andeutung haben soll und dessen Werth als durch vorangegangene Versuche bereits schon aufgefunden gedacht wird. Werden aber alle n Elemente, welche wir uns säulenförmig an einander gereiht vorstellen, durch einen Leiter von der Widerstandslänge l' geschlossen: so wird im ersten Momente des Schliessens, vermöge der allgemeinen galvanischen Gesetze, ein Strom von der Grösse

$$\frac{n\,A}{n\,\lambda + l'}$$

entstehen, und im bleibenden Zustande wird diese zusammengesetzte Kette einen Strom von einer noch unbekannten Grösse S' hervorrufen, und diese Grösse S' wird durch die Gleichung

$$S' = \frac{n\,A - n\,b\,S'}{n\,\lambda + l'}$$

bestimmt werden müssen, weil der Strom S', wie er auch ausfallen möge, in jeder Flüssigkeit für sich die Spannungsänderung $b\,S'$ sonach in allen n Flüssigkeiten zusammengenommen die Spannungsänderung $n\,b\,S'$ den früheren Betrachtungen gemäss bewirken wird. Man sieht hieraus, dass alle einzelnen Werthbestimmungen in der aus n Elementen zusammengesetzten Kette sich aus denen, welche für die einem dieser Elemente entsprechende einfache Kette erhalten werden, herleiten lassen, dadurch, dass man blos $n\,A$ anstatt A, $n\,b$ anstatt b, $n\,\lambda$ anstatt λ, l' anstatt l, und mithin $n\,\lambda + l'$ anstatt $\lambda + l$ in den einzelnen Ausdrücken setzt. Nun ist aber die Wirkungsabnahme in der einfachen Kette obigen Formeln gemäss

$$\frac{b}{b + \lambda + l},$$

weil hier $\lambda + l$ das ist, was dort durch L bezeichnet worden, und dieser Ausdruck geht durch die erwähnte Substitution über in:

$$\frac{nb}{nb + n\lambda + l'};$$

sonach wird durch diesen letzten Ausdruck die Wirkungsabnahme in der aus n solchen Elementen zusammengesetzten Kette, die durch einen Leiter vom Widerstande l' geschlossen worden ist, angezeigt. Hieraus ersieht man auf der Stelle, dass, so lange $l' = l$ ist, die Wirkungsabnahme in der aus mehreren Elementen zusammengesetzten Kette grösser ausfallen werde, als in der einfachen Kette, was auch Fechner's Versuche (a. a. O. S. 287) bestätigt haben; man wird aber ohne Mühe durch die Vergleichung der beiden obigen Ausdrücke mit einander zu noch viel bestimmteren Gesetzen gelangen können. Es verriethe wenig Takt, wenn ich dergleichen besondere Gesetze in einer Arbeit, wie die gegenwärtige, wo es mir nur darum zu thun ist, einen sicheren Standpunkt für die Betrachtung galvanischer Erscheinungen zu gewinnen, einzeln angeben wollte, da ihre Herleitung aus der allgemeinen Formel doch immer nur höchst einfach, wie diese selbst, sein kann, und daher am besten jedesmal an die Spitze der mit ihnen sich befassenden Versuche gestellt wird. Darum habe ich in diesem Abschnitte stets nur auf solche Folgerungen hingewiesen, für welche Versuche schon vorhanden waren, und glücklicher Weise trafen sich diese in solcher Menge, dass ich ein spezielleres Eingehen in meine eigenen Erfahrungen vermeiden konnte, die billiger Weise in den Hintergrund sich stellen, da wo das Wohl der Sache die Prüfung von einem Anderen gebieterisch verlangt.

Wenn, wie fast immer zu geschehen pflegt, das Wogen in der hydroelektrischen Kette nur durch Gegenspannungen, die durch den Strom in einer rasch abnehmenden Weise gebildet werden und nach dem Oeffnen der Kette wieder in derselben Art verschwinden, veranlasst wird: so folgt von selbst, dass die mit dem Wogen verknüpften Veränderungen der Kette auch am Elektrometer eigenthümliche Erscheinungen hervorrufen werden, deren Umfang sich leicht aus den bisher aufgestellten Formeln entnehmen lässt, wie ich an der eben behandelten, aus n unter sich völlig gleichen Elementen zusammengesetzten Säule, für welche die Gleichung

$$S' = \frac{n\,A - n\,b\,S'}{n\,\lambda + l'}$$

die Grösse ihres Stromes im bleibenden Zustande der Kette hergiebt, während der anfängliche Strom durch den Ausdruck

$$\frac{n\,A}{n\,\lambda + l'}$$

vorgestellt wird, darthun werde. Da nämlich durch das Wogen der Kette nichts weiter geschieht, als dass allmählig, den ursprünglichen Spannungen $n\,A$ entgegen, Spannungen bis zur Grösse $n\,b\,S'$ durch den Strom eingeführt werden: so drückt offenbar $n\,b\,S'$ die gesammte grösstmögliche Spannungsverminderung aus, welche die Säule durch ihr Geschlossensein erleiden kann. Aus der Gleichung

$$S' = \frac{n\,A - n\,b\,S'}{n\,\lambda + l'}$$

findet man aber

$$S' = \frac{n\,A}{n\,b + n\,\lambda + l'},$$

und setzt man diesen Werth von S' in $n\,b\,S'$, so erhält man für die grösste Spannungsverminderung der Säule den Ausdruck

$$\frac{n\,b}{n\,b + n\,\lambda + l'}\,.\,n\,A.$$

Das Verhältniss dieser Spannungsverminderung zur ursprünglichen Spannung $n\,A$, oder die *relative* Spannungsverminderung der Säule wird also sein:

$$\frac{n\,b}{n\,b + n\,\lambda + l'},$$

d. h. genau dieselbe Grösse, welche früher schon unter dem Namen der Wirkungsabnahme der Kette vorgekommen ist; die relative Spannungsverminderung einer Säule wird mithin ganz denselben Gesetzen unterworfen sein, welche die Wirkungsabnahme befolgt. Man kann diese Gesetze am leichtesten überblicken, wenn man für b wieder seinen Werth $\frac{a}{\omega}$ setzt, und dadurch den vorstehenden Ausdruck in folgenden umwandelt:

$$\frac{n\,a}{n\,a + n\,\lambda\,\omega + l'\,\omega},$$

welcher, wenn man Λ für $\lambda\,\omega$ setzt, wobei dann ω in Λ nicht mehr vorkommt, übergeht in

$$\frac{a}{a + \Lambda + \frac{l'\,\omega}{n}}.$$

Dieser Ausdruck, welcher, wie wir gesehen haben, sowohl die relative Abnahme des Stromes als der Spannung im bleibenden Zustande der Kette, d. h. für den Fall, wo die Abnahme ihren grössten Werth erlangt hat, anzeigt, giebt zu erkennen, dass die Kraftabnahme einer hydroelektrischen Kette hauptsächlich von dem Werthe a, d. h. von der chemischen Natur der Flüssigkeit, wodurch das Wogen veranlasst wird, abhängt, ausserdem aber auch noch, wiewohl in geringerem Masse, wächst, je kleiner Λ wird, d. h. je geringer der Abstand der die Flüssigkeit begrenzenden Metallplatten von einander und je grösser das Leitungsvermögen der Flüssigkeit wird. Bleiben aber auch alle vorigen Elemente unausgesetzt dieselben, so wird doch die Kraftabnahme noch vergrössert werden können dadurch, dass man den Werth $\frac{l'\,\omega}{n}$ kleiner werden lässt, also durch eine Verringerung des Widerstandes l', welcher dem Schliessungsdraht angehört, durch eine Verkleinerung des Querschnittes ω, den die Flüssigkeit hergiebt, und durch eine Vermehrung der Anzahl n der Elemente, woraus die Säule besteht. Insbesondere fliessen aus obiger Formel noch folgende Gesetze, die eine ausdrückliche Bestätigung durch Versuche verdienen. In Säulen nämlich, die mit einer und derselben Flüssigkeit aufgebaut werden, und in welchen der Abstand der Platten, zwischen denen sich die Flüssigkeit befindet, stets derselbe bleibt, wird auch die Kraftabnahme stets dieselbe sein: *erstlich* wenn sich bei gleichem Querschnitte der Flüssigkeit der Widerstand des Schliessungsdrahtes wie die Anzahl der Elemente verhält; *zweitens* wenn sich bei einerlei Schliessungsdraht der Querschnitt der Flüssigkeit wie die Anzahl der Elemente verhält; *drittens* wenn bei gleicher Anzahl der Elemente der Widerstand des Schliessungsdrahtes zum Querschnitte der Flüssigkeit im umgekehrten Verhältnisse steht. Diese drei Gesetze, von denen jedes schon in den beiden anderen enthalten ist, bleiben wahr, auch wenn die mit einander zu vergleichenden Säulen nicht aus denselben Metallen zusammengesetzt sind, wenn nur in allen Fällen der Werth von a derselbe bleibt, was freilich blos ausnahmsweise stattfinden wird, da in der Regel der Werth von a nicht blos durch die qualitative Beschaffenheit der Flüssigkeit an sich, sondern meistens auch noch durch das Verhalten ihrer Bestandtheile zu den Metallen bestimmt wird. Verbindet man mit dem soeben Gesagten noch die im Vorigen enthaltene Thatsache, dass der Werth von a unmittelbar nach dem Schliessen der Kette sehr schnell, dann immer langsamer und langsamer anwächst, bis er im bleibenden Zustande der Kette seine grösste Höhe erreicht hat, und dass er nach dem Eröffnen der Kette wieder in gleicher Weise verschwindet: so wird man in dem Gegebenen alle durch Marianini's Versuche an der Volta'schen Säule, insofern sie sich auf die *grösste* Wirkungsabnahme, die hier allein berücksichtigt worden ist, beziehen, gefundenen Gesetze wieder erkennen und an sie noch eine grosse Anzahl anderer knüpfen können. Man darf jedoch hierher nicht die von demselben Gelehrten an Zamboni'schen Säulen gemachten Wahrnehmungen rechnen, wiewohl diese mit den angegebenen grosse Aehnlichkeit haben, denn nach meinem Urtheile haben beide einen ganz verschiedenen Ursprung. Wo nämlich in Volta'schen Säulen die sich zeigende Abnahme der elektrischen Tension durch wirkliche vom Strom in's Leben gerufene Spannungen bewirkt wird, da scheint bei Zamboni'schen Säulen blos die geringe Leitungsfähigkeit der die Flüssigkeit ersetzenden trockenen Körper in's Spiel zu kommen, in Folge welcher ein irgendwo erlittener Verlust an Elektricität erst nach längerer Zeit aus den entfernteren Stellen sich wieder ersetzen kann. Dafür spricht die von Marianini selbst gemachte Beobachtung, wonach der Elektricitätsverlust an Zamboni'schen Säulen schon dadurch bewirkt werden kann, dass man, anstatt die Säule durch einen metallischen Leiter continuirlich zu schliessen, mehrere Schliessungen und Oeffnungen in schneller Abwechselung hinter einander folgen lässt; auch sind die vielen von Bohnenberger an solchen Säulen angestellten Versuche jener Ansicht günstig, zu deren Feststellung sie auch unternommen worden zu sein scheinen. Ohne Zweifel wird man alle an Zamboni'schen Säulen wahrgenommenen Besonderheiten auch an Volta'schen auftreten sehen, wenn man zwischen die Polplatten der Volta'schen Säule und die in deren Nähe befindliche Metallmassen Körper von hinreichend schlechtem Leitungsvermögen einschiebt, und dann die elektrischen Versuche an diesen Metallmassen anstellt.

Vom Widerstande des Uebergangs und von der Ladung der Metalle.

Zwar ist schon durch die bis jetzt gegebene Analyse die Natur der hydroelektrischen Kette ihrem ganzen Inhalte nach aufgedeckt; um aber die Beziehung einer jeden besonderen Eigenthümlichkeit solcher Ketten zu dem seither entworfenen Umrisse noch einzeln vor Augen legen zu können, werde ich noch einige dahin gehörige Betrachtungen beifügen. Insbesondere kommt es hier darauf an, zu zeigen, dass die in meiner Schrift entwickelten Gesetze wirklich allgemeine sind, oder mit anderen Worten, dass in der galvanischen Kette nie etwas Anderes als Spannung und Leitungswiderstand thätig ist; dahin richtet sich mein Streben von jetzt an auch ganz allein.

Zuvörderst mache ich auf die wahre Bedeutung des von Fechner aus seinen Versuchen an der wogenden Kette erschlossenen, von ihm so genannten, *Widerstande des Ueberganges* aufmerksam. Dieser zuverlässige Beobachter überzeugte sich nämlich, dass in solchen Ketten die Grösse des Stromes nicht mehr durch

$$\frac{A}{L}$$

vorgestellt werden könne, wie meine Gesetze unter der Voraussetzung an die Hand gaben, dass A die Spannung der Kette, L ihren Leitungswiderstand bezeichnet, sondern dass man, um hier noch die Grösse des Stromes in jedem Falle zu erhalten, zu dem Nenner noch ein Glied b hinzufügen müsse, womit dann die Grösse des Stromes durch den Ausdruck

$$\frac{A}{b+L}$$

gegeben wird. Dieses Glied nun nannte Fechner den *Widerstand des Ueberganges,* wahrscheinlich deshalb, weil es in dem Nenner, dem gewöhnlichen Aufenthaltsorte des Widerstandes, erscheint; wenigstens schliesse ich auf einen blos formellen Ursprung des unter diesem Namen eingeführten Begriffes aus einer Stelle*), worin derselbe Gelehrte sagt: „Ob diese Vorstellung richtig sei und der Widerstand des Ueberganges nicht vielmehr ganz anders zu betrachten, muss ich dahin gestellt sein lassen, denn es sind noch nicht hinreichende Data vorhanden, darüber zu entscheiden. Immer werden zuletzt die im Folgenden zu erörternden *erfahrungsmässigen* Charaktere dieses Widerstandes das sein, an was man sich zu halten haben wird.“ Dieses sind die Worte, worin sich der, den echten Naturforscher bezeichnende, Argwohn gegen jede Untermischung von Thatsachen mit willkürlichen Begriffen ausspricht. Uebrigens legt Fechner, durch seine eigenen Versuche getrieben, dem Widerstande des Ueberganges, also der Grösse b, folgende Charaktere bei: erstlich, diese Grösse ist dem Querschnitte der Flüssigkeit ω umgekehrt proportional, also von der Form $\frac{a}{\omega}$; zweitens, die Grösse a ist im ersten Augenblicke des Schliessens der Kette entweder völlig Null, oder doch nur sehr gering, und wächst in dem Mass an, als die Kette länger geschlossen ist. Man sieht hieraus, dass Fechner für die Stromesgrösse genau dieselbe Form, nämlich

$$\frac{A}{\frac{a}{\omega} + L}$$

erhält, wie sie die im vorigen Abschnitt aus dem dortigen dritten Erfahrungssatz abgeleitete Gleichung

$$S = \frac{A - \frac{a}{\omega} S}{L}$$

an die Hand giebt, wenn man sie nach S auflöst, und dass Fechner der Grösse a dieselbe eigenthümliche Beweglichkeit

*) In dem schon öfter erwähnten dritten Theile der Uebersetzung von Biot's Physik. S. 180. Note.

zuschreibt, die aus meinen oben angezeigten Versuchen hervorgeht. Wir stimmen mithin beide an dieser Stelle mit einander völlig überein, und da meine Versuche, in so weit sie die Entstehungsweise dieser Vermehrung des Nenners angehen, weiter als die Fechner'schen zur Quelle der Erscheinung aufsteigen: so darf ich hoffen, dass die von mir jenem Zuwachse beigelegte Bedeutung die richtigere sei, um so mehr, da sich sein von einer Spannung herkommender Ursprung, sowohl durch die Magnetnadel, als durch das Elektroskop, ohne alle Zweideutigkeit und mit Leichtigkeit erkennen lässt. Sollte sich in der Folge meine weiter oben erhobene Bedenklichkeit über die allgemeine und völlig strenge Proportionalität zwischen der Intensität des Stromes innerhalb der Flüssigkeitsschicht und der durch diesen Strom gebildeten und mit ihm in's Gleichgewicht gesetzten Gegenspannung bethätigen lassen: so müsste natürlich eine diesen Punkt anlangende nähere Bestimmung auch die Fechner'sche Formel treffen; so wie umgekehrt durch die Fechner'schen Versuche die Zulässigkeit jener Proportionalität in einem nicht geringen Umfange verbürgt wird, worauf ich gleich bei ihrem Einführen aufmerksam gemacht habe.

Die so eben gegebenen Erörterungen bilden den schon oben in der Einleitung genannten Wendepunkt, in welchem Fechner's und meine Untersuchungen über die galvanische Kette aus einander zu laufen scheinen; ich sage scheinen, weil in der That Fechner's Weg den meinigen gerade nur an der Stelle verlässt, wo seine Experimente aufhören Spuren hinter sich zurückzulassen, und ich eben daraus Hoffnung schöpfen darf, dass unsere Trennung nur von kurzer Dauer sein und einem freudigen sich Wiedererkennen Platz machen wird. Nach meinem Dafürhalten liegt die Ursache unserer Divergenz einzig und allein darin, dass Fechner den Zustand der Flüssigkeit während der verschiedenen, in eine und dieselbe Wirkungsperiode fallenden, Versuche für merklich unveränderlich ansieht, was nach meiner Ueberzeugung bei Weitem nicht zugestanden werden darf. Man hätte jedoch Unrecht, wenn man das Uebersehen dieses Umstandes der so vielfach schon erprobten Sorgfalt eines so genauen Experimentators zur Last legen wollte;

denn es lag nicht in seiner Macht, ein unübersteigbares, durch seine, an und für sich recht brauchbare, Beobachtungsweise nothwendig herbeigeführtes, Hinderniss aus dem Wege zu räumen. Obwohl nämlich unmittelbar nach jedem Wechsel im Leitungswiderstand eine Umgestaltung der Flüssigkeit von bald grösserem bald geringerem Umfange der That nach eintritt, so geschieht diese doch so rasch und in einem so schnell abnehmenden Verhältnisse, dass sie sich der Wahrnehmung gar leicht entzieht, und in vielen Fällen nur durch das oben von mir angegebene Verfahren, auf das ich durch einen glücklichen Zufall geführt worden bin, mit Sicherheit entdeckt werden kann. Es war um so schwerer, hinter die Unstatthaftigkeit der Annahme, wonach die Flüssigkeit während der Versuche in einem unveränderten Zustande sich erhielte, zu kommen, da diese Annahme schon durch die Form des Ausdrucks

$$\frac{A}{\frac{a}{\omega} + L}$$

welcher die ganze, zu einer und derselben Wirkungsperiode der Kette gehörige Versuchsreihe umfasst, gerechtfertigt zu werden scheint; denn wer wird auf den Einfall kommen, dass die auf den charakteristischen Hergang innerhalb der Flüssigkeit sich beziehende *unveränderliche* Grösse a der Repräsentant einer, den Zustand der Flüssigkeit betreffenden *Veränderlichkeit* sein könne? Es liegt in dem vorstehenden, durch Entwickelung der Gleichung

$$S = \frac{A - \frac{a}{\omega} S}{L}$$

sich ergebenden Ausdrucke für die Stromesgrösse etwas Geheimnissvolles, das an's Wunderbare grenzt, und seine physikalische Bedeutung zum Räthsel stempelt. Diese Dunkelheit fällt aber weg, sowie man die Gleichung in ihrem noch unentwickelten Zustande beibehält, weil man dann auf der Stelle gewahr wird, dass die eintretende Gegenspannung $\frac{a}{\omega} S$ mit der Stromesgrösse S zugleich veränderlich ist; darum eben habe ich die auf rein theoretischem Wege (im Anhange zu meiner

Schrift S. 244 [186]) gefundene, der vorstehenden analoge Gleichung in unentwickelter Form stehen gelassen und noch hinzugefügt: „eine Gleichung, deren Gestalt recht dazu geeignet ist, die Natur der durch chemische Umwandlung herbeigeführten Aenderung des Stromes im Allgemeinen anzudeuten, und deren Aussagen mit den vielen Erfahrungen, die ich über das Wogen der Kraft in der hydroelektrischen Kette gemacht und nur zum kleinsten Theile mitgetheilt habe, recht gut zusammen stimmen.“*) Aus dem Gesagten erhellt genugsam, wie Fechner durch zwei Ursachen zugleich abgehalten werden konnte, die das eigentliche Wesen der wogenden Kette ausmachende Veränderlichkeit im Zustande der Flüssigkeit von Versuch zu Versuch anzuerkennen; einmal nämlich durch die Eigenthümlichkeit seiner Beobachtungsmethode und dann noch durch die verführerische Form des Ausdruckes für die Stromesgrösse. So wie aber eine Unveränderlichkeit der Flüssigkeit in den auf einander folgenden Versuchen stillschweigend oder ausdrücklich anerkannt war, blieb nichts Anderes mehr übrig, als den zur Darstellung der Stromesgrössen einer jeden Versuchsreihe im Nenner des für unveränderliche Ketten gegebenen Ausdrucks erforderlichen Zuwachs dahin auszulegen, dass die in meiner Schrift gegebenen Gesetze keine allgemeine Gültigkeit haben, wie denn auch Fechner thut; indess, gestützt auf die in diesem Aufsatze gegebenen Erläuterungen des Gegenstandes, glaube ich mich zu der Erwartung berechtigt, dass jener Zuwachs, weit entfernt eine Unzulänglichkeit der allgemeinen Gesetze galvanischer Ketten zu verkünden, vielmehr nur zu ihrer glänzendsten Bestätigung dienen kann, indem sich eine ihm entsprechende Umgestaltung der galvanischen Grund-

---

*) Die dortige Gleichung repräsentirt in der That recht gut alle Erscheinungen, so lange als die Flüssigkeit in der Kette keine Formveränderung erleidet, was bei meinen früheren Versuchen, wo ich mich stets eines und desselben Troges bediente, der Fall war. Erst später gelangte ich zu dem wichtigen dritten Erfahrungssatze. In jenem Anhange sind, wie ich voraussah, einige Betrachtungen nicht ganz sachgemäss, wovon zu reden aber hier der Ort nicht ist. Vielleicht dass schon die blose Analogie der Formen, hier und dort, jenem Versuche die Aufmerksamkeit erwirbt, die ich ihm wünsche.

bedingungen nachweisen lässt. Man wird bei näherer Prüfung finden, dass gerade nur durch diesen Zuwachs der Beweis für die uneingeschränkte, den jedesmaligen Bedingungen entsprechende Gültigkeit der im Körper meiner Schrift gegebenen Gesetze möglich wird. Während dieser Prüfung wird man Gelegenheit genug erhalten, sich zu überzeugen, dass es vergebliche Mühe gewesen wäre, wenn Jemand die allgemeinen Gesetze galvanischer Ketten aus der Wirkungsweise der hydroelektrischen Kette hätte herholen wollen; es scheint mir schlechterdings unmöglich, die Gesetze, nach welchen sich die wogende Kette richtet, früher zu finden, als von dem Augenblick an, wo man sie anders woher schon kennt, und eben hierin liegt der Grund, warum diese Gesetze, obgleich schon in den ersten Jahren nach der Entdeckung der galvanischen Erscheinungen Andeutungen genug dazu vorhanden waren, so lange verborgen geblieben sind, so zwar, dass alle späteren Erfahrungen nur dazu gedient zu haben scheinen, vom rechten Weg abzuführen.

Zu denjenigen galvanischen Erscheinungen, welche die Aufmerksamkeit der Physiker in hohem Grade und zu verschiedenen Zeiten in Anspruch genommen haben, gehört unstreitig die besondere und mit Macht auftretende Wirkungsweise der Zwischenplatten, oder, um mich deutlicher auszudrücken, der zwischen gleichartige Metalle gelagerten Flüssigkeiten, welche unter dem Namen der *Ladung* zuerst bekannt geworden ist. Die nähere Erörterung und Bestimmung dieser Erscheinung knüpft sich unmittelbar an die früheren Betrachtungen über das Wogen der hydroelektrischen Kette an. Es werden nämlich dieselben Veränderungen der Flüssigkeit durch den Strom hervorgerufen werden, diese mag sich zwischen heterogenen oder homogenen Metallen befinden, und die aus der Flüssigkeit hervortretenden Bestandtheile werden an homogenen Metallen in gleicher Weise, wenn auch nicht in demselben Masse, Gegenspannungen erregen, wie an heterogenen, so dass hier noch ganz dieselbe Behandlungsweise, wie zuvor, anwendbar bleiben wird. Denken wir uns daher in die vorige aus n Elementen bestehende Säule, deren Stromesgrösse im bleibenden Zustande durch die Gleichung

$$S = \frac{n\,A - n\,b\,S}{n\,\lambda + l'}$$

gegeben war, n' neue, durch homogene Zwischenplatten begrenzte, prismatisch gestaltete und unter sich völlig gleiche Flüssigkeiten eingeführt: so wird, wenn λ' den Widerstand einer jeden solchen Flüssigkeit in Verbindung mit der ihr angehörigen Metallplatte vorstellt, der Gesammtwiderstand der Säule dadurch um die Grösse $n'\,\lambda'$ vermehrt werden, mithin der vorige Nenner $n\,\lambda + l'$ jetzt in $n\,\lambda + n'\,\lambda' + l'$ sich umgestalten müssen; bezeichnet ferner b' in Bezug auf jede der neu eingeführten Zellen dasselbe, was b in Bezug auf jedes Element der Säule vorstellt, und drückt S' die Grösse des Stromes im bleibenden Zustande der auf die angezeigte Weise abgeänderten Säule aus: so werden die in den Elementen der Säule hervorgerufenen Gegenspannungen, dem jetzigen Strome S' gemäss, zur Summe $n\,b\,S'$ geben und aus demselben Grunde werden die in den neu eingeführten Zellen entstandenen Gegenspannungen zur Summe $n'\,b'\,S'$ geben müssen. Diesem gemäss erhält man zur Bestimmung der gesuchten Grösse S' die Gleichung

$$S' = \frac{n\,A - n\,b\,S' - n'\,b'\,S'}{n\,\lambda + n'\,\lambda' + l'},$$

aus welcher man findet

$$S' = \frac{n\,A}{n\,(b + \lambda) + n'\,(b' + \lambda') + l'}.$$

Der so erhaltene Ausdruck für die Grösse des Stromes in einer Säule aus n Elementen, in welche n' neue, durch homogene Metalle begrenzte Flüssigkeiten eingeführt worden sind, hat eine auffallende Aehnlichkeit mit dem von Marianini zu gleichem Zwecke gegebenen

$$\frac{n\,D}{n + n'},$$

in welchem D, nach Marianini, einen gewissen aus den Wirkungen der einzelnen Elemente genommenen Mittelwerth vorstellen soll. Setzen wir nämlich in unserem Ausdrucke $l' = o$, was in Beziehung zu Marianini's Versuchen, in welchen der Schliessungsdraht immer nur einen höchst geringen

Widerstand hervorgebracht haben kann, da sie ohne Multiplikator gemacht worden sind, stets geschehen kann, und nehmen wir noch $b' + \lambda' = b + \lambda$ an, so geht unser Ausdruck über in:

$$\frac{n \cdot \frac{A}{b+\lambda}}{n+n'},$$

welcher, da $\frac{A}{b+\lambda}$ die Wirkung eines einzelnen Säulenelements vorstellt, mit dem Marianini'schen völlig identisch ist. Dieser Umstand überhebt mich der nicht sehr lohnenden Mühe, Erfahrungsbelege für die Genauigkeit des von mir gegebenen Ausdruckes aufzusuchen; denn da der Marianini'sche Ausdruck keinen anderen Zweck hatte, als das Gesetzmässige der Erscheinung in sich aufzunehmen: so kommt derselbe Vortheil auch dem meinigen zu statten in dem ganzen Umfange der Marianini'schen Versuche.*) Ausserdem deckt die von mir gegebene Gleichung aber auch noch solche Wirkungsverhältnisse *der Zwischenplatten auf*, die *in Marianini's Formel* nicht enthalten sind, und demungeachtet in der Erfahrung angetroffen werden, wodurch sie sich als die naturgemässere zu erkennen giebt. Von diesen erwähne ich nur ein einziges, worauf Versuche bereits hingewiesen haben, dass nämlich die schwächende Wirkung einer Zwischenflüssigkeit in einem um so grösseren Masse auftritt, je kleiner der Querschnitt der Flüssigkeit wird, wenn man schon, um ihren Widerstand stets von derselben Grösse zu erhalten, zu gleicher Zeit ihre Länge in demselben Verhältnisse verkürzt. Es versteht sich übrigens von selbst, dass obige Formeln nur so lange Gültigkeit behalten, als alle in der Kette befindlichen Flüssigkeiten über ihren primären Zustand nicht hinausgehen, weil nur dieser in der bisherigen Auseinandersetzung berücksichtigt worden ist. Wenn der Querschnitt, womit eine der Flüssigkeiten mit den

---

*) De la Rive's messende Versuche über diesen Gegenstand verlangen, wegen der besonderen von ihm gewählten Anordnungsweise, eine dieser zusammengesetzten Kettenform angemessene Abänderung obiger Gleichung; aber die Bedingungen, unter welchen experimentirt worden ist, sind dabei viel zu unbestimmt angegeben, um jene Versuche zu einer sicheren Vergleichung mit den Formeln benutzen zu können.

Metallen in Berührung ist, in Vergleich zu den übrigen sehr klein wird, wie dies z. B. geschehen kann, wenn die Poldrähte einer Säule auf geeignete Weise in eine Flüssigkeit getaucht werden: so entsteht an diesen Stellen eine so heftige Wirkung, dass in der Regel eine doppelte Zersetzung erfolgt und dann leicht eine Fortführung einzelner Bestandtheile der Flüssigkeit durch das Innere der Metalle eintreten kann, wie in einzelnen Fällen unmittelbar in's Auge fällt, und in anderen Fällen daraus sich erschliessen lässt, dass selbst solche Stellen der Drähte, die mit der Flüssigkeit in keine Berührung gekommen sind, sich verändert zeigen; ob aber in solchen Fällen obige Gleichung noch dieselbe Form, wie zuvor, behalten darf, ist zum Wenigsten noch nicht ausgemacht, obgleich auch nicht viel dagegen spricht.

Ueber den ungleichen Einfluss einer einseitigen Vergrösserung der positiven oder der negativen Erregungsoberfläche auf die Wirksamkeit der galvanischen Kette.

Wenn man einmal eine grössere positive Metallfläche einer kleineren negativen gegenüber mit der Flüssigkeit in Berührung bringt, und das andere Mal umgekehrt verfährt: so erhält man in beiden Fällen, unter übrigens gleichen Umständen, sehr verschiedene Stromeswirkungen, insofern die Kräfte erst einige Zeit nach dem Schliessen der Kette mit einander verglichen werden, wozu in beiden Fällen zur leichteren Vergleichung dieselbe Zeit gewählt werden kann. Um den Grund dieser höchst merkwürdigen Thatsache, auf welche zuerst Schweigger's sinnige Versuche geführt haben, einsehen zu können, müssen wir noch einmal zu dem Grundgesetze der wogenden Kette *zurückkehren, und dessen Sinn uns völlig klar zu machen* suchen, wobei wir uns blos an die einfache Kette halten werden, weil, was von ihr gilt, leicht auf Säulenanordnungen übertragen werden kann. Wir haben oben gesehen, dass eine einfache Kette, deren Spannung im noch nicht geschlossenen Zustande A, und deren Leitungswiderstand L ist, im ersten Momente der Schliessung einen Strom von der Grösse

$$\frac{A}{L}$$

giebt; dass aber unmittelbar darauf Veränderungen im Inneren der Flüssigkeit vor sich gehen, wodurch Gegenspannungen erzeugt werden, die indess eine gewisse, von der Grösse des Stromes und von der Natur der Flüssigkeit und der Metalle abhängige Grösse nicht übersteigen können, und, wenn sie bis dahin gekommen sind, den Strom dermassen geschwächt haben, dass seine Grösse nur noch durch die Gleichung

$$S = \frac{A - \frac{a}{\omega} S}{L}$$

gegeben wird, in welcher S die gesuchte Grösse des Stromes ω den Querschnitt der prismatisch gedachten Flüssigkeit, und a einen von der Natur dieser Flüssigkeit und zugleich auch von der Natur der mit ihr in Berührung stehenden Metalle abhängigen konstanten Koefficienten vorstellt. Die während des Geschlossenseins der Kette erzeugte Gegenspannung, deren Grösse $\frac{a}{\omega} S$ ist, ist eine Folge der auf beiden Seiten durch die Einwirkung des Stromes polarisch hervortretenden Bestandtheile der Flüssigkeit. Da nun im Allgemeinen auf jeder Seite der dort hervorgetretene Bestandtheil eine Spannung mit dem daselbst befindlichen Metalle bewirken kann: so wird man sich in der Regel die erzeugte Gegenspannung $\frac{a}{\omega} S$ als aus zwei Theilen zusammengesetzt vorzustellen haben, von denen sich jeder nur auf eine Seite der Flüssigkeit bezieht; diesen Zweck erreicht man aber, wenn man die Grösse a als eine Summe von zwei anderen a' und a'' ansieht, also $\frac{a}{\omega} S$ in $\frac{a' + a''}{\omega} S$ oder in $\frac{a'}{\omega} S + \frac{a''}{\omega} S$ umwandelt, und nun den Theil $\frac{a'}{\omega} S$ auf die eine Seite der Flüssigkeit, den Theil $\frac{a''}{\omega} S$ dagegen auf ihre andere Seite bezieht. Hieraus folgt, dass die Spannungsänderung $\frac{a}{\omega} S$ nur in dem Falle, wenn entweder $a' = o$ oder $a'' = o$ ist, auf eine und dieselbe Stelle der Kette bezogen werden darf, ausserdem aber stets als eine Summe von zwei

Spannungen, die an den beiden Enden der Flüssigkeit auftreten, anzusehen ist. Dass aber in der That diese drei Fälle einzeln in der Wirklichkeit vorkommen, davon habe ich in meiner Abhandlung über die Natur der unipolaren Leiter den Erfahrungsbeweis geliefert*), wodurch die hier sehr allgemein gehaltene, wiewohl so ganz natürliche Bestimmung vollends ausser allen Zweifel gestellt wird. So lange man es, wie bisher immer, mit Ketten zu thun hat, in welchen die Flüssigkeit eine prismatische Gestalt besitzt, ist die soeben angeregte Spaltung der gesammten Spannungsänderung in zwei getrennte Theile von keinem grossen Belange, weil alles blos darauf hinausläuft, dass man sich $a' + a''$ unter a zu denken hat; so wie aber die Gestalt der Flüssigkeit aufhört prismatisch zu sein, bringt diese aus der Natur der Sache hergeholte Spaltung bedeutende Aenderungen im Baue der Formeln zu Wege, in welchen sich die soeben im Eingang erwähnten Thatsachen zu erkennen geben, wie ich nun noch zeigen werde.

Wir wollen uns der Einfachheit halber die in der einfachen Kette befindliche Flüssigkeit unter der Gestalt einer abgekürzten Pyramide oder eines abgekürzten Kegels denken, deren oder dessen ungleiche Grundflächen ihrer ganzen Ausdehnung nach mit den beiden heterogenen Metallflächen in Berührung gebracht werden, und durch ω die Grösse der einen dieser Grundflächen, durch ω' die Grösse der anderen bezeichnen: so wird die Intensität eines Stromes von der Grösse S an der ersteren Grundfläche $\frac{S}{\omega}$ und an der anderen Grundfläche $\frac{S}{\omega'}$ sein. Verallgemeinern wir nun den Satz, dass die Spannungsänderung im bleibenden Zustande der Kette der Intensität des Stromes innerhalb der Flüssigkeit proportional sei, welcher nur so lange einen bestimmten Sinn hat, als die Gestalt der Flüssigkeit prismatisch ist, den vorangegangenen Betrachtungen gemäss jetzt so, dass wir sagen: die Spannungsänderung, welche eine wogende Kette in ihrem bleibenden Zustand annimmt, ist an jeder Grundfläche der Flüssigkeit der daselbst herrschenden Intensität des Stromes proportional, wo-

*) Vgl. d. Jahrb. XXX. 32 [381] u. ff.

durch jener Satz, ohne ein anderer zu werden, auf Flüssigkeiten von jeder Form anwendbar wird: so wird die Spannungsänderung an der einen Grundfläche $\frac{a'}{\omega} S$ und an der anderen $\frac{a''}{\omega'} S$, mithin die gesammte Spannungsänderung jetzt $\left(\frac{a'}{\omega}+\frac{a''}{\omega'}\right)S$, *wobei a' und a'' konstante Koeffizienten vorstellen*, die von der Natur der Flüssigkeit eines jeden der beiden Metalle abhängig sein werden. Demnach wird die Grösse des Stromes S, wie sie im bleibenden Zustande der Kette auftritt, wenn A die noch unveränderte Spannung dieser Kette und L ihren gesammten Leitungswiderstand vorstellt, den allgemeinen Gesetzen galvanischer Ketten gemäss, durch folgende Gleichung bestimmt werden:

$$S = \frac{A - \left(\frac{a'}{\omega} + \frac{a''}{\omega'}\right) S}{L},$$

woraus man findet

$$S = \frac{A}{\frac{a'}{\omega} + \frac{a''}{\omega'} + L}.$$

Kehrt man die in abgekürzter Pyramidenform vorhandene Flüssigkeit um, so dass ihre verwechselten Grundflächen auf's Neue wieder in allen ihren Punkten mit den an ihrer alten Stelle gebliebenen Metallflächen in Berührung kommen: so behalten A und L in der noch ungeschlossenen Kette offenbar noch ganz ihre vorigen Werthe, wenn alle übrigen Umstände dieselben bleiben; auch a' und a'', sowie ω und ω' ändern ihre Werthe nicht, aber die Grösse a', welche zuvor dem Querschnitt ω angehörte, bezieht sich jetzt auf den Querschnitt ω', und die Grösse a'', welche zuvor dem Querschnitt ω' angehörte, bezieht sich jetzt auf den Querschnitt ω, sodass nach der Umkehrung der Flüssigkeit die Grösse des Stromes im bleibenden Zustande der Kette in folgender Weise gefunden wird:

$$S = \frac{A}{\frac{a'}{\omega'} + \frac{a''}{\omega} + L}.$$

Die Vergleichung dieser beiden Ausdrücke mit einander giebt gleich auf den ersten Blick zu erkennen, dass in beiden Fällen nur dann dieselbe Stromesgrösse sich zeigen werde, wenn $\frac{a'}{\omega}+\frac{a''}{\omega'}=\frac{a'}{\omega'}+\frac{a''}{\omega}$, d. h. wenn $\frac{a'-a''}{\omega}=\frac{a'-a''}{\omega'}$ ist, welches geschehen wird, wenn entweder $\omega=\omega'$ oder $a'=a''$ ist; ist aber weder $\omega=\omega'$ noch $a'=a''$: so werden in beiden Fällen die Ströme im bleibenden Zustande verschiedene Grössen haben, und zwar werden diese Grössen um so mehr von einander abweichen, je mehr ω und ω' und zu gleicher Zeit auch a' und a'' von einander verschieden sind. Ausserdem zeigt die Vergleichung der beiden für S erhaltenen Ausdrücke mit einander auch noch, dass diese Ströme bei einerlei Werthen von a' und a'', ω und ω' um so ungleicher ausfallen, je kleiner L wird, d. h. je weniger Widerstand der Schliessungsdraht verursacht und je kleiner die Höhe der abgekürzten Pyramide genommen wird, ohne dass dadurch die Grösse ihrer Grundflächen abgeändert wird.

Es bedarf kaum noch einer besonderen Erwähnung, dass man durch obige Gleichung in den Stand gesetzt wird, aus dem Masse der Stromesgrösse in beiden Fällen rückwärts auf die Grösse der einzelnen Werthe a' und a'' zu schliessen. Da Versuche dieser Art für die physikalische Chemie von hoher Wichtigkeit zu werden scheinen, und das eben angezeigte Verfahren nicht ohne Schwierigkeiten in Ausführung gebracht werden kann, so dürfte folgende Art, denselben Zweck auf eine viel bequemere Weise zu erreichen, der Experimentirkunst nicht unwillkommen sein. Man bringe die Grundflächen ω und ω' der Flüssigkeit von abgekürzter Pyramidenform, ihrer ganzen Ausdehnung nach, mit ebenen Platten aus einem und demselben Metall in Berührung, und schalte, ohne die Platten je, wie zuvor, mit einander zu verwechseln, diese Vorrichtung, welche ohne den Hinzutritt von störenden Ursachen für sich bei der Schliessung keinen Strom veranlassen wird*), bald in

*) Wenn die Flüssigkeit das Metall angreifen kann, so hält es schwer, die Umstände auf beiden Seiten der Flüssigkeit so völlig gleich zu machen, dass nicht jene Vorrichtung kurze Zeichen von einem entstehenden Strome *geben sollte, der jedoch auf den späteren Erfolg keinen Einfluss hat; indessen* sind auch aus anderen Gründen Metalle, die von der Flüssigkeit nicht angegriffen werden, zu solchen Versuchen immer vorzuziehen.

der einen, bald in der entgegengesetzten Lage in eine einfache Kette ein. Bezeichnet nun A die Spannung dieser einfachen Kette, und behält b in Ansehung der zu ihr gehörigen Flüssigkeit, die wir uns prismatisch denken wollen, ganz dieselbe Bedeutung wie bisher immer; stellt ferner L den Widerstand dieser Kette mit Einschluss der eben beschriebenen Vorrichtung vor, und bedeuten a' und a'' die auf die beiden Enden der Flüssigkeit in dieser Vorrichtung sich beziehenden Spannungskoeffizienten in dem eben erläuterten Sinne: so wird die Grösse des Stromes im bleibenden Zustande dieser Kette durch die Gleichung

$$S = \frac{A - \left(b + \frac{a'}{\omega} + \frac{a''}{\omega'}\right) S}{L}$$

gegeben, woraus sich schliessen lässt

$$S = \frac{A}{\frac{a'}{\omega} + \frac{a''}{\omega'} + b + L};$$

wird aber jene Vorrichtung in der entgegengesetzten Lage mit derselben Kette vereint, so findet man auf gleiche Weise:

$$S = \frac{A}{\frac{a'}{\omega'} + \frac{a''}{\omega} + b + L},$$

und aus diesen beiden Gleichungen lassen sich wieder a' und a'' einzeln bestimmen.

In der bisherigen Darstellungsweise spricht sich die Ursache, warum bei dem einen Erreger eine Vermehrung seiner Flächengrösse, insofern sie mit der Flüssigkeit in Berührung kommt, ungleich mehr zur Verstärkung des Stromes beitragen kann, als bei dem anderen Erreger, in ihrer grössten Allgemeinheit aus; es geht nämlich daraus hervor, dass dieser Unterschied weder in der Natur des positiven noch in der Natur des negativen Erregers, als solchem, begründet ist, sondern dass man ihn einzig und allein in dem besonderen Wechselverhältnisse zu suchen habe, das die Erreger mit den an ihnen ausgeschiedenen Bestandtheilen der Flüssigkeit eingehen. Da man diese Art von Erscheinungen bis jetzt noch immer zu einseitig aufgefasst hat, so will ich auf einige Erfahrungen aufmerksam machen, die den Blick zu erweitern im Stande sind. Um sich aber in jedem Falle Rechenschaft über den Erfolg der speciellen Versuche geben zu können, hat man nur stets den einen Umstand fest im Auge zu behalten, dass das Nachlassen der Wirkung in den gewöhnlichen hydroelektrischen Ketten durch das gesonderte Auftreten der Flüssigkeitsbestandtheile auf beiden Seiten bedingt, und fast immer blos durch die Spannung, welche diese Bestandtheile mit den in ihrer Nähe befindlichen Metallen erregen, erzeugt werde. Wenn diese Bestandtheile mit den Metallen, an welchen sie auftreten, keine Verbindung eingehen: so reicht die angegebene Berücksichtigung allein schon völlig aus; wenn aber einer der beiden Bestandtheile mit seinem Metall eine chemische Verbindung eingeht: so wird nicht sowohl das Verhalten des Bestandtheiles zum Metalle, sondern vielmehr das Verhalten der aus beiden entstandenen Verbindung zum Metalle die Spannungsänderung an dieser Stelle bedingen. Diese Verbindungen liegen meistens, wiewohl nicht immer, dem neutralen Zustande näher als die Bestandtheile, aus welchen sie hervorgegangen sind, und geben daher in der Regel zu weit geringeren Spannungsänderungen Anlass, als sich da zeigen, wo keine chemische Einwirkung auf das Metall stattfindet; namentlich gilt dieses in unseren gewöhnlichen Ketten auf der Seite, wo sich das Metall mit der aus der Salzauflösung ausgeschiedenen Säure zu einem Metallsalze verbindet, welches keine oder doch nur eine sehr geringe Spannung mit dem Metalle bildet. Aus dem Umstande, dass in den meisten Ketten die als Bestandtheil aus der Flüssigkeit ausgeschiedene Säure mit dem positiven Metalle zu einem Salze sich verbindet, das zu keiner oder doch nur zu einer sehr schwachen Spannung mit dem Metalle führt, folgt, dass derjenige von den beiden Werthen a' und a'', welcher sich auf die am positiven Metall anliegende Flüssigkeitsgrenze bezieht, Null oder nur sehr gering sein wird; ist daher nicht auch zu gleicher Zeit der andere von jenen beiden Werthen sehr gering, so wird nach obigen Formeln eine Vermehrung der negativen Erregungsoberfläche ungleich mehr zur Verstärkung der Wirkung beitragen müssen, als eine Vermehrung der positiven, wie in der That an allen solchen Ketten wahrgenommen wird, in denen Kalisalzlösungen zur Flüssigkeit dienen. Wird hingegen reine concentrirte oder mit Wasser verdünnte Säure zur Flüssigkeit genommen, so scheidet sich zunächst an dem negativen Erreger blos Wasser aus, welches ebenfalls zu keiner oder doch nur zu geringer Spannung Anlass giebt, weshalb auch in solchen Fällen jener Vorzug der negativen vor der positiven Erregungsoberfläche nicht mehr wahrgenommen wird, so lange wenigstens, als nicht das an dem positiven Metalle gebildete Metallsalz bis an das negative Metall vorgedrungen ist, wo dann dieses selbst wieder zerlegt wird und das an dem negativen hervortretende positive Metall allerdings zu einer Gegenspannung an dieser Seite Stoff genug darbietet. Wie die Säuren, so verhalten sich auch in dieser Hinsicht Metallsalze, deren Basis das negative Metall der Kette ausmacht, und in diesem Umstand allein dürfte die grosse Wirksamkeit oder, um eigentlicher zu reden, die geringe Wirkungsabnahme z. B. einer mit einem Kupfersalz aufgebauten Zink-Kupferkette ihren Grund haben, welche schon längst von deutschen Naturforschern beobachtet und auf die hier aus einem allgemeineren Principe sich ergebende Weise erklärt worden ist. Vor Kurzem hat wieder Becquerel*) demselben Gegenstande seine Aufmerksamkeit geschenkt, und den Versuch dadurch noch zweckmässiger angeordnet, dass er die mit dem Kupfer in Berührung gebrachte Kupferauflösung von dem Zinke trennt, und nur mittelbar durch verdünnte Säure**) damit in leitende Verbindung setzt. Wenn aber jener ausgezeichnete Naturforscher den Grund der grossen Wirksamkeit dieser Kette darin sucht, dass beide Flüssigkeiten auch schon mit *einem* Metall eine wirksame Kette derselben Art erzeugen: so setzt sich dieser Erklärung insbesondere der Umstand mit

---

*) *Mémoires de l'Acad.* T. IX. Mémoire sur l'Electrochimie. § IV.

**) Eine noch sehr beträchtlich grössere Wirkung lässt sich dadurch erhalten, dass man am Zink eine Aetzkalilösung anstatt der Säure anliegen lässt, was ich hier blos deswegen anmerke, um zu zeigen, dass noch wirksamere Ketten möglich sind, als die angegebene ist, dass also diese kein Maximum der Wirkung in sich trage, wie Becquerel anzunehmen scheint.

Macht entgegen, dass Ketten aus einem Metall und zwei Flüssigkeiten stets nur eine schnell vorübergehende und bald nur höchst schwache Wirkung haben, während die hier in Rede stehende, nach Becquerel's eigener Angabe, sich mehr noch durch ihre Beständigkeit, als durch ihre Stärke auszeichnet, was eine nothwendige Folge der obigen Ansicht ist, indem hier das sich bildende Zinksalz nur sehr langsam durch die beiden Scheidewände hindurch zum negativen Metalle gelangen kann. Wird in der vorigen Kette statt des Kupfers ein negativeres Metall gesetzt, so kann die Wirkung der Kette dadurch auf keinen Fall geringer werden, aber sie wird nach Ablauf einer kurzen Zeit auch nicht beträchtlich grösser sein; wird aber das Kupfer an seiner Stelle gelassen, und statt der Kupferauflösung eine Auflösung von einem negativeren Metalle genommen, so wird man auf Ketten stossen, deren Wirksamkeit nach dem Schliessen noch eine Zeit lang wächst, eine Erscheinung, die im Gebiete des Galvanismus zu den grössten Seltenheiten gehört und deren Beobachtung oft Vorsichtsmassregeln nöthig macht. Dieselbe Ursache, welche in den angezeigten Fällen die schnelle Schwächung der Kette verhindert oder wohl gar in eine Verstärkung umkehrt, macht auch, dass z. B. die Wirkung einer Kette durch kupferne Zwischenplatten in salpetersaurer Kupferauflösung nicht fühlbar vermindert und durch Zwischenplatten von Zink in derselben Auflösung sogar noch erhöht wird, wenngleich das Kupfer auf beiden Seiten der Zinkplatten aus der Auflösung ausgefällt wird. Schon der Gang unserer Betrachtungen zeigt deutlich an, dass man sich täuschen würde, wenn man die in solchen Fällen beobachtete grössere Wirksamkeit der Kette einem besseren Leitungsvermögen der Flüssigkeit zuschreiben wollte. Zur Bestimmung des Leitungsvermögens von Flüssigkeiten giebt es kein sichereres Mittel als die Wirkung der Kette im ersten Augenblicke des Schliessens zu bestimmen, es ist nur schlimm, dass diese Beobachtungsmethode so äusserst mühsam ist; indessen kann hierbei, wo nicht sehr grosse Genauigkeit verlangt wird, die Fechner'sche Versuchsweise mit grossem Vortheile benutzt werden.

In allen den vorliegenden Beispielen, wo die Vergrösserung

der einen Erregungsoberfläche zur Verstärkung der Wirkung mehr beiträgt, als die Vergrösserung der anderen, hatte die negative Erregungsoberfläche entweder den Vorzug vor der positiven, oder beide nehmen in dieser Hinsicht einerlei Rang ein; es lassen sich jedoch mit Hülfe der obigen Vorstellungsweise ohne Mühe die Bedingungen angeben, unter welchen die positive Erregungsoberfläche den Vorzug vor der negativen erhält. Zwar habe ich schon in meiner Abhandlung über die unipolaren Leiter ein solches Beispiel angeführt, allein da dort ein einseitiger Leitungswiderstand Schuld an der Erscheinung war, so gehört es nicht eigentlich hierher, wo blos Spannungen in Betrachtung gezogen werden, sondern fällt in die schon oben auf die Seite geschobenen Ausnahmen. Indessen auch solche Beispiele, die von Spannungen herrühren, lassen sich leicht auffinden, wenn man bedenkt, dass um der positiven Erregungsoberfläche in diesem Sinne den Vorzug vor der negativen zu verschaffen, man nach Aussage der obigen Formeln auf nichts weiter hinzuarbeiten habe, als dass an dem positiven Metall eine starke Gegenspannung sich erzeuge, an dem negativen hingegen keine oder doch nur eine viel geringere. Dadurch wird man auf den Gedanken geführt, dass Ketten, wie wir sie suchen, diejenigen sein werden, in welchen die Flüssigkeit eine Wasser haltende Säure von starker Spannkraft ist, von der aber der positivere Erreger nicht angegriffen wird, denn dann bringt die Säure eine starke Gegenspannung an der positiven Fläche, das Wasser keine oder nur eine sehr schwache Spannung an der negativen Fläche hervor, so lange, als die Zersetzung auf dieser Stufe stehen bleibt; und in der That wird die Wirkung einer aus Manganhyperoxyd und Gold oder Platin mit Schwefelsäure, Salpetersäure u. dergl. gebildeten Kette durch Vergrösserung der Gold- oder Platinfläche sehr beträchtlich, durch Vergrösserung der Manganoxydfläche aber nicht merklich verstärkt. Noch deutlicher spricht sich diese Erscheinung aus, wenn man in eine gewöhnliche, einfache Kette eine auf beiden Seiten mit Gold- oder Platinflächen armirte Säure einschiebt; auch hier wird die Vergrösserung der auf der positiven Seite liegenden Gold- oder Platinfläche zur Verstärkung der Wirkung in bedeutendem Masse beitragen, die andere nicht merklich; nimmt man aber anstatt der Säure Aetzkalilösung, so ist der Erfolg gerade der umgekehrte, jetzt wird nämlich die Wirkung durch Vergrösserung der auf der negativen Seite liegenden Gold- oder Platinfläche bedeutend verstärkt, aber nicht durch Vergrösserung der auf der positiven Seite liegenden. Silber thut, wenigstens bei den stärkeren Säuren, nicht dieselben Dienste wie Gold und Platin, weil es davon angegriffen wird.

An dieser Stelle sollte ich nun eigentlich auch noch Schweigger's beherzigenswerthen galvanischen Combinationen einen Platz anweisen, allein da diese eine ihnen eigenthümliche Verwickelung der *Form* in sich enthalten, die nicht ohne grosse Weitläufigkeiten beseitigt werden kann: so halte ich es für rathsamer, um nicht wider meinen Willen die Einsicht in die *Sache* zu erschweren, sie für jetzt noch ganz zu übergehen. Nur auf einen Umstand will ich jetzt schon aufmerksam machen, der zum besseren Verständnisse mehrerer von Fechner über den Gegenstand dieses Abschnitts angestellter Versuche*) wesentlich beiträgt. Wenn nämlich, nach Wollaston's Vorgang, in einem galvanischen Elemente der Zinkfläche auf beiden Seiten gleich grosse Kupferflächen gegenüber gestellt werden, so ist es herkömmlich zu sagen, es sei die negative Erregungsfläche doppelt so gross als die positive; dieser Ausdruck ist aber nach meiner Ueberzeugung nichts weniger als gut gewählt, und kann leicht zu Missverständnissen führen, weil er in der That auf einem blosen Scheine beruht. Um diesen Schein bis an seine Quelle zu verfolgen, wollen wir uns zwei Kupferplatten und zwei Zinkplatten, alle vier von gleicher Grösse, vorstellen und uns die beiden Kupferplatten durch einen Kupferdraht, die beiden Zinkplatten durch einen gleich langen Zinkdraht vereinigt denken. Legen wir nun die beiden vereinigten Kupferplatten auf eine ebene isolirende Unterlage, auf jede der beiden Kupferplatten völlig gleiche feuchte Leiter, und auf diese die vereinigten Zinkplatten, so ist kein Zweifel, dass auf diese Weise ein galvanisches Element entstehe, in welchem gleich grosse Zink- und Kupfer-

*) Neueste Uebersetzung von Biot's Experimental-Physik. III. S. 252—257.

flächen einander gegenüber stehen, und zwar doppelt so grosse, als wenn nur eine Kupferplatte mit einer Zinkplatte durch einen der beiden feuchten Leiter zu einem galvanischen Elemente verbunden worden wären, und es befinden sich in dem Elemente von doppelter Oberfläche beide Kupferflächen sowohl als beide Zinkflächen unter sich in einem ganz gleichen elektrischen Zustande. Die Natur dieses doppelten Elementes wird daher nicht im Geringsten geändert, wenn man, ohne dadurch die Stellung der Platten zu den feuchten Leitern irgendwie zu ändern, beide Verbindungsdrähte gleichzeitig so biegt, dass die Zinkplatten einander näher kommen, bis sie sich zuletzt an einander anlegen. Ob sich aber die Zinkplatten einander auf ihrer hinteren Seite berühren oder ob sie in eine einzige Platte zusammen gehen, ist für den elektrischen Zustand der ganzen Anordnung offenbar völlig gleichgültig. Man sieht hieraus, dass eine einzige Zinkplatte zwischen zwei, unter sich verbundenen und durch feuchte Leiter von ihr getrennten Kupferplatten *dem Wesen nach völlig identisch* ist mit einem gewöhnlichen Elemente, in welchem eine doppelt so grosse Zinkplatte einer doppelten Kupferplatte gegenüber gestellt wird. Ganz so verhält es sich aber auch mit einem Wollaston'schen Element, es muss in ihm die Zinkplatte gleichsam gespalten und von doppelt so grosser Oberfläche gedacht werden, als sie sich den Sinnen darbietet; denn der Umstand, dass hier der Strom von jeder Metallfläche auch auf die abgewandte Seite der heterogenen Metallplatte gelangen kann, ändert in der Hauptsache nichts. Nach meinem Dafürhalten hat daher das Wollaston'sche Element vor dem gewöhnlichen, in welchem einer Zinkplatte blos von einer Seite eine gleich grosse Kupferplatte gegenüber gestellt wird, keinen anderen als einen ökonomischen Vorzug voraus, indem sich bei ihm die Angriffsfläche des Zinks zur Hälfte der auf ihn einwirkenden Flüssigkeit entzieht; man darf es nicht mit einem Elemente verwechseln, in welchem eine grössere Kupferfläche einer kleineren Zinkfläche gegenübersteht, und eben deswegen bezweifle ich auch sehr die ziemlich allgemein gewordene Ansicht, dass die galvanische Wirkung beträchtlich verschieden ausfallen werde, ob eine Zinkplatte zwischen zwei Kupferplatten oder ob eine

Kupferplatte zwischen zwei Zinkplatten dazu genommen wird; nur versteht es sich, dass in letzterem Falle die Flüssigkeit unter übrigens gleichen Umständen schneller verschlechtert werden wird, was jedoch in den meisten Fällen nicht sehr merklich sein dürfte.

Schlussbemerkungen.

Die Hauptpunkte der ganzen vorliegenden Abhandlung lassen sich in nachstehende Sätze zusammenfassen:

1) Man kann unmittelbar durch das Experiment und auf eine völlig unzweideutige Art nachweisen, dass die hydroelektrische Kette durch alle Zeit hindurch genau dieselben Gesetze befolge, welche ich in meiner „galvanischen Kette“ als oberste Gesetze der Berührungselektricität aus dem blosen Begriffe der Spannung und der Leitung entwickelt habe, vorausgesetzt, wie sich schon von selbst versteht, dass man dabei stets einen und denselben Zustand der Flüssigkeit vor Augen habe.

2) Die Veränderlichkeit der hydroelektrischen Kette hat ihren hauptsächlichsten Grund in einer durch den Zersetzungsakt des Stromes herbeigeführten Abänderung der galvanischen Bedingungen, und zwar zeigen die Versuche, dass die Abnahme der Kraft in den meisten dieser Ketten durch Spannungen verursacht werde, die vorzugsweise an den Stellen, wo die Flüssigkeit mit den Erregern zusammenhängt, sich bilden.

3) Diese durch den Strom der geschlossenen Kette eingeleiteten Spannungen bedürfen einer gewissen Zeit, um in ihrer grössten Stärke aufzutreten, und die grösste Stärke, welche sie anzunehmen vermögen, richtet sich, laut der Erfahrung, nach der Stärke des Stromes an den Stellen, wo sie entstehen, Diese Spannungen bestehen nur so lange, als ihre Veranlassung dauert, ihr Dasein hängt von einem gewissen Gleichgewichte zwischen dem elektrischen Strom und der chemischen Anziehung ab; daher nehmen jene Spannungen, nachdem sie in einem bestimmten Falle bereits ihre grösste Stärke erreicht haben, auf's Neue wieder zu, wenn durch irgend welche Umstände der Strom verstärkt wird, so wie sie abnehmen, wenn der

Strom durch welche Mittel immer geschwächt wird, und allmählig völlig verschwinden, wenn der Strom ganz aufgehoben wird.

4) Aus der erwähnten, höchst beachtenswerthen Beweglichkeit der durch den Zersetzungsakt in die Kette neu eingeführten Spannungen gehen, wenn man sie mit mathematischer Bestimmtheint ausspricht, alle bis jetzt über das Wogen der Kraft wahrgenommenen Gesetze unmittelbar hervor, und zugleich werden dadurch noch eine Menge anderer angedeutet, die man durch geeignete Versuche wird bestätigt finden können.

5) Wenn diese beweglichen Spannungen in dem Masse durch die differenten Bestandtheile der Flüssigkeit gebildet werden, als diese allmählig an den entgegengesetzten Enden der Flüssigkeit hervortreten und dort mit dem angrenzenden Erreger ein, durch Spannung sich ankündigendes, Verhältniss eingehen: so unterliegt es keinem Zweifel, dass sie eben so gut wie in der einfachen Kette an heterogenen Metallen auch aus einer Flüssigkeit zwischen homogenen Metallen hervorgehen werden, wenn durch diese als Glied einer wirksamen Kette der, jene Spannungen erzeugende, Strom geleitet wird. So gelangt man, ohne irgend ein neues Auskunftsmittel zu Hülfe nehmen zu müssen, zu Ausdrücken, aus welchen man die allgemeinsten Eigenschaften der Ladung gleich auf den ersten Blick ablesen kann, und in denen der, von dem musterhaften Beobachter Marianini aus von ihm angestellten Versuchen entnommene, als ein besonderer Fall enthalten ist. Auch hier fügen die allgemeinen Ausdrücke viele neue Gesetze zu den schon bekannten hinzu, von denen ich mehrere, zufällig hervorgehobene, in der Erfahrung bestätigt gefunden habe.

6) Die in beiden vorstehenden Nummern besprochenen, durch die geschlossene Kette selber erst gebildeten Spannungen lassen sich, wenn sie dazu stark genug sind, unmittelbar am Elektrometer sichtbar machen, und ihre Beweglichkeit theilt sich dann auch diesem Instrument in einem Umfange mit, dessen äusserste Grenzen sich aus den dort erhaltenen Ausdrücken mit Leichtigkeit bestimmen lassen. Mit den so sich ergebenden Bestimmungen stimmen Ritter's und Marianini's experimentale Angaben, so weit diese reichen, vollkommen überein.

7) Endlich lässt sich, immer aus denselben Erfahrungsdaten, die Ursache nachweisen, warum eine Vergrösserung des Erregers auf einer Seite der Flüssigkeit zur Verstärkung der Wirkung mehr beiträgt, als auf der anderen Seite. Es zeigt sich, dass an dieser Erscheinung weder die besondere Natur eines der Erreger an und für sich, noch die Heterogeneität der beiden Erreger in ihrer Beziehung zu einander Schuld ist, indem nicht nur bald der negativere, bald der positivere Erreger den Vorrang vor dem anderen in dieser Hinsicht einnimmt, sondern sogar auch homogene Metalle auf beiden Seiten der Flüssigkeit dieselbe Erscheinung bewirken, und, je nach der Beschaffenheit der Flüssigkeit, bald auf ihrer einen, bald auf ihrer anderen Seite den grösseren Unterschied der Wirkung hervorbringen. Alle diese Folgerungen kann man leicht durch Versuche sich bewähren lassen, wie ich an seinem Orte angegeben habe.

Aus diesen Ergebnissen geht klar hervor, dass alle charakteristischen Eigenschaften der hydroelektrischen Kette vorzugsweise aus dem in ihr auftretenden Zersetzungsakte hervorgehen, dergestalt, dass die Wirkung, immer den allgemeinen galvanischen Gesetzen gemäss, aus den in jedem Augenblicke bestehenden, von einer Zeit zur anderen sich verändernden Bedingungen erfolgt. Der Gang, welchen ich hier eingehalten habe, schliesst sich so eng an unmittelbare Beobachtungen an, dass ich mich frei von der Besorgniss fühle, irgendwo einem unerlaubten Schlusse nachgegeben zu haben, und insofern bildet diese Abhandlung das Gegenstück zu dem meiner „galvanischen Kette“ beigegebenen Anhange, wiewohl in beiden wesentlich ein und derselbe Ideengang sich geltend macht, mit dem Unterschiede, dass in jener die analytische, in diesem die synthetische Form vorherrschend ist. Obgeich auf diesem Weg alle Besonderheiten der hydroelektrischen Kette immer wieder nur in Spannungen und Leitungswiderständen ihre endliche Erklärung finden, so geht darüber doch keine der vielen Eigenthümlichkeiten solcher Ketten verloren, umgekehrt tritt vielmehr, wie sich aus den Formeln leicht entnehmen lässt, eine nicht unbedeutende Menge neuer Modifikationen zu den alten noch hinzu, und doch haben wir bis jetzt blos Spannungsänderungen zugelassen, während unter ähnlichen Umständen, wiewohl nur in selteneren Fällen, auch Aenderungen im Leitungswiderstande, mit derselben Beweglichkeit begabt, erscheinen können, die dann noch andere Seiten des Phänomens zu unserer Kenntniss gelangen lassen werden. Da indessen der organische Zusammenhang aller bis auf diesen Augenblick bekannten Eigenschaften der hyroelektrischen Kette unter einander schon aus der bisherigen Entwickelung sich deutlich genug überblicken lässt, so glaube ich mein an einem anderen Orte*) gegebenes Versprechen gelöst und den in der Einleitung angekündigten Zweck erreicht zu haben. Eine vollständige quantitative Bestimmung aller einzelnen Momente der hydroelektrischen Kette setzt experimentale Vorarbeiten voraus, zu denen ich nicht gelangen kann; sie muss der Zukunft überlassen bleiben.

Schliesslich habe ich noch eine Eigenthümlichkeit hydroelektrischer Ketten zu besprechen, die an einem anderen Orte keinen schicklichen Platz finden konnte; ich meine jene Erscheinungen, die durch ungleichzeitiges Eintauchen der homogenen Enden eines Metallbogens in eine Flüssigkeit entstehen. Es hat mir immer geschienen, als ob diese Wirkungen auf die einer Kette aus zwei Flüssigkeiten und einem Metalle reducirt werden müssten. Werden nämlich die zwei homogenen Enden des Metallbogens gleichzeitig in die Flüssigkeit untergetaucht, so wird diese Flüssigkeit zunächst um die Metalle herum eine Aenderung erleiden, wenn sie, was eine Bedingung zum Gelingen jener Art von Versuchen ist, chemisch auf das Metall einzuwirken im Stande ist; weil aber in diesem Fall alle Aenderungen auf beiden Seiten völlig dieselben sind, so wird kein Strom entstehen können. Wird hingegen das eine der beiden Enden aus der Flüssigkeit herausgezogen und später wieder in dieselbe eingetaucht, so wird durch diese Operation die zuvor rings um dieses Ende herum angesammelte *veränderte* Flüssigkeit gleichsam abgespült und dadurch die nach *unveränderte* Flüssigkeit in grösserer oder geringerer Reinheit mit diesem Ende in Berührung gebracht, während um das

*) In diesem Jahrb. B. XXVIII. S. 428 u. 429 [342 u. 343].

andere Ende herum noch die *veränderte* Flüssigkeit haften bleibt, so dass also jetzt die homogenen Metalle mit zwei verschiedenen Flüssigkeiten in Berührung sind, und in der Regel einen Strom erzeugen werden, der so lange dauert, bis rings um das zuletzt eingetauchte Ende wieder die am anderen Ende vorhandene Abänderung der Flüssigkeit eingetreten ist, auf welchem Punkte dann alle Wirkung wieder aufhören muss. Ganz dasselbe wird geschehen, wenn erst das eine Ende des Metallbogens in die Flüssigkeit eingetaucht und später das andere noch unbenetzte Ende hinzugefügt wird. Für diese Ansicht des Gegenstandes spricht die Wahrnehmung, dass die gleiche Wirkung sich zeigt, wenn das eine Ende, statt es aus der Flüssigkeit heraus zu nehmen und später wieder einzutauchen, blos innerhalb der Flüssigkeit, ohne dass dadurch neue Theile mit ihr in Berührung kommen, so hin- und herbewegt wird, dass ein Abspülen der an ihm anliegenden Flüssigkeitsschicht leicht erfolgen kann, oder wenn man unterhalb der Flüssigkeit mit einem Nichtleiter über dasselbe so wegfährt, als ob man es abzuwischen willens wäre. Wenngleich ich nun den eben beschriebenen Hergang für den am häufigsten bei solchen Versuchen vorkommenden anzusehen geneigt bin, so sollen damit doch keineswegs andere Einflüsse ausgeschlossen werden, die in einzelnen Fällen sich geltend machen können, als da sind: Ungleichartigkeit der scheinbar homogenen Metallenden, Ueberzüge, die sich an diese Enden zuweilen absetzen, wiewohl solche Ueberzüge nur selten von erheblicher Wirkung unter Flüssigkeiten zu sein pflegen, was wohl daher rührt, dass dergleichen Ablagerungen in der Regel nur lose an den Metallen anliegen und aus diesem Grunde der Flüssigkeit fast ungehinderten Zutritt zu den Metallen gestatten.

XVI.

Ueber eine verkannte Eigenschaft der gebundenen Elektricität.

Schweigg. Journ., Bd. **65**, p. 129—147. 1832.

Vor einiger Zeit ist in diesen Jahrbüchern (1831. B. I. S. 393) ein sehr interessanter Aufsatz: *„Ueber den elektrischen Zustand eines isolirten Leiters, welcher der vertheilenden Wirkung eines elektrisirten Körpers unterworfen ist,* vom Prof. *C. H. Pfaff* in Kiel“ erschienen. Darin wird, im Gegensatze zu der Art und Weise, wie gewöhnlich das Verhalten eines isolirten Leiters, der unter dem Einfluss eines elektrisirten Körpers steht, beschrieben wird, nachgewiesen:

1) Dass *in passenden Gläsern eingeschlossene* Goldblatt-, Strohhalm-, oder Hollundermarkkugel-Elektrometer, deren Knöpfe entweder unmittelbar, oder durch kurze Messingdrähte mit dem isolirten Leiter, in welchem die Vertheilung vor sich geht, in Berührung gebracht werden, stets mit derjenigen Elektricität auseinandergehen, durch welche der elektrisirte Körper die Vertheilung bewirkt, wobei es keinen Unterschied macht, ob die Elektrometer in Berührung mit dem durch Vertheilung elektrisirten Leiter bleiben, oder ausser Verbindung mit demselben gesetzt werden, in welchem letzteren Falle sie wenigstens für die ersten Augenblicke ihre elektrische Spannung beibehalten.

2) Dass die Stärke dieser elektrischen Spannungen bei gleicher Intensität des ursprünglich elektrisch geladenen Leiters

von der Entfernung und dem Winkel abhängt, unter welchem die Elektricität ihre Wirkung ausübt.

3) Bei ableitender Berührung des zuvor isolirten Leiters, in welchem die Vertheilung stattgefunden hat, fallen alle Elektrometer augenblicklich zusammen und bleiben auch in diesem Zustande nach Aufhebung der ableitenden Berührung. Entfernt man aber alsdann den isolirten Leiter aus dem Wirkungskreise des ursprünglich elektrischen Körpers, so gehen alle Elektrometer abermals auseinander, aber mit der entgegengesetzten Elektricität von derjenigen, mit welcher sie vorher divergirt hatten, mit derjenigen nämlich, die vollkommen latent gewesen war, und nunmehr frei wird.

4) Nie hat dagegen der Urheber dieser Versuche beobachten können, dass ein, mit einer gewissen Elektricität versehenes, Korkkügelchen von der einen Hälfte des Leiters angezogen, und von der anderen Hälfte abgestossen werde; vielmehr fand er an der ganzen Ausdehnung des isolirten Leiters gleichmässig entweder Anziehung oder Abstossung nach Beschaffenheit der Elektricität, womit das Korkkügelchen geladen war, und derjenigen des ursprünglich elektrisirten Körpers, von welchem die vertheilende Wirkung ausging. Es gilt nämlich, Pfaff's Beobachtungen gemäss, allgemein das Gesetz, dass wenn das Korkkügelchen die gleichartige Elektricität mit derjenigen des Körpers hat, von welchem die vertheilende Wirkung ausgeht, an allen Punkten des isolirten Leiters Abstossung, im entgegengesetzten Fall aber Anziehung stattfindet.

5) „Schon durch eine blose Anwendung der allgemein anerkannten Principien der Elektricitätslehre", heisst es daselbst S. 398, „wird sich nachweisen lassen, dass die gewöhnliche Darstellung der Wirkungsweise eines isolirten, durch Vertheilung elektrisirten Leiters unrichtig ist, und dass sie nicht mit den wirklichen Thatsachen übereinstimmen könne." „Es ist nämlich einleuchtend, dass wenn die Elektricität eines positiv elektrisirten Leiters das natürliche elektrische Gleichgewicht eines anderen isolirten Leiters durch vertheilende Wirkung stört, und die Verbindung seiner negativen Elektricität mit der positiven, womit sie ein relatives *0* dargestellt

hatte, aufhebt, die getrennte negative Elektricität in keinen freieren Zustand übergehen kann, als derjenige war, in welchem sie sich vorher befand. War also die negative Elektricität vorher durch ihren Gegensatz zum elektrischen *0* vollkommen gebunden, so muss sie es auch nach der nun eingetretenen Trennung von ihrem $+ E$, und womöglich noch mehr sein; denn da die positive Elektricität des ursprünglich elektrisch geladenen Körpers *A* die Verbindung, in welcher sich das $- E$ des isolirten, im natürlichen Zustande befindlichen Leiters *B* mit seinem $+ E$ befand, aufzuheben im Stande ist, so muss das $+ E$ des *A* offenbar noch stärker auf das $- E$ des Leiters *B* wirken, dasselbe noch stärker anziehen, als jenes $- E$ von seinem $+ E$, mit welchem es zu *0* neutralisirt war, angezogen und zurückgehalten wird. Da nun alle Bindung, alles Latentsein und Latentwerden einer Art von Elektricität lediglich von der Anziehung durch seinen Gegensatz abhängt, und im Verhältnisse der Grösse dieser Anziehung steht, so muss, vermöge der stärkeren Anziehung von Seiten des $+ E$ von *A*, diese Bindung, dieses Latentwerden des $- E$ in *B* noch in höherem Grad als zuvor stattfinden. Es kann also in dem, dem ursprünglich elektrisch geladenen Körper *A* zugekehrten, Ende des Leiters *B* unmöglich freie, negative Elektricität sich befinden, sondern alle negative Elektricität, die dahin gezogen und daselbst angehäuft ist, muss vollkommen gebunden sein, und Leinfäden, Strohhälmchen u. dergl., die mit diesem Ende verbunden sind, können entweder gar nicht divergiren, oder wenn sie Divergenz zeigen, so kann dieselbe nur von derselben Art von Elektricität abhängen, mit welcher die Strohhälmchen, Leinfäden u. s. w. an dem entgegengesetzten Ende divergiren, und welche die gleichnamige mit derjenigen ist, durch welche der ursprünglich elektrisch geladene Körper vertheilend wirkt."

Diese Beobachtungen und Betrachtungen eines um die Elektricitätslehre so verdienten Mannes fesselten meine Aufmerksamkeit in hohem Grade, da ich selber schon vor vielen Jahren mit den besprochenen Erscheinungen mich beschäftigt und wiederholt gefunden hatte, dass sie so nicht erfolgen, wie sie in unseren geachtetsten Lehrbüchern beschrieben werden;

auch hatte ich mich stellenweise überzeugt, dass sie so nicht erfolgen können, da in jenen Beschreibungen grösstentheils der vertheilende Körper als gar nicht vorhanden angenommen oder doch nur in mittelbarer Beziehung aufgeführt wird. Ungefähr um dieselbe Zeit fielen mir de Luc's *„neue Ideen über die Meteorologie“* in die Hände, in denen das dritte Kapitel der zweiten Abtheilung von dem elektrischen Fluidum handelt, das ich, gereizt durch die kurz zuvor gemachte Erfahrung, mit ungewöhnlich hohem Interesse durchlas. Ich wurde davon sehr angezogen, und der 5. und 7. Abschnitt des genannten Kapitels schien mir damals über die Natur des vertheilten Leiters allen Aufschluss zu geben, den ich bis dahin noch vermisst hatte. Seitdem war ich gewohnt, diese Arbeit de Luc's für ein Meisterstück der Experimentirkunst zu halten, und ihre Resultate für unbestritten anzunehmen. Es nahm mich freilich Wunder, dass diese Resultate in unseren Lehrbüchern nicht nach Verdienst benützt erscheinen; allein ich schob die Schuld davon auf die von de Luc, in Folge seiner besonderen Vorstellungsweise über die Natur des elektrischen Fluidums, gebrauchte, unserer heutigen Ausdruchsweise so wenig zusagende, Sprache, wodurch das richtige Erfassen seiner Sätze erschwert und Missverständnisse gar leicht herbeigeführt werden. Pfaff's angezeigte Abhandlung schreckte mich indessen aus meiner bisherigen Sicherheit mit einem Mal auf, indem die hier vorkommenden Ergebnisse mit denen de Luc's nicht überall zusammenfallen. Zwischen die verschiedenartigen und zum Theile selbst einander geradezu widersprechenden Urtheile zweier Männer geworfen, deren Autoritäten beide vom ersten Range sind, blieb mir nichts anders übrig, als an die höchste Instanz, unser aller Autorität, an die Natur zu appelliren, und ich trage kein Bedenken, den Erfolg meiner Versuche öffentlich mitzutheilen, indem es sich hier um die Sicherstellung eines angefochtenen, für die gesammte Elektricitätslehre so wichtigen, Fundamentalsatzes handelt.

Zunächst kam es mir darauf an, die Stelle aufzufinden, von wo aus die Ansichten der beiden genannten Experimentatoren von einander abweichen. Die oben unter 1), 2) und 3) angezeigten Erscheinungen hat im Wesentlichen auch de Luc beobachtet*), und die unter 4) aufgestellte Wahrnehmung rückt ziemlich nah an die Bemerkung, welche de Luc in einer späteren Stelle mittheilt**). Die eigentliche Divergenz zwischen beiden Naturforschern spricht sich erst in dem, was oben unter 5) steht, recht deutlich aus. Hier erklärt sich Pfaff entschieden dafür, dass die in dem isolirten Leiter geweckte, und durch den vertheilenden Körper gebundene Elektricität während ihres Latentseins zugleich auch die Fähigkeit verloren habe, anziehend oder abstossend auf einen dritten elektrischen Körpers einzuwirken, während de Luc folgendermassen sich äussert***): „Ich glaube also bewiesen zu haben, dass die *positiven* uud *negativen* Zustände, deren verschiedene Verbindungen die merkbaren Umstände abgeben, womit die *elektrischen Bewegungen* verknüpft sind, nur die *Dichtigkeit des elektrischen Fluidums,* und nicht seine *ausdehnende Kraft* betreffen. Und weil die *Dichtigkeit* dieses *Fluidums* auf die *Menge* seiner *elektrischen Materie* ankommt, so wie die *Dichtigkeit* der *Wasserdünste* auf die Menge des *Wassers*, so glaube ich endlich aus allen diesen Versuchen schliessen zu können: dass allein der *elektrischen Materie* die *elektrischen Bewegungen* zugeschrieben werden können.“ Nach de Luc's Redeweise sagt dieser Satz aber nichts anders, als dass die elektrischen Anziehungen und Abstossungen der Körper unter sich lediglich von der Menge der in ihnen enthaltenen elektrischen Materie abhänge, wobei er noch ausdrücklich hervorhebt, dass jene Bewegungen in völlig gleicher Weise geschehen, diese elektrische Materie mag im freien oder im gebundenen Zustand in den Körpern sich vorfinden. Man sieht hieraus, dass an dieser Stelle beide Beobachter ganz entgegengesetzter Meinung sind; daher sind auch nach de Luc alle obigen unter 1) und 3) aufgestellten Wahrnehmungen nur bedingt wahr, nämlich nur so lange, als die beweglichen Theile der Elektrometer weit genug aus der Wirkungssphäre des vertheilten und des vertheilenden Körpers

*) *Neue Ideen über die Meteorologie,* deutsche Uebersetzung, § 336—342, in Verbindung mit § 329.

**) a. a. O. § 356.

***) a. a. O. § 372.

entfernt stehen. Es ist nicht zu läugnen, dass in diesem Punkte de Luc in Vergleich mit Pfaff im Vortheile zu stehen scheint, indem ersterer seine Behauptung aus Versuchen hergeleitet hat, während letzterer die seinige aus allgemeinen Betrachtungen herholt, die nicht immer gegen jede Einwendung gesichert dastehen; eine blose Hinweisung auf de Luc's Arbeit kann jedoch die Frage, um die es sich hier handelt, nicht entscheiden, indem gegen die Beweiskraft von de Luc's hierher gehörigen Versuchen nicht unmotivirte Zweifel erhoben worden sind. Es hat für den an die Quellen zurückgehenden Naturforscher etwas Anziehendes, zu sehen, wie sich in unseren Tagen ungefähr dieselbe Verschiedenheit der Ansichten wieder geltend gemacht hat, die schon früher zwischen Lord Mahon und Volta eingetreten war, und die zu heben de Luc gerade einen Theil seiner Versuche unternommen hat.

Der Hauptversuch, auf welchen de Luc seine Ansicht gründet*), ist in der neuen Bearbeitung von *Gehler's physikalischem Wörterbuch* (B. III. E. S. 362) hervorgehoben und kritisch beleuchtet, wie folgt: „Mit einer auf einem isolirenden Fusse vertical aufgerichteten metallenen Scheibe B von etwa acht Zoll Durchmesser befinden sich an ihrer vorderen und hinteren Fläche zwei Paar Elektrometer verbunden, deren Kugeln von hohlem Metallblech von etwa 2″ Durchmesser**) von isolirenden Armen getragen werden, die sie in der Höhe des Mittelpunktes der Scheibe halten, an Trägern in einer mit der Ebene der Scheibe parallelen Ebene frei beweglich, die vorderen überdies noch durch lackirte Glasstäbchen, von denen sie getragen werden, isolirt, aber mit der vorderen Fläche der Scheibe B in unmittelbarer leichter Berührung***), die hinteren

*) a. a. O. § und ff.

**) Nach de Luc's § 362 scheint der Durchmesser dieser Kugeln noch bedeutend unter einem Zolle gewesen zu sein, was jedoch in der Hauptsache nichts ändert.

***) Es ist nicht unwesentlich zu bemerken, wie sich hier de Luc alle Mühe giebt, dieses vordere Elektrometer in grösste Nähe zu dem die Vertheilung bewirkenden Körper zu bringen, nnd zu dem Ende sogar die Arme der Kugeln nicht leitend macht, um so das ganze Elektrometer ganz und gar auf seine beiden Kugeln zu reduciren, wie sehr er also diesen Umstand wesentlich für das Gelingen seines Versuches hält.

an Strohhälmchen aufgehängt, in einer geringen Entfernung von der hinteren Fläche der Scheibe, aber durch einen Metalldraht mit dem oberen Rande der Scheibe verbunden. Nähert man nun der Scheibe *B*, die sich mit ihren zwei Paar Elektrometern im natürlichen Zustande befindet, eine gleichfalls isolirte Scheibe *A* in gleicher Höhe der Mittelpunkte in paralleler Richtung mit *B*, welche stark positiv elektrisirt ist, so divergiren die beiden Paar Kugeln, und zwar, nach de Luc's Behauptung, die vorderen mit negativer, die hinteren mit positiver Elektricität. Berührt man die vorderen Kugeln, so geben sie einen eben so starken Funken als jeder andere Theil ihrer Gruppe (nämlich der Scheibe *B* mit ihren Elektrometern), und zwar divergiren sie alsdann noch mehr, weil sie negativer geworden sind, und sie fahren fort zu divergiren, ob man sie gleich in Verbindung mit dem Erdboden durch kleine leitende Drähte setzt, die ihre Bewegung nicht hindern. In dem Augenblicke, dass mann den Funken aus den vorderen Kugeln, oder aus jedm anderen Theile der Gruppe, nimmt, fallen die hinteren Kugeln zusammen, und divergiren von Neuem, weil alsdann die Gruppe negativ geworden ist. In diesem Augenblick ist die ausdehnende Kraft der elektrischen Flüssigkeit aller Theile der Gruppe auf einerlei Grad mit der des elektrischen Fluidums im Boden, denn welchen Theil der Gruppe man auch berührt, wird in seinem Zustande nichts geändert. Inzwischen divergiren die beiden Paare Kugeln, weil die gesammte Dichtigkeit des Fluidums der Gruppe geringer ist, als die des elektrischen Fluidums des Bodens und umgebenden Mittels und eines divergirt mehr als das andere, weil dieser Unterschied der Dichtigkeit bei dem einen grösser ist, als bei dem anderen." „Hier verwechselt aber de Luc" (heisst es weiter an dem angezeigten Orte) „zwei Wirkungen, die ganz verschiedene Ursachen haben. Das vordere Paar Kugel divergirt offenbar durch die unmittelbare Wirkung der Scheibe *A*, die mit ihren ausgebreiteten Seitentheilen ein Uebergewicht über die Mitte, welcher die Kugeln gegenüber stehen, ausübt, und also die Kugeln so weit von einander entfernt, bis die Anziehungen nach allen Seiten hin im Gleichgewichte mit einander stehen. Eben darum hat es nichts Auffallendes, dass diese

Divergenz auch noch fortdauert, wenn diese Kugeln durch leitende Fäden mit dem Erdboden in Verbindung gesetzt werden, während es mit allen Versuchen in direktem Widerspruche steht, dass die Divergenz zweier gleichnamig elektrischen, und zunächst nur durch ihre eigene Elektricität aus einander gehaltener Körper fortdaure, wenn eine Verbindung zwischen ihnen und dem Erdboden eingeleitet wird. Auch streitet es mit allen anerkannten elektrischen Erfahrungen, dass die Körper, die bereits negativ elektrisch sind, wenn ihnen ein mit dem Erdboden verbundener Leiter genähert wird, durch den zwischen ihnen überschlagenden Funken noch negativer werden sollten, wie de Luc von dem vorderen Paare von Kugeln voraussetzt. Es findet hier allen Versuchen zu Folge keine andere Wechselwirkung statt, als eine Verminderung des negativen Zustandes durch einen positiven Funken. Allerdings geben die Kugeln in jenem Versuch einen Funken, weil sie mit der ganzen Gruppe in leitender Verbindung stehen, die sich an jedem Punkte der von der positiven Scheibe *A* frei gemachten und in Spannung versetzten positiven Elektricität zu entledigen sucht; und da die vorderen Kugeln zugleich die mehr nach ihrer äusseren Seite zurückgetriebene positive Elektricität, welche der Anziehung von den Seitentheilen der Scheibe *A* entgegen wirkte, in diesem Funken mit verlieren, so können sie dann von jenen Seitentheilen noch etwas mehr nach Aussen gezogen werden, d. h. ihre Divergenz muss etwas zunehmen. Dass die hinteren Kugeln im Augenblicke, da die Gruppe berührt wird, zusammenfallen, ist eine nothwendige Folge der Entziehung (oder Ausgleichung) ihrer positiven Elektricität, durch welche sie vorher divergirten; dass sie aber dann nachher wieder, wenn gleich schwächer als die vorderen Kugeln, divergiren, ist abermals blos eine Wirkung der Anziehungskraft der positiven Scheibe *A*, welche gleichfalls wegen der grösseren Ausbreitung ihrer Seitentheile diese Kugeln etwas seitwärts ziehen muss, aber freilich in geringerem Grad, als das vordere Paar, weil ihre Wirkung aus grösserer Entfernung auf sie ausgeübt wird. So sind also alle Modifikationen dieser Bewegungen aus der von uns oben entwickelten Theorie vollkommen begreiflich, und man hat nicht zu jenen ausserordentlichen Annahmen seine

Zuflucht zu nehmen, die mit allen Versuchen im Widerspruche stehen, dass Körper, welche durch eigene Elektricität divergiren, diese Divergenz auch noch behaupten, wenn sie gleich mit dem Erdboden in leitende Verbindung gesetzt werden."

Giebt man zu, dass die Scheibe *A* die Elektrometerkugeln vorzugsweise nach der Seite, auf welcher sie sich ursprünglich befinden, noch weiter fortzuziehen im Stande ist, so fehlt es der vorstehenden Beleuchtung des de Luc'schen Versuches nirgends an innerer Wahrheit; allein diese Voraussetzung selber scheint sich mit den mathematischen Gesetzen der Elektricitätslehre nicht wohl vertragen zu können, wiewohl auf der anderen Seite auch nicht zu verkennen ist, dass die Bedingungen in vorstehendem Versuche viel zu verwickelt sind, als dass es der Rechnung so leicht werden sollte, sich geltend zu machen. Es blieb mir daher zur Aufhellung dieses Gegenstandes kein besseres Mittel übrig, als unmittelbar zu dem Versuche meine Zuflucht zu nehmen.

Ich liess mir mehrere unter sich möglichst gleiche Cylinder aus dünnem Messingbleche verfertigen, die an ihren beiden Enden in Kugeln von grösserem Durchmesser ausliefen. Zwei dieser mit Inbegriff der beiden Kugeln $3^1/_2$ Zoll langen Leiter, die ich *A* und *B* nennen werde, befestigte ich in horizontaler Lage auf isolirenden, in hölzernen Füssen ruhenden Glasröhren, und an einen dritten dieser Leiter *C* kittete ich mit Gummilack eine rechtwinklig gebogene Glasröhre so an eine seiner Kugeln, dass der von dieser Stelle auslaufende kurze Schenkel der Glasröhre senkrecht auf der Axe des Cylinders stand, der andere Schenkel aber in der Richtung der Verlängerung dieser Axe parallel mit ihr fortlief; der angekitteten Stelle diametral gegenüber befestigte ich auf derselben Kugel einen Seidenfaden, mit dessen Hülfe ich den so hergerichteten Leiter *C* an einem hinreichend grossen gläsernen Arme, der die Gestalt eines rechten Winkels hatte und von einem hölzernen Fusse getragen wurde, so aufhing, dass der messingene Cylinder durch ein an seiner angekitteten Glasröhre angebrachtes, nichtleitendes Gegengewicht stets in horizontaler Lage erhalten wurde*). Um die

*) Dies bewirkte ich sehr bequem dadurch, dass ich über jene angekittete

Stellung dieses beweglichen Cylinders C ganz in meine Gewalt zu bekommen, hatte ich am Ende seines gläsernen Trägers ein Stück Kork befestigt, durch welches in verticaler Richtung ein Stück Draht gedrängt ging, an dessen unterem, zu einer Oese gebogenen, Ende ich den Seidenfaden betestigte, so dass ich mittelst dieses, an seinem oberen Ende hackenförmig gebogenen Drahtes den aufgehängten Cylinder nach Willkür niedriger nnd höher stellen, und zugleich in jedes beliebige Azimuth bringen konnte. Mit diesen sehr einfachen Vorrichtungen und einer ausgedienten Eau de Cologneflasche versehen, stellte ich nun folgende Versuche an.

I. Ich stellte den an seinem Träger aufgehängten Leiter C, welcher durch diesen Träger und den Seidenfaden vollständig isolirt war, auf den Tisch, und gab ihm mit Hülfe des durch Kork gesteckten Drahtes eine solche Stellung, dass er mit den neben ihn hingestellten Leitern A und B völlig einerlei Höhe annahm, so dass also die Axen aller dieser Leiter stets in eine und dieselbe Horizontalebene fielen. Für sich machte dieser Leiter C, vermöge der geringen Elasticität des Seidenfadens, an welchem er aufgehängt war, äusserst langsame, durch geringe Luftströmungen leicht abzuändernde Schwingungen um die Richtung seines natürlichen Gleichgewichtes, und durch vorsichtige Drehung des durch den Kork gesteckten Drahtes machte ich diese Richtung mit einer auf dem Tische gezogenen Linie zusammenfallen. Nachdem dieses geschehen war, nahm ich den auf seiner Glasröhre festgekitteten und durch sie isolirten Leiter A, theilte ihm mittelst der geriebenen Eau de Cologneflasche positive oder negative Elektricität mit*), und

Thermometerröhre ein Stück einer Barometerröhre von nahehin gleicher innerer Weiter steckte, durch deren Verschieben die genaue Stellung des Leiters C leicht und sicher erzielt werden konnte.

*) Es hält nicht so leicht, Leitern von so beträchtlicher Ausdehnung wie die obigen sind, mittelst der geriebenen Glasröhre Elektricität von beträchtlicher Stärke durch unmittelbare Mittheilung beizubringen; man macht sie aber leicht bis zum Funkengeben elektrisch, wenn man zwei solche isolirte Leiter A in einer geraden Linie einander unmittelbar berühren lässt und sie dann, während die geriebene Glasröhre vertheilend auf sie einwirkt, aus einander rückt; der eine zeigt sich stark positiv, der andere eben so stark negativ elektrisch.

näherte ihn in derjenigen Verticalebene, welche durch die auf den Tisch gezogene Richtungslinie ging, allmählig dem beweglichen Leiter *C* von derjenigen Seite, nach welcher sein metallener Arm hinspielte, jedoch nie bis zur Schlagweite. In dem Masse als der Leiter *A* dem Leiter *C* näher rückte, wurden die Schwingungen dieses letzteren zunehmend schneller, erstreckten sich aber fortwährend zu beiden Seiten der auf den Tisch gezogenen Richtungslinie auf gleiche Weite. Als auf solche Weise der Leiter *A* dem *C* bis auf einen oder zwei Zoll genähert worden war und die Schwingungen des letzteren bestimmt und kräftig sich zeigten, nahm ich den auf seiner Glasröhre isolirten Leiter *B*, der unelektrisch blieb, und näherte ihn langsam von der Seite dem Leiter *C*, so dass seine Axe stets mit der Richtungslinie parallel sich erhielt, und der Mittelpunkt seiner, von dem Leiter *A* abgewandten, Kugel immer in einer und derselben Ebene blieb, die durch den Seitenfaden ging und senkrecht auf der Richtungslinie stand. Diese Annäherung setzte ich so lange fort, bis die von dem Leiter *A* abgewandten Kugeln der beiden Leiter *B* und *C* sich einander fast berührten. Während dies geschah, ging die bewegliche Kugel des Leiters *C* nach der entgegengesetzten Seite ab, und machte hier, ohne dabei je wieder bis in die auf den Tisch gezogene Richtungslinie zurück zu kehren, Schwingungen, welche sich nach beiden Seiten einer Linie, die mit der auf den Tisch gezogenen Richtungslinie einen nach Umständen grösseren oder kleineren Winkel bildete, in gleicher Weite erstreckten. Es hielt nicht schwer die Umstände so anzuordnen, dass dieser Winkel 20 Grade und darüber betrug. Zieht man jetzt den Leiter *B* wieder auf dieselbe Weise zurück, wie er angenähert worden ist, so kehrt der Leiter *C* augenblicklich wieder in seine ursprüngliche Richtung zurück.

II. Brachte ich, während der Leiter *B* noch dicht neben dem Leiter *C* stand, diese beiden Leiter an irgend einer Stelle auf einen Augenblich mit dem Erdboden in leitende Verbindung, so ging nachher der Leiter *C* nicht nur nicht zurück, sondern der Winkel, unter welchem er, gegen die Richtungslinie geneigt, einspielte, nahm, wiewohl nur unbedeutend, noch zu. Wenn ich jetzt den Leiter *A* isolirt und stets in derselben geraden Linie bleibend zurückzog, so nahm in dem Masse die Divergenz der beiden Leiter *B* und *C* fortwährend zu und zeigte sich am grössten, nachdem der Leiter *A* in solche Ferne gekommen war, dass seine Wirkung auf die beiden anderen Leiter als völlig erloschen angesehen werden konnte. Auch hier kehrt der Leiter *C* augenblicklich in seine ursprüngliche Richtung zurück, wenn der Leiter *B* in Gegenwart des Leiters *A* zurückgezogen wird.

III. Um das Charakteristische dieser Erscheinungen noch mehr in die Augen springen zu machen, nahm ich den Leiter *B* von der Glasröhre, auf welche er durch Gummilack gekittet war, ab, und setzte ihn in gleicher Höhe auf einen starken Messingdraht, mit welchem er metallisch zusammenhing, und der selber wieder durch einen dünnen Draht mit dem Erdboden in Verbindung gesetzt wurde. Eben so setzte ich an die Stelle des Seidenfadens am Leiter *C* ein Stück vom feinsten Goldlahn, das am Ende mit dem Leiter metallisch zusammenhing und am anderen Ende um die Oese an dem durch den Kork gesteckten Draht einige Male herum gewunden und dann oberhalb der Oese mit ein wenig Wachs an den Draht befestigt wurde, während von dem abgekehrten, hackenförmigen Ende dieses Drahtes ein dünner Messingdraht an dem rechtwinklich gebogenen gläsernen Träger fortgeführt und von dessen hölzernem Fusse weiter bis auf den Erdboden hinab ragend angebracht worden war. Nachdem ich mich vorläufig noch besonders davon überzeugt hatte, dass die so veränderten beiden Leiter *B* und *C* nicht die geringste Spur von freier Elektricität, auch nicht auf einen Augenblick zurück zu halten im Stande waren, wiederholte ich mit ihnen den Versuch I. ganz in der dortigen Weise und erhielt vollkommen dasselbe Resultat, nur mit dem Unterschiede, dass die Abweichung des Leiters *C* aus seiner natürlichen Richtung gleich von vorn herein die grösstmögliche wurde und hier nicht mehr wie in II. durch ableitende Berührung der Leiter *B* und *C* noch verstärkt werden konnte. Es macht einen wegen der Ungewöhnlichkeit der Erscheinung ganz eigenen Eindruck, zu sehen, wie zwei mit dem Erdboden in möglichst gute Ableitung gebrachte Leiter unter dem Einfluss eines dritten abstossend auf einander einwirken, und nur höchst langsam, in dem Mass als sich die in dem isolirten dritten Leiter angehäufte Elektricität in die Luft zerstreut, einander wieder näher rücken.

Die vorliegenden Versuche setzen, wie ich glaube, den Satz *de Luc's, dass die in Körpern gebundenen Elektricitäten, eben so gut wie die freien, anziehend und abstossend auf einander einwirken,* ausser allen Zweifel; denn wenn man auch die Ercheinungen in I. aus der nach den hinteren Kugeln der Leiter zurückgedrängten freien Elektricität erklären wollte, so wird eine solche Erklärung jedenfalls doch durch die unter II. und noch augenscheinlicher durch die unter III. beschriebenen Wirkungsweisen zurückgewiesen, und das in der oben mitgetheilten kritischen Beleuchtung des de Luc'schen Versuches ergriffene Auskunftsmittel einer Seitenanziehung des Leiters *C* durch den Leiter *A* ist auf die in meinen Versuchen den Leitern gegebenen Formen durchaus nicht mehr anwendbar. *Die Elektricität verliert durch den Bindungsakt zwar ihre ausdehnende Kraft, ihr Propagationsvermögen, aber sie büsst nicht auch damit zugleich ihre übrigen Eigenschaften ein; obgleich durch äussere Gewalt zu eigener Bewegungslosigkeit verurtheilt, behält die gebundene Elektricität doch noch ihren ganzen Einfluss, andere Körper zur Bewegung zu bestimmen.*

Ich halte es für überflüssig, von dem unendlichen Wechsel der Erscheinungen zu reden, wenn man jene Leiter in andere relative Stellungen zu einander bringt, dadurch, dass man einem Theil derselben eine umgekehrte Stellung, oder auch nur eine weniger veränderte Richtung giebt, oder dadurch, dass man mehrere Paare Leiter, wie *B* und *C* sind, mit einander in Verbindung bringt. Man wird so schon die Zweckmässigkeit dieser Leiter zur Erforschung aller Einzelheiten hinsichtlich der Natur elektrischer Wirkungskreise leicht voraussehen können; aber ein Paar dieser Umstände darf ich nicht verschweigen, da sie zur richtigen Beurtheilung der obigen Versuche beitragen werden. Steht der Leiter *A* während des Versuches in I. oder III. dem Leiter *C* bis auf einen oder einen halben Zoll nahe, so sind die Schwingungen des Leiters *C* in der Regel sehr kräftig; zieht man jetzt den Leiter *A* in der Richtungslinie zurück, so nimmt die Schnelligkeit der Schwingungen in demselben Mass ab, zugleich aber nimmt die Seitenbewegung des Leiters C fortwährend zu, und erreicht in einer gewissen Entfernung des Leiters A einen grössten Werth, der dann, wenn man den Leiter A noch weiter zurückzieht, allmählig wieder abnimmt, bis zuletzt alle Seitenbewegungen des Leiters C verschwunden, oder manchmal, wenn der Versuch wie in I. angestellt wird, auf eine konstante sehr geringe Grösse, die von der Zerstreuung der freien Elektricität im Leiter C herrührt, gesunken ist. Offenbar hat diese Erscheinung darin ihren Grund, dass der Winkel, unter welchem sich der Leiter C einstellt, nicht allein durch die aus dem Leiter B hervorgehende abstossende Kraft, sondern zugleich auch durch die von A auf C gerichtete Anziehung bedingt wird; es giebt daher eine gewisse Entfernung des Leiters A, wo die aus diesen beiden Kräften hervorgehende Mittelkraft mit der Richtungslinie einen grössten Winkel bildet. Aus demselben Grunde geschieht es, dass wenn man den Leiter A so im Halbkreise herumführt, als wenn er mit dem Punkte, den der Mittelpunkt der vorderen Kugel des Leiters C in seinem natürlichen Gleichgewichtszustand einnimmt, fest vereinigt wäre, die Seitenabweichung des Leiters C fortwährend zunimmt, so lange der Leiter A in der Drehung *nach derselben Seite* weiter fortrückt; dagegen vermindert eine Drehung des Leiters A *nach der entgegengesetzten Seite* die Seitenbewegung immer mehr und mehr und hebt sie ganz auf, wenn der Leiter A auf der Seite des Leiters B unter einem rechten Winkel mit dessen Axe steht.

In der oben mitgetheilten Beleuchtung des de Luc'schen Versuches wird gesagt, dass es mit allen anerkannten elektrischen Erfahrungen streite, dass Körper, die bereits negativ elektrisch sind, wenn ihnen ein mit dem Erdboden verbundener Leiter genähert wird, durch den zwischen ihnen überschlagenden Funken noch negativer werden sollten, wie de Luc von dem vorderen Paar von Kugeln voraussetzt; irre ich aber nicht, so tritt diese Erscheinung mit folgender anderen sehr bekannten in eine und dieselbe Klasse. Nähert man einem, an einem Seidenfaden aufgehängten und im natürlichen Zustande befindlichen, Korkkügelchen eine geriebene Siegellackstange, so wird es davon angezogen und, nachdem es aus der Stange eine hinreichende Menge Elektricität in sich aufgenommen hat, wieder abgestossen; verfolgt man nun das Korkkügelchen mit der Siegellackstange, so flieht jenes stets vor dieser her und sucht ihr auf alle Weise auszuweichen; treibt man es aber sehr in die Enge, so dass es sein eigenes Gewicht nicht mehr zu überwinden und auch nicht nach der Seite auszuweichen im Stand ist, so wendet es sich plötzlich mit beschleunigter Bewegung gegen die Stange, nimmt einen neuen Antheil von negativer Elektricität in sich auf, und wird gleich darauf mit vermehrter Heftigkeit wieder von der Stange abgestossen. Jn der That, stellt man obige Versuche so an, dass dem wie in I. isolirten Leiter *C* der wie in III. unisolirte Leiter *B*, oder dem wie in III. unisolirten Leiter *C* der wie in I. isolirte Leiter *B* genähert wird, so wird in beiden Fällen der Leiter *C* durch den Leiter *B*, wie immer, auf die Seite getrieben, bringt man aber ein nicht leitendes Hinderniss an, damit der Leiter *C* nach jener Seite sich nicht mehr bewegen kann, und nähert man ihm jetzt den Leiter *B* behutsam stets mehr und mehr, so kommt man zuletzt auf einen Punkt, wo der Leiter *C* auf einmal von dem Leiter *B* in beschleunigender Weise angezogen, unmittelbar nachher jedoch, und zwar noch stärker als zuvor, wieder abstossen wird, und in jedem dieser beiden Fälle wird der isolirte Leiter eine Abnahme seiner, durch die Vertheilung frei gemachten Elektricität erlitten haben. Dieser mehrmalige Wechsel von Wirkungen, die aus sich gleich bleibenden Ursachen hervorzugehen scheinen, giebt eine durch nichts zu besiegende Beweglichkeit und fortdauernde Umgestaltung selbst derjenigen elektrischen Zustände deutlich zu erkennen, die beim ersten Anblick in gewisser Weise starr geworden zu sein scheinen. Bei den elektrischen Erscheinungen giebt es, wie stets bei Kräften, die nicht den Charakter eines Wiederstandes in sich tragen, kein anderes Gleichgewicht als ein momentanes, das durch den Hinzutritt der geringsten neuen Kraft aufgehoben und in ein anderes abgeändert wird. Selbst die gebundene Elektricität, deren Expansivkraft durch die bindende vernichtet worden ist, die darum regungslos erscheint, kehrt bei dem geringsten äusseren Reiz in's Leben zurück, und giebt es durch Bewegung zu erkennen. Wenn z. B. ein isolirter, im natürlichen Zustande befindlicher Leiter C durch den Einfluss eines elektrisirten Körpers A eine Vertheilung erlitten hat, wodurch in C die der vertheilenden gleichartige Elektricität in die von A entfernteren Theile getrieben und hier frei wird, die entgegengesetzte hingegen in die Nähe von A gezogen und festgehalten wird, so bringt jeder neue Leiter B, der sich den beiden anderen A und C nähert, eine Veränderung in dem Zustande des Leiters C hervor, wodurch dieser Zustand mannigfach gestört, aufgehoben und wohl auch in den entgegengesetzten umgewandelt werden kann; denn selbst wenn der neu hinzutretende Leiter B an und für sich im natürlichen Zustande sich befindet, so kann er sich darin doch nicht erhalten, er mag isolirt sein oder nicht, indem die beiden anderen A und C vertheilend auf ihn einwirken. So wie er aber veranlasst wird, eine gewisse elektrische Farbe anzunehmen, wirkt er seinerseits auf die beiden Leiter A und C ein, und zwingt sie ihre vorigen Zustände den seinigen gemäss abzuändern, wobei Grösse, Stellung und Beschaffenheit eines jeden der drei Leiter auf die endliche Erscheinung ihren Einfluss hat. In dieser Wechselwirkung der drei Körper A, B und C auf einander liegt der Grund zu einer unendlich grossen Mannigfaltigkeit der besonderen Erscheinungen. Es erklärt sich hieraus, warum, wie ich vorhin angezeigt habe, die beiden Leiter B und C, die sich einander stets abzustossen pflegen, wenn der eine isolirt ist, der andere nicht, in gewisser Nähe einander anziehen und einen Funken geben können, was mit dem, was de Luc von seinen beiden vorderen Kugeln behauptet und von Pfaff bestritten wird, auf eins hinausläuft. Denken wir uns der grösseren Anschaulichkeit halber die beiden Leiter B und C, während sie einander stets näher rücken, fortwährend gegen A symmetrisch gestellt, so werden diese dem elektrisirten Körper A ausgesetzten Leiter, wenn beide völlig gleich beschaffen, d. h. von gleicher Grösse, gleicher Isolirung und gleicher ursprünglicher elektrischer Beschaffenheit sind, unausgesetzt in völlig gleichem Zustande sich erhalten wiewohl dieser Zustand von einem Augenblick zum anderen veränderlich sein kann; die einander gegenüber liegenden Stellen der beiden Leider B und C sind sonach in jeder ihrer

Lagen elektrisch gleich beschaffen, daher kann zwischen ihnen nie Anziehung, nur Abstossung stattfinden, in welcher Nähe oder Ferne sie auch gegen einander und gegen den Leiter A gestellt sein mögen. Ist aber einer von den beiden Leitern B und C mit der Erde in Verbindung, der andere nicht, so stellt der unisolirte einen Leiter von grösserem Umfange vor, als der andere, der Einfluss von A auf B und C wird nun ungleich, in dem isolirten dieser letzteren Leiter tritt durch die von A aus erfolgende Vertheilung gleichzeitig, wiewohl an verschiedenen Stellen, positive und auch negative Elektricität auf, während ihr gegenüber an dem nicht isolirten Leiter überall nur Elektricität von derselben Art und in grösserer Menge als im vorigen erscheint; diese wirkt abstossend auf die ihr gegenüberliegende gleichartige, anziehend auf die ihr entgegengesetzte, jene in grössere Ferne treibend, diese in grössere Nähe ziehend, und dadurch das ursprüngliche Moment der Abstossung, relativ wenigstens, stets vermindernd. Dieses Bestreben, die Abstossung auf einen geringeren aliquoten Theil der Gesammtwirkung zu reduciren, wächst mit der gegenseitigen Annäherung der beiden Leiter B und C unausgesetzt; dadurch stellt sich der gleichartigen Elektricität im nicht isolirten Leiter immer mehr und mehr entgegengesetzte Elektricität im isolirten Leiter gegenüber, und die von derselben Art wird immer siegreicher von den nächsten Stellen in die entfernteren zurückgedrängt. So muss ein Punkt erscheinen, wo die Abstossung zu Null geworden ist, und von da weiter tritt nothwendig Anziehung ein. Was hier eine Folge des ungleichen Umfanges der beiden Leiter B und C, wozu ihre ungleiche Isolirung Anlass gab, bei gleicher Stellung zu dem Leiter A ist, kann in anderen Fällen eine Folge ihrer ungleichen Stellung gegen A bei gleicher Grösse und Isolirung sein, so wie es bei dem Korkkügelchen und der Siegellackstange Folge einer ungleichen Leitung und ungleicher Mächtigkeit ist.

Aus dem bisher Gesagten lassen sich alle Wirkungen der vertheilten Elektricität leicht und vollständig beurtheilen; insbesondere wird der Grund in's Auge springen, warum ein an einem Seidenfaden hangendes, mit Elektricität begabtes Korkkügelchen, wenn es in verschiedene Stellungen zum vertheilten

Leiter kommt, unmöglich solche Erscheinnngen liefern könne, wie sie in der Regel angezeigt worden sind, indem seine Bewegung durch die Mittelkraft aus der vertheilenden und den beiden vertheilten Elektricitäten erzeugt wird, was namentlich auf der Seite, die dem vertheilenden Körper zuliegt, zu sehr verwickelten Erscheinungen Anlass giebt, die, wenn das Kügelchen aus grösserer Ferne vom vertheilten Leiter beobachtet wird, ziemlich genau mit dem übereinstimmen, was Pfaff von ihnen ausgesagt hat, unter anderen Umständen aber auch wieder der gewöhnlichen Angabe sich annähern können.

Es liegt die weitere Verfolgung dieses Gegenstandes ausser den Grenzen dieses Aufsatzes, vielleicht dass sich dazu eine schickliche Gelegenheit noch finden wird; mein Ziel war vorzugsweise die experimentale Sicherstellung des obigen, schon von de Luc ausgesprochenen Satzes, zu welchem alles Uebrige doch nur gleichsam Corollarien bildet, und ich glaube dieses Ziel und mehr noch erreicht zu haben, wenn es mir gelungen sein sollte, für die wahrhaft bewundernswerthe Arbeit jenes, schon auf anderem Wege rühmlichst bekannten, Gelehrten über diesen Gegenstand neues Interesse geweckt zu haben, da ich mich überzeugt habe, dass wer die kleine Mühe und Entsagung nicht scheut, die in dem oftgenannten Werke (S. 234—299) mitgetheilten Versuche von dem uns ungewohnten Kleide zu befreien, womit sie ihr Urheber ausgestattet hat, und das unstreitig zu ihrer geringen Würdigung den nächsten Anlass gab, eine Sammlung von tief in das Wesen der Elektricität eingreifenden Thatsachen erhalten werde, wie sie ihm keines der neueren, wenn auch noch so guten Bücher zu verschaffen im Stande sein wird.

Anmerkung. Nicht überflüssig wird es vielleicht sein, anzumerken, dass vorstehende Abhandlung bereits seit Ende Februar in den Händen der Redaction sich befindet, wegen Raummangel indess nicht eher abgedruckt werden konnte. Ebenso war die letzte ausführliche Abhandlung desselben ausgezeichneten Physikers *„über den Zusammenhang der mannigfaltigen Eigenthümlichkeiten galvanischer, insbesondere hydroelektrischer Ketten“* bereits im Juni vorigen Jahres eingeliefert worden, und es konnte sonach auf Fechner's *Massbestimmungen* noch keine Rücksicht darin genommen werden.

D. H.

XVII.

Zur Theorie der galvanischen Kette.

Schweigg. Journ., Bd. 67, p. 341—354. 1833.

Herr Professor Fechner hat in dieser Zeitschrift (1833. Bd. VII. S. 127) seine Meinung in Betreff der Erörterungen, welche ich in derselben Zeitschrift (Bd. III u. IV [443]) niedergelegt habe, abgegeben. Da durch Herrn Fechner's Einwürfe nicht die Thatsachen, an denen ich meine Erörterungen fortgeführt habe, angefochten worden sind, so würde ich mich nicht verpflichtet fühlen, dagegen meine Stimme zu erheben, indem der Thatbestand nach wie vor derselbe bleibt, und ich, bei der heutigen wissenschaftlichen Geschäftigkeit, in solcher Angelegenheit doch wohl noch auf die Theilnahme irgend eines Dritten rechnen darf, zumal jetzt, wo Herrn Fechner's Arbeiten das Interesse an dem Gegenstande so sehr gehoben haben. Allein ich bin bei Durchlesung jener Einwürfe auf mehrere Stellen gestossen, die mich befürchten lassen, dass ein Missverständniss, welches vielleicht auch auf einen anderen Leser sich übertragen könnte, den Hauptantheil an ihrem Dasein hat, so dass ich nicht umhin kann, noch einige Worte meinen früheren Aeusserungen nachzuschicken, um dadurch wo möglich einer Verwirrung der Ansichten vorzubeugen, zu welcher der fragliche Punkt nur gar zu leicht Gelegenheit darbietet. Es ist mir lieb, den Sinn von Worten, die nichts als eine vorurtheilsfreie Prüfung entgegengesetzter Ansichten herbei zu führen beabsichtigten, jetzt durch Thatsachen aufhellen zu können, die Herrn Fechner's seitdem erschienene Massbestimmungen, auf welche unsere Literatur mit Stolz hinweist, in sich enthalten.

Herr Fechner sagt an dem gedachten Orte (S. 128): „Ich kann die aus meinen Versuchen gezogenen Folgerungen bis jetzt keineswegs durch Ohm's Gegenerörterungen für entkräftet ansehen.“ „Dieses würde nur dann der Fall sein, wenn ich die Unanwendbarkeit des von mir zum Masse der galvanischen Wirkungen für die betrachteten Umstände gewählten Verfahrens wirklich anerkennen könnte; ist jedoch das Verfahren an sich zulässig und mittelst desselben richtig beobachtet worden: so scheint mir, es lassen diese Versuche keine andere Deutung zu, als ich ihnen gegeben habe, da diese Deutung ja im Grunde nur der Ausspruch der beobachteten Thatsachen selbst, mit Anwendung einer bequemen Bennennung dafür ist.“ Und in der Note selbst heisst es: „Wenn Ohm's Ansicht die richtige ist, so sind meine Beobachtungen nicht blos ein wenig, sondern ganz falsch; denn die Differenz, um die es sich zwischen uns handelt, ist zu gross, um durch leichte Irrthümer der Versuche gedeckt zu werden.“ In diesen Sätzen sprechen sich Gedanken aus, welche die Kluft zwischen dem, was ich sagen wollte, und der Art, wie es aufgefasst worden ist, ganz offen aufdecken; daher schicke ich noch folgende Erläuterungen nach.

Herrn Fechner's Versuche haben dargethan, dass, um die Erscheinungen in der hydroelektrischen Kette unter allen Umständen gehörig repräsentiren zu können, man im Zähler derjenigen Formel, welche ich für unveränderliche (nicht wogende) Ketten aufgestellt habe, eine Verminderung (wenigstens zuweilen), im Nenner hingegen immer eine Vermehrung (die in den verschiedenen Perioden der Wirkung verschieden und in späteren Perioden oft sehr gross ausfallen kann) anzubringen habe. Gegen dieses Ergebniss der Versuche, welches, wie ich glaube, deren allgemeinster und reinster Ausdruck ist, habe ich nie einen Zweifel erhoben, und werde auch nie einen erheben, weil ich von ihm zu viel eigene thatsächliche Beweise in Händen habe. Wie gross auch jene Unterschiede sich zeigen, ich setze darum in die volle Richtigkeit der Fechner'schen Versuche auch nicht den geringsten Zweifel, denn ich habe sie mit meinen eigenen Augen in nicht geringerer Stärke wahrgenommen; ja, was noch mehr sagen will, jene Unterschiede sind mir durchaus nöthig, wenn ich nicht in Widerspruch mit meinen eigenen Worten gerathen will. Ich sehe mich gezwungen, diesen Punkt noch schärfer hervorzuheben, als es bisher geschehen ist, weil eine andere Aeusserung Fechner's in einer späteren Note es dringend zu erfordern scheint; daher mag noch folgende Erklärung hier ihre Stelle finden.

Wenn man *nach meiner eigenen Weise* die Erscheinungen an der hydroelektrischen (wogenden) Kette der Berechnung unterwerfen wollte, so müsste es nach den Formeln geschehen, die ich für diesen Fall in dem Anhange zu meiner „galvanischen Kette“ gegeben habe. Dieses ist aber von Herrn Fechner nirgends geschehen, und daran hat er ganz wohl gethan, indem jener Anhang fast Schritt vor Schritt in sich selber Misstrauen setzt; aber nichts desto weniger bleibt es wahr, dass Herr Fechner meine Vorschrift, jene Erscheinungen zu berechnen, verlassen, und sich seine eigene, unmittelbar aus den Beobachtungen geschöpfte, gebildet hat. Dieser Umstand thut aber meiner Theorie keinen Eintrag, vielmehr kommt er ihr nicht wenig zu statten, da Herr Fechner seinerseits genau bei derjenigen Berechnungsform stehen geblieben ist, mit welcher jener Anhang abschliesst. In der That, jener Anhang schliesst (S. 244 [186]) in folgender Weise: „so erhält man

$$S' = S - \frac{\varphi\lambda}{L}(S' + \psi\omega\alpha),$$

eine Gleichung, deren Gestalt recht dazu geeignet ist, die Natur der durch die chemische Umwandlung herbeigeführten Aenderung des Stromes im Allgemeinen anzudeuten, und deren Aussagen mit den vielen Erfahrungen, die ich über das Wogen der Kraft in der Hydrokette gemacht, und nur zum kleinsten Theile mitgetheilt habe, recht gut zusammen stimmen.“ — Löst man aber diese Gleichung nach der Grösse S' auf, so findet man:

$$S' = \frac{LS - \varphi\lambda\psi\omega\alpha}{L + \varphi\lambda},$$

und diese geht, weil $S = \frac{A}{L}$ ist, (Anhang S. 239 [183]) über in:

$$S' = \frac{A - \varphi \lambda \psi \omega a}{L + \varphi \lambda}.$$

In dieser Gleichung stellt S' die Grösse des Stromes in der dem Wogen unterworfenen Kette vor, A die ursprüngliche elektromotorische Kraft, L den Gesammtwiderstand, wie er aus dem Leitungsvermögen der einzelnen Theile sich bestimmen lässt; φ, λ, ψ, ω, a aber bezeichnen Grössen, welche hauptsächlich von der Natur der Flüssigkeit abhängig sind. Man sieht hieraus, dass auch ich jene Verminderung im Zähler und Vermehrung im Nenner, auf welche Herr Fechner im Laufe seiner Beobachtungen gestossen ist, nachgewiesen und als in der Erfahrung gegründet anerkannt habe. Herrn Fechner's nicht genug zu rühmende Massbestimmungen geben mir den Muth dazu, einige Stellen meiner Schrift hier wieder aufzufrischen*), und, wenn die literarische Sitte dieses zulässt, die Versicherung hinzuzufügen, dass jene Stellen nicht die Rolle einer gemeinen captatio benevolentiae zu übernehmen beauftragt waren.

Also nicht die Aenderungen, welche Herr Fechner bei der Berechnung seiner Versuche anzubringen sich veranlasst sah, sind es, die ich bestreite, damit bin ich völlig einverstanden. So wie er aber weiter geht und behaupten will, dass die Aenderung im Zähler deswegen, weil sie den Zähler angeht,

*) S. 9 [66] steht: „Ich kann in meiner Lage nichts weiter für ihn (den Anhang) thun, als ihn gutherzigen Menschen mit der Wärme eines Vaters zu empfehlen, der, von blinder Affenliebe nicht bethört, sich daran begnügt, auf das freie, offene Auge, womit sein Kind arglos die arge Welt anguckt, hinzudeuten." — Und S. 75 [100] steht: „Was hingegen jene Modifikation galvanischer Ketten betrifft, die durch eine, vom Strome zunächst ausgehende, und sodann auf ihn selbst wieder zurück wirkende, chemische Umwandlung der Kette veranlasst wird, so habe ich ihr in dem Anhang eine besondere Aufmerksamkeit gewidmet." „Der darin eingehaltene Gang stützt sich auf eine sehr grosse Menge über den Gegenstand angestellter Versuche, deren Mittheilung ich aber darum unterlasse, weil sie einer weit grösseren Bestimmtheit fähig zu sein scheinen, als damals die Nichtberücksichtigung mancher dabei einwirkenden Elemente mir gestattete, deren Erwähnung ich aber hier für nöthig erachte, damit die sich selber stets beweisende Weise, womit ich in dem Anhange vorwärts schreite, und die ich der Wahrheit schuldig zu sein glaubte, nicht etwa die Theilnahme, mehr als billig ist, dadurch von sich abziehe."

auf eine Aenderung in der elektromotorischen Kraft sich beziehen müsse, und dass die Aenderung im Nenner blos darum, weil sie im Nenner vorfällt, eine Aenderung im Widerstand anzuzeigen habe: so läuft er, meiner Ansicht nach, Gefahr, den Ausspruch von Thatsachen in eine willkürliche, durch Nichts begründete Meinung zu verkehren; denn ich sehe nicht ein, warum nicht eben so gut die Aenderung im Nenner aus einer Aenderung der elektromotorischen Kraft, und die Aenderung im Zähler aus einer Abänderung des Leitungswiderstandes sollte hervorgehen können. Ob die eine, oder die andere, oder vielleicht irgend eine dritte Deutung die richtige sei, muss auf jeden Fall durch andere, und von den vorigen ganz verschiedene Aussprüche von Thatsachen erst noch entschieden werden; denn zur gründlichen Erkenntniss der Natur ist eine richtige Deutung von quantitativen zuverlässigen Bestimmungen eben so sehr erforderlich, als es diese Bestimmungen selber sind. Gegen die von Herrn Fechner seinen Versuchen untergelegte Deutung nun sind meine Erörterungen gerichtet, nicht gegen die vermeintliche Abweichung seiner Rechnungsweise von meinen Formeln, und was ich gesagt habe, ist nicht aus der Luft gegriffen, sondern von meinen Erfahrungen mir an die Hand gegeben. Die festeste, nicht durch ein eitles Raisonnement gebildete, sondern von beobachteten Thatsachen, langsam zwar, aber unwiderstehlich, hervorgerufene Ueberzeugung hat mir jene Einreden in die Feder diktirt; indessen ob die Natur der Sache dazu zwingt, oder ob blos meine individuelle Auffassungsweise sich dazu verleiten liess, dies kann ich um so mehr auf sich beruhen lassen, als ich mit jenen Einreden zugleich sichere Mittel angezeigt zu haben glaube, wodurch jeder Naturforscher mittelst einiger Versuche sich sein eigenes Urtheil bilden kann. Was könnte es auch viel nützen, wollte ich bestimmte Zahlen für mich sprechen lassen? Darum mag man mir es schon gestatten, den Weg zu gehen, den ich für den besseren halte, wenn er gleich der längere ist. In der Lehre vom Galvanismus, wie sie war, muss sich manches Vorurtheil erst noch allmählig ablösen, bevor die Wahrheit sich wird Platz verschaffen können.

Obwohl ich nirgends gegen die Richtigkeit der Fechner'schen Versuche, da wo sie einigermassen zu erheblichen Differenzen führen, aufgetreten bin, so habe ich doch allerdings gegen solche Folgerungen aus ihnen mein Bedenken geäussert, die sich auf so geringe Unterschiede stützen, dass man sie mit Fug als innerhalb der Grenze des möglichen Beobachtungsfehlers liegend ansehen kann. Herr Fechner schien mir auf die Untrüglichkeit seiner Versuche innerhalb gar zu enger Grenzen unbedingtes Vertrauen zu setzen, und diese meine Meinung hat durch seine seitdem erschienenen Massbestimmungen, deren hohen Werth ich deswegen keineswegs verkenne, eine neue Stärke erlangt. Da der Gewinn, den die Wissenschaft aus dergleichen Versuchen sich holen kann, hauptsächlich von der Art und Weise abhängt, wie sie sich derselben bedient, so glaube ich ihr einen Dienst zu leisten, wenn ich den Sinn und Umfang meiner Zweifel aus Herrn Fechner's eigenen Versuchen fest zu stellen mich anschicke. Zu dem Ende gehe ich von der Betrachtung eines Versuches aus, der sich in den Massbestimmungen S. 175 (Versuchsreihe 96. K. c.) vorfindet, und den Einfluss des Wogens auf die zu nehmenden Masse am besten zu erkennen giebt.

Als der Kreis der Kette abwechselnd mit einer 55fachen (55 *l*) und der einfachen (1 *l*) Drahtlänge geschlossen erhalten wurde, gab die Beobachtung folgende Resultate:

	55 *l.*	1 *l.*	55 *l.*	1 *l.*	55 *l.*
0 Min.	25 +	14,5	27	16 —	29
	51 —	29	54	32	56,5
	76 —	44	80	49	84
	101	59	106 +	66	111
	126	75	132 +	83	137
	151	90	159	101	164
	176	106	185	119	192
		122		136	
		138 +		154	
		155			
5 Min.	*126*	*90*	*129 +*	*96*	*133*
10 —	126	91	129 —	—	132
15 —	126	—	128	101	131,5
30 —	126	—	129	—	—

Die unter den Drahtlängen (55 *l* und 1 *l*) stehenden Zahlen geben die Schwingungszeiten an, welche unter 0 Min. zu den respective 4, 8, 12 u. s. f. ersten Oscillationen, bei 5, 10, 15 und 30 Min. hingegen zu 20 dort stattgefundenen Oscillationen erforderlich waren. Ein den Zahlen angehängtes + oder — Zeichen giebt zu erkennen, dass die Zeit etwas grösser oder kleiner beobachtet worden ist, als die Zahl anzeigt, ohne dass dieser Unterschied als Bruchtheil einer Einheit näher bestimmt worden ist. Die den Zahlen zu Grunde liegende Zeiteinheit ist $^3/_7$ einer Sekunde.

In der ersten zu 55 *l* gehörigen Beobachtungskolumne findet man bei 5, 10, 15 und 30 Minuten stets genau 126 Zeittheile zu 20 Oscillationen erforderlich. Auf dieselbe Zahl 126 stösst man *bei den 20 ersten Oscillationen* unter 0 Min.; *auch* wenn man mit Weglassung der 4 ersten die 20 folgenden nimmt. Nur in dem einen Falle, wenn man mit Weglassung der ersten 8 Oscillationen die 20 folgenden nimmt, findet man die Zahl 125 +. Es lässt sich kaum je ein stärkerer Erfahrungsbeweis für die Konstanz der Wirkung während dieser halben Stunde erwarten. Die Voraussetzung einer völligen Konstanz giebt aber für die unter 0 Min. stehenden Zahlen folgende:

25,2; 50,4; 75,6; 100,8; 126; 151,2; 176,4.

Diese Zahlen weichen von den beobachteten nur an einer einzigen Stelle um etwa $^1/_2$ Zeittheilchen ab; ich glaube nicht, dass man deshalb die Annahme einer völligen Konstanz schlechthin verwerfen könne. So wie sich hier eine Beständigkeit der Wirkung auf das Deutlichste geltend gemacht hat, so spricht sich in der nächsten zu 55 *l* gehörigen Beobachtungsspalte ein unverkennbares Ansteigen der Wirkung aus. Gesetzt nun, es hätte ein dritter Beobachter gefunden, dass die Zahlen, worin sich dieses Ansteigen ausspricht, eine arithmetische Reihe bilden, unter welcher Voraussetzung die dort beobachteten Zahlen etwa folgende:

$27^1/_3$; $52^2/_3$; 80; $106^1/_3$; $132^2/_3$; 159; $185^1/_3$

vorzustellen hätten, so könnte, nach meiner Meinung, diesem Beobachter der eine Unterschied von wieder ungefähr $^1/_2$ Zeittheil nicht als ein untrüglicher Gegenbeweis entgegengestellt werden. Ich halte es für gleich gefährlich, im ersten Falle aus dem sehr geringen Unterschied im Isochronismus der ersten und der folgenden 4 Oscillationen mit Bestimmtheit auf eine Aenderung in der Wirkung zu schliessen, als im anderen Fall aus dem scheinbaren Isochronismus der Oscillationen die völlige Beständigkeit der Wirkung abzulesen. Wo ich Zweifel in die absolute Richtigkeit von Herrn Fechner's Versuchen setzte, betreffen diese nirgends grössere Abweichungen, als die angezeigten sind, und ich glaube nicht, damit der Kunst und Sorgfalt des Experimentators zu nahe getreten zu sein. Ich will die Gefahr, der man sich aussetzt, wenn man so unerheblichen Differenzen einen zu grossen Werth beilegt, durch ein aus Herrn Fechner's Versuchen entnommenes Beispiel recht anschaulich zu machen versuchen. Dazu wähle ich die in den Massbestimmungen (S. 81) befindliche Versuchsreihe 58. A aus, bei welcher sich Herr Fechner in folgender Weise ausspricht: „Diese Werthe scheinen sich nicht wohl anders repräsentiren zu lassen, als wenn man sie drei verschiedenen Wirkungszuständen beimisst.“ Dann nimmt er in die Berechnung drei verschiedene Werthe, sowohl für die elektromotorische Kraft, als für den Widerstand des Ueberganges, auf, und zwar für erstere die: 68,0; 81,3; 102, und für letztere die: 3,29; 6,21; 27,9, und erhält so Zahlen, die den beobachteten ziemlich gut genügen. Sucht man zu den von ihm berechneten Kräften die entsprechende Zahl der Zeittheile auf*), so findet man, dass die Summe aller Abweichungen von den beobachteten Zahlen 3,11 Zeittheile beträgt, so dass also die Summe aller über 21 Beobachtungen vertheilten Beobachtungsfehler $1^1/_4$ Sekunde betrüge. Ich habe dieselbe Versuchsreihe mit den unveränderlichen Elementen $\dot{A} = l$, $l = 0{,}0122$, $d = 0{,}0528$, $w = 0{,}0581$ berechnet, und Resultate erhalten, in welchen die Summe aller als absolut betrachteten Fehler 7,01 Zeittheile, also auf 21 Beobachtungen ungefähr 3 Sekunden

*) Diese Reduction der berechneten Zahlen auf die *unmittelbar* wahrgenommenen ist bei der Fechner'schen Versuchsweise nicht genug anzuempfehlen, weil man sonst immer nur ein höchst verzerrtes Bild der Sache vor Augen haben wird, wie ich schon an einem anderen Orte auseinander gesetzt habe.

betrüge. Dabei findet sich unter den einzelnen Abweichungen nach Herrn Fechner's Rechnungsweise eine, die grösser ist, als die grösste unter den meinigen, und keine der bei mir auftretenden Differenzen beträgt über $^3/_4$ Zeittheil, d. h. keine setzt einen Beobachtungsfehler von mehr als $^1/_3$ Sekunde voraus. Der Unterschied zwischen der Summe der positiven und negativen Differenzen ist bei mir + 0,65 Zeittheil, bei Herrn Fechner — 1,21 Zeittheil. Erwägt man hierbei, dass Herr Fechner um einen an sich so unerheblichen Beobachtungsfehler zu vermindern, vier neue Hülfsgrössen von verhältnissmässig grossem Umfang in die Rechnung einzuführen gezwungen war: so wird man sich nicht wundern können, wenn ich so sehr darauf bestehe, dass auf Folgerungen, deren Prämissen sich fast ganz in dem möglichen Beobachtungsfehler verlieren, nicht mit allzugrosser Sicherheit gebaut werden möge; man wird bei einigem Nachdenken meine gute Absicht hierbei nicht wohl verkennen können.

Diese Aufforderung zu möglichster Vorsicht in dergleichen Fällen wird aber noch dringender geboten, wenn sich in der Art, wie die Versuche angestellt worden sind, an sich schon, wenn auch wieder eben so kleine Unsicherheiten nachweisen lassen. Dass aber die Fechner'sche Versuchsweise, namentlich da, wo sie die Wirkungen der Kette in einer späteren Periode untersucht, nicht völlig frei von solchen Unsicherheiten ist, davon geben die Massbestimmungen an vielen Orten die beste Rechenschaft. Um die Quelle dieser Unsicherheiten recht deutlich wahrzunehmen, braucht man blos den vorhin mitgetheilten Versuch 96. K. c. näher zu zergliedern. — Nach vorgenommenem Wechsel in der Leitung gab 55 *l* während der ersten 4 Oscillationen 27 Zeittheile, 5 Minuten später waren aber zu 4 Oscillationen nur noch 25,8 Zeittheile erforderlich; beim zweiten Wechsel waren zu den 4 ersten Oscillationen 29 Zeittheile erforderlich, 5 Minuten später aber nur noch 26,6. Man sieht hieraus, dass man ein Paar Zeittheile mehr oder weniger findet, je nachdem man die zu 4 Oscillationen erforderliche Zeit gleich im Anfange des geschehenen Wechsels oder 5 Minuten später aufsucht, und dieser Unterschied ist offenbar nur dem Wogen der Kette, nicht einer progressiven

Verschlechterung der Wirkung zuzuschreiben, weil die Kraft mit der Zeit zugleich zu-, nicht abnimmt. Bei Versuchen, wie der in Rede stehende ist, bringt dieser Umstand freilich keinen Nachtheil, eben weil er Gegenstand derselben ist. Wenn aber, wie bei den Fechner'schen Versuchen oft geschieht, der Wechsel in der Leitung über 6 und mehr Leiter der Reihenfolge nach sich erstreckt, und die Kette dabei nie aufhört geschlossen zu sein, so wird zwar jener Einfluss des Wogens von einem Leiter zum nächsten unter ähnlichen Umständen kaum merklich sein, selbst wenn man das Mass der Kraft 5 Minuten lang verfolgen wollte, weil es im Verhältnisse des geringeren Falles von einem Leiter zu seinem nächsten sich schwächer zeigt; aber nichts desto weniger geht das Wogen, während der ganzen Zeit des Geschlossenseins, nach jedem vorgefallenen Wechsel seinen Gang fort und hat Einfluss auf die Kraft, welche jeder der folgenden Leiter anzeigt, so dass die Kraft, welche der letzte Leiter, wenn er an die Reihe kommt, während seiner ersten 4 Oscillationen zu erkennen giebt, nicht mehr dieselbe sein wird, als wenn der Uebergang unmittelbar vom ersten zum letzten Leiter gemacht worden wäre, sondern diese wird um so viel höher gefunden werden, als durch die vorangegangenen Leiter im Verhältnisse zu der Zeit, während welcher sie in der Kette verweilten, bedingt ist. Wenn sich auch mit Recht voraussetzen lässt, dass bei der grossen Sorgfalt, womit Herr Fechner alle in die Augen fallenden Störungen zu vermeiden strebte, keine grossen Unsicherheiten dieser Art in dessen Versuche eingegangen sein werden, so ist doch nicht zu zweifeln, dass auf diesem Wege Variationen sich geltend gemacht haben werden, die den ursprünglichen Beobachtungsfehler noch um ein Merkliches zu erhöhen im Stande waren. Insbesondere sind diese Variationen da zu fürchten, wo Aenderungen in den Dimensionen der Flüssigkeit vorgenommen worden sind, weil zu deren Beendigung in der Regel mehr Zeit erforderlich ist, und auch ohnehin dabei leicht ungewöhnliche Störungen eintreten können. Aber auch schon beim Wechsel von blos metallischen Leitern wird man den nachtheiligen Einfluss des Wogens auf feste Zahlbestimmungen in späteren Perioden ganz deutlich gewahr, wenn man die

Masse zuerst vom besten Leiter zum schlechtesten und dann rückwärts vom schlechtesten zum besten nimmt; man erhält im letzteren Fall ungleich grössere Masse bei denselben Leitern, als im ersteren, und dies geht oft so weit, dass derselbe Leiter in dem einen Falle eine vielfach grössere Kraft anzeigt, als im anderen. Diese Verschiedenheit kann indessen wieder nicht einer allmähligen Verschlechterung der Kette zur Last gelegt werden, weil sonst die Kräfte beim Rückgange geringer ausfallen müssten, da sie doch im Gegentheile grösser werden. Gerade dieser Umstand bewog mich, bei der veränderlichen Kette von meiner anfänglichen Versuchsweise ganz abzugehen, und zu derjenigen, welche ich in den gedachten Erörterungen angezeigt habe, und die von meiner früheren wesentlich verschieden ist, meine Zuflucht zu nehmen. Ich weiss nicht, ob Herr Fechner von dieser Erscheinung Kenntniss genommen hat, denn der Versuch (Massbestimmungen S. 77) ist von anderer Art; jedenfalls aber wird es ihm ein Leichtes sein, sich von der Richtigkeit meiner Angabe zu überzeugen. Ist aber diese Thatsache ausser Zweifel gestellt, so lässt sich, meiner Ansicht nach, die geringere oder grössere Unzuverlässigkeit solcher Versuche nicht mehr in Abrede stellen; denn welche von den zusammengehörigen Werthen soll man in die Rechnung aufnehmen: die beim Hingang oder die beim Hergang gefundenen? Ein arithmetisches Mittel aus beiden zu nehmen, wie Herr Fechner in dem eben angezeigten Falle thut, kommt mir höchst bedenklich vor, weil die Unterschiede sich offenbar auf einen durch den Wechsel der Leiter selbst erst herbeigeführten Zustand der Kette beziehen, von dessen Natur die Bedeutung eines solchen arithmetischen Mittels nothwendig abhängt. Wie gross aber auch immer die durch das Wogen der Kette veranlassten irregulären Störungen in besonderen Fällen werden können, so kann ihr Einfluss in den Massbestimmungen bei den sorgsamen Massregeln, die von Herrn Fechner überall getroffen worden sind, doch stets nur von geringer Bedeutung sein, und, ich wiederhole dies, nur da recht fühlbar werden, wo an sich sehr kleinen Abweichungen von den Beobachtungen eine Hauptrolle zugetheilt wird.

Herr Fechner lässt gegen meine Erörterungen in einer

Note (S. 131) zwei Thatsachen sprechen. — Was die eine anlangt, dass nämlich zwei sonst völlig gleiche Ketten, von denen die eine aber eine schnellere Wirkungsabnahme erleidet, als die andere, doch *genau* gleiche Anfangskräfte geben: so kann sich dieses *genau* in jedem Falle nur in der gleich bei der Mittheilung von Versuchsreihe 96. K. c. besprochenen Beschränkung geltend machen. Von den in den Massbestimmungen (S. 204—207) stehenden Versuchen kann nur der Versuch 117 hierher gezogen werden, weil in saurem Wasser von vorn herein kein beträchtliches Wogen stattfindet; dieser beweist jedoch blos, dass hier die Umstände gerade so beschaffen waren, dass die Wirkungsabnahme innerhalb der ersten 10 Sekunden nicht wohl mehr als den 50. Theil der ganzen Anfangskraft betragen konnte, was indessen nicht hindert, dass diese der Beobachtung entschlüpfte Abnahme innerhalb der ersten 10 Sekunden doch mehr betragen konnte, als die ganze von der 10. bis zur 15. Minute gehende Veränderung. Dagegen finde ich im dritten Theile der neuesten Uebersetzung von Biot's Physik (S. 253) Versuche, welche direct darthun, was der eben erwähnte Versuch noch unentschieden lässt. — Was den zweiten, von der Wirkung der Zwischenbogen hergeholten Einwurf betrifft, so kann er wohl auf nichts anderem, als auf einer Wortverwechselung von meiner oder seiner Seite beruhen, denn es heisst dort: „Ferner, wenn man homogene Zwischenplatten in eine Kette einbringt, so können diese, nach Ohm's Voraussetzung, erst dann eine Schwächung bewirken, wenn von der Schliessung *unabhängige* Veränderungen darin sich ausgebildet haben, weil die Wirkung etwa daran auftretender Spannungen sich wegen *entgegengesetzter* Richtung von beiden Seiten compensiren müsste." Meine Ansicht der Zwischenbogen in Bezug auf Wirkungsabnahme aber macht keinen Unterschied zwischen ihnen und den Erregerplatten; sie hebt ausdrücklich hervor, dass vom Augenblicke der Schliessung an und *kraft derselben* Spannungen in *einerlei* Richtung erzeugt werden, wodurch eine, im ersten Augenblick am stärksten hervorbrechende, dann aber allmählig langsamer sich fortbildende Schwächung der Kraft zu Stande gebracht wird. — Wenn Herr Fechner (S. 133) vermuthet, dass der grossplattige

Apparat, woran ich experimentirte, Schuld daran ist, dass ich den Widerstand des Ueberganges nicht auffinden konnte, weil dieser Widerstand im genau umgekehrten Verhältnisse zur Grösse der erregenden Oberfläche steht: so erwidere ich hierauf, dass zwar meine erregende Oberfläche wohl hundert Mal grösser, als die seinige in analogen Versuchen war, dass aber auch alle meine in die Kette eingeführten Leiter in noch grösserem Verhältnisse kleinere Werthe besassen, so dass neben ihnen ein in demselben Verhältnisse kleinerer Widerstand des Ueberganges noch gleich fühlbar bleiben musste. Ich wählte grossplattige Apparate blos in der Absicht, um meine Beobachtungen nicht durch die Anwendung eines Multiplikators compliciren zu müssen. Herr Fechner wird sich ohne Zweifel bei einer genaueren Durchsicht meiner Erörterungen leicht überzeugen können, dass ich dort, was er Widerstand des Ueberganges nennt, nicht abzuleugnen, sondern zu bestimmen mich bemühe.

Ich bekenne recht gern, dass das Verständniss meiner Erörterungen dem Leser einige Schwierigkeit machen wird, indessen dürfte diese in der Sache, nicht in der Darstellung zu suchen sein; vielleicht aber lohnt sich die dazu erforderliche Mühe, die doch so sehr gross nicht sein wird, wenn er nur recht unbefangen an die Sache geht und auf die den Erörterungen vorangeschickten experimentalen Arbeiten gehörig Rücksicht nimmt.

XVIII.

Bemerkungen über Combinationstöne und Stösse.

Poggendorff's Annalen, Bd. **47**, p. 463—466. 1839.

Ist $m' : n'$ das Tonverhältniss zweier Töne, so dass deren Schwingungsmengen durch $m' d$ und $n' d$ vorgestellt werden können, so wird bei dem gleichzeitigen Erklingen jener beiden Töne stets ein Combinationston erzeugt, dessen Schwingungsmenge d ist. Dies ist der vor Hällström bekannte Combinationston, welcher durchaus an keine Ordnung geknüpft ist, weswegen ich ihn den *unbedingten* nenne; aber seine Stärke, welche den Werth $\frac{m' + n'}{m' n'}$, wobei die Stärke der ihn erzeugenden Töne als Einheit zu Grunde gelegt worden ist, nie erreicht, ist in den meisten Fällen zu gering, als dass er gehört werden könnte.

Ausser diesem unbedingten Combinationstone ist noch ein anderer möglich, dessen Schwingungsmenge $(m' - n') d$ ist, wenn m' die grössere der beiden Zahlen m' und n' bezeichnet. Es ist dies der von Hällström sogenannte *erste* Combinationston. Sein Erscheinen ist jedoch an die Bedingung geknüpft, dass die Schwingungsformen der beiden ihn erzeugenden Töne einander ähnlich seien, weswegen ich ihn den *bedingten* nenne.

Als Folge des sehr ungewöhnlichen Baues des bedingten Combinationstones findet man, dass zu dessen Möglichkeit $\frac{m' + n'}{2 (m' - n')} > 1$ sein müsse, während dessen Stärke die Zahl

$\frac{m'}{n'} - \frac{n'}{m'}$ nie ganz erreichen kann; er wird um so schwächer, je mehr $m' = n'$ wird, und um so undeutlicher, je mehr $m' + n' = 2\,(m' - n')$, d. h. je mehr $m' = 3\,n'$ wird. Hieraus folgt, dass das Tonverhältniss der beiden Töne, welche den bedingten Combinationston liefern sollen, stets zwischen *1* : *1* und *1* : *3* liegen müsse.

Damit stimmen Hällström's Versuche in der That vollkommen überein; er konnte den von ihm als ersten bezeichneten Combinationston nicht wahrnehmen bei Tönen, deren Abstand mehr als eine Dezime und weniger als eine grosse Terz betrug, mit der einzigen Ausnahme bei *fis* und *a*, welche jedoch in den hier noch ausserdem möglichen zweierlei *d*, die dem einen zur Verstärkung dienen, eine hinreichende Erklärung findet.

Als eine weitere Folge des wundersamen Baues des bedingten Combinationstones drängt sich einem der Gedanke auf, dass in Fällen, wo dieser Combinationston zu schwach wird, um gehört werden zu können, wie z. B. wenn die beiden angegebenen Töne nur um einen halben Ton aus einander liegen, sich derjenige Ton hören lassen müsse, welcher genau in der Mitte zwischen den beiden angegebenen liegt, wiewohl die theoretische Betrachtung zeigt, dass derselbe beständigen Unterbrechungen ausgesetzt ist.

Da die Schwingungsform des Hällström'schen ersten Combinationstones den Schwingungsformen der ihn erzeugenden Töne nothwendigerweise immer sehr unähnlich werden muss, so kann dieser erste Combinationston mit keinem der beiden ursprünglichen Töne einen ferneren Combinationston liefern, wie Hällström zur Erlangung seiner folgenden Combinationstöne anzunehmen sich veranlasst sah. Dagegen giebt es einen anderen eben so kurzen Weg zu diesen folgenden, in der Erfahrung gegründeten, Combinationstönen zu gelangen, wenn man sie aus den die ursprünglichen Töne begleitenden, harmonischen Tönen hervorgehen lässt; denn man sieht auf der Stelle ein, dass man so ganz auf dieselben Töne stösst, welche Hällström nach seiner Ansicht findet, wenn die erzeugenden Töne durch schwingende Saiten oder Luftsäulen gebildet werden. Gehen hingegen die ursprünglichen Töne aus schwingenden Stäben hervor, so könnten die von Hällström aufgestellten folgenden Combinationstöne hier nicht mehr entstehen, weil hier die Begleittöne ein anderes Gesetz einhalten; und hierin liegt zugleich das Mittel, auf dem Erfahrungswege zu entscheiden, welcher von den beiden Wegen stets zum rechten Ziele führt.

Auf ungleich grössere Schwierigkeiten stiess ich bei der Aufsuchung der Stösse, welche aus dem gleichzeitigen Erklingen zweier Töne hervorgehen, weswegen ich auch den hierbei eingehaltenen Rechnungsgang lieber noch zurückhalte, da seine Mühseligkeit vielleicht doch nicht in der Natur des Gegenstandes begründet ist.

Als Resultat meiner Untersuchungen fand ich, dass wahrnehmbare und regelmässige, d. h. in gleichem Abstande von einander auftretende Stösse im Allgemeinen nur dann entstehen können, wenn die Schwingungsmengen m und n der beiden angegebenen Töne sich einem, in seinen kleinsten ganzen Zahlen gegebenen Tonverhältnisse $m' : n'$ sehr nähern, und zugleich die Zahlen m' und n' sehr klein sind in Vergleich zu jenen, auf die man stösst, wenn man das Verhältniss $m : n$ in seinen kleinsten ganzen Zahlen ausdrückt. Es entstehen dann jedesmal $m n' - m' n$ Stösse in der Zeiteinheit, und diese Stösse werden gebildet durch einen Ton, dessen Schwingungsmenge $\frac{m + n}{m' + n'}$ ist, welcher aber $m n' - m' n$ Mal in der Zeiteinheit seine Schwingungsform stark verändert und wieder herstellt. Die Stärke dieser Stösse wird durch die Zahl $\frac{m' + n'}{m' n'}$ angezeigt.

Dabei zeigte sich's, dass diese Stösse unabhängig von den Combinationstönen sowohl als von den Begleittönen sind. Um so merkwürdiger ist es daher, dass der Ausdruck $m n' - m' n$ doch immer genau dieselbe Zahl giebt, welche nach der von Scheibler befolgten Rechnungsweise erhalten wird, wenn man nur beachtet, dass ich unter Schwingung die Verbindung eines Hin- und Hergangs verstehe, weswegen für m und n in obigem Ausdruck nur die Hälfte der von Scheibler als Schwingungsmengen angegebenen Zahlen genommen werden darf. Es ist dies jedoch nicht so zu nehmen, als ob beide Rechnungsweisen für alle Werthe von m und n, m' und n' immer zu derselben Zahl hinführten, aber in dem, den regelmässigen Stössen zugehörigen Umfange thun sie es stets, wie sich streng nachweisen lässt.

Nürnberg, den 19. Juni 1839.

G. S. Ohm.

XIX.

Beschreibung einiger einfachen und leicht zu behandelnden Vorrichtungen zur Anstellung der Licht-Interferenz-Versuche.

Pogg. Ann., Bd. **49**, p. 98—109. 1840.

Es giebt unter den Naturerscheinungen jeglicher Klasse solche, welche mehr als andere zu Folgerungen über die Thätigkeitsform der sie erzeugenden Kraft geschickt sind. Dahin gehören beim Lichte insbesondere jene Erfahrungen, durch die erwiesen worden ist, dass zwei Lichtportionen, da wo sie über einander fallen, stellenweise hier eine vermehrte Helligkeit und dort eine gänzliche Abwesenheit des Lichtes zu Stande bringen können. Durch diese mit dem Namen der Interferenzphänomene bezeichneten Wirkungen ist in neuerer Zeit die Wellennatur des Lichtes in so bestimmter Weise ausgesprochen worden, dass dadurch innerhalb weniger Jahre eine fast allgemeine Umwälzung der Ansichten über die letzte Ursache der Helligkeit bewirkt worden ist.

Die Bedingungen, unter welchen sich die erwähnten merkwürdigen Phänomene beobachten lassen, sind im Allgemeinen folgende: Man muss Licht aus einer engen, runden, nicht viel über $^1/_4$ Linie breiten Oeffnung hervorströmen lassen, und den so sich bildenden Strahlenkegel in einer Entfernung von einigen Fussen von der Oeffnung durch irgend ein Mittel dahin bringen, dass ein Theil seiner Strahlen nur um sehr wenig und im gleichen Grade seine vorige Richtung verlässt, und dadurch bewogen wird, mit anderen Strahlen desselben Kegels, die entweder gar keine Ablenkung, oder eine ähnliche in einem entgegengesetzten anderen Sinne erfahren haben, zusammenzutreffen. Betrachtet man dann in einer Entfernung von einigen Fussen weiter solche Stellen, wo die beiderlei Strahlen zusammentreffen, mittelst einer Lupe in derjenigen Richtung, die den kleinen Winkel, welchen die beiderlei Lichtstrahlen mit einander bilden, halbirt, so wird man *in der Regel* eine Reihe abwechselnd heller und dunkler Streifen gewahr, deren Länge der Breite der Oeffnung entspricht, und deren Richtung senkrecht auf der Ablenkungsebene steht. Man kann die Länge dieser Streifen vergrössern und dadurch den Anblick derselben verschönern, wenn man das Licht, anstatt aus einer runden Oeffnung, aus einer schmalen Spalte hervortreten lässt; dann aber wird es nöthig dafür zu sorgen, dass diese Spalte am Orte der Beobachtung auf der Ablenkungsebene senkrecht zu stehen scheine. Es wurde gesagt, dass unter den angezeigten Bedingungen jene Streifen *in der Regel* sich zeigen werden; zum sicheren Auftreten derselben wird nämlich noch gefordert, dass die beiderlei Lichtstrahlen von der Oeffnung an, aus welcher sie hervorgetreten sind, bis zu der Stelle hin, in der sie sich wieder vereinigen, Wege von völlig gleicher Länge zurückgelegt haben, und zwar muss, wenn der eine Theil während seiner Bahn dabei durch verschiedene durchsichtige Mittel hindurchgekommen ist, auch der andere Theil von jedem dieser Mittel eine völlig gleiche Strecke durchlaufen haben. Diese letzte Forderung ist es nun eben, wodurch die Anstellung solcher Versuche in manchen Fällen so schwierig wird, dass darüber, selbst von anerkannt geschickten Experimentatoren, vielfache, diesen Uebelstand andeutende Aeusserungen laut geworden sind.

Fresnel, welcher zuerst die Interferenz-Phänomene unabhängig von der Beugung des Lichtes zu erhalten sich bemühte, bediente sich dazu zweier Spiegel von Metall oder von Glas, deren hintere Fläche geschwärzt worden war. Diese befestigte er mittelst etwas Wachs auf einer Unterlage so neben einander, dass sie nur wenig von einer Ebene abwichen und sich einander längs einer Kante berührten. Die Hauptschwierigkeit dabei war die, beide Spiegel, da wo sie an einander stiessen, so zu richten, dass keiner irgend einen merklichen Vorsprung vor dem andern der ganzen Länge ihrer Verbindungslinie nach behielt, weil irgend eine erhebliche Ungleichheit in dieser Beziehung den Versuch scheitern macht. Dies bewirkte derselbe dadurch, dass er bald den einen, bald den anderen stärker gegen das Wachs andrückte, und den richtigen Stand beider theils durch das Gefühl, und, wie er selbst sagt, noch besser daran erkannte, ob die Streifen durch die Lupe sich in der That auffinden liessen. Wie unsicher und vor Zeugen beängstigend ein solches Verfahren sei, ist leicht einzusehen; daher war Baumgartner's Anordnung keineswegs überflüssig, vermöge welcher er die in Fassungen gebrachten Spiegelchen mittelst Schrauben in solcher Weise in Bewegung setzte, dass die verlangte Stellung sicherer und bequemer herbeigeführt werden konnte*). Dadurch aber wird der Apparat weit kostspieliger, und die Schwierigkeiten sind durch ihn doch nur zum Theil beseitigt worden.

Neuerlich hat Lloyd**) gezeigt, wie Interferenz-Erscheinungen durch blos einen Spiegel hervorgerufen werden können, wenn man ihn so stellt, dass in demselben das Bild der Lichtspalte dicht neben der unmittelbar gesehenen, und parallel mit ihr erscheint. Diese Art, Interferenz-Erscheinungen hervorzurufen, ist von allen Schwierigkeiten so völlig frei, dass sie nichts zu wünschen übrig liesse, wenn sie sich mehr zu Abänderungen der Versuche eignete, die zur näheren Untersuchung der Erscheinung nöthig werden, und nicht einen Metallspiegel verlangte, dessen Anschaffung Manchen von dergleichen Versuchen abzuhalten im Stande ist.

Weil es indessen zur Weckung des Sinnes für Experimentalphysik von Wichtigkeit ist, dergleichen Grunderscheinungen selbst einem grösserem Publikum so zugänglich wie möglich zu machen, so wird vielleicht die Beschreibung einiger Vorrichtungen, deren ich mich seit ein Paar Jahren zur An-

*) Dessen Zeitschrift, 1830, Bd. VII. S. 399.

**) Annalen, Bd. XXXXV, S. 95.

stellung der Interferenz-Versuche bediene, noch immer eine Stelle neben den bisher zu gleichem Zwecke eingerichteten Apparaten zu finden im Stande sein, da sich dieselben für den Liebhaber und für Unterrichts-Versuche durch die Leichtigkeit ihrer Behandluug, durch die Stärke ihrer Wirkung und durch ihre Wohlfeilheit gleich sehr empfehlen. Und um den Unbemittelten in den Stand zu setzen, sich dieselben selbst zu verfertigen, werde ich bei deren Beschreibung denselben Gang einhalten, welchen ich bei deren Anfertigung betreten habe.

Die eine dieser Vorrichtungen erhält man aus jedem Stücke nicht allzu dünnen, weissen Spiegelglases, dessen beide Flächen gut eben sind, wesshalb es rathsam ist, das Stückchen Glas nicht von dem Rande einer Tafel zu nehmen, wiewohl mit der nöthigen Vorsicht auch ein äusserer Abschnitt, den man sich am leichtesten und fast ohne alle Kosten verschaffen kann, dazu brauchbar ist. Die beiden Flächen von gewöhnlichem Spiegelglase sind nie parallel, und in Folge dieses Umstandes ist das Stücken Glas nicht überall gleich dick. Es kommt nun vor Allem darauf an, die Richtung auf dem Glase aufzusuchen, längs welcher es eine gleiche Dicke hat. Dies kann man dadurch bewerkstelligen, dass man eine feine Spalte senkrecht auf eine Fenstersprosse stellt, und diese in dem Stückchen Glas wie in einem Spiegel betrachtet. Man wird die Spalte in der Regel doppelt erblicken, aber durch Drehung des Stückchen Glases kann man es leicht dahin bringen, dass beide Bilder nur eine einzige gerade Linie ausmachen. Bei dieser Stellung des Glases giebt die Richtung der auf demselben abgebildeten Fenstersprosse die gesuchte Richtung seiner gleichen Dicke zu erkennen. Um diese Richtung auf dem Glase zu fixiren, pflege ich unter demselben einen Streifen von einem Kartenblatte mit ein wenig Wachs zu befestigen, und diesen so lange zu drehen, bis dessen geradliniger Rand längs dem Bilde der Fenstersprosse hinläuft, während die Spalte als eine einzige gerade Linie sich abbildet. Von dieser Operation hängt vorzugsweise die Güte der Vorrichtung ab, wesswegen man wohlthun wird, dieselbe ein Paar Male zu wiederholen, und sich von deren Genauigkeit noch dadurch zu vergewissern, dass bei einer gleich grossen Neigung des Glasstückes nach der einen und nach der anderen Seite die Spalte wieder doppelt zu erscheinen anfängt. Auch von der zureichenden Ebenheit der Glasflächen kann man sich auf demselben Wege überzeugen; es muss nämlich stets dieselbe Richtung sich erhalten, an welcher Stelle des Glases man auch die Spalte sich abbilden lassen möge, und wenn eine Verschiedenheit sich kund geben sollte, so muss man den Theil des Glasstückes, innerhalb dessen sich die Richtung unverändert erhält, bezeichnen, um dann später auf ihn beim Zerschneiden des Glases Rücksicht nehmen zu können. Nachdem man auf solche Weise die Richtung der gleichen Dicke auf dem Glasstücke möglichst genau bestimmt hat, schneide man parallel mit ihr durch zwei Schnitte einen Streifen etwa von der Breite eines Zolles von dem Glasstücke ab. Denjenigen von diesen beiden Schnitten, auf dessen Seite das Glas am dicksten ist, schleife man mit Schmirgel und Wasser auf einer ebenen Metallplatte oder auch auf einem Stücke Spiegelglas möglichst eben und fein. Ist dies geschehen, so schneide man den Glasstreifen senkrecht auf die Richtung seiner gleichen Dicke mitten entzwei, und der Interferenz-Apparat, zu dessen Zubereitung kaum eine Stunde Zeit erfordert wird, wenn man nur das Wesentlichste zu thun sich vornimmt, ist fertig.

Um jedoch mit der Aufstellung der beiden so erhaltenen Interferenz-Platten keine weitere Plage zu haben, bewerkstellige ich dieselbe in einer Weise, wodurch die ganze Vorrichtung erst ihren wahren Werth erhält. An einer der lothrechten Wände eines Brettchens befestige ich einen Streifen Spiegelglas, so dass derselbe etwa einen halben Zoll über die Oberfläche des Brettchens hervorragt. Es ist vortheilhaft, wenn dieser Glasstreifen seiner Länge nach gleich dick ist, wesshalb man am besten thun wird, einen der vorhin erhaltenen Abschnitte dazu zu benutzen. An diese ebene Wand lehne ich die beiden Interferenz-Platten so an, dass die fein geschliffenen Seiten derselben dicht an einander liegen, und eine auf der Oberfläche des Brettchens senkrecht stehende gerade Linie bilden. Um den Interferenz-Platten in dieser Lage einigen Halt zu geben, pflege ich sie durch ein Paar leichte Federchen von Messing gegen die Glaswand andrücken zu lassen. Betrachtet man mit Hülfe einer Lupe das aus einer feinen Spalte hervordringende Licht einer Lampe längs der Vereinigungslinie dieser beiden Interferenz-Platten und in einiger Entfernung von ihnen, wie bei dergleichen Versuchen stets geschieht, so wird man, ohne irgend eine weitere Nachhülfe, die Interferenz Streifen in ihrer ganzen Schönheit vor sich liegen sehen.

Es ist kaum zu erinnern nöthig, dass diese Interferenz-Streifen durch zwei Portionen gebrochenen Lichtes gebildet werden, die in Folge der Art, wie die beiden Interferenz-Platten zubereitet worden, über einander greifen und hier das Interferenz-Phänomen bewirken. Eben deswegen müssen die beiden Seiten der Interferenz-Platten, welche an einander zu liegen bestimmt sind, möglichst eben und fein geschliffen werden; denn wären diese abgerundet, oder hätte man von den Facetten, welche man anfänglich anzuschleifen pflegt, um das Ausbrechen des Glases zu verhüten, noch beträchtlich viel stehen gelassen, so träte derselbe Fall ein, als wenn man zwischen gut geschliffene Platten z. B. einen Streifen dünnen Papiers einschiebt. Die beiden Platten sind dann durch einen undurchsichtigen Körper von einiger Breite von einander geschieden, und die beiden gebrochenen Lichtportionen greifen deshalb erst in grösserer Entfernung von den Interferenz-Platten in einander über, so dass man erst in einem dieser grösseren Entfernung entsprechenden Abstande die durch beide gebrochene Lichtportionen gebildeten Interferenz-Streifen wird beobachten können. In grösserer Nähe gewahrt man in diesem Falle, anstatt derselben, die gewöhnlichen Beugungsstreifen, die sich aber wegen ihrer grossen Lichtarmuth von jenen auf den ersten Blick leicht unterscheiden lassen. Auch wenn die Platten noch so vorsichtig geschliffen werden, gehen doch in *sehr grosser* Nähe die Interferenz-Streifen in Beugungs-Streifen über, weil doch stets eine feine undurchsichtige Linie zurückbleibt; indessen findet das Gleiche auch bei dem Spiegel-Apparate, nach Fresnel oder Baumgartner eingerichtet, statt. Es ist sogar lehrreich auf solche Weise den grossen Unterschied in der Lichtstärke der auf beiden Wegen entstandenen Streifen durch eine unmittelbare Vergleichung dem Auge fühlbar zu machen, wesswegen ich zu diesem Ende zwischen gut geschliffene Platten einen schmalen Streifen dünnen Papiers zu schieben pflege.

Die Lichtstärke der durch solche Platten gebildeten Interferenz-Streifen ist so gross, dass dieselben eine mikroskopische Vergrösserung vertragen, und am Tage bei hellem Sonnenschein an einer ihrem Selbsterlöschen nahen Lampe durch eine Lupe hindurch noch deutlich wahrgenommen werden konnten. Die hier beschriebene Vorrichtung bietet aber neben dem Vortheil einer leichten Aufstellung und grossen Lichtstärke auch noch alle Bequemlichkeiten in Beziehung auf Abänderung des Versuches dar. — Hat man im Sinne zu zeigen, dass die Interferenz-Streifen in der That nur aus der Vereinigung der beiden Lichtportionen hervorgehen, so braucht man blos einen Streifen befeuchteten Papieres, oder sonst einen dünnen, undurchsichtigen Körper so auf die eine Platte zu legen, dass die Grenze desselben mit der Verbindungslinie beider Platten zusammenfällt. Man hat dabei in keiner Weise zu befürchten, dass vielleicht unterdessen die Stellung der Platten durch eine kleine Verrückung für den Versuch unbrauchbar geworden sein möchte, zumal wenn man bei jeder solchen Veränderung die beiden Platten leise gegen einander drückt, damit sie um so sicherer stets dicht bei einander liegen bleiben. — Will man das Ausweichen der Streifen nach derjenigen Seite hin sichtbar machen, auf welcher das Licht eine grössere Strecke Glas oder sonst eines durchsichtigen Körpers zu durchlaufen hat, so braucht man blos, anstatt des Stückchen Papieres, ein Stückchen von dünn geblasenem Glase oder von einem Glimmerblatte auf die vorhin angezeigte Weise über die eine Platte zu legen. Nichts ist jedoch geeigneter darzuthun, wie empfindlich die Streifen in dieser Beziehung sind, als wenn man die Rückwand, an welche sich die Interferenz-Platten anlehnen, mit einem anderen Streifen Spiegelglas vertauscht, welches seiner Länge nach nicht gleich dick ist; dann wird man nämlich gewahr, dass *die durch diese Wand hindurch gesehenen Streifen nicht mehr* in die Verlängerung derjenigen fallen, die oberhalb der Wand stehen, obschon hier der Unterschied in der auf beiden Seiten durchlaufenen Glasstrecke nur ein Minimum beträgt. Ist man während der Bereitung der Interferenz-Platten nicht sorgfältig genug bei der Aufsuchung der Richtung der gleichen Glasdicke gewesen, so treten die Streifen schon von selbst immer mehr zur Seite, und bilden Linien, deren Richtung nicht mehr parallel mit der Lichtspalte ist; ja bei bedeutend grosser Ungenauigkeit in jener Bestimmung verschwinden sie bald ganz. — Nicht minder einfach lässt sich durch diese Vorrichtung die Abhängigkeit nachweisen, in welcher die Entfernung der Streifen von einander zur Grösse des Winkels steht, den die Richtungen der beiden in einander greifenden Lichtportionen mit einander bilden. Man braucht zu diesem Behufe nur über das eine Paar Interferenz-Platten noch ein zweites Paar so zu legen, dass die Verbindungslinien beider Paare genau über einander liegen. Ist dabei das eine Paar höher als das andere, oder stellt man es höher, so giebt der unmittelbare Vergleich derjenigen Streifen, welche blos durch dieses eine Paar gebildet werden, mit jenen, welche aus der Wirkung beider Paare hervorgehen, recht augenfällig den Unterschied in der Entfernung der auf beiden Wegen gebildeten Streifen zu erkennen.

Sogar für messende Versuche bietet unsere Vorrichtung Erleichterungen dar, die das reflektirte Licht nicht geben kann. Weil jedoch dergleichen Vortheile sich leicht Jedem von selbst darbieten werden, der dieselben zu Zwecken solcher Art benutzen wollte, so mag es genügen, hier einfach darauf hingedeutet zu haben. Dagegen will ich zum Schlusse noch eines neuen Apparates zur Darstellung der Interferenz-Erscheinungen gedenken, der schon ganz fertig überall und ohne allen Aufwand zu bekommen ist. Zwar lässt derselbe nicht so viele Veränderungen zu, wie der vorige, und ist deswegen minder instructiv, doch wird ihn Niemand, der blos im Sinne hat die Interferenz-Streifen mit eigenen Augen und mit Musse zu betrachten, unbefriedigt aus der Hand legen. Ich bin zufällig auf diesen ältesten und einfachsten aller Interferenz-Apparate gestossen, während ich mich mit dem vorigen beschäftigte. Eines meiner Interferenz-Plattenpaare besass nämlich die anfangs mich ungemein überraschende Eigenschaft, dass so oft ich mit der Lupe aus der Mitte, wo die erzielten Interferenz-Streifen zu sehen waren, herausging und bis an den äusseren Rand der einen Platte kam, hier ganz unerwartet noch eine zweite

Reihe von Interferenz-Streifen sich zeigte, die von der vorigen darin verschieden war, dass bei ihr der ungefärbte helle Streifen als äusserster auftrat, welcher bei den anderen als mittlerer wahrgenommen wird, und dass an diesen nach innen zu gefärbte helle Streifen mit ihren dunkeln Zwischenräumen in ungleich grösserer Anzahl als zuvor sich reihten; denn ich konnte deren selbst bei der schlechtesten Beleuchtung doch noch immer recht gut neun zählen. Die Erscheinung war übrigens genau derjenigen gleich, welche von Lloyd, als durch reflektirtes und direktes Licht erzeugt, beschrieben worden ist, Eine genauere Untersuchung der diese Streifen hervorrufenden Stelle der Glasplatte überzeugte mich bald, dass sie gebildet werden durch zwei Lichtportionen, welche beide durch die Glasplatte hindurchgehen, von welchen aber die eine stärker als die andere vom Rande ab gegen die Mitte der Glasplatte hingelenkt wird, so dass beide in einander greifen, und eben deswegen zur Bildung von Interferenz-Erscheinungen geschickt werden. Diese Bedingungen finden sich erfüllt an jedem Streifen Spiegelglas (dieses mag dick oder dünn, weiss oder farbig sein), der aussen von einer ganzen Tafel abgeschnitten worden ist, wie in der Regel diejenigen sind, welche man in Spiegelfabriken als Abfälle ganz leicht bekommen kann, und die sich daran erkennen lassen, dass ihr einer Rand von dem Polirpulver noch roth gefärbt erscheint. Gerade dieser Rand aber liefert, ohne alle weitere Vorbereitung, die zuletzt erwähnte Interferenz-Erscheinung, wie ich wenigstens noch ohne Ausnahme an allen den vielen, die bis jetzt von mir in dieser Hinsicht untersucht worden sind, wahrgenommen habe. Zwar zeigen nicht alle Stellen des erwähnten Randes die Streifen gleich schön, aber man wird doch an jedem solchen Abschnitt, wenn er nicht ganz ungewöhnlich ausgebrochen ist, mehrere Stücke auswählen können, die das Phänomen sehr deutlich geben. Und, woran vielleicht die gänzliche Abwesenheit der Beugung hier Schuld ist, es will mir immer scheinen, als ob die auf diesem Wege erhaltenen Streifen schärfer und reiner sich darböten, als die durch meine Interferenz-Platten, oder durch die Fresnel'schen Spiegel erhaltenen, wofür zum Theil auch schon der Umstand spricht, dass deren so sehr viele, auch im weissen Lichte, sichtbar werden. Unter günstigen Umständen zeigten sich dieselben in so grosser Anzahl bei gewöhnlichem Lampenlichte am Tage und im unverfinsterten Zimmer, dass ich ihrer Menge wegen mit dem Zählen derselben nie recht fertig werden konnte, doch sage ich in keinem Falle zu viel, wenn ich die Zahl derselben auf fünfzehn setze, was hier, wo nur die Hälfte des ganzen Interferenz-Bildes sichtbar ist, eine ganz ungewöhnlich grosse Menge ist.

Die Ursache, warum der äussere Rand einer Spiegelplatte solche Interferenz-Erscheinungen hervorzubringen im Stande ist, liegt in der Art, wie solche Platten ihre Politur erhalten. Es rundet sich dabei deren äussere scharfe Kante dergestalt ab, dass das durch diese kurze abgerundete Strecke dringende Licht mehr nach Innen zu geworfen wird, als das durch andere Stellen der Spiegelplatte hindurchgegangene Licht; diese beiderlei Lichtantheile greifen daher in einander und werden dadurch zur Hervorrufung der Interferenz-Erscheinungen geschickt. Dabei schadet die krumme Gestalt der anpolirten Facette so gut wie gar nichts, weil Licht, welches durch merklich ungleich dicke Glasschichten hindurch gegangen ist, nicht mehr zu interferiren vermag. Man würde die gleiche Erscheinung erhalten durch zwei Interferenz-Platten, welche da, wo sie an einander stossen, einerlei Glasdicke haben, von denen aber die eine von da ab stets dünner würde, die andere dagegen nicht oder wenigstens nur in geringem Grade. Es würde indessen unendlich viel Mühe verursachen, wollte man an zwei Platten absichtlich diese Bedingungen herstellen, welche das gewöhnliche Polirverfahren an einer einzigen Platte wider Willen zu Stande bringt.

XX.

Ueber die Definition des Tones, nebst daran geknüpfter Theorie der Sirene und ähnlicher tonbildender Vorrichtungen.

Pogg. Ann., Bd. **59**, p. 513—565. 1843.

1) Als ich vor Kurzem meine früheren Untersuchungen über Combinationstöne und Stösse in's Reine zu bringen mir vornahm, trat mir plötzlich eine nicht unerhebliche Bedenklichkeit entgegen. Ich hatte nämlich dabei stets als ausgemachte Sache vorausgesetzt, dass die Bestandtheile eines Tones, dessen Schwingungsmenge m sein soll, die Form $a \,.\, sin\, 2\, \pi\, m\, t$ oder $a \,.\, cos\, 2\, \pi\, m\, t$ einhalten müssen, worin t die Zeit und a die Schwingungsweite für die auf einander folgenden Tonelemente bezeichnen, und umgekehrt, dass eine Succession von Eindrücken auf unser Ohr, welche ununterbrochen die hier aufgestellte Form einhält, auch nothwendig die Empfindung eines Tones bewirken müsse. Aber Savart's und Cagniard Latour's Einführung von besonderen Tonerregungsweisen scheint jene aus alter Zeit herstammende Voraussetzung aus ihrer sicheren Position vertreiben zu wollen, wie wenigstens die Worte von mehreren, uns wohl bekannten Akustikern anzudeuten scheinen. Röber drückt sich hierüber im Repertorium der Physik Bd. III. S. 30 wörtlich so aus: „Zu diesem Zwecke sei es erlaubt die bekannten Versuche Savart's und Cagniard de Latour's zur Erzeugung der Töne zu berühren. Suchen

wir das Gemeinschaftliche dieser Versuche, sowohl derjenigen von Savart über die tiefsten und höchsten hörbaren Töne, als derjenigen von Cagniard Latour, welche den Gebrauch der Sirene betreffen, so finden wir, dass die Erzeugung des Tones nur durch die regelmässige Wiederkehr irgend eines auf das Gehör einwirkenden Impulses bedingt wurde, wobei in allen Fällen dieselbe Abhängigkeit der Höhe des Tones von der Zahl der in einer Sekunde erfolgenden Impulse stattfindet. Dieser Impuls erscheint in den angeführten Versuchen entweder als Binomium einer Verdichtung und Verdünnung, oder als blose Verdichtung, und insbesondere zeigt die Untersuchung Savart's über die tiefsten hörbaren Töne, dass die Entfernung der beiden Maxima eines Binomiums keineswegs abhängt von der Dauer der einzelnen Impulse, oder mit anderen Worten, von der Entfernung der Maxima zweier auf einander folgenden Binomien: wonach also die gewöhnliche Erzeugung musikalischer Töne, wo die verschiedenen Maxima der Verdichtung und der Verdünnung alle in gleichen Zeitintervallen einander folgen, nur als ein besonderer Fall der allgemeinen Wiederholung eines aus einer Verdichtung und Verdünnung zusammengesetzten Impulses betrachtet werden muss." Und weiterhin (S. 53) sagt er: „Erst nachdem ich die vorige Darstellung abgegeben, lernte ich die genannte Abhandlung Seebeck's kennen, in welcher aus gleichen Gründen, wie im Vorigen, das Wesen des Tones als die regelmässige Wiederkehr irgend eines Impulses erklärt, und nachgewiesen wird, dass die sachgemässe Bezeichnung der Höhe eines Tones in der Angabe der Zahl der wiederholten einfachen oder zusammengesetzten Impulse, nicht aber in der gewöhnlichen Angabe der Verdichtungen und Verdünnungen bestehe."

2) Seitdem sind durch Seebeck in Poggendorff's Annalen, Bd. LIII. S. 417 u. folg. Erfahrungen an der Sirene bekannt gemacht worden, durch welche sogar die Gleichheit der Zeitintervalle, in denen die einzelnen Impulse auf einander folgen, als unwesentlich zur Bildung des Tones hingestellt zu werden scheint. Seebeck selbst wenigstens zieht aus ihnen (a. a. O. S. 424) folgenden Schluss: „Man sieht aus diesen Versuchen, dass das Gehörorgan einerseits die Fähigkeit

besitzt, ein System von Impulsen in zwei oder drei Systeme von isochronen Impulsen zu zerlegen; dass es aber andererseits auch durch einen nur einigermassen angenäherten Isochronismus den Eindruck einer bestimmten Tonhöhe empfängt, wie vom vollkommenen Isochronismus.“ Da diese Seebeck'schen Versuche alles in sich enthalten, was an Thatsachen gegen die alte Definition des Tones vorgebracht werden kann, und meine gegenwärtige Abhandlung im Grunde nichts weiter als ein fortlaufender Commentar derselben ist, so werde ich zur Bequemlichkeit der Leser, weil es auf geringem Raum geschehen kann, deren Ergebnisse hersetzen und im weiteren Verlaufe hierher verweisen.

a. Man richte gegen eine Löcherreihe der Sirene zwei Röhren von den beiden entgegengesetzten Seiten her, senkrecht gegen die Scheibe, und zwar so, dass wenn die eine sich vor einem Loche befindet, auch die andere einem Loche gegenüber sei. Bläst man mit *einer* dieser Röhren gegen die in Umdrehung befindliche Scheibe, so geben sie, jede einzeln, denselben Ton; bläst man aber mit beiden zugleich, so verschwindet der Ton, und man hört nur, oder fast nur, das Sausen, welches das Durchströmen der Luft verursacht. Stellt man dagegen die Röhren so auf, dass ihre Stösse nicht gleichzeitig, sondern alternirend erfolgen, so hört man den ursprünglichen Ton, und zwar verstärkt.

b. Wenn man auf eine Scheibe concentrisch zwei Löcherreihen setzt, von denen die eine doppelt so viel Löcher hat als die andere, so giebt sie die Octave von dem Ton der letzteren, und man hört, wenn beide gleichzeitig angeblasen werden, in der Regel auch beide Töne zugleich. Nur wenn das Anblasen von den beiden entgegengesetzten Seiten her, und zwar so erfolgt, dass jeder Luftstoss des tieferen Tones mit einem des höheren genau zusammentrifft, verschwindet der höhere Ton und man hört den tieferen allein.

c. Wenn eine Reihe schnell auf einander folgender Impulse nicht isochronisch zum Ohre gelangen, sondern so, dass die Zwischenzeit zwischen je zweien abwechselnd t und t' beträgt, so tritt ein Ton auf als ob die Zwischenzeit $t + t'$

wäre, und wenn t und t' nicht zu sehr verschieden von einander sind, so hört man zugleich noch einen Ton von der Schwinungsdauer $\frac{t+t'}{2}$, also die höhere Octave des ersteren. Dabei machte Seebeck die Bemerkung, dass der höhere oder der tiefere Ton mehr hervortönt, je nachdem die Werthe t und t' einander gleicher oder ungleicher waren.

d. Wenn eine Reihe von Stössen so auf einander folgen, dass die Zwischenzeiten von je dreien abwechselnd t, t' und t'' sind, so hört man den Ton von der Schwingungsdauer $t+t'+t''$, und zugleich auch, wenn die drei Zwischenräume nicht zu ungleich sind, den Ton von der Schwingungsdauer $\frac{t+t'+t''}{3}$, wobei wiederum die Bemerkung gemacht wurde, dass der höhere oder der tiefere Ton um so mehr hervortrat, je gleicher oder ungleicher die drei Zwischenzeiten t, t' und t'' einander waren.

e. Lässt man die Abstände zwischen den Löchern in unregelmässiger Folge wechseln, doch so, dass sie sich nicht zu sehr von einem Mittelwerth entfernen, so hört man nur *einen,* mehr oder weniger unvollkommenen Ton, dessen Höhe jenem Mittelwerthe entspricht.

f. Wenn bei den sub *c* beschriebenen Versuchen t' ein Vielfaches von t war, wurde zwar stets noch der Ton von der Schwingungsdauer $t+t'$ gehört, aber anstatt des Tones $\frac{t+t'}{2}$ kam jetzt der Ton von der Schwingungsdauer t zum Vorschein.

g. Wenn t' zwar viel grösser als t aber nicht ein Vielfaches von t war, so schien es Seebeck, dass neben dem Tone $t+t'$ theils ebenfalls der der Schwingungsdauer t entsprechende Ton vorhanden sei, theils auch wohl ein noch höherer dem gemeinsamen Masse von t und t' entsprechender Ton schwach mitklinge; jedoch haben ihm die Resultate seiner Beobachtungen hierüber noch einigen Zweifel gelassen.

h. Wurden die Zwischenzeiten von je drei Impulsen abwechselnd t, t und t' gemacht, so wurde jederzeit der Ton von der Schwingungsdauer t gehört, t mochte kleiner oder grösser als t' sein.

3) Durch die eben mitgetheilten, auf Erfahrungen gestützten Aeusserungen sachverständiger Männer über das eigentliche Element des Tones scheint alles früher in dieser Hinsicht festgesetzte umgestossen zu werden, ohne dass etwas Anderes mit Zuverlässigkeit dafür hingestellt worden wäre. Es kam mir vor, als forderten sie zu einer neuen Definition des Tones auf; indessen der alten Regel eingedenk, dass zur Erklärung einer Naturbegebenheit keine anderen Ursachen anzunehmen seien, als welche nothwendig und hinreichend sind, und meiner Individualität nach wenig geneigt, das zuvor wohl Erworbene in Folge des Anreizes eines als neu sich ankündigenden Besitzthumes sogleich fahren zu lassen, stellte ich den Versuch an, ob nicht die Definition des Tones, wie sie von unseren Vorfahren auf uns übergegangen ist, alles in sich enthalte, was zur vollständigen Erklärung der neuen Thatsachen nothwendig und hinreichend ist. In Folge dieser Probe aber wurde die althergebrachte Definition des Tones auf eine Weise, die mir der Veröffentlichung werth zu sein scheint, in ihr volles Recht wieder eingesetzt, wie ich nun zeigen werde, indem ich an ihrer Hand in das Dunkel der Seebeck'schen Versuche einzudringen unternehme, und mit ihrer Hülfe Schritt um Schritt das eigentliche Verständniss derselben zu bewirken gedenke. Jene alte Definition des Tones aber formulire ich so:

a. Es müssen die zur Bildung eines Tones von der Schwingungsmenge m erforderlichen Eindrücke in Intervallen von der Länge $\frac{1}{m}$ hinter einander hergehen, und in jedem dieser Intervalle fortdauernd die Form $a \, . \, sin \, 2\pi \, (mt + p)$ entweder ganz rein in sich tragen, oder diese Form muss wenigstens als ein reeller Bestandtheil aus jenen Eindrücken abgeschieden werden können.

b. Diese Formen, sie mögen in den einzelnen Eindrücken rein enthalten, oder daraus abscheidbar sein, müssen sich unmittelbar aneinander dergestalt anschliessen, dass die beiden zu gleich liegenden Stellen gehörigen Schwingungsphasen in zwei aufeinander folgenden Intervallen immer ein und dasselbe Verhältniss zu einander beibehalten, oder mit anderen Worten, es muss die Grösse p in allen stets einen und denselben Werth erhalten.

c. Die Grösse a muss dabei entweder stets positiv oder stets negativ bleiben; denn eine Umkehrung des Vorzeichens von a ist gleichbedeutend mit einer Aenderung im Werthe von p, weil $-a \cdot \sin 2\pi(mt + p) = + a \cdot \sin 2\pi(mt + p \pm {}^1\!/_2)$ ist.

Es versteht sich übrigens von selbst, obschon dies in vorstehender Definition nicht ausdrücklich ausgesprochen worden ist, dass zur Wahrnehmbarkeit der Höhe eines Tones die Unveränderlichkeit des Werthes p nur in so viel aufeinander folgenden Tonwellen erfordert wird, als unser Gehörorgan zur Habhaftwerdung dieser Höhe verlangt. In der That, wenn durch irgend ein Mittel, nachdem so viele Tonwellen vorübergegangen sind, dass das Ohr die Höhe des Tones zu bestimmen im Stande war, plötzlich der Werth von p ein anderer würde, und auch jetzt wieder so lange andauerte, dass das Ohr bei sonst gleichen Umständen wieder dieselbe Höhe zu erfassen vermöchte, so würde ihm dadurch offenbar kein Anlass zur Abänderung seines Urtheils über die Höhe des empfundenen Tons gegeben; es müsste ihn, zum wenigsten in Bezug auf Höhe, als unverändert anerkennen.

4. Als Mittel der Beurtheilung, ob in einem gegebenen Eindruck die Form $a \cdot \sin 2\pi(mt + p)$ als reeller Bestandtheil enthalten sei oder nicht, gebrauche ich das durch seine vielfachen und wichtigen Anwendungen berühmt gewordene Theorem von F o u r i e r, welches in Folgendem besteht. Bezeichnet $F^{(t)}$ irgend eine continuirliche oder discontinuirliche Function von t, welche ganz beliebige, jedoch reelle Werthe von $t = -l$ bis $t = +l$ hat, so ist zwischen diesen Grenzen von t stets:

$$F^{(t)} = A_0 + A_1 \cdot \cos \pi \frac{t}{l} + A_2 \cdot \cos \pi \frac{2t}{l} + A_3 \cdot \cos \pi \frac{3t}{l} + \ldots \\ + B_1 \cdot \sin \pi \frac{t}{l} + B_2 \cdot \sin \pi \frac{2t}{l} + B_1 \cdot \sin \pi \frac{3t}{l} + \ldots$$

und es stellen A_0, A_1 und B_1, A_2 und B_2, A_3 und B_3 u. s. f. lauter von t unabhängige Grössen vor, welche aus nachstehenden Gleichungen gefunden werden:

$$A_1 = \frac{1}{2l} \int F^{(t)} \, . \, dt$$

$$A_1 = \frac{1}{l} \int F^{(t)} \, . \, cos \, \pi \frac{t}{l} \, . \, dt \text{ und } B_1 = \frac{1}{l} \int F^{(t)} \, . \, sin \, \pi \, \frac{t}{l} \, dt$$

$$A_2 = \frac{1}{l} \int F^{(t)} \, . \, cos \, \pi \frac{2t}{l} \, . \, dt \text{ und } B_2 = \frac{1}{l} \int F^{(t)} \, . \, sin \, \pi \frac{2t}{l} \, . \, dt$$

$$A_3 = \frac{1}{l} \int F^{(t)} \, . \, cos \, \pi \frac{3t}{l} \, . \, dt \text{ und } B_3 = \frac{1}{l} \int F^{(t)} \, . \, sin \, \pi \frac{3t}{l} \, . \, dt$$

u. s. f. u. s. f.

während alle Integrale von $t = -l$ bis $t = +l$ zu nehmen sind. Für den Fall, dass es Strecken zwischen diesen Grenzen giebt, innerhalb welcher die Function $F^{(t)}$ anhaltend Null wird, kann man, wie in die Augen springt, für jedes der vorstehenden Integrale die Summe von mehreren anderen, denselben Ausdruck in sich enthaltenden, nehmen, von welchen sich jedes aber nur über die Strecke ausdehnt, innerhalb welcher die Function $F^{(t)}$ nicht Null wird.

Stellen wir uns nun unter $F^{(t)}$ irgend einen zur Zeit t auf unser Ohr gemachten Eindruck vor, so giebt uns obige, Fourier's Theorem enthaltende Gleichung zu verstehen, dass dieser Eindruck zerlegbar ist in die Partialeindrücke A_0, $A_1 \, . \, cos \, \pi \frac{t}{l} + B_1 \, . \, sin \, \pi \, \frac{t}{l}$, $A_1 \, . \, cos \, \pi \frac{2t}{l} + B_2 \, . \, sin \, \pi \frac{2t}{l}$, $A_3 \, . \, cos \, \pi \frac{3t}{l} + B_3 \, . \, sin \, \pi \frac{3t}{l}$ u. s. f. Der erste A_0 bringt keine Schwingung zu Stande, sondern eine blose Aenderung in der Stellung der schwingenden Theile, die anderen alle aber enthalten Schwingungen in sich, welche die Theile des schwingenden Körpers um jene neue Stellung herum machen. Der Ausdruck $A_1 \, . \, cos \, \pi \frac{t}{l} + B_1 \, . \, sin \, \pi \frac{t}{l}$ liefert eine Schwingung, die dem Tone angehört, dessen Schwingungsmenge $\frac{1}{2l}$ ist; der andere $A_2 \, . \, cos \, \pi \frac{2t}{l} + B_2 \, . \, sin \, \pi \frac{2t}{l}$ liefert eine Schwingung, welche dem Tone angehört, dessen Schwingungsmenge $\frac{2}{2l}$ ist; der Theil $A_3 \, . \, cos \, \pi \frac{3t}{l} + B_3 \, . \, sin \, \pi \frac{3t}{l}$ liefert eine Schwingung, welche dem Tone angehört, dessen Schwingungsmenge $\frac{3}{2l}$ ist u. s. f.

wie man sogleich ersieht, wenn man den oben der Definition des Tones zu Grunde gelegten Ausdruck $a \cdot sin\, 2\,\pi\, (mt + p)$ auf die Form $a \cdot sin\, 2\,\pi\, p \cdot cos\, 2\,\pi\, mt + a \cdot cos\, 2\pi\, p \cdot sin\, 2\,\pi\, mt$ bringt, und in Erwägung zieht, dass er successive in die hier vorhandenen übergeht, wenn man der Reihe nach setzt:

$$m = \frac{1}{2\,l},\ a \cdot sin\, 2\,\pi\, p = A_1 \text{ und } a \cdot cos\, 2\,\pi\, p = B_1$$

$$m = \frac{2}{2\,l},\ a \cdot sin\, 2\,\pi\, p = A_2 \text{ und } a \cdot cos\, 2\,\pi\, p = B_2$$

$$m = \frac{3}{2\,l},\ a \cdot sin\, 2\,\pi\, p = A_3 \text{ und } a \cdot cos\, 2\,\pi\, p = B_3$$

u. s. f.,

woraus man findet in Bezug auf die erste Schwingung

$$tg\, 2\,\pi\, p = \frac{A_1}{B_1} \text{ und } a^2 = A_1^2 + B_1^2,$$

in Bezug auf die zweite Schwingung

$$tg\, 2\,\pi\, p = \frac{A_2}{B_2} \text{ und } a^2 = A_2^2 + B_2^2,$$

in Bezug auf die dritte Schwingung

$$tg\, 2\,\pi\, p = \frac{A_3}{B_3} \text{ und } a^2 = A_3^2 + B_3^2,$$

u. s. f.

Ist uns sonach eine Aufeinanderfolge von Eindrücken gegeben, von denen jeder über eine Zeit von derselben Länge $2\,l$ sich hinzieht, und wollen wir erfahren, ob in dieser Succession von Eindrücken der Ton enthalten sei, dessen Schwingungsmenge $\frac{1}{2\,l}$ ist, so haben wir nur für jeden der gegebenen Eindrücke die ihm entsprechenden Werthe von A_1 und B_1 aufzusuchen, sodann aus ihnen den Werth von p mittelst der Gleichung $tg\, 2\,\pi\, p = \frac{A_1}{B_1}$ herzuleiten, wofür man unserer Definition des Tones gemäss überall nur einen und denselben Werth muss setzen können. Ist dies und hat man diesen Werth von p ein für alle Mal in unabänderlicher Weise festgesetzt, so kann man aus der Gleichung $a^2 = A_1^2 + B_1^2$ den Werth von a herholen. Weil aber durch diese Gleichung das Vorzeichen von a unbestimmt gelassen wird, worauf doch unserer Definition zur

Folge die weitere Untersuchung des Tones hingewiesen wird, so muss man eine der Gleichungen

$$a . \sin 2 \pi p = A_1 \text{ und } a . \cos 2 \pi p = B_1$$

zu Rathe ziehen, welche zu erkennen geben, dass bei einem unabänderlich festgestellten Werth von p die Grösse a so lange ihr Vorzeichen nicht ändert, als A_1 und B_1 es nicht ändern. Durch ein ganz ähnliches Verfahren lässt sich entscheiden, ob in denselben Eindrücken die Töne von der Schwingungsmenge $\frac{2}{2l}$, $\frac{3}{2l}$ u. s. f. enthalten sind oder nicht.

5) Nun wollen wir zur Anwendung der in vorstehenden Nummern gegebenen allgemeinen Formeln auf die oben in 2) beschriebenen, von Seebeck an der Sirene angestellten, merkwürdigen Versuche schreiten. Nehmen wir zuvörderst an, dass in jedem der unmittelbar hinter einander liegenden Zeitintervalle von der Länge $2l$ ein Eindruck von der Form $a . \sin 2 \pi \frac{t}{4 \lambda}$ vorfalle, machen aber zur Bedingung, dass jeder Eindruck von solcher Form nur von $t = o$ bis $t = 2 \lambda$ andauere, wodurch nichts anderes gesagt ist, als dass jeder dieser Eindrücke entweder nur eine Verdichtung oder nur eine Verdünnung in sich trage*), so wird in diesem Falle, wenn wir die Zeit von dem Beginn des Eindrucks an zählen, $F^{(t)} = a . \sin 2 \pi \frac{t}{4 \lambda}$, und hat eigentliche Werthe blos von $t = o$ bis $t = 2 \lambda$, an allen anderen Stellen desselben Intervalls ist $F^{(t)} = o$; legen wir hingegen den Ursprung der Zeit in die Mitte des Eindrucks, so wird jetzt $F^{(t)} = a . \sin 2 \pi \frac{t + \lambda}{4 \lambda}$ $= a . \cos 2 \pi \frac{t}{4 \lambda}$, und hat eigentliche Werthe blos von $t = - \lambda$ bis $t = + \lambda$; legen wir endlich den Ursprung der Zeit in die Mitte des Intervalls und die Mitte des Eindrucks in die Ent-

*) Es ist hier der grösseren Einfachheit halber zwar nur eine besondere, jedoch entschieden einseitige Form der Verdichtung oder Verdünnung der Betrachtung zu Grunde gelegt worden, es lässt sich aber die Untersuchung ganz in derselben Weise völlig allgemein und mit dem gleichen Erfolge durchführen, wozu nichts weiter als ein grösserer Raum gefordert wird, den zu sparen ich mich verpflichtet hielt.

fernung θ von jener Mitte des Intervalls, so wird jetzt $F^{(t)} = a \,.\, \cos 2\,\pi \frac{t - \theta}{4\,\lambda}$, und hat eigentliche Werthe blos von $t = \theta - \lambda$ bis $t = \theta + \lambda$. Fassen wir den Eindruck in dieser letzteren Beziehung auf, so hat man hinsichtlich seiner, in Beziehung auf den Ton, dessen Schwingungsmenge $\frac{i}{2\,l}$ ist, wobei i eine beliebige ganze, positive Zahl vorstellt (nach 4)

$$A_i = \frac{a}{l} \cdot \int \cos 2\,\pi \frac{t - \theta}{4\,\lambda} \,.\, \cos 2\,\pi \frac{i\,t}{2\,l} \,.\, dt$$

und

$$B_i = \frac{a}{l} \cdot \int \cos 2\,\pi \frac{t - \theta}{4\,\lambda} \,.\, \sin 2\,\pi \frac{i\,t}{2\,l} \,.\, dt,$$

und es sind die Integrale blos von $t = \theta - \lambda$ bis $t = \theta + \lambda$ zu nehmen. Integrirt man zwischen diesen Grenzen, so erhält man zunächst

$$A_i = \frac{2\,a\,\lambda\,l}{\pi\,(l^2 - 4\,\lambda^2\,i^2)} \cdot \left(\cos 2\,\pi \frac{(\theta + \lambda)\,i}{2\lambda} + \cos 2\,\pi \frac{(\theta - \lambda)\,i}{2\,l}\right)$$

und

$$B_i = \frac{2\,a\,\lambda\,l}{\pi\,(l^2 - 4\,\lambda^2\,i^2)} \cdot \left(\sin 2\,\pi \frac{(\theta + \lambda)\,i}{2\,l} + \sin 2\,\pi \frac{(\theta - \lambda)\,i}{2\,l}\right),$$

und diese Ausdrücke gehen, wenn man die Summen der Sinuse und Cosinuse in Producte umwandelt, über in:

$$A_i = \frac{4\,a\,\lambda\,l}{\pi\,(l^2 - 4\,\lambda^2\,i^2)} \,.\, \cos \pi \frac{\lambda\,i}{l} \,.\, \cos \pi \frac{\theta i}{l}$$

und

$$B_i = \frac{4\,a\,\lambda\,l}{\pi\,(l^2 - 4\,\lambda^2\,i^2)} \,.\, \cos \pi \frac{\lambda\,i}{l} \,.\, \sin \pi \frac{\theta i}{l}.$$

Aus diesen für A_i und B_i gefundenen Werthen ergiebt sich, zufolge der (in 4) eingeführten Bezeichnungen, zunächst

$$tg\; 2\,\pi\,p = cotg\; \pi \frac{\theta i}{l}$$

und sodann

$$a = \frac{4\,a\,\lambda\,l}{\pi\,(l^2 - 4\,\lambda^2\,i^2)} \,.\, \cos \pi \frac{\lambda\,i}{l},$$

welcher letztere Werth für $\lambda\,i = {}^1\!/_2\,l$ in $\frac{\frac{1}{2}\,a}{i}$ übergeht.

Für den Ton, dessen Schwingungsdauer $2\,l$ ist, hat man, weil für ihn $i = 1$ ist,

$$tg\,2\,\pi\,p = cotg\,\pi\,\frac{\theta}{l}$$

und

$$a = \frac{4\,\alpha\,\lambda\,l}{\pi\,(l^2 - 4\,\lambda^2)} \cdot cos\,\pi\,\frac{\lambda}{l}.$$

Hat also θ in allen Intervallen denselben Werth, d. h. liegt die Mitte des Eindrucks in allen Intervallen gleichweit von deren Mitte und immer nach derselben Seite hin ab, so nimmt auch p in allen Intervallen stets einen und denselben Werth an; es ist mithin ein Ton von der Schwingungsdauer $2\,l$ wirklich vorhanden, dessen Schwingungsweite durch den Werth von a gegeben ist, vorausgesetzt, dass a in den aufeinander folgenden Intervallen ein und dasselbe Vorzeichen erhält. Nimmt hingegen θ in den aufeinander folgenden Intervallen stets andere Werthe an, so ändert sich auch von Intervall zu Intervall der Werth von p, und es kann dann, der (in 3) aufgestellten Definition des Tons zufolge, der Ton von der Schwingungsdauer $2\,l$ keine Existenz erhalten. Da die Möglichkeit des hier erwähnten Tones auch noch davon abhängt, ob das Vorzeichen von a wandelbar ist oder nicht, so müssen wir noch auf die Umstände, von welchen diese Wandelbarkeit abhängt, unser Augenmerk richten. Zuvörderst überzeugt man sich leicht, dass das Verhältniss zwischen λ und l auf das Vorzeichen von a keinen Einfluss hat, denn in dem Augenblicke, wo der Factor $cos\,\pi\,\frac{\lambda}{l}$ sein Vorzeichen ändert, welches geschieht, wenn λ die Grenze $\frac{1}{2}\,l$ überschreitet, ändert es auch der Divisor $l^2 - 4\lambda^2$, und diese beiden gleichzeitig auftretenden Aenderungen in den Theilen bringen keine Aenderung im Ganzen hervor. Da zudem λ und l ihrer Natur nach nur positive Grössen sein können, so hängt das Vorzeichen von a lediglich von dem von α ab: es hat mithin a stets dasselbe Vorzeichen, so lange die in den einzelnen Intervallen auftretenden Eindrücke von derselben Art sind, es ändert hingegen sein Vorzeichen, so wie von einem Intervall zum nächsten die darin vorkommenden Eindrücke von entgegengesetzter Art sind. Wir sind so zu nachstehenden Sätzen gelangt:

α. *Eindrücke, welche in Intervallen von der Länge $2l$ wiederkehren, erzeugen einen Ton von der Schwingungsmenge $\frac{1}{2l}$, wenn die in den aufeinander folgenden Intervallen liegenden Eindrücke in jedem Intervalle eine und dieselbe Stellung behaupten* und wenigstens immer so lange von derselben Art bleiben, als unser Gehörorgan hintereinander hergehende Tonwellen zur Erfassung des Tones verlangt.

β. *Eindrücke, welche in Intervallen von der Länge $2l$ wiederkehren, erzeugen keinen Ton von der Schwingungsmenge $\frac{1}{2l}$, wenn entweder die Stellung der Eindrücke oder deren Art von Intervall zu Intervall eine Abänderung erleidet.*

Was die Schwingungsweite dieses Tones und seine dadurch bedingte Stärke anlangt, so hängt sie in allen Fällen, wie der vorstehende für a gefundene Ausdruck zu erkennen giebt, ab von der Grösse von α, d. h. von der Stärke der Eindrücke, welcher sie proportional ist, und noch ausserdem, wiewohl in einem zusammengesetzteren Verhältnisse, von dem Quotienten $\frac{\lambda}{l}$, d. h. von der relativen Grösse der Eindrücke; jener Ton tritt daher, ohne dass seine Höhe sich ändert, mit veränderlicher Stärke auf, wenn eines dieser Elemente von Intervall zu Intervall eine Abänderung erleidet.

6) Als zweite Anwendung der oben gegebenen allgemeinen Formeln wollen wir den Fall betrachten, wo in jedem Intervall von der Länge $2l$ *zwei* Eindrücke stattfinden, von denen der eine die Form $a \,.\, \sin 2\pi \frac{t}{4\lambda}$, der andere die Form $a' \,.\, \sin 2\pi \frac{t}{4\lambda'}$ hat, und jener nur von $t = o$ bis $t = 2\lambda$, dieser nur von $t = o$ bis $t = 2\lambda'$ andauert, wobei t vom Anfang des Eindrucks ab gerechnet wird. Bezeichnen wir die Entfernung von der Mitte des Intervalls bis zur Mitte des ersten Eindrucks durch θ, die bis zur Mitte des zweiten Eindrucks durch θ', und legen wir den Anfangspunkt der Zeit in die Mitte des Intervalls, so gilt bei der Aufsuchung von A_1 und B_1 hier von jedem dieser beiden Ausdrücke ganz dasselbe,

was in der vorigen Nummer von dem einen dort vorgekommenen nachgewiesen worden ist; es wird daher hier, den (in 4) gegebenen Entwickelungen gemäss, jede der beiden Grössen A_i und B_i eine Summe aus zwei Theilen sein, von denen der eine mit dem dort für A_i und B_i erhaltenen Ausdruck völlig identisch ist, und der andere aus diesem sich herleiten lässt dadurch, dass man α', λ' und θ' setzt, wo in ihm α, λ und θ steht. Man erhält daher in unserem jetzigen Falle:

$$A_1 = \frac{4\,\alpha\,\lambda\,l}{\pi\,(l^2 - 4\,\lambda^2\,i^2)} \cdot \cos \pi \frac{\lambda\,i}{l} \cdot \cos \pi \frac{\theta\,i}{l}$$

$$+ \frac{4\,\alpha'\,\lambda'\,l}{\pi\,(l^2 - 4\,\lambda'^2\,i^2)} \cdot \cos \pi \frac{\lambda'\,i}{l} \cdot \cos \pi \frac{\theta'\,i}{i}$$

und

$$B_1 = \frac{4\,\alpha\,\lambda\,l}{\pi\,(l^2 - 4\,\lambda^2\,i^2)} \cdot \cos \pi \frac{\lambda\,i}{l} \cdot \sin \pi \frac{\theta\,i}{l}$$

$$+ \frac{4\,\alpha'\,\lambda'\,l}{\pi\,(l^2 - 4\,\lambda'^2\,i^2)} \cdot \cos \pi \frac{\lambda'\,i}{l} \cdot \sin \pi \frac{\theta'\,i}{l}.$$

Wir wollen nun unsere weiteren Betrachtungen auf den Fall beschränken, wo $\lambda = \lambda'$ ist, eine Bedingung, welche bei Versuchen an der Sirene stets sehr nahe eingehalten ist, und leicht ganz genau eingehalten werden kann. Unter dieser Einschränkung nehmen vorstehende für A_i und B_i gefundene Werthe folgende Gestalt an:

$$A_i = \frac{4\,\lambda\,l}{\pi\,(l^2 - 4\,\lambda^2\,i^2)} \cdot \cos \pi \frac{\lambda\,i}{l} \cdot \left(\alpha \cdot \cos \pi \frac{\theta\,i}{l} + \alpha' \cdot \cos \pi \frac{\theta'\,i}{l}\right)$$

und

$$B_i = \frac{4\,\lambda\,l}{\pi\,(l^2 - 4\,\lambda^2\,i^2)} \cdot \cos \pi \frac{\lambda\,i}{l} \cdot \left(\alpha \cdot \sin \pi \frac{\theta\,i}{l} + \alpha' \cdot \sin \pi \frac{\theta'\,i}{l}\right),$$

woraus man (gemäss 4) zunächst findet:

$$tg\, 2\,\pi\,p = \frac{\alpha \cdot \cos \pi \frac{\theta\,i}{l} + \alpha' \cdot \cos \pi \frac{\theta'\,i}{l}}{\alpha \cdot \sin \pi \frac{\theta\,i}{l} + \alpha' \cdot \sin \pi \frac{\theta'\,i}{l}}.$$

Dieser für $tg\, 2\,\pi\,p$ gefundene Werth giebt zu erkennen, dass wenn auch θ und θ' in allen Intervallen dieselben Werthe beibehalten, darum doch noch nicht p in allen einen und denselben Werth annehme, dass vielmehr dazu noch ein unveränderlicher Werth des Quotienten $\frac{a}{a'}$ erforderlich sei, wodurch die Möglichkeit der Bildung des Tones im jetzigen Falle von der relativen Stärke der Eindrücke in den aufeinander folgenden Intervallen abhängig gemacht wird, was um so merkwürdiger ist, als die Bildung des Tones im vorigen Falle von der Stärke der Eindrücke in den aufeinander folgenden Intervallen gänzlich unabhängig blieb. Behalten jedoch nicht blos θ und θ', sondern auch der Quotient $\frac{a}{a'}$ in allen Intervallen einen und denselben Werth bei, so giebt dann obige Gleichung für p in allen Intervallen einen und denselben Werth her; es ist sonach die Hauptbedingung zur Bildung des hier gesuchten Tones vollständig erfüllt.

Fassen wir hier wieder den besonderen Zustand in's Auge, wo alle Eindrücke einerlei Stärke besitzen, und unterscheiden wir dabei zwei Fälle:

Erstlich wenn die beiden in jedem Intervalle vorkommenden Eindrücke von derselben Art sind. In diesem Falle ist $a' = a$, so dass man hat

$$tg\, 2\pi p = \frac{\cos \pi \frac{\theta i}{l} + \cos \pi \frac{\theta' i}{l}}{\sin \pi \frac{\theta i}{l} + \sin \pi \frac{\theta' i}{l}}$$

und nach gehöriger Reduction

$$tg\, 2\pi p = cotg\, \pi \frac{(\theta + \theta') i}{2l},$$

und nun wird, wenn wir den zu diesem Fall gehörigen Werth von a durch a' bezeichnen,

$$a' = \frac{8 a \lambda l}{\pi (l^2 - 4 \lambda^2 i^2)} \cdot \cos \pi \frac{\lambda i}{l} \cdot \cos \pi \frac{(\theta - \theta') i}{2l},$$

welcher letztere Werth für $\lambda = \frac{1}{2} l$ in $\frac{a}{i} \cos \pi \frac{(\theta - \theta') i}{2l}$ übergeht.

Zweitens wenn die beiden in jedem Intervalle vorkommenden Eindrücke von entgegengesetzter Art sind. In diesem Falle ist $a' = -a$, so dass man hat

$$tg\, 2\pi p = \frac{\cos \pi \frac{\theta i}{l} - \cos \pi \frac{\theta' i}{l}}{\sin \pi \frac{\theta i}{l} - \sin \pi \frac{\theta' i}{l}},$$

und nach gehöriger Reduction

$$tg\, 2\pi p = - tg\, \pi \frac{(\theta + \theta')\, i}{2l},$$

und nun wird, wenn wir den zu diesem Falle gehörigen Werth a durch a'' bezeichnen,

$$a'' = \frac{8\, a\, \lambda\, l}{\pi\, (l^2 - 4\, \lambda^2\, i^2)} \cdot \cos \pi \frac{\lambda i}{l} \cdot \sin \pi \frac{(\theta - \theta')\, i}{2l},$$

welcher letztere Werth für $\lambda i = {}^1/_2\, l$ in $\frac{a}{i} \cdot \sin \pi \frac{(\theta - \theta') i}{2l}$ übergeht.

Hieraus fliessen nun folgende besondere Sätze:

I. Für den Ton, dessen Schwingungsmenge $\frac{1}{2l}$ ist, hat man $i = 1$, also ist für ihn

$$a' = \frac{8\, a\, \lambda\, l}{\pi\, (l^2 - 4\, \lambda^2)} \cdot \cos \pi \frac{\lambda}{l} \cdot \cos \pi \frac{\theta - \theta'}{2l}$$

und

$$a'' = \frac{8\, a\, \lambda\, l}{\pi\, (l^2 - 4\, \lambda^2)} \cdot \cos \pi \frac{\lambda}{l} \cdot \sin \pi \frac{\theta - \theta'}{2l};$$

dies zieht aber nach sich:

α. *Wenn in jedem der aufeinander folgenden Zeitintervalle von der Länge $2l$ zwei Eindrücke von gleicher Art, Form, Grösse und Stellung vorkommen, so entsteht ein Ton von der Schwingungsmenge $\frac{1}{2l}$, der am stärksten ist, wenn beide Eindrücke gleichzeitig oder um den Abstand $2l$ von einander entfernt vorkommen, um so schwächer wird, je mehr sich der Abstand beider Eindrücke von einander einerseits von Null und andererseits von $2l$ entfernt, und endlich ganz verschwindet, wenn dieser Abstand gleich der halben Länge des Intervalls wird.*

β. *Wenn in jedem der aufeinander folgenden Zeitintervalle von der Länge $2l$ zwei Eindrücke von gleicher*

Form, Grösse und Stellung, aber von entgegengesetzter Art vorkommen, so entsteht ein Ton von der Schwingungsmenge $\frac{1}{2l}$, *der am stärksten ist, wenn der Abstand beider Eindrücke von einander dem halben Intervalle gleichkommt, der in dem Masse schwächer wird, als dieser Abstand grösser oder kleiner wird, der endlich ganz verschwindet, wenn dieser Abstand Null oder gleich* $2\,l$ *wird.*

II. Für den Ton, dessen Schwingungsmenge $\frac{2}{2l}$ ist, hat man $i = 2$, also ist für ihn

$$a' = \frac{8\,\alpha\,\lambda\,l}{\pi\,(l^2 - 16\,\lambda^2)} \cdot \cos\pi\,\frac{2\lambda}{l} \cdot \cos\pi\,\frac{2\,(\theta - \theta')}{2\,l}$$

und

$$a'' = \frac{8\,\alpha\,\lambda\,l}{\pi\,(l^2 - 16\,\lambda^2)} \cdot \cos\pi\,\frac{2\,l}{l} \cdot \sin\pi\,\frac{2\,(\theta - \theta')}{2\,l}\,;$$

dies zieht aber nach sich:

α. *Wenn in jedem der aufeinander folgenden Zeitintervalle von der Länge* $2\,l$ *zwei Eindrücke von gleicher Art, Form, Grösse und Stellung vorkommen, so entsteht ein Ton von der Schwingungsmenge* $\frac{2}{2l}$, *welcher am stärksten ist, wenn der Abstand beider Eindrücke von einander Null oder gleich* l, *oder auch gleich* $2\,l$ *ist, der um so schwächer wird, je mehr sich dieser Abstand von einem der drei angegebenen Werthe entfernt, der endlich ganz verschwindet, wenn jener Abstand gleich* $^1/_2\,l$ *oder gleich* $^3/_2\,l$ *wird.*

β. *Wenn in jedem der aufeinander folgenden Zeitintervalle von der Länge* $2\,l$ *zwei Eindrücke von gleicher Form, Grösse und Stellung, aber von entgegengesetzter Art vorkommen, so entsteht ein Ton von der Schwingungsmenge* $\frac{2}{2l}$, *der am stärksten ist, wenn der Abstand beider Eindrücke von einander* $^1/_2\,l$ *oder* $^3/_2\,l$ *ist, der um so schwächer wird, je mehr dieser Abstand sich von den genannten Grenzen entfernt, der endlich ganz verschwindet, wenn jener Abstand Null oder gleich* l, *oder auch gleich* $2\,l$ *wird.*

Es verdient hierbei bemerkt zu werden, dass gerade in dem Falle, wo der unter I. bezeichnete Ton verschwindet in solcher Art, dass doch noch zwei von einander geschiedene Eindrücke übrig bleiben, gerade der in II. beschriebene Ton seine grösste Stärke erreicht.

7) Als dritte Anwendung der oben gegebenen allgemeinen Formeln wollen wir den Einfluss *dreier* in jedem Intervalle von der Länge $2\,l$ vorkommender Eindrücke untersuchen. Der eine dieser Eindrücke werde dargestellt durch $\alpha \,.\, \sin 2\pi \frac{t}{4\lambda}$, der andere durch $\alpha' \,.\, \sin 2\pi \frac{t}{4\lambda'}$, der dritte durch $\alpha'' \,.\, \sin 2\pi \frac{t}{4\lambda''}$, und der erstere dauere nur von $t = o$ bis $t = 2\lambda$, der andere von $t = o$ bis $t = 2\lambda'$, der dritte von $t = o$ bis $t = 2\lambda''$ an, wobei die Zeit t vom Anfange der Eindrücke hergenommen worden ist. Bezeichnen wir die Entfernung von der Mitte des Intervalls bis zur Mitte des ersten Eindrucks durch θ, die bis zur Mitte des zweiten Eindrucks durch θ', die bis zur Mitte des dritten Eindrucks durch θ'', und legen wir den Anfangspunkt der Zeit in die Mitte des Intervalls, so gilt bei der Aufsuchung von A_i und B_i hier von jedem der drei Ausdrücke ganz dasselbe, was in 5 von dem einen dort vorgekommenen nachgewiesen worden ist; es wird daher hier, den in 4 gegebenen Entwickelungen gemäss, jede der beiden Grössen A_i und B_i eine Summe aus drei Theilen sein, von denen der eine mit dem dort für A_i und B_i erhaltenen Ausdruck völlig identisch ist, und die anderen beiden aus diesem sich herleiten lassen, dadurch dass man α', λ', θ' und α'', λ'', θ'' setzt, wo dort α, λ, θ steht. Man erhält daher in unserem jetzigen Falle:

$$A_i = \frac{4\,\alpha\,\lambda\,l}{\pi\,(l^2 - 4\,\lambda^2\,i^2)} \,.\, \cos\pi\frac{\lambda\,i}{l} \,.\, \cos\pi\frac{\theta\,i}{l}$$

$$+ \frac{4\,\alpha'\,\lambda'\,l}{\pi\,(l^2 - 4\,\lambda'^2\,i^2)} \,.\, \cos\pi\frac{\lambda' i}{l} \,.\, \cos\pi\frac{\theta' i}{l}$$

$$+ \frac{4\,\alpha''\,\lambda''\,l}{\pi\,(l^2 - 4\,\lambda''^2\,i^2)} \,.\, \cos\pi\frac{\lambda''\,i}{l} \,.\, \cos\pi\frac{\theta''\,i}{l},$$

und

$$B_i = \frac{4\,\alpha\,\lambda\,l}{\pi\,(l^2 - 4\,\lambda^2\,i^2)} \,.\, \cos\pi\,\frac{\lambda\,i}{l} \,.\, \sin\pi\,\frac{\theta\,i}{l}$$

$$+ \frac{4\,\alpha'\,\lambda'\,l}{\pi\,(l^2 - 4\,\lambda'^2\,i^2)} \,.\, \cos\pi\,\frac{\lambda'\,i}{l} \,.\, \sin\pi\,\frac{\theta'\,i}{l}$$

$$+ \frac{4\,\alpha''\,\lambda''\,l}{\pi\,(l^2 - 4\,\lambda''^2\,i^2)} \,.\, \cos\pi\,\frac{\lambda''\,i}{l} \,.\, \sin\pi\,\frac{\theta''\,i}{l}.$$

Beschränken wir uns auch hier wieder auf den Fall, wo $\lambda = \lambda' = \lambda''$, und bezeichnen der Kürze halber $\frac{4\,\lambda\,l}{\pi\,(l^2 - 4\,\lambda^2\,i^2)} \,.\, \cos\pi\,\frac{\lambda\,i}{l}$ durch $\mathfrak{A}_i$, so wird

$$A_i = \mathfrak{A}_i \,.\, \left(\alpha \,.\, \cos\pi\,\frac{\theta\,i}{l} + \alpha' \,.\, \cos\pi\,\frac{\theta'\,i}{l} + \alpha'' \,.\, \cos\pi\,\frac{\theta''\,i}{l}\right)$$

und

$$B_i = \mathfrak{A}_i \,.\, \left(\alpha \,.\, \sin\pi\,\frac{\theta\,i}{l} + \alpha' \,.\, \sin\pi\,\frac{\theta'\,i}{l} + \alpha'' \,.\, \sin\pi\,\frac{\theta''\,i}{l}\right)$$

und als Folge davon (gemäss 4)

$$tg\,2\,\pi\,p = \frac{\alpha \,.\, \cos\pi\,\frac{\theta\,i}{l} + \alpha' \,.\, \cos\pi\,\frac{\theta'\,i}{l} + \alpha'' \,.\, \cos\pi\,\frac{\theta''\,i}{l}}{\alpha \,.\, \sin\pi\,\frac{\theta\,i}{l} + \alpha' \,.\, \sin\pi\,\frac{\theta'\,i}{l} + \alpha'' \,.\, \sin\pi\,\frac{\theta''\,i}{l}}.$$

Dieser Werth von $tg\,2\,\pi\,p$ giebt zu erkennen, dass wenn θ, θ', θ'' in allen Intervallen stets die gleichen Werthe beibehalten, auch p stets einerlei Werth annehmen wird, wenn α, α', α'' in jedem Intervall ein und dasselbe Verhältniss zu einander behaupten; es können mithin nur dann Töne aus den drei in jedem Intervalle einerlei Stellung einnehmenden Eindrücken hervorgehen, wenn deren Stärke von Intervall zu Intervall die gleiche bleibt, oder von Intervall zu Intervall in demselben Verhältnisse sich abändert.

Fassen wir jetzt wieder den besonderen, bei den Versuchen stattfindenden Zustand in's Auge, wo alle Eindrücke einerlei Stärke besitzen, und unterscheiden wir dabei zwei Fälle:

Erstlich, wenn die drei in jedem Intervalle vorkommenden Eindrücke überall von derselben Art sind. In diesem Falle ist $\alpha'' = \alpha' = \alpha$, so dass man hat

$$tg\ 2\pi p = \frac{\cos\pi\frac{\theta i}{l} + \cos\pi\frac{\theta' i}{l} + \cos\pi\frac{\theta'' i}{l}}{\sin\pi\frac{\theta i}{l} + \sin\pi\frac{\theta' i}{l} + \sin\pi\frac{\theta'' i}{l}},$$

und nun wird (nach 4), wenn wir den zu diesem Fall gehörigen Werth von a durch a' bezeichnen

$$a' = a\,\mathfrak{A}_i\,.\sqrt{\left\{\left(\cos\pi\frac{\theta\,i}{l} + \cos\pi\frac{\theta'\,i}{l} + \cos\pi\frac{\theta''\,i}{l}\right)^2 + \left(\sin\pi\frac{\theta\,i}{l} + \sin\pi\frac{\theta'\,i}{l} + \sin\pi\frac{\theta''\,i}{l}\right)^2\right\}}.$$

Zweitens, wenn einer von den drei Eindrücken, wir nehmen an der zu θ' gehörige, den beiden anderen entgegengesetzt ist. In diesem Falle ist $\alpha'' = -\alpha' = \alpha$, weswegen man hat

$$tg\ 2\pi p = \frac{\cos\pi\frac{\theta\,i}{l} - \cos\pi\frac{\theta' i}{l} + \cos\pi\frac{\theta'' i}{l}}{\sin\pi\frac{\theta\,i}{l} - \sin\pi\frac{\theta' i}{l} + \sin\pi\frac{\theta'' i}{l}},$$

und nun wird, wenn wir den zu diesem Falle gehörigen Werth von a durch a'' bezeichnen

$$a'' = a\,\mathfrak{A}_i\,.\sqrt{\left\{\left(\cos\pi\frac{\theta\,i}{l} - \cos\pi\frac{\theta'\,i}{l} + \cos\pi\frac{\theta''\,i}{l}\right)^2 + \left(\sin\pi\frac{\theta\,i}{l} - \sin\pi\frac{\theta'\,i}{l} + \sin\pi\frac{\theta''\,i}{l}\right)^2\right\}}.$$

Setzen wir der Einfachheit wegen

$$\left(\cos\pi\frac{\theta i}{l} + \cos\pi\frac{\theta' i}{l} + \cos\pi\frac{\theta'' i}{l}\right)^2 + \left(\sin\pi\frac{\theta i}{l} + \sin\pi\frac{\theta' i}{l} + \sin\pi\frac{\theta'' i}{l}\right)^2 = R'$$

und

$$\left(\cos\pi\frac{\theta i}{l} - \cos\pi\frac{\theta' i}{l} + \cos\pi\frac{\theta'' i}{l}\right)^2 + \left(\sin\pi\frac{\theta i}{l} - \sin\pi\frac{\theta' i}{l} + \sin\pi\frac{\theta'' i}{l}\right)^2 = R'',$$

so hängt die aus der Veränderlichkeit von θ, θ', θ'', d. h. aus der Aenderung in der Stellung der Eindrücke hervorgehende Aenderung in der Grösse der Schwingungsweite sowohl, als in der Stärke des Tones in beiden Fällen bezüglich von den Grössen R' und R'' ab, und jene Elemente erhalten mit diesen Grössen zugleich ihre grössten oder kleinsten Werthe; um also die Fälle kennen zu lernen, in welchen die Stärke der Töne am grössten oder am kleinsten wird, dürfen wir nur die grössten und kleinsten Werthe von R' und R'' aufsuchen. Zu diesem Ende wollen wir den Abstand der beiden äussersten Elemente in jedem Intervalle durch $2\,\delta$ bezeichnen, und die Grenzen der Intervalle so wählen, dass ihre Mitte mitten zwischen jene beiden Eindrücke fällt; bezeichnen wir nun noch den Abstand des dritten Eindrucks von dieser Mitte durch δ', so ist $\theta = -\delta$, $\theta' = \delta'$ und $\theta'' = \delta$. Dieser Bezeichnung gemäss wird

$$R' = 4\,.\left(\cos\pi\,\frac{i\,\delta}{l}\right)^2 + 4\,.\cos\pi\,\frac{i\,\delta}{l}\,.\cos\pi\,\frac{i\,\delta'}{l} + 1$$

und

$$R'' = 4\,.\left(\cos\pi\,\frac{i\,\delta}{l}\right)^2 - 4\,.\cos\pi\,\frac{i\,\delta}{l}\,.\cos\pi\,\frac{i\,\delta'}{l} + 1.$$

Die Bedingungen, unter welchen R' ein Grösstes oder Kleinstes werden kann, sind:

$$\sin\pi\,\frac{i\,\delta}{l}\left(2\cos\pi\,\frac{i\,\delta}{l} + \cos\pi\,\frac{i\,\delta'}{l}\right) = 0$$

und

$$\cos\pi\,\frac{i\,\delta}{l}\,.\sin\pi\,\frac{i\,\delta'}{l} = 0.$$

Die letztere verlangt, dass entweder $\cos\pi\,\frac{i\,\delta}{l} = 0$ oder $\sin\pi\,\frac{i\,\delta'}{l} = 0$ sei. Ist $\cos\pi\,\frac{i\,\delta}{l} = 0$, so giebt die erstere $\cos\pi\,\frac{i\,\delta'}{l} = 0$; ist aber $\sin\pi\,\frac{i\,\delta'}{l} = 0$, so giebt die erstere $\cos\pi\,\frac{i\,\delta}{l} \pm {}^1/_2 = 0$, je nachdem $\frac{i\,\delta'}{l}$ eine gerade oder ungerade ganze Zahl ist, oder auch $\sin\pi\,\frac{i\,\delta}{l} = 0$. Ist $\cos\pi\,\frac{i\,\delta}{l} = 0$ und zugleich $\cos\pi\,\frac{i\,\delta'}{l} = 0$, so wird $R' = 1$ und erhält weder einen grössten noch einen kleinsten Werth; ist aber $\sin\pi\,\frac{i\,\delta'}{l} = 0$ und zugleich $\cos\pi\,\frac{i\,\delta}{l} = \mp\,{}^1/_2$, je nachdem $\frac{i\,\delta'}{l}$ eine gerade oder ungerade ganze Zahl ist, so wird $R' = 0$

und erhält einen kleinsten Werth; ist endlich $\sin \pi \frac{i\delta'}{l} = 0$ und zugleich $\sin \pi \frac{i\delta}{l} = 0$, so wird $R' = 9$, wenn $\frac{i\delta}{l}$ und $\frac{i\delta'}{l}$ beide gerade oder beide ungerade ganze Zahlen sind, und erhält jetzt seinen grössten Werth; dagegen erhält in diesem Falle R' weder einen grössten noch einen kleinsten Werth, wenn von den beiden ganzen Zahlen $\frac{i\delta}{l}$ und $\frac{i\delta'}{l}$ die eine gerade, die andere ungerade ist, in welchem Falle wieder $R' = 1$ wird.

In gleicher Weise sind die Bedingungen, unter welchen R'' ein Grösstes oder Kleinstes wird

$$\sin \pi \frac{i\delta}{l} \cdot \left(2 \cos \pi \frac{i\delta}{l} - \cos \pi \frac{i\delta'}{l}\right) = 0$$

und

$$\cos \pi \frac{i\delta}{l} \, . \sin \pi \frac{i\delta'}{l} = 0.$$

Die letztere verlangt, dass entweder $\cos \pi \frac{i\delta}{l} = 0$ oder $\sin \pi \frac{i\delta'}{l} = 0$ sei. Ist $\cos \pi \frac{i\delta}{l} = 0$, so giebt die erstere $\cos \pi \frac{i\delta'}{l} = 0$; ist aber $\sin \pi \frac{i\delta'}{l} = 0$, so giebt die erstere $\cos \pi \frac{i\delta}{l} = \pm {}^1/_2$, je nachdem $\frac{i\delta'}{l}$ eine gerade oder ungerade ganze Zahl ist, oder auch $\sin \pi \frac{i\delta}{l} = 0$. Ist $\cos \pi \frac{i\delta}{l} = 0$ und zugleich $\cos \pi \frac{i\delta'}{l} = 0$, so erlangt R'' weder einen grössten noch einen kleinsten Werth; ist hingegen $\sin \pi \frac{i\delta'}{l} = 0$ und $\cos \pi \frac{i\delta}{l} = + {}^1/_2$, wenn $\frac{i\delta'}{l}$ gerade ist, oder $\cos \pi \frac{i\delta}{l} = - {}^1/_2$, wenn $\frac{i\delta'}{l}$ ungerade ist, so erlangt R'' in beiden Fällen einen kleinsten Werth und es ist $R'' = 0$; ist endlich $\sin \pi \frac{i\delta}{l} = 0$ und zugleich $\sin \pi \frac{i\delta'}{l} = 0$, so wird $R'' = 9$ und erlangt einen grössten Werth, wenn von den beiden ganzen Zahlen $\frac{i\delta}{l}$ und $\frac{i\delta'}{l}$ die eine gerade, die andere ungerade ist; sind dagegen

$\frac{i\delta}{l}$ und $\frac{i\delta'}{l}$ beide gerade oder beide ungerade ganze Zahlen, so wird $R'' = 1$, und nimmt dann weder einen grössten noch einen kleinsten Werth an.

Aus vorstehenden Betrachtungen folgt:

α. Wenn die drei in jedem Intervalle von der Länge $2l$ vorkommenden Eindrücke gleichartig sind, *so verschwindet der Ton von der Schwingungsmenge* $\frac{i}{2l}$, wenn $\sin \pi \frac{i\delta'}{l} = 0$ und entweder $\cos \pi \frac{i\delta}{l} = -\,^1/_2$ im Falle $\frac{i\delta'}{l}$ eine gerade ganze Zahl ist, oder $\cos \pi \frac{i\delta}{l} = +\,^1/_2$ im Falle $\frac{i\delta'}{l}$ eine ungerade ganze Zahl ist; *dagegen erlangt jener Ton seine grösste Stärke,* wenn $\sin \pi \frac{i\delta}{l} = 0$ und zugleich $\sin \pi \frac{i\delta'}{l} = 0$ ist, in dem Falle, wo die ganzen Zahlen $\frac{i\delta}{l}$ und $\frac{i\delta'}{l}$ entweder beide gerade oder beide ungerade sind.

β. Wenn die drei in jedem Intervalle von der Länge $2l$ vorkommenden Eindrücke ungleichartig sind, *so verschwindet der Ton von der Schwingungsmenge* $\frac{i}{2l}$, wenn $\sin \pi \frac{i\delta'}{l} = 0$ und entweder $\cos \pi \frac{i\delta}{l} = +\,^1/_2$ im Falle $\frac{i\delta'}{l}$ eine gerade ganze Zahl ist, oder $\cos \pi \frac{i\delta'}{l} = -\,^1/_2$ im Falle $\frac{i\delta'}{l}$ eine ungerade ganze Zahl ist; *dagegen erlangt jener Ton seine grösste Stärke,* wenn $\sin \pi \frac{i\delta}{l} = 0$ und zugleich $\sin \pi \frac{i\delta'}{l} = 0$ ist, in dem Falle, wo von den beiden ganzen Zahlen $\frac{i\delta}{l}$ und $\frac{i\delta'}{l}$ die eine gerade, die andere ungerade ist.

8) Bringen wir diese allgemeinen Resultate in Anwendung auf jeden der einzelnen Töne, so finden wir:

I. *In Beziehung auf den Ton, dessen Schwingungsmenge* $\frac{1}{2l}$ ist.

a. *Wenn die drei Eindrücke g l e i c h a r t i g sind: dass er verschwindet, wenn die Eindrücke um ein Drittheil des ganzen Intervalls von einander entfernt liegen; dass er dagegen am stärksten hervortritt, wenn alle drei Eindrücke in einem einzigen von dreifacher Stärke zusammenfliessen.*

β. *Wenn die drei Eindrücke* ungleichartig *sind: dass er verschwindet, wenn die beiden gleichartigen Eindrücke um ein Drittheil des ganzen Intervalls von einander abstehen, und der ungleichartige mitten zwischen ihnen liegt; dass er dagegen am stärksten hervortritt, wenn die gleichartigen Eindrücke in einen einzigen von doppelter Stärke zusammenfliessen, während der ungleichartige um das halbe Intervall von diesem entfernt liegt.*

II. *In Beziehung auf den Ton, dessen Schwingungsmenge* $\frac{2}{2l}$ *ist.*

α. *Wenn die drei Eindrücke* gleichartig *sind: dass dieser Ton verschwindet, wenn zwei Eindrücke um ein oder zwei Drittheile des ganzen Intervalls von einander entfernt liegen und der dritte in die Mitte zwischen diesen beiden fällt, oder wenn zwei davon um ein Sechstel oder fünf Sechstel des ganzen Intervalls von einander abstehen, während der dritte um ein Viertel des ganzen Intervalls von ihrer Mitte entfernt ist; dass er dagegen am stärksten hervortritt, wenn alle drei Eindrücke in einander fallen, oder wenn zwei davon in einen zusammenfliessen, und der dritte von diesem um die Hälfte des Intervalls absteht.*

β. *Wenn die drei Eindrücke* ungleichartig *sind: dass dieser Ton verschwindet, wenn die beiden gleichartigen Eindrücke um ein Sechstel oder um fünf Sechstel des ganzen Intervalls von einander abstehen, und der ungleichartige mitten zwischen jenen liegt, oder wenn die beiden gleichartigen Eindrücke um ein Drittel oder um zwei Drittel des ganzen Intervalls von einander entfernt stehen, während der ungleichartige um ein Viertel des Intervalls von der Mitte dieser beiden abliegt; dass er dagegen am stärksten hervortritt, wenn die beiden gleichartigen Eindrücke in einen zusammenfliessen, und der ungleichartige um ein Viertel des Intervalls von diesen absteht, oder wenn die gleichartigen Eindrücke um die Hälfte des Intervalls von einander abstehen, während der ungleichartige mitten zwischen diese hinein fällt.*

III. *In Beziehung auf den Ton, dessen Schwingungsmenge* $\frac{3}{2l}$ *ist.*

α. *Wenn die drei Eindrücke* g l e i c h a r t i g *sind: dass dieser Ton verschwindet, wenn zwei von diesen Eindrücken um zwei, oder vier, oder acht Neuntel des ganzen Intervalls von einander abstehen, und der dritte mitten zwischen diese beiden fällt, oder um ein Drittel des Intervalls von deren Mitte abliegt, oder wenn zwei davon um ein oder fünf oder sieben Neuntel des Intervalls von einander abstehen, während der dritte um ein Sechstel, oder um die Hälfte des Intervalls von der Mitte dieser abliegt; dass er dagegen am stärksten hervortritt, wenn entweder alle drei Eindrücke zusammenfallen, oder wenn zwei davon zusammenfallen und der dritte um ein oder zwei Drittel des Intervalls von diesen absteht, oder auch wenn alle drei um ein Drittel des Intervalls von einander abliegen, endlich noch, wenn zwei davon um ein Drittel des Intervalls von einander abliegen, und der dritte um die Hälfte des Intervalls von der Mitte jener absteht, oder wenn zwei davon zusammenfallen und der dritte um die Hälfte des Intervalls von diesen abliegt.*

β. *Wenn die drei Eindrücke* u n g l e i c h a r t i g *sind: dass dieser Ton verschwindet, wenn die beiden gleichartigen Eindrücke um ein, oder fünf, oder sieben Neuntel des Intervalls von einander abliegen, und der ungleichartige in die Mitte zwischen diese fällt, oder um ein Drittel des Intervalls von dieser Mitte absteht, oder wenn die beiden gleichartigen Eindrücke um zwei, oder vier, oder acht Neuntel des Intervalls von einander abliegen, und der ungleichartige Eindruck um ein Sechstel oder die Hälfte des Intervalls von deren Mitte absteht; dass er dagegen am stärksten hervortritt, wenn die beiden gleichartigen Eindrücke entweder zusammenfallen oder um zwei Drittel des Intervalls von einander abstehen, während der ungleichartige um ein Sechstel oder um die Hälfte des Intervalls von deren Mitte absteht, oder wenn die gleichartigen Eindrücke um ein Drittel des Intervalls von einander abstehen, oder um das ganze Intervall aus einander rücken, während der ungleichartige Eindruck in deren Mitte liegt, oder von ihr um ein Drittel des Intervalls absteht.*

9) Die in Vorstehendem für einen, zwei und drei Eindrücke erhaltenen Resultate, in Bezug auf deren geringere oder grössere Fähigkeit einen Ton zu erzeugen, tragen so viel Reiz in sich, dass ich nicht zweifle, man werde durch den Versuch ihre allgemeine Gültigkeit erproben. Gerade dieserwegen fühle ich mich bewogen, noch einige allgemeine Betrachtungen darüber hinzuzufügen, welche zu kennen dem Experimentator von Nutzen sein dürfte. Um dies mit Leichtigkeit thun zu können, bin ich gezwungen, ein paar mathematischer Hülfssätze vorauszuschicken. Zufolge sehr bekannter trigonometrischer Relationen hat man sowohl

$$\cos a + \cos(a+x) + \cos(a+2x) + \ldots + \cos(a+(n-1)x) = \frac{\cos\left(a+(n-1)\frac{x}{2}\right).\sin n\frac{x}{2}}{\sin\frac{x}{2}},$$

als auch

$$\sin a + \sin(a+x) + \sin(a+2x) + \ldots + \sin(a+(n-1)x) = \frac{\sin\left(a+(n-1)\frac{x}{2}\right).\sin n\frac{x}{2}}{\sin\frac{x}{2}}.$$

Diese geben zu erkennen, dass so oft $n\frac{x}{2}$ gleich π oder gleich 2π oder gleich 3π u. s. f. ist, die vorstehenden Summen von Cosinusen oder Sinusen stets Null sein werden, weil dann $sin\, n \frac{x}{2} = 0$ ist. Dies führt zu folgendem Satze:

a. Wenn die Winkel einer Summe von lauter Cosinusen oder lauter Sinusen eine arithmetische Reihe bilden, deren Differenz der so vielte Theil von 2π oder 4π oder 6π u. s. f. ist, als die Summe Glieder hat, so wird diese Summe Null.

Dieser Satz erleidet jedoch eine Ausnahme, welche eintritt, wenn $\frac{x}{2}$ selbst gleich π oder 2π oder 3π u. s. f. ist. denn dann wird sowohl $sin\, n \frac{x}{2}$ als $sin \frac{x}{2}$ der Null gleich, es nehmen daher jetzt obige Summen die Form $^0/_0$ an, und geben, wenn man ihre Werthe den bekannten Regeln gemäss aufsucht,

$$\frac{n \,.\, cos\left(a + (n-1)\frac{x}{2}\right).\, cos\, n\frac{x}{2}}{cos \frac{x}{2}} \text{ für die Cosinusreihe}$$

$$\frac{n \,.\, sin\left(a + (n-1)\frac{x}{2}\right).\, cos\, n\frac{x}{2}}{cos \frac{x}{2}} \text{ für die Sinusreihe,}$$

so oft $\frac{x}{2}$ einen der Werthe π, 2π, 3π ... annimmt. Hieraus fliesst folgender besondere Satz:

b. So oft $\frac{x}{2}$ ein Vielfaches von π wird, nimmt obige Summe der Cosinusreihe stets den Werth $n \,.\, cos\, a$, und obige Summe der Sinusreihe nimmt unter den gleichen Umständen jedesmal den Werth $n \,.\, sin\, a$ an.

10) Fassen wir nun den allgemeineren Fall in's Auge, wo gleich grosse und gleichartige Eindrücke von derselben Form in einem Intervalle von der Länge $2\,l$ in beliebiger Anzahl, die wir durch n bezeichnen wollen, vorkommen, so lässt sich schon aus dem in 5, 6 und 7 Vorgekommenen ohne Mühe entnehmen, dass man in diesem Falle haben werde:

$$\left.\begin{aligned} A_i &= a\,\mathfrak{A}_i\,.\left(\cos\pi\frac{\theta_1\,i}{l}+\cos\pi\frac{\theta_2\,i}{l}+\cos\pi\frac{\theta_3\,i}{l}\ldots+\cos\pi\frac{\theta_n\,i}{l}\right)\\ &\text{und}\\ B_i &= a\,\mathfrak{A}_i\,.\left(\sin\pi\frac{\theta_1\,i}{l}+\sin\pi\frac{\theta_2\,i}{l}+\sin\pi\frac{\theta_3\,i}{l}\ldots+\sin\pi\frac{\theta_n\,i}{l}\right)\end{aligned}\right\}(♂)$$

wenn wir, wie schon in 7 geschehen ist, der Kürze halber

$$\frac{4\,\lambda\,l}{\pi\,(l^2-4\,\lambda^2\,i^2)}\cdot\cos\pi\frac{\lambda\,i}{l}=\mathfrak{A}_i$$

setzen, und durch θ_1, θ_2, θ_3, ... θ_n die Entfernungen der auf einander folgenden Eindrücke von der Mitte jenes Intervalls bezeichnen. Bilden nun die ihrer Grösse nach geordneten Zahlen θ_1, θ_2, θ_3, ..., θ_n eine arithmetische Reihe, deren Differenz d sein mag, so thun dies auch die in obigen für A_i und B_i gegebenen Ausdrücken vorkommenden Winkel; man kann daher (nach 9) die hier vorkommenden Summen der Cosinuse und Sinuse angeben, und findet so

$$\left.\begin{aligned} A_i &= a\,\mathfrak{A}_i\,.\,\frac{\cos\frac{i\,\pi}{l}\left(\theta_1+(n-1)\frac{d}{2}\right).\sin\frac{i\,\pi}{l}\cdot\frac{n\,d}{2}}{\sin\frac{i\,\pi}{l}\cdot\frac{d}{2}}\\ &\text{und}\\ B_i &= a\,\mathfrak{A}_i\,.\,\frac{\sin\frac{i\,\pi}{l}\left(\theta_1+(n-1)\frac{d}{2}\right).\sin\frac{i\,\pi}{l}\cdot\frac{n\,d}{2}}{\sin\frac{i\,\pi}{l}\cdot\frac{d}{2}}\end{aligned}\right\}(♀)$$

Diese Ausdrücke gehen, wenn der Abstand der Eindrücke von einander, nämlich d, $=\frac{2\,l}{n}$ ist, über in:

$$A_i = a\,\mathfrak{A}_i\,.\,\frac{\cos\left(\frac{i\,\pi\,\theta_1}{l}+\frac{i\,\pi\,(n-1)}{n}\right).\sin i\,\pi}{\sin\frac{i\,\pi}{n}}$$

und

$$B_i = a\,\mathfrak{A}_i\,.\,\frac{\sin\left(\frac{i\,\pi\,\theta_1}{l}+\frac{i\,\pi\,(n-1)}{n}\right).\sin i\,\pi}{\sin\frac{i\,\pi}{n}}$$

und zeigen, dass unter solchen Umständen A_i und B_i Null werden, wenn nicht $i=n$ oder ein Vielfaches von n in ist, welchem Falle man nach dem in 9 Gesagten $A_i = a\,n\,.\,\mathfrak{A}_i\,cos\,\frac{i\pi\theta_1}{l}$ und $B_i = a\,n\,.\,\mathfrak{A}_i\,sin\,\frac{i\pi\theta_1}{l}$ erhält. Hieraus ergiebt sich der nachstehende Satz:

a. *Wenn die in jedem Intervalle vorkommenden n Eindrücke um den nten Theil des Intervalls von einander abstehen, so kann aus ihnen kein anderer Ton entstehen, als die, deren Schwingungsmengen* $\frac{1}{d}, \frac{2}{d}, \frac{3}{d}$ *u.s.f. sind, wobei d den Abstand zweier Eindrücke von einander vorstellt.*

Man könnte hiernach versucht werden, Roeber's oben in 1 mitgetheilte, und offenbar zu weite Definition des Tones dahin zu beschränken, dass die beliebigen Impulse nicht solche sein dürfen, welche selbst wieder in aequidistante und unter einander gleiche Impulse zerlegt werden können; allein schon die in 6 und 7 untersuchten Fälle haben uns gezeigt, dass ausserdem noch in vielen anderen Fällen der Ton unmöglich werden könne. Im Allgemeinen wird bei n gleichartigen und gleichen Eindrücken der Ton von der Schwingungsmenge $\frac{i}{2l}$ in so vielen Fällen unmöglich, als sich verschiedene naturgemässe Werthe für $\theta_1, \theta_2, \theta_3, \ldots, \theta_n$ angeben lassen, welche den beiden Bedingungen

$$0 = cos\,\pi\,\frac{\theta_1\,i}{l} + cos\,\pi\,\frac{\theta_2\,i}{l} + cos\,\pi\,\frac{\theta_3\,i}{l} \ldots + cos\,\pi\,\frac{\theta_n\,i}{l}$$

und

$$0 = sin\,\pi\,\frac{\theta_1\,i}{l} + sin\,\pi\,\frac{\theta_2\,i}{l} + sin\,\pi\,\frac{\theta_3\,i}{l} \ldots + sin\,\pi\,\frac{\theta_n\,i}{l}$$

genügen, während einer von jenen Werthen als gegeben angesehen wird. Man kann nämlich anstatt der beiden vorstehenden Bedingungen auch die eine

$$0 = \left(cos\,\pi\,\frac{\theta_1\,i}{l} + cos\,\pi\,\frac{\theta_2\,i}{l} + cos\,\pi\,\frac{\theta_3\,i}{l} \ldots + cos\,\pi\,\frac{\theta_n\,i}{l}\right)^2$$
$$+ \left(sin\,\pi\,\frac{\theta_1\,i}{l} + sin\,\pi\,\frac{\theta_2\,i}{l} + sin\,\pi\,\frac{\theta_3\,i}{l} \ldots + sin\,\pi\,\frac{\theta_n\,i}{l}\right)^2$$

setzen, und dieser die nachstehende Form geben:

$$\begin{aligned}
0 = cos\, \pi\, \frac{(\theta_1 - \theta_1)\, i}{l} &+ cos\, \pi\, \frac{(\theta_2 - \theta_1)\, i}{l} \\
+ cos\, \pi\, \frac{(\theta_3 - \theta_1)\, i}{l} &\ldots + cos\, \pi\, \frac{(\theta_n - \theta_1)\, i}{l} \\
+ cos\, \pi\, \frac{(\theta_1 - \theta_2)\, i}{l} &+ cos\, \pi\, \frac{(\theta_2 - \theta_2)\, i}{l} \\
- cos\, \pi\, \frac{(\theta_3 - \theta_2)\, i}{l} &\ldots + cos\, \pi\, \frac{(\theta_n - \theta_2)\, i}{l} \\
+ cos\, \pi\, \frac{(\theta_1 - \theta_3)\, i}{l} &+ cos\, \pi\, \frac{(\theta_2 - \theta_3)\, i}{l} \\
+ cos\, \pi\, \frac{(\theta_3 - \theta_3)\, i}{l} &\ldots + cos\, \pi\, \frac{(\theta_n - \theta_3)\, i}{l} \\
\vdots \quad \vdots \quad \vdots & \quad \vdots \quad \vdots \\
+ cos\, \pi\, \frac{(\theta_1 - \theta_n)\, i}{l} &+ cos\, \pi\, \frac{(\theta_2 - \theta_n)\, i}{l} \\
+ cos\, \pi\, \frac{(\theta_3 - \theta_n)\, i}{l} &\ldots + cos\, \pi\, \frac{(\theta_n - \theta_n)\, i}{l}
\end{aligned}$$

welche durch den blosen Anblick zu erkennen giebt, dass in der That nur $n - 1$ unabhängige Grössen im Bereiche jener Bedingungen liegen, welches daher kommt, dass die n Eindrücke, ohne ihre relative Stellung zu verändern, in dem Intervalle beliebig verschoben werden können.

Wenn zwar nicht alle n Eindrücke um den $n$ten Theil des Intervalls von einander abstehen, aber doch m davon um den $m$ten Theil des Intervalls, so ist die Summe der auf diese sich beziehenden Cosinuse und Sinuse in den Ausdrücken für A_i und B_i Null, so lange nicht $i = m$ oder ein Vielfaches von m ist; ist aber $i = m$ oder ein Vielfaches von m, so ist die Summe der auf sie sich beziehenden Cosinuse gleich $m \,.\, cos\, \pi\, \frac{\theta' i}{l}$, und die Summe ihrer Sinuse gleich $m \,.\, sin\, \frac{\theta' i}{l}$, wenn man unter θ' den kleinsten der zu ihnen gehörigen Werthe von θ_1, θ_2, $\theta_3 \ldots$ versteht. Hieraus fliesst folgender Satz:

b. *Wenn unter den n gleichen und gleichartigen Eindrücken des Intervalls von der Länge $2\,l$ eine Gruppe von m Eindrücken sich vorfindet, welche um die Strecke $\frac{2\,l}{m}$ von einander abstehen, so kann diese bei der Unter-*

suchung aller jener Töne, deren Schwingungsmenge nicht $\frac{m}{2l}$, *oder* $\frac{2m}{2l}$, *oder* $\frac{3m}{3l}$ *u. s. f. ist, ganz ausser Acht gelassen werden, weil sie nur auf die hier angezeigten Töne einen Einfluss hat; und bei der Untersuchung dieser Töne kann man in den Ausdrücken für* A_i *und* B_i *anstatt der Summe der auf jene Eindrücke sich beziehenden Cosinuse einfach* $m \,.\, \cos \pi \frac{\theta' i}{l}$, *so wie anstatt der Summe der Sinuse einfach* $m \,.\, \sin \pi \frac{\theta' i}{l}$ *schreiben, unter* θ' *den kleinsten der zu ihnen gehörigen Werthe von* θ_1, θ_2, $\theta_3 \ldots$ *verstanden.*

Dieser Satz giebt in vielen Fällen eine grosse Vereinfachung der Behandlung an die Hand, und ist anwendbar nicht nur, wenn eine, sondern auch wenn mehrere Gruppen von der beschriebenen Art vorhanden sind.

Nun wollen wir den Fall betrachten, wo die ihrer Grösse nach geordneten n Werthe θ_1, θ_2, $\theta_3 \ldots$ zwar wieder eine arithmetische Reihe bilden, ihr Unterschied d aber nicht wie eben $\frac{2l}{n}$, sondern $\frac{2l}{p}$ ist, wobei p eine ganze Zahl vorstellt, die grösser als n ist. In diesem Falle hat man in den Ausdrücken (♀) $\frac{1}{p}$ für d zu setzen, weshalb sie werden:

$$A_i = a\,\mathfrak{A}_i \,.\, \frac{\cos\left(\frac{i\pi\theta_1}{l} + \frac{i\pi(n-1)}{p}\right) .\, \sin\frac{i\pi n}{p}}{\sin\frac{i\pi}{p}}$$

und

$$B_i = a\,\mathfrak{A}_i \,.\, \frac{\sin\left(\frac{i\pi\theta_1}{l} + \frac{i\pi(n-1)}{p}\right) .\, \sin\frac{i\pi n}{p}}{\sin\frac{i\pi}{p}}.$$

So oft also $i = p$ oder ein Vielfaches von p ist, wird gleichzeitig $\sin\frac{i\pi n}{p} = 0$ und $\sin\frac{i\pi}{p} = 0$, es tritt also der in 9. *b.* angezeigte Fall ein, d. h. es wird

$$A_i = n\,a \,.\, \mathfrak{A}_i \,.\, \cos\frac{i\pi\theta_1}{l}, \quad B_i = n\,a \,.\, \mathfrak{A}_i \,.\, \sin\frac{i\pi\theta_1}{l},$$

und hierin liegt nachstehender Satz:

c. *Wenn die n gleichen und gleichartigen Eindrücke des Intervalls von der Länge $2l$ in dem Abstande d von einander liegen, und es ist $2l = (n + m)d$, wobei m eine ganze Zahl vorstellt, so geben diese n Eindrücke die Töne von der Schwingungsmenge* $\frac{1}{d}, \frac{2}{d}, \frac{3}{d}, \cdots$ *gerade so, als ob $n + m$ solcher Eindrücke das Intervall erfüllten, nur mit einer in dem Verhältniss* $\frac{n}{n+m}$ *verminderten Schwingungsweite. Ausser diesen Tönen können aber auch noch alle übrigen zu diesem Intervalle gehörigen Töne, obschon mit verhältnissmässig geringerer Stärke, zu Stande kommen.*

Wenn unter den hier obwaltenden Umständen n und p einen gemeinschaftlichen Theiler q haben, so wird $\sin \frac{i\pi n}{p} = 0$ jedesmal, wenn nur i ein Vielfaches von $\frac{p}{q}$ oder $\frac{p}{q}$ selbst ist, aber $\sin \frac{i\pi}{p}$ wird nicht Null, so oft dieses Vielfache nicht zugleich auch ein Vielfaches von p oder p selbst ist; es tritt dann der in 9. *a.* besprochene Fall ein, wodurch man zu folgendem Satze geführt wird:

d. *Ist alles wie in c., haben aber m und n den gemeinschaftlichen Theiler q, so gilt alles dort Gesagte, nur mit dem Unterschiede, dass jetzt alle jene Töne, deren Schwingungsmengen* $\frac{1}{dq}$ *oder ein Vielfaches davon sind, ohne zugleich auch* $\frac{1}{d}$ *oder ein Vielfaches davon zu sein, durchaus nicht entstehen können.*

Zuletzt wollen wir noch den Fall untersuchen, wo die ihrer Grösse nach geordneten n Werthe $\theta_1, \theta_2, \theta_3 \ldots$ zwar wieder eine arithmetische Reihe bilden, deren Unterschied aber nicht wie eben $\frac{2l}{p}$, sondern $\frac{2lr}{p}$ ist, wobei r und p relative Primzahlen vorstellen, und p grösser als nr sein muss. In diesem Falle hat man in den Ausdrücken (♀) $\frac{r}{p}$ für $\frac{d}{2l}$ zu setzen, weshalb sie werden:

$$A_i = a\,\mathfrak{A}_i\,.\,\frac{\cos\left(\frac{i\,\pi\,\theta_1}{l}+\frac{i\,r\,\pi\,(n-1)}{p}\right).\,\sin\frac{i\,r\,n\,\pi}{p}}{\sin\frac{i\,r\,\pi}{p}}$$

und

$$B_i = a\,\mathfrak{A}_i\,.\,\frac{\sin\left(\frac{i\,\pi\,\theta_1}{l}+\frac{i\,r\,\pi\,(n-1)}{p}\right).\,\sin\frac{i\,r\,n\,\pi}{p}}{\sin\frac{i\,r\,\pi}{p}}\,.$$

So oft also i gleich p oder ein Vielfaches von p ist, wird gleichzeitig sowohl $\sin\frac{i\,r\,n\,\pi}{p}=0$ als $\sin\frac{i\,r\,\pi}{p}=0$, es tritt also der in 9. *b.* behandelte Fall auf, d. h. es wird

$$A_i = n\,a\,.\,\mathfrak{A}_i\,.\,\cos\frac{i\,\pi\,\theta_1}{l},\qquad B_i = n\,a\,.\,\mathfrak{A}_i\,.\,\sin\frac{i\,\pi\,\theta_1}{l},$$

und hierin spricht sich folgender Satz aus:

e. Wenn die n gleichen und gleichartigen Eindrücke des Intervalls von der Länge $2\,l$ in dem Abstande $r\,d'$ aus einander liegen, und es ist $2\,l=(n\,r+m)\,d'$, wobei m eine ganze Zahl vorstellt, die mit r keinen gemeinschaftlichen Theiler hat, so geben diese n Eindrücke alle jene Töne, deren Schwingungsmengen $\frac{1}{d'}, \frac{2}{d'}, \frac{3}{d'}\cdots$ sind, gerade so, als ob $n\,r+m$ solcher Eindrücke in dem Abstande d' das Intervall erfüllten, jedoch mit einer in dem Verhältniss $\frac{n}{n\,r+m}$ verminderten Schwingungsweite. Ausser diesen Tönen können aber auch noch alle übrigen zu diesem Intervalle gehörigen Töne, obschon nur mit verhältnissmässig geringerer Stärke, zu Stande kommen.

Wenn unter den hier obwaltenden Umständen n und p einen gemeinschaftlichen Theiler q haben, so wird $\sin\frac{i\,r\,n\,\pi}{p}=0$ jedesmal, wenn nur i gleich $\frac{p}{q}$ oder ein Vielfaches von $\frac{p}{q}$ ist, aber $\sin\frac{i\,r\,\pi}{p}$ wird nicht Null, so oft dieses Vielfache nicht zugleich p oder ein Vielfaches von p ist; es tritt dann der in 9. *a.* verhandelte Fall ein, wodurch man auf nachstehenden Satz stösst:

f. Ist alles wie in e., haben aber m und n den gemeinschaftlichen Theiler q, so gilt noch alles dort Gesagte, nur mit dem Unterschiede, dass jetzt alle jene Töne, deren Schwingungsmengen $\frac{1}{d'q}, \frac{2}{d'q}, \frac{3}{d'q}, \ldots$ *sind, ohne zugleich auch* $\frac{1}{d'}$ *oder ein Vielfaches davon zu sein, durchaus nicht entstehen können.*

11) Es liessen sich ähnliche Sätze, wie die in voriger Nummer, auch für solche Fälle aufstellen, wo Eindrücke von entgegengesetzter Art in dem Intervalle von der Länge $2l$ vorkommen; es wird indessen zweckmässiger sein, anstatt ihrer folgende sehr einfache aufzustellen, die sie entbehrlich machen.

Zuvörderst springt in die Augen, dass da, wo alle in dem Intervalle vorkommenden Eindrücke von derselben Form und Grösse sind, und es gesellt sich zu ihnen ein neuer von derselben Form und Grösse, dessen Abstand von der Mitte des Intervalls θ sein mag; so fügt dieser neu hinzugekommene Eindruck in die zu $a\,\mathfrak{A}_i$ gehörigen Factoren der Ausdrücke (♁) entweder die Theile $+\cos\pi\frac{\theta i}{l}$ und $+\sin\pi\frac{\theta i}{l}$ oder die Theile $-\cos\pi\frac{\theta i}{l}$ und $-\sin\pi\frac{\theta i}{l}$ hinzu, je nachdem er von der einen oder von der entgegengesetzten Art ist. Kommen also zwei neue von derselben Form und Grösse, aber von entgegengesetzter Art hinzu, deren Abstand von der Mitte des Intervalls der gleiche ist, d. h. welche an einer und derselben Stelle liegen, so sind die in jenen Factoren vorfallenden Aenderungen jetzt

$$\cos\pi\frac{\theta i}{l} - \cos\pi\frac{\theta i}{l} \text{ und } \sin\pi\frac{\theta i}{l} - \sin\pi\frac{\theta i}{l},$$

d. h. die Ausdrücke (♁) werden durch das Hinzukommen von zwei solchen neuen Eindrücken durchaus nicht verändert. Hieraus folgt der Satz:

a. Es ist unter allen Umständen erlaubt, zu den schon vorhandenen Eindrücken eines Intervalls zwei neue gleiche und entgegengesetzte Eindrücke hinzuzufügen, wenn man nur beiden eine und dieselbe Stelle anweist; und eben so kann man da, wo sich unter besonderen Umständen zwei gleiche und entgegengesetzte, auf die-

selbe Stelle sich beziehende Eindrücke herausstellen, diese unbeschadet aller Resultate aus der Betrachtung weglassen.

Wichtiger als der vorstehende Satz sind folgende Eigenschaften entgegengesetzter Eindrücke:

b. *Man kann anstatt eines Eindrucks von bestimmter Art, dessen Abstand von der Mitte des Intervalls θ ist, bei der Aufsuchung des Tones von der Schwingungsmenge $\frac{i}{2l}$, so oft i eine ungerade Zahl ist, den entgegengesetzten von derselben Form und Grösse setzen, dessen Entfernung von der Mitte des Intervalls $l + \theta$ oder $-l + \theta$ ist;* denn man hat stets

$$\cos \pi \frac{(\pm l + \theta) i}{l} = -\cos \pi \frac{\theta i}{l}$$

und

$$\sin \pi \frac{(\pm l + \theta) i}{l} = -\sin \pi \frac{\theta i}{l},$$

so oft i eine ungerade Zahl ist.

c. *Man kann anstatt eines Eindrucks von bestimmter Art, dessen Abstand von der Mitte des Intervalls θ ist, bei der Aufsuchung des Tones von der Schwingungsmenge $\frac{i}{2l}$, so oft i das Doppelte einer ungeraden Zahl ist, den entgegengesetzten von derselben Form und Grösse setzen, dessen Abstand von der Mitte des Intervalls $\frac{1}{2} l + \theta$ oder $-\frac{1}{2} l + \theta$ ist;* denn man hat stets

$$\cos \pi \frac{(\pm \frac{1}{2} l + \theta) i}{l} = -\cos \pi \frac{\theta i}{l}$$

und

$$\sin \pi \frac{(\pm \frac{1}{2} l + \theta) i}{l} = -\sin \pi \frac{\theta i}{l},$$

wenn i eine doppelte ungerade Zahl ist.

d. *Endlich kann man allgemein anstatt eines Eindrucks von bestimmter Art, dessen Abstand von der Mitte des Intervalls θ ist, bei der Aufsuchung des Tones von der Schwingungsmenge $\frac{i}{2l}$, so oft i ein Produkt aus*

2^m *in eine ungerade Zahl ist, wobei m eine ganze positive Zahl vorstellt, den entgegengesetzten von derselben Form und Grösse setzen, dessen Entfernung von der Mitte des Intervalls* $\frac{l}{2^m} + \theta$ *oder* $-\frac{l}{2^m} + \theta$ *ist*, denn man hat stets

$$\cos \pi \frac{\left(\pm \frac{l}{2^m} + \theta\right) i}{l} = -\cos \pi \frac{\theta i}{l}$$

und

$$\sin \pi \frac{\left(\pm \frac{l}{2^m} + \theta\right) i}{l} = -\sin \pi \frac{\theta i}{l},$$

wenn i ein Produkt aus 2^m in eine ungerade Zahl ist. Um sich von der Wirksamkeit der hier unter *b.* und *c.* aufgestellten Sätze einen klaren Begriff zu verschaffen, darf man nur mit ihrer Hülfe alle in 6 und 7 unter dem Buchstaben β stehenden Sätze aus denen unter α gegebenen herleiten, oder umgekehrt.

12) Es liegt mir jetzt noch ob, den Nachweis zu liefern, wie die zwei mitgetheilten Seebeck'schen Versuche aus Vorstehendem ihre Erklärung schöpfen.

Was die dort unter *a.* und *b.* hingestellten anlangt, so ergeben sie sich unmittelbar aus 5. α. und 5. β. und aus 6. I. β., wenn man damit 11. α. in Verbindung bringt, und dabei die Schwingungsrichtungen als gleich oder nahe gleich annimmt, weil unsere Betrachtungen nur diesen Fall im Auge behielten.

Was die unter 2. *c.* stehenden Versuche betrifft, so finden sie in 6. I. α. und 6. II. α. ihre vollständige Erklärung, denn nicht nur ist dort die Ursache des gleichzeitigen Auftretens der beiden Töne $t + t'$ und $\frac{t + t'}{2}$ aufgedeckt, sondern zugleich auch der Wechsel in der Stärke beider Töne nachgewiesen worden.

Was die unter 2. *d.* stehenden Versuchen angeht, so finden diese in 8. I. α., 8. II. α. und 8. III. α. ihren Grund; denn dort ist das Auftreten der beiden Töne $t + t' + t''$ und $\frac{t + t' + t''}{3}$ unter den bei den Versuchen obwaltenden Umständen dargethan, und auch der Wechsel in der relativen Stärke beider Töne bei veränderter Stellung der Löcher finden sich erklärt, und was die Abwesenheit des Tones $\frac{t + t' + t''}{2}$ betrifft, so kann diese nicht befremden, da dieser Ton nur sehr schwach sich zeigen kann, indem die Umstände des Versuches zu weit von den Bedingungen seiner grössten Stärke abliegen, als dass er nicht in seiner tieferen Octave verloren gehen sollte, wie weiter unten noch ausführlicher dargethan werden wird.

Der unter 2. *c.* verzeichnete Versuch ist für unsere Darlegung der Sache von besonderem Interesse. Nach unserer Definition des Tones nämlich kann hier, wo die Löcher regellos, jedoch so gestellt sind, dass ihr Abstand sich nicht sehr von einem Mittelwerth entfernt, nur die *ganze* Löcherreihe als Intervall gedacht werden, weil nur sie sich regelmässig wiederholt; darum können, wenn man sich obige für zwei und drei Eindrücke in jedem Intervalle gültigen Betrachtungen auf so viele Eindrücke ausgedehnt denkt, als Löcher in der ganzen Löcherreihe sind, ausser dem Tone, dessen Schwingungsmenge jenem mittleren Abstande entspricht, noch alle die auftreten, deren Schwingungsmengen $^1/_2$, $^1/_3$, $^1/_4$ ... $\frac{1}{n}$ von jener sind, wenn n die Anzahl der Löcher in der ganzen Reihe vorstellt. Offenbar kann ein Theil von diesen Tönen schon ihrer allzu grossen Tiefe halber nicht gehört werden, und die dem höchsten Tone näher liegenden können wegen der Regellosigkeit in der Stellung der Löcher nicht zu Stande kommen; denn wenn an einer Stelle der Reihe die Löcher von ihrer gleichen Entfernung abweichen, und eine solche Stellung annehmen, wobei je zwei die tiefere Octav bilden müssten, wenn die gleiche Stellung periodisch sich fort erhielte, wird diese Möglichkeit sogleich wieder durch einen Wechsel in der Stellung aufgehoben und vielleicht durch den Anfang eines anderen tieferen Tones ersetzt, wenn z. B. je drei Löcher von da ab einerlei Stellung annehmen, der sich aber seinerseits eben so wenig erhalten kann. Es kann sich jeder solche tiefere Ton dem Ohre nur andeuten, aber nicht zur Klarheit bringen; nur der höchste eine Ton macht hiervon eine Ausnahme, weil für ihn die Bedingung der Entstehung und Erhaltung stets vorhanden ist. So erklärt sich das isolirte Auftreten dieses einen Tones, und sogar dessen von Seebeck ihm zugeschriebene Unvollkommenheit wird durch die Aufeinanderfolge von sich verdrängenden Anfängen der tieferen Töne begreiflich. Auf solche Weise stellt sich dieser Versuch gewissermassen als Zeuge für unsere Definition des Tones, der Annahme gegenüber, dass kein vollständiger Synchronismus der Tonwellen zur Entstehung des Tones erforderlich sei; den wenn der höchste Ton sich bilden kann trotz des ungleichen Abstandes der Löcher, warum sollte der um eine Octave tiefere sich nicht bilden können, trotz der ungleichen Stellung von je zwei und zwei Löchern, wenn man die Entstehung des ersteren aus einem Nichtsynchronismus seiner Bestandtheile erklären wollte? Oder ist vielleicht die Ungleichheit von je zwei zu je zwei Löchern grösser, als die von einem Loch zum andern?

Die unter 2. *f.* beschriebenen Erscheinungen sind eine nothwendige Folge der in 10. *c.* entwickelten Eigenschaften von Eindrücken, welche die in diesen Versuchen gewählte Stellung einnehmen.

Hinsichtlich der in 2. *g.* erwähnten Versuche hegt Seebeck selber noch einige Zweifel, wesshalb auch wir auf sie kein grosses Gewicht legen können. Das Erscheinen desjenigen Tones, welcher dem gemeinsamen Masse von t und t' entspricht, ist durch die in 10. *e.* entzifferte Eigenschaft solcher Eindrücke aufgeklärt, aber das Auftreten des der Schwingungsdauer t entsprechenden Tones, wenn t' kein Vielfaches von t ist, und die Anordnung der Löcher in jedem Felde der Scheibe völlig die gleiche war, bleibt unerklärt, wenn nicht etwa auch hier der sogleich zu besprechende Umstand eintritt.

Was endlich den in 2. *h.* niedergelegten Versuch angeht, dessen Gelingen unter allen Umständen von Seebeck ausdrücklich hervorgehoben wird, so ist dieser zwar auch nicht in unseren aufgestellten Formeln enthalten, aber er kann nichts desto weniger im Sinne unserer Definition des Tones gedeutet werden. Man erinnere sich hier an den bekannten Savart'schen Versuch, wo derselbe den Ton durch die Zähne eines Rades sich bilden liess, und nach und nach einen immer grösseren Theil der Zähne von dem Rade wegnahm, bis endlich nur noch zwei zunächst bei einander stehende Zähne in dem Rade übrig blieben, dessen ungeachtet aber fortwährend denselben Ton vernahm, wenn das Rad stets mit derselben Geschwindigkeit umgedreht wurde. Savart schloss daraus, dass zwei einander folgende Stösse oder Schläge hinreichend sind, einen vergleichbaren Ton zu bilden, oder, um deutlicher zu reden, dass zwei auf einander folgende Tonwellen dem Ohre zur Bestimmung der Höhe dieses Tones genügen. Dieser von Savart aus dem erwähnten Versuche gezogene Schluss ist unserer Herleitung solcher Töne zufolge nicht zulässig, weil bei diesem Savart'schen Versuche sowohl, als bei jenen von Seebeck angestellten Versuchen, welche in 2. *f.* beschrieben stehen, der beobachtete Ton *ganz unabhängig von der Anzahl von auf einander folgenden Tonwellen, welche das Ohr zur Erfassung seiner Höhe nöthig hat, sich zeigen muss,* wie unmittelbar aus 10. *c.* sich entnehmen lässt. Was aber jener Savart'sche Versuch noch ganz unerledigt gelassen hat, das scheint durch die in Rede stehenden, unter 2. *h.* und vielleicht auch 2. *g.* beschriebenen Versuche Seebeck's zur Gewissheit erhoben werden zu können. In der That kann hier im Allgemeinen so wenig wie in 2. *g.* der Ton *t* sich bilden in regelrechter Weise; wenn er nun aber doch gehört wird, so würde sich dadurch sein Heraustreten aus der Regel laut genug ankündigen. Ein solches Heraustreten aus der Regel fände aber statt, wenn jede Gruppe der gleichweit aus einander liegenden Eindrücke für sich einen Ton zu liefern im Stande wäre, so dass das Ohr diese einzelnen, nicht unter sich zu einem Ton streng verbundenen Töne von einerlei Höhe in sich aufnähme; etwa so, wie wenn ein und derselbe Ton von zwei Instrumenten zugleich in unser Ohr gelangt, so zwar dass immer das eine ihn giebt unmittelbar vor oder nach dem Aufhören des anderen.

13) Ich kann diese Abhandlung nicht schliessen, ohne zuvor noch ein paar Worte über die Stärke der auf sirenische Weise entstehenden Töne hinzuzufügen. Zuerst verdient eine bei sich so bildenden Tönen stets vorhandene Eigenthümlichkeit unsere volle Aufmerksamkeit. Gehen wir auf 6 zurück, wo zwei in jedem Intervalle vorkommende Eindrücke untersucht worden sind, und bestimmen wir die Schwingungsweite

des Tones von der Schwingungsmenge $\frac{2}{2l}$ für den Fall, wo er am stärksten ist, so finden wir sie

$$\frac{8\,a\,\lambda\,l}{\pi\,(l^2 - 16\,\lambda^2)} \,.\, \cos \pi \frac{2\,\lambda}{l},$$

also gerade so gross, wie sie sich aus 5 für den Ton von der Schwingungsmenge $\frac{2}{2l}$ ergeben hätte, wenn in dem Intervalle von der Länge $2\,l$ nur ein Eindruck vorhanden gewesen wäre, dessen a aber die doppelte Grösse von dem der beiden vorigen Eindrücke angenommen hätte. Gehen wir auf 7 zurück, wo drei in jedem Intervalle vorkommende Eindrücke untersucht worden sind, und bestimmen wir die Schwingungsweite des Tones von der Schwingungsmenge $\frac{3}{2l}$ für den Fall, wo er am stärksten ist, so finden wir sie, weil in diesem Falle, wie dort gezeigt worden ist, R' sowohl als R'' den Werth 9 annimmt,

$$3\,a\,.\,\mathfrak{A}_3 \text{ oder } \frac{12\,a\,\lambda\,l}{\pi\,(l^2 - 36\,\lambda^2)} \,.\, \cos \pi \frac{3\,\lambda}{l},$$

also gerade so gross, wie sie sich aus 5 für den Ton von der Schwingungsmenge $\frac{3}{2l}$ ergeben hätte, wenn in dem Intervalle von der Länge $2\,l$ nur ein Eindruck vorhanden gewesen wäre, dessen a aber die dreifache Grösse von dem der drei vorigen Eindrücke angenommen hätte. Eben so erhalten wir hier für die Schwingungsweite des Tones, dessen Schwingungsmenge $\frac{2}{2l}$ ist, in dem Falle, wo er seine grösste Stärke erlangt, den Werth

$$3\,a\,.\,\mathfrak{A}_2 \text{ oder } \frac{12\,a\,\lambda\,l}{\pi\,(l^2 - 16\,\lambda^2)} \,.\, \cos \pi \frac{2\,\lambda}{l},$$

also gerade so gross, wie sie sich aus 5 ergeben hätte, wenn in dem Intervalle von der Länge $2\,l$ nur ein Eindruck vorhanden gewesen wäre, dessen a aber die dreifache Grösse von dem der drei Eindrücke angenommen hätte. Diese Eigenthümlichkeit ist allgemein und hängt von der Form der Eindrücke keineswegs ab; sie lässt sich so aussprechen:

a) Wenn in einem Intervalle von der Länge $2\,l$, n beliebig aber in jedem Intervalle gleich gestellte Eindrücke von *einerlei Form und Grösse vorkommen, so kann die Schwingungsweite des daraus hervorgehenden Tones von der Schwingungsmenge* $\frac{i}{2l}$ *die des Tones von der gleichen Schwingungsmenge nie übersteigen, welcher aus einem einzigen Eindrucke hervorginge, der jene n Eindrücke als Summe in sich vereinigte.*

Dieser Satz, welcher sich auch leicht aus den in 10 gegebenen allgemeinen Formeln ableiten lässt, giebt zu erkennen, dass sich die Grenze der Stärke, mit welcher die Töne aus beliebig gruppirten Eindrücken hervorgehen können, immer leicht aus der Stärke der Töne von gleich weit von einander abstehenden Eindrücken entnehmen lässt, wesshalb wir diese letztere Abhängigkeit vorzugsweise in's Auge zu fassen haben.

Stehen die Eindrücke gleich weit von einander ab, und ist dieser Abstand gleich $2\,l$, so ist nach 5 die Schwingungsweite des aus diesen Eindrücken hervorgehenden Tones von der Schwingungsmenge $\frac{i}{2l}$

$$\frac{4\,a\,\lambda\,l}{\pi\,(l^2 - 4\lambda^2\,i^2)} \cdot \cos\pi\frac{\lambda\,i}{l}.$$

Ist nun $\lambda\,i$ sehr klein in Vergleich zu l, so kann man ohne fühlbaren Fehler 1 für $\cos\pi\frac{\lambda\,i}{l}$ und l^2 für $l^2 - 4\,\lambda^2\,i^2$ setzen, dann aber wird sie

$$\frac{4\,a\,\lambda}{\pi\,l}.$$

Hieraus fliesst folgender Satz:

b) *Wenn die gleich weit von einander abstehenden gleichartigen Eindrücke sehr kurz sind im Vergleich zu diesem Abstand, so haben vom tiefsten Tone aufwärts alle höheren, so lange wenigstens als i λ noch sehr klein im Vergleich zu l bleibt, dieselbe Schwingungsweite als der tiefere. Dies zieht aber nach sich, dass in einem solchen Falle die höheren Töne bis zu einer gewissen Weite hin um so stärker werden müssen, je höher sie sind, und dass alle diese den Grundton an relativer Stärke weit überragen müssen*).*

*) Es lässt sich nämlich zeigen, dass Töne von ungleicher Höhe einerlei

Ist aber $\lambda = {}^1/_2\, l$, so wird diese Schwingungsweite, wie schon in 5 bemerkt worden ist,

$$\frac{a}{2\,i}.$$

Dies giebt nachstehenden Satz:

c) Ist die Länge der gleich weit von einander abstehenden gleichartigen Eindrücke gleich der halben Länge des Intervalls, so stehen die Schwingungsweiten aller daraus hervorgehenden Töne im umgekehrten Verhältniss zu ihren Schwingungsmengen. Dies zieht nach sich, dass unter solchen Umständen alle Töne, tiefe und hohe, einerlei relative Stärke besitzen.

Ist endlich $\lambda = l$, so wird die Schwingungsweite

$$\frac{4\,a}{\pi\,(i^2 - 1)}.$$

Hieraus folgt der Satz:

d) Ist die Länge der gleich weit von einander abstehenden gleichartigen Eindrücke gleich der ganzen Länge des Intervalls, so nimmt die Stärke der Töne mit ihrer Höhe rasch ab und der tiefste überschreit die höheren ganz und gar.

Diese letztere Bedingung trägt ohne Zweifel eine physische Umöglichkeit in sich, wenigstens bei der hier angenommenen Form der Eindrücke, allein als Grenzbesimmung kann man nichts desto weniger dem Satze *d)* eine allgemeine Gültigkeit beilegen.

Noch will ich die Stärke der Töne für den Fall ermitteln, wo zwei gleiche, aber entgegengesetzte Eindrücke in dem Intervalle so liegen, dass sie an einer Stelle, deren Entfernung von der Mitte des Intervalls δ ist, an einander grenzen. Für diesen Fall giebt uns der in 6 für a'' aufgefundene Werth, weil jetzt $\theta = \delta + \lambda$, $\theta' = \delta - \lambda$ ist, als Schwingungsweite des Tones, dessen Schwingungsmenge $\frac{i}{2l}$ ist,

---

relative Stärke besitzen, wenn die Produkte aus ihrer Schwingungsweite in ihre Schwingungsmenge bei allen gleich gross sind, wie ich in meiner Arbeit über Combinationstöne darlegen werde.

$$\frac{8\,a\,\lambda\,l}{\pi\,(l^2 - 4\lambda^2 i^2)}\,.\,\cos\pi\,\frac{\lambda\,i}{l}\,.\,\sin\pi\,\frac{\lambda\,i}{l}$$

oder

$$\frac{4\,a\,\lambda\,l}{\pi\,(l^2 - 4\,\lambda^2 i^2)}\,.\,\sin 2\,\pi\,\frac{\lambda\,i}{l},$$

woraus zuvörderst folgt, *dass die Wirkung solcher Eindruckspaare von ihrer Stellung in dem Intervalle unabhängig ist.*

Ist nun $\lambda\,i$ sehr klein in Vergleich zu l, so wird $\sin\,2\,\pi\,\frac{\lambda\,i}{l}$ und damit auch die Schwingungsweite des Tones sehr nahe Null. Dies führt zu nachstehendem Satz:

e) Wenn die an einander hängenden entgegengesetzten Eindrücke sehr kurz sind in Vergleich zu der Länge des Intervalls, so verschwinden alle tieferen Töne bis dahin wo $\lambda\,i$ in ein merkliches Verhältniss zu l zu treten anfängt.

Ist dagegen $\lambda = {}^1\!/_2\,l$, so wird jene Schwingungsweite allemal Null, den einen Fall ausgenommen, wo zugleich $l^2 - 4\,\lambda^2\,i^2 = 0$, d. h. $1 - i^2 = 0$, oder $i = 1$ ist, in welchem Falle sie a wird. Dies giebt folgenden Satz:

f) Wenn die an einander hängenden entgegengesetzten Eindrücke das ganze Intervall ausfüllen, so verschwinden alle höheren Töne ganz und gar, und der tiefste hat zur Schwingungsweite a.

Dieses letztere Resultat war leicht vorauszusehen, weil die so angeordneten entgegengesetzten Eindrücke eine vollständige und unvermischte Tonwelle ausmachen.

14) Die in voriger Nummer stehenden Betrachtungen habe ich in der Absicht beigefügt, um noch eine Seite der höchst interessanten Seebeck'schen Versuche besprechen zu können. Dieser Gelehrte drückt sich in Poggendorff's Ann. Bd. LIII. S. 422, wo er von den aus zwei Eindrücken in jedem Intervalle hervorgehenden Tönen spricht, über deren Stärke wörtlich so aus: „Ich hatte auf eine Scheibe 60 Löcher gesetzt, deren Abstände abwechselnd 5° und 7° betrugen, und an dieser denselben Ton wahrgenommen, wie auf einer anderen Reihe derselben Scheibe, welche 30 Löcher, sämmtlich in Abständen von je 12°, enthielt. Bei einer Wiederholung dieses Versuches

schien es mir, dass der erstere Ton sich von dem letzteren durch eine schwache Beimischung seiner höheren Octave unterschied, was besonders merklich wurde, wenn man beide Reihen unmittelbar nach einander anblies. Um dies deutlicher wahrzunehmen, setzte ich auf eine Scheibe vier Löcherreihen, nämlich 1) 18 Löcher in Abständen von je 20°; 2) 36 Löcher in Abständen von je 10°; 3) 36 Löcher, deren Abstände abwechselnd $9^1/_2$ und $10^1/_2$ Grad betrugen, und 4) 36 Löcher abwechselnd 9 und 11° von einander entfernt. Es gab also die zweite Reihe die Octave von dem Tone der ersten; die dritte Reihe aber, so wie die vierte, gab diese beiden Töne zugleich, wobei auf der dritten der höhere, auf der vierten der tiefere mehr hervortrat.“ Und auf der folgenden Seite, wo Seebeck die aus drei Eindrücken in jedem Intervalle hervorgehenden Töne bespricht, heisst es: „Eine Scheibe mit 36 Löchern, deren Abstände $9^1/_2$, 10, $10^1/_2$, $9^1/_2$, 10, $10^1/_2$, etc. Grade betrugen, liess beim Anblasen oder Anschlagen zwei Töne erkennen; der höhere hatte dieselbe Höhe, als ob die Löcherabstände sämmtlich 10° betrügen, der andere schwächere war um eine Duodecime tiefer, also von einer dreimal grösseren Schwingungsdauer. Eine andere Reihe, wo die Abstände der Löcher 9, 10, 11; 9, 10, 11; etc. Grade betrugen, gab dieselben beiden Töne, aber den tieferen stärker als den höheren.

Wir wollen nun die aus vorstehenden Erfahrungsdaten fliessenden Consequenzen aufsuchen. Vergleichen wir die auf zwei Eindrücke in jedem Intervalle sich beziehenden Versuche mit dem in 6 für diesen Fall aufgestellten Werth von a', und fassen wir dabei vorzugsweise den Factor $\cos \pi \frac{(\theta - \theta) i}{2l}$ in's Auge, so erhalten wir da, wo die Löcher abwechselnd 5° und 7° abstanden, $\frac{\theta - \theta'}{2l} = {}^5/_{12}$, da wo dieser Abstand abwechselnd 9° und 11° betrug, wird $\frac{\theta - \theta'}{2l} = {}^9/_{20}$, endlich wird da, wo er abwechselnd $9^1/_2{}^0$ und $10^1/_2{}^0$ betrug, $\frac{\theta - \theta'}{2l} = {}^{19}/_{24}$. Deshalb wird $\cos \pi \frac{(\theta - \theta') i}{2l}$ in Bezug auf den tieferen Ton, für welchen $i = 1$ ist, in den drei verschiedenen Fällen bezüglich

$$\begin{array}{llll} & \cos 75^0, & \cos 81^0 \text{ und } & \cos 85^1/_2{}^0 \\ \text{d. h.} & 0{,}259, & 0{,}156, \text{ und } & 0{,}078; \end{array}$$

der gleiche Factor erhält aber bei dem höheren Ton, für welchen $i = 2$ ist, in den drei verschiedenen Fällen bezüglich folgende Werthe

$$\begin{array}{llll} & \cos 150^0, & \cos 162^0 \text{ und } & \cos 171^0 \\ \text{d. h.} & -0{,}866, & -0{,}951 \text{ und } & -0{,}988. \end{array}$$

Man sieht hieraus, dass dieser Factor, abgesehen von dem Vorzeichen, worauf hier nichts ankommt, bei dem höheren Tone stets grösser als bei dem tieferen ist, aber im ersteren Falle nur circa $3^1/_2$ mal, im zweiten $6^1/_{10}$ mal und im dritten $12^7/_{10}$ mal.

Vergleichen wir die auf drei Eindrücke in jedem Intervalle sich beziehenden Versuche mit den in 7 für diesen Fall erhaltenen Formeln, und fassen wir dabei vorzugsweise den auf die Stellung der Eindrücke sich beziehenden Factor von a' in's Auge, welcher

$$\sqrt{\left[\left(\cos \pi \frac{\theta\, i}{l} + \cos \pi \frac{\theta'\, i}{l} + \cos \pi \frac{\theta''\, i}{i}\right)^2 + \left(\sin \pi \frac{\theta\, i}{l} + \sin \pi \frac{\theta'\, i}{l} + \sin \pi \frac{\theta''\, i}{l}\right)^2\right]}$$

oder in Folge der dort eingeführten einfacheren Bezeichnungen

$$\sqrt{4 \,.\left(\cos \pi \frac{\delta\, i}{l}\right) + 4 \,.\, \cos \pi \frac{\delta\, i}{l} \,.\, \cos \pi \frac{\delta'\, i}{l} + 1},$$

ist, wo δ denselben Abstand der äussersten Eindrücke von einander, und δ' den Abstand des mittleren von deren Mitte vorstellt. Nehmen wir, was stets erlaubt ist, die Grenzen des Intervalls mitten durch die kürzesten Abstände gehend an, so wird da, wo die Löcher abwechselnd 9, 10 und 11 Grad von einander entfernt lagen, $\frac{\delta}{l} = {}^{21}/_{30}$ und $\frac{\delta'}{l} = {}^1/_{30}$, hingegen da, wo die Löcher abwechselnd $9^1/_2$, 10 und $10^1/_2$ Grade betrugen, wird $\frac{\delta}{l} = {}^{41}/_{60}$ und $\frac{\delta'}{l} = {}^1/_{60}$, mithin wird jener Factor bei dem tiefsten Tone, für welchen $i = 1$ ist, im ersten Falle

$$\sqrt{4 \,.\, (\cos 126^0)^2 + 4 \,.\, \cos 126^0 \,.\, \cos 6^0 + 1}, \text{ oder } 0{,}207,$$

im anderen Falle

$$\sqrt{4 \cdot (\cos 123^0)^2 + 4 \cdot \cos 123^0 \cdot \cos 3^0 + 1}, \text{ oder } 0{,}101;$$

für den Ton, der um eine Octave höher ist, für welchen also $i = 2$ ist, wird jener Factor im ersten Falle

$$\sqrt{4 \cdot (\cos 252^0)^2 + 4 \cdot \cos 252^0 \cdot \cos 12^0 + 1}, \text{ oder } 0{,}416,$$

im anderen Falle

$$\sqrt{4 \cdot (\cos 246^0)^2 + 4 \cdot \cos 246^0 \cdot \cos 6^0 + 1}, \text{ oder } 0{,}138$$

endlich für den Ton, der um eine Duodecime höher als der tiefste ist, für welchen also $i = 3$ ist, wird jener Factor im ersten Falle

$$\sqrt{4 \cdot (\cos 378^0)^2 + 4 \cdot \cos 378^0 \cdot \cos 18^0 + 1}, \text{ oder } 2{,}870,$$

im anderen Falle

$$\sqrt{4 \cdot (\cos 369^0)^2 + 4 \cdot \cos 369^0 \cdot \cos 9^0 + 1}, \text{ oder } 2{,}968$$

Man sieht hieraus, dass dieser Factor bei den höheren Tönen stets grösser als bei den tieferen ist; bei der Octave nämlich ist er im ersteren Falle circa 2mal, im anderen Falle dagegen nur $1^1/_3$mal so gross als bei dem tiefsten Tone; bei der Duodecime aber ist er im ersteren Falle fast 14mal, im anderen Falle mehr als 29mal so gross als bei dem tiefsten Ton.

Vorstehende Versuchsdaten geben zu ein Paar niedlichen Folgerungen Anlass, womit ich die gegenwärtige Abhandlung zu beschliessen gedenke. Es geht nämlich aus den Versuchen, wo zwei Eindrücke in jedem Intervalle lagen, hervor, dass die Octave von gleicher Stärke mit dem Grundton auftritt, wenn der von der Stellung der Eindrücke abhängige Factor bei ihr zwischen 6mal und 13mal grösser wird als bei dem Grundton; aus den Versuchen, wo drei Eindrücke in jedem Intervalle lagen, geht aber hervor, dass hier derselbe Factor bei der Octave nur $1^1/_3$mal bis 2mal so gross war als bei dem Grundton, dass er also hier 3 bis 10mal kleiner war, als zur Gleichheit in der Stärke beider Töne erfordert wird. Da aber die Schwingungsweite des Tones jenem Factor proportional ist, so folgt weiter, dass bei letzteren Versuchen die relative Stärke der Octave zwischen 9 und 100mal geringer war, als die des Grundtones, wesshalb man sich eben nicht zu wundern braucht, dass bei diesen letzteren Versuchen die Octave sich nicht hören liess. Ferner, weil die Gleichheit in der Stärke der Töne, den vorstehenden Versuchen zufolge, bei der Octave einen zwischen 6 und 13mal, bei der Duodecime einen zwischen 14 und 29mal so grossen Factor als bei dem Grundtone verlangt, die relative Gleichheit zweier Töne aber aus theoretischen Gründen nur dann eintritt, wenn die Produkte aus den Schwingungsweiten in den Schwingungsmengen gleich sind, so muss der andere zu α' gehörige, von der Länge der Eindrücke abhängige Factor bei der Octave zwischen 12 und 26, bei der Duodecime dagegen zwischen 42 und 87mal kleiner sein als bei dem Grundton; dies zieht aber, zufolge der in voriger Nummer aufgestellten Sätze *b*, *c* und *d*, nach sich, dass bei obigen Versuchen der Werth von λ gleich l, oder doch nahehin gleich l gewesen sein müsse, weil erst an dieser letzteren Grenze die so eben genannten Factoren bei der Octave und bei der Duodecime sich zu einander wie 8 zu 3 verhalten. Damit stimmt auch der Umstand überein, dass Seebeck in solchen Fällen, wo die Löcher gleich weit von einander abstanden, nie einen der höheren Töne beobachtet hat. Folglich — so will es der strenge Schluss — haben die in Seebeck's Versuchen aus jedem einzelnen Loche hervorgegangenen Eindrücke eine Zeit angedauert, welche dem ganzen Intervalle von einem Loch zum andern entweder völlig, oder doch wenigstens sehr nahe gleich kommt. So befremdend diese Folgerung auch beim ersten Blick erscheint, da die Durchmesser der Löcher in Seebeck's Scheiben nicht oft über $^1/_{10}$ von ihrem gegenseitigen Abstande betragen haben können, so natürlich wird sie bei näherer Ueberlegung. In der That ist nicht wohl anzunehmen, dass durchaus keine Einwirkung mehr auf das Loch vorhanden sei, sowie die Mündung der anblasenden Röhre an dem Loche vorüber und hinter die Scheibe getreten ist, da sie doch selbst an dieser Stelle noch eine Luftbewegung bewirkt, deren Einfluss sich zweifelsohne bis zu dem Loche hin erstrecken wird. Dass dem so sei, davon kann man sich durch folgenden ganz einfachen Versuch überzeugen. Man mache in eine Blechtafel eine kreisrunde Oeffnung von etwa zwei Linien Durchmesser, und stelle vor diese Oeffnung in der Entfernung von $^1/_4$ bis $^1/_2$ Zoll die Flamme einer Kerze auf, hinter die Oeffnung aber in einem seitlichen Abstande von

$^1/_2$ Zoll und darüber bringe man in einer senkrechten Stellung gegen die Tafel die anblasende Röhre an, so wird man jedesmal, so oft man mit dem Munde einen Luftstoss durch die Röhre treibt, die Flamme sich bewegen sehen, sie wird nach dem Loche hingezogen und dadurch eine schiefe Richtung anzunehmen veranlasst werden. Aber selbst wenn man annehmen wollte, dass die Wirkung der Blaseröhre durch das Loch hindurch völlig abgeschnitten sei, sowie beide aneinander vorübergegangen sind, wird man nichts desto weniger zugestehen müssen, dass hier, wo die Eindrücke so rasch auf einander folgen, jede einzelne, aus einem solchen Vorübergang hervorgegangene und gegen das Ohr hin fortschreitende Luftwelle, auf die doch eigentlich alles ankommt, ihre Wirkung auf das Ohr nicht wird beendigt haben können, bevor die folgende daselbst ihren Eintritt beginnt. — Am Schlusse dieser Abhandlung will ich noch erwähnen, dass sich *mit grosser Leichtigkeit*, und nicht ohne Gewinn für die tiefere Einsicht in den Gegenstand, aus den in ihr aufgestellten, der hier gewählten besonderen Form der Eindrücke entsprechenden, Resultaten diejenigen Zahlbestimmungen, welche Eindrücken *von ganz beliebiger Form* angehören, zusammensetzen lassen.

XXI.

Noch ein Paar Worte über die Definition des Tones.

Pogg. Ann., Bd. 62, p. 1—18. 1844.

I.

In einer vor nicht langer Zeit in diesen Annalen (Bd. LIX S. 513 [587]) erschienenen Abhandlung, welche den Titel: „Ueber die Definition des Tones, nebst daran geknüpfter Theorie der Sirene und ähnlicher tonbildender Vorrichtungen“, an ihrer Stirne trägt, habe ich Untersuchungen über die Definition des Tones mitgetheilt, welche in der Absicht von mir angestellt worden waren, zu erfahren, ob die aus älterer Zeit zu uns gelangte Ansicht über das eigentliche Element des Tones hinreichend sein dürfte, die vielen seitdem zu Tage geförderten, zum Theil sehr räthselhaften akustischen Erscheinungen vollständig zu erklären, oder ob man, nach dem Ausspruche mehrerer unserer geschätztesten Akustiker zum Aufbau einer neuen, den gegenwärtigen vermehrten Bedürfnissen entsprechenden Definition Hand an's Werk zu legen sich werde bequemen müssen. Es lag klar am Tage, und schon die wenigen, am Eingange jener Abhandlung wörtlich mitgetheilten Stellen lassen darüber keinen Zweifel übrig, dass man regelmässig wiederkehrenden beliebigen Eindrücken als solchen (nicht etwa nur in sofern sich diese als eine Summe aus mehreren Bestandtheilen von altangenommener Form betrachten lassen, denn in diesem Falle wäre man von der älteren Anschauungsweise nicht abgewichen gewesen) die Kraft beilegen zu müssen glaubte, einen Ton von der durch die Dauer jener Wiederkehr bedingten Höhe zu erzeugen, und dass man zu dieser Neuerung durch jene Versuche angetrieben wurde, wo Töne durch solche Eindrücke gebildet worden waren, deren Ausdehnung sich nicht in der früher angenommenen Weise über das ganze Intervall erstreckte, und deren Wirksamkeit nur nach einer Seite des Gleichgewichtszustandes hin sich thätig zeigte. Eben dieses Ursprunges der neueren Ansicht halber würde ich, aus einer Ursache, die ich gegen das Ende dieses Aufsatzes näher bezeichnen werde, nichts zu thun geglaubt haben, hätte ich an allgemeinen Formen die Möglichkeit, jene räthselhaften Erscheinungen aus der alten Vorstellungsart herzuleiten, nachgewiesen, und nicht vielmehr im Besonderen gezeigt, dass diese Herleitung eben so gut bei einseitigen und das Intervall nicht ausfüllenden Eindrücken geschehen kann. Darum vermied ich in obiger Abhandlung ganz und gar die allgemeine Behandlungsweise, es vorziehend, in ihr blos mit einseitigen und das Intervall nicht ausfüllenden Eindrücken mich zu befassen, worin ich noch durch die Wahrnehmung bestärkt wurde, dass sich auf solche Weise eine ziemliche Anzahl zwar besonderer, aber eben durch ihre Besonderheit anziehender Sätze ergeben. Dabei machte ich jedoch ausdrücklich und wiederholt darauf aufmerksam, dass sich die Untersuchung auch allgemein durchführen lasse. Ich gestehe offen, dass ich nach der Abfassung der ersten zwölf Nummern jener Abhandlung die mir gestellte Aufgabe gelöst zu haben glaubte, und hängte die Nr. 13, welche mit den Worten beginnt: „Ich kann diese Abhandlung nicht schliessen, ohne zuvor noch ein Paar Worte über die Stärke der auf sirenische Weise entstehenden Töne hinzuzufügen,“ nur an, um in Nr. 14, welche die letzte der Abhandlung bildet, und mit den Worten anfängt: „Die in voriger Nummer stehenden Betrachtungen habe ich in der Absicht beigefügt, um noch eine Seite der höchst interessanten Seebeck'schen Versuche besprechen zu können“, — die wenigen über Intensität sirenischer Töne vorhandenen Angaben mit der Theorie, so weit dies thunlich war, zusammen zu halten. Ich legte auf diese Zugabe, bei unserer Unkenntniss von der Form der Sireneneindrücke, bei der Dürftigkeit hierher gehöriger

Erfahrungsdaten, und bei der beschränkten Behandlungsweise, die ich dort geflissentlich eingehalten hatte, selber keinen anderen Werth, als etwa den, Andere, nachdem sie sich auf einen günstigeren Standpunkt gestellt haben würden, zu ähnlichen Vergleichungen anzureizen.

Durch jene meine Abhandlung ist A. Seebeck (Poggend. Annalen, Bd. LX S. 449) veranlasst worden, eine zweite über die Sirene mitzutheilen, worin er dieselbe Untersuchung, welche ich an einseitigen und das Intervall nicht ausfüllenden Eindrücken durchführen zu müssen glaubte, an ganz allgemeinen Eindrücken unternimmt, und auch so wieder ganz zu denselben allgemeinen Folgerungen, die Art der an der Sirene auftretenden Töne betreffend, hingeführt worden ist, auf welche ich in den zwölf ersten Nummern der meinigen gestossen bin. Damit ist die Bestätigung dessen gegeben, was in einer Anmerkung, S. 522 [595], meiner Abhandlung steht, wo ich sage: „Es ist hier der grösseren Einfachheit*) halber zwar nur eine besondere, jedoch entschieden einseitige Form der Verdichtung oder Verdünnung der Betrachtung zu Grunde gelegt worden, es lässt sich aber die Untersuchung in ganz derselben Weise völlig allgemein und mit dem gleichen Erfolge durchführen, wozu nichts weiter als ein grösserer Raum gefordert wird, den zu sparen ich mich verpflichtet hielt.“ Ausserdem bringt Seebeck in dieser Abhandlung mehrere Ausstellungen an meiner Behandlung des Gegenstandes, und, worauf hier alles ankommt, weil es das eigentliche *punctum litis* ist, mehrere neue, faktische Beweise, die gegen die Zulässigkeit der alten Ansicht von dem eigentlichen Element des Tones gerichtet zu sein scheinen, vor, deren Gewicht ich, um jene Streitsache zur weiteren Entwickelung zu führen, im Interesse der Wissenschaft zu besprechen nicht umhin kann.

Was zuerst Seebeck's Ausstellungen an meiner Behandlungsweise betrifft, so hängen alle mit dem Umstande zusammen, dass ich blos einseitige und das Intervall nicht ausfüllende Eindrücke in meine Betrachtungen aufnehmen zu

---

*) Diese Stelle wolle der Leser so verstehen, als stände: Unter den einseitigen ist hier der grösseren Einfachheit halber u. s. w.

müssen geglaubt habe, und beziehen sich insgesammt auf die vorhin besprochenen beiden letzten Nummern derselben. — An die Spitze dieser Ausstellungen hat Seebeck zwei, in der Nr. 13 befindliche Rechnungsfehler gestellt, die daraus hervorgegangen sind, dass dort in dem Ausdruck für die Schwingungsweite:

$$\frac{4\,a\,\lambda\,l}{\pi\,(l^2 - 4\,\lambda^2\,i^2)} \cos \pi\,\frac{\lambda\,i}{l}$$

erstlich $^1/_2\,l$ anstatt λ, und dann noch l anstatt λ gesetzt worden ist, und im ersten Falle $\frac{a}{2\,i}$, im anderen $\frac{4\,a}{\pi\,(i^2 - 1)}$ auf S. 558 [627] meiner Abhandlung als das Resultat dieser Substitution sich angegeben findet. Von dem letzteren Fehler glaubt Seebeck (S. 455 seiner Abhandlung), dass er in der letzten Nummer meiner Abhandlung zu ganz irrigen Resultaten geführt habe, da anstatt $\frac{4\,a}{\pi\,(i^2 - 1)}$ stehen müsse $\frac{4\,a}{\pi\,(4\,i^2 - 1)}$, und demgemäss das Verhältniss der Schwingungsweiten der auf einander folgenden harmonischen Töne durch die Zahlen

$$\frac{1}{3}, \frac{1}{15}, \frac{1}{35}, \ldots\ldots$$

dargestellt werden müsse, während die falsche Angabe dafür die Zahlen

$$\frac{1}{\infty}, \frac{1}{3}, \frac{1}{8}, \ldots\ldots$$

liefere. Nun kann ich zwar den so grossen Einfluss dieses Fehlers auf die letzte Nummer meiner Abhandlung nicht zugestehen, weil ich nicht finde, dass ich in dieser Nummer noch an einer anderen Stelle die falsche Angabe benutzt hätte, als S. 564 [632], wo ich aus ihr für das Verhältniss der Schwingungsweiten von der Octave zur Duodecime die Zahlen *8* und *3* hergeholt habe, während die verbesserte Leseart dafür die Zahlen *35* und *15* liefert; diese beiden Verhältnisse aber sich so wenig von einander unterscheiden, dass sie dort zu keiner Aenderung der Rede Anlass geben können. Es ist indessen recht wohl möglich, dass sich in dieser letzten Nummer dafür andere Druck-, Schreib- und auch wohl Gedankenfehler vorfinden, wodurch sie entstellt wird. Ihre Entstehungsgeschichte ist nämlich folgende: Es konnte mir nicht entgehen, dass die aus meinen besonderen Formen sich für die einzelnen Töne ergebenden Intensitäten mit der Erfahrung nicht wohl zusammenstimmen, insbesondere weil ich voraussetzte und auch (S. 564 [632] meiner Abhandlung) kategorisch ausspreche, dass Seebeck in solchen Fällen, wo die Löcher gleich weit von einander abstanden, nie einen der höheren Töne beobachtet hat*). Jedoch hatte ich keine Ursache, mich hierüber zu wundern, da die Besonderheit der meinen Formeln zu Grunde liegenden Eindrücke, die offenbar denen in der Wirklichkeit auch nicht von ferne gleichen konnten, mir gerade bei einer wirklichen Auswerthung der Formeln nicht viel Richtiges zu geben versgrach. Dessen ungeachtet war ich begierig zu sehen, wohin mich eine festgesetzte Vergleichung derselben mit der Erfahrung führen würde. So wurde ich bis dahin geführt, dass diese besonderen Formen in Seebeck's Versuchen von jedem einzelnen Eindruck verlangen, dass er sich über das ganze Intervall erstreckt habe, und der auf Seite 565 [632 f.] besprochene Versuch zeigte zwar, dass diese Folgerung nicht unrichtig sei, zugleich aber auch auf eine unzweideutige Weise, dass die Sireneneindrücke entschieden doppelseitig sind, dass also die Voraussetzung, von welcher ich ausgegangen war, unrichtig ist, durch welchen Ausgang meine Neugierde vollständig befriedigt worden war. Dessen ungeachtet fügte ich diese Spielerei meiner Abhandlung als Zugabe bei, aus dem so eben angeführten Grunde. Zum zweiten Male durchgerechnet, oder auch nur aufmerksam durchgesehen, habe ich diese Nummer nicht, weil ich es der Mühe nicht werth hielt und noch nicht halte. Wüsste ich aber gewiss, wie es den Anschein hat, dass diese Nummer meinem freundlichen Gegner Veranlassung zu den in Nr. 20 seiner Abhandlung angestellten

*) Ich war berechtigt, diesen Satz so bestimmt auszusprechen, weil ich voraussetzen durfte, dass Seebeck, ein so sorgsamer Beobachter, einen so wichtigen Umstand nicht verschwiegen hätte, hätte er ihn wahrgenommen; und doch schloss ich fehl, weil Seebeck die Beitöne zwar beobachtet hatte, aber diese Wahrnehmung nicht veröffentlichte, weil er damals noch diese Töne für zufällig entstandene ansah.

Vergleichungen gab, so würde ich sie von da ab in Ehren halten.

II.

Ich habe in Vorstehendem die individuelle Färbung meiner Abhandlung noch in ein grelleres Licht setzen zu müssen geglaubt, als dies schon in ihr selbst geschehen ist, theils um auch nicht den geringsten Zweifel darüber übrig zu lassen, dass ich mit meinem Opponenten hinsichtlich der nicht allgemeinen Anwendbarkeit jener besonderen Eindrücke auf numerische Bestimmungen an der Sirene vollkommen einverstanden bin, theils um den Leser von dieser Nebensache ganz abzulenken, damit er dem, was ich jetzt noch zu sagen habe, seine ganze Aufmerksamkeit schenken könne. Die Frage:

„ob ein Ton von der Schwingungsmenge m ausschliesslich gebildet werde durch eine Bewegung von der Ferm $a \,.\, \cos 2\pi\,(m\,t + \theta)$ oder nicht,"

scheint mir von der äussersten Wichtigkeit zu sein, denn sie implicirt die anderen, ob man die festen Punkte, von welchen aus bisher alle wichtigen Erscheinungen der Tonlehre ermessen worden sind, aufgeben müsse, ohne, wenigstens gleich jetzt, für dieselben andere *feste* Punkte setzen zu können; daher werde ich den von Seebeck in seiner Kritik meiner in I besprochenen Abhandlung gegen die Zulässigkeit jener festen Punkte beigebrachten Thatsachen Schritt vor Schritt nachgehen, um so wenigstens durch innere Beschauung des Gegenstandes ihr Gewicht zu prüfen, da ich mit dem Ohre in dieser Sache nichts zu thun vermag, weil mir die Natur ein musikalisches Gehör ganz und gar versagt hat. Dabei habe ich durchaus keinen anderen Zweck, als durch meine Einreden eine fortgesetzte, tiefere Untersuchung des Gegenstandes herbeizuführen, bin dagegen ganz unbekümmert darüber, ob meine persönliche Ansicht in diesem Kampfe siege oder falle.

Zuerst will ich Seebeck's auf jene Frage sich beziehende Argumente so kurz wie möglich, aber doch, ich hoffe es, vollständig genug hersetzen:

1) Er beginnt die allgemeine Untersuchung des Gegenstandes damit, dass er als Form des Eindruckes folgende Summe von Gliedern:

$$a_1 \cos . \pi \frac{t - \theta_1}{l} + a_2 \cos . \pi \frac{2t - \theta_2}{l} + a_3 \cos . \pi \frac{3t - \theta_3}{l} \ldots *) \, (A)$$

annimmt, wodurch bekanntlich jede beliebige Function dargestellt wird, und leitet unter der Voraussetzung, dass die vorhin hervorgehobene Frage bejaht werden müsse, aus der Summe seiner früheren Versuche mit Hülfe der von ihm neu mitgetheilten Thatsache, dass sich an der Sirene zwar neben dem tiefsten starken Tone höhere Beitöne, aber nur äusserst schwach hören lassen, als nothwendige Folge ab, dass man dann auch jede folgende von den Grössen $a_1, a_2, a_3, a_4 \ldots$ immer sehr viel kleiner als ihre zunächst vorhergehende, d. h. die auf einander folgenden Töne an Stärke sehr rasch abnehmend, sich zu denken habe, so weit wenigstens als seine Versuche reichen.

2) Es weist, immer unter derselben Voraussetzung, an jenem allgemeinen Eindrucke nach, dass da, wo zwei solche völlig gleiche Eindrücke das Intervall erfüllen, und um das halbe Intervall von einander abstehen, als Resultat der Wirkung sich die doppelte Summe der in der Reihe (*A.*) befindlichen Glieder von gerader Stellenzahl ergebe, während die Glieder von ungerader Stellenzahl daraus ganz verschwinden, so dass man in diesem Falle als ersten Ton den zweiten Ton der Reihe (*A.*) mit doppelt so grosser Schwingungsweite, als dort, erhalte; es müsste also, weil nach 1) der zweite Ton nur äusserst schwach gehört werde, auch hier der erste Ton nur schwach gehört werden, was gegen die Erfahrung sei. Ebenso stelle sich die Erfahrung der unter jener Voraussetzung doch nothwendigen Folgerung entgegen, dass der eine Eindruck in 1), wenn man ihn von doppelter Stärke nähme, als zweiten Ton denselben Ton und von derselben Stärke liefern müsste, als der ist, welcher hier als erster Ton auftritt (No. 15 seiner Abhandlung). — Denkt man sich aber einen

*) Ich habe hier den konstanten Theil A_0 weggelassen, oder, wenn man lieber will, an's Ende hingesetzt gedacht, weil er an den folgenden Betrachtungen keinen Antheil nimmt, und so die Schwingungsmenge mit der Stellenzahl des Gliedes übereinkommt, was den Ueberblick erleichtert.

von den beiden hier besprochenen Eindrücken dem anderen gerade entgegengesetzt, so zeigt die Rechnung, immer unter derselben Voraussetzung, dass man als Resultat der Wirkung die doppelte Summe der in der Reihe (*A.*) befindlichen Glieder von ungerader Stellenzahl erhalte, während die Glieder von ungerader Stellenzahl daraus ganz verschwinden. Hier wird also durch das Hinzutreten des zweiten Eindruckes der zweite Ton ganz aufgehoben, und auch in diesem Falle spreche sich der Versuch für die grosse Schwäche des zweiten Tones aus, weil ausserdem der Wegfall dieses zweiten Tones bei dem Hinzufügen des zweiten Eindruckes auffallender erscheinen müsste (Nr. 16 seiner Abhandlung).

3) Er zeigt immer unter der gleichen Voraussetzung, dass da, wo drei völlig gleiche Eindrücke das Intervall erfüllen, und um den dritten Theil dieses Intervalles von einander abstehen, man als Resultat der Wirkungen die dreifache Summe aller derjenigen in (*A.*) befindlichen Glieder erhalte, deren Stellenzahlen Vielfache von 3 sind, während alle übrigen Glieder der Reihe (*A.*) daraus verschwinden, so dass man in diesem Falle als ersten Ton den dritten Ton der Reihe (*A.*) mit dreil Mal so grosser Schwingungsweite erhalte; so müsste also, weil nach 1) a_2 viel kleiner als a_1, und a_3 wieder viel kleiner als a_2 zu nehmen wäre, in diesem Falle der erste Ton nur schwach sich hören lassen, was gegen die Wahrnehmung streite. Eben so stelle sich der Versuch der unter jener Voraussetzung doch nothwendigen Folgerung entgegen, dass der eine in 1) betrachtete Eindruck, wenn man ihn von dreifacher Stärke nehme, als dritten Ton denselben Ton und von derselben Stärke liefern müsste, als der ist, welcher hier als erster Ton auftritt (Nr. 18 seiner Abhandlung).

4) Zuletzt (Nr. 31 seiner Abhandlung) theilt Seebeck noch das Resultat eines zur Probe angestellten Versuches mit. Es müssten die in 2) betrachteten beiden Eindrücke von *entgegengesetzter Art als ersten Ton denselben Ton und* von derselben Stärke, unter der gemachten Voraussetzung, liefern, als der eine Eindruck in 1), wenn er von doppelter

Stärke genommen würde; aber auch dieser Folgerung widersprach die Erfahrung. Der Ton zeigte sich im ersten Falle auffallend schwächer als im zweiten, und nur unbedeutend stärker, als wenn der Eindruck in 1) von einfacher Stärke genommen wurde.

Aus vorstehenden, von 1) bis 4) entwickelten und durch die Erfahrung selbst aufgedeckten Widersprüchen, die allerdings von grosser Erheblichkeit sind, zieht Seebeck den Schluss, dass die gemachte Voraussetzung unrichtig sei, man folglich annehmen müsse:

„dass ein Ton von der Schwingungsmenge m *nicht ausschliesslich* gebildet werde durch eine Bewegung von der Form $a \cos 2\pi(mt + \theta)$."

Dieser achtbare Gelehrte findet jedoch, wenn ich ihn recht verstehe, ein Mittel jene Widersprüche aufzulösen, in der Annahme, dass die späteren Glieder der Reihe (*A.*), welche Theile des in jedem Intervalle von der Länge $2l$ gleichmässig wiederkehrenden Eindruckes sind, und darum selber an dieser gleichmässigen Wiederkehr in jedem solchen Intervalle participiren, in ihrer Gesammtheit einen Ton zu liefern vermögen, von einer Höhe, wie sie diesem Intervalle entspricht. Auf's Neue angetrieben durch die von dem weisesten aller Naturforscher uns als Vermächtniss hinterlassene Regel, welche von Seebeck in Nr. 6 seiner Abhandlung besprochen worden ist, werde ich die Zulässigkeit des hier dargebotenen Auskunftsmittels einer Prüfung unterwerfen, und wenn es sich mir als unzulässig erweisen sollte, ein anderes an dessen Stelle zu setzen versuchen.

Um diese Prüfung aber mit der hier wünschenswerthen Kürze und doch mit zureichender Ausführlichkeit vornehmen zu können, bin ich gezwungen, meine frühere Abhandlung noch ein klein wenig weiter fortzusetzen. Ihr letzter Satz lautet so: „Am Schlusse dieser Abhandlung will ich erwähnen, dass sich mit *grosser Leichtigkeit*, und nicht ohne Gewinn für die tiefere Einsicht in den Gegenstand, aus den in ihr aufgestellten, der hier gewählten besonderen Form der Eindrücke entsprechenden, Resultaten diejenigen Zahlbestimmungen, welche

Eindrücken *von ganz beliebiger Form* angehören, zusammensetzen lassen.“ In der That sagt der Satz 10. *a.* (S. 543 [614] meiner Abhandlung), dass gleich weit von einander abstehende Eindrücke von der in meiner Abhandlung gewählten besonderen Form zu allen jenen Tönen nichts beitragen können, deren Schwingungsdauer nicht dem Abstande dieser Eindrücke von einander gleich, oder ein vielter Theil davon ist. Nun besteht aber jeder beliebige, in dem Intervall $2l$ regelmässig wiederkehrende Eindruck, welcher sich durch die Reihe (*A.*) vorstellen lässt, aus Theilen, welche sämmtlich aus zwei Reihen entgegengesetzter Eindrücke von der eben beschriebenen besonderen Art zusammengesetzt sind, daher gilt von jeder solchen Reihe von Eindrücken die in Satz 10. *a.* ausgesprochene Eigenschaft, es kann daher das Glied $a_1 \cos \pi \frac{t-\theta_1}{l}$ nur auf die Töne $\frac{1}{2l}, \frac{2}{2l}, \frac{3}{2l}, \frac{4}{2l}$ etc. Einfluss haben, das Glied $a_2 \cos \pi \frac{2t-\theta_2}{l}$ nur auf die Töne $\frac{2}{2l}, \frac{4}{2l}, \frac{6}{2l}, \frac{8}{2l}$ etc., das Glied $a_3 \cos \pi \frac{3t-\theta_3}{l}$ nur auf die Töne $\frac{3}{2l}, \frac{6}{2l}, \frac{9}{2l}, \frac{12}{2l}$ etc., und so ohne Ende fort. Erwägt man nun noch, das jedes Glied der Reihe (*A.*) lauter Paare an einander hängender entgegengesetzter und gleicher Eindrücke von der in meiner Abhandlung angenommenen besonderen Form in sich trägt, und bringt man damit den Satz 13. *f.* (S. 560 [628] meiner Abhandlung) in Verbindung, wonach jede solche doppelseitige Tonwelle nichts zu jenen Tönen hergeben kann, deren Schwingungsmenge ein Vielfaches von der durch die Länge dieser doppelten Tonwelle bestimmten ist, so folgt daraus sogleich, *dass zur Erzeugung eines Tones von der Schwingungsmenge* $\frac{m}{2l}$ *nur das eine Glied der Reihe (A.), welches dieselbe Schwingungsmenge in sich trägt, beitragen kann.* Mit diesem Satze zugleich ist aber auch die Theorie der Sirene für beliebige Eindrücke gegeben*); denn er setzt fest, dass man den

*) Es ist hier der Ort, mein oben gegebenes Versprechen zu erfüllen, nämlich die Ursachen anzugeben, warum ich blos einseitige, das Intervall

Einfluss von beliebig vielen, in jedem Intervalle von der Länge $2l$ sich regelmässig wiederholenden und daher durch Reihen wie die (*A.*) ist, darzustellenden Eindrücken auf die Erzeugung des Tones $\frac{m}{2l}$ erhalte, wenn man die Summe derjenigen Glieder dieser Reihen nimmt, die sich auf den gleichen Ton beziehen.

---

nicht ausfüllende Eindrücke meiner Betrachtung zu Grunde gelegt habe. Der Hauptzweck meiner Abhandlung war, die alte Definition des Tones wieder herzustellen, und die Theorie der Sirene wurde, wie schon ihr Titel ausspricht, nur daran geknüpft, in so weit dies mit der Verfolgung des Hauptzweckes zugleich geschehen konnte. Man nehme nun für einen Augenblick an, ich hätte die Theorie der Sirene in derselben eleganten und allgemeinen Weise gegeben, wie Seebeck in seiner Abhandlung thut, und dann zu jenem gewandten Akustiker, welcher in der am Eingange meiner Abhandlung angeführten Stelle sagt: „Dieser Impuls erscheint in den angeführten Versuchen entweder als Binomium einer Verdichtung und Verdünnung, oder als blose Verdichtung, und insbesondere zeigt die Untersuchung Savarts über die tiefsten hörbaren Töne, dass die Entfernung der beiden Maxima eines Binomiums keineswegs abhängt von der Dauer der einzelnen Impulse, oder mit anderen Worten, von der Entfernung der Maxima zweier auf einander folgenden Binomien: wonach also die gewöhnliche Erzeugung musikalischer Töne, wo die verschiedenen Maxima der Verdichtung und der Verdünnung alle in gleichen Zeitintervallen einander folgen, nur als ein besonderer Fall der allgemeinen Wiederholung eines aus einer Verdichtung und Verdünnung zusammengesetzten Impulses betrachtet werden muss.“ — gesprochen: Du siehst hieraus, wie doch immer wieder alles auf jene alte Vorstellung von der Form der Tonwelle hinausläuft; er aber hätte mir entgegnet: Du verfällst in eine *petitio principii*, denn Du nimmst an, was Du beweisen willst. Wer sagt Dir denn, dass solche einseitige und das Intervall nicht ausfüllende Eindrücke, wie ich sie mir denke, und deren Charakter sich gerade darin ausspricht, dass sie gewisse Teile des Intervalls auf Kosten anderer Theile desselben Intervalls vorzugsweise in Anspruch nehmen, Glieder geben können, die sich auf das ganze Intervall, oder auf jede Hälfte, jedes Drittel desselben u. s. w. in gleichem Masse beziehen. Getetzt aber, so fährt mein Gegner fort, es liesse sich zeigen, dass gewisse Eindrücke, die in Deiner Reihe (*A.*) $a_1 = 0$, $a_2 = 0$, $a_3 = 0$ werden lassen, doch den ersteu oder zweiten oder dritten Ton dieser Reihe liefern, so wäre damit ja eben das Gegentheil von dem bewiesen, was Du beweisen wolltest. Wie hätte ich einen solchen Gegner anders als gerade durch die exceptionelle Behandlung solcher besonderer Eindrücke entwaffnen können?

Der so eben erhaltene Satz, — dass nur das eine Glied der Reihe (*A.*) zur Erzeugung eines Tones von der in diesem Gliede vorhandenen Schwingungsmenge etwas beitragen kann, scheint nun zwar dem von Seebeck zur Erklärung der von ihm beobachteten Widersprüche vorgeschlagenen Auskunftsmittel sich geradezu zu widersetzen; denn wenn kein folgendes Glied der Reihe (*A.*) irgend einen Einfluss auf den durch das erste Glied dieser Reihe gegebenen Ton ausüben kann, so kann auch die Summe aller folgenden Glieder keinen Einfluss auf die Stärke des im ersten Gliede enthaltenen Tones haben, und damit wäre denn jenes vorgeschlagene Auskunftsmittel als unmöglich nachgewiesen. Indessen werde ich mich wohl hüten, diesen falschen Schluss zu ziehen. Die in (*A.*) enthaltene Reihe ist nämlich nicht im Stande jede mögliche Succession von Eindrücken vorzustellen, sondern nur die, welche von Intervall zu Intervall immer dieselben Eindrücke und in derselben Weise wiederbringt; so wenig sie aber eine gegebene Succession von Eindrücken, in welcher irgend eine Unregelmässigkeit auftritt, darstellen kann, eben so wenig lassen sich aus ihr solche unregelmässige Successionen herholen. Es könnte daher wohl geschehen, und das Dasein der Combinationstöne leistet im Grunde Gewähr dafür, dass die folgenden Glieder der Reihe (*A.*) den im ersten Gliede enthaltenen Ton durch solche unregelmässige Successionen zu verstärken im Stande wären. Deswegen werde ich mich jenes Satzes zur Bekämpfung des von Seebeck vorgeschlagenen Auskunftsmittels nicht nur nicht bedienen, sondern vielmehr gleich von vorn herein die Möglichkeit, und wenn man will die Wirklichkeit, einer solchen Verstärkung einräumen.

Aber auch diese Verstärkung zugestanden, was folgt aus ihr? Dass der im ersten Glied der Reihe (*A.*) enthaltene Ton durch die im 2., 3., 4. . . . . Gliede enthaltenen Töne verstärkt werde, aber auch dass der im zweiten Glied jener Reihe enthaltene Ton durch die im 4., 6., 8. . . . . Gliede enthaltenen Töne in gleicher Weise verstärkt werde, weil diese letzteren Glieder zum zweiten ganz dieselbe Beziehung haben, wie die vorigen zum ersten Gliede; und aus dem gleichen Grunde müsste wieder der im dritten Gliede enthaltene Ton in derselben Weise verstärkt werden durch die im 6., 9., 12. . . . . enthaltenen Töne, und so ohne Ende fort. Es würden sonach alle in den auf einander folgenden Gliedern der Reihe (*A.*) enthaltenen Töne in gleicher Weise verstärkt, ja man müsste sogar die Verstärkung der in den folgenden Gliedern enthaltenen Töne relativ für grösser annehmen, als die des im ersten Gliede enthaltenen Tones, so lange wenigstens als nicht erwiesen ist, dass nicht auch jene Glieder der Reihe dazu beitragen können, die in vorstehender Betrachtung hierfür nicht in Anspruch genommen worden sind. Eine solche gleichmässige Verstärkung der in allen Gliedern der Reihe (*A.*) enthaltenen Töne, wenn man sie sich auch denken wollte, obgleich sie nicht wohl denkbar ist, würde aber jenes vorgeschlagene Auskunftsmittel von selber wieder zu nichte machen; man müsste denn zu neuen Annahmen sich verstehen wollen, die kaum in etwas Anderem als darin bestehen könnten, als dass dieselben Dinge unter den gleichen Umständen bald so und bald auch wieder anders wirken können. Ehe ich aber zu solchen Annahmen, die mir unaufhörlich ihr geisterhaftes „Ich bin's und bin's auch wieder nicht" schmerzhaft in das Ohr raunen, meine Zuflucht nehme, stelle ich lieber, keck wie Columbus, das Ei gleich auf die Spitze und behaupte: Jene von Seebeck wahrgenommenen Widersprüche beruhen auf einer Gehörstäuschung, in welcher unser Ohr befangen ist, auf ähnliche Weise, wie unser Auge in einer Gesichtstäuschung da befangen ist, wo es eine Mitteltinte an dunkler Grenze für heller, an heller Grenze für dunkler hält, als sie wirklich ist. Ich nehme nämlich an, dass unser Ohr unwillkürlich den Hauptton für stärker ansieht, als er wirklich ist, und seine Beitöne für schwächer, als sie wirklich sind, es unentschieden lassend, ob diese Täuschung daher rühre, dass es die Beitöne in den meisten Fällen gar nicht von dem Hauptton trennt, und dann nothwendig, und sich selber unbewusst, die in jenen liegende Kraft bei diesem mit in Anschlag bringt, und ob selbst da, wo eine solche Trennung durch unser Ohr bewirkt worden ist, diese doch immer nur theilweise erfolgt, so dass noch immer der andere Theil zur scheinbaren Verstärkung des Hauptons seinen Beitrag liefert, oder ob dabei noch andere Momente zu Rath gezogen werden müssen. So viel aber scheint mir wenigstens gewiss, dass durch meine Annahme nicht nur alle von Seebeck, weiter oben von 1) bis 4) mitgetheilten, den Rechnungsergebnissen scheinbar widerstrebenden Erfahrungen, sondern noch mehrere andere akustische Räthsel ihre einfache und ungezwungene Lösung finden. Einige von diesen Räthseln will ich durch ein Paar Fragen anzudeuten zuchen. Woher kommt es, dass man die Beitöne, wenigstens da, wo der Hauptton nicht ganz oder fast ganz verschwindet, immer nur verhältnissmässig schwach hört, während es doch bei den so mannigfaltigen Weisen, wodurch wir Töne hervorrufen, nicht wohl anders kommen kann, als dass zuweilen die Eindrücke auch von solcher Art werden, dass eins oder mehrere von den späteren Gliedern der Reihe (*A.*) Töne von grösserer Stärke geben müssten, als der Hauptton selber hat? Woher kommt es, dass das in dieser Beziehung nicht sehr geübte Ohr die Beitöne meistens ganz überhört, während es doch, wenn es durch äusseren Antrieb darauf hingelenkt wird, dieselben auf einmal und dann recht deutlich wahrnimmt? Worin liegt der Grund, dass in einem Concerte ein falscher Ton dem Ohr so laut sich ankündigt, selbst von einem Instrumente, das ausserdem kaum wahrgenommen wird? Wie lassen sich die Wirkungen der Mixtur an der Orgel begreiflich machen? Es scheint sogar als ob jene meine Annahme nicht blos von dem Hauptton und seinen Beitönen gelte, sondern selbst von zwei Haupttönen, die in ähnlicher Beziehung zu einander stehen. Mehr aus Neugierde als in einer anderen Absicht ersuchte ich einen meiner Freunde, der sich ehedem viel mit Musik abgegeben hat, er möge doch einmal an der Violine untersuchen, ob nicht, wenn er einen Ton sammt seiner Oktave zugleich anstreiche und dann plötzlich den tieferen Ton weglasse, der übrig bleibende höhere Ton immer stärker zu werden scheine. Dieser Freund brachte mir kurz darauf die Kunde, dass allerdings, namentlich bei den tieferen Octaven, und wenn man die beiden Töne fest und wiederholt anstreiche, eine solche Verstärkung des höheren Tones gut merklich werde, dass aber auch, was ihm besonders auffallend gewesen sei, der tiefere Ton eine recht fühlbare Schwächung erleide, wenn man unter den gleichen Bedingungen den Bogen plötzlich über der tieferen Saite allein wegstreichen lasse. Man sieht, dass dieser Freund, den ich blos um die eine Seite meiner Annahme befragte, mir zugleich auch Antwort über deren andere Seite gab. Derselbe berichtete mir später, zu dem Versuche durch mich aufgefordert, dass jene Erscheinung der Schwächung und Verstärkung nicht mehr oder mindestens lange nicht mehr in dem Grade bemerkbar sei, wenn man die beiden Töne absichtlich unrein greift.

Doch es ist Zeit, dass ich abbreche, denn schon überfällt mich einige Beklemmung in Folge der Kühnheit, womit ich Hypothesen wage in einer Sache, von der ich fast wie ein Blinder von der Farbe rede; indessen tröste ich mich wieder mit dem Gedanken, dass meine Hypothese wenigstens das eine Gute in sich trägt, an den Prüfungsstein der Erfahrung angelegt werden zu können. Niemand wird besseres Licht auf diesen Gegenstand zu werfen im Stande sein, als derselbe verdienstvolle Gelehrte, dessen gediegene Arbeiten meine Anerkennung in hohem Grade sich erworben, und gerade nur deshalb, weil sie meine Aufmerksamkeit mächtig fesselten, an einer einzigen Stelle meinen Widerspruch sich zugezogen haben; möge er daher recht bald die dazu erforderliche Muse finden.

Der Stand der Sache lässt sich nun kurz so fassen: Die alte Definition des Tones enthält alles in sich, was die neueren Versuchsweisen hinsichtlich der Art der dabei auftretenden Töne an die Hand gegeben haben; Seebeck setzte es jedoch in seiner jüngsten Abhandlung ausser Zweifel, dass die bei diesen Versuchen beobachtete Stärke der Töne mit den Rechnungsergebnissen durchaus nicht zusammenstimme, und ist deshalb geneigt, die Schuld davon auf jene alte Definition des Tones zu werfen. Mir scheint es gerathener, weil die von Seebeck vorgeschlagene Aenderung an der Definition des Tones in ein neues Labyrinth zu führen scheint, lieber gleich die Schuld davon auf unser Ohr zu schieben, das einer

Täuschung oder, wenn man lieber will, Verwöhnung in der Art ausgesetzt ist, dass es zu dem tiefsten Tone solche höhere Töne, welche zu ihm das Verhältniss eines Beitones haben, ganz oder theilweise herüberzieht und als zu ihm gehörig ansieht, aber darum unwillkürlich ein falsches Urtheil über die relative Stärke solcher Töne fällt.

XXII.

Galvanische Einzelheiten.

Pogg. Ann., Bd. **63**, p. 389—405. 1844.

Die nun folgenden Thatsachen theile ich in keiner anderen Absicht mit, als um Hergänge, an welche theoretische Ansichten vielfach geknüpft worden sind, auf den Boden zu verweisen, dem sie in Wahrheit angehören. Es haben seit längerer Zeit mehrere der hervorragendsten Naturforscher die Contacttheorie durch Experimente schlagen zu können geglaubt, in denen selbst mindestens eben so viel Dunkelheit zurückblieb, als sie mit denselben zu verjagen je hoffen durften, und dabei gab sich das, zuweilen offen ausgesprochene, Bestreben zu erkennen, derlei halberkannte Erscheinungen zu diesem Behufe möglichst zu vervielfältigen und auf allerhand Arten abzuändern, wie wenn in der Menge der Beweise deren Schwäche sich verlieren sollte. Mein Zweck ist hier umgekehrt der, einige wenige von jenen geheimnissvollen Thatsachen mehr aufzuhellen, um sie zu theoretischen Zwecken brauchbarer zu machen; jedoch werde ich mich hier an dieser Stelle einer jeden daran geknüpften Nutzanwendung geflissentlich enthalten, da ich an einem anderen Orte darauf zurückzukommen gedenke.

1) Ueber das Verhalten des Eisens in Schwefelkaliumlösung.

Das galvanische Verhalten des Eisens gegen Platin und ähnliche Metalle in Schwefelkaliumlösung fand ich genau so, wie es von Faraday beschrieben worden ist. Dass Eisen zeigte sich im ersten Augenblicke der Schliessung der Kette mässig stark negativ gegen Platin, die Nadel wich bis auf 70° zur Seite, zeigte jedoch schon nach Ablauf von wenigen Minuten nur noch 5° an; ein Einschieben von mit saurem Wasser befeuchteten Papier zwischen Platin und Eisen machte, dass ein stärkerer Strom auftrat, der jedoch nach wenigen Minuten die Nadel nur noch um 20° ablenkte. Hierbei will ich bemerken, dass mein Galvanometer aus mehreren tausend Windungen sehr feinen Kupferdrahtes mit einfacher Magnetnadel bestand, und dass man auch eine umgekehrte Erstwirkung bei obigem Versuche erhalten kann, wenn man eine lang gestandene und dadurch unrein gewordene Schwefelkaliumlösung dazu gebraucht.

Während dieser Versuche machte ich jedoch die Wahrnehmung, dass wenn das Eisen unter der Schwefelkaliumlösung mit einer Glaskante bei ziemlich starkem Drucke gerieben wird, die zuvor negative Wirkung des Eisens in die positive umspringt, welche letztere sich um so stärker zeigt, je schneller und umfangreicher das Reiben geschieht. Dass diese Umkehrung des Stromes nicht etwa blos Folge der bewegten, an dem Metalle aufsteigenden Flüssigkeit sei, davon kann man sich leicht dadurch überzeugen, dass sie nicht eintritt, wenn man den Glasstreifen ohne Druck über dem Eisen weggleiten lässt, in solcher Weise, dass die Flüssigkeit dabei weit mehr in Bewegung kommt als zuvor.

Diese Wahrnehmung erzeugte in mir die Vermuthung, dass an jener eigenthümlichen Wirkung des Eisens in Schwefelkaliumlösung ein in dieser Flüssigkeit sich bildender Ueberzug Schuld sei, den näher kennen zu lernen mein ferneres Bestreben war. Zu dem Ende tauchte ich rein geschabtes Eisen in Schwefelkaliumlösung kurze Zeit ein, nahm es dann heraus, wusch es in destillirtem Wasser sorgfältig ab, und trocknete es dann möglichst schnell in Filtrirpapier. Das so behandelte Eisen schien an der Stelle, wo es eingetaucht war, durchaus keine Veränderung erlitten zu haben; es zeigte dieselbe Farbe und denselben Glanz, wie zuvor. Ich schabte jetzt die eingetaucht gewesene Stelle mit einem Streifen reinen Silbers vorsichtig ab, und fand, dass sich an der Kante des Silberstreifens, womit geschabt worden war, kleine, mit blosem Auge kaum wahrnehmbare Theilchen ansetzten, die ich jedoch trotz aller Mühe nur in höchst geringer Menge erhalten konnte. Diese Theilchen zeigten, durch die Lupe gesehen, eine schwärzliche Farbe. Brachte ich diese schwarzen Punkte auf einen reinen, über weissem Papier liegenden Glasstreifen und einen Magnet in ihre Nähe, so wurden sie sämmtlich von ihm angezogen; brachte ich dagegen diese schwarzen, auf dem Glasstreifen liegenden Pünktchen unter das Mikroskop und einen Tropfen Vitriolöl mit ihnen in Berührung, so blieben sie regungslos und unverändert liegen, während Feilspäne, von demselben Stück Eisen genommen und in denselben Tropfen gebracht, augenblicklich sich mit einer so grossen Menge von Luftbläschen überzogen, dass man von ihnen selbst nichts mehr zu sehen im Stande war.

Diese Beobachtungen machten mir es wahrscheinlich, dass das Eisen in der Schwefelkaliumlösung einen höchst dünnen Ueberzug von Schwefeleisen auf derselben Stufe wie im Magnetkies annehme, und diese meine Vermuthung erhielt einen hohen Grad von Gewissheit, als ich wahrnahm, dass Magnetkies, geglühter Schwefelkies, oder auch in der Weissglühhitze mit Schwefel überzogenes Eisen nicht nur in der Schwefelkaliumlösung, sondern auch in allen anderen, zu den Versuchen herbei genommenen, salzigen und sauren Flüssigkeiten mit Platin und anderen Körpern sich ganz so verhielt, wie das in Kaliumlösung eingetauchte, sorgfältig abgewaschene und sogleich getrocknete Eisen selbst. Ja sogar in solchen Flüssigkeiten, welche auf das Schwefeleisen zersetzend einwirken, zeigte sich die Gleichartigkeit der Wirkung von vorn herein eine geraume Zeit hindurch fort. Weil indessen doch noch mehr und bessere Beweise für das Dasein eines solchen Ueberzuges wünschenswerth waren, so ging ich meinen Freund und Kollegen, Hrn. Prof. Leykauf, an, zu versuchen, in wie weit sich dieser Hauch in rein chemischer Weise verfolgen lasse, und derselbe theilte mir hierüber mit einer Bereitwilligkeit, welche öffentlich anzuerkennen ich nicht umhin kann, Folgendes mit:

„Das zu meinen Versuchen dienende Schwefelkalium wurde bereitet aus chemisch reinem Schwefel und reinem Aetzkalihydrat durch Zusammenschmelzen in einem hohen Glaskolben. Die Erhitzung wurde so lange fortgesetzt, bis weder Wasserdämpfe, noch Schwefeldämpfe mehr entbunden wurden. Das erhaltene Schwefelkalium wurde mit heissem Wasser zu einer concentrirten Lösung gebracht, blieb in vollgefüllten und wohlverschlossenen Glasfläschchen mehrere Tage lang stehen, und wurde dann erst zu den Versuchen verwendet. Das Eisen und der Stahl, welche diesen Versuchen dienten, wurden vor dem Gebrauche gereinigt, und zwar zuerst blank gefeilt, dann mit einem scharfen Messer auf das Vollkommenste abgeschabt, und zuletzt noch mit vollkommen trockener und reiner Leinwand abgerieben. Die Operation des Abschabens macht das Eisen zu diesen Versuchen besonders geschickt, da durch bloses Feilen das Eisen von den Feilen, die gewöhnlich mit Fett bestrichen sind, Fettigkeit annimmt, und in den, selbst durch den feinsten Feilstrich erhaltenen Vertiefungen eine Menge Eisentheile zurückgehalten werden, sei es durch Adhäsion, oder durch magnetische Anziehung, von welchen es nicht leicht befreit werden kann. Aus demselben Grunde darf das Abreiben des Eisens nicht mit Wolle, welche fettet, noch mit Leinwand geschehen, die mit Seife in harten, kalkhaltigen Wassern gewaschen worden ist."

„Das so auf seiner Oberfläche möglichst rein gemachte Eisen wurde sogleich in die ziemlich concentrirte Lösung von reinem fünffach Schwefelkalium getaucht, nach einer Sekunde herausgenommen, in vollkommen luftreinem destillirten Wasser abgewaschen, und, ohne zu reiben, in Leinwand abgetrocknet. Es zeigte bei genauer Betrachtung keine Veränderung, selbst nicht mit Zuziehung einer 400fachen Vergrösserung; nur an der Grenze der Eintauchung konnte man eine etwas dunklere Färbung des Metalles bemerken. Es wurde nun untersucht, wie sich das Eisen sogleich nach dem Abwaschen und Abtrockenen in der Wärme verhält, und es ergab sich, dass das in fünffach Schwefelkalium getauchte Ende einen deutlich wahrnehmbaren Schwefelgeruch verbreitete, den ein nicht in

Schwefelkalium gebrachtes, übrigens ganz gleich behandeltes Eisen nicht, oder doch nur in einem fast unmerklichen Grade erkennen lies. Selbst nachdem das eingetauchte und abgetrocknete Eisenstück mit kochendem, destillirtem Wasser etliche Minuten lang behandelt war, konnten mehrere Personen den Geruch nach Schwefel beim Erhitzen der eingetauchten Stelle noch erkennen."

„Es drängte sich die Vermuthung auf, dass das Eisen mit einer geringen Schicht Schwefeleisen überzogen sein könnte, da aber hier das Schwefeleisen nur auf nassem Wege entstanden sein konnte, so musste es Schwefeleisenhydrat sein, und als solches sich an der Luft schnell oxydiren. Ein in Schwefelkalium getauchtes und abgewaschenes Eisen oxydirte sich auch wirklich bedeutend stärker an der eingetauchten Stelle, als an irgend einem anderen Theil, wenn es nur wenige Stunden an der Luft gelegen hatte. Derselbe Fall trat ein, wenn das eingetauchte, abgewaschene und getrocknete Eisen in Luft haltendem Wasser allmählig erwärmt wurde, und zwar trat hier die Veränderung noch deutlicher und schneller hervor. Wurde jetzt die mehr oxydirte Stelle erwärmt, so konnte, wie natürlich, kein Geruch nach Schwefel mehr wahrgenommen werden, da das etwa vorhandene Schwefeleisen in basisch schwefelsaures Eisenoxyd übergegangen sein musste."

„Die Gegenwart des Schwefels an der eingetauchten Stelle weisen folgende Reactionen vollkommen nach: Wird ein in Schwefelkalium getauchtes Eisen, abgewaschen und schnell getrocknet, mit einer Platte von chemisch reinem Silber so bedeckt, dass fast keine Luft dazwischen ist (welches dadurch erzielt werden kann, dass man zuvor die Silberplatte auf der Eisenplatte abschleift), und werden nun beide durch Weingeistflamme stark erhitzt, so zeigt sich das Silber bei günstig auffallendem Lichte vollkommen braun, und zwar nur an der Stelle, wo das Silber die in Schwefelkalium getauchte Eisenstrecke berührt, alle übrigen Stellen des Silbers, obwohl auch in inniger Berührung mit dem Eisen, bleiben blank; bei minder günstig auffallendem Lichte erscheinen die sonst braunen Stellen weiss, aber matt, während die übrigen glänzend bleiben."

„Obwohl vielfache Versuche angestellt wurden, den Schwefel durch Luft, Salpetersäure und dergleichen in Schwefelsäure umzuwandeln, und deren Gegenwart durch salpetersauren Baryt darzuthun, so blieben diese doch alle fruchtlos, so lange Eisenflächen dazu verwendet wurden, die nicht mehr als 6 Quadratzoll betrugen; als aber 8 bis 12 Quadratzoll dazu genommen wurden, entstand eine ganz deutliche Reaction. Zu diesem Versuche *war das Eisen auf das Sorgfältigste gereinigt, in Schwefelkalium eingetaucht, mit destillirtem Wasser abgewaschen* und gut, aber schnell, mit Leinwand abgetrocknet, hierauf der feuchten Luft 10 Stunden lang ausgesetzt worden, zuletzt mit Salpetersäure behandelt und mit essigsaurem oder salpetersaurem Baryt geprüft, wodurch ein Niederschlag von schwefelsaurem Baryt hervorgebracht wurde."

„Da die Behandlung des eingetauchten Eisens mit Salpetersäure immer eine saure Flüssigkeit hervorbringen wird, das Eindampfen bei so unendlich geringer Menge des zu untersuchenden Gegenstandes nicht wohl rathsam ist, so kann eine geringe Menge von Schwefelsäure durch jenes Reagens nicht wohl nachgewiesen werden. Bei einem Ueberschuss von Salpetersäure, besonders in der Wärme, bleibt der Baryt ohnehin ein ungenügendes Reagens auf geringe Quantitäten von Schwefelsäure. Besonders leicht nachweisbar ist die Gegenwart des Schwefels an einem in Schwefelkalium getauchten Stück Eisen, wenn man dieses zum positiven Pole einer Kette macht, welche durch eine Flüssigkeit von sehr reinem Natron und Wasser geschlossen wird (das Natron wurde hierzu durch Verbrennen von Natrium erzeugt). Schon bei Anwendung von 3 bis 4 Quadratzoll des in Schwefelkalium getauchten Eisens zeigt das Natron einen Gehalt an Schwefelsäure, wenn die Natronflüssigkeit gesäuert und mit essigsaurem Baryt geprüft wird."

„Ein noch einfacheres Reagens bietet das salpetersaure Quecksilberoxydul dar. Das in Schwefelkalium getauchte, gewaschene und abgetrocknete Metall wird sogleich in eine Mischung von 8 Tropfen einer concentrirten, klaren, salpetersauren Quecksilberoxydullösung mit 1 Unze Wasser getaucht, dann zeigt sich schon nach wenigen Sekunden die in Schwefelkalium getauchte Stelle gelblich, endlich bläulich. Auch das Metall zersetzt die salpetersaure Quecksilberoxydullösung, aber es überzieht sich das Eisen an Stellen, die nicht in die Schwefelkaliumlösung eingetaucht waren, mit einer grauen Decke, die später als metallisches Quecksilber erkannt wird, in dem ersten Momente aber ein Oxydul des Quecksilbers zu sein scheint. — Bei concentrirteren Lösungen von salpetersaurem Quecksilberoxydul tritt die Reaction an den ungetauchten Stellen des Eisens zuerst ein; es färbt sich das Eisen an diesen Stellen matt grau, kurz darauf wird die eingetauchte Stelle bräunlich, und es erscheint die Grenze der Einsenkung des Eisens in die Schwefelkaliumlösung so deutlich, als man es nur immer wünschen kann. Ein Stück Eisen nach der bisherigen Weise in Schwefelkalium behandelt, auf einer Seite mit dem Messer streifenweise abgeschabt, zeigt diese Streifen nach dem Eintauchen in salpetersaures Quecksilberoxydul noch ganz deutlich mit mattgrauer Farbe, alle übrigen eingetauchten Stellen sind bräunlich. Selbst wenn ein in Schwefelkalium eingetauchtes Stück Eisen mit Kreide rasch abgeschliffen wird, so erkennt man durch Eintauchen in salpetersaures Quecksilberoxydul noch vollkommen die eingetauchte Stelle."

„Der auf dem Eisen entstandene Ueberzug wird nicht entfernt durch die Lösungsmittel des Schwefels."

„Werden unter Schwefelkalium blanke Eisenstücke längere Zeit an einander gerieben, so bemerkt man keinen Niederschlag von Schwefeleisen in der Lösung; er erscheint auch noch nicht nach Verlauf von 2 bis 8 Tagen, wohl aber bemerkt man an dem unteren Theil der Flüssigkeit eine etwas dunklere Färbung. Nach 6 bis 8 Wochen war in dieser Flüssigkeit ein, eine Linie hoher, Niederschlag von Schwefeleisen, das eine vollkommen rein grüne Farbe hatte, während in derselben Schwefelkaliumlösung, in der nur kein Eisen gerieben worden war, nicht die leiseste Spur von Schwefeleisen entstand."

„Jede Verbindung von Schwefel und Kalium, gleichviel ob einfach oder fünffach Schwefelkalium, wirkt in gleicher Weise auf das Eisen. Desgleichen wirkt eine alkoholische Lösung gleich der wässerigen, nur ist zu beachten, dass, wenn die alkoholische Lösung aus einem Schwefelkalium, das freien Schwefel mit sich führt, gewonnen wird, auf jedem Metalle, selbst auf Platin, ein sehr dünner Ueberzug von Schwefel sitzen bleibt, der selbst nicht mit Wasser und auch nicht durch gelindes Reiben zu entfernen ist."

„Bei diesen verschiedenen Versuchen wurde immer einerlei Eisen angewendet, und zwar solches, das am wenigsten Schwefel führte. Ganz schwefelfrei fand ich kein Eisen."

2) *Ueber das Verhalten des Eisens in salpetriger und in Salpetersäure.*

Wenn mit dem Vorigen der Grund des exceptionellen Verhaltens des Eisens in einer Schwefelkaliumlösung ausser allen Zweifel gesetzt worden ist, so dass von jetzt an von keinem galvanometrischen Verhalten zwischen Eisen und Platin in einer Schwefelkaliumlösung die Rede sein kann, sondern nur noch von einer galvanischen Beziehung zwischen Schwefeleisen und Platin in dieser Flüssigkeit, wodurch die ganze Sachlage eine völlig andere wird, so ist mir dies zwar bis jetzt noch nicht in dem gleichen Grade hinsichtlich des aussergewöhnlichen Verhaltens des Eisens in salpetriger und in Salpetersäure gelungen; jedoch haben auch hierin meine, und noch mehr meines gefälligen Kollegen Leykauf Bemühungen den Gegenstand bis dahin geführt, wo er einer gründlicheren Beurtheilung unterworfen werden kann. Die Resultate dieser Bemühungen werde ich jetzt zur öffentlichen Kenntniss bringen.

Meine ersten Versuche machte ich mit einer dunkelgrünen salpetrigen Säure, welche aus der braunen, mittelst Destillation von salpetersaurem Bleioxyd gewonnen, durch Verdünnung mit einem gleichen Raumtheil Wasser erhalten worden war. Eisen und Platin zeigte sich in ihr im ersten Momente stark positiv, die Nadel des Galvanometers kam jedoch nach kurzer Zeit bis nahe auf Null zurück; die Wirkung war also genau so, wie sie von Faraday angegeben worden ist. Dass aber auch hier ein auf dem Eisen sich bildender Ueberzug Schuld an der ungewöhnlichen Erscheinung sei, davon überzeugte mich der Umstand, dass das Eisen immer wieder an Positivität zunahm, wenn ich es unter Flüssigkeit mit einer Glaskante rieb, aber nicht, wenn ich blos die Flüssigkeit in der Nähe des Eisens in Bewegung setzte; deshalb war von da an meine ganze Aufmerksamkeit blos auf die nähere Kenntniss dieses Ueberzuges hin gerichtet. Zu diesem Ende nahm ich das Eisen aus der salpetrigen Salpetersäure heraus, trocknete es schnell auf Filtrirpapier ab, und schabte dessen in der Flüssigkeit gestandene Oberfläche mit einem Federmesser behutsam ab; da zeigten sich sogleich an der Schneide des Federmessers Ansammlungen in ungleich grösserer Menge, als ich sie je von dem in Schwefelkalium gestandenen Eisen erhalten konnte. Diese Ansammlungen hatten, mit der Lupe betrachtet, ein erdiges Aussehen, und boten eine grünlichweisse Farbe dar, die aber schon nach wenigen Minuten in eine gelblichbraune überging. Ganz den gleichen Ueberzug mit derselben Verwandlung fand ich auch wieder, wenn ich das Eisen, anstatt in die grüne salpetrige Säure, in eine reine concentrirte Salpetersäure eintauchte, nur schien er mir im letzteren Falle nicht so dick wie zuvor zu werden, und auch die Farbe des Eisens schien durch dieses Eintauchen nicht in demselben Grade in's Weiss getrieben worden zu sein, wiewohl diese Verschiedenheiten auch nur in Nebenumständen ihren Grund gehabt haben können. Es schien mir aus diesen Wahrnehmungen hervorzugehen, dass an dem in jenen Säuren stehenden Eisen ein Oxydulsalz sich bilde, welches in der Säure, worin es sich gebildet hat, unauflöslich und beständig ist, an der Luft dagegen sich schnell in ein Oxydsalz umwandelt; aber gerade diese Veränderlichkeit des Ueberzugs, welche ausser Vergleich grösser als bei dem in der Schwefelkaliumlösung gebildeten ist, und sich, wiewohl etwas langsamer, auch an der auf dem Eisen sitzen gebliebenen Salzrinde zeigt, macht die weitere Untersuchung der unter der Säure beständigen Verbindung schwierig. Unter solchen Umständen konnte ich nichts besseres thun, als wieder denselben Freund um Beistand anzurufen, der schon bei der Untersuchung des Verhaltens des Eisens in Schwefelkalium mich so kräftig unterstützt hatte. Von ihm erhielt ich die nun folgenden Aufschlüsse:

„Die wasserfreie, reine salpetrige Säure, welche durch

Erkältung der gasförmigen Säure erhalten wird, wirkt auf das reine metallische Eisen nicht ein, wenigstens nicht in gewöhnlicher Temperatur. Auch die rothgelbe salpetrige Salpetersäure (durch Destillation von salpetersaurem Bleioxyd als schwerere Flüssigkeit erhalten) zeigte gar keine Veränderung an dem Eisen, so lange dieses in ihr stand; wurde das Eisen herausgenommen, so adhärirte an seiner Oberfläche eine Spur der Säure, welche, wiewohl sie schnell verdampfte, das Eisen theilweise oxydirte. Die Verdampfung dieser Säure und die Einwirkung auf das Eisen geht so schnell vor sich, dass in der Zwischenzeit weder ein Abtrocknen, noch sonst eine weitere Untersuchung vorgenommen werden kann."

„Die dunkelgrüne salpetrige Salpetersäure scheint das Eisen gleichfalls nicht anzugreifen; es kommt das Metall mit seinem ganzen Glanze aus der Säure heraus, fast ganz so wie es hineinkam. Man kann die eingetauchte Fläche bei einiger Schnelligkeit wohl abtrocknen, ohne dass das Eisen sich verändert. Eine geringe Menge Wasser auf die eingetauchte und vorsichtig abgetrocknete Stelle gebracht, entwickeln sich von der Oberfläche solcher Theile, die zuvor untergetaucht waren, Luftblasen, die mit blosen Augen wahrgenommen werden können."

„Wird das eingetauchte und abgetrocknete Eisen schnell und ohne viel Bewegung in verdünnte Ammoniakflüssigkeit getaucht, so ist die ganze Stelle, so weit das Eisen in die Säure getaucht war, mit einer grünen Schicht von Eisenoxydulhydrat überzogen, welche langsam von dem Eisen abfällt."

„Das in die Säure getauchte Eisen sogleich mit Wasser abgewaschen, verhält sich an der getauchten Stelle gerade so gegen Reagentien, als ob es mit irgend einer Säure oxydirt worden wäre."

„Das Eisen scheint demnach durch basisch salpetersaures Eisenoxydul überzogen zu sein, welcher Ueberzug durch Wasser in Oxydul und in salpetersaures Oxydul zerlegt werden wird."

„Wenn mehrere Stücke Eisen, im Ganzen 8 bis 10 Quadratzoll, unter salpetriger Salpetersäure hart aneinander geschabt werden, so wird die Säure Oxyd haltend; es scheint demnach das Oxydul nur an der Eisenfläche bestehen zu können, und, sobald es von derselben losgetrennt wird, von der Säure höher oxydirt zu werden."

„Mehrere Eisenstücke untergetaucht in salpetriger Salpetersäure, in Leinwand schnell abgetrocknet und in höchst rectificirtem Terpentinöl aneinander gerieben, zeigt sich in letzterem nach wenigen Tagen ein weisser Bodensatz von einem Eisenoxydulsalz; die Säure selbst aber konnte in der geringen Menge nicht wohl bestimmt werden."

Alle diese Versuche bestätigen eine an der Oberfläche des Eisens unterhalb der Säure vorgefallene chemische Veränderung, deren Natur aber noch nicht vollständig ermittelt ist; diese Ermittelung muss jedoch geschehen sein, bevor man dergleichen Erscheinungen zur Unterstützung irgend einer theoretischen Ansicht mit Sicherheit wird gebrauchen können.

3) Ueber das Verhalten des Eisens oder Silbers in Kalilösung.

Das eigenthümliche galvanometrische Verhalten des Eisens oder Silbers gegen Platin und verwandte Metalle in einer Aetzkalilösung, wie es von de la Rive und Faraday beschrieben worden ist, scheint mir im Sinne der Contacttheorie leicht aus jenen allgemeineren Erscheinungen hergeleitet werden zu können, die ich in Schweigger's Journal (1830, Heft 9, S. 36—50 [384—395]) beschrieben habe; nur die gar geringen Anfangswirkungen verlangen eine besondere Erklärung, zu deren Feststellung ich eine Reihe von Versuchen angestellt habe, die jedoch zur Mittheilung noch nicht ganz reif sind. Hier will ich statt dessen einen Versuch mittheilen, den Herr Prof. Leykauf auf meine Veranlassung anstellte und in meinem Beisein wiederholte, weil er, an sich schon von grossem Interesse, in entschiedener Beziehung zum Verhalten des Eisens in Aetzkalilösung steht. Ich bediene mich bei der Beschreibung dieses Versuches der eigenen Worte seines Urhebers:

„In ein Glas A, welches bis mm mit ausgekochtem destillirten Wasser angefüllt war, wurden zwei, ebenfalls mit ausgekochtem destillirten Wasser gänzlich angefüllte Glasröhren x und y umgestürzt. In beide Glasröhren waren Eisendrähte eingeschmolzen, von denen der in x nur bis a, der in

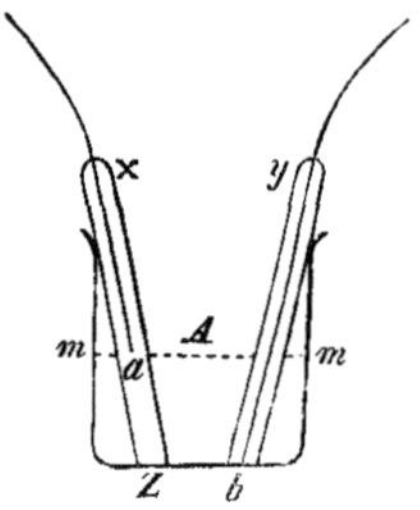

y dagegen bis auf den Boden des Glases *A* bei *b* hinreichte. Der Draht in *x* wurde mit dem positiven Pole, der in *y* mit dem negativen Pole einer aus zehn Elementen bestehenden Kette, deren Zink- und Kupferplatten $1^1/_2$ Zoll Durchmesser hatten, verbunden. An dieser Vorrichtung liessen sich nun folgende Hergänge beobachten.“

„Der Draht in *y* entwickelte bald nach dem Schlusse der Kette Gas, welches die Prüfung als Hydrogengas zu erkennen gab; der Draht in *x* aber lieferte weder Gas, noch zeigte sich an ihm irgend eine Spur von Oxydation; nach wenigen Minuten jedoch zeigte sich in der Röhre *x*, aber nur bei *Z* am Boden des Glases, eine weissgrünliche Masse, welche, untersucht, sich wie reines Eisenoxydulhydrat verhielt. Diese Masse pflanzte sich, nicht vom Ende des Drahtes in *x* aus, sondern von *Z* aus, immer weiter nach *b* hin fort; vom Ende des Drahtes in *x* ab bis zum Ende dieser Röhre bei *Z* hin, konnte während des Verlaufes einer ganzen Stunde noch kein Eisenoxydulhydrat beobachtet werden.“

„Das Eisenoxydulhydrat fängt an von *b* nach *Z* hin gelblich (Oxydhydrat) zu werden; jetzt erst, nach Ablauf zweier Stunden, vom Schlusse der Kette an gerechnet, zeigt sich auch am Draht in *x* Eisenoxydulhydrat. Das am positiven Drahte gebildete Eisenoxydulhydrat bewegt sich in den schönsten weissen Fäden nach dem negativen Drahte hin, umlagert hier den Draht in *y* gänzlich, aber als Oxydhydrat, und setzt sich an diesem Drahte fest, jedoch nur an dessen unterstem Ende, bei *b*, setzt sich das Eisenoxydhydrat stark an; weiter hinauf bleibt dieser Draht ganz blank. Das den positiven Draht umgebende Eisenoxydulhydrat wird später Eisenoxydhydrat, und nun entbindet bald darauf dieser Draht Sauerstoffgas, während der negative Draht das an ihm hängende Oxydhydrat zu Oxydulhydrat reducirt. Eisenoxydhydrat sammelt sich in Menge in dem Glase.“

„Es geht hieraus hervor, dass das Eisen in der Kette Sauerstoffgas entwickelt, sobald es gehörig oxydirt ist. So lange eine Oxydul- oder eine Oxydoxydulmasse um den positiven

Draht gelagert ist, bemerkt man noch kein Sauerstoffgas; erst nachdem man längere Zeit eine Oxydschicht wahrgenommen hat, erscheint der Sauerstoff. Ja es ist nicht unwahrscheinlich, dass zunächst an dem Drahte selbst die Eisensäure entsteht, welche nur darum nicht wahrgenommen werden kann, weil sie in Berührung mit Wasser sogleich in Sauerstoffgas und Eisenoxyd zerfällt. Die Sauerstoffentbindung an dem zum positiven Pole gemachten Eisendraht kann somit erst durch die Einwirkung des Wassers auf die Eisensäure hervorgerufen werden, und in der That bemerkt man anfänglich eine Bildung von Oxydulhydrat an dem positiven Pol, später ein Entstehen von Oxyduloxydhydrat, endlich von Oxydhydrat, und noch später, nachdem schon lange Oxyd gebildet war, erscheinen die Sauerstoffgasblasen. In einer Flüssigkeit, welche weniger zersetzend auf die Eisensäure einwirkt, müsste man wohl einige Zeit hindurch die Bildung dieses Körpers beobachten können. Folgender zu diesem Zwecke angestellte Versuch bestätigte die Bildung der Eisensäure in dieser Weise vollkommen.“

„Auf ein Stück blankes Eisen wurde ein Stückchen Kalihydrat gelegt; dasselbe zog schnell Feuchtigkeit an, und gab somit längere Zeit hindurch eine concentrirte Lösung. Der positive Pol der Kette wurde mit dem Eisenstück, der negative Pol mit dem oberen Theil des Kalistücks verbunden. In wenigen Minuten überzog sich das Eisen, da wo es mit dem Kali in Berührung war, mit einer tiefen Purpurfarbe von eisensaurem Kali, welches Salz sich mit rother Farbe — ganz gleich der, welche man bei Reactionen auf salpetrige Säure u. dergl. mittelst einer Lösung von Eisenvitriol in concentrirter Schwefelsäure erhält — in Wasser löste, sich jedoch bald in Eisenoxyd verwandelte, und dies um so schneller, je mehr das eisensaure Kali mit Wasser verdünnt wurde. Auf die gleiche einfache Weise gelingt auch die Bildung des kupfersauren Kalis, man braucht zu dem Ende nur das Eisenstück mit einem Kupferstück zu vertauschen. Das so gewonnene kupfersaure Kali hat eine ganz schöne, hellblaue Farbe, ist aber noch unbeständiger als das eisensaure.“

„Auch in einer ziemlich concentrirten Kalilösung lässt sich die Bildung von Eisensäure leicht beobachten, indessen erscheint die Säure nur um den Draht herum mit purpurrother Farbe, in Wellenform von ihm abfallend.“

4) *Ueber die Aenderung des Leitungsvermögens von wässerigen Flüssigkeiten durch die Wärme.*

Eine Stelle, welche ich in einer der jüngsten von Poggendorff's Abhandlungen gelesen habe, giebt mir Anlass zur Mittheilung eines Versuches, durch den ich mir Gewissheit darüber zu verschaffen suchte, ob wirklich das Leitungsvermögen von wässerigen Flüssigkeiten durch die Wärme unabhängig von einer etwaigen Störung der Polarisation erhöht wird.

In zwei Gläser *A*, *A'*, die bis *m m* und *m' m'* mit Kochsalzlösung angefüllt waren, ragten die etwas gebogenen Enden

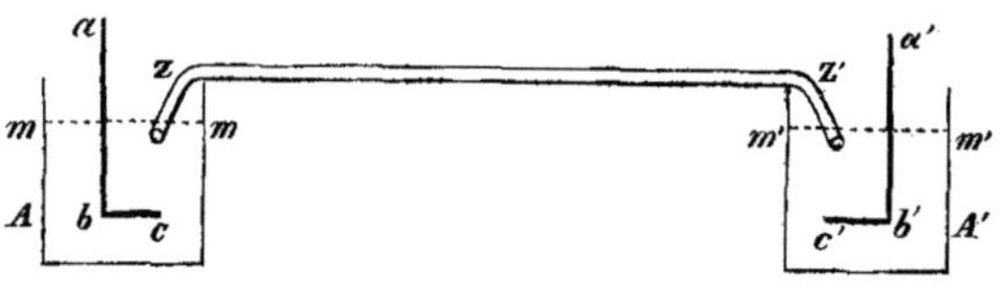

einer ebenfalls mit Kochsalzlösung angefüllten Glasröhre *r r'*, welche etwas über einen Fuss lang und im Lichten 2½ Linien weit war. In das eine der beiden Gläser ragte bis unter die Flüssigkeit ein rechtwinklig gebogener Kupferstreifen *a b c*, der von *b* aufwärts, so weit er in der Flüssigkeit stand, mit Siegellack überzogen war; in das andere Glas ging ein eben so beschaffener Zinkstreifen *a' b' c'* hinab, so dass diese Metallstreifen nur durch ihre horizontal liegenden Theile *b c* und *b' c'* mit der Kochsalzlösung in unmittelbarer Berührung standen. Die Enden *a* und *a'* der beiden Metallstreifen wurden mit den Enden des oben beschriebenen Galvanometers in Verbindung gesetzt, und hierauf die Flüssigkeit in der Glasröhre dadurch erhitzt, dass man eine Weingeistflamme unter der Glasröhre von einem Glas zum andern gleichmässig hin und her bewegte, bis sich eine Tendenz zum Sieden zeigte. Während dieser Erhitzung gab die Galvanometernadel eine stetige Zunahme des galvanischen Stromes zu erkennen, sowie eine allmählige

Abnahme während des darauf folgenden Erkaltens. Die Nadel wurde das erste Mal von 50° bis auf 60° getrieben, späterhin von 47° auf 57°, von 43° auf 49°, von 40° auf 47°, zuletzt von 36½° auf 44°. Man sieht, dass diese Angaben auf eine sehr grosse Aenderung im Leitungsvermögen hindeuten, und andere Flüssigkeiten, namentlich verdünnte Salpetersäure, zeigten Aenderungen unter den gleichen Umständen, welche die hier angeführten noch um Vieles übertrafen. Die Grösse dieser Aenderungen und der Umstand, dass sie sich in späteren Perioden, also bei mehr vorgerückter Polarisation relativ geringer zeigten, was nicht etwa einer nicht vollständig erfolgten Abkühlung zugeschrieben werden konnte, machten mich besorgt, dass vielleicht doch noch ein Anwogen der während der Erhitzung aus der Röhre hervortretenden Flüssigkeit gegen die Metallstreifen hin stattgefunden haben könnte, daher änderte ich den Versuch noch in folgender Weise ab.

Die Vorrichtung blieb ganz wie soeben, nur wurde ein Ende der Glasröhre, bevor diese mit der Salzauflösung angefüllt wurde, mit Blase fest zugebunden, und dann dieses Ende nach der Füllung in dasjenige Glas gebracht, worin der Kupferstreifen sich befand. Es konnte nun die am Kupfer anliegende Flüssigkeit, während die Glasröhre erhitzt wurde, unmöglich in irgend eine schädliche Bewegung gerathen; gleichwohl stieg die Nadel während der Erhitzung anfänglich von 55° auf 65°, später von 43° auf 48°, und zuletzt von 35° auf 41°. Jetzt musste ich mir sagen, dass die Zunahme der Wirkung der blosen Erwärmung der Flüssigkeit zuzuschreiben, und von der in ihr sich bildenden Polarisation völlig unabhängig sei. Doch scheint die Abnahme der Aenderung in späterer Zeit noch auf irgend einen besonderen Umstand hinzudeuten.

XXIII.

Erklärung aller in einaxigen Krystallplatten zwischen geradlinig polarisirtem Lichte wahrnehmbaren Interferenz-Erscheinungen.

Abhandlungen der mathemat.-physikalischen Classe der kgl. bayr. Akademie der Wissenschaften, Bd. **7**, S. 43—149, 267—370. 1853.

Erste Hälfte,

worin die in einer einzigen Krystallplatte entstehenden Erscheinungen betrachtet werden.

Meine im Sommersemester 1851 an hiesiger Universität gehaltene Vorlesung über Optik legte mir die Verpflichtung auf, den dahin gehörigen Apparat zu diesem Zwecke zu ordnen und zu vervollständigen. Bei dieser Gelegenheit stiess ich auf eine Interferenzerscheinung in Krystallplatten, die mich anfangs in Erstaunen setzte, weil mir nicht bekannt war, dass sie je in den Bereich der Experimentalphysik gezogen worden wäre. Nimmt man nämlich zwei gleich dicke Platten mit parallelen Oberflächen, welche aus einem einaxigen Krystalle so herausgeschnitten worden sind, dass deren optische Axe einen Winkel von 45° mit ihren Oberflächen bildet, welche Platten bekanntlich einzeln im homogenen Lichte geradlinige, helle und dunkle Streifen von der Farbe des benützten Lichtes, und gekreuzt über einander gelegt schon im gewöhnlichen Tageslichte geradlinige, prismatisch gefärbte Abwechselungen sehen lassen, die denen sehr ähnlich sind, welche der gewöhnliche Interferenzversuch an den Fresnel'schen Spiegeln oder an zwei, auf die von mir in Poggendorff's Annalen (XLIX.

p. 98 [577]) beschriebene Weise zubereiteten Spiegelglasstücken*) liefert, — und legt man diese beiden Platten so übereinander,

---

*) In Bezug auf diese letztere äusserst einfache und im Gebrauch so sehr bequeme Vorrichtung benütze ich diese Gelegenheit, einen Umstand zu berichtigen, der ihrer weiteren Verbreitung mit um so grösserem Erfolg entgegen zu treten im Stande ist, als eine Stelle in Airy's Werken, die in solchen Dingen eine Autorität bilden, keinen Zweifel hinsichtlich der Unzulänglichkeit meines Apparätchens übrig zu lassen scheint. Dieser hochachtbare Gelehrte sagt in seinen Mathematical Tracts 3. Edit. pag. 284 bei Gelegenheit der Bildung von Interferenzstreifen mittelst zweier völlig gleicher Prismen mit gemeinschaftlichen Rücken: The breadth of the bars for different colours does not as before (wo von den Fresnel'schen Spiegeln die Rede war) depend simply on λ (welcher Buchstabe die Wellenlänge eines einfachen Lichts bezeichnet), but on $\frac{\lambda}{\mu - 1}$ (wo μ den Brechungsexponenten vorstellt). Now μ varies with λ: it is greatest for the blue rays or those for which λ is least, and less for those for which λ is greater through all the different colours. Consequently the breaths of the bars formed by the different colours are not in the same proportion as before, but are more unequal. The mixture of colours therefore at the edges of those bars which are a little removed from the central bar is not the same as before, and after a smaller number from the center, the colours of the different bars are mixed with each other. Diese an und für sich völlig richtigen theoretischen Angaben eines anerkannten englischen Gelehrten scheinen in Deutschland mein Apparätchen, theilweise wenigstens, in Misskredit gebracht zu haben. Ich hingegen habe bei sehr vielen vergleichenden Versuchen, und auch jüngst wieder in meinen Vorlesungen, wo ich, um meinen Zuhörern die Vergleichung zu erleichtern, den Spiegelapparat so regulirte, dass die in ihm sich zeigenden Streifen gleiche Breite mit denen meines Prismenapparates hatten, in den Spiegelglasstücken nie weniger Streifen gefunden als in den Fresnel'schen Spiegeln, eher ein Paar mehr in Folge der bei jenem vorhandenen viel grösseren Lichtstärke. Auch zeigt eine ganz einfache rechnende Auseinanderlegung der Grösse $\frac{\lambda}{\mu}$, dass eine wahrnehmbare Verschiedenheit in der Anzahl und dem Aussehen der Streifen bei den beiden Apparaten sich nicht wohl früher offenbaren könne, als bei etwa 50 vorhandenen Streifen, während sich in der Wirklichkeit doch kaum je mehr als 13 solcher Streifen an dem einen wie an dem andern wahrnehmen lassen, so dass eine Verschiedenheit in den beiden Apparaten theoretisch zwar begründet ist, jedoch ausserhalb aller Erfahrung liegt. Ich vermuthe daher, dass Airy's letzter Satz: „and after a smaller number from the center the colours of the different bars are mixed with each other", der allerdings auf eine wirkliche Beobachtung sich zu stützen scheint, einem anderen Umstande seine Entstehung verdankt, von dem ich hier, den Experimentatoren zu

dass deren *Hauptnormalebenen,* (so wollen wir die Ebenen nennen, welche durch die Normale zu den Oberflächen der Platte und durch deren optische Axen gehen), in einander, deren optische Axen hingegen nach entgegengesetzten Seiten von der, beiden Platten gemeinschaftlichen Normale zu liegen kommen, und betrachtet sie zwischen zwei Polarisationsapparaten, deren Polarisationsebenen senkrecht auf einander stehen, im homogenen Lichte, so wird man dadurch überrascht, dass jetzt in denselben Platten, die sonst immer nur geradlinige Streifen sehen lassen, ein System von unzählig vielen Ellipsen, deren grosse Axen den vereinigten Hauptnormalebenen der

---

Liebe, noch etwas ausführlicher reden werde. Wenn man einen einzigen Spiegelstreifen von seiner Mitte aus nach beiden Enden hin dünner schleift, so dass derselbe zwei mit ihrem Rücken gegen einander gekehrte sehr schwache Prismen in sich vereinigt, und dann polirt, so giebt dieses Doppelprisma, von welchem auch in Herschel's Optik (Schmidt'sche Uebersetzung §. 736) die Rede ist, nicht völlig die gleiche Erscheinung, wie meine beiden neben einander hingestellten Spiegelglasstücke, oder wie die Fresnel'schen Spiegel. Die in dem einen Doppelprisma gebildete Erscheinung unterscheidet sich namentlich von der in den letztgenannten Apparaten auftretenden dadurch, dass die Streifen von der Mitte aus nach beiden Seiten hin bald in hellen Säumen verbleichen, während sie in den beiden anderen Apparaten auf dunklerem Grunde liegen, in dem sie länger sichtbar bleiben. Auch nehmen jene häufig eine abwechselnd röthliche und grünliche Färbung an. Auf die hier angeführte Erscheinung mit hellen Säumen zu beiden Seiten dürften Airy's Worte zu beziehen sein; diese enthält immer nur beträchtlich weniger Abwechselungen, als die Fresnel'schen Spiegel oder meine zwei Spiegelglasstücke sehen lassen. Stellt man indessen vor den Rücken des Doppelprismas, da wo seine beiden angeschliffenen Flächen an einander grenzen, irgend einen undurchsichtigen Körper von der erforderlichen Dicke, wie z. B. eine Stricknadel, so verschwinden die hellen Säume zu beiden Seiten der Erscheinung, und diese nimmt wieder den Charakter von der an, welche man bei den übrigen Interferenzapparaten wahrzunehmen pflegt, wiewohl sie stets lichtschwächer zu sein scheint, und daher wohl nie die Streifen in der gleichen Anzahl wie die anderen Apparate in sich aufnimmt. Ohne allen Zweifel macht sich bei diesem Doppelprisma aus einem Stücke Glas wieder jene Besonderheit geltend, auf die ich schon in meinem Eingangs erwähnten Aufsatze aufmerksam gemacht habe, in Folge der ein vom Rande eines Spiegels genommener Abschnitt für sich allein schon auf der Seite, wo sich während der Bearbeitung des Spiegels das rothe Polirpulver angehängt hat, Interferenzstreifen in grosser Menge, welche nach den Seiten *hin stets näher an einander rücken, sehen lässt.*

beiden Platten parallel laufen, mit einem centralen, dunkeln, ovalen Flecken, aber ohne alle Spur von dunkeln Armen sich zeigt, wie in Fig. 1 versinnlicht worden ist. Lässt man die

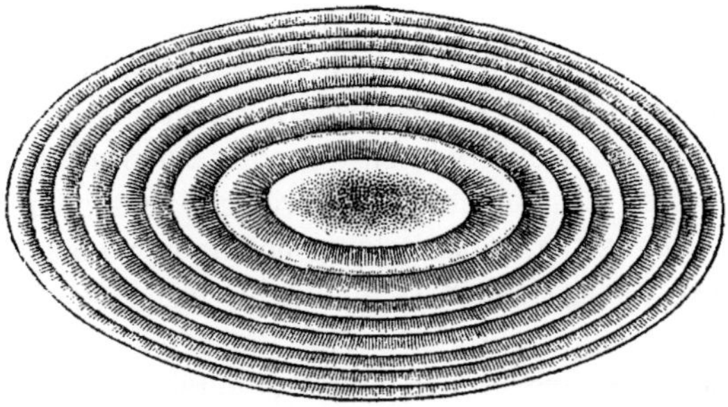

Fig. 1.

beiden Polarisationsebenen allmählig in einander übergehen, so ändert sich die eben angezeigte Erscheinung nach und nach in ihr Complementärbild ab, wodurch sie indessen kein sehr verändertes Aussehen annimmt, nur dass der vorhin dunkle und von einer breiten hellen Ellipse umgebene Centralfleck jetzt in einen hellen und von einer breiten dunklen Ellipse umgebenen sich verwandelt hat. Während dieses Ueberganges, mitten zwischen den zwei äussersten Stellungen der beiden Polarisationsapparate, nimmt das ganze Gesichtsfeld ein gleichmässiges Helldunkel an, was auch geschieht, wenn bei senkrechten oder parallelen Polarisationsebenen die vereinigte Hauptnormalebene in einer dieser Ebenen oder senkrecht auf ihr steht. Die hier beschriebene Erscheinung tritt nämlich am deutlichsten auf, wenn die vereinigte Hauptnormalebene einen Winkel von 45° mit einer der senkrecht auf einander stehenden oder parallelen Polarisationsebenen bildet, nimmt mit diesem Winkel stets ab und verschwindet endlich gänzlich, wenn dieser Winkel null ist. Nimmt man zu diesen Versuchen gleich dicke Platten von Bergkrystall, deren Oberflächen unter 45° zur optischen Axe geneigt sind, so wird die Erscheinung, wie wegen des Drehvermögens dieses Minerals zu erwarten war, eine andere, deren Hauptunterschied darin liegt, dass neben den Ellipsen gleichzeitig geradlinige Streifen auferstehen, die eine senkrechte Stellung zu den grossen Axen der Ellipsen haben, und je nach der Lage der Hauptnormalebene die Ellipsen überstrahlen oder von diesen bis zu ihrem gänzlichen Verschwinden bei einer völlig bestimmten Lage der Hauptnormalebene überstrahlt werden. Man wird ohne mein Erinnern einsehen, dass diese eigenthümliche Modifikation der Erscheinung im Bergkrystall für die nähere Kenntniss der Eigenthümlichkeiten dieses Körpers höchst wichtig zu werden verspricht.

Obgleich die so eben beschriebene Erscheinung wegen der Sonderbarkeit ihrer Entstehungsbedingungen längst in unsere Lehrbücher übergegangen sein müsste, wenn sie früher schon beobachtet worden wäre, und dies um so mehr, da sie, wovon ich mich bald überzeugen konnte, bereits schon in den bekannten Rechnungsformeln, die wir der Wellentheorie des Lichtes verdanken, enthalten sind, so nahm ich nichts desto weniger Anstand, mit ihr als einer neuen hervor zu treten, besonders aus dem Grunde, weil sie in Krystallplatten sich zeigt, die in den Händen eines jeden Physikers zu sein pflegen, und es mir deshalb unglaublich schien, dass sie sich so lange verborgen zu halten im Stande gewesen sein sollte. Um in dieser Beziehung mir nichts vorwerfen zu müssen, nahm ich die Gelegenheit wahr, sie sowohl in der ersten als zweiten Section der im vorigen Jahre in Gotha tagenden Naturforscherversammlung vorzuzeigen, und die Bitte beizufügen, mich davon in Kenntniss zu setzen, wenn vielleicht einem der anwesenden Herren diese Erscheinung oder auch nur Analoges bekannt geworden sein sollte; aber obgleich daselbt viele ausgezeichnete Gelehrte und sogar Schriftsteller im Fache der Optik zu finden waren, wurde mir doch nicht die geringste Anzeige zu Theil, und so halte ich mich für berechtigt, dieselbe als eine vor mir noch nicht beobachtete anzugeben. Es lassen sich zwei Ursachen für ihr kaum begreifliches so langes Verborgenbleiben angeben. Einmal bedient man sich zweier vereinigter Krystallplatten gewöhnlich nur zu Versuchen im Tageslichte, während die hier besprochene Erscheinung sich nicht anders als im homogenen Lichte zeigt, im Tageslichte dagegen nie gesehen werden kann; dann dienen zum Nachweis der geradlinigen Interferenzstreifen im Tageslichte häufig Bergkrystallplatten, die, wenn sie auch zufällig im homogenen Lichte gebraucht worden wären, jene Erscheinung nur in so verwickelter Weise zur Anschauung kommen lassen, dass der Beobachter leicht unsicher bleiben konnte, wohin er sie zu stellen habe. Der Bergkrystall ändert vermöge seiner individuellen Natur diese Erscheinung ungleich stärker ab, als er bei allen vordem beobachteten Interferenzerscheinungen thut und ist daher am wenigsten geeignet, sie in ihrer Reinheit erkennen zu lassen.

Die nun folgende Abhandlung hat sich zum Ziel gesetzt, den Entstehungsgrund der bisher besprochenen Erscheinung aufzudecken; weil sich aber an sie andere Betrachtungen von ungemeiner Wichtigkeit für die Lichtwellentheorie anknüpfen lassen, diese jedoch nur an der Hand von allgemeineren Formeln als die bisher gegebenen angestellt werden können, so sehe ich mich genöthigt, eine allgemeine Theorie des Ganges des Lichtes durch einaxige Krystallplatten voraus zu schicken uud glaube, damit kein unnützes Unternehmen begonnen zu haben, da unsere Literatur in diesem Felde, obgleich an jeder Stelle von einem glänzenden Fortschritte bezeichnet, doch im Grunde noch sehr jugendlich ist. Die Meisterarbeiten von Airy und J. Müller, welche das Beste bieten, was wir in diesem Felde besitzen, vereinzeln doch noch immer zu sehr die Gesichtspunkte, als dass die hohe Schönheit, welche diese Art optischer Rechnungen entfalten kann, ganz sichtbar würde. Irre ich nicht, so wird die vorliegende Arbeit es der heutigen Physik möglich machen, eines der schönsten, aber auch dunkelsten Kapitel in ihren Compendien gleichzeitig klarer, vollständiger und kürzer geben zu können.

A. Allgemeine Bestimmung der Veränderungen, welche das Licht bei seinem Durchgange durch einaxige Krystalle hindurch erleidet.

I. Das Licht ändert in der Regel bei seinem Uebergange aus einem durchsichtigen Mittel in ein anderes seine Richtung, falls es sich in den beiden Mitteln nicht mit einer und derselben Geschwindigkeit fortbewegt, und die hierbei eintretende Richtungsänderung lässt sich auf nachstehende Weise bestimmen. Bezeichnet nämlich v die Fortpflanzungsgeschwindigkeit im ersten Mittel, v' die im zweiten Mittel; stellen ferner i und i' die Winkel vor, welche die Richtung des Lichtes im ersten und zweiten durchsichtigen Mittel mit der Normale zu deren gemeinschaftlicher Grenzfläche bilden an der Stelle, wo der Uebergang statt hat, so ist stets

$$\sin i : \sin i' = v : v' \text{ oder } \sin i = \frac{v}{v'} \sin i';$$

es wird diesem nach i grösser als i' sein, d. h. die gebrochenen Strahlen werden dem Einfallslothe zugelenkt werden, wenn v' kleiner als v ist, und in dem Masse stärker, je grösser der Quotient $\frac{v}{v'}$, d. h. je kleiner die Geschwindigkeit im zweiten Mittel in Vergleich zu der im ersten Mittel ist. Dieser Quotient $\frac{v}{v'}$, welcher mit der Grösse der Zulenkung im innigen Zusammenhange steht, ist es, dem man den Namen des *Brechungsexponenten* gegeben hat. Ist in einem anderen Falle v' grösser als v, so wird i' grösser als i, das gebrochene Licht wird dann nicht mehr dem Einfallslothe zugelenkt, sondern umgekehrt davon abgelenkt, und dann giebt der umgestürtzte Quotient $\frac{v'}{v}$ gewissermassen ein Mass für die Grösse dieser Ablenkung her. Nennt man in beiden Fällen den Quotienten $\frac{v}{v'}$ den Brechungsexponenten zwischen den beiden Mitteln, so giebt der Brechungsexponent, wenn er grösser als 1 ist, eine Zulenkung des Lichtes nach dem Einfallslothe zu erkennen, deren Stärke von seiner Grösse abhängt; hingegen giebt er, wenn er kleiner als 1 ist, eine Ablenkung des Lichtes vom Einfallslothe zu erkennen, die durch ihn bestimmt wird, und mit seinem umgestürzten Werthe zu- und abnimmt. Ist in einem Ausnahmefalle $v = v'$, so wird $i = i'$, und dies zeigt an, dass in diesem Falle das Licht bei seinem Uebergange aus dem einen Mittel in das andere seine Richtung gar nicht ändert. Ist $i = o$, d. h. fällt das Licht in einer senkrechten Richtung auf die Grenzfläche auf, so wird auch $i' = o$, und dies zeigt an, dass in diesem besonderen Falle das Licht bei seinem Uebergange aus einem durchsichtigen Mittel in ein anderes seine Richtung ebenfalls nicht ändert. Die Gleichung

$$\sin i' = \frac{v'}{v} \sin i,$$

welche aus der eben aufgestellten Proportion sich ableiten lässt, deutet noch auf eine unter Umständen vorkommende ganz aussergewöhnliche Erscheinung hin. Erwägt man nämlich, dass alle möglichen positiven Werthe der Sinuse immer zwischen o und 1 liegen müssen, dass aber da, wo v' grösser als v ist, i stets so gross genommen werden kann, dass $\frac{v'}{v}$ sin i grösser als 1 wird, so würde obige Gleichung in jedem solchen Falle sin i' grösser als 1 werden lassen, was mit dem Begriff vom Sinus nicht vereinbar ist, sonach auf eine Unmöglichkeit hindeutet. Hieraus folgt, dass das Licht in Fällen, wo es bei seinem Uebergange aus einem Mittel in das andere vom Einfallsloth abgelenkt wird, bei einer gewissen Grösse des Einfallswinkels nicht mehr gebrochen werden kann, und die Erfahrung lehrt, dass in diesem Falle die Brechung in eine Zurückwerfung überspringt, die man durch das Beiwort der *totalen* zu bezeichnen pflegt.

Die Wellentheorie des Lichtes gelangt zu den nachstehenden Resultaten durch ziemlich verwickelte Betrachtungen. Sie ist gezwungen, als Prinzip den Satz aufzustellen, dass der Zustand eines Wellenzuges zu irgend einer beliebigen Zeit bedingt wird durch den Zustand desselben Wellenzuges zu irgend einer vorangegangenen Zeit, und dass jener Zustand aus diesem gefunden werden kann, wenn man die Schwingungsbewegung eines jeden Aethertheilchens in letzterem als Quelle einer daraus hervorgehenden Wellenbewegung ansieht, und das Resultat von allen diesen unendlich vielen partiellen Wellenbewegungen aufsucht. Diese besondere Vorstellung von dem Grund des Fortganges eines Wellenzuges wird ihr insbesondere da ganz unerlässlich, wo die ankommenden Wellen irgend welchen Grenzbedingungen unterworfen werden, wie dies z. B. bei der Zurückwerfung und bei der Brechung des Lichtes stets der Fall ist. Die Undulationstheorie stellt sich dann im Innern eines zurückwerfenden oder brechenden Mittels alle die Wellen vor, welche von sämmtlichen, an der gemeinschaftlichen Grenzfläche beider Körper schwingenden Theilchen aus einzeln in den zweiten Körper hinein erzeugt werden, und sucht das Gesammtergebniss hiervon zu jeder beliebigen Zeit zu bestimmen. Bei diesem Geschäfte stützt sie sich auf die Annahme, dass die Totalwirkung von vielen aus einzelnen Punkten hervorgehenden Wellen zu einer bestimmten Zeit in der Fläche liege, die alle diese in dem gleichen Augenblicke gebildeten Wellen zuammen berührt, und sie ist zu dieser Annahme allerdings berechtigt, da sich zeigen lässt, dass die einzelnen in demselben Augenblicke bestehenden Wellenflächen nur an den Stellen ihrer gemeinschaftlichen Umhüllungsfläche gegenseitig durch Interferenz sich verstärken können, an anderen Stellen hingegen sich vernichten müssen. Diese Umhüllungsfläche, welche die Stirnfläche für den neuentstandenen Wellenzug hergiebt, wird im Allgemeinen eine krumme Fläche sein; in dem besonderen Falle aber, wo der anlangende Wellenzug ein ebener ist, und zugleich an einer ebenen Grenzfläche sich abändert, geht die Umhüllungsfläche in eine Ebene über und ist dann einer leichteren Bestimmung fähig. Bei schief einfallendem Lichte nämlich, welches allein eine Richtungsänderung erleidet, gelangen die einzelnen, einer und derselben Stirnfläche angehörigen schwingenden Stellen, vorausgesetzt, dass man es mit einem ebenen Wellenzuge zu thun habe, dessen Stirnfläche senkrecht auf der Richtung des ankommenden Lichtes steht, — der Zeit nach nur successive bis zur Grenzebene der beiden Mittel hin; es werden sich also die von den einen Grenzstellen aus erzeugten Wellen, welche jener Stirnfläche ihre Entstehung verdanken, in einem bestimmten Augenblicke schon bis auf eine gewisse Weite von jenen Stellen aus fortgepflanzt haben, während ein anderer Theil dieser Grenzstellen erst in Bewegung geräth, und diese letzteren Stellen liegen, wenn auch noch die Grenzfläche der beiden Mittel eine Ebene ist, offenbar in einer Geraden, durch welche hindurch die Ebene gehen muss, welche alle die dem gleichen Augenblicke angehörigen Wellen berührt. Aus diesem Grunde wird unter den von uns gemachten Voraussetzungen die dem gleichen Augenblicke entsprechende, zu suchende ebene Stirnfläche schon dadurch völlig bestimmt, dass man sie durch die eben erwähnte Gerade gehen und nur eine einzige von einer entfernteren Grenzstelle ausgegangene Wellenfläche, die demselben Augenblick entspricht berühren lässt. Auf solche Weise wird man zu der in den Lehrbüchern angegeben Construction hingeführt, aus welcher sich alle weiteren

Eigenthümlichkeiten der Zurückwerfung oder Brechung sogleich als nothwendige Folgen ableiten lassen, wie zu Anfang dieser Ziffer in Bezug auf Brechung geschehen ist.

II. In dem grössten Theile der durchsichtigen Körper pflanzt sich das Licht nach den verschiedensten Richtungen hin mit einer und derselben Geschwindigkeit fort, und in diesem Falle hat man sich die Form der von einer jeden Stelle solcher Körper ausgehenden Wellen, so lange sie im Inneren derselben verweilen, stets als Kugelflächen vorzustellen, deren Radien nach Ablauf der Zeiteinheit der Geschwindigkeit des Lichtes in diesem Körper gleich werden. Stellt wie in (I.) v' diese Geschwindigkeit vor, so hat man dieser Grösse in durchsichtigen Köɹpern der bezeichneten Art stets einen und denselben Werth beizulegen, was auch die Richtung sein mag, in der das Licht den Körper durchläuft. Es giebt indessen auch nicht wenige andere durchsichtige Körper, in denen sich das Licht nach verschiedenen Richtungen hin mit verschiedener Geschwindigkeit fortbewegt, was ohne Zweifel in einem ungleichen Baue solcher Körper nach verschiedenen Seiten hin seinen Grund hat; in diesen nehmen die Wellenflächen in jedem Augenblicke eine von der Kugelgestalt abweichende, durch die ungleiche Leichtigkeit der Fortbewegung nach den verschiedenen Seiten hin gegebene Form an. Hat man sich eine genaue Kenntniss von dieser Form verschafft, so lässt sich aus ihr die Grösse der Geschwindigkeit, womit das Licht nach den verschiedenen Richtungen hin fortschreitet, berechnen, welche Geschwindigkeit wir dann nicht mehr wie zuvor durch v', sondern durch e bezeichnen werden, um durch die Verschiedenheit des Buchstabens schon äusserlich den Umstand auszusprechen, dass hier die Geschwindigkeit des Lichtes sich immerwährend mit der Richtung seiner Bewegung abändert. Die Richtung, welche das Licht bei seinem Uebergange in ein so geartetes durchsichtiges Mittel einhält, wird übrigens von da ab wieder ganz durch die gleichen Betrachtungen aufgefunden, deren allgemeiner Gang in (I.) angegeben worden ist, so dass man auch hier wieder bei unveränderter Bedeutung der schon vorher eingeführten Buchstaben hat:

$$\sin \mathrm{i} : \sin \mathrm{i}' = v : \mathrm{e}$$

oder

$$sin\ i = \frac{v}{e}\ sin\ i'\ ^{*}),$$

wo aber jetzt die Geschwindigkeit e mit der Richtung des im zweiten Mittel sich fortbewegenden Lichtes sich verändert und darum aus der Natur dieses Mittels in jedem besonderen Falle erst hergeleitet werden muss.

III. Der in voriger Ziffer erwähnte Umstand tritt bei allen solchen Krystallen ein, deren Krystallgestalt sich nicht auf eine geometrisch reguläre Körperfigur zurückführen lässt; zugleich aber tritt damit noch ein anderer Umstand auf, von welchem wir jetzt reden werden. In allen Krystallen nämlich, die nicht zum regulären Systeme gehören, theilt sich das begrenzt einfallende Licht in zwei von einander sich absondernde Bündel, von denen jeder seine besondere Fortpflanzungsweise im Inneren des Krystalls besitzt, welche Eigenschaft diesen Krystallen die Benennung der *doppeltbrechenden* zugezogen hat. In demjenigen Theile der doppeltbrechenden Krystalle, die zum zwei- und einaxigen oder zum drei- und einaxigen Systeme gehören, pflanzt sich das Licht des einen Bündels nach allen Richtungen mit derselben Geschwindigkeit fort, ganz so wie die Fortpflanzung des Lichts in den gewöhnlichen einfach brechenden Mitteln geschieht; das Licht des anderen Bündels hingegen bewegt sich in diesen Krystallen nach verschiedenen Richtungen hin mit veränderlicher Geschwindigkeit fort. Diese Art von doppelt brechenden Krystallen besitzt nur eine einzige Richtung, längs welcher sich das in ihnen fortschreitende Licht nicht in zwei Bündel spaltet und diese Richtung fällt mit ihrer krystallographischen Axe zusammen; man nennt sie aus diesem Grunde *optisch einaxige* Krystalle. Alle übrigen Krystalle, welche weder zum regulären Systeme noch zu einem von den beiden eben genannten gehören, besitzen zwei Richtungen, längs welcher keine doppelte Brechung statt hat; diese Richtungen heissen hier wieder optische Axen, und die Krystalle selber, welche zwei solche optische Axen besitzen, *optisch zweiaxige*. Auch die optisch zweiaxigen Krystalle zerlegen,

*) Diese Gleichung ist blos annähernd wahr, sie kann jedoch auf so lange als ein Bild für den eigentlichen Hergang dienen, bis dieser vollständig erkannt sein wird.

wie die optisch einaxigen, das durch sie hindurch gehende Licht im Allgemeinen in zwei sich von einander absondernde Bündel, jedoch mit dem Unterschiede, dass sich das in jedem dieser beiden Bündel enthaltene Licht nach verschiedenen Richtungen hin mit veränderlicher Geschwindigkeit fortbewegt. Wir werden von hier ab die optisch zweiaxigen Krystalle zur Seite liegen lassen und uns fernerhin blos mit den besonderen Verhältnissen der Lichtbewegung in optisch einaxigen Krystallen befassen, hier jedoch noch bemerken, dass die Versuche lehren, dass die beiden Lichtbündel in einaxigen sowohl wie in zweiaxigen Krystallen polarisirtes Licht in sich enthalten, so zwar dass die Polarisationsebene des einen senkrecht auf der des anderen Bündels steht. Die Lichtschwingungen scheinen in einaxigen Krystallen nur in derjenigen Richtung geschehen zu können, die entweder senkrecht auf dem Hauptschnitt steht oder in ihm liegt, wobei unter dem Ausdruck *Hauptschnitt* die Ebene zu verstehen ist, welche durch die Richtung des einfallenden Strahls und durch die optische Axe des Krystalls hindurch gelegt wird.

Weil sich das Licht des einen Bündels in optisch einaxigen Krystallen, wie eben angezeigt worden ist, nach allen Richtungen hin mit einer und derselben Geschwindigkeit fortpflanzt, und man sich ebendeswegen die von einem Punkte ausgehenden, diesem Bündel angehörigen Lichtwellen wie in den gewöhnlichen durchsichtigen Mitteln kugelförmig vorzustellen hat, so pflegt man das Licht dieses Bündels das *gewöhnliche* zu nennen, während man das Licht des anderen Bündels, das sich von einem Punkte aus nicht kugelförmig verbreitet, das *aussergewöhnliche* nennt. Die Form der von einer schwingenden Stelle des aussergewöhnlichen Lichts erzeugten Wellen hat man aus der ungleichen Geschwindigkeit, womit sich dieses Licht nach verschiedenen Richtungen hin fortbewegt, herzuleiten, und die hierüber angestellten, sehr sorgsamen Versuche haben es ausser Zweifel gestellt, dass die Wellenform des aussergewöhnlichen Lichts in allen bekannten einaxigen Krystallen ein Umdrehungsellipsoid ist, dessen Polaraxe dem Durchmesser der Kugel gleich ist, die das gewöhnliche Licht in demselben Krystalle während der gleichen Zeit von ihrem Mittelpunkte aus beschreibt. Die nämlichen Versuche haben uns zugleich gezeigt, dass die einander gleichen Aequatorialaxen dieser Umdrehungsellipsoide bei einem Theile der einaxigen Krystalle grösser und bei den anderen kleiner als deren Polaraxen sind, was zur Eintheilung der einaxigen Krystalle in *positive* und *negative* Anlass gab. Bezeichnet man durch v die Geschwindigkeit des Lichts in dem Mittel, aus dem es auf den Krystall einfällt, durch v' die des gewöhnlichen Lichts im Krystall und durch e die des aussergewöhnlichen Lichts, welche je nach der Richtung, längs welcher dieses den Krystall durchläuft, verschieden ist, und für jede besondere Richtung noch besonders bestimmt werden muss; bezeichnet man ferner den Einfallswinkel des Lichts durch i, den Brechungswinkel des gewöhnlich gebrochenen Lichts durch i' und den des aussergewöhnlich gebrochenen Lichts durch i'', so hat man dem in (I.) und (II.) Gesagten gemäss:

$$\sin \mathrm{i} : \sin \mathrm{i}' = v : v' \text{ und } \sin \mathrm{i} : \sin \mathrm{i}'' = v : \mathrm{e}$$

oder

$$\sin \mathrm{i} = \frac{v}{v'} \sin \mathrm{i}' \text{ und } \sin \mathrm{i} = \frac{v}{\mathrm{e}} \sin \mathrm{i}''.$$

IV. Die mathematische Bestimmung der Wellenbewegung führt unter der Voraussetzung, dass die bewegten Theile nur ganz kleine Bahnen um ihre Gleichgewichtslage beschreiben, eine Voraussetzung, die beim Lichte, dessen Wellen so äusserst *kleine Längen haben, mehr als anderswo statthaft ist, zu einer linearen Differentialgleichung, aus der sich als ein besonderer* Fall die Ausweichung des bewegten Theilchens von seiner Gleichgewichtslage durch den Ausdruck

$$\mathrm{a} \sin \frac{2\pi}{\lambda} (v\mathrm{t} - \mathrm{x})$$

gegeben herleiten lässt, in welchem a die grösste Ausweichung, deren Quadrat die Stärke des aus diesen Wellen hervorgehenden Lichtes an die Hand giebt, π das Verhältniss des Umfangs eines Kreises zu seinem Durchmesser, t die beliebig zu wählende Zeit und x den Abstand eines willkührlich in's Auge gefassten bewegten Theilchens von einer unveränderlichen Ebene vorstellt, mit welcher die sämmtlichen Stirnflächen parallel laufend in unserem besonderen Falle angenommen worden sind, weshalb auch die in vorstehendem Ausdrucke enthaltenen Wellen *ebene Wellen* genannt werden; ausserdem bezeichnet noch λ die Länge einer Welle homogenen Lichts und v die Fortschreitungsgeschwindigkeit derselben. Die Richtung der Schwingungen, sowie die von dieser Richtung abhängige Bahn des schwingenden Theilchens bleibt in dem vorstehenden Ausdrucke völlig unbestimmt, so dass man diese in jedem Einzelfalle aus den übrigen dabei vorkommenden Umständen erst noch zu erkennen hat. Die Natur der im obigen Ausdrucke enthaltenen Wellen spricht sich in folgenden Betrachtungen aus: Fasst man irgend ein bewegtes Theilchen in's Auge, dessen Abstand x von der unveränderlichen Ebene, die wir von jetzt an die *Distanzebene* nennen werden, im Ruhezustande eine gegebene unveränderliche Grösse ist, so geht aus obigem Ausdrucke hervor, dass dieses Theilchen jedesmal wieder die gleiche Ausweichung von seinem Ruhestande erhält, so oft t einen um die Grösse $\frac{\lambda}{v}$ abgeänderten Werth angenommen hat, es stellt mithin $\frac{\lambda}{v}$ die Zeit vor, in welcher das Theilchen einmal seine Bahn durchläuft. Stellt T diese bestimmte Zeit vor, so hat man also

$$T = \frac{\lambda}{v};$$

denkt man sich aber die Zeit t in obigem Ausdrucke unveränderlich, so zeigt er den Zustand aller bewegten Theile in einem und demselben Augenblicke an, und aus seinem Baue geht hervor, dass alle die Theilchen eine gleiche Ausweichung von ihrer Ruhelage erfahren haben, deren Abstände von der Distanzebene einen um λ oder um ein Vielfaches von λ verschiedenen Werth besitzen, weil in diesem wie in dem vorigen Falle der zum Sinus gehörige Winkel des obigen Ausdrucks seinen Werth um 2π ändert und darum dieser Sinus selbst immer wieder die gleiche Aufeinanderfolge von Werthen hergiebt. Hieraus folgt weiter, dass zwei Stellen im Raume, deren Abstände von der Distanzebene um weniger als λ von einander verschieden sind, zu derselben Zeit nicht in einerlei Zustand sich befinden können, und dass dieselbe Stelle nicht den gleichen Zustand aufweisen kann zu zwei verschiedenen Zeiten, die um weniger als $\frac{\lambda}{v}$ oder T von einander verschieden sind.

Die zwischen zwei um die Strecke λ aus einander liegenden, mit der Distanzebene parallelen Ebenen in einem bestimmten Augenblicke vorhandenen Ausweichungen der Theile aus ihrer Gleichgewichtslage kehren sonach in dem gleichen Augenblicke ganz eben so zwischen je zwei solchen Ebenen von dem Abstande λ wieder, die sich unmittelbar an die vorigen und an einander anreihen; und eben so kehren alle Vorgänge zwischen zwei solchen Ebenen in den unmittelbar hinter einander herlaufenden Zeitabschnitten von der Dauer T oder $\frac{\lambda}{v}$ stets in der gleichen Weise wieder.

Die eben beschriebenen in dem obigen Ausdrucke enthaltenen ebenen Wellen würden indessen wegen ihrer Besonderheit für die Lichttheorie von keiner so grossen Bedeutung sein, wenn nicht die höhere Rechnung seit Fourier uns die Ueberzeugung gebracht hätte, dass bei Schwingungen von so geringem Umfange, wie sie im Lichte vorkommen, jeglicher Wellenzug immer als Summe von lauter ebenen Wellenzügen angesehen werden darf und dass die Wirkung von jenem zu irgend einer Zeit die Summe der Wirkungen von diesen zu der gleichen Zeit ist, wodurch es möglich wird, Wellenzüge von jeglicher Art unter allen Umständen, falls sie nur aus unendlich kleinen Schwingungen zusammengesetzt sind, auf ebene Wellenzüge zurückzuführen, und also den ebenen Wellen eine Allgemeinheit zu vindiciren, wobei sie alle anderen möglichen Wellen in sich begreifen. Damit aber ebene Wellenzüge jenen Grad der Allgemeinheit behaupten können, müssen unserem Ausdruck alle die Beschränkungen genommen werden, die blos seine Form angehen, die Schwingungsbewegung selber aber nicht wesentlich berühren. So kann jeder neue ebene Wellenzug seine eigene Distanzebene besitzen und die Distanzebenen von mehreren ebenen Wellenzügen können irgend wie gegen einander geneigt sein; auch kann in jedem einzelnen gegebenen ebenen Wellenzuge die Distanzebene mit sich selber parallel verschoben gedacht werden, denn diese Distanzebene ist gleich den in anderen Fällen gebrauchten Coordinatenebenen blos ein Mittel, auf das die im Wellenzuge vor sich gehenden Veränderungen, um sie festhalten zu können, bezogen werden, das indessen selber auf die Natur des Wellenzuges keinen Einfluss übt, weshalb bei seiner Wahl keine andere Rücksicht genommen zu werden braucht als die, dass es eine leichte Darstellung des Wellenzuges gestatte. Da eine mit sich selber parallele Verlegung der Distanzebene bei den nun kommenden Betrachtungen öfters nöthig ist, so wird es nicht überflüssig sein, wenn wir sie noch etwas näher betrachten. Unser Ausdruck nämlich trägt die Besonderheit in sich, dass er null wird, wenn man in ihm sowohl $t = o$, wie auch $x = o$ setzt; er enthält also stillschweigend die Annahme in sich, dass in dem Augenblicke, von welchem aus die Zeit gezählt wird, die schwingenden Theilchen der Distanzebene sich in ihrer Gleichgewichtslage befinden, wodurch indessen dem ebenen Wellenzuge selber keine Besonderheit aufgedrückt wird, da sich jener Augenblick dieser Annahme gemäss wählen lässt. So lange man es blos mit einem einzigen ebenen Wellenzuge zu thun hat, wird dieser durch den bisher vorgeführten Ausdruck vollkommen dargestellt; wenn aber mehrere ebene Wellenzüge gleichzeitig auftreten, deren Wellen sich bei jedem in der gleichen Richtung fortbewegen, und man bezieht alle diese Wellenzüge auf eine und dieselbe Distanzebene, so ist der bisher vorgeführte Ausdruck nicht mehr allgemein genug, selbst wenn man den Grössen a, λ und v bei jedem andere Werthe beilegen wollte; denn immer würde er an alle einzelnen Wellenzüge die Bedingung stellen, dass zur Zeit o die in der Distanzebene liegenden Theilchen in Bezug auf jeden dieser Wellenzüge sich in ihrer Gleichgewichtslage befänden, — eine Bedingung, wodurch die gegenseitige Stellung der verschiedenen Wellenzüge bezüglich zu einander, mehr als gestattet werden kann, beschränkt würde. Diesen Uebelstand kann man jedoch dadurch umgehen, dass man statt des bisherigen Ausdrucks den

$$a \sin \frac{2\pi}{\lambda}(vt - x + \delta)$$

nimmt und der Grösse δ von einem Wellenzug zum anderen verschiedene Werthe beilegt, und zwar die, wie sie die relative Stellung der verschiedenen Wellenzüge zu einander verlangt; denn bei dieser Form unseres Ausdrucks liefert er für $t = o$ und $x = o$ den Ausdruck $a \sin 2\pi \frac{\delta}{\lambda}$ als Ausweichung eines schwingenden Theilchens in der Distanzebene zur Zeit o; und man sieht sogleich ein, dass durch eine geeignete Wahl der Grösse δ zwischen o und λ diese Ausweichung jede von denen werden kann, die überhaupt in diesem Wellenzuge zu finden sind. Durch die Aufnahme der von einem Wellenzug zum anderen sich abändernden Grösse δ in den für den Wellenzug gegebenen Ausdruck kann man also jede relative Stellung verschiedener nach derselben Richtung sich fortpflanzender Wellenzüge zu einander durch diesen Ausdruck selber aussprechen lassen. Die Grösse δ lässt in jedem Wellenzuge seinen Zustand an einer bestimmten Stelle und zu einer bestimmten Zeit erkennen, was man dessen *Phase* nennt, und ihre Verschiedenheit von einem Wellenzug zum anderen lässt das specifische Ineinandergreifen dieser Wellenzüge erkennen, was man deren *Phasenunterschied* zu nennen pflegt.

V. Die Natur einer linearen Differenzialgleichung, worauf die Mechanik jede Wellenbewegung mit äusserst kleinen Ausweichungen der bewegten Theilchen zurückführt, bringt es mit sich, dass da, wo sich die wirkliche Wellenbewegung in mehrere einfachere zerlegen lässt, — und der Fourier'sche Satz giebt das Mittel an die Hand, jegliche Wellenbewegung in lauter ebene Wellenbewegungen zu zerlegen — die aus der gegebenen Wellenbewegung entspringende Ausweichung eines jeden Theilchens von seiner Gleichgewichtslage zu jeder beliebigen Zeit immer das, mittelst des Parallelepipeds der Kräfte zu erhaltende Mittel derjenigen Ausweichungen ist, welche die einfacheren Wellenbewegungen, in die sich die gegebene auflösen lässt, demselben Theilchen zu derselben Zeit jede für sich mittheilen würden. Diese Verknüpfung unterliegt den geringsten Schwierigkeiten, wenn die einfacheren Wellenbewegungen, in welche sich eine gegebene auflösen lässt, sämmtlich einerlei Schwingungsrichtung haben, weil dann die Mittelwirkung einfach die Summe aller Seitenwirkungen wird. Unter dieser Voraussetzung werden wir jetzt den Einfluss zweier gleichzeitig auftretender ebener Wellenzüge auf den Zustand des durch sie in Bewegung gesetzten Mittels bestimmen, weil die Anwendung dieses besonderen Falles für unsere ferneren Betrachtungen genügt. Es seien demnach

$$a_1 \sin 2\pi \left(\frac{vt - x}{\lambda} + \delta_1\right) \text{ und } a_2 \sin 2\pi \left(\frac{vt - x}{\lambda} + \delta_2\right)$$

die Ausweichungen, welche zwei ebene Wellenzüge, deren Wellen einerlei Länge haben und sich in der gleichen Richtung mit einerlei Geschwindigkeit fortbewegen, und die beide durch die geeignete Wahl ihrer Phasen δ_1 und δ_2 auf dieselbe Distanzebene bezogen worden sind, jeder für sich einem zur Zeit t in dem Abstande x von der gemeinschaftlichen Distanzebene schwingenden Theilchen mittheilen würde, so wird, wenn die Schwingungsrichtung in diesen beiden Wellenzügen die gleiche ist und beide gleichzeitig auftreten, die aus der vereinten Einwirkung hervorgehende Ausweichung desselben schwingenden Theilchens zu der gleichen Zeit sein:

$$a_1 \sin 2\pi \left(\frac{vt - x}{\lambda} + \delta_1\right) + a_2 \sin 2\pi \left(\frac{vt - x}{\lambda} + \delta_2\right),$$

in welchem Ausdruck t und x sich auf ein und dasselbe übrigens beliebige schwingende Theilchen beziehen. Sieht man in diesem Ausdrucke die unter den Sinusen stehenden Winkel als Summen von $\frac{2\pi}{\lambda}(vt - x)$ und $2\pi\delta_1$ oder $2\pi\delta_2$ an, so lässt sich derselbe in die Form

$$(a_1 \cos 2\pi\delta_1 + a_2 \cos 2\pi\delta_2) \sin \frac{2\pi}{\lambda}(vt - x)$$
$$+ (a_1 \sin 2\pi\delta_1 + a_2 \sin 2\pi\delta_2) \cos \frac{2\pi}{\lambda}(vt - x)$$

bringen und diese lässt sich auf die eines einzigen ebenen Wellenzuges zurückführen, wenn man setzt:

$$a_1 \sin 2\pi\delta_1 + a_2 \sin 2\pi\delta_2 = a \sin 2\pi\delta$$

und

$$a_1 \cos 2\pi\delta_1 + a_2 \cos 2\pi\delta_2 = a \cos 2\pi\delta,$$

wodurch er übergeht in:

$$a \sin 2\pi \left(\frac{vt - x}{\lambda} + \delta\right).$$

Die hierin eingehenden Grössen a und δ lassen sich aus den unmittelbar vorangegangenen Gleichungen wie folgt erhalten:

$$tg\, 2\pi\delta = \frac{a_1 \sin 2\pi\delta_1 + a_2 \sin 2\pi\delta_2}{a_1 \cos 2\pi\delta_1 + a_2 \cos 2\pi\delta_2}$$

und

$$a^2 = a_1^2 + a_2^2 + 2a_1 a_2 \cos 2\pi(\delta_1 - \delta_2),$$

wobei a^2 die Lichtstärke des aus den beiden gegebenen neu entstandenen Wellenzuges und δ seine Phase hergiebt.

Ist $a_1 = a_2$, d. h. tragen die beiden gegebenen Wellenzüge gleiche Lichtstärke in sich, so wird:

$$tg\, 2\pi\delta = \frac{sin\, 2\pi\delta_1 + sin\, 2\pi\delta_2}{cos\, 2\pi\delta_1 + cos\, 2\pi\delta_2},$$

woraus folgt

$$tg\, 2\pi\delta = tg\, 2\pi\, \frac{\delta_1 + \delta_2}{2} \quad \text{oder} \quad \delta = \frac{\delta_1 + \delta_2}{2}\ ^{*}),$$

und in dem gleichen Falle ergiebt sich

$$a^2 = 2a_1^2\, [1 + cos\, 2\pi\, (\delta_1 - \delta_2)];$$

ist daher auch noch $\delta_1 = \delta_2$, so findet man

$$a^2 = 4a_1^2,$$

ist hingegen $\delta_1 - \delta_2 = \pm\, {}^1/_2$, so kommt

$$a^2 = 0.$$

Hieraus folgt, dass zwei ebene Wellenzüge von gleicher Stärke, welche sich gleichzeitig in derselben Richtung fortbewegen und deren Ausweichungen in parallelen Linien geschehen, Licht von doppelter Stärke liefern, wenn beide keinen Phasenunterschied haben, dass aber zwei solche Wellenzüge sich gegenseitig gänzlich aufheben, also Finsterniss bewirken, wenn deren Phasenunterschied eine halbe Wellenlänge beträgt. Liegt der Phasenunterschied in den beiden Wellenzügen zwischen ${}^1/_2$ und o oder 1, so ist die Stärke des aus ihnen hervorgehenden einen Wellenzuges eine zwischen o und $4\, a_1^2$ liegende, die allmählig von der einen Grenze zu der anderen übergeht. Da eine Aenderung von δ um 1 aus dem gleichen Grunde wie eine von x um λ immer wieder auf den gleichen Zustand derselben Stelle zu derselben Zeit hinführt, so ist es stets gestattet, den Werth von δ um jede beliebige Anzahl ganzer Einheiten abzuändern, wodurch man in den Stand gesetzt wird, diesen Werth immer positiv werden zu lassen und zwischen o und 1 zu nehmen, oder zwischen o und ${}^1/_2$, wenn derselbe

*) Es können zwar a_1 und a_2 auch Grössen mit entgegengesetzten Vorzeichen sein; aber es braucht dieser Fall hier nicht noch besonders berücksichtigt zu werden, da man das Vorzeichen von a_1 oder a_2 durch entsprechende Abänderung der Phase δ_1 oder δ_2 stets in das umgekehrte überführen kann.

sowohl negativ wie positiv werden darf. Das hier besprochene gegenseitige Auslöschen des in zwei Wellenzügen enthaltenen Lichtes ist offenbar dadurch bedingt, dass die Schwingungsrichtungen in beiden Wellenzügen einander parallel laufen, weil dann eine Bewegung nach der einen Seite durch eine gleich grosse nach der entgegengesetzten Seite hin einen Ruhestand des den beiden Schwingungen preisgegebenen Theilchens bewirken kann; wenn aber die Schwingungsrichtungen in den beiden Zügen einen Winkel mit einander einschliessen, kann die aus dem einen Zuge dem Theilchen mitzutheilende Bewegung durch keine aus dem anderen Zuge kommende aufgehoben werden, diese mag in der Geraden, worin sie geschieht, nach der einen oder anderen Seite hin erfolgen, weil diese mit der vorigen in jedem Falle einen Winkel einschliesst, und also beide dem Parallelogramm der Kräfte gemäss immer eine mittlere Bewegung hervorbringen müssen. In diesem Umstande liegt der theoretische Grund für den durch die Erfahrung an die Hand gegebenen Satz, dass zwei rechtwincklig gegen einander polarisirte Lichtzüge nicht interferiren, d. h. sich nicht gegenseitig auslöschen können.

Der hier ausgeführte Satz, welcher sich in der gleichen Weise auch auf mehr als zwei ebene Wellenzüge, deren Wellen einerlei Länge haben und sich in der gleichen Richtung mit einerlei Geschwindigkeit fortpflanzen, ausdehnen lässt, giebt den Schlüssel zur Erklärung der verschiedenartigsten Beugungserscheinungen, wie überhaupt aller Interferenzphänomene her. Uebrigens versteht es sich mit Rücksicht auf das im Eingang dieser Ziffer Angegebene von selbst, dass wenn in einer Lichtbewegung Züge mit verschiedenen Wellenlängen, jedoch stets in dem gleichen Verhältnisse enthalten sind, das eben Gesagte von jeder einer bestimmten Wellenlänge entsprechenden Art des Lichtes noch volle Giltigkeit behält. Die Undulationstheorie geht dabei von der mit der Erfahrung übereinstimmenden Annahme aus, dass die verschiedene Länge der Lichtwellen dem aus ihnen hervorgehenden Lichte eine verschieden Färbung durch alle Stufen der prismatischen Farben hindurch ertheilt.

VI. Nach diesen der Lichtwellenlehre entnommenen Lehrsätzen gehen wir an die Bestimmung der Art und Weise, wie das gewöhnliche und aussergewöhnliche Licht den einaxigen Krystall durchzieht, in grösster Allgemeinheit über. Bezeichnen wir nämlich durch v die Geschwindigkeit des Lichtes in der Luft, durch v' die Geschwindigkeit des gewöhnlich gebrochenen Lichtes im Innern des Krystalls, die zugleich auch die des aussergewöhnlichen Lichtes in der Richtung der optischen Axe ist, endlich durch v'' die Geschwindigkeit des aussergewöhnlichen Lichtes in einer auf der optischen Axe senkrechten Richtung, so wird die Gleichung für die Wellenfläche des von einem Punkte A ausgegangenen aussergewöhnlichen Lichtes dem in Ziffer III. Gesagten zufolge:

$$\frac{x^2}{v'^2} + \frac{y^2 + z^2}{v''^2} = 1, \tag{1}$$

wenn die in ihr vorkommenden Coordinaten x, y, z auf 3 Axen eines rechtwicnkligen Coordinatensystemes bezogen werden, die durch den Punkt A hindurch gehen und von welchen die AX mit der optischen Axe des einaxigen Krystalls parallel läuft.

Die Gleichung (1) bezieht sich auf die von dem Punkte A auslaufende Wellenfläche, wie sie nach Ablauf der Zeiteinheit wird. Die Gleichung derselben Wellenfläche, wie diese nach Ablauf der Zeit t wird, ist in allgemeiner Weise:

$$\frac{x^2}{v'^2} + \frac{y^2 + z^2}{v''^2} = t^2, \tag{2}$$

weil die Halbaxe der so dargestellten Wellenfläche in dem Verhältnisse von 1 zu t von denen der durch die Gleichung (1) dargestellten Wellenfläche verschieden sind.

Wenn nun ein ebener Wellenzug sich in schiefer Richtung gegen die Oberfläche des Krystalls hinbewegt, und man denkt sich durch irgend einen Punkt A der Oberfläche, welcher von dem Wellenzug getroffen wird, eine Ebene senkrecht auf die Richtung des ankommenden Lichtes gelegt, so enthält die Durchschnittslinie dieser Ebene mit der Oberfläche des Krystalls, so weit diese von dem Lichte getroffen wird, lauter Stellen in sich, die in einerlei Augenblick einerlei Phase der Bewegung in sich tragen, und einer Geraden angehören, wenn die Oberfläche des Krystalls eine Ebene bildet. Legt man durch eine ausserhalb dieses Durchschnittes befindliche Stelle derselben Oberfläche, die von dem vorigen Querschnitt des gleichen Wellenzuges in einer etwas späteren Zeit getroffen wird, wieder eine Ebene senkrecht auf die Richtung des ankommenden Lichtes, so schneidet diese die ebene Oberfläche des Krystalls wieder in einer Geraden, welche in dem gleichen Augenblicke lauter Stellen von einerlei Phase in sich begreift. Bezeichnet man den Abstand der beiden auf der Richtung des ankommenden Lichtes senkrechten Ebenen von einander durch d, so gehören die Stellen gleicher Phase in der zweiten Ebene, da der Wellenzug in der Luft während der Zeiteinheit den Weg v zurücklegt, einer um $\frac{d}{v}$ späteren Zeit an als in der ersten Ebene. Hieraus folgt, dass während die an der Grenzfläche des Krystalls liegenden Stellen der ersten Ebene, jede von sich aus, Wellen in den Krystall hinein erzeugen, die der zweiten Ebene angehörigen Stellen der Oberfläche des Krystalls ebenfalls Wellen bilden, die sämmtlich ihren Ursprung in der Krystalloberfläche haben, und von einem und demselben Querschnitt des ebenen Wellenzuges herkommen, aber ihren Anfang bei der zweiten Ebene zu einer um $\frac{d}{v}$ verschiedenen Zeit von der nehmen, die den zur ersten Ebene gehörigen Stellen der Krystalloberfläche entspricht. In einem und demselben Augenblicke, wo die zur ersten Ebene gehörigen Stellen der Krystalloberfläche nach Ablauf der Zeit 1 Wellenflächen in den Krystall hinein erzeugt haben, die von der Gleichung (1) dargestellt werden, werden die Stellen der zweiten Ebene an der Oberfläche des Krystalls Wellen in ihn hinein gebildet haben, die zwar ganz von derselben Art sind, aber der Zeit $1 - \frac{d}{v}$ entsprechen, also aus der Gleichung (2) erhalten werden, wenn man in dieser $1 - \frac{d}{v}$ an die Stelle von t setzt. Diese letzteren Wellenflächen werden sonach dargestellt durch die Gleichung:

$$\frac{x^2}{v'^2} + \frac{y^2 + z^2}{v''^2} = \left(1 - \frac{d}{v}\right)^2. \qquad (3)$$

Diese beiderlei durch die Gleichungen (1) und (3) dargestellten Wellenflächen, welche von verschiedenen Stellen der Oberfläche des Krystalles ausgehen, entsprechen einem und demselben Augenblicke, welchen Werth man auch der Grösse d beilegen mag; wählt man nun d so, dass $1 - \frac{d}{v} = o$, d. h. $d = v$ wird, so geht die Gleichung (3) über in:

$$\frac{x^2}{v'^2} + \frac{y^2 + z^2}{v''^2} = o,$$

welche aussagt, dass die von ihr dargestellte Wellenfläche, welche alle die Stellen in sich trägt, für welche $d = v$ ist, nur einen einzigen Punkt ausmacht in dem Augenblicke, wo durch die Gleichung (1) das der Zeiteinheit entsprechende Rotationsellipsoid in Bezug auf alle die Stellen, wo $d = o$ ist, angezeigt wird. In dem Augenblicke also, wo die zur ersten Ebene gehörigen Stellen der Krystalloberfläche Wellenflächen von der durch die Gleichung (1) gegebenen Grösse in den Krystall hinein erzeugt haben, sind die von solchen Stellen der Krystalloberfläche ausgehenden Wellen, welche im Durchschnitt einer mit der ersteren parallel laufenden und von jener um v entfernten Ebene liegen nur noch Punkte, die in dem Falle einer Geraden angehören, wenn die Oberfläche des Krystalles eine Ebene bildet und der auf sie fallende Wellenzug ein ebener ist. Aus den vorstehenden Folgerungen nun geht mit Berücksichtigung der in Ziffer I. ausgesprochenen, der Wellentheorie eigenthümlichen Vorstellungsweisen ohne weitere Schwierigkeit hervor, dass das auf eine beliebige Stelle der Oberfläche eines einaxigen Krystalls auffallende Licht im Krystalle einen aussergewöhnlichen Strahl erzeugt, dessen Richtung und Geschwindigkeit dadurch gefunden wird, dass man das von der Gleichung (1) dargestellte Umdrehungsellipsoid in solcher Weise beschreibt, wobei sein Mittelpunkt mit der Stelle zusammenfällt, in welcher das Licht ankommt, und dessen Polaraxe mit der optischen Axe des Krystalles parallel läuft, hierauf an dieses Ellipsoid eine Berührungsebene legt, welche durch jene Gerade hindurch geht, in welcher die ebene Oberfläche des Krystalls von einer Ebene geschnitten wird, die senkrecht auf der Richtung des einfallenden Lichtes steht und von der zur Gleichung (1) gehörigen Stelle um v entfernt ist; dann giebt nämlich der vom Mittelpunkt des Ellipsoides nach dem so eben bezeichneten Berührungspunkte gezogene Radiusvector durch seine Lage die Richtung und durch seine Länge die Geschwindigkeit des aussergewöhnlichen Lichtstrahles zu erkennen.

Um diese Grössen durch Rechnung zu bestimmen, wollen wir durch α, β, γ die Winkel bezeichnen, welche die Richtung des einfallenden Lichtes mit den Coordinatenaxen der x, y, z bildet, dann stellt

$$x \cos \alpha + y \cos \beta + z \cos \gamma = o \qquad (4)$$

den einfachsten Sätzen der analytischen Geometrie gemäss die Ebene dar, welche senkrecht auf der Richtung des einfallenden Lichtes steht und durch den Mittelpunkt des Ellipsoides (1) geht; ferner stellt die Gleichung

$$x \cos \alpha + y \cos \beta + z \cos \gamma = v \qquad (5)$$

die Ebene dar, welche mit der vorigen parallel läuft und den Abstand v von ihr hat. Bezeichnen in ähnlicher Art a, b, c die Winkel, welche die Richtung der Normale zur vorderen Grenzfläche des Krystalles mit den gleichen Coordinatenaxen bildet, so wird durch die Gleichung

$$x \cos a + y \cos b + z \cos c = o \qquad (6)$$

die vordere Grenzfläche des Krystalls selber vorgestellt, vorausgesetzt, dass diese eben ist, und diese Gleichung (6) in Verbindung mit der (5) stellt die Gerade dar, durch welche die das Ellipsoid (1) berührende Ebene hindurch geführt werden muss, wobei allen diesen Gleichungen dieselben im Eingange angeordneten Coordinatenaxen zu Grunde liegen. Stellen endlich ξ, η, ζ, (welchen Buchstaben wir ein e anhängen werden, so lange unsere Betrachtungen das aussergewöhnliche Licht angehen, ein o, wenn sie sich auf das gewöhnliche Licht beziehen) die Coordinaten des Punktes vor, in welchem das Ellipsoid (1) von der Ebene berührt wird, welche durch jene Gerade geht, die der Durchschnitt der Ebenen (5) und (6) ist, so hat der zu diesem Berührungspunkte gehörige Radiusvector die Grösse $\sqrt{\xi_e^2 + \eta_e^2 + \zeta_e^2}$, und da dieser Radiusvector die Geschwindigkeit des aussergewöhnlichen Lichtes bei einem bestimmten Einfallswinkel hergiebt, welche wir oben durch e bezeichnet haben, so hat man:

$$e^2 = \xi_e^2 + \eta_e^2 + \zeta_e^2 \qquad (7)$$

und die Cosinuse der Winkel, welcher dieser aussergewöhnliche Lichtstrahl mit den Coordinatenaxen macht, sind

$$\frac{\xi_e}{e}, \frac{\eta_e}{e}, \frac{\zeta_e}{e}, \tag{8}$$

weil der Ziffer II. zufolge e unter allen Umständen diese veränderliche, von der Richtung des einfallenden Lichtes abhängige Geschwindigkeit vorzustellen hat.

Um aber die Coordinatenwerthe ξ_e, η_e, ζ_e des Berührungspunktes durch Rechnung zu erhalten, hat man erstlich zu erwägen, dass derselbe dem Ellipsoid (1) angehört, dass also seine Coordinaten die Gleichung

$$\frac{\xi_e^2}{v'^2} + \frac{\eta_e^2 + \zeta_e^2}{v''^2} = 1 \tag{9}$$

befriedigen müssen; ferner dass die durch den Punkt ξ_e, η_e, ζ_e gehende Ebene, welche das Ellipsoid (1) in ihm berührt, den Regeln der analytischen Geometrie gemäss zur Gleichung

$$\frac{\xi_e (x - \xi_e)}{v'^2} + \frac{\eta_e (y - \eta_e) + \zeta_e (z - \zeta_e)}{v''^2} = o, \text{ oder}$$

$$\frac{\xi_e x}{v'^2} + \frac{\eta_e y + \zeta_e z}{v''^2} = 1 \tag{10}$$

hat. Da diese Berührungsebene durch den Durchnitt der beiden Ebenen (5) und (6) gehen soll, so muss jeder Punkt dieses Durchschnittes der Berührungsebene (10) selber angehören; drückt man daher mittelst der Gleichungen (5) und (6) z und y durch x aus und setzt man die so für z und y erhaltenen Werthe in die Gleichung (10) ein, so muss diese befriedigt sein, welchen reellen Werth man auch der Grösse x geben mag. In Folge dieses Umstandes zerfällt die in der angezeigten Weise transformirte Gleichung (10) in zwei andere, und zwar in die zwei folgenden:

$$\eta_e \cos c - \zeta_e \cos b = \frac{v''^2}{v} (\cos \beta \cos c - \cos b \cos \gamma)$$

und

$$\eta_e (\cos \alpha \cos c - \cos a \cos \gamma) - \zeta_e (\cos \alpha \cos b - \cos a \cos \beta)$$
$$= \frac{v''^2}{v'^2} \xi_e (\cos \beta \cos c - \cos b \cos \gamma),$$

denen man mit Leichtigkeit die nachstehenden Formen geben kann:

$$\eta_e \cos \mathrm{a} = \xi_e \frac{v''^2}{v'^2} \cos \mathrm{b} - \frac{v''^2}{v}(\cos \alpha \cos \mathrm{b} - \cos \mathrm{a} \cos \beta)$$

und

$$\zeta_e \cos \mathrm{a} = \xi_e \frac{v''^2}{v'^2} \cos \mathrm{c} - \frac{v''^2}{v}(\cos \alpha \cos \mathrm{c} - \cos \mathrm{a} \cos \gamma), \tag{11}$$

welche jedoch in dem besonderen Falle, wo $\cos \mathrm{a} = 0$ ist, beide in einander übergehen und aussagen, dass in diesem Falle

$$\xi_e = \frac{v'^2}{v} \cos \alpha$$

ist. Die Gleichungen (11) geben die Coordinaten η_e und ξ_e des Berührungspunktes, so wie dessen ζ_e bekannt ist, und zur Kenntniss dieser letzteren Coordinate gelangt man auf die folgende Weise. Erstlich findet man aus den Gleichungen (11):

$$(\eta_e^2 + \zeta_e^2) \cos^2 \mathrm{a} = \xi_e^2 \frac{v''^4}{v'^4}(\cos^2 \mathrm{b} + \cos^2 \mathrm{c})$$

$$+ 2\xi_e \frac{v''^4}{vv'^2}[\cos \mathrm{a}(\cos \mathrm{b} \cos \beta + \cos \mathrm{c} \cos \gamma) - \cos \alpha (\cos^2 \mathrm{b} + \cos^2 \mathrm{c})]$$

$$+ \frac{v''^4}{v^2}[\cos^2 \alpha (\cos^2 \mathrm{b} + \cos^2 \mathrm{c}) + \cos^2 \mathrm{a}(\cos^2 \beta + \cos^2 \gamma)$$

$$- 2 \cos \alpha \cos \mathrm{a}(\cos \mathrm{b} \cos \beta + \cos \mathrm{c} \cos \gamma)],$$

oder, weil

$$\cos^2 \mathrm{a} + \cos^2 \mathrm{b} + \cos^2 \mathrm{c} = 1, \quad \cos^2 \alpha + \cos^2 \beta + \cos^2 \gamma = 1$$

und

$$\cos \mathrm{a} \cos \alpha + \cos \mathrm{b} \cos \beta + \cos \mathrm{c} \cos \gamma = \cos \mathrm{i}$$

ist, wenn i den Winkel bezeichnet, den die Richtung des einfallenden Lichtes mit der Normale zur Oberfläche des Krystalls bildet:

$$(\eta_e^2 + \zeta_e^2) \cos^2 \mathrm{a} = \xi_e^2 \frac{v''^4}{v'^4} \sin^2 \mathrm{a} + 2\xi_e \frac{v''^4}{vv'^2}(\cos \mathrm{a} \cos \mathrm{i} - \cos \alpha)$$

$$+ \frac{v''^4}{v^2}(\cos^2 \alpha + \cos^2 \mathrm{a} - 2 \cos \alpha \cos \mathrm{a} \cos \mathrm{i}).$$

Sodann erhält man aus der Gleichung (9):

$$(\eta_e^2 + \zeta_e^2) \cos^2 \mathrm{a} = v''^2 \cos^2 \mathrm{a} - \frac{v''^2}{v'^2} \xi_e^2 \cos^2 \mathrm{a}$$

und diese in Verbindung mit der zuletzt erhaltenen Gleichung liefert

$$v''^2 \cos^2 a = \xi_e^2 \frac{v''^2}{v'^4} (v''^2 \sin^2 a + v'^2 \cos^2 a) + 2\xi_e \frac{v''^4}{vv'^2} (\cos a \cos i - \cos \alpha)$$
$$+ \frac{v''^4}{v^2} (\cos^2 \alpha + \cos^2 a - 2 \cos \alpha \cos a \cos i),$$

woraus man durch Auflösung nach ξ_e, wenn

$$v''^2 \sin^2 a + v'^2 \cos^2 a = m^2 \tag{12. a}$$

gesetzt wird, findet:

$$\left.\begin{aligned}\xi_e = \frac{v''^2 v'^2}{vm^2} (\cos \alpha - \cos a \cos i) + \frac{v'^2}{vm^2} \cos a\, [v^2 m^2 - v''^2 m^2 \sin^2 i \\ + v''^2 (v''^2 - v'^2) (\cos \alpha - \cos a \cos i)^2]^{\frac{1}{2}},\end{aligned}\right\} \text{(12. b)}$$

womit das Auffinden aller Coordinaten des Berührungspunktes beendigt ist.

Die bisherige Rechnung trägt indessen die Sonderbarkeit an sich, dass sie an einem unbestimmten Coordinatensysteme vor sich geht, indem blos dessen x-Axe eine feste, der optischen Axe parallele Stellung erhalten hat, während dessen beide anderen Axen rechtwinklig unter sich und zur ersten Axe vorausgesetzt worden sind, also eine unendlich grosse Menge von unter sich verschiedenen Stellungen annehmen können; darum wollen wir diese Unbestimmtheit noch dadurch beseitigen, dass wir zwar die x-Axe unseres Coordinatensystems parallel zur optischen Axe liegen, dessen z-Axe hingegen in die Hauptnormalebene des Krystalls hineinfallen lassen; dann liegen die x-Axe, die z-Axe und zugleich die Normale zur Oberfläche in der Hauptnoemalebene des Krystalls; es sind also, wenn wir uns diese beiden Axen in das Innere des Krystalls hinein gerichtet denken, die Winkel a und c Complementswinkel, so dass $\cos c = \sin a$ und $\sin c = \cos a$ wird, und die y-Axe steht dann nothwendig senkrecht zu dieser Hauptnormalebene und bildet deswegen mit der Normale einen rechten Winkel, so dass jetzt $\cos b = o$ wird, und die Gleichungen (11) übergehen in:

$$\left.\begin{aligned}\eta_e = \frac{v''^2}{v} \cos \beta \quad \text{und} \\ \zeta_e \cos a = \xi_e \frac{v''^2}{v'^2} \sin a - \frac{v''^2}{v} (\cos \alpha \sin a - \cos a \cos \gamma),\end{aligned}\right\} \text{(12. c)}$$

während die Gleichungen (12. a und b) unverändert dieselben bleiben.

Ehe wir weiter gehen, wollen wir bemerken, dass der Winkel a der ist, den die Normale zur Krystalloberfläche mit der optischen Axe bildet, und also zu den Coordinatenaxen in gar keinem Bezug mehr steht. Eben so lassen sich die 3 Grössen *cos* α, *cos* β, *cos* γ von dem Coordinatensysteme auf folgende Weise völlig unabhängig machen. Stellen AX, AZ (Fig. 2), die von der Stelle A, in welcher der einfallende Strahl JA die Krystalloberfläche trifft, in den Krystall hinein laufenden beiden in der Hauptnormalebene liegenden Coordinatenaxen und AN die ebenfalls in den Krystall hinein laufende Normale zu dessen Oberfläche vor, und ist A𝔍 die in den Krystall hinein verlängerte Richtung JA, in der das Licht auffällt, so bilden die 3 Richtungen AX, A𝔍 und AN ein sphärisches Dreieck, dessen eine Seite 𝔍AX der Winkel α ist, während dessen beide anderen Seiten XAN und NA𝔍, welche die Winkel a und i sind, den aus der Einfallsebene 𝔍AN und der Hauptnormalebene NAX gebildeten Flächenwinkel einschliessen, den wir durch ω bezeichnen wollen, so dass man zufolge eines bekannten Satzes aus der sphärischen Trigonometrie hat:

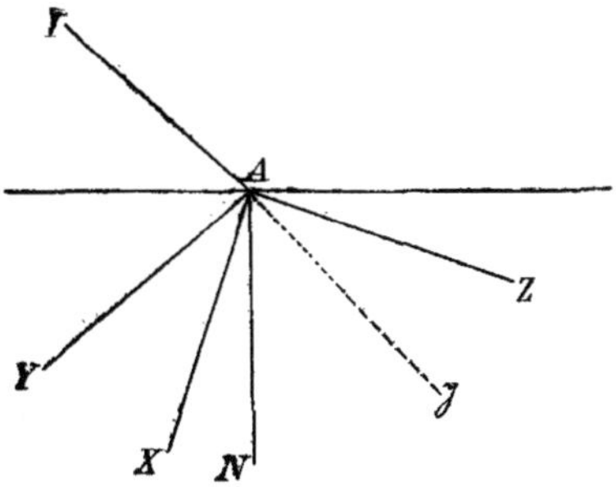

Fig. 2.

$$\cos\alpha = \cos \mathrm{a} \cos \mathrm{i} + \sin \mathrm{a} \sin i \cos \omega.$$

Ebenso bilden die 3 Richtungen A𝔍, AN und AZ ein sphärisches Dreieck, in welchem die Seite 𝔍AZ der Winkel γ ist, während die beiden anderen Seiten 𝔍AN und ZAN, welche die Winkel i und $90^{\circ} -$ a sind, den aus der Einfallsebene 𝔍AN und der Hauptnormalebene ZAN, welche auf der anderen Seite von AN liegt, als die eben zur Sprache gekommene XAN, gebildeten Flächenwinkel einschliessen, der mithin der Nebenwinkel von dem eben gehabten, also $180^{\circ} - \omega$ ist, so dass man demselben Satze aus der sphärischen Trigonometrie zufolge hat:

$$\cos\gamma = \cos i \sin \mathrm{a} - \sin \mathrm{i} \cos \mathrm{a} \cos \omega.$$

Endlich bilden die Richtungen A𝔍 und AN mit der Richtung AY, welche senkrecht auf der Hauptnormalebene, sohin auch auf der in ihr liegenden Richtung AN steht, ein sphärisches Dreieck, in welchem die Seite 𝔍AY der Winkel β ist, während die beiden anderen Seiten YAN und NA𝔍, welche die Winkel 90^0 und i sind, den aus der Einfallsebene und aus der auf der Hauptnormalebene senkrechten Ebene gebildeten Flächenwinkel einschliessen, der also $90^0 - \omega$ oder $\omega - 90^0$ und dessen Cosinus mithin $\sin\omega$ in jedem solchen Falle ist, wo YAN und 𝔍AN auf einerlei Seite von der Hauptnormalebene liegen; der aber $90^0 + \omega$ oder $360^0 - (90^0 + \omega)$, und dessen Cosinus dann jedesmal gleich $-\sin\omega$ ist, wenn YAN und 𝔍AN auf entgegengesetzten Seiten von der Hauptnormalebene liegen. Aus diesem Grunde ist demselben Satze aus der sphärischen Trigonometrie gemäss:

$$\cos\beta = \pm \sin \mathrm{i} \sin\omega,$$

wo das obere oder untere Vorzeichen zu nehmen is, je nachdem die Richtungen AY und A𝔍 auf einerlei oder auf entgegengesetzten Seiten von der Hauptnormalebene liegen. Mittelst der so eben erhaltenen Werthe von $\cos\alpha$ und $\cos\gamma$ findet man, dass

$$\cos\alpha \sin \mathrm{a} - \cos \mathrm{a} \cos\gamma = \sin \mathrm{i} \cos\omega$$

und

$$\cos\alpha - \cos \mathrm{a} \cos \mathrm{i} = \sin \mathrm{a} \sin \mathrm{i} \cos\omega$$

ist, und nun gehen die Gleichungen (12. a und b) über in:

$$v''^2 \sin^2 \mathrm{a} + v'^2 \cos^2 \mathrm{a} = \mathrm{m}^2 \qquad (13.\ \mathrm{a})$$

und

$$\left.\begin{aligned} \xi_e = {} & \frac{v''^2 v'^2}{v\mathrm{m}^2} \sin \mathrm{a} \cos\omega \sin \mathrm{i} \\ & + \frac{v'^2}{v\mathrm{m}^2} \cos \mathrm{a} \left[v^2\mathrm{m}^2 - v''^2\mathrm{m}^2 \sin^2 \mathrm{i} + v''^2(v''^2 - v'^2) \sin^2 \mathrm{a} \cos^2\omega \sin^2 \mathrm{i}\right]^{\frac{1}{2}} \end{aligned}\right\} (13.\ \mathrm{b})$$

während die Gleichungen (12. c) werden:

$$\left.\begin{aligned} \eta_e &= \pm \frac{v''^2}{v} \sin\omega \sin \mathrm{i} \\ &\text{und} \\ \zeta_e \cos \mathrm{a} &= \xi_e \frac{v''^2}{v'^2} \sin \mathrm{a} - \frac{v''^2}{v} \cos\omega \sin \mathrm{i}. \end{aligned}\right| (13.\ \mathrm{c})$$

Nachdem mittelst dieser Gleichungen und derer (7) und (8) die Richtung und Geschwindigkeit des aussergewöhnlichen Strahles aufgefunden worden ist, lässt sich dasselbe auch für den gewöhnlichen Strahl ganz in der gleichen Weise thun. Dabei verwandelt sich die Gleichung des Ellipsoids in die Gleichung der Kugelfläche, welche die Wellenfläche für den gewöhnlichen Strahl hergiebt und aus jener dadurch hervorgeht, dass man $v'' = v'$ setzt, alles Uebrige bleibt ganz das Gleiche; bezeichnet man daher durch ξ_o, η_o, ζ_o die Coordinaten der Stelle, an welcher der gewöhnliche Strahl die Kugelfläche durchbricht, so erhält man diese einfach aus denen ξ_e, η_e, ζ_e dadurch, dass man v' an die Stelle von v'' setzt. Auf diesem Wege indessen würden sich unsere ferneren Zwecke nicht ohne einige Weitläufigkeiten erreichen lassen, und dies veranlasst uns, die bisher erhaltenen Resultate an einem neuen Coordinatensystem darzustellen.

VII. Denkt man sich das Coordinatensystem der vorigen Ziffer, (dessen x- und z-Axe (Fig. 2) in der Hauptnormalebene lagen, und zwar so, dass die x-Axe parallel mit der optischen Axe des Krystalls lief, und dessen y-Axe senkrecht auf der Hauptnormalebene stand), um seine y-Axe gedreht, bis seine z-Axe in die Richtung AN der Normale zur Oberfläche des Krystalls gelangt ist und dann seine x-Axe nothwendig in der auf dieser Normale senkrechten Ebene, also in der Oberfläche der Krystallplatte liegt, wenn diese eben ist; und bezeichnen x', y', z' die Coordinaten an diesem veränderten Coordinatensysteme von demselben Punkte, der an dem vorigen Coordinatensysteme die x, y, z hatte, so ist nach den bekannten Gesetzen solcher Coordinatenänderungen:

$$x = x' \sin a + z' \cos a, \quad y = y', \quad z = z' \sin a - x' \cos a,$$

weil der Winkel, den die neuen x- und z-Axen mit den alten machen, $90^0 - a$ ist. Stellen ξ'_e, η'_e, ζ'_e die Coordinaten an dem so veränderten System von dem Punkte vor, der an dem vorigen die ξ_e, η_e, ζ_e hatte, so ist aus dem gleichen Grunde:

$$\xi_e = \xi'_e \sin a + \zeta'_e \cos a, \quad \eta_e = \eta'_e, \quad \zeta_e = \zeta'_e \sin a - \xi'_e \cos a;$$

setzt man aber die hier für ξ_e, η_e, ζ_e gegebenen Werthe in die Gleichungen (13. c) der vorigen Ziffer, so werden diese mit Beibehaltung der daselbst befindlichen Bezeichnung (13. a):

$$\left.\begin{aligned} \eta'_e &= \pm \frac{v''^2}{v} \sin\omega \sin \mathrm{i} \\ \text{und} \quad \xi'_e \mathrm{m}^2 &= \frac{v'^2 v''^2}{v} \sin \mathrm{i} \cos\omega - \zeta'_e (v''^2 - v'^2) \sin \mathrm{a} \cos \mathrm{a}, \end{aligned}\right\} \quad (1)$$

und die in voriger Ziffer erhaltene Gleichung (9) wird jetzt:

$$\frac{(\zeta'_e \cos \mathrm{a} + \xi'_e \sin \mathrm{a})^2}{v'^2} + \frac{\eta'^2_e}{v''^2} + \frac{(\zeta'_e \sin \mathrm{a} - \xi'_e \cos \mathrm{a})^2}{v''^2} = 1$$

und giebt, wenn man in sie für η'_e und ξ'_e ihre in (1) stehenden Werthe einsetzt, nach mehreren Reductionen unter Beiziehung der Gleichung (13. a) in voriger Ziffer:

$$\zeta'^2_e = \mathrm{m}^2 - \frac{v''^2}{v^2} \mathrm{m}^2 \sin^2 \mathrm{i} + \frac{v''^2}{v^2} (v''^2 - v'^2) \sin^2 \mathrm{a} \cos^2 \omega \sin^2 \mathrm{i}. \quad (2)$$

Setzt man in diesen Gleichungen $v'' = v'$, so geben sie die Coordinaten des Punktes, wo der gewöhnliche Strahl seine Wellenfläche durchbricht, welche wir durch ξ'_o, η'_o, ζ'_o bezeichnen werden, so dass man hat:

$$\left.\begin{aligned} \eta'_o &= \pm \frac{v'^2}{v} \sin\omega \sin \mathrm{i}, \qquad \xi'_o = \frac{v'^2}{v} \cos\omega \sin \mathrm{i} \\ \text{und} \quad \zeta'^2_o &= v'^2 \left(1 - \frac{v'^2}{v^2} \sin^2 \mathrm{i}\right). \end{aligned}\right\} \quad (3)$$

In der ersten Gleichung (1) sowohl als (3) ist von dem doppelten Vorzeichen das obere oder untere zu nehmen, je nachdem A𝔍 und AY' auf einerlei oder auf verschiedenen Seiten von der Hauptnormalebene liegen.

Die in gegenwärtiger Ziffer gefundenen Gleichungen benützen wir nun, um die Differenz der Phasen zu bestimmen, welche der aussergewöhnliche und der gewöhnliche Lichtstrahl nach ihrem Durchgange durch einen einaxigen Krystall mit ebenen und parallelen Oberflächen hindurch annehmen. Zu diesem Ende stellte MNPQ (Fig. 3) die Ansicht von einer derartigen Krystallplatte vor, auf welche der einem ebenen Wellenzuge angehörige Lichtstrahl JA fällt, dessen Richtung innerhalb der Platten die A𝔍 ist, und dieser spalte sich im Innern der Platte in den gewöhnlichen Strahl AO und in den

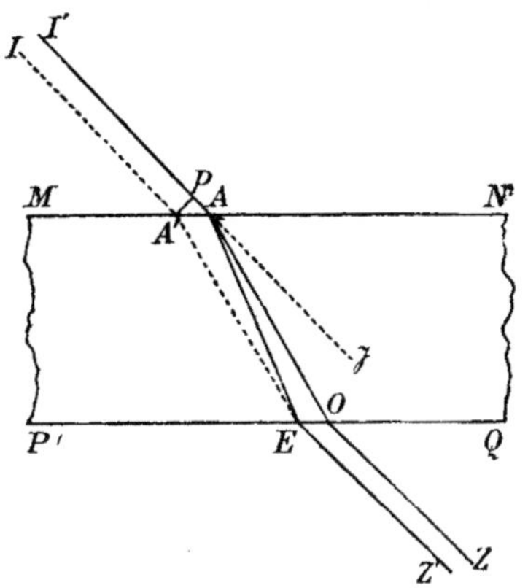

Fig. 3.

ungewöhnlichen AE; durch den Punkt E ziehe man die EA' parallel mit AO und die A'J' parallel mit AJ, so werden, wenn JA und J'A' Strahlen eines ebenen Wellenzuges vorstellen, der aussergewöhnliche Theil AE des ersteren und der gewöhnliche Theil A'E des anderen bei E zusammentreffen und von hier aus mit einander in einer der A$\mathfrak{J}$ parallelen Richtung fortlaufen, und es ist der Phasenunterschied der so mit einander fortlaufenden beiderlei Strahlen aufzusuchen. Legt man durch A' senkrecht auf die Richtung des ebenen Wellenzuges eine Ebene, welche den Strahl JA im Punkte p schneidet, so befinden sich die beiden Strahlen JA und J'A' bei p und A' zur gleichen Zeit in einerlei Phase dem Begriff des ebenen Wellenzuges gemäss. Der eine auf aussergewöhnlichem Wege durch den Krystall dringende Theil legt von p bis A den Weg pA in der Luft zurück und beschreibt auf dieser Strecke $\frac{\mathrm{pA}}{v}$ Wellen, wenn v die Wellenlänge in der Luft ist, ferner von A bis E $\frac{\mathrm{AE}}{\mathrm{e}}$ Wellenlängen, wenn e die Wellenlänge des aussergewöhnlichen Lichtes in der Richtung AE ist; der auf gewöhnlichem Wege durch den Krystall von A' bis E gehende Theil beschreibt auf dieser Strecke $\frac{\mathrm{A'E}}{v'}$ oder $\frac{\mathrm{AO}}{v'}$ Wellen, wenn v' die Wellenlänge des gewöhnlichen Lichtes ist*). Nun ist aber pA der Unterschied zwischen den senkrechten Projectionen der Strecken A'E oder AO und AE auf die Richtung A$\mathfrak{J}$,

*) Es sind zwar v, e und v' nicht die Wellenlängen selber, aber doch ihnen proportional, deshalb können hier diese Wellenlängen durch jene Geschwindigkeiten vertreten werden, wenn man sich die Dicken der Platten in demselben Verhältniss abgeändert denkt. Bezeichnet nämlich τ die dem Lichte zum Durchlaufen einer Welle in irgend einer Richtung erforderliche Zeit, so sind $v\tau$, $v'\tau$, $e\tau$ die dabei zurückgelegten Wege.

also AO cos ℑAO — AE cos ℑAE und deshalb der Phasenunterschied zwischen den auf ungewöhnlichem und auf gewöhnlichem Wege durch den Krystall hindurch gegangenen Lichtantheile

$$\frac{AO}{v} \cos \mathfrak{J}AO - \frac{AE}{v} \cos \mathfrak{J}AE + \frac{AE}{e} - \frac{AO}{v'}.$$

Die Fig. 3, an der wir dieses Resultat erhalten haben, nimmt zwar an, dass der aussergewöhnliche Strahl stärker gebrochen wird, als der gewöhnliche, wie bei positiv einaxigen Krystallen geschieht; wenn aber auch der umgekehrte Fall bei negativ einaxigen Krystallen eintritt, wie in Fig. 4, so sind jetzt, wenn wir durch A senkrecht auf die Richtung des ebenen Wellenzuges eine Ebene legen, die den Strahl J'A' in p trifft, A und p Stellen gleicher Phase und der ungewöhnliche Strahl geht von A nach E und beschreibt auf diesem Wege $\frac{AE}{e}$ Wellen, der gewöhnliche Strahl dagegen kommt von p über A' nach E und legt den Weg pA' in der Luft, den

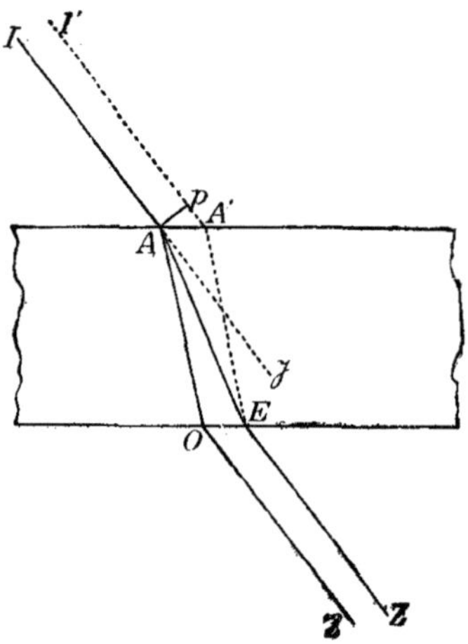

Fig. 4.

A'E oder AO im Krystall auf gewöhnliche Weise zurück, $\frac{pA'}{v}$ nebst $\frac{AO}{v'}$ Wellenlängen beschreibend, und es ist hier pA' = AE cos EAℑ — AO cos OAℑ; mithin ist der Phasenunterschied zwischen dem auf ungewöhnlichem und dem auf gewöhnlichem Wege den Krystall durchlaufenden Lichte:

$$\frac{AE}{e} - \frac{AO}{v'} - \frac{AE}{v} \cos E A\mathfrak{J} + \frac{AO}{v} \cos O A\mathfrak{J},$$

folglich genau der gleiche wie zuvor. Hieraus sieht man, dass der Phasenunterschied stets dasselbe Vorzeichen behält, der der Krystall mag ein positiver oder negativer sein; es ändert sich nur dann das Vorzeichen ab, wenn einmal die Anzahl der Wellen des gewöhnlichen Lichtes von der des aussergewöhnlichen und ein andermal letztere von der ersteren abgezogen wird.

Nun bildet die Richtung AE mit unseren jetzigen Coordinatenaxen Winkel, deren Cosinuse $\frac{\xi'_e}{e}, \frac{\eta'_e}{e}, \frac{\zeta'_e}{e}$, sind, und die Richtung AO mit denselben Coordinatenaxen Winkel, deren Cosinuse $\frac{\xi'_o}{v'}, \frac{\eta'_o}{v'}, \frac{\zeta'_o}{v'}$, sind, stellen daher noch α', β', γ' die Winkel vor, welche die Richtung A$\mathfrak{J}$ mit den gleichen Axen bildet, so ist

$$\cos \mathrm{EA}\mathfrak{J} = \frac{\xi'_e}{e} \cos \alpha' + \frac{\eta'_e}{e} \cos \beta' + \frac{\zeta'_e}{e} \cos \gamma'$$

und

$$\cos \mathrm{OA}\mathfrak{J} = \frac{\xi'_o}{v'} \cos \alpha' + \frac{\eta'_o}{v'} \cos \beta' + \frac{\zeta'_o}{v'} \cos \gamma',$$

also wird der gesuchte Phasenunterschied:

$$\frac{\mathrm{AE}}{e}\left(1 - \frac{1}{v}(\xi'_e \cos \alpha' + \eta'_e \cos \beta' + \zeta'_e \cos \gamma')\right)$$
$$- \frac{\mathrm{AO}}{v'}\left(1 - \frac{1}{v}(\xi'_o \cos \alpha' + \eta'_o \cos \beta' + \zeta'_o \cos \gamma')\right);$$

erwägt man aber, dass die in den Richtungen AE und AO liegenden Grössen e und v' bezüglich mit den Coordinaten ζ'_e und ζ'_o rechtwinkliche Dreiecke bilden, welche denen ähnlich sind, die von den Längen AE und AO und den von den Punkten E und O auslaufenden Dicken der Platte gebildet werden, dass also, wenn wir diese Dicke mit T bezeichnen,

$$\zeta'_e : e = \mathrm{T} : \mathrm{AE} \text{ und } \zeta'_o : v' = \mathrm{T} : \mathrm{AO}$$

ist, woraus man findet:

$$\frac{\mathrm{AE}}{e} = \frac{\mathrm{T}}{\zeta'_e} \text{ und } \frac{\mathrm{AO}}{v'} = \frac{\mathrm{T}}{\zeta'_o},$$

so erhält man für den gesuchten Phasenunterschied:

$$\frac{\mathrm{T}}{\zeta'_e}\left(1 - \frac{1}{v}(\xi'_e \cos \alpha' + \eta'_e \cos \beta' + \zeta'_e \cos \gamma')\right)$$
$$- \frac{\mathrm{T}}{\zeta'_o}\left(1 - \frac{1}{v}(\xi'_o \cos \alpha' + \eta'_o \cos \beta' + \zeta'_o \cos \gamma')\right),$$

oder

$$\frac{\mathrm{T}}{\zeta'_e}\left(1-\frac{1}{v}\left(\xi'_e \cos\alpha' + \eta'_e \cos\beta'\right)\right)$$
$$-\frac{\mathrm{T}}{\zeta'_o}\left(1-\frac{1}{v}\left(\xi'_o \cos\alpha' + \eta'_o \cos\beta'\right)\right).$$

Setzt man in diesen Ausdruch für ξ'_e, η'_e, ξ'_o, η'_o ihre aus den Gleichungen (1) und (3) dieser Ziffer entnommenen Werthe, so verwandelt er sich in:

$$\frac{\mathrm{T}}{\zeta'_e}\left[1-\frac{1}{v}\left(\frac{v'^2 v''^2}{v\mathrm{m}^2}\sin\mathrm{i}\cos\omega\cos\alpha' \pm \frac{v''^2}{v}\sin\mathrm{i}\sin\omega\cos\beta'\right)\right]$$
$$+\frac{\mathrm{T}}{v}\left(\frac{v''^2-v'^2}{\mathrm{m}^2}\right)\sin\mathrm{a}\cos\mathrm{a}\cos\alpha'$$
$$-\frac{\mathrm{T}}{\zeta'_o}\left[1-\frac{1}{v}\left(\frac{v'^2}{v}\cos\omega\sin\mathrm{i}\cos\alpha' \pm \frac{v'^2}{v}\sin\omega\sin\mathrm{i}\cos\beta'\right)\right],$$

wo von dem doppelten Vorzeichen jedesmal das obere oder untere genommen werden muss, je nachdem die y-Axe mit der Richtung A$\mathfrak{J}$ auf einerlei oder auf verschiedener Seite von der Hauptnormalebene liegt.

Es lassen sich aber die Winkel α', β' und γ' ganz auf dieselbe Weise wie in voriger Ziffer die α, β, γ in i und ω auswerthen, wo man dann findet:

$$\cos\alpha' = \sin\mathrm{i}\cos\omega, \quad \cos\beta' = \pm\sin\mathrm{i}\sin\omega, \quad \cos\gamma' = \cos\mathrm{i},$$

wobei wieder, wie bisher immer, von dem doppelten Vorzeichen dass obere oder untere genommen werden muss, je nachdem die y-Axe und die Richtung A$\mathfrak{J}$ auf einerlei oder auf verschiedener Seite von der Hauptnormalebene liegt. Mittelst dieser Werthe von $\cos\alpha'$ und $\cos\beta'$ liefert der vorstehende Ausdruck, wenn wir ihn durch Θ bezeichnen, die folgende Gleichung:

$$\left.\begin{aligned}\Theta = \frac{\mathrm{T}}{\zeta'_e}\left(1-\frac{v'^2 v''^2}{v^2\mathrm{m}^2}\sin^2\mathrm{i}\cos^2\omega - \frac{v''^2}{v^2}\sin^2\mathrm{i}\sin^2\omega\right)\\ +\mathrm{T}\frac{v''^2-v'^2}{v\mathrm{m}^2}\sin\mathrm{a}\cos\mathrm{a}\sin\mathrm{i}\cos\omega - \frac{\mathrm{T}}{\zeta'_o}\left(1-\frac{v'^2}{v^2}\sin^2\mathrm{i}\right),\end{aligned}\right\} \quad (4)$$

in welcher jetzt die doppelten Vorzeichen wieder verschwunden sind.

Um diese noch streng richtige Gleichung in eine für die verschiedenen Anwendungen bequemere Form zu bringen, beachte man, dass die in laufender Ziffer enthaltene Gleichung (2) bis auf vierte Potenzen von *sin* i genau giebt:

$$\frac{1}{\zeta'_e} = \frac{1}{m} + \tfrac{1}{2}\left(\frac{v''^2}{v^2 m} - \frac{v''^2 (v''^2 - v'^2)}{v^2 m^3} \, sin^2 \, a \, cos^2 \, \omega\right) sin^2 \, i,$$

oder wenn man berücksichtigt, dass

$$m^2 = v''^2 \, sin^2 \, a + v'^2 \, cos^2 \, a = (v''^2 - v'^2) \, sin^2 \, a + v'^2$$

ist und also

$$(v''^2 - v'^2) \, sin^2 \, a = m^2 - v'^2$$

ist:

$$\frac{1}{\zeta'_e} = \frac{1}{m} + \tfrac{1}{2} \, sin^2 \, i \left(\frac{v''^2}{v^2 m} \, sin^2 \, \omega + \frac{v''^2 v'^2}{v^2 m^3} \, cos^2 \, \omega\right).$$

Ebenso giebt die dritte der Gleichungen (3) bis auf vierte Potenzen von *sin* i genau:

$$\frac{1}{\zeta'_o} = \frac{1}{v'} + \tfrac{1}{2} \, \frac{v'}{v^2} \, sin^2 \, i,$$

und mittelst dieser beiden für $\frac{1}{\zeta'_e}$ und $\frac{1}{\zeta'_o}$ erhaltenen Werthe verwandelt sich die Gleichung (4) bis auf vierte Potenzen von *sin* i genau in:

$$\Theta = T \Big[\frac{1}{m} - \frac{1}{v'} + \frac{v''^2 - v'^2}{v m^2} \, sin \, a \, cos \, a \, sin \, i \, cos \, \omega \qquad (5)$$
$$+ \tfrac{1}{2} \, sin^2 \, i \left(\frac{v'}{v^2} - \frac{v''^2}{v^2 m} \, sin^2 \, \omega - \frac{v'^2 v''^2}{v^2 m^3} \, cos^2 \, \omega\right)\Big],$$

in der jedoch der letzten Note gemäss T im Verhältniss von $1 : \tau$ vergrössert, d. h. in den Wellenlängen des Lichtes in der Luft gemessen gedacht werden muss. Wir wollen nun diese ganz allgemeine Gleichung auf einige besondere Fälle in Anwendung bringen.

1) Setzen wir *erstlich*, um die allgemeinen Gleichungen (1), (2) und (5) auf besondere Fälle anzuwenden, a = o, wo dann *sin* a = o und *cos* a = 1, somit $m = v'$ wird, so finden wir aus ihnen:

$$\left.\begin{aligned} \xi'_e &= \frac{v''^2}{v} \, sin \, i \, cos \, \omega, \quad \eta'_e = \pm \frac{v''^2}{v} \, sin \, \omega \, sin \, i, \\ \zeta'_e &= v' \left(1 - \frac{v''^2}{v^2} \, sin^2 \, i\right)^{\frac{1}{2}} \\ \text{und} \quad \Theta &= T \, . \, \tfrac{1}{2} \, sin^2 \, i \, \frac{v'^2 - v''^2}{v^2 v'} \end{aligned}\right\} \qquad (6)$$

woraus sich die, auf Luft reducirte Differenz der Wege zwischen dem aussergewöhnlichen und dem gewöhnlichen Strahle ganz ebenso ergiebt, wie sie von Airy in dessen Mathematical Tracts für senkrecht auf die optische Axe geschnittene Platten gefunden worden ist (3. Aufl. pag. 360).

2) Setzen wir *zweitens* a = 90°, wo dann *cos* a = o und *sin* a = 1, folglich $m^2 = v''^2$ wird, was auf parallel mit der optischen Axe geschnittene Platten seine Anwendung findet, so werden in Bezug auf solche Platten die Gleichungen (1) und (2):

$$\left.\begin{array}{l} \xi'_e = \frac{v'^2}{v} \sin i \cos \omega, \quad \eta'_e = \pm \frac{v''^2}{v} \sin i \sin \omega, \\ \zeta'^2_e = v''^2 \left(1 - \sin^2 i \left(\frac{v''^2}{v^2} \sin^2 \omega + \frac{v'^2}{v^2} \cos^2 \omega\right)\right) \\ \text{während die Gleichung (5) liefert:} \\ \Theta = T \left[\frac{1}{v''} - \frac{1}{v'} + \frac{1}{2} \sin^2 i \left(\frac{v'}{v^2} - \frac{v''}{v^2} \sin^2 \omega - \frac{v'^2}{v^2 v''} \cos^2 \omega\right)\right], \end{array}\right\} \quad (7)$$

welche Formeln mit den von J. Müller in Poggendorff's Annalen (XXXIII. pag. 288 und 291) angegebenen bis auf den Umstand übereinstimmen, dass dort in Θ das mit $\sin^2 i$ behaftete Glied das Dreifache von dem hier gegebenen ist, ausserdem haben die übrigen in Θ enthaltenen Glieder die *umgekehrten Vorzeichen der hier stehenden.*

3) Setzen wir drittens a = 45°, *welcher Fall bei Platten eintritt, deren Oberflächen einen Winkel von* 45° *mit der optischen Axe machen, so wird in diesem Falle* $\sin^2 a = \cos^2 a = {}^1/_2$, und in Folge dieser Werthe ergiebt sich $m^2 = \frac{v''^2 + v'^2}{2}$, wesshalb die Gleichungen (1) und (2) liefern:

$$\left.\begin{array}{l} \eta'_e = \pm \frac{v''^2}{v} \sin \omega \sin i, \\ \xi'_e = \frac{v'^2 v''^2}{v \frac{v'^2 + v''^2}{2}} \cos \omega \sin i - \frac{v''^2 - v'^2}{\frac{v'^2 + v''^2}{2}} \zeta'_e \sin a \cos a \\ \text{und} \\ \zeta'_e = \left(\frac{v'^2 + v''^2}{2} - \frac{v'^2 + v''^2}{2} \cdot \frac{v''^2}{v^2} \sin^2 i \right. \\ \left. + \frac{1}{2} (v''^2 - v'^2) \frac{v''^2}{v^2} \cos^2 \omega \sin^2 i\right)^{\frac{1}{2}}, \end{array}\right\} \quad (8)$$

in denen $sin\,a\,cos\,a = {}^1/_2$ ist. Die Gleichung (5) hingegen giebt im gegenwärtigen Falle:

$$\Theta = T\left[\frac{1}{\sqrt{\frac{v'^2+v''^2}{2}}} - \frac{1}{v'} + \frac{v''^2 - v'^2}{v\frac{v'^2+v''^2}{2}}\, sin\,a\,cos\,a\,cos\,\omega\,sin\,i \right. \tag{9}$$

$$\left. + \tfrac{1}{2}\,sin^2 i\left(\frac{v'}{v^2} - \frac{v''^2}{v^2\left(\frac{v'^2+v''^2}{2}\right)^{\frac{1}{2}}}\,sin^2\omega - \frac{v'^2 v''^2}{v^2\left(\frac{v'^2+v''^2}{2}\right)^{\frac{3}{2}}}\,cos^2\omega\right)\right],$$

in denen man ebenfalls $sin\,a\,cos\,a = {}^1/_2$ zu setzen hat. Vergleicht man diese Formeln mit denen von J. Müller für den gleichen Fall (Poggendorff's Annalen XXXV. pag. 102 u. 104) angegebenen, so überzeugt man sich, dass diese sämmtlich mit den unsrigen in der Hauptsache übereinstimmen, wenn man bedenkt, dass unser ζ'_e auch in der Form

$$\zeta'_e = \left[\frac{v'^2+v''^2}{2} - sin^2 i\left(\frac{v'^2+v''^2}{2}\,\frac{v''^2}{v^2}\,sin^2\omega + \frac{v'^2 v''^2}{v^2}\,cos^2\omega\right)\right]^{\frac{1}{2}}$$

gegeben werden kann und dass Müller schon die zweiten Potenzen von $sin\,i$ vernachlässigt hat. Das erste Glied von ξ'_e in (8) hat Müller nur halb so gross als wir, und von dem letzten Gliede des für ζ'^2_e aufgestellten Ausdruckes hat Müller nur den vierten Theil, ausserdem ist alles gleich.*)

In der Folge werden wir die Gleichung (5) zur Abkürzung stets so schreiben:

$$\Theta \cdot \frac{v}{T} = C + D\,sin\,i\,cos\,\omega + B\,sin^2 i\,sin^2\omega + A\,sin^2 i\,cos^2\omega \tag{10. a}$$

---

*) Ich habe hier Anzeige gemacht von allen den Abweichungen, auf die ich gestossen bin, weil unsere Literatur in diesem Felde noch wenig Controle aufzuweisen hat, und Fehler in den Formeln Ursache von viel unnützem Zeitverlust werden können, wovon ich selber ein Zeuge bin, wie ich später noch berichten werde. Ich bin in meinem Leben nie auf eine Rechnung gestossen, die, auf gleich einfachen Grundlagen ruhend wie diese, so viele Quellen zu Irrungen in sich birgt. Auch würde ich noch in diesem Augenblicke den von mir erhaltenen Resultaten kein volles Zutrauen schenken, hätte ich nicht das Glück gehabt, von einem meiner eifrigsten Zuhörer, Herrn Jacob Pfeiffer aus Fürth, in der Art unterstützt zu werden, dass derselbe die ganze Rechnung auf mein Ersuchen selbständig durchführte und zugleich noch so lange revidirte, bis wir beide, unabhängig von einander, in keinem Punkte mehr abweichende Ergebnisse fanden.

indem wir setzen:

$$\left.\begin{array}{ll} \frac{v}{m} - \frac{v}{v'} = C, & \frac{1}{2}\frac{v''^2 - v'^2}{m^2} \sin 2a = D, \\ \frac{1}{2}\left(\frac{v'}{v} - \frac{v''^2}{vm}\right) = B, & \frac{1}{4}\left(\frac{v'}{v} - \frac{v'^2 v''^2}{vm^3}\right) = A, \end{array}\right\} \quad (10.\ b)$$

wobei es eine besondere Beachtung verdient, dass die Grössen C, D, B, A blos von dem Verhältniss derer v, v', v'' zu einander und keineswegs von den absoluten Werthen dieser Geschwindigkeiten abhängig sind, wie man sogleich gewahr wird, wenn man sich erinnert, dass man hat:

$$m^2 = v''^2 \sin^2 a + v'^2 \cos^2 a.$$

Der durch die Gleichung (10. a) sich ergebende Phasenunterschied ist in Zeiteinheiten ausgedrückt, so dass, wenn $\frac{2\pi}{\lambda}(vt - x)$ den Schwingungsbogen des einen Lichtantheils vorstellt, $\frac{2\pi}{\lambda}[v(t + \Theta) - x]$ der des anderen Lichtantheils wird; es lässt sich aber dieser letztere Bogen auch auf die zwei anderen Weisen schreiben: $\frac{2\pi}{\lambda}(vt - x + v\Theta)$ und $2\pi\left(\frac{vt - x}{\lambda} + \frac{v\Theta}{\lambda}\right)$. In diesen geben $v\Theta$ und $\frac{v\Theta}{\lambda}$ immer wieder denselben Phasenunterschied, jedoch ersterer in Längeneinheiten und letzterer in Wellenlängen ausgesprochen an; man kann daher bei den zwei letzten Schreibweisen für $v\Theta$ und $\frac{v\Theta}{\lambda}$ auch blos Θ setzen, muss dann aber bei den verschiedenen Formen auf den Unterschied der Einheiten achten, die dem Phasenunterschied zu Grunde liegen.

Es ist allerdings wahr, dass in den Gleichungen (5) bis (9) die vierten und höheren Potenzen von $\sin$ i vernachlässigt worden sind, wesshalb diese nicht mehr volle Genauigkeit geben können; allein bedenkt man, dass bei den Versuchen mit solchen Platten kaum je ein Gesichtsfeld von 10 Graden vorhanden ist, dass also bei ihnen $\sin$ i noch bedeutend kleiner als 0, 1, so überzeugt man sich, dass $\sin^4$ i den Werth 0,0001 noch lange nicht erreicht und das Glied, worin $\sin^4$ i vorkommt, keinen irgend wie in die Sinne fallenden Einfluss auf die aus unseren Gleichungen hervorgehenden Erscheinungen ausüben kann, auf so lange wenigstens, als nicht der Coefficient von $sin^4 i$ die von $sin^2 i$ und $sin\ i$ mehrfach übertrifft.

VIII. Obgleich das durch Platten eines einaxigen Krystalles hindurch gegangene gewöhnliche und aussergewöhnliche Licht, nachdem es wieder in die Luft getreten ist, in parallelen Richtungen fortläuft und im Allgemeinen wenigstens, wie unsere Rechnung zeigt, einen Phasenunterschied von bestimmter Grösse annimmt, sohin zwei von den zur Interferenz des Lichtes erforderlichen Bedingungen in sich trägt, so kann es doch Interferenzerscheinungen noch nicht zu Stande bringen, weil die Schwingungsrichtungen der beiderlei Lichtportionen auf einander senkrecht stehen (vergl. III.); es sei denn, dass man beide Lichtbündel dahin bringe, dass sie ihre Schwingungen in derselben Richtung vollführen. Dieser Zweck wird dahurch erreicht, dass man alles Licht sowohl vor seinem Eintritt in die Krystallplatte, als auch nach seinem Austritte aus derselben polarisirt, d. h. unter Umstände versetzt, wobei es alle seine Schwingungen in einer und derselben Richtung auszuführen gezwungen wird; hierbei werden wir die Vorkehrung, wodurch es vor seinem Eintritt in die Platte polarisirt wird, das *vordere* Polarisationsmittel, hingegen die Vorkehrung, wodurch es nach seinem Austritt aus der Platte auf's Neue polarisirt wird, das *hintere* Polarisationsmittel nennen. Wir werden nun die unter solchen Umständen stattfindenden Hergänge möglichst genau zu bestimmen suchen.

Ist das auf den Krystall einfallende Licht polarisirt, und denkt man sich durch dessen Schwingungsrichtung eine Ebene senkrecht auf den Hauptschnitt des Krystalles gelegt, so lässt sich eine in der Schwingungsrichtung vor sich gehende Bewegung jedesmal zerlegen in eine, welche längs des Durchschnittes dieser Ebene mit dem Hauptschnitt geschieht und das liefert, was man den aussergewöhnlichen Theil des Lichtes zu nennen pflegt, und in eine zweite, welche in derselben, durch die Schwingungsrichtung senkrecht zum Hauptschnitt gelegten Ebene geschieht, aber senkrecht zu dem eben genannten Durchschnitt ist, und daher auch senkrecht zum Hauptschnitt des Krystalles, welche letztere Bewegung den sogenannten

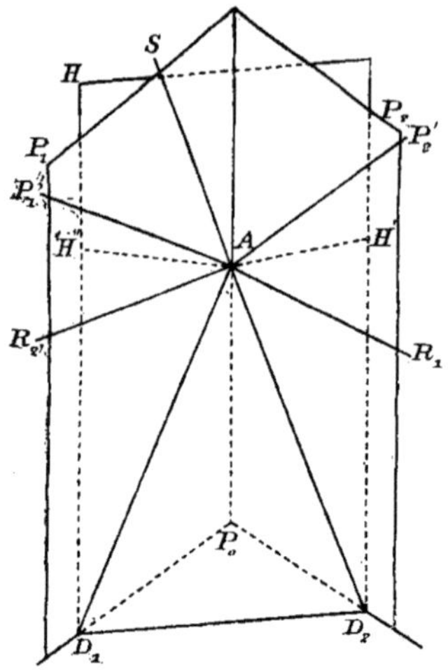

Fig. 5.

gewöhnlichen Theil des Lichtes liefert. Stellen nun (Fig. 5) AP_1, AH, AP_2 aneinander hängende Ebenen vor, und zwar AH den einem bestimmten einfallenden Lichtstrahl entsprechenden Hauptschnitt, AP_1 die vordere, AP_2 die hintere Polarisationsebene, welche vom Hauptschnitt in den Richtungen AD_1 und AD_2 durchschnitten werden, und sind AS, AR_1 und AR_2 bezüglich die auf diesen Ebenen senkrechten Richtungen, wobei wir voraussetzen, dass alle drei in den hohlen Winkel zwischen den beiden Polarisationsebenen hinein laufen, stellt ferner a sin $2\pi\left(\frac{vt - x}{\lambda}\right)$ die Schwingungsweise des auf die Platte vom vorderen Polarisationsmittel gelangenden Lichtes längs der Richtung AR_1 vor, und φ_1 den Winkel, welchen die Richtungen AR_1 und AS mit einander machen und der kein anderer ist als der Aussenwinkel der Ebene AP_1 und AH in unserer Figur, so ist

$$a \cos \varphi_1 \sin 2\pi \frac{vt - x}{\lambda} \tag{1. a}$$

offenbar der Antheil des im Krystall sich bildenden gewöhnlichen Lichtes, und legt man durch AR_1 und AS eine Ebene, welche die Ebene AP_1 und AH in den Richtungen AP'_1 und AH' schneidet, so ist

$$a \cos \varphi'_1 \sin 2\pi \frac{vt - x}{\lambda} \tag{1. b}$$

der an der Vorderfläche der Krystallplatte hervortretende Antheil von aussergewöhnlichem Lichte, wenn φ'_1 den Winkel bezeichnet, welchen die Richtung AH' mit der AR_1 macht. Diese zwei Lichtantheile setzen ihre Bewegung im Krystall mit ungleichen Geschwindigkeiten fort, wesshalb die Phasen beider auseinander gehen, und es lässt sich dieser Phasenunterschied mittelst der in Ziffer VII. gefundenen Gleichung (5) für jegliche Tiefe erhalten, bis zu welcher das Licht in den Krystall eingedrungen ist. Bezeichnet auch hier wieder Θ den Phasenunterschied, um den die Bewegungsweise im aussergewöhnlichen Lichte der im gewöhnlichen an der hinteren Fläche der Krystallplatte zuvor gekommen ist, so kann man an dieser zweiten Fläche die Bewegungsweise des gewöhnlichen Lichtes, welche längs AS vor sich geht, durch

$$a \cos \varphi_1 \sin 2\pi \frac{vt - x}{\lambda} \tag{2. a}$$

und die des aussergewöhnlichen Lichtes, welches längs AH′ schwingt, durch

$$a \cos \varphi'_1 \sin 2\pi \left(\frac{vt - x}{\lambda} + \Theta\right) \tag{2. b}$$

darstellen, weil man im ersteren die Phase nach Belieben nehmen kann, da dies blos einer Fixirung der beiden Lichtantheilen gemeinschaftlichen Distanzebene gleich kommt.

Der Winkel φ'_1 oder $H'AR_1$ lässt sich durch den φ_1 ersetzen. Weil nämlich die durch AR_1 und AS gelegte Ebene, welche die vordere Polarisationsebene in der Richtung AH′ schneidet, sowohl senkrecht auf der vorderen Polarisationsebene, als auch auf dem Hauptschnitt steht, somit auch senkrecht auf dem Durchschnitt dieser zwei letzten Ebenen, so bilden die Richtungen AH′ und AP'_1 den Neigungswinkel zwischen der vorderen Polarisationsebene und dem Hauptschnitt; es ist also $H'AP'_1 = 180^0 - \varphi_1$, wenn man sich unter den Richtungen AH′ und AP'_1 die denkt, auf welche man von AS und AR_1 aus über den Winkel SAR_1 weg zuerst stösst. Bei der gleichen Annahme ist aber der Winkel $H'AR_1$ oder φ'_1 entweder $90^0 - \varphi_1$ oder $\varphi_1 - 90^0$ und man hat daher in jedem Falle

$$\cos \varphi'_1 = \sin \varphi_1, \tag{3. a}$$

so dass man die Ausdrücke (2. a) und (2. b) auch so schreiben kann:

$$a \cos \varphi_1 \sin 2\pi \frac{vt - x}{\lambda} \tag{3. b}$$

längs AS schwingend, und

$$a \sin \varphi_1 \sin 2\pi \left(\frac{vt - x}{\lambda} + \Theta\right) \quad (3.\ c)$$

längs AH′ schwingend.

Der längs der Richtung AS schwingende Antheil (3. b) gelangt nach seinem Austritt aus der Platte an das hintere Polarisationsmittel, dessen Polarisationsebene AP_2 ist, so wie AR_2 die Normale zu letzterer Ebene, und wird hier wieder in zwei Antheile zerlegt, von denen der eine seine Schwingungen längs AR_2 vollbringt und von dem Polarisationsmittel aus in's Auge gelangt; der andere hingegen vollbringt seine Schwingungen längs der Polarisationsebene AP_2 und geht im Polarisationsmittel verloren. Der erstere wirksame Antheil nun hat die Schwingungsweise

$$a \cos \varphi_1 \cos \varphi_2 \sin 2\pi \frac{vt - x}{\lambda} \quad (4.\ a)$$

längs der Richtung AR_2, wenn φ_2 den Winkel SAR_2 bezeichnet, welcher Winkel kein anderer ist, als der Aussenwinkel der Ebenen AH und AP_2 in unserer Figur. Der in der Richtung AH′ schwingende Antheil (3. c) gelangt ebenfalls an das hintere Polarisationsmittel und wird hier ebenfalls in zwei Antheile zerlegt, von denen das eine seine Schwingungen längs AR_2 vollbringt und in's Auge kommt, der andere längs AP_2 und hier untergeht. Der erste wirksame von diesen beiden Antheilen hat die Schwingungsweise

$$a \sin \varphi_1 \cos \varphi'_2 \sin 2\pi \left(\frac{vt - x}{\lambda} + \Theta\right) \quad (4.\ b)$$

längs der Richtung AR_2, wenn φ'_2 den Winkel bezeichnet, den die Richtung AH′ mit der AR_2 bildet.

Der Winkel $H'AR_2$ oder φ'_2 lässt sich auf den φ_2 zurückführen. Da nämlich eine durch AR_2 und AS gelegte Ebene, welche die hintere Polarisationsebene und den Hauptschnitt in den Richtungen AP'_2 und AH″ schneidet auf den beiden eben genannten Ebenen senkrecht steht, somit auch senkrecht auf deren Durschnittslinie, so liefern die Richtungen AP_2 und AH″ den Neigungswinkel zwischen der hinteren Polarisationsebene und dem Hauptschnitt und es ist $H''AP'_2 = 180^\circ - \varphi_2$, wenn man sich unter den Richtungen AH″ und AP'_2 die denkt, auf welche man von AS und AR_2 aus über den Winkel SAR_2 weg zuerst stösst. Bei der gleichen Annahme wird aber auch $H''AR_2$ entweder $90^0 - \varphi_2$ oder $\varphi_2 - 90^0$, so dass in jedem Falle

$$\cos H''AR_2 = \sin \varphi_2 \tag{5. a}$$

ist; fasst man daher das aus den Richtungen AH', AH'' und AR_2 gebildete sphärische Dreieck in's Auge, in welchem $H'AR_2 = \varphi'_2$, $H''AR_2 = 90^0 - \varphi_2$ oder $\varphi_2 - 90^0$ ist, und der Seite φ'_2 steht ein rechter Flächenwinkel gegenüber, weil die Ebene $H''AR_2$ durch AS hindurch geht und deswegen senkrecht auf der im Hauptschnitt liegenden Ebene H'AH'' steht, so giebt die sphärische Trigonometrie, wenn die Seite H'AH'' durch χ bezeichnet wird, die folgende Relation an die Hand:

$$\cos \varphi'_2 = \cos \chi \sin \varphi_2, \tag{5. b}$$

und hierdurch nehmen die Antheile (4. a) und (4. b) die folgende Gestalt an:

$$a \cos \varphi_1 \cos \varphi_2 \sin 2\pi \frac{vt - x}{\lambda} \tag{5. c}$$

und

$$a \sin \varphi_1 \sin \varphi_2 \cos \chi \sin 2\pi \left(\frac{vt - x}{\lambda} + \Theta\right), \tag{5. d}$$

beide ihre Schwingungen längs AR_2 vollführend. In Betreff des Winkels χ ist zu bemerken, das er der Neigungswinkel zwischen den Ebenen R_1AS und R_2AS ist, weil beide auf dem Hauptschnitt senkrecht stehen und diesen in den Richtungen AH' une AH'' schneiden, und da die Ebenen R_1AS und R_2AS zugleich auch auf den Durchschnittslinien AD_1 und AD_2, welche die beiden Polarisationsebenen mit dem Hauptschnitt liefern, senkrecht stehen, so folgt, dass durch den Winkel χ auch der D_1AD_2 gegeben ist, den diese Durchschnittslinien unter sich einschliessen, und umgekehrt.

Da die zuletzt erhaltenen Lichtantheile (5. c) und (5. d) beide ihre Schwingungen längs derselben Geraden AR_2 vollbringen und den Phasenunterschied Θ in sich tragen, so setzen sich dieselben auf die in Ziffer V. angezeigte Art durch Interferenz zu einem einzigen Wellenzug zusammen, dessen Lichtstärke nach Anleitung der dort erhaltenen Gleichung $a^2 = a_1^2$

$+ a_2^2 + 2a_1 a_2 \cos 2\pi (\delta_1 - \delta_2)$ gefunden wird. So gelangt man zu der Gleichung:

$$A^2 = a^2 [\cos^2 \varphi_1 \cos^2 \varphi_2 + \sin^2 \varphi_1 \sin^2 \varphi_2 \cos^2 \chi$$
$$+ 2 \sin \varphi_1 \cos \varphi_1 \sin \varphi_2 \cos \varphi_2 \cos \chi \cos 2\pi\Theta],$$

in welcher A^2 diese Lichtstärke bezeichnet, und die sich zunächst in die andere Form überführen lässt:

$$A^2 = a^2 [(\cos \varphi_1 \cos \varphi_2 + \sin \varphi_1 \sin \varphi_2 \cos \chi)^2 \qquad (6.\ a)$$
$$- \sin 2\varphi_1 \sin 2\varphi_2 \cos \chi \sin^2 \pi\Theta],$$

zuletzt aber dadurch, dass man $\cos \varphi_1 \cos \varphi_2 + \sin \varphi_1 \sin \varphi_2 \cos \chi = \cos A$ setzt, wird:

$$A^2 = a^2 (\cos^2 A - \sin 2\varphi_1 \sin 2\varphi_2 \cos \chi \sin^2 \pi\Theta). \qquad (6.\ b)$$

Um die Bedeutung des Winkels A in dieser letzten Gleichung völlig klar aufzufassen, gehen wir von dem aus den drei Richtungen AD_1, AD_2 und AP_0 (Fig. 5) gebildeten sphärischen Dreieck aus, in welchem die Seiten D_1AP_0 und D_2AP_0 mit dem Hauptschnitt D_1AD_2 die Winkel φ_1 und φ_2 bilden, weil diese Winkel den früheren Bestimmungen gemäss die Aussenwinkel derjenigen sind, welche die beiden Polarisationsebenen mit dem Hauptschnitt in unserer Figur machen; bezeichnen wir daher die Seite D_1AD_2 mit χ und den aus den Seiten D_1AP_0 und D_2AP_0 gebildeten Flächenwinkel in dem gleichen Dreikant mit A, so giebt die sphärische Trigonometrie folgende Relation zwischen diesen Stücken an die Hand:

$$\cos A = \sin \varphi_1 \sin \varphi_2 \cos \chi - \cos \varphi_1 \cos \varphi_2.$$

Gehen wir nun von diesem Dreikant zu dem über, welches aus ihm durch Verlängerung von einer der Richtungen AD_1 oder AD_2 nach der entgegengesetzten Seite hin hervorgeht, so bleiben in diesem Nebendreikant die Winkel φ_1 und φ_2 die gleichen, aber an die Stelle der Winkel χ und A treten in ihm die $180^\circ - \chi$ und $180^\circ - A$. Setzt man nun in die vorstehende Gleichung diese letzteren Winkel an die Stelle derer χ und A, so wird sie:

$$\cos A = \sin \varphi_1 \sin \varphi_2 \cos \chi + \cos \varphi_1 \cos \varphi_2,$$

und giebt damit zu verstehen, dass A in der Gleichung (6. b) den Winkel bedeutet, der in diesem Nebendreikant dem Hauptschnitt gegenüber liegt, den Aussenwinkel nämlich der beiden Polarisationsebenen in unserer Figur. Man kann immer die Figur auch so einrichten, dass statt eines der Winkel φ_1 und φ_2 seine Nebenwinkel und zugleich auch statt χ dessen Nebenwinkel in ihr auftritt, dann wird

$$cos\ A = sin\ \varphi_1\ sin\ \varphi_2\ cos\ \chi + cos\ \psi_1\ cos\ \varphi_2,$$

es geht also selbst mittelst dieser neuen Winkel die Gleichung (6. a) doch noch in die (6. b) über. Hieraus folgt dass man sich χ in der Gleichung (6. b) immer als spitzen Winkel denken darf. Uebrigens will ich hier bemerken, dass diese Darstellungsweise einige Härten hat und nur deswegen gewählt worden ist, weil sie von den Optikern am öftesten gebraucht wurde. In der zweiten Hälfte dieser Abhandlung werde ich eine andere mittheilen, die von derlei Uebelständen völlig frei ist.

So einfach die zuletzt erhaltene Gleichung auch ist, so besitzen doch die in ihr auftretenden Winkel φ_1, φ_2 und χ einen zu geringen Grad der Anschaulichkeit, als dass wir nicht wünschen müssen, sie durch andere minder wechselnde zu ersetzen. Indem wir jetzt die zu diesem Zwecke erforderlichen allgemeinen Formeln aufstellen, machen wir an dem Apparat, womit die in den Krystallplatten entsehenden Interferenzerscheinungen beobachtet werden, mehr der grösseren Bestimmtheit halber als aus Gründen der Einfachheit, die Anforderung, dass die beiden Polarisationsebenen bei jeder Lage, die ihnen gegeben werden mag, stets eine senkrechte Stellung zur Oberfläche der Krystallplatte behalten, eine Anforderung, die von dem solche Apparate anfertigenden Künstler immer leicht eingehalten werden kann, weil sie damit übereinkommt, dass die Polarisationsebenen in allen ihren Lagen der Axe des Instrumentes stets parallel bleiben, was der Fall ist, wenn sie um diese Axe selber drehbar eingerichtet werden. Stellt nun (Fig. 6) MM die Oberfläche der Krystallplatte, M'M' den Hauptschnitt vor, welcher zu dem nach hinten verlängerten Lichtstrahl A$\mathfrak{J}$ gehört und in welchem die optische Axe AX der Krystallplatte liegt; stellt ferner AY die Richtung vor, in welcher die durch AX und durch die nach hinten gerichtete Normale AN gelegte Hauptnormalebene die Oberfläche der

Krystallplatte schneidet, welche Richtung jene feste ist, an die sich das oben benutzte Polarcoordinatensystem anknüpft, und $A\mathfrak{J}$ die Richtung, in welcher die Krystalloberfläche von der

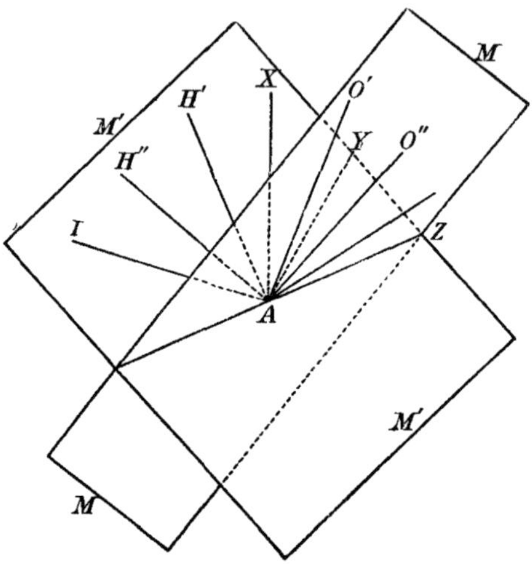

Fig. 6.

durch $A\mathfrak{J}$ und AN gelegten Einfallsebene geschnitten wird, so dass $YA\mathfrak{J}'$ das Azimuth der Einfallsebene zur Hauptebene vorstellt, welcher Winkel hier wieder, wie schon oben immer, durch den Buchstaben ω bezeichnet wird; stellen endlich AH' und AO' die Richtung vor, in welcher der Hauptschnitt und die Oberfläche der Platte von der vorderen Polarisationsebene durchschnitten werden, und bezeichnen AH'' und AO'' dasselbe in Bezug auf die hintere Polarisationsebene, so dass der eben getroffenen Einrichtung unseres Apparates gemäss, weil beide Polarisationsebenen, somit auch deren Durchschnittslinie stets senkrecht auf der Oberfläche der Platte stehen bleiben, O'AO'' der Neigungswinkel zwischen diesen beiden Polarisationsebenen ist, dessen Aussenwinkel so eben durch A bezeichnet worden ist. Diesem nach sind O'AX und O''AY die Azimuthe der vorderen und hinteren Polarisationsebene zur Hauptnormalebene, welche Winkel wir durch ω_1 und ω_2 bezeichnen wollen, so dass man hat:

$$\omega_2 - \omega_1 = 180^0 - A \qquad (7.\ a)$$

und ebenso, wenn wir noch die Winkel H'AZ und H"AZ, welche die beiden Richtungen AH' und AH" mit der Durchschnittslinie AZ der Ebenen MM und M'M' machen, durch ε_1 und ε_2 bezeichnen, erhält man noch:

$$\varepsilon_2 - \varepsilon_1 = \chi; \tag{7. b}$$

fassen wir jetzt das aus den Richtungen A𝔍, AX und AN gebildete sphärische Dreieck in's Auge, in welchem die Seite NA𝔍 der Einfallswinkel des in Betrachtung genommenen Lichtstrahles ist, welchen Winkel wir, wie früher immer, durch i bezeichnen werden, die Seite NAX der Winkel, den die Normale zur Platte mit der optischen Axe bildet, und wie schon oben a heissen mag. Der Flächenwinkel dieses Dreiecks, den die Ebenen NA𝔍 und NAX, welche die Plattenoberfläche in den Richtungen A𝔍' und AY schneiden, mit einander machen, ist kein anderer als der 𝔍'AY oder ω, weil der Durchschnitt AN dieser beiden Ebenen senkrecht auf der genannten Oberfläche steht und also 𝔍'AY der Neigungswinkel zwischen jenen Ebenen ist; nennt man daher den Winkel, den die Hauptnormalebene NAX mit dem Hauptschnitt 𝔍AX macht, ψ, so giebt die sphärische Trigonometrie sogleich die nachstehende Gleichung an die Hand:

$$\cot \psi \sin \omega + \cos \omega \cos \mathrm{a} = \sin \mathrm{a} \cot \mathrm{i}. \tag{7. c}$$

Legt man in demselben spärischen Dreieck durch die Normale AN eine Ebene senkrecht auf den Hauptschnitt 𝔍AX, welche diesen in AG schneidet, so ist NAG der Neigungswinkel der Normale AN zum Hauptschnitt 𝔍AX und also das Complement des Winkels, den die auf AN senkrechte Oberfläche der Platte mit dem Hauptschnitt macht, und der ψ' heissen soll. Das aus den Richtungen AG, AN und AX gebildete sphärische Dreieck, welches ein rechtwinkeliges ist, weil GAN senkrecht auf GAX gelegt worden ist, hat zur einen Cathete GAN oder $90^0 - \psi'$ und dieser steht der Winkel ψ gegenüber, während seine Hypotenusenseite a ist; es ist daher:

$$\cos \psi' = \sin \mathrm{a} \sin \psi. \tag{7. d}$$

In dem aus den Richtungen AY, AX und AZ gebildeten sphärischen Dreieck steht die durch die Normale AN hindurchgehende Seite YAX senkrecht auf der in der Plattenoberfläche liegenden Seite YAZ, und es ist die dem rechten Winkel anliegende Cathetenseite YAX $= 90^0 - a$, so wie ψ der Winkel, den die Hauptnormalebene YAX mit dem Hauptschnitt XAZ macht; stellt daher μ die diesem Winkel gegenüberliegende Cathetenseite YAZ vor und ν die demselben Dreiecke angehörige Hypotenusenseite, so liefert die spärische Trigonometrie auf der Stelle:

$$tang\ \mu = cos\ a\ tang\ \psi \text{ und } cot\ \nu = tang\ a\ cos\ \psi. \qquad (7.\ e)$$

Fasst man jetzt das aus den Richtungen AO', AH' und AZ gebildete sphärische Dreieck in's Auge, in welchem die Ebene H'AO' senkrecht auf der O'AZ steht und mit der H'AZ den Winkel φ_1 einschliesst, während die O'AZ mit der H'AZ den Winkel macht, den wir so eben durch ψ' bezeichnet haben, so ist den Regeln der sphärischen Trigonometrie gemäss, weil O'AZ = O'AY + YAZ, also den eingeführten Bezeichnungen zur Folge O'AZ $= \omega_1 + \mu$ ist, $cos\ \varphi_1 = cos\ (\omega_1 + \mu)\ sin\ \psi'$, und eine dieser ganz ähnliche Gleichung liefern auch die Richtungen AO'', AH'' und AZ, so dass man hat, wenn man für ω_2 der Gleichung (7. a) gemäss $\omega_1 + 180^0 - A$ setzt:

$$cos\ \varphi_1 = cos\ (\omega_1 + \mu)\ sin\ \psi' \text{ und} \qquad (7\ f.)$$
$$cos\ \varphi_2 = -\ cos\ (\omega_1 + \mu - A)\ sin\ \psi'.$$

Dieselben sphärischen Dreiecke liefern aber auch noch ausserdem, weil ε_1 und ε_2 die Hypotenusenseiten in ihnen sind:

$$cot\ \varepsilon_1 = cot\ (\omega_1 + \mu)\ cos\ \psi' \text{ und} \qquad (7.\ g)$$
$$cot\ \varepsilon_2 = -\ cot\ (\omega_1 + \mu - A)\ cos\ \psi'.$$

Die Gleichungen (7. a bis g) setzen in den Stand, alle einzelnen zur vollständigen Nutzbarmachung der Intensitätsgleichung (6. c) etwa nöthigen Nebenumstände kennen zu lernen und wir werden sie jetzt zur Beantwortung der nachstehenden, für alle Interferenzerscheinungen in Krystallplatten hochwichtigen Frage benützen: *Welche Stellung muss der Hauptnormalebene im Polarisationsapparate gegeben werden, wenn der in Betrachtung genommene Lichtstrahl bei einer gegebenen Lage der beiden Polarisationsebenen zu einander mit der grössten oder kleinsten Helligkeit in's Auge gelangen soll.*

Sehen wir die Lage der Hauptnormalebene zur Polarisationsebene als von der Grösse ω_1 abhängig an, so müssen wir in Folge der Gleichung (7. a), weil wir hier A als konstant vorausgesetzt haben, ω_2 als Function von ω_1 ansehen; dann aber folgt aus den Gleichungen (7. f und g), dass auch φ_1 und φ_2, so wie ε_1 und ε_2 gegebene Functionen von ω_1 sind, und der Gleichung (7. b) gemäss selbst χ. Bekanntlich ist aber die Bedingung des Maximum- und Minimumwerthes eines Ausdruckes die, dass dessen nach der unabhängig veränderlichen Grösse, hier ω_1, genommene Ableitung null sein muss, also tritt in Bezug auf die in (6. b) enthaltene Lichtstärke die nachstehende Bedingung ein:

$$\begin{aligned} 0 = (2 \cos 2\varphi_1 \sin 2\varphi_2\, d\varphi_1 + 2 \cos 2\varphi_2 \sin 2\varphi_1\, d\varphi_2) \cos\chi \\ - \sin 2\varphi_1 \sin 2\varphi_2 \sin\chi\, d\chi, \end{aligned} \tag{8}$$

aus welcher Gleichung diejenigen Werthe von ω_1 herzuholen sind, wofür das A^2 der Gleichung (6. c) einen grössten oder kleinsten Werth annimmt.

IX. Von hier ab finden wir uns genöthigt, den Näherungsweg zu betreten, wie dies schon bei Aufstellung der Gleichung (5) in Ziffer VII. geschehen ist, wo alle diejenigen Glieder ausser Acht gelassen worden sind, welche *sin* i in der vierten oder einer noch höheren Potenz in sich enthalten. Obgleich die Bestimmung der Lichtstärke bei weitem nicht den gleichen Grad der Genauigkeit verlangt, so werden wir doch anfänglich blos die Glieder der dritten oder einer höheren Dimension vernachlässigen und erst später zu geringeren Annäherungen übergehen. In dieser Weise erhalten wir aus der Gleichung (7. c):

$$\sin\psi = \frac{\sin\omega \sin i}{\sin a} + \frac{\cos a}{\sin^2 a} \cos\omega \sin\omega \sin^2 i \quad \text{und}$$

$$\cos\psi = 1 - \tfrac{1}{2} \frac{\sin^2\omega \sin^2 i}{\sin^2 a},$$

hierauf aus der (7. d):

$$\cos\psi' = \sin\omega \sin i + \cot a \cos\omega \sin^2 i, \quad \sin\psi' = 1 - \tfrac{1}{2} \sin^2\omega \sin^2 i$$

und nun liefern die Gleichungen (7. g):

$$\sin\varepsilon_1 = 1 - \tfrac{1}{2} \cot^2(\omega_1 + \mu) \sin^2\omega \sin^2 i \quad \text{und}$$

$$\cos\varepsilon_1 = \cot(\omega_1 + \mu) \sin\omega \sin i\,(1 + \cos\omega \cot a \sin i),$$

so wie:

$$\sin \varepsilon_2 = 1 - \tfrac{1}{2} \cot^2 (\omega_1 + \mu - A) \sin^2 \omega \sin^2 \mathrm{i} \text{ und}$$

$$\cos \varepsilon_2 = - \cot (\omega_1 + \mu - A) \sin \omega \sin \mathrm{i} \, (1 + \cos \omega \cot \mathrm{a} \sin \mathrm{i});$$

weil aber der Gleichung (7. b) der vorigen Ziffer gemäss

$$\cos \chi = \cos (\varepsilon_2 - \varepsilon_1) = \cos \varepsilon_1 \cos \varepsilon_2 + \sin \varepsilon_1 \sin \varepsilon_2$$

ist, so findet man:

$$\cos \chi = 1 - \tfrac{1}{2} \sin^2 \omega \sin^2 \mathrm{i} \, [\cot (\omega_1 + \mu - A) + \cot (\omega_1 + \mu)]^2 \; {}^{*)}$$

und hieraus ergiebt sich durch Ableitung nach ω_1

$$\sin \chi \mathrm{d}\chi = \sin^2 \omega \sin^2 \mathrm{i} \, [\cot (\omega_1 + \mu) + \cot (\omega_1 + \mu - A)] \times \left(\frac{1}{\sin^2 (\omega_1 + \mu)} + \frac{1}{\sin^2 (\omega_1 + \mu - A)} \right).$$

Man sieht hieraus, dass im Allgemeinen $\sin \chi \mathrm{d}\chi$ nur eine sehr kleine Grösse der zweiten Ordnung in Bezug auf $\sin$ i ist, und dass $\cos \chi$ nur um eine eben so kleine Grösse von der Einheit abweicht; bleiben wir daher bei einer Annäherung des zweiten Grades stehen, d. h. vernachlässigen wir die zweiten Potenzen von $\sin$ i, was für unsere Zwecke noch vollkommen hinreichend ist, so können wir $\sin \chi \mathrm{d}\chi = 0$ und $\cos \chi = 1$ setzen, wodurch die Gleichungen (6. b) und (8) der vorigen Ziffer werden:

$$\mathrm{A}^2 = \mathrm{a}^2 \, [\cos^2 A - \sin 2\varphi_1 \sin 2\varphi_2 \sin^2 \pi \Theta] \qquad (1.\ \mathrm{a})$$

und

$$0 = \cos 2\varphi_1 \sin 2\varphi_2 \, . \, \delta\varphi_1 + \cos 2\varphi_2 \sin 2\varphi_1 \, . \, \delta\varphi_2, \qquad (1.\ \mathrm{b})$$

von denen die erste die Helligkeiten anzeigt, womit die einzelnen Lichtstrahlen in's Auge gelangen, und die zweite die Bedingungen in sich trägt, unter welchen diese Helligkeiten grösste oder kleinste Werthe annehmen. Bei demselben niedrigsten Grade der Annäherung kann man die im Eingang dieser Ziffer gefundenen Grössen so schreiben:

$$\left.\begin{array}{lll} \sin \psi = \dfrac{\sin \omega \sin \mathrm{i}}{\sin \mathrm{a}} & \text{und} & \cos \psi = 1 \\ \cos \psi' = \sin \omega \sin \mathrm{i} & \text{und} & \sin \psi' = 1 \end{array}\right\} \qquad (2)$$

---

*) Diese Form für $\cos \chi$ setzt zwar voraus, dass χ ein spitzer Winkel sei, eine Voraussetzung, die jedoch stets erfüllt werden kann, worauf schon vorhin (Ziffer VIII.) bei Besprechung der Gleichung (6. b) hingewiesen worden ist.

Den Gleichungen (2) zufolge verwandelt sich aber die vordere Gleichung (7. e) in voriger Ziffer bei diesem Grade der Annäherung in folgende:

$$\sin\mu = \cot \mathrm{a} \sin\omega \sin \mathrm{i} \text{ und } \cos\mu = 1 \tag{3. a}$$

und die dortigen Gleichungen (7. f) werden:

$$\cos\varphi_1 = \cos(\omega_1 + \mu) \text{ und } \cos\varphi_2 = -\cos(\omega_1 + \mu - A), \tag{3. b}$$

oder

$$\varphi_1 = \omega_1 + \mu \text{ und } \varphi_2 = \omega_1 + \mu + 180^0 - A,$$

und diese letzteren geben noch, wenn man sie nach ω_1 ableitet:

$$\delta\varphi_1 = 1 \quad \text{und} \quad \delta\varphi_2 = 1; \tag{3. c}$$

man kann also für φ_1 und φ_2 setzen $\omega_1 + \mu$ und $\omega_1 + \mu + 180^0 - A$, und 1 sowohl für $\delta\varphi_1$ wie auch für $\delta\varphi_2$, wesshalb die Gleichungen (1. a und b) jetzt die folgende Form annehmen:

$$\mathrm{A}^2 = \mathrm{a}^2 [\cos^2 A - \sin 2(\omega_1 + \mu) \sin 2(\omega_1 + \mu - A) \sin^2 \pi\Theta] \tag{4. a}$$

und

$$\begin{aligned} \mathrm{o} = &\cos 2(\omega_1 + \mu) \sin 2(\omega_1 + \mu - A) \\ &+ \cos 2(\omega_1 + \mu - A) \sin 2(\omega_1 + \mu), \end{aligned} \tag{4. b}$$

welche Gleichungen sich auch so schreiben lassen:

$$\mathrm{A}^2 = \mathrm{a}^2 [\cos^2 A - \tfrac{1}{2} [\cos 2A - \cos[4(\omega_1 + \mu) - 2A]] \sin^2 \pi\Theta] \tag{4. c}$$

und

$$\mathrm{o} = \sin[4(\omega_1 + \mu) - 2A]. \tag{4. d}$$

Die Bedingung des Maximums oder Minimums (4. d) wird aber offenbar erfüllt, wenn $4(\omega_1 + \mu) - 2A$ null ist, oder auch ein Vielfältiges von π, dann wird $\cos(4\omega_1 + 4\mu - 2A) = \pm 1$, je nachdem $4\omega_1 + 4\mu - 2A$ ein gerades oder ungerades Vielfaches von π ist, wo die Null in erstere Vielfache eingeschlossen werden kann. Es wird folglich die Gleichung (4. c) entweder:

$$\mathrm{A}^2 = \mathrm{a}^2 [\cos^2 A + \sin^2 A \sin^2 \pi\Theta] \tag{5. a}$$

bei allen jenen Werthen, wo sie ein Maximum liefert, oder:

$$\mathrm{A}^2 = \mathrm{a}^2 [\cos^2 A - \cos^2 A \sin^2 \pi\Theta] \tag{5. b}$$

bei allen jenen Werthen, die zu einem Minimum führen.

Man darf indessen bei allen diesen Gleichungen nicht aus den Augen verlieren, dass die erste der in voriger Ziffer mitgetheilten, und mit ihr auch alle übrigen, nur innerhalb gewisser Grenzen brauchbar sind. Aus der Gleichung (7. c) erhält man nämlich in aller Strenge:

$$sin^2 \psi = \frac{sin^2 \omega \, sin^2 \mathrm{i}}{(cos\, \mathrm{a}\, cos\, \omega\, sin\, \mathrm{i} - sin\, \mathrm{a}\, cos\, \mathrm{i})^2 + sin^2 \omega\, sin^2 \mathrm{i}},$$

$$- tang\, \psi = \frac{sin\, \omega\, sin\, \mathrm{i}}{cos\, \mathrm{a}\, cos\, \omega\, sin\, \mathrm{i} - sin\, \mathrm{a}\, cos\, \mathrm{i}}$$

$$- cot\, \psi = cos\, \mathrm{a}\, cot\, \omega - \frac{sin\, \mathrm{a}}{sin\, \omega}\, cot\, \mathrm{i},$$

woraus sich sodann der zu Anfang dieser Ziffer mitgetheilte Werth von $sin\, \psi$ ergiebt, wenn man die Wurzel auszieht und

$$[(cos\, \mathrm{a}\, cos\, \omega\, sin\, \mathrm{i} - sin\, \mathrm{a}\, cos\, \mathrm{i})^2 + sin^2 \omega\, sin^2 \mathrm{i}]^{-\frac{1}{2}}$$

mittelst Anwendung des Binomialsatzes in eine nach Potenzen von sin i fortlaufende Reihe verwandelt, wobei die dritten und höheren Potenzen von sin i vernachlässigt werden, unter der Voraussetzung, dass der erste Theil unter der Wurzel beträchtlich grösser als der zweite ist. Man sieht aber sogleich ein, dass dieses Verfahren da nicht mehr anwendbar ist, wo

$$cos\, \mathrm{a}\, cos\, \omega\, sin\, \mathrm{i} - sin\, \mathrm{a}\, cos\, \mathrm{i} = 0$$

oder

$$tang\, \mathrm{i}\, cos\, \omega = tang\, \mathrm{a}$$

ist, in welchem Falle man $sin^2 \psi = 1$ findet, und man sieht leicht ein, dass jene Reihenentwickelung schon unbrauchbar wird, wo diese Relation auch nur nahehin stattfindet, nämlich in allen den Fällen, wo der erste Theil unter der Wurzel nicht mehr beträchtlich grösser als der zweite wird. Weil aber i stets sehr klein ist, so kann die Unanwendbarkeit jenes für $sin\, \psi$ erhaltenen Näherungswerthes auch nur bei kleinen Werthen von a eintreten, also nur an der Grenze, wo die Oberflächen der Platte der senkrechten Lage zur optischen Axe nahe kommen. Mit Ausnahme dieses Grenzfalles aber hat man nicht zu befürchten, dass die in dieser Ziffer gegebenen Näherungsformeln auf falsche Schlüsse führen könnten; dieser Grenzfall selber aber verlangt eine besondere Behandlung.

Es liegt in der Bedingung (4. d) ein höchst merkwürdiger Umstand verborgen, den wir um so weniger mit Stillschweigen übergehen dürfen, als er den Grund aller in dieser und der vorigen Ziffer vorgenommenen Rechnungen in sich trägt. Schreibt man nämlich die Bedingung (4. d) so:

$$\omega_1 + \mu - \tfrac{1}{2} A = \tfrac{1}{4} \mathfrak{a}\pi, \tag{5. c}$$

indem man unter $\mathfrak{a}$, wie schon oben, null und jede ganze, positive und negative Zahl versteht, und erwägt man, dass die Gleichung (3. a) auf dem bisher eingehaltenen Grade der Annäherung

$$\mu = \cot \mathrm{a} \sin \omega \sin \mathrm{i},$$

liefert, so überzeugt man sich, dass die Werthe von ω_1, welche ein Maximum oder Minimum liefern, in der Gleichung

$$\omega_1 = \tfrac{1}{2} A + \tfrac{1}{4} \mathfrak{a}\pi - \cot \mathrm{a} \sin \omega \sin \mathrm{i} \tag{5. d}$$

enthaltenen und dieserhalb nicht für sämmtliche Punkte des Gesichtsfeldes die gleichen sind; weil aber $\sin(\omega + 180^0) = -\sin \omega$ ist, so folgt, dass von zwei Stellen, die auf einer durch die Mitte des Gesichtsfeldes gehenden Geraden liegen und gleich weit von dieser Mitte abstehen, die eine dem Mittelwerth $^1/_2 A + ^1/_4 \mathfrak{a}\pi$ von ω_1 um eben so viel voraneilt, als die andere hinter ihr zurück bleibt, so dass das arithmetische Mittel zwischen den, zwei solchen Stellen angehörigen Werthen von ω_1 eine unveränderliche Grösse ist. In allen Fällen, wo μ einen sehr kleinen Werth annimmt, kann man mit hinreichender Genauigkeit

$$\omega_1 = \tfrac{1}{2} A + \tfrac{1}{4} \mathfrak{a}\pi \tag{5. e}$$

nehmen; nur an der einen Grenze, wo a der Null sich nähert, tritt eine Formveränderung ein, wie sich an der Hand der völlig genauen Gleichungen leicht zeigen lässt. Ist nämlich $\mathrm{a} = 0$, so liefert die Gleichung (7. c) der vorigen Ziffer entweder $\psi = -\omega$ oder $\psi = 180^0 - \omega$ und die (7. d) daselbst giebt $\psi' = 90^0$; dann aber geht aus der dortigen Gleichung (7. e) hervor, dass $\mu = \psi$, sonach $\mu = \pi - \omega$ oder $\mu = -\omega$ wird, und nun liefert diesem Werthe von μ gemäss die Maximum- und Minimumbedingung (5. c) in aller Strenge:

$$\omega_1 = \tfrac{1}{2} A + \omega + \tfrac{1}{4} \mathfrak{a}\pi \quad \text{oder} \quad \omega_1 = \tfrac{1}{2} A - (\pi - \omega) + \tfrac{1}{4} \mathfrak{a}\pi, \tag{5. f}$$

welche Gleichung zeigt, dass jene Bedingung in diesem besonderen Falle zwar an jedem einzelnen Halbmesser des Gesichtsfeldes die gleiche, jedoch von einem dieser Halbmesser zum anderen verschieden ist und nur in dem einen Falle mit der abgekürzten Bedingung (5. e) übereinstimmt, wo $\omega = \pi$

oder $\omega = o$ wird, d. h. in dem Durchmesser, der die Richtung der Hauptnormalebene hat. Auf dieselbe Weise findet man an der anderen Grenze, wo $a = 90^0$ wird, successive $\cot\psi = \frac{\cot i}{\cot\omega}$, $\psi' = \psi$, $\mu = o$, $\cos\varphi_1 = \cos\omega_1 \sin\psi$, $\cos\varphi_2 = \cos(\omega_1 - a)\sin\psi$ und es ist bis auf einen Fehler der dritten Ordnung genau $\sin\psi = \sin\omega \sin i$. Diesen Werthen gemäss kann man in dem hier hervorgehobenen besonderen Falle die Bedingung des Maximums oder Minimums leicht ebenfalls bis auf einen Fehler der dritten Ordnung genau auffinden. Weil hier $\mu = o$ wird, so giebt in diesem Falle die Gleichung (5. e) denselben Grad der Genauigkeit wie die (5. d).

Mit den bisher erhaltenen Formeln lassen sich nun alle die vielen einaxige Krystalle angehenden Fragen mit Leichtigkeit und Sicherheit beantworten, wie nun noch in der Abtheilung B) in Bezug auf eine einzige Krystallplatte ausführlicher gezeigt werden soll. Zuletzt wird in der Abtheilung C), welche die zweite Hälfte dieser Abhandlung ausmacht, an die Erklärung jener gleich im Eingange angekündigten überaschenden Erscheinung und noch vieler anderer verwandter geschritten werden, die von dem Uebereinanderliegen zweier Krystallplatten abhängig sind. Bei Bestimmung der Lichtstärke werden wir von jetzt an uns jedoch allerwärts mit den Näherungsgleichungen (4. c) und (4. d) begnügen, und selbst in diesen werden wir noch in der Regel $\mu = o$ sein lassen.

B. Bestimmung der in einer einzigen einaxigen Krystallplatte mit parallelen Oberflächen möglichen Erscheinungen.

X. Um die in der Gleichungen (10. a) der Ziffer VII. enthaltenen Formeln überschauen zu können, wollen wir ihr eine andere Bedeutung unterlegen. Denkt man sich nämlich aus der Mitte der Pupille auf das Bild der vom Auge wahrgenommen Krystallplatte eine senkrechte Linie gezogen, die man die Axe der Erscheinung nennen kann, so macht jeder in das Auge gelangende Lichtstrahl mit dieser Axe denselben Winkel i, den er bei seinem Auffallen auf die Platte mit ihrer Normale bildete; denkt man sich daher nun noch um die Mitte der Pupille mit dem Radius 1 eine Kugel beschrieben, auf welche sich die in der Platte wahrgenommenen Punkte projiciren, so sind *sin* i die scheinbaren Abstände der in der Platte wahrgenommenen Punkte von der Axe der Erscheinung, oder wenn man die Stelle, wo diese Axe die Erscheinung trifft, die Mitte des Gesichtsfeldes nennt, die auf diese Mitte bezogenen scheinbaren Radiusvectoren der einzelnen Punkte der Erscheinung, während ω die Winkel vorstellt, welche die Richtung dieser Radiusvectoren mit der Richtung der im Auge abgebildeten Hauptnormalebene der Platte macht. In diesem Sinne kann man die erwähnte Gleichung als auf Polarcoordinaten bezogen auffassen und sie auf rechtwinkelige Coordinaten dadurch übertragen, dass man,

$$\cos\omega \sin \mathrm{i} = \mathrm{x} \quad \text{und} \quad \sin\omega \sin \mathrm{i} = \mathrm{y} \tag{1. a}$$

setzt, wodurch sie die Form

$$\Theta . \frac{v}{\mathrm{T}} = \mathrm{C} + \mathrm{Dx} + \mathrm{By}^2 + \mathrm{Ax}^2 \tag{1. b}$$

annimmt, und die Coefficienten A, B, C, D in ihr die ihnen durch die Gleichungen (10. b) der Ziffer VII. gegebene Bedeutung haben.

In so ferne die Gleichung (10. a) der Ziffer VII. auf Polarcoordinaten bezogen wird, deren fester Punkt die Mitte des Gesichtsfeldes ist, und deren feste Richtung mit der im Auge erscheinenden Hauptnormalebene der Platte zusammenfällt, bezieht sich die vorstehende Gleichung (1. b) auf ein rechtwinkeliges Coordinatensystem, dessen Spitze in der Mitte des Gesichtsfeldes liegt und dessen x-Axe mit der Hauptnormalebene im Bilde der Platte zusammenfällt.

Bekanntlich stellt die so gedachte Gleichung (1. b), vorausgesetzt, dass weder A noch B null ist, entweder eine Ellipse oder eine Hyperbel vor, deren Mittelpunkt jedoch nur dann in der Mitte des Gesichtsfeldes, in der Coordinatenspitze nämlich, liegt, wenn D = o wird, was der zweiten Gleichung (10. b) der Ziffer VII. gemäss nur in dem Falle geschehen kann, wo *sin* 2a = o ist, also wenn entweder a = o oder a = 90° ist. Hieraus folgt, *dass die Mittelpunkte der Helligkeitscurven, da wo diese Ellipsen oder Hyperbeln werden, nur bei solchen Krystallplatten in der Mitte des Gesichtsfeldes liegen, deren*

Oberflächen entweder senkrecht zur optischen Axe stehen, oder mit dieser Axe parallel laufen; in allen anderen Fällen liegen die Mittelpunkte dieser Curven ausserhalb der Mitte des Gesichtsfeldes.

Setzt man die Gleichung (1. b) $x - {}^1/_2 \cdot \frac{D}{A}$ für x, d. h. verlegt man die Coordinatenspitze um ${}^1/_2 \cdot \frac{D}{A}$ in der Richtung der Hauptnormalebene rückwärts von der Mitte des Gesichtsfeldes, so wird sie:

$$\Theta \frac{v}{T} - C - \tfrac{1}{4} \cdot \frac{D^2}{A^2} = By^2 + Ax^2, \qquad (2.\ a)$$

und giebt so zu verstehen, dass jetzt die Coordinatenspitze in dem Mittelpunkt der Curve liegt. Der Mittelpunkt der Helligkeitscurven liegt also jedesmal in der Richtung der Hauptnormalebene und in dem scheinbaren Abstande ${}^1/_2 \cdot \frac{D}{A}$ von der Mitte des Gesichtsfeldes entfernt. Wird dieser scheinbare Abstand mit E bezeichnet, so ist also:

$$E = \tfrac{1}{2} \cdot \frac{D}{A}, \qquad (2.\ b)$$

oder wenn man für D und A ihre, den Gleichungen (10. b) Ziffer VII. entnommenen, Werthe einsetzt:

$$E = \tfrac{1}{2} \frac{vm\,(v''^2 - v'^2)\,sin\,2a}{v'\,(m^3 - v'\,v''^2)}, \qquad (2.\ c)$$

welche Gleichung den Abstand der Curvenmitte von der Mitte des Gesichtsfeldes hergiebt, gleichviel ob man es mit einer *Ellipse oder mit einer Hyperbel zu thun hat, und zwar giebt sie diesen Abstand als negative oder positive Grösse, je nachdem* die Curvenmitte mit der Hauptnormalebene auf einerlei oder auf entgegengesetzten Seiten liegt.

XI. Der in der letzten Gleichung ausgesprochene Abstand E wird unendlich gross wenn

$$m^3 = v'\,v''^2 \qquad (1.\ a)$$

ist; dann aber wird der letzten in (Ziffer VII.) mitgetheilten Gleichung (10. b) zufolge A = o und nun geht die Gleichung (1. b) der vorigen Ziffer über in:

$$\Theta \frac{v}{T} - C = Dx + By^2, \qquad (1.\ b)$$

welches die Gleichung einer Parabel ist, deren Axe in der Richtung der Hauptnormalebene liegt.

Wir wollen die Gleichung (1. a), welche die Bedingung in sich trägt, unter welcher in einer Krystallplatte Parabeln entstehen, noch etwas näher untersuchen, und machen zu diesem Ende darauf aufmerksam, dass oben

$$v''^2 \sin^2 a + v'^2 \cos^2 a = m^2$$

gesetzt worden ist. Fügt man hierzu die identische Gleichung:

$$v''^2 \sin^2 a + v''^2 \cos^2 a = v''^2,$$

so liefert die Differenz beider

$$(v'^2 - v''^2) \cos^2 a = m^2 - v''^2,$$

woraus man findet:

$$\cos^2 a = \frac{m^2 - v''^2}{v'^2 - v''^2}, \qquad (2.\ a)$$

oder wenn man für m seinen aus der Gleichung (1. a) sich ergebenden Werth setzt:

$$\cos^2 a = \frac{v'' \sqrt[3]{v'^2 v''} - v''^2}{v'^2 - v''^2}. \qquad (2.\ b)$$

Man kann sich leicht überzeugen, dass durch diese Gleichung stets ein wirklicher Winkel a gefunden wird; es liegt nämlich, so lange v' und v'' von einander verschiedene Werthe haben, d. h. so lange man es mit doppelt brechenden Krystallen zu thun hat, $\sqrt[3]{v'^2 v''}$ stets zwischen v' und v''. Ist also $v' > v''$, so ist auch $\sqrt[3]{v'^2 v''} > v''$, ist aber $v' < v''$, so ist auch $\sqrt[3]{v'^2 v''} < v''$, somit erhalten Zähler und Nenner des in der Gleichung (2. b) enthaltenen Ausdrucks stets einerlei Vorzeichen, und in Folge dessen findet man für $\cos^2$ a immer eine positive Zahl, welche Zahl aber auch stets zwischen 0 und 1 liegt, denn da $\sqrt[3]{v'^2 v''}$ stets zwischen v' und v'' liegt und in Folge $v'' \sqrt[3]{v'^2 v''}$ zwischen $v'' v'$ und v''^2, so ist $v'' \sqrt[3]{v'^2 v''} \lessgtr v'^2$, je nachdem $v' \gtrless v''$ ist, und dieserhalb wird der absolute Zähler in (2. b) stets kleiner als der Nenner. Man erhält sonach für cos^2 a unter allen Umständen einen positiven echten Bruch, folglich für a stets einen wirklichen, angeblichen Winkel. Hieraus schliessen wir, *dass sich aus allen einaxigen Krystallen Platten schneiden lassen, welche Parabeln sehen lassen, dass dazu aber eine völlig bestimmte Neigung ihrer Oberflächen zur optischen Axe erforderlich ist.*

XII. Man könnte glauben, dass auch das Glied By^2 aus der Gleichung (1. c) Ziffer X. verschwinden kann; denn dies geschieht den Gleichungen (10. b) der Ziffer VII. gemäss, wenn $m = \frac{v''^2}{v'}$ ist, und dann ginge die Gleichung (1. c) über in $Dx + Ax^2 = \Theta \cdot \frac{v}{T} - C$ und würde gerade zur Hauptnormalebene senkrechte Linien anzeigen; will man aber den diesem Werth von m entsprechenden Winkel a aufsuchen und setzt man zu diesem Ende jenen Werth von m in die Gleichung (2. a) der vorigen Ziffer, so erhält man:

$$cos^2 a = \frac{v''^2 (v''^2 - v'^2)}{v'^2 (v'^2 - v''^2)} = - \frac{v''^2}{v'^2},$$

und dies zeigt, dass in diesem Falle kein reeller Winkel a gefunden werden kann, dass also keine Platte möglich ist, welche diese geraden Linien zu zeigen im Stande wäre. Hieraus lässt sich der Schluss ziehen, *dass sich aus keinem einaxigen Krystall eine Platte schneiden lässt, in der geradlinige Interferenzstreifen sichtbar werden könnten.* Was man insgemein so zu nennen pflegt, sind blos Annäherungen an gerade Linien, auf deren Ursprung wir in Kurzem stossen werden.

Der Grund dieser Unmöglichkeit vom Erscheinen gerader Linien in einzelnen Krystallplatten liegt schon in dem für m erhaltenen Werth $\frac{v''^2}{v'^2}$. Ist nämlich $v'' < v'$, so ist auch $\frac{v''}{v'} < 1$ und demnach $\frac{v''^2}{v'} < v''$; ist aber $v'' > v'$, so ist auch $\frac{v''}{v'} > 1$ und demnach $\frac{v''^2}{v'} > v''$. In jedem Falle liegt also $\frac{v''^2}{v'}$ ausserhalb der Grenzen v' und v'', und dieser Umstand ist mit keinem möglichen Werth von a vereinbar, wovon man sich durch die folgenden Betrachtungen überzeugen kann. Es lässt sich nämlich der in Ziffer XI. angegebene Ausdruck von m^2 auf die nachstehenden zwei Weisen schreiben:

$$m^2 = v''^2 - (v''^2 - v'^2)\, cos^2\, a \text{ und } m^2 = v'^2 - (v'^2 - v''^2)\, sin^2\, a$$

und hieraus lässt sich mit Leichtigkeit abnehmen, dass so lange a ein wirklicher Winkel ist, und desshalb weder cos^2 a noch sin^2 a die Grenzen 0 und 1 überschreiten, auch m^2 die Grenzen v''^2 und v'^2 nicht überschreiten könne. Zwar hat man m aus dem Ausdrucke für m^2 durch Ausziehen der Quadratwurzel abzuleiten, und erhält demnach m als eine sowohl positive wie negative Grösse, von denen die letztere ausserhalb der Grenzen v' und v'' liegt, aber die erstere kann in keinem Falle unter Voraussetzung eines möglichen Winkels a die Grenzen v' und v'' überschreiten, welche Anforderung an den obigen Werth von m, welcher $\frac{v''^2}{v'}$ war, sonach sich als ein positiver zu erkennen giebt, wie man sieht, im Widerspruche mit einem möglichen Plattenschnitte steht.

XIII. Bis hierher haben wir blos den Einfluss, den die in Ziffer X. festgesetzten Coefficienten A, B und D theils auf die Gestalt und Art der in Krystallplatten sich zeigenden Helligkeitscurven, theils auf deren Lage im Gesichtsfelde ausüben, betrachtet, und hierbei kam uns der Umstand zu statten, dass die genannten Coefficienten bei einer und derselben Platte ihren Werth nicht ändern; jetzt aber werden wir auch den dort durch $\Theta \,.\, \frac{v}{T} - C$ bezeichneten Coefficienten in unsere Betrachtungen aufnehmen, von welchem die absoluten Grössen der Curven abhängen, und dessen Besonderheit Ursache ist, dass in den Gleichungen (1. b) der Ziffer XI. nicht eine Curve, sondern ein System von unzählig vielen, unter sich ähnlichen Curven enthalten ist. Dieser Coefficient, nämlich:

$$\Theta \cdot \frac{v}{T} - C \qquad (1.\ a)$$

nimmt in Folge der in ihm vorkommenden Grösse Θ eine Veränderlichkeit an, die ihm sehr bemerkenswerthe Eigenthümlichkeiten giebt. Erwägt man, dass die Grösse Θ, welche durch die Gleichung (1. b) der Ziffer X. gegeben wird, selbst in einer und derselben Platte, worin die Grössen v, v', v'' und a unveränderliche Werthe behalten, je nach den Werthen von i und ω, d. h. je nach der Lage des einfallenden Strahles unendlich viele und von einander sehr verschiedene Werthe annehmen kann, dass jedoch ganze Reihen von Punkten, auf welche die Grössen i und ω von Stelle zu Stelle gleichen und entgegengesetzten Einfluss ausüben, denselben Werth von Θ annehmen, so wird man gewahr, dass die Gleichung (1. b) der Ziffer X. für jeden bestimmten Werth von Θ diejenige Curve an die Hand giebt, welche die diesem Werthe von Θ entsprechende Reihe von Punkten in sich trägt. Wie beschaffen aber auch immer dieser Werth von Θ sein mag, so lässt sich derselbe doch immer zerlegen in eine positive oder negative *ganze Zahl,* die wir durch den deutschen Buchstaben $\mathfrak{a}$ vorstellen wollen, und in einen positiven oder negativen *echten Bruch,* der durch η bezeichnet werden mag, so dass wir unter allen Umständen setzen können:

$$\Theta = \mathfrak{a} + \eta, \tag{1. b}$$

wenn man sich unter $\mathfrak{a}$ die geeignete ganze Zahl, und unter η den geeigneten echten Bruch geschrieben denkt, und es nimmt in Folge dieser Bezeichnung der Coefficient (1. a) die andere Gestalt an:

$$(\mathfrak{a} + \eta)\,\frac{v}{\mathrm{T}} - \mathrm{C}. \tag{1. c}$$

In Gemässheit der durch die Gleichung (1. b) der Grösse Θ zugetheilten Form nimmt aber die Intensitätsgleichung (6. b) der Ziffer VIII die folgende Gestalt an:

$$\mathrm{A}^2 = \mathrm{a}^2\,[\cos^2 A - \sin 2\varphi_1 \sin 2\varphi_2 \cos\chi \sin^2 \eta\,\pi], \tag{2. a}$$

oder wenn man nach Anleitung der Ziffer IX. sehr kleine Unterschiede nicht beachten und demzufolge

$$\chi = 0 \text{ oder } \chi = 180^0,\ \varphi_1 = \omega_1,\ \varphi_2 = \omega_2$$

setzen will, die folgende:

$$\mathrm{A}^2 = \mathrm{a}^2\,[\cos^2 A - \sin 2\omega_1 \sin 2\omega_2 \sin^2 \pi\eta], \tag{2. b}$$

in welcher ω_1 und ω_2 die Winkel vorstellen, welche die Hauptnormalebene der Platte mit der vorderen und hinteren Polarisationsebene macht. Diese Gleichungen geben zu verstehen, dass bei gleicher Stellung der Polarisationsebenen zu einander und des Hauptschnittes, oder auch, mit geringem Unterschiede, der Hauptnormalebene zu ihnen die Helligkeit aller zu einerlei Werth von η gehörigen Stellen die gleiche sei, sonach dieselben in allen Helligkeitscurven, deren Θ denselben Bruch η in sich trägt, was auch übrigens immer die dazu gehörige ganze Zahl $\mathfrak{a}$ sein mag. Während sich Θ von einer Helligkeitscurve zur anderen allmählig abändert, trifft diese Abänderung von vorn herein lediglich den Bruch η und erst dann die ganze Zahl $\mathfrak{a}$, nachdem η von Null bis zur 1 hin angewachsen ist, und $\mathfrak{a}$ in $\mathfrak{a} + 1$ übergeht. Von da ab nimmt der Bruch η wieder allein zu bis zu dem Punkte hin, wo er in 1 übergehen will, und dann $\mathfrak{a}$ auf's Neue um eine Einheit grösser wird. Auf solche Weise entstehen Werthe von Θ in Menge, die denselben echten Bruch η, aber verschiedene ganze Zahlen $\mathfrak{a}$ in sich enthalten. Weil nun alle Curven, die solchen Werthen von Θ entsprechen, einerlei Helligkeitsverhältnisse in sich aufnehmen, so wollen wir sie dieses Umstandes halber *gleichwerthige* nennen, und von zwei gleichwerthigen Curven sollen die *nächste* heissen, deren Θ sich blos darin von einander unterscheiden, dass das $\mathfrak{a}$ im einen um eine Einheit grösser oder kleiner ist als im anderen. Während aber η alle echten Brüche zwischen 0 und 1 durchläuft, und die ganze Zahl $\mathfrak{a}$ ihren Werth nicht ändert, ändern sich die Helligkeitsverhältnisse der unmittelbar neben einander liegenden Helligkeitscurven allmählig und fortwährend ab, zur Hälfte aus der Dunkelheit zu stets grösserer Helligkeit ansteigend und in der anderen Hälfte von da ab bis zur Dunkelheit zurück wieder abnehmend. Den Inbegriff von allen den Helligkeitscurven, welche zu einer und derselben ganzen Zahl gehören, aber allen möglichen Werthen des echten Bruches η entsprechen, werden wir ein *Helligkeitsband* nennen; diese Helligkeitsbänder besitzen sonach die allen gemeinsame Eigenthümlichkeit, von einer Seite zur anderen hin, durch alle Nuancen der Helligkeit vom Dunkel bis zu einem gewissen Grade hin und von da wieder bis zum Dunkel zurück schattirt zu sein.

XIV. Nachdem wir in der vorigen Ziffer den allgemeinen

Typus der Interferenzerscheinungen in Krystallplatten kennen gelernt haben, wie er sich aus der Besonderheit der Coefficienten (1. a) ergiebt, fahren wir nun in der Untersuchung der in der Gleichung (1. b.) Ziffer X. enthaltenen Curven weiter fort. Fassen wir zuvörderst die in der Gleichung (1. b) Ziffer XI. enthaltenen Parabeln in's Auge und setzen wir in derselben $y = o$, so wird sie

$$\Theta \frac{v}{T} - C = Dx$$

und der hieraus für x sich ergebende Werth liefert den Abstand des Scheitels dieser Parabel von der Mitte des Gesichtsfeldes, welcher Abstand sonach

$$\frac{\Theta \frac{v}{T} - C}{D}$$

ist. Gehen wir nun von dieser Parabel zu ihrer nächsten gleichwerthigen über, in welcher das α der vorigen um eine Einheit grösser geworden ist, η dagegen seinen alten Werth behalten hat, was darauf hinausläuft, dass Θ sich in $\Theta + 1$ umgewandelt hat, so ist der Abstand dieser nächsten gleichwerthigen Parabel von der Mitte des Gesichtsfeldes

$$\frac{(\Theta + 1) \frac{v}{T} - C}{D},$$

folglich ist der Abstand der Scheitel dieser zwei Parabeln von einander, weil die Scheitel aller in derselben Gleichung enthaltenen Parabeln in der Hauptnormalebene der Platte liegen, die Differenz der beiden so eben gefundenen Abstände, nämlich:

$$\frac{v}{T} \cdot \frac{1}{D},$$

und da D so wie T an einer und derselben Platte stets einen und denselben Werth behält, so geht hieraus hervor, *dass die Scheitel aller in einer Krystallplatte wahrnehmbaren Parabeln gleichweit von einander abliegen,* wenn v seinen Werth nicht ändert, d. h. so lange ein und dasselbe Licht auf die Platte einfällt. Diese Eigenthümlichkeit der Parabeln ist um so merkwürdiger, weil sie ein sehr einfaches Mittel an die Hand giebt, ohne eigentliches Messen zu entscheiden, ob man es in einem gegebenen Falle mit wirklichen Parabeln zu thun habe, oder nur mit solchen Curven, die sich den Parabeln zwar annähern, ohne dass sie es jedoch in Wahrheit sind.

XV. Fassen wir nun die Gleichung (1. b) der Ziffer X. unter der Voraussetzung in's Auge, dass in ihr weder A noch B null sei, in welchem Falle durch dieselbe jedenfalls eine Mittelpunktscurve, die eine Ellipse oder eine Hyperbel sein kann, dargestellt wird, und setzen wir in dieser $y = o$, wodurch sie wird:

$$\Theta \frac{v}{T} - C = Dx + Ax^2, \qquad (1.a)$$

so liefern die beiden hieraus für x sich ergebenden Werthe die Abstände der Durchnittspunkte dieser Curven mit der Richtung der Hauptnormalebene der Platte von der Mitte des Gesichtsfeldes; diese Abstände sind daher:

$$\pm \sqrt{\frac{A\left(\Theta \frac{v}{T} - C\right) + \frac{1}{4} \cdot D^2}{A^2}} - \frac{1}{2} \cdot \frac{D}{A}$$

und es liegen beide Durchschnittspunkte auf verschiedenen Seiten von der Mitte des Gesichtsfeldes. Diese Abstände werden, wenn man $D = o$ sein lässt, d. h. wenn man sich die Coordinatenspitze in dem Mittelpunkte der Curve liegend denkt:

$$\pm \sqrt{\frac{\Theta \frac{v}{T} - C}{A}}$$

und dem gemäss wird das Quadrat eines jeden:

$$\frac{\Theta \frac{v}{T} - C}{A}. \qquad (1.b)$$

Fügt man zu der bisherigen Curve, in welcher Θ noch jeden beliebigen Werth haben kann, ihre nächste gleichwerthige hinzu, in welcher Θ den um 1 grösseren Werth angenommen hat, so findet man in Bezug auf diese zweite Curve das Quadrat des Abstandes ihres Mittelpunktes von einem ihrer Durchschnittspunkte mit der Richtung der Hauptnormalebene der Platte gleich:

$$\frac{(\Theta + 1)\frac{v}{T} - C}{A}. \tag{1. c}$$

Folglich ist die Differenz dieser Quadrate bezüglich zweier nächster gleichwerthiger Mittelpunktscurven, wie sie einzeln in (1. b) und (1. c) aufgefunden worden sind:

$$\frac{v}{T} \cdot \frac{1}{A}. \tag{1. d}$$

Es ist also die Differenz der Quadrate zweier Halbaxen, welche zu zwei nächsten gleichwerthigen Mittelpunktscurven gehören und in der Richtung der Hauptnormalebene der Platte liegen, die constante Grösse $\frac{1}{A} \cdot \frac{v}{T}$.

Bezeichnet man diese Halbaxe bei einer beliebigen solchen Mittelpunktscurve durch H und bei ihrer nächsten gleichwerthigen durch H', so ist also

$$H'^2 - H^2 = \frac{1}{A} \cdot \frac{v}{T} \tag{2. a}$$

oder

$$(H' - H)\,(H' + H) = \frac{1}{A} \cdot \frac{v}{T},$$

woraus man findet

$$H' - H = \frac{v}{T\,A\,(H' + H)}; \tag{2. b}$$

es ist aber H' — H der Abstand zweier unmittelbar neben einander liegender Durchschnittspunkte, die durch zwei nächste gleichwerthige Helligkeitscurven in der Richtung der Hauptnormalebene veranlasst werden, darum spricht sich in der Gleichung (2. b) der nachfolgende Satz aus: *Die Abstände zweier nächster gleichwerthiger Mittelpunktscurven längs der Hauptnormalebene gemessen, sind der in derselben Richtung liegenden mittleren Axe beider Curven umgekehrt proportional, und werden daher in dem Masse kleiner als die Curven selber grösser werden.*

Gesellt man zu den vorigen zwei Curven, deren Halbaxen H und H' waren, noch die dritte hinzu, welche auf die letztere folgt und deren nächste gleichwerthige ist, so ist, wenn H'' die in der Richtung der Hauptnormalebene liegende Halbaxe dieser dritten Curve vorstellt, der Gleichung (2. b) gemäss:

$$H'' - H' = \frac{v}{TA\,(H'' + H')} \qquad (3.\ a)$$

und es ist H'' — H' der Abstand zweier zunächst bei einander liegender Durchschnittspunkte der zweiten und dritten Curve mit der Richtung der Hauptnormalebene. Mithin ist der Unterschied zwischen zwei auf einander folgenden solchen Abständen:

$$\frac{v}{TA\,(H' + H)} - \frac{v}{TA\,(H'' + H')} \text{ oder } \frac{v}{T} \cdot \frac{H'' - H}{A\,(H'' + H')\,(H' + H)}; \qquad (3.\ b)$$

in Fällen also, wo sowohl H' — H *als* H'' — H' *und also auch die Summe beider oder* H'' — H *sehr klein ist in Vergleich zu* H' + H *und zu* H'' + H', *wird der Unterschied zwischen den Abständen dreier auf einander folgender, gleichwerthiger Curven eine sehr kleine Grösse der zweiten Ordnung im Verhältniss zu den vorigen, die von unseren Sinnen nicht mehr wird empfunden werden können, selbst wenn dem Auge gleichzeitig eine ganze Reihe solcher Curven entgegentritt, in welchen die Unterschiede zwischen den ersten und letzten Abständen schon beträchtlicher geworden sind.*

XVI. Hätten wir in der Gleichung (1. b) der Ziffer X. $x = o$ gesetzt, statt $y = o$, wie in der vorigen Ziffer geschehen ist, so wäre sie geworden:

$$\Theta \cdot \frac{v}{T} - C = By^2, \qquad (1.\ a)$$

und die aus dieser Gleichung für y sich ergebenden Werthe hätten den Abstand der Mitte des Gesichtsfeldes von den Durchschnittspunkten, in welchen die Curve eine durch die Mitte des Gesichtsfeldes senkrecht zur Richtung der Hauptnormalebene gezogene Gerade trifft, zu erkennen gegeben; das Quadrat dieses Abstandes ist also:

$$\frac{\Theta \frac{v}{T} - C}{B}. \qquad (1.\ b)$$

Bei diesen Bestimmungen, so wie schon bei denen der vorigen Nummer ist indessen zu erwägen, dass sie nur dann zu wirklichen Punkten hinführen, wenn die unter dem Wurzelzeichen stehende Grösse ein positive Zahl liefert, welches, wenn die Coordinatenspitze im Mittelpunkt der Curve liegt, bei den in der vorigen Ziffer aufgesuchten Abständen der Fall sein wird, wenn A und $\Theta \frac{v}{T} - C$ einerlei Vorzeichen haben, und bei den jetzt bestimmten, wenn B und $\Theta \frac{v}{T} - C$ einerlei Vorzeichen haben. Bei Ellipsen werden für einen gegebenen Werth von $\Theta \frac{v}{T} - C$ nothwendig die beiderlei Bestimmungen zu wirklichen Durchschnittspunkten hinführen müssen, so wie eine es thut, und keine, so wie eine es nicht thut, weil in ihnen A und B stets einerlei Vorzeichen besitzen; bei Hyperbeln hingegen wird bei einem gegebenen $\Theta \,.\, \frac{v}{T} - C$ die eine der beiden Bestimmungen auf keinen wirklichen Durckschnittspunkt hinführen können, wenn die andere einen solchen bringt, und jene wird ihn bringen müssen, so wie diese keinen giebt, weil in ihnen A und B stets entgegengesetzte Vorzeichen besitzen. Man sieht hieraus, dass nicht jeder Werth von Θ, von welchem der Werth von $\Theta \frac{v}{T} - C$ abhängt, Ellipsen hervorbringen wird, und dass zwar jeder Werth von Θ Hyperbeln zu liefern im Stande ist, von denen aber ein Theil nur Durchschnittspunkte mit der Richtung der Hauptnormalebene liefern wird, der andere Theil nur solche, die von der Hyperbel an einer auf der Hauptnormalebene senkrechten Richtung gebildet werden; jener Theil entspricht Hyperbeln, deren reelle Axe längs der Hauptnormalebene liegt, dieser Theil dagegen Hyperbeln, deren reelle Axe senkrecht zur Hauptnormalebene steht. Hier nun tritt wieder die in Ziffer XIII. besprochene Eigenthümlichkeit des Coefficienten $\Theta \frac{v}{T} - C$ bedeutungsvoll hervor. Da nämlich Θ oder $a + \eta$ in der Regel eine grosse Menge von Einheiten überschreiten und dabei sowohl positiv wie negativ sein kann, so kann dadurch $\Theta \frac{v}{T} - C$ eine sowohl positive wie negative Zahl von grösserem und geringerem Umfang werden, so dass die Gleichung (1. b) der Ziffer X. immer ein System von Ellipsen liefern wird, wenn nur A und B einerlei Vorzeichen haben, und eben so immer ein System von beiderlei Arten der Hyperbeln, solcher, deren Axen längs der Hauptnormalebene liegen und solcher, deren Axen senkrecht darauf stehen, wenn nur die Coefficienten A und B entgegengesetzte Vorzeichen haben. Die Quadrate der längs der Hauptnormalebene liegenden Axen verhalten sich in allen diesen Mittelpunktscurven zu den Quadraten der darauf senkrechten Axen wie die Grössen $\frac{\Theta\frac{v}{T}-C}{A}$ und $\frac{\Theta\frac{v}{T}-C}{B}$ zu einander, also wie B zu A, und es macht keinen Unterschied, wenn es Hyperbeln sind, ob sie der einen odee anderen Art angehören, d. h. ob ihre reellen Axen in der Hauptnormalebene oder senkrecht darauf liegen, nur wird bei ihnen immer eines von jenen Quadraten als negative Grösse sich geben, so dass dann die zugehörige Axe als unmögliche Grösse erscheint.

XVII. Nachdem wir im Vorigen die allgemeinen Eigenschaften der Helligkeitscurven auseinander gesetzt haben, wollen wir jetzt alle besonderen Verhältnisse derselben in der Absicht zusammen stellen, um in der nächsten Ziffer mit ihrer Hilfe dass Ineinandergreifen und die Aufeinanderfolge der sämmtlichen hier untersuchten Interferenzerscheinungen gleichsam in einem Bilde dem Leser vorführen zu können, wodurch er in den Stand gesetzt wird, die unendliche Mannigfaltigkeit derselben wie an einem Faden stets fest in der Hand zu halten. Wir beginnen die Reihe der besonderen Verhältnisse mit solchen, die wir schon früher vorgelegt haben.

Erstes Verhalten. Der Werth von m kann, wenn er positiv ist, nie über die Grenzen v' und v'', und, wenn er negativ ist, nie über die Grenzen $-v'$ und $-v''$ hinausfallen. Es ist dieses Verhalten schon in der Ziffer XII. ausführlich erörtert worden.

Zweites Verhalten. Der Werth $\sqrt[3]{v'v''^2}$ liegt stets zwischen den Grenzen v' und v''^2 und der $\frac{v''^2}{v'}$ fällt stets über die Grenzen v' und v'' hinaus, und zwar ist letzterer kleiner oder grösser als v'', je nachdem v'' kleiner oder grösser als v' ist, d. h. je nachdem die Werthe v' und v'' positiven oder negativen einaxigen Krystallen *angehören.* Ersteres ist schon in Ziffer XI. und letzteres noch vor dem Verhalten 1. in Ziffer XII. umständlich erwiesen worden.

Untersuchen wir nun die Natur des in den Gleichungen (10. b) der Ziffer VII. bestimmten Coefficienten A, so finden wir sogleich, weil

$$A = \tfrac{1}{2}\,T\left(\frac{v'}{v^2} - \frac{v'^2\,v''^2}{v^2\,m^3}\right) = \tfrac{1}{2}\,T\left(1 - \frac{v'\,v''^2}{m^3}\right)\frac{v'}{v^2}$$

ist, dass A jedesmal positiv wird, wenn m eine negative Zahl ist, und, wenn m eine positive Zahl ist, nur dann, wenn m $> \sqrt[3]{v'\,v''^2}$, dagegen wird A negativ, wenn m positiv und $< \sqrt[3]{v'\,v''^2}$ ist. Ebenso geht aus der dritten Gleichung (10. b) der Ziffer VII., welche

$$B = \tfrac{1}{2}\,T\left(\frac{v'}{v^2} - \frac{v''^2}{v^2 m}\right) = \tfrac{1}{2}\,T \,.\, \frac{v'}{v^2}\left(1 - \frac{v''^2}{v'\,m}\right)$$

ist, hervor, dass B jedesmal positiv wird, wenn m eine negative Zahl ist, aber, wenn m positiv ist, nur so lange als es $> \frac{v''^2}{v'}$ ist, dagegen wird B negativ, wenn m positiv und $< \frac{v''^2}{v'}$ ist. Fasst man diese Grössenverhältnisse von A und B zusammen, so ergiebt sich aus ihnen:

α) dass A und B nie entgegengesetzte Vorzeichen annehmen können, wenn m negativ ist, und bei einem positiven m nur dann, wenn entweder m $> \sqrt[3]{v'\,v''^2}$ und zugleich m $< \frac{v''^2}{v'}$ ist, in welchem Falle A positiv, B negativ wird, oder wenn m $< \sqrt[3]{v'\,v''^2}$ und zugleich m $> \frac{v''^2}{v'}$ ist, in welchem Falle A negativ, B positiv wird;

β) dass A und B jedesmal einerlei Vorzeichen und zwar das $+$ annehmen, wenn m negativ ist, wenn aber m positiv ist, nur dann, wenn entweder m $> \sqrt[3]{v'\,v''^2}$ und zugleich m $> \frac{v''^2}{v'}$ ist, in welchem Falle A und B beide das Vorzeichen $+$ erhalten, oder wenn m

$< \sqrt[3]{v' v''^2}$ und zugleich $m < \frac{v''^2}{v'}$ ist, in welchem Falle A und B beide das Vorzeichen — haben.

Da nun entgegengesetzte Vorzeichen von A und B zu der einen oder anderen Art von den in Ziffer XVI. angezeigten Hyperbeln führen, gleiche Vorzeichen von A und B aber jedesmal Anlass zur Ellipse geben, so können wir die in α) und β) hervorgehobenen Verhältnisse mit anderen Worten so aussprechen;

α^*) In einaxigen Krystallplatten können Hyperbeln nur dann entstehen, wenn m positiv ist, und entweder sowohl $m > \sqrt[3]{v' v''^2}$ wie auch $m < \frac{v''^2}{v'}$ ist, oder sowohl $m < \sqrt[3]{v' v''^2}$ wie auch $m > \frac{v''^2}{v'}$ ist.

β^*) In einaxigen Krystallen können Ellipsen jedesmal entstehen, wenn m negativ ist und bei einem positiven m nur dann, wenn entweder $m > \sqrt[3]{v' v''^2}$ wie auch $m > \frac{v''^2}{v'}$ oder wenn sowohl $m < \sqrt[3]{v' v''^2}$ wie auch $m < \frac{v''^2}{v'}$ ist.

Bringen wir jetzt diese Verhältnisse mit dem zweiten Verhalten in Verbindung, indem wir positive und negative Krystalle von einander unterscheiden, weil diesem Verhalten gemäss, bei positiven Krystallen, in welchen $v'' < v'$ ist, immer $\frac{v''^2}{v'} < v''$ ist, hingegen bei negativen Krystallen, in welchen $v'' > v'$ ist, immer $\frac{v''^2}{v'} > v''$ ist, so dass bei jenen nie $\frac{v''^2}{v'} > v''$, bei diesen nie $\frac{v''^2}{v'} < v''$ sein, und deshalb bei ersteren die erste in α^*), so wie die zweite in β^*) niedergelegte Bedingung von selber wegfällt, bei negativen Krystallen dagegen die zweite in α^*), so wie die erste in β^*) niedergelegte, so können wir die in diesen beiden Buchstaben beschriebenen Verhältnisse mit grösserer Bestimmtheit so aussprechen:

Drittes Verhalten. Hyperbeln sind nie mit einem negativen Werth von m *vereinbar, und bei einem positiven Werth von* m *können sie in positiven Krystallplatten nur dann entstehen, wenn* $m < \sqrt[3]{v' v''^2}$ *ist, in negativen Krystallen nur, wenn* $m > \sqrt[3]{v' v''^2}$ *ist, indem die Bedingung* $m > \frac{v''^2}{v'}$ *bei jenen, die* $m < \frac{v''^2}{v'}$ *bei diesen sich immer schon von selbst versteht.*

Viertes Verhalten. Ellipsen können in positiven wie in negativen Krystallen jedesmal entstehen, wenn m *negativ ist; bei einem positiven* m *aber in positiven Krystallen nur dann, wenn* $m > \sqrt[3]{v' v''^2}$, *in negativen Krystallen nur, wenn* $m < \sqrt[3]{v' v''^2}$ *ist, indem auch hier wieder die andere Bedingung* $m > \frac{v''^2}{v'}$ *bei jenen, die* $m < \frac{v''^2}{v'}$ *bei diesen sich schon von selber versteht, in allen Fällen muss also bei Ellipsen* m *zwischen* v' *und* $\sqrt[3]{v' v''^2}$ *liegen. Uebrigens kann man hier noch bemerken, dass Grenzbedingungen für positive Werthe von* m *mit entgegengesetztem Vorzeichen genommen, zugleich auch Grenzbedingungen für die negativen Werthe von* m *werden und umgekehrt, wie daraus erhellt, dass mögliche Werthe von* m *aus der Gleichung* $m^2 = v''^2 \sin^2 a + v'^2 \cos^2 a$ *immer nur paarweise von gleicher Grösse und entgegengesetztem Vorzeichen gefunden werden.*

Weil $\sqrt[3]{v' v''^2}$ stets zwischen v' und v'' liegt und also die Bedingung $m < \sqrt[3]{v' v''^2}$ nie den grösseren dieser beiden Werthe für m zulässt, so wie die Bedingung $m > \sqrt[3]{v' v''^2}$ nie den kleineren von jenen beiden Werthen zulässt, so folgt aus den letzten zwei Verhalten noch das nachstehende mit grosser Leichtigkeit:

Fünftes Verhalten. Wenn in einaxigen Krystallplatten Hyperbeln entstehen, so kann bei ihnen m *nie den Werth* v' *erreichen, und wenn in den Krystallplatten Ellipsen entstehen, so kann bei ihnen* m *nie den Werth* v''

erreichen, und zwar ist es hierbei ganz gleichgültig, ob die Platten aus positiven oder negativen Krystallen geschnitten worden sind. Und weil die Gleichung

$$m^2 = v''^2 \sin^2 a + v'^2 \cos^2 a$$

für m *immer zwei gleiche und entgegengesetzte Werthe liefert, so ist, wenn ein positiver Werth von* m *nicht erreicht werden kann, auch derselbe negativ genommen unmöglich, so dass bei Ellipsen* m *auch nie die Grenze* $-v''$ *erreichen kann.*

XVIII. Nun können wir an die für unseren Gegenstand werthvollste Aufgabe schreiten, obschon sie zu lauter negativen Resultaten führt, weil gerade aus diesen die möglichen in einaxigen Krystallplatten entstehenden Helligkeitscurven sich erkennen lassen. Der Ausdruck (1. b) Ziffer XV. hat uns das Quadrat der längs der Hauptnormalebene liegenden Halbaxe einer Mittelpunktscurve in der Grösse $\frac{\Theta \frac{v}{T} - C}{A}$ gegeben, und eben so der Ausdruck (1. b) Ziffer XVI. das Quadrat der auf der Hauptnormalebene senkrecht stehenden Halbaxe in der Grösse $\frac{\Theta \frac{v}{T} - C}{B}$. Dividirt man die letztere Grösse durch die vorige, so erhält man $\frac{A}{B}$; bezeichnet man daher diesen letzteren Quotienten durch Q und setzt man in ihm für A und B ihre aus den Gleichungen (10. b) Ziffer VII. genommenen Werthe, so findet man

$$Q = \frac{v' (m^3 - v' v''^2)}{m^2 (v'm - v''^2)} \qquad (1.\ a)$$

und es stellt Q das Verhältniss vor, in welchem das Quadrat der auf der Hauptnormalebene senkrechten Halbaxe zu dem der mit dieser Ebene parallelen Axe steht. Wir wollen uns nun die Frage vorlegen, bei welchem Schnitt der Krystallplatten dieser Quotient einen grössten oder kleinsten Werth annimmt, welches bekanntlich dann geschieht, wenn seine nach a genommene Ableitung null wird, also wenn

$$-\frac{v' v''^2 (m^3 - 3 v'^2 m + 2 v' v''^2)\, \delta m}{m^3 (v'm - v''^2)^2} = 0 \qquad (1.\ b)$$

ist, worin sich das Ableitungszeichen δ auf die Grösse a bezieht; aus $m^2 = v''^2 \sin^2 a + v'^2 \cos^2 a$ aber findet man durch Ableiten nach a

$$m\delta m = (v''^2 - v'^2) \sin a \cos a,$$

woraus sich ergiebt

$$\delta m = \frac{(v''^2 - v'^2) \sin a \cos a}{m},$$

und hierdurch geht die Gleichung (1. b) über in:

$$\frac{v' v''^2 (v''^2 - v'^2) \sin a \cos a \, (m^3 - 3 v'^2 m + 2 v'^2 v''^2)}{m^4 (v' m - v''^2)^2} = 0. \quad (1.\ c)$$

Da nun in doppeltbrechenden Krystallen weder v', v'', $v''^2 - v'^2$ noch m oder $v'm - v''^2$ je null werden können, so zerfällt diese letzte Gleichung in die folgenden zwei:

$$\text{entweder } \sin a \cos a = 0 \text{ oder } m^3 - 3 v'^2 m + 2 v' v''^2 = 0. \quad (2.\ a)$$

Der ersten von diesen zwei Bedingungen wird genügt durch

$$a = 0^0 \quad \text{oder} \quad a = 90^0, \quad (2.\ b)$$

und aus der zweiten findet man

$$m = \sqrt[3]{\left(-v' v''^2 + v' (v''^4 - v'^4)^{\frac{1}{2}}\right)} + \sqrt[3]{\left(-v' v''^2 - v' (v''^4 - v'^4)^{\frac{1}{2}}\right)}. \quad (2.\ c)$$

Setzt man in der Gleichung (1. a) $a = 0$, was $m = \pm v'$ zur Folge hat, so giebt der positive Werth von m

$$Q = +1 \quad (3.\ a)$$

und zeigt damit an, dass A und B einerlei Vorzeichen haben, dass also dieser Fall Ellipsen angehört, in welchen jene beiden Halbaxen einander gleich sind, die sonach in einen Kreis übergehen. Wollte man für m den negativen Werth $-v'$ setzen, so fände man $Q = -1$, und dies gäbe zu erkennen, dass die Curve in diesem Falle eine Hyperbel werden müsste; weil aber dem in voriger Ziffer aufgefundenen dritten Verhalten zufolge Hyperbeln nie mit einem negativen Werth von m verträglich sind, so haben wir diesen zweiten Werth von Q als einen unmöglichen auf der Seite liegen zu lassen. Setzt man hierauf $a = 90^0$, was $m = \pm v''$ zur Folge hat, so giebt der positive Werth von m

$$Q = -\frac{v'}{v''}, \quad (3.\ b)$$

und zeigt damit an, dass hier A und B entgegengesetzte Vorzeichen besitzen, dass also dieser Fall Hyperbeln angehört. Wollte man $m = -v''$ setzen, so fände man $Q = +\frac{v'}{v''}$ und dies gäbe zu erkennen, dass in diesem Falle Ellipsen sich zeigen müssten; weil aber bei Ellipsen m den Werth v'' nie erreichen, und darum auch den $-v''$ nie annehmen kann, dem in voriger Ziffer angegebenen fünften Verhalten gemäss, so muss auch dieser Fall als ein unmöglicher zur Seite gelegt werden. Setzt man endlich den aus der hinteren Bedingung (2. a) für m^3 sich ergebenden Werth in den Zähler der Gleichung (1. a) ein, so findet man:

$$Q = 3\frac{v'^2}{m^2}, \tag{3. c}$$

und da dieser Werth von Q für jedes mögliche m eine wesentlich positive Zahl ist, so folgt hieraus, dass alle in der hinteren Bedingung (2. a) enthaltenen Fälle, falls sie einen reellen Inhalt haben, immer nur auf Ellipsen sich beziehen können.

Wollte man auch an der Hand der Differentialrechnung zusehen, welche von den verschiedenen Werthen von Q grösste und welche kleinste werden, so bliebe doch bei jeder dieser Wurzeln immer noch zu untersuchen übrig, ob sie auch einem möglichen Winkel a entspreche; man kann sich indessen gleich von vornherein überzeugen, dass keine von den reellen Wurzeln der hinteren Gleichung (2. a) einen möglichen Werth a zur Folge haben könne. Sucht man nämlich, um den Sturm'schen Satz in Anwendung bringen zu können, zwischen dem Ausdruck $m^3 - 3v'^2m + 2v'v''^2$, den wir X nennen werden, und zwischen dessen Ableitung $3m^2 - 3v'^2$, die X' heissen mag, (wofür man auch $m^2 - v'^2$ setzen kann, weil bei diesem Geschäfte jeder stets positive Factor weggeworfen werden kann) nach Art der Auffindung eines gemeinschaftlichen Factors die Reste auf, welche im Verlaufe dieser Handlung jedoch stets mit entgegengesetzten Vorzeichen genommen werden müssen, und die wir so durch X'' und X''' bezeichnen werden, so erhält man:

$$\begin{aligned} m^3 - 3v'^2m + 2v'v''^2 = X,\ m^2 - v'^2 = X', \\ v'm - v''^2 = X'',\ v'^2 - v''^2 = X'''. \end{aligned} \tag{4. a}$$

Setzt man nun in die Ausdrücke X, X', X'', X''' für m erstlich die besonderen Werthe $-v'$ und $-\sqrt[3]{v' v''^2}$, so findet man bei $m = -v'$

$$X = +2v'^3 + 2v'v''^2, \quad X' = 0, \quad X'' = -(v'^2 + v''^2), \quad X''' = v'^2 - v''^2 \tag{4. b}$$

und bei $m = -\sqrt[3]{v' v''^2}$

$$X = 3v'^2 \sqrt[3]{v' v''^2} + v' v''^2, \quad X' = \sqrt[3]{v'^2 v''^4} - v'^2, \quad X'' = -v' \sqrt[3]{v' v''^2} - v''^2, \quad X''' = v'^2 - v''^2. \tag{4. c}$$

Von den ersteren besonderen Werthen von X, X', X'', X''' wird der erste immer positiv, der dritte immer negativ und der vierte positiv oder negativ, je nachdem $v' > v''$ oder $v' < v''$ ist, d. h. je nachdem man es mit einem positiven oder negativen Krystall zu thun hat. Diese Eigenthümlichkeit stellen wir so dar:

$$m = -v' : \frac{X,\ X',\ X'',\ X'''}{+\ \ 0\ \ -\ \ \pm}$$

wo von den doppelten Vorzeichen das obere stets bei positiven, das untere bei negativen Krystallen genommen werden muss. Was die letzteren besonderen Werthe von X, X', X'', X''' betrifft, so ist der erste stets positiv, der dritte stets negativ, der vierte, wie schon bemerkt, positiv oder negativ, je nachdem man es mit einem positiven oder negativen Krystall zu thun hat, und der zweite ist negativ oder positiv, je nachdem er sich auf einen positiven oder negativen Krystall bezieht, wovon man sich leicht überzeugen kann; denn man kann dieses X' auch so schreiben: $v' v'' \sqrt[3]{\frac{v''}{v'}} - v'^2$, ist also der Krystall ein positiver, in welchem $v' > v''$ ist, so ist bei ihm $\sqrt[3]{\frac{v''}{v'}} < 1$ und in Folge $v'' \sqrt[3]{\frac{v''}{v'}} < v''$ und um so mehr $v'' \sqrt[3]{\frac{v''}{v'}} < v'$, somit $v' v'' \sqrt[3]{\frac{v''}{v'}} < v'^2$, und also $\sqrt[3]{v'^2 v''^4} - v'^2$ stets negativ, ist aber der Krystall ein negativer, in welchem stets $v' < v''$ ist, so ist bei diesem stets $\sqrt[3]{\frac{v''}{v'}} > 1$ und in Folge $v'' \sqrt[3]{\frac{v''}{v'}} > v''$

und um so mehr $v'' \sqrt[3]{\frac{v''}{v'}} > v'$, somit $v'v'' \sqrt[3]{\frac{v''}{v'}} > v'^2$, und also $\sqrt[3]{v'^2 v''^4} - v'^2$ stets positiv. Diese Eigenthümlichkeit der letzteren besonderen Werthe von X, X', X'', X''' stellen wir so dar:

$$\mathrm{m} = -\sqrt[3]{v'v''^2} : \frac{\mathrm{X},\ \mathrm{X}',\ \mathrm{X}'',\ \mathrm{X}'''}{+,\ \mp,\ -,\ \pm},$$

wo wieder bei doppelten Vorzeichen das obere den positiven, das untere den negativen Krystallen entspricht. Positive Krystalle theilen sonach den Ausdrücken X, X', X'', X''' für $\mathrm{m} = -v'$ *zwei* Abwechselungen mit und eben so viele für $\mathrm{m} = -\sqrt[3]{v' v''^2}$; negative Krystalle hingegen geben denselben Ausdrücken bei $\mathrm{m} = -v'$ sowohl wie bei $\mathrm{m} = -\sqrt[3]{v' v''^2}$ *nur eine* Abwechselung, woraus folgt, dass bei positiven wie bei negativen Krystallen nie eine reelle Wurzel zwischen $-v'$ und $-\sqrt[3]{v' v''^2}$ liegt, und dann zieht das in der vorigen Ziffer erwiesene Verhalten nach sich, dass diese negative Wurzel nie auf einen reellen Werth von a hinführt, sonach *dass in keiner Krystallplatte das in* (3. c) *mitgetheilte, zu dieser negativen Wurzel gehörige Grösste oder Kleinste sich je verwirklichen kann.*

Setzen wir jetzt noch in die Gleichungen (4. a) an die Stelle von m einmal v' und ein andermal $\sqrt[3]{v' v''^2}$, so werden sie bei $\mathrm{m} = v'$:

$$\mathrm{X} = -2v'^3 + 2v'v''^2,\ \mathrm{X}' = 0,\ \mathrm{X}'' = v'^2 - v''^2,\ \mathrm{X}''' = v'^2 - v''^2$$

und bei $\mathrm{m} = \sqrt[3]{v' v''^2}$:

$$\mathrm{X} = -3v'^2 \sqrt[3]{v' v''^2} + 3v'v''^2,\ \mathrm{X}' = \sqrt[3]{v'^2 v''^4} - v'^2,$$
$$\mathrm{X}'' = v' \sqrt[3]{v' v''^2} - v''^2, \qquad \mathrm{X}''' = v'^2 - v''^2,$$

und hieraus ergeben sich ganz in der gleichen Weise wie zuvor die beiden folgenden Schemata:

$$\mathrm{m} = v' : \frac{\mathrm{X},\ \mathrm{X}',\ \mathrm{X}'',\ \mathrm{X}'''}{\mp,\ 0,\ \pm,\ \pm}$$

und

$$\text{bei } m = \sqrt[3]{v' v''^2} \colon \frac{X,\ X',\ X'',\ X'''}{+,\ +,\ \pm,\ \pm},$$

welche beide sowohl in positiven, als in negativen Krystallen und eben so an der Grenze, wo $m = v'$, wie an der, wo $m = \sqrt[3]{v' v''^2}$ ist, immer nur eine einzige Abwechselung aufweisen und dadurch zeigen, dass in positiven Krystallen so wenig, wie in negativen zwischen v' und $\sqrt[3]{v' v''^2}$ eine reelle Wurzel liegen kann. Dann aber sagt das in voriger Ziffer aufgefundene vierte Verhalten aus, *dass auch die positiven Wurzeln der hinteren Gleichung* (2. a) *in keiner möglichen Krystallplatte Grösste oder Kleinste von der in* (3. c) *angegebenen Art verwirklichen können.*

Die in (3. a) und (3. b) für Q erhaltenen Grössen sind offenbar blos Grenzwerthe, nicht eigentliche Grösste oder Kleinste, und die so eben beendigte Untersuchung hat gezeigt, dass es neben diesen auch keine anderen grösste oder kleinste Werthe von Q gebe. Hieraus nun lässt sich in Betreff der möglichen in einaxigen Krystallplatten stattfindenden Uebergänge der Formen der Interferenzerscheinungen das folgende mit aller Sicherheit behaupten. Da der in (1. a) enthaltene Quotient Q offenbar null wird an der Stelle, wo $m^3 = v' v''^2$ ist, d. h. in Platten, worin Parabeln sich zeigen, und in keinen anderen Platten Q grösste oder kleinste Werthe enthält, so muss von den beiden Grenzen (3. a) und (3. b) aus, welche den Werthen $a = 0^0$ und $a = 90^0$ entsprechen, nach dem durch die Gleichung (2. b) Ziffer XI. gegebenen, der Parabel entsprechenden Werth von a hin, der Quotient Q d. h. das Verhältniss des Quadrates des auf der Hauptnormalebene senkrechten Durchmessers der Mittelpunktscurve zu dem Quadrat des mit der Hauptnormalebene parallelen Durchmessers der der Null stets näher rücken, auf der einen Seite durch lauter positive Werthe, auf der anderen Seite durch lauter negative Werthe hindurch, bis es zuletzt in der Parabelplatte in Null wirklich übergeht. *Es können sich mithin in keiner Platte Ellipsen bilden, deren auf der Hauptnormalebene senkrechte Axe grösser als die mit dieser Ebene parallele Axe wäre, und eben so wenig können je in einer Platte Hyperbeln entstehen,* *in welchen das Verhältniss zwischen den Quadraten der reellen und imaginären Axe mit positivem Vorzeichen genommen, den Quotienten* $\frac{v'}{v'}$ *oder* $\frac{v''}{v'}$ *überschreiten könnte, jenen bei den Hyperbeln der ersten Art, diesen bei den Hyperbeln der zweiten Art.* *)

XIX. Bevor wir den mit den Formen der Helligkeitscurven sich beschäftigenden Theil dieser Abhandlung beschliessen, müssen wir noch eine hierauf bezügliche Stelle näher in's Auge fassen. Der Umstand nämlich, dass unsere bisherigen Betrachtungen die Unmöglichkeit der Entstehung von geradlinigen Interferenzstreifen in einer einzigen einaxigen Krystallplatte ausser allen Zweifel gestellt haben, und dass doch dergleichen geradlinige Streifen erfahrungsmässig in manchen solchen Platten wahrgenommen werden, ist nur dann mit den Gesetzen der Logik vereinbar, wenn wir annehmen, dass unsere Sinne für gerade halten, was blos annähernd gerade ist. Um auch diesen Punkt noch in's Klare zu bringen, wollen wir untersuchen, unter welchen Umständen die im Gesichtsfelde liegenden Helligkeitscurven den geringsten Grad der Krümmung haben müssen. Zuvörderst springt in die Augen, dass dies nur solche Curven sein können, deren Mittelpunkt weit ausserhalb der Mitte des Gesichtsfeldes liegt, weil ausserdem ihre Krümmung in die Sinne fallen muss. Stellen nun μ^2 und ν^2 die Quadrate der halben grossen und kleinen Axe einer Mittelpunktscurve vor, so ist bekanntlich $\frac{\nu^2}{\mu}$ der Krümmungshalbmesser dieser Curven, sie mag eine Ellipse oder Hyperbel sein, an den Stellen, wo ein Endpunkt ihrer grossen Axe hinfällt, welche Stellen gerade die sind, die in der Richtung der Hauptnormalebene liegen, und eben darum in einem Durchmesser des Gesichtsfeldes dem Auge sich darbieten. Diesem Krümmungshalbmesser können wir zunächst auch in der Form $\frac{\nu^2}{\mu^2}\,\mu$ schreiben und dann hierfür

Q . E

---

*) Die Betrachtungen der Ziffer XVIII. lassen sich sehr abkürzen, wenn man erwägt, dass die Natur des in Ziffer VII. eingeführten Coordinatensystems keinen negativen Werth von ζ'_e gestattet.

setzen, weil Q im Sinne der vorigen Ziffer das Verhältniss des Quadrats der halben kleinen Axe zum Quadrat der halben grossen Axe also $\frac{\nu^2}{\mu^2}$ bezeichnet, und E im Sinne der Ziffer X. den Abstand des Curvenmittelpunktes von der Mitte des Gesichtsfeldes also μ vorstellt, wenn wir die Curve vor Augen haben, welche durch die Mitte des Gesichtsfeldes hindurch läuft. Setzen wir für Q und E ihre in den angezeigten Ziffern mitgetheilten Werthe, so finden wir den Krümmungshalbmesser der Curven zunächst der Mitte des Gesichtsfeldes gegeben durch den Ausdruck:

$$1/2 \; \frac{v\,(v''^2 - v'^2)\; sin\; 2a}{m\,(v'm - v''^2)},$$

aus welchem sich die verschiedenen Krümmungsverhältnisse der im Gesichtsfelde wahrnehmbaren Helligkeitscurven ableiten lassen müssen. Um hier möglichst kurz zu werden, kann man bemerken, dass da m stets zwischen v' und v'' liegen bleibt, und v' und v'' in allen bekannten doppeltbrechenden Krystallen nur sehr wenig von einander verschieden sind und zudem nie der Null sehr nahe zu liegen kommen, so wird dieses m im Nenner nur zu Aenderungen von verhältnissmässig sehr geringem Umfange Anlass geben können, zumal aus den in Ziffer XVII. angeführten Verhalten hervorgeht, dass $v'm - v''^2$ nie null werden kann. Es hängt also die Grösse des Krümmungshalbmessers der im Gesichtsfelde wahrgenommenen Stellen der Curven hauptsächlich von der Grösse des in obigem Ausdrucke vorkommenden Zählers ab, und dieser wird offenbar am grössten, wenn $2a = 90^0$ oder $a = 45^0$ ist. Es werden also die den geradlinigen am meisten sich annähernden Streifen in solchen Platten entstehen, deren Oberflächen einen Winkel von 45^0 mit der optischen Axe machen, und dies stimmt mit der Erfahrung vollkommen überein.

XX. Wir wollen nun noch einen besonderen Fall in Betrachtung ziehen, der deswegen von ungewöhnlich hohem Interesse ist, weil er in der Experimentirkunst am häufigsten zum Vorschein kommt. In den gewöhnlichen Polarisationsapparaten nämlich, wo das vordere und hintere Polarisationsmittel keine grosse Ausdehnung haben, und zugleich weit von einander abstehen, kommen nur fast parallele, den beiden Polarisationsmitteln ausgesetzt gewesene Lichtstrahlen in's Auge, und aus dieser Besonderheit werden Modificationen in der Erscheinung hervorgehen müssen, die wir jetzt noch kennen lernen wollen. Unter den angegebenen Umständen bewegen sich alle doppelt polarisirten Lichtstrahlen fast ganz genau in der Richtung der Axe des Polarisationsinstrumentes. Fände der Parallelismus aller Strahlen mit der Axe des Instrumentes in voller Strenge statt, so wären alle Werthe i in der Gleichung (5) Ziffer VII. völlig constant, in welcher Stellung auch die Krystallplatte diesen Strahlen dargeboten werden möchte, und alle Einfallsebenen wären unter sich parallel und bildeten deswegen mit der Hauptnormalebene einen und denselben Winkel ω; wenn aber i und ω in jener Gleichung unveränderliche Werthe annehmen, so ist deren ganze rechte Seite bei einer bestimmt gegebenen Krystallplatte eine durchaus gegebene Grösse, und sie giebt für Θ einen einzigen, gänzlich bestimmten Werth, der aus einer bestimmt gegebenen ganzen Zahl $\mathfrak{a}$ und aus einem bestimmt gegebenen echten Bruche η zusammengesetzt sein wird. Wird der so erhaltene echte Bruch η in die Näherungsgleichung (2. b) der Ziffer XIII. eingesetzt, so giebt er für A^2 einen nur mit der Stellung der beiden Polarisationsebenen gegen einander und der Hauptnormalebene zu ihnen veränderlichen Werth und sagt damit aus, dass in der Platte keine Interferenzfiguren sich mehr zeigen, sondern dass sie mit einem gleichförmigen Lichte überzogen erscheint, das nur mit der Stellung ihrer Hauptnormalebene zu den Polarisationsebenen, so wie mit der Stellung dieser zu einander sich ändert.

Da indessen der genaue Parallelismus aller Strahlen mit der Axe des Polarisationsinstrumentes in der Wirklichkeit nie herbeigeführt werden kann, so wollen wir noch den Einfluss einer geringen Abweichung davon auf die Erscheinung untersuchen, um die Mittel, sie in grösster Vollkommenheit hervorzurufen, kennen zu lernen. Es sei zu diesem Ende β der Winkel, den die Axe des Instrumentes mit der Normale zur Platte macht, und $\delta\beta$ die sehr kleine Aenderung dieses Winkels, wie sie der Richtung von einer Anzahl einfallender Strahlen entspricht. Ferner sei γ der Winkel, den die Einfallsebene der mit der Axe des Instrumentes genau parallelen Lichtstrahlen mit der Hauptnormalebene der Platte macht, und $\delta\gamma$ sei die sehr kleine Aenderung in diesem Winkel, wie sie den um $\delta\beta$ vom strengen Parallelismus abweichenden Strahlen entspricht, so ist für diese:

$$\sin \mathrm{i} = \sin(\beta + \delta\beta), \quad \sin\omega = \sin(\gamma + \delta\gamma), \quad \cos\omega = \cos(\gamma + \delta\gamma).$$

wofür man auch, weil $\delta\beta$ und $\delta\gamma$ äusserst kleine Grössen sind, setzen kann:

$$\sin \mathrm{i} = \sin\beta + \delta\beta \cos\beta, \quad \sin\omega = \sin\gamma + \delta\gamma \cos\gamma, \quad \cos\omega = \cos\gamma - \delta\gamma \sin\gamma.$$

Setzt man diese Werthe von $\sin \mathrm{i}$, $\sin\omega$ und $\cos\omega$ in die Gleichung (5) der Ziffer VII. und nennt man $\delta\Theta$ die Aenderung, welche der Werth von Θ durch diesen nicht ganz genauen Parallelismus der Strahlen erfährt, so giebt diese Gleichung $\Theta + \delta\Theta$ her, während sie Θ giebt, wenn man in ihr blos $\sin\beta$, $\sin\gamma$, $\cos\gamma$ für $\sin \mathrm{i}$, $\sin\omega$, $\cos\omega$ setzt; man findet also diese Aenderung von Θ oder $\delta\Theta$, wenn man diese letzte Gleichung von der zuvor erhaltenen abzieht. So erhält man, die Glieder der zweiten Dimension in Bezug auf $\delta\beta$ und $\delta\gamma$ vernachlässigend:

$$\left.\begin{aligned} \delta\Theta = \mathrm{T} \Big[&{}^1\!/_2 \frac{v''^2 - v'^2}{v\,\mathrm{m}^2} \sin 2\mathrm{a} \, (\delta\beta \cos\beta \cos\gamma - \delta\gamma \sin\beta \sin\gamma) \\ &+ {}^1\!/_2 \, \delta\beta \sin 2\beta \left(\frac{v'}{v^2} - \frac{v''^2}{v^2\mathrm{m}} \sin^2\gamma - \frac{v'^2 v''^2}{v^2\mathrm{m}^3} \cos^2\gamma \right) \\ &- {}^1\!/_2 \, \delta\gamma \sin^2\beta \sin 2\gamma \left(\frac{v''^2}{v^2\mathrm{m}} - \frac{v'^2 v''^2}{v^2\mathrm{m}^3} \right) \Big], \end{aligned}\right\} \quad (1)$$

und hieraus geht hervor, dass die Aenderung von Θ einestheils von der Grösse der Aenderungen $\delta\beta$ und $\delta\gamma$, die der Nichtparallelismus der Lichtstrahlen hervorruft, in hohem Grade abhängt, anderntheils aber auch und zwar in noch höherem Grade von der Grösse T, wodurch die Dicke der Krystallplatte bezeichnet worden ist; man wird also die zuvor gefundene gleichförmige Helligkeit der ganzen Platte um so weniger beeinträchtigen, je mehr man für den möglichst genauen Parallelismus sämmtlicher Lichtstrahlen Sorge trägt, und in noch grösserem Masse dadurch, dass man zu dergleichen Versuchen möglichst dünne Platten nimmt. Daher kommt es auch, dass man zu diesen Versuchen vorzugsweise solche Krystalle auswählt, die sich von Natur in lauter Blätter spalten, weil so sich dünnere als auf jedem anderen Wege erhalten lassen.

Hierbei pflegt man, um der Platte verschiedene Stellungen zur Axe des Polarisationsinstrumentes geben zu können, eine solche Einrichtung zu treffen, dass sich dieselbe um eine senkrecht auf ihrer Hauptnormalebene stehende Gerade, welche senkrecht gegen die Axe des Polarisationsinstrumentes gestellt ist, drehen lässt. In diesem Falle bleibt die Normale zur Platte und zugleich auch die optische Axe mit der Axe des Instrumentes stets in der gleichen Ebene liegen, so dass die Einfallsebenen aller mit der Axe des Instrumentes parallelen Strahlen mit der Hauptnormalebene der Platte den Winkel 0^0 oder 180^0 machen, also in jedem Falle $\sin^2\gamma = 0$, und $\cos^2\gamma = 1$, so wie auch $\sin 2\gamma = 0$ wird. Bei dieser besonderen Anordnung des Apparates erhält man folglich aus der Gleichung (5) der Ziffer VII.

$$\Theta = \mathrm{T}\left[\frac{1}{\mathrm{m}} - \frac{1}{v'} \pm {}^1/_2\,\frac{v''^2 - v'^2}{v\mathrm{m}^2}\sin 2\mathrm{a}\sin\beta + {}^1/_2\sin^2\beta\left(\frac{v'}{v^2} - \frac{v'^2 v''^2}{v^2\mathrm{m}^3}\right)\right] \quad (2.\ \mathrm{a})$$

und die eben erhaltene Gleichung (1) wird:

$$\delta\Theta = \mathrm{T}\left[\pm {}^1/_2\,\frac{v''^2 - v'^2}{v\mathrm{m}^2}\sin 2\mathrm{a}\cos\beta\,\delta\beta + {}^1/_2\,\delta\beta\sin 2\beta\left(\frac{v'}{v^2} - \frac{v'^2 v''^2}{v^2\mathrm{m}^3}\right)\right]. \quad (2.\ \mathrm{b})$$

Diese Ausdrücke werden in besonderen Platten noch viel einfacher. Stehen z. B. die Oberflächen der Platte senkrecht zur optischen Axe, wo dann $\sin 2\mathrm{a} = 0$ und $\mathrm{m} = v'$ wird, so nehmen die beiden vorstehenden Gleichungen die Form an:

$$\Theta = \mathrm{T}\,.\,{}^1/_2\sin^2\beta\left(\frac{v'}{v^2} - \frac{v''^2}{v^2 v'}\right) \quad (3.\ \mathrm{a})$$

und

$$\delta\Theta = \mathrm{T}\,.\,{}^1/_2\,\delta\beta\sin 2\beta\left(\frac{v'}{v^2} - \frac{v''^2}{v^2 v'}\right), \quad (3.\ \mathrm{b})$$

oder laufen die Oberflächen der Platte mit der optischen Axe parallel, in welchem Falle wieder $\sin 2\mathrm{a} = 0$, dagegen $\mathrm{m} = v''$ wird, so gehen jene Gleichungen über in:

$$\Theta = \mathrm{T}\left[\frac{1}{v''} - \frac{1}{v'} + {}^1/_2\sin^2\beta\left(\frac{v'}{v^2} - \frac{v'^2}{v^2 v''}\right)\right] \quad (4.\ \mathrm{a})$$

und

$$\delta\Theta = T \,.\, {}^1\!/_2\, \delta\beta \, sin\, 2\beta \left(\frac{v'}{v^2} - \frac{v'^2}{v^2 v''}\right). \qquad (4.\ b)$$

Stehen die Oberflächen der Platte senkrecht zur optischen Axe, in welchem Falle die Gleichungen (3. a) und (3. b) ihre Anwendung finden, und hat die Platte eine senkrechte Stellung zur Axe des Polarisationsinstrumentes erhalten, so ist $\beta = o$ und dann liefern diese Gleichungen sowohl $\Theta = o$ als auch $\delta\Theta = o$, und sagen damit aus, dass diese Platten selbst in dem hier verfolgten hohen Grade der Annäherung vollkommen wirkungslos sind.

XXI. Nachdem wir die verschiedenen möglichen Formen der Helligkeitscurven in erschöpfender Weise auseinander gelegt haben, können wir nun noch den Grad der in ihnen vorhandenen Helligkeit auf viel kürzere Art ermitteln, wozu die in Ziffer VIII. und IX. vorgenommenen Untersuchungen alles Erforderliche an die Hand geben. Die in Ziffer VIII. aufgestellte Gleichung (6. b) lehrt die einem bestimmten Werth von Θ entsprechende Helligkeit an den verschiedenen Stellen der Curve vollkommen genau zu finden, und in der Ziffer IX. ist erwiesen worden, dass wir in dieser Gleichung $\chi = o$ setzen dürfen, ohne einen anderen Fehler zu begehen, als einen der zweiten Ordnung in Bezug auf *sin* i, und dass wir bei diesem Grade der Annäherung den dortigen Gleichungen (3. b) zufolge $\omega_1 + \mu$ und $\omega_1 + \mu - A$ an die Stelle von φ_1 und φ_2 setzen können, wodurch die eben angerufene Gleichung (6. b) wird:

$$\mathrm{A}^2 = \mathrm{a}^2 \,[cos^2 A - sin\, 2\,(\omega_1 + \mu)\, sin\, 2\,(\omega_1 + \mu - A)\, sin^2 \pi\Theta]$$

wird, oder, wenn wir Θ in der Form $\alpha + \eta$ schreiben

$$\mathrm{A}^2 = \mathrm{a}^2 \,[cos^2 A - sin\, 2\,(\omega_1 + \mu)\, sin\, 2\,(\omega_1 + \mu - A)\, sin^2 \pi\eta], \qquad (1)$$

worin ω_1 das Azimuth der vorderen Polarisationsebene zur Hauptnormalebene vorzustellen hat. Aber selbst diesen Grad der Genauigkeit haben wir doch mehr zur Aufklärung eines wissenschaftlichen Curiosums, als weil das Gros der Erscheinungen ihn schlechterdings verlangt, eingehalten und bis an's Ende verfolgt. Im Allgemeinen kann man bei Erscheinungen dieser Art schon die kleine Grösse μ, welche von der ersten Ordnung in Bezug auf *sin* i ist, wie die dortige Gleichung (3. a) aussagt, vernachlässigen, so lange wenigstens, als a nicht der Null nahe kommt, wo dann die Gleichung (1) übergeht in:

$$A^2 = a^2 \left[cos^2 A - sin\, 2\omega_1\, sin\, 2\,(\omega_1 - A)\, sin^2 \pi\eta\right] \qquad (2.\ a)$$

oder

$$A^2 = a^2 \left[cos^2 A - \tfrac{1}{2}\,(cos\, 2\, A - cos\,(4\omega_1 - 2\, A))\, sin^2 \pi\eta\right]. \qquad (2.\ b)$$

Auf dem gleichen Grade der Genauigkeit findet man diejenigen Werthe von ω_1, welche die Helligkeit A^2 zu einer grössten oder kleinsten machen, mittelst der schon in Ziffer IX. unter (5. e) angegebenen Gleichung:

$$\omega_1 = \tfrac{1}{2} A + \tfrac{1}{4}\, \mathfrak{a}\pi, \qquad (2.\ c)$$

wobei $\mathfrak{a}$ ein Repräsentant für jede ganze Zahl ist, und es ist unschwer einzusehen, dass diejenigen Werthe von ω_1, wobei $\mathfrak{a}$ null oder eine gerade Zahl ist, grösste Helligkeiten liefern, jene hingegen, die zu einer ungeraden Zahl $\mathfrak{a}$ gehören, kleinste; denn in jenem Falle wird $cos\,(4\omega_1 - 2A) = +1$, in diesem aber wird $cos\,(4\omega_1 - 2A) = -1$. Die Helligkeitscurven erscheinen demnach in ihrem grössten Glanze, wenn die Krystallplatte im Apparate so liegt, dass ihre Hauptnormalebene mitten zwischen die beiden Polarisationsebenen nach der einen oder anderen Seite hin fällt, oder um einen rechten Winkel davon abweicht; sie treten aber in ihrem geringsten Glanze auf, jedesmal wenn die Hauptnormalebene der Platte eine mittlere Stellung zwischen den so eben angezeigten Richtungen des grössten Glanzes einnimmt, und es lässt sich leicht aus der Gleichung (1) entnehmen, dass beim allmähligen Uebergang der Hauptnormalebene aus einer der Richtungen des grössten Glanzes in die ihr nächst liegende des geringsten Glanzes eine successive und stets gleichartige Abänderung der einen Erscheinung bis in die andere vor sich gehen müsse, so wie auch wenn die Hauptnormalebene aus einer der letzteren Richtungen in eine der ersteren ihr nächst anliegende übergeführt wird.

Eine Ausnahme von dieser allgemeinen Regel machen in gewisser Weise jene Krystallplatten, deren Oberflächen senkrecht zur optischen Axe stehen. Diese haben unzählig viele Hauptnormalebenen, weil bei ihnen die optische Axe zugleich auch die Normale zur Platte ist, und deshalb jede Einfallsebene immer auch eine Hauptnormalebene der Platte wird, und diese vielen Hauptnormalebenen ändern ihre Richtung nicht, wenn schon die Platte um die Axe der Erscheinung gedreht wird. Während bei anderen Platten der Winkel ω_1 sich stets ändert, wenn die Platte um ihre Normale gedreht wird, bleibt er hier bei jeder Lage der Platte stets der gleiche, ändert sich dagegen von einer Einfallsebene zur anderen ab. In den jetzigen Platten ändern sich daher die Helligkeitsverhältnisse auch nicht mehr wie bei den anderen dadurch ab, dass die Platte um die Axe der Erscheinung oder um ihre Normale gedreht wird, dagegen verändern sie sich von einer Einfallseben zur anderen, d. h. von einer aus der Mitte des Gesichtsfeldes auslaufenden Richtung zur anderen. Uebrigens bleiben die Richtungen des grössten und geringsten Glanzes hier völlig die gleichen wie dort, nur beziehen sie sich jetzt nicht mehr auf die Hauptnormalebene, weil es eine solche hier nicht mehr giebt, sondern auf die vielerlei Einfallsebenen oder auf die verschiedenen von der Mitte des Gesichtsfeldes auslaufenden Richtungen. Man findet hier nämlich den grössten Glanz in jenen Richtungen, die mitten zwischen den beiden Polarisationsrichtungen liegen, oder um 90° davon abstehen, und das wenigste Licht in den Richtungen, die mitten zwischen denen des grössten Glanzes liegen.

Setzt man in die Gleichung (2. a) für ω_1 die den grössten Helligkeiten entsprechenden Werthe ein, so werden diese:

$$\mathrm{A}^2 = \mathrm{a}^2 \left[\cos^2 A + {}^1\!/_2 \,(1 - \cos 2\,A) \sin^2 \pi\eta\right] \qquad (3.\ \mathrm{a})$$

und setzt man in dieselbe Gleichung für ω_1 die den geringsten Helligkeiten entsprechenden Werthe ein, so findet man für diese:

$$\mathrm{A}^2 = \mathrm{a}^2 \left[\cos^2 A - {}^1\!/_2 \,(1 + \cos 2\,A) \sin^2 \pi\eta\right]. \qquad (3.\ \mathrm{b})$$

In den Gleichungen (2. a) oder (2. b) ist übrigens je nach der Grösse des in ihnen vorkommenden Winkels A eine grosse Mannigfaltigkeit der Erscheinungen enthalten, wie jetzt noch an einigen Beispielen gezeigt werden soll. Ist nämlich erstlich $A = 0°$ oder $A = 180°$, d. h. laufen die beiden Polarisationsebenen parallel mit einander, so nehmen jene Gleichungen die folgende Gestalt an:

$$A^2 = \mathrm{a}^2 \left[1 - \sin^2 2\omega_1 \sin^2 \eta\pi\right]; \qquad (4.\ \mathrm{a})$$

ist aber zweitens $A = 90^0$, d. h. stehen die beiden Polarisationsebenen senkrecht auf einander, so werden sie:

$$A^2 = a^2 \sin^2 2\omega_1 \sin^2 \eta\pi; \qquad (4.\ b)$$

und ist endlich $A = 45^0$, d. h. machen die beiden Polarisationsebenen einen halben rechten Winkel miteinander, so liefern sie, weil $\cos(4\omega_1 - 90^0) = \sin 4\omega_1$ ist

$$A^2 = \frac{1}{2} a^2 (1 + \sin 4\omega_1 \sin^2 \eta\pi). \qquad (4.\ c)$$

Addirt man die Gleichungen (4. a) und (4. b) zu einander, so erhält man zur Summe a^2, und dies giebt zu verstehen, dass sich in diesen beiden Fällen die Helligkeiten der zu einerlei η gehörigen Curven zu der konstanten Grösse a^2 ergänzen, dass also die Erscheinungen bei senkrechten und bei parallelen Polarisationsebenen unter übrigens gleichen Umständen complementäre sind.*) Setzt man in der Gleichung (4. c) $\omega_1 + 45^0$ an die Stelle von ω_1, und erwägt man, dass $\sin 4(\omega_1 + 45^0) = -\sin 4\omega_1$ ist, so verwandelt sie sich in:

$$A^2 = \frac{1}{2} a^2 [1 - \sin 4\omega_1 \sin^2 \eta\pi], \qquad (4.\ d)$$

und da diese Gleichung zu der (4. c) addirt, bei einerlei Werth von η zur Summe wieder a^2 giebt, so erkennt man hieraus, dass die derselben Helligkeitscurve entsprechenden, aber um 45^0 von einander verschiedenen Werthen von ω_1 angehörigen Stellen eine complementäre Helligkeit besitzen, dass also complementäre Interferenzfiguren entstehen, wenn die beiden Polarisationsebenen unter 45^0 gegen einander gestellt werden, und zwar: in Platten, deren Oberflächen nicht senkrecht zur optischen Axe stehen, in je zwei Fällen, wo deren Hauptnormalebene eine um 45^0 verschiedene Lage eingenommen, oder mit anderen Worten, wo die Platte eine Drehung von 45^0 um die Axe der Erscheinung erlitten hat; in Platten dagegen, deren Oberflächen senkrecht zur optischen Axe stehen, tritt in Folge der vorhin an diesen wahrgenommenen beson-

*) Es ist a^2 die Helligkeit des auf die Platte einfallenden Lichtes, begreiflicherweise jedoch nach Abzug des Verlustes, den es während seines Fortgangs bis zum Auge durch Trübung erleidet, welche von den Körpern, die es durchzieht, herrührt, und die von Seiten der Polarisationsmittel oft sehr beträchtlich ist.

deren Eigenthümlichkeit die complementäre Beschaffenheit der zu einerlei Curve gehörigen Stellen, ohne dass die Platte eine Lagenänderung erfährt, schon in einem und demselben Bilde ein, nämlich in je zwei von der Mitte des Gesichtsfeldes auslaufenden Richtungen, die um 45° von einander verschieden sind. Dieser letztere Umstand theilt den in senkrecht zur Axe geschnittenen Platten sichtbar werdenden Bildern, da wo die Polarisationsebenen einen Winkel von 45° mit einander einschliessen, die überraschende Eigenschaft mit, dass sie in 8 Sectoren zerfallen, die paarweise neben einander liegend complementäre Helligkeiten besitzen.

XXII. Es lassen sich aus den Intensitätsgleichungen gewisse allgemeine Eigenschaften der in Krystallplatten entstehenden Interferenzfiguren ableiten, von denen wir ein paar hier noch zur Sprache bringen wollen. Setzt man erstlich in die Gleichung (2. a) der vorigen Ziffer $\omega_1 \pm 90^0$ an die Stelle von ω_1, so wird sie, weil $\sin 2\,(\omega_1 \pm 90^0) = -\sin 2\,\omega_1$ ist, und mit ω_1 zugleich auch A sich um $\pm 90^0$ abändert, wenn ausser der vorderen Polarisationsebene weder die Krystallplatte, noch die hintere Polarisationsebene ihre Lage ändert, also $\sin 2\,(\omega_1 - A)$ dabei völlig umgeändert bleibt, hingegen $\cos A$ in $\cos\,(A \pm 90^0)$, welches gleich $\mp \sin A$ ist, übergeht, die folgende Gestalt annehmen:

$$\mathrm{A}^2 = \mathrm{a}^2\,[\sin^2 A + \sin 2\,\omega_1 \sin 2\,(\omega_1 - A) \sin^2 \eta\pi], \qquad (1.\ \mathrm{a})$$

und da diese Helligkeit zu der in (2. a) der vorigen Ziffer enthaltenen addirt zur Summe a^2 giebt, so sieht man, dass wenn gleichzeitig zwei rechtwinkelig auf einander polarisirte und gleich starke Lichter durch die Platte hindurchgehen und mittelst des hinteren Polarisationsmittels in's Auge übergeführt werden, diese an jeder Stelle der Interferenzfigur sich zu a^2 ergänzen, so dass keine dieser Stellen sich von einer anderen zu unterscheiden vermag und in Folge die Interferenzfigur selber zu existiren aufhören muss. Hieraus erklärt sich, warum zur Entstehung der Interferenzfiguren durchaus eine vorläufige Polarisation des auf die Platte fallenden Lichtes nach einer bestimmten Richtung erforderlich ist, und warum alle in Krystallplatten wahrzunehmenden Interferenzfiguren gänzlich verschwinden, so wie man aus dem zu ihrer Erzeugung dienenden Apparate das vordere Polarisationsmittel weglässt. Ist nämlich, wie man allgemein annimmt, im gewöhnlichen Tageslichte ein gleicher Antheil nach allen Richtungen hin polarisirten Lichtes vorhanden, so findet jedes nach einer bestimmten Richtung hin schwingende Licht einen gleichen Antheil solchen Lichtes, dessen Schwingungsrichtung senkrecht auf der vorigen steht, die Polarisationsebenen dieser beiden Antheile weichen also um 90° von einander ab, und aus diesem Grunde wird dem eben Gesagten gemäss die Fähigkeit des einen dieser beiden Antheile, seine Wirkungen in Figuren zu gruppiren, durch den anderen Antheil gänzlich aufgehoben. *Weil nun das nichtpolarisirte Licht, selbst wenn es ein sogenanntes einfaches ist, als eine Summe von lauter solchen Paaren gleich starker und rechtwinkelig auf einander polarisirter Lichtantheile angesehen werden muss, so verliert es eben dieses Umstandes halber ganz und gar die Fähigkeit, Interferenzfiguren zu erzeugen.*

Lassen wir die vordere Polarisationsebene und die Krystallplatte unverändert in ihrer Stellung liegen, drehen aber die hintere Polarisationsebene, bis sie ihre Lage um einen rechten Winkel abgeändert hat, so ändert dies in der Grösse ω_1 nichts, die Grösse A dagegen erleidet dadurch eine Veränderung von $\pm 90^0$; setzt man aber $A \pm 90^0$ an die Stelle von A in die Gleichung (2. a) der vorigen Ziffer, so wird sie, weil $\cos(A \pm 90^0) = \mp \sin A$ und $\sin 2(\omega_1 - (A \pm 90^0)) = -\sin 2(\omega_1 - A)$ ist:

$$A^2 = a^2 [\sin^2 A + \sin 2\omega_1 \sin 2(\omega_1 - A) \sin^2 \eta\pi], \qquad (1.\ b)$$

also genau die gleiche, wie die in (1. a) erhaltene; es werden daher hier wie dort gleichliegende Punkte mit jenen, welche die in (2. a) der vorigen Ziffer enthaltene Erscheinung hergeben, complementäre Helligkeiten besitzen müssen. Hieraus folgt ganz allgemein, *dass zwei Interferenzbilder, von denen das eine bei einer beliebigen Lage der Platte und der beiden Polarisationsebenen zu einander, das andere bei der gleichen Lage der Platte und der vorderen Polarisationsebene, aber einer um 90° abgeänderten der hinteren Polarisationsebene erhalten wird, complementäre Helligkeiten besitzen,* wie schon aus den Gleichungen (4. a) und (4. b) in einem besonderen Falle abgeleitet worden ist.

Denken wir uns endlich in der Gleichung (2. b) der vorigen Ziffer den Winkel A stets von derselben Grösse bleibend, für ω_1 aber in dieselbe $A - \omega_1$ gesetzt, so bleibt sie, weil

$$\cos\left[4(A - \omega_1) - 2A\right] = \cos(-4\omega_1 + 2A) = \cos(4\omega_1 - 2A)$$

ist, nach dieser Substitution doch noch völlig dieselbe, und dies beweist, *dass die Interferenzerscheinung, wie sie bei einer beliebigen Lage der beiden Polarisationsebenen zu einander und der Hauptnormalebene der Platte zu diesen sich zeigt, die gleiche bleibt, wenn an dem Apparate nichts geändert wird, als dass die Hauptnormalebene der Platte in die andere Lage gebracht wird, wobei sie mit der vorderen Polarisationsebene einen Winkel macht, der den zuvor damit gemachten zu A ergänzt.* In diesem eben so allgemeinen wie niedlichen Satze liegt der Grund, warum die in Platten, deren Oberflächen senkrecht zur optischen Axe stehen, gebildeten Interferenzfiguren aus 4 symmetrischen Quadranten zusammengesetzt sind, wenn die beiden Polarisationsebenen senkrecht auf einander stehen oder mit einander parallel laufen, und aus 8 symmetrischen Octanten, wenn die beiden Polarisationsebenen einen Winkel von 45° einschliessen.

XXIII. Es braucht jetzt kaum mehr bemerkt zu werden, dass alle in den zwei vorigen Ziffern besprochenen Eigenthümlichkeiten der Interferenzerscheinungen in Krystallplatten, welche den Grad ihrer Helligkeit angehen, ganz eben so auch bei jenen Erscheinungen stattfinden, von denen in Ziffer XX. die Rede war, und die aus einem eigens dazu eingerichteten Polarisationsapparate entspringen. Der ganze Unterschied zwischen ihm und dem bei Versuchen mit dicken Platten benützten liegt eigentlich blos darin, dass wo dieser eine Menge abwechselnder Reihen von verschieden erleuchteten Punkten sehen lässt, jener blos einige wenige Stellen von den gedachten Reihen dem Auge darbietet, die so nahe bei einander liegen, dass sich an ihnen weder eine Ungleichheit ihres Hellseins, noch ein besonderer Modus ihrer Anordnung erkennen lässt. Die Helligkeitsänderungen aber, welche von der Lage der beiden Polarisationsebenen gegen einander und der Hauptnormalebene der Platte zu ihnen abhängen, haben die beiderlei Apparate ganz in der gleichen Weise mit einander gemein, und in ersterem entspringen noch Veränderungen aus einer Drehung der Platte um eine auf der Axe des Instruments senkrechte Gerade, welche Drehung in gewisser Weise das vermittelt, was bei dem anderen Apparate Folge des von allen Seiten her schief einfallenden Lichtes ist.

XXIV. Am Schlusse dieser Abtheilung müssen wir nun noch den Grund angeben, warum die bisher besprochenen Erscheinungen sich in Versuchen mit gewöhnlichem Tageslichte entweder gar nicht, oder doch nur in seltenen Fällen und dann noch in einer sehr abgeänderten Weise wahrnehmen lassen. Unsere Rechnung nämlich ist von der Voraussetzung ausgegangen, dass die Grössen v, v' und v'' in obigen Formeln stets die gleichen Werthe besitzen, deswegen können die Rechnungsergebnisse nur dann in dem Versuche sich bewähren, wenn dieser mit lauter solchem Lichte angestellt wird, dessen Geschwindigkeiten in der Luft und im Krystall fortwährend die gleichen Masse einhält, was indessen weder bei dem gewöhnlichen Tageslichte, noch bei dem meisten aus anderen Quellen herstammenden Lichte der Fall ist. Die von unserer Theorie mit aller wünschenswerthen Bestimmtheit vorausgesagten Erscheinungen werden jedoch genau mit den Versuchen übereinstimmen, wenn man sich dazu der Flamme von brennendem Weingeist, in dem zuvor Kochsalz aufgelöst worden ist, bedient, welche ein zwar schwaches und gelbes, aber doch zu allen diesen Versuchen sehr brauchbares Licht liefert. Um aber die Unbrauchbarkeit des meisten anderen Lichts zu solchen Versuchen klar einsehen zu können, wird es nöthig, dass wir etwas weiter ausholen.

Newton, der grösste Physiker hienieden, wies zuerst nach, dass in dem Sonnenlichte verschiedene Bestandtheile, in bestimmten Verhältnissen unter einander verbunden, enthalten sind, die in unzähligen Abstufungen ein immer anderes Brechungsvermögen besitzen und sich schon dem blosen Auge durch ihre veränderte Färbung ankündigen. Trägt man diese Entdeckung über in die Sprache der Lichtwellentheorie, worin die verschiedene Brechung des Lichts auf die in Ziffer I. beschriebene Weise von der Ungleichheit seiner Geschwindigkeit, mit welcher es sich in dem durchsichtigen Körper fortbewegt, abhängig gemacht wird, so sagt sie aus, dass im Sonnenlichte, wie auch in den meisten anderen Lichtern, sich Lichtwellen von unendlich vielen verschiedenen Wellenlängen vorfinden, und dass die einer jeglichen Länge entsprechende Anzahl der Wellen ein bestimmtes, in den verschiedenen Lichtern wechselndes Verhältniss einhält. Während sich also unsere Rechnung auf unveränderliche Werthe von v, v', v'' stützt, zeigen sich in der Wirklichkeit unendlich viele solche zusammengehörige und stetig sich ändernde Werthe, welchen unzählig viele Ergebnisse entsprechen, wie sie von unserer Rechnung angezeigt worden sind, die mehr und mehr von einander abweichen und sich unter einander zu einem Gesammtergebniss verbinden. Während so die zu einander gehörigen Grössen v, v', v'' sich stets abändern, dürfen wir doch annehmen, dass ihr gegenseitiges Verhältniss dasselbe bleibe, so dass man den ganzen Umfang dieser Veränderungen zu überblicken vermag, wenn man den Umfang der Veränderungen von einer einzigen jener drei Grössen kennt. Fresnel hat in dieser Beziehung Versuche angestellt, die von unserem Fraunhofer noch weiter verfolgt worden sind, aus denen hervorgeht, dass in dem durch Luft sich fortbewegenden Sonnenlichte Wellen von solcher Länge vorkommen, dass deren weniger als 1454 auf einen Millimeter gehen, bis zu Wellen von solcher Länge hin, dass deren mehr als 2521 auf die gleiche Strecke gehen, und dass mit ganz unerheblichen Ausnahmen Wellen von allen zwischen den zwei angegebenen denkbaren Längen gefunden werden. Will man nun auch über die beiden mitgetheilten Grenzen nicht hinausgehen, so kann man doch die Gleichung (5) der Ziffer VII. (wenn man der Kürze wegen den ganzen in eckige Klammern gesetzten Ausdruck dieser Gleichung, der immer nur in engen Grenzen eingeschlossen bleibt, mit $\frac{A}{v}$ bezeichnet und an die Stelle von Θ dessen andere Form $\alpha + \eta$ setzt), jedenfalls so schreiben:

$$\alpha + \eta = \frac{T}{\lambda} A, \qquad (1.\ a)$$

wo in der Gleichung (10. a) der Ziffer VII. λ anstatt v genommen worden ist, um den Phasenunterschied in Wellenlängen zu erhalten, und dieselbe zwischen den zwei Extremen, wo v einmal seinen den längeren Wellen entsprechenden Werth und ein andermal seinen den kürzeren Wellen entsprechenden Werth annimmt, beweglich sich denken, wobei man sicher sein kann, die Grenzen nicht zu weit gesteckt zu haben. Hierbei stellt der Factor Λ eine für Wellen von jeglicher Länge constante Grösse vor, wie man sogleich einsieht, wenn man bedenkt, dass

$$\left.\begin{array}{l} \Lambda = \frac{v}{\mathrm{m}} - \frac{v}{v'} + {}^1\!/_2 \frac{v''^2 - v'^2}{\mathrm{m}^2} \sin 2\,\mathrm{a} \cos \omega \sin \mathrm{i} \\ + {}^1\!/_2 \sin^2 \mathrm{i} \left(\frac{v'}{v} - \frac{v''^2}{v\mathrm{m}} \sin^2 \omega - \frac{v'^2 v''^2}{v\mathrm{m}^3} \cos^2 \omega \right) \end{array}\right\} \quad (1.\ \mathrm{b})$$

ist, sonach der Werth Λ blos von dem Verhältniss der Grössen v, v', v'' zu einander, mit welchen auch m gleichen Schritt hält, aber nicht im Geringsten von deren absoluter Grösse abhängig ist. Man kann unter dem λ der Gleichung (1. a) auch die Länge einer Lichtwelle in der Luft verstehen und demgemäss für die äussersten farbigen Strahlen

$$\lambda = \frac{1}{1454} \quad \text{und} \quad \lambda = \frac{1}{2521}$$

sein lassen, dann aber muss man sich die Dicke T der Platte in Millimetern ausgedrückt vorstellen, wie wir hier stets thun werden. Unter den gemachten Voraussetzungen liegt nun der Umfang der Gleichung (1. a) bezüglich der verschiedenen farbigen Lichtstrahlen annäherungsweise zwischen den zwei Grenzen:

$$\mathfrak{a} + \eta = 1454\, \Lambda \mathrm{T} \quad \text{und} \quad \mathfrak{a} + \eta = 2521\, \Lambda \mathrm{T}. \qquad (2.\ \mathrm{a})$$

Der in (1. b) niedergelegte Ausdruck Λ nimmt bei allen einaxigen Krystallen immer nur verhältnissmässig kleine Werthe an, weil die Werthe v' und v'' in ihnen stets nahe bei einander liegen und m sich zwischen diesen beiden herum bewegt; nimmt man aber in Bezug auf eine bestimmte Stelle der Krystallplatte auch nur $\Lambda = 0{,}01$ und $\mathrm{T} = 1$ an, so hat man doch schon an den Grenzen der Farbestrahlen:

$$\mathfrak{a} + \eta = 14{,}54 \quad \text{und} \quad \mathfrak{a} + \eta = 25{,}21. \qquad (2.\ \mathrm{b})$$

Um die Wirkungen des zusammengesetzten Lichtes bei seinem Durchgang durch Krystallplatten recht deutlich machen zu können, finden wir uns bewogen, allbekannte Eigenschaften des Lichtes in nachbarliche Nähe zu einander zu bringen, um an sie jenen Hergang fest anknüpfen zu können. Denkt man sich (Fig. 7) einen Lichtstrahl AP, der aus mehreren farbigen Strahlen zusammengesetzt ist, auf die Krystallplatte MM in einer bestimmten Richtung einfallen, so spaltet sich derselbe bei seinem Eintritt in die Platte in so viele besondere Strahlen, als Farben in ihm enthalten sind, von denen jeder eine seiner Wellenlänge entsprechende verschiedene Richtung annimmt; es mögen Ap und Aq die äussersten von diesen farbigen Lichtstrahlen bezeichnen. Nach dem Austritte dieser verschiedenfarbigen Lichtstrahlen aus der Platte nehmen sie wieder lauter Richtungen pp', qq' an, die mit der AP parallel laufen, weil dies die Richtung eines jeden von ihnen vor seinem Eintritt in die Platte war. — Stellen P"A und Q"A homogene Lichtstrahlen von einerlei Wellenlänge vor, die im Innern der Krystallplatte bezüglich der Richtungen Ap und Aq (dieselben, welche so eben von den äussersten farbigen Strahlen eingenommen worden sind), einhalten, so treten diese in Richtungen pp", qq" aus der Platte, die denen AP" und AQ" unter welchen sie einfielen, parallel laufen; und denkt man sich so viele solcher homogener Strahlen, als farbige sind, die

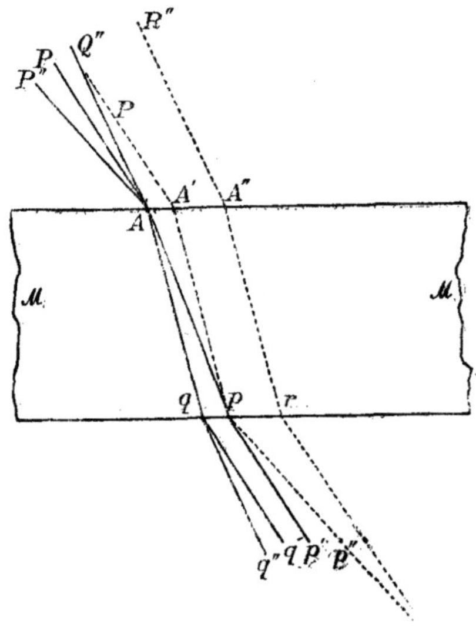

Fig. 7.

mit diesen in gleicher Richtung durch die Platte gehen, so werden diese an Stellen, die zwischen p und q liegen, aus der Platte hervortreten, und mit divergirenden Richtungen in der Luft sich weiter fortpflanzen. — Denselben farbigen Bestandtheil Aq, welcher sich aus dem Strahle AP abgesondert hat, und der an der Stelle q aus der Platte hervortritt, schickt aber auch an die Stelle p in der mit Aq parallelen Richtung A′p ein mit AP paralleler Lichtstrahl A′P′, wenn dieser mit dem AP einerlei Zusammensetzungsweise hat, und ähnlich werden alle übrigen zwischen Ap und Aq liegenden farbigen Strahlen, welche aus dem zusammengesetzten Strahle AP sich abgesondert haben, an der Stelle p durch die Bestandtheile von anderen zwischen AP und A′P′ liegenden zusammengesetzten Lichtstrahlen ersetzt werden, die dann sämmtlich aus der Stelle p in einer und derselben Richtung hervortreten und so einen einzigen zusammengesetzten Lichtsrahl bilden, der wieder ganz die Natur des auf die Platte gefallenen AP in sich trägt. Man sieht hieraus, dass sämmtliche farbige Lichtstrahlen wieder in der gleichen Zusammensetzungsweise unter sich zu einem Strahl vereinigt aus der Platte hervortreten, wie sie auf dieselbe eingefallen waren. — Die homogenen Lichtstrahlen AP″ und AQ″, welche die Platte in den gleichen Richtungen Ap und Aq wie die äussersten farbigen Bestandtheile des zusammengesetzten Lichtstrahles durchdringen, und nach ihrem Austritt aus der Platte in mit AP″ und AQ″ parallelen Richtungen pp″ und qq″ sich weiter fortpflanzen, können nicht gleichzeitig in das bei o befindliche Auge eingehen, weil ihre Richtungen sie stets weiter auseinander treiben; es wird aber ein mit qq′ paralleler Strahl or, der durch die Platte in einer mit Aq parallelen Richtung A″r gedrungen ist, und von einem mit AQ″ parallelen Lichtstrahle herrührt, der homogen wie der AQ″ ist und einerlei Wellenlänge mit diesem hat, gleichzeitig mit dem pp″ in's Auge gelangen, aber in einem gewissen Abstande von ihm zu liegen scheinen. Eben so wird von allen zwischen r und p liegenden Stellen homogenes Licht in's Auge treten, das in Richtungen, die zwischen AP″ und AQ″ liegen, auf die Platte gefallen ist an Stellen zwischen A′ und A″. — *Während also die farbigen Bestandtheile von verschiedenen parallelen und neben einander auf die Platte fallenden zusammengesetzten Lichtstrahlen, wieder unter sich zu einem Strahle vereinigt, die Platte verlassen, tritt homogenes Licht, das die Platte in denselben Richtungen wie die farbigen Bestandtheile durchdringt, und dann nothwendigerweise schon unter verschiedenen Richtungen aufgefallen sein muss, fächerartig in das Auge ein.*

Dieses wohl verstanden ist es nun leicht das Verhalten des eine Krystallplatte durchziehenden zusammengesetzten Lichtes in seinen Hauptzügen zu beurtheilen, wenn man bedenkt, dass jeder in einer bestimmten Richtung durch eine Krystallplatte gehende Lichtstrahl vermöge der doppeltbrechenden Wirkung des Krystalls in zwei andere, einen gewöhnlichen und einen aussergewöhnlichen, zerlegt wird, die einen mittelst der Gleichung (1. a) zu bestimmenden Phasenunterschied $\frac{T}{\lambda} \Lambda$ annehmen, wobei es gleichgültig ist, ob die Aenderungen in den Phasenunterschieden aus einer Aenderung von λ oder von Λ herrühren, d. h. ob sie dadurch entstehen, dass immer ein anderes einfaches Licht unter dem gleichen Winkel auf die Platte fällt, oder dass stets dasselbe einfache Licht unter verschiedenen Richtungen in die Platte dringt. Denn denselben Werth, welchen $\frac{T}{\lambda} \Lambda$ zufolge einer Aenderung von λ, d. h. bei einem anderen homogenen Lichte annimmt, kann $\frac{T}{\lambda} \Lambda$ auch bei gleichbleibendem λ in Folge eines entsprechend abgeänderten Werthes von Λ annehmen; die Grösse Λ aber ändert sich in Gemässheit der Gleichung (1. b) blos mit der Richtung des einfallenden Lichtes in einer und derselben Platte ab. Aus dem Phasenunterschied aber lässt sich nach Anleitung der Gleichung (6. b) in Ziffer VIII. oder der in Ziffer IX. gegebenen Näherungsgleichung (4. a und c) die Lichtstärke finden, womit der fragliche Lichtstrahl das hintere Polarisationsmittel verlässt. Den bisherigen Erörterungen gemäss treten demnach die verschiedenfarbigen Bestandtheile eines aus der Platte kommenden zusammengesetzten Lichtstrahles mit ungleicher Stärke in's Auge, weil sie die Krystallplatte in ungleichen Richtungen durchziehen, aber doch stets mit derselben relativen

Lichtstärke, wie homogenes Licht, das mit ihnen in einerlei Richtung durch die Krystallplatte sich hindurch bewegt. *Die verschiedenfarbigen Bestandtheile eines einzigen zusammengesetzten Lichtstrahles kommen folglich mit denselben relativen Lichtstärken in's Auge, wie die neben einander liegenden Strahlen eines homogenen Lichtes, das die Platte bezüglich in denselben Richtungen durchdringt, oder mit anderen Worten, deren gewöhnliche und aussergewöhnliche Hälften in beiden Fällen den gleichen Phasenunterschied erlangt haben.*

Kehren wir nun an der Hand der beiden eben mitgetheilten, mit gesperrter Schrift gedruckten Sätze wieder zu den Gleichungen (2. a) und zu dem ihnen angehängten Beispiele (2. b) zurück, so zeigt in diesem der Unterschied 10,67 zwischen den Werthen von $\mathfrak{a} + \eta$ für die beiden äussersten farbigen Bestandtheile an, *dass die Lichtstärke in sämmtlichen zu einem Strahle vereinigten farbigen Bestandtheilen je nach ihrer Brechbarkeit in der gleichen Weise wechselt, wie die eines homogenen über* $\frac{T}{\lambda} \varDelta$ (in unseren Beispiele 10, 67) *Bänder ausgebreiteten Lichtes in der aus ihm hervorgehenden Interferenzfigur.* Weil aber die Helligkeit einer einzigen Stelle in jeglichem Bande, der Gleichung (4. a) in Ziffer IX. gemäss, ausgedrückt wird durch:

$$A'^2 = a^2 \left[\cos^2 \varDelta - \sin 2\omega_1 \sin 2\omega_2 \sin^2 \pi\eta\right]$$

und diese Formel sich blos mit den zu verschiedenen Stellen gehörigen Werthen von η ändert, so erhält man die dem ganzen Bande zugehörige mittlere Helligkeit, wenn man vorstehenden Ausdruch nach η integrirt und das Integral von $\eta = 0$ bis $\eta = 1$ nimmt. So findet man für diese mittlere Helligkeit den Ausdruck:

$$a^2 \left[\cos^2 \varDelta - {}^1/_2 \sin 2\omega_1 \sin 2\omega_2\right],$$

und dieser zeigt, dass die mittlere Helligkeit in allen Bändern stets die gleiche ist und im Verhältniss zu der des auffallenden Lichtes steht. Hätte der Unterschied in den extremen Werthen von $\mathfrak{a} + \eta$ genau 11 ganze Einheiten betragen und man denkt sich sämmtliche farbige Lichtstrahlen nach dem Grade ihrer

Brechbarkeit in elf gleiche Fächer abgetheilt, so würde sonach jedes Fach mit einer mittleren, dem Antheile dieser farbigen Strahlen im ankommenden Lichte proportionalen Stärke auf das ihm zugewandte Auge einwirken, und die Summe aller dieser aus den elf Fächern herkommenden Wirkungen, deren Stärke immer im Verhältniss zu der in jedem einzelnen Fach vorkommenden Lichtart und zu der Menge steht, in welcher diese Lichtart in dem zur Platte gelangenden Lichte enthalten ist, muss daher nothwendigerweise einen Gesammteindruck im Auge hervorrufen, der fühlbar der gleiche ist, wie der von dem ohne Dazwischenkunft der Platte und der beiden Polarisationsmittel in's Auge gelangenden Lichte, vorausgesetzt, dass die Art und Menge der farbigen Bestandtheile in dem zusammengesetzten Lichte sich von einem zum anderen nur stetig ändert und die Zahl der aus den Gleichungen (2. a) hervorgehenden Ganzen gross genug ist, dass in jedes der einzelnen Fächer nur Strahlen von nahehin der gleichen Wirkungsweise fallen. Betrüge aber der genannte Unterschied nicht gerade 11 Ganze, sondern wie in unserem Beispiele $10^2/_3$, so erstreckten sich die letzten Farben nicht mehr über die Breite eines ganzen Bandes, sondern nur über zwei Dritttheile davon, und dann werden sie im Allgemeinen nicht genau den konstanten mittleren Eindruck eines ganzen Bandes hergeben, jedoch auch nicht einen davon beträchtlich verschiedenen, so dass immer noch der Gesammteindruck nahehin derselbe sein wird wie zuvor, insbesondere an Stellen, wo die in $\alpha + \eta$ enthaltenen Ganzen in grosser Anzahl vorhanden sind, weil dann der Ueberschuss der farbigen Wirkung von einer verhältnissmässig sehr kleinen Anzahl Strahlen in dem vielen zusammengesetzten Lichte ganz verloren geht. Die Sicherheit obiger Schlüsse wächst mit der Anzahl der in jenem Unterschiede enthaltenen Ganzen, weil dann in jedem einzelnen Fache nur wenig von einander verschiedene Farben vorkommen; dagegen verlieren obige Schlüsse alle ihre Bündigkeit in dem Falle, wo in jenem Unterschiede kein oder nur ein paar Ganze enthalten sind, weil dann die verschiedenen Farbengattungen in ganz anderen Verhältnissen in's Auge gelangen, als sie im ankommenden Lichte hatten, und deshalb das aus dem Polarisationsapparate kommende Licht eine ganz andere Empfindung im Auge verursachen kann, als das Licht ohne diesen Apparat gethan haben würde. Im Vorstehenden ist allerdings eine blose Schätzung des sinnlichen Eindruckes der Erscheinung, wie sie aus zusammengesetztem Lichte hervorgeht, enthalten, allein wir haben diese Darstellung einer eigentlichen Berechnung vorgezogen, weil diese doch immer auch eine Annahme in Betreff der Art und Menge der im zusammengesetzten Lichte enthaltenen farbigen Bestandtheile machen müsste, und die Angel, um welche sich der ganze Hergang dreht, schon so deutlich genug in die Augen springt.

Die Beimischung von vielem Weisslichte zu verhältnissmässig nur sehr wenigen farbigen Strahlen giebt den Grund her, warum im Tageslichte entweder gar keine oder doch nur wenige Interferenzstreifen sich an den in unserem Apparate liegenden Krystallplatten sehen lassen. Es ist eine allgemein bekannte Erfahrung, wie sehr der Hinzutritt von Weisslicht zu Farben diese erbleichen macht, und wir selber werden später noch Versuche dieser Art zur Sprache bringen. Es scheint sogar, als ob verschiedene Farben die Eigenschaft im Weisslicht zu erbleichen in verschiedenem Grade besässen, und dann dürfte hierin der Grund aufzusuchen sein, warum in den entlegensten Streifen der Interferenzfiguren bei Versuchen im Tageslicht das Grün und Carminroth immer die vorherrschenden Farben sind. Man kann aus den Versuchen selber ein angenähertes Mass für die Menge von Weisslicht herholen, das einer Farbe beigemischt werden muss, um diese zum gänzlichen Verschwinden zu bringen. In den gewöhnlichen Interferenzversuchen mit nicht polarisirtem Lichte, wie sie die Fresnel'schen Spiegel, oder die von mir gebrauchten Spiegelglasstücke geben, findet man neben dem mittleren ungefärbten Streifen auf jeder Seite selten mehr als noch sechs gefärbte Streifen, und dies würde zu erkennen geben, dass eine zwölffache Menge von Weisslicht die aus der einfachen Menge hervorgezogenen Farben zum Verschwinden bringt, indem nämlich schon die Hälfte eines Bandes zur mittleren Helligkeit des ganzen Bandes führt und man deswegen bei diesen Betrachtungen blos halbe Interferenzbänder in's Auge zu fassen berechtigt ist.*) In recht reinen Platten von Bergkrystall aber lassen sich ohne grosse Mühe noch Spuren von einem zehnten und elften Streifen entdecken, und aus dieser Wahrnehmung dürfte eine genauere Zahlenbestimmung für das Verschwinden der Farbe im Weisslicht herzunehmen sein; sie würde 22 Theile Weisslicht zum gänzlichen Verlöschen der aus einem Theile hervorgehenden Farben fordern. Alles dies sind zwar immer nur angenäherte Bestimmungen, allein es vereinigen sich nichts destoweniger alle Thatsachen dieser Art zu dem sicheren Schlusse, dass sich unsere Interferenzfiguren im gewöhnlichen Tageslichte nur in seltenen Fällen sehen lassen können und auch dann nur mit einer beschränkten Anzahl von Streifen. Die gegebenen Erläuterungen decken die Ursache auf, warum zum Gelingen von Interferenzversuchen in Krystallplatten in der Regel die Anwendung einer Flamme von mit Kochsalz versetztem Weingeist erforderlich ist, dessen gelbes Licht lauter Lichtwellen von nicht sehr verschiedener Länge in sich schliesst.

Es giebt indessen Krystallplatten, die selbst im Tageslichte stets Interferenzfiguren sehen lassen; dies sind solche, deren Oberflächen senkrecht zur optischen Axe stehen. In diesem Fall hat man $a = o$ und in Folge dessen $m = v'$ zu setzen, wesshalb bei ihnen die allgemeine Curvengleichung sich verwandelt in:

$$\alpha + \eta = {}^1/_2\, T \frac{v'^2 - v''^2}{v^2 v'} \sin^2 i,$$

auf deren rechter Seite nur das eine Glied vorkommt, welches $\sin^2 i$ zum Factor hat, und das eben deswegen bei kleinen

---

*) Der Phasenunterschied bestimmt sich zwar hier in anderer Weise als bei Krystallplatten, allein die Folgerungen in Bezug auf Vernichtung der Farben bleiben doch in der Hauptsache die gleichen, weshalb wir keinen Anstand nehmen, diese Interferenzerscheinungen mit denen in Krystallplatten in fraglicher Beziehung auf einerlei Linie zu stellen. In beiden Fällen hängt das Verschwinden der Streifen von der Vermischung der einfachen Lichter nahe in denselben Verhältnissen wie im zusammengesetzten ab, eine Bedingung, die weder hier noch dort mit Stillschweigen übergangen werden darf, da wo eine wirkliche Erklärung des Verschwindens der Streifen gegeben werden soll. In beiden Fällen hängt das Ergebniss nahe in der gleichen Weise von der Richtung des Lichtes und seiner Geschwindigkeit ab.

Werthen von i, d. h. nahe bei der Mitte des Gesichtsfeldes, für $\alpha + \eta$ nur sehr kleine Werthe giebt. Eine Folge hiervon ist, dass die extremen Werthe von $\alpha + \eta$ in Bezug auf die äussersten farbigen Bestandtheile des auffallenden Weisslichtes nicht weit von der Mitte des Gesichtsfeldes in sehr enge Grenzen eingeschlossen sind, und darum dort ein farbiges Resultat zu liefern ganz geeignet sind. Dem zur Folge zeigen sich in solchen Platten farbige Bänder in beschränkter Anzahl und nur bis zu einer gewissen Entfernung von der Mitte des Gesichtsfeldes hin, und alles hier Gesagte gilt wiewohl mit einiger Beschränkung auch noch, so lange die Oberflächen nicht weit von der senkrechten Lage zur optischen Axe abweichen. — Man kann sich leicht aus den Eingangs dieser Ziffer aufgestellten Gleichungen überzeugen, dass bei senkrechten Platten weder mitten im Gesichtsfelde, noch in beträchtlicher Entfernung davon, sondern nur in einem bestimmten Abstande von dieser Mitte der grösste Farbenglanz in Verbindung mit der grössten Mannigfaltigkeit der Farben zu finden sei, was wir jedoch als Nebensache hier auf der Seite liegen lassen müssen.

Zweite Hälfte,

worin die in übereinander liegenden Krystallplatten entstehenden Erscheinungen zur Sprache kommen.

Vorerinnerung.

Die erste Hälfte dieser Abhandlung hob mit einer Art von Beweisführung an, dass das von mir wahrgenommene System von concentrischen Ellipsen, dessen Mittelpunkt mit der Mitte des Gesichtsfeldes zusammenfällt, bis dahin noch nicht erkannt worden sei. Unmittelbar nach der Beendigung des Drucks von jener ersten Hälfte erhielt ich die Kunde, dass meine Beweisführung fehlerhaft ist, und ich beeile mich, in Folge dessen, die Priorität von jener Entdeckung demjenigen zurück zu stellen, der sie bereits ein Lustrum vor mir gemacht hatte. In dem 1842 herausgekommenen Ergänzungsband zu

Poggendorff's Annalen steht pag. 529 unter dem Titel „Analyse der isochromatischen und der Interferenz-Erscheinungen in combinirten einaxigen Krystallen" ein Auszug aus einer im norwegischen Magazin for Naturvidenskaberne Bd. II. ausführlich veröffentlichten Abhandlung, der von deren Verfasser, Herrn Chr. Langberg in Christiania, selber besorgt worden ist. Dieser Auszug enthält neben einem grossen Reichthum von anderen neuen Resultaten namentlich auch jenes Ellipsensystem (pag. 541 ganz unten) schon vollkommen bestimmt angezeigt. Ich weiss nicht, soll ich es Unglück oder Glück nennen, dass mir diese höchst beachtenswerthe Schrift so ganz und gar entgangen ist. Allerdings wären, hätte ich früher von ihr Kenntniss erhalten, meine gegenwärtigen Untersuchungen, welche gerade durch jenes Ellipsensystem veranlasst wurden, ohne Zweifel unterblieben, wodurch mir eine nicht geringe Mühe erspart worden wäre; dann aber wären andere, kaum minder wichtige Dinge im Schoos der Zeit verborgen geblieben. Es hat sich mir bei dieser Gelegenheit der tiefe Sinn des Sprichwortes „der Mensch denkt und Gott lenkt" auf's Neue bewährt. Was meine Tätigkeit anfänglich in Bewegung setzte, ist in Nebel zerronnen, und woran ich von vornherein auf keine Weise denken konnte, hat Stand gehalten. Dahin rechne ich insbesondere: erstlich die fast vollkommene Bewegungsfähigkeit, welche optische Rechnungen dieser Art durch die Aufstellung der völlig allgemeinen, höchst genauen, *und daher in allen Fällen brauchbaren Gleichungen 10.* a und b in Ziffer VII. der vorigen Hälfte erhalten haben, wovon man in dieser Hälfte ein sehr sprechendes Beispiel finden wird; zweitens die völlig genaue Bestimmung der Intensität des Lichtes an den verschidenen Stellen des Bildes; und nicht minder drittens den im Anhange befindlichen Nachweis von der überaus grossen Abweichung der gewöhnlichen Intensitätsgleichungen von den erfahrungsmässigen Erscheinungen innerhalb Krystallplatten von bestimmter Art. Meine Abhandlung füllt übrigens auch nach erlittenem Verluste noch ganz den Titel aus, unter dem ich sie gegeben habe.

Schon die Aufschrift dieser zweiten Hälfte giebt, wenn man sie an die von Langberg's Auszug hält, deutlich genug zu verstehen, dass beide Arbeiten nicht ohne Berührungspunkte sein werden, die hier hervorgehoben und besprochen zu werden verdienten; allein zu solchem Zwecke hätte ich die norwegische Schrift erst lesen lernen müssen, weil ihr sehr gedrängter Auszug kaum die dazu erforderliche Sicherheit darbietet. Darum zog ich vor, meine zweite Hälfte in ihrer ursprünglichen Fassung bestehen zu lassen, um so mehr, weil aus jenem Auszug hervorzugehen scheint, dass meine Bearbeitung des gleichen Gegenstandes doch beträchtlich verschieden von der des Herrn Langberg ist und dass beide miteinander nur in sehr wenigen Punkten eigentlich zusammentreffen. Da jedoch, wo ich die Eigenthümlichkeit meiner Arbeit durch Versuche unterstütze, erlaube ich mir von der, dem Langberg'schen Auszug beigegebenen Tafel V. des angezeigten Supplementbandes zu Poggendorff's Annalen Gebrauch zu machen, weil in dieser viele Figuren vorkommen, welche das, was ich zu sagen habe, zu versinnlichen ganz geeignet sind.

C. Bestimmung der in zwei übereinander gelegten Krystallplatten mit parallelen Oberflächen entstehenden Interferenz-Erscheinungen.

XXV. Nachdem eine allgemeine Theorie der in einer einzigen einaxigen Krystallplatte sichtbaren Interferenz-Erscheinungen vorangeschickt worden ist, wird es nunmehr möglich, die an zwei oder mehr übereinander gelegten solchen Platten entstehenden Bilder einer genaueren Untersuchung zu unterwerfen, womit wir uns jetzt beschäftigen werden. Zuvor jedoch wollen wir einen anderen Weg, zu der einer einzigen Platte angehörigen Intensitäts-Gleichung (6. b) in Ziffer VIII. zu gelangen, als der dort eingeschlagene war, anzeigen, wie schon a. a. O. versprochen worden ist, den wir dann auch bei allen noch folgenden Betrachtungen benützen werden, und der hier um so nöthiger wird, als es schwer hält, bei mehreren Platten die relative Lage der einzelnen Theile durch blose Anschauung unverrückt festzuhalten, was jedoch durch die hierzu von der analytischen Geometrie an die Hand gegebenen festen Regeln selbst in den zusammengesetzten Fällen stets mit gleicher Leichtigkeit geschehen kann.

Die Gleichung einer Ebene, deren Normale mit den Coordinatenaxen der x, y, z bezüglich die Winkel a, b, c macht, ist bekanntlich:

$$x \cos a + y \cos b + z \cos c = o, \tag{1. a}$$

wenn man sich diese Ebene durch die Spitze des Coordinatensystems hindurch gehend denkt. Ist neben dieser Ebene noch eine durch die Coordinatenspitze hindurch gehende Richtung gegeben, welche mit denselben Coordinatenaxen die Winkel a_1, b_1, c_1 einschliesst, und nimmt man an, dass diese Richtung auf jene Ebene senkrecht projicirt werde, und dass die Winkel, welche diese Projection der gegebenen Richtung mit den Coordinatenaxen macht, bezüglich α_1, β_1, γ_1 seien, so machen wir es uns zur Aufgabe, die Gleichung der projicirenden Ebene, so wie die Werthe von α_1, β_1, γ_1 aus den gegebenen Grössen a, b, c, und a_1, b_1, c_1 herzuholen. Bezeichnen wir vorerst die Gleichung der projicirenden Ebene durch $A_1x + B_1y + C_1z = o$, so muss, weil die projicirende Ebene durch die gegebene Richtung und durch die gegebene Normale zur Projectionsebene hindurch geht, jeder Punkt dieser Richtung und dieser Normale der projicirenden Ebene angehören; fassen wir aber von der gegebenen Richtung den Punkt in's Auge, dessen Abstand von der Coordinatenspitze die Längeneinheit ist, so werden seine *Coordinaten durch die Gleichungen*

$$x = \cos a_1, \quad y = \cos b_1, \quad z = \cos c_1$$

gegeben, und auf ähnliche Weise werden die Coordinaten desjenigen Punktes der Normale, dessen Abstand von der Coordinatenspitze ebenfalls die Längeneinheit ist, gegeben durch die Gleichungen:

$$x = \cos a, \quad y = \cos b, \quad z = \cos c.$$

und da beide Punkte der projicirenden Ebene angehören, so müssen ihre Coordinatenwerthe die Gleichung der projicirenden Ebene befriedigen, wenn man sie für x, y, z in dieselbe einsetzt, so dass man erhält:

$$A_1 \cos a_1 + B_1 \cos b_1 + C_1 \cos c_1 = o \text{ nebst}$$
$$A_1 \cos a + B_1 \cos b + C_1 \cos c = o$$

und aus diesen beiden Gleichungen findet man durch successive Elimination von zweien der drei Grössen A_1, B_1 und C_1:

$$A_1 : B_1 : C_1 : = \cos b \cos c_1 - \cos b_1 \cos c : \cos c \cos a_1 - \cos c_1 \cos a \\ : \cos a \cos b_1 - \cos a_1 \cos b, \quad (1.\,b)$$

wodurch die Gleichung der projicirenden Ebene gefunden ist.

Weil ferner die Projection der gegebenen Richtung der Durchschnitt zwischen dieser und der gegebenen Ebene ist, und dieser Durchschnitt durch den Verein der beiden Gleichungen:

$$x \cos a + y \cos b + z \cos c = o \text{ nebst } A_1 x + B_1 y + C_1 z = o$$

dargestellt wird, so muss der Punkt der gesuchten Projection, dessen Abstand von der Coordinatenspitze die Längeneinheit ist, und dessen Coordinaten durch die Gleichungen

$$x \cos \alpha_1, \quad y = \cos \beta_1, \quad z = \cos \gamma_1$$

gegeben sind, den vorstehenden zwei Gleichungen gleichzeitig angehören, so dass man zur Bestimmung von α_1, β_1, γ_1 die beiden Gleichungen

$$\cos \alpha_1 \cos a + \cos \beta_1 \cos b + \cos \gamma_1 \cos c = o \text{ nebst} \\ A_1 \cos \alpha_1 + B_1 \cos \beta_1 + C_1 \cos \gamma_1 = o$$

erhält, aus denen man durch successive Elimination von zweien der drei Grössen $\cos \alpha_1$, $\cos \beta_1$, $\cos \gamma_1$ findet:

$$\cos \alpha_1 : \cos \beta_1 : \cos \gamma_1 = C_1 \cos b - B_1 \cos c : A_1 \cos c - C_1 \cos a \\ : B_1 \cos a - A_1 \cos b,$$

welchen Verhältnissgleichungen gemäss man setzen kann:

$$H \cos \alpha_1 = C_1 \cos b - B_1 \cos c, \quad H \cos \beta_1 = A_1 \cos c - C_1 \cos a, \\ H \cos \gamma_1 = B_1 \cos a - A_1 \cos b$$

wenn H eine erst noch zu bestimmende Grösse vorstellt.

Man hat das Recht, in diese Gleichungen für A_1, B_1, C_1 deren durch die Gleichungen (1. b) ihnen zugewiesenen proportionalen Zahlen einzusetzen, weil sich hiernach die noch nicht gefundene Grösse von H richtet; thut man dies und bezeichnet man zugleich durch φ_1 den Winkel, den die durch a_1, b_1, c_1 gegebene Richtung mit der durch a, b, c gegebenen Normale zur Projectionsebene macht, so dass

$$\cos a \cos a_1 + \cos b \cos b_1 + \cos c \cos c_1 = \cos \varphi_1$$

wird, so gehen jene Gleichungen, weil auch $\cos^2 a + \cos^2 b + \cos^2 c = 1$ ist, über in:

$$\left.\begin{aligned} H\cos\alpha_1 = \cos a \cos\varphi_1 - \cos a_1, \quad & H\cos\beta_1 = \cos b\cos\varphi_1 - \cos b_1, \\ & H\cos\gamma_1 = \cos c\cos\varphi_1 - \cos c_1. \end{aligned}\right\}(1.c)$$

Quadrirt und addirt man diese drei letzten Gleichungen, so ergiebt sich, weil $\cos^2 a_1 + \cos^2 b_1 + \cos^2 c_1 = 1$, $\cos^2\alpha_1 + \cos^2\beta_1 + \cos^2\gamma_1 = 1$ ist,

$$H^2 = \sin^2\varphi_1.$$

Nimmt man für H seinen negativen Wurzelwerth $-\sin\varphi_1$, so verwandeln sich die Gleichungen (1. c) in

$$\left.\begin{aligned} \sin\varphi_1\cos\alpha_1 &= \cos a_1 - \cos a\cos\varphi_1, \\ \sin\varphi_1\cos\beta_1 &= \cos b_1 - \cos b\cos\varphi_1, \\ \sin\varphi_1\cos\gamma_1 &= \cos c_1 - \cos c\cos\varphi_1, \end{aligned}\right\} \quad (1.\ d)$$

wobei zu merken ist, dass derjenige von den zwei Werthen von H gewählt worden ist, welcher macht, dass die von der Coordinatenspitze auslaufenden und in der projicirenden Ebene liegenden Richtungen a_1, b_1, c_1 und α_1, β_1, γ_1, von denen letztere die Projection der ersten ist, auf derselben Seite von der Normale zur Projectionsebene liegen. Stellt ψ_1 den Winkel vor, welchen die Richtung a_1, b_1, c_1 mit ihrer eigenen Projection macht, so ist

$$\cos\psi_1 = \cos a_1\cos\alpha_1 + \cos b_1\cos\beta_1 + \cos c_1\cos\gamma_1,$$

und setzt man in diese Gleichung für $\cos\alpha_1$, $\cos\beta_1$, $\cos\gamma_1$ ihre aus den Gleichungen (1. d) genommenen Werthe ein, so findet man:

$$\cos\psi_1 = \sin\varphi_1. \quad (1.\ e)$$

Betrachtet man neben der vorigen Richtung noch eine zweite von der Coordinatenspitze auslaufende, welche mit den Coordinatenaxen bezüglich die Winkel a_2, b_2, c_2 bildet, in ihren Beziehungen zu der gleichen Projectionsebene, und stellt man die projicirende Ebene dieser zweiten Richtung durch die Gleichung $A_2x + B_2y + C_2z = o$ dar, nennt φ_2 den Winkel, welchen diese zweite Richtung mit der Normale zur Projectionsebene macht, so wie α_2, β_2, γ_2 die Winkel, welche die Projection dieser zweiten Richtung mit den Coordinatenaxen macht, so verwandelt sich in Betreff dieser zweiten Richtung die Gleichung (1. b) in:

$$\left.\begin{aligned} A_2 : B_2 : C_2 = \cos b\cos c_2 - \cos b_2\cos c &: \cos c\cos a_2 - \cos c_2\cos a \\ &: \cos a\cos b_2 - \cos a_2\cos b \end{aligned}\right\} (2.\ a)$$

und die Gleichungen (1. d) werden bei der jetzigen Richtung:

$$\left.\begin{aligned} \sin\varphi_2 \cos\alpha_2 &= \cos \mathrm{a}_2 - \cos \mathrm{a} \cos\varphi_2, \\ \sin\varphi_2 \cos\beta_2 &= \cos \mathrm{b}_2 - \cos \mathrm{b} \cos\varphi_2, \\ \sin\varphi_2 \cos\gamma_2 &= \cos \mathrm{c}_2 - \cos \mathrm{c} \cos\varphi_2. \end{aligned}\right\} \quad (2.\ b)$$

Stellt ψ_2 den Winkel vor, welchen die zweite Richtung mit ihrer eigenen Projection macht, so tritt an die Stelle der Gleichung (1. e) die:

$$\cos\psi_2 = \sin\varphi_2; \quad (2.\ c)$$

stellen ferner ψ'_1 oder ψ'_2 die Winkel vor, welche die Projection der ersten oder zweiten Richtung mit der zweiten oder ersten Richtung macht, so dass

$$\cos\psi'_1 = \cos\alpha_1 \cos \mathrm{a}_2 + \cos\beta_1 \cos \mathrm{b}_2 + \cos\gamma_1 \cos \mathrm{c}_2 \text{ und}$$
$$\cos\psi'_2 = \cos\alpha_2 \cos \mathrm{a}_1 + \cos\beta_2 \cos \mathrm{b}_1 + \cos\gamma_2 \cos \mathrm{c}_1$$

ist, so gehen diese beiden Gleichungen dadurch, dass man in sie für $\cos\alpha_1$, $\cos\beta_1$, $\cos\gamma_1$ oder $\cos\alpha_2$, $\cos\beta_2$, $\cos\gamma_2$ ihre aus den Gleichungen (1. d) oder (2. b) entnommenen Werthe einsetzt, über in:

$$\left.\begin{aligned} \sin\varphi_1 \cos\psi'_1 &= \cos A - \cos\varphi_1 \cos\varphi_2 \text{ und} \\ \sin\varphi_2 \cos\psi'_2 &= \cos A - \cos\psi_1 \cos\varphi_2, \end{aligned}\right\} \quad (2.\ d)$$

wenn A den Winkel bedeutet, den die erste und zweite Richtung unter sich einschliessen, und aus diesen beiden Gleichungen folgt sogleich noch, dass

$$\sin\varphi_1 \cos\psi'_1 = \sin\varphi_2 \cos\psi'_2. \quad (2.\ e)$$

Bezeichnet man den Winkel, welchen die zu beiden Richtungen gehörigen projicirenden Ebenen mit einander bilden, durch χ, so ist den bekanntesten Relationen der analytischen Geometrie zufolge:

$$\cos\chi = \frac{\mathrm{A}_1 \mathrm{A}_2 + \mathrm{B}_1 \mathrm{B}_2 + \mathrm{C}_1 \mathrm{C}_2}{\sqrt{\mathrm{A}_1^2 + \mathrm{B}_1^2 + \mathrm{C}_1^2} \cdot \sqrt{\mathrm{A}_2^2 + \mathrm{B}_2^2 + \mathrm{C}_2^2}}, \quad (2.f)$$

und man darf in dieser Gleichung für A_1, B_1, C_1 und A_2, B_2, C_2 deren durch die Gleichungen (1. b) und (2. a) ihnen zugewiesene proportionale Zahlen setzen; thut man dies, so wird

$$\mathrm{A}_1 \mathrm{A}_2 + \mathrm{B}_1 \mathrm{B}_2 + \mathrm{C}_1 \mathrm{C}_2 = (\cos A - \cos\varphi_1 \cos\varphi_2)\,.\,\mathrm{K},$$
$$\sqrt{\mathrm{A}_1^2 + \mathrm{B}_1^2 + \mathrm{C}_1^2} \cdot \sqrt{\mathrm{A}_2^2 + \mathrm{B}_2^2 + \mathrm{C}_2^2} = \sin\varphi_1 \sin\varphi_2\,.\,\mathrm{K},$$

während man stets $K = 1$ findet, und mittelst dieser Auswerthungen verwandelt sich die Gleichung (2. f) in:

$$cos\,\chi = \frac{cos\,A - cos\,\varphi_1\,cos\,\varphi_2}{sin\,\varphi_1\,sin\,\varphi_2}, \qquad (2.\,g)$$

vorausgesetzt, dass man für $\sqrt{A_1^2 + B_1^2 + C_1^2}$ und $\sqrt{A_2^2 + B_2^2 + C_2^2}$ jedesmal nur den positiven Wurzelwerth nimmt, wo dann χ stets zugleich mit ψ'_1 und ψ'_2 spitz oder stumpf wird. In dem besonderen Falle, wo eine von den beiden Richtungen mit der Normale zur Projectionsebene zusammenfällt, wird derjenige von den Winkeln φ_1 und φ_2, welcher zu dieser Richtung gehört, null, während A in den zur anderen Richtung gehörigen übergeht, und es nimmt dann in Folge dessen $cos\,\chi$ die Form $^0/_0$ an.

Die Gleichung (2. g) in Verbindung mit denen (2. d) führt sogleich noch zu den zwei anderen hin:

$$cos\,\psi'_1 = sin\,\varphi_2\,cos\,\chi \text{ und } cos\,\psi'_2 = sin\,\varphi_1\,cos\,\chi, \qquad (2.\,h)$$

und es ist χ zugleich der Winkel, den die Projectionen der beiden Richtungen mit einander machen, wovon man sich auch unmittelbar durch die Gleichungen (1. d) und (2. b) Ueberzeugung verschaffen kann.

XXVI. Die vorstehenden Relationen, zu welchen zwei Richtungen in Verbindung mit einer Ebene Anlass geben, sind mehr als ausreichend, um zu der in Ziffer VIII. der ersten Hälfte dieser Abhandlung aufgefundenen Intensitäts-Gleichung (6. b) auf folgende sehr einfache Weise zu gelangen: Sieht man die Schwingungsrichtung des vom vorderen Polarisationsmittel herkommenden Lichtes als erste Richtung an, und als zweite die Schwingungsrichtung des vom hinteren Polarisationsmittel herkommenden Lichtes, und bei einem bestimmten auf die Krystallplatte einfallenden Lichtstrahl dessen Hauptschnitt als Projectionsebene, so sind auf diese zwei Schwingungsrichtungen und jeglichen Hauptschnitt alle vorstehenden Gleichungen sofort in Anwendung zu bringen. Da nun das zur Platte gelangende polarisirte Licht, dessen Schwingungen längs der ersten Richtung vor sich gehen, sich bei seinem Durchgange durch die Platte zerlegen muss in einen Antheil, dessen Schwingungen längs des Hauptschnittes selbst, also längs der

Projection der ersten Richtung auf ihn geschehen, weil alle alle drei Schwingungsrichtungen dem Zerlegungsgesetze gemäss in einer und derselben Ebene liegen müssen, so bildet die Schwingungsrichtung des vom vorderen Polarisationsmittel herkommenden Lichtes, wenn wir die vorhin eingeführten Bezeichnungen beibehalten, mit den Schwingungsrichtungen der zwei Antheile, in welche sich dasselbe bei seinem Durchgang durch die Platte zerlegt, die Winkel φ_1 und ψ_1. Ist daher die Schwingungsform des zur Platte gelangenden Lichtes $\mathfrak{A}\, sin\, 2\pi \frac{vt - x}{\lambda}$, so wird die Schwingungsform des längs der Normale zum Hauptschnitt schwingenden Antheils:

$$\mathfrak{A}\, cos\, \varphi_1\, sin\, 2\pi \frac{vt - x}{\lambda},$$

und die des längs der Projection der ersten Richtung auf den Hauptschnitt schwingenden Antheils, nachdem beide durch die Platte hindurch gedrungen sind und dadurch den Raum-Phasenunterschied Θ erlangt haben:

$$\mathfrak{A}\, cos\, \psi_1\, sin\, 2\pi \left(\frac{vt - x}{\lambda} + \Theta\right).$$

Bei der angenommenen Bezeichnungsweise macht die Normale zum Hauptschnitt mit der Schwingungsrichtung des vom hinteren Polarisationsmittel herkommenden Lichtes, als zweite Richtung gedacht, den Winkel φ_2, und die Projection der ersten Richtung auf den Hauptschnitt macht mit dieser zweiten Richtung den Winkel ψ'_1. Da nun die zwei vorstehenden Lichtantheile sich am hinteren Polarisationsmittel neuerdings zerlegen müssen und von den so entstehenden Seitenbewegungen blos diejenigen übrig bleiben, welche längs dieser zweiten Richtung erfolgen, so sind die vom hinteren Polarisationsmittel in's Auge geschickten Lichtportionen:

$$\begin{aligned} &\mathfrak{A}\, cos\, \varphi_1\, cos\, \varphi_2\, sin\, 2\pi \frac{vt - x}{\lambda} \text{ und} \\ &\mathfrak{A}\, cos\, \psi_1\, cos\, \psi'_1\, sin\, 2\pi \left(\frac{vt - x}{\lambda} + \Theta\right), \end{aligned} \qquad (3.\ a)$$

welche, wenn man für $cos\, \psi_1$ und $cos\, \psi'_1$ ihre Werthe aus den Gleichungen (1. e) und (2. h) einsetzt, auch in folgender Gestalt sich schreiben lassen:

$$\mathfrak{A}\, cos\, \varphi_1\, cos\, \varphi_2\, sin\, 2\pi\, \frac{vt - x}{\lambda} \text{ und}$$

$$\mathfrak{A}\, sin\, \varphi_1\, sin\, \varphi_2\, cos\, \chi\, sin\, 2\pi\left(\frac{vt - x}{\lambda} + \Theta\right). \qquad (3.\ b)$$

Die Schwingungen dieser Lichtportionen geschehen bei allen längs der zweiten Richtung und lassen sich daher der in Ziffer (V.) mitgetheilten Regel gemäss in einen einzigen Wellenzug zusammensetzen, dessen Lichtstärke, wenn wir sie durch A^2 bezeichnen, durch folgende Gleichung gegeben ist:

$$A^2 = \mathfrak{A}^2\, (cos^2\, \varphi_1\, cos^2\, \varphi_2 + cos^2\, \psi_1\, cos^2\, \psi'_1 + 2\, cos\, \varphi_1\, cos\, \varphi_2\, cos\, \psi_1\, cos\, \psi'_1\, cos\, 2\pi\Theta),$$

welche sich auch in der anderen Form schreiben lässt:

$$A^2 = \mathfrak{A}^2\, [(cos\, \varphi_1\, cos\, \varphi_2 + cos\, \psi_1\, cos\, \psi'_1)^2 - 4\, cos\, \varphi_1\, cos\, \varphi_2\, cos\, \psi_1\, cos\, \psi'_1\, sin^2\, \pi\Theta],$$

und nun, wenn man in dieser, der Gleichung (1. e) gemäss, $sin\ \varphi_1$ an die Stelle von $cos\ \psi_1$, sowie, der Gleichung (2. h) gemäss, $sin\ \varphi_2\ cos\ \chi$ an die Stelle von $cos\ \psi'_1$ setzt, mit Zuziehung der Gleichung (2. g) wird:

$$A^2 = \mathfrak{A}^2\, (cos^2\, A - sin\, 2\varphi_1\, sin\, 2\varphi_2\, cos\, \chi\, sin^2\, \pi\Theta), \qquad (3.\ c)$$

welche dieselbe ist, wie die in Ziffer VIII. unter (6. b) aufgeführte, denn dass hier $\mathfrak{A}$ wo dort a steht, kommt daher, dass diese Buchstaben-Verwechselung schon von vorn herein in die Schwingungsform des ankommenden Lichtes aus dem Grunde gelegt worden ist, weil hier a zu anderer Bedeutung benützt worden ist.

XXVII. Ausgerüstet mit den Gleichungen der zwei vorigen Nummern können wir nun getrost an die Untersuchung der in zwei oder mehr über einander gelegten Platten entstehenden Erscheinungen gehen, wobei wir wieder demselben Grundsatze huldigen werden, den wir schon in der ersten Hälfte dieser Abhandlung befolgt haben, nämlich den Gegenstand in grösster Allgemeinheit aufzufassen und möglichst vollständig durchzuführen. Um jedoch nicht in zu breite Formeln verwickelt zu werden, setzen wir zwar überall voraus, dass die übereinander gelegten Platten aus jeglichem einaxigen Krystalle geschnitten worden sein können, und dass jeder Schnitt unter beliebiger Neigung zur optischen Axe durch den Krystall hindurch geführt worden sein dürfe; aber es wird an jede einzelne Platte, wie bisher schon immer, die Anforderung gemacht, dass ihre Oberflächen unter sich parallel seien und da, wo mehrere solche Platten übereinander gelegt werden, verlangen wir noch überdies, dass es in der Art geschehe, wobei die Oberflächen der einen denen der anderen parallel laufen. Dieser Parallelismus sämmtlicher Oberflächen vereinfacht alle Auseinandersetzungen ungemein, weil er zur Folge hat, dass alles Licht die hintere Fläche einer jeden einzelnen Platte wieder in derselben Richtung verlässt, in welcher es auf die vordere Fläche der Platte gekommen ist, und dass diese Richtung in mehreren übereinander gelegten Platten stets die gleiche bleibt. Diese Unveränderlichkeit in der Richtung eines Lichtstrahls diesseits und jenseits von Platten mit parallelen Oberflächen, die er durchzieht, besteht selbst noch in jenen beiden Theilen fort, in die sich jeder Lichtstrahl während seines Durchgangs durch eine Krystallplatte zu spalten pflegt, und die wir durch die Beiwörter „gewöhnlich“ und „aussergewöhnlich“ von einander unterschieden haben; auch sie laufen ausserhalb der Platten, wiewohl getrennt, unter einander, so wie mit dem Strahle, aus dem sie herstammen, parallel. Eben deswegen behält das von einem und demselben Lichtstrahle herkommende gewöhnliche und aussergewöhnliche Licht, so lange es sich zwischen zwei Platten fortbewegt, stets den gleichen Phasenunterschied, und hierin eben liegt der Grund, warum Platten mit parallelen Oberflächen eine viel grössere Einfachheit der Betrachtungen gestatten als solche, die diese Bedingung nicht erfüllen.

XXVIII. Was nun zuvörderst die Bestimmung des Phasenunterschiedes betrifft, den das durch zwei übereinander gelegte Platten von der geforderten Beschaffenheit hindurch gegangene gewöhnliche und aussergewöhnliche Licht annimmt, so geht diese mittelst der oben in Ziffer VII. aufgefundenen Gleichungen (10 a und b), nämlich der folgenden, in welcher Θ den in Zeit ausgedrückten Phasenunterschied bedeutet:

$$\Theta \frac{v}{T} = C + D \sin i \cos \omega + B \sin^2 i \sin^2 \omega + A \sin^2 i \cos^2 \omega \qquad (1.\ a)$$

und

$$\frac{v}{m} - \frac{v}{v'} = C, \quad {}^1\!/_2 \, \frac{v''^2 - v'^2}{m^2} \sin 2a = D,$$
$$ {}^1\!/_2 \left(\frac{v'}{v} - \frac{v''^2}{vm}\right) = B, \quad {}^1\!/_2 \left(\frac{v'}{v} - \frac{v'^2\, v''^2}{vm^3}\right) = A, \tag{1. b}$$

ganz leicht von Statten. Das vom vorderen Polarisationsmittel herkommende Licht, welches der ihm zugewandten Platte begegnet, durchdringt diese gerade so, als ob sie allein vorhanden wäre, und spaltet sich während seines Durchgangs durch die Platte in zwei Hälften, welche unter sich einen Phasenunterschied Θ annehmen, der bei dem Austritt des gewöhnlichen und aussergewöhnlichen Lichts aus dieser Platte eine Grösse erlangt, welche durch die Gleichung (1. a) bestimmt wird, nachdem deren Coefficienten mittelst der Gleichungen (1. b) der Natur dieser Platte gemäss gefunden worden sind. Die gewöhnliche sowohl wie die ungewöhnliche Hälfte des aus einem Strahle herstammenden Lichtes gelangen von da zu der dem Lichte abgewandten Platte und erreichen diese mit demselben Phasenunterschiede, womit sie die vorige verlassen haben, wenn beide Platten die in Ziffer XXVII. ausbedungenen Eigenschaften besitzen. Von jeder dieser Hälften einzeln genommen gilt aber, während sie durch die zweite Platte gehen, wieder alles das, was soeben von ihrer Vereinigung, bevor diese die erste Platte durchzog, ausgesagt worden ist; jede für sich spaltet sich, während ihres Durchgangs durch die zweite Platte im Allgemeinen in zwei Theile, den gewöhnlichen und den aussergewöhnlichen in Bezug auf die zweite Platte, die beide mit einem Zeit-Phasenunterschied Θ' aus der zweiten Platte hervortreten, welcher durch eine der (1. a) analoge Gleichung, nämlich:

$$\Theta' \frac{v}{T'} = C' + D' \sin i \cos \omega' + B' \sin^2 i \sin^2 \omega' + A' \sin^2 i \cos^2 \omega' \tag{1. c}$$

gefunden wird, worin die Buchstaben Θ, T und ω so wie die A, B, C, D einen Accent erhalten haben, um damit anzudeuten, dass diese Grössen je nach der Beschaffenheit und Lage der zweiten Platte hier andere Werthe als in der Gleichung (1. a) haben können, während die Buchstaben v und i die gleichen Werthe hier wie dort behalten, wenn das gleiche einfache Licht zu beiden Platten gelangt und die Oberflächen dieser unter sich parallel sind, was eine Folge der in Ziffer XXVII. gegebenen Erörterungen ist. Nimmt man die Summe sowohl als die Differenz der Gleichungen (1. a) und (1. c), so findet man die folgenden zwei Gleichungen:

$$\left.\begin{aligned} &v\left(\frac{\Theta}{T}+\frac{\Theta'}{T'}\right) = C + C' + \sin i\,(D\cos\omega + D'\cos\omega') \\ &+ \sin^2 i\,(B\sin^2\omega + B'\sin^2\omega') + \sin^2 i\,(A\cos^2\omega + A'\cos^2\omega') \\ &\text{und} \\ &v\left(\frac{\Theta}{T}-\frac{\Theta'}{T'}\right) = C - C' + \sin i\,(D\cos\omega - D'\cos\omega') \\ &+ \sin^2 i\,(B\sin^2\omega - B'\sin^2\omega') + \sin^2 i\,(A\cos^2\omega - A'\cos^2\omega'). \end{aligned}\right\}\ (2.\ a)$$

Sind die beiden Platten aus einem und demselben Krystall geschnitten und haben ihre Oberflächen einerlei Neigung zur optischen Axe, so wird $A' = A$, $B' = B$, $C' = C$ und $D' = D$, wodurch die Gleichungen (2. a) übergehen in:

$$\left.\begin{aligned} &v\left(\frac{\Theta}{T}+\frac{\Theta'}{T'}\right) = 2C + D\sin i\,(\cos\omega + \cos\omega') \\ &+ B\sin^2 i\,(\sin^2\omega + \sin^2\omega') + A\sin^2 i\,(\cos^2\omega + \cos^2\omega') \\ &\text{und} \\ &v\left(\frac{\Theta}{T}-\frac{\Theta'}{T'}\right) = D\sin i\,(\cos\omega - \cos\omega') \\ &+ B\sin^2 i\,(\sin^2\omega - \sin^2\omega') + A\sin^2 i\,(\cos^2\omega - \cos^2\omega'), \end{aligned}\right\}\ (2.\ b)$$

und diese Gleichungen verwandeln sich, im Falle beide Platten gleich dick sind, wo dann $T' = T$ ist, in:

$$\left.\begin{aligned} &v\,\frac{\Theta+\Theta'}{T} = 2C + D\sin i\,(\cos\omega + \cos\omega') \\ &+ B\sin^2 i\,(\sin^2\omega + \sin^2\omega') + A\sin^2 i\,(\cos^2\omega + \cos^2\omega') \\ &\text{und} \\ &v\,\frac{\Theta-\Theta'}{T} = D\sin i\,(\cos\omega - \cos\omega') \\ &+ B\sin^2 i\,(\sin^2\omega - \sin^2\omega') + A\sin^2 i\,(\cos^2\omega - \cos^2\omega'). \end{aligned}\right\}\ (2.\ c)$$

Die Gleichungen (2. b) oder (2. c) finden nur dann ihre Anwendung, wenn die beiden Platten aus einerlei Krystall und unter gleicher Schiefe zu seiner optischen Axe geschnitten worden sind, während die Gleichungen (2. a) Gültigkeit behalten, wenn auch jede Platte aus einem anderen einaxigen Krystall und in verschiedener Weise genommen worden ist.

Fügt man zu dem in dieser Ziffer Gesagten noch die Bemerkung hinzu, dass die beiden Hälften, in welche das auf die vordere Platte fallende Licht, während es diese Platte durchzieht, zerlegt wird und die durch I. und II. bezeichnet werden sollen, einen Phasenunterschied annehmen, der nach ihrem völligen Durchgang durch die Platte die Grösse Θ erreicht, um welche die Schwingungsform des aussergewöhnlichen Lichtes von der des gewöhnlichen abweicht, und dass jede dieser Hälften bei ihrem Durchgang durch die zweite Platte sich wieder auf dieselbe Weise in zwei Theile spaltet, von denen der aussergewöhnliche dem gewöhnlichen mehr und mehr voraneilt, welcher Phasenunterschied nach dem Durchgange des Lichts durch die ganze zweite Platte hindurch die Grösse Θ' erreicht, so überzeugt man sich, dass der aussergewöhnliche Theil von der Hälfte I. vor deren gewöhnlichen den Zeit-Phasenvorsprung Θ' hat, und dass der gewöhnliche Theil der Hälfte II. vor dem der Hälfte I. den Vorsprung Θ, so wie der aussergewöhnliche Theil der Hälfte II. vor dem gewöhnlichen von der Hälfte I. den Zeit-Vorsprung $\Theta + \Theta'$ hat, weil die Hälfte II. vor der I. schon bei deren Austritt aus der ersten Platte den Phasenvorsprung Θ hatte. Diese Bestimmungen, welche für das Licht von einer bestimmten Richtung ausserhalb der Platten stets wahr bleiben, enthalten alles in sich, was zur Feststellung der Phasenunterschiede in den vier aus *einer Verbindung zweier Platten hervortretenden Lichtantheilen erforderlich ist.*

XXIX. Wir werden nun den Gang des Lichtes durch zwei übereinander gelegte Platten hindurch verfolgen, unter der Voraussetzung, dass dieses Licht, bevor es zu den Platten gelangt, und auch wieder, nachdem es dieselben verlassen hat, polarisirt und dadurch gezwungen werde, seine Schwingungen ausserhalb der Platten in vorgeschriebenen Richtungen zu bewirken. Denken wir uns durch einen bestimmten auf die erste Platte einfallenden Lichtstrahl und durch die optische Axe einer Platte eine Ebene gelegt, welche der zu diesem Lichtstrahle gehörige Hauptschnitt ist, und bezeichnen wir durch φ_1 den Winkel, welchen die Normale zu diesem Hauptschnitt mit der Schwingungsrichtung des einfallenden Lichtes macht, so muss sich dieses Licht beim Durchgang durch die erste Platte in zwei Theile zerlegen, von denen der erste längs der Normale zum Hauptschnitt und der zweite längs dieses Hauptschnittes selber schwingt, zufolge der in Ziffer (III.) angegebenen Eigenschaft einaxiger Krystalle, und da diese drei Schwingungsrichtungen dem Zerlegungsgesetze gemäss immer in einer und derselben Ebene liegen müssen, so ist die letzte nothwendig der Projection mit der ersten auf den Hauptschnitt parallel; nennen wir daher ψ_1 den Winkel, welchen diese Projection mit der Schwingungsrichtung des ankommenden Lichtes macht, und ist $\mathfrak{A} \sin 2\pi \frac{vt - x}{\lambda}$ seine Schwingungsform, so ist

$$\mathfrak{A} \cos \varphi_1 \sin 2\pi \frac{vt - x}{\lambda} \tag{1. a}$$

der in der ersten Platte gebildete längs der Normale zum Hauptschnitt schwingende Theil, und eben so ist

$$\mathfrak{A} \cos \psi_1 \sin 2\pi \left(\frac{vt - x}{\lambda} + \Theta\right) \tag{1. b}$$

der längs der Projection der Schwingungsrichtung des ankommenden Lichtstrahles auf den Hauptschnitt der ersten Platte schwingende Theil, nachdem er durch die Platte hindurch gegangen ist, und dadurch den Phasenunterschied Θ in Vergleich zum vorigen Theil angenommen hat. Da φ_1 der Winkel ist, den die Schwingungsrichtung des ankommenden Lichtes mit der Normale zum Hauptschnitt macht, und ψ_1 der, den dieselbe Richtung mit ihrer Projection auf diesen Hauptschnitt macht, so haben diese Winkel hier wieder dieselbe Bedeutung wie in Ziffer XXV.; es ist daher der dortigen Gleichung (1. e) gemäss:

$$\cos \psi_1 = \sin \varphi_1. \tag{1. c}$$

Jeder von den beiden Theilen (1. a) und (1. b) dringt in die zweite Platte ein, und wird in dieser neuerdings in zwei Portionen zerlegt, von welchen die eine längs der Normale schwingt, welche demjenigen Hauptschnitt dieser zweiten Platte entspricht, der zu dem vorigen einfallenden Strahle gehört, während die andere ihre Schwingungen längs der Projection der Schwingungsrichtung des in die zweite Platte eindringenden Lichtes auf deren Hauptschnitt vollbringt. Bezeichnen wir daher durch F den Winkel, welchen die Normale zum Hauptschnitt der ersten Platte, längs welcher der Antheil (1. a) schwingt, mit der Normale zum zweiten Hauptschnitt macht, und durch $\mathfrak{F}$ den Winkel, welchen diese erste Normale mit ihrer Projection auf den zweiten Hauptschnitt bildet, so wird der Antheil (1. a), während er die zweite Platte durchzieht, erstlich zerlegt in die Portion:

$$\mathfrak{A} \cos \varphi_1 \cos \mathrm{F} \sin 2\pi \frac{vt - x}{\lambda}, \tag{2. a}$$

welche längs der Normale zum zweiten Hauptschnitt schwingt, und zweitens in die Portion:

$$\mathfrak{A} \cos \varphi_1 \cos \mathfrak{F} \sin 2\pi \left(\frac{vt - x}{\lambda} + \Theta'\right), \tag{2. b}$$

welcher längs der Projection der Normale des ersten Hauptschnittes auf den zweiten schwingt, wenn dieselbe an die Hinterfläche der zweiten Platte gekommen ist, und dort den Phasenunterschied Θ' im Vergleiche zu der Portion (2. a) angenommen hat, und es findet auch hier wieder zwischen den zwei Winkeln F und $\mathfrak{F}$ der Gleichung (1. e) in Ziffer XXV. gemäss die nachstehende Relation statt:

$$\cos \mathfrak{F} = \sin \mathrm{F}. \tag{2. c}$$

Eben so findet man die zwei Lichtportionen, in welche sich der Antheil (1. b) zerlegt, während er durch die zweite Platte geht, wenn F_1 den Winkel vorstellt, den die Projection der Schwingungsrichtung des zur ersten Platte gelangenden Lichtes auf den ersten Hauptschnitt mit der Normale zum zweiten Hauptschnitt macht, und $\mathfrak{F}_1$ den, welchen diese Projection mit ihrer eigenen wiederholten Projection auf den zweiten Hauptschnitt macht; dann ist nämlich die aus dem Antheil (1. b) hervorgehende Portion, welche längs der Normale zum Hauptschnitt der zweiten Platte schwingt:

$$\mathfrak{A} \cos \psi_1 \cos \mathrm{F}_1 \sin^2 \pi \left(\frac{vt - x}{\lambda} + \Theta\right) \tag{3. a}$$

und die, welche längs der so eben angezeigten Projection der

Projection auf den Hauptschnitt der zweiten Platte schwingt:

$$\mathfrak{A}\ cos\ \psi_1\ cos\ \mathfrak{F}_1\ sin\ 2\ \pi \left(\frac{vt - x}{\lambda} + \Theta + \Theta'\right), \qquad (3.\ b)$$

wenn man sich diese bis zur hinteren Seite der zweiten Platte vorgedrungen vorstellt, wo sie dann den Phasenvorsprung Θ' im Vergleiche zu der Portion (3. a) angenommen hat, und es findet zwischen den Winkeln F_1 und $\mathfrak{F}_1$ wiederum die Relation

$$cos\ \mathfrak{F}_1 = sin\ F_1 \qquad (3.\ c)$$

statt. Die vier Lichtportionen (2. a), (2. b), (3. a) und (3. b) gelangen an das hintere Polarisationsmittel und finden hier Veranlassung zu einer nochmaligen Zerlegung, aus welcher blos die längs der vom hinteren Polarisationsmittel geforderten Richtung schwingenden Antheile zum Auge gelangen, während die anderen für unsere Wahrnehmung ganz verloren gehen, und deswegen von uns nicht weiter betrachtet zu werden brauchen. Nennen wir φ_2 den Winkel, welchen die Normale zum Hauptschnitt der zweiten Platte mit der vom hinteren Polarisationsmittel geforderten Richtung macht, und eben so $\mathfrak{F}'$ und $\mathfrak{F}'_1$ die, welche die Projectionen der Normale des ersten Hauptschnittes und der mehrerwähnten Projection, beide auf den zweiten Hauptschnitt, mit der von dem hinteren Polarisationsmittel geforderten Richtung machen, so erhalten wir die vier sämmtlich längs der vom hinteren Polarisationsmittel geforderten Richtung schwingenden Lichtantheile, welche insgesammt in's Auge gelangen, dem Parallelogramme der Kräfte folgend, auf nachstehende Weise: Der erste dieser 4 Antheile, welchen man aus dem (2. a) durch Multiplikation mit $cos\ \varphi_2$ erhält, welcher Winkel der ist, den die Schwingungsrichtung dieses Antheiles mit der vom hinteren Polarisationsmitel geforderten macht, wird:

$$\mathfrak{A}\ cos\ \varphi_1\ cos\ F\ cos\ \varphi_2\ sin\ 2\ \pi\ \frac{vt - x}{\lambda}; \qquad (4.\ a)$$

der zweite dieser 4 Antheile, welchen man aus dem (2. b) durch Multiplikation mit $cos\ \mathfrak{F}'$ erhält, welcher Winkel der ist, den die Schwingungsrichtung dieses Antheiles mit der vom hinteren Polarisationsmittel geforderten macht, wird:

$$\mathfrak{A}\, cos\, \varphi_1\, cos\, \mathfrak{F}\, cos\, \mathfrak{F}'\, sin\, 2\pi \left(\frac{vt - x}{\lambda} + \Theta'\right); \tag{4. b}$$

der dritte dieser 4 Antheile, welchen man aus dem (3. a) wiederum durch Multiplikation mit $cos\, \varphi_2$ erhält, wird in der gleichen Weise:

$$\mathfrak{A}\, cos\, \psi_1\, cos\, F_1\, cos\, \varphi_2\, sin\, 2\pi \left(\frac{vt - x}{\lambda} + \Theta\right); \tag{4. c}$$

endlich wird der letzte dieser 4 Antheile, den man aus dem (3. b) durch Multiplikation mit $cos\, \mathfrak{F}'_1$ aus dem gleichen Grunde findet:

$$\mathfrak{A}\, cos\, \psi_1\, cos\, \mathfrak{F}_1\, cos\, \mathfrak{F}'_1\, sin\, 2\pi \left(\frac{vt - x}{\lambda} + \Theta + \Theta'\right). \tag{4. d}$$

Diese vier in's Auge gelangenden Lichtantheile lassen sich, weil sie sämmtlich ihre Schwingungen längs der vom hinteren Polarisationsmittel geforderten Richtung vollbringen, mittelst der Ziffer V. angegebenen Regel in einen einzigen Wellenzug zusammensetzen, aus dessen Bildungsweise sodann die vom Auge wahrgenommene Erscheinung abgelesen werden kann.

XXX. Es ist jetzt an der Zeit, dass wir die Abhängigkeit der in den letzten vier Lichtantheilan vorkommenden Winkel von einander und von anderen kennen lernen, um dadurch den Ausdrücken eine bequemere Form ertheilen zu können. Fassen wir erstlich die Normale des ersten Hauptschnittes und die vom hinteren Polarisationsmittel geforderte Richtung in Verbindung mit dem zweiten Hauptschnitt als erste und zweite Richtung in's Auge und bezeichnen wir durch χ'_2 den Winkel, welchen die Ebenen, wodurch diese beiden Richtungen auf den Hauptschnitt der zweiten Platte projicirt werden, unter sich einschliessen, so ist, weil $\mathfrak{F}'$ den Winkel vorstellt, den die Projection der ersten Richtung auf den zweiten Hauptschnitt mit der zweiten Richtung macht, und diese zweite Richtung mit der Normale zur Projectionsebene den Winkel φ_2 macht, der ersten Gleichung (2. h) Ziffer XXV. gemäss:

$$cos\, \mathfrak{F}' = sin\, \varphi_2\, cos\, \chi'_2. \tag{1. a}$$

Fassen wir ferner die Schwingungsrichtung des vom vorderen Polarisationsmittel kommenden Lichtes und die Richtung der Normale zum Hauptschnitt der zweiten Platte in Verbindung mit dem Hauptschnitt der ersten Platte als erste und zweite Richtung in's Auge, so ist, weil F_1 den Winkel vorstellt, den die Projektion der ersten Richtung auf den Hauptschnitt der ersten Platte mit der zweiten Richtung einschliesst, und diese Richtung mit der Normale zum Hauptschnitt der ertsen Platte den Winkel F bildet, derselben Gleichung (2. h) Ziffer XXV. gemäss, wenn χ''_1 den Winkel bedeutet, den die zwei, diese Richtungen auf den Hauptschnitt der ersten Platte projicirenden Ebenen unter sich einschliessen:

$$\cos F_1 = \sin F \cos \chi''_1. \tag{1. b}$$

Fasst man endlich die Richtung, welche die Projection der Schwingungsrichtung des vom vorderen Polarisationsmittel kommenden Lichtes auf den ersten Hauptschnitt ist, und die Schwingungsrichtung des vom hinteren Polarisationsmittel kommenden Lichtes als erste und zweite Richtung in Verbindung mit dem Hauptschnitt der zweiten Platte in's Auge, so ist, weil $\mathfrak{F}'_1$ den Winkel bezeichnet, den die Projection der ersten Richtung auf den Hauptschnitt der zweiten Platte mit der zweiten Richtung macht, und diese mit der Normale zum Hauptschnitt der zweiten Platte den Winkel φ_2 einschliesst, immer derselben Gleichung (2. h) Ziffer XXV. gemäss, wenn χ_2 den Winkel zwischen den beiden diese Richtungen auf den zweiten Hauptschnitt projicirenden Ebenen bedeutet:

$$\cos \mathfrak{F}'_1 = \sin \varphi_2 \cos \chi_2. \tag{1. c}$$

Mittelst der in den drei vorhergehenden Gleichungen erhaltenen Werthe von $\mathfrak{F}'$, F_1 und $\mathfrak{F}'_1$ und mit den von ψ_1, $\mathfrak{F}$ und $\mathfrak{F}_1$ in den Gleichungen (1. c), (2. c) und (3. c) der vorigen Ziffer gegebenen gehen die in derselben Ziffer enthaltenen letzten vier Ausdrücke, welche die vier in's Auge gelangenden Lichtportionen an die Hand geben, über in:

$$\left.\begin{array}{l}
\mathfrak{A} \cos \varphi_1 \cos F \cos \varphi_2 \sin 2\pi \frac{vt - x}{\lambda}, \\
\mathfrak{A} \cos \varphi_1 \sin F \sin \varphi_2 \cos \chi'_2 \sin 2 \left(\frac{vt - x}{\lambda} + \Theta'\right), \\
\mathfrak{A} \sin \varphi_1 \sin F \cos \varphi_2 \cos \chi''_1 \sin 2\pi \left(\frac{vt - x}{\lambda} + \Theta\right), \\
\mathfrak{A} \sin \varphi_1 \sin F_1 \sin \varphi_2 \cos \chi_2 \sin 2\pi \left(\frac{vt - x}{\lambda} + \Theta + \Theta'\right)
\end{array}\right\} \tag{2. a}$$

welche eine für unsere Zwecke bequemere Form besitzen.

Man kann die letzte dieser 4 Lichtportionen der ersten analoger werden lassen, dadurch dass man den Winkel, den die Projection der vorderen Schwingungsrichtung auf den Hauptschnitt der ersten Platte mit der Projection der hinteren Schwingungsrichung auf den zweiten Hauptschnitt macht, einführt und durch G bezeichnet; dann ist nämlich:

$$\cos \mathrm{G} = \sin \mathrm{F}_1 \cos \chi_2, \tag{2. b}$$

wie sogleich aus den Gleichungen (2. h) der Ziffer XXV. hervorgeht, wenn man die Projection der vorderen Schwingungsrichtung auf den Hauptschnitt der ersten Platte und die hintere Schwingungsrichtung als die zwei Richtungen, welche in Verbindung mit dem Hauptschnitt der zweiten Platte als Projectionsebene betrachtet werden, in's Auge fasst. Durch die Gleichung (2. b) nun gehen die vier Lichtportionen (2. a) über in:

$$\left.\begin{aligned}
&\mathfrak{A} \cos \varphi_1 \cos \mathrm{F} \cos \varphi_2 \sin 2\pi \frac{vt - x}{\lambda}, \\
&\mathfrak{A} \cos \varphi_1 \sin \mathrm{F} \sin \varphi_2 \cos \chi'_2 \sin 2\pi \left(\frac{vt - x}{\lambda} + \Theta'\right), \\
&\mathfrak{A} \sin \varphi_1 \sin \mathrm{F} \cos \varphi_2 \cos \chi''_1 \sin 2\pi \left(\frac{vt - x}{\lambda} + \Theta\right), \\
&\mathfrak{A} \sin \varphi_1 \cos \mathrm{G} \sin \varphi_2 \sin 2\pi \left(\frac{vt - x}{\lambda} + \Theta + \Theta'\right).\ ^{*)}
\end{aligned}\right\} \tag{2. c}$$

XXXI. Wir haben bei der bisherigen Behandlung unseres Gegenstandes den Winkel als gegeben vorausgesetzt, den die zu einem bestimmten einfallenden Lichtstrahle gehörigen Hauptschnitte in beiden Platten miteinander machen; bei Versuchen an übereinander liegenden Platten ist aber die Stellung der Hauptnormalebenen in beiden Platten eine gegebene, und die zu verschiedenen einfallenden Strahlen gehörigen *Hauptschnitte* der beiden Platten bilden bei einer und derselben Stellung *dieser Platten gegen einander verschiedene Winkel mit einander*, daher kommt man zuweilen in den Fall, diese Verschiedenheit

---

*) In allen Gleichungen der gegenwärtigen Ziffer stellen Θ und Θ' die Raum-Phasenunterschiede vor, welche sich aus den Zeit-Phasenunterschieden durch Multiplikation mit $\frac{v}{\lambda}$ ergeben.

näher angeben zu müssen, welche Zwischenbetrachtung hier *eingeschoben werden soll. Schon oben in Ziffer VI. unmittel*bar nach der daselbst stehenden Gleichung (12. c) haben wir die Relation:

$$cos\ \alpha = cos\ \mathrm{a}\ cos\ \mathrm{i} + sin\ \mathrm{a}\ sin\ \mathrm{i}\ cos\ \omega \qquad (1.\ \mathrm{a})$$

aufgestellt, in welcher α den Winkel vorstellt, den ein bestimmter Lichtstrahl, dessen Einfallsebene mit der Hauptnormalebene einer Krystallplatte den Winkel ω einschliesst, mit der optischen Axe dieser Platte bildet, während i den Einfallswinkel desselben Strahles und a den Winkel bezeichnet, den die Normale zur Oberfläche der Platte mit der in dieser befindlichen optischen Axe macht. Beziehen wir die Gleichung (1. a) auf diejenige von den übereinander liegenden beiden Platten, die dem kommenden Lichte zuerst ausgesetzt ist, und stellen wir noch eine andere für die zweite Platte und denselben Lichtstrahl auf, so wird diese, weil hier a und i dieselben Werthe behalten wie zuvor, wenn die Oberfläche der beiden Platten einerlei Neigung zu deren optischen Axen haben und sämmtlich parallel unter sich sind, wie wir hier immer voraussetzen:

$$cos\ \alpha' = cos\ \mathrm{a}\ cos\ \mathrm{i} + sin\ \mathrm{a}\ sin\ \mathrm{i}\ cos\ \omega', \qquad (1.\ \mathrm{b})$$

in welcher α' den Winkel bezeichnet, den der hervorgehobene Lichtstrahl mit der optischen Axe der zweiten Platte bildet, so wie ω' den, welchen die zu diesem Lichtstrahle gehörige Einfallsebene mit der Hauptnormalebene der zweiten Platte macht.

Fassen wir nun das aus dem hervorgehobenen Lichtstrahle und aus den optischen Axen der beiden Platten gebildete sphärische Dreieck in's Auge, in welchem α und α' die Winkel sind, welche der Lichtstrahl mit den optischen Axen in den beiden Platten macht, so ist den Gesetzen der sphärischen Trigonometrie zufolge, wenn ε den Winkel bezeichnet, den diese optischen Axen mit einander machen und F den, den die durch den Lichtstrahl und jede der beiden optischen Axen gelegten Ebenen, welche die diesem Lichtstrahle in den beiden Platten zugehörigen Hauptschnitte sind, unter sich einschliessen:

$$cos\ \varepsilon = cos\ \alpha\ cos\ \alpha' + sin\ \alpha\ sin\ \alpha'\ cos\ \mathrm{F}. \qquad (2.\ \mathrm{a})$$

Ganz auf die gleiche Weise ergiebt sich aus dem sphärischen Dreiecke, welches aus den beiden optischen Axen und der Normale zu den Oberflächen der Platten gebildet wird, wenn man erwägt, dass der Winkel, den die durch diese Normale und jede der beiden optischen Axen gelegten Ebenen, welche die Hauptnormalebenen der beiden Platten sind, miteinander machen, $\omega' - \omega$ ist, und dass, was zuvor α und α' war, jetzt den gemeinschaftlichen Werth a annimmt:

$$\cos \varepsilon = \cos^2 \mathrm{a} + \sin^2 \mathrm{a} \cos (\omega' - \omega). \qquad (2.\ \mathrm{b})$$

Aus den beiden Gleichungen (2. a) und (2. b) erhält man aber:

$$\cos \mathrm{F} = \frac{\cos^2 \mathrm{a} + \sin^2 \mathrm{a} \cos (\omega' - \omega) - \cos \alpha \cos \alpha'}{\sin \alpha \sin \alpha'}, \qquad (2.\ \mathrm{c})$$

und hierin spricht sich die Abhängigkeit des Winkels F, den die zu einem gegebenen einfallenden Lichtstrahle gehörigen Hauptschnitte in den beiden Platten mit einander machen, von dem Winkel $\omega' - \omega$ aus, den die Hauptnormalebenen der beiden Platten unter sich einschliessen.

Aus den Gleichungen (1. a) und (1. b) lassen sich sogleich die anderen ableiten:

$$\left.\begin{aligned}
\cos \alpha \cos \alpha' &= \cos^2 \mathrm{a} \cos^2 \mathrm{i} + \cos \mathrm{a} \cos \mathrm{i} \sin \mathrm{a} \sin \mathrm{i} (\cos \omega + \cos \omega') \\
&\quad + \sin^2 \mathrm{a} \sin^2 \mathrm{i} \cos \omega \cos \omega', \\
\cos^2 \alpha &= \cos^2 \mathrm{a} \cos^2 \mathrm{i} + 2 \cos \mathrm{a} \cos \mathrm{i} \sin \mathrm{a} \sin \mathrm{i} \cos \omega \\
&\quad + \sin^2 \mathrm{a} \sin^2 \mathrm{i} \cos^2 \omega, \\
\cos^2 \alpha' &= \cos^2 \mathrm{a} \cos^2 \mathrm{i} + 2 \cos \mathrm{a} \cos \mathrm{i} \sin \mathrm{a} \sin \mathrm{i} \cos \omega' \\
&\quad + \sin^2 \mathrm{a} \sin^2 \mathrm{i} \cos^2 \omega'
\end{aligned}\right\} \qquad (3.\ \mathrm{a})$$

und die Summe der letzten beiden liefert noch:

$$\cos^2 \alpha + \cos^2 \alpha' = 2 \cos^2 \mathrm{a} \cos^2 \mathrm{i} + 2 \cos \mathrm{a} \cos \mathrm{i} \sin \mathrm{a} \sin \mathrm{i} (\cos \omega + \cos \omega') + \sin^2 \mathrm{a} \sin^2 \mathrm{i} (\cos^2 \omega + \cos^2 \omega').$$

Aus der ersten und letzten der Gleichungen (3. a) findet man:

$$\cos^2 \alpha + \cos^2 \alpha' - 2 \cos \alpha \cos \alpha' = \sin^2 \mathrm{a} \sin^2 \mathrm{i} (\cos \omega - \cos \omega')^2; \qquad (3.\ \mathrm{b})$$

weil ferner

$$\sin^2 \alpha \sin^2 \alpha' = 1 - \cos^2 \alpha - \cos^2 \alpha' + \cos^2 \alpha \cos^2 \alpha'$$

ist, oder wenn man für $\cos^2 \alpha + \cos^2 \alpha'$ seinen Werth aus (3. b) einsetzt:

$$\sin^2 a \sin^2 \alpha' = (1 - \cos a \cos \alpha')^2 - \sin^2 \mathrm{a} \sin^2 \mathrm{i} (\cos \omega - \cos \omega')^2,$$

so findet man bis auf vierte Potenzen von *sin* i genau:

$$\sin a \sin \alpha' = 1 - \cos a \cos \alpha' - \tfrac{1}{2} \sin^2 \mathrm{a} \sin^2 \mathrm{i} \frac{(\cos\omega - \cos\omega')^2}{1 - \cos a \cos \alpha'}; \qquad (3.\ \mathrm{c})$$

aus der ersten Gleichung (3. a) erhält man aber:

$$\left.\begin{aligned} 1 - \cos a \cos \alpha' = \sin^2 \mathrm{a} - \cos \mathrm{a} \cos \mathrm{i} \sin \mathrm{a} \sin \mathrm{i} (\cos \omega + \cos \omega') \\ + \sin^2 \mathrm{i} [\cos^2 \mathrm{a} - \sin^2 \mathrm{a} \cos \omega \cos \omega'] \end{aligned}\right\} \quad (3.\ \mathrm{d})$$

und hierdurch verwandelt sich die Gleichung (3. c) bis auf dritte Potenzen von *sin* i genau in:

$$\left.\begin{aligned} \sin a \sin \alpha' = \sin^2 \mathrm{a} - \cos \mathrm{a} \cos \mathrm{i} \sin \mathrm{a} \sin \mathrm{i} (\cos \omega + \cos \omega') \\ + \sin^2 \mathrm{i} [\cos^2 \mathrm{a} - \sin^2 \mathrm{a} \cos \omega \cos \omega' - \tfrac{1}{2} (\cos \omega - \cos \omega')^2] \end{aligned}\right\} \quad (3.\ \mathrm{e})$$

und man kann in den letzten zwei Gleichungen, wenn man deren Genauigkeit nicht bis auf dritte oder höhere Potenzen von *sin* i treiben will, 1 für *cos* i schreiben, weil hieraus blos Aenderungen dieser Potenzen entspringen.

Setzt man nun den Werth von $\sin a \sin \alpha'$ aus (3. e) und den von $\cos^2 \mathrm{a} - \cos a \cos \alpha'$ aus (3. d) in die Gleichung (2. c) ein, und verwandelt man deren rechte Seite in eine nach Potenzen von *sin* i oder eigentlich von $\frac{\sin \mathrm{i}}{\sin \mathrm{a}}$ fortlaufende Reihe, von dieser blos deren 3 erste Glieder beibehaltend, so findet man:

$$\left.\begin{aligned} \cos \mathrm{F} = \cos (\omega' - \omega) - 2 \frac{\sin \mathrm{i}}{\sin \mathrm{a}} \cos \mathrm{a} \sin^2 \frac{\omega' - \omega}{2} (\cos \omega + \cos \omega') \\ + \frac{\sin^2 \mathrm{i}}{\sin^2 \mathrm{a}} \Big[2 \sin^2 \frac{\omega' - \omega}{2} [\cos^2 \mathrm{a} (1 - (\cos \omega + \cos \omega')^2) \\ - \sin^2 \mathrm{a} \cos \omega \cos \omega'] + \tfrac{1}{2} \cos (\omega' - \omega) (\cos \omega - \cos \omega')^2 \Big]. \end{aligned}\right\} \quad (3.\ \mathrm{f})$$

Aus dieser letzten Gleichung geht zwar hervor, dass im Allgemeinen F von $\omega' - \omega$ verschieden ist, und dass bei einem und demselben Werth von $\omega' - \omega$ der Unterschied zwischen F und ihm ein anderer wird, so wie der hervorgehobene Lichtstrahl einer anderen Einfallsebene angehört, weil dann die Winkel ω und ω' ihre Werthe ändern; zugleich geht aber auch aus dieser Gleichung hervor, dass diese Unterschiede bei unveränderter Einfallsebene um so kleiner werden, je grösser a in Vergleich zu i ist, wie denn überhaupt die Reihe auf der rechten Seite dieser Gleichung nur dann convergirt, wenn

$\frac{\sin i}{\sin a}$ ein echter Bruch ist und um so stärker je kleiner dieser Bruch wird. Hieraus folgt, dass man die Gleichung (3. f) nur in solchen Fällen benützen darf, wo a beträchtlich grösser als der grösste Werth von i ist, eine Beschränkung, die sich schon in der ersten Hälfte dieser Abhandlung, wo blos von einer Platte die Rede war, bei allen daselbst gegebenen Bestimmungen der Intensität des Lichtes geltend gemacht hat. Unsere Betrachtungen setzen hier wie dort stets voraus, dass man es mit keinen solchen Platten zu thun habe, deren optische Axen sich nur wenig gegen die Normale zu deren Oberfläche neigen. Das zweite Glied auf der rechten Seite der Gleichung (3. f) verschwindet in den beiden Fällen, wenn $\omega' = \omega$ oder wenn $\omega' = 180^0 + \omega$ ist, d. h. wenn die Hauptnormalebenen der beiden Platten in einer und derselben Ebene liegen, wo die Unterschiede zwischen F und $\omega' - \omega$ am geringsten sind, ja sogar völlig verschwinden in dem einen Falle, wo $\omega = \omega'$ ist; dann wird nämlich den Gleichungen (1. a) und (1. b) zufolge $a = a'$ und die Gleichung (2. c) verwandelt sich deshalb in $\cos F = 1$ und zeigt so, dass hier immer $F = \omega' - \omega = o$ ist. Die Aenderungen, welche die Interferenzerscheinungen in Krystallplatten erleiden, bei welchen i dem Werthe a sich nähert oder ihn gar übertrifft, sind meines Wissens von den Optikern noch gar nicht untersucht worden, und man hat nicht Ursache, sich hierüber zu wundern. Die Geschichte der Wissenschaften zeigt deutlich an, dass die vollkommene Form der Darstellung eines Gegenstandes immer nur hinter dessen gründlicher und allseitiger Erkenntniss hergeht, und die Krystalllehre in der Optik scheint noch nicht in dieses Stadium getreten zu sein. Hierzu kommt noch, dass das in der Optik vor nicht sehr langer Zeit neu entdeckte Land einen so überschwänglichen Reichthum an glänzenden Thatsachen darbietet, dass jeder Einzelne sich selbst beschränken muss und zufrieden sein darf, wenn ihm sein Gefühl bezeugt, innerhalb eines noch so eng begrenzten Gebietes aufgeräumt zu haben. Fresnel's magische Leistungen in fast allen Regionen dieser terra incognita liefern *eines der erhabensten und seltensten Schauspiele im Reiche* der Geister; aber sogar dieser von Gott uns zugesandte Heros hätte ohne Zweifel nur ungleich weniger Materiale sich unterwerfen können, wenn er an die Form, in der seine Eroberungen geschahen, gar zu strenge Forderungen hätte stellen wollen.

Die Gleichung (3. f) nimmt in besonderen Fällen einfachere Gestalten an. So giebt sie, wenn $\omega' = \omega$ ist, $\cos \mathrm{F} = 1$, wie wir so eben schon in ganz allgemeiner Weise gefunden haben. Ist $\omega' = 180^0 + \omega$, wo dann $\cos \omega' = -\cos \omega$ wird, so liefert sie

$$\cos \mathrm{F} = -1 + 2 \frac{\sin^2 \mathrm{i}}{\sin^2 \mathrm{a}} \cos^2 \mathrm{a} \sin^2 \omega. \qquad (4.\ \mathrm{a})$$

Ist endlich $\omega' = 90^0 + \omega$, wo dann $\cos \omega' = -\sin \omega$ wird, so gtebt sie

$$\cos \mathrm{F} = -\sqrt{2} \frac{\sin \mathrm{i}}{\sin \mathrm{a}} \cos \mathrm{a} \cos (\omega + 45^0) + \frac{\sin^2 \mathrm{i}}{\sin^2 \mathrm{a}} \sin \omega \cos \omega \, (1 + \cos^2 \mathrm{a}),$$

welche letztere Gleichung, wenn man $\omega + 45^0 = \Omega$ setzt, wird

$$\cos \mathrm{F} = -\sqrt{2} \frac{\sin \mathrm{i}}{\sin \mathrm{a}} \cos \mathrm{a} \cos \Omega - {}^1\!/_2 \frac{\sin^2 \mathrm{i}}{\sin^2 \mathrm{a}} \cos 2\,\Omega \, (1 + \cos^2 \mathrm{a}). \qquad (4.\ \mathrm{b})$$

XXXII. Wir kehren nun zu den in Ziffer XXX. aufgestellten Ausdrücken (2. c) zurück, um deren Inhalt näher kennen zu lernen. Zum Zwecke der klaren Auffassung dieser Ausdrücke rufen wir dem Leser in's Gedächtniss zurück, dass sich dieselben auf zwei übereinander gelegte einaxige Krystallplatten mit parallelen Oberflächen beziehen, auf welche polarisirtes Licht auffällt, das von einer zu diesem Behufe angebrachten Vorrichtung, die von uns das vordere Polaritationsmittel genannt worden ist, herkommt, und nachdem es durch die beiden übereinander liegenden Platten hindurch gegangen ist, neuerdings, bevor es zum Auge gelangt, eine bestimmte Schwingungsrichtung mittelst einer deshalb hinter den Platten angebrachten Vorrichtung, die von uns das hintere Polarisationsmittel genannt worden ist, anzunehmen gezwungen wird. Die Schwingungsrichtung des von dem vorderen Polarisationsmittel herkommenden Lichtes wird von uns als *vordere*, so wie die des von dem hinteren Polarisationsmittel abgehenden Lichtes als *hintere* bezeichnet. Diejenige von den beiden Platten, auf welche das von dem vorderen Polarisationsmittel herkommende Licht zuerst auffällt, heisst die *erste* und *zweite* die, in welche das durch die erste Platte hindurch gegangene Licht übergeht.

Jeder Lichtstrahl wird während seines Durchganges durch die beiden übereinander liegenden Platten in vier Theile zerlegt, in einer Weise, die lediglich von der Stellung der zu diesem Lichtstrahle gehörigen Hauptschnitte in den beiden Platten oder, was damit auf Eins hinausläuft, von der Lage der zu diesen Hauptschnitten gehörigen Normalen abhängig ist, und wir nennen zur Abkürzung der Rede *ersten* Hauptschnitt den auf einen bestimmten Lichtstrahl sich beziehenden Hauptschnitt der ersten Platte, so wie *zweiten* den, welcher demselben Lichtstrahl in der zweiten Platte angehört. Die Ausdrücke (2. c) der Ziffer XXX. nun stellen diese aus einem beliebigen, jedoch bestimmt gedachten, von dem vorderen Polarisationsmittel her durch die beiden Platten und zuletzt noch durch das hintere Polarisationsmittel hindurch gegangenen Lichtsrahle erzeugten vier Lichtantheile dar, und es bezeichnen in ihnen:

φ_1 den Winkel, welchen die vordere Schwingungsrichtung mit der Normale zum ersten Hauptschnitt macht,

φ_2 den Winkel, welchen die hintere Schwingungsrichtung mit der Normale zum zweiten Hauptschnitt macht,

F den Winkel, welchen die Normalen zum ersten und zum zweiten Hauptschnitt unter sich einschliessen, ferner

G den Winkel, welchen die senkrechte Projection der vorderen Schwingungsrichtung auf den ersten Hauptschnitt mit der senkrechten Projection der hinteren Schwingungsrichtung auf den zweiten Hauptschnitt bildet, und

χ''_1 den Winkel, welchen die zwei Ebenen mit einander machen, wodurch die vordere Schwingungsrichtung und die Normale zum zweiten Hauptschnitt auf den ersten Hauptschnitt senkrecht projicirt werden, so wie

χ'_2 den Winkel, welchen die zwei Ebenen mit einander machen, wodurch die hintere Schwingungsrichtung und die Normale zum ersten Hauptschnitt auf den zweiten Hauptschnitt senkrecht projicirt werden; der Buchstabe

$\mathfrak{A}$ stellt die grösste durch die Lichtschwingung verursachte Ausweichung der Aethertheilchen von ihrer Ruhelage vor mit Einrechnung ihrer durch die Trübung der Mittel bewirkten Verminderung und

Θ, Θ' sind zwei Grössen, durch welche die Phasenunterschiede bestimmt werden, die in den Schwingungen der vier Lichtantheile während ihres Durchganges durch die Platten hervorgerufen worden sind.

XXXIII. Die Schwingungen dieser vier Lichtantheile geschehen sämmtlich in der vom hinteren Polarisationsmittel geforderten Richtung, daher lassen sich dieselben in einen einzigen Wellenzug zusammensetzen auf dieselbe Weise, wie es in der ersten Hälfte dieser Abhandlung (Ziffer V.) bezüglich zweier Lichtantheile von der gleichen Beschaffenheit geschehen ist. Setzt man nämlich zur Abkürzung

$$\left.\begin{array}{l}\mathfrak{A}\cos\varphi_1\cos \mathrm{F}\cos\varphi_2=\mathfrak{A}_1,\\ \mathfrak{A}\cos\varphi_1\sin \mathrm{F}\sin\varphi_2\cos\chi'_2=\mathfrak{A}_2,\\ \mathfrak{A}\sin\varphi_1\sin \mathrm{F}\cos\varphi_2\cos\chi''_1=\mathfrak{A}_3,\\ \mathfrak{A}\sin\varphi_1\cos \mathrm{G}\sin\varphi_2=\mathfrak{A}_4,\\ 2\pi\dfrac{vt-x}{\lambda}=a,\ 2\pi\Theta'=\beta',\ 2\pi\Theta=\beta,\end{array}\right\}\quad(1.\ a)$$

so nehmen die Ausdrücke (2. c) der Ziffer XXX. die folgende einfachere Gestalt an:

$$\mathfrak{A}_1\sin a,\ \mathfrak{A}_2\sin(a+\beta'),\ \mathfrak{A}_3\sin(a+\beta),\ \mathfrak{A}_4\sin(a+\beta'+\beta),$$

und diese geben, wenn man die letzten drei Winkel als Summen einerseits von a und andererseits von β' oder β oder $\beta'+\beta$ ansieht, über in:

$$\begin{array}{c}\mathfrak{A}_1\sin a,\\ \mathfrak{A}_2\cos\beta'\sin a+\mathfrak{A}_2\sin\beta'\cos a,\\ \mathfrak{A}_3\cos\beta\sin a+\mathfrak{A}_3\sin\beta\cos a,\\ \mathfrak{A}_4\cos(\beta'+\beta)\sin a+\mathfrak{A}_4\sin(\beta'+\beta)\cos a,\end{array}$$

und setzen sich nun durch Addition zu der einzigen Schwingungsform

$$\begin{array}{c}[\mathfrak{A}_1+\mathfrak{A}_2\cos\beta'+\mathfrak{A}_3\cos\beta+\mathfrak{A}_4\cos(\beta'+\beta)]\sin a\\ +[\mathfrak{A}_2\sin\beta'+\mathfrak{A}_3\sin\beta+\mathfrak{A}_4\sin(\beta'+\beta)]\cos a\end{array}$$

zusammen, welche, wenn man

$$\left.\begin{array}{l}\mathfrak{A}_1+\mathfrak{A}_2\cos\beta'+\mathfrak{A}_3\cos\beta+\mathfrak{A}_4\cos(\beta'+\beta)=\mathrm{A}\cos\gamma,\\ \mathfrak{A}_2\sin\beta'+\mathfrak{A}_3\sin\beta+\mathfrak{A}_4\sin(\beta'+\beta)=\mathrm{A}\sin\gamma\end{array}\right\}\ (1.\ b)$$

setzt, wird

$$\mathrm{A}\sin(a+\gamma).\qquad(1.\ c)$$

Aus den Gleichungen (1. b) lässt sich sowohl A wie γ finden, man erhält nämlich:

$$A^2 = [\mathfrak{A}_1 + \mathfrak{A}_2 \cos\beta' + \mathfrak{A}_3 \cos\beta + \mathfrak{A}_4 \cos(\beta' + \beta)]^2 + [\mathfrak{A}_2 \sin\beta' + \mathfrak{A}_3 \sin\beta + \mathfrak{A}_4 \sin(\beta' + \beta)]^2$$

und

$$\operatorname{tang}\gamma = \frac{\mathfrak{A}_2 \sin\beta' + \mathfrak{A}_3 \sin\beta + \mathfrak{A}_4 \sin(\beta' + \beta)}{\mathfrak{A}_1 + \mathfrak{A}_2 \cos\beta' + \mathfrak{A}_3 \cos\beta + \mathfrak{A}_4 \cos(\beta' + \beta)}.$$

Die erste dieser beiden Gleichungen liefert, wenn man ihre eckigen Klammern auflöst:

$$A^2 = \mathfrak{A}_1^2 + \mathfrak{A}_2^2 + \mathfrak{A}_3^2 + \mathfrak{A}_4^2 + 2\,\mathfrak{A}_1\mathfrak{A}_2 \cos\beta' + 2\,\mathfrak{A}_1\mathfrak{A}_3 \cos\beta + 2\,\mathfrak{A}_1\mathfrak{A}_4 \cos(\beta' + \beta) + 2\,\mathfrak{A}_2\mathfrak{A}_3 \cos(\beta' - \beta) + 2\,\mathfrak{A}_2\mathfrak{A}_4 \cos\beta + 2\,\mathfrak{A}_3\mathfrak{A}_4 \cos\beta',$$

und diese vorstehende Gleichung lässt sich sogleich in die andere Gestalt überführen:

$$\left.\begin{aligned} A^2 = (\mathfrak{A}_1 + \mathfrak{A}_2 + \mathfrak{A}_3 + \mathfrak{A}_4)^2 - (\mathfrak{A}_1\mathfrak{A}_2 + \mathfrak{A}_3\mathfrak{A}_4)\, 4\sin^2 {}^1\!/_2\,\beta' \\ - (\mathfrak{A}_1\mathfrak{A}_3 + \mathfrak{A}_2\mathfrak{A}_4)\, 4\sin^2 {}^1\!/_2\,\beta - \mathfrak{A}_1\mathfrak{A}_4 \,.\, 4\sin^2 {}^1\!/_2\,(\beta' + \beta) \\ - \mathfrak{A}_2\mathfrak{A}_3 \,.\, 4\sin^2 {}^1\!/_2\,(\beta' - \beta). \end{aligned}\right\} \quad (2.)$$

XXXIV. Um nun diese letzte Gleichung, in welcher A^2 die Lichtstärke des aus den vier Lichtantheilen (2. c) der Ziffer XXX. zusammengesetzten einen Wellenzuges vorstellt, auf eine zur Beurtheilung der Gesammterscheinung geeignetere Form zu bringen, machen wir hier wieder Gebrauch von den vorhin (Ziffer XXV.) mitgetheilten Formeln, indem wir die Winkel, welche die verschiedenen Richtungen mit den Coordinatenaxen der x, y, z eines rechtwinkeligen Coordinatensystemes machen, auf folgende Weise bezeichnen:

durch a_1, b_1, c_1 die der vorderen Schwingungsrichtung,
„ a_2, b_2, c_2 „ „ hinteren „
„ a', b', c' die der Normale zum ersten Hauptschnitt,
„ a'', b'', c'' „ „ „ „ zweiten „
„ α_1, β_1, γ_1 die der senkrechten Projection von der vorderen Schwingungsrichtung auf den ersten Hauptschnitt,
„ α_2, β_2, γ_2 die der senkrechten Projection von der hinteren Schwingungsrichtung auf den zweiten Hauptschnitt.

Diesen Bezeichnungen zufolge geben die oben (Ziffer XXV.) aufgestellten Gleichungen (1. d), wenn man einmal die vordere Schwingungsrichtung und die Normale zum zweiten Hauptschnitt als erste und zweite Richtung in Verbindung mit dem ersten Hauptschnitt als Projectiensebene bringt, und ein andermal die hintere Schwingungsrichtung und die Normale zum ersten Hauptschnitt in Verbindung mit dem zweiten Hauptschnitt, die folgenden Relationen an die Hand:

$$\begin{aligned}
\sin\varphi_1 \cos\alpha_1 &= \cos \mathfrak{a}_1 - \cos \mathfrak{a}' \cos\varphi_1,\\
\sin\varphi_1 \cos\beta_1 &= \cos \mathfrak{b}_1 - \cos \mathfrak{b}' \cos\varphi_1,\\
\sin\varphi_1 \cos\gamma_1 &= \cos \mathfrak{c}_1 - \cos \mathfrak{c}' \cos\varphi_1,\\
\sin\varphi_2 \cos\alpha_2 &= \cos \mathfrak{a}_2 - \cos \mathfrak{a}'' \cos\varphi_2,\\
\sin\varphi_2 \cos\beta_2 &= \cos \mathfrak{b}_2 - \cos \mathfrak{b}'' \cos\varphi_2,\\
\sin\varphi_2 \cos\gamma_2 &= \cos \mathfrak{c}_2 - \cos \mathfrak{c}'' \cos\varphi_2;
\end{aligned}$$

multiplicirt man aber von diesen Gleichungen 1. und 4., 2. und 5., 3. und 6. paarweise mit einander und nimmt man hierauf die Summe von den drei so entstehenden Productengleichungen und beachtet man, dass erstlich

$$\cos\alpha_1 \cos\alpha_2 + \cos\beta_1 \cos\beta_2 + \cos\gamma_1 \cos\gamma_2$$

der Cosinus des Winkels ist, den die senkrechte Projection der vorderen Schwingungsrichtung auf den ersten Hauptschnitt mit der senkrechten Projection der hinteren Schwingungsrichtung auf den zweiten Hauptschnitt macht, also desselben Winkels, der in den Ausdrücken (2. c) der Ziffer XXX. durch G bezeichnet worden ist; dass zweitens

$$\cos \mathfrak{a}_1 \cos \mathfrak{a}_2 + \cos \mathfrak{b}_1 \cos \mathfrak{b}_2 + \cos \mathfrak{c}_1 \cos \mathfrak{c}_2$$

der Cosinus des Winkels ist, den die vordere Schwingungsrichtung mit der hinteren macht, welchen Winkel wir, wie schon in der früheren Abhandlung, durch A bezeichnen werden; dass drittens

$$\cos \mathfrak{a}' \cos \mathfrak{a}'' + \cos \mathfrak{b}' \cos \mathfrak{b}'' + \cos \mathfrak{c}' \cos \mathfrak{c}''$$

der Cosinus des Winkels ist, den die Normalen zu den zwei Hauptschnitten mit einander machen, also desselben Winkels, der in den Ausdrücken (2. a) der Ziffer XXX. durch F vorgestellt worden ist; dass viertens

$$\cos \mathfrak{a}_1 \cos \mathfrak{a}'' + \cos \mathfrak{b}_1 \cos \mathfrak{b}'' + \cos \mathfrak{c}_1 \cos \mathfrak{c}''$$

der Cosinus des Winkels ist, den die vordere Schwingungsrichtung mit der Normale zum zweiten Hauptschnitt macht, welchen Winkel wir durch B''_1 bezeichnen wollen; dass endlich fünftens

$$\cos \mathrm{a}_2 \cos \mathrm{a}' + \cos \mathrm{b}_2 \cos \mathrm{b}' + \cos \mathrm{c}_2 \cos \mathrm{c}'$$

der Cosinus des Winkels ist, den die hintere Schwingungsrichtung mit der Normale zum ersten Hauptschnitt macht, welchen Winkel wir durch B'_2 bezeichnen wollen: so stossen wir unmittelbar auf die nachstehende Gleichung:

$$\left.\begin{array}{c}\sin \varphi_1 \sin \varphi_2 \cos \mathrm{G} + \cos \mathrm{B}''_1 \cos \varphi_2 + \cos \mathrm{B}'_2 \cos \varphi_1 = \\ \cos A + \cos \varphi_1 \cos \mathrm{F} \cos \varphi_2.\end{array}\right\} \quad (1.\ \mathrm{a})$$

Es ist aber, der vorhin (Ziffer XXV.) aufgestellten Gleichung (2. g) zufolge, wenn man die vordere Schwingungsrichtung und die Normale zum zweiten Hauptschnitt in Verbindung mit dem ersten Hauptschnitt als Projectionsebene betrachtet, weil φ_1 und F die Winkel sind, welche diese zwei Richtungen mit der Normale zur Projectionsebene bilden, χ''_1 der Winkel, den die zwei Ebenen mit einander machen, wodurch diese Richtungen auf die Projectionsebene senkrecht projicirt werden, und B''_1 der Winkel ist, den beiden Richtungen unter sich einschliessen:

$$\cos \mathrm{B}''_1 = \cos \varphi_1 \cos \mathrm{F} + \sin \varphi_1 \sin \mathrm{F} \cos \chi''_1,$$

und dieselbe Gleichung liefert noch, wenn man die hintere Schwingungsrichtung und die Normale zum ersten Hauptschnitt in Verbindung mit dem zweiten Hauptschnitt als Projectionsebene in's Auge fasst, weil dann φ_2 und F die Winkel sind, welche beide Richtungen mit der Normale zur Projectionsebene bilden, χ'_2 der Winkel, den die zwei Ebenen mit einander machen, wodurch diese Richtungen auf die Projectionsebene senkrecht projicirt werden, und B'_2 der Winkel ist, den beide Richtungen unter sich einschliessen:

$$\cos \mathrm{B}'_2 = \cos \varphi_2 \cos \mathrm{F} + \sin \varphi_2 \sin \mathrm{F} \cos \chi'_2;$$

aus den letzten zwei Gleichungen aber findet man, dass

$$\cos \mathrm{B}''_1 \cos \varphi_2 + \cos \mathrm{B}'_2 \cos \varphi_1 = 2 \cos \varphi_1 \cos \mathrm{F} \cos \varphi_2$$
$$+ \sin \varphi_1 \sin \mathrm{F} \cos \varphi_2 \cos \chi''_1 + \cos \varphi_1 \sin \mathrm{F} \sin \varphi_2 \cos \chi'_2$$

ist, und hierdurch geht die Gleichung (1. a) über in:

$$\cos \varphi_1 \cos \mathrm{F} \cos \varphi_2 + \sin \varphi_1 \sin \mathrm{F} \cos \varphi_2 \cos \chi''_1$$
$$+ \cos \varphi_1 \sin \mathrm{F} \sin \varphi_2 \cos \chi'_2 + \sin \varphi_1 \cos \mathrm{G} \sin \varphi_2 = \cos A,$$

welche mittelst der in XXXIII. stehenden Bezeichnungen (1. a) wird:

$$\mathfrak{A}_1 + \mathfrak{A}_2 + \mathfrak{A}_3 + \mathfrak{A}_4 = \mathfrak{A} \cos A, \quad (1.\ \mathrm{b})$$

und so zeigt, dass sich die Gleichung (2.) der vorigen Ziffer unter allen Umständen auch so schreiben lässt:

$$A^2 = \mathfrak{A}^2 \cos^2 A - (\mathfrak{A}_1 \mathfrak{A}_2 + \mathfrak{A}_3 \mathfrak{A}_4)\, 4 \sin^2 {}^1/_2 \beta' - (\mathfrak{A}_1 \mathfrak{A}_3 + \mathfrak{A}_2 \mathfrak{A}_4)\, 4 \sin^2 {}^1/_2 \beta$$
$$- \mathfrak{A}_1 \mathfrak{A}_4 \,.\, 4 \sin^2 {}^1/_2 (\beta' + \beta) - \mathfrak{A}_2 \mathfrak{A}_3 \,.\, 4 \sin^2 {}^1/_2 (\beta' - \beta),$$

welche Gleichung, weil den Bezeichnungen (1. a) der Ziffer XXXIII. gemäss:

$$\mathfrak{A}_1 \mathfrak{A}_2 + \mathfrak{A}_3 \mathfrak{A}_4 = \mathfrak{A}^2 \sin \mathrm{F} \cos \mathrm{F} \sin \varphi_2 \cos \varphi_2 \Big(\cos^2 \varphi_1 \cos \chi'_2 + \frac{\cos \mathrm{G}}{\cos \mathrm{F}} \sin^2 \varphi_1 \cos \chi''_1\Big),$$
$$\mathfrak{A}_1 \mathfrak{A}_3 + \mathfrak{A}_2 \mathfrak{A}_4 = \mathfrak{A}^2 \sin \varphi_1 \cos \varphi_1 \sin \mathrm{F} \cos \mathrm{F} \Big(\cos^2 \varphi_2 \cos \chi''_1 + \frac{\cos \mathrm{G}}{\cos \mathrm{F}} \sin^2 \varphi_2 \cos \chi'_2\Big),$$
$$\mathfrak{A}_1 \mathfrak{A}_4 = \mathfrak{A}^2 \sin \varphi_1 \cos \varphi_1 \cos \mathrm{F} \cos \mathrm{G} \sin \varphi_2 \cos \varphi_2,$$
$$\mathfrak{A}_2 \mathfrak{A}_3 = \mathfrak{A}^2 \sin \varphi_1 \cos \varphi_1 \sin^2 \mathrm{F} \sin \varphi_2 \cos \varphi_2 \cos \chi''_1 \cos \chi'_2$$

ist, wenn man der Kürze halber

$$\left.\begin{aligned} \cos^2 \varphi_1 \cos \chi'_2 + \frac{\cos \mathrm{G}}{\cos \mathrm{F}} \sin^2 \varphi_1 \cos \chi''_1 = \mathrm{M}, \\ \cos^2 \varphi_2 \cos \chi''_1 + \frac{\cos \mathrm{G}}{\cos \mathrm{F}} \sin^2 \varphi_2 \cos \chi'_2 = \mathrm{N} \end{aligned}\right\} \quad (2.\ \mathrm{a})$$

und zugleich für β' und β wieder $2\pi\Theta'$ und $2\pi\Theta$ den in (1. a) der Ziffer XXXIII. eingeführten Bezeichnungen gemäss setzt, die nachstehende Form annimmt:

$$\left.\begin{aligned} A^2 = \mathfrak{A}^2 [&\cos^2 A - \mathrm{M} \sin 2\mathrm{F} \sin 2\varphi_2 \sin^2 \pi\Theta' \\ &- \mathrm{N} \sin 2\varphi_1 \sin 2\mathrm{F} \sin^2 \pi\Theta \\ &- \sin 2\varphi_1 \sin 2\varphi_2 \cos \mathrm{F} \cos \mathrm{G} \sin^2 \pi (\Theta' + \Theta) \\ &- \sin 2\varphi_1 \sin 2\varphi_2 \sin^2 \mathrm{F} \cos \chi''_1 \cos \chi'_2 \sin^2 \pi (\Theta' - \Theta)]. \end{aligned}\right\} \quad (2.\ \mathrm{b})$$

XXXV. In dieser letzten Gleichung stellen Θ' und Θ dieselben Werthe vor, welche (Ziffer XXVIII.) durch die dortigen Gleichungen (1. a) und (1. c) gegeben worden sind, und da den in erwähnter Ziffer geschehenen Untersuchungen zufolge jedem bestimmten Werthe von Θ' und Θ oder $\Theta' - \Theta$ oder $\Theta' + \Theta$ eine Helligkeitscurve von besonderer Form entspricht, so sieht man ein, dass sich im Allgemeinen in zwei über einander liegenden Platten viererlei verschiedene Bilder sehen lassen müssen, von denen zwei aus dem Phasenunterschiede einer jeden Platte einzeln hervorgehen, die beiden anderen dagegen ein Product der Ineinanderwirkung beider Platten sind. Die relative Lichtstärke dieser vier Bilder ist mit den Grössen φ_1, φ_2, F, G, χ''_1, χ'_2, M und N einem steten Wechsel unterworfen, dessen Art und Weise sich indessen nur mit grosser

Schwierigkeit aus der Gleichung (2. b) in voriger Ziffer erkennen lässt, wenn man diese nicht zuvor mehr in's Besondere zieht. Vor allem aber müssen wir erwägen, dass die Grösse G in einer bestimmten Abhängigkeit zu der F und den Ebenenwinkeln χ''_1 und χ'_2 steht, welche Abhängigkeit wir jetzt noch untersuchen werden.

Stellen in den Figuren I., II., III., IV. AH_1 und AH_2 die Normalen zum ersten und zweiten Hauptschnitt vor, AR_1 und

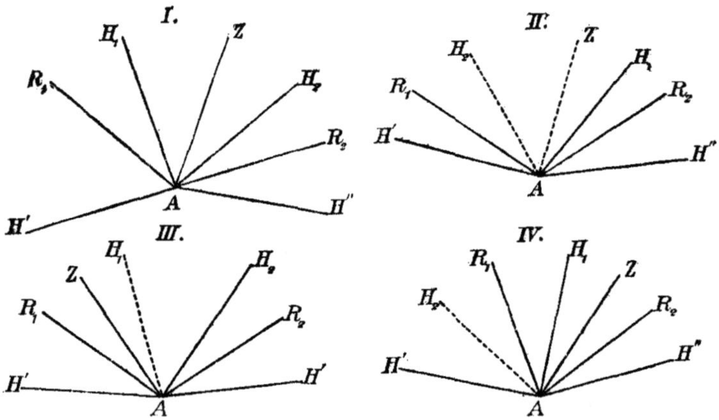

AR_2 die vordere und hintere Schwingungsrichtung, ferner AH' und AH'' die Dunchschnitte einerseits der durch AR_1 und AH_1 gelegten Ebene mit dem ersten Hauptschnitt und andererseits der durch AR_2 und AH_2 gelegten Ebene mit dem zweiten Hauptschnitt, bezeichnet endlich in allen diesen Figuren AZ den Durchschnitt der nöthigenfalls verlängerten Ebenen H_1AH' und H_2AH'' und zwar die I. für den Fall, dass dieser Durchschnitt ausserhalb der beiden Winkel, die II. für den Fall, dass der Durchschnitt innerhalb der beiden Winkel liegt, die III. oder IV. für den Fall, dass genannter Durchschnitt innerhalb des Winkels H_1AH' und ausserhalb des H_2AH'' oder innerhalb des H_2AH'' und ausserhalb des H_1AH' liegt, so bilden in jedem dieser besonderen Fälle die Richtungen AZ, AH_1 und AH_2 ein sphärisches Dreieck, während die Richtungen AZ, AH' und AH'' ein anderes sphärisches Dreieck bilden. Der an der Kante AZ liegende Flächenwinkel ist in diesen beiden sphärischen Dreiecken derselbe in Fig. I., in Fig. II. hingegen ist der des einen Dreiecks der Scheitelwinkel von dem im anderen und deshalb doch wieder in beiden Dreiecken der gleiche; in den Figuren III. und IV. aber ist er im einen Dreieck der Nebenwinkel von dem im anderen Dreieck. Bezeichnen wir demnach jedesmal den an der Kante AZ anliegenden Flächenwinkel des aus den Richtungen AZ, AH_1, AH_2 zusammengesetzten sphärischen Dreiecks durch $\varDelta$, so ist in den Fällen I. und II. der an der gleichen Kante AZ anliegende Flächenwinkel in dem aus den Richtungen AZ, AH', AH" gebildeten sphärischen Dreiecke ebenfalls $\varDelta$, hingegen $180^0 - \varDelta$ in den Fällen III. und IV. In dem aus den Richtungen AZ, AH_1, AH_2 zusammengesetzten sphärischen Dreiecke steht dem Winkel $\varDelta$ die Seite H_1AH_2 oder, unseren bisherigen Bezeichnungen gemäss der Winkel F gegenüber; und weil in jedem sphärischen Dreiecke die Sinuse der Seite sich zu einander verhalten, wie die Sinuse der ihnen gegenüber liegenden Winkel, so finden in ihm die folgenden Relationen statt:

$$\sin F : \sin ZAH_1 : \sin ZAH_2 = \sin \varDelta : \sin \chi'_2 : \sin \chi''_1; \qquad (1. a)$$

denn den Seiten ZAH_1 und ZAH_2 stehen in unserem Dreiecke die Winkel gegenüber, welche bei ersteren von den Ebenen ZAH_2 und H_1AH_2, beim anderen von denen ZAH_1 und H_1AH_2 eingeschlossen werden, und es liegen die Ebenen ZAH_1 und ZAH_2 in denen, wodurch die Richtung AR_1 auf den ersten Hauptschnitt und die AR_2 auf den zweiten Hauptschnitt senkrecht projicirt werden, während die Ebene H_1AH_2 sowohl der angehört, wodurch die Richtung AH_2 auf den ersten Hauptschnitt als auch der, wodurch die Richtung AH_1 auf den zweiten Hauptschnitt senkrecht projicirt wird. Es sind mithin die den Seiten ZAH_1 und ZAH_2 gegenüber liegenden Winkel unseres sphärischen Dreiecks genau die gleichen, welche oben durch χ'_2 und χ''_1 bezeichnet worden sind, mit der Einschränkung jedoch, dass der der Seite ZAH_1 gegenüber liegende Flächenwinkel der Nebenwinkel von dem χ'_2 ist im Falle der Fig. I. oder III., dagegen der Winkel χ'_2 selber im Falle der Figur II. oder IV., und dass der der Seite ZAH_2 gegenüber liegende Flächenwinkel der Nebenwinkel von dem χ''_1 ist im Falle der Fig. I. oder IV., hingegen dem χ''_1 selber gleich ist im Falle der

Figur II. oder III., was indessen auf die Gleichungen (1. a) keinen Einfluss hat. Aus diesen ergiebt sich daher in jedem Falle

$$sin\,ZAH_1 = \frac{sin\,F\,sin\,\chi'_2}{sin\,\Delta} \text{ und } sin\,ZAH_2 = \frac{sin\,F\,sin\,\chi''_1}{sin\,\Delta}. \quad (1.\ b)$$

In demselben sphärischen Dreiecke giebt die sphärische Trigonometrie noch die folgenden zwei Relationen an die Hand, erstlich die:

$$cos\,F = cos\,ZAH_1\,cos\,ZAH_2 + sin\,ZAH_1\,sin\,ZAH_2\,cos\,\Delta \quad (1.\ c)$$

zwischen den drei Seiten und dem Winkel Δ, und zweitens die:

$$cos\,\Delta = sin\,\chi''_1\,sin\,\chi'_2\,cos\,F \mp cos\,\chi''_1\,cos\,\chi'_2 \quad (1.\ d)$$

zwischen den drei Winkeln und der Seite F, in welch letzterer das obere Vorzeichen im Falle der Figur I. oder II., hingegen im Falle der Figur III. oder IV. das untere Vorzeichen genommen werden muss, wie aus dem vor der Gleichung (1. b) angegebenen Verhalten zwischen den Winkeln unseres sphärischen Dreiecks und denen χ'_2 und χ''_1 sogleich hervorgeht. — Betrachten wir jetzt das aus den Richtungen AZ, AH', AH" gebildete sphärische Dreieck, so liefert dieses, weil H'AH" = G ist:

$$cos\,G = cos\,ZAH'\,.\,cos\,ZAH'' \pm sin\,ZAH'\,.\,sin\,ZAH''\,cos\,\Delta, \quad (2.)$$

wo von dem doppelten Vorzeichen das obere im Falle der Figur I. oder II., hingegen das untere im Falle der Figur III. oder IV. genommen werden muss, weil der der Seite G gegenüber liegende Winkel in den beiden ersten Fällen dem Δ gleich, dagegen in den beiden anderen Fällen der Nebenwinkel von Δ ist, wie vor der Gleichung (1. a) gezeigt worden ist. Es ist aber in der Figur I. oder IV. $ZAH' = 90^0 + ZAH_1$, und in der Figur II. oder III. $ZAH' = 90^0 - ZAH_1$ und ebenso ist in Figur I. oder III. $ZAH'' = 90^0 + ZAH_2$, dagegen in Figur II. oder IV. $ZAH'' = 90^0 - ZAH_2$, also ist im Falle von Figur I.:

$$sin\,ZAH' = cos\,ZAH_1 \quad , \quad cos\,ZAH' = -\,sin\,ZAH_1$$

und

$$sin\,ZAH'' = cos\,ZAH_2 \quad , \quad cos\,ZAH'' = -\,sin\,ZAH_2\,;$$

im Falle der Figur II.:

$$sin\,ZAH' = cos\,ZAH_1 \quad , \quad cos\,ZAH' = sin\,ZAH_1$$

und

$$\sin ZAH'' = \cos ZAH_2 \quad , \quad \cos ZAH'' = \sin ZAH_2 ;$$

im Falle der Figur III.:

$$\sin ZAH' = \cos ZAH_1 \quad , \quad \cos ZAH' = cin\, ZAH_1$$

und

$$\sin ZAH'' = \cos ZAH_2 \quad , \quad \cos ZAH'' = -\sin ZAH_2 ;$$

endlich im Falle der Figur IV.:

$$\sin ZAH' = \cos ZAH_1 \quad , \quad \cos ZAH' = -\sin ZAH_1$$

und

$$\sin ZAH'' = \cos ZAH_2 \quad , \quad \cos ZAH'' = \sin ZAH_2 .$$

Hieraus folgt, dass in allen 4 Figuren immer

$$\sin ZAH' \sin ZAH'' = \cos ZAH_1 \cos ZAH_2 \qquad (3.\ a)$$

ist, so wie

$$\cos ZAH' \cos ZAH'' = \pm \sin ZAH_1 \sin ZAH_2 , \qquad (3.\ b)$$

wo von dem doppelten Vorzeichen das obere genommen werden muss im Falle der Figur I. oder II., das untere dagegen im Falle der Figur III. oder IV., also in den gleichen Fällen, wo auch in der Gleichung (2.) dass obere oder untere Vorzeichen genommen werden muss. Aus diesem Grunde geht die Gleichung (2.) mittelst derer (3. a) und (3. b) über in:

$$\pm \cos G = \sin ZAH_1 \sin ZAH_2 + \cos ZAH_1 \cos ZAH_2 \cos \Delta ,$$

in welcher das obere Vorzeichen im Falle der Figur I. oder II., das untere im Falle der Figur III. oder IV. genommen werden muss. Setzt man in dieser letzten Gleichung den Gleichungen (1. b) gemäss:

$$\sin ZAH_1 \sin ZAH_2 = \frac{\sin^2 F \sin \chi''_1 \sin \chi'_2}{\sin^2 \Delta}$$

und der Gleichung (1. c) gemäss:

$$\cos ZAH_1 \cos ZAH_2 = \cos F - \sin ZAH_1 \sin ZAH_2 \cos \Delta$$

oder mit Rücksicht auf die vorige:

$$\cos ZAH_1 \cos ZAH_2 = \cos F - \frac{\sin^2 F \sin \chi''_1 \sin \chi'_2 \cos \Delta}{\sin^2 \Delta},$$

so wird sie:

$$\pm \cos G = \sin^2 F \sin \chi''_1 \sin \chi'_2 + \cos F \cos \Delta$$

und diese verwandelt sich, wenn man in sie für $\cos \Delta$ seinen Werth aus der Gleichung (1. d) einsetzt, in:

$$\pm \cos G = \sin \chi''_1 \sin \chi'_2 \mp \cos \chi''_1 \cos \chi'_2 \cos F, \qquad (4.)$$

wo wieder von den doppelten Vorzeichen die oberen oder unteren genommen werden müssen, je nachdem es sich um eine der Figuren I. und II. oder um eine der Figuren III. und IV. handelt.

XXXVI. Bis hierher haben wir die Formeln mit theoretischer Strenge aus den in zwei übereinander liegenden Krystallplatten gebildeten vier Lichtantheilen hergeleitet; von jetzt an aber werden wir zur Vereinfachung der Gleichung (2. b) in Ziffer XXXIV. diejenigen Abkürzungen eintreten lassen, welche, ohne den Charakter der in zwei übereinander liegenden Krystallplatten, deren optische Axen einen beträchtlichen Winkel mit den Normalen zu ihren Oberflächen machen, auftretenden Erscheinung merklich zu beeinträchtigen, den Inhalt jener Gleichung leichter überschauen lassen. Hierzu bietet uns die Form der Gleichung (4.) in voriger Ziffer die Gelegenheit dar. Die Winkel χ''_1 und χ'_2 sind beide von derselben Art wie der χ in der ersten Hälfte dieser Abhandlung, von welchem dort erwiesen worden ist, dass er ein Kleines der ersten Ordnung in Bezug auf $\sin$ i oder eigentlich in Bezug auf $\frac{\sin i}{\sin a}$ ist; demnach ist $\sin \chi''_1 \sin \chi'_2$ ein Kleines der zweiten Ordnung in Bezug auf $\frac{\sin i}{\sin a}$, welches wir unbedenklich vernachlässigen können in allen den Fällen, wo $\frac{\sin i}{\sin a}$ ein kleiner echter Bruch ist. Vernachlässigen wir aber das Produkt $\sin \chi''_1 \sin \chi'_2$ in der Gleichung (4.) zu Ende der vorigen Ziffer, so wird sie:

$$\cos G = -\cos \chi''_1 \cos \chi'_2 \cos F \qquad (1.\ a)$$

und giebt

$$\frac{\cos G}{\cos F} = -\cos \chi''_1 \cos \chi'_2, \qquad (1.\ b)$$

wodurch die in den Gleichungen (2. a) der Ziffer XXXIV. definirten Grössen M und N werden:

$$\cos \chi'_2 (\cos^2 \varphi_1 - \sin^2 \varphi_1 \cos^2 \chi''_1) = M$$

und

$$\cos \chi''_1 (\cos^2 \varphi_2 - \sin^2 \varphi_2 \cos^2 \chi'_2) = N.$$

Nun ist aber $cos^2 \chi''_1$ sowohl wie $cos^2 \chi'_2$ von 1 nur um eine Grösse der zweiten Ordnung in Bezug auf $\frac{sin\,\mathrm{i}}{sin\,\mathrm{a}}$ verschieden, darum können wir diese Quadrate mit demselben Rechte gleich 1 setzen, mit welchem wir so eben das Product $sin\,\chi''_1\, sin\,\chi'_2$ vernachlässigt haben, und dann nehmen die zuletzt angegebenen Werthe von M und N die folgende Gestalt an:

$$cos\, 2\varphi_1\, cos\, \chi'_2 = \mathrm{M} \text{ und } cos\, 2\varphi_2\, cos\, \chi''_1 = \mathrm{N}. \qquad (1.\ c)$$

Zufolge dieser Werthe von M und N und des von G in der Gleichung (1. b) angegebenen verwandelt sich nun die Gleichung (2. b) in Ziffer XXXIV. in:

$$\begin{aligned} \mathrm{A}^2 = \mathfrak{A}^2\, [&cos^2 A - cos\, 2\varphi_1\, sin\, 2\mathrm{F}\, sin\, 2\varphi_2\, cos\, \chi'_2\, sin^2 \pi\Theta' \\ &- sin\, 2\varphi_1\, sin\, 2\mathrm{F}\, cos\, 2\varphi_2\, cos\, \chi''_1\, sin^2 \pi\Theta \\ &+ sin\, 2\varphi_1\, sin\, 2\varphi_2\, cos^2 \mathrm{F}\, cos\, \chi''_1\, cos\, \chi'_2\, sin^2 \pi\, (\Theta' + \Theta) \\ &- sin\, 2\varphi_1\, sin\, 2\varphi_2\, sin^2 \mathrm{F}\, cos\, \chi''_1\, cos\, \chi'_2\, sin^2 \pi\, (\Theta' - \Theta). \end{aligned} \qquad (2.)$$

Bei dem Gebrauche dieser Gleichung darf man nicht übersehen, dass sie nur so lange Sicherheit gewährt, als die optischen Axen in den Platten mit der Normale zu ihren Oberflächen einen beträchtlich grossen Winkel machen, der bei einem Gesichtsfelde des Polarisationsinstrumentes von 10 Graden immerhin 25° erreichen darf, wenn eine Ungleichförmigkeit der Beleuchtung im Gesichtsfelde nicht Befremden erregen soll. Die besondere Behandlung solcher Platten, deren optische Axen nicht bedeutend von der senkrechten Lage zu ihren Oberflächen abweichen, bleibt also hier, wie schon in der ganzen früheren Abhandlung, noch ein pium desiderium. Bezüglich derjenigen Platten aber, deren optische Axen einen Winkel mit der Normale zu ihren Oberflächen machen, der über die Grenzen von 25° und 90° nicht hinaus geht, giebt sie über alle einzelnen Punkte vollkommen befriedigenden Aufschluss unter dem Vorbehalt freilich, dass sich in sie kein Rechnungsfehler eingeschlichen habe, was allerdings kein gar zu grosses Wunder wäre.

XXXVII. Die Gleichung (2. b) der Ziffer XXXIV. in Verbindung mit den Gleichungen der Ziffer XXVIII. enthalten alle möglichen in zwei übereinander liegenden Platten sich bildenden Erscheinungen in voller Allgemeinheit in sich und man kann anstatt der ersterwähnten Gleichung auch die (2.)

der vorigen Nummer nehmen, wenn beide Platten so beschaffen sind, dass deren optische Axen von der senkrechten Lage zu hren Oberflächen um mehr als 25° abweichen. In diesem Falle weichen $cos^2 \chi''_1$ und $cos^2 \chi'_2$ von 1 nur um eine Grösse der zweiten Ordnung in Bezug auf $\frac{sin\,i}{sin\,a}$ ab, und man könnte daher ohne Furcht vor einem möglichen Fehler sowohl $cos^2 \chi''_1 = 1$ als $cos^2 \chi'_2 = 1$ setzen, wodurch die Gleichung (2.) der vorigen Ziffer eine etwas einfachere Gestalt annähme. Gleichwohl habe ich es vorgezogen, in dieser Gleichung jene Cosinuse stehen zu lassen, weil durch diese der Vorzeichenwechsel in den einzelnen Gliedern der Gleichung bestimmt wird, und hiervon der Umstand abhängt, ob solche Stellen, an welchen zwei oder mehrere von den vier Bildern übereinander greifen, sich gegenseitig verdunkeln oder aufhellen. Um das Vorzeichen zu erkennen, welches diese Cosinuse bei den verschiedenen einfallenden Lichtstrahlen annehmen, muss man zu den Betrachtungen der Ziffer XXV. zurückkehren, wo bei der dortigen Gleichung (2. g) erinnert worden ist, dass χ und ψ'_1 oder ψ'_2 immer gleichzeitig spitz oder stumpf genommen werden müssen, was nichts anderes sagen will, als dass die den Winkel χ bildenden projicirenden Ebenen stets von der Normale zur Projectionsebene auslaufend gedacht werden müssen. Diesem gemäss wird $cos\, \chi''_1$ jedesmal sein Vorzeichen ändern, wenn in den Configurationen I. bis IV. der Ziffer XXXV. der durch die von AH_1 auslaufend gedachten Ebenen H_1AH_2 und H_1AH' gebildete Winkel aus einem spitzen Zustand in einen stumpfen, oder aus diesem in jenen übergeht. Ebenso wird $cos\, \chi'_2$ das Vorzeichen + oder — annehmen, je nachdem die von AH_2 auslaufend gedachten Ebenen H_2AH_1 und H_2AH'' einen spitzen oder stumpfen Winkel mit einander machen. Fügt man hierzu noch, dass den verschiedenen auf die Krystallplatten auffallenden Lichtstrahlen verschiedene Hauptschnitte zukommen, und dass infolge dessen an verschiedenen Stellen des Gesichtsfeldes verschiedene von den Configurationen I. bis IV. sich geltend machen, so überzeugt man sich, dass $cos\, \chi''_1$ und $cos\, \chi'_2$ rings um die Mitte des Gesichtsfeldes herum einem periodischen Wechsel ihrer Vorzeichen unterliegen, wobei ihr absoluter Werth doch stets nahehin derselbe bleibt. Diesem entsprechend hat man sich die Glieder der Gleichung (2.) in voriger Ziffer so vorzustellen, als ob ihr absoluter Werth abgesehen von den Grössen $\cos \chi''_1$ und $\cos \chi'_2$ gegeben wäre, dass jedoch diese Werthe von Strecke zu Strecke ihr Vorzeichen den Grössen $\cos \chi''_1$ und $\cos \chi'_2$ gemäss in das entgegengesetzte überspringen lassen. Dieser Wechsel der Vorzeichen steht jedoch mit der eigentlichen Erscheinung nur in einem loseren Zusammenhange, weshalb wir ihn bei den noch folgenden Betrachtungen ganz ausser Acht lassen werden.

Indem wir aber jetzt noch einige der Hauptfälle von zwei über einander liegenden Krystallplatten in ausführlichere Betrachtung ziehen werden, müssen wir auf eine andere Eigenthümlichkeit der Gleichung (2.) in voriger Ziffer aufmerksam machen, die ebenfalls aus der besonderen Natur der Winkel χ''_1 und χ'_2 ihren Ursprung nimmt. Es geht schon aus den in der ersten Hälfte dieser Abhandlung (Ziffer IX.) aufgestellten Relationen hervor, dass da, wo man einen Fehler der ersten Ordnung in Bezug auf $\frac{\sin \mathrm{i}}{\sin \mathrm{a}}$ nicht zu scheuen hat, statt der Winkel, welche die Schwingungsrichtungen vor und hinter einer Krystallplatte von der hier vorausgesetzten Art mit der Normale zu ihrem Hauptschnitt machen, immer auch die Azimuthe der zu diesen Schwingungsrichtungen gehörigen Polarisationsebenen zu der Hauptnormalebene der Platte genommen werden können; denn es ist den dortigen Gleichungen (3. b) gemäss:

$$\varphi_1 = \omega_1 + \mu \text{ und } \varphi_2 = \omega_1 + \mu + 180^0 - \varDelta$$

oder mit Rücksicht auf die Gleichung (7. a) der Ziffer VIII.

$$\varphi_1 = \omega_1 + \mu \text{ und } \varphi_2 = \omega_2 + \mu.$$

Es ist aber in jener Ziffer IX. dargethan worden, dass

$$\sin \mu = \cot \mathrm{a} \sin \omega \sin \mathrm{i} \text{ oder } \sin \mu = \cos \mathrm{a} \sin \omega \frac{\sin \mathrm{i}}{\sin \mathrm{a}}$$

ist; vernachlässigt man daher dieses Kleine der ersten Ordnung in Bezug auf $\frac{\sin \mathrm{i}}{\sin \mathrm{a}}$, so hat man:

$$\varphi_1 = \omega_1 \text{ und } \varphi_2 = \omega_2.$$

Bezeichnen hier ω_1 und ω_2 die Azimuthe der vorderen und hinteren Polarisationsebenen zu den Hauptnormalebenen der ersten und zweiten von den übereinander liegenden Krystallplatten und stellt ω_0 das Azimuth zwischen den Hauptnormalebenen dieser beiden Platten vor, so folgt auf gleiche Weise, dass man unter den entsprechenden Voraussetzungen an die Stelle der Winkel φ_1, φ_2 und F in der Gleichung (2) der vorigen Ziffer die ω_1, ω_2 und ω_0 setzen könne, wodurch dieselbe wird:

$$\left.\begin{aligned} \mathrm{A}^2 &= \mathfrak{A}^2 \cos^2 A \\ &- \mathfrak{A}^2 \sin 2\omega_1 \sin 2\omega_0 \cos 2\omega_2 \cos \chi''_1 \sin^2 \pi\Theta \\ &- \mathfrak{A}^2 \sin 2\omega_2 \sin 2\omega_0 \cos 2\omega_1 \cos \chi'_2 \sin^2 \pi\Theta' \\ &- \mathfrak{A}^2 \sin 2\omega_1 \sin^2 \omega_0 \sin 2\omega_2 \cos \chi''_1 \cos \chi'_2 \sin^2 \pi\, (\Theta' - \Theta) \\ &+ \mathfrak{A}^2 \sin 2\omega_1 \cos^2 \omega_0 \sin 2\omega_2 \cos \chi''_1 \cos \chi'_2 \sin^2 \pi\, (\Theta' + \Theta) \end{aligned}\right\} \quad (1.)$$

und nun den zur leichteren Auffassung der einzelnen Bilder grossen Vortheil in sich aufgenommen hat, dass die meisten der in ihr auftretenden Grössen im ganzen Umfange eines und desselben angeschauten Bildes unveränderlich sind.

Setzt man in dieser Gleichung zu grösserer Bequemlichkeit:

$$\left.\begin{aligned} \mathfrak{A}^2 \,.\, \sin 2\omega_1 \sin 2\omega_0 \cos 2\omega_2 &= \mathrm{T}_1, \\ \mathfrak{A}^2 \,.\, \cos 2\omega_1 \sin 2\omega_0 \sin 2\omega_2 &= \mathrm{T}_2, \\ \mathfrak{A}^2 \,.\, \sin 2\omega_1 \sin^2 \omega_0 \sin 2\omega_2 &= \mathrm{T}_3, \\ \mathfrak{A}^2 \,.\, \sin 2\omega_1 \cos^2 \omega_0 \sin 2\omega_2 &= \mathrm{T}_4, \end{aligned}\right\} \quad (2.\ a)$$

so nimmt sie die folgende Form an:

$$\left.\begin{aligned} \mathrm{A}^2 = \mathfrak{A}^2 \cos^2 A - \mathrm{T}_1 \cos \chi''_1 \sin^2 \pi\Theta - \mathrm{T}_2 \cos \chi'_2 \sin \pi\Theta' \\ - \mathrm{T}_3 \cos \chi''_1 \cos \chi'_2 \sin^2 \pi\, (\Theta' - \Theta) + \mathrm{T}_4 \cos \chi''_1 \cos \chi'_2 \\ .\, \sin^2 \pi\, (\Theta' + \Theta). \end{aligned}\right\} \quad (2.\ b)$$

Die in dieser Gleichung vorkommenden Grössen Θ, Θ', $\Theta' - \Theta$, und $\Theta' + \Theta$ sind dieselben, welche schon oben (Ziffer XXVIII) gegeben worden sind, und es enthalten daher die beiden vorstehenden Gleichungen in Verbindung mit denen der Ziffer XXVIII. alles, was in Bezug auf Form und Beleuchtungsart der in zwei übereinander liegenden Krystallplatten von der hier vorausgesetzten Beschaffenheit entstehenden Bilder sich aussagen lässt. Die vorstehende Gleichung (2. b) giebt noch, wie die gleichnamige, alle möglichen Krystallplatten umfassende und eben so bezeichnete der Ziffer XXXIV.

zu erkennen, dass allgemein genommen in zwei übereinander liegenden Krystallplatten vier Bilder zum Vorschein kommen können, die jedoch namentlich bei Platten der hier betrachteten Art häufig in ein einziges übergehen, wie wir sogleich in einigen besonderen Fällen zeigen werden. Zuvor aber bemerken wir noch, dass

$$A = \omega_1 + \omega_0 + \omega_2 \qquad (2. c)$$

ist, wenn A den Winkel bezeichnet, den die beiden Polarisationsebenen mit einander machen und ω_1, ω_0, ω_2 die Azimuthe in der Aufeinanderfolge von der vorderen Polarisationsebene zur Hauptnormalebene der ersten Platte, von dieser zur Hauptnormalebene der zweiten Platte, von dieser letzteren zur hinteren Polarisationsebene vorstellen, und man übereinkommt, diejenigen von diesen Azimuthen als entgegengesetzte Grössen in die Rechnung einzuführen, welche man bei der angezeigten Aufeinanderfolge in entgegengesetzten Richtungen zu durchlaufen hat; es springt dann die allgemeine Richtigkeit der Gleichung (2. c) von selbst in die Augen.

XXXVIII. Fassen wir als Beispiel zur Anwendung der in Ziffer XXXVII. erhaltenen Gleichungen erstens den besonderen Fall in's Auge, wo beide Platten aus demselben einaxigen Krystall geschnitten worden sind, und deren Oberflächen einerlei Neigung zur optischen Axe erhalten haben, und denken wir uns diese beiden Platten so übereinander gelegt, dass die optischen Axen in beiden mit einander parallel laufen und in Folge dessen die Hauptnormalebenen beider Platten in einander liegen, so dass hier $\omega_0 = o$, also $sin\ \omega_0 = o$ uud $cos\ \omega_0 = 1$ wird, dann geben jetzt die Gleichungen (2. a) der vorigen Ziffer:

$$T_1 = o,\ T_2 = o,\ T_3 = o \text{ und } T_4 = \mathfrak{A}^2 .\ sin\ 2\omega_1\ sin\ 2\omega_2,$$

wodurch die dortige Gleichung (2. b) übergeht in:

$$A^2 = \mathfrak{A}^2\ cos^2 A + \mathfrak{A}^2\ sin\ 2\omega_1\ sin\ 2\omega_2\ cos\ \chi''_1\ cos\ \chi'_2\ sin^2 \pi\,(\Theta' + \Theta) \qquad (1.)$$

und in dieser Form zu erkennen giebt, dass in diesem Falle nur ein einziges Bild vorhanden ist.

Die Formen der in diesem Bilde enthaltenen Helligkeitscurven ergeben sich aus den Gleichungen der Ziffer XXVIII., wenn man in Betrachtung zieht, dass hier, wo beide Platten aus demselben Krystall unter einerlei Schiefe zur optischen Axe geschnitten worden sind, $A' = A$, $B' = B$, $C' = C$ und $D' = D$ ist, und dass man noch überdies, weil die Hauptnormalebenen beider Platten in einander liegen, im gegenwärtigen Falle $\omega' = \omega$ zu setzen habe, wodurch die dortige Gleichung (1. a)

$$\Theta = \frac{T}{v} (C + D \sin i \cos \omega + B \sin^2 i \sin^2 \omega + A \sin^2 i \cos^2 \omega), \quad (2. a)$$

so wie die dortige (1. c)

$$\Theta' = \frac{T'}{v} (C + D \sin i \cos \omega' + B \sin^2 i \sin^2 \omega' + A \sin^2 i \cos^2 \omega') \quad (2. b)$$

wird, und die Summe dieser beiden giebt; weil hier $\omega' = \omega$ ist,

$$\Theta + \Theta' = \frac{T' + T}{v} (C + D \sin i \cos \omega + B \sin^2 i \sin^2 \omega + A \sin^2 i \cos^2 \omega), \quad (2. c)$$

welche letztere die Helligkeitscurven des in unserem jetzigen Falle sich zeigenden einen Bildes in sich trägt. Da diese letztere Gleichung dieselbe ist wie die zur ersten Platte gehörige (2. a), wenn man in dieser $T + T'$ für T und $\Theta + \Theta'$ für Θ setzt, so geht hieraus hervor, *dass zwei aus demselben einaxigen Krystall geschnittene Platten, deren Oberflächen die gleiche Neigung zur optischen Axe erhalten haben, genau dieselben Helligkeitscurven zeigen, wie eine einzige solche Platte, wenn die Dicke dieser einen die Summe von den Dicken jener beiden ist, und jene so über einander gelegt werden, dass die optisehen Axen in beiden mit einander parallel laufen.*

Auch die Lichtstärke der Curven ist in beiden Fällen die gleiche, aber es ist nicht so ganz leicht mittelst der Gleichungen der Ziffer XXXVII. zu dieser Einsicht zu gelangen, weil hier der in Ziffer XXV. hinter der Gleichung (2. g) besprochene besondere Fall eintritt, wo $\cos \chi''_1$ sowohl als $\cos \chi'_2$ die Form $^0/_0$ annimmt, und jene Rechnungen aus diesem Grunde im jetzigen Ausnahmsfalle eine ihm entsprechende Umgestaltung verlangen. Aber schon ohne diese ziemlich weitläufige Umgestaltung der Rechnung zu unternehmen, lässt sich blos aus der allgemeinsten Kenntniss von dem Gange des Lichts durch Krystalle hindurch der Schluss ziehen, dass jeder aus der ersten Platte hervorgehende Lichtantheil bei seinem Uebergang in die zweite mit der ersten völlig gleichliegende Platte sich nicht weiter in zwei Bündel zerlegen kann, sondern in derselben Weise schwingend wie in der ersten Platte seinen Weg durch die zweite mit unveränderter Richtung fortsetzen muss, und dies zieht nach sich, dass aus der zweiten Platte zwei Lichtantheile völlig unter den gleichen Umständen hervortreten, wie aus einer einzigen solchen Platte, deren Dicke die Dicken jener beiden in sich enthielte. Dann aber muss auch das nach erfolgter Polarisation sich ergebende Interferenzresultat in beiden Fällen dasselbe sein. Man überzeugt sich so auf indirecte Weise durch Vergleichung der Gleichung (1.) mit der in Ziffer VIII. für eine einzige Platte erhaltenen (6. b), dass das Product der beiden im gegenwärtigen Falle unbestimmt werdenden Grössen $cos\ \chi''_1$ und $cos\ \chi'_2$ durch $-\ cos\ \chi$ ersetzt werden muss, wo χ dieselbe Bedeutung wie in Ziffer VIII. hat.

XXXIX. Als zweites Beispiel zur Anwendung der in Ziffer XXXVII. erhaltenen Gleichungen wählen wir den besonderen Fall, wo die in voriger Ziffer behandelten Platten, für welche die daselbst stehenden Gleichungen (2. a) und (2. b) Gültigkeit haben, so über einander gelegt worden sind, dass deren Hauptnormalebenen zwar noch immer mit einander parallel laufen, aber nach entgegengesetzten Seiten von der beiden Platten gemeinschaftlichen Normale hin liegen, so dass deren optische Axen jetzt nicht mehr gleichlaufend sind. In diesem Falle ist $\omega_0 = 180^0$, es wird daher wieder $sin\ \omega_0 = o$ und auch $sin\ 2\omega_0 = o$, dagegen wird zwar $cos\ \omega_0 = -1$, was jedoch immer noch $cos^2\ \omega_0 = 1$ nach sich zieht; deshalb zieht sich die Gleichung (1.) der Ziffer XXXVII. im jetzigen Falle doch wieder genau auf die Gleichung (1.) der vorigen Ziffer zurück, was zu erkennen giebt, dass das Hervortreten der Figuren in beiden Fällen bei gleicher Stellung der beiden Polarisationsebenen zu einander und der Hauptnormalebene zu ihnen mit gleicher Stärke geschieht.

Um die Gleichungen der im jetzigen Falle sich erzeugenden Helligkeitscurven zu erhalten, hat man blos die Gleichungen (2. a) und (2. b) der vorigen Ziffer, welche hier gleich anwendbar bleiben, zu addiren und zu beachten, dass jetzt, wo $\omega_0 = 180^0$ ist, $\omega' = \omega \pm 180^0$, also $sin\ \omega' = -\ sin\ \omega$ und

$\cos \omega' = - \cos \omega$ wird. So erhält man als Summe die folgende Gleichung:

$$\begin{aligned}(\Theta + \Theta')\, v = \mathrm{C}\,(\mathrm{T} + \mathrm{T}') + \mathrm{D} \sin \mathrm{i} \cos \omega\, (\mathrm{T} - \mathrm{T}') \\ + \mathrm{B} \sin^2 \mathrm{i} \sin^2 \omega\, (\mathrm{T} + \mathrm{T}') + \mathrm{A} \sin^2 \mathrm{i} \cos^2 \omega\, (\mathrm{T} + \mathrm{T}').\end{aligned} \tag{1.}$$

Diese Gleichung, allgemein genommen, enthält noch Helligkeitscurven von allen den Formen in sich, welche möglicherweise in einer einzigen einaxigen Krystallplatte auferstehen können; lässt man aber in ihr $\mathrm{T}' = \mathrm{T}$ werden, d. h. giebt man den beiden über einander liegenden Platten einerlei Dicke, so verwandelt sich dieselbe in:

$$(\Theta + \Theta')\, \frac{v}{2\,\mathrm{T}} = \mathrm{C} + \mathrm{B} \sin^2 \mathrm{i} \sin^2 \omega + \mathrm{A} \sin^2 \mathrm{i} \cos^2 \omega), \tag{2. a}$$

oder, wenn man wieder auf die gewohnte Weise

$$\sin \mathrm{i} \sin \omega = \mathrm{y} \text{ und } \sin \mathrm{i} \cos \omega = \mathrm{x}$$

setzt, in:

$$(\Theta + \Theta')\, \frac{v}{2\,\mathrm{T}} = \mathrm{C} + \mathrm{B}\mathrm{y}^2 + \mathrm{A}\mathrm{x}^2, \tag{2. b}$$

und zeigt in dieser Form, *dass zwei gleich dicke, aus einem und demselben einaxigen Krystall unter gleicher Schiefe zur optischen Axe geschnittene Platten, wenn sie so über einander gelegt werden, dass deren Hauptnormalebenen mit einander parallel laufen, deren optische Axen aber nicht, nur ein System von concentrischen Mittelpunktscurven liefern können, dessen Mittelpunkt die Mitte des Gesichtsfeldes ist.* Die im Eingange dieser Abhandlung beschriebene Erscheinung, welche Anlass zu dieser Arbeit gab, aber schon von Langberg erkannt worden war, ist in diesem Satze als ein besonderer Fall enthalten.

Die vorstehende Gleichung (2. b) schliesst noch einen anderen besonderen Fall in sich, den wir unseren Lesern nicht vorenthalten dürfen, weil er im ganzen Gebiete der optischen Krystallerscheinungen einzig in seiner Art dasteht. Es ist aus unseren Untersuchungen in der ersten Hälfte dieser Abhandlungen hervorgegangen, dass sich in einer einzigen einaxigen Krystallplatte keine wahrhaft geraden Helligkeitsbänder sehen lassen können, dass vielmehr, was man bisher unter diesem Namen vorzuzeigen pflegte, nur Theile von Ellipsen oder Hyperbeln unter solchen Umständen waren, wobei ein nicht sehr aufmerksames Auge leicht dahin gebracht werden konnte, solche Curvenstücke mit geraden Linien zu verwechseln; was aber bei einer einzigen Platte noch unmöglich war, können unsere jetzigen beiden übereinander liegenden Platten in höchster Vollkommenheit zu Stande bringen. Lässt man nämlich in der Gleichung (2. b) A = o sein, so wird sie:

$$(\Theta + \Theta')\frac{v}{2T} - C = By^2, \qquad (2.\ c)$$

und enthält *gerade mit der Richtung der Hauptnormalebene parallele Helligkeitsbänder in sich.* Es ist aber schon in Ziffer XI. dieser Abhandlung nachgewiesen worden, dass sich aus jedem einaxigen Krystall Platten unter solcher Schiefe schneiden lassen, wobei A = o wird, *demnach lassen sich aus jedem einaxigen Krystalle solche gleich dicke Platten heraus arbeiten, welche diese geradlinigen Helligkeitsbänder sehen lassen.* In Ziffer XII. dieser Abhandlung ist dargethan worden, dass sich aus keinem einaxigen Krystalle solche Platten entnehmen lassen, für welche B = o würde; deswegen kann die Gleichung (2. b) nie die Form

$$(\Theta + \Theta')\frac{v}{2T} - C = Ax^2$$

annehmen, *und in Folge können unsere jetzigen beiden Platten nie geradlinige Helligkeitsbänder liefern, deren Richtung senkrecht auf der Richtung der diesen Platten gemeinschaftlichen Hauptnormalebene stünde.* — Die hier zur Entstehung von geradlinigen Helligkeitsbändern geforderte Bedingung A = o ist keine andere als die schon oben in Ziffer XI. unter (1. a) vorgekommene, welche dort die Entstehung von Parabeln in einer einzigen Platte charakterisirte, und hieraus folgt, *dass gleich dicke aus demselben einaxigen Krystall geschnittene Platten, welche einzeln Parabeln sehen lassen, in der Weise dieser Ziffer übereinander gelegt, nothwendig geradlinige Interferenzbänder sehen lassen müssen.* Ja man überzeugt sich leicht, dass dieser Satz noch wahr bleibt, wenn in demselben statt der Worte „aus demselben einaxigen Krystall" allgemeiner die „aus einaxigen Krystallen" gesetzt werden.

Die in der Gleichung (2. c) enthaltenen wahrhaft geraden

Helligkeitsstreifen besitzen eine Eigenthümlichkeit, wodurch sie sich vom blosen Auge leicht von jenen blos annähernd geraden gleich beim ersten Blick unterscheiden lassen. Aus gedachter Gleichung (2. c) ergiebt sich nämlich:

$$y^2 = \frac{(\Theta + \Theta')\,v - 2CT}{2BT}, \tag{3. a}$$

und es stellt hierin y^2 das Quadrat des Abstandes derjenigen geradlinigen Helligkeitscurven von der Mitte des Gesichtsfeldes vor, die einem beliebigen, jedoch unveränderlich gedachten Werthe von $\Theta + \Theta'$ entsprechen. Lässt man in dieser letzten Gleichung $\Theta + \Theta'$ um 1 grösser werden, so liefert sie für y^2 das Quadrat des Abstandes derjenigen geradlinigen Helligkeitscurve von der Mitte des Gesichtsfeldes, welche die nächste gleichwerthige von der vorigen ist; man hat also, wenn dieser zweite Abstand durch y' bezeichnet wird:

$$y'^2 = \frac{(\Theta + \Theta' + 1)\,v - 2CT}{2BT} \tag{3. b}$$

und aus diesen beiden letzten Gleichungen findet man:

$$y'^2 - y^2 = \frac{v}{2BT}. \tag{3. c}$$

Aus dieser letzten Gleichung lässt sich schliessen, *dass die Differenz der Quadrate von den Abständen zweier nächster gleichwerthiger, in der Gleichung (2. c) enthaltener, geradliniger Helligkeitscurven oder zweier unmittelbar auf einander folgender Bänder eine unveränderliche Grösse ist, in so lange nämlich als dieselben Platten und dasselbe einfache Licht zu den Versuchen benützt werden.* Eine Folge der hier entwickelten Eigenthümlichkeit der in (2. c) enthaltenen geradlinigen Helligkeitsbänder ist aber die, dass die Abstände zweier unmittelbar neben einander liegender von diesen Bändern um so kleiner werden müssen, je weiter diese von der Mitte des Gesichtsfeldes abliegen. Es werden sich daher die der Mitte des Gesichtsfeldes zunächst liegenden Bänder dem Auge unter verhältnissmässig vielmal grösseren gegenseitigen Abständen darstellen in Vergleich zu denen, welche mehr an den Grenzen des Gesichtsfeldes liegen, was bei jenen pseudogeradlinigen Bändern nicht der Fall ist, die vielmehr sämmtlich einerlei

Abstand von einander zu haben scheinen. Hierin hat man ein dermassen entscheidendes Unterscheidungszeichen der echten von den unechten geradlinigen Streifen, dass sich ein auch nur flüchtig über das Bild gleitender Blick keinen Augenblick lang hierüber täuschen lassen kann.

Zu den Eigenschaften der in dieser Ziffer besprochenen Platten füge ich noch eine hinzu, welche für die optische Krystallkunde von sehr hoher Bedeutung zu sein scheint. Man kann nämlich zu der Gleichung (2. b) dieser Ziffer auf zwei von einander sehr verschiedenen Wegen gelangen. Die in gegenwärtiger Ziffer vorausgesetzte relative Lage der beiden auf einander gelegten Platten lässt sich aus der in der vorigen Ziffer vorausgesetzten dadurch herleiten, dass man einer von ihnen eine Drehung von 180° um ihre Normale erleiden lässt, während die andere aus ihrer Lage in keiner Weise verrückt wird. Hierdurch eben ändert sich das ω' der zweiten Platte in $\omega + 180^0$ um, und das ω der ersten Platte ändert seinen Werth nicht im Geringsten, so dass die obigen Gleichungen (2. a) und (2. b) eintreten. Denkt man sich hingegen eine von den beiden in der Lage der vorigen Ziffer befindlichen Platten, anstatt um ihre Normale, um den Durchschnitt ihrer Hauptnormalebene mit einer ihrer Oberflächen so lange gedreht, bis diese Oberfläche einen Winkel von 180° zunückgelegt hat, so bleibt nach dieser Drehung noch immer $\omega' = \omega$; aber der Werth des jetzigen a wird der Nebenwinkel von dem des vorigen, und in Folge wird der zuvor hohle Winkel 2a nun der diesen zu 360° ergänzende erhabene, so dass $\sin 2a$ in beiden Fällen zwar denselben absoluten Werth beibehält, dabei aber sein Vorzeichen umkehrt. Aus diesem Grunde nimmt der Ziffer XXVIII. in den Gleichungen (1. b) dargestellte Coefficient D in den beiden Platten einerlei aber mit entgegengesetztem Vorzeichen versehenen Werth an, wenn beide Platten aus demselben Krystall unter gleicher Schiefe zur optischen Axe genommen worden sind, und es wird, wenn

$$\Theta v = T\,(C + D \sin i \cos \omega + B \sin^2 i \sin^2 \omega + A \sin^2 i \cos^2 \omega)$$

die der ersten Platte entsprechende Gleichung ist, die der zweiten Platte angehörige:

$$\Theta' v = T'\,(C - D \sin i \cos \omega + B \sin^2 i \sin^2 \omega + A \sin^2 i \cos^2 \omega).$$

Aus der Summe dieser beiden Gleichungen geht aber wieder, wenn man $T' = T$ sein lässt, die Gleichung (2. a) der gegenwärtigen Ziffer hervor, welche zu dem Schlusse zu berechtigen scheint, dass die auf die zuletzt beschriebene Art mit einander verbundenen beiden Platten wieder genau die gleichen Interferenzbilder liefern müssen, wie die nach der Eingangs dieser Ziffer beschriebenen Art verknüpften. Als ich diese Folgerung aus unseren Gleichungen an zwei gleich dicken Kalkspathplatten, deren Oberflächen einerlei Neigung zur optischen Axe hatten, im Versuch erprobte, fand ich dieselbe vollkommen bestätigt, die zuvor geradlinigen Streifen verwandelten sich durch Umkehrung der einen Platte, wie durch eine Umdrehung derselben um ihre Normale von 180° in ein System von concentrischen Ellipsen; als ich aber zum Versuche, statt deren, zwei gleich dicke aus einem Bergkrystall unter gleicher Schiefe herausgeschnittene Platten nahm, brachte die Umkehrung der einen von ihnen keine Aenderung in der Erscheinung hervor, während eine Umdrehung der einen von 180° um ihre Normale die zuvor scheinbar geradlinigen Streifen in ein durchbrochenes System von concentrischen Ellipsen verwandelte. Der hier wahrgenommene Unterschied zwischen Platten von Bergkrystall und anderen einaxigen Krystallen ist, wenn er sich ganz allgemein bestätigen sollte, ein höchst merkwürdiger, denn er verspricht für die exceptionelle Natur des erstgenannten Minerals ein entscheidendes Merkmal herzugeben.

XL. Wir wollen noch als drittes Beispiel zur Anwendung der in Ziffer XXXVII. aufgestellten Gleichungen den besonderen Fall betrachten, wo die beiden aus einerlei einaxigem Krystall unter gleicher Schiefe zur optischen Axe geschnittenen Platten so über einander gelegt werden, dass deren Hauptnormalebenen einen Winkel von 90° mit einander machen. In diesem Falle ist $\omega_0 = \pm 90^\circ$, deshalb ist $\sin 2\omega_0 = 0$, $\cos \omega_0 = 0$ und $\sin \omega_0 = \pm 1$, und es lassen die Gleichungen (2. a) der Ziffer XXXVII.

$$T_1 = 0,\ T_2 = 0,\ T_4 = 0 \text{ und } T_3 = \pm \mathfrak{A}^2 . \sin 2\omega_1 . \sin 2\omega_2$$

werden, so dass (2. b) der Ziffer XXXVII. jetzt die nachstehende Gestalt annimmt:

$$\left.\begin{array}{l}\mathrm{A}^2 = \mathfrak{A}^2 \cos^2 A \\ \mp \mathfrak{A}^2 \sin 2\omega_1 \sin 2\omega_2 \cos \chi''_1 \cos \chi'_2 \sin^2 \pi (\Theta' - \Theta),\end{array}\right\} \quad (1.)$$

und so zeigt, dass auch in diesem dritten besonderen Falle wieder nur ein einziges Bild sich sehen lässt.

Um die Formen der in diesem Bilde wahrnehmbaren Helligkeitsbänder zu entdecken, nehmen wir die Gleichungen (2. a) und (2. b) der Ziffer XXXVIII. zu Hilfe, und bemerken, dass hier, wo die Hauptnormalebenen der beiden Platten unter einem rechten Winkel gegen einander gestellt sind, $\omega' = \omega \pm 90^0$ wird, und demgemäss $\sin \omega' = \pm \cos \omega$ und $\cos \omega' = \mp \sin \omega$ ist, wobei die oberen oder unteren Vorzeichen hier und in der Gleichung (1.) stets gleichzeitig genommen werden müssen. Hierdurch gehen die zuletzt genannten Gleichungen über in:

$$\Theta = \frac{\mathrm{T}}{v} (\mathrm{C} + \mathrm{D} \sin \mathrm{i} \cos \omega + \mathrm{B} \sin^2 \mathrm{i} \sin^2 \omega + \mathrm{A} \sin^2 \mathrm{i} \cos^2 \omega), \quad (2.\ a)$$

und

$$\Theta' = \frac{\mathrm{T}'}{v} (\mathrm{C} \mp \mathrm{D} \sin \mathrm{i} \sin \omega + \mathrm{B} \sin^2 \mathrm{i} \cos^2 \omega + \mathrm{A} \sin^2 \mathrm{i} \sin^2 \omega), \quad (2.\ b)$$

welche, wie die, woraus sie hervorgegangen sind, voraussetzen, dass beide Platten aus einerlei einaxigem Krystall unter gleicher Neigung zu dessen optischer Axe herausgearbeitet worden seien. Zieht man diese beiden Gleichungen von einander ab, und stellt man dabei, um zu den einfachsten Resultaten zu gelangen, die Bedingung, dass $\mathrm{T}' = \mathrm{T}$ sei, d. h. dass beide Platten einerlei Dicke T erhalten haben, so findet man:

$$\left.\begin{array}{l}\Theta' - \Theta = \frac{\mathrm{T}}{v} [\mp \mathrm{D} \sin \mathrm{i} (\sin \omega \pm \cos \omega) \\ \quad + (\mathrm{A} - \mathrm{B}) \sin^2 \mathrm{i} (\sin^2 \omega - \cos^2 \omega)],\end{array}\right\} \quad (2.\ c)$$

in welcher Gleichung nur die beiden oberen oder nur die beiden unteren von den doppelten Vorzeichen gleichzeitig genommen werden dürfen. Nimmt man die beiden oberen, so erhält man:

$$\Theta' - \Theta = \frac{\mathrm{T}}{v} \sin \mathrm{i} (\sin \omega + \cos \omega) [-\mathrm{D} + (\mathrm{A} - \mathrm{B}) \sin \mathrm{i} (\sin \omega - \cos \omega]); \quad (3.\ a)$$

nimmt man hingegen die beiden unteren, so kommt:

$$\Theta' - \Theta = \frac{\mathrm{T}}{v} \sin \mathrm{i} (\sin \omega - \cos \omega) [\mathrm{D} + (\mathrm{A} - \mathrm{B}) \sin \mathrm{i} (\sin \omega + \cos \omega)], \quad (3.\ b)$$

und es entspricht die (3. a) der (1.) mit dem oberen Vorzeichen genommen, also der:

$$A^2 = \mathfrak{A}^2 \cos^2 A - \mathfrak{A}^2 \sin 2\omega_1 \sin 2\omega_2 \cos \chi''_1 \cos \chi'_2 \sin^2 \pi (\Theta' - \Theta), \quad (4. a)$$

während die (3. b) der (1.) mit dem unteren Vorzeichen genommen entspricht, nämlich der folgenden:

$$A^2 = \mathfrak{A}^2 \cos^2 A + \mathfrak{A}^2 \sin 2\omega_1 \sin 2\omega_2 \cos \chi''_1 \operatorname{sos} \chi'_2 \sin^2 \pi (\Theta' - \Theta). \quad (4. b)$$

Erwägt man nun, dass $\sin 45^0 = \cos 45^0 = \sqrt{1/_2}$ ist, so überzeugt man sich ganz leicht, dass sowohl

$$\sin \omega + \cos \omega = \sqrt{2} (\sin \omega \cos 45^0 + \cos \omega \sin 45^0) = \sqrt{2} \sin (\omega + 45^0)$$

als auch

$$\sin \omega + \cos \omega = \sqrt{2} (\sin \omega \sin 45^0 + \cos \omega \cos 45^0) = \sqrt{2} \cos \omega - 45^0),$$

und dass auch sowohl

$$\sin \omega - \cos \omega = \sqrt{2} (\sin \omega \cos 45^0 - \cos \omega \sin 45^0) = \sqrt{2} \sin (\omega - 45^0)$$

als

$$\sin \omega - \cos \omega = \sqrt{2} (\sin \omega \sin 45^0 - \cos \omega \cos 45^0) = -\sqrt{2} \cos (\omega + 45^0).$$

sei. Berücksichtigt man noch überdies, dass die Gleichung (4. a) stattfindet, wenn $\omega' = \omega + 90^0$ ist, und dass dann $\omega + 45^0$ das auf die Mittelrichtung zwischen den beiden Hauptnormalebenen bezogene Azimuth der im Gesichtsfelde hervorgehobenen Stelle ist, so wird die Gleichung (3. a), wenn wir dieses Azimuth durch Ω bezeichnen:

$$\Theta' - \Theta = -\sqrt{2}\, \frac{T}{v} D \sin \Omega \sin i - 2 (A - B) \frac{T}{v} \sin^2 i \sin \Omega \cos \Omega. \quad (5. a)$$

Ebenso findet die Gleichung (4. b) statt, wenn $\omega' = \omega - 90^0$ ist, und dann ist $\omega - 45^0$ wieder das auf die Mittelrichtung zwischen den beiden Hauptnormalebenen bezogene Azimuth der im Gesichtsfelde hervorgehobenen Stelle, wodurch, wenn auch dieses wieder durch Ω bezeichnet wird, die Gleichung (3. b) übergeht in:

$$\Theta' - \Theta = \sqrt{2} \frac{T}{v} D \sin i \sin \Omega + 2 (A - B) \frac{T}{v} \sin^2 i \sin \Omega \cos \Omega. \quad (5. b)$$

Diese beiden letzten Gleichungen aber sind im Grunde doch nur eine und dieselbe, weil $\Theta' - \Theta$ in jeder eine Succession von sowohl positiven wie negativen Werthen vorzustellen hat. Setzt man in der zuletzt geschriebenen Gleichung

$$\sin i \sin \Omega = y \text{ und } \sin i \cos \Omega = x,$$

so wird sie:

$$\Theta' - \Theta = D \sqrt{2}\,\frac{T}{v}\,y + 2\,(A - B)\,\frac{T}{v}\,xy$$

oder

$$(\Theta' - \Theta)\,\frac{v}{T} = D \sqrt{2}\,y + 2\,(A - B)\,xy, \tag{6.}$$

wodurch das in den über einander liegenden Platten entstandene Bild auf ein rechtwinkeliges Coordinatensystem bezogen wird, dessen Spitze in der Mitte des Gesichtsfeldes, und dessen x-Axe mitten zwischen den scheinbaren Hauptnormalebenen der beiden Platten liegt. Aus der Gleichung (6.) lässt sich nun sogleich entnehmen, *dass in zwei gleich dicken, aus demselben einaxigen Krystall unter gleicher Neigung zur optischen Axe geschnittenen Platten, welche so über einander gelegt worden sind, dass deren Hauptnormalebenen einen rechten Winkel mit einander machen, nur gleichseitige Hyperbeln sich sehen lassen können, deren Asymptoten mit den Coordinatenaxen zusammenfallen und deren Mittelpunkte mit einer einzigen Ausnahme ausserhalb der Mitte des Gesichtsfeldes liegen.**)

Setzt man in der Gleichung (6.) $x - \frac{D}{(A - B)\sqrt{2}}$ an die Stelle von x, so wird sie:

$$(\Theta' - \Theta)\,\frac{v}{T} = 2\,(A - B)\,xy,$$

und zeigt in dieser Form, dass die hierdurch verlegte Spitze des Coordinatensystems in das Centrum der Hyperbeln gekommen ist; bezeichnet also E den Abstand dieses Centrums von der Mitte des Gesichtsfeldes, so hat man

$$E = \frac{D}{(A - B)\sqrt{2}},$$

---

*) Die durch die Gleichung (1. b) der Ziffer XXVIII. gegebenen Werthe A, B und D geben nämlich ohne alle Mühe zu erkennen, dass A — B nur dann null werden könne, wenn $v'^2 = m^2$, d. h. $a = o$ wird, und in diesem Falle verschwindet nothwendig auch D, so dass die Gleichung (6.) alle Bedeutung verliert. Es kann aber noch ausserdem $D = o$ werden, wenn $a = 90^0$ und in Folge $v''^2 = m^2$ ist; dann aber wird $2\,(A - B) = \frac{v''^2 - v'^2}{vv''}$ und die Gleichung (6.) nimmt jetzt die Form $(\Theta' - \Theta)\,\frac{v}{T} = \frac{v''^2 - v'^2}{vv''}\,xy$ an, welche den einen oben angezeigten Ausnahmsfall hergiebt.

oder, wenn man für A, B und D deren Werthe aus den Gleichungen (1. b) der Ziffer XXVIII. einsetzt:

$$E = \frac{vm\,(v''^2 - v'^2)\,sin\,2a}{v''^2\,(m^2 - v'^2)\,\sqrt{2}}. \tag{7. a}$$

Setzt man ferner in der Gleichung (6.) $x = o$, so findet man aus ihr:

$$y = \frac{v}{T} \cdot \frac{\Theta' - \Theta}{D\sqrt{2}},$$

und dieser Werth von y giebt den Abstand der Helligkeitscurven in der Richtung der y-Axe von der Mitte des Gesichtsfeldes an. Dieser Abstand, welchen wir durch $\mathfrak{D}$ bezeichnen wollen, wird, wenn D durch seinen aus den Gleichungen (1. b) der Ziffer XXVIII. entnommenen Werth ersetzt wird:

$$\mathfrak{D} = \frac{vm^2\,(\Theta' - \Theta)\,\sqrt{2}}{T\,(v''^2 - v'^2)\,sin\,2a},$$

und gehört, wenn $\Theta' - \Theta$ ein gegebener Werth ist, einer bestimmten von den unzählig vielen Helligkeitscurven an; lässt man aber diesen Werth von $\Theta' - \Theta$ um 1 grösser werden, so bezieht sich derselbe auf die der vorigen nächste gleichwerthige Helligkeitscurve und man hat:

$$\mathfrak{D}' = \frac{vm^2\,(\Theta' - \Theta + 1)\,\sqrt{2}}{T\,(v''^2 - v'^2)\,sin\,2a},$$

wenn $\mathfrak{D}'$ den längs der y-Axe genommenen Abstand dieser neuen Helligkeitscurve von der Mitte des Gesichtsfeldes vorstellt. Aus dieser und der vorigen Gleichung aber ergiebt sich:

$$\mathfrak{D}' - \mathfrak{D} = \frac{vm^2\,\sqrt{2}}{T\,(v''^2 - v'^2)\,sin\,2a} \tag{7. b}$$

und es bedeutet $\mathfrak{D}' - \mathfrak{D}$ den Abstand zweier nächster gleichwerthiger Helligkeitscurven von einander, oder die Breite eines Helligkeitsbandes längs der y-Axe gemessen. Hieraus ersieht man, dass alle Helligkeitsbänder in der Richtung der y-Axe einerlei Breite haben, so lange man es mit 2 Platten aus demselben einaxigen Krystall, deren Oberflächen die gleiche Neigung zur optischen Axe haben, zu thun hat; zugleich aber geht auch aus der Gleichung (7. b) hervor, dass diese Breite sich ändert, wenn zwei andere Platten von der gleichen Dicke *wie die vorigen aus demselben Krystall unter einerlei Neigung* zur optischen Axe genommen werden, diese Neigung bei den jetzigen Platten jedoch eine andere als bei den vorigen ist. Sucht man nach den Regeln der Differentialrechnung den auch in m^2 enthaltenen Werth von a auf, für welchen die Breite der Bänder, nämlich $\mathfrak{D}' - \mathfrak{D}$ einen kleinsten Werth annimmt, so findet man diesen Umstand da eintretend, wo $tg\ a = \frac{v'}{v''}$ wird, sonach, weil in allen bekannten einaxigen Krystallen v' und v'' nur sehr wenig von einander verschiedene Werthe haben, nahezu in solchen Platten, deren Oberflächen man eine Neigung von 45^0 zur optischen Axe gegeben hat.

Man kann der Gleichung (7. a), weil $m^2 = v''^2\ sin^2 a + v'^2 cos^2 a$ und in Folge $m^2 - v'^2 = (v''^2 - v'^2)\ sin^2\ a$ ist, auch die einfachere Gestalt geben:

$$E = \frac{vm}{v''^2}\ \frac{sin\ 2a}{sin^2\ a\ \sqrt{2}}$$

oder, weil m^2 stets zwischen v''^2 und v'^2 liegt, und also der absolute Werth von m nie viel von dem v'' abweichen kann, mit grosser Annäherung an die volle Wahrheit auch schreiben:

$$E = \frac{v\sqrt{2}}{v''}\ cot\ a,$$

aus welcher Gleichung sich ersehen lässt, dass die im Gesichtsfelde wahrnehmbaren Schenkel der Hyperbeln am weitesten von deren Mittelpunkte abliegen, und darum am meisten die geradlinige Form annehmen werden in solchen Platten, welche das kleinste a besitzen, d. h. deren optische Axen am wenigsten von der senkrechten Lage zu ihren Oberflächen abweichen, und aus der Gleichung (7. b) lässt sich leicht entnehmen, dass die Breite der Helligkeitsbänder von da ab, wo sie die kleinste ist, stets zunimmt, je mehr sich diese der geradlinigen Gestalt nähern.

XLI. Wir werden zu dem Beispiele der vorigen Ziffer noch Einiges, die Beleuchtungsweise des bei ihm sich zeigenden Bildes betreffend, beifügen, weil wir dabei Gelegenheit erhalten, einige Eigenthümlichkeiten dieser Beleuchtung des Näheren zu besprechen. Die Stärke der Beleuchtung der in diesem Bilde wahrnehmbaren Stellen wird durch die

Gleichung (1.) der vorigen Ziffer gegeben, und ist für $\omega_0 = + 90^0$: *)

$$A^2 = \mathfrak{A}^2 [\cos^2 A - \sin 2\omega_1 \sin 2\omega_2 \cos \chi''_1 \cos \chi'_2 \sin^2 \pi (\Theta' - \Theta)]. \quad (1. a)$$

Setzt man in dieser Gleichung für ω_2 seinen aus der in Ziffer XXXVII. stehenden Gleichung (2. c) entnommenen Werth $A - \omega'_0 - \omega_1$, nämlich $\omega_2 = A - 90^0 - \omega_1$, weil hier $\omega_0 = 90^0$ ist, so ergiebt sich

$$\sin 2\omega_2 = \sin [2 (A - \omega_1) - 180^0] = - \sin 2 (A - \omega_1),$$

und es geht hierdurch die Gleichung (1. a) über in:

$$A^2 = \mathfrak{A}^2 \cos^2 A + \mathfrak{A}^2 \sin 2\omega_1 \sin 2 (A - \omega_1) \cos \chi''_1 \cos \chi'_2 \sin^2 \pi (\Theta' - \Theta), \quad (1. b)$$

welche Gleichung nun ganz analog ist der in der ersten Hälfte für eine einzige Platte enthaltenen, und, wenn man $\Theta' - \Theta$ in der Form $\mathfrak{a} + \eta$ schreibt, worin $\mathfrak{a}$ irgend eine ganze Zahl, η hingegen irgend einen echten Bruch vorstellt, die nachstehende Form annimmt:

$$A^2 = \mathfrak{A}^2 [\cos^2 A + \sin 2\omega_1 \sin 2 (A - \omega_1) (\cos \chi''_1 \cos \chi'_2 \sin^2 \pi \eta]. \quad (1. c)$$

Macht man $A = {}^1/_4 \pi$, d. h. stellt man die beiden Polarisationsebenen des Apparats unter einem halben rechten Winkel gegen einander, so wird $2 (A - \omega_1) = {}^1/_2 \pi - 2\omega_1$, und in Folge $\sin 2 (A - \omega_1) = \cos 2\omega_1$, weshalb die Gleichung (1. c) wird:

$$A^2 = {}^1/_2 \mathfrak{A}^2 (1 + \sin 4\omega_1 \cos \chi''_1 \cos \chi'_2 \sin^2 \pi\eta). \quad (2. a)$$

Diese Gleichung liefert in allen jenen Ziffer XXXVII. besprochenen Fällen, wo sehr nahe $\cos \chi''_1 \cos \chi'_2 = 1$ ist, für A^2 einen grössten Werth, der sehr nahe

$$A^2 = {}^1/_2 \mathfrak{A}^2 (1 + \sin^2 \pi\eta) \quad (2. b)$$

ist in allen den Stellungen der vereinigten Platten zwischen den beiden Polarisationsebenen, wobei $\sin 4\omega_1 = + 1$ ist, also jedesmal da, wo ω_1 einen der Werthe ${}^1/_8 \pi$, ${}^5/_8 \pi$, ${}^9/_8 \pi$, ${}^{13}/_8 \pi$

*) Ginge man von dem Falle $\omega_0 = - 90^0$ aus, so würden sich alle vor dem mit $\sin^2 \pi (\Theta' - \Theta)$ oder $\sin^2 \pi\eta$ stehenden Vorzeichen in den folgenden Gleichungen umkehren; dadurch würden aber diese Gleichungen selber sich nicht ändern, nur die Beziehung der denen (2. b) und (2. c) analogen Gleichungen zu den ungeraden und geraden Sectoren, von denen etwas später die Rede ist, würde sich umkehren.

annimmt; hingegen nimmt A^2 einen kleinsten Werth an, der sehr nahe

$$A^2 = \tfrac{1}{2}\mathfrak{A}^2(1 - \sin^2 \pi\eta) \qquad (2.\ c)$$

ist bei allen den Stellungen der hier behandelten fest unter sich verbundenen beiden Platten zwischen den zwei Polarisationsebenen, wobei $\sin 4\omega_1 = -1$ ist, also jedesmal da, wo ω_1 einen der Werthe: $^3/_8\,\pi$, $^7/_8\,\pi$, $^{11}/_8\,\pi$, $^{15}/_8\,\pi$ erhält. Theilt man diesemnach von der vorderen Polarisationsebene ausgehend das ganze Gesichtsfeld in acht gleiche Sectoren und zählt man diese Sectoren von der genannten Polarisationsebene ab in der positiven Richtung der Winkelebenen, so wird die in den vereinigten Krystallplatten sich zeigende Figur am meisten Licht besitzen, wenn die Hauptnormalebene der ersten Platte mitten in einen der ungeraden Sectoren hinein fällt; hingegen wird dieses Bild am wenigsten Licht in sich enthalten, wenn gedachte Hauptnormalebene mitten in einen der geraden Sectoren hinein fällt. Und offenbar kann man die Stellung der unter sich verbundenen Platten eben so gut auch auf die Mittelrichtung zwischen den Hauptnormalebenen der beiden Platten beziehen, nur erhält dann das Bild am wenigsten Licht, wenn diese Mittelrichtung mitten in einem der ungeraden Sectoren liegt, und am meisten, wenn sie mitten in einem der geraden Sectoren liegt, wie schon daraus erhellt, dass die Mittelrichtung genau um einen dieser Sectoren von jeder der beiden Polarisationsebenen abliegt.

An diesen Unterschied im Lichtreichthum der Interferenzbilder je nach der Stellung der rechtwinkelig gekreuzten Platten zwischen den unter 45° gegen einander geneigten Polarisationsebenen knüpft sich eine andere Eigenthümlichkeit der beiderlei Helligkeitsbilder an, die sich aus folgenden Betrachtungen entnehmen lässt. Man kann nämlich den Gleichungen (2. b) und (2. c) die andere Form geben:

$$A^2 = \tfrac{1}{2}\mathfrak{A}^2 + \tfrac{1}{2}\mathfrak{A}^2 \sin^2 \pi\eta \text{ und } A^2 = \tfrac{1}{2}\mathfrak{A}^2 - \tfrac{1}{2}\mathfrak{A}^2 \sin^2 \pi\eta \qquad (2.\ d)$$

und sich leicht überzeugen, dass der Theil $^1/_2\mathfrak{A}^2 \sin^2 \pi\eta$ in der vorderen von diesen beiden Helligkeiten die hintere zu $^1/_2\mathfrak{A}^2$ ergänzen würde, wenn er für sich allein vorhanden wäre; dieser Theil aber nimmt, während η alle Werthe zwischen o und ± 1 durchläuft, alle Helligkeiten von o bis $^1/_2\mathfrak{A}^2$ und von da wieder zurück bis zu o hin an, und die hintere der Helligkeiten (2. d) nimmt, während η die gleichen Werthe durchläuft, successive dieselben Stärken an wie der Theil $^1/_2\mathfrak{A}^2 \, sin^2 \, \pi\eta$ nur in umgelegter Ordnung, indem sie von $^1/_2\mathfrak{A}^2$ ausgeht, bis zu o hinsinkt und von da wieder bis zu $^1/_2\mathfrak{A}^2$ hin ansteigt. Hieraus nun folgt, dass von der vorderen Helligkeit (2. d) blos der Theil $^1/_2\mathfrak{A}^2 \, sin^2 \, \pi\eta$ die zur Entstehung von Lichtfiguren erforderliche Ungleichheit der Beleuchtung hergiebt, während ihr anderer Theil $^1/_2\mathfrak{A}^2$ keinen anderen Einfluss übt, als dass er die im vorigen Theile enthaltenen ungleichen Helligkeiten jede um gleich viel vermehrt, während die hinteren Helligkeiten (2. d), die von o bis zu $^1/_2\mathfrak{A}^2$ hin alle Werthe in sich enthalten, keinen solchen gemeinschaftlichen Bestandtheil aufzuweisen vermögen. Aus diesem Grunde tritt die aus den hinteren Helligkeiten (2. d) hervorgehende Figur, trotz ihrer grösseren Lichtarmuth, doch mit grösserer Lebhaftigkeit hervor, als die aus den vorderen Helligkeiten (2. d) hervorgehende Figur, denn der Theil $^1/_2\mathfrak{A}^2$ in letzterer trägt nicht nur nichts zur stärkeren Hervorhebung der aus ihrem anderen Theil $^1/_2\mathfrak{A}^2 \, sin^2 \, \pi\eta$ entspringenden Figur bei, sondern im Gegentheil, er vermindert deren Deutlichkeit, indem er sie allerwärts mit einem gleichförmigen Lichte gleichsam übertüncht und dadurch den Gegensatz zwischen Hell und Dunkel in ihr um so mehr in den Hintergrund zurückdrängt, je mehr er selber im Vergleich zu der im Bilde herrschenden Ungleichheit der Beleuchtung beträgt. Wir werden bei der nun folgenden näheren Besprechung dieses Punktes den bildschwächenden Theil $^1/_2\mathfrak{A}^2$ der vorderen Helligkeiten (2. d) durch M, den bildgebenden Theil $^1/_2\mathfrak{A}^2 \, sin^2 \, \pi\eta$ derselben Helligkeiten durch N, so wie die durchweg bildgebenden hinteren Helligkeiten (2. d) durch P bezeichnen.

Nehmen wir nun zuvörderst an, dass homogenes Licht, d. h. solches, dessen Wellen sämmtlich einerlei Länge besitzen, zum Versuche diene; dann enthalten die drei Theile M, N, P sämmtlich ein und dasselbe Licht in sich, die Theile N und P an verschiedenen Stellen des Gesichtsfeldes in veränderlicher Stärke, der Theil M hingegen an allen Stellen in gleicher

Stärke, die aus N hervorgehende Figur mit ihrem eigenen Lichte von der grössten in ihr vorhandenen Stärke gleichförmig überziehend. Während also die Bänder der in P enthaltenen Figur vom tiefsten Dunkel bis zu Licht von gewisser Stärke zunehmen, und von da wieder bis in's tiefste Dunkel zurückgehen, gehen die Bänder der aus den Theilen M und N entspringenden Figur von der doppelten Lichtstärke bis zur einfachen über und von da wieder in die doppelte zurück, welche Unterschiede, obgleich an sich gleich gross, doch dem Auge nicht mit derselben Gewalt entgegentreten, indem der Eindruck auf's Auge mehr von dem geometrischen Verhältniss der Extreme als von ihrem arithmetischen abzuhängen scheint. So in der That stellen sich die Helligkeitsbänder in den beiderlei Stellungen unserer rechtwinkelig gekreuzten Platten zwischen den unter 45^{0} gegen einander geneigten Polarisationsebenen dem Auge im homogenen Lichte entgegen.

Nehmen wir aber zweitens an, das ankommende Licht sei aus zwei verschiedenen homogenen Lichtern zusammengesetzt, so wird von jedem derselben alles das gelten, was so eben von einem solchen Lichte ausgesagt worden ist. Beide liefern ihre aus den Theilen N und P hervorgehende Figuren in ihrer eigenen Farbe, von denen sich die erstere noch mit Licht von derselben Farbe überzieht. Die einem gegebenen Werthe von η entsprechende Lichtstärke in jedem dieser beiden Bilder ist der Menge des auf die Platte fallenden Lichtes von jeder Art, nämlich $\mathfrak{A}^2$, proportional, wie die Gleichungen (2. d) sogleich zu erkennen geben; sie stehen daher in beiden Figuren in einem constanten Verhältnisse zu einander, in demselben nämlich, in welchem die beiden homogenen Lichter unter sich vermengt auf die Platten fallen. Die Dimensionen der aus den beiden Lichtern in den Platten erzeugten Figuren aber ändern sich mit der Art des auffallenden homogenen Lichtes ab, wie sich ohne Mühe aus der Gleichung (6.) in Ziffer XL. entnehmen lässt, wenn man sich erinnert, dass T die Dicke der Platten in den Wellenlängen λ gemessen vorstellt, und dass dem gemäss $\frac{\lambda}{T}$ seinen Werth mit λ zugleich abändert. Eine Folge dieser Ungleichheit in den Dimensionen der zu verschiedenem homogenen Lichte gehörigen Figuren ist aber die, dass die verschiedenen Farben der über einander liegenden beiden Bilder sich in mannigfaltigen Verhältnissen unter einander vermischen und alle Mitteltinten zwischen den beiden Farben erzeugen, wodurch eine Mannigfaltigkeit in die jetzige Erscheinung eingeführt wird, die indessen in der aus M und N hervorgehenden Figur geringer ist, als in der aus P erzeugten, weil jene allerwärts mit dem Theile M des auf die Platten fallenden Lichtes gleichmässig überzogen ist.

Fassen wir endlich den Fall in's Auge, wo weisses, aus den verschiedensten homogenen Lichtern in bestimmten Verhältnissen zusammengesetztes Licht zu den Versuchen dient, so gilt von den in unseren über einander liegenden Platten erzeugten Bildern erstlich wieder alles das, was in Ziffer XXIV. von dem Bilde einer einzigen Platte ausgesagt worden ist und zwar aus dem gleichen Grunde. Es zeigen sich in unseren über einander liegenden und rechtwinklig gekreuzten Platten bei Anwendung vom gewöhnlichen Tageslichte nothwendig prismatisch gefärbte Bänder, jedoch in beschränkter Anzahl, weil $\Theta' - \Theta$ in der Gleichung (6.) der Ziffer XL. Werthe von jeglicher Kleinheit annehmen kann, und hieraus die Entstehung von Streifen im Weisslicht ganz eben so hergeleitet werden kann, wie es in Ziffer XXIV. in Bezug auf eine einzige Platte, deren optische Axe senkrecht auf ihren Oberflächen steht, geschehen ist. Haben bei diesen Versuchen die beiden Polarisationsebenen eine Neigung von 45° gegen einander, so treten in den beiderlei Lagen der Platten zwischen ihnen, die weiter oben hervorgehoben worden sind, und in denen die Intensitätsgleichungen (1. a) und (1. b) sich bilden, Unterschiede ein, die sich aus dem bisher Gesagten leicht erkennen lassen, welche Unterschiede sich überall in zwei solchen Lagen zeigen, wo die Intensitätsgleichung zweierlei den eben angezeigten (2. d) analoge Formen liefert. Jedes im Weisslicht enthaltene homogene Licht überzieht im Bilde der grössten Helligkeit das ganze Gesichtsfeld gleichförmig mit einem seiner auffallenden Menge proportionalen Lichtantheile, daher überdecken sämmtliche im Weisslicht enthaltenen homogenen Lichter das Gesichtsfeld mit Antheilen, die unter sich in denselben Verhältnissen zu einander stehen, wie im Weisslicht selber, und aus diesem Grunde ihrerseits wieder zu Weisslicht zusammen treten; in dem Bilde der geringsten Helligkeit hingegen finden dergleichen Ueberzüge nicht statt. Jene Ueberzüge aber machen das hellere Bild in dem Grade unbestimmter und matter als das dunklere, dass man sich bei jeder Wiederholung des Versuches unwillkührlich und trotz der gewonnenen Einsicht in die Sache immer wieder auf's Neue in Erstaunen gesetzt fühlt. Der hier besprochene ungeheure Abstand in der Schärfe der Bilder bei den zweierlei Lagen der Hauptnormalebenen lässt sich schon in einer einzigen Platte beobachten, deren optische Axe senkrecht auf ihren Oberflächen steht, wenn die Polarisationsebenen des Apparats einen Winkel von 45^0 mit einander machen, und zwar noch besser als in zwei Platten, weil hier die mit einander zu vergleichenden Bilder neben einander gleichzeitig zum Auge gelangen, wodurch ihre Vergleichung gar sehr erleichtert wird. Ich mache diesen Betrachtungen ein Ende nicht aus Mangel an Stoff, sondern wegen der dieser Arbeit gesteckten Grenzen. Auch sage ich gar nichts in gedachter Beziehung von zwei Platten, die sich unter den in Ziffer XX. angeführten besonderen Umständen befinden, weil hierbei gar zu geringe Schwierigkeiten zu überwinden sind.

XLII. In allen vorstehenden Beispielen wurde unaufhörlich angenommen, dass die beiden Platten aus einerlei Krystall unter gleicher Schiefe ihrer Oberflächen zur optischen Axe heraus geholt worden seien, wodurch wir eben zum Gebrauche der beschränkteren Gleichungen (2. a) und (2. b) in Ziffer XXXVIII. und den folgenden berechtigt worden sind. Hat man es mit zwei Platten zu thun, die aus verschiedenen einaxigen Krystallen hergenommen worden sind, oder deren Oberflächen in beiden ungleiche Neigungen zur optischen Axe erhalten haben, so muss man sich der Gleichungen (2. a) in Ziffer XXVIII. bedienen, welche dann in gleicher Weise, wenn schon mittelst etwas zusammengesetzterer Rechnungsformeln zu dem gewünschten Ziele führen, so dass es der gegenwärtigen Abhandlung gelungen ist, *alle Erscheinungen in einer oder in zwei völlig beliebig über einander liegenden einaxigen Krystallplatten*, *(diese Platten mögen gleich dick sein oder nicht, und aus einerlei oder verschiedenen Krystallen unter gleicher oder wechselnder Schiefe ihrer optischen Axe zu ihren Oberflächen genommen worden sein, wenn nur die Oberflächen einer jeden unter sich parallel sind) einer genauen und vollständigen Erklärung unterwerfen und einer völlig bestimmten Antwort entgegen sehen zu können.* Allerdings dürfen die Gleichungen der Ziffer XXXVII. nicht mehr benützt werden, so wie bei dem Versuche Einfallswinkel sich geltend machen, die nicht beträchtlich kleiner sind, als die, welche die optischen Axen der Platten mit den Normalen zu ihren Oberflächen machen; in diesem Falle indessen hat man zu jenen allgemeineren Gleichungen seine Zuflucht zu nehmen, aus denen die der Ziffer XXXVII. hervorgegangen sind, und die selber wieder in dem gegenwärtigen Falle einer beträchtlichen Vereinfachung fähig sind. Um ein Beispiel von der grossen Gelenkigkeit unserer allgemeinen Gleichungen in der Beantwortung von sehr weit ausgreifenden Fragen zu geben, legen wir uns die folgende Aufgabe zur Lösung vor:

Alle möglichen Fälle anzugeben, wie aus jedem von zwei beliebig vorgelegten einaxigen Krystallen eine Platte herausgeschnitten werden kann, dass beide Platten in bestimmter Weise über einander gelegt ein System von concentrischen Mittelpunktscurven sehen lassen, dessen Centrum in der Mitte des Gesichtsfeldes liegt.

Zur Lösung dieser Aufgabe dienen unmittelbar die Gleichungen (2. c) der Ziffer XXVIII. oder noch besser die aus den dortigen beiden (1. a) und (1. c) durch Addition und Subtraction gezogenen:

$$(\Theta' \pm \Theta)\, v = \mathrm{C'T'} \pm \mathrm{CT} + \sin \mathrm{i}\, (\mathrm{D'T'} \cos \omega' \pm \mathrm{DT} \cos \omega)$$
$$+ \sin^2 \mathrm{i}\, (\mathrm{B'T'} \sin^2 \omega' \pm \mathrm{BT} \sin^2 \omega + \mathrm{A'T'} \cos^2 \omega' \pm \mathrm{AT} \cos^2 \omega),$$

aus denen sich sogleich ersehen lässt, dass das verlangte System dem Auge entgegentreten muss jedesmal, wenn

$$\mathrm{D'T'} \cos \omega' \pm \mathrm{DT} \cos \omega = 0 \qquad (1.\ \mathrm{a})$$

ist, welche Bedeutung sonach die allgemeinste, wenn schon noch etwas räthselhafte Beantwortung der uns vorgelegten Frage in sich trägt.

Um uns über den Sinn der durch die Gleichung (1. a) gegebenen Antwort in's Klare zu bringen, müssen wir bedenken, dass $\omega' = \omega - \omega_0$ ist, wenn ω_0 den Winkel vorstellt, unter welchem die Hauptnormalebenen der beiden Platten gegen einander gestellt werden, als positive oder negative Grösse, je nachdem ω' kleiner oder grösser als ω ist; es ist diesem nach

$$\cos \omega' = \cos \omega \,.\, \cos \omega_0 + \sin \omega \sin \omega_0$$

und hiernach verwandelt sich die Gleichung (1. a) in:

$$\mathrm{D'T'} \sin \omega_0 \sin \omega + (\mathrm{D'T'} \cos \omega_0 \pm \mathrm{DT}) \cos \omega = 0$$

und diese kann nur für jeglichen Werth von ω, d. h. an allen Stellen des Gesichtsfeldes Bestand haben, wenn sowohl

$$\mathrm{D'T'} \sin \omega_0 = 0 \text{ als } \mathrm{D'T'} \cos \omega_0 \pm \mathrm{DT} = 0$$

ist. In Folge der ersten von diesen beiden Bedingungen muss aber entweder $\mathrm{D'} = 0$ oder $\sin \omega_0 = 0$ sein. Ist erstens $\mathrm{D'} = 0$, so muss in Folge der zweiten Bedingung $\mathrm{D} = 0$ sein, d. h. es müssten beide Platten jede für sich schon ein System von der verlangten Art liefern, welchen Fall wir als für sich verständlich auf der Seite liegen lassen werden; ist aber zweitens $\sin \omega_0 = 0$, so zieht dies $\omega_0 = 0$ oder $\omega_0 = 180^0$ nach sich, und aus $\omega_0 = 0$ folgt $\cos \omega_0 = +1$, so wie aus $\omega_0 = 180^0$ folgt $\cos \omega_0 = -1$, wodurch die zweite Bedingung im ersten Falle

$$\mathrm{D'T'} \pm \mathrm{DT} = 0, \text{ im anderen Falle } -\mathrm{D'T'} \pm \mathrm{DT} = 0$$

wird, welche beide jedoch nicht wesentlich von einander verschieden sind, indem diese doppelte Bedingung im Grunde nichts anderes sagt, als dass unter übrigens gleichen Umständen eines der Glieder D'T' und DT oder eine der Grössen D' und D sein Vorzeichen umkehren muss, wenn man von dem Falle, wo $\omega_0 = 0$ ist, zu dem Falle, wo $\omega_0 = 180^0$ ist, übergehen will. Hiernach enthält die Bedingung (1. a), recht verstanden, die beiden anderen in sich, erstlich:

$$\omega_0 = 0 \text{ oder } \omega_0 = 180^0, \qquad (1.\ b)$$

oder mit Worten: „die Hauptnormalebenen der beiden Platten in einander und entweder gleichläufig oder gegenläufig", zweitens

$$\mathrm{D'T'} + \mathrm{DT} = 0 \qquad (1.\ c)$$

oder mit Worten: „die Dicken der beiden Platten den absoluten Werthen der Coefficienten D und D' umgekehrt proportional", und in den Gleichungen (1. b) und (1. c) ist eine vollkommen klare Deutung der in (1. a) gegebenen Antwort enthalten.

Wir können indessen die erhaltene klare Antwort doch noch mehr in's Besondere ziehen, wenn wir erwägen, dass nach Aussage der in Ziffer XXVIII. enthaltenen Gleichungen

$$D = \frac{1}{2} \frac{v''^2 - v'^2}{m^2} \sin 2a,$$

oder weil man $m^2 = v''^2 \sin^2 a + v'^2 \cos^2 a$ und $\frac{1}{2} \sin 2a = \sin a \,.\, \cos a$ setzen kann,

$$D = \frac{v''^2 - v'^2}{v''^2 \, tg\, a + v'^2 \cot a}$$

ist, wofür man auch, wenn man der Einfachheit halber

$$v''^2 - v'^2 = \varDelta \text{ und } v''^2 \, tg\, a + v''^2 \cot a = \Sigma$$

setzt, schreiben kann:

$$D = \frac{\varDelta}{\Sigma}. \text{ *)}$$

Eben so findet man:

$$D' = \frac{\varDelta'}{\Sigma'},$$

wenn $\varDelta'$ und Σ' dieselbe Bedeutung in Bezug auf die zweite Platte haben, wie $\varDelta$ und Σ in Bezug auf die erste Platte, und bei diesen Formen von D und D' verwandelt sich die Bedingung (1. c) in:

$$\frac{\varDelta'}{\Sigma'} T' \pm \frac{\varDelta}{\Sigma} T = o. \qquad (1.\ d)$$

Zum Bestehen dieser Bedingung ist erforderlich, dass deren beide Theile $\frac{\varDelta'}{\Sigma'} T'$ und $\pm \frac{\varDelta}{\Sigma} T$ Zahlen von derselben Grösse aber mit entgegengesetzten Vorzeichen seien, und da dieser letzteren Anforderung stets durch eine geeignete Wahl des Vorzeichens von einem der beiden Coefficienten $\frac{\varDelta}{\Sigma}$ und $\frac{\varDelta'}{\Sigma'}$ entsprochen wer-

*) Diese Form von D zeigt an, dass das Vorzeichen dieses Coefficienten in das entgegengesetzte überspringt, wenn entweder $\varDelta = v''^2 - v'^2$ sein Vorzeichen ändert, d. h. wenn ein positiver Krystall durch einen negativen ersetzt wird und umgekehrt, oder wenn $\Sigma = v''^2 \, tg\, a + v'^2 \, cotg\, a$ sein Vorzeichen ändert, d. h. wenn a aus dem spitzen in den stumpfen Zustand übergeht und umgekehrt, was einer Umkehrung der bezüglichen Platte entspricht. Hierbei ist jedoch die zu Ende der Ziffer XXXIX. angezeigte Erfahrung nicht ausser Acht zu lassen, wonach der Quarz eine Ausnahme macht.

den kann, so hat man auf weiter nichts zu sehen, als das jene beiden Theile einerlei absolute Werthe besitzen, oder dass

$$\frac{\Delta'^2}{\Sigma'^2}\mathrm{T}'^2 = \frac{\Delta^2}{\Sigma^2}\mathrm{T}^2 \tag{2. a}$$

sei. Man sieht hieraus, dass unsere Aufgabe sogar dann noch lösungsfähig ist, wenn gleich Δ und Σ sowohl wie Δ' und Σ' völlig gegebene Grössen sind, d. h. wenn für jede Platte der Krystall, aus dem sie geschnitten werden soll, und die Schiefe, unter dem dies zu geschehen hat, besonders vorgeschrieben wird, weil man dann doch noch durch das Verhältniss der Dicken beider Platten die Bedingung (2. a) erfüllen kann. Hat man zwei aus demselben Krystall und unter gleicher Schiefe zur optischen Axe geschnittene Platten, so wird in diesen $\Delta' = \Delta$ und $\Sigma' = \Sigma$, und deswegen geht in diesem Falle die Bedingung (2. a) über in:

$$\mathrm{T}' = \mathrm{T}. \tag{2. b}$$

Bei Platten also, welche aus einerlei einaxigem Krystall unter gleicher Schiefe zur optischen Axe geschnitten worden sind, wird zum Hervorbringen eines um die Mitte des Gesichtsfeldes herumliegenden Systems von Mittelpunktscurven nichts weiter verlangt, als dass sie gleich dick seien und dass deren Hauptnormalebenen mit einander parallel laufen. Diese letztere ausnehmend in's Besondere gezogene Auflösung unserer Aufgabe kommt mit jener überein, welche in Ziffer XXXIX. durch die dortige Gleichung (2. b) erhalten worden ist.

Die vielen in den Bedingungen (1. a) oder (1. c) der freien Wahl überlassenen Grössen gestatten es, die vorgelegte und ähnliche Aufgaben noch mit einer Menge von weiteren Bestimmungen zu versehen. So z. B. kann bei unserer jetzigen Aufgabe die Art der sich zeigenden Mittelpunktscurven und das Verhältniss ihrer Parameter, ja unter Umständen sogar deren Grösse und noch manche andere Eigenschaft des entstehenden Bildes bedingt werden. Weil indessen solche Verwickelungen der Aufgabe nothwendig auch zusammengesetztere Rechnungsformeln nach sich ziehen, so halte ich es für gerathener, deren Behandlung dem Leser selbst anheim zu stellen. Aus dem gleichen Grunde betrachte ich auch nicht drei oder mehr über einander liegende Platten, wiewohl sich die hierfür gültigen Gleichungen in ganz gleicher Weise wie für zwei Platten erhalten lassen. Eine kurze Umschau in dieser Beziehung zeigte mir, dass bei mehr als zwei Platten statt der Gleichung (2.) in Ziffer XXXVI. eine andere eintritt, die innerhalb der eckigen Klammern dasselbe erste Glied und analoge folgende Glieder besitzt; die Zahl dieser folgenden Glieder und damit die Anzahl der in den über einander liegenden Platten sich möglicherweise zeigenden Bilder aber wächst in einer ausserordentlich rasch ansteigenden Proportion. Ich glaube bemerkt zu haben, dass wenn über eine Platte, die bekanntlich nur ein Bild giebt, eine zweite gelegt wird, diese zu 3 Bildern mehr Veranlassung giebt; wird über diese zwei Platten noch eine dritte gelegt, so giebt diese zu 9 oder 3^2 Bildern mehr Veranlassung; eine vierte über diese drei gelegte Platte kann 27 oder 3^3 Bilder mehr erzeugen und so fort, so dass in n über einander gelegten Platten möglicherweise $^1/_2\ (3^n - 1)$ Bilder entstehen zu können scheinen. Diese Zahl der Bilder kann sich jedoch dadurch sehr vermindern, dass ein Theil davon ganz und gar verschwindet aus Ursachen, wie sie in den oben gegebenen Beispielen vorhanden waren, oder weil manches von den Bildern zu weit über das Gesichtsfeld hinausrückt, um darin noch wahrgenommen werden zu können, selbst wenn zu den Versuchen sogenanntes homogenes Licht genommen wird, das doch nie vollkommen homogen ist. Diese überaus *grosse Bilderzahl bei einer beträchtlichen Anzahl von Platten bewog mich, von dergleichen Untersuchungen schnell wieder* abzustehen, um meine Leser nicht dadurch zu ermüden. Dagegen glaube ich dem Wunsche manchen Lesers zu entsprechen und in seinem Interesse zu handeln, wenn ich Versuche beifüge, wodurch ausser Zweifel gestellt wird, dass viele Erscheinungen in Krystallplatten durch die früheren minder streng gehaltenen Rechnungen ganz und gar nicht erklärt werden können.

Anhang zu der vorstehenden Abhandlung,

worin der experimentelle Nachweis geliefert wird, dass die aus unserer Abhandlung hervorgegangenen Besonderheiten an den Erscheinungen in Krystallplatten in der Erfahrung auch wirklich begründet sind.

Obgleich unsere Erklärung der in einaxigen Krystallen wahrnehmbaren Interferenz-Erscheinungen sich strenge an die von Fresnel aufgestellten und allgemein angenommenen Grundsätze der Lichtwellenlehre, und an die schon von Huyghens erkannte Wirkungsweise der doppeltbrechenden einaxigen Krystalle angeschlossen hat, so ist sie doch überall berichtigend und ergänzend vorwärts geschritten, und es haben sich dabei theils neue Gesichtspunkte, theils neue Thatsachen in grosser Menge herausgestellt, was eine Folge der grösseren Vollständigkeit und Allgemeinheit unserer Darstellungsweise, so wie der geschlossenen Aufeinanderfolge aller einzelnen Betrachtungen zu sein scheint. So wie aber jede Vervollkommnung der Theorie immer wieder neue Anforderungen an die Beobachtungen macht, so hat auch die vorliegende Behandlung neue Anhaltspunkte in der Erfahrung dringend nöthig, deshalb beschloss ich in dieser Beziehung vorläufig zu thun, was die Umstände mir gerade gestatten wollten.

Der in Ziffer XL. enthaltene Satz, wornach in zwei rechtwinkelig gekreuzten Platten von gleicher Dicke, welche aus einerlei Krystall unter gleicher Neigung zur optischen Axe geschnitten worden sind, unter allen Umständen immer Hyperbeln auferstehen können, überraschte mich anfänglich in dieser Allgemeinheit sehr, weil schon die bekannte, in unter 45° geschnittenen Platten sich gebende Erscheinung ihm Hohn zu sprechen schien. Als ich aber diese sogenannten geradlinigen Streifen mit mehr Aufmerksamkeit betrachtete, konnte ich mich recht gut von deren Hyperbelform überzeugen. Ist man im Besitze einer optischen Zange von einem einigermassen grossen Gesichtsfelde, und hält man diese, zwischen welcher die unter 45° geschnittenen und gekreuzten Platten eine solche Lage erhalten haben, dass sie im Tageslichte ihre Streifen möglichst lebhaft erscheinen lassen, so in der Hand, dass der mittlere in einer lothrechten Stellung vor den Augen liegt; neigt man die Zange sodann dergestallt von einer Seite zur anderen, dass jener mittlere Streifen dabei stets eine lothrechte Lage möglichst genau beibehält, so kann man sich ohne grosse Mühe und mit voller Sicherheit überzeugen, dass die im Gesichtsfelde sichtbaren Streifen, während man sie mittelst des Neigens der Zange von ihrem einen äussersten Ende zum anderen verfolgt, nach der einen Seite hin sich fortwährend weiter von einander entfernen, und gleichzeitig wird man gewahr, wie die neben dem mittelsten liegenden Streifen sich von diesem zu beiden Seiten in entgegengesetzter Richtung stets mehr und mehr abwenden*); dieses Auftreten der Erscheinung ist aber mit keiner anderen als der Hyperbelkrümmung vereinbar. Selbst die Platten, deren Oberflächen sich mehr der senkrechten Lage zur optischen Axe nähern, als diese thun, wenn es nur nicht in dem Masse der Fall ist, dass schon jede einzelne Platte im gewöhnlichen Tageslichte ihre Interferenzfigur sehen lässt, ist die Hyperbelkrümmung auf die angezeigte Weise noch ganz gut zu erkennen.

Unter den möglichen Interferenzfiguren zogen insbesondere jene meine Aufmerksamkeit an sich, die nur bei einem völlig bestimmten Schnitt der Platten, ausserdem nicht, entstehen und daher zufällig wohl nie zur vollkommenen Wahrnehmung gelangen können. Dahin gehört bei einer einzigen Platte die Parabelkrümmung, und um diese darzustellen lies ich mir aus Bergkrystall Platten anfertigen, deren Oberflächen eine Neigung von 35° 10′ zur optischen Axe hatten, und andere aus Kalkspath, in denen dieser Winkel 36° 44′ betrug, welche Winkel mir die Rechnung als zur Entstehung von Parabeln erforderlich in diesen beiden Mineralien anzezeigt hatte. Als ich diese Platten zwischen der optischen Zange im homogenen Lichte untersuchte, fand ich sowohl in denen aus Bergkrystall wie in denen aus Kalkspath *krummlinige* Bänder, welche, so weit

*) Man erhält auf obige Weise denselben Eindruck, wie ihn die Figur 10 der Kupfertafel V. in dem in der Vorerinnerung angezogenen Supplementbande zu Poggendorff's Annalen giebt; nur ist die Eigenthümlichkeit der Figur hier weit minder ausgesprochen und darum ein Neigen der Zange von einer Seite zur anderen zu deren sicherer Wahrnehmung erforderlich.

ich sie auch nach den Grenzen des Gesichtsfeldes hin verfolgen mochte, überall den gleichen gegenseitigen Abstand von einander behaupteten*), was ohne scharfe Messung das sicherste Kennzeichen für das Dasein der Parabeln ist. Diese krummlinigen Bänder wurden zwar im Bergkrystall von scheinbar geradlinigen durchschnitten, welche aber nur die individuelle Natur des auch in vielen anderen Beziehungen sich auszeichnenden Minerals angehen, und in ähnlicher Weise auch bei jenem System von Ellipsen, von welchem unsere Abhandlung ausging, sich sehen lassen. Solche Parabeln machen im ersten Augenblick oft denselben Eindruck auf's Auge, wie jene eben besprochenen geradlinigen Helligkeitscurven, die in unter 45° geschnittenen gleich dicken Platten im homogenen Licht entstehen, nur dass das Krummsein der Parabeln dem Auge leicht und entschieden entgegen tritt, während es sich bei den sogenannten geradlinigen Streifen nur mit Mühe und dann noch in anderer Art erkennen lässt.

In zwei gleich dicken, aus einerlei Krystall unter gleichen Winkeln zur optischen Axe geschnittenen Platten sind es die wahrhaft geradlinigen Bänder, welche bei einem gegebenen Krystall eine völlig bestimmte Neigung der Oberflächen zur optischen Axe verlangen. Die Darstellung dieser geradlinigen Bänder in grosser Vollkommenheit setzt eine recht genaue Bearbeitung der Platten voraus, und um dies recht klar vor Augen zu legen, werde ich eine doppelte Menschlichkeit, die mir begegnet ist, zum Besten geben. Gleich anfangs, als ich die Möglichkeit der Entstehung von dergleichen wahrhaft geradlinigen Bändern aus den Rechnungsformeln zu erkennen anfing, benützte ich zur Bestimmung des Schnittes, den die hierzu erforderlichen Platten erhalten müssen, die in Knochenhauer's Undulationstheorie des Lichts pag. 193 mitgetheilte Gleichung, die einzige mir bekannte, welche die dazu nöthige Allgemeinheit in sich trug, nachdem ich in ihr

$$\frac{A^2\varphi^2 \cos^2\omega}{(\pi^2A^2 + \mu^2C^2)^{3/2}} \text{ an die Stelle von } \frac{A^2\varphi^2 \cos^2\omega}{\sqrt{(\pi^2A^2 + \mu^2C^2)}}$$

*) Die Figur 7 in Tafel V. des in der vorigen Note angezeigten Supplementbandes zu Poggendorff's Annalen giebt für die hier besprochene Erscheinung ein ziemlich getreues Abbild her.

gesetzt hatte, wie mir der Weg, auf dem sie erhalten worden war, zu verlangen schien. Die nach der so abgeänderten Gleichung berechneten Platten gaben indessen nicht die erwarteten geradlinigen Bänder, sondern deutlich ausgesprochene und noch ganz hübsche Ellipsen, wovon zweifelsohne der Grund darin zu suchen ist, dass dort zur Vereinfachung

$$\frac{A}{\sqrt{[1-(C-\frac{1}{2}C\varphi'^2+A\varphi' \cos\omega)^2]}}=1$$

gesetzt worden ist, was allerdings (unter Umständen) zu einem Fehler von Belang Anlass geben kann, und mich im vorliegenden Falle zu einer Umarbeitung aller bis dahin bekannten Rechnungen dieser Art antrieb. Aber sogar als ich schon im Besitze der in Ziffer VII. mitgetheilten allgemeinen Gleichung (5.) war, spielte mir noch meine übertriebene Eilfertigkeit einen argen Streich. Ich hatte bei meiner Berechnung der Kalkspathplatten aus Versehen statt der wahren Werthe v' und v'' die in 1 dividirten zu Grund gelegt, und fand in Folge dessen statt des eigentlichen Winkels a, welcher $53^0\ 16'$ ist, wie schon bei der Erzeugung von Parabeln angegeben worden ist, den $56^0\ 12'$. Die hiernach zubereiteten Platten liessen zwar, wenn man sie einzeln untersuchte, an den dann sich zeigenden Parabeln ihre Fehlerhaftigkeit nicht gleich beim ersten Blick erkennen, und als ich sie entgegengesetzt über einander legte, zeigten sich die in ihnen an der Weingeistflamme sichtbar werdenden, von der Mitte des Gesichtsfeldes entfernteren Bänder zwar als fühlbar geradlinige, aber die der Mitte des Gesichtsfeldes zunächst liegenden flossen stellenweise, fast wie die innersten Jahre eines Holzes, in einander und nahmen dann den Anschein von sehr platt gedrückten, in sich zurücklaufenden Curven an. Aus der hier beschriebenen Unbestimmtheit der Formen in meinen Platten nahm ich Anlass, die Berechnung noch einmal vorzunehmen und den Irrthum, in welchen ich zuvor gerathen war, aufzufinden. Von da ab gaben sowohl Platten aus Kalkspath wie aus Bergkrystall, der Rechnung gemäss geschnitten, in völlig befriedigender Weise die zwar überaus empfindliche, aber gerade darum höchst schätzenswerthe Erscheinung.

Insbesondere war ich begierig, den in Ziffer IX. angeregten

Umstand durch die Erfahrung konstatiren zu lassen, wonach die Helligkeit der Interferenzstreifen im Allgemeinen in verschiedenen Radien des Gesichtsfeldes sich successive abändert, wiewohl in dem Masse weniger, je kleiner der grösste Einfallswinkel im Vergleich zu dem Winkel ist, den die optischen Axen der Platten mit den Normalen zu ihren Oberflächen machen. Aus diesem letzteren Grunde durfte ich bei Platten, deren Oberflächen beträchtlich schief gegen die optische Axe gestellt waren, kaum hoffen, jene Abänderung festhalten zu können; weil indessen die Betrachtungen der Ziffer XXXI. mittelst der Gleichung (4. b) gezeigt hatten, dass in gekreuzt über einander gelegten Platten die Unterschiede zwischen F und $\omega' - \omega$ eine der ersten Potenz von $\frac{\sin \mathrm{i}}{\sin \mathrm{a}}$ proportionale Grösse annehmen, so wollte ich doch einem Versuche mit Platten, deren Oberflächen eine Neigung von 45° zur optischen Axe hatten, nicht aus blosser Furcht vor dessen Nichtgelingen ausweichen, und fand durch ihn jene Aussage der Rechnung besser noch, als ich es selber zu hoffen wagte, als eine Thatsache bestätigt. Stellte ich die rechtwinkelig gekreuzten, gleich dicken und fest mit einander verbundenen Platten von Bergkrystall, deren Oberflächen eine Schiefe von 45° zur optischen Axe hatten, so zwischen die optische Zange, deren Turmaline ebenfalls rechtwinkelig gekreuzt waren, dass die Mittelrichtung zwischen den Hauptnormalebenen der beiden Platten in die Mittelrichtung zwischen den Axen der beiden Turmaline fiel, wobei die sogenannten geradlinigen Interferenzstreifen im Tageslichte in ihrem grössten Glanze erschienen, und drehte ich dann die vereinigten Platten zwischen der Zange nach der einen oder anderen Seite hin um, bis die Streifen beträchtlich matter wurden, setzte aber von da ab die Drehung nur mit äusserster Vorsicht und möglichst langsam weiter fort, so konnte ich und mit mir Alle, die ich darauf aufmerksam machte, recht wohl bemerken, dass die Stelle, in welcher die Streifen zum gänzlichen Verschwinden kamen, sich längs derselben von einer Seite des Gesichtsfeldes bis zur anderen successive wegschob und dem Auge als grauer völlig streifenloser Flecken erschien, neben welchem zu beiden Seiten die Streifen zwar schwach, aber doch noch vollkommen deutlich zu sehen waren. Dieser Flecken konnte durch langsames Drehen der Platten nach der einen oder anderen Seite längs der Streifen hin und her gerückt werden, und ich glaube es für keine Täuschung halten zu dürfen, dass mir dieser Flecken, dessen Grenzen freilich nur sehr unbestimmt waren, eine schiefe Stellung von scheinbar 45° gegen die Streifen zu haben schien. Später fand ich, dass sich diese Ungleichförmigkeit des Entstehens oder Verschwindens der Streifen an den verschiedenen Stellen des Gesichtsfeldes noch besser und gleichsam im vergrösserten Massstabe wahrnehmen lässt, wenn man dieselben Platten aus der Stellung, wo ihre Hauptnormalebenen in einander liegen und wobei sie im Tageslichte keine Streifen zeigen, so über einander wegschiebt, dass deren Hauptnornalebenen einen stets grösseren Winkel mit einander bilden, bis dahin, wo die Streifen eben sichtbar zu werden anfangen, welches dann mit einer sehr in die Sinne fallenden Ungleichheit an den verschiedenen Stellen des Gesichtsfeldes geschieht.

Nach diesem Resultate durfte ich mit Sicherheit erwarten, dass gedachte Ungleichheit der Beleuchtung im Gesichtsfelde längs verschiedener Radien an Platten, deren Oberflächen eine mehr senkrechte Stellung zur optischen Axe haben, in noch viel höherem Grade zum Vorschein kommen werde. Desshalb lies ich mir zu diesem Zwecke zwei Paare gleich dicker Platten aus Kalkspath anfertigen, von welchen die Oberflächen des einen 85°, des anderen 80° Neigung zur optischen Axe hatten. Diese Platten gaben, einzeln untersucht, schon im gewöhnlichen Tageslicht ein Interferenzbild, dem ähnlich, das man in dergleichen senkrecht zur Axe geschnittenen Platten wahrnimmt, mit dem Unterschiede jedoch, dass der Mittelpunkt des scheinbar kreisförmigen Bildes nicht in der Mitte des Gesichtsfeldes liegt, sondern um so mehr zur Seite, je mehr die optische Axe der Platte von der senkrechten Lage zu den Oberflächen abweicht. Bei den eben angezeigten Schiefen der beiden Plattenpaare jedoch fielen die Bilder bei dem einen noch ganz und bei dem anderen noch fast ganz in das Gesichtsfeld meines Polarisationsapparates. Wenn ich nun die beiden Platten von einem dieser Paare so über einander legte, dass die optischen

Axen in den beiden Platten nicht mit einander parallel liefen, so zeigten sie in der optischen Zange bei gewöhnlichem Tageslichte zwei kreisförmige Bilder ausserhalb der Mitte des Gesichtsfeldes nach der Seite hin, nach welcher die Hauptnormalebene von einer jeden dieser Platten lag, nahehin eben so, wie wenn die beiden Platten im Polarisationsapparate neben einander hingelegt worden wären. Wodurch sich aber die jetzige Erscheinung von allen bisher zur Anschauung gebrachten unterschied, war der Umstand, dass sich in der Mitte des Gesichtsfeldes, in einer Richtung, die scheinbar senkrecht zu der die Mittelpunkte der beiden kreisförmigen Bilder verbindenden Geraden war, eine Reihe von fühlbar geradlinigen Bändern sehen liess, die gleich weit von einander abstanden. Wenn die Hauptnormalebenen der beiden Platten einander gerade entgegengesetzt lagen, befanden sich die Mittelpunkte der zu beiden Seiten liegenden kreisförmigen Figuren in einem Durchmesser des Gesichtsfeldes und die Gesammterscheinung nahm das Aussehen an, von welchem die Fig. 8 eine Vorstellung zu geben

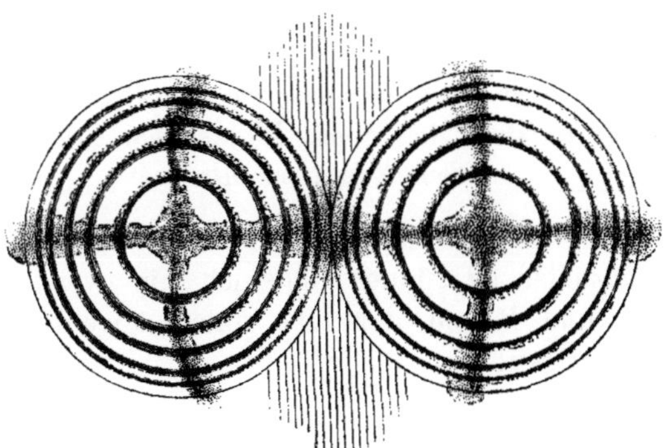

Fig. 8.

bestimmt ist. Im homogenen Lichte trat zu diesen drei Figuren noch eine vierte hinzu, welche aus kreisförmigen concentrischen Ringen bestand, deren Mittelpunkt in der Mitte des Gesichtsfeldes lag; und so treten uns sonach hier zum ersten Male jene vier Figuren gleichzeitig entgegen, welche von der Theorie in Ziffer XXXIV. und XXXVI., als im Allgemeinen zwei über einander gelegte Platten begleitend, vorausgesagt worden sind. Die hier erscheinenden vier Bilder zeigen theilweise jene Ungleichheit der Beleuchtung an verschiedenen Durchmessern des Gesichtsfeldes, von der vorhin die Rede war, und deren Dasein die Theorie uns angezeigt hatte, in sehr hohem Grade. Es hält z. B. gar nicht schwer, die fest verbundenen beiden Platten in eine solche Stellung zwischen der optischen Zange zu bringen, dass die einen, einander diametral gegenüber liegenden, vollen Hälften der beiden kreisförmigen Figuren im Tageslichte fast bis auf die letzte Spur verschwunden sind, während deren andere Hälften noch lebhaft glänzend sichtbar bleiben; und man kann durch Vormärts- oder Rückwärtsdrehen der Platten leicht nach Belieben die einen oder anderen Hälften der kreisförmigen Bilder zum Verschwinden bringen, nie aber es bewirken, dass das ganze eine oder andere kreisförmige Bild zum Verlöschen kommt. Diese höchst auffallenden Abweichungen vom gewohnten Hergange fordern zu einer genaueren Beschreibung solcher Versuche auf, die nun noch in den nachstehenden Blättern gegeben werden soll.

Versuche an über einander gelegten Kalkspathplatten, in welchen die optische Axe einen Winkel von 85° mit den Oberflächen machte.

Um diese Versuche mit Bequemlichkeit und doch grosser Sicherheit anstellen zu können, liess ich mir zwei messingene Scheiben A und B von der hier unten abgebildeten Einrichtung verfertigen:

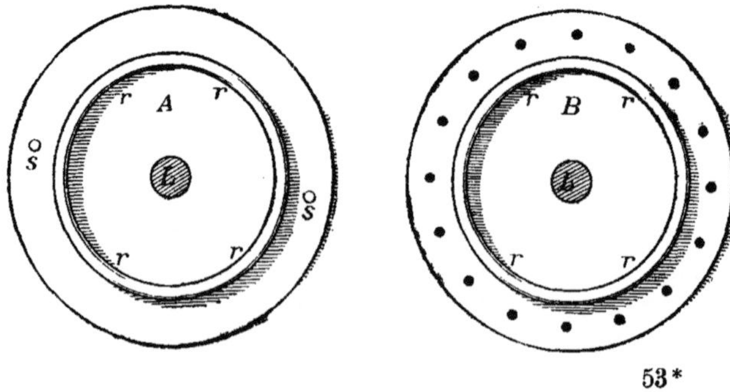

Jede dieser beiden Scheiben hatte in ihrer Mitte eine runde Oeffnung L von circa 5 Linien Weite, und auf jede war ein Ring *rrrr* aufgesetzt von ungefähr $1^1/_2$ Linien Höhe. In die eine A waren noch ausserdem auf einem ihrer Durchmesser und in gleicher Entfernung von ihrem Mittelpunkte zwei Stiften s und s angebracht, die aus ihr auf der dem Ringe entgegengesetzten Seite um die Metalldicke der anderen Scheibe hervorragten. In diese andere Scheibe B wurden auf der Peripherie eines Kreises, dessen Durchmesser dem mittleren Abstand der beiden Stifte s und s auf der Platte A gleich war, sechzehn gleich weit von einander entfernte Löcher eingebohrt, so dass die zwei Stifte der einen Scheibe in je zwei einander diametral gegenüber liegende Löcher der anderen genau einpassten. Nachdem die beiden Scheiben auf einander gesteckt waren, feilte ich einem der Stifte s gegenüber eine Kerbe gleichzeitig in die beiden Platten ein, um dadurch zwei bestimmte Durchmesser in ihnen zu bezeichnen. Innerhalb des Ringes rrrr der Scheibe A kittete ich über deren mittlere Oeffnung L eine von den beiden Kalkspathplatten, die ich mir eigens zu diesen Versuchen mit möglichster Sorgfalt hatte bereiten lassen, so auf, dass deren Hauptnormalebene, so viel es sich thun liess, dem Stiftendurchmesser parallel lief. Nun steckte ich die Scheibe B über die A so, dass die Kerben beider in einander, und die Ringe von beiden nach aussen lagen, klebte hierauf die andere Kalkspathplatte innerhalb des Ringes der Scheibe B über deren Oeffnung L mit Kanadabalsam an, und drehte diese Kalkspathplatte so lange über der Oeffnung L um, bis die so verbundenen beiden Scheiben zwischen der optischen Zange nur ein einziges vollkommen deutliches Bild sehen liessen, worauf ich die Scheiben horizontal hinlegte und den Kanadabalsam antrocknen liess. Auf solche Weise war ich im Stande, das Ineinanderliegen der Hauptnormalebenen der beiden Kalkspathplatten mit äusserster Genauigkeit herbeizuführen; denn die geringste Verschiebung der beiden Scheiben über einander weg, selbst wenn sie mit Augen nicht mehr sich erkennen lässt, wird Ursache, dass das eine Bild seine Reinheit verliert. Zuletzt füllte ich die Zwischenräume zwischen den Ringen und den Krystallplatten mit den

Stücken zweier Korkscheiben aus, theils um die drehende Bewegung der Scheiben zwischen der optischen Zange zu erleichtern, theils um dadurch die Kalkspathplatten vor einer möglichen Beschädigung zu schützen.

Ueberdies hatte ich die Ringe meiner optischen Zange, in denen sich die Turmaline drehen liessen, jeden in acht gleiche Theile theilen lassen, so dass die Theilstriche der beiden Ringe genau einander gegenüber lagen, und nachdem ich den einen Turmalin, der Seitenkanten von 8 Linien Länge darbot, in seinem Ringe umgedreht hatte, bis diese Seitenkanten mit dem cylindrischen Stiel der Zange parallel liefen, drehte ich die Fassung des anderen in ihrem Ringe so lange um, bis beide ihre Durchsichtigkeit ganz und gar verloren hatten, wodurch sich an einem stark leuchtenden Gegenstande die senkrechte Lage der beiden Polarisationsebenen zu einander bei meinen Turmalinen, die dick genug waren, um völlig undurchsichtig zu werden, sehr scharf bestimmen liess. Als ich aber bei dieser Lage der Turmaline jene über einander gesteckten Scheiben mit in einander liegenden Kerben zwischen die Zange brachte, war ich erstaunt zu sehen, dass die Arme des schwarzen Kreuzes in dem einen, dem Auge völlig deutlich entgegen tretenden Bilde nicht parallel und senkrecht zu dem Stiel der Zange gestellt, sondern merklich gegen denselben geneigt waren. Ich drehte desshalb die Fassungen der Turmaline so lange, bis diese Bedingung erfüllt und zugleich gänzliche Undurchsichtigkeit vorhanden war, fand dann aber, dass jetzt die Seitenkanten des grösseren Turmalins eine recht merkliche Neigung zum Stiele der Zange angenommen hatten, die schon dem Augenmasse nach als mehrere Grade betragend sich zu erkennen gab. Da ich den Grund von dieser sonderbaren Erscheinung in nichts Anderem als in der Kleinheit von dem einen meiner beiden Turmaline und in der Schwierigkeit, die Lage der Hauptnormalebene in jeder Platte einzeln genau zu bestimmen, suchen konnte, so nahm ich an, dass die Polarisationsebenen meines Apparats dem Stiel der Zange parallel und senkrecht darauf seien, wenn die Arme des schwarzen Kreuzes diese Lage hatten, und brachte desshalb bei dieser Stellung meines Apparats oben an den Fassungen der beiden Turmaline, am Ende ihres mit dem Stiel der Zange parallelen Durchmessers ein Zeichen an, wodurch ich in den Stand gesetzt wurde, nicht nur diese Lage immer wieder mit Leichtigkeit und Sicherheit herbeizuführen, sondern auch mittelst der an den Ringen angebrachten Theilungen eben so bequem die parallele Stellung der beiden Polarisationsebenen, so wie die mitten zwischen beiden liegende zu bewirken.

Nachdem dies alles geschehen war, brachte ich die beiden wie oben mit einander verbundenen Scheiben so zwischen die Zange, dass die Scheibe mit den Löchern dem Auge zunächst lag, und ihr Kerbendurchmesser mit ihrem Stiele parallel lief in der Weise, dass der bei der Kerbe befindliche Stift der Scheibe nach oben hin in die verlängerte Richtung desjenigen Durchmessers der Ringe fiel, der eine parallele Lage zum Stiel der Zange hatte und senkrecht auf dem stand, um welche diese Ringe drehbar eingerichtet waren. Diese Stellung des Kerbenstiftes und der beiden Scheiben wollen wir in der Folge der Kürze des Ausdrucks halber deren *normale* nennen. Bei dieser normalen Stellung der Scheiben zwischen der Zange bemerkte ich, wie ich zum Voraus schon vermuthet hatte, dass das eine in dem Apparate wahrnehmbare Bild zwar nach oben hin zur Seite von der Mitte des Gesichtsfeldes fiel, aber nicht in der Richtung des Zangenstiels, sondern in einer recht merklich nach links geneigten Richtung, deshalb drehte ich die Scheiben zwischen der Zange möglichst centrisch nach rechts, bis das Bild genau in der Richtung des Zangenstiels der Mitte des Gesichtsfeldes gegenüber lag, wobei ich fand, dass diese Bedingung erfüllt war, wenn der Kerbenstift um $1^1/_4$ Theile aus seiner normalen Stellung gedreht war.*) Dies bewies mir, dass die Hauptnormalebenen der beiden Platten bei den so vereinigten Scheiben demjenigen ihrer Durchmesser parallel liefen, der um $1^1/_4$ Theile links zur Seite des Stiftendurchmessers lag. Diese Voruntersuchungen waren nöthig,

---

*) In Kurzem werde ich noch ein genaueres Mittel, diese Abweichung zu bestimmen, angeben, durch das eigentlich die hier stehende Zahl $1^1/_4$ erhalten worden ist.

damit ich an meinem Apparate jederzeit die Stellung der Polarisationsebenen zu einander und der Hauptnormalebene einer jeden Krystallplatte zu diesen schnell und doch hinreichend genau zu bestimmen im Stande war. Wollte ich z. B. meine Versuche an den beiden Platten unter der Voraussetzung durchführen, dass deren Hauptnormalebenen senkrecht auf einander stehen, d. h. dass $\omega = 90^0$ sei, so machte ich die beiden Scheiben von einander los und setzte den Kerbenstift der einen in ein Loch der anderen, das um vier Zwischenräume von ihrem Kerbenloch entfernt war, worauf der zweite Stift nur in das diesem Loche diametral gegenüber stehende unterzubringen war. Beobachtete ich nun die in diesen Platten sich zeigenden Bilder, und wollte ich die Erscheinung in einer ihrer Phasen festhalten, so presste ich die Arme der Zange fest genug gegen die so verbundenen Scheiben, dass diese ihre Stellung nicht verändern konnten, und zählte dann blos die Anzahl der Zwischenräume, um welche der Kerbenstift aus seiner normalen Lage gedreht war. Von dieser Zahl von Zwischenräumen zog ich $1^1/_4$ ab, um den Winkel zu erhalten, den die Richtung der Hauptnormalebene der ersten Platte, welche unseren Vorversuchen gemäss um $1^1/_4$ Löcher links von dem Stiftendurchmesser liegt, mit dem Stiel der Zange bildet; macht man es sich daher zum Gesetz, dem vorderen Polarisationsmittel während der Versuche stets eine solche Richtung zu geben, dass seine Polarisationsebene mit dem Stiel der Zange parallel läuft, was wir bei den nun kommenden Versuchen ohne Unterlass gethan haben, so giebt jene Differenz den Winkel ω_1 zu erkennen, den die Hauptnormalebene der ersten Platte mit der vorderen Polarisationsebene macht, und damit auch den ω_2, welchen die Hauptnormalebene der zweiten Platte mit der hinteren Polarisationsebene macht, so wie die Stellung der beiden Polarisationsebenen gegen einander bekannt ist.

In dieser Art führte ich nun die folgenden Versuche durch, wobei ich nur noch zu bemerken habe, dass sich in den dazu gebrauchten Platten im Allgemeinen vier von einander verschiedene Bilder sehen lassen, zwei aus ringförmigen concentrischen Streifen zusammengesetzte, deren Mittelpunkte ausserhalb der Mitte des Gesichtsfeldes liegen, diese, welche wir die *Seitenbilder* nennen wollen, gehören den beiden Platten einzeln an, sie lassen sich leicht daran erkennen, dass sich innerhalb derselben, in zwei auf einander senkrechten Diametralrichtungen, ein weisses oder schwarzes Kreuz sehen lässt, da wo die Polarisationsebenen parallel mit einander laufen oder senkrecht auf einander stehen; ein drittes Bild besteht aus scheinbar geradlinigen Bändern, deren Richtungen fühlbar senkrecht auf der Geraden stehen, welche die Mittelpunkte der Seitenbilder verbindet, dieses werden wir kurz die *geradlinigen Bänder* nennen, und ausser diesen zeigt sich unter Umständen noch ein viertes aus ringförmigen Streifen bestehendes Bild, das sich von den beiden Seitenbildern dadurch unterscheidet, dass sein Mittelpunkt in der Mitte des Gesichtsfeldes liegt, und dass dasselbe weder ein weisses noch ein schwarzes Kreuz in sich trägt. Dieses Bild wollen wir einfach durch den Ausdruck *Centralringe* bezeichnen. Von diesen vier Bildern sind die drei ersten schon im gewöhnlichen weissen Tageslichte sichtbar, das letzte aber nur in dem viel homogeneren Lampenlichte; daher werden wir zunächst blos die Erscheinungen im Tageslichte ausführlicher beschreiben und daran zuletzt das Auftreten der Centralringe im Lampenlichte knüpfen. Man wird gleich beim ersten Durchlesen dieser Versuche gewahr werden, dass sich dieselben in zwei Klassen theilen lassen. In der einen Klasse treten nämlich die Seitenbilder bei jeder Stellung der Scheiben in gleicher Stärke auf, welche Stärke jedoch mit der Stellung der Scheiben sich stets ändert und innerhalb eines rechten Winkels von der geringsten bis zur möglich höchsten übergeht; diese Klasse tritt da auf, wo die beiden Polarisationsebenen eine parallele oder senkrechte Stellung zu einander haben. Während in dieser Klasse die Stärke der Seitenbilder immer gleichzeitig zu- oder abnimmt, nimmt in der anderen Klasse das eine Seitenbild an Stärke zu, wenn das andere an Stärke abnimmt, und umgekehrt; diese zweite Klasse tritt da auf, wo die beiden Polarisationsebenen unter einem Winkel von 45° oder 135° gegen einander gestellt sind. In beiden Klassen von Erscheinungen tritt immer die bei irgend einer Stellung der Scheiben zwischen der Zange sich zeigende Gesammtfigur wieder völlig in der gleichen Weise auf, wenn der Kerbenstift in den vereinigten Scheiben um 4 Löcher, d. h. um einen rechten Winkel weiter gerückt wird.

I. *Versuche im Tageslichte, wenn die Hauptnormalebenen der beiden Platten in einander liegen und*

a) *die beiden Polarisationsebenen parallel mit einander laufen.* Liegt der Kerbenstift $1^1/_4$ Theile rechts von seiner Normalstellung, so zeigt sich ein einziges Bild mit weissem Kreuze zur Seite von der Mitte des Gesichtsfeldes in der Richtung des Zangenstieles nach oben hin; *sind hingegen*

b) *die beiden Polarisationsebenen senkrecht gegen einander gestellt* und liegt der Kerbenstift wieder $1^1/_4$ Theile rechts von seiner Normalstellung, so zeigt sich ein einziges Bild mit schwarzem Kreuze zur Seite von der Mitte des Gesichtsfeldes in der Richtung des Zangenstiels nach oben hin; *sind endlich*

c) *die beiden Polarisationsebenen unter 45° oder 135° gegen einander gestellt* und liegen die verbundenen Scheiben zwischen der Zange eben so wie in den Fällen a) und b), so zeigt sich ein einziges aus 8 Sectoren bestehendes Bild längs 4 um 45° aus einander liegenden Durchmessern unterbrochen, welches von der Mitte des Gesichtsfeldes aus nach oben hin in der Richtung des Zangenstieles liegt.

Diese Bilder sind sämmtlich genau die gleichen, wie sie in einer einzigen solchen Platte bei gleicher Stellung der Polarisationsebenen entstehen, deren Dicke die Dicken dieser beiden in sich enthält; daher sind sie kleiner als sie in jeder der Platten einzeln gesehen werden. Diese Bilder umkreisen während einer Umdrehung der vereinigten Scheiben zwischen der Zange die Mitte des Gesichtsfeldes, stets in der gleichen Entfernung von dieser Mitte sich zeigend.

II. *Versuche im Tageslichte, wenn die Hauptnormalebenen der beiden Platten eine gerade entgegengesetzte Lage haben und*

a) *die beiden Polarisationsebenen parallel mit einander laufen.* Lag der Kerbenstift $1^1/_4$ Theile rechts, so zeigten sich zwei Seitenbilder mit weissen Kreuzen in der Richtung des Zangenstiels*) und scheinbar senkrecht auf der die Mittelpunkte dieser Bilder verbindenden Geraden die geradlinigen Bänder, wobei alle drei Figuren ihre grösste Deutlichkeit besassen; lag aber der Kerbenstift um $3^1/_4$ Theile rechts von seiner Normalstellung ab, so waren alle drei Bilder matt, die Seitenbilder sehr verkümmert und die geradlinigen Bilder zu beiden Seiten der die Mittelpunkte der Seitenbilder verbindenden Geraden *durch weisse Flecke von ziemlicher Ausdehnung unterbrochen.* Im ersteren Fall ist der Winkel $\omega_1 = 0^0$ und im anderen Falle ist $\omega_1 = {}^1/_4\,\pi$. Dieselben Bilder kehren ganz in der gleichen Weise wieder jedesmal, wenn der Kerbenstift um 4 Theile oder einen rechten Winkel weiter gedreht wird; es erscheinen also die deutlichsten Bilder da, wo ω_1 eine von den Formen $\mathfrak{a}\,\frac{\pi}{2}$ und am undeutlichsten da, wo ω_1 eine von den Formen $(\mathfrak{a} + {}^1/_2)\,\frac{\pi}{2}$ hat. *Waren hingegen*

b) *die beiden Polarisationsebenen senkrecht gegen einander gestellt,* und stand der Kerbenstift wieder um $1^1/_4$ Theile von seiner Normallage rechts ab, so zeigten sich zwei Seitenbilder mit schwarzen Kreuzen in der Richtung des Zangenstiels und darauf senkrecht die geradlinigen Bänder mit derselben Deutlichkeit wie in a); lag aber der Kerbenstift $3^1/_4$ Theile rechts von seiner Normalstellung ab, so hatten die 3 Bilder ihre grösste Schwäche erreicht, die beiden Seitenbilder waren sehr verkümmert und in die geradlinigen Bän-

*) Die Lage der beiden Bilder längs des Zangenstiels in a) und b) lässt sich mit grosser Sicherheit bestimmen, und durch dieses Mittel lässt sich die Abweichung der Hauptnormalebene in der Stiftenplatte von dem Stiftendurchmesser mit grosser Genauigkeit auffinden, wie es auch von uns hiezu benützt worden ist.

der hatten sich zu beiden Seiten der die Mittelpunkte der Seitenbilder verbindenden Geraden *schwarze Flecken von beträchtlicher Grösse* hineingezogen, durch die sie eine Unterbrechung erlitten. Auch hier zeigten sich wieder die gleichen Bilder in der gleichen Weise jedesmal, wenn der Kerbenstift um vier Theile rechts weiter geführt wurde, es zeigten sich also die deutlichsten Bilder immer da, wo ω_1 eine von den Formen $\alpha \frac{\pi}{2}$ hatte, die undeutlichsten da, wo ω_1 eine von den Formen $(\alpha + {}^1/_2)\frac{\pi}{2}$ annahm. *Waren endlich*

c) *die beiden Polarisationsebenen unter einem Winkel gegen einander gestellt, der 45° oder 135° betrug,* und stand der Kerbenstift $1^1/_4$ Theile rechts von seiner Normallage ab, so zeigte sich das der dem Auge zugekehrten Platte entsprechende Seitenbild am deutlichsten, das der anderen Platte entsprechende am undeutlichsten und stark verkümmert und die geradlinigen Bänder, welche in nicht sehr grosser Deutlichkeit auftraten, waren zu beiden Seiten *auf kurze Strecken unterbrochen,* und es schienen sich aus den dunkleren Sectoren des deutlichsten Seitenbildes *Schatten in sie hinein zu ziehen.* Die beiden Seitenbilder bei dieser Stellung der Scheiben lagen in der Richtung des Zangenstiels und das deutlichste von beiden war aus 8 Sectoren zusammengesetzt. Stand der Kerbenstift $3^1/_4$ Theile von seiner Normallage ab, so war das der dem Auge zugewandten Platte entsprechende Seitenbild sehr undeutlich und stark verkümmert, das der anderen Platte entsprechende dagegen war am deutlichsten. Die geradlinigen Bänder waren nur mitteldeutlich und auch hier wieder zu beiden Seiten *auf kurze Strecken unterbrochen, an anderen beschattet.* Jede von diesen Erscheinungen kehrte völlig in der gleichen Weise wieder jedesmal, wenn der Kerbenstift um vier Theile, also um einen rechten Winkel rechts weiter fortgeführt wurde, so dass das Seitenbild in der dem Auge zugekehrten Platte am deutlichsten, das andere am verkümmertsten wurde da, wo ω_1 eine von den Formen $\mathfrak{a}\frac{\pi}{2}$ annahm, dagegen ersteres am verkümmertsten und letzteres am deutlichsten, wo ω_1 in eine von den Formen $(\mathfrak{a} + {}^1/_2)\frac{\pi}{2}$ überging.

Die Seitenbilder hatten bei dieser Stellung der Hauptnormalebenen beider Platten dieselbe Beschaffenheit, wenigstens sehr nahehin, wie die in den Versuchen I. beschriebenen bei der gleichen gegenseitigen Stellung der Polarisationsebenen, sie waren jedoch grösser, so gross, wie sie sich in den Platten einzeln sehen lassen, und drehten sich sämmtlich um die Mitte des Gesichtsfeldes (die Seitenfiguren stets in der Richtung ihrer Normalebenen zur Seite liegen bleibend), während die Scheiben zwischen der Zange eine Umdrehung erlitten.

III. *Versuche im Tageslichte, wenn die Hauptnormalebenen der beiden Platten senkrecht auf einander stehen und*

a) *die beiden Polarisationsebenen parallel mit einander laufen.* Die beiden Seitenfiguren, welche mit weissen Kreuzen versehen waren, lagen in der Richtung des Zangenstiels, und zeigten sich dabei am deutlichsten und von gleicher Stärke, wenn der Kerbenstift um $3^1/_4$ Theile rechts von seiner Normallage abstand, und auch die geradlinigen Bänder waren bei dieser Stellung am deutlichsten; hingegen waren alle Bilder am verkümmertsten und in den geradlinigen Bändern zeigten sich zu beiden Seiten von der Mitte des Gesichtsfeldes *die weissen Flecken,* wenn der Kerbenstift um $1^1/_4$ Theile rechts abgedreht war. Jedenfalls bestätigen die Versuche auch hier wieder, dass die Stellungen der Scheiben im Falle der deutlichsten und undeutlichsten Bilder um ${}^1/_4\,\pi$ aus einander liegen, und dass die Aufeinanderfolge der beiden Stellungen hier dieselbe ist wie in II. a. Auch hier kamen die beiden Bilder in derselben Weise wieder zum Vorschein, wenn der Kerbenstift um einen rechten Winkel nach der rechten Seite hin fortgeführt wurde, und es traten da, wo sich die undeutlichsten Bilder zeigen, in den geradlinigen Bändern zu beiden Seiten von der Mitte des Gesichtsfeldes ebenfalls *die weissen Flecken* auf. *Machten aber*

b) *die beiden Polarisationsebenen einen rechten Winkel mit einander,* so traten die beiden Seitenbilder mit schwarzen Kreuzen in grösster Deutlichkeit auf, wenn sie in der Richtung des Zangenstiels lagen, welches geschah, wenn der Kerbenstift um $3^1/_4$ Theile von seiner Normallage abstand, in welcher Stellung auch die geradlinigen Bänder deutlich waren; dagegen zeigten sich sämmtliche Bilder am verkümmertsten, die geradlinigen mit *grossen schwarzen Flecken* auf beiden Seiten, wenn der Kerbenstift um $1^1/_4$ Theile von seiner Normallage abstand. Es waren hier die Bilder am deutlichsten und undeutlichsten bei denselben Stellungen der Scheiben zwischen der Zange wie in a). *Machten endlich*

c) *die beiden Polarisationsebenen einen halben rechten Winkel mit einander,* so zeigte sich das der dem Auge zugewandten Platte angehörige Seitenbild am deutlichsten, das andere am undeutlichsten, wenn der Kerbensift um $3^1/_4$ Theile von seiner Normalstellung ablag, und die geradlinigen Bänder traten bei dieser Stellung der Scheiben mit nicht beträchtlicher Deutlichkeit auf, *stellenweise unterbrochen, an anderen wie beschattet* aussehend. Wurde der Kerbenstift um $1^1/_4$ Theile nach der rechten Seite hin aus seiner Normallage verstellt, so zeigte sich das Seitenbild der vom Auge abgewandten Platte am deutlichsten, das andere am undeutlichsten, und die geradlinigen Bänder mit mittlerer Deutlichkeit, *stellenweise unterbrochen und an anderen Stellen wie beschattet* aussehend.

Die Seitenbilder waren in allen diesen Fällen von der gleichen Beschaffenheit, wie in der Versuchsreihe II. bei gleicher Stellung der Polarisationsebenen. Da aus den Versuchen II. hervorgeht, dass die Hauptnormalebene der in der Stiftenscheibe befestigten Platte in der Richtung des Zangenstieles liegt, wenn der Kerbenstift um $1^1/_4$ Theile rechts von dieser Richtung abliegt, so macht diese Hauptnormalebene da, wo der Kerbenstift um $1^1/_4$ Theile rechts von seiner normalen Stellung abliegt, mit der Richtung des Zangenstieles, wenn nicht völlig genau, doch jedenfalls sehr nahe dem Winkel o, und da, wo der Kerbenstift um $3^1/_4$ Theile von seiner normalen Lage rechts absteht, ist dieser Winkel $^1/_4\pi$; und da auch hier wieder dieselben Bilder in völlig gleicher Weise wiederkehren jedesmal, wenn der Kerbenstift um einen rechten Winkel rechts weiter fortgeführt wird, so nimmt ω_1 eine der Forman $(\mathfrak{a} + {}^1/_2)\,\frac{\pi}{2}$ an, wenn die in a) und b) beschriebenen Bilder am deutlichsten, oder wenn das in c) erwähnte Seitenbild der dem Auge zunächst liegenden Platte am deutlichsten ist; hingegen tritt ω_1 in eine von den Formen $\mathfrak{a}\,\frac{\pi}{2}$, da wo die in a) und b) beschriebenen Bilder am undeutlichsten werden, oder das in c) erwähnte andere Seitenbild der vom Auge abgewandten Platte am deutlichsten erscheint.

IV. *Versuche im Tageslichte, wenn die Hauptnormalebenen der beiden Platten einen Winkel von 135° mit einander machen*) und*

a) *die Polarisationsebenen einander parallel liegen.* Die drei Bilder zeigten sich am deutlichsten, wenn die beiden mit weissem Kreuze versehenen Seitenbilder parallel mit dem Zangenstiele lagen und dann lag der Kerbenstift um $2^1/_4$ Theile rechts von seiner Normalstellung ab; lag aber dieser Kerbenstift um $4^1/_4$ Theile von seiner Normalstellung ab, so waren die beiden Seitenbilder am verkümmertsten, und in die gerad-

*) Es können auch die Hauptnormalebenen einen Winkel von 45° mit einander machen, weil aber in diesem Falle die Seitenbilder stark in einander greifen, wodurch die Gesammterscheinung verworrener wird, so habe ich es vorgezogen, diesen Fall ausser Betrachtung zu lassen.

linigen Bänder zogen von beiden Seiten *grosse weisse Flecken* ein. *Machten aber*

b) *die Polarisationsebenen einen rechten Winkel mit einander,* so zeigten sich wieder die drei Bilder am deutlichsten, wenn die beiden, jetzt mit schwarzen Kreuzen versehenen, Seitenbilder eine mit dem Zangenstiele parallele Lage hatten, und dann lag der Kerbenstift um $2^1/_4$ Theile rechts von seiner normalen Stellung; wurde aber dieser Stift um $4^1/_4$ Theile von seiner normalen Stellung rechts abgeführt, so zeigten sich alle drei Bilder am undeutlichsten und verkümmertsten, und in die geradlinigen Bänder zogen auf beiden Seiten von der Mitte des Gesichtsfeldes *grosse schwarze Flecken* ein. *Machten endlich*

c) *die beiden Polarisationsebenen einen Winkel von 45° oder von 135° mit einander* und wurde der Kerbenstift um $2^1/_4$ Theile von seiner normalen Lage rechts abgeführt, so zeigte sich das Seitenbild, welches der dem Auge zunächst liegenden Platte entspricht, am deutlichsten, das andere oben liegende am undeutlichsten und verkümmert, und die geradlinigen Bänder waren wenig deutlich, zu beiden Seiten mit kurzen *unterbrochenen und anderen beschatteten* Stellen versehen; wurde aber der Kerbenstift um $4^1/_4$ Theile rechts von seiner normalen Stellung abgeführt, so zeigte sich das Seitenbild, welches der vom Auge abgewandten Platte angehört, am deutlichsten, das andere nach unten liegende am undeutlichsten und verkümmert, und die geradlinigen Bänder hatten nur eine geringe Deutlichkeit und waren zu beiden Seiten *durch kurze verbleichte und andere beschattete Stellen unterbrochen.* In der Mitte zwischen zwei nächsten Stellen grösster Deutlichkeit des einen und des anderen Seitenbildes treten beide gleich deutlich auf.

Alle drei Bilder gingen hier, wie schon in den Versuchen II. und III., während einer Umdrehung der vereinigten Scheiben zwischen der Zange in derselben relativen Stellung gegen einander rings um die Mitte des Gesichtsfeldes herum, und nach jeder Drehung um 45° fand ein allmähliger Uebergang von einer der in a) bis c) angezeigten Phasen der Erscheinung in die andere statt. Die Winkel ω_1, welche der einen oder anderen dieser Phasen entsprachen, hatten hier die Formen $(\alpha + 1/4)\frac{\pi}{2}$ und $(\alpha + 3/4)\frac{\pi}{2}$, wenigstens nahe hin; da wo ω_1 in eine von den Formen $(\alpha + 1/2)\frac{\pi}{2}$ überging, nahmen beide Seitenbilder einerlei Deutlichkeit an.

Die um die Mitte des Gesichtsfeldes wahrnehmbaren centralen Ringe zeigen sich nicht im Tageslichte; *man findet sie jedoch jedesmal an der Weingeistflamme, wenn man den vereinigten Scheiben eine von jenen Stellungen zwischen der optischen Zange giebt, wobei die Versuche im Tageslichte die geradlinigen Bänder nur mit geringer Deutlichkeit sichtbar werden lassen,* und Spuren davon auch bei jenen Stellungen der Scheiben, wo die geradlinigen Bänder im Tageslichte sich schon in beträchtlicherer Stärke sehen lassen. Weil jedoch hier die drei vorigen Bilder sich zugleich mit diesem vierten sehen lassen und zwar noch in viel grösserer Ausdehnung als im Tageslichte, so findet man die centralen Ringe von den Streifen der drei übrigen Bilder in den zu den vorstehenden Versuchen genommenen Platten stets mehr oder weniger durchkreuzt. Hier am Ende der Versuche habe ich auch noch darauf aufmerksam zu machen, dass keines von den viererlei Bildern selbst da, wo es sich am deutlichsten zeigt, an allen Stellen völlig dieselbe Deutlichkeit in sich trägt, was wir schon in der ersten Hälfte dieser Abhandlung als eine Eigenschaft solcher Platten, deren optische Axe nahe senkrecht auf ihren Oberflächen steht, angezeigt haben, eine Eigenschaft, welche die Platten, deren optische Axen genau senkrecht auf ihren Oberflächen stehen, im höchsten Grade besitzen, bei diesen aber, weil die Ungleichheit in einer völlig symmetrischen Weise auftritt, mit geringer Gewalt dem Auge entgegen tritt. Noch muss ich eines sonderbaren Umstandes gedenken, auf den man bei den vorstehenden Versuchen in den Fällen II. d, III. d und IV. d hingeführt wird. Die Seitenfiguren in allen diesen Fällen sind stets aus acht Sectoren zusammengesetzt, von denen vier aus helleren Streifen bestehende abwechselnd vier aus dunkleren, aber keineswegs minder deutlichen Streifen gebildete, zwischen sich haben. Da nun, wo eines dieser Bilder am undeutlichsten wird, sind immer die dunkleren Sectoren aus ihm völlig verschwunden, dagegen die helleren, jedoch auf einer Seite des Bildes dunkler werdend, mit nicht sehr schwachem Glanze, mindestens zum Theile, noch vorhanden. Sehr merkwürdig ist es, dass die Richtungen der deutlichsten Seitenbilder in den Versuchen III. und IV., wo der Winkel ω_0 nach rechts oder links hin genommen werden konnte, in den beiderlei Fällen senkrecht auf einander standen; daher fügen wir noch bei, dass in den vorhergehenden Versuchen die Hauptnormalebene der Löcherplatte um die angezeigten Winkel stets rechts von der Hauptnormalebene der Stiftenplatte lag.

Kommt man auf den Gedanken, die vorstehenden Versuche an die in den Gleichungen (2. a) bis (2. c) der Ziffer XXXVII. niedergelegten Resultate der Rechnung zu halten, so stösst man auf nichts als Widersprüche. Aus jenen Gleichungen geht erstlich hervor, wie gleich hinter ihnen ausgeführt worden ist, dass da, wo $\omega_0 = 90^0$ ist, von allen vier Bildern nur das eine zu T_3 gehörige übrig bleibt, und dass da, wo $\omega_0 = 180^0$ ist, von allen vier Bildern nur das eine zu T_4 gehörige übrig bleibt, und zwar bei jeder Stellung der vereinigten Platten zwischen der optischen Zange. Die Versuche II. und III. widersprechen dieser Behauptung der Formeln in allen ihren Punkten, indem sich die Gesammterscheinung nur in den Versuchen I., wo die Hauptnormalebenen der beiden Platten in einander liegen, auf ein einziges Bild zurückzieht. Von diesem Zwiespalt bebetroffen, habe ich jene unter 45^0 gegen die optische Axe geschnittenen Platten, an denen ich zuerst die concentrischen Ellipsen ohne Kreuz wahrnahm, wieder hervorgesucht, und mich überzeugt, dass da, wo sich in ihnen die Ellipsen am kräftigsten sehen lassen, in der That keine Spur von anderen Streifen aufzufinden ist; ferner dass wenn auch durch Drehung *der verbundenen Platten zwischen der Zange solche Spuren, die immer nur mit höchster Mühe aufgefunden werden können,* zum Vorschein kommen, dies mit mehr Grund einem nicht ganz genauen Uebereinanderliegen der Platten als irgend einer anderen Ursache zugeschrieben werden müsse, da man bei so schief geschnittenen Platten nicht das äusserst zarte Kennzeichen des genauen Ineinanderliegens der Hauptnormalebenen zweier Platten in Anwendung bringen kann, welches von uns bei den vorstehenden Versuchen benützt worden ist. Eben so habe ich die Normalebenen jener Platten unter einem rechten Winkel gegen einander gestellt, wobei sie die geradlinigen Bänder im Tageslichte zwar schmal, jedoch mit grosser Schärfe zeigten und konnte bei dieser Stellung der Platte an der Weingeistlampe nicht die leiseste Spur von den Ellipsen finden, selbst wenn ich den vereinigten Platten die verschiedensten Stellungen zwischen der Zange gab. Die beiden Seitenbilder können in so schief geschnittenen Platten schon deswegen nicht zur Wahrnehmung gelangen, weil sie zu weit von der Mitte des Gesichtsfeldes entfernt liegen, um in dieses noch Spuren von ihrem Dasein schicken zu können. Also hier volle Uebereinstimmung mit der Ergebnissen der Rechnung, dort lauter Widerstreit.

Aber noch mehr. — Ist $\omega_0 = (\mathfrak{a} + {}^1/_2)\frac{\pi}{2}$, so sagen die in Ziffer XXXVII. gegebenen Ausdrücke von T_1 und T_2 aus, dass ihre absoluten Werthe, und damit die Deutlichkeiten der zur ersten und zweiten Platte gehörigen Seitenbilder den Producten

$$\sin 2\omega_1 \cos 2\omega_2 \text{ und } \sin 2\omega_2 \cos 2\omega_1$$

proportional seien. Hat nun noch A eine von den Formen $\mathfrak{a}\frac{\pi}{2}$, d. h. stehen die Polarisationsebenen senkrecht auf einander oder laufen sie parallel mit einander, so muss der Gleichung (2. c) in Ziffer XXXVII. zufolge $\omega_1 + \omega_2$ nothwendig von der Form $(\mathfrak{a} + {}^1/_2)\frac{\pi}{2}$ sein, also muss von diesen Grössen ω_1 und ω_2 die eine die Form $\mathfrak{a}\frac{\pi}{2}$ annehmen, so wie der anderen die Form $(\mathfrak{a} + {}^1/_2)\frac{\pi}{2}$ gegeben wird. Bringt man es daher durch Drehung der vereinigten Scheiben zwischen der optischen Zange dahin, dass ω_1 die Form $(\mathfrak{a} + {}^1/_2)\frac{\pi}{2}$ erhält, so ist ω_2

von der Form $\mathfrak{a}\frac{\pi}{2}$ und dann wird das erste der vorstehenden Producte ± 1, nimmt also seinen grössten absoluten Werth an, während das andere von jenen Producten o wird, somit seinen kleinsten absoluten Werth annimmt. Bringt man es hingegen durch Drehung der vereinigten Scheiben zwischen der optischen Zange dahin, dass ω_1 in eine von den Formen $\mathfrak{a}\frac{\pi}{2}$ tritt, so muss ω_2 in eine von den Formen $(\mathfrak{a}+{}^1/_2)\frac{\pi}{2}$ übergehen und nun wird das erste von jenen beiden Producten null, während das andere seinen grössten Werth ± 1 erhält. *Jene Gleichungen geben also zu erkennen, dass da, wo* $\omega_1 = 135^0$ *und* $A = o$ *oder* $= 90^0$ *ist, von den beiden Seitenbildern abwechselnd das eine und das andere am stärksten hervortreten müsse, und dass, wo das eine am deutlichsten sich zeigt, das andere verschwunden sein muss.* — Ist wieder $\omega_0 = (\mathfrak{a}+{}^1/_2)\frac{\pi}{2}$, und hat A ebenfalls eine von den Formen $(\mathfrak{a}+{}^1/_2)\frac{\pi}{2}$, so muss der Gleichung (2. c) XXXVII. zufolge $\omega_1+\omega_2$ nothwendig von einer der Formen $\mathfrak{a}\frac{\pi}{2}$ sein, also können ω_1 und ω_2 beide zugleich entweder von der Form $\mathfrak{a}\frac{\pi}{2}$ oder von der $(\mathfrak{a}+{}^1/_2)\frac{\pi}{2}$ sein; in jedem dieser beiden Fälle aber werden die zwei obigen Producte beide zugleich null, was nichts anderes sagt, als dass bei diesen Stellungen der vereinigten Platten keines von den beiden Seitenbildern sich sehen lassen kann. In den Stellungen der Scheiben aber, wo ω_1 in eine von den Formen $(\mathfrak{a}+{}^1/_4)\frac{\pi}{2}$ oder $(\mathfrak{a}+{}^3/_4)\frac{\pi}{2}$ übergeht, muss ω_2 eine von den Formen $(\mathfrak{a}+{}^3/_4)\frac{\pi}{2}$ oder $(\mathfrak{a}+{}^1/_4)\frac{\pi}{2}$ haben, dann werden jene beiden Producte einander gleich und gleich ${}^1/_2$. *Jene Gleichungen sagen also aus, dass da, wo* $\omega_1 = 135^0$ *und* $A = 45^0$ *oder* $= 135^0$ *ist, die beiden Seitenbilder in den Platten mit gleicher Deutlichkeit sich sehen lassen müssen, von der Stärke* ${}^1/_2$ *bis zu der* o *hin.* Man sieht, dass diese beiden Aussagen besagter Gleichungen im völligen Widerstreite mit den in IV. a) bis c) mitgetheilten Versuchen stehen, denn letztere zeigen da stets gleiche Bilder an, wo erstere Bilder von der grössten Ungleichheit voraussagen, und umgekehrt.

Eine Abweichung der in Ziffer XXXVII. aufgestellten Gleichungen von obigen Versuchen kann uns nicht gerade sehr befremden, da uns unsere Rechnung selber oft genug daran erinnert hat, dass man sich auf sie bei Platten, wie sie zu jenen Versuchen verwendet worden sind, nicht mehr mit Sicherheit verlassen könne, aber eine so totale Umkehrung der Erscheinungen auf den beiden Wegen kann wohl den Muthigsten betroffen machen. Gleichwohl durfte ich diesen Gegensatz in den Aussagen hier nicht verschweigen, um meine Nachfolger in der Behandlung desselben Gegenstandes darauf aufmerksam zu machen, dass hier noch eine reiche Ernte zu machen ist, Ich für meine Person blicke mit voller Seelenruhe in die Zukunft, denn ich habe es mir zum Gesetze gemacht, in solchen Dingen theoretisch keinen Schritt vorwärts zu thun, bis der zuvor gemachte von der Erfahrung gut geheissen worden ist, und weiss daher gewiss, dass meine theoretischen Angaben in der Weite, die sie selber überall scharf bezeichnet haben, völlig richtig sind, in so weit nämlich unsere Sinne darüber ein Urtheil fällen hönnen. Um dieses mein felsenfestes Vertrauen auch auf Denjenigen überzutragen, der vielleicht eine Fortsetzung dieser Rechnungen auf sich zu nehmen gedenkt, und dem, der dieses unternimmt, thut ein solches Vertrauen Noth, weil ausserdem Arbeiten von so schwieriger Art nicht leicht von Statten gehen, so will ich noch einen ganz speziellen Fall in der Kürze hier selber reden lassen. Wir haben nämlich schon in der ersten Hälfte dieser Abhandlung kurz vor dem Schlusse der Ziffer IX. gezeigt, dass da, wo $tg\,\mathrm{i}\,cos\,\omega = tg\,\mathrm{a}$ auch nur nahehin werden kann, die dortigen Näherungsgleichungen nicht mehr benutzt werden können. An solchen Stellen des Gesichtsfeldes wird $sin^2\psi = 1$ und dann den genauen Gleichungen (7. d) der dortigen Ziffer VIII. gemäss $cos\,\psi' = sin\,\mathrm{a}$, woraus sich $sin\,\psi' = cos\,\mathrm{a}$ ergiebt; weil ferner $sin^2\psi = 1$ zeigt, dass $cos^2\psi = 0$ und $tg^2\psi = \infty$ ist, so wird an diesen Stellen den dortigen Gleichungen (7. e) zufolge

$\mu = \pm 90^0$ und $\nu = \pm 90^0$, deshalb verwandeln sich hier die dortigen Gleichungen (7. f) in:

$$cos\ \varphi_1 = cos\ (\omega_1 \pm 90^0)\ cos\ a \text{ und } cos\ \varphi_2 = -\ cos\ (\omega_1 \pm 90^0 - A)\ cos\ a.$$

Sollen aber im Gesichtsfelde liegende Punkte die Bedingung tg i $cos\ \omega = tg$ a erfüllen können, so darf a kein anderer als nur ein sehr kleiner Winkel sein und dies zieht nach sich, dass cos a an allen sichtbaren solchen Stellen sehr nahe 1 ist, wesshalb die beiden vorstehenden Gleichungen sehr nahe geben:

$$cos\ \varphi_1 = cos\ (\omega_1 \pm 90^0) \text{ und } cos\ \varphi_2 = -\ cos\ (\omega_1 \pm 90^0 - A),$$

während wir bei Platten, deren optische Axen beträchtlich schief gegen ihre Oberflächen stehen, μ an allen Stellen des Gesichtsfeldes als einen nur kleinen Winkel erkannt haben, so dass bei diesen, den dortigen Gleichungen (3. a und b) entsprechend, nahehin

$$cos\ \varphi_1 = cos\ \omega_1 \text{ und } cos\ \varphi_2 = -\ cos\ (\omega_1 - A)$$

ist. Während also bei diesen Platten die Winkel φ_1 und φ_2 sehr nahe denen ω_1 und ω_2 gleich sind, weichen sie an den bezeichneten Stellen jener Platten um fast einen rechten Winkel davon ab; halb so grosse Differenzen aber sind vollkommen hinreichend, die Kluft auszufüllen, welche sich zwischen unseren letzten Versuchen und den abgekürzten Gleichungen unserer Rechnung aufgethan hat. Die Eigenthümlichkeit der hier hervorgehobenen Stellen muss nämlich auch allen in ihrer Nähe liegenden, wenn schon in geringerem Grade, zukommen.

Ich schliesse nun mein Pensum mit der Besprechung von noch ein Paar in dessen Grenzen liegenden Thatsachen ab. Ich stiess wiederholt im Laufe meiner Versuche an Krystallplatten aus Bergkrystall, die eine Schiefe von 45^0 zur optischen Axe hatten, auf die Formen, welche in dem Supplementbande zu Poggendorff's Annalen, der in der Vorerinnerung zur zweiten Hälfte dieser Abhandlung erwähnt worden ist, auf dessen Tafel V. durch Herrn Langberg eine Abbildung in den Figuren 17. 18. und 19. gefunden haben, so wie auf deren Uebergänge in einander, war aber dabei in den Irrthum gefallen, als seien sie blos ein Erzeugniss des an diesem Minerle exceptionell auftretenden Drehungsvermögens und liess sie daher auf der Seite liegen, so wie ich überhaupt sämmtliche aus diesem Drehungsvermögen hervorgehende Modificationen nur gelegentlich und im Vorübergehen besprochen habe. In diesen Irrthum war ich durch eine doppelte Veranlassung geführt worden, einmal weil ich auf solche Formen nie bei den analogen Versuchen mit Kalkspathplatten gestossen bin, und dann noch, weil diese Formen in den Quarzplatten durch Drehung derselben zwischen der optischen Zange sich mir zu verändern schienen, eine Eigenthümlichkeit, die ich damals noch an den gewöhnlichen einaxigen Krystallen für unmöglich hielt. Seit ich jedoch Herrn Langberg's elegante Ableitung dieser Formen aus den gewöhnlichen Gleichungen in dem gedachten Supplementbande gelesen habe, bin ich anderer Ansicht geworden und zu dem Glauben gekommen, das jene Gestalten ein allen einaxigen Krystallen zukommendes Eigenthum seien, sich mir aber in meinen Kalkspathplatten ihrer grossen Feinheit halber ganz und gar entzogen haben. — Die im Tageslichte an Kalkspathplatten sich zeigende dreifache Figur, von welcher in den letzten Versuchen die Rede war, und die ich in Fig. 8 abzubilden versucht habe, wollte ich auch in meinen Quarzplatten beobachten, deren Oberflächen die gleiche Neigung zur optischen Axe wie bei jenen hatten, und war höchlich erstaunt, als ich dieselben mit entgegengesetzt liegenden Hauptnormalebenen zwischen die optische Zange gebracht hatte, eine total andere Figur zu finden, als die in Figur 8 abgebildete ist. Es ist mir nicht möglich, die in solchen Quarzplatten auftretende Erscheinung auch nur annähernd zu beschreiben, wer sie genau kennen lernen will, thut besser, den Steinschleifer zur Hilfe zu nehmen, um sie mit seinen eigenen Augen beliebig lang zergliedern zu können. Man erblickt in diesen Platten schwach, ungefähr wie die Bögen der Baschkiren gekrümmte Bänder in Massen, die ein stabartiges Aussehen haben und stellenweise plötzlich abgebrochen sind, an diesen Stellen aber wie Fackeln mit einer Flamme versehen zu sein scheinen. Im ersten Augenblicke wird man von der Neuheit dieser Erscheinung dermassen betroffen, dass man gar nichts, was an die Fig. 8. erinnern könnte, zu sehen glaubt; bei aufmerksamerer Besichtigung des Bildes aber wird man doch gewahr, dass ihm diese untergelegt ist, jedoch durch die allerwärts hingeworfenen Stäbe zugedeckt wird, und daher nur aus abgerissenen Fragmenten, welche tief im Hintergrunde liegen, zusammen geklaubt werden kann, und dass die flammenartigen Gebilde, welche an den abgebrochenen Enden der Stäbe erscheinen, nichts anderes sind, als ganz kurze Strecken der prismatisch gefärbten, kreisförmigen Ringe von den Seitenfiguren in der Breite der Stäbe, welche hier mit erhöhtem Glanz auftreten, während die weiter davon abliegenden Stellen derselben kreisförmigen Ringe fast gänzlich erloschen sind. Wer diese Erscheinung aus irgend einer Hypothese über die individuelle Natur des Bergkrystalls heraus rechnet, darf in gerechtem Stolze zu sich selber sagen: „Ich habe das Rechte getroffen“, zumal wenn in seinen Formeln auch die zu Ende der Ziffer XXXIX. angeführte Thatsache liegt.